Das technische Eisen

Konstitution und Eigenschaften

Von

Dr.-Ing. Paul Oberhoffer

o. Professor der Eisenhüttenkunde, Vorsteher des Eisenhüttenmännischen
Instituts an der Technischen Hochschule, Aachen

Zweite
verbesserte und vermehrte Auflage

Mit 610 Abbildungen im Text
und 20 Tabellen

Springer-Verlag Berlin Heidelberg GmbH 1925

ISBN 978-3-662-40766-0   ISBN 978-3-662-41250-3 (eBook)
DOI 10.1007/978-3-662-41250-3

Meinem lieben Freunde

Dr.-Ing. e. h. Dr. mont. h. c. Dr.-Ing. **J. Puppe**

zugeeignet

Vorwort zur zweiten Auflage.

Die zweite Auflage dieses Werkes weist gegenüber der ersten nicht unerhebliche Änderungen auf. An ihrer Spitze steht die Titeländerung, die notwendig wurde durch die Aufnahme des Grau-, Temper- und Hartgusses in den Rahmen des zu behandelnden Stoffes. Daß hierdurch der Umfang des Werkes wesentlich zunehmen mußte, ist klar, denn außer der Einfügung der betreffenden neuen Abschnitte VI—VIII mußten die Abschnitte I und II entsprechende Ergänzungen erfahren. Aber auch infolge der raschen Fortschritte auf dem hier behandelten Gebiete nahm der Umfang bedeutend zu, und insbesondere die neuen Unterabschnitte der Abschnitte IV und V legen hiervon Zeugnis ab. Schließlich sind noch die Umstellungen zu erwähnen, von denen die wichtigste ist die Übernahme der auf die Theorie der Härtung bezüglichen Ausführungen in den Abschnitt Konstitution. Diese nach reiflicher Überlegung vorgenommene Umstellung ist zwar auch nicht frei von Nachteilen, indem manche Fragen wie insbesondere die des Einflusses der Spezialelemente und des Zusammenhanges der Konstitution mit den Eigenschaften vorweggenommen werden mußten, doch schien dies weniger nachteilig als der in der ersten Auflage beschrittene umgekehrte Weg, und vor allem schien es die natürlichere Lösung zu sein, da doch die Theorie der Härtung im wesentlichen eine Konstitutionsfrage ist, die demnach in den Abschnitt II hineingehört.

Die Literatur ist mit Ausnahme der eigenen und nahestehenden Arbeiten bis etwa Oktober 1923 berücksichtigt worden.

Es bleibt mir schließlich noch übrig, allen denen zu danken, die sich am Zustandekommen der zweiten Auflage mit Rat und Tat beteiligten, soweit sie nicht im Text erwähnt sind. Das sind in erster Linie die vielen Fachgenossen, denen ich wertvolle Hinweise auf Ungenauigkeiten und Irrtümer der ersten Auflage schulde. Sie alle einzeln zu erwähnen, würde zu weit führen. An den Vorarbeiten für die zweite Auflage sowie am Lesen der Korrekturen beteiligten sich hervorragend und verständnisvoll meine Mitarbeiter und Assistenten Professor Dr. Piwowarsky, Dr.-Ing. Jungbluth, Dipl.-Ing. Scherer, Dr.-Ing. Daweke, Dipl.-Ing. Strauch, Dipl.-Ing. Wüster, Dipl.-Ing. Dinkler, Dipl.-Ing. Keutmann, Dipl.-Ing. Esser, Dipl.-Ing. Schenck und Frl. Dr. Toussaint.

Dem Verlag Julius Springer, der wieder durch Erfüllung meiner mannigfachen Wünsche und durch vorzügliche Ausstattung des Werkes zu dessen Zustandekommen in stets zuvorkommender und großzügiger Weise beitrug, gebührt mein besonderer Dank.

Aachen, im Oktober 1924. **Paul Oberhoffer.**

Inhaltsverzeichnis.

Verzeichnis der bei Literaturangaben angewandten Abkürzungen.

All. Mét.	= Alliages métalliques, L. Guillet, Paris, 1906.
Am. Mach.	= American Machinist.
Am. Min. Met. Eng.	= American Mining and Metallurgical Engineering.
Am. steel trcat.	= Transactions of the american society for steel treating.
Am. test.	= Proceedings of the american society for testing materials.
An. Chem.	= Zeitschrift für anorganische Chemie.
Ann. Chem. Pharm.	= Annalen der Chemie und Pharmazie.
Ann. Chim. et Phys.	= Annales de Chimie et de Physique.
Ann. d. Phys.	= Annalen der Physik.
Ann. Min.	= Annales des Mines.
Arch. Sc. phys. et nat.	= Archives des Sciences physiques et naturelles.
Atti ac. Tor.	= Atti dell' accademia di Torino.
Baumat.	= Zeitschrift für Baumaterialienkunde.
Ber. Chem. Ges.	= Berichte der chemischen Gesellschaft.
Bull. d'Enc.	= Bulletin de la Société d'encouragement pour l'industrie nationale.

Centr. Hütten- und Walzw. = Centralblatt für Hütten- und Walzwerke.
Chem. Ind. = Journal of the society of chemical Industry.
Chem. Met. Eng. = The chemical and metallurgical Engineer.
Civ. Eng. = Proceedings of the institution of Civil Engineers.
Contr. All. = Contribution à l'étude des alliages.
C. R. = Comptes rendus de l'académie des sciences.
Ding. Pol. = Dinglers polytechnisches Journal.
E. F. I. = Mitteilungen aus dem Kaiser-Wilhelm-Institut für Eisenforschung in Düsseldorf.
Elektrochem. = Zeitschrift für Elektrochemie.
Electrochem. Met. Eng. = Electrochemical and metallurgical Engineer.
Electrochem. Met. Ind. = Electrochemical and metallurgical Industry.
Eng. = Engineering.
Eng. Min. = Engineering and Mining Journal.
Enz. = Enzyklopädie der technischen Chemie, herausgegeben von F. Ullmann.
Fachber. V. d. E. = Berichte der Fachausschüsse des Vereins deutscher Eisenhüttenleute.
St. A. = Stahlwerksausschuß.
W. A. = Werkstoffausschuß.
Fer. = Ferrum.
Forsch. Arb. = Forschungsarbeiten auf dem Gebiete des Ingenieurwesens, herausgegeben vom Verein deutscher Ingenieure.
Gaz. chim. it. = Gazetta chimica italiana.
Giess. = Die Gießerei.
Gieß. Ztg. = Gießerei-Zeitung.
Ind. min. = Bulletin de l'industrie minérale.
Ing. civ. = Mémoires de la société des Ingenieurs civils de France.
Inst. of Metals = Journal of the Institute of metals.
Int. Verb. = Mitteilungen des Internationalen Verbandes für die Materialprüfungen der Technik.
Int. Z. Met. = Internationale Zeitschrift für Metallographie.
Ir. Age = Iron Age.
Ir. coal. Tr. Rev. = Iron and coal trades Review.
Ir. st. Inst. = Journal of the Iron and steel Institute.
(Ir. st. Inst.)-C. Sc. M. = Carnegie Scholarship memoires.
Jernk. An. = Jernkontorets Annåler.
Journ. Phys. = Journal de Physique théorique et appliquée.
Kruppsche Monatsh. = Kruppsche Monatshefte.
Mat. Kde. = Materialkunde, Heyn-Martens. Berlin, Julius Springer.
Mat. Prüf. = Mitteilungen aus dem Materialprüfungsamt Groß-Lichterfelde.
Met. = Metallurgie.
Metallk. = Zeitschrift für Metallkunde.
Metallogr. = The Metallographist.
Met. it. = La metallurgia italiana.
Mitt. D. U. = Mitteilungen aus der Versuchsanstalt der Dortmunder Union.
Mitt. E. H. I. = Mitteilungen aus dem eisenhüttenmännischen Institut der technischen Hochschule Aachen, Knapp, Halle.
Mitt. Mech.-Techn. Lab. München = Mitteilungen aus dem mechanisch-technischen Laboratorium der technischen Hochschule München.
N. Z. Min. = Neue Zeitschrift für Mineralogie.
Phil. Mag. = Philosophical Magazine.
Phil. Trans. = Philosophical transactions.
Phys. Chem. = Zeitschrift für physikalische Chemie.
Phys. Rev. = Physical Review.
Phys. Z. = Physikalische Zeitschrift.
Pogg. Ann. = Poggendorfs Annalen der Chemie.
Proc. Am. soc. mech. Eng. = Proceedings of the american society of mechanical Engineers.
Proc. Inst. mech. Eng. = Proceedings of the Institution of mechanical Engineers.
Proc. phys. Soc. = Proceedings of the physical society of London.
Proc. railw. Eng. = Proceedings of the american railway Engineering association.

Proc. Roy. Soc.	= Proceedings of the Royal Society.
Rass. Min.	= Rassegna mineraria, metallurgica e chimica.
Rev. gén. sc.	= Revue générale des sciences.
Rev. méc.	= Revue de mécanique.
Rev. Mét.	= Revue de métallurgie. Extr. = Extraits.
Soc. chim. di Roma	= Societa chimica di Roma.
St. E.	= Stahl und Eisen.
Techn. Wirtsch.	= Rundschau für Technik und Wirtschaft.
Tohoku	= Science Reports of the Tohoku imperial University.
Tokyo Univ.	= Journal of the Tokyo imperial University.
Trans. Dubl. soc.	= Scientific Transaction of the Royal Dublin Society.
Trans. Am. min.	= Transactions of the american Institute of mining Engineers.
V. d. I.	= Zeitschrift des Vereins deutscher Ingenieure.
Verh. Gew.	= Verhandlungen zur Beförderung des Gewerbefleißes.
Wiss. Abh. R. A.	= Wissenschaftliche Abhandlungen der physikalisch-technischen Reichsanstalt.
Z. f. Krist.	= Zeitschrift für Kristallographie.

Druckfehlerverzeichnis.

Seite 17: Anmerkung 1 lies: Vgl. Abschn. V 3 dieses Buches, statt IV 3.

„ 26: Zeile 1 lies: $\dfrac{3,5 - 1,7}{4,3 - 1,7} \times 100 = 69,2\%$, statt 72% und demnach $100 - 69,2 = 30,8\%$, statt 28%.

„ 26: Zeile 4 von unten: (unsicher, s. S. 37), statt s. S. 1.

„ 29: Zeile 7 von unten: $\dfrac{4,3 - 1,7}{6,67 - 1,7} \times 100 = 52,31\%$, statt $50,05\%$ eutektischer Fe_3C und $47,69\%$ Mischkristalle.

„ 58: Zeile 19 lies: (Gebiet IV in Abb. 53), statt (Gebiet IV in Abb. 49).

„ 62: Anmerkung 1: vgl. ferner den Abschnitt V 3, statt 3.

„ 97: Zeile 8 von unten lies: (vgl. z. B. Abb. 296), statt Abb. 284.

„ 97: Zeile 5 von unten lies: Abb. 297, statt Abb. 285.

„ 97: Zeile 4 von unten lies: Abb. 296, statt Abb. 284.

„ 107: Zeile 23, 26 und 29 lies: Abb. 95, statt Abb. 91.

„ 166: Abb. 167 und Abb. 168 sind zu vertauschen.

„ 176: Text Zeile 1 lies: niedriger, statt höher.

„ 287: In Abb. 241 ist die Abszisse: „zunehmende Unterkühlung“, die Ordinate: „Verlauf der Kg- und Kz-Kurven“, der Schnittpunkt der Ordinaten ist die Erstarrungstemperatur.

„ 304: Zeile 2 von unten lies: Orientierter Ferritansammlungen, statt paralleler.

„ 318: Abb. 283 und 284 sind zu vertauschen.

„ 318: Zeile 21 lies: Block q ist in eine kalte, Block p in eine heiße …

„ 331: Zeile 11 von unten lies: Abb. 273, statt Abb. 300a.

„ 333: In Abb. 302 lies: Längsschnitt durch den Block Abb. 301, statt 303.

„ 343: Zeile 16 lies: „können letztere“, statt: „erstere“.

„ 344: In Abb. 312 ist oben und unten zu vertauschen.

„ 429: Zeile 2 lies: in Abb. 432, statt 423.

„ 433: Zeile 6 (vgl. S. 170), statt (vgl. S. 167).

„ 457: Zeile 12 lies: (vgl. Abschn. II 3 A. d.) statt Abschn. II, 21 G.

„ 467: Zeile 4 von unten lies: Abschn. II 3 A. b., statt II 21. G.

„ 475: lies (vgl. V, 1 H), statt (vgl. V, 1 E).

„ 524: Abb. 529 und 530 sind zu vertauschen.

„ 572: Abb. 607 links und rechts vertauschen.

I. Definition und Einteilung des technischen Eisens.

Das technische Eisen enthält außer Eisen eine Reihe von anderen Elementen, die bei seiner Herstellung teils ohne Absicht infolge der in den Ausgangsprodukten enthaltenen Verunreinigungen hineingelangen, teils zur Erzielung besonderer Eigenschaften absichtlich zugesetzt werden. Zur ersten Gruppe dieser sogenannten Fremdkörper gehören Kohlenstoff, Phosphor, Schwefel, Arsen, Kupfer, Silizium und Mangan, von der letzteren seien Nickel, Chrom, Wolfram, Molybdän, Vanadium, Titan, Kobalt und Aluminium erwähnt. Obwohl Kohlenstoff, Silizium, Mangan und Phosphor in keinem technischen Eisen vollständig fehlen dürften, kann auch der Gehalt an diesen Elementen mit Absicht zur Regelung der Eigenschaften bemessen werden. In besonders hervorragendem Maße ist dies der Fall für den Kohlenstoff. Der Gehalt an diesem Element bildet die Grundlage für die Einteilung der technischen Eisensorten, weil bis zu einem Kohlenstoffgehalt von $1,8$—$2\,^0/_0$ das Eisen die technisch äußerst wichtige Eigenschaft besitzt, bei höheren Temperaturen ein gewisses Maß von Bildsamkeit oder Formänderungsfähigkeit aufzuweisen, die zu seiner Verarbeitung durch Walzen, Schmieden, Pressen und dergleichen erforderlich ist. Diese Eigenschaft heißt Schmiedbarkeit oder Warmbildsamkeit, und man nennt alle technischen Eisensorten mit weniger als $1,8$—$2\,^0/_0$ Kohlenstoff **schmiedbares Eisen.** Die nichtschmiedbaren Eisensorten mit mehr als $1,8$—$2\,^0/_0$ Kohlenstoff heißen **Roheisen.** Eine scharfe Grenze zwischen beiden Gruppen technischer Eisensorten läßt sich nicht ziehen, weil die Schmiedbarkeit einerseits mit steigendem Kohlenstoffgehalt des Eisens allmählich abnimmt und nicht plötzlich verschwindet, anderseits durch die gleichzeitige Anwesenheit anderer Fremdkörper beeinflußt wird.

Das schmiedbare Eisen wird in **Schmiedeeisen** und **Stahl** eingeteilt. Bei Anwesenheit geringer Mengen anderer Fremdkörper liegt die Grenze zwischen diesen beiden Untergruppen bei einem Kohlenstoffgehalt von $0,4\,^0/_0$. Die Unterteilung erfolgt auf Grund der Tatsachen, daß Stahl härter, fester und spröder ist als Schmiedeeisen und durch Abschrecken oder Härten (Erhitzung auf hohe Temperaturen und nachfolgende sehr rasche Abkühlung) eine größere Härtesteigerung aufweist als Schmiedeeisen. Da aber die erwähnten Eigenschaften, wie Härte, Festigkeit, Sprödigkeit und Härtbarkeit, sich mit steigendem Kohlenstoffgehalt kontinuierlich verändern, ist eine solche Unterteilung willkürlich. Weder der englische noch der französische Sprachgebrauch kennt eine Unterscheidung zwischen Schmiedeeisen und Stahl, vielmehr heißt jedes schmiedbare Eisen, unabhängig vom Kohlenstoffgehalt, Stahl. Zur besonderen Kennzeichnung wird lediglich ein Eigenschaftswort, wie weich, mittelweich, extraweich bzw. hart, mittelhart, extrahart, hinzugefügt. Auch im deutschen Sprachgebrauch macht sich, wie schon Ledebur[1]) ausführt, eine zunehmende Verwischung des erwähnten Unterschiedes bemerkbar. Es ist daher durchaus erklärlich, daß die vom internationalen Verband für die Materialprüfungen der Technik eingesetzte Kommission, deren spezielle Aufgabe die Aufstellung einer einheitlichen Nomenklatur des Eisens war, dem im Jahre 1912 in New-York tagenden Kongreß die Abschaffung der Unterteilung und die einheitliche Benennung jedes schmiedbaren Eisens, unabhängig vom Kohlenstoffgehalt, mit „Stahl" vorschlug. Die Annahme dieses Vorschlages scheiterte jedoch insbesondere am Widerstand der deutschen Mitglieder des Kongresses, die auf die Schwierigkeiten wirtschaftlicher Natur hinwiesen, die eine Veränderung des jetzigen Sprachgebrauches für Deutschland im Gefolge haben würde. Die Kommission zog infolgedessen ihren Antrag zurück. Der deutsche Verband für die Materialprüfung der Technik und die Behörden halten auch heute noch an der Unterscheidung zwischen Schmiedeeisen (oder kurzweg Eisen) und Stahl im erwähnten Sinne fest.

Je nachdem, ob das schmiedbare Eisen im teigigen oder im flüssigen Zustande gewonnen, d. h. nach dem älteren Puddel- oder nach einem der neueren Verfahren zur Gewinnung des Eisens im flüssigen Zustande hergestellt worden ist, unterscheidet man Schweiß - Schmiedeeisen bzw. Fluß - Schmiedeeisen oder kurzweg Schweiß- bzw. Flußeisen sowie Schweißstahl und Flußstahl.

Das Schweißeisen wird eingeteilt[2]) nach Festigkeitseigenschaften und Verwendungszweck in:

  1. Schweißeisen ohne Abnahmebedingungen:
    a) Handelseisen.
    b) Schrauben- und grobkörniges Preßmuttereisen.
    c) Hufstabeisen.
    d) Fittings- und Muffeneisen.
  2. Schweißeisen mit Abnahmebedingungen:
    a) Gütestufe „best" für Bauwerkeisen, Oberbau, Eisenbahnfahrzeuge, Schiffs- und Maschinenbau. Festigkeit je nach Dicke 34—36 kg/qmm, Dehnung 12 %.
    b) Gütestufe „best best" für Eisenbahnmaterial: Schrauben, Nieten, Ketten, Kupplungen usw. Stabeisen für Maschinenbau. Festigkeit je nach Dicke 35—37 kg/qmm, Dehnung 18—35 %.
    c) Gütestufe „best best best" für Eisenbahn-, Schiffs- und Maschinenbau. Festigkeit 37—38 kg/qmm, Dehnung 18—20 %.

Die im flüssigen Zustande erzeugten schmiedbaren Eisensorten benennt man häufig nach dem besonderen Herstellungsverfahren. Es ergeben sich also Bezeichnungen wie: Thomas-, Bessemer-, Siemens-Martin-Eisen und -Stahl, ferner auch basisches oder saures Eisen bzw. ebensolcher Stahl. Nach irgendeinem der vorstehenden, also auch nach dem Puddelver-

---

[1]) Handbuch der Eisenhüttenkunde, 5. Auflage 1906.

[2]) Diese und die nachfolgende Einteilung des Stahlformgusses, des Flußeisens und des Graugusses folgt in großen Zügen dem Vorschlag des Vereins Deutscher Eisenhüttenleute an den Normenausschuß der Deutschen Industrie bzw. den durch diesen gemachten Abänderungen. Die Angaben sind noch nicht endgültig.

fahren hergestellter, sodann im Tiegel umgeschmolzener Stahl heißt Tiegelstahl, Tiegelgußstahl oder kurzweg Gußstahl. Diese letztere Bezeichnung, die also ursprünglich nur für den im Tiegel hergestellten Stahl üblich ist, wird in neuerer Zeit auch angewendet auf den im Elektroofen hergestellten Stahl. Dieser sollte aber zum mindesten als Elektrostahl oder besser Elektrogußstahl bezeichnet werden.

Das im flüssigen Zustande erzeugte schmiedbare Eisen wird entweder in Blöcke mit quadratischem, polygonalem, rundem oder besonders geformtem, oder in Brammen mit annähernd rechteckigem Querschnitt (hauptsächlich für Bleche) vergossen, und diese werden sodann weiter verarbeitet durch Walzen, Schmieden oder Pressen, oder aber die typische Eigenschaft des schmiedbaren Eisens, nämlich die Schmiedbarkeit, wird nicht ausgenutzt, das Eisen wird vielmehr zu Stahlguß oder besser Stahlformguß vergossen, d. h. es wird nicht weiter verarbeitet, sondern schon durch das Gießen in die gewünschte, endgültige Form gebracht. Blöcke und Brammen werden zunächst zu Zwischenerzeugnissen, wie Riegel, Platinen, Knüppel usw., verarbeitet, die dann zur Herstellung des Fertigerzeugnisses dienen.

Stahlformguß wird eingeteilt wie folgt:

Sorte	Mindest-Festigkeit	Mindest-Dehnung[1]
St. F. 38	38 kg/qmm	$20\,^0/_0$
St. F. 45	45 ,,	$16\,^0/_0$
St. F. 52	52 ,,	$12\,^0/_0$
St. F. 60	60 ,,	$8\,^0/_0$

Bei Lieferung von Stahlformguß mit magnetischen Eigenschaften legt man allgemein folgende Zahlen zugrunde:

$$\text{Magnetische Induktion} \quad B = 12\,000 \text{ bei } 7,7 \text{ Amp. Wind.}$$
$$,, \qquad\qquad ,, \qquad B = 15\,000 \;\; ,, \;\; 25 \;\; ,, \qquad ,,$$
$$,, \qquad\qquad ,, \qquad B = 175\,000 \;\; ,, \;\; 100 \;\; ,, \qquad ,,$$

Flußeisen wird eingeteilt wie folgt:

A. Eisenbahnmaterial:
    1. Schienen für Haupt- und Nebenbahnen.
    2. Straßenbahnschienen.
    3. Schwellen für Haupt- und Nebenbahnen.
    4. Kleineisenzeug, wie Laschen, Unterlagsplatten, Hakenplatten, Klemmplatten, Hakennägel, Schwellenschrauben, Laschenschrauben, Hakenschrauben, Federringe, Radlenker.
    6. Weichenplatten.
    7. Radreifen.
    8. Achsen.
    9. Geschmiedeter Stahl.

B. Bauwerkseisen:
    1. Formeisen, wie Träger, ⌐- und Zoreseisen (Belageisen), Stabeisen (Rund-, Vierkant-, Sechskant- und Achtkanteisen), Flach- und Halbrundeisen, Universaleisen, Winkel-, T-, Z- und ähnliche Walzeisen.
    2. Schraubeneisen.
    3. Nieteisen.
    4. Handelseisen.

---

[1] Kurzstäbe von 20 mm $\varnothing$ bei 100 mm Meßlänge.

C. Geschmiedeter Stahl.

Sorte	Festigkeit kg/qmm	Dehnung %
St. 34	34—42	$\geq$ 25
St. 36	36—44	$\geq$ 22
St. 42	42—50	$\geq$ 20
St. 50	50—60	$\geq$ 18
St. 60	60—70	$\geq$ 14
St. 70	70—80	$\geq$ 10

D. Bleche.
   1. Feinbleche, $\leq$ 3 mm.
   2. Mittelbleche, 3—5 mm.
   3. Grobbleche, $\geq$ 5 mm.
   4. Riffel- und Schwarzbleche.
Bezüglich der Güte unterscheidet man:
   1. Gewöhnliche Bleche oder Handelsware.
   2. Baubleche.
   3. Schiffsbleche.
   4. Kesselbleche.
   5. Sonderbleche.

E. Draht.
   1. Walzdraht.
   2. Gezogene Stiftdrähte, Zaundrähte u. dgl.
   3. Verzinkter, geglühter Telegraphendraht (Flußeisen) $\geq$ 40 kg/qmm.
   4. Verzinkter Telephondraht (Flußstahl), 130—140 kg/qmm.
   5. Draht für Drahtseile.
   6. Klavierdraht.

F. Rohre.
   1. Nahtlose Rohre für Lokomotivkessel.
     a) Siederohre.
     b) Rauchrohre.
   2. Feuer- und Ankerrohre für Schiffskessel.
   3. Rohre für Landdampfkessel.
   4. Nahtlose Wasserrohre für engrohrige Wasserrohrkessel.
   5. Nahtlose und überlappt- oder patentgeschweißte Rohre für Dampfleitungen, Zentralheizungen, Rohrschlangen, Ölleitungen usw.
   6. Rohre für gewöhnliche Wasser- und Gasleitungen bis 4″ l. W.
   7. Mit Wassergas oder im Koksfeuer geschweißte Rohre.
   8. Gefäße für verflüssigte oder verdichtete Gase.

Eine besondere Gruppe bilden endlich die Werkzeugstähle, die sich im wesentlichen von den vorhergehenden Erzeugnissen durch höheren Kohlenstoffgehalt unterscheiden. Dieser liegt etwa zwischen 0,6 und 1,5%, während er bei der vorhergehenden Gruppe etwa zwischen 0,1 und 0,7% gelegen ist. Ganz allgemein unterscheidet man drei Qualitäten: zähhart, hart, sehr hart. Über den besonderen Verwendungszweck und die Güteabstufungen enthalten die entsprechenden Abschnitte dieses Buches nähere Einzelheiten. Letzteres ist ferner der Fall für die in keine der beiden Gruppen einzureihenden Einsatzstähle, Federstähle, Magnetstähle, nichtrostende Stähle und andere Stähle für besondere Zwecke.

Sie gehören im übrigen meist der Gruppe der Spezial- oder Sonder- oder legierten Stähle an, d. h. denjenigen schmiedbaren Eisensorten, die zur Erzielung besonderer Eigenschaften mit beabsichtigtem Zusatz von besonderen

Elementen erzeugt werden. Zur Kennzeichnung des Stahls dient in erster Linie die Art der Legierungselemente, z. B. Nickelstahl, Nickelchromstahl usw. Die Spezialstähle, denen übrigens nur in den allerseltensten Fällen der Kohlenstoff praktisch vollständig fehlt, heißen ternär, wenn sie ein Legierungselement, quaternär, wenn sie zwei Legierungselemente, und komplex, wenn sie mehr als zwei Legierungselemente enthalten. Die legierten Stähle werden üblicherweise eingeteilt in Konstruktions- oder Baustähle und Werkzeugstähle, und diese Einteilung hat sich allgemein auch für nichtlegierte Stähle dort Eingang verschafft, wo die legierten Stähle am meisten verwendet werden, nämlich im Automobil-, Flugzeug- und Präzisions-Werkzeugmaschinenbau. Man unterscheidet allgemein niedrig, mittel und hoch legierte Stähle. Über den besonderen Verwendungszweck enthalten die entsprechenden Abschnitte dieses Buches nähere Einzelheiten.

Insbesondere die legierten Stähle werden von den Herstellern häufig mit besonderen Bezeichnungen benannt, die mit den Eigenschaften oder mit dem Verwendungszweck nichts zu tun haben und lediglich aus kaufmännischen Gründen gewählt werden. Es erübrigt sich, hierauf näher einzugehen.

Die Legierungen mit mehr als $1{,}7\,^0/_0$ Kohlenstoff heißen, wie schon erwähnt, Roheisen. Man unterscheidet zwei große Gruppen, je nachdem, ob der Kohlenstoff ausschließlich als Eisenkarbid, Fe_3C, oder nur teilweise als solches, im übrigen als elementarer Kohlenstoff: Graphit oder Temperkohle, zugegen ist. Im ersteren Falle handelt es sich um weißes, im letzteren um graues Roheisen. Aus einem Gemisch beider Roheisenarten bestehende Sorten heißen meliert. Das Roheisen enthält außer Kohlenstoff, wie das schmiedbare Eisen, jedoch meist in höherem Maße als dieses, eine Reihe von Fremdkörpern. Je nach dem Herstellungsverfahren unterscheidet man Koksroheisen, Holzkohlenroheisen, Elektroroheisen und synthetisches Roheisen. Die drei ersten Gruppen umfassen die aus Eisenerzen, eisenhaltigen Zusätzen, Eisenabfällen (Schrott) und schlackenbildenden Zuschlägen durch reduzierendes Schmelzen im Hochofen gewonnenen Erzeugnisse, während das synthetische Roheisen aus Eisenabfällen, kohlenden Mitteln und schlackenbildenden Zuschlägen im Hochofen, Elektro-, Herd- oder Kupolofen gewonnen wird. Mit Rücksicht auf die je nach der Marktlage eintretenden Verschiebungen in der Verwendung des Schrottanteils kann eine scharfe Grenze zwischen beiden Gruppen heute nicht mehr gezogen werden. Die Weiterverarbeitung des Roheisens erfolgt auf verschiedene Weise.

Es wird entweder durch oxydierendes Schmelzen (Frischen) zu schmiedbarem Eisen weiterverarbeitet, wobei alle Fremdkörper eine wesentliche Abnahme erleiden,

oder durch eine geeignete Glühbehandlung, das Tempern, wird unter Ausschluß oxydierender Einflüsse der ausschließlich als Eisenkarbid vorhandene Kohlenstoff des in diesem Falle weißen Roheisens ganz oder teilweise in elementaren Kohlenstoff zwecks Erzeugung von schmiedbarem Guß oder Temperguß verwandelt (amerikanisches Verfahren),

oder die Glühbehandlung erfolgt mit oxydierenden Mitteln, sodaß außer einer Umwandlung der Kohlenstofform eine Abnahme des Gehaltes an diesem Element erfolgt (europäischer Temperguß), oder das in diesem Falle graue Roheisen wird direkt aus dem zur Erzeugung dienenden Ofen in Formen vergossen zu **Gußwaren erster Schmelzung,**

oder eine geeignete Mischung oder Gattierung von Roheisensorten wird in einem besonderen Ofen (Kupol-, Herd-, Tiegel-, Elektroofen) lediglich umgeschmolzen zu **Gußwaren zweiter Schmelzung** oder kurzweg **Gußeisen** oder **Grauguß.**

Je nach der Art des beabsichtigten Fertigerzeugnisses werden an die einzelnen Ausgangserzeugnisse bezüglich der chemischen Zusammensetzung verschiedenartige Anforderungen gestellt, die eine besondere Einteilung dieser Erzeugnisse bedingen.

Das zur Erzeugung von **schmiedbarem Eisen** dienende Roheisen wird eingeteilt in **Puddelroheisen, Thomasroheisen, Bessemerroheisen** und **Stahleisen.** Die nachfolgende Tabelle gibt einen ungefähren Anhalt über die Zusammensetzung einiger wichtiger Eisensorten:

	C	Si	Mn	P	S
Puddelroheisen weiß	2,5	0,5	2,0	0,4	0,04—0,1
„ grau	2,5	2,5	2,0	0,4	0,04—0,1
Stahleisen Rhld.-Westf.	3,5	1,6	2,0	0,3	0,03—0,05
„ Sieg	4,0	0,5	6,0	0,08	0,01—0,03
Bessemerroheisen	3,5	2,0	2,5	0,08	0,01—0,03
Thomasroheisen Rhld.-Westf.	3,8	0,7	1,5	1,8	0,1—0,15
„ Lothr.-Lux. O. M. .	3,1	0,6	0,3	1,8	0,08—0,15
„ „ M. M. .	3,1	0,6	1,5	1,8	0,04—0,07

Zur Erzeugung von **europäischem Temperguß** dienen Schmiedeeisen, Tempergußschrott und verschiedene Roheisensorten, darunter die eigens für das Verfahren hergestellten **Temperroheisen** in solcher Mischung oder Gattierung unter Berücksichtigung der geringen Veränderungen der chemischen Zusammensetzung durch das Herstellungsverfahren, daß das Endprodukt je nach der Wandstärke etwa

$2,3—3,3\%$ Kohlenstoff,
$0,4—0,8\%$ Silizium,
$0,4\%$ Mangan,
nicht über $0,2\%$ Phosphor und
$0,1\%$ Schwefel

enthält. Die nachfolgenden Zahlen geben die chemische Zusammensetzung einiger Spezial-Temperroheisensorten wieder:

	C	Si	Mn	P	S
Temperroheisen grau	4,1	1,2	0,1	0,05	0,05
„ weiß	3,2	0,5	0,1	0,04	0,19

Zur Erzeugung von **Gußwaren zweiter Schmelzung** dienen neben Schmiedeeisen und Graugußschrott verschiedene Roheisensorten in einer für die Erzielung der Zusammensetzung des Endproduktes geeigneten Mischung oder Gattierung unter Berücksichtigung der Veränderung der chemischen Zusammensetzung durch den Umschmelzprozeß. Die nachfolgende Zusammenstellung enthält die Zusammensetzung einiger wichtiger **Roheisensorten für Gießereizwecke.**

	C	Si	Mn	P	S
Hämatit	4,0	2—3	max. 1,2	0,1	0,04
Gießereieisen Nr. I	4,0	2,25—3	„ 1,0	0,7	0,04
„ „ III Rhld.-Westf. . .	3,8	1,8—2,5	„ 1,0	0,9	0,06
„ „ III Lothr.-Lux. . .	3,8	1,8—2,5	„ 0,8	1,4—1,8	0,06
„ „ III Qual. engl. . .	4,0	2—2,5	„ 0,8	1—1,5	0,06

Die Bezeichnung der Gießereiroheisensorten mit römischen Zahlen stammt aus der Zeit, in der es üblich war, das Roheisen nach der Körnung des Bruches einzuteilen, die im wesentlichen auf die Größe der auf diesem erkennbaren Graphitausscheidungen zurückzuführen ist. Man unterschied früher fünf Nummern, während heute fast nur noch die Nummern I und III im Handel erscheinen, im übrigen aber allmählich immer mehr die zweckmäßigere Einteilung nach der chemischen Analyse Platz greift.

Außer den vorstehenden wichtigsten Roheisensorten werden noch eine ganze Reihe von Sorten mit mehr oder minder abweichender chemischer Zusammensetzung, in der Hauptsache bezüglich des Mangans, Siliziums und Phosphors, hergestellt, die bei der Zusammenstellung der Gattierung zur bequemen Regelung der Gehalte an den erwähnten Elementen dienen. Eine Aufzählung würde hier zu weit führen[1]). Diese Roheisensorten bilden den Übergang zu den sogenannten Speziallegierungen, die zum Teil gleichen Zwecken, hauptsächlich bei der Herstellung des schmiedbaren Eisens, insbesondere der Spezialstähle, dienen, nur daß die Zahl der in Frage kommenden Elemente größer ist. Zum Teil bezweckt man jedoch auch durch ihren Zusatz die Herbeiführung gewisser chemischer Reaktionen im flüssigen Eisen, die es von schädlichen Stoffen, wie Eisenoxydul und Gasen, befreien sollen.

Eine scharfe Grenze zwischen beiden Gruppen läßt sich nicht ziehen, da mit dem Zusatz der zweiten Gruppe von Legierungen meist, z. T. auch ohne Absicht, eine Anreicherung an dem betreffenden Hauptelement erfolgt. Man rechnet zur zweiten Gruppe dieser Legierungen folgende:

	C	Si	Mn	P	S
Spiegeleisen	4—5	0,4	6—25	0,08	0,01—0,02
Ferromangan	5—7,5	1,3—0,2	30—80	0,3	0,01—0,02
Ferrosilizium, i. Hochofen hergestellt	3—1	8—10	0,8	0,07	0,01—0,03
„ , i. Elektroofen hergest.	0,3—0,5	25—75	0—0,4	0,4—0,1	0,005—0,03
Ferromangansilizium, Silikospiegel, im Hochofen hergestellt	1—2,5	5—13	6—20	0,1—0,2	—
Ferromangansilizium, im Elektroofen hergestellt	0,2—1,0	20—35	40—75	0,01—0,05	0,01—0,03

Außer diesen Legierungen verwendet man zum gleichen Zweck Rein-Aluminium, Ferroaluminium, Ferrosilikoaluminium, Titan, Ferrotitan und eine Reihe anderer komplexer Legierungen, neuerdings auch Borlegierungen.

Zur ersteren Gruppe von Legierungen, die also die Einführung gewisser Elemente zur Verbesserung der Eigenschaften zum Zwecke haben, gehören außer

---

[1]) Vgl. z. B. Geiger: Handbuch der Eisen- und Stahlgießerei Bd. I, Berlin: Julius Springer 1911; sowie Leber: Temperguß und Gühfrischen, Berlin: Julius Springer 1919.

den reinen Metallen Nickel, Chrom, Wolfram, Molybdän und Kobalt die Ferrolegierungen des Chroms, Wolframs, Molybdäns, Vanadiums und in neuerer Zeit die des Bors, Urans, Zirkons, wenngleich bezüglich dieser letzteren noch kein abschließendes Urteil vorliegt. Erstrebt wird in der Ferrolegierung neben hohem Gehalt an den Zusatzelementen möglichste Kohlenstofffreiheit. In der Gießereitechnik, sowie mitunter zur Erzeugung von phosphorreichem schmiedbaren Eisen (Preßmuttereisen), verwendet man zur Regelung des Phosphorgehaltes im Hochofen oder Elektroofen hergestelltes Ferrophosphor, das

$$20\text{—}25\,^0/_0\ \text{P,}$$
$$0,03\text{—}1,2\,^0/_0\ \text{C,}$$
$$0,1\text{—}6\,^0/_0\ \text{Mn,}$$
$$0,5\text{—}1,8\,^0/_0\ \text{Si,}$$
$$0,08\text{—}0,3\,^0/_0\ \text{S}$$

enthält.

Die vorstehenden Erzeugnisse: Roheisen und Ferrolegierungen, sind Zwischenerzeugnisse. Sie werden in diesem Buche ihrer technischen Bedeutung gemäß keine so ausführliche Behandlung erfahren wie die Fertigerzeugnisse.

Die Gießerei-Fertigerzeugnisse werden teils nach den Eigenschaften, teils nach dem Verwendungszweck eingeteilt. Stotz[1]) gibt folgende Einteilung für Temperguß:

a) gewöhnlicher Temperguß oder Weichguß, Festigkeit 30 kg/qmm, Dehnung $\geq 3\,^0/_0$, soll leicht bearbeitbar sein.

b) weißkerniger Qualitätstemperguß, Festigkeit ≥ 35 kg/qmm, Dehnung $\geq 7,5\,^0/_0$.

c) schwarzkerniger Qualitätstemperguß, Festigkeit ≥ 32 kg/qmm, Dehnung $\geq 7,5\,^0/_0$.

d) Bohrguß, Festigkeit ≥ 30 kg/qmm, Dehnung $\geq 1\,^0/_0$.

e) Dynamo-Temperguß.

Grauguß wird dem Verwendungszweck entsprechend wie folgt eingeteilt:

1. Kunstguß.
2. Feinguß.
3. Bauguß.
4. Guß für Herde und Öfen sowie Geschirrguß.
5. Guß für Heizkörper.
6. Guß für Piano- und Flügelplatten.
7. Muffen- und Flanschenrohre.
8. Maschinenguß ohne besondere Vorschriften.
9. Maschinenguß nach besonderen Vorschriften.
10. Zylinderguß.
11. Hartguß.
12. Walzenguß für Walzwerke.
13. Walzenguß für Druckerei-, Müllerei-, Papier- und Textilmaschinen, Zuckermühlen usw.
14. Guß für Geschoßkörper.
15. Chemisch widerstandsfähiger Guß.
16. Feuerbeständiger Guß.
17. Kokillenguß.
18. Guß für Tübbings.
19. Guß für Bremsklötze.
20. Guß für Amboßstücke und dgl.

Einzelheiten über chemische Zusammensetzung und Eigenschaften enthält der Abschnitt: Grauguß.

---

[1]) Mitteilung an den Normenausschuß der Deutschen Industrie 1922.

II. Die Konstitution des Eisens in Abhängigkeit von der chemischen Zusammensetzung.

1. Einleitung.

Wie aus den vorhergehenden Darlegungen hervorgeht, ist das technische Eisen kein reines Metall, sondern eine Legierung. Nach der modernen Anschauung ist die Beschreibung einer Legierung erst dann vollständig, wenn zur Angabe von Zahl und prozentualen Mengenanteilen der beteiligten chemischen Elemente die der Form und Anordnung dieser Elemente hinzukommt. Ersteres ist die Aufgabe der chemischen Analyse, letzteres die der Konstitutionslehre oder Metallographie. Bei der Erforschung der Konstitution des Eisens geht man vom reinen Metall aus und untersucht die Veränderung der Konstitution durch den Zusatz derjenigen Elemente, die für das Eisen von praktischer Bedeutung sind. Dabei verfährt man systematisch in der Weise, daß zunächst der Einfluß je eines Elementes in steigenden Mengen, also beispielsweise der Einfluß des Kohlenstoffs, auf die Konstitution des Eisens ermittelt wird. Man stellt sich also reine Eisenkohlenstoff-Legierungen her, damit der Einfluß anderer Fremdkörper den des Kohlenstoffs nicht verdeckt. Die Gesamtheit der Legierungen des Eisens mit einem Element nennt man ein binäres oder Zweistoffsystem oder ein System mit zwei Komponenten. Dem Studium der binären Systeme folgt sodann das der bereits weit verwickelteren ternären oder aus drei Komponenten aufgebauten Systeme. Der überragenden Bedeutung des Kohlenstoffs für das Eisen entsprechend bildet dieses Element einen der Grundbestandteile einer ersten Reihe von zu untersuchenden ternären Systemen, wie Eisen-Kohlenstoff-Phosphor, Eisen-Kohlenstoff-Schwefel usw. Folgerichtig müßten dann die quaternären, sodann die Systeme höherer Ordnung untersucht werden. Obgleich man bisher bei der systematischen Untersuchung über die binären Systeme wenig hinausgekommen ist, genügen doch schon die vorhandenen Unterlagen für eine zusammenhängende Darstellung der Konstitution des schmiedbaren Eisens.

2. Reines Eisen.

Die Aufnahme der Abkühlungs- bzw. Erhitzungskurve von praktisch reinem Eisen ergibt prinzipiell das in Abb. 1 dargestellte Bild. Das Eisen schmilzt und erstarrt bei 1528°C[1]), was durch den bekannten horizontalen Abschnitt der Abkühlungs- bzw. Erhitzungskurve zum Ausdruck gelangt.

---

[1]) Ruer und Klesper, Fer. 1913/14, 257.

Innerhalb des Existenzgebietes des festen Eisens begegnen wir auf der Abkühlungskurve bei 1401, 898 bzw. 768 und auf der Erhitzungskurve bei 768, 906 bzw. 1401 °C je einer weiteren Unregelmäßigkeit. Dies bildet die Grundlage der Annahme, daß das feste Eisen in vier mit δ, γ, β bzw. α bezeichneten Modifikationen, Zustandsformen oder Phasen vorkommen kann, deren Umwandlung reversibel ist. Der Existenzbereich der vier Modifikationen erstreckt sich demnach auf folgende Temperaturen:

Bei der Abkühlung			Bei der Erhitzung		
δ-Eisen	1528—1401°		α-Eisen	bis	768°
γ-Eisen	1401— 898°		β-Eisen	768—	906°
β-Eisen	898— 768°		γ-Eisen	906—1401°	
α-Eisen	unter 768°		δ-Eisen	1401—1528°	

Die Punkte der Temperaturskala, bei denen die Umwandlungen erfolgen, heißen Umwandlungs-, Halte- oder kritische Punkte. Nach dem Vorschlag

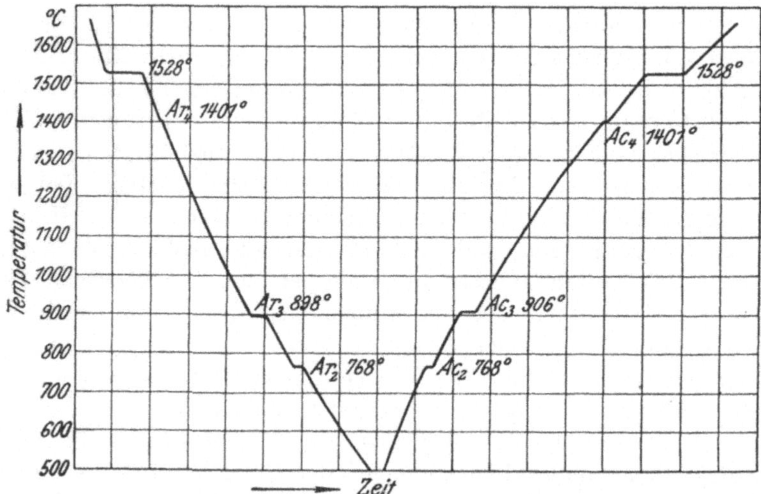

Abb. 1. Schematische Erhitzungskurve (rechts) und Abkühlungskurve (links) von reinem Eisen.

Osmonds[1]) bezeichnet man sie der Einfachheit halber mit dem Buchstaben A (Arrêt = Halten), dem man, falls die Abkühlungskurve gemeint ist, r (refroidissement = Abkühlung), falls die Erhitzungskurve dagegen gemeint ist, c (chauffage = Erhitzung) beifügt. Zur Unterscheidung der einzelnen Umwandlungen erhalten Ar und Ac für die $\delta \rightleftarrows \gamma$-Umwandlung den Index 4, für die $\gamma \rightleftarrows \beta$-Umwandlung den Index 3 und für die $\beta \rightleftarrows \alpha$-Umwandlung den Index 2, so daß die Bezeichnungen für die Umwandlungen des Eisens folgende sind:

Umwandlung bei der Abkühlung	Umwandlung bei der Erhitzung
$\delta \rightarrow \gamma$ Ar_4	$\gamma \rightarrow \delta$ Ac_4
$\gamma \rightarrow \beta$ Ar_3	$\beta \rightarrow \gamma$ Ac_3
$\beta \rightarrow \alpha$ Ar_2	$\alpha \rightarrow \beta$ Ac_2

---

[1]) Transformations du fer et de l'acier, Paris 1887.

Wie man aus Abb. 1 ersieht, stimmen Ar_3 und Ac_3 in ihrer Lage nicht miteinander überein. Ac_3 liegt vielmehr um 8⁰ höher als Ar_3. Durch diese Erscheinung, die sogenannte Hysteresis, äußert sich die Neigung des γ-Eisens zur Verzögerung seiner Umwandlung in β-Eisen. Die Hysteresis ist in hohem Maße von der Abkühlungsgeschwindigkeit abhängig. So fanden Ruer und F. Goerens[1]

bei einer Abkühlungsgeschwindigkeit von ⁰/Min.	Ar_3 bei ⁰C
12	892
6	895
4	896
3	897
2	899
1	900

Durch einen besonderen Kunstgriff bestimmten die genannten Verfasser die Gleichgewichtstemperatur der $\gamma \rightleftarrows \beta$-Umwandlung zu 906 ± 1^0. Die Abweichungen zwischen den Angaben der einzelnen Forscher über die Lage von A_3 sind in erster Linie auf Verschiedenheiten der Abkühlungs- und Erhitzungsgeschwindigkeiten zurückzuführen.

A_2 weist im Gegensatz zu A_3 keine Hysteresis auf[2]) und ist daher auch unabhängig von der Abkühlungsgeschwindigkeit[3]).

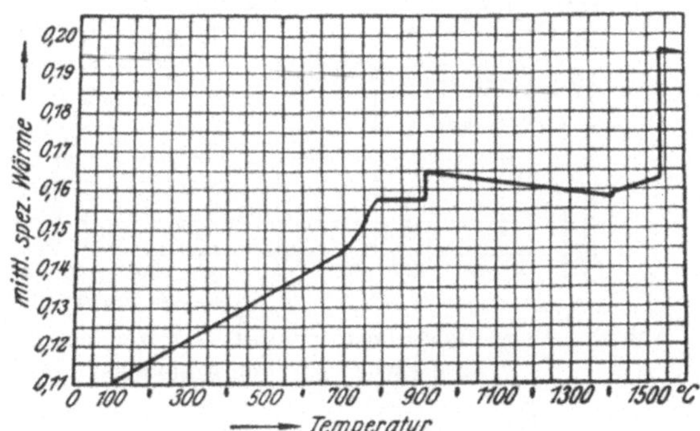

Abb. 2. Mittlere spezifische Wärme von reinem Eisen in Abhängigkeit von der Temperatur. (Durrer.)

Ehe auf die Bedeutung der Modifikationen des Eisens eingegangen wird, soll untersucht werden, welche weiteren Unterlagen sich aus dem Studium anderer Eigenschaften für ihr Vorhandensein bzw. ihren Charakter gewinnen lassen. Hierbei wird zunächst mit Le Chatelier[4]) angenommen, daß allotrope Umwandlungen kristallisierter Körper stets diskontinuierlich verlaufen.

Die Bestimmung des Wärmeinhaltes in Abhängigkeit von der Temperatur ergibt direkt und quantitativ die bei den einzelnen Haltepunkten vorhandenen Wärmetönungen (Umwandlungswärmen). Abb. 2 nach Durrer[5]) zeigt die Abhängigkeit der mittleren spezifischen Wärme des reinen Eisens von der Temperatur. A_4 und A_3 gelangen durch diskontinuierliche Änderungen der Kurve bei 1404 bzw. 919⁰ in hinreichender Übereinstimmung mit den Ergebnissen der thermischen Untersuchung zum Ausdruck. Dagegen ist der Charakter der mit A_2 bezeichneten Umwandlung offenbar verschieden von dem der übrigen und dadurch gekennzeichnet, daß bei 725⁰ eine Änderung, und zwar ein steiles Ansteigen der Kurve einsetzt, das bis 785⁰ währt. Es

---

[1]) Fer. 1915/16, 1.
[2]) Vgl. Burgess und Crowe, Bureau of standards Nr. 213, 1914.
[3]) Vgl. Maurer, E. F. I. 1920, 1, 70.   [4]) Rev. Mét. 1904, 214.
[5]) Diss. Aachen sowie Wüst, Durrer und Meuthen, Forsch. Arb. Heft 204.

ist sehr wahrscheinlich, daß diese Unregelmäßigkeit des Kurvenverlaufs mit dem kritischen Punkt A_2, also mit der $\alpha \rightleftharpoons \beta$-Umwandlung, zusammenhängt, indessen fehlt zweifellos die Diskontinuität. Die Intensität der einzelnen Wärmetönungen erhellt aus der nachfolgenden Zusammenstellung nach Durrer:

Schmelzwärme. . . . . 49,35 g/cal.
Umwandlungswärme A_4 . . . . 1,94 „ „
„ A_3 . . . . 6,67 „ „
„ A_2 . . . . 6,56 „ „ [1])

Daß die Möglichkeit, Eisen zu magnetisieren, in der Nähe des Haltepunktes A_2 während der Erhitzung aufhört, um bei der Abkühlung wieder einzutreten, ist durch zahlreiche Untersuchungen[2]) nachgewiesen worden. Nicht ganz mit Recht wird jedoch häufig angegeben, α-Eisen sei magnetisch, β- und γ-Eisen dagegen seien unmagnetisch.

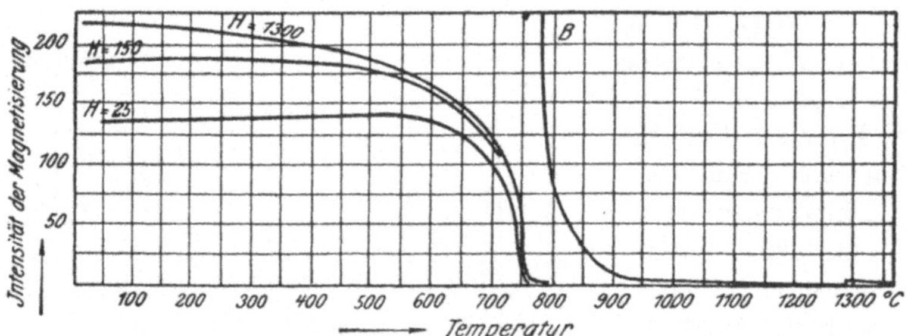

Abb. 3. Magnetisierungsintensität von weichem Flußeisen in Abhängigkeit von der Temperatur für verschiedene Feldstärken. (Curie.)

Die Curieschen Untersuchungen zeigten bereits, daß:
1. die Stärke der Magnetisierbarkeit zwischen 0^0 und A_2 allmählich abnimmt, und zwar um so stärker, je größer die angewendete Feldstärke ist;
2. der größte Verlust der Magnetisierbarkeit bei A_2 erfolgt;
3. die Magnetisierbarkeit oberhalb A_2 zwar recht gering, jedoch nicht gleich Null ist und mit steigender Temperatur
   a) zwischen A_2 und A_3 rascher,
   b) oberhalb A_3 langsamer sinkt, um bei 1280^0 C plötzlich wieder anzusteigen und oberhalb dieser Temperatur wieder zu sinken.

Es sei jedoch gleich zu 3 b erwähnt, daß Weiß und Foëx[3]) das Wiederansteigen der Magnetisierungsintensität bei rd. 1400^0, also in hinreichender Übereinstimmung mit den Ergebnissen der thermischen Untersuchungen bei A_4 fanden.

Die vorstehend geschilderten Verhältnisse gelangen durch die Abb. 3 nach Curie besser zum Ausdruck. Zur Verdeutlichung des Kurvenverlaufs ober-

---

[1]) Berechnet durch Extrapolation der beiden angrenzenden Kurven bis zur Mitte (755^0) des Umwandlungsintervalls.

[2]) Vgl. Hopkinson, Phil. Trans. 1889, 443; P. Curie, Thèse, Gauthier-Villars, Paris 1895; Morris, Phil. mag. 1897, 44, 213; Weiß und Foëx, Phys. Z. 1911, 12, 935, sowie Journ. Phys. 1911, 1, 745; Rümelin und Maire, Fer. 1914/15, 141 u. v. a.

[3]) a. a. O.

halb A_2 ist im rechten Teile der Figur die Fortsetzung der Kurve für die Feldstärke = 1000 cgs-Einheiten in dem Kurvenstück B in 100facher Vergrößerung des Maßstabes wiedergegeben. Aus der Abbildung geht der unter 1 erwähnte Einfluß der Feldstärke auf den Verlauf der magnetischen Umwandlung hervor. Durch geeignete Wahl der Versuchsbedingungen gelang es Rümelin und Maire[1]), bei $Ar_2 = Ac_2 = 768^0$ ein scharf ausgeprägtes rechtwinkliges Umbiegen der Kurve zu finden. Dagegen fanden auch diese Forscher, daß oberhalb Ac_2 der Magnetismus nicht plötzlich, sondern allmählich verschwindet. Die Untersuchungen von Weiß und Foëx[2]) zeigten ferner, daß erst bei Ac_3 diskontinuierlich fast völliges Verschwinden des Magnetismus (Paramagnetismus) eintritt. Dies gelangt zum Ausdruck in Abb. 4 nach Weiß und Foëx, in der zur besseren Verdeutlichung als Ordinate der reziproke Wert der magnetischen Suszeptibilität für die Masseneinheit (ein der Magnetisierungsintensität proportionaler Wert) eingetragen ist.

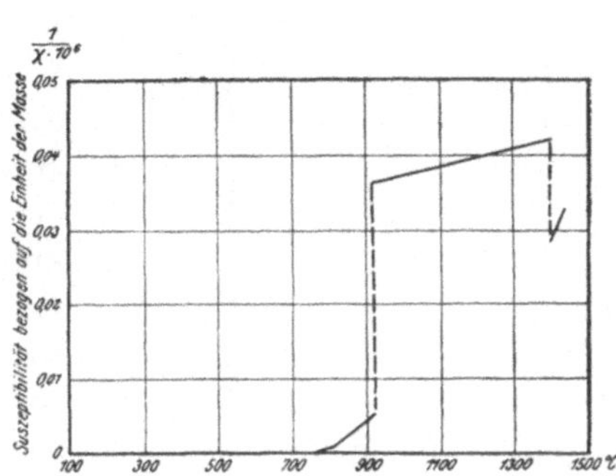

Abb. 4. Suszeptibilität von reinem Eisen, bezogen auf die Einheit der Masse in Abhängigkeit von der Temperatur. (Weiß und Foëx.)

In Abb. 5 ist die Änderung des elektrischen Leitwiderstandes pro Temperatureinheit oder des spezifischen Temperaturkoeffizienten von reinstem Eisen mit 99,83 % Fe nach Untersuchungen von Burgess und Kellberg[3]) wiedergegeben. Die gestrichelte Kurve stellt die Abhängigkeit dieser Eigenschaft von der Temperatur bei der Erhitzung, die ausgezogene das gleiche bei der Abkühlung dar. Auch hier ist das Vorhandensein der beiden Unregelmäßigkeiten bei A_2 und A_3, der reversible Charakter der A_2-Umwandlung, die Hysteresis bei A_3 und endlich der verschiedene Charakter der beiden Umwandlungen unverkennbar[4]). Es ist indessen nicht zu übersehen, daß Abb. 5 eine Differentialkurve ist, auf der eine allmähliche Änderung des Leitwiderstandes als scharfe Spitze zum Ausdruck gelangen muß. Die von Broniewski[5]) erhaltene Widerstands-Temperatur-

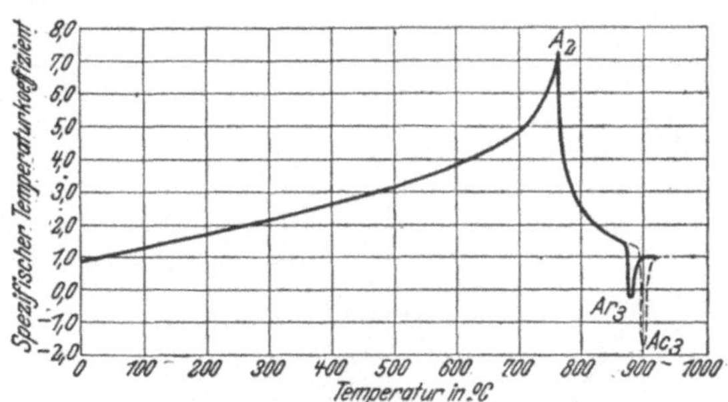

Abb. 5. Änderung des elektrischen Leitwiderstandes von reinem Eisen in Abhängigkeit von der Temperatur. (Burgess und Kellberg.)
———— Abkühlung, — — — Erhitzung.

[1]) a. a. O.   [2]) a. a. O.   [3]) Washington Academy of Sciences 1914, 436.
[4]) Vgl. ferner über denselben Gegenstand: Fournel, C. R. 1906, **143**, 146, 285; Boudouard, Bull. d'Enc. 1903, **105**, 449.
[5]) C. R. 1913, **156**, 699.

kurve von reinstem Elektrolyteisen zeigt jedenfalls deutlich den allmählichen Charakter der Änderung bei Ar_2.

Mit Hilfe eines außerordentlich empfindlichen Differentialverfahrens untersuchte Benedicks[1] die Änderung des Ausdehnungskoeffizienten von sehr reinem Eisen mit $99{,}967\,^0/_0$ Fe. Seine Ergebnisse sind in Abb. 6 dargestellt. Die bereits früher von Charpy und Grenet[2] und von andern sowie später von Driesen[3] bei A_3 gefundene, starke, diskontinuierliche und mit Hysteresis verknüpfte Zusammenziehung bei der Erhitzung bzw. Ausdehnung bei der Abkühlung erhellt deutlich aus Abb. 6. Nicht so klar sind bezüglich A_2 die Ergebnisse der einzelnen Forscher. Das von Driesen bei 755^0 auf der Kurve des wahren Ausdehnungskoeffizienten gefundene Maximum steht nach Maurer[4] in keinem Zusammenhang mit A_2. Dagegen erscheint auf der Benedicksschen Kurve und im übrigen auch auf einer von Chevenard[5] nach einem anderen, sehr empfindlichen Verfahren ermittelten Kurve im Zusammenhang mit A_2 (vgl. auch die Kurve des Magnetismus im unteren Teil von Abb. 6) eine Unregelmäßigkeit von anderm Charakter und anderer Größenordnung als die bei A_3 beobachtete. Sie ist reversibel, sie ist ferner wie A_3 positiv bei der Abkühlung und negativ bei der Erhitzung und beträgt etwa $2{,}2 \cdot 10^{-6}\,^0/_0$ gegen etwa $0{,}26\,^0/_0$ bei A_3[6]), und es fehlt ihr im Gegensatz zu A_3 die Diskontinuität.

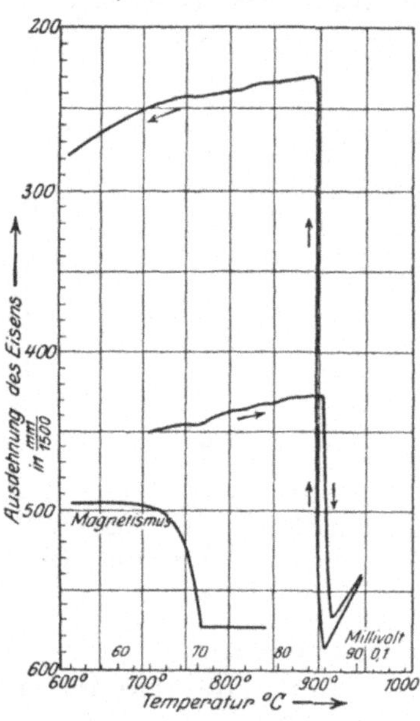

Abb. 6. Längenänderung von reinem Eisen in Abhängigkeit von der Temperatur (Benedicks).

Die Veränderung der elektromotorischen Kraft eines Thermoelementes Platin-Eisen (Thermoelektrische Kraft) in Abhängigkeit von der thermoelektrischen Kraft eines Elementes Platin-Platinrhodium ist nach Schneiders[7] Untersuchungen in Abb. 7 dargestellt.

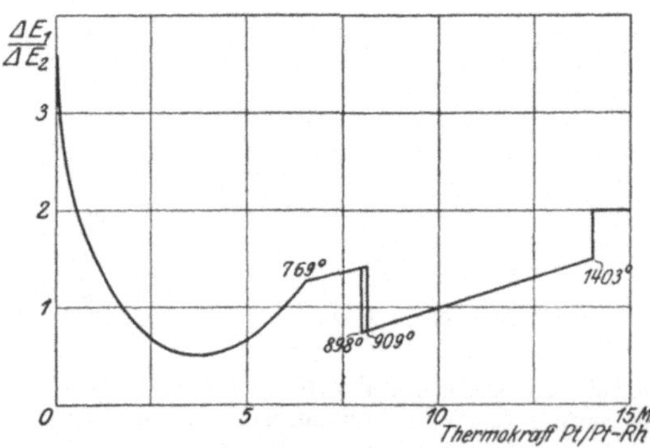

Abb. 7. Thermoelektrische Kraft eines Elementes: Platin-Elektrolyteisen in Abhängigkeit von der Thermokraft eines Elementes Pt/Pt-Rh (Schneider).

A_2 ist durch eine Richtungsänderung, A_3 und A_4 sind durch eine scharf aus-

---

[1]) Ir. st. Inst. 1914, I, 407.   [2]) C. R. 1903, **134**, 598.
[3]) Fer. 1913/14, 130, sowie 1915/16, 27.   [4]) E. F. I. 1920, 1, 37.   [5]) Rev. Mét. 1917, 652.
[6]) Vgl. Chevenard, a. a. O., De Nolly und Veyret, Ir. st. Inst. 1914, II, 165.
[7]) St. E. demnächst, vgl. auch Belloc, Thèse, Gauthier-Villars, Paris 1903, sowie Burgess und Scott, Eng. 1916, 391.

geprägte Diskontinuität gekennzeichnet[1]). Ersterer fehlt die Hysteresis im Gegensatz zu letzterer.

Ein Überblick über das vorhandene Versuchsmaterial lehrt zunächst, daß die auf der Abkühlungs- bzw. Erhitzungskurve durch A_3 gekennzeichnete Umwandlung einer plötzlichen Veränderung aller bisher untersuchten Eigenschaften entspricht und die Annahme einer bei A_3 stattfindenden Modifikationsänderung daher berechtigt ist. Soweit Ergebnisse vorliegen, ist das gleiche für A_4 der Fall. Bezüglich A_2 dagegen scheint die Deutung der Resultate recht schwierig zu sein. Die meisten Eigenschaften weisen zwar in der Nähe von A_2 Anomalien auf, deren Charakter jedoch von dem der bei A_3 beobachteten im allgemeinen abweicht. Die ältere Osmondsche Ansicht, nach der auch A_2 eine bei konstanter Temperatur erfolgende Modifikationsänderung darstelle, hat sehr stark an Boden verloren, und die Tatsache, daß sich die Änderung der Eigenschaften in der Nähe von A_2 auf ein größeres Temperaturintervall zu erstrecken scheint und keine Hysteresis aufweist im Gegensatz zu A_3, hat zu neuen Deutungen dieses Vorganges Veranlassung gegeben, indessen kann die Frage, ob eine diskontinuierliche Änderung der Eigenschaften vorliegt oder nicht, noch nicht als erledigt gelten, wenn auch feststehen dürfte, daß sie sich wesentlich von A_3 unterscheidet. An und für sich wäre die Frage nach der Natur des β-Eisens von keiner allzu großen Bedeutung, wenn sie nicht bei der Erklärung der Vorgänge bei dem technisch so wichtigen Vorgang des Härtens zeitweise im Mittelpunkt des Interesses gestanden hätte. Aber, wie Maurer mit Recht betont, brauchte man mit der Mitwirkung des β-Eisens von vornherein nicht zu rechnen, wenn die allotrope Natur des β-Eisens nicht in Frage käme. Um diese dreht sich daher ein großer Teil der Diskussionen in der einschlägigen Literatur.

Weit verbreitet ist die zuerst von Weiß[2]) entwickelte Anschauung über das Wesen der A_2-Umwandlung. Er unterscheidet ein mit dem α-Bereich zusammenfallendes Gebiet des spontanen Ferromagnetismus, der deshalb als spontan bezeichnet wird, weil er vor Einwirkung eines äußeren Feldes (Magnetisierung) allen ferromagnetischen Metallen eigen, aber ungeordnet ist und erst durch die genannte Einwirkung geordnet und der Beobachtung zugänglich wird. Mit steigender Temperatur setzt die thermische Agitation der Moleküle dem Ordnen oder Ausrichten einen immer größer werdenden Widerstand entgegen, bis bei A_2 das Eisen in ein Gebiet gelangt, in dem durch Einwirkung des äußeren Feldes nur eine schwache, erzwungene Magnetisierung hervorgebracht werden kann. Dieses Gebiet wäre also identisch mit dem Existenzgebiet des β-Eisens, man könnte es bezeichnen als das Gebiet des erzwungenen Ferromagnetismus. Bei A_3 endlich fände die Umwandlung des ferromagnetischen in das para-(schwach-)magnetische Eisen statt, so daß der γ-Bereich mit dem Gebiete des Paramagnetismus zusammenfallen würde. Der Charakter der magnetischen Umwandlung der beiden übrigen ferro-(stark-)magnetischen Metalle Nickel und Kobalt ist nach den Untersuchungen von Weiß

<hr>

[1]) Vgl. auch die Änderung der Zugfestigkeit von Eisen ($0,1^0/_0$ Kohlenstoff) mit der Temperatur nach Rosenhain und Humfrey (Ir. st. Inst. 1913, I, 219) im Abschnitt IV dieses Buches.

[2]) Rev. Mét. 1909, 680, C. R. 130, 7, 145, 1417, sowie Phys. Z. 1908, 362; 1911, 935.

der gleiche wie der des Eisens. Die allmähliche Änderung der spezifischen Wärme in der Gegend von A_2, die auch Weiß und Beck[1]) fanden, ist nach Weiß eine Folge der magnetischen Änderung und in gleicher Weise beim Nickel und beim Magnetit vorhanden, und die zur Entmagnetisierung aufzuwendende Wärmemenge entspricht quantitativ der entsprechenden Energie. Nach der Theorie des Magnetismus von Langevin läßt sich der Verlauf der Entmagnetisierung bei A_2 berechnen. Die berechneten Werte stimmen bei Eisen und Nickel qualitativ, bei Magnetit quantitativ mit den gefundenen überein. Maurer[2]) macht nun darauf aufmerksam, daß die Änderung des elektrischen Widerstands ebenfalls eine Folge der magnetischen Umwandlung sein könne und verweist hierfür auf Versuche von Benedicks[3]) an Wismut. Dagegen wäre die Längenänderung bei A_2 nicht zu erklären. Die Benedickssche Erklärung durch die sogenannte Magnetostriktion (Längung des Eisens in einem Magnetfeld) ist nach Maurer nicht zulässig, da beim Nickel dann ähnliche Verhältnisse vorliegen müßten, was aber nicht zutrifft. Trotz dieses Widerspruchs neigt aber die Ansicht der meisten Forscher dahin, daß die A_2-Umwandlung nicht von allotroper Natur im ursprünglichen Sinne sei und mit der magnetischen Umwandlung zusammenhänge.

Verschiedentlich ist versucht worden, die A_2-Umwandlung auf Grund atomistischer Anschauungen zu erklären. Schon Weiss war auf rechnerischem Wege zu der Annahme gelangt, daß das γ-Eisen die Formel Fe_2, α- und β-Eisen dagegen die Formel Fe_3 besitzen, wobei das β-Eisen sich nur durch die größere thermische Agitation der Moleküle vom α-Eisen unterscheiden würde. Besonders gefördert wurden atomistische Betrachtungen durch die neue Theorie der Allotropie von Smits[4]). Nach dieser Theorie wäre eine Phase im bisherigen Sinne ein Pseudosystem von mindestens zwei Molekülarten, die sich im innerlichen Gleichgewicht befinden müßten. Maurer[5]) bespricht eingehend das Für und Wider der Deutungsversuche auf atomistischer Grundlage[6]) und gelangt zum Schluß, daß man nur dann den Tatsachen gerecht wird, wenn man einen Zerfall der α-Moleküle in γ-Moleküle unterhalb A_3 annimmt und bei A_3 einen plötzlichen Zerfall in Übereinstimmung mit dem Verhalten der Eigenschaften. Gegen das Auftreten von γ-Molekülen unterhalb A_3 können Gründe nicht vorgebracht werden, eher dafür. Gegen einen Zusammenhang ihres Auftretens mit A_2 spricht insbesondere das Verhalten von A_2 in silizium-, in chrom- und in vanadiumhaltigen Legierungen, auf das in den betreffenden Kapiteln näher eingegangen wird. In diesen Legierungen zeigt sich die völlige Unabhängigkeit von A_2 und A_3.

Eine große Zahl der bisher untersuchten Eigenschaften des Eisens weist bei 250—500° C Störungen im Verlauf der Kurven ihrer Abhängigkeit von der Temperatur auf[7]). So zeigt beispielsweise Abb. 7 bei 500° ein deutlich aus-

---

[1]) Journ. Phys. 1908 (4), 7, 249.   [2]) E. F. I. 1920, 1, 66.

[3]) Rev. Mét. 1915, 1015. Vgl. a. Honda, Rev. Mét. 1914, 485, der beim Nickel denselben Verlauf der Widerstands-Kurve bei A_2 wie beim Eisen fand.

[4]) Phys. Chem. 1914, 88, 611.   [5]) a. a. O.

[6]) Benedicks, Ir. st. Inst. 1912, II, 244; Smits, Phys. Chem. 1917, 2, 345; Benedicks, Ir. st. Inst. 1913, II, 182, sowie Rev. Mét. 1915, 994; Heyn, Int. Mat. Prüf. 1912, Heft II_1, 10.   [7]) Vgl. die Zusammenstellung dieser Anomalien von Robin, Int. Verb. 6. Kongreß, New-York, 1912, II, 5; s. a. Abschnitt IV dieses Buches.

geprägtes Minimum der thermoelektrischen Kraft. Ob hieraus auf das Auftreten einer weiteren Umwandlung im reinen Eisen geschlossen werden muß, müssen weitere, eingehendere Untersuchungen lehren.

Die Annahme liegt nahe, daß die wahrscheinlich mit allotropen Umwandlungen verknüpften Änderungen des kristallographischen Aufbaues (Raumgitter) bei der mikroskopischen Untersuchung (Ätzfiguren, Zwillings- und Translationslinien usw.[1]) hervortreten müßten.

Die mit größter Sorgfalt an orientierten Kristallflächen mit Hilfe des Mikroskops durchgeführten Untersuchungen von Osmond und Cartaud[2]) über kristallographische Merkmale der Eisen-Modifikationen zeigten nun, daß die drei Modifikationen γ, β und α im regulären System kristallisieren. Wenn die genannten Verfasser weiter schließen, daß alle diese Modifikationen wohl ausgeprägte spezifische Merkmale besitzen und nicht von gleicher innerer Struktur sein können, so lehrt ein Blick auf die nachfolgende Zusammenstellung ihrer Ergebnisse, daß die Unterschiede recht geringfügig sind.

	α-Eisen	β-Eisen	γ-Eisen
Translations-Ebenen	(111) (schwer)	unbekannt	(111) (leicht)
Faltungen.	Hauptwürfel	ausschließlich	nicht vorhanden
Mechan. Zwillingsbildung	Zwillingsflächen (111)	nicht bekannt	(111)
	Verwachsungsflächen (112)	,,	(111)
Zwillingsbildung durch Ausglühen	Zwillingsflächen nicht bekannt	,,	(111)
	Verwachsungsflächen nicht bekannt	,,	(111)
Fläche maximaler Härte	(111)	?	(011)?
Flächen leichtester Ätzung . . .	(001)	(001)	(001)

Schon Osmond und Cartaud hatten darauf hingewiesen, daß das Raumgitter der drei Modifikationen Verschiedenheiten aufweisen könne, und zwar vermuteten sie für α-Eisen einfach-, für β-Eisen raum- und für γ-Eisen flächenzentriertes kubisches Gitter. Die moderne Röntgentechnik erlaubt eine Nachprüfung dieser Vermutung. Genau wie Lichtstrahlen zeigen auch Röntgenstrahlen Interferenzerscheinungen beim Durchgang durch Gitter. Entsprechend der Verschiedenheit der Größenordnung der Wellenlängen beider Strahlenarten müssen aber auch die Gitterabstände im selben Maße verschieden sein. Es hat sich herausgestellt, daß der Abstand der mit Atomen besetzten Ebenen oder Netzebenen in kristallisierten Stoffen von der auf die Wellenlänge der Röntgenstrahlen abgestimmten Größenordnung ist. Dabei ist es nicht nötig, Einzelkristalle zu durchleuchten (Verfahren von Laue[3]) bzw. Bragg[4]), vielmehr genügt nach dem Verfahren von Debye-Scherrer[5]) ein Haufwerk kleiner Kristalle, z. B. ein Metallstück, am besten in zylindrischer Form, etwa als Draht.

---

[1]) Vgl. Abschnitt IV, 3, dieses Buches.
[2]) Osmond, Ann. Min. 1900, 17, 110; Osmond und Cartaud, ibid. 1900, 18, 113, Met. 1906, 522.
[3]) Ann. d. Phys. 1913, 41, 97.   [4]) X-Rays and Crystal-Structure, London 1915.
[5]) Phys. Z. 1916, 277; 1917, 291.

Die einfallenden, monochromatischen Röntgenstrahlen kommen zur Reflexion und verstärken sich gegenseitig an solchen Atomebenen, die in einer bestimmten Winkelbeziehung zum einfallenden Strahl stehen. Aus den auf einem Film sichtbar gemachten Interferenzlinien läßt sich die Art des Kristallgitters und der Atomabstand oder Gitterparameter errechnen. Westgren und Lindh[1]) sowie Westgren und Phragmén[2]) haben dieses neue Verfahren in umfassender Weise auf Eisen angewandt und dabei folgendes gefunden:

Temperatur	Modifikation	Gitter		Parameter
16°	α	raumzentriert,	kubisch	2,87
800°	β	,,	,,	2,90
1100°	γ	flächenzentriert	,,	3,63—3,68
1425°	δ	raumzentriert	,,	2,93

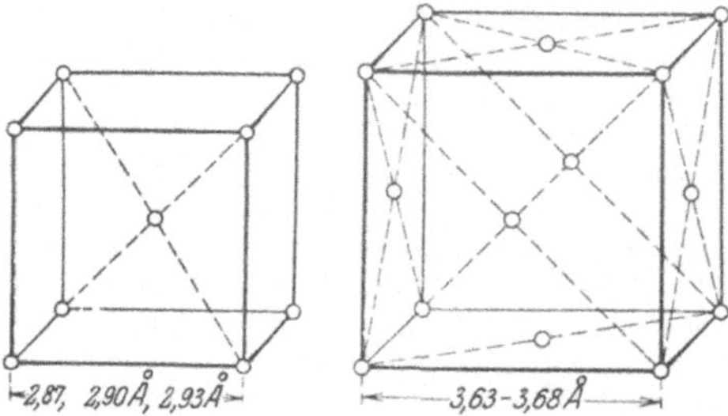

Abb. 8. Anordnung der Atome in raum- bzw. flächenzentrierten Würfeln (Westgren und Phragmén).

Den raum- bzw. flächenzentrierten Würfel zeigt Abb. 8, Abb. 9 einige Originalfilms von Westgren und Phragmén.

Das Versuchsmaterial war im Vakuum umgeschmolzenes Elektrolyteisen mit 99,98% Eisen. Auf diesem einwandfreien Wege ist demnach der Nachweis erbracht, daß α-Eisen und β-Eisen dasselbe Gitter besitzen. Lediglich wegen der Wärmedehnung sind die Linien des β-Eisens der Bildmitte in Abb. 9 nähergerückt und der Parameter ist etwas größer. Die beobachtete Zunahme stimmt mit der errechneten gut überein.

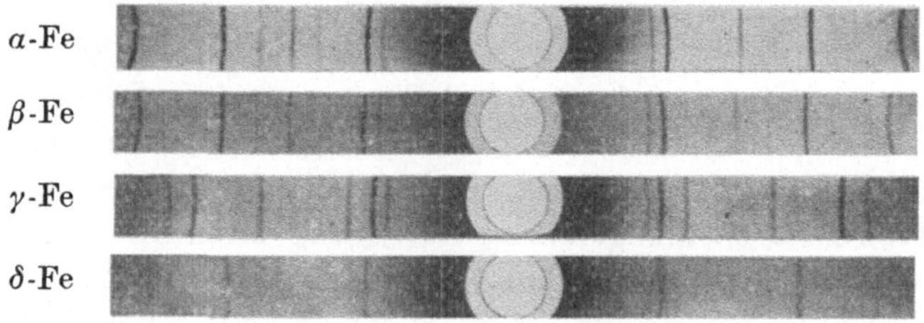

Abb. 9. Röntgenspektrum des α-, β-, γ- und δ-Eisens (Westgren und Phragmén).

Definiert man, wie dies meist der Fall sein dürfte, Allotropie als Polymorphie, was bedeuten würde, daß zwei Modifikationen einer Substanz verschiedene Kristallstruktur haben, so würde das β-Eisen als selbständige Modifikation nicht bestehen, sondern mit dem α-Eisen identisch sein. Gemäß dieser Feststellung würden auch die bei A_2 beobachteten Eigenschaftsände-

---

[1]) Phys. Chem. 1921, **98**, 181.
[2]) Phys. Chem. 1922, **102**, 564. Frühere Untersuchungen vgl. Hull, Phys. Rev. 1917, **9**, 84; 1917, **10**, 681, sowie Jeffries und Bain, Chem. Met. Eng. 1921, **24**, 779.

rungen keine Modifikationsänderungen bedeuten, und die wahrscheinlichste Annahme bliebe die, daß die A_2-Umwandlung denselben Charakter besitzt wie die entsprechenden des Nickels und des Kobalts, die sich auf rein magnetischer Grundlage vollziehen.

Das γ-Eisen hat ein vom α- und β-Eisen verschiedenes Gitter. Der Übergang des raum- in das dichter besetzte flächenzentrierte Gitter bei der Umwandlung des α- (β-) in das γ-Eisen erklärt die starke Volumenverminderung bei dieser Umwandlung.

Die Linien des δ-Eisens treten wegen der experimentellen Schwierigkeiten bei den erforderlichen hohen Temperaturen nicht so klar hervor wie die der andern Modifikationen. Westgren und Phragmén schließen aus ihren Ergebnissen, daß das δ-Eisen denselben Kristallbau wie das α-Eisen besitzt. Auch die Zunahme des Parameters stimmt mit der mittels des Wärmeausdehnungs-Koeffizienten berechneten überein. Die bei A_3 erfolgende Umwandlung würde demgemäß bei A_4 wieder in umgekehrter Richtung erfolgen. In der Kurve Abb. 4 der magnetischen Suszeptibilität wäre demgemäß der rechts von 1401^0 gelegene Teil die Fortsetzung des links von 906^0 gelegenen, und in der Tat lassen sich beide Kurventeile, wie dies Westgren und Phragmén vorschlagen, ungezwungen verbinden. Danach stände aber auch zu erwarten, daß der Übergang des dichter besetzten γ- in das weniger dicht besetzte δ-Gitter eine entspre-

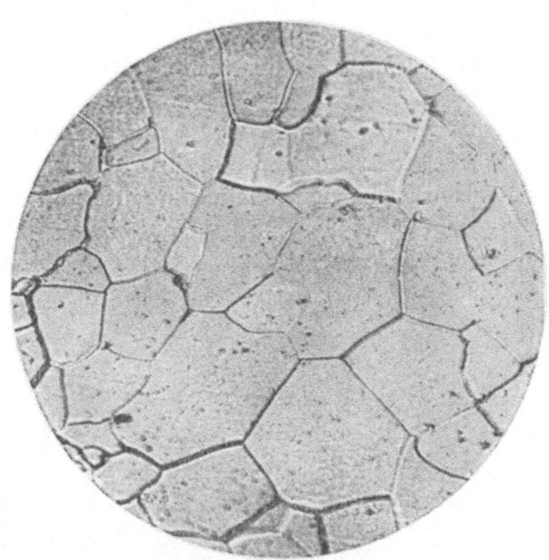

Abb. 10. Reines Eisen, Korngrenzenätzung. x 200.

chende Veränderung des Ausdehnungskoeffizienten bedingen würde, eine Folgerung, die noch des experimentellen Nachweises bedarf.

Die in der Metallographie übliche mikroskopische Untersuchung an polierten Schnitten im schräg auffallenden Licht wird bei Zimmertemperatur, d. h. innerhalb des Stabilitätsbereiches von α-Eisen vorgenommen. Eine polierte und mit alkoholischer Pikrinsäure geätzte Schliffebene einer Probe von reinem, langsam von der Herstellungs- auf Zimmertemperatur abgekühltem Eisen, das sich also im α-Zustand befindet, besitzt das durch die Abb. 10 gekennzeichnete Aussehen. Das α-Eisen trägt die metallographische Bezeichnung Ferrit. Der Gefügebestandteil Ferrit besteht aus unregelmäßigen Polygonen (Körnern), die durch das erwähnte Ätzmittel nicht gefärbt, aber ungleichmäßig angegriffen werden. Dies veranschaulicht schematisch der in Abb. 11 dargestellte Schnitt durch einige Körner. Denkt man sich das Licht in der Pfeilrichtung schräg einfallend, so erklären sich die dunklen Kornbegrenzungen durch die auftretenden Schattenwirkungen. Beim Angriff durch stärkere

Ätzmittel (z. B. längere Einwirkung von alkoholischer Salpetersäure, besser noch 12 prozentige wässrige Kupferammoniumchloridlösung oder 10 prozentige wässrige Ammoniumpersulfatlösung) werden die Ferritkörner verschiedenartig

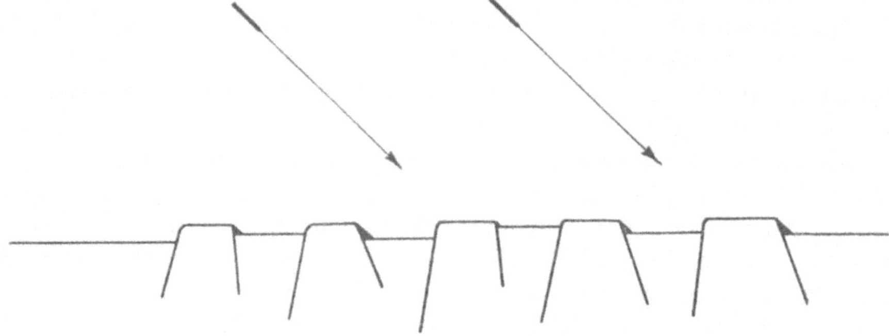

Abb. 11. Schematische Darstellung eines senkrechten Schnittes durch geätzte Ferritkörner·

gefärbt, wie dies Abb. 12 zeigt. Durch Tiefätzung läßt sich der Nachweis führen, daß jedes Ferritkorn aus gleichorientierten Kristallelementen aufgebaut und die Orientierung der Kristallelemente von Korn zu Korn verschieden ist. Die Verschiedenheit der Orientierung der Kristallelemente von Korn zu Korn

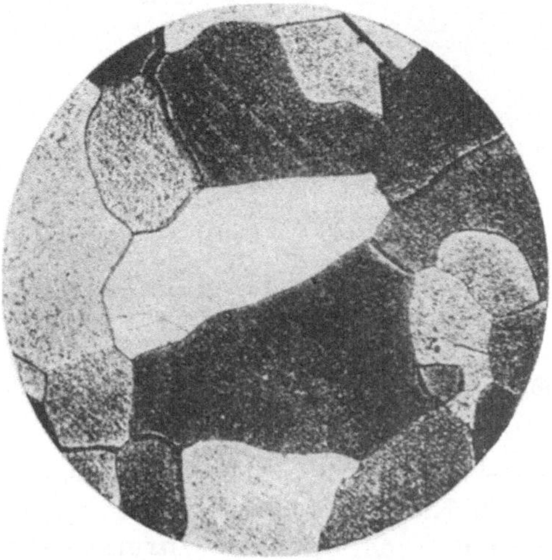

Abb. 12. Reines Eisen, Kornfärbungsätzung. x 200.    Abb. 13. Tiefgeätztes Eisen. x 200.

bedingt verschiedene Angreifbarkeit durch das Ätzmittel und, bei sehr starker Ätzung, verschiedenes Reflexionsvermögen für das Licht (dislozierte Reflexion, Czochralski). In der Tiefätzung Abb. 13 verläuft die Begrenzung zweier Körner durch die Mitte des Gesichtsfeldes. In dem einen Korn fällt offenbar die Schliffebene mit der Würfelfläche zusammen, in dem anderen dagegen ist letztere zur Schliffebene schräg orientiert.

Man kann sich die Entstehungsweise der Körner folgendermaßen vorstellen. Gemäß der schematischen Abb. 14 geht die Erstarrung von Kristallisationszentren[1]) aus. Um die einzelnen Zentren ordnen sich die Massenteilchen in

———

[1]) Vgl. Abschn. V, 1.

gleicher kristallographischer Orientierung, die Einzelkristalle wachsen, bis sie notwendigerweise zusammenstoßen und so die Kornbegrenzungen bilden. In Abb. 14 ist der Einfachheit halber vorausgesetzt, daß in den drei betrachteten Körnern die Schnittfläche parallel zur Würfelfläche liegt, was natürlich durchaus nicht der Fall zu sein braucht. Die Anzahl der Kristallisationszentren (KZ) und die Kristallisationsgeschwindigkeit (KG) sind maßgebend für die Größe der Ferritkörner oder die Korngröße (im Schnitt die Kornfläche) des Ferrits. Das Ferritkorn ist also ein Kristall, der durch die umliegenden Kristalle an der kristallographischen Ausbildung seiner freien Be-

Abb. 14. Schematische Darstellung der Entstehung der Ferritkörner.

grenzungsflächen gehindert wurde. Ist ein derartiges Hindernis nicht vorhanden, wie beispielsweise an der freien Oberfläche erstarrender Eisenmassen, so wachsen die Kristalle meistens in der charakteristischen Form, die ihnen die Bezeichnung Tannenbaumkristalle eingetragen hat (vgl. Abb. 300a).

Man sollte annehmen, daß die mikroskopische Beobachtung polierter Eisenflächen unter dem Mikroskop während der Erhitzung unter Luftabschluß mit gleichzeitiger Ätzung, ein vom Verfasser[1] angewendetes Verfahren, über etwa vorhandene Unterschiede des Gefüges der Eisenmodifikationen Aufschluß geben müßte. Praktisch lieferte jedoch das Verfahren kein Ergebnis, weil eine bei hoher Temperatur unter Luftabschluß geätzte

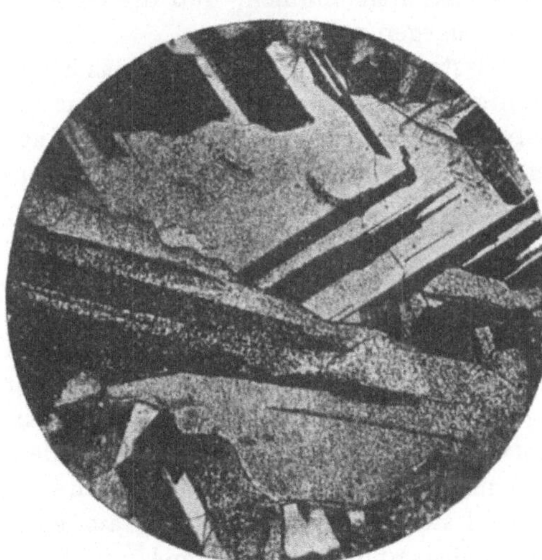

Abb. 15. Bei 1000⁰ in Chlorkalzium heißgeätztes Elektrolyteisen. (γ-Eisen.)

Metallfläche bei gewöhnlicher Temperatur das bei der Ätztemperatur vorhandene Gefüge beibehält. Gerade dieser Umstand gestattet aber andererseits auch die Bestimmung der Gefügemerkmale von β- und γ-Eisen am abgekühlten

---

[1] Oberhoffer, Met. 1909, 554.

Metall. Dieses Heißätzen erfolgt entweder nach Saniter[1]) durch Einführung des polierten Schliffes in ein Bad von geschmolzenem Chlorkalzium oder nach Baykoff[2]) durch Überleiten von Salzsäuregas über die in einem evakuierten Gefäße befindliche polierte Metallfläche oder nach ähnlichen Methoden (vgl. a. Osmond[3]), Osmond und Cartaud[4]), Rosenhain und Humfrey[5]), Wark[6]), Heger[7]).

Das durch den Heißätzversuch bei gewöhnlicher Temperatur erhaltene β-Eisen unterscheidet sich in keiner Hinsicht von α-Eisen. Das γ-Eisen zeichnet sich dagegen, wie Abb. 15, eine mit Chlorkalzium bei 1000° C heißgeätzte Probe von reinstem Elektrolyteisen, veranschaulicht, durch Zwillingsstreifung innerhalb der Körner vor den anderen Modifikationen aus.

Es ist bisher nicht gelungen, β- oder γ-Eisen durch Abschrecken von einer innerhalb ihres Existenzbereiches gelegenen Temperatur bei gewöhnlicher Temperatur im metastabilen (unterkühlten) Zustande zu erzeugen.

3. Eisen und Kohlenstoff.

A. Das System Eisen-Eisenkarbid (schmiedbares Eisen und weißes Roheisen). Der Kohlenstoff kommt im Eisen in mehreren Formen vor. Für das schmiedbare Eisen und das weiße Roheisen besitzt im wesentlichen nur das Eisenkarbid Fe_3C mit 6,67 °/₀ Kohlenstoff eine praktische Bedeutung, während für die übrigen Eisensorten neben dieser Kohlenstofform auch der elementare Kohlenstoff in Frage kommt. Es wird bei der Besprechung des binären Systems Eisen-Kohlenstoff zunächst angenommen, daß die Gesamtmenge des Kohlenstoffs als Eisenkarbid zugegen sei.

Von den beiden Komponenten dieses Systems ist die eine, nämlich das Eisen, bereits besprochen worden. Aus den röntgenographischen Untersuchungen von Westgren und Phragmén[8]) an pulverförmigem, reinem Eisenkarbid nach dem Debye-Scherrer Verfahren ergab sich, daß die Struktur des Eisenkarbides eine sehr verwickelte sein müsse. Ein nach dem Laueschen Verfahren untersuchter Einzelkristall ergab, daß der Zementit dem rhombischen System angehört. Wever[9]) bestätigte dies neuerdings und ermittelte die Kantenlängen des Elementargitters sowie die Zahl der Moleküle. Nach den klassischen Untersuchungen von Mylius, Förster und Schöne[10]) ist das Eisenkarbid in kalten, verdünnten Säuren unlöslich und daher auf diesem Wege, und zwar als graues, kristallinisches und magnetisches Pulver, isolierbar; beim Erwärmen dagegen löst es sich unter Entwicklung von Wasserstoff und Kohlenwasserstoffen. Es ist nach den Darlegungen und Versuchen von Ruer[11]) wahrscheinlich, daß das reine Eisenkarbid sich im System Fe-Fe₃C aus einer einzigen homogen Phase bildet (offenes Maximum). Der Schmelzpunkt des reinen Karbides läßt sich jedoch nicht ermitteln, weil es nach Ruer[11]) bei der Erhitzung von etwa 1100° an mit merklicher Geschwindigkeit unter

---

[1]) Ir. st. Inst. 1897, II. 115.   [2]) Met. 1909, 829.
[3]) Ann. Min. 1900, 18, 113.   [4]) Ann. Min. 1900, 17, 110.
[5]) Proc. Roy. Soc. A. 1909, 83, 200.
[6]) Met. 1911, 731, Ir. st. Inst. 1913, I. 219.
[7]) Diss. Aachen, 1922.   [8]) Eng. 1922, 113, 633.   [9]) E. F. I. 1922, 4, 67.
[10]) An. Chem. 1896, 13, 38.   [11]) An. Chem. 1921, 117, 249.

Ausscheidung von Kohle (Graphit) zerfällt. Auf dieser Tatsache beruht ja zum Teil die Möglichkeit, das harte, weiße Roheisen durch Tempern (lang anhaltendes Glühen mit nachfolgender langsamer Abkühlung) in weichen, leicht bearbeitbaren Temperguß zu überführen. Bei etwa 180-220° weist das reine Eisenkarbid eine Anomalie in den Eigenschaftsänderungen auf. Sie wurde von Wologdine[1]) auf der Kurve der Magnetisierbarkeit entdeckt. Oberhalb

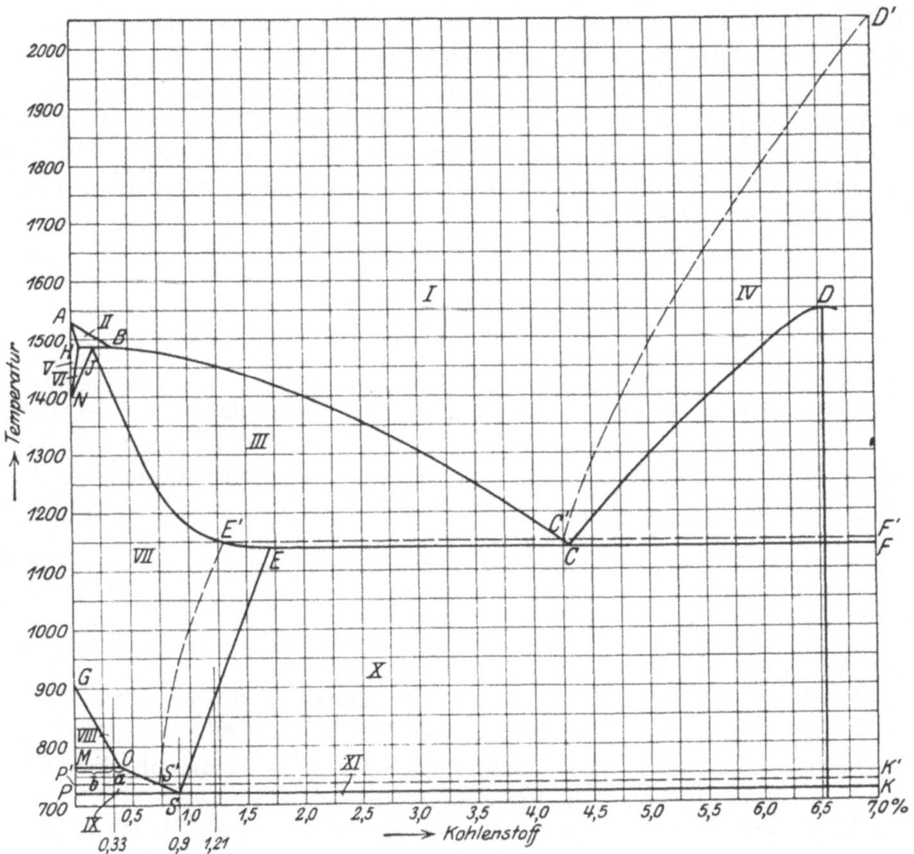

Abb. 16. Zustandsdiagramm der Eisenkohlenstofflegierungen.

215° ist das Eisenkarbid unmagnetisch. Der Verlust der Magnetisierbarkeit erfolgt in einem Temperaturintervall von 50—60°. Diese Umwandlung wurde bestätigt durch die Untersuchungen von Smith[2]), Honda[3]) und Takagi[4]), ferner von Honda und Murakami[5]), von Ishiwara[6]) und von Ruer[7]). Driesen[8]) und später Chevenard[9]) fanden sie auf dem Wege der Ausdehnungsmessung und Iitaka[10]) auf dem der Widerstandsmessung. Honda und Takagi[6]) sowie Movius und Scott[11]) stellten auf der Differentialabkühlungs- und -erhitzungskurve eine schwache Ablenkung in der

1) C. R. 1909, 148, 776.   2) Proc. phys. Soc. 1912, 25, 77.   3) Tohoku, 1913, 203.
4) Ebenda, 1915, 149.   5) Ebenda, 1917, 23.   6) Ebenda, 1918, 285.
7) An. Chem. 1921, 197, 249.   8) Fer. 1913/14, 129.   9) Rev. Mét. 1919, 17.
10) Tohoku, 1918, 167.   11) Chem. Met. Eng. 1920, 1069.

Umgebung von 200° fest[1]). Um sich ein Bild von der Größenordnung der Eigenschaftsänderungen zu machen, genüge der Hinweis, daß die Umwandlung wesentlich schwächer ausgeprägt ist als A_2. Ferner sei noch erwähnt, daß sie wie A_2 keine Hysteresis aufweist. Aus diesen Tatsachen ist geschlossen worden, daß der Charakter der magnetischen Umwandlung des Eisenkarbides identisch ist mit dem der magnetischen Eisen-Umwandlung. Dies wurde auf röntgenographischem Wege von Wever[2]) bestätigt. Wever fand nämlich, daß das Gitter der magnetischen Form sich von dem der unmagnetischen nicht unterscheidet, genau wie dies beim α- und β-Eisen der Fall ist.

a) Das Zustandsdiagramm. Unter der Voraussetzung, daß der Kohlenstoff ausschließlich als Eisenkarbid zugegen ist, ergibt sich das durch die ausgezogenen Linien der Abb. 16 veranschaulichte Zustandsdiagramm. Der Teil des Diagramms, der die Vorgänge bei der Erstarrung veranschaulicht, besteht aus folgenden Kurven:

A B Beginn der Ausscheidung von δ-Mischkristallen,
B C   ,,   ,,   ,,   ,, γ-   ,,
C D   ,,   ,,   ,,   ,, Eisenkarbid,
A H Ende   ,,   ,,   ,, δ-Mischkristallen,
J E   ,,   ,,   ,,   ,, γ-   ,,
H J B Umsetzung der Schmelze B mit δ-Mischkristallen H zu γ-Mischkristallen J,
E C F Erstarrung des Eutektikums C: gesättigter γ-Mischkristall E und Eisenkarbid Fe_3C.

Die Konzentration der besonders ausgezeichneten Punkte ist folgende:

$E = 1,7$ $^0/_0$ Kohlenstoff: Maximales Lösungsvermögen des γ-Eisens für Eisenkarbid, gesättigter γ-Mischkristall.

$C = 4,3$ $^0/_0$,,   Eutektikum, bestehend aus gesättigtem γ-Mischkristall E und Eisenkarbid Fe_3C.

$D = 6,67^0/_0$,,   Verbindung Fe_3C.

$H = 0,07^0/_0$,,   Maximales Lösungsvermögen des δ-Eisens für Eisenkarbid, gesättigter δ-Mischkristall.

$J = 0,18^0/_0$,,   Mit H und B im Gleichgewicht befindlicher γ-Mischkristall.

$B = 0,36^0/_0$,,   Mit H und J im Gleichgewicht befindliche Schmelze.

Die besonders ausgezeichneten Temperaturen dieses Diagrammteils sind:

A = 1528°: Schmelz- bzw. Erstarrungspunkt des reinen Eisens.
H J B = 1486°: Temperatur der Umsetzung von δ-Mischkristallen H mit Schmelze B zu γ-Mischkristallen J.
E C F = 1145°: Schmelz- bzw. Erstarrungstemperatur des Eutektikums C.
D = 1550°: Schmelz- bzw. Erstarrungspunkt von Fe_3C[3]).

Die erstarrten Legierungen lassen sich nach vorstehendem in folgende Gruppen einteilen:

1. $0—0,07^0/_0$ Kohlenstoff: δ-Mischkristalle oder feste Lösung von Eisenkarbid in δ-Eisen.
2. $0,07—0,18^0/_0$,, $\delta + \gamma$-Mischkristalle.
3. $0,18—1,7$ $^0/_0$,, γ-Mischkristalle.
4. $1,7 —4,3$ $^0/_0$,,   Primär ausgeschiedene gesättigte γ-Mischkristalle $(1,7^0/_0\,C)$ + Eutektikum $(4,2^0/_0\,C)$: gesättigte γ-Mischkristalle + Eisenkarbid Fe_3C.

---

[1]) Vgl. a. zur Frage der Zementitumwandlung: Tammann, St. E. 1922, 772.
[2]) E. F. I. 1922, 4, 78.
[3]) Ruer und F. Goerens, Fer. 1916/17, 161, sowie Ruer, An. Chem. 1921, 117, 249.

5. über 4,3 $\%$ Kohlenstoff Primär ausgeschiedenes Eisenkarbid Fe_3C + Eutektikum wie unter 4.

6.   6,67$\%$,,   Reines Eisenkarbid Fe_3C.

Die drei ersten Gruppen stellen, soweit der Kohlenstoffgehalt allein in Frage kommt, die Gesamtheit der schmiedbaren Eisensorten dar. Die beiden letzteren Gruppen entsprechen dagegen dem Roheisen. Gruppe 4 könnte man als unter-, Gruppe 5 als übereutektisches Roheisen bezeichnen. Roheisen mit 4,3$\%$ wäre eutektisches Roheisen. Aus der Voraussetzung, daß der Kohlenstoff als Fe_3C zugegen ist, folgt, daß die Gruppen 4 und 5 sogenannte weiße Roheisensorten sind.

Die Vorgänge bei der Erstarrung der Gruppe 1 sind die bei der Mischkristallbildung üblichen. Legierungen mit 0,07 bis 0,18$\%$ Kohlenstoff (Gruppe 2) erstarren zunächst in gleicher Weise. Bei 1486° erfolgt die Umsetzung der δ-Mischkristalle H mit der Schmelze B zu γ-Mischkristallen J. Die Menge der letzteren wächst mit steigendem Kohlenstoffgehalt linear von 0 auf 100$\%$. Es wären also beispielsweise bei 0,15$\%$ Kohlenstoff vorhanden:

$$\frac{100 \times 8}{11} = 72,7\,\% \ \gamma\text{-Mischkristalle}$$

$$\text{und } 100 - 72,7 = 27,3\,\% \ \delta\text{-Mischkristalle.}$$

Bei 0,18$\%$ Kohlenstoff reicht demnach die Menge der Schmelze gerade zur ausschließlichen Bildung von γ-Mischkristallen aus. Zwischen 0,18 bis 0,36$\%$ Kohlenstoff bleibt nach erfolgter Umsetzung zu γ-Mischkristallen noch Schmelze B übrig, die mit sinkender Temperatur in der bei der Mischkristallbildung üblichen Weise erstarrt. Von 0,36 bis 1,7 $\%$ Kohlenstoff werden δ-Mischkristalle überhaupt nicht mehr gebildet, vielmehr setzt der Erstarrungsvorgang sofort unter Bildung von γ-Mischkristallen ein. Die Homogenität der festen Lösung ist natürlich um so vollkommener, je vollständiger der Ausgleich der Zusammensetzungen zwischen festem und flüssigem Anteil der Legierung innerhalb des Erstarrungsintervalls durch Diffusion erfolgen kann, d. h. je langsamer das genannte Intervall durchlaufen wird[1]). Der Erstarrungsvorgang des untereutektischen Roheisens (1,7—4,3 $\%$ Kohlenstoff) wird durch die Ausscheidung primärer Mischkristalle eingeleitet und durch die Bildung des Eutektikums mit 4,3$\%$ Kohlenstoff beendet. Die Temperatur des Beginnes der Ausscheidung primärer Mischkristalle in Abhängigkeit vom Kohlenstoffgehalt ist durch den dem Konzentrationsintervall 1,7 bis 4,3$\%$ Kohlenstoff entsprechenden Teil der Kurve B C gekennzeichnet; die Bildung des Eutektikums erfolgt bei der eutektischen Temperatur 1145°. Sofort nach der Erstarrung bestehen demnach alle Legierungen mit 1,7 bis 4,3$\%$ aus primären, gesättigten Mischkristallen mit 1,7$\%$ Kohlenstoff in einer Grundmasse von Eutektikum. Das eutektische Roheisen mit 4,3$\%$ Kohlenstoff erstarrt bei 1145° und besteht ausschließlich aus Eutektikum. Die Mengenanteile der Mischkristalle und des Eutektikums im untereutektischen Roheisen lassen sich leicht auf Grund folgender Überlegung berechnen. Bei 1,7$\%$ Kohlenstoff ist der Anteil des Eutektikums gleich Null, bei 4,3$\%$ gleich Hundert. Bei einem beliebigen, zwischen 1,7 und 4,3$\%$ gelegenen Kohlenstoffgehalt, etwa 3,5$\%$, ist daher der Anteil Eutektikum:

---

[1]) Vgl. a. Abschn. V, 1.

$$\frac{3,5-1,7}{4,3-1,7} \times 100 = 72\,^0/_0$$

und demnach der Anteil Mischkristalle:

$$100 - 72 = 28\,^0/_0.$$

In den Legierungen mit einem Kohlenstoffgehalt von mehr als $4,3\,^0/_0$ wird der Erstarrungsvorgang durch die primäre Ausscheidung von Eisenkarbid eingeleitet und findet sein Ende in der Bildung des Eutektikums bei 1145. Die Temperatur des Beginnes der primären Eisenkarbidausscheidung in Abhängigkeit vom Kohlenstoffgehalt ist durch die Kurve C D gekennzeichnet. Nach der Erstarrung bestehen alle Legierungen mit mehr als $4,3\,^0/_0$ Kohlenstoff aus primärem Eisenkarbid in einer eutektischen Grundmasse. Der Anteil des Eisenkarbids und des Ledeburits läßt sich in einfacher Weise ähnlich wie im untereutektischen Roheisen berechnen. In Abb. 16 ist mit Ruer[1]) angenommen worden, daß das Eisenkarbid für Eisen praktisch kein Lösungsvermögen aufweist.

Die Vorgänge bei der Erkaltung von Eisenkohlenstofflegierungen, deren Kohlenstoff ausschließlich in Form von Eisenkarbid zugegen ist, werden durch die Kurven N H, N J, G O S, S E, M O und P S K der Abb. 16 dargestellt. Die beiden ersten Kurven N H und N J hängen mit der im reinen Eisen bei 1401^0 erfolgenden $\delta \rightleftarrows \gamma$-Umwandlung zusammen, die mit steigendem Kohlenstoffgehalt erhöht wird und sich, wie die Mischkristallbildung, in einem Temperaturintervall vollzieht[2]). N J ist demnach die Kurve beginnender, N J die Kurve beendeter Umwandlung der δ- in γ-Mischkristalle. Da nur in den Gruppen 1 und 2 δ-Mischkristalle vorhanden sind, kommt diese Umwandlung nur für Legierungen bis $0,18\,^0/_0$ Kohlenstoff in Frage.

Die Existenz der Kurven G O S, S E, M O und P S K ist darauf zurückzuführen, daß β- und α-Eisen im Gegensatz zum γ-Eisen praktisch keinen Kohlenstoff zu lösen vermögen. Es bedeuten[3]):

G O den Beginn der Ausscheidung von β-Eisen aus den γ-Mischkristallen; die entsprechenden Haltepunkte werden mit A_3 bezeichnet,

M O die Umwandlung des β-Eisens in α-Eisen; die entsprechenden Haltepunkte werden mit A_2 bezeichnet,

O S den Beginn der Ausscheidung von α-Eisen aus den γ-Mischkristallen; die entsprechenden Haltepunkte werden mit $A_{3.2}$ (häufig auch A_3) bezeichnet,

E S den Beginn der Ausscheidung von Eisenkarbid Fe_3C aus den γ-Mischkristallen bzw. die Löslichkeit von Fe_3C in γ-Eisen, neuerdings meist mit A c m bezeichnet,

P S K die gleichzeitige (eutektische) Ausscheidung von α-Eisen und Eisenkarbid Fe_3C aus den γ-Mischkristallen; der entsprechende Punkt wird A_1 genannt.

Die Konzentrationen der besonders ausgezeichneten Punkte sind:

O $= 0,4\,^0/_0$ Kohlenstoff (unsicher, s. S. 1).

S $= 0,9\,^0/_0$,, Eutektikum bestehend aus α-Eisen und Eisenkarbid Fe_3C, Löslichkeit des γ-Eisens für Eisenkarbid bei der Temperatur P S K.

---

[1]) Ruer, An. Chem. 1921, **117**, 249.   [2]) Ruer und Klesper, Fer. 1913/14, 252.

[3]) Unter der Voraussetzung, daß das β-Eisen eine selbständige Phase darstellt. Spricht man dagegen, was ja in neuerer Zeit vielfach geschieht, dem β-Eisen den Charakter einer Phase ab, so muß die Linie M O als Gleichgewichtslinie aus dem Diagramm verschwinden, ebenso, was Maurer eingehend erläutert (E. F. I, 1920, 1, 39), der Knick bei O. In diesem Sinne sind die nachfolgenden Erörterungen aufzufassen.

Die besonders ausgezeichneten Temperaturen dieses Diagrammteils sind:

$\text{H} = 1401^0 = \delta \rightleftarrows \gamma$ Umwandlung des reinen Eisens A_4,

$\text{G} = 906^0 = \gamma \rightleftarrows \beta$ „ „ „ „ A_3,

$\text{M O} = 768^0 = \beta \rightleftarrows \alpha$ „ „ „ „ A_2,

$\text{P S K} = 721^0 =$ Bildungstemperatur des Eutektikums S, A_1.

Die erkalteten Legierungen lassen sich in folgende Gruppen einteilen:

A. 0—0,9 % Kohlenstoff: a) 0—0,4 % Kohlenstoff: aus den γ-Mischkristallen ausgeschiedenes β-Eisen, das bei 768° in α-Eisen umgewandelt wurde + Eutektikum α-Eisen-Eisenkarbid Fe_3C. b) 0,4—0,9 % Kohlenstoff: aus den γ-Mischkristallen ausgeschiedenes α-Eisen + Eutektikum wie unter a.

B. 0,9—1,7 % „ aus den γ-Mischkristallen ausgeschiedenes Eisenkarbid Fe_3C + Eutektikum wie unter A a und A b.

C. 1,7—4,3 % „ . wie S. 24 unter 4, jedoch statt gesättigter γ-Mischkristalle: aus den γ-Mischkristallen ausgeschiedenes Eisenkarbid Fe_3C + Eutektikum wie unter A a und A b.

D. über 4,3 % „ wie S. 25 unter 5, jedoch statt usw., wie unter C.

Die beiden ersten Gruppen stellen das schmiedbare Eisen dar. Gruppe A könnte man als untereutektisches schmiedbares Eisen, besser als untereutektischen Stahl, Gruppe B als übereutektischen Stahl bezeichnen. Die Legierung mit 0,9 % Kohlenstoff wäre eutektischer Stahl. Howe schlägt zum Unterschiede von dem aus dem Schmelzfluß erstarrten Eutektikum mit 4,3 % Kohlenstoff die zweckmäßigere und inzwischen fast allgemein angenommene Bezeichnung „Eutektoid" vor und unterscheidet eutektoidischen Stahl mit 0,9 %, untereutektoidische Stähle mit 0 bis 0,9 % und übereutektoidische mit 0,9 bis 1,7 % Kohlenstoff.

Die Vorgänge innerhalb des Konzentrationsintervalls 0 bis 1,7 % sind bei der Erkaltung folgende. Die Legierungen der Gruppe A bestehen oberhalb G O aus fester Lösung von Kohlenstoff in γ-Eisen. Beispielsweise beginnt eine Legierung mit 0,33 % Kohlenstoff bei 800° aus der γ-Lösung β-Eisen auszuscheiden. Dieses wandelt sich bei 768° in α-Eisen um. Mit sinkender Temperatur scheidet sich aus der γ-Lösung direkt α-Eisen aus. Bei 721° sind im Gleichgewicht α-Eisen und γ-Mischkristalle mit 0,9 % Kohlenstoff. Letztere zerfallen bei 721° in α-Eisen und Eisenkarbid Fe_3C. Die Menge des ausgeschiedenen β-Eisens nimmt bis 768° zu. Sie läßt sich mit Hilfe der Hebelbeziehung leicht ermitteln. Bei 768° sind im Gleichgewicht: β-Eisen + γ-Mischkristalle mit 0,4 % Kohlenstoff. Letztere enthalten also den gesamten Kohlenstoff. Ist die Menge der Mischkristalle gleich x bei einer Gesamtmenge von 100 g, so besteht die Beziehung

$$x \times 0{,}40 = 100 \times 0{,}33$$
$$\text{oder } x = 82{,}5 \text{ g};$$

demnach wäre die Menge der β-Kristalle 17,5 % der Gesamtmenge. Bei 721° wäre die Menge der Mischkristalle bzw. ihres Zerfallproduktes, des Eutektoids,

$$x \times 0{,}90 = 100 \times 0{,}33$$
$$\text{oder } x = 36{,}7 \%$$

der Gesamtmenge und demnach die Menge der α-Kristalle $= 63{,}3$ g. Allgemein gilt also die Beziehung: Menge der ausgeschiedenen β- oder α-Kristalle $= \dfrac{a}{a+b} \times 100$ in % (vgl. Abb. 16).

Eine Legierung mit $0,5\%$ Kohlenstoff besteht oberhalb 761^0 aus fester γ-Lösung. Bei 761^0 beginnt die Abscheidung von α-Eisen. Die Menge des ausgeschiedenen α-Eisens nimmt mit sinkender Temperatur zu, wobei der Kohlenstoffgehalt der zurückbleibenden festen Lösung steigt. Dieser Vorgang erreicht sein Ende, wenn die Temperatur auf 721^0 gesunken ist. Bei dieser Temperatur zerfällt die zurückbleibende feste Lösung mit $0,9\%$ Kohlenstoff in α-Eisen und Eisenkarbid.

Eine Legierung mit $0,9\%$ Kohlenstoff besteht oberhalb 721^0 aus fester γ-Lösung. Bei 721^0 zerfällt sie in α-Eisen und Eisenkarbid, und die Temperatur bleibt solange konstant, bis dieser Vorgang sich vollständig vollzogen hat.

Eine Legierung mit $1,21\%$ Kohlenstoff, deren Konzentration also zwischen S und E gelegen ist, besteht oberhalb 900^0 aus fester γ-Lösung. Bei dieser Temperatur beginnt Eisenkarbid sich aus der Lösung auszuscheiden. Die mit sinkender Temperatur vermehrte Menge des ausgeschiedenen Eisenkarbids bewirkt eine Verarmung der Lösung an Eisenkarbid, ihre Konzentration verschiebt sich daher nach links. Der Vorgang der Eisenkarbidbildung aus der festen Lösung ist beendet, wenn die Temperatur auf 721^0 gesunken ist. Bei dieser Temperatur beträgt der Kohlenstoffgehalt der zurückgebliebenen festen Lösung $0,9\%$, und der Zerfall dieses Restes der festen Lösung in α-Eisen und Eisenkarbid findet bei konstanter Temperatur statt.

Der gesättigte Mischkristall mit $1,7\%$ Kohlenstoff verhält sich ähnlich, nur daß in dieser Legierung die maximale Eisenkarbidmenge auf der Kurve E S zur Abscheidung gelangt.

Alle in den Legierungen mit mehr als $1,7\%$ Kohlenstoff enthaltenen gesättigten Mischkristalle, mögen sie primärer oder eutektischer Natur sein, zerfallen demnach ebenfalls während der Abkühlung von 1145 auf 721^0 in Eisenkarbid und eutektoidisches Gemisch, α-Eisen + Eisenkarbid, verhalten sich also wie die Legierung mit $1,7\%$ Kohlenstoff.

Das Eisenkarbid kommt hiernach je nach dem Kohlenstoffgehalt der Legierung in vier verschiedenen Arten vor:

1. als eutektoidisches Eisenkarbid. Die Bildung aus fester γ-Lösung erfolgt auf der Linie P S K.
2. als sogenanntes sekundäres oder proeutektoidisches Eisenkarbid. Die Bildung aus fester γ-Lösung beginnt längs E S.
3. als eutektisches Eisenkarbid. Die Bildung aus dem Schmelzfluß erfolgt auf der Linie E C F.
4. als sogenanntes primäres oder proeutektisches Eisenkarbid. Die Bildung aus dem Schmelzfluß beginnt längs C D.

In den übereutektoidischen Legierungen läßt sich die Menge des abgeschiedenen Eisenkarbids für eine beliebige, zwischen E S und S K gelegene Temperatur leicht ermitteln. Betrachten wir z. B. eine Legierung mit $1,21\%$ Kohlenstoff bei 800^0. Die Ausgangsmenge sei $100\,g$, x die Menge des Eisenkarbids, so ist $100 - x$ die Menge der γ-Mischkristalle. Die Legierung enthält insgesamt $1,21\,g$ Kohlenstoff, das Eisenkarbid $x \times 6,67\,g$, die Mischkristalle $(100 - x) \times 1,0\,g$. Es besteht die Beziehung:

$$x \times 6,67 + (100 - x) \times 1,0 = 100 \times 1.21$$

oder

$$x = \frac{121 - 100}{5{,}67} = 3{,}7 \text{ Gew.-}^0/_0 \text{ Fe}_3\text{C}$$

oder bei 721⁰

$$x = \frac{121 - 90}{5{,}77} = 5{,}37 \text{ Gew.-}^0/_0 \text{ Fe}_3\text{C}.$$

Eine Legierung mit $1{,}7^0/_0$ Kohlenstoff würde bei 721⁰ enthalten

$$\frac{170 - 90}{5{,}77} = 13{,}85 \text{ Gew.-}^0/_0 \text{ Fe}_3\text{C},$$

und dies würde die höchste Eisenkarbidmenge darstellen, die sich nach der Kurve E S abscheiden kann.

Für $0{,}1^0/_0$ Zunahme des Kohlenstoffgehaltes ergibt sich zwischen 0,9 und $1{,}7^0/_0$, und natürlich auch zwischen 0,9 und $6{,}67^0/_0$, eine Zunahme des Eisenkarbidgehaltes von nur $1{,}73^0/_0$, während die Abnahme des α-Eisen-Gehaltes zwischen 0 und $0{,}9^0/_0$ für $0{,}1^0/_0$ Zunahme des Kohlenstoffgehaltes $11{,}1^0/_0$ beträgt.

Die erkalteten Eisenkohlenstofflegierungen sind als Gemische von α-Eisen und Eisenkarbid aufzufassen, deren Mengenverhältnisse sich leicht berechnen lassen. So enthält eine Legierung mit $2^0/_0$ Kohlenstoff

$$\frac{100}{6{,}67} \cdot 2 = 30 \text{ Gew.-}^0/_0 \text{ Fe}_3\text{C} \text{ und } 70 \text{ Gew.-}^0/_0 \alpha\text{-Eisen.}$$

Die vorstehende Betrachtungsweise berücksichtigt nicht die Tatsache der sukzessiven Entstehung der einzelnen Konstituenten, z. B. der verschiedenen Eisenkarbidarten, bei der Erstarrung und Erkaltung. Berücksichtigt man, daß das Eutektikum mit $4{,}3^0/_0$ Kohlenstoff $\dfrac{4{,}3 - 1{,}7}{6{,}67 - 1.7} \cdot 100 = 50{,}05^0/_0$ eutektisches Fe_3C und $49{,}95^0/_0$ Mischkristalle enthält, daß die Mischkristalle $13{,}85^0/_0$ sekundäres Fe_3C und $86{,}15^0/_0$ Eutektoid enthalten, und daß endlich das Eutektoid $\dfrac{0{,}9 \cdot 100}{6{,}67} = 13{,}45^0/_0$ eutektoidisches Fe_3C und $86{,}55^0/_0$ α-Eisen enthält, so ergibt sich z. B. für eine Eisenkohlenstofflegierung mit $3{,}4^0/_0$ Kohlenstoff folgende Übersicht über die Mengen der einzelnen Bestandteile unter Berücksichtigung ihrer Entstehungsweise:

<pre>
                      ⎧ sekundäres Fe₃C
                      ⎪   4,43%
 Mischkristalle E ⎨   ⎧ eutektoides Fe₃C
      32%   ⎪   ⎪   3,20%
                      ⎪ Eutektoid S ⎨
                      ⎩   27,57%   ⎪ eutektoides α-Eisen
                                          ⎩   24,37%

                      ⎧ eutektisches Fe₃C
                      ⎪   34,20%
 Eutektikum C   ⎨   ⎧ sekundäres Fe₃C
      68%   ⎪   ⎪   4,68%
                      ⎪ eutektische Mischkr. E ⎨   ⎧ eutektoides Fe₃C
                      ⎩   33,80%   ⎪   ⎪   3,92%
                                                    ⎪ Eutektoid S ⎨
                                                    ⎩   29,12%   ⎪ eutektoides α-Eisen
                                                                     ⎩   25,20%
</pre>

Die nicht fettgedruckten Bestandteile zerfallen während der Erkaltung der Legierung im Gegensatz zu den fettgedruckten.

Das Diagramm Abb. 16 enthält folgende Zustandsfelder:

I Schmelze
II δ-Mischkristalle + Schmelze
III γ-   „   +   „
IV Eisenkarbid   +   .,
V δ-Mischkristalle
VI δ-   „   + γ-Mischkristalle
VII γ-   „
VIII   „   + β-Eisen
IX   ,,   + α-Eisen
X   „   + Eisenkarbid
XI α-Eisen   +   „

b) Das Gefüge. Das Zustandsdiagramm Abb. 16 ist im wesentlichen[1]) das Resultat der thermischen Untersuchung. Es soll nunmehr untersucht werden, wieweit die mikroskopische Untersuchung die Ergebnisse der thermischen bestätigt und ergänzt. Da die im Gebiet VII vorhandene feste γ-Lösung in ihre Bestandteile α-Eisen und Eisenkarbid zerfällt, wird in langsam abgekühlten Legierungen nicht das Gefügebild der festen Lösung zu erkennen sein, vielmehr werden die Zerfallsprodukte der Legierung, α-Eisen und Eisenkarbid, nebeneinander unter dem Mikroskop erscheinen. Die Legierung mit 0,9% Kohlenstoff besteht in ihrer Gesamtheit aus dem Eutektoid: α-Eisen und Eisenkarbid. Die Menge des Eutektoides muß von 0,9 bis 0% Kohlenstoff von 100 auf 0% ab- und die des α-Eisens dementsprechend zunehmen. Die Legierungen mit mehr als 0,9% Kohlenstoff enthalten neben dem Eutektoid Eisenkarbid, und zwar in um so größeren Mengen, je höher der Kohlenstoffgehalt ist. Da aber die Menge des Eisenkarbids erst bei einem Kohlenstoffgehalte von 6,67% gleich 100% ist, muß die Zunahme des Eisenkarbids in den schmiedbaren Legierungen (0,9 bis 1,7% Kohlenstoff) mit dem Kohlenstoffgehalt eine relativ langsame sein. Dementsprechend nimmt auch die Menge des Eutektoids langsam ab[2]). In den Abb. 17 bis 24 sind Gefügebilder von einigen schmiedbaren Eisenkohlenstoff-Legierungen wiedergegeben. Alle Legierungen sind langsam abgekühlt, d. h. die durch die Linien G O S, M O, E S bzw. P S K gekennzeichneten Umwandlungen hatten Zeit, vollständig vor sich zu gehen. Abb. 17 zeigt eine Legierung mit 0,11% Kohlenstoff. Beim Vergleich dieser Abbildung mit der das reine α-Eisen darstellenden Abbildung 10 erkennt man neben den unregelmäßigen Polygonen des Ferrits dunkel erscheinende Inseln eines neuen Bestandteils. Es kann sich, wie ein Blick auf das Zustandsdiagramm lehrt,

---

[1]) Insbesondere die Kurven C D und E S machen hiervon eine Ausnahme. Die Wärmetönungen bei der Ausscheidung des Eisenkarbids aus der flüssigen und aus der festen Lösung sind so gering, daß die Ermittlung der genannten Kurven auf thermischer Grundlage nicht möglich ist und daher auf anderem Wege vorgenommen werden mußte. Vgl. W a r k, Met. 1911, 704; ferner T s c h i s c h e w s k i und S c h u l g i n, St. E. 1917, 1033, für die Kurve E S; für die Kurve C D: H a n e m a n n, St. E. 1911, 333, sowie An. Chem. 1913, 84, 1, ferner R u f f und G o e c k e, Met. 1911, 417, R u f f, Met. 1911, 456, 497, R u f f und B o r m a n n, An. Chem. 1914, 397, W i t t o r f, An. Chem. 1912, 79, 1, R u e r, An. Chem. 1921, 117, 249; eine Zusammenstellung der als Unterlage für die Zeichnung des Diagramms benutzten Literatur s. bei F. Goerens, Diss., Aachen 1918.

[2]) Bezüglich der quantitativen Verhältnisse vgl. S. 29.

nur um das Eutektoid: α-Eisen und Eisenkarbid handeln, das wegen seines bei der Ätzung häufig auftretenden perlmutterartigen Glanzes die metallographische Bezeichnung Perlit trägt. Daß der Perlit tatsächlich aus zwei Bestandteilen aufgebaut ist, zeigt Abb. 18, die den Perlit in besonders guter Ausbildung darstellt. Man erkennt deutlich zwei streifenförmig gelagerte Bestandteile, die beide hell erscheinen, aber den Ätzmitteln gegenüber verschiedene Löslichkeit aufweisen, da der eine von ihnen im Relief steht und demzufolge in der Lichtrichtung Schatten wirft. Dieser letztere Bestandteil ist das Eisenkarbid Fe_3C.

In dem schematischen Schnitt Abb. 19 durch eine Perlitinsel ist angenommen, daß das Licht in der Pfeilrichtung einfällt. Räumlich gedacht besteht also der Perlit aus abwechselnden Lamellen von Ferrit und Eisenkarbid mit der metallographischen Bezeichnung Zementit. Auch der Perlit ist wie der Ferrit in Korneinheiten ausgebildet, deren Kennzeichen also gleiche kristallographische Orientierung

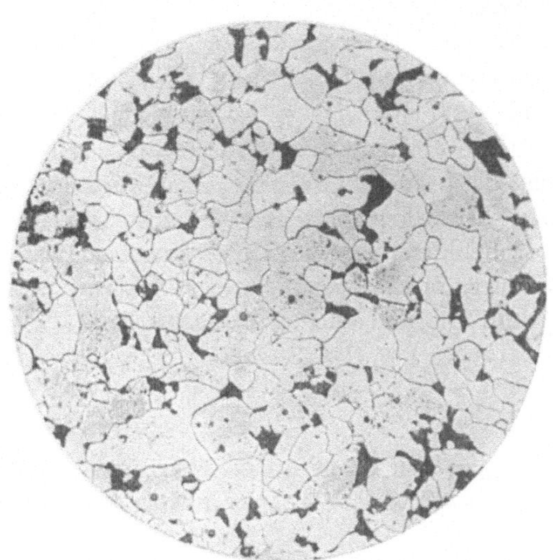

Abb. 17. Eisen-Kohlenstoff-Legierung mit $0,11\,^0/_0$ C, Ätzung II[1]), x 100.

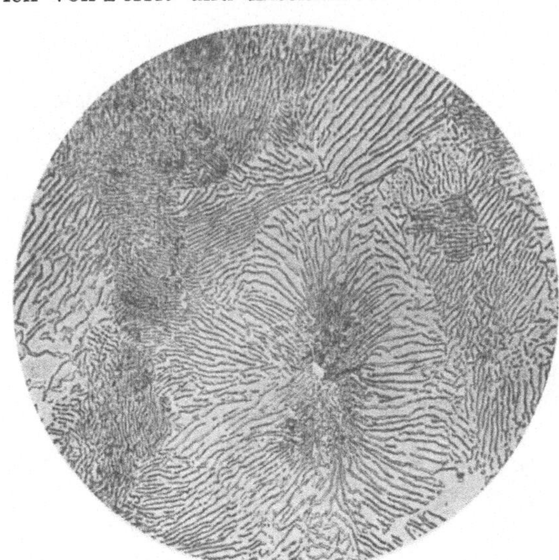

Abb. 18. Perlit, Ätzung II, x 100.

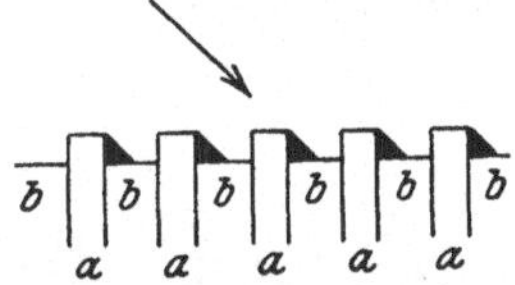

Abb. 19. Schematische Darstellung eines Schnittes durch Perlit, a = Zementit (Eisenkarbid), b = Ferrit.

ist. Belaiew[2]) nimmt eine grundsätzliche Parallelität der Lamellen innerhalb der Korneinheit an. Ferner soll nach seinen Beobachtungen die Lamellenbreite des Ferrits im allgemeinen gleich der dreifachen Breite des Zementits sein, also b = 3 a. Für die Lamellenbreite a des Zementits fand

---

[1]) Ätzung II bedeutet: Ätzung mit einer mineralischen Säure in verdünnter alkoholischer Lösung. Über die Bedeutung dieser Ätzung siehe S. 87, 89 sowie Abschnitt V, 1.
[2]) Eng. 1922, **113**, 634.

er Werte von 25—90 $\mu\mu$. Der wirkliche Abstand zweier Lamellen ist $\triangle = a + b$, so daß $a = \frac{1}{4}\triangle$. Die Lamellenbreite $\triangle$ ist in allen Punkten eines und desselben Stahls eine Konstante, falls letzterer in allen Punkten dieselbe Wärmebehandlung erfahren hat und ist daher für jeden Stahl lediglich von dieser abhängig. Die Wärmebehandlung kann vorläufig aufgefaßt werden als Durchgangsgeschwindigkeit durch Ar_1. Wenn trotzdem, wie Abb. 18 zeigt und stets bei der mikroskopischen Untersuchung von Perlit beobachtet wird, in ein und demselben Stahl $\triangle$ sehr verschiedene Werte besitzt, so liegt dies daran, daß ein ebener Schnitt die Perlitkörner auf Grund ihrer verschiedenen kristallographischen Orientierung unter den verschiedensten Winkeln ω schneidet. Der wirkliche Lamellenabstand $\triangle_\omega$ wird daher nur in solchen Körnern in Erscheinung treten, in denen, wie in Abb. 19 angenommen wird, der Schnitt normal zu den Lamellen liegt. Ist ω gleich diesem Winkel, so ist der scheinbare Lamellenabstand

$$\triangle_\omega = \frac{\triangle}{\cos \omega}.$$

Wie man sich leicht überzeugen kann, tritt bei $\omega = 80^0$ ein besonders rasches Anwachsen von $\triangle$ ein, und zwar ist etwa

$$\triangle_{80^0} = 5\,\triangle$$
$$\triangle_{84^0} = 10\,\triangle$$
$$\triangle_{87^0} = 20\,\triangle$$

$\triangle$ kann direkt gemessen werden oder aber bei sehr geringen Werten aus obiger Beziehung

$$\triangle = \triangle_\omega \cdot \cos \omega$$

ungefähr berechnet werden, indem $\triangle_\omega$ für die der Messung leicht zugänglichen Stellen breitesten Lamellenabstandes ermittelt und ω geschätzt wird, was bei einiger Übung nach Belaiew leicht ist.

Abb. 20 ist eine Legierung mit $0{,}26^0/_0$ Kohlenstoff. Die Menge des bei

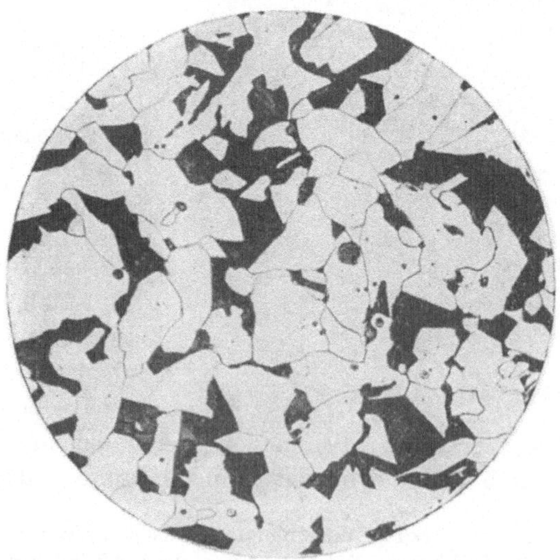

Abb. 20. Eisen-Kohlenstoff-Legierung mit $0{,}26^0/_0$ C, Ätzung II, x 100.

schwachen Vergrößerungen fast gleichmäßig dunkel erscheinenden Perlits ist im Vergleich mit Abb. 17 erheblich größer. Bei 0,53$^0/_0$ Kohlenstoff (Abb. 21) ist außer einer weiteren Zunahme des Perlit-Flächenanteils eine prinzipielle Änderung des Gefüges festzustellen. Während die bisherige Anordnung von Ferrit und Perlit eine derartige war, daß die Gefügebestandteile nach allen Richtungen praktisch gleiche Ausdehnung besaßen und die Perlitinseln zwischen den Ferritkörnern eingelagert waren, tritt nunmehr der Ferrit in Form eines Netzwerkes auf, dessen Maschen der Perlit anfüllt. Man spricht daher von Netzwerk- oder auch von Zellengefüge. Abb. 22 ist eine Legierung mit 0,64$^0/_0$ Kohlenstoff. Die Dicke der Zellenwände des Ferrits hat gegenüber Abb. 21 erheblich abgenommen. Abb. 23 zeigt eine eutektoidische Legierung mit 0,9$^0/_0$ Kohlenstoff. Das ganze Gesichtsfeld ist von Perlit eingenommen. Man erkennt hier deutlich, daß der Perlit in Korneinheiten vorkommt.

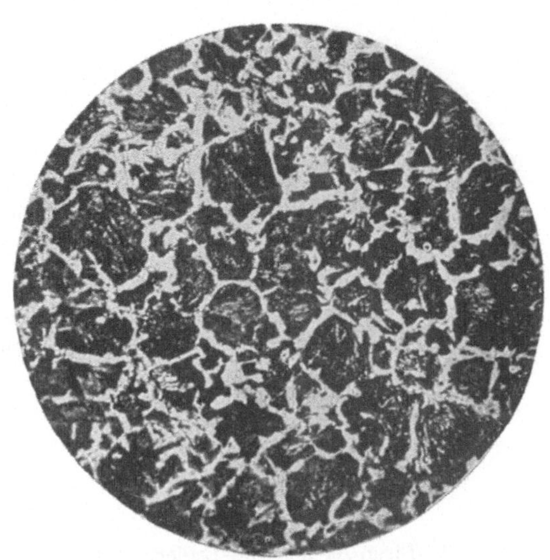

Abb. 21. Eisen-Kohlenstoff-Legierung mit 0,53$^0/_0$ C, Ätzung II, x 100.

Abb. 22. Eisen-Kohlenstoff-Legierung mit 0,64$^0/_0$ C, Ätzung II, x 100.

Abb. 23. Eisen-Kohlenstoff-Legierung mit 0,9$^0/_0$ C, Ätzung II, x 100.

Die helleren Stellen sind durch größeren, die dunkleren durch kleineren Lamellenabstand gekennzeichnet. Eine Legierung mit 1,5$^0/_0$ Kohlenstoff (Abb. 24) ist übereutektoidisch, und es erscheint daher als neuer Gefügebestandteil das Eisenkarbid Fe_3C mit der metallographischen Bezeichnung Zementit, weil er im Zementstahl in großen Mengen vorkommt. Dieser Zementit ist natürlich seiner Zusammensetzung und seinem Aufbau nach identisch mit dem Zementit des Perlits. Weil er aber bei der Abkühlung einer übereutektoidischen Legierung vor dem Perlit zur Abscheidung gelangt, hat man ihn auch proeutektoidisch genannt. Dementsprechend kann man auch proeutektoidischen Ferrit unterscheiden. Der Zementit umschließt in Abb. 24 ähnlich dem Ferrit die Perlitmaschen in Form von Zellen. Gleichzeitig erscheinen auch im Innern des Netzwerkes Zementitnadeln, deren Ausbildung von der kristallographischen Orientierung des Kornes beherrscht wird. Auch der übereutektoidische Zementit wird durch die gewöhnlichen Ätzmittel nicht gefärbt. Er unterscheidet sich jedoch durch seine

Abb. 24. Eisen-Kohlenstoff-Legierung mit $1,5^0/_0$ C, Ätzung II, x 100.

größere Härte vom Ferrit. Eine gesättigte Natriumpikratlösung färbt den Zementit dunkel, läßt dagegen den Ferrit hell. Auch der Perlit wird, solange dessen Zementit in nicht zu groben Anhäufungen auftritt, nicht gefärbt. Jedenfalls richtet sich der Grad der Färbung nach der Größe der Zementiteinheiten des Perlits. Abb. 25 ist die in Abb. 24 dargestellte, jedoch mit Natriumpikrat geätzte Stelle, sie zeigt die Dunkelfärbung des zellen- und nadelförmigen Zementits. Mit steigendem Kohlenstoffgehalt wächst die Zementitmenge, jedoch, wie bereits erwähnt, sehr langsam.

Die Legierungen mit mehr als $1,7^0/_0$ Kohlenstoff umfassen das untereutektische, eutektische und übereutektische weiße Roheisen.

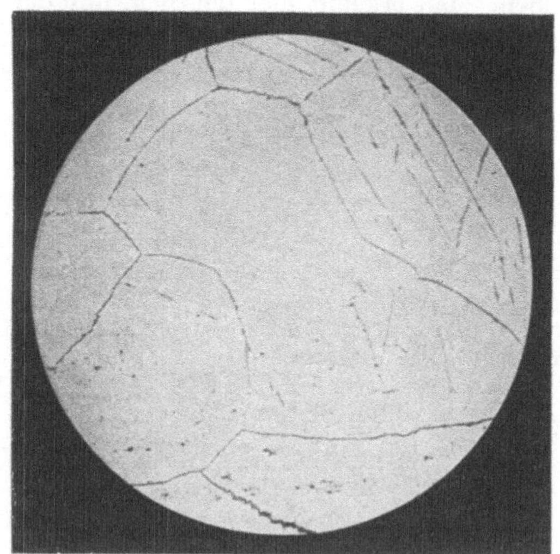

Abb. 25. Dieselbe Stelle wie 24, jedoch mit Natriumpikrat geätzt.

Abb. 26 ist ein weißes Roheisen mit $4,3^0/_0$ Kohlenstoff, das demnach ausschließlich aus dem Eutektikum C Abb. 16 bestehen muß und das zu Ehren des deutschen Eisenhüttenmannes Ledebur die Bezeichnung Ledeburit erhielt. Die eutektische Struktur ist unverkennbar.

Abb. 27 ist ein übereutektisches weißes Roheisen, das in einer Grundmasse von Ledeburit primären, also nach der Linie C D abgeschiedenen Zementit enthält, der entsprechend den geringen Widerständen bei seiner Kristallisation in einer flüssigen Grundmasse gut ausgeprägte, nadlige Kristallformen zeigt. Nur durch besondere Kunstgriffe, insbesondere energisches Abschrecken aus dem Schmelzfluß, läßt es sich in reinen Eisenkohlenstofflegierungen mit so hohen Kohlenstoffgehalten erreichen, daß der gesamte Kohlenstoff als Fe_3C ausgeschieden wird.

Abb. 28 ist ein untereutektisches weißes Roheisen, das demnach in der Ledeburit-Grundmasse Mischkristalle aufweist. Da diese Kristalle wie der primäre Zementit in einer wenig Widerstand bietenden flüssigen

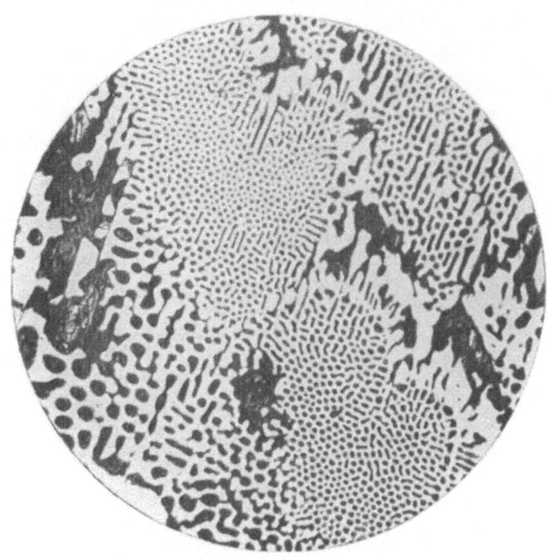

Abb. 26. Ledeburit, Ätzung II, x 100.

Grundmasse kristallisieren, sind ihre Kristallformen verhältnismäßig gut ausgebildet. Sehr häufig ist ein System von zwei zueinander senkrechten Achsen in charakteristischer tannenbaumförmiger oder dendritischer Anordnung zu erkennen. Die Menge dieser Kristalle nimmt natürlich mit steigendem Kohlenstoffgehalt zwischen $1{,}7\,^0/_0$ und $4{,}3\,^0/_0$ von 100 auf 0 linear ab. Bei Kohlenstoffgehalten wenig oberhalb $1{,}7\,^0/_0$ erscheint das Eutektikum in Zellen- bzw. Inselform zwischen den in großem Überschuß befindlichen Mischkristallen eingeschlossen.

Daß sämtliche Mischkristalle, mögen sie nun primär oder eutektisch sein, in

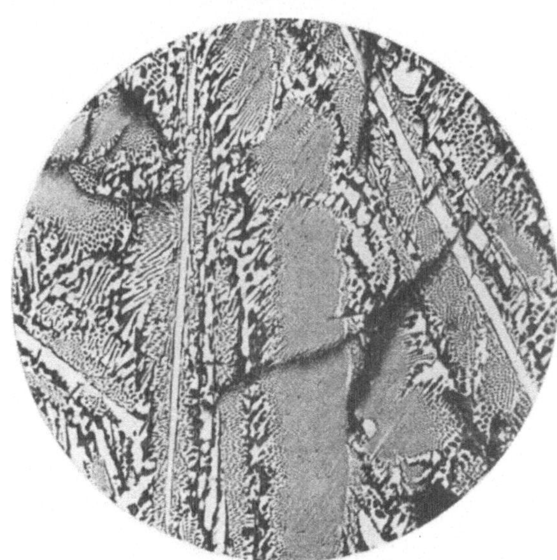

Abb. 27. Übereutektisches weißes Roheisen, Ätzung II, x 100.

sekundären Zementit und Perlit zerfallen, wenn die Abkühlung nicht allzu rasch erfolgt, wurde bereits erwähnt. Abb. 29 zeigt den sekundären Zementit in Nadelform innerhalb der perlitischen Grundmasse. Häufig, insbesondere bei sehr kleinen Mischkristalleinheiten, fehlt scheinbar der sekundäre Zementit. In Wirklichkeit hat er sich am Zementit des Ledeburits, diesen als Keim benutzend, ausgeschieden.

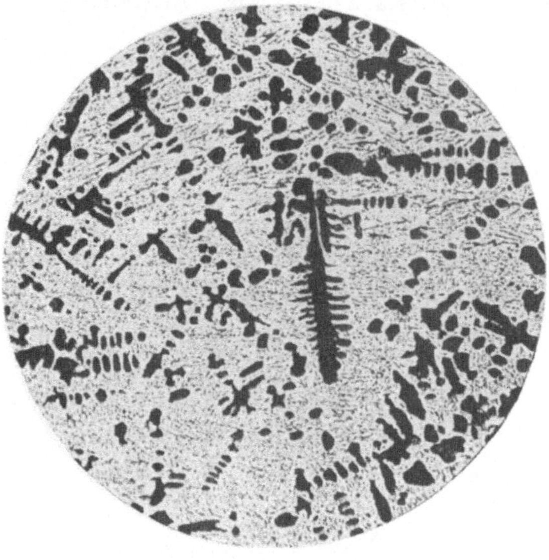

c) Die technisch besonders wichtigen Linien GOS, PSK und SE des Zustandsdiagramms. Für eine große Zahl technischer Operationen sind die durch die Linien GOS, SE und PSK gekennzeichneten Vorgänge von ausschlaggebender Bedeutung. Der Bestimmung dieser Linien ist daher von jeher eine besondere Sorgfalt zugewendet worden. Außer der thermischen Methode (Aufnahme der Abkühlungs- und Erhitzungskurven) stehen noch einige andere Methoden zur Verfügung, deren Ergebnisse wegen der Wichtigkeit

Abb. 28. Untereutektisches weißes Roheisen, Ätzung II, x 100.

des Gegenstandes hier kurz besprochen werden sollen.

Abb. 30 zeigt zunächst die auf thermischem Wege gewonnenen Ergebnisse der Untersuchungen von Bardenheuer[1]). A_3 und $A_{3,2}$ weisen unter den angewandten Versuchsbedingungen eine mit steigendem Kohlenstoffgehalt abnehmende Hysteresis auf. A_2 dagegen ist hysteresisfrei. Ac_1 liegt unabhängig vom Kohlenstoffgehalt bei 740°. Ar_1 steigt von 0 bis 0,9 °/₀ Kohlenstoff mit diesem an, um von 0,9 °/₀ an bei 720° konstant zu erscheinen. Die Hysteresis bewegt sich also unter den gewählten Versuchsbedingungen zwischen 33 und 19°. Endlich ist aus Abb. 30 zu ersehen, daß die Kurve ES durch die thermische Methode,

Abb. 29. Sekundärer Zementit in den Mischkristallen, Ätzung II, x 300.

wegen der Geringfügigkeit der Wärmetönungen, nicht vermittelt wird.

_____

[1]) Fer. 1916/17, 150.

Man kann sich, wie Maurer[1]) zeigt, durch Betrachtung der Versuchspunkte leicht davon überzeugen, daß die Einzeichnung eines Knickes bei 0 ziemlich willkürlich ist (vgl. Fußnote S. 26) und daß auch aus den Ergebnissen früherer Forscher sowie aus den neuesten von Maurer und Hetzler[1]) dieser Knick sich nicht als Notwendigkeit ergibt. Die Frage ist insofern wichtig, als die einwandfreie Feststellung des Knickes für die allotrope Natur des β-Eisens sprechen würde. Das bisher vorliegende Material reicht jedoch noch nicht zur Entscheidung der Frage aus. Der Punkt 0 liegt, worauf Maurer hinweist, nach Bardenheuer bei 0,46[2]), nach Maurer und Hetzler bei 0,36, nach anderen Forschern noch höher oder tiefer. Es wird im nächsten Ab-

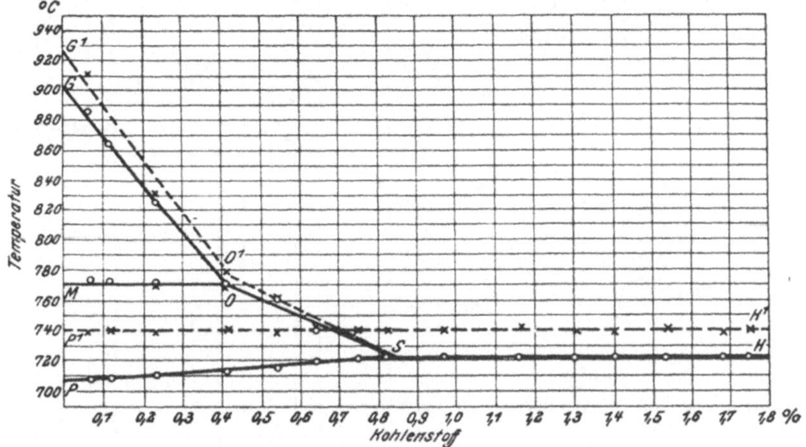

Abb. 30. Zerfallsvorgänge der festen Lösung. Ergebnisse der thermischen Untersuchung bei der Erhitzung bzw. bei der Abkühlung. (Bardenheuer.)
- - - - Erhitzung, —— Abkühlung.

schnitt (unter d) zu zeigen sein, daß die Abkühlungsgeschwindigkeit auf die Lage der Haltepunkte einen großen Einfluß ausübt. Diesem Einfluß ist auch nach Maurer die Abweichung der Versuchsergebnisse der einzelnen Forscher bezüglich der Lage des Punktes 0 zuzuschreiben. Die Abkühlungsgeschwindigkeit betrug bei Bardenheuer 1 bis 1,5, bei Maurer und Hetzler dagegen 12,5°/min. Mit steigender Abkühlungsgeschwindigkeit rückt also der Punkt 0 nach links.

Die Bestimmung des Wärmeinhaltes an einer Reihe von Legierungen gestattete Levin und Meuthen[3]) die Ermittlung des Verlaufes der Linien G O S, M O und P S K. Die durch diese Linien angedeuteten Zerfalls- bzw. Umwandlungsvorgänge sind mit Wärmetönungen verknüpft, deren Auftreten ja die Grundlage der thermischen Methode bildet. Die Kurven der Abhängigkeit des Wärmeinhaltes von der Temperatur liefern also nicht allein quantitativ die Größe der fraglichen Wärmetönungen, sondern auch ihre Lage auf der Temperaturskala und damit den Verlauf der erwähnten Linien. Bezüglich des ersten Punktes ergibt sich:

---

1) E. F. I. 1920, 1, 68.
2) Die Kohlenstoffgehalte sind [von Maurer einer Nachkontrolle unterzogen worden.
3) Fer. 1912/13, 1.

1. für die Ausscheidung von 1 g α-Eisen aus der festen Lösung eine Wärmeentwicklung von 14,1 cal.

2. für die Bildung von 1 g Perlit aus der festen Lösung eine Wärmeentwicklung von 15,9 cal.

Der Verlauf der Linien G O S, M O und P S K ergab sich entsprechend Abb. 31.

Auch die Bestimmung der Längenänderung eignet sich, wie Driesen[1]) nachwies, zur Ermittlung der Linien G O S, M O und

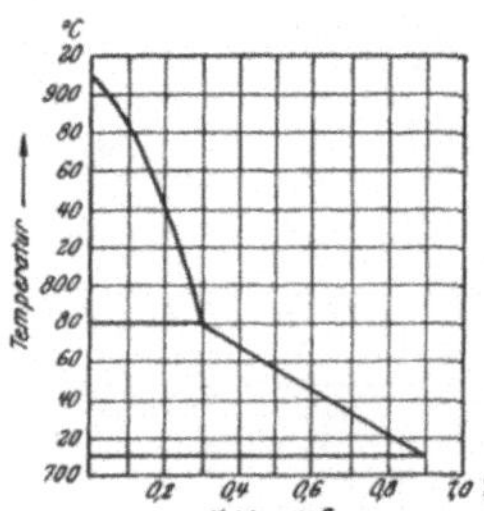

Abb. 31. Die Zerfallsvorgänge der festen Lösung. Ergebnisse der kalorimetrischen Methode. (Meuthen.)

P S K, während die Zementitabscheidung E S auf diesem Wege nicht bestimmt werden konnte.

Abb. 32 ist eine Auswahl von Originalkurven des wahren Ausdehnungskoeffizienten nach Driesen. Auf den Kurven erscheint A_3 sowohl wie A_1 als Minimum. Mit steigendem Kohlenstoffgehalt sinkt die Temperatur des oberen Minimums, die des unteren bleibt konstant; ferner nimmt die Intensität von A_3 ab, die von A_1 zu. Damit dürfte also das Wesen der beiden Minima sichergestellt sein. Über die Lage der dilatometrisch ermittelten Haltepunkte orientiert die Zusammenstellung Abb. 33 nach Driesen[2]).

Saldau[3]) wies nach, daß auch auf den Kurven der Abhängigkeit des

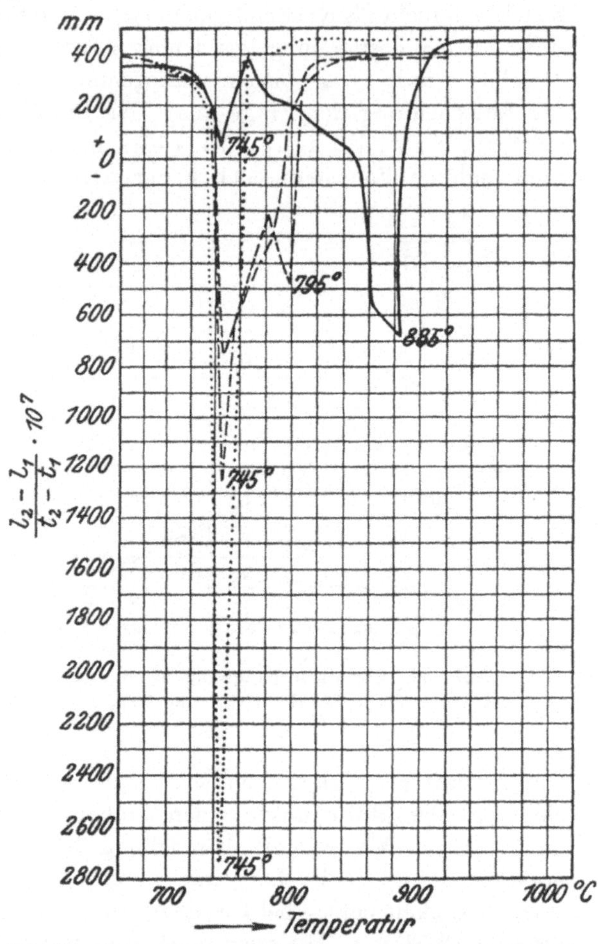

Abb. 32. Längenänderung, bezogen auf die Längeneinheit in Abhängigkeit von der Temperatur = wahrer Ausdehnungskoeffizient. (Driesen.)
—— 0,05 % C, ---- 0,33 % C, ······ 0,40 % C, ····· 0,65 % C.

---

[1]) Fer. 1913/14, 130; 1915/16, 27.
[2]) Bezüglich der von Driesen mit A_2 in Zusammenhang gebrachten Punkte vgl. S. 14 sowie Maurer, E. F. I. 1920, 1, 39.
[3]) Referat St. E. 1918, 39.

elektrischen Widerstandes von der Temperatur Unregelmäßigkeiten auftreten, die mit den Haltepunkten der Eisen-Kohlenstofflegierungen zusammenfallen. Seine Ergebnisse sind in Abb. 34 dargestellt, aus der hervorgeht, daß diese Methode (im übrigen als einzige) auch die Ermittelung der Zementitabscheidungskurve E S gestattet. Die Kurven entsprechen den bei der Abkühlung gewonnenen Ergebnissen. Die Abkühlungsgeschwindigkeit betrug 2^0/min.

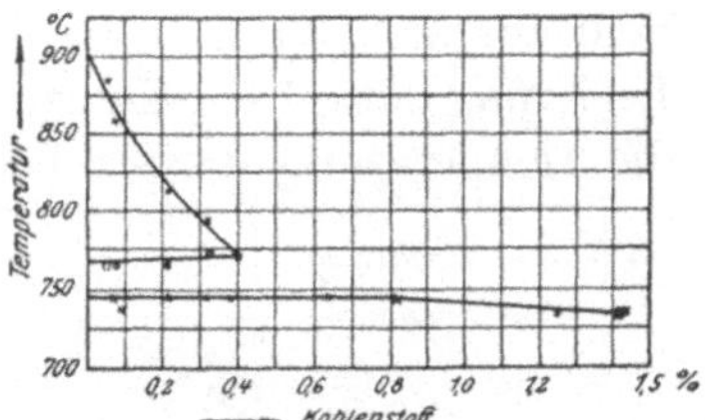

Abb. 33. Die Zerfallsvorgänge der festen Lösung. Ergebnisse der dilatometrischen Methode. (Driesen.) x = Minima, o = Maxima.

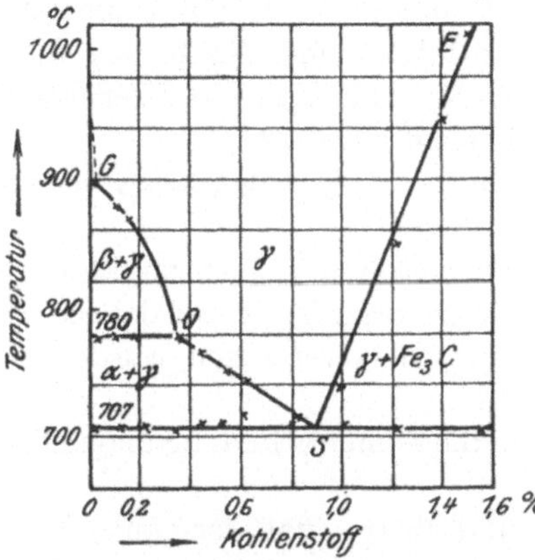

Abb. 34. Die Zerfallsvorgänge der festen Lösung. Ergebnisse der resistometrischen Methode. (Saldau.)

Die Untersuchung der magnetischen Umwandlung von Eisen-Kohlenstofflegierungen lieferte nach Rümelin und Maire[1]) das in Abb. 35 dargestellte Diagramm. Bis $0{,}4^0/_0$ Kohlenstoff ergibt sich bei $Ar_2 = Ac_2$ eine scharf ausgeprägte, reversible, magnetische Umwandlung, wenn die Abkühlungs- und Erhitzungsgeschwindigkeit klein genug gewählt wird. Oberhalb A_2 sind die Legierungen, wie reines Eisen, noch schwach ferromagnetisch; wie beim reinen Eisen ändert sich auch bei den Legierungen mit 0 bis $0{,}4^0/_0$ Kohlenstoff dieser Teil des Magnetismus kontinuierlich und reversibel zwischen A_2 und der vom Kohlenstoffgehalt abhängigen Lage von A_3, wo der Ferro-

magnetismus gänzlich verschwindet. Wie erwähnt, ist die Temperaturhysteresis des magnetischen Umwandlungspunktes A_2 bei geeigneter Wahl der Versuchsgeschwindigkeit praktisch gleich Null, sie wächst aber zwischen 0 und $0{,}4^0/_0$ Kohlenstoff mit dem Kohlenstoffgehalt, ohne jedoch beträchtliche Werte zu erreichen, gleichzeitig sinkt die Linie M O ein wenig (um 5^0). Der Einfluß der Versuchsgeschwindigkeit auf die Temperaturhysteresis er-

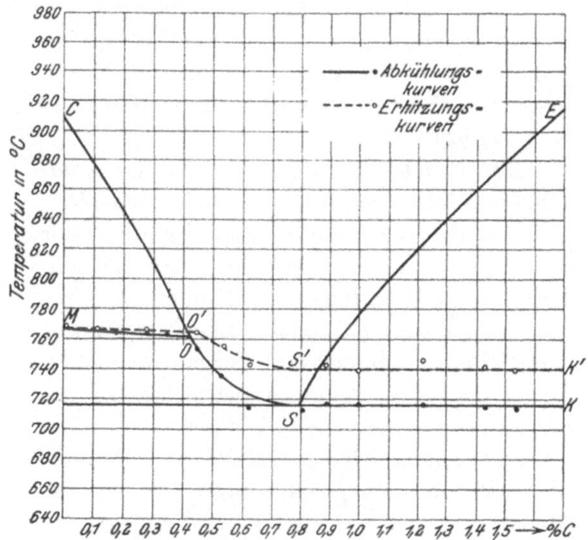

Abb. 35. Die Zerfallsvorgänge der festen Lösung. Ergebnisse der magnetischen Methode. (Rümelin und Maire.)

---

[1]) Fer. 1914/15, 141.

hellt aus Abb. 36 nach den Ermittelungen von Rümelin und Maire an einer Legierung mit $0,11^0/_0$ Kohlenstoff. Zwischen 0,4 und $0,8^0/_0$ Kohlenstoff wächst die Temperaturhysteresis beträchtlich und die Temperatur der Umwandlung sinkt bis Ac_1 bzw. Ar_1. Gleichzeitig erfolgt bei diesen Legierungen die Umwandlung in einem Temperaturintervall in Übereinstimmung mit der Tatsache, daß die Lösung bzw. Abscheidung des α-Eisens in gleicher Weise stattfindet. Die eutektoidischen und übereutektoidischen Legierungen weisen lediglich bei Ac_1 bzw. Ar_1 eine magnetische Umwandlung auf, die praktisch bei konstanter Temperatur erfolgt. Die Hysteresis dieser Umwandlung ist unabhängig vom Kohlenstoffgehalt und beträgt etwa 22^0.

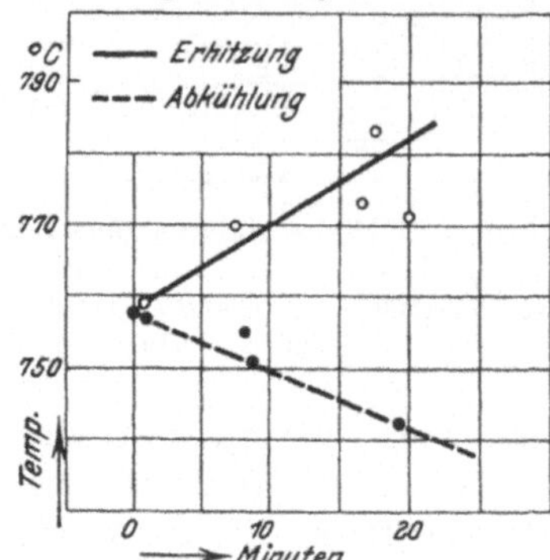

Abb. 36. Einfluß der Erhitzungs- und Abkühlungsgeschwindigkeit auf die Lage von A_2.

Zwei Punkte sind bemerkenswert, und zwar:

1. daß in Legierungen mit $0—0,8^0/_0$ Kohlenstoff der Perlitpunkt durch keine Unregelmäßigkeit des Magnetismus (scharfes Umbiegen der Kurve), wie die Zustandsänderung (Perlitbildung) dies verlangen würde, zum Ausdruck gelangt.

2. daß in übereutektoidischen Legierungen die Zementitbildung magnetisch nicht angezeigt wird.

Bezüglich Punkt 1 schließen Rümelin und Maire, daß der ganze Ferromagnetismus an das bei Ar_2 oder Ar_{32} ausgeschiedene α-Eisen gebunden ist. Bezüglich Punkt 2 verweisen die gleichen Verfasser auf die bereits erwähnte Tatsache, daß der Zementit bei etwa 200^0 einen magnetischen Umwandlungspunkt besitzt, also beim Erhitzen schon bei dieser Temperatur seinen Magnetismus verliert.

Zur Ermittelung der hier in Frage kommenden Linien bedient man sich noch einer anderen, der sogenannten Abschreck- oder mikroskopischen Methode. Das Prinzip dieser Methode ist folgendes: Man erhitzt Proben der zu untersuchenden Legierungen auf eine Reihe von in der Nähe der mutmaßlichen Temperatur des Beginnes beispielsweise der Ferritbildung gelegenen Temperaturen und

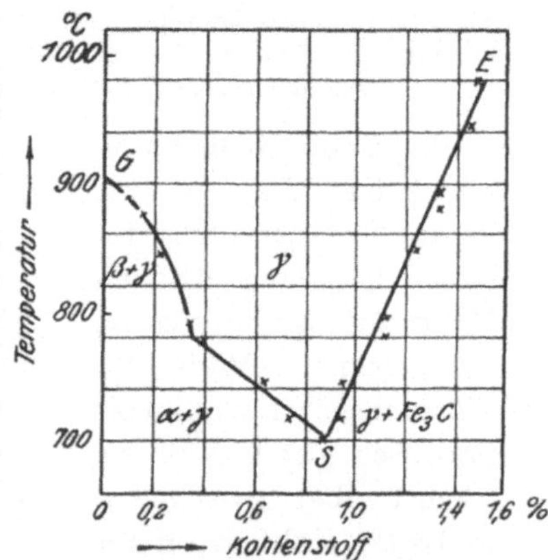

Abb. 37. Die Zerfallsvorgänge der festen Lösung. Ergebnisse der Abschreckmethode. (P. Goerens und Saldau.)

schreckt sie möglichst energisch ab. Ohne auf die Vorgänge beim Abschrecken oder Härten einzugehen, kann hier bereits gesagt werden, daß es durch Abschrecken gelingt, eine Vorstellung vom Gefügezustand bei der Abschrecktemperatur auch bei gewöhnlicher Temperatur zu schaffen, soweit insbesondere das hier interessierende Verhältnis von fester Lösung und Ferrit bzw. Zementit in Frage kommt. Ist T_L die niedrigste Temperatur, bei der das Gefügebild der abgeschreckten Probe ausschließlich feste Lösung in irgendeiner der später zu besprechenden Erscheinungsformen enthält und T_F die höchste Temperatur, bei der man Ferrit neben der festen Lösung erkennen kann, so muß offenbar die Temperatur des Beginnes der Ferritabscheidung zwischen T_L und T_F gelegen sein. Wählt man das Intervall $T_L - T_F$ klein genug, so muß sich die Temperatur des Beginnes der Ferritbildung mit einigen Graden Genauigkeit ermitteln lassen. In der Tat ist die Lage der Kurven G O S und E S mehrmals nach diesem Verfahren bestimmt worden. Abb. 37 veranschaulicht die Ergebnisse der Versuche von P. Goerens und Saldau[1]).

Abb. 38 zeigt eine bei 750°, also entsprechend Abb. 16 etwa 10° unter Ar_3 abgeschreckte Legierung mit 0,53% Kohlenstoff. In der Grundmasse von fester Lösung, die hier fast gleichmäßig dunkel erscheint, erkennt man vereinzelte helle Ferritkörner. In der bei 730° abgeschreckten Legierung muß der

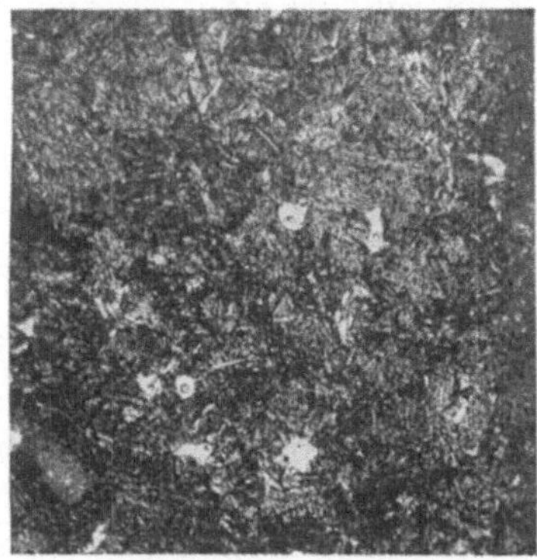

Abb. 38. Eisen-Kohlenstoff-Legierung mit 0,53% C bei 750° abgeschreckt, Ferrit + Martensit, Ätzung II, x 150.

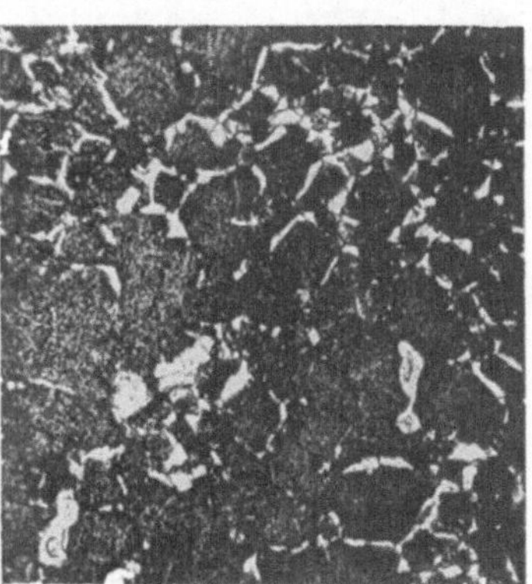

Abb. 39. Dieselbe Legierung wie Abb. 38, jedoch bei 730° abgeschreckt.

Hebelbeziehung gemäß mehr Ferrit vorhanden sein. Dies trifft, wie Abb. 39 veranschaulicht, tatsächlich zu. Die Anordnung des Ferrits zeigt bereits Andeutungen des Netzwerkgefüges.

Durch Bestimmung der Flächenanteile von Ferrit und fester Lösung ist es prinzipiell möglich, den Verlauf der Kurve G O S zu bestimmen, indessen haben derartige Messungen kein befriedigendes Resultat ergeben. Dies kann darauf zurückzuführen sein, daß der Genauigkeitsgrad der planimetrischen Methode zu gering ist; vielleicht ist aber auch das geringe, seiner absoluten Größe nach jedoch unbekannte Lösungsvermögen des β- und α-Eisens für Eisenkarbid eine noch nicht genügend berücksichtigte Fehlerquelle.

Mit Hilfe des Heißätzversuchs ist es möglich, das Gefüge der Eisenkohlenstofflegierungen auch in dem Gebiete VII oberhalb des Kurvenzuges G O S E, d. h. im Gebiete der festen Lösung des Eisenkarbides in γ-Eisen, und damit natürlich auch den Verlauf dieses Kurvenzuges selbst festzustellen. Dieser Weg ist von Wark[2]) sowie von Tschischewski und Schulgin[3]) beschritten

[1]) St. E. 1918, 15.   [2]) Met. 1911, 731.   [3]) St. E. 1917, 1033.

worden. Der von letzteren Verfassern so ermittelte Verlauf der Kurve E S, der etwas von dem von Wark gefundenen abweicht, ist in Abb. 16 angewendet. Abb. 40 zeigt eine in Stickstoffatmosphäre auf 1260⁰ erhitzte Legierung mit 0,13⁰/₀ Kohlenstoff. Statt des bei langsamer Abkühlung zu erwartenden Gemisches von Ferrit und Perlit (vgl. Abb. 17) tritt hier ein polygonales, Ätzfiguren aufweisendes Gefüge auf, wie wir es beim reinen Eisen kennen lernten, von diesem lediglich unterschieden durch Zwillingsstreifung in den Körnern. Letzteres ist aber gemäß Abb. 15 das Kennzeichen des γ-Eisens. Dieser Umstand, sowie das völlige Fehlen eines zweiten Gefügebestandteils, beweist, daß ähnlich wie in flüssigen Lösungen der gelöste Stoff (Eisenkarbid) im Lösungsmittel (γ-Eisen)

Abb. 40. Stahl mit 0,13⁰/₀ C bei 1260⁰ im Stickstoffstrom geätzt, x 200.

verschwunden ist und wir es tatsächlich mit einer festen Lösung zu tun haben.

Betrachtet man zusammenfassend die Ergebnisse der einzelnen Methoden zur Ermittelung des Verlaufes der Linien G O S, O M, E S und P S K, so ergibt sich, daß

1. G O S nach der thermischen, kalorimetrischen, mikroskopischen, dilatometrischen, teilweise der magnetischen und der resistometrischen Methode zum Ausdruck gelangt;

2. das gleiche für P S K der Fall ist; nur ergibt die magnetische Untersuchung diese Linie erst bei Kohlenstoffgehalten von mehr als 0,8⁰/₀;

3. ferner M O lediglich auf mikroskopischem Wege nicht ermittelt werden kann;

4. E S sich lediglich auf Grund der mikroskopischen und der resistometrischen Methode ergibt;

5. die quantitative Übereinstimmung der Ergebnisse der einzelnen Methoden mit Rücksicht auf ihre große Verschiedenheit eine zufriedenstellende ist.

d) Einfluß der Abkühlungsgeschwindigkeit und in ähnlichem Sinne wirkender anderer Faktoren auf die Lage der Umwandlungslinien G O S, E S, P S K sowie auf das Gefüge; Theorie der Härtung. Die Linien des Zustandsdiagramms Abb. 16 sind als Gleichgewichtslinien aufzufassen, d. h. sie zeigen die Temperaturen an, bei denen die Vorgänge sowohl bei der Erhitzung wie bei der Abkühlung theoretisch erfolgen. In

Wirklichkeit besteht aber (nur die Linie M O macht eine Ausnahme) ein
Unterschied zwischen der Temperatur des Vorganges bei der Erhitzung und der
des Vorganges bei der Abkühlung, der ja mehrfach bereits erwähnt und Hysteresis genannt wurde. Der Vorgang bei der Abkühlung erfolgt bei tieferer Temperatur als bei der Erhitzung. Es findet bei der Abkühlung eine sogenannte Unterkühlung statt.

Wir sahen bereits, daß die Lage des Haltepunktes A_3 im reinen Eisen
durch die Abkühlungsgeschwindigkeit beeinflußt wird. Gleiches trifft auch
für die Haltepunkte der Eisenkohlenstofflegierungen zu. Die Abweichungen
zwischen den Ergebnissen der einzelnen Beobachter[1] sind, abgesehen von der
Beeinflussung durch die Verschiedenheit der chemischen Zusammensetzung des
Versuchsmaterials, auch auf Verschiedenheiten in diesem Sinne zurückzuführen.

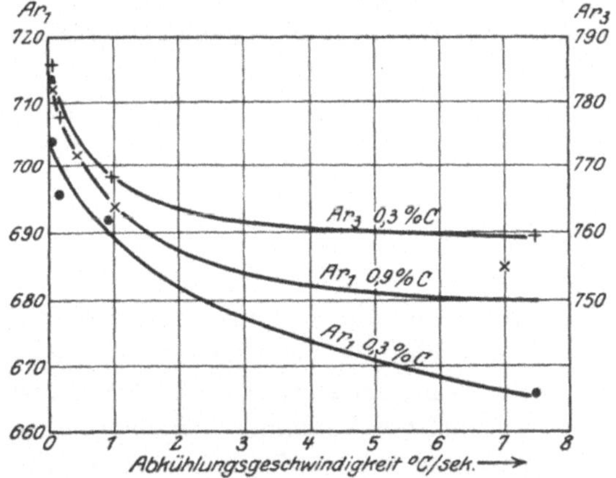

Abb. 41. Einfluß der Abkühlungsgeschwindigkeit auf
Ar_3 und Ar_1 in einem Stahl mit 0,3 % C und von Ar_1
in einem eutektoiden Stahl. (Schneider.)

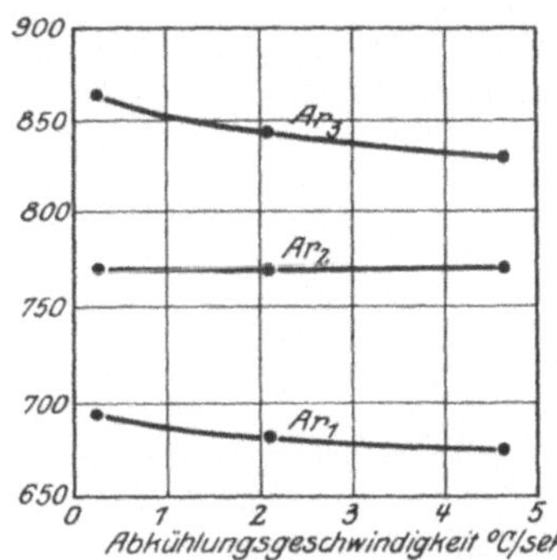

Abb. 42. Einfluß der Abkühlungsgeschwindigkeit auf die Lage von
Ar_3, Ar_2, Ar_1 in einem weichen
Flußeisen mit 0,06 % C.
(Maurer und Hetzler.)

Solange die Abkühlungsgeschwindigkeit sich in mäßigen Grenzen bewegt,
ansteigend etwa bis zur Luftabkühlung, ist unter sonst gleichen Verhältnissen,
insbesondere bezüglich der abzukühlenden Masse, die Änderung der Haltepunkte verhältnismäßig gering. Übersteigt die Abkühlungsgeschwindigkeit dieses
Maß, so liegen prinzipiell neue Verhältnisse vor, die bei der Besprechung der
Härtevorgänge Erwähnung finden werden.

So wird z. B. nach Schneider[2] Ar_1 und Ar_3 in einem Stahl mit 0,3%
Kohlenstoff in der durch Abb. 41 gekennzeichneten Weise durch die Abkühlungsgeschwindigkeit beeinflußt. Abb. 42 zeigt die Versuchsergebnisse von
Maurer und Hetzler[3] an einem schmiedbaren Eisen mit 0,06% Kohlenstoff.
Hier ist auch das Konstantbleiben von A_2 bemerkenswert.

Mit steigender Abkühlungsgeschwindigkeit nimmt also das Bestreben
der festen Lösung, unterkühlt zu werden, zu, und zwar zunächst rascher, dann
langsamer. Dies tritt bei Ar_1 dadurch noch besonders in Erscheinung, daß im
Falle der Unterkühlung die Temperatur nochmals ansteigt, einem Maximum
zustrebt und dann erst endgültig sinkt (vgl. Abb. 55).

---

[1] Vgl. z. B. Howe, Trans. Am. Min. 1913, 1099.
[2] Diss. Breslau 1920, St. E. 1922, 1577.   [3] E. F. I. 1920, I, 70.

Durch einen besonderen Kunstgriff gelang es Ruer und F. Goerens[1]), die wirkliche Gleichgewichtstemperatur A_1 zu finden, indem sie nämlich längere Zeit, etwa $^1/_2$ Stunde, auf die Versuchstemperatur in der Nähe von A_1 erhitzten und Abkühlungskurven aufnahmen. Zur Ermittlung von Ac_1 wurde lediglich auf die betreffende Versuchstemperatur $^1/_2$ Stunde erhitzt. Die von der niedrigsten Temperatur ausgehende Kurve, die schon den Haltepunkt aufwies, war die unterste Grenze von Ac_1. Zur Ermittlung von Ar_1 wurde die Probe erst in das Gebiet der festen Lösung übergeführt, dann $^1/_2$ Stunde auf Versuchstemperatur erhitzt. Die von der höchsten Temperatur ausgehende Kurve, die keinen Haltepunkt mehr aufwies, ergab die oberste Grenze für Ar_1. Auf diese Weise gelang es Ruer und F. Goerens, die Hysteresis auf 6° zu reduzieren. Die Gleichgewichtstemperatur A_1 ergab sich als Mittel aus Ac_1 und Ar_1 zu 721°. Zu einem ähnlichen Ergebnis gelangte Schneider. Dieser fand ferner folgende Abhängigkeit von Ac_1 von der Erhitzungsgeschwindigkeit in einem Stahl mit 0,89% Kohlenstoff:

Erhitzungsgeschwindigkeit	Ac_1
° C/sek	° C
0,01	728
0,14	732
0,33	744
3,6	748

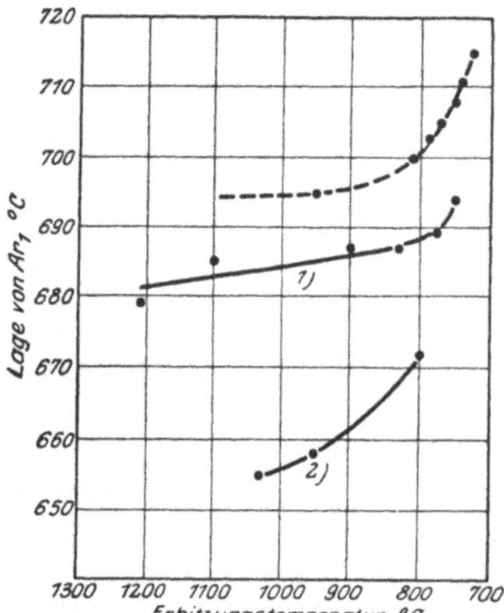

Abb. 43. Einfluß der Erhitzungstemperatur auf die Lage von Ar_1 in einem eutektoidenStahl. —— 1) Abkühlungsgeschwindigkeit = 1,1°/sek (Ofen). —— 2) Abkühlungsgeschwindigkeit = 7,1 °/sek (Luft). ---- (Ruer und F. Goerens.)

Nicht nur die Abkühlungsgeschwindigkeit beeinflußt die Lage von Ar_1, auch die Temperatur, auf die das Probematerial vor Aufnahme der Abkühlungskurve erhitzt wurde, übt einen Einfluß aus. Abb. 43 zeigt entsprechende Ergebnisse von Ruer und F. Goerens sowie von Schneider. Die Ergebnisse Schneiders beziehen sich auf zwei verschiedene Abkühlungsgeschwindigkeiten. Bei langsamer und bei rascher Abkühlung sinkt mit steigender Erhitzungstemperatur der Perlitpunkt, und zwar rascher im letzteren als im ersteren Falle und ferner rascher, wenn die Erhitzungstemperatur wenig über A_1 gelegen ist. Man erklärt diese Tatsache durch die Annahme, daß bei der Erhitzung über Ac_1 noch ungelöste Zementitkerne zurückbleiben, die dann bei der Abkühlung den Anstoß zur Perlitbildung geben und daher die Unterkühlung mehr oder weniger verhindern. Je höher die Erhitzungstemperatur, um so weniger Zementitkerne bleiben zurück, um so größer ist die Neigung zur Unterkühlung und um so niedriger fällt daher der Perlitpunkt aus.

---

[1]) Fer. 1916/17, 161.

Schneider zeigte endlich, daß Ar_3, die Temperatur des Beginnes der Ferritausscheidung, von der Erhitzungstemperatur unabhängig ist. Er stellte ferner eine große Neigung des Ferrits zur Unterkühlung fest, so daß die auf thermischem Wege ermittelten Haltepunkte Ar_3 also stets, selbst bei der geringen Geschwindigkeit von $0{,}02^0$ C/sek, tiefer liegen als die Gleichgewichtstemperatur, die sich genau nur durch Anwendung des von Ruer und F. Goerens für die Ermittlung des Perlitpunktes benutzten Kunstgriffes ermitteln läßt. Anderseits nimmt Schneider an, daß der Vorgang der Ferritausscheidung mit großer Energie verläuft im Gegensatz zur Zementitausscheidung, was ja schon durch die große Verschiedenheit der Wärmetönungen erklärlich gemacht wird. Dies ist der Grund, weshalb im Diagramm Abb. 30 von Bardenheuer die im übrigen vor ihm und nach ihm gefundene Tatsache festzustellen ist, daß Ar_1 mit wachsendem Kohlenstoffgehalt etwas ansteigt. Das Ansteigen verschwindet aber nach Schneider, wenn man die Abkühlungsgeschwindigkeiten nicht, wie Bardenheuer dies tat, für alle Legierungen gleich wählt, nämlich $1—1{,}5^0$ C/min, sondern für die untereutektoidischen Legierungen geringer als für die übereutektoidischen. Der Neigung des Ferrits, in Anbetracht seines großen Ausscheidungsbestrebens auch noch bei tieferen Temperaturen, als ihm nach dem Gleichgewichtsdiagramm zukommt, auszukristallisieren, wird also durch die Wahl geringerer Abkühlungsgeschwindigkeiten begegnet.

Unter Berücksichtigung der vorstehenden Gesichtspunkte, d. h. der Abkühlungsgeschwindigkeit und der Erhitzungstemperatur, ist das auf thermischem Wege ermittelte Teil-Diagramm von Bardenheuer, Abb. 30, aufzufassen, und zwar bezüglich der absoluten Lage der Kurven, der Hysteresis von A_1 und A_3 und der Änderung der Hysteresis mit dem Kohlenstoffgehalt.

Es bleibt zu untersuchen, welchen Einfluß die Abkühlungsgeschwindigkeit und die Erhitzungstemperatur auf das Gefüge der Eisenkohlenstofflegierungen ausüben, wenngleich diese Frage in das Gebiet der Wärmebehandlungslehre gehört, wo sie daher auch noch eingehend im Zusammenhang mit den entsprechenden Änderungen der technischen Eigenschaften zur Sprache kommen soll. Hier sei lediglich die Ausbildungsform des Perlits besprochen. Die bisher erwähnte lamellare Form Abb. 18 ist durchaus nicht die immer zu beobachtende. Sie stellt auch anscheinend keineswegs die dem strukturellen Gleichgewicht entsprechende dar. Diesem kommt vielmehr statt der lamellaren oder streifigen die globulare oder körnige zu, wie sie in Abb. 44 dargestellt ist. Anstatt, räumlich gedacht, in Form von Lamellen oder Blättern auszukristallisieren, tritt der Zementit hier in Kugelform auf. Während der lamellare Perlit stets aus unterkühlter, übersättigter γ-Lösung kristallisiert, scheidet sich der körnige bei Vorhandensein impfend wirkender Zementitkeime aus gesättigter oder nur wenig übersättigter γ-Lösung bei Temperaturen aus, die nach Versuchen von Whiteley[1] bei reinen Kohlenstoffstählen etwa $10—20^0$ oberhalb der Bildungstemperatur des lamellaren Perlits liegen. Als strukturell besser im Gleichgewicht befindliche Form erscheint der körnige Perlit, wenn die Abkühlungsgeschwindigkeit sehr gering ist. Hanemann und Morawe[2] geben als obere Grenze 2^0/min = $0{,}03^0$/sek an. Diese Zahl bezieht

---

[1] Eng. 1922, **114**, 733.   [2] St. E. 1913, 1350.

sich auf einen Stahl mit eutektoidischem Kohlenstoffgehalt, und sie läßt sich, wie Portevin und Bernard[1]) zeigten, nicht auf alle Eisenkohlenstofflegierungen ausdehnen. Übereutektoidische Stähle sollen bei wesentlich größeren Geschwindigkeiten als eutektoidische und diese wieder bei größeren Geschwindigkeiten als untereutektoidische Stähle zur Ausbildung des körnigen Perlits neigen. So müsse ein Stahl mit $1,3\,^0/_0$ Kohlenstoff an der Luft abgekühlt werden (etwa $400^0/\text{min} = 7^0/\text{sek.}$), um lamellaren Perlit zu zeigen. Schneider[2]) fand dagegen bei einer Geschwindigkeit von etwa $1^0/\text{min} = 0{,}015^0/\text{sek}$ fast durchweg im Gefügebild körnigen Perlit, gleichgültig, ob der Stahl 0,3, 0,89 oder $1,25\,^0/_0$ Kohlenstoff enthielt. Allerdings war die Erhitzungstemperatur bei den Stählen verschieden.

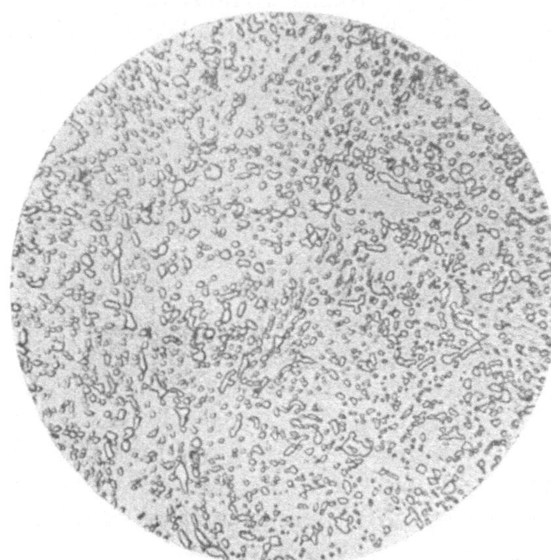

Abb. 44. Körniger Perlit, Ätzung II, x 400.

Nun spielt diese aber eine hervorragende Rolle, und hierauf, sowie auf die ungenügende Berücksichtigung des Anfangszustandes des Stahls bezüglich seines Gefüges, sind die Abweichungen zwischen den Ergebnissen der einzelnen Beobachter zurückzuführen. Bei der Besprechung des Einflusses der Erhitzungstemperatur muß prinzipiell unterschieden werden, ob sie unterhalb oder oberhalb Ac_1 gewählt wird. Es ist seit längerer Zeit bekannt, daß durch Erhitzen (Glühen) von lamellarem Perlit auf eine wenig unterhalb Ac_1 gelegene Temperatur die Zementit-Lamellen das Bestreben besitzen, in kugelförmige Gebilde überzugehen, zu koagulieren oder sich zusammenzuballen. Dieses Bestreben teilt im übrigen der Zementit mit einer ganzen Reihe von Legierungsbestandteilen, und es ist verständlich, da ja die Kugelform bei gegebenem Volumen die geringste Oberfläche besitzt. Die Versuche von P. Goerens[3]), Belaiew[4]), Hanemann und Morawe[5]), Howe und Levy[6]), Whiteley[7]) ließen keinen Zweifel an dieser Tatsache und zeigten, daß das Zusammenballen um so schneller erfolgt, je mehr die Temperatur sich Ac_1 nähert, und um so vollständiger, je länger die Erhitzung währt. Benedicks[8]) konnte hierbei eine Abart des körnigen Perlits, den Perlschnurperlit, Abb. 45, feststellen, ein Zwischenzustand zwischen dem lamellaren und dem körnigen Perlit, der dadurch besonders gekennzeichnet ist, daß die einzelnen Perlitkügelchen bereits mehr oder minder

---

[1]) Ir. st. Inst. 1921, Herbstvers., St. E. 1922, 268.
[2]) a. a. O.   [3]) Met. 1907, 182.   [4]) Met. 1911, 899.   [5]) St. E. 1913, 1350.
[6]) Trans. Am. Min. 1912, Okt.
[7]) Ir. st. Inst. 1918, I, 353, St. E. 1918, 967 und 1922, 1532.
[8]) Met. 1909, 567.

abgerundet, aber noch im Zuge der ursprünglichen Lamellen zu erkennen sind. Während der letztgenannte Verfasser bereits nach 2 stündigem Glühen eines grauen Roheisens bei 650—680⁰ körnigen Perlit erhielt, Hanemann und Morawe ihn in einem eutektoidischen Stahl teilweise durch 35 stündiges Glühen bei 685⁰ und vollständig durch 1062-stündiges erhielten, schlugen entsprechende Versuche von Honda und Saito[1]) mit Stählen verschiedensten Kohlenstoffgehaltes fehl. Hieraus zogen diese Verfasser den Schluß, der körnige Perlit könne aus dem lamellaren auf dem in Frage stehenden Wege nicht erzeugt werden, und die widersprechenden Versuchsergebnisse früherer Forscher seien auf mangelhafte Temperaturmessung (Ac_1 sei im Verlauf der Versuche überschritten worden) oder auf nichtlamellaren, sondern bereits mehr oder minder körnigen Ausgangszustand ihres Versuchsmaterials zurückzuführen. Diesen Versuchen stehen wieder die von Schneider gegenüber, der bei seinen drei Versuchsstählen bereits durch ¼ stündiges Glühen bei 714⁰ (die Temperaturmessung und -führung war äußerst genau) vollständige Umwandlung der lamellaren in die körnige Form erhielt, ferner die Versuche von Portevin und Bernard[2]), die durch 50 stündiges Glühen eines nichtgewalzten übereutektoidischen Stahls bei 700⁰ in einem Salzbade teilweise die körnige Form erhielten, und vollständig, wenn der Stahl im sogenannten Anlieferungszustand so behandelt wurde. Zweifellos findet das Koagulieren um so leichter statt, je geringer der Lamellenabstand $\triangle$ ist. Dieser ist in erster Linie von der Abkühlungs-

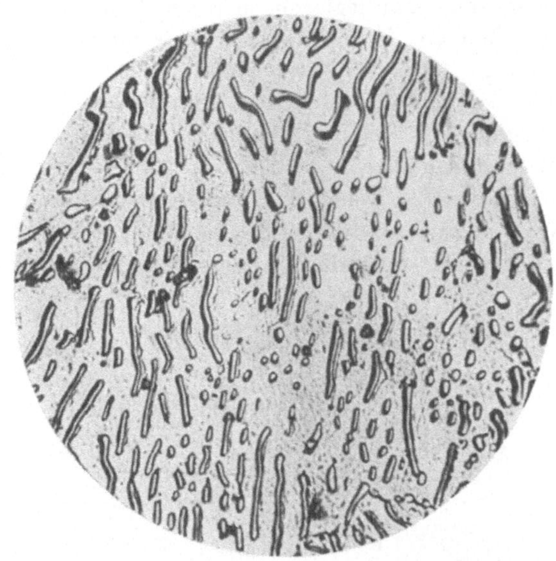

Abb. 45. Perlschnur-Perlit, Ätzung II, x 500.

Abb. 46. Sorbit mit feinlamellarem Perlit, Ätzung II, x 300.

---

[1]) Tohoku, 1920, 311; St. E. 1921, 867.
[2]) a. a. O. sowie Ir. st. Inst. 1914, II, 204.

geschwindigkeit, besser von der Geschwindigkeit abhängig, mit der Ar_1 durchlaufen wird. Je nach dieser finden wir daher, daß in den schmiedbaren Eisenkohlenstofflegierungen diese Abstände in den weitesten Grenzen schwanken können. Wenn nach der Seite kleinster Abkühlungsgeschwindigkeiten der körnige Perlit die Grenze bildet, so ist es nach der andern Seite ein Gefüge, bei dem selbst unter stärkster Vergrößerung eine Auflösung des Perlits nicht mehr möglich ist. Diese, bei höheren Abkühlungsgeschwindigkeiten erzeugten Gefügearten heißen:

Sorbit[1]), wenn das Färbungsvermögen mit primären Ätzmitteln zwar noch nicht so groß ist, daß schon nach kürzester Ätzdauer gleichmäßige Schwärzung erzielt wird, die Färbung vielmehr noch selektiv ist, und bei starken Ver-

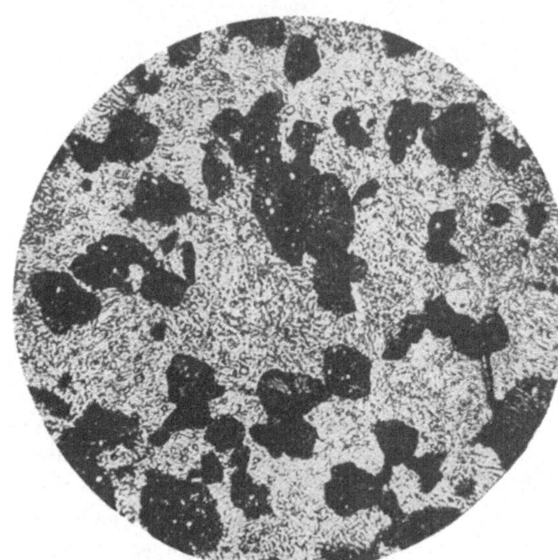

größerungen noch innerhalb ein und derselben Korneinheit eine, wenn auch nicht auflösbare Differenzierung herrscht. Abb. 46 ist ein Gemisch von feinlamellarem Perlit und Sorbit;

Troostit[2]), wenn weder selektive Färbung von Korneinheiten noch differenzierende Färbung der Einheit selbst erfolgt, vielmehr nach kürzester Ätzdauer tiefschwarze, gleichmäßige Färbung erfolgt. Abb. 47 ist Troostit im Gemisch mit einem später zu besprechenden Bestandteile.

Der Übergang vom körnigen zum lamellaren Perlit und von diesem zum

Abb. 47. Troostit und Martensit,
Ätzung II, x 300.

Sorbit und Troostit ist allmählich, und er vollzieht sich in erster Linie in Abhängigkeit von der Abkühlungsgeschwindigkeit. Der niedrigsten entspricht der körnige Perlit, der höchsten der Troostit, jedoch mit der wichtigen Einschränkung, daß die Geschwindigkeit keinesfalls das Maß erreicht, das zum Härten, d. h. zur wesentlichen und sprunghaften Steigerung der Härte, erforderlich ist, wobei, wie wir sehen werden, auch die übrigen Eigenschaften, wie Magnetismus, elektrische Leitfähigkeit, Dichte und Zerreißfestigkeit sprunghafte Änderungen erleiden. Während man den Sorbit noch als Perlit von geringstem Lamellenabstand und kleinster Lamellenbreite ansprechen könnte, ist heute die Auffassung über das Wesen des Troostits die, daß er einem Zustand feinster Dispersion des Karbides entspricht, ohne daß diese aber molekular sei, d. h. das Karbid sich in Lösung befinde. Letzterem widersprechen eine Reihe von

---

[1]) Nach dem englischen Forscher Sorby, der die mikroskopische Metalluntersuchung besonders förderte.

[2]) Nach dem französischen Forscher Troost.

Tatsachen, die bei der Besprechung der Härtevorgänge erwähnt werden sollen. Man hat auch wohl angenommen, daß das Karbid im Troostit in Form einer kolloidalen Lösung vorliege[1]).

Es ist klar, daß das Koagulieren des Zementits um so leichter erfolgen wird, d. h. bei um so niedrigerer Temperatur und in um so kürzerer Zeit, in je feinerer Form er von vornherein vorliegt. In der Tat haben Versuche dies bestätigt, und es ist schon bei verhältnismäßig niedrigen Temperaturen (etwa 500—600°) und in kurzer Zeit (weniger als 1 Stunde) möglich, den Sorbit und noch leichter Troostit in körnigen Perlit zu verwandeln.

Das Koagulieren eines im lamellaren Zustande vorliegenden Perlits wird ferner befördert durch eine der Erhitzung unter Ac_1 vorangehende Zertrümmerung oder sogar lediglich Verformung (Deformation) der Lamellen, wie sie etwa das Walzen, Schmieden, Pressen, Ziehen in der Wärme oder Kälte darstellt. Die Versuche von Hanemann und Lindt[2]) sowie die von Whiteley[3]) sind hierfür gute Belege, auf die im Zusammenhang mit der Besprechung der

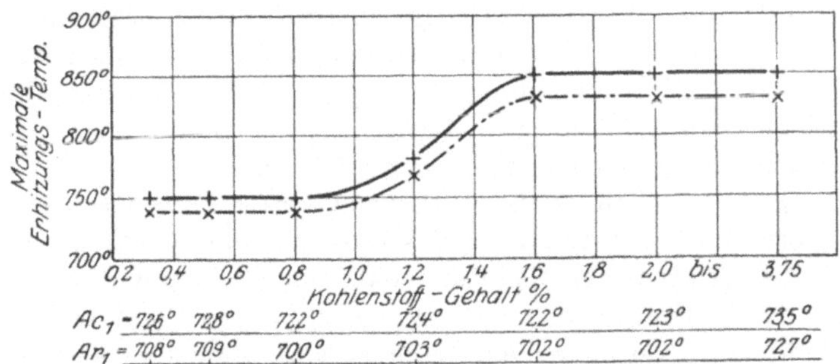

Abb. 48. Perlit in Abhängigkeit von der Erhitzungstemperatur und vom C-Gehalt. (Honda und Saito.) + — + — + — lamellarer und körniger Perlit. × — · × — · körniger Perlit.

Eigenschaftsänderungen durch das Auftreten des körnigen Perlits noch zurückgekommen wird.

Bisher war nur die Rede von der Erhitzung auf die unterhalb Ac_1 gelegenen Temperaturen. Auch wenn die Temperatur über Ac_1 gewählt wird, übt ihre Höhe einen Einfluß auf das Gefügebild aus. Nach den Ausführungen über den Einfluß der Abkühlungsgeschwindigkeit auf die Lage von Ar_1 sowie auf das Gefüge besteht offenbar ein Zusammenhang zwischen beiden. Je näher Ar_1 an der Gleichgewichtslage 721° gefunden wird, um so mehr muß sich das Gefüge dem körnigen Perlit nähern; je mehr Ar_1 sich etwa 660°, der tiefsten bisher für Ar_1 erwähnten Temperatur, nähert, um so mehr nähert sich das Gefüge dem Troostit. Die Erhitzungstemperatur übt nun gemäß Abb. 43 einen ähnlichen Einfluß auf Ar_1 aus wie die Abkühlungsgeschwindigkeit, und es ist daher vorauszusehen, daß sie auch auf das Gefüge von ähnlichem Einfluß sein wird. Dies bestätigt die Erfahrung. Je weniger die Erhitzungstemperatur unter sonst gleichen Bedingungen über Ac_1 gewählt wird, um so größer ist die Neigung zur Ausbildung von körnigem Perlit. Dabei ist, wie Abb. 48 nach Honda und Saito[4]) lehrt, das Temperaturintervall, innerhalb dessen die Er-

---

[1]) Ir. st. Inst. 1905, II, 352, sowie 1908, II, 217.
[2]) St. E. 1913, 551.   [3]) a. a. O.   [4]) a. a. O.

Oberhoffer, Eisen. 2. Aufl.   4

hitzung vorgenommen werden muß, damit körniger Perlit gebildet wird, bei untereutektoidischen Legierungen kleiner als bei übereutektoidischen, und es nimmt allgemein mit steigendem Kohlenstoffgehalt zu. Dieses Verhalten steht im Zusammenhang mit der Unterkühlungsfähigkeit der festen Lösung, die, wie wir sahen, ebenfalls mit steigendem Kohlenstoffgehalt abnimmt. Daß die Erhitzungstemperatur an und für sich eine Rolle spielt, erklärt sich auch hier aus der Tatsache, daß mit ihrem Anwachsen über Ac_1 die ungelöst zurückbleibenden Zementitkeime immer mehr abnehmen. Bei übereutektoidischen Legierungen spielt ferner der über Ac_1 noch vorhandene proeutektoidische Zementit die Rolle des Kristallisationskeims, und so erklärt es sich, daß in solchen Legierungen die Erhitzungstemperatur besonders hoch sein kann, ohne daß die Bildung von lamellarem Perlit erfolgt[1]). Werden die Legierungen auf die der oberen Kurve in Abb. 48 entsprechenden Temperaturen erhitzt, so erfolgt neben körnigem die Bildung von lamellarem Perlit. Mit steigender Temperatur verschwindet der körnige Perlit und der Lamellenabstand des lamellaren wird immer kleiner; das Gefüge nähert sich dem Sorbit, ohne daß aber, wenigstens bei geringen Abkühlungsgeschwindigkeiten, in reinen Eisenkohlenstofflegierungen die Troostitbildung herbeigeführt werden kann. Treten zum Kohlenstoff dagegen gewisse andre Legierungselemente, so kann Troostitbildung unter den angegebenen Bedingungen erfolgen.

Hierher gehört schließlich die schon von Osmond[2]) beobachtete und seither häufig bestätigte[3]) Tatsache, daß wiederholtes Erhitzen auf nicht zu hoch über Ac_1 gelegene Temperatur (wahrscheinlich innerhalb der durch Abb. 48 gezogenen Grenze) die Bildung von körnigem Perlit besonders stark fördert. Beim Erhitzen über Ac_1 lösen sich die dünnsten Zementitteilchen am raschesten und scheiden sich bei Ar_1 an den größeren ungelöst zurückgebliebenen aus. Auf diesem Wege züchtet man auch große Kristalle aus Salzlösungen. Ferner ermöglicht dieses Verfahren, übereutektoidische Stähle in Ferrit und Zementit zu zerlegen, wobei das Gefügebild je nach der Erhitzungstemperatur aus einem regellosen Gemisch größerer und kleinerer Zementitkugeln in einer Ferritgrundmasse besteht[4]), oder, wie Piwowarsky[5]) zeigte, scheidet sich nach öfterem Erhitzen zwischen A_1 und A_{cm} der größte Teil des Perlit-Zementits am vorhandenen Zementitnetzwerk ab. Dieses wird verbreitert, und es bleibt schließlich nur im zentralen Teil der Zellen etwas Perlit zurück (Abb. 49). Ist dagegen die Abkühlungsgeschwindigkeit im Perlitintervall genügend langsam (bei reinen Eisenkohlenstofflegierungen etwa $0{,}1^0$/sek), so kann vollkommenes Abfließen des Karbids an das vorhandene Zementitnetzwerk eintreten, wobei jede Spur von eutektoider Perlitausbildung

---

[1]) In ähnlichem Sinne wie ungelöste Karbidteilchen wirkt nach Whiteley (Eng. 1922, **114**, 753) auch Verformung im Augenblick möglicher Eutektoidbildung auf deren Verzögerung. So ergaben Stäbe aus weichem Kohlenstoffstahl, die kurz unterhalb des wahren Perlitpunktes um 60^0 gebogen und darauf abgeschreckt worden waren, an den Stellen stärkster Biegung große Perlitfelder, während die nicht deformierten Schenkel der Stäbe stets das Gefüge der festen Lösung neben Ferrit zeigten.

[2]) Rev. Mét. 1904, 349.

[3]) Ischewski, Met. 1911, 701; Honda und Saito, a. a. O.

[4]) Vgl. auch z. B. das Kleingefüge von Damaststahl nach Belaiew, Met. 1911, 449.

[5]) Fachber. V. d. E. 1924, W. A. 33.

ausbleibt (Abb. 50). Zusatz fremder Elemente beeinträchtigt die Diffusionsgeschwindigkeit des Karbids mehr oder weniger und übt demnach auch einen entsprechenden Einfluß auf den Grad der Koagulation aus. So fand Piwowarsky, daß Phosphor das Zusammenfließen des Karbids nur wenig beeinträchtigte, Nickel und Silizium eine verstärkte Wirkung in dieser Richtung ausübten, während Chrom das Zusammenballen am stärksten hinderte. So zeigt Abb. 51 das Gefüge eines etwa $0,5^0/_0$ Chrom enthaltenden Stahls von im übrigen der gleichen chemischen Zusammensetzung und Glühbehandlung wie Abb. 49 und 50. Man beachte die gleiche Vergrößerung. Der Zementit ist wohl teilweise körnig geworden, ohne jedoch zu größeren Einheiten zusammengeflossen zu sein.

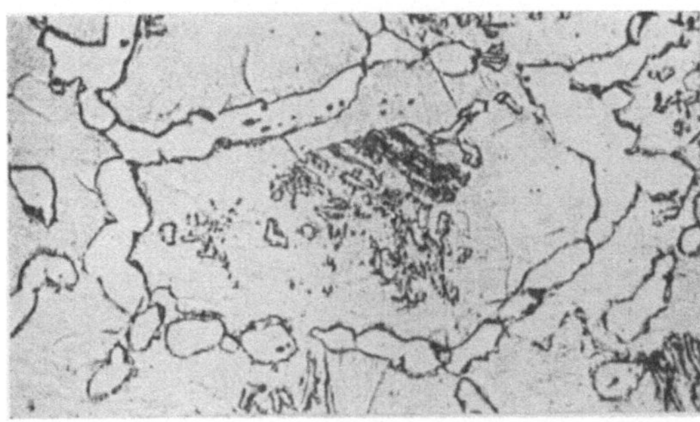

Abb. 49. Stahl mit $1,5^0/_0$C, Ätzung II, x 50 zwischen A_1 und A_{cm} erhitzt und rasch abgekühlt. (Piwowarsky.)

Aber auch in untereutektoiden Legierungen gelingt es nach Piwowarsky sogenannten **Korngrenzenzementit** künstlich zu erzeugen unter weitgehender Verhinderung eutektoider Gefügeausbildung, und zwar durch langsame Abkühlung aus Temperaturgebieten, die wenig unterhalb der Temperatur des vollkommenen Verschwindens unge-

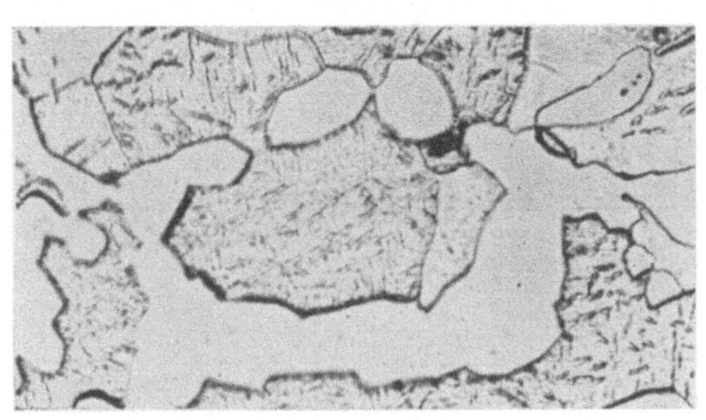

Abb. 50. Wie 49, jedoch langsam abgekühlt. (Piwowarsky.)

löster Zementitkeime liegen, wofern die Geschwindigkeit der Abkühlung im Perlitintervall den Betrag von etwa $0,015^0$/sek nicht überschreitet. Abb. 52 zeigt das Gefüge eines reinen Kohlenstoffstahles mit $0,54^0/_0$ C, der 30 Min. lang bei 760^0 geglüht und darauf mit $0,015^0$/sek abgekühlt wurde. Der größte Teil des Kohlenstoffs liegt als Korngrenzenzementit vor in einer Grundmasse von Ferrit.

Die Abkühlungsgeschwindigkeit, zweifellos der wichtigste aller betrachteten Einflüsse, beschäftigte uns bis-

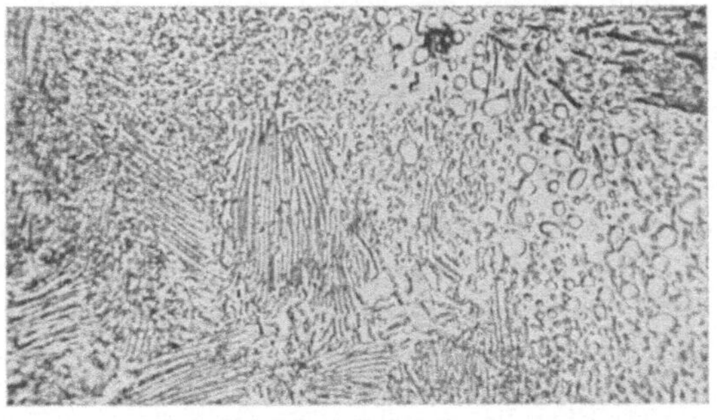

Abb. 51. Stahl mit $1,5^0/_0$ C und $0,5^0/_0$ Cr, Ätzung II, x 50, behandelt wie 50. (Piwowarsky.)

her nur soweit sie über eine gewisse obere Grenze nicht hinausging, die Ar_1 bei etwa 660 statt 721⁰ und als Gefüge Sorbit-Troostit lieferte. Die hierzu erforderliche Geschwindigkeit betrug bei einer kugelförmigen Probe von etwa 1 cm Durchmesser nach Schneider etwa 7⁰/sek (Luftabkühlung). Es ist klar, daß noch größere Geschwindigkeiten erzeugt werden können, etwa durch Eintauchen der Proben in Flüssigkeiten, wie Wasser, Öl, Salzlösungen, Quecksilber, oder Abkühlen in einem gut leitenden Gas, wie Wasserstoff[1]). Es wurde schon erwähnt, daß durch ein solches Verfahren prinzipiell neue Verhältnisse geschaffen werden. Der Vorgang heißt dann Härten, weil mit ihm eine so deutlich zutage tretende Eigenschaftsänderung, nämlich die Entstehung der Glashärte, verknüpft sein kann, daß man diese Tatsache als neue und spezifische Eigenschaft des Stahls schon seit undenklichen Zeiten erkannt hatte. Die Eigenschaft selber nannte man die Härtbarkeit. Das Problem des Härtungsvorganges hat, wie kaum ein anderes, die Fachwelt beschäftigt, und die einschlägige Literatur füllt Bände. Erst die

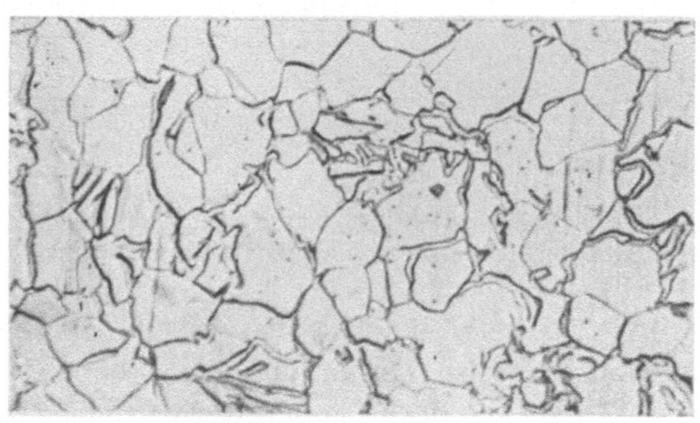

Abb. 52. Stahl mit 0,54 %/0 C, 30 Minuten bei 760 ⁰ geglüht, mit 0,015 %/sek, Ätzung II, x 50. (Piwowarsky.)

neueste Zeit mit ihren wesentlich verfeinerten Meßmitteln hat einen gewissen Abschluß gebracht. An dieser Stelle soll nur die wissenschaftliche, später, in einem besonderen Abschnitt, die technische Seite des Problems erläutert werden. Es wird sich allerdings bei der umfassenden Natur der Frage nicht vermeiden lassen,

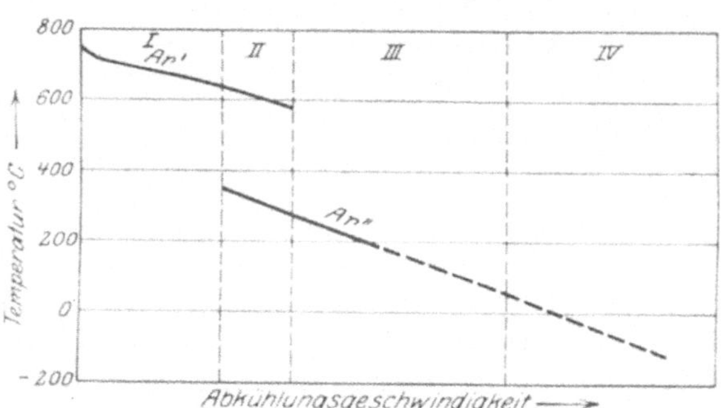

Abb. 53. Schematische Darstellung des Einflusses der Abkühlungsgeschwindigkeit auf Ar_1.

daß manches vorweggenommen wird, doch werden sich dadurch viele Hinweise ersparen lassen.

Wir wollen zunächst untersuchen, welchen Einfluß die Steigerung der Abkühlungsgeschwindigkeit auf die Lage der Haltepunkte, insbesondere Ar_1, ausübt.

Die Steigerung der Abkühlungsgeschwindigkeit könnte etwa dadurch vorgenommen werden, daß man das Volumen der Proben verschiedenartig wählt und, wie Portevin und Garvin[2]) dies taten, Zylinder von steigendem

---

¹) Über die besonderen Eigenschaften der Kühlflüssigkeiten vgl. Abschnitt: Härten und Anlassen.

²) Rev. Mét. 1917, 604, sowie Ir. st. Inst. 1919, I, 469.

Durchmesser anwendet und diese in der gleichen Flüssigkeit, etwa in Wasser, „abschreckt". Man kann aber auch statt dessen, bei gleichen Abmessungen der Probekörper, Flüssigkeiten oder Gase verschiedener Abkühlungsfähigkeit anwenden. Letzteren Weg beschritt Schneider[1]), indem er Wasser von steigender Temperatur zwischen 10 und 90⁰ benutzte, Chevenard[2]), indem er Gemische des die Wärme gut leitenden Wasserstoffs mit dem schlecht leitenden Stickstoff in verschiedenen Verhältnissen anwandte. Die Ergebnisse aller Forscher waren unabhängig von der Methode die gleichen, und sie paßten vor allem vorzüglich in den Rahmen der aus dem Studium der Spezialstähle bereits bekannten Tatsachen. In den beiden erstgenannten Arbeiten wird zur Ermittlung der Haltepunkte die thermische Methode angewandt, während Chevenard das dilatometrische Verfahren an Hand eines bzw. mehrerer von ihm konstruierter[3]), äußerst empfindlicher Dilatometer anwendet. Die Ergebnisse lassen sich

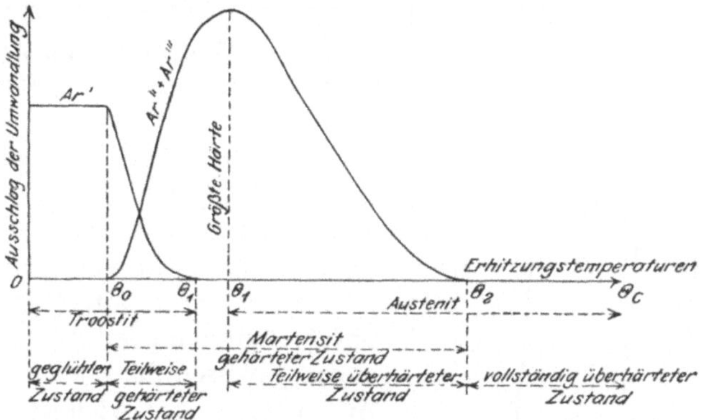

Abb. 54. Schematische Darstellung des Einflusses der Abkühlungsgeschwindigkeit auf die Intensität der Haltepunkte. (Portevin und Chevenard.)

am besten an dem schematischen Diagramm Abb. 54 erläutern. Man sieht, daß mit steigender Abkühlungsgeschwindigkeit Ar_1 nicht kontinuierlich, sondern diskontinuierlich erniedrigt wird. Es sei zunächst betont, daß das Diagramm sämtliche Abkühlungsgeschwindigkeiten, also auch die bereits besprochenen, von mäßiger Höhe umfaßt. Auf diese bezieht sich das erste der drei durch gestrichelte Senkrechte abgeteilten Gebiete. Hier sinkt, wie wir sahen, Ar_1 kontinuierlich von etwa 715 auf etwa 660⁰, wobei das Gefüge vom körnigen Perlit über den lamellaren Perlit und den Sorbit dem Troostit zustrebt. Im zweiten Gebiete tritt eine neue Erscheinung auf, die bei Spezialstählen (insbesondere Cr-, W- und Mo-Stählen) schon längst bekannt war und durch die erwähnten Arbeiten nunmehr auch für reine Eisenkohlenstofflegierungen nachgewiesen wurde, nämlich die Teilung oder Verdoppelung des Haltepunktes. Der obere, mit Ar' bezeichnete Teil ist die Fortsetzung des im ersten Gebiet beobachteten Ar_1. Die Steigerung der Abkühlungsgeschwindigkeit über das bisher bekannte Maß hinaus bewirkt also ein weiteres Sinken von Ar_1. Ferner aber bewirkt sie, daß, ausgehend von etwa 350⁰, ein neuer, mit Ar'' bezeichneter Haltepunkt

---

[1]) a. a. O.   [2]) Rev. Mét. 1917, 610, sowie 1919, 610.
[3]) Rev. Mét. 1917, 135; 1919, 62; 1922, 564.

auftritt, der mit steigender Abkühlungsgeschwindigkeit genau wie Ar′ sinkt. In diesem zweiten Gebiet treten also zwei Haltepunkte, Ar′ und Ar″, auf. Im dritten Gebiet verbleibt nur noch der untere, mit Ar″ bezeichnete Teil, der mit steigender Abkühlungsgeschwindigkeit weiter sinkt und schließlich 0^0 oder besser Raumtemperatur erreicht. Im vierten Gebiet liegen zwar prinzipiell

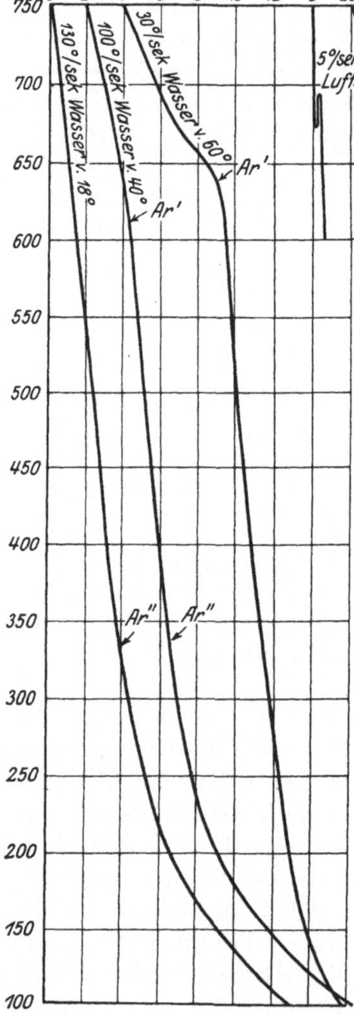

Abb. 55. Einfluß der Abkühlungsgeschwindigkeit auf Ar_1. (Schneider.)

dieselben Verhältnisse vor wie in Gebiet III, mit der Maßgabe allerdings, daß im Gebiet über Raumtemperatur ein Haltepunkt nicht mehr vorkommt, d. h. die mit diesem verknüpfte Umwandlung sich unter Raumtemperatur vollzieht. Von einem gewissen Punkte an ist die Kurve Ar″ gestrichelt gezeichnet. Damit soll angedeutet werden, daß ihr Verlauf von hier an nicht das Ergebnis der Beobachtung, sondern der Hypothese ist, allerdings einer durch das experimentell im Sinne der Abb. 53 bewiesene Verhalten der Spezialstähle wohlbegründeten Hypothese. Noch besser als Abb. 53 gibt Abb. 54 nach Portevin und Chevenard[1]) die Verhältnisse wieder, weil in dieser Abbildung auch die quantitativen Verhältnisse, nämlich die als Ordinate gewählte Intensität der Haltepunkte, berücksichtigt sind. Man erkennt daher, wie Ar′ vom Erscheinen von Ar″ ab- und dieser zunimmt, Ar′ verschwindet und Ar″ einem Maximum zustrebt, um dann ebenfalls zu verschwinden. Zur Ergänzung des Vorstehenden sei schließlich noch in Abb. 55 eine Reihe von Original-Zeit-Temperaturkurven mit verschiedenen Abkühlungsgeschwindigkeiten nach Schneider dargestellt. In dieser Abbildung sind die verschiedenen Abszissenmaßstäbe zu beachten. Die einzelnen Kurven sind ferner gekennzeichnet durch die Abkühlungsgeschwindigkeit zwischen 750 und etwa 700^0 in °/sek. Ar_1 erscheint nur bei

---

[1]) Ir. st. Inst. 1921, Herbstvers. St. E. 1922, 270.

langsamster Abkühlung als horizontaler Abschnitt der Abkühlungskurve. Bis zur Luftabkühlung (5⁰/sek.) tritt die Unterkühlung noch durch Wiederansteigen der Abkühlungskurve in Erscheinung, bei milder Abschreckung (Wasser von 60⁰, $v \simeq 30^0$/sek) lediglich durch eine Ablenkung und bei schrofferer (Wasser von 30⁰, $v \simeq 100^0$/sek) durch einen Knick, um bei der schroffsten der angewandten Abschreckungsarten (Wasser von 18⁰, $v \simeq 130^0$/sek) gänzlich zu verschwinden. Bei der vorletzten Kurve tritt neben Ar' noch Ar'' in Form einer Abkühlungsverzögerung von etwa 350⁰ an auf, bei der schroffsten Abschreckung nur die letztere. Ar' und insbesondere Ar'' äußern sich deutlicher auf der dilatometrischen Kurve. Abb. 56 nach

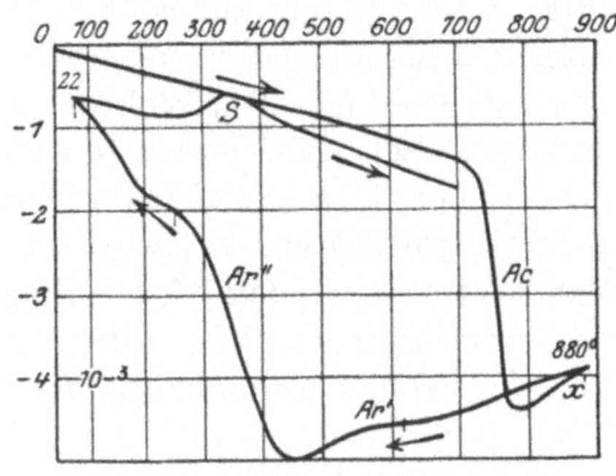

Abb. 56. Dilatometerkurve nach Chevenard.

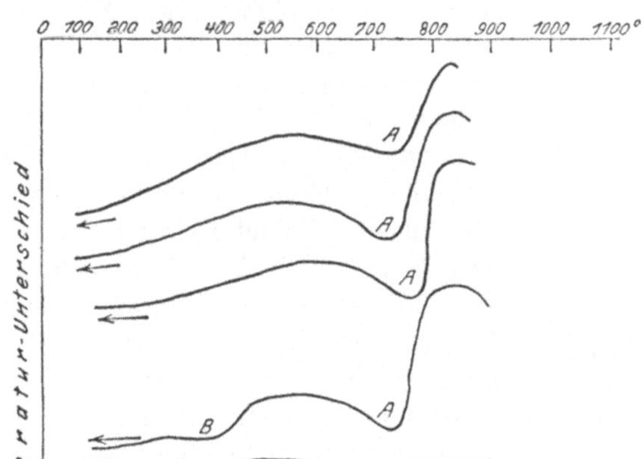

Chevenard[1]) zeigt einen geschlossenen Zyklus: Erhitzen — Abschrecken — Anlassen. Mit Anlassen bezeichnet man die Wiedererhitzung abgeschreckter Legierungen. Ac_1 äußert sich als ausgeprägte Kontraktion bei etwa 730⁰, Ar' und Ar'' durch Perioden verstärkter Dilatation.

Es wurde bereits darauf aufmerksam gemacht, daß die Verdoppelung der Haltepunkte, überhaupt das vorstehend beschriebene Verhalten der reinen Eisenkohlenstofflegierungen bereits längere Zeit aus dem Studium der Spezialstähle bekannt war. Die ersten Beobachtungen dieser Art stammen von Osmond aus dem Jahre 1890[2]) und wurden an einem Stahl mit etwa 6⁰/₀ Wolfram und 0,4⁰/₀ Kohlenstoff ausgeführt. Die späteren Versuche zeigten, daß auch Chrom- und Molybdänstähle zu ähnlichen Ergebnissen führen. Wesentlich ist dabei die Tatsache, daß es nicht nötig ist, wie bei reinen Eisenkohlen-

Abb. 57. Abkühlungskurven von Schnelldrehstahl mit 18⁰/₀ Wolfram, 4⁰/₀ Chrom, in Abhängigkeit von der Erhitzungstemperatur.

---

¹) Rev. Mét. 1917, 623.

²) Osmond, Ir. st. Inst. 1890, I, 61. Spätere Untersuchungen: Osmond, 1903, II, 14,' sowie Rev. Mét. 1906, 348; Böhler, Diss. Wien 1904; Carpenter, Ir. st. Inst. 1905, I, 433; Swinden, Ir. st. Inst. 1907, I, 291, sowie 1911, C. Sc. 3, 66, und 1913, I, 100; Dejean, St. E. 1919, 67.

stofflegierungen die Abkühlungsgeschwindigkeit zu steigern, um die Erniedrigung bzw. Spaltung herbeizuführen, sondern daß allein schon die Steigerung der Erhitzungstemperatur hierzu genügt. Daß diese in ähnlichem Sinne wirkt wie die Geschwindigkeit, nur wesentlich milder, wurde ja schon bei den Eisenkohlenstofflegierungen gezeigt. Abb. 57 zeigt die Ergebnisse von Dejean an einem Stahl mit 18% Wolfram und 4% Chrom, einem sogenannten Schnelldrehstahl. Solange die Erhitzungstemperatur 900^0 nicht überschreitet, findet sich auf der (Differential-) Abkühlungskurve Ar_1 in normaler Lage. Von 900^0 an tritt Spaltung ein, Ar_1 wird erniedrigt (A') und bei B (350^0) tritt A'' auf. Man sieht deutlich, daß A' an Intensität ab-, A'' zunimmt. Von etwa 1000^0 an ist A' verschwunden, A'' hat den höchsten Betrag erreicht. Bei weiterer Steigerung der Erhitzungstemperatur nimmt A'' an Intensität ab. Offenbar genügte also die höchste der angewandten Erhitzungstemperaturen nicht, um A'' vollständig zum Verschwinden zu bringen, was ja in reinen Eisenkohlenstofflegierungen auch durch Steigerung der Abkühlungsgeschwindigkeit nicht möglich war. Erwähnt sei aber die Tatsache, daß man durch Steigerung der Abkühlungsgeschwindigkeit in Chrom-, Wolfram- und Molybdänstählen sehr wohl in der Lage ist, auch A'' zu unterdrücken, also in das Gebiet IV der Abb. 53 zu gelangen. Die Abb. 58 und 59 zeigen endlich noch den Einfluß der Erhitzungstemperatur auf die Haltepunkte von Wolfram- bzw. Molybdänstählen nach Swindens Untersuchungen. Swinden fand, daß von

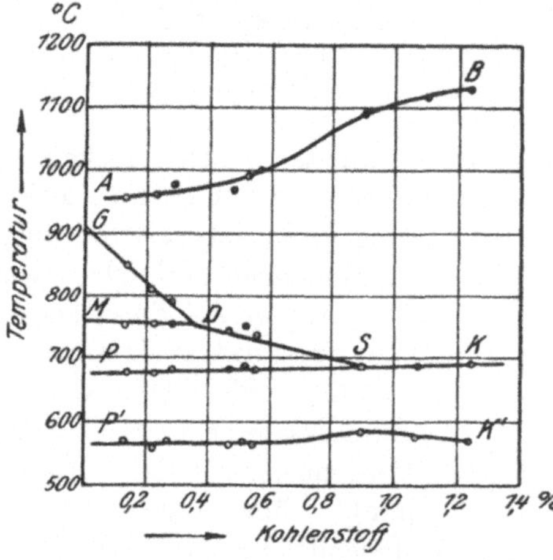

Abb. 58. Haltepunkte von 3%igen Wolframstählen mit steigendem Kohlenstoffgehalt und Beeinflussung ihrer Lage durch Erhitzungstemperatur. (Swinden.)

einer gewissen Erhitzungstemperatur (in Abb. 58 A B, in Abb. 59 O E T) Ar_1 in die erniedrigte Lage (P' K' in Abb. 58, E H P in Abb. 59) gerät. Man ersieht aus den Abbildungen, daß die zur Erniedrigung von Ar_1 erforderliche Temperatur mit dem Kohlenstoffgehalt ansteigt und bei den Molybdänstählen auch mit dem Molybdängehalt. Ersteres ist verständlich, wenn der in reinen Eisenkohlenstofflegierungen beobachteten Tatsache gedacht wird, daß die Unterkühlungsfähigkeit des Perlits mit steigendem Kohlenstoffgehalt abnimmt (vgl. Abb. 48).

Zwei Faktoren erkannten wir bisher als notwendig für die Verschiebung der Haltepunkte im besprochenen Sinne: Abkühlungsgeschwindigkeit und Erhitzungstemperatur. Wir sahen, daß auch die chemische Zusammensetzung insofern eine Rolle spielt, als durch die Gegenwart von Chrom, Wolfram und Molybdän die Wirkung jener Faktoren verstärkt wird. Es gibt nun aber auch Fälle, in denen die chemische Zusammensetzung der allein ausschlaggebende Faktor ist, in denen also die bloße Gegenwart gewisser Elemente die Haltepunkte in dem durch Abb. 53 gekennzeichneten Sinne beeinflußt.

Diese Elemente sind Mangan und Nickel. Ihr Einfluß auf Ar_1 erhellt z. B. für Mangan aus Abb. 60 nach Dejean[1]). Die Einzelheiten dieser Abbildung bedür-

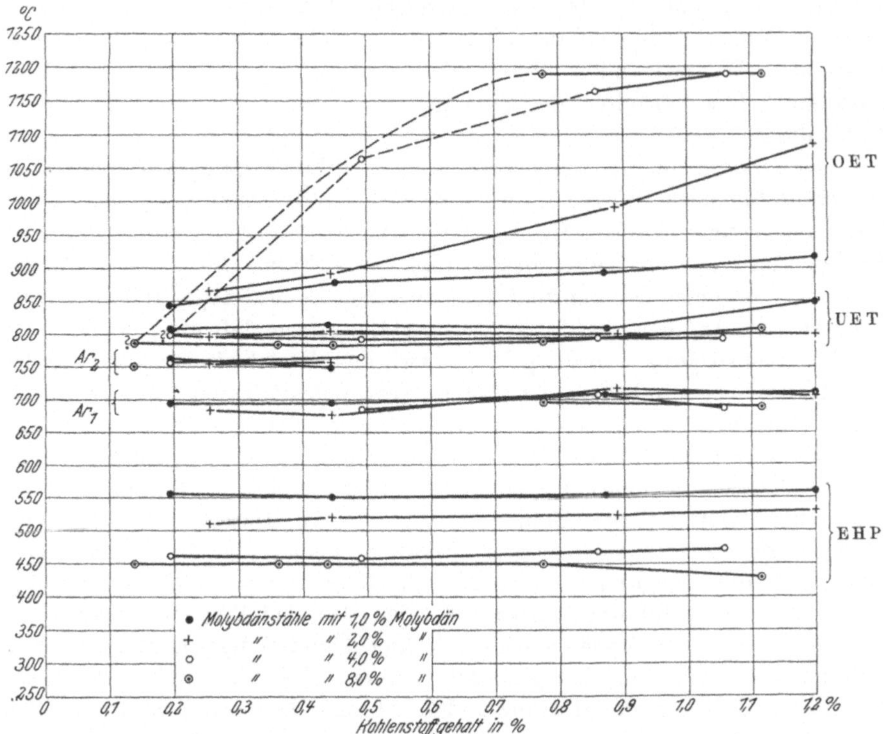

Abb. 59. Haltepunkte von Molybdänstählen und Beeinflussung ihrer Lage durch die Erhitzungstemperatur. (Swinden).

fen keiner besonderen Erörterung, da sie ja bis auf die angewandten Abszissen identisch ist mit der Abb. 53. Und doch besteht insofern ein wesentlicher Unterschied, als das Verschwinden von Ar″ bei diesen Legierungen tatsächlich beobachtet worden ist. Zu betonen bleibt noch, daß das Diagramm sich nur auf den angegebenen Kohlenstoffgehalt ($0,2^0/_0$) bezieht.

Nicht unerwähnt bleibe endlich die von Chevenard[2]) mit seinem hochempfindlichen Dilatometer aufgedeckte Tatsache, daß auch der erniedrigte Punkt Ar″ verdoppelt werden kann. Der unterste Teil des gespaltenen Haltepunktes ist mit Ar‴ bezeichnet worden. Portevin und Chevenard[3]) zeigten an einem Chromnickelstahl, daß Ar″ und

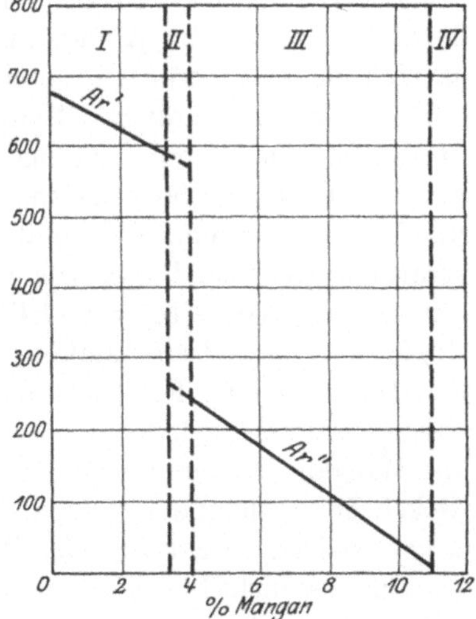

Abb. 60. Einfluß des Mangans auf A_1. (Dejean.)

[1]) Rev. Mét. 1917, 623. [2]) a. a. O.
[3]) Ir. st. Inst. 1921, Herbstvers. St. E. 1922, 270.

Ar''' etwa gleichzeitig erscheinen, letzterer Punkt in der Gegend von 150⁰. Während die Intensität von Ar'' einem Maximum zustrebt, um dann zu verschwinden, nahm unter den gegebenen Versuchsbedingungen die Intensität von Ar''' immer noch zu, um dann ebenfalls einem Maximum zuzustreben. Wahrscheinlich nimmt aber auch Ar''' schließlich ab und verschwindet. Das Verhalten der Summe Ar'' + Ar''' gelangte in Abb. 54 zur Darstellung.

Der Zusammenhang zwischen der Lage der Haltepunkte und dem Gefüge ist bereits für die Fälle erörtert worden, in denen die Abkühlungsgeschwindigkeit eine bestimmte obere Grenze nicht übersteigt (etwa Luftabkühlung für Proben von rd. 1 cm Durchmesser und reine Eisenkohlenstofflegierungen). Welcher Zusammenhang besteht nun zwischen dem Gefüge und den Haltepunkten Ar', Ar'' bzw. Ar'''? Es ist bemerkenswert, daß unabhängig davon, ob die Erniedrigung, Verdoppelung bzw. das Verschwinden der einzelnen Punkte durch Veränderung der Abkühlungsgeschwindigkeit, der Erhitzungstemperatur, der chemischen Zusammensetzung oder des Zusammenwirkens mehrerer dieser Faktoren zustande kommt, das Ergebnis qualitativ immer dasselbe bleibt. Beginnen wir mit dem extremsten Fall, daß überhaupt kein Haltepunkt mehr auftritt (Gebiet IV in Abb. 49). Dieser Fall ist in reinen Eisenkohlenstofflegierungen nicht realisierbar, sondern nur durch Zusätze von fremden Stoffen, entweder allein (Nickel, Mangan) oder unter gleichzeitiger Steigerung der Erhitzungstemperatur oder der Abkühlungsgeschwindigkeit (Chrom, Wolfram, Molybdän sowie auch Nickel und Mangan). Das Fehlen des Haltepunkts kann nur so gedeutet werden, daß die zum Haltepunkte Anlaß gebende Wärmeentwicklung und daher auch die hiermit verknüpfte Umwandlung nicht vor sich gegangen ist. Ist dies aber der Fall, so haben wir bei gewöhnlicher Temperatur den Zustand erzielt, der in reinen Eisenkohlenstofflegierungen oberhalb des Kurvenzuges G O S E, d. h. im Gebiet der festen Lösung von Eisenkarbid in γ-Eisen, herrscht, d. h. wir haben diese Lösung bei gewöhnlicher Temperatur erzeugt. Wenn reine Eisenkohlenstofflegierungen sich durch Steigerung der Abkühlungsgeschwindigkeit in das Gebiet IV Abb. 53 überführen lassen würden, so würde dies demnach bedeuten, daß die feste γ-Lösung bei gewöhnlicher Temperatur im unterkühlten Zustande erzeugt worden ist. Sie wäre demzufolge labil. Der Zerfall wäre künstlich unterdrückt worden. Geringe Wärmezufuhr müßte genügen, um sie in den stabilen Zustand zu überführen. Solange diese Zufuhr nicht groß genug ist, um die Temperatur wieder über P S K bzw. G O S E zu bringen, müßte das stabile, heterogene Gemisch von α-Eisen und Eisenkarbid entstehen. Die Technik nutzt diese Möglichkeit in weitem Umfange aus. Der Vorgang selbst heißt Anlassen. Was für die reinen Eisenkohlenstofflegierungen bisher nicht zu verwirklichen war, ist leicht möglich durch Zusatz von Chrom, Wolfram, Molybdän, auch Nickel und Mangan. Anders liegt der Fall bei bestimmten Zusätzen von Mangan und Nickel. Zwar gelingt es hier ebenfalls, die Umwandlung zu verhindern, wie Abb. 60 ja gelehrt hat, aber das Gebiet IV ist hier mehr oder weniger stabil. Die Umwandlung ist nicht künstlich unterdrückt, sondern durch die Zusätze lediglich in Temperaturgebiete verschoben worden, die unterhalb Raumtemperatur liegen. Daher nutzt hier normale Wärmezufuhr oder Anlassen wenig oder gar nichts, wenn die Legierung in das heterogene Gemenge verwandelt werden soll, denn die Stabilität der unterkühlten Lösung kann verhältnismäßig groß sein.

Wie nun auch die feste γ-Lösung erzeugt wurde, ob sie labil oder stabil ist, muß prinzipiell im Hinblick auf das Gefüge gleichgültig sein. Es gilt zunächst, sich überhaupt eine Vorstellung vom Gefüge einer festen Lösung zu schaffen. Geht man von den bei flüssigen Lösungen geläufigen Tatsachen aus, daß das Kennzeichen der Lösung das Verschwinden, die molekulare Verteilung des gelösten Stoffes im Lösungsmittel ist, so daß demnach selbst bei stärkster Vergrößerung der gelöste Stoff neben dem Lösungsmittel nicht zu erkennen ist, so würde dies, auf die feste Lösung übertragen, bedeuten, daß lediglich das Gefüge des γ-Eisens, aber nicht das des Karbides zu erkennen wäre, so daß also z. B. das durch Heißätzen im γ-Gebiet entwickelte Gefüge, Abb. 15 bzw. 40, als maßgebend zu gelten hätte, dessen Kennzeichen Kornstruktur und häufiges Auftreten von Zwillingen wäre. In der Tat zeigt eine auf einem beliebigen der besprochenen Wege erzeugte feste γ-Lösung dieses Gefüge, das nach dem verdienstvollen englischen Forscher Roberts-Austen, der u. a. das erste Zustandsdiagramm der Eisenkohlenstofflegierungen aufstellte, Austenit genannt worden ist. Abb. 70 ist ein von Maurer[1]) durch Abschrecken einer Legierung mit $2^0/_0$ Kohlenstoff und $2^0/_0$ Mangan bei 1200^0 in Eiswasser erzeugter (labiler) Austenit, Abb. 119, ein stabilerer Austenit in einem Stahl mit $0,92^0/_0$ Kohlenstoff und $10,0^0/_0$ Mangan, endlich Abb. 128 ein ebenfalls stabilerer Austenit in einem Stahl mit $0,12^0/_0$ Kohlenstoff und $25^0/_0$ Nickel. Man sieht, daß wie beim α-Eisen sowohl Korngrenzen- wie Kornfärbungsätzung anwendbar ist. Auch ist die Ähnlichkeit mit den Abb. 15 und 40 unverkennbar, insbesondere bezüglich der Zwillingsbildung.

Welche Gefügearten treten nun in den Gebieten III und II (I ist ja schon bekannt) auf? Es ist wiederholt festgestellt worden, daß der Punkt Ar′ zum Auftreten von Troostit Anlaß gibt, während Ar″, und wahrscheinlich ebenso Ar‴, dem Auftreten des letzten der Gefügebestandteile des gehärteten Stahls entspricht, nämlich dem Martensit, so genannt nach A. Martens, dem Begründer des Materialprüfungsamtes in Groß-Lichterfelde. Im Gebiet I würde demnach bei genügend hoher Abkühlungsgeschwindigkeit (z. B. Wasser von 60^0) ausschließlich Troostit entstehen; im Gebiet II wäre neben Troostit noch Martensit vorhanden. Im Gebiet III würde nur Martensit entstehen vom Aufhören von Ar′ an bis zum Erreichen des Maximums der Intensität von Ar″ + Ar‴. Von diesem letzteren Punkte an träte neben Martensit noch Austenit auf, und zwar um so mehr von diesem letzteren, je geringer die Intensität von Ar″ + Ar‴ wird. Abb. 54 veranschaulicht durch die Abszissenunterschriften die Verhältnisse bezüglich der einzelnen Gefügebestandteile.

Was für die Legierungen gilt, in denen die Beeinflussung der Haltepunkte durch Abkühlungsgeschwindigkeit bzw. Erhitzungstemperatur, evtl. in Kombination mit der chemischen Zusammensetzung, erfolgt, muß natürlich sinngemäß auch Geltung haben dort, wo die Beeinflussung der Haltepunkte ausschließlich durch die chemische Zusammensetzung (Mangan und Nickel) stattfindet. Auch in Abb. 60 müßten demnach die einzelnen Gebiete bestimmten Gefügebestandteilen entsprechen, und zwar:

---

[1]) Met. 1909, 33.

Gebiet   I: Perlit (Sorbit—Troostit);   Gebiet III: Martensit (+ Austenit);
  ,,   II: Troostit + Martensit;   ,,   IV: Austenit.

Dies trifft tatsächlich auch zu. Da aber Abb. 60 nur für einen einzigen Kohlenstoffgehalt gilt, dieser aber, wie schon bemerkt wurde, die Verhältnisse beeinflußt, ist eine umfassendere Darstellung der Strukturverhältnisse nach Guillet[1] durch ein Diagramm gemäß Abb. 61 empfehlenswert, in dem als Abszisse der Kohlenstoff-, als Ordinate in diesem Falle der Mangangehalt gewählt wird. Es ergeben sich dann eine Reihe von Feldern, die die Grenzen der Konzentrationen zum Ausdruck bringen, innerhalb derer die betreffende Gefügeart vorkommt, und man unterscheidet demzufolge perlitische bis sorbitische, martensitische und austenitische Stähle sowie Stähle mit Übergangsgefüge: Troostit + Martensit und Martensit + Austenit, wie Abb. 61 dies andeutet. Für die Nickelstähle gilt ein ähnliches Diagramm (vgl. Abb. 125).

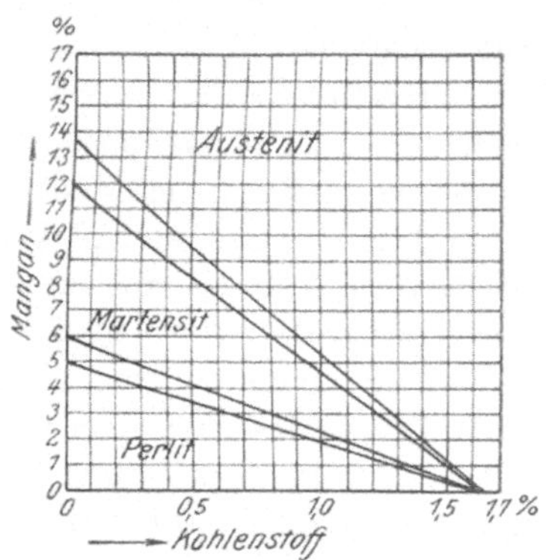

Abb. 61. Strukturdiagramm der Manganstähle. (Guillet.)

Abb. 47 zeigt ein Gemisch von Troostit und Martensit, wie es im Gebiet II Abb. 53 entsteht. Troostit ist, wie schon S. 48 erwähnt, ein gleichmäßig dunkel gefärbter Bestandteil, der keine Korneinheiten und keinen heterogenen Aufbau erkennen läßt. Trotzdem ist Troostit ein, allerdings hochdisperses Gemenge von α-Eisen und Zementit. Abb. 62 vermittelt das normale Aussehen von Martensit. Das Gefüge macht zunächst den Eindruck eines heterogenen Gemenges aus einem hellen und einem dunklen Bestandteil, die nach bestimmten kristallographischen Gesetzen orientiert sind. In der Tat wies schon Osmond[2] darauf hin, daß im Martensit die vier Flächenpaare des Oktaeders zum Ausdruck gelangen. Demzufolge beobachtet man häufig, und zwar in Abhängigkeit von der Orientierung des jeweiligen Schnittes, gleichseitige Dreiecke, Quadrate bzw. Zwischenfiguren. Man spricht häufig von einer nadelförmigen Struktur des

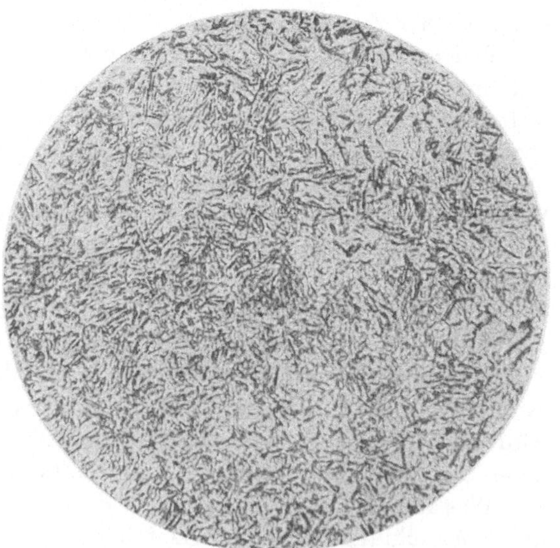

Abb. 62. Mittelgrober Martensit, Ätzung II, x 250.

---

[1] All. Mét.   [2] Rev. Mét. 1906, 675.

Martensits, indessen ist es meist recht schwierig, wenigstens in reinem Martensit, unter dem Mikroskop eine scharfe Einstellung der Nadeln zu erzielen. Der Martensit tritt in Korneinheiten auf, d. h. in Einheiten, in denen die gleiche kristallographische Orientierung herrscht. Diese können recht verschiedene Dimensionen annehmen. Bei feinstem Korn fehlt nach Hanemann[1]) das nadlige Gefüge überhaupt. Dieser Martensit entsteht, wenn die Abschrecktemperatur möglichst wenig über Ac_1 gewählt und möglichst kurze Zeit auf diese Temperatur erhitzt wird. Der strukturlose, schwer zu färbende Martensit wird nach dem Vorgang Hanemanns Hardenit genannt. Je höher die Abschrecktemperatur gewählt wird, um so gröber werden die Korneinheiten, und um so gröber wird auch die Kornstruktur selber. Schließlich tritt neben Martensit Austenit auf. Das gleichzeitige Auftreten beider Bestandteile zeigt Abb. 63. Die dunkle Grundmasse wird als Austenit, die hellen Nadeln (in der französischen Literatur: fers de lance) als Martensit angesprochen. Manchmal erscheinen auch die Nadeln dunkel auf hellem Grunde. Maurer[2]) hat wiederholt gezeigt, daß dann bereits eine Anlaßwirkung vorliegt, wie sie z. B. schon durch Ausübung zu starker Drucke beim Schleifen stattfindet. Auch für Abb. 63 gelten bezüglich der kristallographischen Orientierung die gleichen Bemerkungen wie für den reinen Martensit. Über die Natur des Martensits ist außerordentlich viel geschrieben und gestritten worden. Die früher

Abb 63. Gemisch von Austenit (dunkel) — Martensit (hell). Ätzung II, x 200.

vielfach vertretene Anschauung, das β-Eisen sei am Aufbau des Martensits und insbesondere am Zustandekommen der Härte beteiligt, wird kaum noch geäußert und ist nach Maurers[2]) Darlegungen auch kaum noch haltbar. Die Auffassung, der Martensit sei eine feste Lösung von Eisenkarbid in α-Eisen im Gemisch mit mehr oder weniger γ-Eisen, gewinnt dagegen immer größere Verbreitung. A″ würde hiernach der Umwandlung von γ- in α-Eisen entsprechen, während der Kohlenstoff in Lösung bleibt. Je höher die Abschrecktemperatur ist, um so größer wird die Menge der neben α-Lösung erzeugten γ-Lösung sein. Da die Martensitstruktur auch in anderen Legierungen beobachtet wird, überhaupt Analogien vorliegen, auf die noch zurückgekommen wird, schließt Maurer[3]) in seiner bedeutungsvollen Studie über Härtungstheorien, daß der Martensit kein Strukturelement ist, sondern lediglich eine durch Deformation bewirkte Gefügeerscheinung, und die Nadeln wären hiernach ledig-

---

[1]) St. E. 1912, 1397.   [2]) E. F. I. 1920, 1, 59.   [3]) E. F. I. 1920, 1, 72.

lich Zwillingsstreifungen und Gleitlinien [1]), die sich nach Osmond stets dann ausbilden, wenn im festen Zustande eine allotrope Umwandlung vor sich geht und hierbei Spannungen entstehen. Dem wäre vielleicht noch hinzuzufügen, daß die zur Martensitbildung führende Umwandlung von besonderer Natur insofern sein muß, als sie sich nicht bei hoher Temperatur vollzieht, wo hohe Plastizität herrscht, sondern, wie hier, bei niedriger Temperatur in einem verhältnismäßig starren und wenig plastischen Zustande.

Mit vorstehendem ist jedoch das Problem noch nicht erschöpft. Abgesehen davon, daß für die hier vertretene Anschauung von der Natur des Troostits, Martensits und Austenits Beweise erbracht werden müssen, ist auch für die bemerkenswerten Unterschiede der Eigenschaften dieser drei Bestandteile eine Erklärung zu liefern. Eine kurze Besprechung der Eigenschaften aller bisher besprochenen Gefügebestandteile ist daher notwendig.

Abb. 64. Röntgenspektrum eines Stahles mit 1,98 % C bei 1100° in Wasser abgeschreckt (oben), zum Vergleich Spektrum des γ-Eisens (unten). (Westgren und Phragmén.)

Die Röntgentechnik hat in den letzten Jahren beachtenswerte Aufschlüsse über die Natur der erwähnten Gefügebestandteile gebracht. Es gelang zuerst Jeffries und Bain [2]), später Westgren und Lindh [3]) nach-

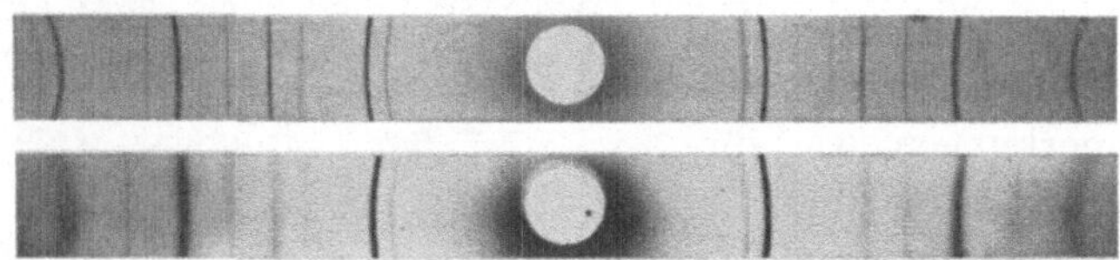

Abb. 65. Stahl mit 0,8 % C bei 760° in Wasser gehärtet (oben), zum Vergleich Spektrum des α-Eisens (unten). (Westgren und Phragmén.)

zuweisen, daß das Röntgenspektrum austenitischer Stähle identisch ist mit dem des Eisens im γ-Gebiet. Diesen Befund bestätigten Westgren und Phragmén [4]) (Abb. 64) sowie Wever [5]). Erstere fanden ferner in einem Gemisch von Austenit und Martensit (Stahl mit 1,98 % Kohlenstoff, bei 1100° in Wasser abgeschreckt) das Spektrum des α-Eisens neblig und diffus neben dem des γ-Eisens. In reinem Martensit (Stahl mit 0,8 bzw. 1,25 % Kohlenstoff, bei 760° in Wasser gehärtet, Abb. 65) waren die Linien des α-Eisens sehr deutlich. Den Einzelabbildungen ist jeweils das Spektrum des γ- bzw. α-Eisens beigefügt. Die vorgenannten Verfasser glauben auf Grund ihrer Messungen die

[1]) Vgl. a. Osmond, Rev. Mét. 1906, 675; Portevin und Arnou, Rev. Mét. 1916, 101; Robin, Bull. d'Enc. 1913, 12; Edwards, Int. Z. Met. 1913, 179; Greenwood, Eng. 1917, 277, zitiert n. Maurer; vgl. ferner den Abschnitt 3.
[2]) Chem. Met. Eng. 1921, 779.   [3]) Z. phys. Chem. 1921, **98**, 181.
[4]) Z. phys. Chem. 1922, **102**, 1.   [5]) E. F. I. 1921, **3**, Heft 1, 45.

Ansicht aussprechen zu dürfen, daß die Gitterkonstante des γ-Eisens kaum beeinflußt wird durch Kohlenstoff, während das Gitter des α-Eisens durch Kohlenstoff etwas gedehnt wird. Auch mit der Frage, in welcher Weise der Kohlenstoff im Martensit auftritt, beschäftigten sich Westgren und Phragmén und halten es auf Grund ihrer Versuche für wahrscheinlich, daß der Kohlenstoff als solcher (also nicht als Fe_3C) atomdispers (also nicht kolloidal) gelöst ist. Bezüglich der Korngröße[1]) des in Abb. 65 dargestellten Stahls mit 0,8% Kohlenstoff gelangen die Verfasser durch Vergleich ihrer Photogramme mit solchen von Goldkolloiden zur Auffassung, daß der Martensit äußerst fein kristallin, fast amorph sei.

Die magnetischen Eigenschaften des Martensits und des Austenits stehen mit der oben vertretenen Anschauung über das Wesen dieser Gefügebestandteile im Einklang. In wenigen Worten ausgedrückt lautet ihre Kennzeichnung in magnetischer Beziehung: Unabhängig von der Herkunft ist Martensit magnetisierbar, Austenit praktisch unmagnetisierbar, entsprechend der Tatsache, daß ersterer α-, letzterer γ-Eisen enthält. Trotzdem unterscheiden sich die magnetischen Eigenschaften des Martensits nicht unwesentlich von denen der ebenfalls α-Eisen enthaltenden Gefügekomplexe: Perlit — Sorbit — Troostit. Während letztere eine hohe maximale Induktion aufweisen, zeichnet sich der Martensit besonders aus durch hohe Remanenz und Koerzitivkraft bei niedrigerer maximaler Induktion. Dieser Umstand ist in technischer Beziehung wichtig bei der Auswahl und Behandlung der Stähle für permanente Magnete. Die durch Erzeugung von Martensit (im wesentlichen also das Härten) hervorgerufene Steigerung der Koerzitivkraft und Remanenz steigt mit zunehmendem Kohlenstoffgehalt, wie aus Abb. 66 nach Benedicks[2]) hervorgeht. Die gleiche Abbildung lehrt ferner, daß für die maximale Induktion umgekehrte Verhältnisse vorliegen. Mc Cance[3]) fand beim Härten (auf Martensit) folgende Abnahme der maximalen Induktion in Abhängigkeit vom Kohlenstoffgehalt:

% Kohlenstoff	Verlust an maximaler Induktion in %.
0,69	6,3%
0,86	9,4%
1,18	17,0%

Der Verlust nimmt also mit steigendem Kohlenstoffgehalt zu. Die Veränderung der magnetischen Eisenschaften ist eine diskontinuierliche beim Übergang von Martensit in Austenit. Da dieser Übergang in reinen Kohlenstoffstählen sich bisher nicht restlos durchführen ließ, ist man für dessen Studium auf die Spezialstähle angewiesen.

Die elektrische Leitfähigkeit ist seit den klassischen Untersuchungen von Matthiessen[4]) und von Le Chatelier[5]) ein sicheres Kennzeichen für die Entscheidung der Frage, ob ein Element sich in fester Lösung befindet oder nicht.

---

[1]) Im röntgenographischen Sinne, wo Korn = Elementarbereich mit einheitlicher Orientierung des Raumgitters.

[2]) Thèse Upsala 1904.   [3]) Ir. st. Inst. 1914, I, 192.   [4]) Pogg. Ann. 1860, 110, 190.

[5]) Rev. gén. sc. 1906, 51, 397; Contr. All. 1901, 446. Vgl. a. Guertler, An. Chem. 1906, 51, 397, sowie Kurnakow und Żemczużnyi, An. Chem. 1907 54, 149.

Bei der Ermittlung von Mischungslücken in binären Systemen beispielsweise ist dieser Weg mit Vorteil begangen worden. Man beobachtet nun beim Härten eine wesentliche und diskontinuierliche Abnahme der Leitfähigkeit bzw. Zunahme des Widerstandes. Während also der Widerstand von Perlit, Sorbit und Troostit der Definition dieser Bestandteile gemäß praktisch der gleiche ist, steigt er beträchtlich beim Übergang in Martensit, wie folgende Zahlen nach Mc Cance lehren:

$\%$ Kohlenstoff	Maximale Zunahme des elektr. Leitwiderstandes in Mikroohm/ccm
0,49	10
0,69	13
0,86	20.

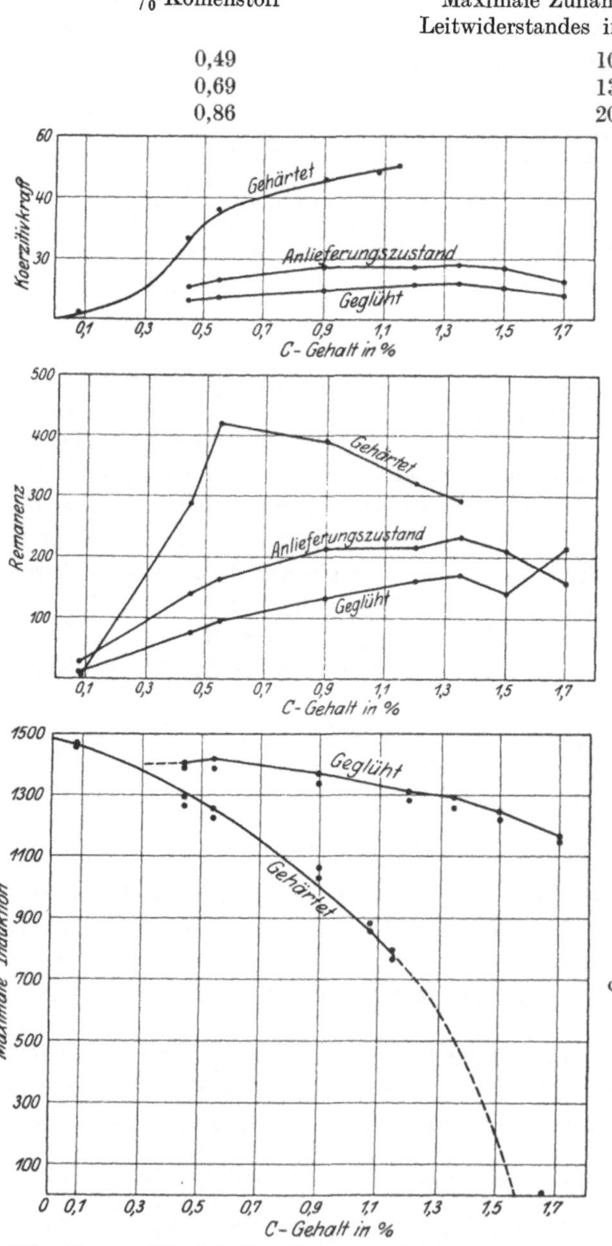

Abb. 66a—c. Einfluß des Härtens auf die magnetischen Eigenschaften von C-Stählen. (Benedicks.)

Mit wachsendem Kohlenstoffgehalt steigt die Zunahme des Widerstandes. Die Änderung der Leitfähigkeit ist so scharf ausgeprägt, daß sie nach Portevin[1]) einen äußerst empfindlichen Maßstab für die erforderliche Zeit zur Überführung des Zementits in Lösung und damit für die technisch wichtige Ermittlung der Dauer der Erhitzung auf Härtetemperatur abgibt. An und für sich ist die Tatsache des plötzlichen Anstiegs des Widerstandes als Bestätigung der Anschauung aufzufassen, daß beim Martensit der Kohlenstoff im α-Eisen in gelöster Form zugegen ist. Da definitionsgemäß der Austenit ebenfalls eine feste Lösung ist, mit dem Unterschied, daß hier das Lösungsmittel γ-Eisen ist, so muß auch der Anstieg des Wider-

---

[1]) Bull. d'Enc. 1914, **121**, 207.

standes beim Übergang des heterogenen Gemisches in homogenen Austenit zu
beobachten sein. Dies trifft auch zu. Endlich sollte man erwarten, daß vom
restistometrischen Standpunkt Martensit und Austenit, da beide feste Lösungen
darstellen, auch untereinander gleich sind, d. h. also, daß z. B. beim Überführen von Martensit in homogenen Austenit keine Veränderung der Leitfähigkeit erfolgt. Auch dies trifft zu, wie Maurer[1] und Benedicks[2] zeigten.

Die Härte ist eine der Eigenschaften, deren Verhalten die meisten Schwierigkeiten bei der Deutung verursacht hat. An und für sich ist sowohl α- wie
γ-Eisen verhältnismäßig weich (etwa 90 Brinelleinheiten), und auch β-Eisen
ist nicht härter, ein Umstand, der von vornherein die Mitwirkung des β-Eisens
beim Härtungsvorgang problematisch hat erscheinen lassen. Der Martensit
ist nun außerordentlich hart (etwa 600 Brinelleinheiten), während Austenit
wiederum verhältnismäßig weich ist (im austenitischen Nickelstahl z. B etwa
150 Brinelleinheiten). Zwar findet auch schon innerhalb des Gefügekomplexes
Perlit — Sorbit — Troostit eine Härtesteigerung um etwa 100 bis 120 Brinelleinheiten statt, wobei der körnige Perlit der weichste, der Troostit der här-
teste Bestandteil ist, aber diese Steigerung ist kontinuierlich und geringfügig
im Vergleich zur diskontinuierlichen und bedeutenden Härtesteigerung beim
Übergang von Troostit zum Martensit, der Härtung im eigentlichen Sinne. Daß
aber Abschrecken und Härten nicht gleichbedeutend ist, lehrt eben die Tatsache, daß vom Erscheinen des Austenits ab, also z. B. in Kohlenstoffstählen
beim Steigern der Härtetemperatur oder in Nickel- und Manganstählen beim
Steigern des Kohlenstoffgehaltes, keine Steigerung, sondern eine Abnahme
der Härte erfolgt. Die Härte der Eisenmodifikationen bietet keinen Anhalt
für die Erklärung dieser Tatsache, es sei denn, daß man ihnen im gehärteten
Stahl neue Eigenschaften beilegt, wozu aber kein Grund vorliegt, solange eine
einfachere Deutung möglich ist. Anderseits kann man nicht an der Tatsache
vorübergehen, daß die Modifikationen, wenigstens α und γ (β scheidet nach
den Ausführungen von Maurer[3] aus und dürfte auch von andrer Seite kaum
mehr zur Deutung herangezogen werden), am Härtungsvorgang beteiligt
sind, wie insbesondere das Verhalten des Magnetismus lehrt. Eine ausschließlich auf der Annahme aufgebaute Härtungstheorie, daß der Übergang des ausgeschiedenen Kohlenstoff (Karbidkohlenstoff) in gelösten (Härtungskohlenstoff)
die Verschiedenheit der Eigenschaften bedinge, vermag auch nicht, wie Maurer
im einzelnen zeigt, den Verhältnissen gerecht zu werden. Desgleichen kann
die früher bereits vertretene und neuerdings ganz vereinzelt wieder auftau-
chende Annahme, die Steigerung der Härte sei ausschließlich auf die Entstehung
von Wärmespannungen zurückzuführen, nicht ernst genommen werden, weil sie
dann auch in jedem beliebigen Metall ohne Umwandlungen, wie Kupfer oder Gold
entstehen würde. Ferner sind Spannungen in diesem Sinne überhaupt nur möglich, wenn ein Stück ungleichmäßig abgekühlt wird. Ein dünner Draht wäre
nach dieser Theorie nicht härtbar. Aus dem gleichen Grunde ist auch die Theorie
nicht haltbar, deren einzige Grundlagen die Unterdrückung der γ—α-Umwand-
lung und der hiermit verknüpften Ausdehnung bei Ar_1 sowie die als Folge
hiervon entstehenden Spannungen bilden. Härtesteigerung auf die Deformation des α-Eisens zurückzuführen, die ja tatsächlich eintritt, wie die Struktur

---

[1]) Met. 1909, 24.   [2]) Ir. st. Inst. 1908, II, 251.   [1]) E. F. I. 1920, 1, 39.

des Martensits und das Röntgenspektrum lehren, geht auch nicht an. Wenn auch, wie später zu zeigen sein wird, die Eigenschaften des α-Eisens sich bei der Deformation in gleichem Sinne ändern wie beim Härten die des Stahls, d. h. die Remanenz und die Koerzitivkraft zu-, die maximale Induktion ab- und die Härte zunimmt, so müßte mit steigendem Kohlenstoffgehalt der Grad der Veränderung dieser Eigenschaften wegen der geringer werdenden α-Eisenmenge abnehmen. Tatsächlich aber nimmt er zu, wie für die magnetischen Eigenschaften bereits gezeigt wurde, und wie Abb. 67 nach Guillet[1]) für die Härte lehrt. Es würde hier zu weit führen, auf die zahlreichen weiteren Härtungstheorien und ihre Widerlegung im einzelnen einzugehen. Zu diesem Zweck sei nochmals auf die ausführlichen Erörterungen Maurers[2]) hingewiesen. Aus dem Gesagten geht aber bereits hervor, daß eine einwandfreie Härtungstheorie sowohl auf die Rolle der γ—α-Umwandlung wie auf die des Kohlenstoffs Rücksicht nehmen muß.

Letzteres wird auch bestätigt durch das Verhalten des linearen Ausdehnungskoeffizienten und des spezifischen Volumens bzw. des spezifischen Gewichtes oder der Dichte. Diese Eigenschaft macht wie die Härte bei der Deutung erhebliche Schwierigkeiten. Die experimentell ermittelte Längenänderung müßte gleich dem dritten Teil der Änderung des spezifischen Volumens sein. Insofern wären also Angaben über Längen- und Dichteänderung gleichwertig. Es darf aber nicht vergessen werden, daß die Änderung der vorerwähnten Eigenschaften von der Richtung abhängig ist, weil in Abhängigkeit von ihr die Härtewirkung je nach den Abmessungen des Stückes eine verschiedene ist. Daher spielen diese eine Rolle. Man beobachtet nun bei der Härtung auf Martensit eine Zunahme des spezifischen Volumens und der Länge bzw. eine Abnahme des spezifischen Gewichtes, wobei die Änderung mit zunehmendem Kohlenstoffgehalt an Stärke zunimmt.

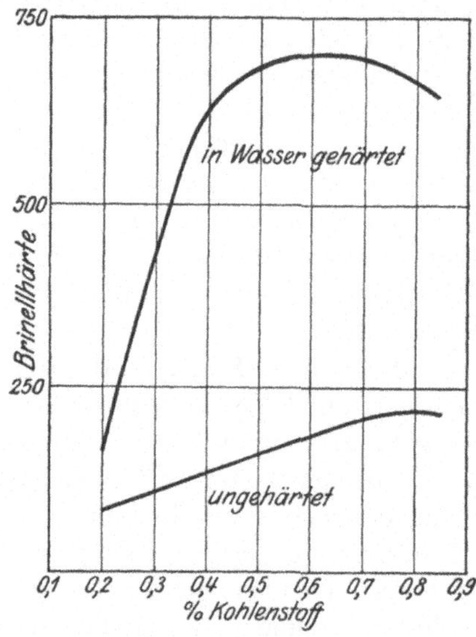

Abb. 67. Einfluß des Härtens auf die Brinellhärte von C-Stählen. (Guillet.)

So geben z. B. Oknof[3]) bzw. Maurer[4]) folgende Zahlen an:

Beobachter	% Kohlenstoff	% Mangan	Prozentuale Volumenzunahme beim Härten von 800°
Oknof:	0,58	0,90	0,46
	0,70	0,39	0,75
	0,83	0,28	0,99
Maurer:	0,83	0,11	0,48
	1,20	0,20	0,60

[1]) La trempe et le revenu des produits métallurgiques, Paris 1921, Gaston Doin.
[2]) E. F. I. 1920, 1, 39.   [3]) Rev. Mét. Extr. 1917, 85.   [4]) Met. 1909, 38.

Auch bei der Kaltverformung erfolgt eine Zunahme des spezifischen Volumens, also eine Abnahme des spezifischen Gewichtes, die aber, wie P. Goerens[1] zeigte, mit steigendem Kohlenstoffgehalt nicht wie beim Härten zu-, sondern abnimmt. Es ist also unstatthaft, die Volumenänderung beim Härten ausschließlich auf Kosten einer Kaltdeformation des α-Eisens zu setzen.

Wenn ein auf Martensit gehärteter Stahl ein größeres Volumen besitzt als ein ungehärteter, so ist anderseits das Volumen des Austenits kleiner als das des ungehärteten Stahls, so daß in bezug auf das Volumen folgende Reihenfolge in ansteigender Richtung bestände:

Austenit,

Perlit — Sorbit — Troostit,

Martensit,

bezüglich des spezifischen Gewichtes also das Umgekehrte, wobei der Austenit der dichteste aller Bestandteile wäre. Verständlich werden diese Tatsachen durch die Erinnerung daran, daß die Packung der Atome im flächenzentrierten Gitter des γ-Eisens eine dichtere ist als in dem des raumzentrierten α-Eisens, und daß im Martensit dieses letztere Gitter im Röntgenspektrum gedehnt erscheint.

Wie schon gezeigt wurde, nimmt mit steigendem Kohlenstoffgehalt die Volumenzunahme bei der Härtung auf Martensit zu. Es liegt nahe, sie mit der hierbei unterdrückten Ausdehnung bei der γ—α-Umwandlung in Beziehung zu setzen. Maurer macht bei der Entwicklung seiner Härtungstheorie darauf aufmerksam, daß die Größe dieser Ausdehnung mit steigendem Kohlenstoffgehalt linear abnehmen müsse, denn mit der Zunahme dieses letzteren wird ja eine in linearem Verhältnis ansteigende α-Eisenmenge im Eisenkarbid an Kohlenstoff gebunden. Bei $0\,^0/_0$ Kohlenstoff ist der Betrag der γ—α-Ausdehnung gleich $0{,}26\,^0/_0$, wie anderorts gezeigt wurde, und bei $6{,}67\,^0/_0$ Kohlenstoff muß er, da das gesamte α-Eisen an Kohlenstoff gebunden ist, gleich Null sein. Die Gerade der Abb. 68 nach Maurer stellt demnach die Abhängigkeit der Längenzunahme vom Kohlenstoffgehalt bei der γ—α-Umwandlung dar. Der Versuch ergibt jedoch einen andern Verlauf dieses Abhängigkeitsverhältnisses, und zwar den durch den gebrochenen Linienzug der Abb. 68, der also in seinem ganzen Verlauf mit Ausnahme der gemeinsamen Endpunkte unterhalb der theoretischen Geraden verläuft. Dies kann nach Maurer nur so gedeutet werden, daß in den Eisenkohlenstofflegierungen neben der Längung bei der γ—α-Umwandlung noch ein mit Kürzung verknüpfter Vorgang stattfindet. Es liegt nahe, die Kürzung, deren jeweiliger Betrag gleich dem senkrechten Abstand beider Kurvenzüge ist, auf die beim Perlitpunkt außer der γ—α-Umwandlung erfolgende Ausscheidung des Karbides aus der festen Lösung zurückzuführen, oder, wie Maurer sich ausdrückt, auf die Umwandlung des Härtungskohlenstoffs in Karbidkohlenstoff. Es ist dann leicht einzusehen, daß mit zunehmendem Kohlenstoffgehalt der Betrag dieser Kürzung zunehmen, bei $0{,}9\,^0/_0$ Kohlenstoff ein Maximum erreichen und dann langsam in gleichem Verhältnis wie der Perlitgehalt sinken muß, um bei $6{,}67\,^0/_0$ Kohlenstoff gleich Null zu werden. Für die Richtigkeit seiner Auffassung führt Maurer eine Dilatations-

---

[1] Fer. 1912/13, 77.

Kurve von de Nolly und Veyret[1]) sowie Beobachtungen von Andrew, Rippon, Miller und Wragg[2]) an. Hiernach tritt bei rascher Erwärmung eines eutektoiden Stahls nach der Kontraktion bei der α—γ-Umwandlung

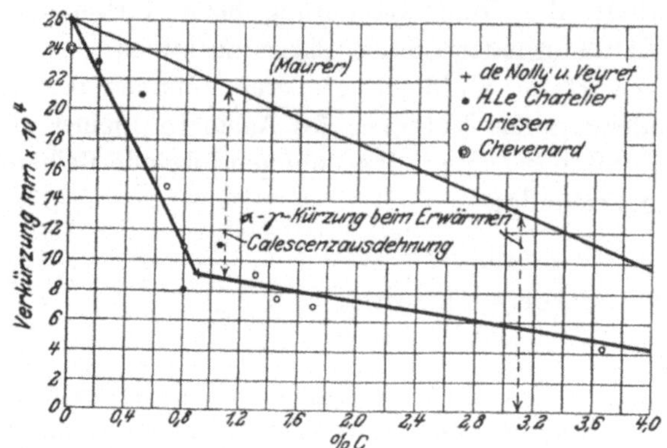

Abb. 68. Längenänderung im Umwandlungsintervall in Abhängigkeit vom C-Gehalt. (Maurer.)

eine kurze Periode verstärkter Ausdehnung auf, die von Maurer im Sinne der obenerwähnten Umwandlung der Kohlenstofform gedeutet wird. Bei der Abkühlung zeigte sich dementsprechend nach der γ—α-Dehnung eine Periode verstärkter Kürzung. Die aus Abb. 68 zu entnehmenden Zahlenangaben für die γ—α-Kürzung bzw. für die Längung durch Änderung der Kohlenstofform sind der Kontrolle durch den Versuch zugänglich. Beim Eintauchen eines austenitischen Stahls in flüssige Luft bildet sich mehr oder weniger Martensit, je nach der Stabilität des Austenits. Beim Übergang dieses Austenits in Martensit ändert sich also nur die Eisenmodifikation, aber nicht die Kohlenstofform, und beim Ausglühen eines solchen Stahles wieder nur die Kohlenstofform, aber nicht die Eisenmodifikation. Die beiden Vorgänge sind also trennbar und der Messung zugänglich. Die gefundenen Werte sind aber nicht ohne weiteres gleich den durch Abb. 68 ermittelten, diese beziehen sich vielmehr auf die Umwandlungen bei hoher Temperatur. Durch Aufstellung einer einfachen Beziehung gelingt es aber, die Größe der γ—α-Umwandlung bei gewöhnlicher Temperatur zu berechnen. Abb. 69 ist die Ausdehnungskurve eines Stahls mit $0,2^0/_0$ Kohlenstoff und $10,47^0/_0$ Nickel, also eines Stahls aus dem Übergangsgebiet Troostit-Martensit, der durch wenig beschleunigte Abkühlung in den martensitischen Zustand überführt werden kann. Diesen Vorgang deutet Abb. 69 an. Man sieht, daß der Betrag der Längenänderung bei niedriger Temperatur in Beziehung steht zum Betrage der Längenänderung bei hoher Temperatur. Bezeichnet man ersteren mit D′, letzteren mit D (in senkrechter Richtung gemessen), ferner mit t die Temperatur des Beginnes und

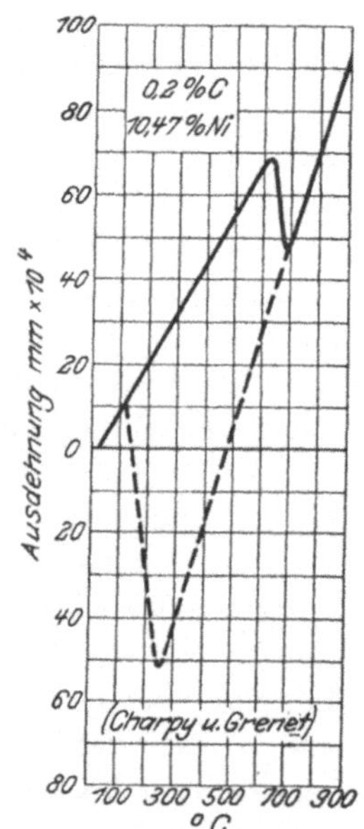

Abb. 69. Ausdehnungskurve eines martensitischen Nickelstahls.

mit t′ die des Endes von D und entsprechend t″ und t‴ für D′, endlich mit n_α bzw. n_γ die Neigungswinkel der beiden ansteigenden Äste der Erwärmungskurve, die ja gleichbedeutend sind mit den Ausdehnungskoeffizienten des α- bzw. γ-Zu-

---

[1]) Ir. st. Inst. 1914, II, 165.   [2]) Ir. st. Inst. 1920, I, 527.

standes, so ergibt sich

$$D' = D + n_\gamma (t' - t'') - n_\alpha (t - t''')$$

oder für $t'' = t''' = 20^0$

$$D' = D + n_\gamma (t' - 20) - n_\alpha (t - 20).$$

Der nach Einsetzen der Zahlenwerte für D' sich ergebende Betrag steht in hinreichender Übereinstimmung mit den beobachteten Werten für die α—γ-Umwandlung. Aus diesem sowie aus dem durch Abb. 68 gekennzeichneten Verhältnis der beiden Teilvorgänge bei hoher Temperatur läßt sich dann auch der Betrag der Kürzung beim Übergang von Härtungskohle in Karbidkohle berechnen. Auch hier bestätigt der Versuch das Ergebnis der Überlegung in hinreichender Weise.

Auf Grund vorstehender Tatsachen stellt nun Maurer folgende Härtungstheorie auf, die, wie er berichtet, schon 1898 durch Thallner[1]), allerdings rein gefühlsmäßig, vertreten worden ist. Die Lösung des Kohlenstoffs im α-Eisen (Martensit) bedingt die Beibehaltung des dem gelösten oder Härtungs-Kohlenstoff im γ-Eisen zukommenden Volumens; nur unter dieser Bedingung vermag der Kohlenstoff in Lösung zu bleiben. Hierdurch wird dem α-Eisen ein größeres als das normale Volumen aufgezwungen. Es entstehen zwei entgegengesetzt wirkende Kräfte: das α-Eisen ist bestrebt, sich zusammenzuziehen, aber die Gegenwart des Härtungskohlenstoffs hindert es hieran und zwingt es, ein größeres Volumen beizubehalten. Die dabei erfolgende Kaltverformung im Verein mit den verbleibenden Molekularspannungen führen zur Härtung.

Nach dieser Theorie muß ein Zusammenhang bestehen zwischen Härte und spezifischem Volumen, der tatsächlich im Sinne der obigen Theorie durch Maurer und Heger[2]) nachgewiesen wird. Im Gegensatze zu allen andern Theorien erklärt nach Maurer die vorstehende Theorie alle bisher der Erklärung schwer zugänglichen Erscheinungen, so auch vor allem die beim Anlassen beobachteten, die im nachfolgenden kurz gestreift seien.

Unter Anlassen versteht man Wärmezufuhr, ohne daß aber dabei die Temperatur die Linie P S K erreicht. Durch das Anlassen werden die Vorgänge rückgängig gemacht, die durch die Steigerung der Abkühlungsgeschwindigkeit, der Erhitzungstemperatur sowie beider Faktoren im Zusammenwirken mit der chemischen Zusammensetzung erfolgt sind. Die Geschwindigkeit des Anlassens richtet sich nach dem relativen Grad der Stabilität des durch die erwähnten Faktoren herbeigeführten Zustandes. Je instabiler dieser Zustand ist, um so rascher erfolgt das Anlassen. In den relativ sehr stabilen austenitischen und martensitischen Nickel- und Manganstählen, in denen nur die chemische Zusammensetzung der wirksame Faktor ist, erfolgt das Anlassen mit außerordentlich geringer Geschwindigkeit, doch bestehen auch hier Abstufungen[3]). Unter den Begriff des Anlassens in diesem weitesten Sinne fällt z. B. die schon erwähnte Tatsache, daß der durch zu hohe Abkühlungsgeschwindigkeit oder Erhitzungstemperatur erzeugte lamellare Perlit in den körnigen übergeführt werden kann durch Erhitzung auf eine wenig

---

[1]) St. E. 1898, 937.   [2]) E. F. I. 1920, I, 84.   [3]) Vgl. V, 6 C 4.

unter P S K gelegene Temperatur. Dies gilt auch für Sorbit und Troostit, die ja wesensgleich sind mit Perlit. Indessen ist hier die zur Überführung in körnigen Perlit erforderliche Temperatur niedriger als beim lamellaren Perlit. Man kann also den Satz aufstellen: je weiter das Gefüge vom strukturellen Gleichgewicht entfernt ist, um so geringer ist die zur Überführung in dieses erforderliche Wärmezufuhr. Auch ist zu betonen, daß die Umwandlung des Sorbits und Troostits direkt in körnigen Perlit erfolgt und nicht über die Zwischenstufen des lamellaren Perlits.

Die vorstehenden Behandlungsarten fallen, wie erwähnt, unter den Begriff des Anlassens im weitesten Sinne. Technisch würde man die letzteren eher Ausglühen nennen, während das Anlassen im technischen Sinne sich in erster Linie auf die Erhitzung von Produkten bezieht, in denen Martensit und selten Austenit enthalten ist. Maurer[1]) hat sich eingehend mit den beim Anlassen des Martensits und Austenits auftretenden Gefüge- und Eigenschaftsänderungen befaßt.

Schon Osmond[2]) hatte gezeigt, daß auf der Zeit-Temperaturkurve beim Erhitzen angelassener Stähle bei 300 bis 400° eine Wärmeentwicklung stattfindet. Maurer[1]) fand sie in rein martensitischen Stählen bei 300°; sie verschob sich mit zunehmender Erhitzungsgeschwindigkeit bis 340—360°. Austenit, den Maurer durch Abschrecken einer Legierung mit etwa $2\,^0/_0$ Kohlenstoff und $2\,^0/_0$ Mangan von 1050° in Eiswasser erhielt, zeigte die Wärmeentwicklung stärker als Martensit und erst bei 400°: nach dem Umwandeln des Austenits in Martensit durch Eintauchen in flüssige Luft war sie schwächer ausgeprägt als vor dieser Behandlung. De Nolly[3]) fand, daß sie in einem Austenit-Martensitgemisch mit steigendem Austenitgehalt zunahm. Diese Wärmeentwicklung entspricht nach Maurer einer Zustandsänderung, und zwar dem Übergang eines größeren Teils der bis 300° noch nicht umgewandelten Härtungskohle in Karbidkohle. In Übereinstimmung hiermit zeigte Chevenard[4]), daß die bei 210° beobachtete Ausdehnungsanomalie des Zementits beim Abkühlen eines auf Martensit gehärteten eutektoidischen Stahls von steigender Anlaßtemperatur mit steigender Intensität in Erscheinung tritt und schließt daraus, daß die Karbidausscheidung beim Anlassen kontinuierlich erfolgt. Derselbe Verfasser[5]) fand übrigens bei 100—150° eine geringe Störung auf der Differential-Erhitzungskurve.

Das Gefüge des vorerwähnten Austenits von Maurer verändert sich beim Anlassen in der durch Abb. 70 bis 73 gekennzeichneten Weise. Die reine Austenitstruktur, Abb. 70, beginnt bei 200° sich zu verwischen. Der Vorgang schreitet langsam weiter bis 300°, Abb. 71. Zwischen 300 und 400°, Abb. 72, erfolgt sehr rasch die Umwandlung in Troostit, ohne daß nach Maurer die Zwischenstufe Martensit durchlaufen wird, während andere Forscher den noch zu erwähnenden Härteanstieg beim Anlassen von Austenit auf Rechnung des hierbei sich bildenden Martensits setzen. Weitere Temperatursteigerung führt schließlich zur Bildung von körnigem Perlit, Abb. 73. Der zwischen 300 und 400° rasch verlaufenden Umwandlung in Troostit entspricht in diesem Intervall das Verhalten der Eigenschaften, wie Abb. 74 nach Maurer lehrt. Als Ordinaten sind die

---

[1]) Met. 1909, 33.   [2]) Ir. st. Inst. 1890, I, 38.   [3]) Ind. min. 1913, 2, 371.
[4]) Rev. Mét. 1919, 61.
[5]) Zitiert nach Guillet, Trempe et revenu, Paris 1921.

Abb. 70. Stahl mit 1,94% C, 2,24% Mn bei 1050° abgeschreckt, reiner Austenit (Maurer), Ätzung II, x 400.

Abb. 71. Wie Abb. 70, jedoch angelassen auf 300° (Maurer), Ätzung II, x 400.

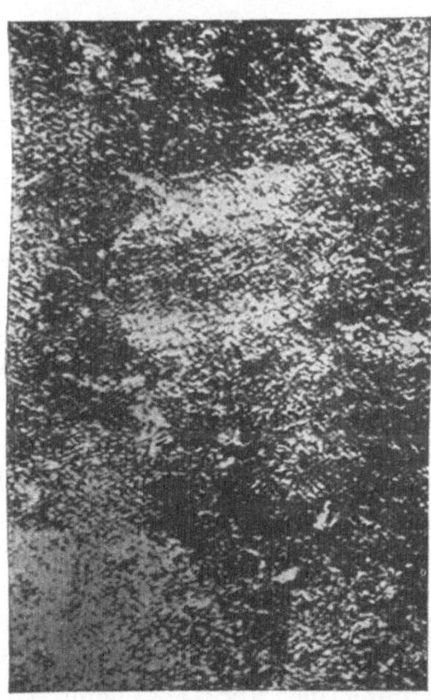

Abb. 72. Wie Abb. 70, jedoch angelassen auf 400° (Maurer), Ätzung II, x 400.

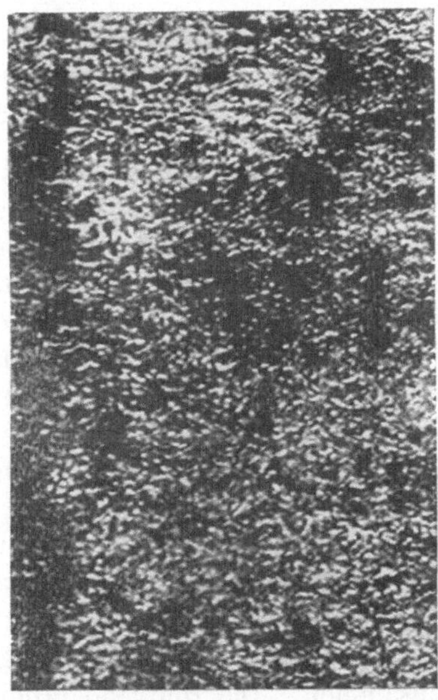

Abb. 73. Wie Abb. 70, jedoch angelassen auf 750° (Maurer), Ätzung II, x 400.

prozentualen Änderungen der betreffenden Eigenschaften gewählt worden. Außer den in Abb. 74 dargestellten Eigenschaften ist auch verschiedentlich auf analytischem Wege das Verhalten des Kohlenstoffs untersucht worden, allerdings an Stählen, in denen Martensit oder höchstens ein Austenit-Martensitgemisch vorlag. Bereits Ledebur fand, daß bei 400⁰ fast der gesamte Kohlenstoff in Karbidkohle umgewandelt war. Dieser Befund wurde später durch Versuche von Maurer[1]) und später von Campbell[2]) bestätigt. Die Heynsche[3]) Feststellung, daß die obige Umwandlung sich erst zwischen 400 und 600⁰ vollzieht, dürfte wohl nicht mehr aufrecht zu erhalten sein. Damit fällt auch die Berechtigung für die von Heyn angenommene neue Phase Osmondit, so benannt nach dem verdienstvollen französischen Forscher Osmond, die nach Heyn gekennzeichnet wäre durch ein Löslichkeitsmaximum in $1^0/_0$iger verdünnter Schwefelsäure. Der Osmondit Heyns ist als identisch mit Troostit anzusehen. Be-

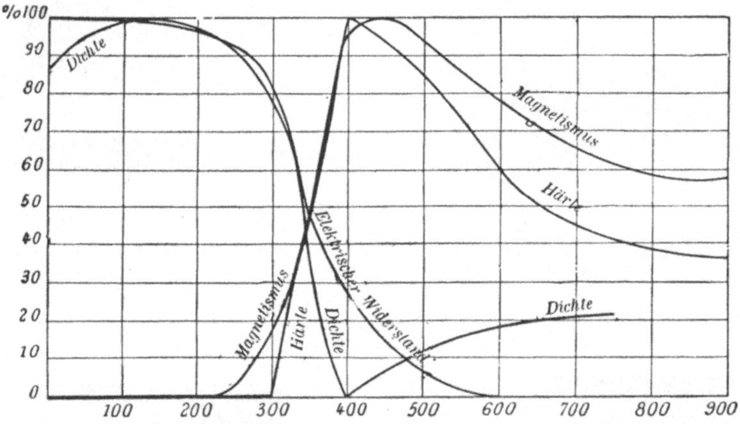

Abb. 74. Prozentuale Änderung einiger Eigenschaften des Austenits in Abhängigkeit von der Anlaßtemperatur. (Maurer.)

nedicks[4]) hatte nun gezeigt, daß der elektrische Widerstand ein genaues Maß für die Härte ist. Dies bestätigten die Versuche von Maurer und von Campbell. Maurer folgert hieraus, daß zwischen Härte und Härtungskohle kein linearer Zusammenhang besteht, daß also die Härtungskohle allein nicht die Ursache der Härte sein kann. Die erwähnten Verfasser fanden im besonderen, daß die Härte mit steigender Anlaßtemperatur langsamer abnimmt als die Härtungskohle bzw. der elektrische Widerstand. Auch in Abb. 74 verlaufen die Kurven der Härte und des elektrischen Widerstandes nicht kongruent. Letzterer hat bereits bei 300⁰ eine Abnahme von etwa $25^0/_0$ erfahren, während die Härte noch unverändert ist. Immerhin ist die Änderung sämtlicher Eigenschaften zwischen 300 und 400⁰ am stärksten. Maurer nimmt an, daß in diesem Intervall neben der γ—α-Umwandlung der größte Teil der Kohlenstoffumwandlung erfolgt. Die langsame Veränderung aller Eigenschaften von 400⁰ an hinge dann mit der Umwandlung des Troostits (über Sorbit) in körnigen Perlit zusammen. Die röntgenographische Untersuchung der Vorgänge beim An-

---

[1]) Met. 1909, 33.   [2]) Eng. 1915, **100**, 682.   [3]) Mat. Prüf. 1906, 29.
[4]) Thèse, Upsala 1904.

lassen von Austenit lehrte nach Wever[1]), daß bis 300° keine Spur von α-Eisen auftrat. Die γ-Eisenlinien erschienen sehr geschwächt, was auf eine sehr geringe Korngröße[2]) schließen läßt. Bei 500° waren nur noch α-Eisenlinien zu erkennen.

Ein Stahl mit 1,66°/₀ Kohlenstoff bestand nach Maurers Untersuchungen nach dem Härten bei 1050° zu ²/₃ aus Austenit und zu ¹/₃ aus Martensit gemäß Abb. 75. Die Martensitnadeln erscheinen hell auf dunklem Grunde. Durch Anlassen auf 150° tritt, wie schon an anderer Stelle erwähnt, eine Umkehr in der Färbung auf gemäß Abb. 76. Die Martensitnadeln wandeln sich früher in Troostit um als der Austenit. Die Umwandlung des Austenits in Troostit

Abb. 75. Stahl mit 1,66°/₀ C bei 1050° abgeschreckt, ²/₃ Austenit, ¹/₃ Martensit (Maurer), Ätzung II, x 400.

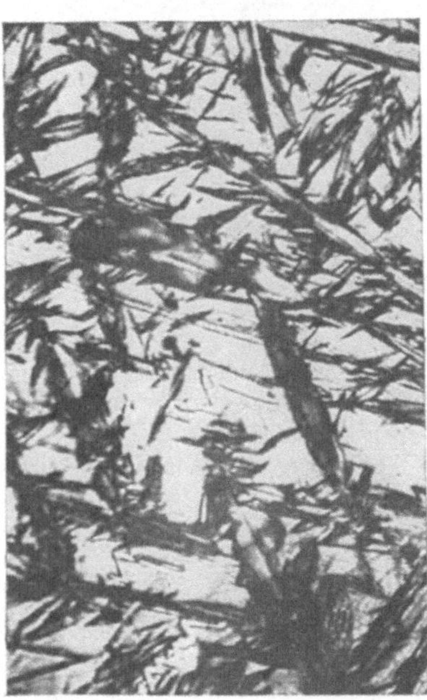

Abb. 76. Wie Abb. 75, jedoch auf 150° angelassen, Ätzung II, x 400. (Maurer.)

beginnt erst bei 250°, wie Abb. 77 zeigt. Hanemann[3]) hatte gemäß Abb. 78 gefunden, daß ein Austenit-Martensitgemisch nach sehr kurzem Anlassen auf 650° mehr Zementit in der Austenitgrundmasse als in den Martensitnadeln aufweist, woraus er auf eine Verschiedenheit des Kohlenstoffgehaltes von Martensit und Austenit schloß. Dieser Schluß ist nach Maurer unberechtigt. Maurer bestätigte zwar Hanemanns Befund, deutet ihn aber anders. Nach Maurer entspricht kurzes Anlassen auf 650° einem längeren auf 250—300°. Während nun bis 150° der Martensit sich rascher umwandelt als der Austenit, liegen über dieser Temperatur, selbst noch bei 300°, die Verhältnisse umgekehrt. Daß aber keine Verschiedenheit des Kohlenstoffgehaltes vorliegt, ergibt sich aus der Tatsache, daß ein Austenit-Martensitgemisch, wie schon gezeigt wurde,

---

[1]) E. F. I. 1921, **3**, Heft 1, 54.   [2]) Vgl. Fußnote [1]) S. 63.   [3]) St. E. 1912, 1397.

Abb. 77. Wie Abb. 71, jedoch auf 250⁰ angelassen (Maurer), Ätzung II, x 400.

vor und nach dem Eintauchen in flüssige Luft den gleichen elektrischen Widerstand besitzt.

Abb. 79 veranschaulicht die Änderung der Eigenschaften eines zu $^2/_3$ aus Austenit und zu $^1/_3$ aus Martensit bestehenden Gemisches nach Maurer. Das inzwischen von Hanemann und Schulz[1]) bestätigte Abfallen der Dichtekurve von 150 bis 250⁰ sowie das Ansteigen des Magnetismus von 150 bis 200⁰ sind nach Maurer zweifellos auf die Umwandlung des Austenits zurückzuführen, während das Maximum der Kurve des Magnetismus bis 450⁰ von Maurer auch beim Anlassen eines kaltdeformierten Eisens gefunden worden ist und daher von diesem auf die durch das Härten erfolgte Kaltverformung des α-Eisens im Martensit zurückgeführt wird. Die sprunghaften Änderungen der Härte und der Dichte bei 250⁰ müßte man auf das Konto der beschleunigten Umwandlung des Kohlenstoffs setzen.

Abb. 80 nach Maurer veranschaulicht endlich die Veränderung der Eigenschaften von reinem Martensit beim Anlassen. Typisch ist das Fehlen des in Abb. 79 vorhandenen Maximums in der Kurve des Härteverlustes, ferner das Nacheilen der Härte- gegenüber der Widerstandskurve. Die Ausscheidung der Karbidkohle würde also kontinuierlich und rascher als die Härteabnahme erfolgen. Endlich ist die bei etwa 450⁰ erfolgende Störung im Verlauf der Kurve des Magnetismus bemerkenswert, deren Ursache zweifellos die gleiche ist wie in Abb. 79. In einem scheinbaren Widerspruch stehen nach Maurer die Ausdehnungs- und die Dichtekurve beim Anlassen von Martensit. Erstere lehrt nach Charpy und Grenet[2]), daß die beim An-

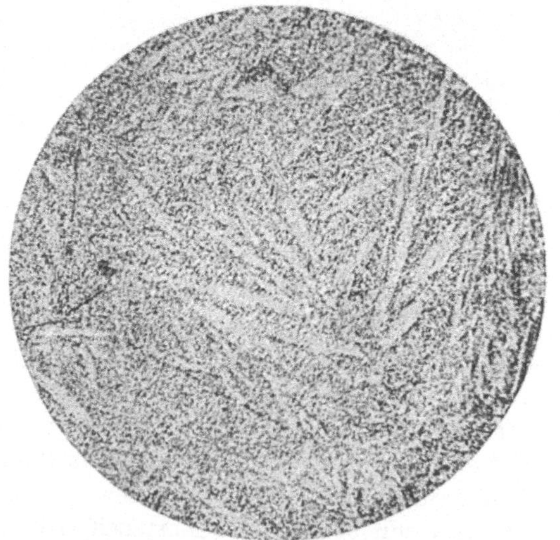

Abb. 78. Stahl mit 1,5⁰/₀ C bei 1220⁰ in Wasser abgeschreckt und einige Sekunden auf 650⁰ angelassen. Zementitkugeln (dunkel) in Ferrit (hell), an den Orten der ehemaligen Martensitnadeln tritt nur wenig Zementit auf, Ätzung Natriumpikrat. x 300.

---

[1]) St. E. 1914, 450.
[2]) Bull. d'Enc. 1903, **102**, 491.

lassen erfolgende Kürzung in zwei Stadien, und zwar einem schwächeren bei
120 und einem stärkeren bei 320°, erfolgt. Die erste der Störungen tritt erst,
wie Driesen[1]) zeigte, bei Kohlenstoffstählen von 0,6% Kohlenstoff an aufwärts auf, die zweite fällt mit der Wärmeäußerung auf der Erhitzungskurve
zusammen. Hieraus schließt Maurer, daß nur letztere einer Zustandsänderung,

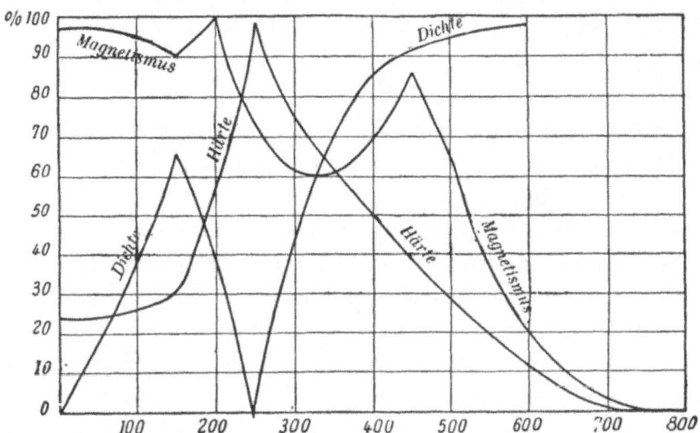

Abb. 79. Prozentuale Änderung einiger Eigenschaften eines Gemisches von $^2/_3$ Austenit
und $^1/_3$ Martensit in Abhängigkeit von der Anlaßtemperatur. (Maurer.)

nämlich der Umwandlung des größten Teils der bis 300° noch nicht umgewandelten Härtungskohle in Karbidkohle, entspricht, während die Kürzung
bei 120—150° durch das Auslösen der beim Härten entstandenen Zugspannungen veranlaßt wäre, da sie erst bei dem Kohlenstoffgehalt auftritt, dem deutliche Härtbarkeit entspricht. Dieser Feststellung widersprechen die von Chevenard[2]) gefundenen
Tatsachen des Auftretens eines Wärmeeffektes bei 100—150° sowie des Vorhandenseins der
Kürzung in diesem Temperatur-intervall auch bei Stählen mit weniger als 0,6% Kohlenstoff.
Ferner ist es bemerkenswert, daß nach Chevenards Fest-

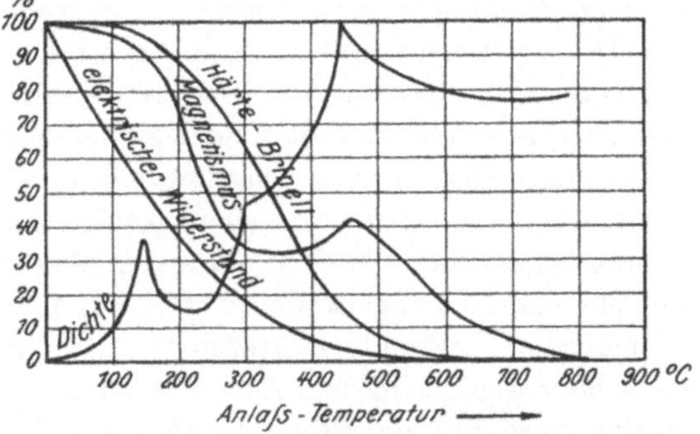

Abb. 80. Prozentuale Änderung einiger Eigenschaften von reinem Martensit in Abhängigkeit
von der Anlaßtemperatur (nach Maurer).

stellungen die Intensität beider Störungen auf der Dilatationskurve mit
steigendem Kohlenstoffgehalt zunimmt. Die Dichtekurve wird im Gegensatz zur Ausdehnungskurve nicht durch kontinuierliches Erhitzen ermittelt,
sondern durch Erhitzung der Probe auf steigende Temperaturen während gewisser Zeiten. Nun sind aber die Anlaßvorgänge in hohem Maße auch von
der Zeit abhängig. Bei diesem sogenannten stationären Anlassen würde nach

---

[1]) Fer. 1913/14, 161.
[2]) Zitiert nach Guillet, Trempe et revenu, Paris 1921.

Maurer die Ausscheidung des Karbides, wie ja das Verhalten des Widerstandes zeigt, nicht diskontinuierlich erfolgen, sondern allmählich. Die Ausdehnungskurve würde die Umwandlung des im Martensit stets enthaltenen γ-Eisens nicht erkennen lassen, weil die hiermit verknüpfte Längung von der mit der Karbidausscheidung verknüpften Kürzung reichlich übertroffen würde. Für die Maurersche Härtungstheorie spricht schließlich noch die von Driesen[1]) und von Oknof[2]) gefundene Tatsache, daß die beim Anlassen von abgeschreckten Stählen mit steigendem Kohlenstoffgehalt auf 550° sich ergebenden Kürzungen bei 0,9°/₀ Kohlenstoff durch ein Maximum gehen. Wie schon erwähnt, hat Maurer den hiernach und auf Grund bereits mitgeteilter Tatsachen vermuteten Zusammenhang zwischen Härte und spezifischem Volumen abgeschreckter Stähle experimentell nachgewiesen[3]).

Überblickt man die hier mitgeteilten experimentellen Befunde über die beim Anlassen abgeschreckter Stähle eintretenden Eigenschaftsänderungen, so erkennt man zwar gewisse Gesetzmäßigkeiten bei etwa 150 und 300—400°, indessen liefern sie kein klares und einfaches Bild, und in einigen Punkten, so z. B. in der Frage eines etwaigen Härteanstieges mit der Anlaßtemperatur, weichen auch neuere Befunde nicht unerheblich voneinander ab. Man kann sich daher des Eindrucks nicht erwehren, daß die beim Anlassen sich vollziehenden Vorgänge dementsprechend verwickelter Natur sein müssen, der die bisher versuchten Deutungen kaum in allen Punkten gerecht werden dürften. Es ist an dieser Stelle im wesentlichen die Maurersche Theorie vertreten worden, weil sie am besten diese Forderung erfüllt. Es darf zwar nicht verschwiegen werden, daß abweichende Anschauungen bestehen, aber es würde über den Rahmen dieses Buches hinausgehen, selbst die wesentlichsten dieser Anschauungen wiederzugeben oder gar kritisch zu besprechen[4]).

Die vorstehenden Ausführungen wären unvollständig, ohne einen kurzen Hinweis auf die besonders in den letzten Jahren verstärkte Betonung der Analogien zwischen dem Verhalten der härtbaren Eisenlegierungen und dem gewisser Metallegierungen. Die Härtbarkeit des Stahls beruht auf der Voraussetzung des Vorhandenseins eines homogenen Gebietes über einem heterogenen Gebiet im Zustandsdiagramm Fe-Fe₃C. Nur der Möglichkeit, die Trennungslinien beider Gebiete, nämlich die Linien G O S, E S und P S K, durch rasche Abkühlung oder ähnlich wirkende Faktoren zu überspringen und die Legierung dadurch mehr oder weniger in dem Zustande zu erhalten, den sie oberhalb dieser Linien besitzt, verdankt der Stahl die Eigenschaft der Härtbarkeit. Wenn dem tatsächlich so ist, so muß diese Eigenschaft sich auch bei den Metallegierungen vorfinden, deren Zustandsdiagramm einen vermutlich auch mit einer Ausdehnungsanomalie verbundenen, im übrigen aber den Eisen-Kohlenstofflegierungen ähnlichen Phasenwechsel im festen Aggregatzustand aufweist. Wenn auch die Forschung auf diesem Gebiete erst eingesetzt hat, so kann doch schon gesagt werden, daß in der Tat bei einer Reihe von technisch be-

---

[1]) Fe. 1913/14, 129.   [2]) Rev. Mét. Extr. 1917, 85.

[3]) Vgl. a. die Diskussion hierzu St. E. 1922, 1396.

[4]) Außer den in der mehrerwähnten Schrift von Maurer aufgeführten Härtungstheorien vgl. u. a. Jeffries und Archer sowie die kritische Würdigung ihrer Härtungstheorie durch F. Körber, Fachber. V. d. E. 1922, W. A. Nr. 25.

sonders wichtigen Metallegierungen weitgehende Analogien bestehen. Dies sei an drei Diagrammen näher ausgeführt. Abb. 81, 82 und 83 sind die hier in Betracht kommenden Teildiagramme der Kupfer-Zinklegierungen oder Messingsorten, der Kupfer-Zinnlegierungen oder Bronzen im üblichen Sinne und der Kupfer-Aluminiumlegierungen oder Aluminiumbronzen. In den drei

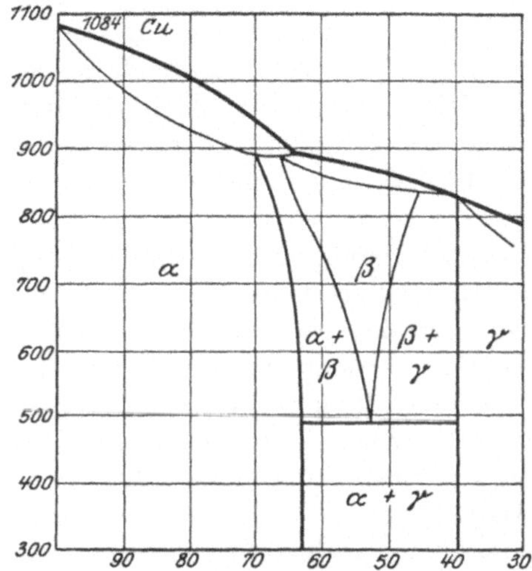

Abb. 81. Zustandsdiagramm der Kupfer-Zink-legierungen (Carpenter).

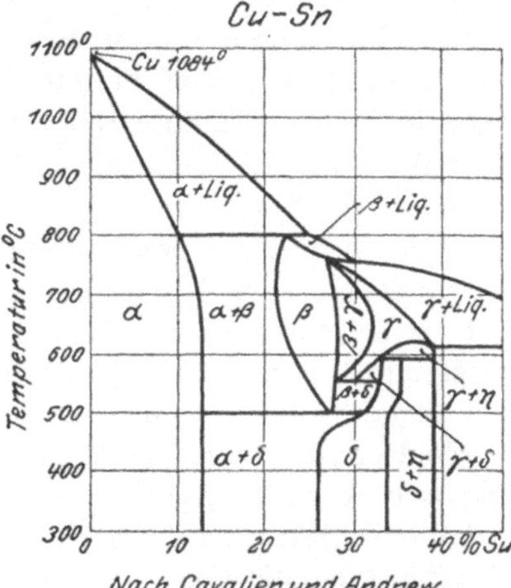

Abb. 82. Zustandsdiagramm der Kupfer-Zinnlegierungen (Carpenter).

Diagrammen erkennen wir in dem mit β bezeichneten Gebiet das der festen γ-Lösung im Diagramm Fe-Fe$_3$C entsprechende homogene Gebiet oder Gebiet des Vorhandenseins einer Phase. Rechts und links von diesem homogenen Gebiet befinden sich heterogene Zustandsfelder, die mit $\alpha + \beta$ (links) bzw. mit $\beta + \gamma$, $\beta + \gamma \to \gamma \to \gamma + \delta \to \beta + \delta$ sowie mit $\beta + \gamma \to \beta + \delta$ bezeichnet sind (rechts), wobei die Pfeile andeuten sollen, daß Umwandlungen bzw. Umsetzungen im obigen Sinne möglich sind. Im ganzen aber entsprechen diese Felder bis zu einem gewissen Grade den Gebieten G O S P und E S K des Zustandsdiagramms Fe-Fe$_3$C. Es treffen sich in einem eutektoidischen Punkt auf einer eutektoidischen Horizontalen zwei Kurven, auf denen die Ausscheidung von α einerseits und γ bzw. ($\gamma \to$) δ anderseits erfolgt, entsprechend der Ferrit- bzw.

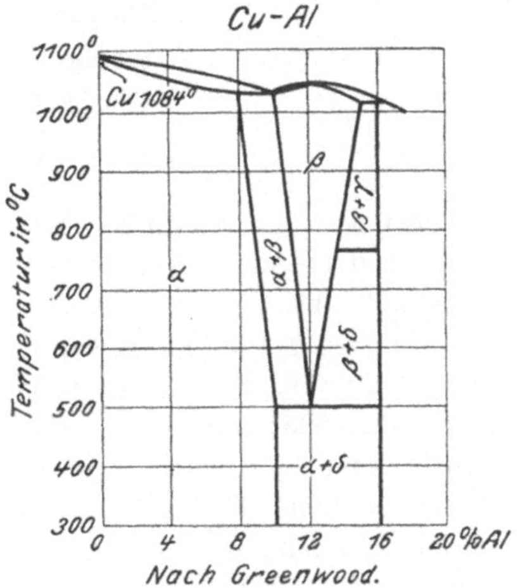

Abb. 83. Zustandsdiagramm der Kupfer-Aluminiumlegierungen.

Zementitbildung im Diagramm Fe-Fe$_3$C. Unterhalb der eutektoidischen Horizontalen befindet sich das heterogene Feld $\alpha + \gamma$ bzw. $\alpha + \delta$ entsprechend dem unter der Horizontalen P S K im Diagramm Fe-Fe$_3$C befindlichen Zustandsfeld

α-Eisen + Eisenkarbid. Dieses Feld reicht bei gewöhnlicher Temperatur

bei den Kupfer-Zinklegierungen von 63 bis 40% Kupfer
„   „   „   Zinn-   „   „ 87,3 „ 74% „
„   „   „   Aluminium- „ „ 90 „ 84% „

Nachstehend seien nun einige Tatsachen über einige dieser Legierungen mitgeteilt, die in Analogie stehen zum Verhalten gehärteter und angelassener Stähle. Das daraus sich ergebende Bild ist zweifellos kein abgerundetes und bedarf daher in vielen Punkten noch der Ergänzung durch die Forschung. Aber das bisher bekannte Material läßt sich doch zwanglos in Parallele stellen zu den in diesem Abschnitt mitgeteilten Beobachtungstatsachen[1]) über das Verhalten des Stahls.

Das in den technisch wichtigen Messinglegierungen auftretende $\alpha + \gamma$-Eutektoid mit 53% Kupfer läßt sich unter dem Mikroskop nicht auflösen und färbt sich beim Ätzen gleichmäßig dunkel. Man bezeichnet diesen Bestandteil meist mit β. Seine Analogie mit dem Troostit ist ersichtlich. Aber selbst langandauerndes Glühen wenig unterhalb der eutektoidischen Temperatur vermag hier im Gegensatz zum Troostit keine Veränderung hervorzurufen. Dagegen gelingt es leicht, das Eutektoid zur Auflösung zu bringen durch einen Nickelzusatz, wobei gleichzeitig die Temperatur der Eutektoiden gehoben wird[2]). Werden Messingsorten, die aus α und $(\alpha + \gamma)\beta$ bestehen, von einer über 475° gelegenen Temperatur aus rasch abgekühlt, also gehärtet, so nimmt der Gehalt an α ab und der β-Bestandteil zu. Letzterer wird gleichzeitig weniger angreifbar durch das Ätzmittel und erscheint in Form von polygonalen Körnern. Die Härte einer eutektoidischen Legierung wird durch das Härten wenig beeinflußt, wie nachstehende Zahlen nach Guillet lehren:

Zustand	Brinell-Härte
geglüht	111
gehärtet bei 650°	119
„ „ 750°	118
„ „ 850°	118

Ist neben β noch α vorhanden, so ist die Härtesteigerung bedeutender, und zwar um so bedeutender, je α-reicher die Legierung und je höher die Abschrecktemperatur ist.

Die aus $\alpha + \delta$ bei gewöhnlicher Temperatur bestehenden Bronzen mit etwa 73 bis 86% Kupfer zeigen beim Härten den Bestandteil β, wenn die Härtetemperatur 505° übersteigt. Es ist hierbei mehrfach eine geringe Härteverminderung beobachtet worden. Beim Anlassen einer gehärteten Bronze steigt zunächst die Härte, um dann nach Durchlaufen eines Härtemaximums wieder abzunehmen. Die Härte verhält sich also ähnlich wie nach Maurers Befund Austenit beim Anlassen. Folgende Zahlen nach Guillet[3]) zeigen die Härteabnahme einer Bronze mit 25% Zinn durch das Abschrecken:

---

[1]) Vgl. a. Portevin, C. R. 1920, 6. Aug., 350, sowie Guillet und Portevin, Rev. Mét. 1920, 561.
[2]) Carpenter, Inst. of Metals 1912, 8, 59; vgl. a. hierzu S. 147.
[3]) Trempe et revenu, Paris 1921.

Zustand	Brinell-Härte
gehärtet bei 400⁰	277
„ „ 500⁰	269
„ „ 600⁰	190
„ „ 700⁰	190

und folgende Zahlen nach Grenet[1]) die Härtezunahme einer gehärteten Bronze mit $20^0/_0$ Zinn beim Anlassen:

Zustand	Brinell-Härte
angelassen bei 20⁰	172
„ „ 100⁰	172
„ „ 200⁰	238
„ „ 250⁰	228
„ „ 400⁰	186
„ „ 600⁰	178
„ „ 700⁰	175

Das Gefüge gehärteter Bronzen zeigt große Ähnlichkeit mit dem des γ-Eisens.

Die Kupfer-Aluminiumlegierungen weisen aber die weitestgehende der bisher beobachteten Analogien auf. Das Eutektoid erscheint unter dem Mikroskop gut aufgelöst. Beim Härten verschwindet es, wenn die Härtetemperatur 500⁰ übersteigt. Hierbei entsteht ein dem Martensit sehr ähnliches Gefüge, und gleichzeitig nimmt die Härte außerordentlich stark zu, wie folgende an einer Legierung mit $10^0/_0$ Aluminium gewonnenen Zahlen nach Greenwood[2]) lehren:

Zustand	Brinell-Härte
langsam abgekühlt	120
abgeschreckt bei 590⁰	141
„ „ 700⁰	176
„ „ 850⁰	250
„ „ 1000⁰	258

B. Das System Eisen — elementarer Kohlenstoff. Graues Roheisen. Die vorstehenden Ausführungen galten, wie eingangs betont wurde, nur unter der Voraussetzung, daß der Kohlenstoff in seiner Gesamtheit als Eisenkarbid Fe_3C zugegen ist. Diese Voraussetzung braucht jedoch nicht notwendigerweise zuzutreffen. Das Eisenkarbid ist keine stabile Verbindung. Bei Wärmezufuhr zersetzt sie sich unter Bildung von Eisen und elementarem Kohlenstoff. Saniter[3]) erhitzte reines, auf üblichem Wege isoliertes Eisenkarbid Fe_3C und fand:

nach der Erhitzung in einem Kupfergefäßchen auf 800⁰, hierauf abgeschreckt, $0,4^0/_0$ elementare Kohle = $6^0/_0$ des Fe_3C;
nach der Erhitzung in einem Kupfergefäßchen auf 1000⁰, hierauf abgeschreckt, $0,56^0/_0$ elementare Kohle = $8,4^0/_0$ des Fe_3C;
nach der Erhitzung in Stickstoffatmosphäre auf 1000⁰, hierauf langsam abgekühlt, $2,45^0/_0$ elementare Kohle = $36,8^0/_0$ des Fe_3C;
nach der Erhitzung in Stickstoffatmosphäre auf 1400⁰, hierauf langsam abgekühlt, $3,05^0/_0$ elementare Kohle = $45,8^0/_0$ des Fe_3C.

Saniter gibt selbst zu, daß sein Präparat nicht sehr rein war. Ruer[4]) stellte fest, daß sein sorgfältig gereinigtes Präparat, unter Luftabschluß erhitzt, bei

---

[1]) Rev. Mét. 1911, 108.   [2]) Eng. 1918, **105**, 277, 310.
[3]) Ir. st. Inst. 1897, II, 115.   [4]) An. Chem. 1921, **117**, 249.

1112^0 erst zu 6 und bei 1132^0 zu $63^0/_0$ zerfallen war. Geringe Unterschiede in der Herstellung und Zusammensetzung üben nach Ruer anscheinend einen großen Einfluß aus auf die Zerfallsgeschwindigkeit. Die Ausscheidung der elementaren Kohle erfolgte nach den Versuchen des gleichen Verfassers, unabhängig von der Art der umgebenden Gasatmosphäre und ohne daß hierfür ein Grund angegeben werden konnte, von der Oberfläche aus. Es ist ferner bemerkenswert, daß der Zementit als Gefügebestandteil erstarrter, reiner Eisenkohlenstofflegierungen eine geringere Zerfallsgeschwindigkeit aufweist als das daraus isolierte reine Karbid. Reine Eisen-Kohlenstofflegierungen mit $2,5—4^0/_0$ Kohlenstoff ohne jede Spur von elementarer Kohle ließen sich bis dicht an ihren Schmelzpunkt erhitzen, ohne daß Ausscheidung von elementarer Kohle erfolgte. Honda und Murakami[1]) sowie später Tammann und Ewig[2]) haben auf einem anderen Wege die Frage der Zerlegbarkeit des Zementits durch Erhitzung untersucht, indem sie nämlich die Größe der magnetischen Zementitumwandlung vor und nach der Erhitzung feststellten. Nach ersteren Verfassern ist bereits bei Temperaturen über 400^0 die Zerlegung des Zementits in Eisen und Kohle durch eine deutliche Verringerung des Magnetometerausschlages bei 210^0 bemerkbar. Bei längerem Erhitzen über 900^0 verschwindet der Zementit bis auf einen geringen Betrag, der auch bei langandauerndem Glühen bei 1000^0 nicht mehr zersetzt wird. Im Gegensatz hierzu stellten Tammann und Ewig bereits nach fünfstündigem Erhitzen des reinen Karbids auf 500^0 fest, daß vollständige Spaltung stattgefunden hatte. Eine endgültige Klärung dieser für das Tempern so wichtigen Frage steht also noch aus.

Die elementare Form des Kohlenstoffs ist längst unter den Bezeichnungen Graphit und Temperkohle bekannt. Erstere Form bildet einen wichtigen Bestandteil des grauen Roheisens und des Gußeisens, letztere des Tempergusses. Auch die elementare Form des Kohlenstoffs ist im flüssigen Eisen löslich und vermag sich bis zu einem gewissen Prozentgehalte auch im festen Eisen zu lösen. Einen exakten Ausdruck findet das Verhalten von Eisen zu elementarem Kohlenstoff in dem Zustandsdiagramm, dessen beide Komponenten Eisen und elementarer Kohlenstoff sind. Man unterscheidet also zwischen dem System Eisen—Eisenkarbid und Eisen—elementarer Kohlenstoff. Ersteres wird metastabiles System oder System von geringerer Stabilität, letzteres stabiles System genannt. Abb. 16 enthält die Gleichgewichtslinien beider Systeme, und zwar gehören die punktierten Linien dem stabilen System an. Beiden Diagrammen gemeinsam sind die Kurven A B C′, A H, H J B, N H, N J und G O S′, neu hinzugetreten sind C′ D′, E′ C′ F′, E′ S′, und P′ S′ K′. Die Bedeutung dieser Linien ist analog derjenigen von C D, E C F, E S und P S K im metastabilen System. Hiernach wäre:

C′ D′ = primäre Abscheidung von elementarem Kohlenstoff. Diese Kohlenstoffform trägt die Bezeichnung primärer oder Garschaumgraphit.

E′ C′ F′ = Erstarrung des Eutektikums γ-Mischkristalle + Graphit. Der eutektische Graphit tritt naturgemäß in weit feinerer Form auf als der Garschaumgraphit.

E′ S′ = Ausscheidung von Kohlenstoff in elementarer Form aus den γ-Mischkristallen. Diese Form des elementaren Kohlenstoffs wird Temperkohle genannt.

P′ S′ K′ = Ausscheidung eines Eutektoides α-Eisen-Temperkohle.

---

[1]) Ir. st. Inst. 1918, II, 375.   [2]) St. E. 1922, 772.

Die Konzentrationen besonders ausgezeichneter Punkte sind folgende:

$E' = 1,3^0/_0 =$ Löslichkeit des elementaren Kohlenstoffs im γ-Eisen.

$C' = 4,25^0/_0 =$ Kohlenstoffgehalt des Graphiteutektikums. Erstarrungstemperatur 1152^0.

$S' = 0,7^0/_0 =$ Kohlenstoffgehalt des Eutektoides Ferrit-Temperkohle. Bildungstemperatur 733^0.

Die kristallographische Identität der einzelnen Formen des elementaren Kohlenstoffs ist auf röntgenographischem Wege von Wever[1]) nachgewiesen worden. Alle Formen besitzen das bereits von Debye und Scherrer[2]) ermittelte Raumgitter, nämlich zwei ineinandergestellte rhomboedrische Gitter, die in Richtung der trigonalen Achse um ein Drittel von deren Länge gegeneinander verschoben sind. Die einzelnen Formen unterscheiden sich lediglich durch die Kristallgröße. So besitzt nach Wever Graphit aus grauem Eisen eine Korngröße von 100×10^{-8} cm, Temperkohle dagegen nur von 30 bis 50×10^{-8} cm.

Im Gegensatz zu den meisten Kurven des metastabilen Systems ist ein großer Teil der Kurven des stabilen Systems nicht auf dem üblichen, thermischen Wege gewonnen worden. Es mußten vielmehr zu ihrer Ermittlung besondere Kunstgriffe angewendet werden. Hierzu sei folgendes bemerkt. Die eutektische Horizontale $E'\,C'\,F'$ wurde von Ruer und F. Goerens[3]) auf Grund der beim wiederholten Erhitzen und Abkühlen (zwischen 1020 und 1165^0) untereutektischer reiner Eisen-Kohlenstofflegierungen auftretenden Wärmetönungen ermittelt. Beim erstmaligen Erhitzen eines ursprünglich weißen Eisens trat bei 1146^0 die dem Schmelzpunkt des Ledeburits zugehörige Wärmetönung auf; bei den folgenden Erhitzungen zeigte sich bei 1153^0 eine weiterer Wärmeeffekt, der mit zunehmender Anzahl der Erhitzungen auf Kosten des bei 1146^0 beobachteten sich vergrößerte und schließlich nur noch allein auftrat. Gleichzeitig war das ursprünglich weiße Eisen in graues übergegangen und zeigte im Gefüge Graphitlamellen in eutektischer Anordnung. Diese Beobachtungen wurden wie folgt gedeutet: Der auf der ersten Erhitzungskurve bei 1146^0 liegende Haltepunkt entspricht der Schmelzung des Zementiteutektikums. Bei der wiederholten Erhitzung und Abkühlung geht dieses allmählich vollständig in das Graphiteutektikum über. In dem Maße, in dem dieses geschieht, vermindert sich die Dauer des der Schmelzung des Zementiteutektikums entsprechenden Haltepunktes bis zum völligen Verschwinden, dafür erscheint und verstärkt sich in gleichem Maße der bei 1153^0 liegende Haltepunkt, welcher dem Schmelzen des Graphiteutektikums entspricht. Tatsächlich zeigten Reguli, die bei der ersten Abkühlung bereits grau erstarrt waren, nur einen bei 1153^0 liegenden Haltepunkt auf der Erhitzungskurve. Als untere Grenze für den Schmelzpunkt des stabilen Eutektikums wurde die höchste, bei 1151^0 an einem Eisen mit $5^0/_0$ Kohlenstoff beobachtete Erstarrungstemperatur angesehen und hieraus als Gleichgewichtstemperatur für Schmelzung und Erstarrung das Mittel aus den beiden festgestellten Temperaturen, d. h. 1152^0, festgelegt.

Die Kurve $C'\,D'$ fanden Ruer und Biren[4]) dadurch, daß sie geschmolzenes

---

[1]) E. F. I. 1922, 4, 81.   [2]) Phys. Z. 1917, 18, 291.   [3]) Fer. 1916/17, 161.
[4]) An. Chem. 1920, 113, 98.

Eisen bei steigenden Temperaturen (1152—2500⁰) mit überschüssigem Graphit bis zur Sättigung erhitzten und alsdann so schnell abschreckten (in einer engen Metallkokille), dass eine Wiederausscheidung des gelösten Graphits als solcher nicht stattfand. Es zeigte sich übrigens, daß selbst eine Abkühlung des die Schmelze enthaltenden Probierrohres an der Luft auf den Gesamtkohlenstoffgehalt der Schmelze keinen Einfluß ausübte, was bei den Schmelzen über 2000⁰ C insofern von Vorteil war, als die bemerkenswerte Zähflüssigkeit dieser Schmelzen das Abschrecken in engen Kokillen erschwerte. Die Konzentration des Graphiteutektikums bei dessen Erstarrungstemperatur (1152 ⁰C) wurde durch Extrapolation der Löslichkeit des Graphits auf niedere Temperatur zu 4,25⁰/₀ C ermittelt, also nur 0,05⁰/₀ unter der Konzentration des bei 1145⁰ erstarrenden Zementiteutektikums.

Zur Bestimmung der Löslichkeit des elementaren Kohlenstoffs im festen Eisen, Linie E′ S′, benutzten Ruer und Jljin[1]) reines weißes schwedisches Roheisen, das durch Schmelzen mit Zuckerkohle und nach nochmaligem Umschmelzen im Vakuum bei darauffolgender sehr langsamer Abkühlung in ein graues Eisen mit weniger als 0,5⁰/₀ gebundenem Kohlenstoff umgewandelt wurde. Teile dieses Eisens wurden alsdann in Quarzröhren eingeschmolzen, 6 bzw. 12 Stunden bei steigenden Temperaturen geglüht und darauf in Wasser abgeschreckt. Der auf diese Weise in Lösung gebrachte Kohlenstoff betrug im Mittel aus je 5 Versuchen:

bei	800⁰	900⁰	1000⁰	1100⁰
⁰/₀ C	0,75	0,84	0,99	1,24

Anschließende Versuche, von der übersättigten Lösung aus durch längeres Glühen bei verschiedenen Temperaturen und Abschrecken das Gleichgewicht zu erreichen, führten nicht zum Ziele, da die erwartete Temperkohlebildung ausblieb. Als Ursache wurde auf Grund weiterer Versuche die zu geringe Wachstumsgeschwindigkeit der zwischen 800⁰ und 1100⁰ C sich reichlich bildenden Keime festgestellt. Unterhalb 800⁰ nimmt die Kristallisationsgeschwindigkeit wieder erhebliche Werte an, dafür geht aber die Keimbildung stark zurück.

Die Verlängerung der Löslichkeitskurve des elementaren Kohlenstoffs schneidet die Kurve der beginnenden Ferritausscheidung im Punkte S′ bei etwa 740⁰ und 0,7⁰/₀ C. Es müßte demnach bei dieser Temperatur und Konzentration ein Gleichgewicht zwischen Austenit, Ferrit und elementarem Kohlenstoff existieren. Der Nachweis des Zerfalls von γ-Eisen in ein eutektisches Gemenge von Ferrit und Temperkohle ist Ruer und Biren[2]) tatsächlich gelungen, und zwar auf thermischem Wege, durch Beobachtung des Verhaltens des Perlits bei wiederholter Erhitzung und Abkühlung. Die Versuchsführung war ganz analog der Ermittelung der zwei eutektischen Horizontalen bei 1146⁰ und 1152⁰C. Die Linie des stabilen Eutektoids liegt nach diesen Versuchen etwa 12⁰ über der des metastabilen Eutektoides bei 733⁰.

Die Mengenverhältnisse der einzelnen Gefügebestandteile lassen sich auch im stabilen System in einfacher Weise berechnen. Eine Legierung mit 3,4⁰/₀ Kohlenstoff würde z. B. unter der Voraussetzung, daß der Erstarrungs- und

---

[1]) Met. 1911, 97.   [2]) a. a. O.

Erkaltungsvorgang ausschließlich zur Bildung von elementarem Kohlenstoff geführt hat, aus folgenden Bestandteilen in Gewichtsprozenten aufgebaut sein:

Mischkristalle E′ 26,2% {
  Temperkohle 0,16%
  Eutektoid S′ 26,04% {
    eutektoides α-Eisen 25,86%
    eutektoide Temperkohle 0,18%
  }
}

Eutektikum C′ 73,8% {
  eutektischer Graphit 2,13%
  eutektische Mischkr. 71,67% {
    Temperkohle 0,43%
    Eutektoid S′ 71,24% {
      eutektoides α-Eisen 70,74%
      eutektoide Temperkohle 0,50%
    }
  }
}

Da das spezifische Gewicht des elementaren Kohlenstoffs von dem des Eisens wesentlich stärker abweicht als das des Eisenkarbides Fe_3C, gibt diese Berechnung für das stabile System ein weniger zutreffendes Bild des mikroskopischen Aufbaues als für das metastabile.

Obiger Berechnung liegt die Voraussetzung zugrunde, daß die betrachtete Legierung ausschließlich unter Bildung von elementarer Kohle sowohl erstarrt als auch erkaltet. Dies trifft praktisch wohl nie zu. Zwar ist es im Gegensatz zur älteren Ledeburschen Auffassung nach den Versuchen von Wüst[1]) möglich, in reinen, insbesondere siliziumfreien Eisen-Kohlenstofflegierungen die Erstarrung nach dem stabilen System, zum mindesten teilweise, zu leiten[2]). Die ungeätzten Legierungen zeigen dann das Gefüge der als Beispiel in Abb. 84 dargestellten reinen Eisen-Kohlenstofflegierung mit 3,2% Kohlenstoff. Zwischen den primären (weißen) Mischkristallen treten die feinen, auf dem ungeätzten Schliff schwarz erscheinenden Graphitblättchen in eutekti-

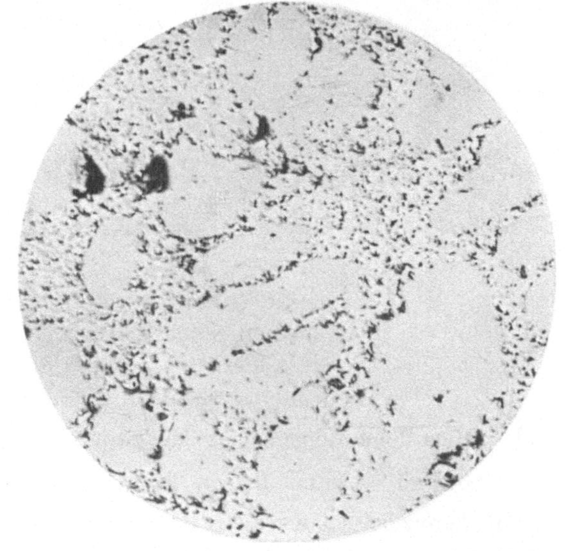

Abb. 84. Eisen-Kohlenstofflegierung mit 3,2% Kohlenstoff. Graphiteutektikum. Ungeätzt, x 50.

scher Anordnung auf. Indessen gelingt es nicht, wie erwähnt, den Zerfall der Mischkristalle nach dem stabilen System zu leiten. Wäre dies nämlich in der Probe Abb. 84 der Fall gewesen, so müßte man auch auf der ungeätzten

---

[1]) Met. 1906, 1.   [2]) P. Goerens und Gutowsky, Met. 1908, 137.

6*

Schliffffläche die Temperkohle erkennen können. Das ist aber nicht der Fall, und beim sekundären Ätzen findet man denn auch gemäß Abb. 85, daß die Mischkristalle nach dem metastabilen System zerfallen sind. In der Tat besteht das Gefüge aus eutektischen Graphitlamellen, wenig Ferrit zwischen diesen und im übrigen aus einem vorwiegend schlecht aufgelösten, sorbitischen Perlit. Die übereutektischen Legierungen enthalten den Graphit in zwei Formen, nämlich den primär abgeschiedenen oder Garschaumgraphit[1]) und den eutektischen Graphit, wie in Abb. 84. P. Goerens[2]) berichtet über einen solchen Fall. Abb. 86 ist eine verkleinerte Wiedergabe des Bildes. Der Schliff war ungeätzt. Es ist anzunehmen, daß auch hier die Erkaltung sich nach dem metastabilen System vollzogen hat.

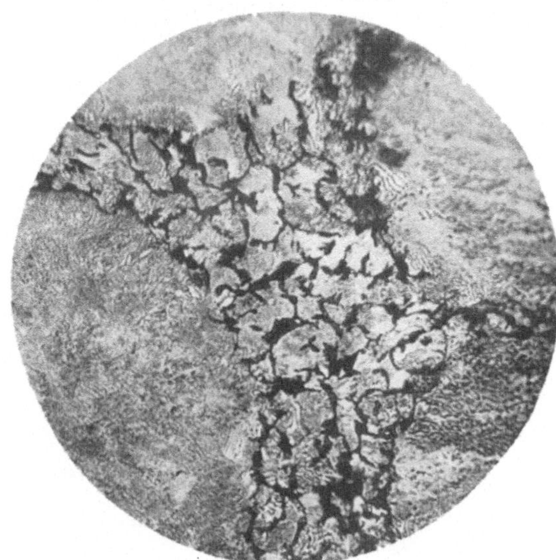

Abb. 85. Wie 80, jedoch Ätzung II, x 150.

Die technischen Roheisensorten sind, soweit sie Graphit enthalten, stets Gemische des metastabilen mit dem stabilen System. Neben den Graphitlamellen findet sich auf den geätzten Schliffen je nach den Erstarrungs- und Erkaltungsverhältnissen eine verschiedenartig aufgebaute Grundmasse, ohne daß es heute schon möglich wäre, die exakten Beziehungen zwischen der Natur der Grundmasse und den erwähnten Verhältnisen anzugeben. Wir wissen lediglich aus der Erfahrung, daß die Grundmasse bestehen kann aus:

Zementit + Perlit in wechselndem Verhältnis,
  ausschließlich Perlit
Ferrit + Perlit in wechselndem Verhältnis,
  selten ausschließlich Ferrit,

und können demzufolge sagen: ein graphithaltiges Roheisen besteht aus:

Graphit + schmiedbarem Eisen wechselnden Kohlenstoffgehaltes.

Hierbei kennzeichnet der analytisch ermittelte Gehalt an gebundenem Kohlen-

---

[1]) Die Bezeichnung stammt aus dem Gießereiwesen. Man beobachtet mitunter, daß Graphitteilchen in großen Mengen auf dem Eisen schwimmen bzw. aus dem Eisen herausgeschleudert werden und den Raum wie mit einer Staubwolke anfüllen. Das Roheisen ist dann sehr „garschmelzig“, d. h. es enthält viel Silizium, und die Folge ist, wie später gezeigt wird, die Bildung von Garschaumgraphit bei verhältnismäßig niedrigem Kohlenstoffgehalt.

[2]) Met. 1907, 137, vgl. Abb. 107. Für die Überlassung eines Teiles des Originaldruckstockes spreche ich auch an dieser Stelle Herrn Professor Dr. Goerens meinen besten Dank aus.

stoff die Art des schmiedbaren Eisens, das nach obigem selten reines Eisen, fast immer entweder untereutektoidisch, eutektoidisch oder übereutektoidisch ist. Der analytisch ermittelte Graphitgehalt ist zwar an und für sich ein Maßstab für die am Aufbau beteiligten Graphitmengen, jedoch kein Anhalt für die Zahl, Größe, Form und Verteilung der Graphitblätter. Diese praktisch wichtigen Verhältnisse vermag nur die mikroskopische Untersuchung, in groben Zügen allerdings auch die Betrachtung des Bruchaussehens zu klären. Es be-

stehen Zusammenhänge zwischen den erwähnten Verhältnissen und der Erstarrungsgeschwindigkeit, jedoch fehlt noch ein exakter Ausdruck für diese Beziehungen. Ihre Tendenz läßt sich allgemein dahin ausdrücken, daß langsame Erstarrung die Bildung weniger und großer, rasche dagegen die Bildung vieler und kleiner Graphitlamellen hervorruft. Über die Verteilung wird hierbei nichts ausgesagt, obwohl auch dieser Punkt recht wichtig ist. Es braucht in der Tat die Verteilung des Graphits keine gleichmäßige zu sein. Im sogenannten

Abb. 86. Eisen-Kohlenstofflegierung mit 7 % C, Garschaumgraphit und Graphiteutektikum. Ungeätzt, x 20. (P. Goerens.)

melierten Roheisen erkennt man bereits auf dem Bruch die Ansammlungen von dunklen, graphithaltigen Nestern von angenäherter Kugelform in dem im übrigen weißen Bruch. (Abbildung siehe Abschnitt Hartguß.) Die mikroskopische Untersuchung bestätigt, daß in den Nestern tatsächlich ein graphithaltiges System vorliegt im Gegensatz zum Rest mit ausschließlicher Karbidbildung. In den Nestern begann offenbar die Erstarrung nach dem stabilen System, deren Fortgang aus irgendeinem Grunde, wahrscheinlich durch Beschleunigung der Abkühlung[1]), unterbrochen wurde, so daß die restliche Erstarrung nunmehr nach dem metastabilen System erfolgte.

4. Eisen und Phosphor.

Das Zustandsdiagramm der binären Legierungen von Eisen und Phosphor ist in Abb. 87 dargestellt[2]). Bis zu einem Prozentgehalte von 1,7 % löst sich Phosphor im festen Eisen. Die Erstarrung setzt bei Phosphorgehalten von

---

[1]) Vgl. P. Goerens und Gutowsky, Met. 1908, 137.
[2]) Nach Gercke, Met. 1908, 604, bzw. Saklatwalla, Ir. st. Inst. 1908, II, 92.

0 bis 1,7 % auf der Kurve A B ein. Das Ende der Erstarrung wird durch A F dargestellt. In Legierungen mit 1,7 bis 10,2 % Phosphor beginnt auf der Kurve A B die Ausscheidung phosphorhaltiger Mischkristalle. Der Kurvenast B C bedeutet für die Legierungen mit 10,2 % bis 15,58 % den Beginn der

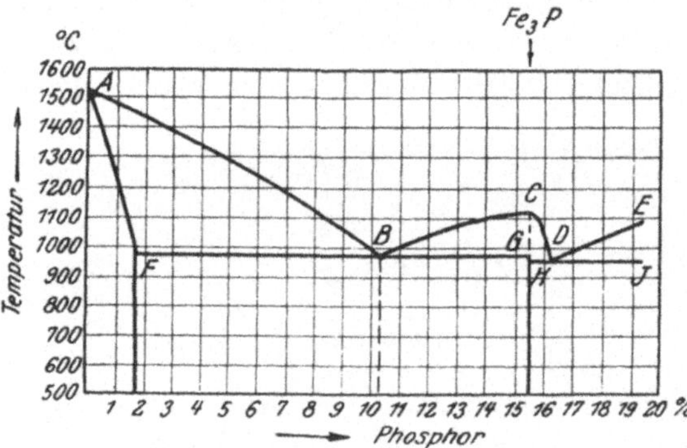

Abb. 87. Zustandsdiagramm der Eisen-Phosphorlegierungen. (Gercke, Saklatwalla.)

Ausscheidung des Eisenphosphides Fe_3P. Das Ende der Erstarrung von Legierungen mit 1,7 bis 15,58 % Phosphor wird durch die bei 980° verlaufende eutektische Horizontale F B G angedeutet. Das Eutektikum besteht aus gesättigten Mischkristallen mit 1,7 % Phosphor und Eisenphosphid Fe_3P und enthält 10,2 % Phosphor. Die Temperatur beginnender Erstarrung wird zwischen 0 und

etwa 10 % Phosphor durch 1 % Phosphor durchschnittlich um 53,7° erniedrigt (1 % Kohlenstoff erniedrigt die gleiche Temperatur durchschnittlich um 91°). Über 15,58 % Phosphor tritt neben Fe_3P eine neue Kristallart, wahrscheinlich Fe_2P, auf. Wenn auch an der Tatsache, daß etwa 1,7 % Phosphor im festen Eisen löslich sind, kein Zweifel bestehen dürfte, so ist es doch zweifelhaft, ob Abb. 87 den Verhältnissen jenseits 1,7 % gerecht wird. Konstantinows[1]) Untersuchungen führten zum Diagramm Abb. 88. Hiernach scheidet sich auf dem Ast C D Fe_2P und auf dem Ast C B Fe_3P ab. Auf der Horizontalen C G findet die Umsetzung

$$Fe_2P + \text{Schmelze} \rightleftarrows Fe_3P$$

statt. Die gestrichelten Linien sollen zum Ausdruck bringen, daß ähnlich wie im System Eisen-Kohlenstoff eine metastabile Erstarrung möglich ist, wobei Fe_2P die einzige neben den Mischkristallen auftretende Kristallart ist. Wie bei den Eisen-Kohlenstofflegierungen kommt aber auch bei den Eisen-Phosphorlegierungen im wesentlichen für das schmiedbare Eisen lediglich der Teil des Diagrammes von 0 bis 1,7 % Phosphor und auch dieser nicht einmal in seiner vollen Ausdehnung in Betracht, weil schmiedbare Eisensorten mit mehr als 0,2—0,3 % Phosphor nicht vorkommen dürften.[2])

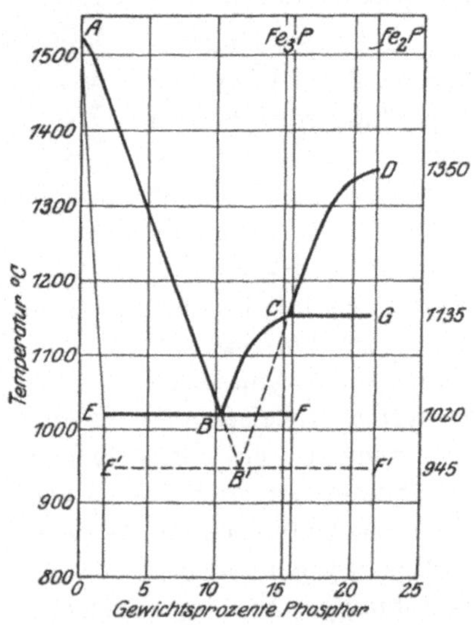

Abb. 88. Zustandsdiagramm der Eisen-Phosphorlegierungen. (Konstantinow.)

---

[1]) St. E. 1910, 1120.
[2]) Infolge der sogenannten Seigerungsvorgänge können allerdings in Legierungen mit niedrigem mittleren Phosphorgehalt erhebliche Anreicherungen stattfinden.

Von größerem Interesse ist dagegen die Frage, ob die feste Lösung ähnlich wie im System Eisen-Kohlenstoff infolge der Modifikationsänderungen des Eisens Zerfallsvorgängen ausgesetzt ist. Für einen solchen Zerfallsvorgang glaubt Gercke[1]) sowohl im Gefüge wie bei der thermischen Untersuchung Anhaltspunkte gefunden zu haben. Gercke fand bei rd. 640^0 einen Haltepunkt auf den Abkühlungskurven einiger seiner Legierungen, insbesondere bei Phosphorgehalten über $4^0/_0$; bei diesen Gehalten wiesen die Mischkristalle, statt homogen zu sein, perlitartige Struktur auf. Solange der Phosphorgehalt eine gewisse Grenze, etwa $0{,}7—0{,}8^0/_0$, nicht überschreitet, besitzen

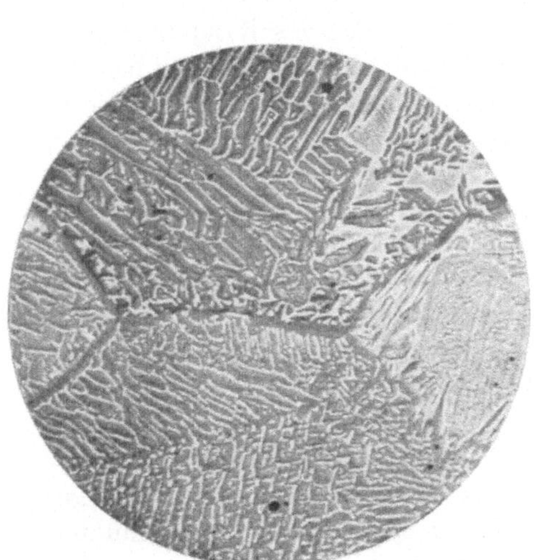

Abb. 89. Besondere Gefügeerscheinung in einer Eisen-Phosphorlegierung, Ätzung I[2]), x 100.

Abb. 90. Schichtkristalle in einer Eisen-Phosphorlegierung mit $0{,}8^0/_0$ P, Ätzung I, x 4.

langsam abgekühlte Eisen-Phosphorlegierungen durchaus das charakteristische Aussehen fester Lösungen, ohne Spuren von Zerfallsvorgängen aufzuweisen. Eigene Versuche, durch besonders langsame Abkühlung ($0{,}6^0$/min) den Zerfall der festen Lösung zu befördern, schlugen fehl. Aus bisher nicht aufgeklärten Gründen fanden sich mitunter sowohl in reinen wie in kohlenstoffhaltigen Eisen-Phosphorlegierungen, ferner aber auch in gewöhnlichem Schweißeisen Gefügeerscheinungen von der in Abb. 89 dargestellten Art, über deren Natur vorläufig nichts ausgesagt werden kann. Die Korngröße des Eisens wird durch Phosphor ganz enorm vergrößert, ein Umstand, der sich auch auf dem Bruchgefüge von schmiedbarem Eisen mit geringem Kohlenstoffgehalt durch das Auftreten sehr großer Kristallflächen von silberweißer Farbe äußert und daher zur Schätzung des Phosphorgehaltes beim Thomasprozeß dient. Phosphorhaltige Mischkristalle besitzen meist eine gewisse Heterogenität, die bereits beim Ätzen mit sekundären Ätzmitteln, also z. B. mineralischen Säuren in verdünnter alkoholischer Lösung, erscheint und durch primäre, also kupfer-

---

[1]) a. a. O.

[2]) Ätzung I bedeutet: Primäre Ätzung, z. B. mit dem vom Verfasser umgeänderten Rosenhainschen Ätzmittel.

haltige Ätzmittel[1]) noch wesentlich verstärkt werden kann, dann aber bereits bei sehr schwachen Vergrößerungen bzw. mit bloßem Auge zu erkennen ist. Abb. 90 erläutert dies an einer Legierung mit 0,8% Phosphor. Die bei der gewählten Beleuchtung hellen Teile der Abbildung sind phosphorärmer als die dunklen. Unvollständiger Ausgleich der Konzentrationen während des Erstarrungsvorganges durch Diffusion ist die Ursache dieser wichtigen Erscheinung, der sogenannten Schichtkristallbildung, auf die im Kapitel Kristallisation noch näher eingegangen werden wird.

Der auf die Erstarrungsvorgänge bezügliche Teil des Raumdiagramms der ternären Eisen-Phosphor-Kohlenstofflegierungen ist nach den Untersuchungen von Wüst[2]) sowie von P. Goerens und Dobbelstein[3]) in Abb. 91 in der Projektion veranschaulicht. Die nachfolgende Zusammenstellung gibt über den Aufbau der in den verschiedenen Gebieten gelegenen Eisen-Phosphor-Kohlenstofflegierungen kurz nach ihrer Erstarrung Aufschluß[4]).

Für die Konstitution des schmiedbaren Eisens kommen im wesentlichen nur die Legierungen des Gebietes I in Betracht. Sie müßten kurz nach ihrer Erstarrung aus homogenen ternären Mischkristallen von Eisen, Eisenkarbid und Eisenphosphid bestehen. Zahlreiche Beobachtungen ergeben aber, daß wahrscheinlich infolge mangelnden Ausgleiches der Konzentrationen während des Erstarrungsvorganges kein homogener Mischkristall zustande kommt, vielmehr die Kristalle an ihren Begrenzungsflächen weit höhere Gehalte an Phosphor aufweisen als in der Mitte. Es ist dies eine ähnliche Erscheinung, wie die bei den reinen Eisen-Phosphorlegierungen beobachtete. Wie aus Abb. 91 hervorgeht, wird der Punkt E des Eisenkohlenstoffdiagrammes durch Phosphor nach links verschoben. Das heißt in Worten ausgedrückt, daß Phosphor die Löslichkeit des Kohlenstoffs im festen

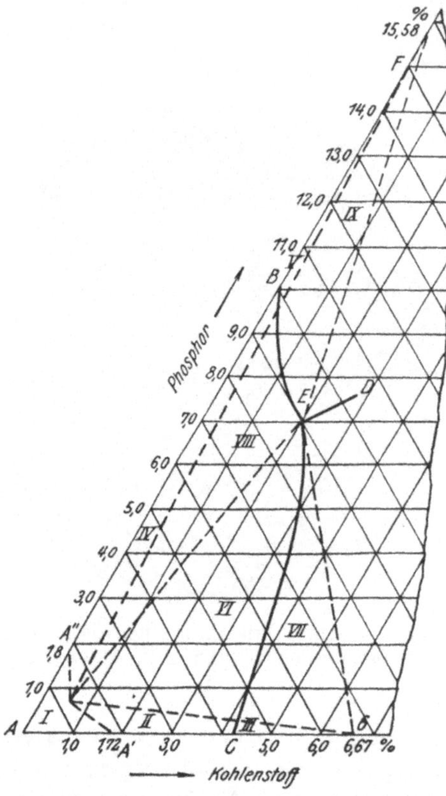

Abb. 91. Projektion des ternären Zustandsdiagramms Eisen-Kohlenstoff-Phosphor. (Wüst, Goerens und Dobbelstein).

[1]) Vgl. z. B. Oberhoffer, St. E. 1916, 798, sowie Oberhoffer, St. E. 1920, 705; s. ferner Rosenhain und Haughton, Ir. st. Inst. 1914, I, 515, Le Chatelier und Dupuy, Rev. Mét. 1918, 127, 524; Stead, Ir. st. Inst. 1918, I, 389; Whiteley, Ir. st. Inst. 1920, I, 359.   [2]) Met. 1908, 73.
[3]) Met. 1908, 561, sowie P. Goerens, Met. 1909, 537.
[4]) Allgemeines über ternäre Diagramme vgl. Tammann, Metallographie, sowie insbesondere Sahmen und Vegesack, Phys. Chem. 1907, 59, 257, und Sahmen, Phys. Chem. 1912, 79, 421.

	Primär I (Eine Kristallart)	Sekundär II (Zwei Kristallarten)	Tertiär III Drei Kristallarten)
Gebiet I . . .	ternärer Mischkristall	—	—
„ II . .	„ „	ternärer Mischkristall + Eisenkarbid	—
„ III . .	Eisenkarbid	„ „	—
„ IV . .	ternärer Mischkristall	ternärer Mischkristall + Eisenphosphid	—
„ V . . .	Eisenphosphid	„ „	—
„ VI . .	ternärer Mischkristall	ternärer Mischkristall + Eisenkarbid	ternärer Mischkristall + Eisenkarbid + Eisenphosphid
„ VII .	Eisenkarbid	„ „	„ „
Kurve EC . .	—	„ „	„ „
Gebiet VIII .	ternärer Mischkristall	ternärer Mischkristall + Eisenphosphid	„ „
„ IX . .	Eisenphosphid	„ „	„ „
Kurve B E . .	—	„ „	„ „
„ H E . .	ternärer Mischkristall	—	„ „
Punkt E; 953° 6,89% P 1,96% C	—	—	„ „

γ-Eisen erniedrigt. Demnach muß z. B. ein Stahl mit 1,5% Kohlenstoff schon bei verhältnismäßig niedrigen Phosphorgehalten in das Gebiet II gelangen, d. h. daß bei der Gefügeuntersuchung bereits das dem Ledeburit nahestehende Eutektikum: ternärer Mischkristall + Eisenkarbid, erscheint. Je höher der Kohlenstoffgehalt, um so geringer ist der hierzu erforderliche Phosphorgehalt. Ferner kann ein bestimmter Phosphorgehalt bei geringem Kohlenstoffgehalt ohne äußeren Einfluß auf das Gefüge sein, während derselbe Phosphorgehalt bei hohem Kohlenstoffgehalt zur Bildung des oben erwähnten Eutektikums führt.

Wie die binären Mischkristalle von γ-Eisen und Eisenkarbid zerfallen auch die ternären Mischkristalle des Gebietes I. In der exakten Form des Zustandsdiagrammes haben aber diese Vorgänge mangels experimenteller Unterlagen noch keinen Ausdruck gefunden. Es ist aus diesem Grunde noch nicht möglich, diese Zerfallsvorgänge im Diagramm Abb. 91 anzugeben[1]). Immerhin liegen zahlreiche Einzelbeobachtungen über langsam abgekühlte, phosphorhaltige Eisen-Kohlenstofflegierungen vor. Wüst[2]) sowie P. Goerens und Dobbelstein[3]) fanden selbst bis zu den höchsten Phosphorgehalten den Perlitpunkt A r_1 unverändert bei im Mittel 712°. Die geschilderte ungleichmäßige Verteilung des Phosphors bei der Erstarrung bleibt auch in der langsam erkalteten Legierung erhalten, so daß durch sie mit Hilfe der primären Ätzmittel ein getreues Abbild der Erstarrungsvorgänge selbst erhalten werden kann. Aus diesem Grunde bezeichnet der Verfasser diese Ätzmittel als primäre im Gegensatz zu den sekundären, die ein Bild der Zerfallsvorgänge der festen Lösung geben. Abb. 92 ist eine langsam abgekühlte, primär geätzte Eisen-Phosphor-Kohlenstofflegierung mit 0,8% Kohlenstoff und 0,13% Phosphor. Die Zwischenräume der Krystalliten sind an Phosphor angereichert. Das gleiche

---

[1]) Gemäß den von Vogel (Fer. 1916/17, 177) am System Fe-C-Ti angestellten Überlegungen ist die Existenz eines ternären Perlitpunktes wahrscheinlich. S. a. S.133 u. 139.
[2]) Met. 1908, 73.   [3]) Met. 1908, 561.

Material in sekundärer Ätzung zeigt gleichmäßige Verteilung des Kohlenstoffs. Bei Gegenwart von freiem Ferrit findet sich dieser fast immer in dem phosphorreichen Teil der Legierung. Von der praktischen Bedeutung dieser Gefügeeinzelheiten wird später noch ausführlicher die Rede sein. Für die vorliegenden Zwecke genügt die Feststellung, daß, abgesehen von der hauptsächlich durch die primäre Ätzung vermittelten ungleichmäßigen Verteilung des Phosphors sowie der bereits erwähnten Verschiebung des Punktes E, der Phosphor innerhalb der im technischen schmiedbaren Eisen vorkommenden Gehalte keine prinzipielle Änderung des Gefüges der Eisen-Kohlenstofflegierungen, im besonderen kein Auftreten neuer Gefügebestandteile veranlaßt.

Anders liegen die Verhältnisse im weißen Roheisen. Als solches kommt praktisch hauptsächlich das Thomasroheisen mit 3—3,5$\%$ Kohlenstoff und 1,8—2,0$\%$ Phosphor in Betracht. Ein Blick auf das Diagramm Abb. 91 lehrt, daß solches Roheisen (wenn zunächst von der Gegenwart der übrigen Elemente, insbesondere Mangan und Silizium, abgesehen wird) im Gebiet VI und in nächster Nähe der Kurve C E gelegen ist.

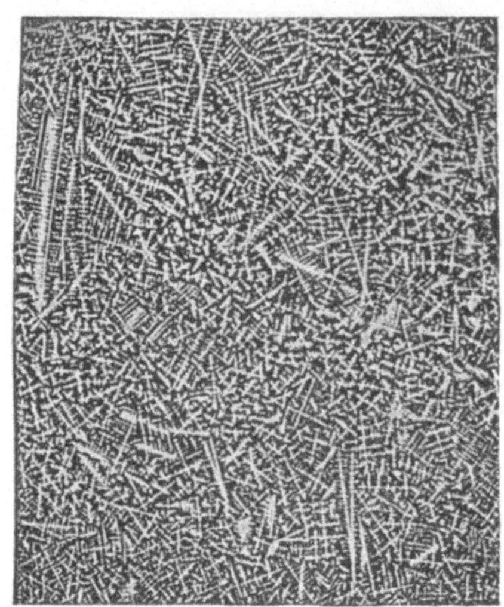

Abb. 92. Dentritische Schichtkristalle in einem Stahl mit 0,8$\%$ C und 0,13$\%$ P, Ätzung I, x 2.

Das in Abb. 93 dargestellte Thomasroheisen liegt in der Tat praktisch auf der Kurve E C. Die gute kristallographische Ausbildung sowohl der ternären Mischkristalle wie des Zementits beweist ihre gleichzeitige Ausscheidung aus dem Schmelzfluß. Das ternäre Eutektikum mit 2$\%$ Kohlenstoff und 7$\%$ Phosphor ist als zuletzt erstarrender Bestandteil zwischen den beiden vorhergehenden Kristallarten eingebettet. Bei der gewählten Vergrößerung ist zwar das Eutektikum zu erkennen, doch müssen stärkere Vergrößerungen (Abb. 94) angewendet werden, um die heterogene Natur des Eutektikums zu zeigen. Durch ein besonderes

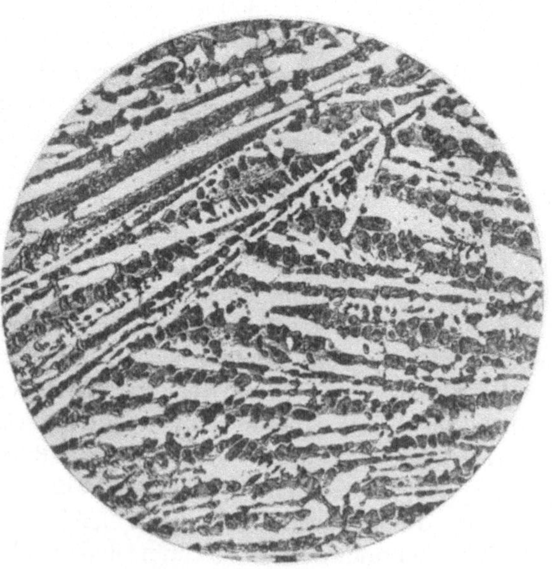

Abb. 93. Thomasroheisen, Ätzung II, x 50.

Ätzverfahren gelingt es, wie Goerens und Dobbelstein[1]) zeigten, die drei Kristallarten zu differenzieren.

Weiße Roheisensorten mit geringem Phosphorgehalt weisen äußerlich gegenüber phosphorfreien Legierungen keinen Unterschied auf, solange der Phosphorgehalt innerhalb der Gebiete II und III liegt. Der einzige innere Unterschied ist der Aufbau des Mischkristalls aus drei Komponenten.

Das Diagramm Abb. 91 bezieht

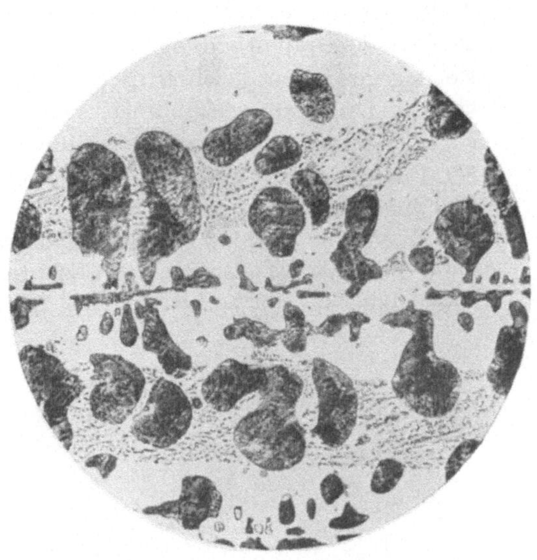

Abb. 94.
Thomasroheisen, Ätzung II, x 500.

sich nur auf weißes Roheisen und gibt daher keinen Aufschluß über das Verhalten des grauen Roheisens oder Gußeisens. Es kann auch von vornherein nicht angegeben werden, und Gleiches gilt auch für alle übrigen graphithaltigen Systeme, wie groß der Anteil des stabil bzw. metastabil erstarrenden Systems sein wird. Es kann lediglich, unter sonst gleichbleibenden Bedingungen, insbesondere bezüglich der die Graphitbildung ebenfalls beeinflussenden Erstarrungsgeschwindigkeit empirisch ermittelt werden, in welchem Sinne Phosphor die Graphitbildung beeinflußt. Die auf dieses Element bezüglichen Kurven der Zusammenstellung Abb. 95 geben hierüber Aufschluß. Die Angaben beziehen sich auf Schmelzen von je 500 g, die in eine Chamotteform gegossen wurden und unter einer Chamottedecke erstarrten. Man ersieht aus der Kurve für die praktisch siliziumfreien Legierungen, daß Phosphor bis zu einem Gehalt von etwa

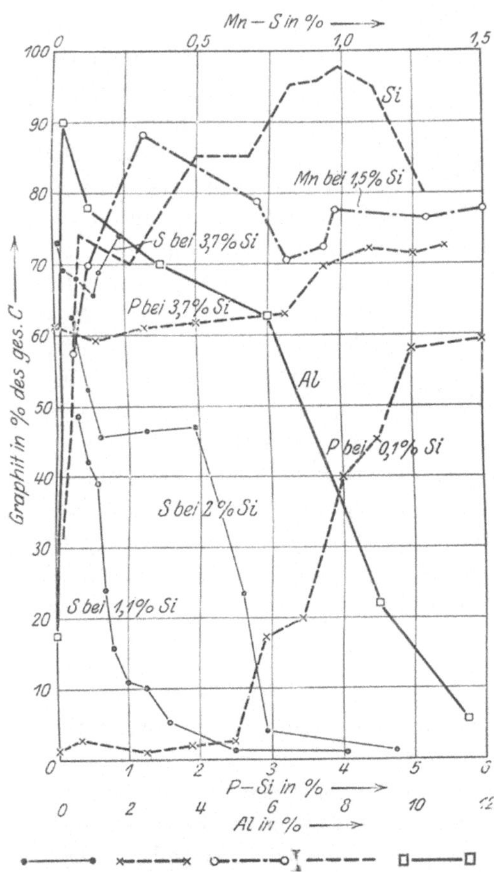

Abb. 95. Einfluß einiger Elemente auf die Graphitbildung. (Größtenteils Wüst und Mitarbeiter.)

[1]) a. a. O.

2,5%, der also reichlich die im technischen Gußeisen vorkommenden Gehalte einschließt, die Graphitbildung nicht beeinflußt. Höhere Phosphorgehalte befördern sie dagegen. Ist gleichzeitig Silizium zugegen, das die Graphitbildung zu steigern besonders geeignet ist, so wirkt dieses praktisch so, als ob es allein zugegen wäre, und zwar im erwähnten Sinne bis zu einem Gehalt von etwa 3% Phosphor. Bis zu einem Gehalt von etwa 3% ist also Phosphor ohne Einfluß auf die Graphitbildung.

Im Gefüge des phosphorhaltigen grauen Gußeisens äußert sich der Phosphor durch die Gegenwart eines Gefügebestandteils, der häufig als Phosphideutektikum bezeichnet wird und in der englischen und amerikanischen Literatur auch wohl Steadit genannt wird nach I. E. Stead, dem verdienstvollen englischen Forscher. Abb. 96 ist ein Gußeisen mit Steadit. Man sieht, daß dieser Bestandteil eutektisches Aussehen besitzt, aber man vermißt den ternären Charakter des Eutektikums. Indessen darf nicht unerwähnt bleiben, daß zur Entwicklung der ternären Struktur sehr starke Vergrößerungen und sehr subtile Ätzverfahren angewandt werden müssen. Die bisherigen Deutungsversuche haben zu ganz verschiedenartigen Anschauungen geführt. Gutowsky[1]) sucht darzulegen, daß es sich um das Eutektikum Eisen-Eisenphosphid mit $10,5\%$ Phosphor handeln müsse, weil der weiße Bestandteil des Eutektikums homogen ist und sich beim Anlassen langsamer färbt als Zementit. Gutowsky glaubt daher, das Karbid des ternären Eutektikums werde während der Erstarrung durch das bei der Graphitbildung freiwerdende Eisen entzogen. Diese Deutung steht und fällt mit der von Gutowsky vertretenen Annahme der Graphitbildung durch den Zerfall:

Abb. 96.   Graues Roheisen mit Phosphideutektikum, Steadit. Ätzung II, x 100.

$$\mathrm{Fe_3C = C + 3\,Fe,}$$

die dem heutigen Stand unserer Kenntnisse nicht mehr entspricht, gemäß dem der Graphit sich aus der flüssigen Schmelze direkt als solcher abscheidet. Die thermische Untersuchung lehrt nach Gutowsky das Vorhandensein mit der Erstarrung zusammenhängender Störungen bei einem Roheisen mit etwa $3,6\%$ Kohlenstoff, wovon $2,75\%$ Graphit, und $3,2\%$ Phosphor. Die erste liegt bei etwa 1230, die zweite bei etwa 1100 und die dritte bei etwa 950°.

---

[1]) Met. 1907, 463.

Es liegt nahe, die erste auf den Beginn der Ausscheidung ternärer Mischkristalle, die zweite auf die Erstarrung des Eutektikums ternärer Mischkristall + Graphit und die dritte bis zu einem Gegenbeweis auf die Bildung des ternären Eutektikums zurückzuführen und daher den Steadit als solches anzusehen. Zu dieser Auffassung gelangen auch Wüst und Stotz[1]). Die Verteilung und Anordnung des Steadits ist bis zu einem gewissen Grade kennzeichnend für die Geschwindigkeit der Erstarrung des Gußeisens, wie später noch gezeigt wird. Da dieser Bestandteil im Gegensatz zu den übrigen durch mineralische Säuren in verdünnter Lösung nicht angegriffen wird, ist die langandauernde Ätzung mit solchen Ätzmitteln ein bequemes Verfahren zur Ermittlung der Verteilung des Steadits[2]). Die Ausbildung des Graphits ist nach Wüst und Stotz bis zu einem Gehalt von $0,6\%$ Phosphor von diesem unabhängig. Über diesen Gehalt hinaus erscheint der Graphit in Nestern örtlich angesammelt.

5. Eisen und Schwefel.

Das Zustandsdiagramm der Eisen-Schwefel-Legierungen ist in Abb. 97 nach den Untersuchungen von Becker[3]) dargestellt. Die beiden Endglieder des Systems sind Eisen und Eisensulfid FeS mit $36,36\%$ Schwefel. Beide lösen sich im flüssigen Zustand, im festen Zustand jedoch nicht. Das Diagramm besteht daher aus zwei Ästen primärer Abscheidung, die von den Schmelzpunkten 1528 bzw. 1193^0 der beiden Komponenten Eisen bzw. Schwefel-Eisen ausgehen und sich auf der bei 985^0 verlaufenden eutektischen Horizontalen schneiden. Der Schwefeleisengehalt des Eutektikums beträgt $85\% = 30,8\%$ Schwefel. 1% Schwefel erniedrigt also die Temperatur beginnender Erstarrung im Mittel um $17,6^0$. Die Lage der Umwandlungspunkte des Eisens bleibt unbeeinflußt. Wie γ-Eisen löst daher weder β- noch α-Eisen Schwefel. Die bei 898^0 verlaufende Horizontale bedeutet demnach die Umwandlung von γ- in β-Eisen, die bei 768^0 verlaufende die Umwandlung von β- in α-Eisen. Natürlich muß die Intensität dieser Haltepunkte mit steigendem Schwefelgehalt abnehmen, was Becker bestätigt fand.

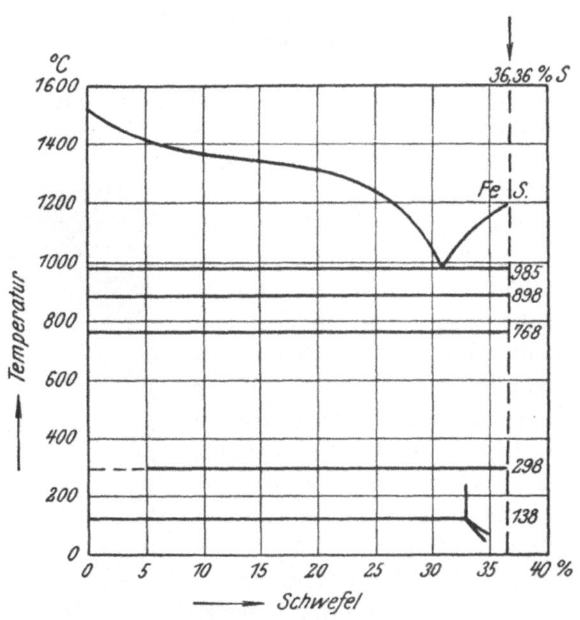

Abb. 97. Zustandsdiagramm der Eisen-Schwefel-Legierungen. (Becker.)

---

[1]) Fer. 1914/15, 89.　　[2]) Oberhoffer und Poensgen, St. E. 1922, 1189.
[3]) St. E. 1912, 1017.

Das Schwefeleisen weist zwei Modifikationen auf. Die bei 298^0 bzw. 138^0 verlaufenden Horizontalen deuten die entsprechenden Umwandlungen an. Hier sei lediglich hervorgehoben, daß die obere der beiden Umwandlungen mit einer ziemlich beträchtlichen Zusammenziehung bei der Abkühlung verknüpft ist, während der unteren bei der Abkühlung eine nicht unbeträchtliche Ausdehnung entspricht.

Im Gefügebild der Eisen-Schwefellegierungen muß gemäß den Angaben des Zustandsdiagrammes das Eutektikum mit $30,8^0/_0$ Schwefel in um so größeren Mengen erscheinen, je mehr sich der Schwefelgehalt dem eutektischen nähert. Der eutektische Gefügebestandteil besitzt, wie die Betrachtung des Gefügebildes einer Legierung mit $2,0^0/_0$ Schwefel in Abb. 98 lehrt,

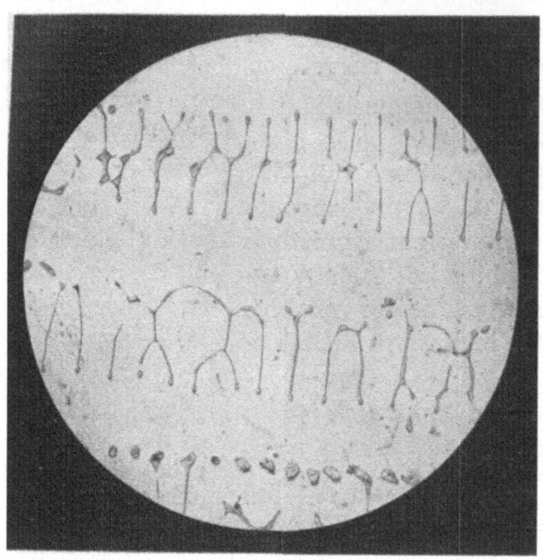

Abb. 98.   Eisen-Schwefel-Legierung mit $2^0/_0$ Schwefel, ungeätzt, x 50.

ein einheitliches Aussehen und unter dem Mikroskop die charakteristische gelblich-braune Färbung des Schwefeleisens. Von dem zweiten Bestandteil des Eutektikums, dem Eisen, ist nichts zu erkennen. Man muß aber berücksichtigen, daß das Eutektikum nur $15^0/_0$ Eisen enthält. Ferner kommen für die Beurteilung des Gefügebildes nicht Gewichts-, sondern Volumenprozente in Frage. Unter Zugrundelegung eines spezifischen Gewichts von 4,72 (Becker) für reines Schwefeleisen beträgt der Volumenanteil des Eisens am Eutektikum nur rund $9^0/_0$. Die wenigen Eisenkörner, die demnach im Gefügebild des Eutektikums erscheinen müßten, werden kaum zu erkennen sein, außerdem, wie Becker annimmt, beim Schleifen bzw. Polieren leicht aus der Schlifffläche herausgerissen werden. Es ist ferner möglich, daß der ferritische Bestandteil

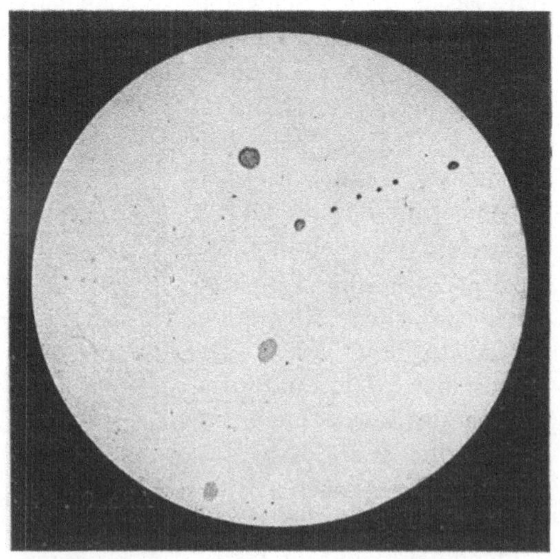

Abb. 99.   Eisen-Schwefel-Legierung mit $0,2^0/_0$ Schwefel, ungeätzt, x 500.

des Eutektikums sich an die bereits ausgeschiedenen primären Eisenkristalle anzuschließen bestrebt ist. Je niedriger der Schwefelgehalt, um so dünner erscheint das Netzwerk, dessen Maschen mit den primären Eisenkristallen angefüllt sind. Bei niedrigen Schwefelgehalten fehlt es ganz und statt seiner erscheinen rundliche Ansammlungen von Schwefeleisen. Abb. 99 zeigt dies an einer reinen Eisen-Schwefel-Legierung mit 0,2% Schwefel. Die ältere Form des Zustandsdiagramms von Treitschke und Tammann[1]) weist eine Löslichkeitslücke im flüssigen Zustand auf, und im γ-Zustand besteht eine geringe Löslichkeit des Schwefels im Eisen. Für letzteres sprechen die Diffusionsversuche von Fry[2]). Hiernach ist es nicht unwahrscheinlich, daß etwa 0,025% Schwefel im festen Eisen löslich sind, und zwar sowohl im γ- wie im α-Eisen.

Über die ternären Eisen-Kohlenstoff-Schwefellegierungen liegen zwar vereinzelte Beobachtungen vor, doch genügen sie nicht zur Aufstellung des Raumdiagrammes. Liesching[3]) bzw. Levy[4]) stellten eine Erniedrigung der Temperatur der beginnenden Erstarrung um 50° bzw. 75° für 1% Schwefel fest. Neuere Versuche von Wimmer[5]) nach der Viskositätsmethode ergaben rd. 140°. Den Perlitpunkt fanden die ersteren Verfasser selbst bei sehr hohen Schwefelgehalten noch unverändert bei im Mittel 706° bzw. 695°. Es ist anzunehmen, daß innerhalb der Grenzen des im schmiedbaren Eisen vorkommenden Schwefelgehaltes (bis höchstens 0,2%) der Erstarrungsvorgang mit der Abscheidung des gegenüber reinen Schwefel-Eisenlegierungen wenig veränderten Schwefel-Eisen-Eutektikums abschließt. Die Wahrscheinlichkeit dieser Annahme bestärkt eine Beobachtung von Levy, der in Eisen-Kohlenstoff-Schwefellegierungen von etwa 1% Schwefel an bei 980° einen Haltepunkt fand, der der Erstarrung des Schwefeleiseneutektikums entsprechen dürfte.

Im Gefüge des schmiedbaren Eisens findet sich dieses Eutektikum zwischen den Begrenzungen der Mischkristalle und verändert infolge seiner Unlöslichkeit im Eisen seine Lage nicht mehr. Bei langsamer Abkühlung zerfällt die feste Lösung wie in reinen Eisen-Kohlenstofflegierungen je nach dem Kohlenstoffgehalte in Gemische von Ferrit + Perlit, Perlit oder Perlit + Zementit, ohne daß die Zerfallstemperaturen eine wesentliche Änderung erleiden. Die Lage der Schwefeleisenzellen läßt also in langsam abgekühlten Legierungen einen Schluß auf die Größe und Anordnung der Kristalle primärer Erstarrung zu.

Im weißen Roheisen findet sich der Schwefel innerhalb des Ledeburits, was Levy zu der durch den Versuch nicht hinreichend gestützten Annahme veranlaßte, es bestehe ein ternäres Eutektikum Mischkristalle-Zementit-Eisensulfid.

Im grauen Roheisen ist die Lage der Eisensulfid-Einschlüsse keine wohldefinierte, sie erscheinen vielmehr willkürlich in Globuliten und Adern. Auf die Graphitbildung übt aber der Schwefel gemäß Abb. 95 einen starken Einfluß aus, indem er die Erstarrung des Systems nach dem stabilen System, also die Graphitbildung, schon von geringen Gehalten an stark beeinträchtigt. Je höher der gleichzeitig vorhandene Siliziumgehalt ist, um so mehr Schwefel kann zugegen sein, bis eine Beeinflussung der Graphitbildung erfolgt.

Bei Hinzutritt von Mangan zum System Eisen-Schwefeleisen scheinen die Verhältnisse wesentlich geändert zu werden. Mangan besitzt eine größere

[1]) An. Chem. 1907, **49**, 320.   [2]) St. E. 1923, 1039.   [3]) Met. 1910, 565.
[4]) Ir. st. Inst. 1908, II, 45.   [5]) Diss. Aachen, 1922, vgl. a. Abschn. Tempern.

Affinität zum Schwefel als Eisen. Dies ist ein Grund für die Verwendung des Mangans als Entschweflungsmittel. Auch hier liegen zahlreiche wichtige Einzelbeobachtungen vor. Osmond[1]) sowie Carnot und Goutal[2]) isolierten auf analytischem Wege die Verbindung MnS in schwefel- und manganhaltigem Eisen. Von Arnold und Waterhouse[3]) sowie von Le Chatelier und Ziegler[4]) sind diese Beobachtungen bestätigt und erweitert worden. Es gelang Arnold und Waterhouse festzustellen, daß das Schwefelmangan sich unter dem Mikroskop auf der ungeätzten Schlifffläche durch seine taubengraue Färbung kennzeichnet und daher leicht von dem gelblich-braunen Schwefeleisen zu unterscheiden ist. Röhl[5]) fand, daß 1%ige Lösungen organischer Säuren in Äthylalkohol bei 5 Min. Ätzdauer das Schwefeleisen stärker dunkeln als

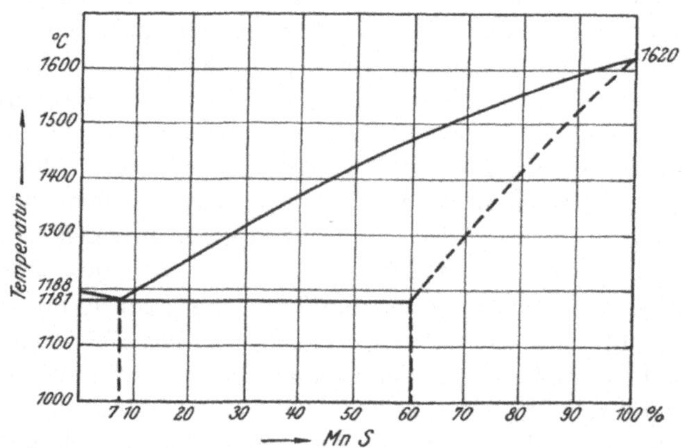

Abb. 100. Zustandsdiagramm Schwefeleisen-Schwefelmangan. (Röhl.)

das Schwefelmangan. Auch die Ätzanlaßmethode erwies sich als brauchbar zur Unterscheidung der beiden Sulfide. Beim Anlassen auf dunkelgelb färbt sich das Eisensulfid blau, das Mangansulfid dagegen fahlweißlich. Bei der Schwefelprobe nach Baumann[6]), die zur Ermittlung der Verteilung des Schwefels vorzüglich geeignet ist, färbt, wie Oberhoffer und Welter[7]) zeigten, Schwefelmangan das Bromsilberpapier erheblich stärker als Schwefeleisen. Über den Schmelzpunkt des Schwefelmangans gehen die Ansichten weit auseinander, wahrscheinlich, weil die untersuchten Produkte recht verschiedenartiger Natur waren. Röhl bestimmte den Schmelzpunkt von sehr reinem Schwefelmangan zu 1620°. Das Schwefelmangan ist nach dem gleichen Verfasser mit Schwefeleisen in allen Verhältnissen mischbar, wie das Zustandsdiagramm Abb. 100 nach Röhl[8]) zeigt. Festes Schwefeleisen löst kein Schwefelmangan, dagegen löst festes Schwefelmangan bis zu 40% Schwefeleisen. Dieser

---

[1]) Ann. Min. 1888, Juli.   [2]) Metallogr. 1901, 286.
[3]) Ir. st. Inst. 1903, I, 136.   [4]) Bull. d'Enc. 1902, **101**, 368.
[5]) Vgl. Heyn, St. E. 1906, 8; Baumann, Met. 1906, 416, 579; Oberhoffer, St. E. 1910, 239; Oberhoffer und Knipping, St. E. 1921, 253.
[6]) Beiträge zur Kenntnis der sulfidischen Einschlüsse in Eisen und Stahl, Diss. Freiberg 1913.   [7]) St. E. 1923, 105.
[8]) Die Existenz einer von Röhl bis 60% MnS angenommenen Verbindung ist unwahrscheinlich.

gesättigte Mischkristall bildet mit Schwefeleisen ein bei 1181^0 erstarrendes Eutektikum mit $7^0/_0$ Schwefelmangan. Es ist nicht wahrscheinlich, daß die Entschwefelung des Eisens mit Mangan nach der Gleichung $FeS + Mn = MnS + Fe$ verläuft. Aus dem Verhalten von Schwefeleisen zu Schwefelmangan ergibt sich, wie das Zustandsdiagramm zeigt, eine gewisse Löslichkeit von Schwefeleisen in Schwefelmangan. Das Produkt der Entschwefelung wird danach vom Mangangehalt abhängig sein und sich dem MnS um so mehr nähern, je höher jener ist. Hiermit in gewisser Übereinstimmung befindet sich

die von Arnold[1]) auf Grund umfangreicher Untersuchungen vertretene Ansicht, daß der Schwefel bei Mangangehalten von 0,05—0,09 und Schwefelgehalten von $0,55—0,67^0/_0$ in Form eines Eisensulfidnetzwerkes, dagegen bei Schwefelgehalten von 0,20—0,58 und Mangangehalten von $0,41—1,11^0/_0$ als Gemisch dieses Netzwerks mit eutektisch angeordnetem Schwefelmangan vorhanden ist. In Abb. 101 sind eutektisch angeordnete Schwefelmanganeinschlüsse und als Einfassung hierzu durch Anordnung, Größe und Farbe unterschiedene Schwefeleisenansammlungen dargestellt. Das Verhältnis der beiden Sulfide zueinander richtet sich ferner

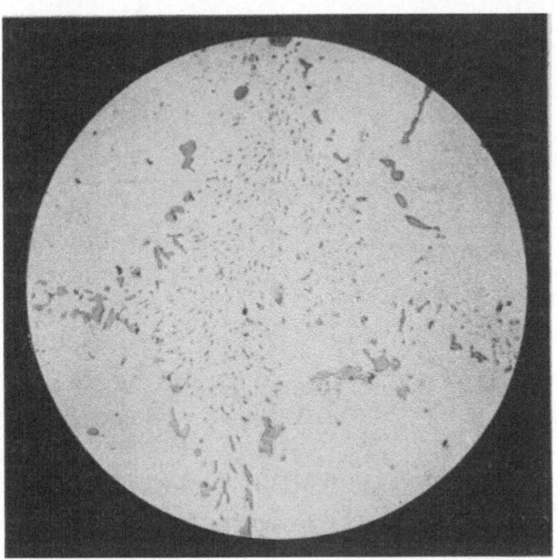

Abb. 101. Schwefelmangan- und schwefeleisenhaltiges Eutektikum in Stahlguß, ungeätzt, x 200.

nach Arnold nach dem Verhältnis von Schwefel zu Mangan; bei einem Schwefelgehalt von $0,28^0/_0$ und einem Mangangehalt von $1,01^0/_0$ ist die Gesamtmenge des Sulfides als Schwefelmangan (wohl besser: feste Lösung von FeS und MnS) vorhanden. Bemerkenswert ist schließlich die Tatsache, daß die Erscheinungsform des Schwefelmangans (bzw. des als solches angesprochenen Gemisches beider Sulfide) sich mit steigendem Kohlenstoffgehalt und demnach sinkendem Schmelzpunkt verändert. Bei niedrigem Kohlenstoffgehalt und hohem Schmelzpunkt erscheint das Sulfid in Form eines Eutektikums (vgl. Abb. 101) oder, bei niedrigerem Schwefelgehalt, in globulitischer Form (vgl. z. B. Abb. 284). Bei höherem Kohlenstoffgehalt und demnach niedrigem Schmelzpunkt, insbesondere also im weißen und grauen Roheisen, fallen die wohlausgebildeten Kristallformen des manganreichen Sulfides auf. Abb. 285 zeigt solche Kristalle in demselben Material wie Abb. 284; jedoch in einer durch sogenannte Seigerungsvorgänge an Kohlenstoff stark angereicherten Stelle. Hier werden also offenbar die fraglichen Kristalle aus einer flüssigen Mutterlauge ausgeschieden. Die entschwefelnde Wirkung des Mangans ist nun leicht verständlich: bleibt die Tem-

---

[1]) J. O. Arnold und Bolsover, St. E. 1914, 973.

peratur lange genug konstant, so vermögen die Kristalle sich auf Grund ihres geringen spezifischen Gewichtes von der Flüssigkeit zu trennen. Sie steigen an die Oberfläche des Bades, was nicht eintritt, wenn der Schwefel als Eisensulfid zugegen ist, weil er dann zuletzt und nicht zuerst zur Ausscheidung gelangt. Ist nun aus diesem Verhalten des Schwefelmangans auf dessen Löslichkeit in der flüssigen Eisenkohlenstoff-Legierung zu schließen oder auf eine Mischungslücke im flüssigen Zustande? Beides ist möglich. Aus den später zu besprechenden Kurven der Viskosität nach Wimmer[1]) scheint letzteres hervorzugehen. Im grauen schwefelhaltigen Roheisen wirkt Mangan nach Wüst und Miny[2]) auf die Graphitbildung begünstigend ein, weil durch die Bildung von Mangansulfid der Schmelze Schwefel entzogen wird, bevor die Graphitbildung einsetzt.

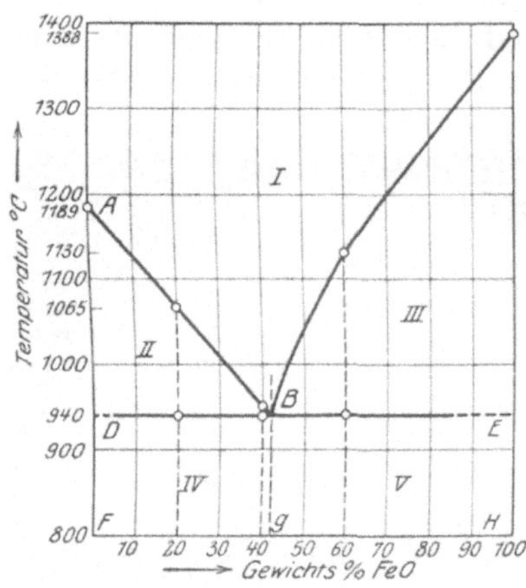

Abb. 102. Zustandsdiagramm FeO-FeS. (Giani.)

Beim Erhitzen an der Luft nehmen schwefelreiche Legierungen, wie Becker nachwies, Sauerstoff in größeren Mengen auf, und das Eutektikum Eisen-Schwefeleisen verwandelt sich in ein anderes, sauerstoffhaltiges, mit deutlich eutektischer Struktur. Der eine der beiden Bestandteile ist das gelbliche FeS, der andere ein dem FeO nahestehender, unter dem Mikro-

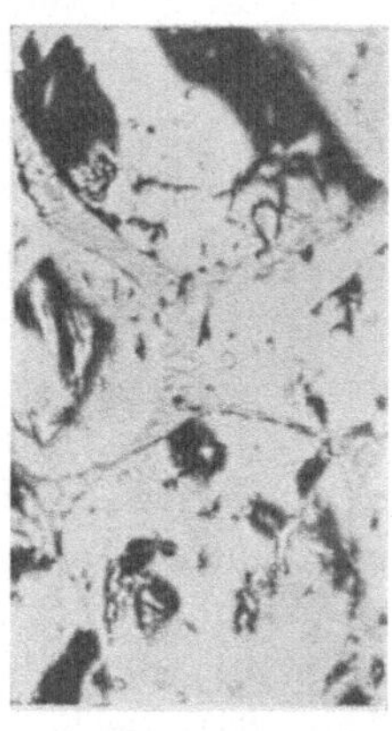
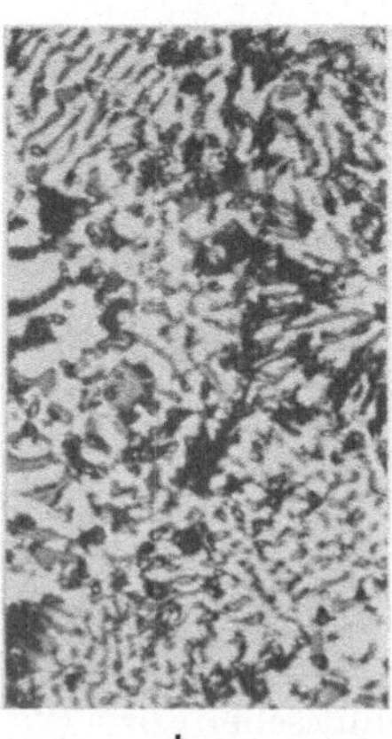
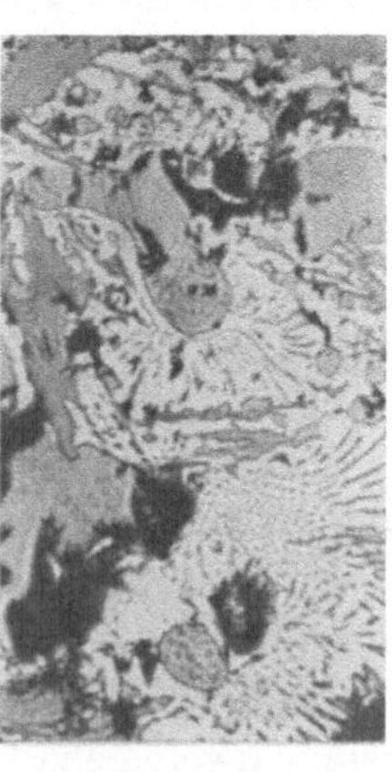

a   b   c

Abb. 103a—c. Gemische von FeO-FeS: links primäres FeO + Eutektikum, Mitte Eutektikum, rechts primäres FeS + Eutektikum. Ungeätzt, x 100. (Giani.)

skop dunkelgrauer Körper. Dieses Eutektikum wurde bereits von Le Chatelier und Ziegler in Handelsschwefeleisen gefunden. Es entsteht durch Erhitzung des Fe-FeS-Eutektikums in sauerstoffhaltiger Atmosphäre, und zwar um so vollständiger, je höher die Temperatur ist. Der direkte Versuch[3]), Schwefeleisen

---

[1]) Diss. Aachen 1922, vgl. Abschn. Tempern.   [2]) Fer. 1916/17, 97.
[3]) Dipl. Arb. Giani, Aachen 1922.

und Eisenoxydoxydul (in Ermangelung reinen Oxyduls) zusammenzuschmelzen, führte zur Aufstellung des einfachen Diagramms Abb. 102. Die Angaben des Diagramms bestätigte die mikroskopische Untersuchung, wie Abb. 103 a—c an einer Schmelze mit primärem FeO in eutektischer Grundmasse (links), einer eutektischen (Mitte) und einer Schmelze mit primärem FeS lehrt (rechts). Hiernach müssen FeO und FeS wohl voneinander chemisch unabhängige Phasen darstellen, während Fe_2O_3 mit FeS unter Bildung von SO_2 und FeO reagiert. Das Verhalten von MnO zu FeS ist ebenfalls untersucht worden[1]). Beide Stoffe reagieren miteinander unter Bildung von MnS oder einem dieser Verbindung nahestehenden Körper sowie einer komplexen Verbindung oder einem Mischkristall von FeS und MnS. Das System ist also kein binäres, vielmehr ein quaternäres. Abb. 104 ist ein Gemisch von MnO und FeS mit 50% MnO. Der in rundlichen Kristallen ausgeschiedene Körper ist das taubengraue MnS, das auch im Eutektikum vertreten ist. Neben MnS ist auch, im Bilde tiefschwarz, das dunkelblaugraue MnO sowohl im Eutektikum wie außerhalb dieses zu erkennen, schließlich, in gleicher Ausscheidungsform, die im Bilde hell erscheinende, hellblaugraue komplexe Komponente. Es fehlt also nur das gelbliche FeS. Zur Identifizierung der Komponenten diente außer der Farbe das Anlaßverfahren und

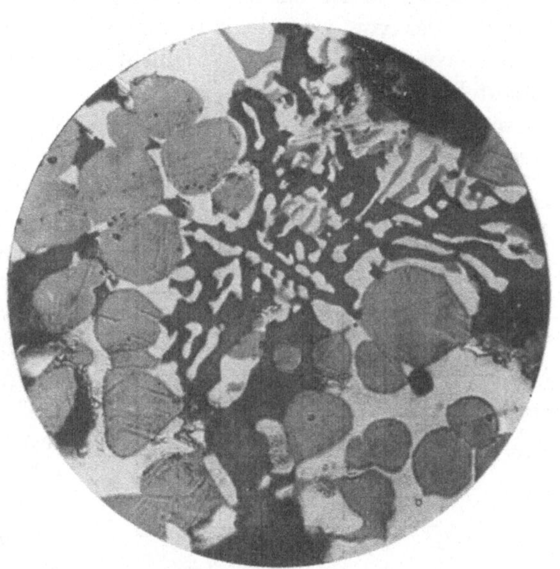

Abb. 104. Gemisch von MnO und FeS mit 50% MnO. Ungeätzt. x 100. (Keutmann.)

die Behandlung im Wasserstoffstrom. Schon Röhl hatte gefunden, daß das edlere MnS gegen FeS stets um einige Stufen zurück ist und Matweieff[2]); daß Wasserstoff Oxyde stärker als Sulfide und von diesen FeS stärker als MnS angreift. Die komplexe Komponente stand bezüglich ihres Verhaltens zwischen FeS und MnS.

Über die Frage, ob durch festes Eisen Schwefel hindurchdiffundieren kann, liegen widersprechende Versuchsergebnisse vor[3]). Die Versuche von Fry[4]) haben aber gezeigt, daß Diffusion in erheblichem Maße nur bei Gegenwart von Phosphor stattfindet. Fehlt dieser, so diffundieren nur recht unerhebliche Mengen, und zwar $0,025\%$. Hieraus schließt Fry im Rahmen seiner Ausführungen über die Diffusion fester Stoffe[5]), daß bis zu diesem Betrage Löslichkeit des Schwefels im festen Eisen vorliege. Es ist danach nicht unwahrscheinlich, daß eine dampfförmige Verbindung des Schwefels mit Phosphor der Haupt-

---

[1]) Dipl. Arb. Keutmann, Aachen 1922.   [2]) Rev. Mét. 1910, 447, 848.
[3]) Vgl. Campbell, Ir. st. Inst. 189γ, II, 80, 1898, II, 256; Arnold, Ir. st. Inst. 1899, I, 85; Campbell, Ir. st. Inst. 1903, II, 338; Le Chatelier und Ziegler a. a. O.
[4]) St. E. 1923, 1039.   [5]) Vgl. Abschnitt: Zementation.

träger der Diffusion war. Es kann als sicher gelten, daß Eisen aus der schwefligen Säure von Verbrennungsgasen Schwefel aufzunehmen vermag. Da diese Gase meist oxydierend sind, bildet sich auf dem Eisen Glühspan, das den Schwefel, wahrscheinlich unter Bildung des oben erwähnten Eutektikums, begierig aufnimmt, auf diese Weise aber auch das Eisen selber vor Schwefelaufnahme schützt. Eine vom Verfasser untersuchte Probe von Glühspan aus einem Ofen für große Schmiedestücke enthielt $0,2\%$ Schwefel.

6. Eisen und Arsen.

In Abb. 105 ist das Zustandsdiagramm der Eisen-Arsenlegierungen dargestellt. Der von Oberhoffer und Gallaschik[1]) festgelegte Teil des Diagramms von 0 bis 8% Arsen schließt sich zwanglos an das von Friedrich[2]) aufgestellte Teildiagramm von $8-56\%$ Arsen an. Die erstgenannten Verfasser fanden ferner Friedrichs Angaben, im Konzentrationsintervall $8-34\%$ Arsen, bestätigt. Gemäß Abb. 105 wirkt die δ-γ-Umwandlung ähnlich wie im System Eisen-Kohlenstoff. Arsen löst sich bis zu $6,8\%$ im festen Eisen. Ein Zerfall der festen Lösung konnte weder thermisch noch mikroskopisch festgestellt werden, vielmehr zeigten Eisenarsen-Legierungen bis zu einem Gehalt von $6,8\%$ Arsen das typische Aussehen fester Lösungen. Auf magnetometrischem Wege war A_2 bis zu einem Gehalt von 3% zu beobachten, und zwar bei der Erhitzung in unveränderter Lage, während bei der Abkühlung mit einer Geschwindigkeit von $0,017\%/\mathrm{sek}$ bei $0,5\%$ Arsen ein plötzlicher Abfall um etwa 80^0 eintrat und weitere Steigerung des Arsengehaltes keine wesentliche Änderung mehr hervorrief. Über $6,8\%$ Arsen tritt ein Eutektikum auf mit $30,3\%$ Arsen und einem Schmelzpunkt von 827^0, das aufgebaut ist einerseits aus gesättigten Mischkristallen mit $6,8\%$ Arsen und einer Kristallart, die nach Friedrichs Untersuchungen Fe_2As sein dürfte. Zwischen 6,8 und $30,3\%$ Arsen erscheint daher im Kleingefüge in eutektischer Grundmasse der primäre Mischkristall, über $30,3\%$ Arsen primäres Fe_2As.

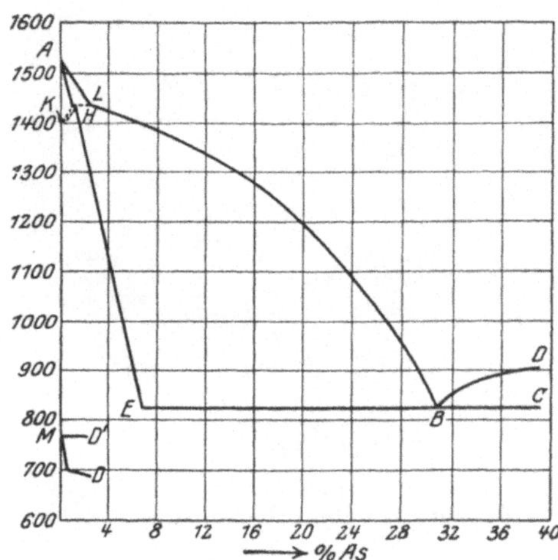

Abb. 105. Zustandsdiagramm der Eisen-Arsen-legierungen. (Oberhoffer und Gallaschik.)

Nach den wenigen Versuchen Osmonds[3]) an Legierungen mit geringem Kohlenstoffgehalt würde A_3 durch Arsen erhöht, A_2 bliebe unbeeinflußt. Liedgens[4]) teilt folgende Zahlen für die Haltepunkte von weichem Flußeisen mit etwa $0,08\%$ Kohlenstoff, $0,43\%$ Mangan, $0,2\%$ Kupfer und steigendem Arsengehalt mit.

[1]) St. E. 1923, 398.   [2]) Met. 1907, 129.   [3]) Ir. st. Inst. 1890, I, 38.
[4]) Diss. Berlin, 1912; St. E. 1912, 2109.

$^0/_0$ Arsen	Oberer (?) Haltepunkt	Unterer (?) Haltepunkt
0,3	858⁰	678⁰
0,7	859⁰	659⁰
1,4	848⁰	658⁰
1,9	—	655⁰
2,5	—	650⁰
3,3	—	639⁰
3,5	—	630⁰

Es ist anzunehmen, daß mit dem oberen Haltepunkt Ar_3, mit dem unteren Ar_1 gemeint ist. Danach würden beide erniedrigt und ersterer bei etwa $1,5^0/_0$ verschwinden. Eingehendere Untersuchungen sind jedenfalls zur Klärung der Frage erforderlich, indessen ist das Interesse an ihr ein rein wissenschaftliches. Keinesfalls jedoch beeinflussen die geringen, im technischen schmiedbaren Eisen vorkommenden Arsengehalte das Gefüge.

7. Eisen und Kupfer.

Die im technischen Eisen vorhandenen Kupfermengen (bis höchstens $0,2^0/_0$), lösen sich im δ-, γ-, β- und α-Eisen. Das maximale Lösungsvermögen des δ-Eisens beträgt $5^0/_0$, des γ-Eisens etwa $21^0/_0$, des β-Eisens 2,2 und des

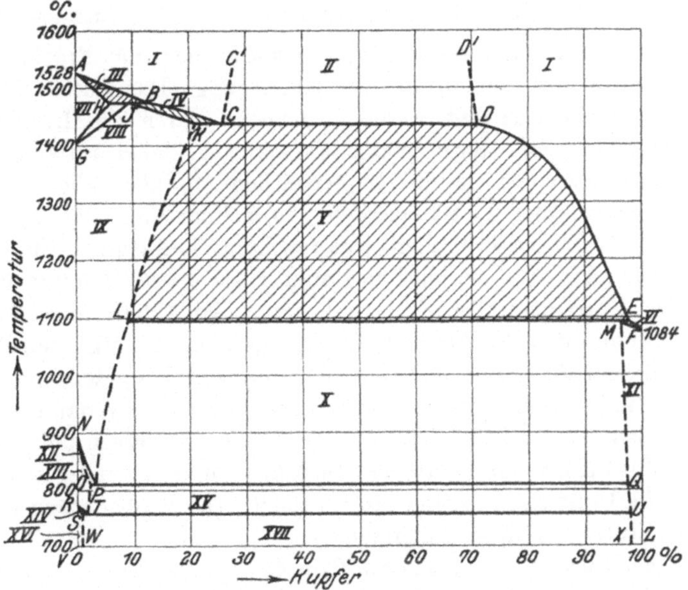

Abb. 106. Zustandsdiagramm Eisen-Kupfer. (Ruer und Fick.)

α-Eisens $0,8^0/_0$. Kupfer erhöht die $\delta \rightleftarrows \gamma$-Umwandlung und erniedrigt die $\gamma \rightleftarrows \beta$- bzw. die $\beta \rightleftarrows \alpha$-Umwandlung. Erstere Umwandlung wird durch $4^0/_0$ Kupfer um 88⁰ erniedrigt und bleibt dann konstant; auch die $\beta \rightleftarrows \alpha$-Umwandlung wird um einige Grade erniedrigt, um dann konstant zu bleiben.

Aus dem Zustandsdiagramm Abb. 106 der Eisenkupferlegierungen nach Ruer und Fick[1]) gehen diese Verhältnisse deutlich hervor. Andererseits er-

[1]) Fer. 1913/14, 39.

hellt daraus auch, daß im flüssigen Zustande eine ziemlich erhebliche Mischungslücke besteht. Wegen der geringeren praktischen Bedeutung sei hier auf Einzelheiten nicht eingegangen und das Diagramm lediglich durch Aufzählung der
Zustandsgebiete beschrieben. Es bedeutet:

Gebiet   I Homogene eisen- bzw. kupferreiche Schmelze,
,,   II 2 Schichten: kupfer- und eisenreiche Schmelze,
,,   III δ-Mischkristalle + eisenreiche Schmelze,
,,   IV γ-   ,,   +   ,,   ,,
,,   V γ-   ,,   + kupferreiche   ,,
,,   VI Kupferreicher Mischkristall + kupferreiche Schmelze,
,,   VII δ-Mischkristalle,
,,   VIII $\delta + \gamma$-Mischkristalle,
,,   IX γ-   ,,
,,   X γ-   ,,   + kupferreicher Mischkristall,
,,   XI Kupferreicher Mischkristall,
,,   XII γ- $+ \beta$-Mischkristalle,
,,   XIII β-   ,,
,,   XIV α- $+ \beta$-   ,,
,,   XV a) von O bis P: β-Mischkristall + Eutektoid P,
           b) von P bis Q: kupferreiche Mischkristalle + Eutektoid P,|
,,   XVI α-Mischkristalle,
,,   XVII a) von S bis T: α-Mischkristalle + Eutektoid T,
           b) von S bis U: kupferreicher Mischkristall + Eutektoid T.

Die gestrichelten Kurven des Diagramms sind nicht das Ergebnis der thermischen Untersuchung, sondern das der Überlegung. Das Eutektoid T konnte
mikroskopisch nicht ermittelt werden, vielmehr waren die Legierungen bis
zu $9^0/_0$ Kupfer homogen. Ruer und Fick schließen daher auf eine submikro-
skopische Ausscheidungsform der kupferreichen Mischkristalle. Die Untersuchung der elektrischen Leitfähigkeit hat in weitem Maße die Ergebnisse der
thermischen und mikroskopischen Untersuchung bestätigt. Eine Kontrolle
des Diagramms Abb. 106 durch Ruer und F. Goerens[1]) unter Einhaltung
weitgehender Vorsichtsmaßregeln ergab im wesentlichen eine Bestätigung
dieses Diagramms mit der Maßgabe allerdings, daß die Mischungslücke sich
nach oben hin erweitert und daß C D nicht horizontal, sondern mit schwacher
Neigung von links nach rechts verläuft. Dies führen die genannten Verfasser
auf die Gegenwart einer beim Zusammenschmelzen von Eisen und Kupfer sich
bildenden Molekülart mit geringer Bildungs- und Zerfallsgeschwindigkeit
zurück, die die Rolle eines dritten Stoffes spielt. Die Beobachtung ergab allerdings keine Stütze für diese Annahme.

Durch den Eintritt von Kohlenstoff in das System Eisen-Kupfer wird die
Schichtenbildung wesentlich begünstigt und die Mischungslücke wahrscheinlich
erweitert[2]). Ruer und Fick führen dies auf die desoxydierende Wirkung des
Kohlenstoffs zurück, der die Bildung von Oxydhäutchen um die Eisentröpfchen
und damit die Entstehung einer scheinbar homogenen Emulsion, wie sie in
kohlenstoffreien Legierungen häufig beobachtet wurde, verhindert.

Breuil[3]) untersuchte zwar den Einfluß des Kupfers auf die Haltepunkte
der Eisenkohlenstoff-Legierungen, doch sind seine Ergebnisse schwer zu deuten.

---

[1]) Fer. 1916/17, 49, sowie F. Goerens, Diss. Aachen 1918.
[2]) Pfeiffer, Met. 1906, 281.   [3]) C. R. 1906, **142**, 1421.

Es ist aber wahrscheinlich, daß ebensowenig wie das Gefüge auch diese Punkte durch die im technischen schmiedbaren Eisen vorkommenden Kupfermengen beeinflußt werden.

Über den Einfluß des Kupfers auf die Graphitbildung liegen keine eingehenden Untersuchungen vor[1]). Keinesfalls ist mit einer wesentlichen Beeinflussung durch die im technischen Gußeisen vorkommenden Mengen zu rechnen.

8. Eisen und Silizium.

Das System Eisen-Silizium ist wiederholt Gegenstand eingehender Untersuchungen gewesen, doch widersprechen sich zum Teil die Ergebnisse, zum Teil kann ihrer Deutung nicht beigepflichtet werden. Aus diesem Grunde ist in Abb. 107 ein mehr oder minder hypothetisches Diagramm wiedergegeben, das die wichtigsten Ergebnisse der einzelnen Forscher enthält. Es kommen in Betracht die Arbeiten von Guertler und Tammann[2]), Gontermann[3]), Sanfourche[4]), Murakami[5]), Ruer und Klesper[6]), Lowzav und Hougen[7]), Baker[8]), Phragmén[9]), Oberhoffer und Heger[10]), Kurnakow und Usarow[11]). Gemäß Abb. 107 lösen sich Silizium und Eisen im flüssigen Zustand in allen Verhältnissen. Im festen Zustande findet Mischkristallbildung statt bis zu einem Gehalte von $18^0/_0$. Der Kurvenast A B entspricht dem Beginn, A F dem Ende der Mischkristallbildung. Übersteigt der Si-Gehalt $18^0/_0$, so beginnt auf dem Ast A B die Ausscheidung der gesättigten Mischkristalle mit einem Endgehalt von $18^0/_0$ Si. B C entspricht der beginnenden Ausscheidung der Verbindung FeSi mit $33,6^0/_0$ Si, die bei 1430^0 einheitlich schmilzt und erstarrt. Auf der bei 1205^0 verlaufenen Horizontalen F B H erstarrt das Eutektikum von gesättigten Mischkristallen und FeSi mit $21^0/_0$. Auf dem Kurvenast C D beginnt die Ausscheidung der Verbindung FeSi, auf der von 55,5 bis $61,5^0/_0$ Si reichenden Horizontalen D D′ findet nach Kurnakow und Usarow Mischkristallbildung statt und auf dem Ast D′ E wird reines Silizium ausgeschieden. Demgemäß entspricht die Horizontale J D der Ausscheidung des Mischkristalles D und die Horizontale D′ I der des Mischkristalls D′. J D, D D′ und D′ I verlaufen nach den obengenannten Verfassern bei 1230^0.

Die übrigen Kurven des Diagramms entsprechen den Umwandlungen der Eisen-Siliziumlegierungen im festen Zustande. Nach den prinzipiell übereinstimmenden Untersuchungen von Ruer und Klesper und später von Sanfourche sinkt die vom Punkte N ausgehende $\delta \rightarrow \gamma$-Umwandlung sehr rasch mit steigendem Si-Gehalt und kann bis etwa $3^0/_0$ Si verfolgt werden. Nach den ebenfalls übereinstimmenden Versuchen von Baker und von Sanfourche steigt die von M ausgehende $\gamma \rightarrow \beta$-Umwandlung schwach an. Es ist daher im Diagramm Abb. 107 angenommen worden, daß die beiden Kurvenzüge inein-

---

[1]) Vgl. Geiger, Handbuch der Gießereikunde. Berlin: Julius Springer.
[2]) An. Chem. 1905, **47**, 163.   [3]) An. Chem. 1908, **59**, 373.
[4]) Rev. Mét. 1919, 217.
[5]) Tohoku, 1921, 79. Vgl. a. St. E. 1922, 667 und die dort befindliche Deutung von Guertler.
[6]) Fer. 1913/14, 257.   [7]) Rev. Mét. Extr. 1922, 13.   [8]) Ir. st. Inst. 1903, II, 312.
[9]) Jernk. An. 1923, 121.   [10]) St. E. 1923, 1474.   [11]) An. Chem. 1923, **123**, 89.

ander übergehen und demnach das γ-Gebiet bei einem gewissen Si-Gehalt schätzungsweise etwa $4^0/_0$ aus dem Diagramm verschwindet. Für diese Deutung spricht die Tatsache, daß Eisen-Siliziumlegierungen mit einem Si-Gehalt von etwa $4^0/_0$ bei der Heißätzung in Temperaturgebieten von 1000—1200° nach Oberhoffer und Heger das typische Gefüge des γ-Eisens, insbesondere die Zwillingsstreifen vermissen lassen. Die $\beta \rightarrow \alpha$-Umwandlung nimmt nach den Untersuchungen von Murakami den Verlauf G S K. Demnach muß in Legierungen mit mehr als $4^0/_0$ Si die Umwandlung des δ-Eisen direkt in β-Eisen erfolgen. Etwaige auf diese Umwandlung hindeutende Gleichgewichtslinien sind bisher noch nicht festgestellt worden. Da nach den röntgenspektrographischen

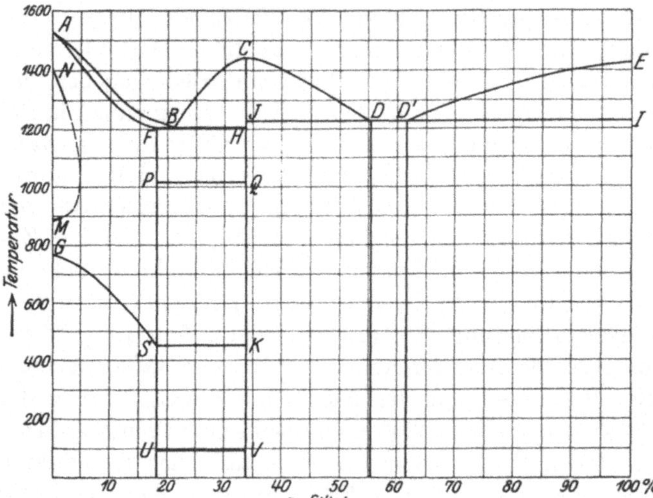

Abb. 107. Zustandsdiagramm der Eisen-Silizium-Legierungen. Zusammengestellt aus allen bisher vorliegenden Untersuchungsergebnissen.

Untersuchungen von Phragmén das Gitter der beiden Modifikationen das gleiche ist, ist es nicht ausgeschlossen, daß die thermischen Effekte bei dieser Umwandlung zu gering sind, um festgestellt werden zu können. Es ist möglich, daß eine Feststellung auf magnetischem Wege von größerem Erfolg ist. Die Natur der Umwandlung P Q, die von Sanfourche auf thermischem Wege festgestellt und von Murakami bestätigt wurde, kann noch nicht mit Sicherheit gedeutet werden. Die Annahme Murakamis, es handle sich um eine Umsetzung von FeSi mit dem gesättigten Mischkristall F zu Fe_3Si_2 ist unsicher, einmal weil die Größe der thermischen Effekte kontinuierlich von Q nach P wächst, ohne bei der Konzentration von Fe_3Si_2 ein Maximum aufzuweisen, und ferner weil die röntgenographische Untersuchung des Systems Eisen-Silizium durch Phragmén in diesem Konzentrationsintervall nur die Linien des α-Eisens und der Verbindung FeSi zeigt. Aus den gleichen Gründen kann auch die magnetische, von Murakami festgestellte Umwandlung U V nicht gedeutet werden. Nach Murakami soll sie eine magnetische Umwandlung der Verbindung Fe_3Si_2 darstellen. Es ist endlich durch die röntgenographischen Untersuchungen von Phragmén festgestellt, daß im Konzentrationsintervall 33—$100^0/_0$ Si die Verbindung $FeSi_2$ besteht. Sie hat vorläufig im Diagramm noch keinen Platz gefunden, weil nicht entschieden ist, ob sich diese Verbindung direkt aus dem Schmelzfluß abscheidet oder aber auf eine Umsetzung von FeSi mit Si im festen Zustande zurückzuführen ist. Im ersteren Falle müßte auf der Schmelzkurve ein weiteres Maximum bei $50^0/_0$ Si oder aber ein verdecktes Maximum auftreten. Phragmén hat letzteres angenommen. Dies bedingt aber, daß die von I bzw. J ausgehenden Horizontalen bei verschiedenen Temperaturen verlaufen, was weder nach Guertler und Tammann noch nach Kurnakow und Usarow zutrifft. In Abb. 107 ist aus diesem Grunde noch die mit dem thermischen Befund besser in Einklang stehende Deutungsweise von Kurnakow und Usarow beibehalten worden, wenngleich die gewichtigen Gründe Phragméns für die Existenz der Verbindung $FeSi_2$ sprechen.

Die Projektion des Raumdiagramms der ternären Legierungen von Eisen, Eisenkarbid und Eisensilizid ist in Abb. 108 nach den Ergebnissen und Deutungen von Gontermann wiedergegeben. Die innerhalb des Gebietes A h b' gelegenen Legierungen erstarren zu ternären Mischkristallen von Eisen, Eisenkarbid und Eisensilizid[1]). Über die Vorgänge bei der Erkaltung des ternären Mischkristalls liegen lediglich Einzelbeobachtungen vor. Es steht nach den Untersuchungen von Wüst und Petersen[2]) außer Zweifel, daß der Perlitpunkt A_1 bis zu etwa $5^0/_0$ Sili-

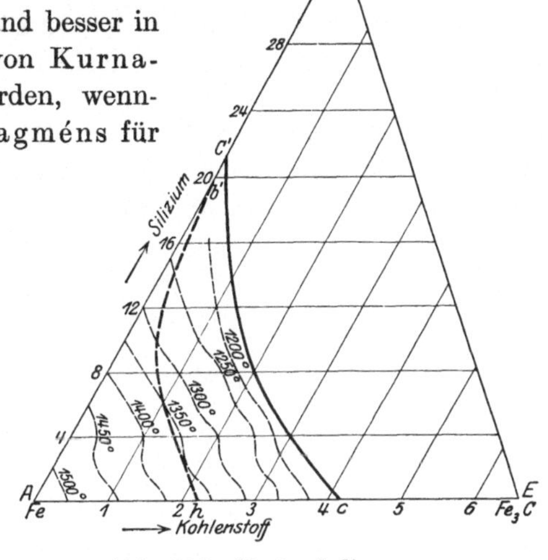

Abb. 108. Zustandsdiagramm Eisen-Eisenkarbid-Eisensilizid. (Gontermann.)

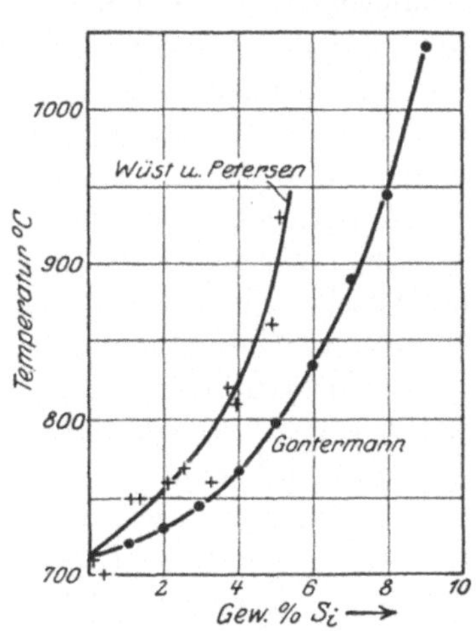

Abb. 109. Einfluß des Siliziums auf A_1.

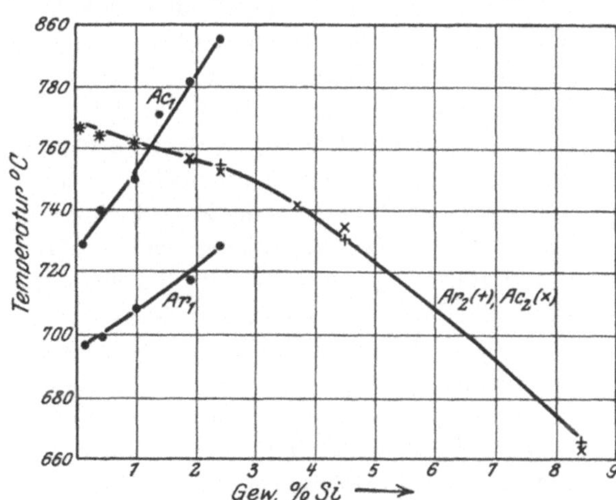

Abb. 110. Einfluß des Siliziums auf A_1 und A_2. (Gumlich.)

zium deutlich auftritt und durch Silizium erhöht wird. Die untersuchten Legierungen enthielten $4—2^0/_0$ Kohlenstoff. Gontermann gelangte bei seinen

---

[1]) Über den Verlauf der Kurve h b' vgl. auch Schols, Met. 1910, 644.
[2]) Met. 1906, 811.

Untersuchungen zu ähnlichen Ergebnissen, konnte jedoch den Perlitpunkt bis 8,6% Silizium feststellen. Die untersuchten Legierungen enthielten 0,38 bis 3,88% Kohlenstoff. In Abb. 109 sind die Ergebnisse der vorerwähnten Forscher veranschaulicht. Der verschiedene Verlauf der Kurven wird wohl auf die Verschiedenheit des Kohlenstoffgehaltes zurückzuführen sein.

Charpy und Cornu[1]) sowie Gumlich[2]) fanden übereinstimmend, daß in Legierungen mit niedrigem Kohlenstoffgehalt (vgl. nachstehende Tabelle nach Gumlich) A_3 bereits bei niedrigen Siliziumgehalten verschwunden war, ferner, daß A_2 sinkt und A_1 steigt. Dabei zeigt sich einerseits, wie Abb. 110 nach Gumlich lehrt, daß das Ansteigen von Ar_1 langsamer als das von Ac_1 erfolgt, mit steigendem Siliziumgehalt also die Hysteresis wächst; daß ferner A_1 bei etwa 3% verschwindet und endlich der auf magnetischem Wege ermittelte Punkt A_2 praktisch hysteresisfrei ist und zwischen 0 und 4% Silizium A_2 um 7—8°, zwischen 4 und 8% aber erheblich rascher sinkt.

% Silizium	% Kohlenstoff
0,1	0,15
0,4	0,14
1,0	0,25
1,9	0,16
2,4	0,21
3,7	0,06
4,5	0,29
8,4	0,32

Abb. 110 lehrt weiter, daß von einem gewissen Siliziumgehalt an Ac_1 über Ac_2 liegt. Charpy und Cornu, die Legierungen mit höheren Kohlenstoffgehalten untersuchten und A_1 auch bei höheren Siliziumgehalten noch fanden, stellten fest, daß bei etwa 4% Silizium auch Ar_1 über Ar_2 liegt. Diese Tatsache läßt sich in Anlehnung an die Gontermannschen Ausführungen wie folgt deuten. Gontermann nimmt an, daß im ternären Diagramm eine direkte Verbindung besteht zwischen dem Perlitpunkt auf der $Fe - Fe_3C$-Seite und einem, damals und auch heute noch hypothetischen und daher hier nicht näher zu erörternden Punkte auf der $Fe - FeSi$-Seite, der zwischen A und b' (Abb. 108) gelegen wäre. Es würde daher kein ternärer eutektoidischer Punkt bestehen (vgl. Typus der Abb. 152). Da nun einerseits die erwähnte Verbindungslinie (räumliche Perlitlinie) steigt, anderseits die zunächst über der Perlitlinie gelegene magnetische Umwandlung sinkt, kann man sich leicht vorstellen, daß beide zum Schnitt gelangen und sogar letztere über erstere zu liegen kommt.

Das Gefüge aller ternären Eisen-Kohlenstoff-Siliziumlegierungen mit 0—0,8% Kohlenstoff und 0—5% Silizium besteht nach Guillet[3]) aus Ferrit und Perlit. Das Silizium ist also offenbar in überwiegender Menge im Ferrit gelöst und führt nicht zur Bildung eines neuen Gefügebestandteils[4]). Da aber Silizium die Graphitbildung begünstigt, ist selbst bei niedrigen Kohlenstoff-

---

[1]) C. R. 1913, 157, 319, sowie **156**, 1240.   [2]) Wiss. Abh. R. A. 1918, 271.
[3]) All. Mét.
[4]) Gemäß den von Vogel (Fer. 1916/17, 177) am System Fe-Ti-C angestellten Überlegungen handelt es sich um einen binären Perlit von wechselnder Konzentration der beiden Bestandteile: Mischkristalle Fe-Si und Mischkristalle Fe_3C-FeSi.

gehalten Temperkohlebildung möglich. Charpy und Cornu fanden, daß nach einstündigem Erhitzen einer Legierung mit $0{,}14^0/_0$ Kohlenstoff, $3{,}8^0/_0$ Silizium und $0{,}35^0/_0$ Mangan auf 800^0 der gesamte Kohlenstoff als Temperkohle zugegen war. Da eine solche Legierung keinen Perlitpunkt mehr besitzt, war diese Behandlung ein Mittel, um auf der Abkühlungskurve A_2 von A_1 zu unterscheiden. Der Punkt, der sich durch die erwähnte Behandlung zum Verschwinden bringen ließ, mußte offenbar A_1 sein.

Abb. 108 gibt auch Aufschluß über die Konstitution des siliziumhaltigen Roheisens. Das Diagramm gilt unter der Voraussetzung, daß Fe_3C und $FeSi$ Mischkristalle bilden. Es würde dann im Gebiet h b' c c' primär ein ternärer Mischkristall wechselnder Zusammensetzung (h b') und sekundär ein Eutektikum: ternärer Mischkristall + Mischkristall $FeSi$ + Fe_3C, von der wechselnden Zusammensetzung c c' zur Abscheidung gelangen. Im Gebiet links von c c' käme primär der Mischkristall $FeSi$ + Fe_3C zur Abscheidung. Um den räumlichen Verlauf der Fläche A c c' zu kennzeichnen, sind in Abb. 108 die experimentell ermittelten Isothermen eingezeichnet. Da aber Silizium wie kaum ein anderer Stoff die Graphitbildung begünstigt, so wird wohl der erwähnte Mischkristall von $FeSi$ + Fe_3C kaum zustande kommen und das Diagramm infolgedessen den tatsächlichen und praktisch wichtigen Verhältnissen keinen Ausdruck verleihen. Wir sind in der Tat noch nicht in der Lage, diese Verhältnisse durch ein Zustandsdiagramm zu kennzeichnen und daher auf Einzelbeobachtungen angewiesen. In welchem Maße Silizium die Graphitbildung beeinflußt, ergibt sich aus Abb. 91. Schon bei einem Gehalt von $4^0/_0$ ist praktisch die Gesamtmenge des Kohlenstoffs als Graphit zugegen. Eine weitere Zunahme des Siliziumgehaltes bewirkt dann eine Umkehr in der Wirkung, d. h. der Graphitgehalt nimmt ab. Abb. 91 zeigt auch, wie das Silizium die Wirkung andrer Fremdkörper überdeckt. Da jedoch außer der chemischen Zusammensetzung auch die Erstarrungsgeschwindigkeit die Graphitbildung beeinflußt, so gelten die Kurven der Abb. 91 nur unter den betreffenden Versuchsbedingungen, hier z. B. erstarrten die 120 g wiegenden Proben sehr langsam unter einer Kohledecke. Anderseits ist diese Tatsache für die praktische Verwendung des Siliziumzusatzes von größter Bedeutung, indem man dem Einfluß der Erstarrungsgeschwindigkeit durch Anpassung des Siliziumzusatzes an die Wandstärke begegnet. Da Silizium nicht nur die Graphit- und Temperkohlebildung beeinflußt, sondern auch die Neigung des Eisenkarbides, durch Erhitzung auf verhältnismäßig niedrige Temperaturen ($800—1000^0$) zerlegt zu werden, so ist auch beim Temperprozeß, wo von dieser Tatsache Gebrauch gemacht wird, die richtige Bemessung des Siliziumgehaltes von größter Bedeutung. Letzteres um so mehr, als hier widersprechende Forderungen sich gegenüberstehen. Einmal verlangt man vom Rohguß (Temperguß vor dem Glühen) vollständiges Fehlen der elementaren Kohle, also Erstarrung nach dem metastabilen System, aber gleichzeitig muß beim Tempern reichliche Bildung von Temperkohle erfolgen. Silizium verhindert ersteres und begünstigt letzteres. Den richtigen Mittelweg bei der Bemessung des Siliziumgehaltes zu finden ist also eine wichtige Aufgabe.

Abb. 108 verleiht einer sowohl für die Konstitution wie für die Gießereitechnik wichtigen Tatsache Ausdruck. Obwohl die Voraussetzung des Diagramms: Mischkristallbildung von $Fe_3C + FeSi$, praktisch nicht zutrifft, gilt doch die durch Kurve c c′ zum Ausdruck gebrachte Tatsache, daß nämlich der Punkt C des Eisen-Kohlenstoff-Diagramms nach links, d. h. nach niedrigeren Kohlenstoffgehalten verschoben wird. Mit steigenden Siliziumgehalten erfolgt gleichzeitig, wie Wüst und Petersen sowie Gontermann zeigen, ein kontinuierliches Ansteigen der Temperatur dieses Haltepunktes entsprechend Abb. 111. Man kann jedenfalls annehmen, daß die technischen Gießereieisen-

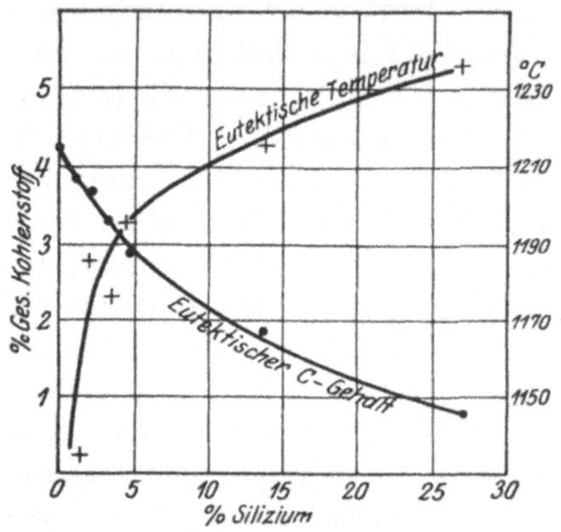

Abb. 111. Einfluß des Siliziums auf den C-Gehalt des Eutektikums und auf die eutektische Erstarrungstemperatur. (Wüst und Petersen.)

sorten bezüglich des Erstarrungsvorganges keinen wesentlichen Unterschied gegenüber dem siliziumfreien Roheisen aufweisen. Auch die Untersuchung des Gefüges spricht hierfür. Dann bedingt aber das Abbiegen der Kurve c c′ nach links, daß durch den Eintritt des Siliziums in das System Eisen-Kohlenstoff die eutektische Struktur bei wesentlich niedrigeren Kohlenstoffgehalten erreicht wird als in den siliziumfreien Legierungen (Abb. 108) oder, anders ausgedrückt, ein siliziumhaltiges Gußeisen bereits übereutektisch sein kann bei einem Kohlenstoffgehalt, der im siliziumfreien Eisen untereutektische oder eutektische Struktur bedingt. Es tritt also übereutektischer oder Garschaumgraphit auf, dessen grobe Lamellen die Festigkeitseigenschaften nachteilig beeinflussen, und die man daher zu vermeiden sucht. Auch dieser Umstand ist bei der Bemessung des Siliziumgehaltes zu berücksichtigen.

Stellt man unter gleichbleibenden Bedingungen bezüglich der Zeit und der Temperatur mit Kohlenstoff gesättigte Eisen-Kohlenstoff-Silizium-Legierungen her (Wüst und Petersen), so kann man feststellen, daß die von der Schmelze aufgenommenen Kohlenstoffmengen mit steigendem Siliziumgehalt abnehmen. Man kann diese Tatsache durch den Satz zum Ausdruck bringen, daß Silizium das Lösungsvermögen des Eisens für Kohlenstoff erniedrigt. Die hierauf bezüglichen Ergebnisse von Wüst und Petersen lassen sich in folgende Formel fassen:

$$C = 4 \cdot 26 - \frac{Si}{3 \cdot 6}.$$

9. Eisen und Mangan.

Das Zustandsdiagramm der Eisenmanganlegierungen ist in Abb. 112 nach Rümelin und Fick[1]) dargestellt. Danach lösen sich Eisen und Mangan im flüssigen Zustande vollkommen. Zum mindesten δ- und γ-Eisen lösen ebenfalls Mangan in allen Verhältnissen. Dabei beeinflußt die $\delta \rightarrow \gamma$-Umwandlung das Diagramm in ähnlicher Weise wie in den Systemen Eisen-Kohlenstoff,

---

[1]) Fer. 1914/15, 41.

Eisen-Arsen und Eisen-Kupfer. Reines Mangan besitzt eine Umwandlung bei
1146⁰, die auch kalorimetrisch von Wüst, Durrer[1]) und Meuthen nachgewiesen wurde. Diese Umwandlung sinkt durch Eisenzusatz, konnte aber nur
bis 10⁰/₀ Eisen beobachtet werden. A_3 wird durch 3⁰/₀ Mangan um rd. 90⁰
erniedrigt, bleibt dann konstant und konnte bis zu einem Mangangehalt von
50⁰/₀ bei etwa 810⁰ beobachtet werden. A_2 sinkt ebenfalls, jedoch langsamer
als A_3. 20⁰/₀ Mangan erniedrigen diese Umwandlung um etwa 50⁰; von 20⁰/₀
Mangan ab bleibt sie dann konstant bei 717⁰ und ist bis etwa 50⁰/₀ Mangan
festzustellen.

Die Ergebnisse der magnetischen Untersuchungen stimmten bis zu 10⁰/₀ Mn
mit denen der thermischen Untersuchung überein. Indessen konnte A_2 auf diesem
Wege nur bis 13⁰/₀ Mangan beobachtet wer-
den. Über die Größe der Hysteresis machen
Rümelin und Fick keine Angaben.

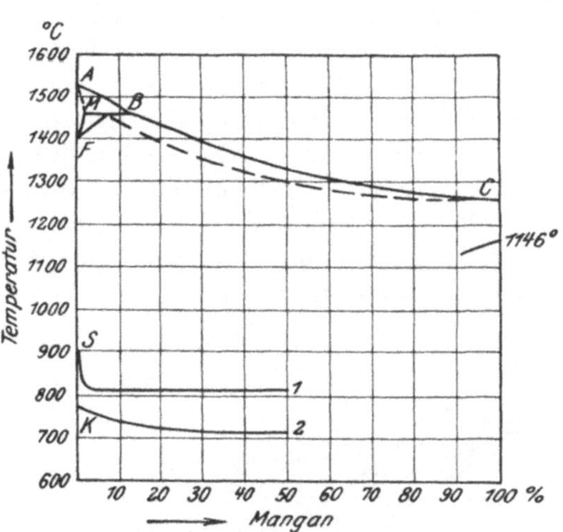

Abb. 112. Zustandsdiagramm Eisen-Mangan. (Rümelin und Fick.)

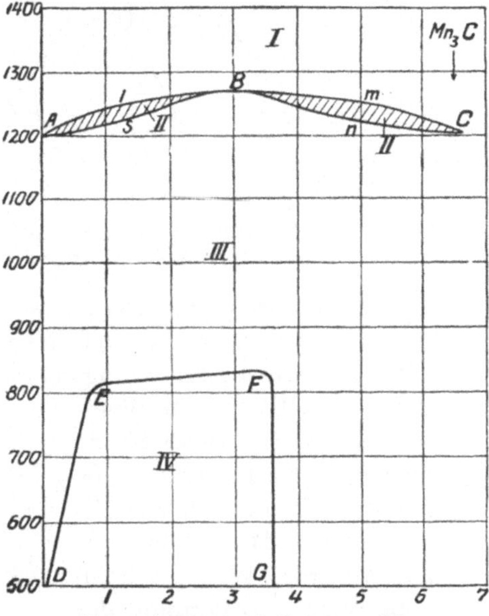

Abb. 113. Zustandsdiagramm Mangan-Kohlenstoff. (Stadeler.)

Hiermit in scharfem Widerspruch steht, soweit der Punkt A_3 in Frage kommt,
das Ergebnis der dilatometrischen Messungen von Dejean[2]) (vgl. die Kurve:
Legierungen ohne Kohlenstoff in Abb. 115), wonach A_3 fast proportional dem
Mangangehalt sinkt und bereits bei 14⁰/₀ Mangan auf 0⁰ erniedrigt ist.

Für die Kenntnis des ternären Systems Eisen-Mangan-Kohlenstoff ist
die des binären Systems Mangan-Kohlenstoff erforderlich. Das entsprechende
Zustandsdiagramm ist von Stadeler[3]) aufgestellt worden und in Abb. 113
dargestellt[4]). Mangan löst danach sein Karbid Mn_3C in allen Verhältnissen
im flüssigen und im festen Zustande, in letzterem jedoch nur außerhalb des
Gebietes IV. Die Schmelzkurve weist ein Maximum bei 3⁰/₀ Kohlenstoff auf.
D E F G (Gebiet IV) ist nach Stadeler eine Mischungslücke im festen Zustande.
Hier zerfallen die bei der Erstarrung gebildeten Mischkristalle in zwei neue

---

[1]) Forsch.-Arb. Heft 204.   [2]) C. R. 1920, 20. Okt., 791.   [3]) Met. 1909, 3.
[4]) Met. 1909, 531; nach P. Goerens, Metallogr. 2. Aufl.

Mischkristallarten, deren Zusammensetzung die beiden Kurven E D und F G angeben. Ein bezüglich der Verhältnisse im festen Zustande etwas abweichendes Diagramm veröffentlichte Kriyosi Kido[1]). Die Linie E F in Abb. 113 wäre hiernach eine durchgehende eutektoidische Horizontale, F ein eutektoidischer Punkt, von dem aus die Löslichkeitslinien in Mn bzw. Mn_3C nach den Punkten 1,7 bzw. $5,7\,^0/_0$ Mangan auf den Solidus-Linien führen würden.

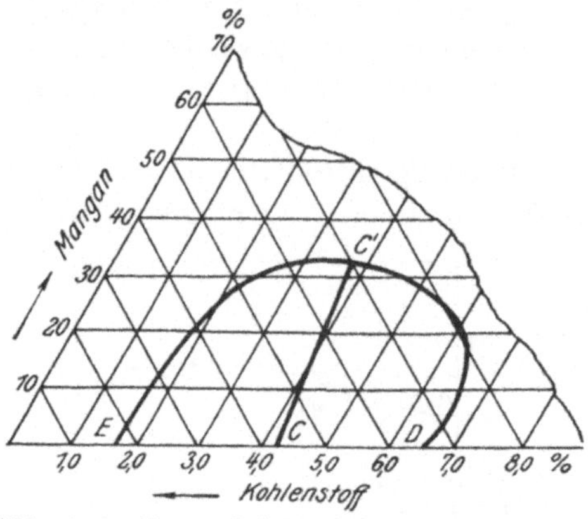

Abb. 114. Zustandsdiagramm Eisen-Mangan-Kohlenstoff. (Wüst, Goerens.)

Abb. 114 ist die Projektion des ternären Teilsystems Eisen-Mangan-Kohlenstoff nach Wüst bzw. P. Goerens. Zur besseren Verdeutlichung der Verhältnisse sind die Maßstäbe für Mangan und Kohlenstoff verschieden gewählt worden. Alle außerhalb des Gebietes EC'D gelegenen Legierungen weisen lediglich die Ausscheidung einer Kristallart auf, bestehen also ausschließlich aus ternären Mischkristallen. Ihre Erstarrung erfolgt innerhalb eines Intervalles von wechselnder Größe. Innerhalb dieses Gebietes, in der linken Ecke des Diagramms, befinden sich die schmiedbaren Eisen-Mangankohlenstofflegierungen. Lütke[2]) fand den Punkt E bei $10^0/_0$ Mangan in unveränderter Lage, sodaß bis zu diesem Mangangehalt die Kurve E C' parallel zur Fe-Mn-Seite des Diagramms verlaufen würde. Wenn auch ein vollständiges Diagramm der Zerfallsvorgänge nicht bekannt ist, so liegen doch eine Reihe wertvoller Einzelbeobachtungen über die Natur dieser Vorgänge vor.

In Abb. 115 sind die Ergebnisse der neuesten Messungen von Dejean[3]) dargestellt.

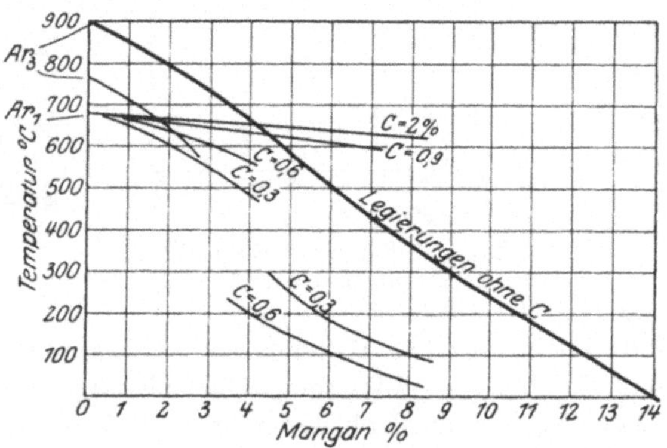

Abb. 115. Einfluß des Mangans auf die Haltepunkte der Eisen-Kohlenstoff-Manganlegierungen. (Dejean.)

Man sieht, daß Ar_3 keine Diskontinuität aufweist in den Legierungen ohne Kohlenstoff. In den kohlenstoffhaltigen sinkt Ar_1 um so langsamer mit steigendem Mangangehalt, je höher der Kohlenstoffgehalt ist. Die plötzliche Erniedrigung der Haltepunkte (vgl. auch Abb. 60) in den Legierungen mit 0,3 und $0,6^0/_0$ Kohlenstoff ist auch aus Abb. 115 ersichtlich, wenngleich die Dejeansche Schlußfolgerung, der erniedrigte Haltepunkt sei A_3, der demnach unter A_1 sinken würde, und die von Dejean hieran geknüpften Erörterungen

---

[1]) Tohoku 1920, 305.   [2]) Met. 1910, 268.   [3]) a. a. O.

noch der Bestätigung bedürfen. Das Diagramm gibt keinen Aufschluß über die Hysteresiserscheinung, die mit steigendem Mangangehalt verstärkt wird. Dagegen lehrt Abb. 116 nach Gumlich[1]) am Verhalten von Ar_2 und Ac_2 in Manganstählen mit 0,1 bis 0,2% Kohlenstoff, daß die Hysteresis bis zu 700° betragen und

eine Legierung mit beispielsweise 10% Mangan bei 500° sowohl im Zustande der festen Lösung, also unmagnetisch, wie auch in Form von Ferrit und Perlit, also im magnetischen Zustande vorhanden sein kann, je nachdem ob sie vorher unter 0° abgekühlt war oder nicht. Man hat Legierungen mit einem derartigen Verhalten irreversible Legierungen genannt. Immerhin ist zu betonen, daß bei den vorstehenden Untersuchungen die Abkühlungsgeschwindigkeit nicht genügend berücksichtigt wurde.

Wie schon an anderer Stelle ausgeführt, gelangt im Gefüge die Tatsache des Sinkens der Haltepunkte unter Zimmertemperatur dadurch zum Ausdruck, daß von gewissen Mangan- und Kohlenstoffgehalten an, selbst bei verhältnismäßig langsamer Abkühlung, die Gefügebestandteile Austenit, Martensit, Troostit, Sorbit erscheinen. Die Abb. 117—119 sind Haupttypen der Gefügebilder von Manganstählen nach Guillet[2]). Abb. 117 entspricht einer Legierung mit 0,06% Kohlenstoff und 4,2% Mangan. Das Gefügebild ähnelt durchaus dem einer manganfreien Legierung: dunkle Perlitfelder in heller Ferritgrundmasse. Das Mangan ist in Lösung, und zwar wahrscheinlich auf Ferrit und Perlit (Zementit) verteilt.

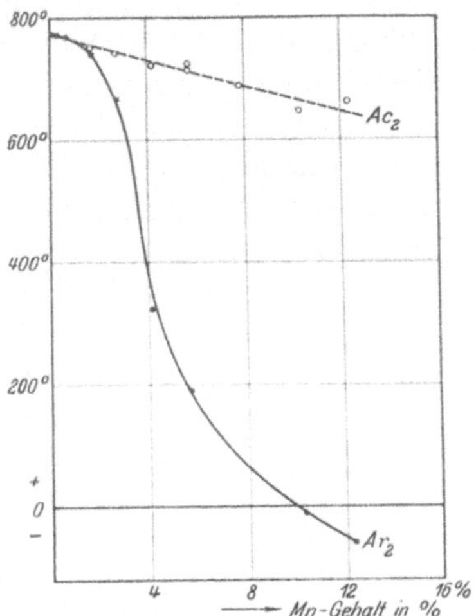

Abb. 116. Magnetische Umwandlung von Manganstählen. (Gumlich.)
——— Abkühlung, ---- Erhitzung.

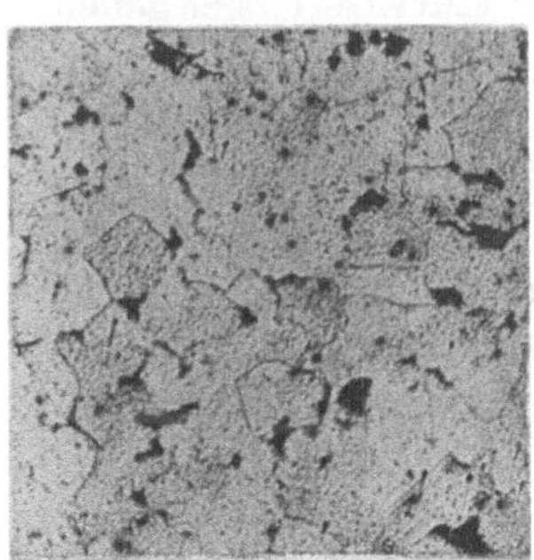

Abb. 117. Perlitischer Manganstahl 0,058% C, 4,2% Mn, Ätzung II, x 200. (Guillet.)

Abb. 118. Martensitischer Manganstahl, 0,034% C, 6,1% Mn, Ätzung II, x 200. (Guillet.)

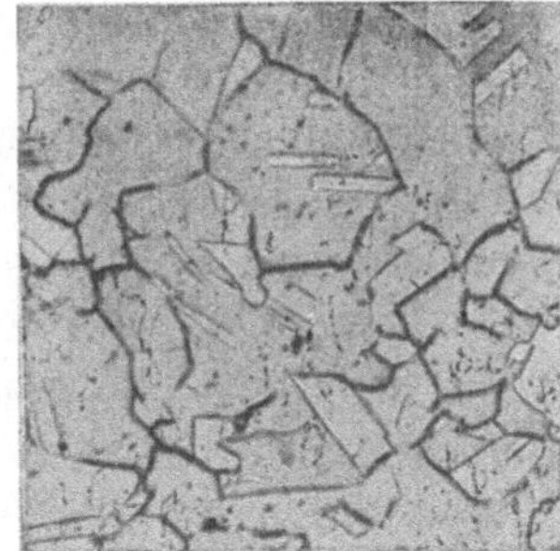

Abb. 119. Austenitischer Manganstahl, 0,922% C, 10% Mn, Ätzung II, x 200. (Guillet.)

Die Verteilung des Mangans auf Ferrit und Karbid geht aus Abb. 120 nach Arnold und Read[3]) hervor. Daraus läßt sich der auf das Karbid Mn_3C entfallende Betrag an Mangan berechnen[4]). Stähle, die das Gefügeaussehen der Koh-

[1]) Wiss. Abh. R.-A. 1918, 271.   [2]) Met. 1906, 271.   [3]) Ir. st. Inst. 1910, I, 169.
[4]) Vgl. Maurer und Schmidt, E. F. I. 1921, 2, 14.

lenstoffstähle besitzen, hat Guillet perlitische Manganstähle genannt. Abb. 118. ist eine Legierung mit $0,03\%$ Kohlenstoff und $6,1\%$ Mangan. Das Gefüge ist trotz langsamer Abkühlung des Stahles martensitisch wie das Gefüge abgeschreckter Kohlenstoffstähle. Die Manganstähle mit derartigem Gefüge nennt Guillet die martensitischen. Abb. 119 ist eine Legierung mit $0,92\%$ Kohlenstoff und 10% Mangan. Das Gefüge ist das des Austenits. Alle Stähle dieser Gruppe heißen daher austenitische Stähle (häufig auch γ-Eisen- oder polyedrische Stähle). Untersucht man, wie dies Guillet tat, eine große Zahl von Legierungen auf ihr Gefügeaussehen, so ist es möglich, die Konzentrationsgrenzen für das Auftreten der einzelnen Gefügearten ungefähr anzugeben. Trägt man auf der Abszisse eines Koordinatensystems Kohlenstoff-, auf der Ordinate Mangangehalte auf, so ergibt sich das an anderer Stelle bereits besprochene Strukturdiagramm der Manganstähle (vgl. Abb. 61).

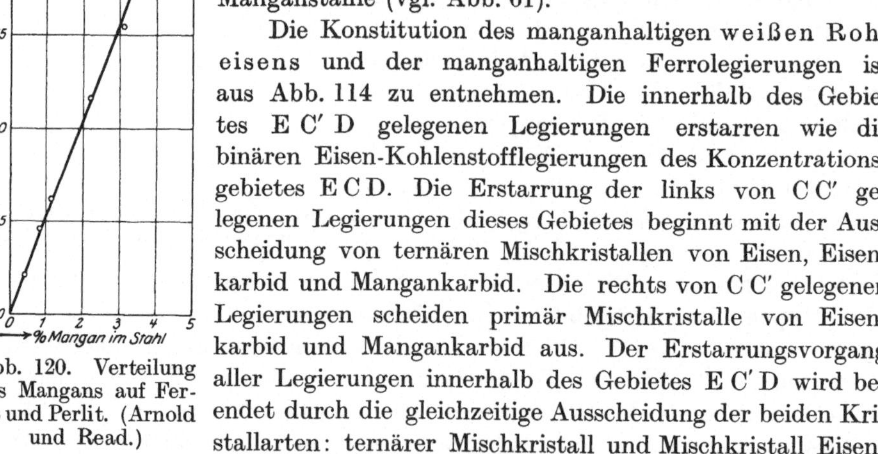

Abb. 120. Verteilung des Mangans auf Ferrit und Perlit. (Arnold und Read.)

Die Konstitution des manganhaltigen weißen Roheisens und der manganhaltigen Ferrolegierungen ist aus Abb. 114 zu entnehmen. Die innerhalb des Gebietes $E\,C'\,D$ gelegenen Legierungen erstarren wie die binären Eisen-Kohlenstofflegierungen des Konzentrationsgebietes $E\,C\,D$. Die Erstarrung der links von $C\,C'$ gelegenen Legierungen dieses Gebietes beginnt mit der Ausscheidung von ternären Mischkristallen von Eisen, Eisenkarbid und Mangankarbid. Die rechts von $C\,C'$ gelegenen Legierungen scheiden primär Mischkristalle von Eisenkarbid und Mangankarbid aus. Der Erstarrungsvorgang aller Legierungen innerhalb des Gebietes $E\,C'\,D$ wird beendet durch die gleichzeitige Ausscheidung der beiden Kristallarten: ternärer Mischkristall und Mischkristall Eisenkarbid-Mangankarbid. Die auf der Kurve $C\,C'$ gelegenen Legierungen weisen natürlich keine primäre Ausscheidung einer der beiden, sondern nur die gleichzeitige der beiden Kristallarten auf, sie verhalten sich also wie die binäre eutektische Legierung C. Wüst stellte fest, daß bei etwa 13% Mangan der Kohlenstoffgehalt des Eutektikums von 4,3 auf $4,0\%$ erniedrigt wird, die Kurve $C\,C'$ also schwach nach links geneigt ist. Der Endpunkt der Kurve $C\,C'$ scheint nach den mikroskopischen Untersuchungen von Wüst bei etwa 32% Mangan zu liegen. Die innerhalb des Gebietes $E\,C'\,D$ gelegenen Legierungen mit hohem Kohlenstoff- und Mangangehalt (Ferrolegierungen) müßten nach dem Diagramm zu ternären Mischkristallen erstarren. Die Gefügeuntersuchung ist von Wüst zur Aufstellung des Diagramms benutzt worden. Da Mangan die Graphitbildung schon von geringen Gehalten an verhindert, so entspricht Abb. 114 auch den tatsächlichen Verhältnissen, d. h. im Gebiet $C'\,D$ sind die Legierungen links von $C\,C'$ untereutektisch, die auf $C\,C'$ gelegenen eutektisch und die rechts von $C\,C'$ übereutektisch.

Nach Wüst und Meißner[1]) genügt die Gegenwart von $1,5\%$ Silizium, um die Wirkung des Mangans auf die Graphitbildung zu paralysieren. Bei Legierungen

---

[1]) Fer. 1913/14, 97.

mit obigem Siliziumgehalt und Mangangehalten von 0,1 bis 2,5$^0/_0$ waren von 0,3$^0/_0$ Mangan ab rd. 80$^0/_0$ des Kohlenstoffs als Graphit ausgeschieden. Bemerkenswert war allerdings die Tatsache, daß bei Mangangehalten von weniger als 0,3$^0/_0$ die Graphitbildung erschwert war. Mangan steigert im Gegensatz zu Silizium das Lösungsvermögen des Eisens für Kohlenstoff. Diese Eigenschaft des Mangans ist auch bei Gegenwart von Silizium zu erkennen. Im Gefüge gelangt dies nach Wüst und Meißner dadurch zum Ausdruck, daß mit steigendem Mangangehalt die Menge der primären Mischkristalle zu-, die des Ledeburits abnimmt. Als Folge hiervon wird mit steigendem Mangangehalt der Graphit immer feiner.

10. Eisen und Nickel.

Das Zustandsdiagramm der Eisennickellegierungen ist in Abb. 121 nach Ruer und Schüz[1]) wiedergegeben[2]). Eisen und Nickel lösen sich im flüssigen Zustande vollkommen. Über das Verhalten der δ-Modifikation gibt Abb. 122

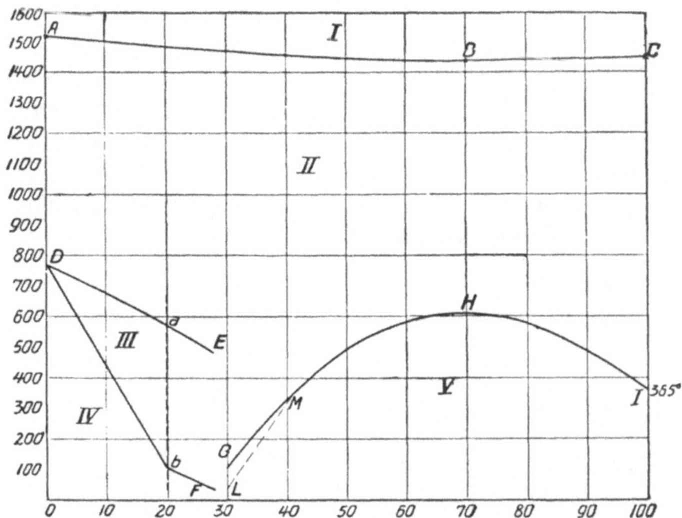

Abb. 121. Zustandsdiagramm der Eisen-Nickel-Legierungen. (Ruer und Schüz.)

nach Hanson[3]) Aufschluß. Hiernach liegen ähnliche Verhältnisse vor wie in den Systemen Fe — C, Fe — As, Fe — Mn und Fe — Cu. Erstarrung und Schmelzen erfolgen nicht wie z. B. bei den Eisenmanganlegierungen in einem Intervall, sondern bei praktisch konstanter Temperatur. Die Existenz einer Eisennickelverbindung Fe_2Ni (34$^0/_0$ Ni) wird von Weiß und Foëx[4]) auf Grund magnetischer Messungen angenommen, ist aber auf anderem Wege nicht nachgewiesen. Das Kurvenpaar D E und D F bzw. G H I und L M H I stellt die magnetische Umwandlung der Eisennickellegierungen bei der Erhitzung (obere Kurven) und bei der Abkühlung (untere Kurven) dar. I (365°) ist die auch auf kalorimetrischem[5]), dilatometri-

---

[1]) Met. 1910, 415.   [2]) Aus P. Goerens, Metallographie, 2. Aufl.
[3]) Eng. 1923, **125**, 667.   [4]) Arch. Sc. phys. et nat. 1911, 4, 4, 89.
[5]) Vgl. z. B. Wüst, Durrer und Meuthen, Forsch.-Arb., Heft 204.

schem[1]) und resistometrischem[2]) Wege nachgewiesene reversible Umwandlung des ferromagnetischen α-Nickels in das paramagnetische β-Nickel. Eisennickellegierungen mit 0 bis 30% Nickel weisen nach dem Diagramm einen um so größeren Unterschied zwischen der magnetischen Umwandlung bei der Erhitzung und bei der Abkühlung (Temperaturhysteresis) auf, je höher der Nickelgehalt ist. Gleichzeitig sinken sowohl die Temperatur der magnetischen Um-

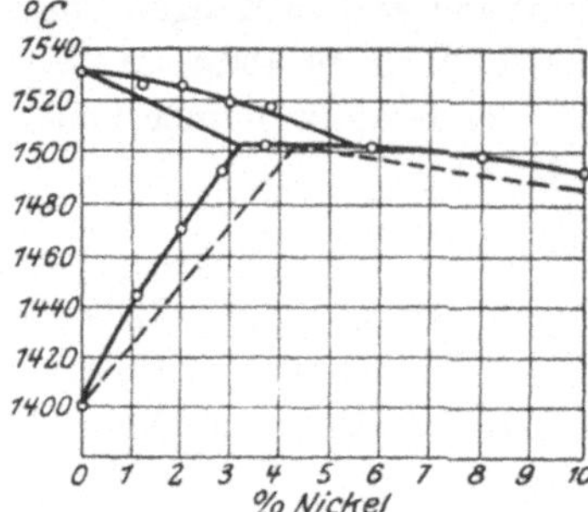

Abb. 122. δ-γ-Umwandlung im Zustandsdiagramm der Eisen-Nickel-Legierungen. (Hanson.)

wandlung bei der Abkühlung wie die bei der Erhitzung. Läßt man eine Legierung mit etwa 20% Nickel aus dem Schmelzfluß abkühlen, so ist sie zunächst unmagnetisch und wird erst bei etwa 100^0 magnetisch. Läßt man sie weiter auf Zimmertemperatur abkühlen und erhitzt sie sodann wieder, so geht der Magnetismus erst bei einer Temperatur von rd. 580^0 verloren. Es ist also möglich, innerhalb des Temperaturintervalls 100—508^0 die Legierung in zwei magnetisch verschiedenen Zuständen zu erzeugen. Alle Legierungen mit 0 bis etwa 30% Nickel verhalten sich prinzipiell ähnlich

und heißen irreversibel. Zwischen diesen und den Eisen-Manganlegierungen mit 0—12% Mangan besteht also eine große Analogie. Reversibel heißen die Eisen-Nickellegierungen mit etwa 30 bis 100% Nickel. In diesen fällt die magnetische Umwandlung bei der Abkühlung mit der bei der Erhitzung

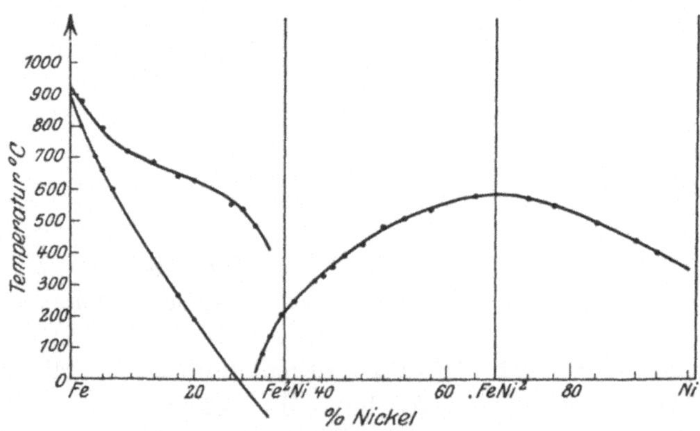

Abb. 123. Die dilatometrisch ermittelten Umwandlungen der Eisen-Nickel-Legierungen. (Chevenard.)

nahezu zusammen. Die magnetische Umwandlung steigt zunächst mit dem Nickelgehalt bis zu einem bei 70% gelegenen Maximum von rd. 600^0 und sinkt auf 365^0, die Temperatur der magnetischen Umwandlung des reinen Nickels.

Die Umwandlungen der erstarrten Eisennickellegierungen sind auch auf dilatometrischem Wege von Chevenard[3]) nachgewiesen worden. Abb. 123

---

[1]) Die von Maurer und Schmidt, E. F. I, 1920, **1**, 66, festgestellte Kontraktion beträgt $9,0 \times 18$—$^{30}\%$ gegen $2,2 \times 10$—$^{6}\%$ beim Eisen.   [2]) Honda, Rev. Mét. 1914, 485.
[3]) Zitiert nach Guillet, Trempe et Revenu usw. Paris 1921, 83.

veranschaulicht die Ergebnisse. Die Analogie mit dem Diagramm der magnetischen Umwandlung ist unverkennbar, zum mindesten im Gebiet der reversiblen Legierungen, während in dem der irreversiblen die auf magnetischem Wege ermittelten Kurven von A_2 (768[0]) ausgehen, die dilatometrisch festgestellten von A_3 (906 bzw. 896[0]). Bei etwa 7% Nickel begegnen sich die beiden Kurvensysteme von A_3 und A_2 und verlaufen von hier aus kongruent. Wie ferner aus Abb. 123 hervorgeht, nimmt Chevenard außer der Verbindung Fe_2Ni noch die Verbindung $FeNi_2$ an, indessen ist eine einwandfreie Deutung des unteren Diagrammteils noch nicht möglich.

Das binäre System Nickel-Kohlenstoff ist von Friedrich und Leroux[1]) sowie von Ruff und Bormann[2]) untersucht worden. Nach diesen Untersuchungen liegt bis $0{,}3\%$ Kohlenstoff Mischkristallbildung vor und bei $2{,}5\ (2{,}2)\%$

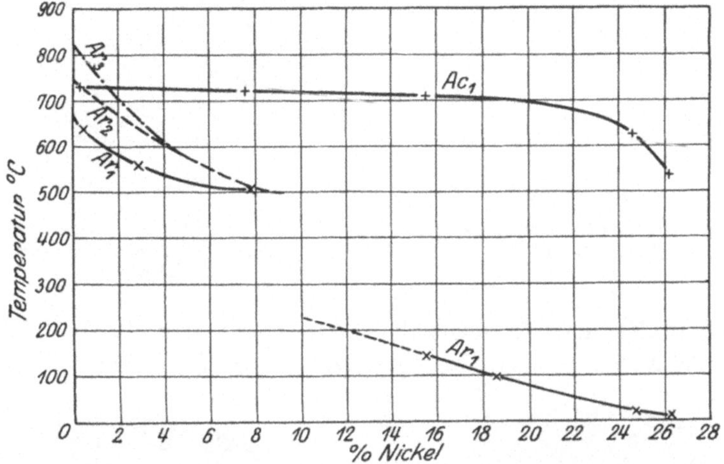

Abb. 124. Haltepunkte der Nickelstähle. (Osmond.)

Kohlenstoff tritt ein bei 1340[0] erstarrendes Eutektikum auf: gesättigte Mischkristalle—Graphit.

Die Eisen-Nickel-Kohlenstofflegierungen unterscheiden sich daher prinzipiell von den entsprechenden Manganlegierungen durch die Stabilität der Karbide, und zwar ist das Nickelkarbid weniger stabil als das Mangankarbid. Die molekularen Bildungswärmen der drei Karbide Mn_3C, Fe_3C und Ni_3C betragen nach Gersten[3]): $+\ 12{,}9$, $-\ 15{,}6$ und $-\ 394{,}07$ Kal. Daher wirkt die Gegenwart von Nickel im Gegensatz zu Mangan begünstigend auf die Graphit- und Temperkohlebildung. Indessen verhalten sich die schmiedbaren Eisen-Nickel-Kohlenstofflegierungen[4]) oder Nickelstähle praktisch wie die Manganstähle.

Die thermische Untersuchung der Umwandlungsvorgänge in abkühlenden Eisennickellegierungen mit $0{,}16\%$ Kohlenstoff ergibt nach Osmond[5]) gemäß Abb. 124, daß mit steigendem Nickelgehalt A_3 sinkt, und zwar rascher

---

[1]) Met. 1910, 10.   [2]) An. Chem. 1914, 88, 386.   [3]) Diss. Danzig, 1912.
[4]) Über den Zusammenhang zwischen den terrestrischen Legierungen mit den Meteoriten: Guertler, Metallographie I, 1, 315, sowie Tammann, Metallographie 1914, 268.
[5]) C. R. 1894, 118, 553.

als A_2, so daß beide bei vermutlich 4% zusammenfallen. Ähnlich wie bei den Manganstählen tritt die schon anderorts erwähnte, plötzliche Erniedrigung von Ar_1 zwischen 9 und 12, nach den neuesten Untersuchungen von Dejean[1]) bei 10% Nickel auf. Im Gegensatz hierzu wird Ac_1 nur allmählich erniedrigt, wodurch ein Wachsen der Hysteresis bedingt ist.

Das Nickel verteilt sich bis zu gewissen aus dem Guilletschen[2]) Strukturdiagramm Abb. 125 zu entnehmen-

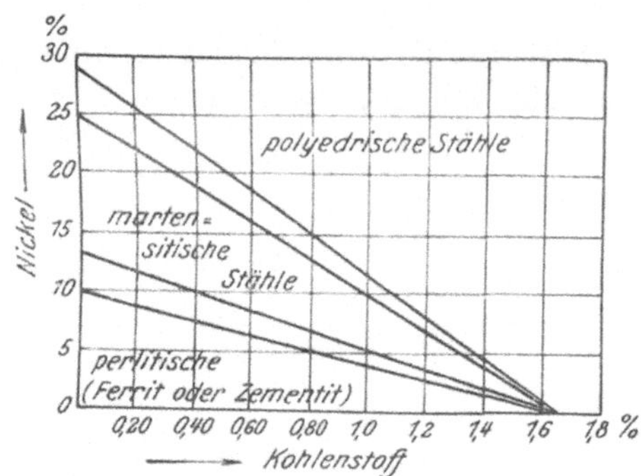

Abb. 125. Strukturdiagramm der Nickelstähle. (Guillet.)

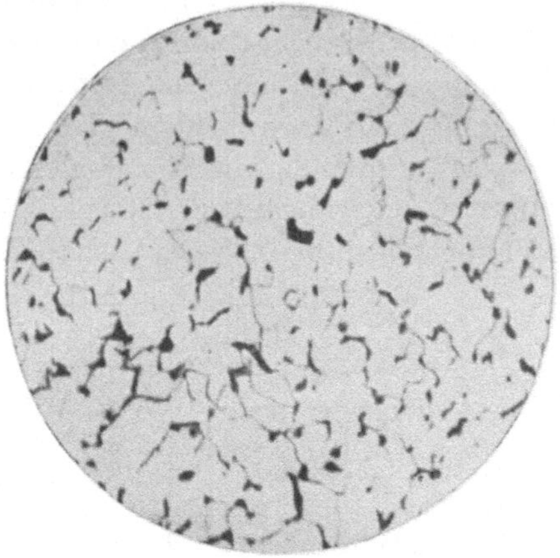

Abb. 126. Perlitischer Nickelstahl, $0,12\%$ Kohlenstoff, 2% Nickel, Ätzung II, x 150. (Guillet.)

den Kohlenstoff- und Nickelgehalten auf Ferrit und Karbid (perlitische Nickelstähle, Abb. 126, nach Guillet). Der auf das Karbid entfallende Betrag

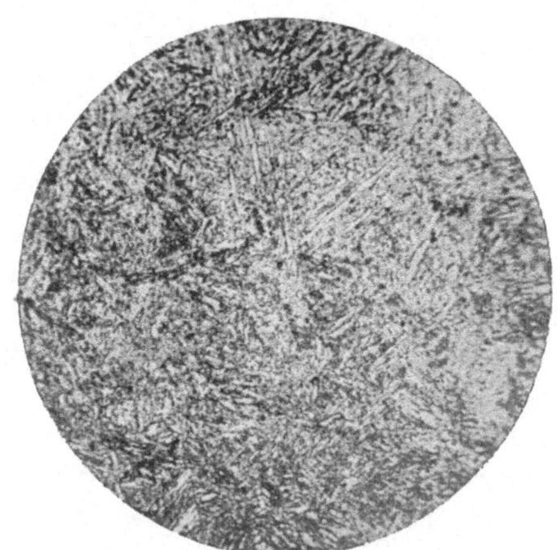

Abb. 127. Martensitischer Nickelstahl, $0,12\%$ Kohlenstoff, 15% Nickel, Ätzung II, x 150 (Guillet.)

Abb. 128. Austenitischer Nickelstahl, $0,12\%$ Kohlenstoff, 25% Nickel, Ätzung II, x 150. (Guillet.)

kann praktisch vernachlässigt werden, so daß also das gesamte Nickel als im Ferrit gelöst angesehen werden kann[3]). Die Erniedrigung der Haltepunkte be-

---

1) Rev. Mét. 1917, 640.   2) All. Mét.
3) Vgl. Maurer und Schmidt, E. F. I. 1921, 2, 8.

wirkt von einem gewissen Nickel- und Kohlenstoffgehalte ab die Entstehung der an andrer Stelle bereits erwähnten martensitischen und austenitischen Stähle Abb. 127 bzw. 128 nach Guillet. Das Guilletsche Strukturdiagramm enthält noch zwei Übergangsgebiete von gleicher Bedeutung wie bei den Manganstählen, obwohl zweifellos die martensitischen und austenitischen Nickelstähle stabiler sind als die entsprechenden Manganstähle. Die zur Bildung von Martensit bzw. Austenit erforderlichen Nickelgehalte betragen etwa das 2,2fache der entsprechenden Mangangehalte, und es hat sich als praktisch erwiesen, bei Hinzutritt von Mangan zu den Nickelstählen zur Ermittelung des Einflusses der zugesetzten Manganmengen auf das Gefüge, diesen unter Berücksichtigung der oben angegebenen Verhältniszahl in Nickel umzurechnen.

Für das Roheisen ist vorderhand Nickel von geringer praktischer Bedeutung. Die Graphitbildung wird durch Nickel sehr stark begünstigt.

11. Eisen und Chrom.

Das System Eisen und Chrom ist zwar mehrfach untersucht worden[1]), doch widersprechen sich die Ergebnisse. So fand Monnartz eine lückenlose Reihe von Mischkristallen mit Maximum und Minimum, Jännecke dagegen eine Mischungslücke im festen Zustand. Neuerdings hat Pakulla[2]) unter Anwendung weitgehender Vorsichtsmaß- regeln (Schmelzen im Vakuum, Tonerde- tiegel) eine Kontrolle des Diagramms vor- genommen. Seinen Ergebnissen verleiht Abb. 129 Ausdruck. Hiernach ist es wahrscheinlich, daß Eisen und Chrom eine lückenlose Reihe von Mischkristal- len bilden, deren Schmelzpunkte nicht wesentlich von denen des Eisens und des Chroms abweichen. Diese Feststellung erhält eine starke Stütze durch die mi- kroskopische Untersuchung, indem alle Legierungen das typische Mischkristall- gefüge aufweisen, wie in Abb. 130 an

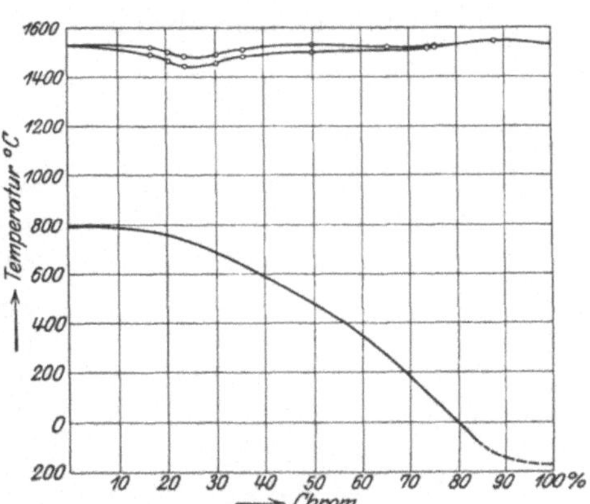

Abb. 129. Zustandsdiagramm der Eisen-Chrom-Legierungen. (Pakulla, Murakami.)

einigen Beispielen gezeigt wird. Murakami[3]) hat die magnetische Umwand- lung der Eisen-Chromlegierungen ermittelt. Seine Ergebnisse sind in Abb. 129 eingetragen. A_2 sinkt hiernach mit steigendem Chromgehalt zunächst langsam, dann rascher und befindet sich bei mehr als $80^0/_0$ Chrom unter 0^0.

Daß Chrom mit Kohlenstoff ein oder mehrere Karbide bildet, dürfte feststehen, wiewohl über die Natur dieser Karbide keine Einstimmigkeit herrscht. Am klarsten ergeben sich die Beziehungen aus dem Zustandsdiagramm Chrom-Kohlenstoff, Abb. 131, nach Ruff und Foehr[4]). Das für die technischen Le-

<hr>

[1]) Vgl. Treitschke und Tammann, An. Chem. 1907, **55**, 402; Monnartz, Met. 1911, 161; Bornemann, Met. 1912, 348; Jännecke, Elektrochem. 1917, 49.
[2]) Diss. Aachen 1923.   [3]) Rev. Mét. 1921, 17.
[4]) An. Chem. 1918, **104** 27. Literatur über die Natur der Karbide s. dort, sowie Honda und Murakami, Tohoku, 1917, 235, ferner Murakami, Tohoku, 1918, 217.

gierungen wichtigste und am sichersten nachgewiesene dürfte das Karbid Cr_3C_2 sein. Die Chromkarbide sind sehr stabil, Graphitbildung wurde nicht beobachtet.

Nach P. Goerens und Stadeler[1]) ist das Gefüge von chromhaltigem Roheisen innerhalb eines weiten Konzentrationsgebietes (bis etwa $10^0/_0$ Chrom)

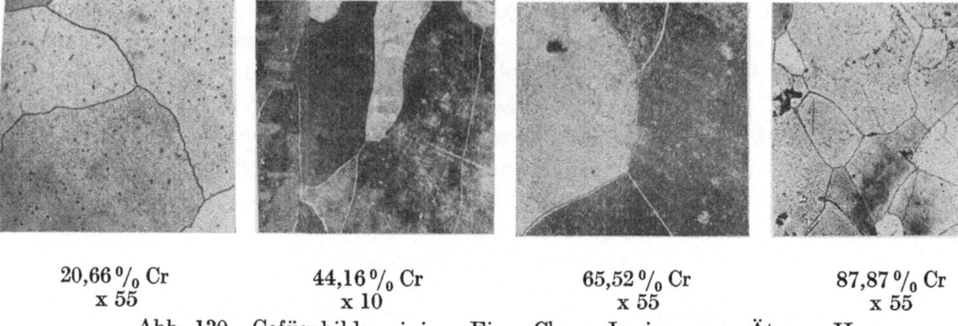

20,66 $^0/_0$ Cr   44,16 $^0/_0$ Cr   65,52 $^0/_0$ Cr   87,87 $^0/_0$ Cr
x 55   x 10   x 55   x 55

Abb. 130. Gefügebilder einiger Eisen-Chrom-Legierungen, Ätzung II.

dem des chromfreien, weißen Roheisens vollkommen ähnlich. Die vom eutektischen Punkt im Eisen-Kohlenstoffsystem ausgehende Kurve biegt ziemlich stark nach links ab. Bei $5^0/_0$ Chrom beträgt der eutektische Kohlenstoffgehalt $4,2^0/_0$. Dagegen steigt nach den gleichen Verfassern die Temperatur des Eutektikums erst von etwa $10^0/_0$ Chrom an. Chrom verhindert die Graphitbildung in noch stärkerem Maße als Mangan. Selbst bei $2^0/_0$ Silizium genügten $1,5^0/_0$ Chrom zu ihrer vollständigen Verhinderung. Die Aufnahmefähigkeit des flüssigen Eisens für Kohlenstoff wird beträchtlich erhöht. Die Beeinflussung des Punktes E wird später erörtert.

Über die Lage der Haltepunkte in den chromhaltigen schmiedbaren Eisenkohlenstoff-Legierungen herrscht keine völlige Klarheit. Moore[2]) beobachtete, daß, ähnlich wie dies Gumlich bei Eisensilizium-Legierungen fand, bei hohen Chromgehalten Ac_1 über Ac_2 liegt, Ac_1 ferner mit dem Chromgehalt steigt. Moore fand in einer Legierung mit $6,42^0/_0$ Kohlenstoff Ac_1 bei 821^0. Russell[3]) bestätigt gemäß Abb. 132 die Mooreschen Befunde an zwei Stahlreihen. Auch Murakami[4]) gelangte bezüglich der Lage von A_1 zu ähnlichen Ergebnissen. Abb. 133 zeigt nach McWilliam und Barnes den Einfluß[5]) von $2^0/_0$ Chrom auf die Lage der Haltepunkte der Eisenkohlenstoff-Legierungen

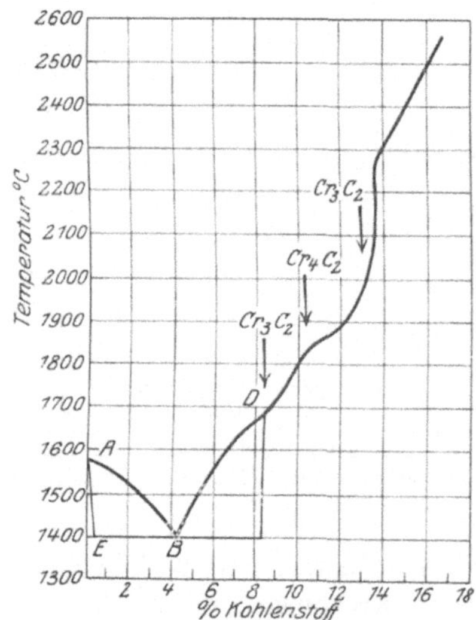

Abb. 131. Zustandsdiagramm Chrom-Kohlenstoff. (Ruff und Foehr.)

[1]) Met. 1907, 18.   [2]) Ir. st. Inst. 1910, I, 268.   [3]) Ir. st. Inst. 1921, II, 247.
[4]) Tohoku 1918, 217.   [5]) Ir. st. Inst. 1910, I, 246.

bei der Erhitzung und Abkühlung. Dieser Chromgehalt scheint A_3 zu erniedrigen, A_2 unverändert zu lassen und A_1 zu heben. Gleichzeitig vergrößert Chrom offenbar die Hysteresis, und zwar um so stärker, je höher der Kohlenstoffgehalt ist. Der Einfluß der Erhitzungstemperatur auf die Lage der Haltepunkte bei der Abkühlung erhellt aus den nachfolgenden Beispielen von Carpenter[1]).

% Chrom	% Kohlenstoff	Erhitzt auf ⁰ C	Ar_1
1,12	0,54	918	729
		1127	728
		1250	709
9,55	1,09	900	776
		1230	750

Demnach findet mit steigender Erhitzungstemperatur eine nicht sehr erhebliche Senkung statt. Edwards, Greenwood und Kikkawa[2]) untersuch-

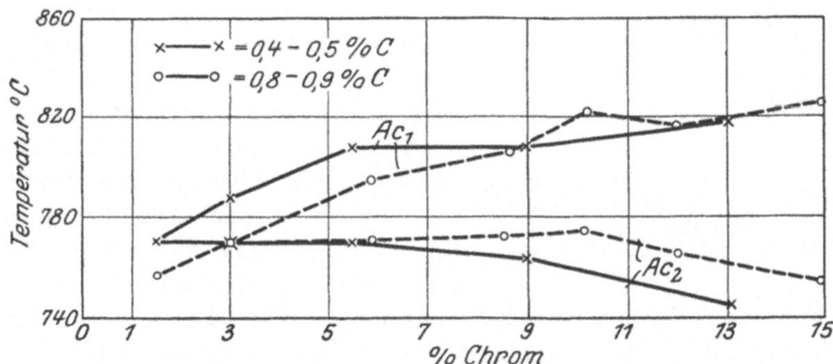

Abb. 132. Einfluß des Chroms auf Ac_1 und Ac_2. (Russell.)

ten die Abhängigkeit der Lage des Perlitpunktes von der Abkühlungsgeschwindigkeit in einem Stahl mit $0,63\%$ Kohlenstoff, $0,17\%$ Mangan, $0,07\%$ Silizium und $6,15\%$ Chrom und gelangten zu folgenden Ergebnissen:

Abkühlungsdauer von 836—546⁰		mittlere Geschwindigkeit ⁰/Sec	Ar_1
Min.	Sec.		
23	15	0,238	710—725
16	51	0,287	690—740
13	13	0,365	673—713
12	16	0,394	637
11	5	0,436	630
7	38	0,632	625

Hieraus geht deutlich hervor, daß Ar_1 mit steigender Geschwindigkeit sinkt, und zwar lehrt der Vergleich mit dem Verhalten der Kohlenstoffstähle, daß die zur Senkung von Ar_1 um einen erheblichen Betrag erforderliche Geschwindigkeit wesentlich niedriger ist, was man durch den Satz kennzeichnen könnte, daß die Härtbarkeit durch Chrom gesteigert wird. Mc. William und Barnes fanden, daß das Maximum der Intensität von A_1 in ihrer Legierungs-

---

[1]) Ir. st. Inst. 1905. I, 443.
[2]) Ir. st. Inst. 1916, Mai, s. a. St. E. 1916, 1019.

reihe mit 2% Chrom bei $0{,}65\%$ Kohlenstoff lag. Diese Tatsache legt die Vermutung nahe, daß im ternären Diagramm die vom Perlitpunkt im Eisenkohlenstoffdiagramm ausgehende Kurve nach links (niedrigeren Kohlenstoffgehalten)

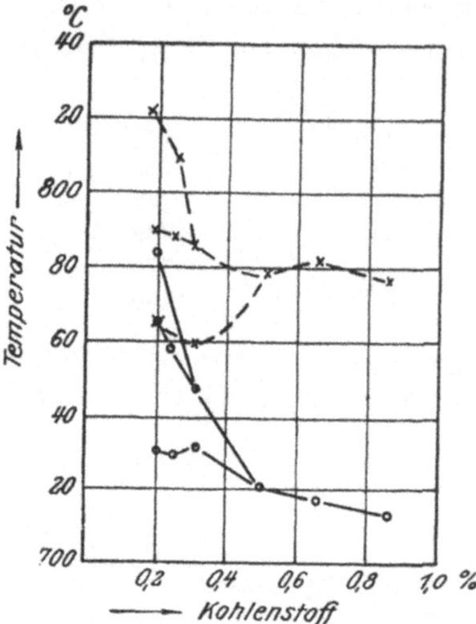

Abb. 133. Haltepunkte von 2%igem Chromstahl mit steigendem Kohlenstoffgehalt. (McWilliam u. Barnes). —— Abkühlung, - - - - - - Erhitzung.

einbiegt, der Stahl also bei um so niedrigeren Kohlenstoffgehalten übereutektoidisch wird, je höher der Chromgehalt ist, vgl. a. Abb. 137.

Das von Guillet[1]) entworfene Strukturdiagramm ist in Abb. 134 wiedergegeben. Innerhalb des perlitischen Gebietes sehen die Chromstähle den Kohlenstoffstählen durchaus ähnlich; nur sollen nach Osmond das Gesamtgefüge und der Perlit feiner sein. Es ist unbekannt, in welcher Form das Chrom zugegen ist. Es kann in diesen Stählen entweder als solches oder als Verbindung unbekannter Zusammensetzung oder als Karbid auf Ferrit und Zementit verteilt (in Lösung) sein. Die Verteilung des Chroms auf Karbid und Ferrit ergibt sich aus Abb. 135 nach Arnold und Read[2]). Die auf rückstandsanalytischem Wege gewonnenen Werte sind unabhängig von jeder

auf die Formel des Karbids bezüglichen Annahme. Wie schon oben bemerkt, ist es wahrscheinlich, daß diese Formel Cr_3C_2 lautet. Unter dieser Annahme berechnen

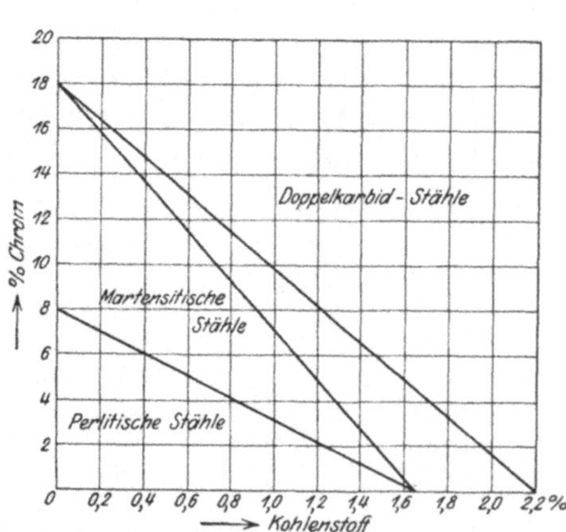

Abb. 134. Strukturdiagramm der Chromstähle. (Guillet.)

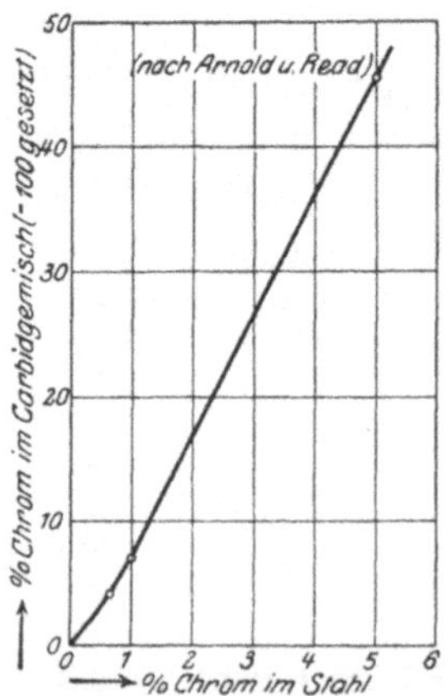

Abb. 135. Verteilung des Chroms auf Ferrit und Perlit. (Arnold und Read.)

Maurer und Schmidt[3]) nach Abb. 135 den auf Cr_3C_2 entfallenden Betrag an Chrom. Ein neuartiges Gebiet tritt uns in dem nach dem Vorgange Guillets mit Doppelkarbid bezeichneten Felde entgegen. Zwischen diesem und dem

---

[1]) All. Mét.　　[2]) Ir. st. Inst. 1911, 299.　　[3]) E. F. I. 1921, 2, 11.

perlitischen erstreckt sich nach Guillet noch ein martensitisches und ein Übergangsgebiet. Bereits Mars[1]) deutet an, daß die martensitischen Chromstähle nicht sehr stabil sind, vielmehr durch geeignete Wärmebehandlung (Glühen und langsame Abkühlung) in perlitische Stähle verwandelt werden können. Portevin[2]) zeigte, daß ein nach dem Guilletschen Diagramm martensitischer Stahl mit 0,12$^0/_0$ Kohlenstoff und 13$^0/_0$ Chrom perlitisch war, wenn er in 75 Stunden von 1300^0 auf 100^0 abgekühlt wurde, dagegen martensitisch, wenn die Abkühlung von 1100^0 auf 100^0 in 4 Stunden erfolgte. Den in geschmiedeten Stählen des Doppelkarbidgebietes punktförmig über das Gesichtsfeld verteilten weißen Gefügebestandteil hält wohl mit Recht Guillet deshalb für Doppelkarbid, weil seine Menge sich beim Zementieren vermehrt, und weil er durch Natriumpikrat wie Zementit schwarz gefärbt wird. Schreckt man Doppelkarbidstähle bei geeig-

neter Temperatur ab, so geht je nach der chemischen Zusammensetzung des Stahls der mit Doppelkarbid bezeichnete Gefügebestandteil unter Bildung von homogenen Mischkristallen entweder ganz oder teilweise in Lösung[3]). Über die Natur der Grundmasse in Chromstählen der betrachteten Gruppe bemerkt Mars, daß auch sie durch Glühen des Stahls und geeignete Abkühlung in den perlitischen Zustand überführt werden kann. Oberhoffer und Daeves[4]) gelang die Überführung des martensitischen in das perlitische Gefüge durch längeres Glühen bei einer wenig unter Ac$_1$ gelegenen Temperatur, also gewissermaßen

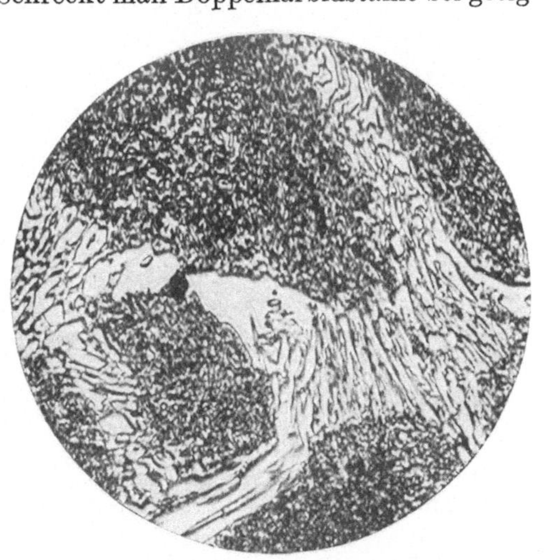

Abb. 136. Chromstahl aus dem Doppelkarbidfeld: etwa 1$^0/_0$ Kohlenstoff, 15$^0/_0$ Chrom; nicht geschmiedet. Ätzung II, x 900.

durch Anlassen. Immerhin beweist die Leichtigkeit, mit der das martensitische Gefüge in Chromstählen entsteht und die Schwierigkeit, mit der es sich beseitigen läßt, daß das Chrom den Zerfall der festen Lösung nach tiefen Temperaturgebieten zu verschleppen bestrebt ist, also eine härtende Wirkung ausübt, und daß die Wirkungsweise dieses Elementes von der des Mangans und des Nickels nur dem Grade nach verschieden ist.

Das Doppelkarbidfeld kann mit F. Fettweis[5]) in der Weise erklärt werden, daß durch Chrom die Sättigungsgrenze des Eisens für Kohlenstoff wesentlich erniedrigt wird, daß daher in chromhaltigen Legierungen bei weit niedrigeren Kohlenstoffgehalten bereits Ledeburit auftritt als in chromfreien, wo dies ja erst über 1,7$^0/_0$ der Fall ist. Ein Stahl mit 0,8$^0/_0$ Kohlenstoff und 14$^0/_0$ Chrom zeigt bereits erhebliche Mengen Ledeburit bzw. eines diesem

<hr>

[1]) Spezialstähle.   [2]) C. R. 1911, 64; St. E. 1911, 2115.
[3]) Vgl. a. Monypenny, St. E. 1920, 271.
[4]) St. E. 1920, vgl. a. Strauß und Maurer, Kruppsche Monatsh. 1920, 129.
[5]) St. E. 1912, 1866.

analog aufgebauten Eutektikums, wie aus Abb. 136 hervorgeht. Damit läßt sich auch die von Guillet und anderen gemachte Beobachtung leicht erklären, daß das sogenannte Doppelkarbid beim Erhitzen des Stahls nicht vollständig in feste Lösung geht, wie dies für den übereutektoidischen Zementit der Fall ist. Es muß allerdings berücksichtigt werden, daß Guillets Beobachtungen an geschmiedeten Proben durchgeführt wurden, in denen der Ledeburit nicht mehr in der ursprünglichen Anordnung vorhanden war. Es ist übrigens bemerkenswert und für die Kennzeichnung aller sogenannten Doppelkarbidstähle wesentlich, daß diese Stähle nach der hier vertretenen Auffassung in Wirklichkeit Roheisen, und zwar offenbar schmiedbares, weißes Roheisen, darstellen, wenn im Sinne des Zustandsdiagramms der Eisen-Kohlenstoff-Legierungen alle Legierungen ohne Ledeburit schmiedbares Eisen, mit Ledeburit Roheisen genannt werden. Faßt man in diesem Sinne die chromhaltigen Eisen-Kohlenstoff-Legierungen auf und bringt man hiermit das von Goerens und Stadeler gesammelte Material in Verbindung, so ergibt sich, daß das ternäre System Eisen-Chrom-Kohlenstoff in groben Zügen und innerhalb eines gewissen Konzentrationsintervalls, dessen Grenzen allerdings noch zu ermitteln wären, dem der Eisen-Mangan-Kohlenstofflegierungen prinzipiell ähnlich ist. Das heißt, daß im wesentlichen zwei Gebiete bestehen. Das erste, die linke untere Ecke eines Dreieckskoordinatensystems einnehmende Gebiet, ist das eines ternären Mischkristalls,

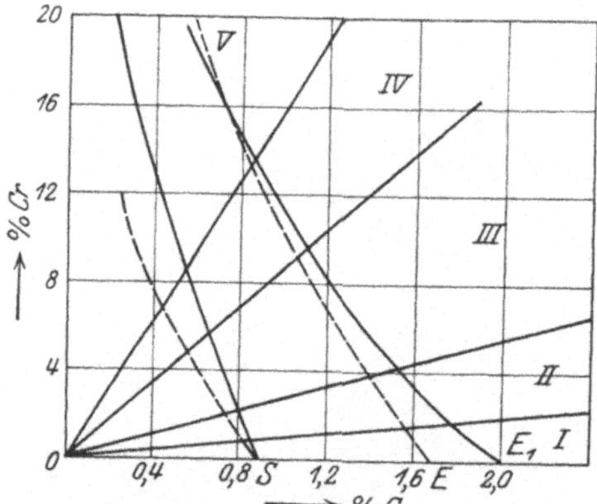

Abb. 137. Eisenecke des ternären Diagramms Eisen-Chrom-Kohlenstoff. ----- Murakami. —— Russell.

der in bekannter Weise zerfällt, ohne zur Bildung eines prinzipiell neuen Bestandteils Anlaß zu geben. Das zweite Gebiet ist das der schon erwähnten chromhaltigen Roheisen, die sich gleichfalls prinzipiell vom chromfreien, weißen Roheisen nicht unterscheiden. Beide Gebiete trennt eine Raumkurve, die der Verschiebung der Löslichkeit des Kohlenstoffs im Eisen durch Chrom entspricht, und die nach dem oben Gesagten nach links abbiegt. Oberhoffer und Daeves[1]) haben auf mikroskopischem Wege diese Kurve in erster Annäherung zu ermitteln versucht. Zwei Faktoren beeinträchtigten die Zuverlässigkeit der Beobachtungen. Infolge der später zu besprechenden Erscheinung der sogenannten Kristallseigerung kann Eutektikum bei zu niedrigen Konzentrationen beobachtet werden. Ferner ist bei der Beobachtung eine Verwechslung von proeutektoidem Zementit mit Ledeburit möglich. Die Löslichkeitslinie würde durch diese beiden Faktoren nach links verschoben erscheinen. Russels[2]) Versuche sprechen in der Tat für einen solchen Verlauf, doch kann die Frage noch nicht als geklärt gelten. Die Russelschen Ergebnisse sind in Abb. 137 eingetragen. Hiernach würden also in Wirklich-

---

1) St. E. 1920, 1515.   2) St. E. 1922, 430.

keit zwei Kurven bestehen, und zwar je eine Kurve der Verschiebung des Perlitpunktes bzw. des Punktes E.

Des weiteren hat sich Murakami[1]) mit dieser Frage beschäftigt und dabei versucht, der Natur der Karbide näher zu kommen. Der von Murakami gefundene Verlauf der Perlit- und der E-Linie (vgl. Abb. 137) stimmt mit dem Russelschen ziemlich gut überein. Die Einteilung des Diagramms in die mit I bis V bezeichneten Gebiete soll der wechselnden Natur der Karbide Ausdruck verleihen. Murakami teilt die bei 900^0 geglühten und langsam durch das Temperaturgebiet um 700^0 abgekühlten Legierungen in folgende 5 Gruppen ein:

1. Legierungen mit 3 Umwandlungen bei 700, 210^2), $150^{0\,3}$), bestehend aus $Fe + Fe_3C + \alpha$-Doppelkarbid.
2. Legierungen mit 2 Umwandlungen bei 700 und $150^{0\,3}$), bestehend aus $Fe + \alpha$- und β-Doppelkarbid.
3. Legierungen mit 1 Umwandlung bei 700^0, bestehend aus $Fe + \beta$- und α-Doppelkarbid.
4. Legierungen, bei denen Ar_1 herabgedrückt ist, bestehend aus $Fe + \gamma + Cr_4C$.
5. Legierungen nur mit A_2-Umwandlung, bestehend aus $(Fe + Cr) + (Cr_4C + Cr)$.

Diese Stähle sind martensitisch, sehr langsame Abkühlung durch 700^0 ergibt freies Karbid.

Wenn Legierungen mit Cr_4C über A_1 erhitzt werden, geht folgende Veränderung vor sich: $2\,Cr_4C \rightleftharpoons Cr_3C_2 + 5\,Cr$. Je höher die Temperatur ist, desto schneller verläuft die Reaktion von links nach rechts.

Es werden für α-, β- und γ-Doppelkarbid[4]) folgende Formeln vorgeschlagen:

α-Doppelkarbid: $(Fe_3C)_{18}Cr_4C$ mit $6,01^0/_0$ Cr, $87,4^0/_0$ Fe, $6,59^0/_0$ C.

β-Doppelkarbid: $(Fe_3C)_9Cr_4C$ mit $11,3^0/_0$ Cr, $82,18^0/_0$ Fe, $6,52^0/_0$ C. Vorgang: $2\,(Fe_3C)_9Cr_4C = (Fe_3C)_{18}Cr_4C + Cr_4C$.

γ-Doppelkarbid: $Fe_3C \cdot Cr_4C$ mit $52^0/_0$ Cr, $42^0/_0$ Fe und $6^0/_0$ C. Vorgang: $9\,Fe_3C \cdot Cr_4C = (Fe_3C)_9 \cdot Cr_4C + 8\,Cr_4C$.

Bei normaler Abkühlung kommen diese Bestandteile zusammen vor, aber bei schneller Abkühlung haben die Komponenten nicht genügend Zeit, sich zu entwickeln, und die Umwandlung wird herabgedrückt. Die Selbsthärtung eines Chromstahles beruht also auf dem Herabdrücken oder der vollständigen Unterdrückung von Ar_1. Die Härte wird durch die feste Lösung Cr_3C_2 im Eisen hervorgerufen. Bei normalem Umwandlungspunkt zeigen die Stähle Troostit oder Perlit, die mit niedriger Umwandlung Martensit. Bei vollständiger Unterdrückung der Umwandlung sind die Stähle austenitisch.

Schließlich haben neuerdings Oberhoffer, Daeves und Rapatz[5]) den Verlauf der E-Linie nachgeprüft. Ihre Ergebnisse sind in Abb. 138 veranschaulicht. Wie man sieht, weicht der Verlauf der E-Linie wenig ab von den in Abb. 137 dargestellten.

---

[1]) St. E. 1920, 988. [2]) Magnetische Umwandlung des Zementits.

[3]) Magnetische Umwandlung des Doppelkarbides.

[4]) Weitere Aufschlüsse hierüber und im Sinne gleicher Auffassung vgl. Matushita, Tohoku 1920, 243. [5]) St. E. 1924, 432.

Die Doppelkarbide werden nach Murakami durch Natriumpikrat mit Ausnahme von α-Karbid nicht gefärbt. Ein Ätzmittel aus 10 g Kaliumferrizyanid und 10 g Kalilauge in 100 ccm Wasser färbt γ-Doppelkarbid in 10 bis 20 Sek. braun und bei längerer Einwirkung blau bis gelb. Dabei werden α-, β-Doppel-

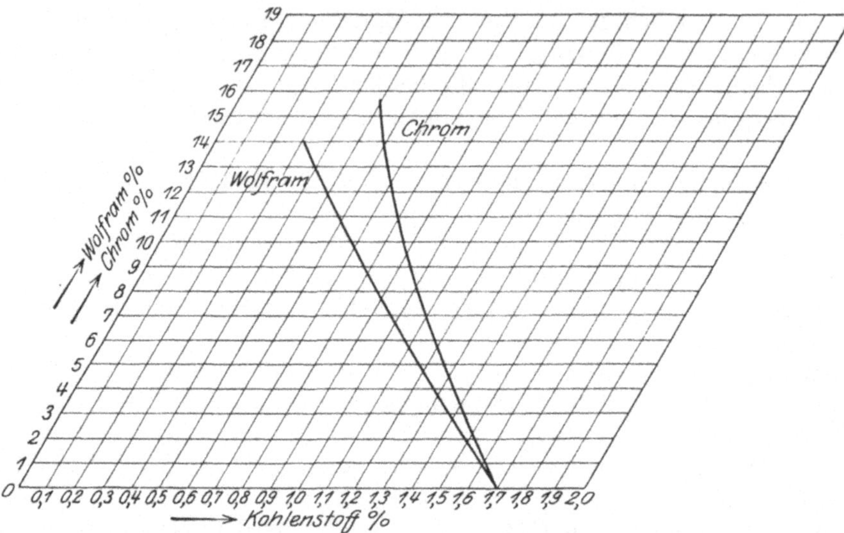

Abb. 138. Eisenecke des ternären Diagramms Eisen-Chrom bzw. Wolfram-Kohlenstoff.
(Oberhoffer, Daeves und Rapatz.)

karbid und Zementit braun gefärbt, jedoch weniger intensiv als mit Natriumpikrat. Daeves[1]) empfiehlt als bestes Karbidätzmittel für Chrom- und Wolframstähle eine Lösung von 20 g Ferrizyankali, 20 g Natronlauge in 100 g Wasser. Kalt angewandt eignet es sich zur Entwicklung der karbidischen Bestandteile jenseits des Punktes E, heiß dagegen zur scharfbegrenzten Färbung des sekundären (proeutektoidischen) Zementits sowie der Zementitlamellen des Perlits in Wolframstählen.

12. Eisen und Wolfram.

Der von 0 bis 18$^0/_0$ Wolfram reichende Teil des Zustandsdiagramms der Eisen-Wolframlegierungen ist von Harkort[2]) ermittelt worden. Die Schwierigkeiten bei der Herstellung gut durchgemischter homogener Legierungen waren sehr groß. Nach Harkorts Ergebnissen (Abb. 139) löst sich innerhalb des untersuchten Konzentrationsgebietes das Wolfram im flüssigen und im festen Eisen. Bis zu einem Gehalte von 5$^0/_0$ würde der Schmelzpunkt schwach erhöht, darüber hinaus erniedrigt werden. Auch die Umwandlung der δ- in die γ-Mischkristalle konnte Harkort noch bei einem Gehalte von 0,75$^0/_0$ Wolfram, allerdings um 50^0 erniedrigt, finden. Die $\gamma \longrightarrow \beta$-Umwandlung wird durch Wolfram erhöht, während die $\beta \longrightarrow \alpha$-Umwandlung konstant bleibt. Dieser Umstand sowie das Ergebnis der mikroskopischen Untersuchung veranlassen Harkort zur folgenden, auch von Bornemann[3]) vertretenen, jedoch zunächst noch hypothetischen Deutung:

---

[1]) St. E. 1921, 1262.   [2]) Met. 1907, 617.   [3]) Met. 1912, 384.

der Ast A B stellt die Ausscheidung von reinem Wolfram oder wahrscheinlicher von einer Eisen-Wolframverbindung noch unbekannter Zusammensetzung dar, die Horizontale A C, die experimentell zwar nicht gefunden, deren Existenz jedoch die vorliegende Deutungsweise verlangen würde, bedeutet die Ausscheidung von β-Eisen. Der Punkt A wäre demnach als ein auf die Nullpunktsordinate verschobener eutektischer Punkt aufzufassen. Wie erwähnt, bestätigte die mikroskopische Untersuchung diese Auffassung. Es traten zwei Ge-

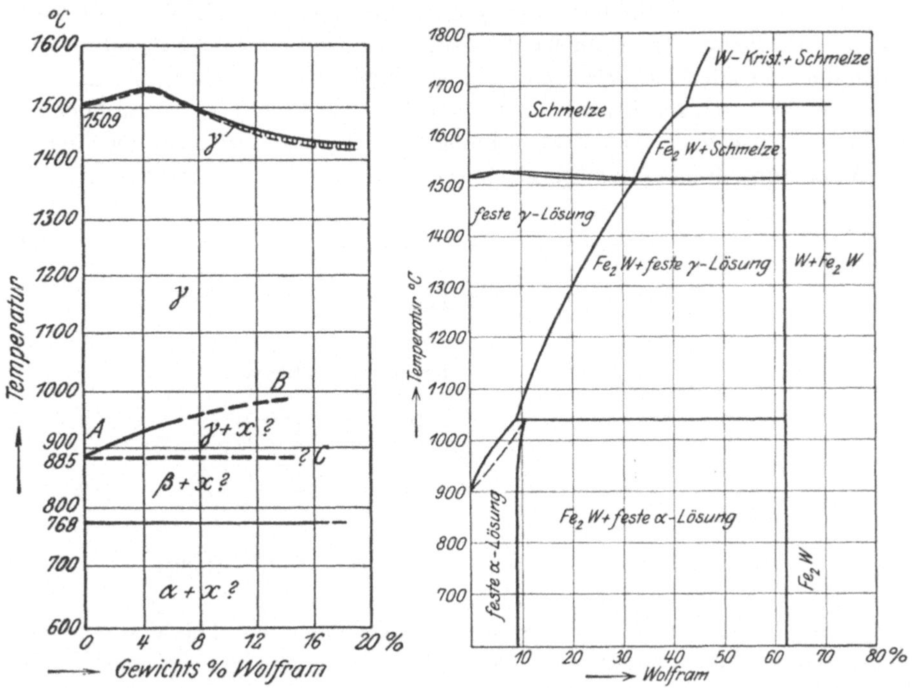

Abb. 139. Zustandsdiagramm Eisen-Wolfram. (Harkort, Bornemann.)　　Abb. 140. Zustandsdiagramm der Eisen-Wolfram Legierungen. (Ozawa.)

fügebestandteile in den erkalteten Legierungen auf, und durch Abschrecken der Legierungen oberhalb der Linie A B war es möglich, die problematische Eisen-Wolframverbindung wenigstens teilweise in Lösung überzuführen. Letzteres wäre als Beweis dafür aufzufassen, daß die Verbindung sich langsam löst.

Ein neues Diagramm des Systems Eisen-Wolfram ist von Ozawa[1]) aufgestellt worden und in Abb. 140 wiedergegeben. Hiernach löst sich Wolfram bis zu einem Gehalt von $33^0/_0$ im γ-Eisen. Von 0 bis etwa $10^0/_0$ steigt die Schmelzkurve schwach an, um dann von 10 bis $33^0/_0$ wieder bis auf 1510° zu sinken. Von 33 bis $42^0/_0$ Wolfram scheidet sich primär die Verbindung Fe_2W, über $42^0/_0$ wahrscheinlich reines Wolfram aus der Schmelze aus. Letzteres reagiert bei Gehalten über $42^0/_0$ und bei 1660° mit der Schmelze unter Fe_2W-Bildung. Zwischen 33 und $61^0/_0$ findet die Erstarrung ihr Ende durch Ausscheidung des gesättigten Mischkristalls. Es wird angenommen, daß die Löslichkeit des

---

[1]) Tohoku, 1922, 333.

γ-Eisens für Fe_2W sich mit sinkender Temperatur vermindert und dieses demnach ausgeschieden wird. α-Eisen löst etwa $9\,^0/_0$ Wolfram. Bei etwa 1030^0 soll sich der γ-Mischkristall mit Fe_2W zum α-Mischkristall umsetzen. Zwischen 0 und $9\,^0/_0$ Wolfram vollzieht sich die auf dilatometrischem Wege gemessene Umwandlung des γ- in den α-Mischkristall, wobei das Temperaturintervall der Umwandlung mit steigendem Wolframgehalt steigt. Die magnetische Umwandlung wird durch Wolfram nicht beeinflußt.

Wolfram bildet Karbide von großer Stabilität. Ruff und Wunsch[1]) haben das System Wolfram-Kohlenstoff eingehend untersucht und die Existenz der Karbide W_3C, WC und wahrscheinlich auch W_2C festgestellt. Festes Wolfram löst weniger als $0{,}12\,^0/_0$ Kohlenstoff. W_3C und Wolfram bilden bei $1{,}4\,^0/_0$ Kohlenstoff ein bei 2690^0 schmelzendes Eutektikum. Ein zweites, von den Verfassern als metastabil ternär bezeichnetes Eutektikum mit $2{,}4\,^0/_0$ Kohlen-

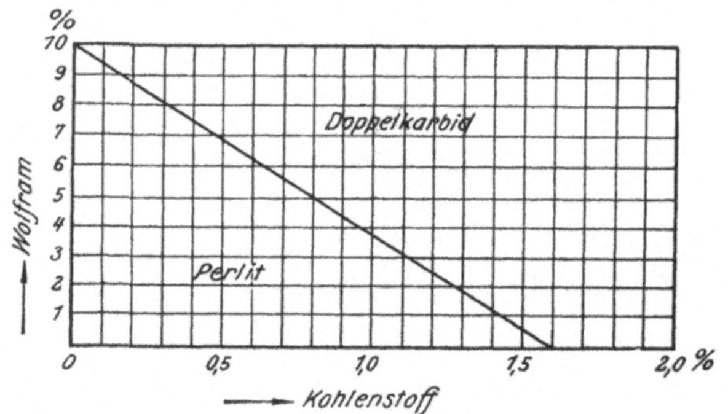

Abb. 141. Strukturdiagramm der Wolframstähle. (Guillet.)

stoff würde aus den drei obengenannten Karbiden bestehen und bei 2660^0 schmelzen, endlich ein drittes mit etwa $3{,}5\,^0/_0$ Kohlenstoff aus WC und W_2C (?) bei 2580^0.

Das von Guillet[2]) entworfene Strukturdiagramm Abb. 141 ist prinzipiell ähnlich dem der Chromstähle, nur fehlt das martensitische Gebiet, und Wolfram wirkt etwa doppelt so stark wie Chrom, d. h. zur Bildung eines doppelkarbidhaltigen Stahls ist nur etwa die Hälfte des hierzu in Chromstählen erforderlichen Prozentsatzes nötig. Das Gefüge der perlitischen Wolframstähle unterscheidet sich in keiner Weise von dem der Kohlenstoffstähle, wie außer dem Guilletschen insbesondere die Swindenschen[3]) Untersuchungen lehrten, nur sind sowohl Gesamtgefüge als auch Perlitgefüge bedeutend feiner. Es ist noch nicht sicher bekannt, in welcher Form sich Wolfram in diesen Stählen auf Ferrit und Zementit verteilt. Die Guilletschen Befunde können nur als erste Annäherung gelten.

Oberhoffer und Daeves[4]) versuchten die Beeinflussung der Löslichkeit des Kohlenstoffs im Eisen durch Wolfram festzustellen. Es gelten für diese Arbeit die gleichen Einschränkungen wie für die Chromstähle. Hierzu kommt aber, daß das Eutektikum, wenigstens von gewissen Wolframgehalten an (etwa $10\,^0/_0$)

[1]) An. Chem. 1914, 85, 293. [2]) All. Mét.
[3]) Ir. st. Inst. 1907, I, 291; 1909, II, 223. [4]) a. a. O.

nicht binärer, sondern ternärer Natur zu sein scheint[1]). Portevin sowie Honda und Murakami[2]) beschäftigten sich eingehend mit dem Gefüge der Wolframstähle. Ersterer tritt für die Existenz von Fe_2W neben Wolframferrit und Wolframzementit ein, einem nadelförmigen, durch Natriumpikrat färbbaren Bestandteil, letztere bestätigen die Existenz von Fe_2W und stellen die Färbbarkeit durch das von Murakami angegebene Ätzmittel für Chromkarbide fest. Fe_2W erscheint nach den letztgenannten Verfassern über 12% Wolfram in globularer Form. Sie stellen ferner das Karbid WC fest. Sehr ausführlich beschäftigt sich Hultgren[3]) mit der Konstitution der Wolframstähle und gelangt zur Aufstellung eines Strukturdiagramms, das er selber als Versuch bezeichnet.

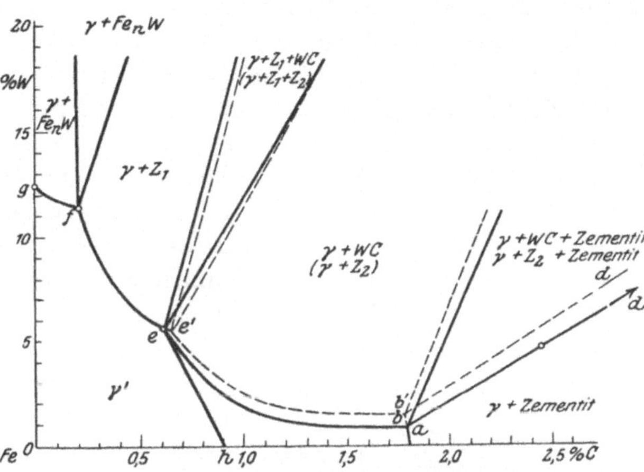

Abb. 142. Eisenecke des ternären Zustandsdiagramms Eisen-Wolfram-Kohlenstoff. (Hultgren.)

Es genügt die Wiedergabe des unteren Teils von Hultgrens Diagramm (Abb. 142). Die nachfolgende Tabelle gibt ferner Aufschluß über Zusammensetzung, Aussehen und Eigenschaften der vermuteten Verbindungen, deren Zahl, wie ersichtlich, weit über die bisher vermuteten hinausgeht. Die Gerade h e in Abb. 142

Verbindung	Zusammensetzung	Aussehen	Form	Härte	Verhalten gegen Pikrat	beim Anlassen
$Fe_n W$	wahrscheinlich Fe_2W	weiß	Körner mit zerrissenen Konturen	hart	wird braun gefärbt	ziemlich beständig
Z 1	$Fe_2 W_2C$ (?)	,,	rundliche Körner, auch farnkrautartige Kristalle gut	,,	wird gefärbt	,, ,,
Z 2	C-reicher als Z 1	,,	ausgebildete Kristalle, mitunter mit Zwillingsbildung	,,	wird gefärbt u. allmählich angefressen	,, ,,
T	Doppelkarbid	,,	—	,,	wird gefärbt	rascher anlaufend
Zementit	$Fe_3 C$ mit gelöstem W (und C?)	,,	wie Fe_3C	,,	,,	noch rascher anlaufend, aber schwächer als Fe_3C
X	W C	grauweiß	unter günstigen Bedingungen eckige Kristalle	härter als Korund	wird nicht gefärbt	sehr beständig
Wolframkarbid	vermutlich W_3C	weiß	—	hart	,, ,, ,,	beständig

wäre die Beeinflussung der Perlitkonzentration durch Wolfram, und der Linienzug a b e f g, von dem der Teil a b e am sichersten festliegt, würde die Gleichgewichte Austenit einerseits und die stabilen Verbindungen Zementit, WC, Z_1 und Fe_nW anderseits darstellen. Die gestrichelten Kurven entsprechen den Gleichgewichten mit der metastabilen Kristallart Z_2, die nur aus dem Schmelzfluß, nie durch Abscheidung aus dem festen Austenit entsteht und bei hoher Temperatur leicht in WC und Austenit zerfällt. Im übrigen ist das Diagramm als Konzen-

---

[1]) St. E. 1924, 432.   [2]) St. E. 1920, 1677.
[3]) Chapman und Hall, London 1920, St. E. 1921, 1775.

trations-Strukturdiagramm leicht verständlich. Die hier nicht erwähnten Verbindungen fallen in das Gebiet höherer W-Konzentrationen, für das auf das Volldiagramm im Original verwiesen wird.

Ein weiterer von Ozawa[1]) stammender Versuch, das ternäre System Fe—W—C zu erforschen, ist in Abb. 143 dargestellt. Das Diagramm wäre hiernach vom einfachen Typus Fe—P—C. Das ternäre Eutektikum enthält nach Ozawa 15% Wolfram und 3,6% Kohlenstoff[2]). Im übrigen ist das Diagramm an Hand der dem System Fe—P—C beigegebenen Erläuterungen leicht verständlich. Um den räumlichen Verlauf der Fläche primärer Erstarrung Fe A B C zu kennzeichnen, sind in Abb. 143 die experimentell ermittelten Isothermen eingezeichnet. Schließlich sei noch erwähnt, daß Oberhoffer, Daeves und Rapatz[3]) in ähnlicher Weise wie für Chromstähle auch für Wolframstähle die Grenze der Karbidlöslichkeit (Punkt E) kontrolliert haben. Ihre Ergebnisse sind in Abb. 138 dargestellt.

Unter sonst gleichen Bedingungen scheint Ar_1 mit steigendem Wolframgehalt erniedrigt zu werden, wie die Untersuchungen von Osmond[4]) und von Böhler[5]) lehren und wie auch Daeves[3]) fand. Indessen liefern die Angaben dieser Forscher kein eindeutiges Bild. Wie bei den meisten Spezialstählen sind die Beziehungen zwischen der Abkühlungsgeschwindigkeit und der Lage der Haltepunkte bisher zu wenig berücksichtigt worden. So stellte Hultgren[6]) auf Grund sehr sorgfältiger Untersuchungen eine Erhöhung von Ar_1 um 10^0 für 1% Wolfram fest.

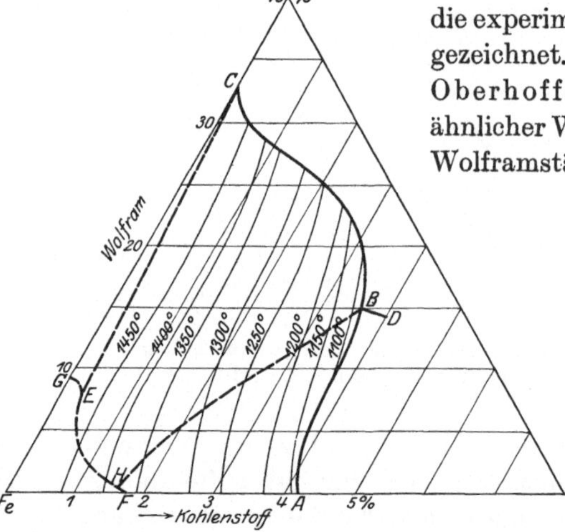

Abb. 143. Ternäres Zustandsdiagramm Eisen-Wolfram-Kohlenstoff. (Ozawa.)

Über die den Wolframstählen typische Beeinflussung der Haltepunkte durch die Erhitzungstemperatur, insbesondere die Spaltung des Perlitpunktes, sowie die hierdurch bedingten Gefügeverhältnisse ist an anderer Stelle bereits berichtet worden. Erhöhte Erhitzungstemperatur bzw. wenig beschleunigte Abkühlung genügen in Wolframstählen, um die härtende Wirkung zu erzeugen, die in Kohlenstoffstählen nur durch Abschrecken, also sehr stark beschleunigte Abkühlung, möglich ist. Diese Wirkung steigt mit dem Wolframgehalt an. Hultgren[7]) entwickelt eine etwas abweichende Anschauung über den Zusammenhang zwischen Gefüge und Haltepunkten. Vorausgeschickt sei, daß

---

[1]) a. a. O.
[2]) Der Verlauf der gestrichelten Linie HB kann theoretisch nicht der von Ozawa angedeutete sein. Diese Linie muß vielmehr gerade verlaufen, da sie die Schnittlinie zweier Regelflächen darstellt.
[3]) St. E. 1924, 432.   [4]) Ir. st. Inst. 1903, II, 14.
[5]) Wolfram- und Rapidstahl: Wien 1904.   [6]) a. a. O.   [7]) a. a. O.

er auf Grund seiner Beobachtungen die Bildung von sogenanntem Sekundär-Ferrit bei 475 bis 525° in Stählen mit mindestens 1 °/₀ Wolfram annimmt, die mit mäßiger Geschwindigkeit abgekühlt werden. Der Grund für das Auftreten des Sekundär-Ferrits ist das Vorhandensein eines zweiten Maximums des Kristallisationsvermögens (K. Z und K. G, vgl. Kristallisation) in dem angegebenen Temperaturintervall. Hultgren zeigte, daß auf einer Abkühlungskurve mit hoher Anfangstemperatur folgende fünf Umwandlungen als Haltepunkte oder Verzögerungen auftreten können:

1. Abscheidung überschüssigen Ferrits oder Zementits (A_3 für Ferrit),
2. Meist unvollständige Perlitbildung, beginnt bei erniedrigter Temperatur, endet bei etwa 600° (Ar_1 vielleicht Ar''),
3. Ausscheidung von Sekundär-Ferrit (Ar''),
4. Zerlegung des restlichen Austenits ganz oder teilweise ⎫ (Ar'''?).
5. Umwandlung des restlichen Austenits ganz oder teilweise ⎭

Anfangstemperatur und Abkühlungsgeschwindigkeit sowie Gehalt an Kohlenstoff und Wolfram entscheiden darüber, welche Punkte auftreten.

13. Eisen und Molybdän.

Nach Lautsch und Tammann[1]) bildet Molybdän wahrscheinlich mit Eisen eine Verbindung X, die durch geringe Bildungs- und Zersetzungsgeschwindigkeit gekennzeichnet ist. Hohe Herstellungstemperatur (2300°) begünstigt die Bildung der Verbindung. Bei Abwesenheit der Verbindung (niedrige Herstellungstemperatur) bildet Molybdän bis zu einem Gehalte von etwa 30 °/₀ Mischkristalle mit Eisen. In diesem Falle (bei Abwesenheit der Verbindung) scheint sich auch Eisen bis zu einem gewissen Prozentsatz im Molybdän zu lösen. Die Molybdänverbindung X wäre weder im Eisen noch im Molybdän löslich. Unter den normalen Herstellungsbedingungen würde keiner der beiden Fälle vorliegen, und nur an Hand eines ternären Diagrammes (für das auf die erwähnte Originalarbeit verwiesen wird), läßt sich die Konstitution der Eisenmolybdänlegierungen darstellen.

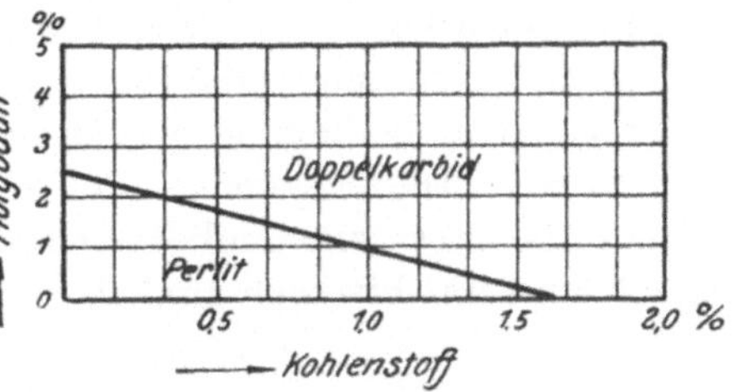

Abb. 144. Strukturdiagramm der Molybdänstähle. (Guillet.)

Für ziemlich weitgehende Löslichkeit des Molybdäns im festen Eisen sprechen jedenfalls die mikroskopischen und thermischen Untersuchungen von Molybdänstählen. Lautsch und Tammann stellten fest, daß bei 1 °/₀ Molybdän die kritischen Punkte des Eisens bereits verschwunden waren. Als nicht unwahrscheinliche Folgerung aus den Untersuchungen an Molybdänstählen ergibt sich jedoch, daß selbst bei viel höheren Molybdängehalten diese Umwandlungspunkte noch auftreten müssen.

Die Beziehungen von Molybdän zu Kohlenstoff sind bisher nicht untersucht worden. Es ist aber wahrscheinlich, daß Molybdän wie Chrom und Wolfram ein oder mehrere stabile Karbide bildet. Ein ternäres Zustandsdiagramm der Eisenkohlenstoff-Molybdänlegierungen ist ebenfalls bisher nicht aufgestellt

---

[1]) An. Chem. 1907, **55**, 386.

worden. Immerhin geben die Untersuchungen von Guillet[1]) und von Swinden[2]) bis zu einem gewissen Grade einen Einblick in den Aufbau der Molybdänstähle. Das Gefüge der langsam abgekühlten Molybdänstähle unterscheidet sich innerhalb des untersuchten Konzentrationsgebietes (bis 1,3% Kohlenstoff und bis 8% Molybdän) dem Wesen nach nicht von dem der Kohlenstoffstähle, d. h. je nach dem Kohlenstoffgehalt sind die Stähle untereutektoidisch, eutektoidisch bzw. übereutektoidisch. Während in molybdänfreien Stählen die Grenze zwischen unter- und übereutektoidischem Gefüge bei 0,9% Kohlenstoff liegt, sinkt dieser Gehalt mit steigendem Molybdängehalt, und zwar soll er bei 8% Molybdän bei etwa 0,4% Kohlenstoff liegen. Die Gefügebestandteile Ferrit, Perlit und Zementit sind dieselben wie die der reinen Eisenkohlenstofflegierungen, wenn auch ihre Ausbildungsform mit steigendem Molybdängehalt etwas modifiziert wird. Da demnach in den Molybdänstählen ein neuer Gefügebestandteil nicht auftritt, muß angenommen werden, daß das Molybdän in irgendeiner Form (vgl. Chrom) auf Ferrit und Zementit verteilt ist.

In einem gewissen Widerspruch mit den Swindenschen Beobachtungen stehen die Guilletschen, nach denen zwei Gefügefelder entsprechend Abb. 144, ein perlitisches und ein doppelkarbidisches unterschieden werden. Dieser Widerspruch läßt sich aber auch hier wie bei Chrom und Wolfram durch die Annahme lösen, deren Berechtigung ja auch nachgewiesen wurde, daß das Doppelkarbid nichts anderes als ein dem Ledeburit analoger Bestandteil ist und die Sättigungskonzentration der Mischkristalle für Kohlenstoff auch durch Molybdän erniedrigt wird. In dieser Hinsicht würde also Molybdän noch wesentlich stärker als Wolfram wirken.

Auch thermisch verhalten sich die von Swinden untersuchten Stähle unter gewissen Bedingungen genau wie die molybdänfreien Eisenkohlenstofflegierungen. Die Ergebnisse der Haltepunktsbestimmungen von Swinden sind in Abb. 59 veranschaulicht und an dieser Stelle bereits besprochen worden. Molybdän wirkt hiernach ähnlich, nur erheblich stärker als Wolfram.

14. Eisen und Vanadium.

Vogel und Tammann[3]) stellten das in Abb. 145[4]) wiedergegebene Zustandsdiagramm der Eisen-Vanadiumlegierungen auf. Danach sind beide Metalle im flüssigen und im festen Zustande vollkommen ineinander löslich. Die Schmelzkurve weist bei 31,5% Vanadium ein Minimum auf. Diese Legierung erstarrt und schmilzt also bei 1435° wie ein reiner Körper. 1% Vanadium erniedrigt im Konzentrationsgebiet 0 bis 30% Vanadium die mittlere Schmelztemperatur durchschnittlich um 3°. Der Einfluß des Vanadiums auf die Umwandlungspunkte des Eisens ist von Vogel und Tammann nicht ermittelt worden.

Ein ternäres Zustandsdiagramm der Eisen-Vanadium-Kohlenstofflegierungen existiert nicht. Es ist noch nicht sicher erwiesen, ob Vanadium die Graphitbildung fördert oder hemmt; letzteres scheint wahrscheinlicher zu sein.

---

[1]) All. Mét.   [2]) Ir. st. Inst. 1911, C. Scm. **3**, 66, sowie Ir. st. Inst. 1913. I, 100.
[3]) An. Chem. 1908, **58**. 79.   [4]) Aus P. Goerens, Metallographie, 2. Aufl.

Das Guilletsche[1]) Strukturdiagramm, Abb. 146, unterscheidet außer einem rein perlitischen Feld ein solches von Perlit + Karbid und ein Karbidfeld. Tech-

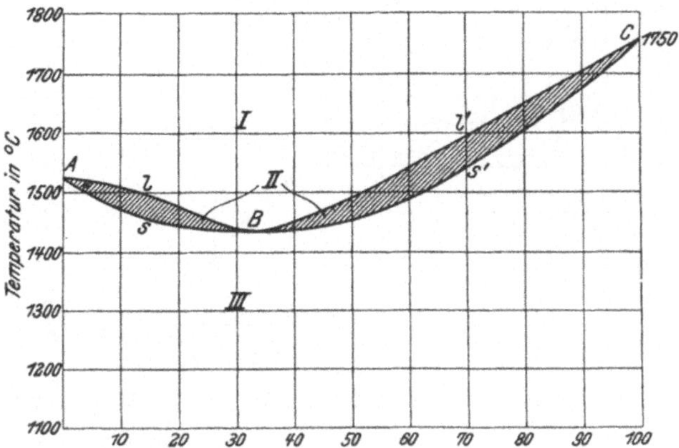

Abb. 145. Zustandsdiagramm Eisen-Vanadium. (Vogel und Tammann.)

nisch wichtig ist jedoch nur das erstere. Hier verteilt sich das Vanadium auf Ferrit und Zementit, d. h. die Stähle dieser Gruppe unterscheiden sich in keiner Weise von den vanadiumfreien. Abb. 147 zeigt, daß $0,2\%$ Vanadium die Haltepunkte der Eisenkohlenstoff-Legierungen kaum beeinflussen (nach Mc William und Barnes[2]). Portevin[3]) fand die in Abb. 148 dargestellte Beeinflussung von Ar_1 und Ac_1 durch Vanadium. Hiernach scheint bei niedrigem Kohlenstoffgehalt ($0,2\%$) Ar_1 zu sinken, Ac_1 zu steigen, während bei

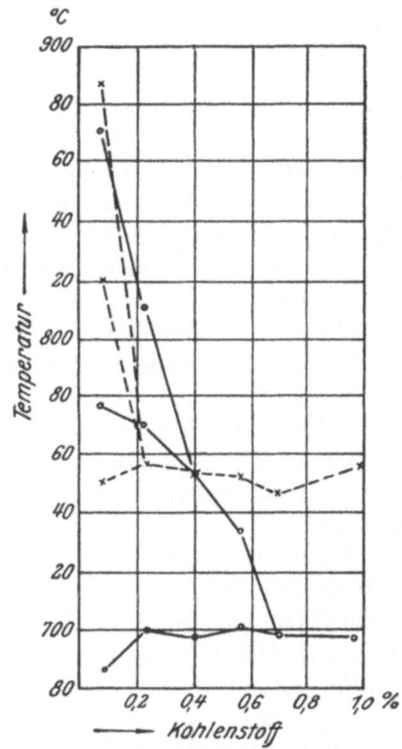

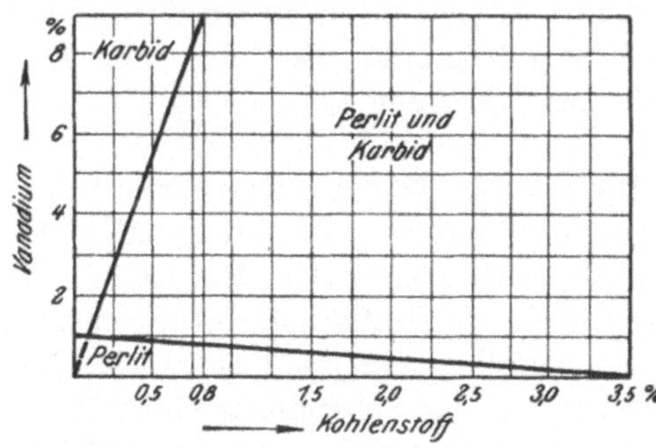

Abb. 146.   Strukturdiagramm der Vanadiumstähle.   (Guillet.)

Abb. 147. Haltepunkte von $0,2\%$igen Vanadiumstählen mit steigendem Kohlenstoffgehalt. (Mc William und Barnes.) o ——— Abkühlung, x - - - - Erhitzung.

---

1) All. Mét.   2) Ir. st. Inst. 1911, I, 294.
3) Rev. Mét. 1909, 1354; vgl. a. Pütz, Met. 1906, 635.

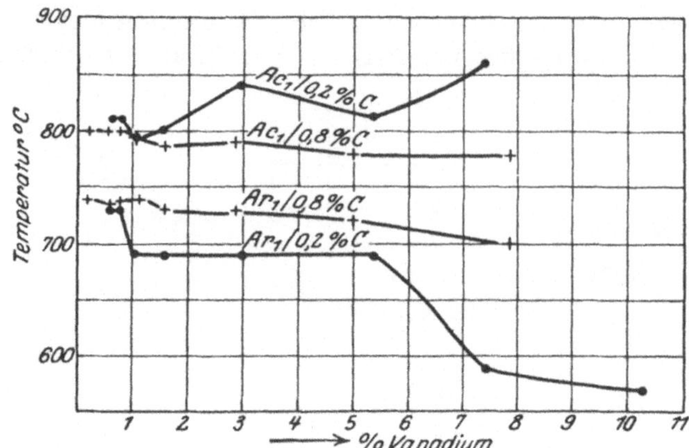

Abb. 148. Einfluß von Vanadium auf Ar_1 und Ac_1. (Portevin.)

hohem Kohlenstoffgehalt $(0,8^0/_0)$ sowohl Ar_1 wie Ac_1 langsam sinken. Vanadium besitzt eine große Affinität zum Sauerstoff, daher wird es als Desoxydationsmittel angesehen.

15. Eisen und Titan.

Das Zustandsdiagramm der Eisen-Titanlegierungen nach Lamort[1] ist in Abb. 149[2]) dargestellt. Beide Metalle lösen sich, soweit die Untersuchungen reichen, im geschmolzenen Zustande vollkommen, dagegen löst festes Eisen nur etwa $6,3^0/_0$ Titan. Auf dem Kurvenast A B beginnt die Abscheidung der Mischkristalle, auf dem Ast A D ist die Erstarrung der ungesättigten Mischkristalle beendigt. Legierungen mit 6,3 bis $13,2^0/_0$ Titan scheiden primär gesättigte Mischkristalle ab. Der Erstarrungsvorgang wird beendet durch die Abscheidung des Eutektikums B mit $13,2^0/_0$ Titan bei 1298°. Legierungen mit $13,2^0/_0$ bis $22,3^0/_0$ scheiden primär nach B C wahrscheinlich die Verbindung Fe_3Ti ($22,3^0/_0$ Titan) ab, und der Erstarrungsvorgang findet sein Ende bei 1298° durch Abscheidung des Eutektikums B. Der Einfluß des Titans auf die Umwandlungspunkte des Eisens ist unbekannt. Bei der mikroskopischen Untersuchung erwiesen sich die Mischkristalle bis zu $6^0/_0$ Titan als homogen.

Titan wird wegen seiner großen Affinität zum Sauerstoff und zum Stickstoff als Desoxydations- und Entgasungsmittel benutzt. Mit Stickstoff bildet es ein Nitrid, das im festen Eisen unlöslich ist und unter dem Mikroskop entsprechend Abb. 150 nach Lamort in Form von quadratischen, rötlich gefärbten Kristallen bereits auf dem ungeätzten Schliff zu erkennen ist. Diese Einschlüsse sind ein unverkennbares Anzeichen für die Behandlung eines Stahls mit Titan. Besonders bemerkenswert an ihnen ist der von Comstock[3] erwähnte Umstand, daß sie durch die mechanische Formgebung im Gegensatz zu Einschlüssen andrer Art nicht deformiert werden.

---

[1]) Fer. 1913/14, 225.   [2]) Aus P. Goerens, Metallographie, 2. Aufl.
[3]) Met. Chem. Eng. 1914, 577; St. E. 1915, 296.

Auf das Gefüge der Eisen-Kohlenstoff-Legierungen ist Titan nach Guillet[1]) ohne wesentlichen Einfluß. Dieses Ergebnis wurde durch Untersuchungen von Vogel[2]) bestätigt, der fand, daß die Temperatur der Perlitumwandlung nicht verändert wird, und von gewissen Gehalten an (bei $1^0/_0$ Kohlenstoff, $6^0/_0$ Titan) Titan verzögernd auf die Lage von Ar_1 einwirkt, ohne daß es jedoch bis zur Bildung martensitischen Gefüges kommt.

Die Vogelschen Untersuchungen und Überlegungen sind von allgemeiner Bedeutung für die

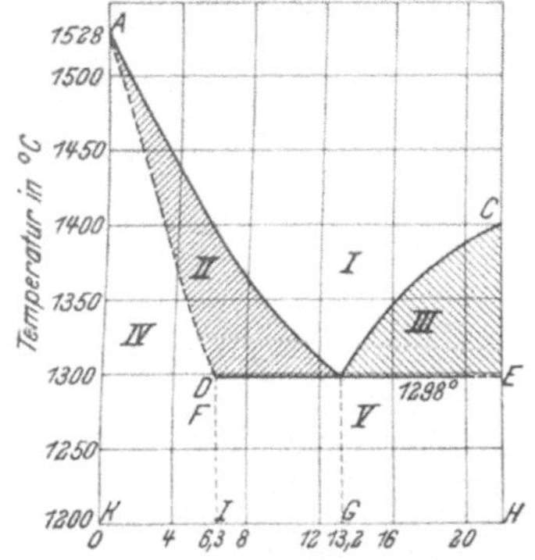

Abb. 149. Zustandsdiagramm Eisen-Titan. (Lamort.)

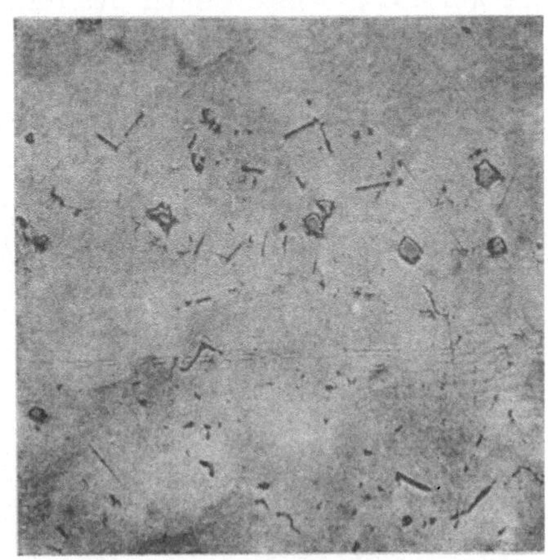

Abb. 150. Titannitrid in Ferro-Titan mit $11,9^0/_0$ Titan, ungeätzt, x 250. (Lamort.)

ternären Systeme und insbesondere für die prinzipielle Natur der Zerfallsvorgänge der festen Lösung. Je nachdem man für das binäre System Fe_3C-Fe_3Ti eine lückenlose Reihe von Mischkristallen annimmt, oder Ausscheidung der reinen Komponenten bei der Erstarrung, ergeben sich zwei Möglichkeiten für das Zustandsdiagramm. Im zweiten Fall enthält das Diagramm einen eutektischen Punkt, und die Erstarrungsvorgänge würden bis zu der eutektischen Temperatur analog denen im System Eisen-Kohlenstoff-Phosphor verlaufen, Abb. 151. Im ersten Fall würde das Zustandsdiagramm dem Typus Eisen-Kohlenstoff-Silizium entsprechen, Abb. 152. Die experimentellen Untersuchungen genügten indessen nicht, um die Frage einwandfrei im einen oder anderen Sinne zu entscheiden. Beiden Fällen gemeinsam ist ein Gebiet ternärer Mischkristalle, das etwa bis $1,7^0/_0$ C und $6^0/_0$ Ti reicht. Der Einfluß des Titans auf die Ausscheidung der Perlitarten beschränkt sich auf dieses Gebiet. Darüber hinaus bleibt die Wirkung des Titans auf die Perlitbildung konstant, weil alle Legierungen mit mehr Kohlenstoff und Titan immer nur die gesättigten Grenzglieder jenes Mischkristallgebietes enthalten. Im Falle Abb. 151 wird bei der Temperatur der ternären Perlitebene, etwa 690^0, aus einem ternären Mischkristall ein ternärer Titanperlit, bestehend aus einem binären Fe-Ti-Mischkristall und den beiden Verbindungen Fe_3C und Fe_3Ti, entstehen. Im Falle Abb. 152 zerfallen die ternären Mischkristalle in binäre Fe-Ti-Mischkristalle und in Mischkristalle aus den beiden Verbindungen Fe_3C und Fe_3Ti. Dieser ternäre Titanperlit

---

[1]) All. mét.   [2]) Fer. 1916/17, 177.

stimmt mit dem unter Fall Abb. 151 beschriebenen in der wichtigen Eigenschaft überein, daß er ebenfalls keinen Ferrit, sondern die härteren Fe-Ti-Mischkristalle enthält, die den überwiegenden Bestandteil dieses Perlites darstellen. Im Falle Abb. 152 gibt es kein Konzentrationsgebiet, in dem die Zusammensetzung der Perlitkomponenten und ihr Mengenverhältnis konstant ist. Hieraus folgt, daß der Einfluß des Titans auf die Eigenschaften des Perlits sich in diesem Falle auf das gesamte Gebiet des ternären Diagramms erstreckt. So muß sich

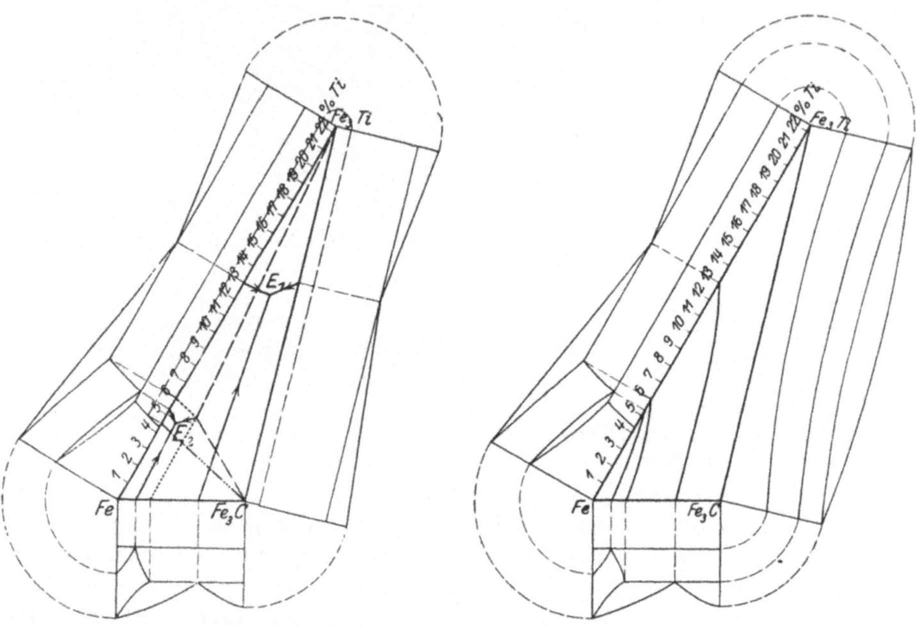

<table>
<tr><td>

Abb. 151. Zustandsdiagramm Eisen-Koh-
lenstoff-Titan, für den Fall der Unlöslich-
keit von Fe_3C und Fe_3Ti im festen Zu-
stande. (Vogel.)

</td><td>

Abb. 152.
Zustandsdiagramm Eisenkohlenstofftitan,
für den Fall der Mischkristallbildung.
(Vogel.)

</td></tr>
</table>

z. B. seine Härte über das ganze Gebiet ändern, weil in den Mischkristallen, die er enthält, jedes Mengenverhältnis von Fe_3C und Fe_3Ti möglich ist. Da mit einer erheblichen Erniedrigung der Perlitbildungstemperatur in keinem Fall zu rechnen ist, ist eine Hemmung des Perlitzerfalls hierdurch nicht zu erwarten. Daher wird sich ein Titanstahl, der etwa keinen Perlit enthalten sollte, gerade so wie der gehärtete Kohlenstoffstahl in einem metastabilen Zustande befinden müssen, aus dem er durch Erwärmen in den stabilen Zustand übergeführt werden kann.

Wie oben erwähnt, enthält der ternäre Perlit in keinem Falle den weichen Ferrit, sondern statt dessen einen härteren Fe-Ti-Mischkristall, dessen Zusammensetzung und Härte durch die Zusammensetzung der Legierung bestimmt ist. Durch einen Ti-Zusatz von 0—5% zum Kohlenstoffstahl muß sich daher dessen Härte, selbst wenn er Perlit enthält, wesentlich erhöhen lassen. Trifft der Fall Abb. 152 zu, so kann hier die Gegenwart der Mischkristalle von Fe_3C und Fe_3Ti, die dann im Perlit an Stelle von Zementit treten und wahrscheinlich noch härter sind als dieser, noch eine weitere Erhöhung der Härte verursachen.

Die Festigkeitseigenschaften der Fe-C-Ti-Legierungen werden in hohem Maße von ihrem Gehalt an Titannitrid und Titankarbid abhängig sein, von denen das erstere äußerst hart und das zweite sehr brüchig ist. Die Bildung des Titannitrids läßt sich durch Anwendung einer Wasserstoffatmosphäre bei der Herstellung der Legierungen verhindern. Dagegen ist die Verhütung der Bildung von Titankarbid, von dem sich immer etwas auf Kosten des in der Schmelze gelösten Kohlenstoffes bildet, schwieriger. Um dieses Ziel zu erreichen, schlägt Vogel vor, den Kohlenstoff auf dem Wege der Zementation in die binären Fe-Ti-Legierungen zu bringen.

Über die Beeinflussung der Graphitbildung durch Titan bestehen widersprechende zahlenmäßige Unterlagen. Piwowarsky[1]) stellte fest, daß bereits bei 0,1% Ti 85% des Kohlenstoffs als Graphit ausgeschieden sind und weiterer Titanzusatz hieran nichts mehr ändert. Störend war auch hier die zum Teil erfolgende Titankarbid-Bildung.

16. Eisen und Kobalt.

Das Zustandsdiagramm der Eisen-Kobaltlegierungen ist in Abb. 153[2]) nach Ruer und Kaneko[3]) dargestellt. Die beiden flüssigen Metalle lösen sich danach in allen Verhältnissen. Die Schmelzkurve zeigt bei 65% Kobalt ein Minimum (Verbindung FeCo$_2$). Alle Legierungen erstarren zu Mischkristallen. Die $\delta \rightarrow \gamma$-Umwandlung beeinflußt das Zustandsdiagramm in ähnlicher Weise wie bei den Eisen-Kohlenstoff-, Eisen-Kupfer-, Eisen-Arsen-, Eisen-Mangan- und Eisen-Nickel-Legierungen. Im Gebiet IV sind alle Legierungen in Form von δ-Mischkristallen vorhanden. Die Kurve H K

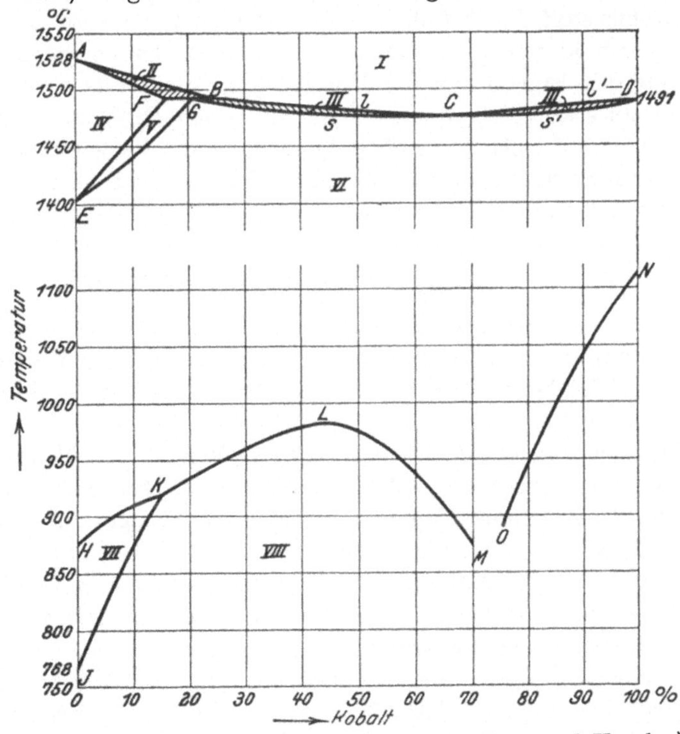

Abb. 153. Zustandsdiagramm Eisen-Kobalt. (Ruer und Kaneko.)

---

[1]) St. E. 1923, 1491. [2]) Aus P. Goerens, Metallographie, 2. Aufl.
[3]) Fer. 1913/14, 33.

entspricht der Umwandlung von γ-Mischkristallen in β-Mischkristalle, J K der von β- in α- und K L M der von γ- direkt in α. O N ist auf die Umwandlung von unmagnetischem β- in magnetisches α-Kobalt zurückzuführen, deren Nachweis in reinem Kobalt von Wüst, Durrer und Meuthen[1]) auch auf kalorimetrischem Wege erbracht wurde. Die Umwandlungen der erstarrten Legierungen sind von Ruer und Kaneko auf thermischem und magnetischem Wege ermittelt worden. Das Gefüge sämtlicher Legierungen besteht entsprechend den

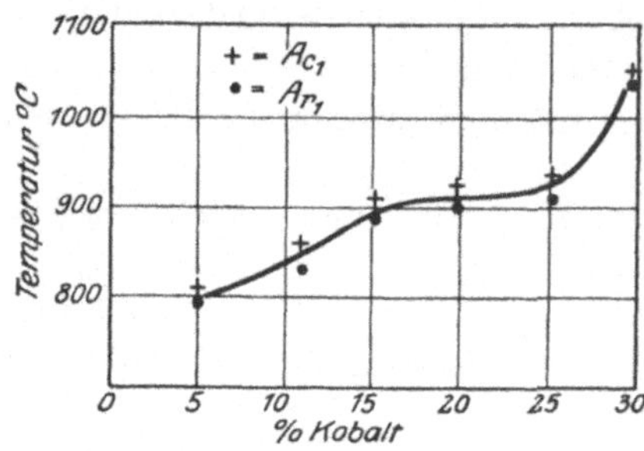

Abb. 154. Einfluß des Kobalts auf A_1. (Dumas.)

Forderungen des Diagramms aus homogenen Mischkristallen. Aus der Untersuchung der Sättigungsmagnetisierung schließt Weiß[2]) auf die Existenz der Verbindung Fe_2Co mit $34^0/_0$ Kobalt.

Ein Zustandsdiagramm der Eisen-Kobalt-Kohlenstofflegierungen ist noch nicht entworfen worden. Einzelbeobachtungen von Guillet und von Dumas[3]) ergaben, daß alle von diesen Forschern untersuchten Kobaltstähle (bis $80^0/_0$ Kobalt) perlitisch waren, sich also von reinen Eisen-Kohlenstofflegierungen in keiner Weise unterscheiden. Dumas fand bei der thermischen Untersuchung von Kobaltstählen mit etwa $0,2^0/_0$ Kohlenstoff die in Abb. 154 dargestellten Ergebnisse. Es ist anzunehmen, daß es sich hier um den Perlitpunkt handelt, der demnach in Übereinstimmung mit den Ergebnissen der Untersuchung binärer Legierungen mit dem Kobaltgehalt steigt. Bemerkenswert ist die geringe Hysteresis und demnach die Tatsache, daß trotz der großen Ähnlichkeit der beiden Metalle Nickel und Kobalt ihre Einwirkung auf das Eisen gänzlich verschiedenartig ist. Gleiches gilt auch für Gußeisen, indem Kobalt die Graphitbildung verhindert.

17. Eisen und Aluminium.

Das erste Zustandsdiagramm der Eisen-Aluminiumlegierungen ist von Gwyer[4]) aufgestellt worden. Danach lösen sich $34^0/_0$ Aluminium im festen Eisen, wobei die Temperatur beginnender Erstarrung im Durchschnitt für $1^0/_0$ Aluminium um rd. 7^0, die beendeter Erstarrung um rd. 16^0 erniedrigt wird. Auf der Aluminiumseite würde nach Gwyer keine Löslichkeit für Eisen bestehen. Derselbe Verfasser glaubte Anhaltspunkte für eine Verbindung $FeAl_3$ mit $40,75^0/_0$ Fe gefunden zu haben, doch ist sein Diagramm im Konzentrationsintervall $34—66^0/_0$ Aluminium nicht ganz klar. Diese Unklarheit wird auch durch die neueren Ermittlungen von Kurnakow, Usarow und Grigorjew[5]) nicht vollständig beseitigt. Ihren Ergebnissen verleiht Abb. 155 Ausdruck. Hiernach erstarren die Eisen-Aluminiumlegierungen von $0—33,8^0/_0$ Al zu homogenen γ-Mischkristallen. Legierungen von $33,8—42,7^0/_0$ Al erstarren zu Mischkristallen, die bei 1230^0 (H'' B) in den gesättigten Mischkristall H'' und in die

[1]) Forsch. Arb. Heft 204.   [2]) Int. Verb. 1912, II, 17   [3]) Rev. Mét. 1905, 348.
[4]) An. Chem. 1908, **57**, 126; vgl. a. Roberts-Austen, Eng. 1895, **59**, 744.
[5]) An. Chem. 1922, **125**, 207; St. E. 1923, 850.

Verbindung Al_3Fe_2 zerfallen. Die Verbindung Al_3Fe_2 zerfällt bei 1100^0 in die beiden Mischkristalle γ und δ entsprechend den Punkten H und F. Von $42{,}7$—$50{,}6^0/_0$ Al scheiden die erstarrenden Legierungen entsprechend B C die Verbindung Al_3Fe_2 aus, die ebenfalls bei 1100^0 zerfällt. Die Kurve C D ent-

spricht dem Beginn der Kristallisation der δ-Phase. Legierungen von $50{,}6$ bis $60{,}3^0/_0$ Al erstarren zu homogenen δ-Mischkristallen. Von $60{,}3$—$100^0/_0$ Al scheidet sich der gesättigte Mischkristall der δ-Phase aus. Die Restschmelze zerfällt entsprechend ED in ein aluminiumreiches Eutektikum. J K ist der von Gwyer festgestellte Verlauf der magnetischen Umwandlung. Gwyer fand ferner, daß Ar_3 pro $1^0/_0$ Aluminium um rd. 3^0 erniedrigt wird. Eine Ergänzung hierzu bilden die Gumlichschen[1]), allerdings an kohlenstoffhaltigen Proben mit durchschnittlich $0{,}12^0/_0$ Kohlenstoff gewonnenen Beobachtungen, aus denen gemäß

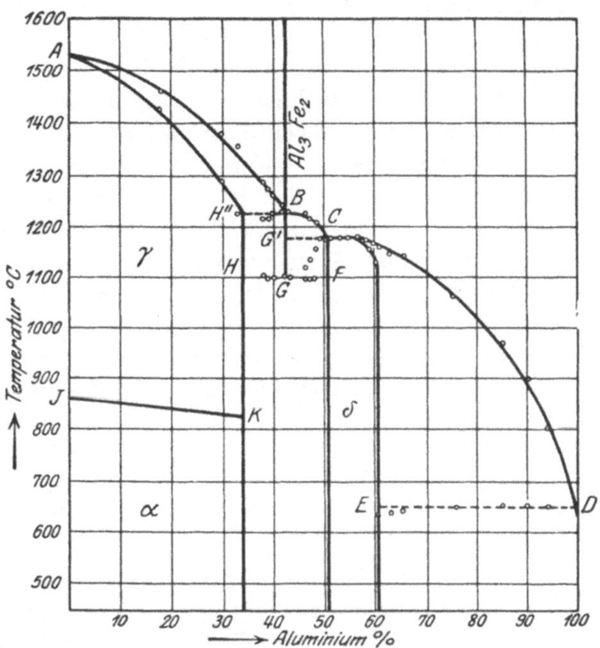

Abb. 155. Zustandsdiagramm der Eisen-Aluminiumlegierungen (Kurnakow u. M.).

Abb. 156 hervorgeht, daß Ac_2, wie durch Silizium, erniedrigt, Ac_1 dagegen erhöht wird, so daß beide Haltepunkte sich bei ca. $2{,}5^0/_0$ Aluminium kreuzen. Wie bei den Siliziumlegierungen sind Ac_1 auf thermischem, Ac_2 und Ar_2 auf magne-

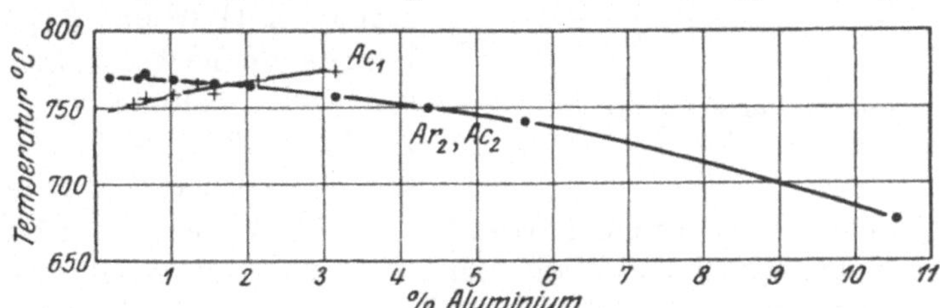

Abb. 156. Einfluß des Aluminiums auf die Haltepunkte von Aluminiumstählen. (Gumlich.)

tischem Wege ermittelt worden. Ar_2 war nach Gumlich sehr undeutlich. Ar_1 war ebenfalls undeutlich und lag etwa 40 bis 50^0 unter Ac_1. In den ternären Systemen Fe-Al-C und Fe-Si-C scheinen also ähnliche Verhältnisse zu herrschen. Dies gilt auch für die Beeinflussung der Graphitbildung durch Aluminium. Gemäß Abb. 91 genügen $0{,}28^0/_0$, um den gesamten Kohlenstoff als Graphit zur Ausscheidung zu bringen. Von diesem Gehalt an sinkt der Anteil des Graphits am

---

[1]) Wiss. Abh. R.-A. 1918, 271.

Gesamtkohlenstoffgehalt, um bei 12% Aluminium praktisch gleich null zu werden. Bis $0,25\%$ ist also der Einfluß des Aluminiums auf die Graphitbildung 16mal stärker als der des Siliziums. Auch die Lösungsfähigkeit des Eisens für Kohlenstoff wird durch Aluminium herabgedrückt, und zwar für 1% Aluminium um rd. $0,1\%$.

18. Eisen und Bor.

Wenngleich die technische Bedeutung der Eisen-Borlegierungen noch nicht feststeht, so beanspruchen doch zweifellos diese Legierungen großes Interesse. Hierzu kommt, daß die Kenntnis ihrer Konstitution, und zwar sowohl der kohlenstofffreien wie der kohlenstoffhaltigen, verhältnismäßig weit fortgeschritten ist. Aus diesen Gründen soll auf diese Legierungen näher eingegangen werden. Das binäre System wurde von Hannesen[1]) sowie von Tschischewski und Herdt[2]) bearbeitet. Die Untersuchungen weichen in folgenden Punkten wesentlich voneinander ab. Die Verbindung (vgl. Abb. 157) hat nach Hannesen die Formel Fe_2B_5, ein offenes Maximum und ihren Schmelzpunkt bei 1360^0. Nach Tschischewski und Herdt entspricht die Zusammensetzung der Verbindung

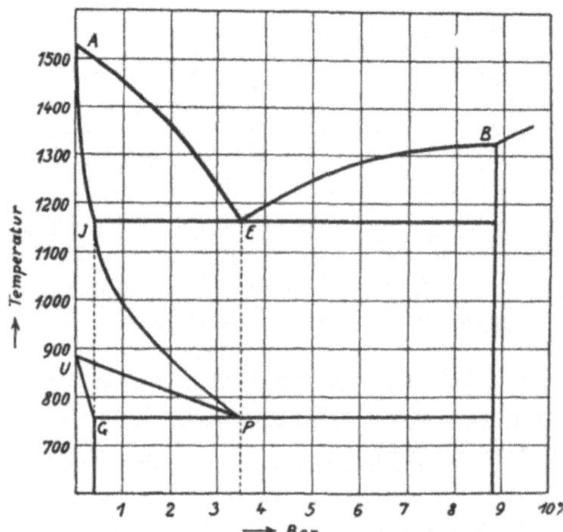

Abb. 157. Zustandsdiagramm der Eisen-Borlegierungen. (Vogel und Tammann.)

dem Schnittpunkt ihrer Gleichgewichtskurve mit der einer höher schmelzenden Kristallart von der Formel Fe_2B, deren Schmelzpunkt bei 1325^0 liegt. Nach Hannesen wäre die Löslichkeit von Bor im γ-Eisen größer als nach Tschischewski und Herdt. Ersterer findet für den gesättigten Mischkristall J $0,25\%$, letztere nur $0,08$. Das Eutektikum liegt nach Hannesen bei 1165^0 und 4% Bor, nach Tschischewski und Herdt dagegen bei 1130^0 und 3% Bor. Bei Hannesen liegt der Punkt P bei $0,8\%$, die Spaltung des gesättigten Mischkristalls vollzieht sich bei 720^0,

und es resultiert außer dem Eisenborid ein gesättigter α-Eisenmischkristall G mit $0,25\%$ Bor. Tschischewski und Herdt finden für P einen bedeutend höheren Wert, nämlich $3,5\%$ Bor, und für den entstehenden α-Eisenmischkristall G einen viel kleineren Borgehalt, nämlich $0,08\%$, und eine höhere Zerfallstemperatur, 760^0. Hannesen findet eine besondere Gleichgewichtskurve längs der sich aus γ-Eisenmischkristallen direkt α-Eisenmischkristalle abspalten. Tschischewski und Herdt dagegen haben diese Kurve nicht festgestellt. Die Umwandlung des gesättigten δ-Mischkristalls in einen gesättigten γ-Eisenmischkristall wurde von Hannesen bei 1400^0, von Tschischewski und Herdt bei 1320^0 beobachtet.

Tammann[3]) erklärt vorstehende Unterschiede zwanglos dahin, daß Tschischewski und Herdt, die mit Schmelzen von 100 g arbeiteten, den

---

[1]) An. Chem. 1914, **89**, 257.   [2]) Ir. Age 1916, 396.   [3]) An. Chem. 1922, **123**, 225.

Gleichgewichten infolge der geringeren Abkühlungsgeschwindigkeit erheblich näher gekommen sein werden als Hannesen, der nur mit 20 g-Schmelzen und daher größerer Abkühlungsgeschwindigkeit arbeitete. Es dürften nach Tammann Unterkühlungs- und Übersättigungserscheinungen eingetreten sein, was um so wahrscheinlicher ist, als auch langsam abgekühlte Eisen-Bor-Schmelzen sehr zur Unterkühlung neigen.

Dem Diagramm Abb. 157 sind daher im wesentlichen die Werte von Tschischewski und Herdt zugrunde gelegt. Nach Tammann lassen sich durch die Versuchspunkte von Tschischewski und Herdt einerseits und Hannesen andererseits zwei Kurven A E der beginnenden Erstarrung legen, die sich bedeutend mehr nähern als die betreffenden Kurven in den Original-abhandlungen. Der eutektische Punkt E liegt dann bei $3,5\%$ Bor. Dieser Wert wurde auch hier angenommen. Für den ganz bedeutenden Temperaturunterschied in der δ-γ-Umwandlung gibt Tammann keine Erklärung. Es wurde dieser Teil daher aus dem Diagramm weggelassen. Als sicher kann jedenfalls gelten, daß die fragliche Umwandlung durch Bor erniedrigt wird. Das Diagramm entspricht im wesentlichen dem Eisen-Kohlenstoffdiagramm. Nur erscheint der Punkt P, der dem Punkt S im Eisen-Kohlenstoffdiagramm entspricht, nach rechts verschoben. Dadurch tritt eine Anreicherung der Mischkristalle J an Bor mit sinkender Temperatur längs J P ein. Diese Kurve gibt das Ende der Auflösung von Fe_2B in den Mischkristallen an. Der gesättigte Mischkristall P zerfällt bei 760^0 in den gesättigten α-Eisenmischkristall und in Eisenborid. Um das Diagramm deutlicher zu gestalten, wurde der Borgehalt von J und G stark übertrieben eingezeichnet.

Die grundlegenden Werte des Diagramms sind:

		Temperatur ^{0}C	$\%$ Bor
A	Eisen	1528	—
B	Eisenborid Fe_2B	1325	8,8
E	Eutektikum	1165	3,5
I	γ-Mischkristall	1165	0,08
P	gesättigter γ-Mischkristall	760	3,5
G	gesättigter α-Mischkristall	760	0,08
U		906	—

Durch Ausarbeitung zweier Schnitte in den Richtungen Fe_3C-Fe_2B_5 und Fe_3C-Fe_2B fanden Vogel und Tammann[1]), daß der erstere ternäre, der letztere dagegen binäre Erstarrungsvorgänge aufweist und letzterer sich somit als Grenzkonzentration des ternären Teilsystems charakterisiert, was für die Existenz der Verbindung Fe_2B mit $8,8\%$ Bor (Diagramm von Tschischewski und Herdt) spricht. Unter Zurückführung des eutektischen Punktes auf einen Gehalt von $3,5\%$ Bor ermittelten Vogel und Tammann das ternäre Zustandsdiagramm der Fe-B-C-Legierungen. Gemäß dem Konzentrationsdreieck des ternären Teilsystems Fe-Fe_3C-Fe_2B, Abb. 158, scheiden sich aus:

A. Primär.

1. Gebiet $B'E_3'R'P_2'$ . . . . Reines Eisenborid Fe_2B.
2. „ $C'E_1'R'E_3'$ . . . . Mischkristalle des Zementits Fe_3C mit dem Eisenborid Fe_2B (gesättigter Mischkristall $5,5\%$ C und $1,4\%$ B).

---

[1]) An. Chem. 1922, **123**, 225.

3. Gebiet $A' E_2' R' E_1'$ . . . . Ternäre Mischkristalle des γ-Eisens mit Bor und Kohlenstoff (gesättigter Mischkristall etwa $1,5\%$ C und $0,3\%$ B).

Im Bereiche $N' V' B'$ scheiden sich primär sogleich die gesättigten Kristallarten aus.

B. Sekundär.

1. Gebiet $L' V' R' N' C'$ . . . Binäres Eutektikum der beiden gemäß $C' N'$ und $L' V'$ sich ändernden Kristallarten.

2. „ $N' R' B'$ . . . . . Binäres Eutektikum des gesättigten Mischkristalls N' und Eisenborid.

3. „ $J' V' R' B'$ . . . . Eisenborid und γ-Eisenmischkristalle, die sich längs $J' V'$ ändern.

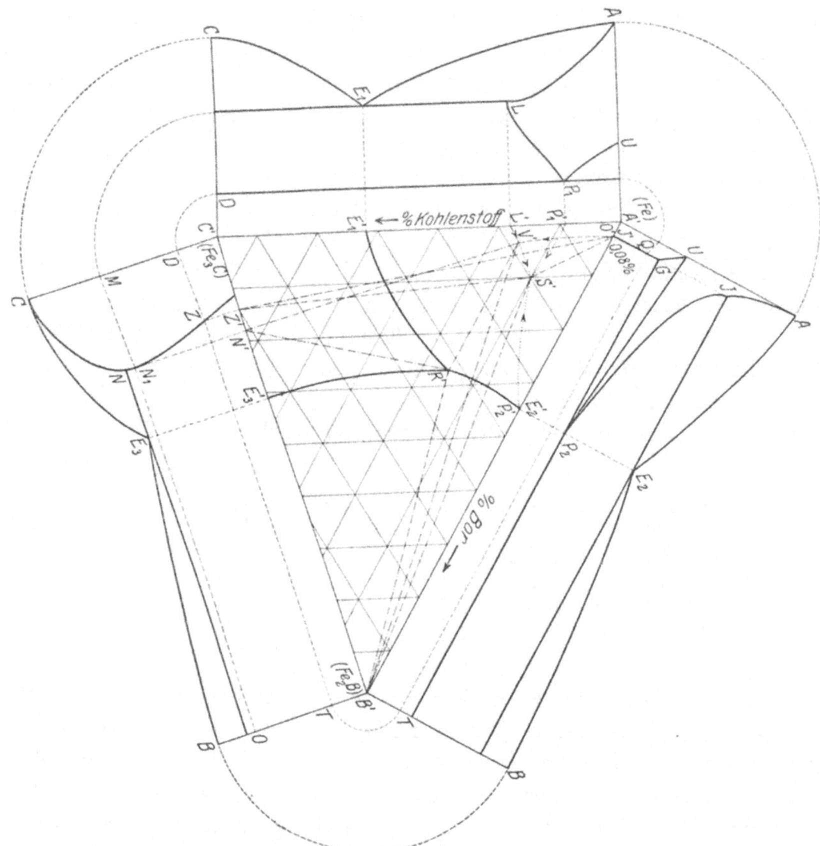

Abb. 158. Zustandsdiagramm der Eisen-Bor-Kohlenstofflegierungen.
(Vogel und Tammann.)

Im Bereiche der eutektischen Ebene $N' V' B'$ endet die Erstarrung mit der Abscheidung des ternären Eutektikums R' von etwa folgender Zusammensetzung:

Fe $95,8\%$, C $1,5\%$, B $2,7\%$.

Die eisenreichen Legierungen des Gebietes $A' J' V' L'$ erstarren zu einheitlichen ternären Mischkristallen. Die punktiert eingezeichneten Kurven $P_2' S' P_1'$

zeigen die räumlichen Änderungen der Perlitkonzentrationen. $V'\,S'$ entspricht der Konzentrationsänderung des ternären γ-Mischkristalls V' mit zunehmender Abkühlung. $P_1'\,S'$ entspricht der Abscheidung eines binären Perlits, bestehend aus Mischkristallen der Reihe $D'\,Z'$ und Mischkristallen der Reihe $A'\,Q'$. $P_2'\,S'$ entspricht der Abscheidung eines binären Perlits der Komponenten Eisenborid Fe_2B und γ-Eisenmischkristall $A'\,Q'$. Der tiefst gelegene, den 3 Löslichkeitsflächen von Q', Z' und B' gemeinsame Punkt S' bedeutet dann die Spaltung eines resultierenden ternären Mischkristalls von unveränderlicher Zusammensetzung, bestehend aus:

8 Teilen des gesättigten Fe-B-Mischkristalls Q' mit $0{,}08\%$ B,
3 Teilen des gesättigten $Fe_3C\text{-}Fe_2B$-Mischkristalls Z' mit $5{,}5\%$ C, $1{,}4\%$ B,
1 Teil Eisenborid Fe_2B mit $8{,}8\%$ B.

Dieser ternäre Perlit ist allen Legierungen des Konzentrationsbereiches $Q'\,Z'\,B'$ eigentümlich.

Im Diagramm sind die in der eutektischen Ebene (1100^0) N V O liegenden Geraden strichpunktiert eingezeichnet. Die Raumkurven, die der Schmelzfläche A J V L angehören und über der eutektischen Ebene liegen, sind gestrichelt gezeichnet. Die Geraden, die in der ternären Perlitebene (690^0) Z Q T liegen, sind durch 2 Striche und 1 Punkt gekennzeichnet. Die Raumkurven $P_1\,S_1\,P_2\,S$ und V S, die zwischen der eutektischen und der Perlitebene verlaufen, sind punktiert gezeichnet.

Die binären Diagramme sind nach unten nur bis 500^0 fortgesetzt, um Platz zu sparen. Der Punkt J bzw. J' wurde der Deutlichkeit halber auch hier etwas nach rechts verschoben, ebenso der Punkt V'. Q T und Z T sind die Spuren der Perlitebene in den betreffenden binären Systemen. N O stellt die Spur der eutektischen Ebene im $Fe_3C\text{-}Fe_2B$-System dar. Besonders ausgezeichnete Konzentrationen und Temperaturen sind:

	$\%$ C	$\%$ B	Temperatur ^{0} C
A	—	—	1528
B	—	8,8	1325
C	6,6	—	etwa 1530
E_1	4,2	—	1145
E_2	—	3,5	1165
E_3	etwa 4,3	etwa 3,1	1155
R	1,5	2,7	1100
V	1,5	0,3	1100
N	5,5	1,4	1100
L	1,7	—	1145
J	—	0,08	1165
P_1	0,9	—	721
P_2	—	3,5	760
Q	—	0,08	690
S	1,0	1,0	690

19. Weniger wichtige Elemente.

Uran. In neuester Zeit[1]) ist Uran als Legierungsmetall in Amerika verwendet worden. Nach diesen Versuchen scheint Ac_1 innerhalb der in Abb. 159

---

[1]) Werbeschrift der Standard Alloys Company, Pittsburg; vgl. a. Becker, High Speed Steel, London 1910, 43.

angegebenen Konzentrationsgrenzen kaum beeinflßt zu werdeu; Ar_1 würde danach schwach gesenkt. Ein neuer Gefügebestandteil konnte mikroskopisch nicht festgestellt werden.

Zirkon. Noch spärlicher als für Uran sind die ebenfalls aus Amerika stammenden Angaben über Zirkon[1]). Anhaltspunkte für die Konstitution liefern diese Angaben vorderhand nicht.

Zink. Ein vollständiges Zustandsdiagramm der Eisen-Zinklegierungen ist nicht vorhanden, doch ist es nach den Untersuchungen von Wologdine[2]), Vegesack[3]) und Arnemann[4]) wahrscheinlich, daß beide Metalle sich im flüssigen Zustand (bei erhöhtem Druck) in allen Verhältnissen lösen. Nach neueren Untersuchungen von Raydt und Tammann[5]) bestehen bei Raumtemperatur drei Reihen von Mischkristallen. Die eine erstreckt sich von $0—20^0/_0$ Zn, die zweite von $89—92,7^0/_0$ Zn und die dritte von $99,3—100^0/_0$ Zn. Legierungen mit $20—78^0/_0$ Zn bestehen aus einem gesättigten Mischkristall mit etwa $20^0/_0$ Zn und der Verbindung $FeZn_3$, von $78—89^0/_0$ Zn stellen die Legierungen bei Raum-

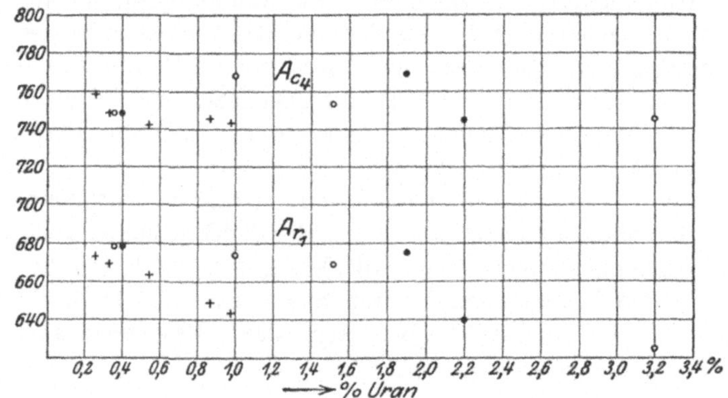

Abb. 159. Einfluß des Urans auf Ar_1 und Ac_1.

temperatur ein Gemisch der beiden Verbindungen $FeZn_3$ und $FeZn_7$ dar, von $92,7—99,3^0/_0$ Zn bestehen die Schmelzen aus zwei Schichten mit 92,7 bzw. $99,3^0/_0$ Zn. Die $\gamma—\beta$- sowie die $\beta—\alpha$-Umwandlung des Eisens wird wahrscheinlich erniedrigt, beide scheinen sich, ähnlich wie im System Eisen-Kohlenstoff, zu vereinigen. Endgültiges läßt sich darüber nicht aussagen, da die bisherigen Versuche dazu noch nicht ausreichen. Sowohl β- als auch α-Eisen besitzen ziemlich beträchtliches, quantitativ jedoch unbekanntes Lösungsvermögen für Zink.

Zinn. Eisen und Zinn weisen nach Isaac und Tammann[6]) im flüssigen Zustande wie Eisen und Kupfer eine Mischungslücke auf. Flüssiges Eisen löst bis zu $50^0/_0$ Zinn, festes bis zu $19^0/_0$. $1^0/_0$ Zinn erniedrigt die Temperatur beginnender Erstarrung durchschnittlich um $7,8^0$. diejenige beendeter Erstarrung um 21^0. Flüssiges Zinn löst bis zu $12^0/_0$ Eisen, festes dagegen besitzt kein Lösungsvermögen für Eisen. Über die Beeinflussung der Haltepunkte des Eisens durch Zinn ist nichts bekannt.

Antimon. Nach Kurnakow und Konstantinow[7]) sind Eisen und

[1]) Ir. Age 1919, 1015.   [2]) Rev. Mét. 1906, 701.   [3]) An. Chem. 1907, **52**, 34.
[4]) Met. 1910, 201.   [5]) An. Chem. 1913, **83**, 257.   [6]) An. Chem. 1907, **53**, 281.
[7]) An. Chem. 1908, **58**, 1.

Antimon im flüssigen Zustande ineinander vollkommen löslich. Festes Eisen löst bis 5% Antimon. 1% Antimon erniedrigt die Temperatur beginnender Erstarrung durchschnittlich um $10,5^0$, diejenige beendeter Erstarrung um 105^0. Durch Antimonzusatz wird also das Erstarrungsintervall ganz beträchtlich vergrößert. Festes Antimon besitzt keine Löslichkeit für Eisen. Über die Beeinflussung der Haltepunkte des Eisens durch Antimon ist nichts bekannt.

Silber[1], Wismut[2] und Blei[3] einerseits und Eisen andererseits sind im geschmolzenen Zustande ineinander vollkommen unlöslich. Eisen-Gold-[4] und Eisen-Platinlegierungen[5] sind von Isaac und Tammann untersucht worden. Beide Edelmetalle und Eisen lösen sich im geschmolzenen Zustande in allen Verhältnissen. Im festen Eisen ist Platin vollkommen, Gold beschränkt (bis etwa 20%) löslich. Platin erniedrigt im Gegensatz zu Gold die Umwandlungspunkte des Eisens ganz wesentlich. Bezüglich der magnetischen Umwandlung weisen die Eisen-Platinlegierungen ähnliche Verhältnisse wie die Eisen-Nickellegierungen auf.

20. Übersicht über die Konstitution der ternären Spezialstähle; quaternäre und komplexe Stähle.

Man kann die wichtigsten ternären Spezialstähle in drei große Gruppen einteilen. Der ersten gehören an:

Siliziumstähle,
Kobaltstähle,

der zweiten:

Manganstähle,
Nickelstähle,

der dritten:

Chromstähle,
Wolframstähle,
Molybdänstähle,
Vanadiumstähle.

Die Stähle der ersten Gruppe, denen noch die bisher kaum verwendeten Aluminiumstähle angehören, unterscheiden sich, insbesondere bezüglich der Härtbarkeit, kaum von den Kohlenstoffstählen. Dabei gilt für die Silizium- und Aluminiumstähle die Einschränkung, daß die betreffenden Elemente nicht in Mengen vorhanden sein dürfen, die Temperkohlebildung herbeiführen. Den beiden letzten Gruppen gemeinsam ist ein Konzentrationsgebiet, innerhalb dessen sich das Gefüge prinzipiell von dem der langsam abgekühlten reinen Kohlenstoffstähle nicht unterscheidet. Guillet hat dieses Gebiet mit Recht das Gebiet der perlitischen Stähle genannt. Innerhalb des perlitischen Konzentrationsgebietes unterscheiden sich die beiden Gruppen dadurch, daß die Temperatur der Perlitbildung für die zweite Gruppe sinkt, und zwar bei der Abkühlung rascher als bei der Erhitzung, während in der dritten Gruppe dies nicht so sehr der Fall ist, ob-

---

[1] Petrenko, An. Chem. 1907, **53**, 291.
[2] Isaac und Tammann, An. Chem. 1907, **55**, 58.
[3] Isaac und Tammann, An. Chem. 1907, **55**, 58.
[4] Isaac und Tammann, An. Chem. 1907, **53**, 291.
[5] Isaac und Tammann, An. Chem. 1907, **53**, 63.

wohl auch hier die Neigung zur Hysterese, insbesondere bei Wolfram und Molybdän, zweifellos vorhanden ist. Das Sinken der Perlitumwandlung in der zweiten Gruppe bedingt für die beiden Elemente Mangan und Nickel, vielleicht aus verschiedenen, hier nicht näher zu erörternden Gründen, daß von gewissen Konzentrationen ab diese Umwandlung bei bzw. unter Zimmertemperatur erfolgt, die Stähle dieser Gruppe also das Gefüge der abgeschreckten Stähle aufweisen. Dies bewirkt das Auftreten neuer Gefügefelder, der martensitischen, austenitischen und der Übergangsgebiete. Auch bei Chrom ist ein martensitisches Gebiet beobachtet worden, doch ist es weniger stabil als bei Nickel- und Manganstählen. Ferner ist das austenitische Gebiet der Manganstähle weniger stabil als das der Nickelstähle.

Trotzdem die perlitischen Stähle der zweiten und dritten Gruppe sich von denen der ersten Gruppe und daher auch von den Kohlenstoffstählen bezüglich der Konstitution kaum unterscheiden, besitzen sie doch eine Eigenschaft, die sie als gesonderte Gruppen auszeichnet. Das ist die schon erwähnte Tatsache, daß diese Stähle bereits durch wenig beschleunigte Abkühlung, z. B. Luftabkühlung, gehärtet werden können. Man hat solche Stähle Lufthärter genannt im Gegensatz zu den martensitischen und in gewissem Sinne natürlich auch den austenitischen Nickel- und Manganstählen, bei denen selbst langsamste Abkühlung Martensit bzw. Austenit erzeugt, und die man daher Selbsthärter genannt hat. Die Neigung zur Lufthärtung nimmt in der dritten Gruppe in der angegebenen Reihenfolge ab, so daß sich die perlitischen Vanadiumstähle wieder den Stählen der ersten Gruppe nähern.

In den Stählen der dritten Gruppe tritt ein neues Gefügefeld, und zwar das von Guillet vielleicht nicht ganz mit Recht Doppelkarbidfeld genannte Gebiet, auf. Es konnte gezeigt werden, daß dieses Feld wahrscheinlich darauf zurückzuführen ist, daß die Elemente der dritten Gruppe die Sättigungskonzentration der Mischkristalle für Kohlenstoff (Punkt E im Eisen-Kohlenstoff-Diagramm) wesentlich heruntersetzen, so daß also ein dem Ledeburit analoges (oder ein ternäres) Eutektikum bei niedrigeren Kohlenstoffgehalten erscheint als in reinen Eisen-Kohlenstofflegierungen.

Die nicht zu umgehende und zum Teil beabsichtigte Anwesenheit anderer Elemente als Eisen und Kohlenstoff macht das schmiedbare Eisen zum komplexen System. Über die Konstitution solcher Systeme, deren Mannigfaltigkeit natürlich eine außerordentliche ist, bestehen so gut wie keine exakten Unterlagen. Indessen hat die bisherige Erfahrung gelehrt, daß die in Betracht kommenden Elemente im gleichen Sinne wie in den ternären Systemen wirken. Von den ständigen Begleitern des Eisens bildet also nur der Schwefel ein neues Gefügeelement, das sich als Schwefeleisen- oder Schwefelmangan-Eutektikum oder als Gemisch aus beiden in den primären Korngrenzen vorfindet, und dessen Erstarrung den Gesamterstarrungsvorgang zum Abschluss bringt bzw. bei höheren Mangan- und Kohlenstoffgehalten einleitet.

Wenn größere Mengen von Spezialelementen zugegen sind, kann von vornherein über das Ergebnis nichts ausgesagt werden, obwohl auch dann jedes Element seine typische Wirkungsweise beizubehalten scheint[1]). Von besonderer

---

[1]) Vgl. Maurer und Schmidt, E. F. I. 1921, 2, 14

Bedeutung wird dies natürlich, wenn Elemente zweier verschiedener Gruppen zugesetzt werden. So zeigt das nachfolgende Beispiel quaternärer Chromnickelstähle nach Guillet[1]), daß Nickelmengen, die in chromfreien Stählen eine konstante und nicht allzu große Temperaturhysteresis herbeiführen, diese in Nickelchromstählen wesentlich vergrößern, und zwar hauptsächlich durch Erniedrigung des Haltepunktes bei der Abkühlung. Das Gefüge dieser Stähle wird martensitisch, wenn der Haltepunkt bei der Abkühlung auf 350⁰ gesunken ist (A″). Bei 6 bis 7⁰/₀ Chrom, also weit früher als in nickelfreien Stählen, tritt ein dem Doppelkarbid der Chromstähle ähnlicher Bestandteil auf.

Zusammensetzung			Haltepunkte	
Kohlenstoff $\%$	Nickel $\%$	Chrom $\%$	Erhitzung ⁰C	Abkühlung ⁰C
0,15	2,13	0,06	670	640
0,16	2,05	0,90	705	615
0,26	2,20	1,00	700	590
0,15	2,04	1,99	715	430
0,23	2,36	3,00	715	350
0,22	2,19	4,84	730	240
0,24	2,20	5,29	720	230
0,19	2,52	7,17	715	210
0,34	1,90	10,25	720	—
0,07	3,89	0,00	655—725	630—550
0,16	4,28	0,95	700	425
0,13	4,24	1,90	700	360
0,15	4,30	3,05	705	250
0,18	3,88	5,85	715	230
0,18	4,01	8,26	715	200
0,27	4,17	13,87	715	—

Strauß und Maurer[2]) haben gemäß Abb. 160 versucht, ein dem Guilletschen analoges Strukturdiagramm der Chrom-Nickelstähle aufzustellen, das natürlich nur für einen bestimmten Kohlenstoffgehalt, hier etwa 0,2⁰/₀, Geltung hat und sich auf die sogenannten rostfreien Stähle bezieht.

Weitere Beispiele des Gefügeaufbaues quaternärer Stähle sind in den Tabellen 9—18 im dritten Teil dieses Buches wiedergegeben.

Die technisch hochwichtigen Schnelldreh- oder -arbeitsstähle enthalten neben Kohlenstoff Chrom und Wolfram bzw. Chrom und Molybdän in größeren Mengen. Das Hinzutreten von Chrom zu den Wolfram- bzw. Molybdänstählen ändert prinzipiell weder die mikroskopischen noch die thermischen Eigenschaften der letzteren, was in Anbetracht des Umstandes, daß diese Elemente der gleichen Gruppe angehören, zu erwarten steht[3]). Die Schnelldrehstähle sind Selbsthärter, jedoch nur wenn sie auf verhältnismäßig sehr hohe Temperaturen (1200⁰) erhitzt werden. Eine von dieser Temperatur aus aufgenommene Abkühlungskurve zeigt keinen Haltepunkt mehr. Dieses Verhalten beginnt nach Edwards bei Gehalten von mehr als 3⁰/₀ Chrom und 6⁰/₀ Wolfram.

---

[1]) C. R. 1913, **153**, 1774, sowie 1914, **158**, 412.
[2]) St. E. 1912, 1316.
[3]) Über den Einfluß wachsender Chrom- und Wolframmengen in diesen Stählen vgl. Carpenter, Ir. st. Inst. 1905, I, 433, sowie Edwards, Ir. st. Inst. 1908, II, 104.

Das Wesen eines komplexen Stahls, im übrigen aber auch jedes anderen, vermag durch Haltepunktsbestimmungen nicht geklärt zu werden, die ohne Berücksichtigung der Abkühlungsgeschwindigkeit, der Erhitzungstemperatur und jedenfalls auch des Anfangsgefüges vorgenommen werden. Solche Bestimmungen haben nur einen begrenzten Wert, weil sie über die wichtigste Eigenschaft des Stahls, die Härtbarkeit, keinen Aufschluß zu geben vermögen. Ein vollständiges Bild entsteht nur dann, wenn die Lage der Haltepunkte, das Gefüge oder eine charakteristische, in engstem Zusammenhang hiermit stehende Eigenschaft,

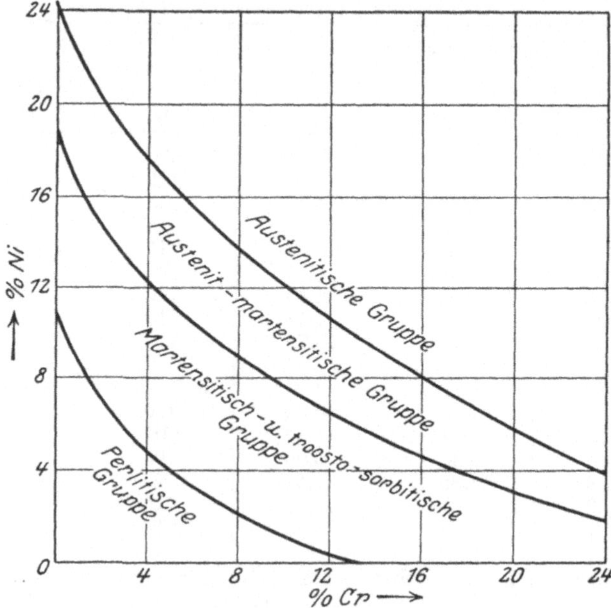

Abb. 160. Strukturdiagramm der Chrom-Nickel-Stähle. (Strauß und Maurer.)

etwa die Brinellhärte, in Abhängigkeit von den obengenannten Faktoren bestimmt wird. Als erfolgreicher Versuch nach dieser Richtung sind die charakteristischen Kurven aufzufassen, wie sie von Portevin und Chevenard[1]) aufgestellt worden sind. Abb. 161 bis 163 stellen drei von diesen Verfassern an einem Chromnickelstahl mit $0,5^0/_0$ Kohlenstoff, $0,3^0/_0$ Mangan, $2,65^0/_0$ Nickel und $1,6^0/_0$ Chrom gewonnene Diagramme dar der Abhängigkeit der Intensität von Ar', Ar" und Ar'" sowie der Brinellhärte von der Höhe der Erhitzungstemperatur für drei verschiedene Abkühlungsgeschwindigkeiten. Abb. 164 vereinigt die gewonnenen Ergebnisse in einem einzigen Schaubild als Kurven gleicher Härte in Abhängigkeit von der Abkühlungsgeschwindigkeit V und von der Erhitzungstemperatur Θ c. Abb. 164 gilt nur für die angewandte Erhitzungsgeschwindigkeit und -dauer sowie für das betreffende Anfangsgefüge und ist insofern unvollkommen, um so mehr, als auch die Lage der Haltepunkte nur für die Abkühlung und nicht zahlenmäßig genau zum Ausdruck kommt.

Ein weiterer Versuch, die Wirkungsweise der mit Absicht zugesetzten

1) Ir. st. Inst. 1921, Herbstvers. St. E. 1922, 270; vgl. a. Jungbluth, St. E. 1922, 1393.

Legierungselemente in klarer und übersichtlicher Weise auszudrücken, stammt von Aall[1]). Bereits Guillet und Portevin[2]) hatten verallgemeinernde Betrachtungen angestellt über den Einfluß eines dritten Elementes auf die Konstitution einer Zweistofflegierung, die einen eutektoiden Punkt aufweisen. Dieser Punkt kann sowohl in wagerechter wie in senkrechter Richtung, nach links oder nach rechts bzw. nach oben oder nach unten verschoben werden. Damit ist natürlich gemeint, daß sowohl die Konzentration wie die Temperatur des eutektoiden Punktes verschoben werden kann, und zwar gilt dieser Satz allgemein, also nicht nur für Eisen-Kohlenstofflegierungen, son-

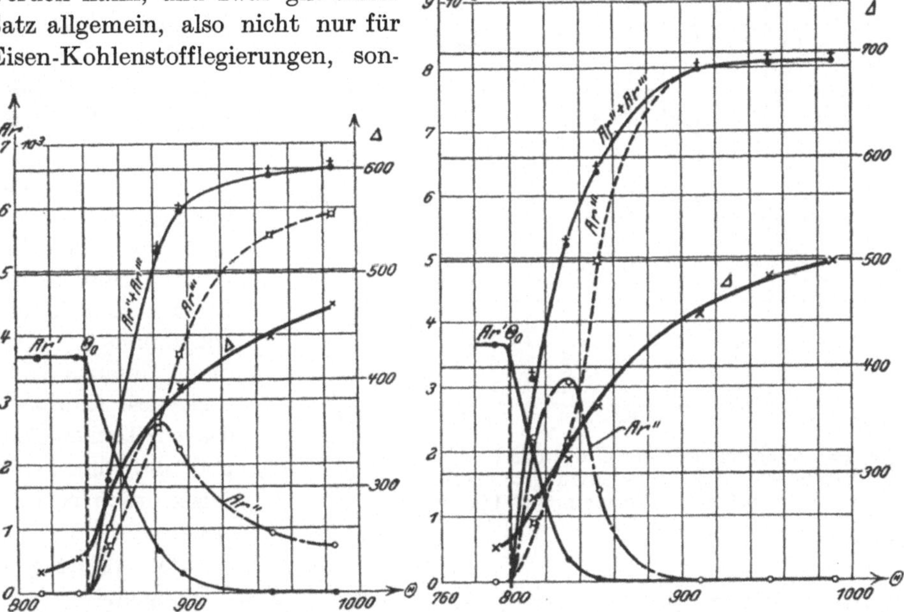

Abb. 161. Abhängigkeit der Größe der Umwandlung Ar und der Brinellhärte Δ von der Erhitzungstemperatur θ_c. Abkühlung an der Luft. (Portevin und Chevenard.)

Abb. 162. Abhängigkeit der Größe der Umwandlung Ar und der Brinellhärte Δ von der Erhitzungstemperatur θ. Abkühlung in einem Metallrohr. (Portevin und Chevenard.)

dern auch für Metallegierungen; insbesondere stellen die genannten Verfasser Betrachtungen über Messing an. Aall hat nun auf Grund des bisher vorhandenen, wie er zeigt, im Grunde genommen spärlichen Versuchsmaterials den spezifischen Einfluß der wichtigsten Legierungselemente in eine einfache Formel gefaßt.

Folgende Hypothese wird aufgestellt:

1. In den ternären Stählen bildet ein Teil des Zusatzmetalles Mischkristalle mit dem α-Eisen, der andere Teil bildet Mischkristalle mit dem Eisenkarbid.
2. Eine Steigerung des Kohlenstoffgehaltes hat eine Vergrößerung des zementitischen Teils zur Folge.
3. Der ferritische Teil des Zusatzmetalles bewirkt eine diesem Anteil proportionale Erniedrigung der Kurven G O S und E S Abb. 16.

---

[1]) Diagrammes d'équilibre de transformation des aciers spéciaux Paris 1921, Gauthier-Villars, vgl. a. Aall, St. E. 1924, 256.　　[2]) Rev. Mét. 1920, 561; St. E. 1921, 1858.

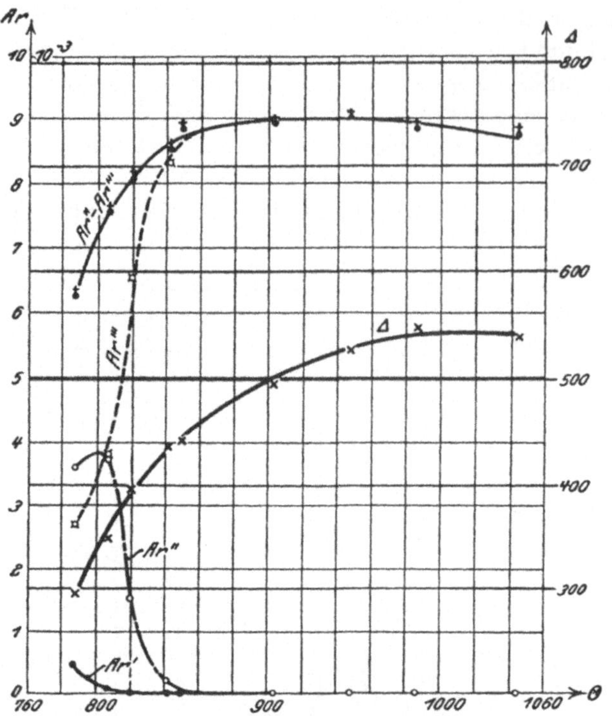

Abb. 163. Abhängigkeit der Größe der Umwandlung Ar und der Brinellhärte von der Erhitzungstemperatur θ. Abkühlung im Ofen. (Portevin und Chevenard.)

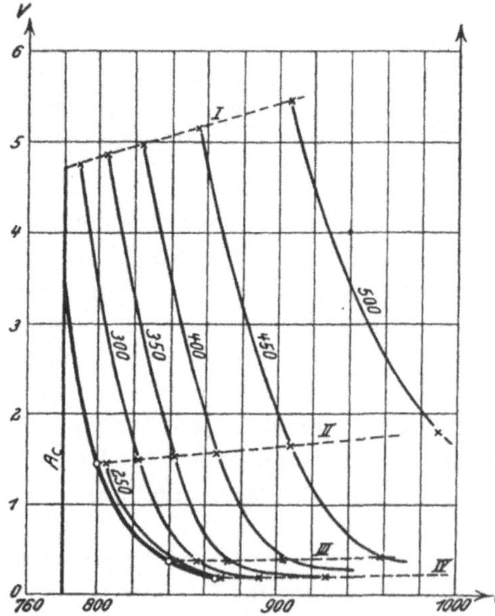

Abb. 164. Kurven gleicher Brinellhärte in Abhängigkeit von Erhitzungstemperatur θ_c und Geschwindigkeit V. (Portevin und Chevenard.)

4. Der zementitische Teil des Zusatzmetalles bewirkt eine diesem Anteil proportionale Erhöhung der Kurve E S und ist ohne Einfluß auf G O S.

5. Die Richtung der Gleichgewichtlinien G O S und E S wird durch die Zusatzmetalle nicht beeinflußt.

6. Die totale Einwirkung des Zusatzmetalles auf die Umwandlungslinien des Eisen - Kohlenstoff-Diagramms wird durch einfache Addition des Einflusses des ferritischen Teils und desjenigen des zementitischen Teils erhalten.

Diese Hypothese erklärt u. a. folgende Erscheinungen:

1. Die Erniedrigung des eutektoiden C-Gehaltes durch die Zusatzmetalle.

2. die Erniedrigung der Perlitumwandlungstemperatur A_1 durch Zusatz von Metallen, die hauptsächlich mit dem α-Eisen Mischkristalle bilden (Ni, Mn),

3. die Erhöhung von A_1 durch Zusatz von Metallen, die hauptsächlich mit dem Eisenkarbid Mischkristalle bilden (Cr).

4. die bei den Manganstählen beobachtete Erscheinung, daß A_1 durch einen gewissen Mangangehalt in kohlenstoffreichen Stählen weniger als in kohlenstoffarmen Stählen erniedrigt wird: Eine Steigerung des Koh-

lenstoffgehaltes bewirkt eine Vergrößerung des zementitischen Teils, der nicht erniedrigend, sondern erhöhend auf die Temperatur A_1 wirkt.

Endlich zeigt Aall, daß die Lage des Perlitpunktes bei den quaternären und komplexen Stählen sich durch Addition des Einflusses von jedem einzelnen Zusatzmetall berechnen läßt.

Die Aallschen Überlegungen bedürfen noch der Bestätigung durch den Versuch. Selbst wenn aber die Möglichkeit einer solchen Darstellung nachgewiesen wird, lassen sich dieselben Einwände wie gegen die „charakteristischen Kurven" erheben.

21. Gase und Schlackeneinschlüsse im schmiedbaren Eisen.

A. Die mit dem Eisen während dessen Herstellung in Berührung kommenden Gase.

Während des Herstellungsprozesses kommt das Eisen in Berührung mit Gasen, die seine Konstitution beeinflussen. Die Art dieser Gase ist für alle Prozesse die gleiche, nur ihre Menge und die Mengenanteile der einzelnen Gase schwanken verhältnismäßig stark.

Was die Art der mit dem Eisen in Berührung kommenden Gase betrifft, so finden wir stets:

1. Sauerstoff und
2. Stickstoff, die aus der Atmosphäre stammen und mit Absicht (Bessemer-, Thomasprozeß) oder ohne Absicht (Siemens-Martin-, Elektro-, Tiegelschmelzverfahren) mit dem Eisen in Berührung kommen;
3. Wasserstoff, der im wesentlichen aus der Zersetzung der Luftfeuchtigkeit stammt;
4. Kohlenoxyd und
5. Kohlendioxyd, die entweder
   a) aus den Feuergasen (Siemens-Martinprozeß) oder
   b) aus in der Ofenbeschickung vor sich gehenden Reaktionen (Siemens-Martin-, Elektro-, Tiegelschmelzverfahren) stammen.

Die unter 1 und 5b genannten Gase sind zur Durchführung des Prozesses mehr oder minder notwendig und stehen in einer gewissen Beziehung zueinander, während Wasserstoff und Stickstoff zum Teil entbehrt werden könnten und daher mit dem Verfahren an und für sich nichts zu tun haben. Am klarsten zeigt sich dies bei den Windfrischverfahren. Hier dient der Sauerstoff zur Oxydation der Fremdkörper des Roheisens, wobei aus dem Kohlenstoff entweder direkt oder wahrscheinlicher indirekt über das im Überschuß vorhandene Eisen Kohlenoxyd oder Kohlendioxyd entsteht:

$$C + O = CO \text{ oder}$$
$$\left.\begin{array}{l} Fe + O = FeO \\ FeO + C = CO \end{array}\right\}$$

und ähnlich für CO_2. Beim Siemens-Martin-Verfahren ist es nicht der Sauerstoff der Luft, wenigstens nicht direkt, der die Bildung der zur Kohlenstoffverbrennung erforderlichen festen Sauerstoffverbindungen (in geringem Maße kommt auch MnO und SiO_2 in Betracht) veranlaßt, sondern insbesondere das unter 5a genannte Kohlendioxyd aus den Feuergasen, das die Bildung von Sauerstoffverbindungen in großen Mengen während der Einschmelzperiode hervorruft (Schrott-Roheisenverfahren). Mitunter wird die feste Sauerstoffverbindung in Form von Eisenerz zugesetzt (Roheisen-Erzverfahren bzw. Erzzusatz beim Schrott-Roheisenverfahren, wenn Mangel an Sauerstoffverbindungen herrscht). Elektro- und Tiegelverfahren sollten eigentlich reine Umschmelzverfahren und infolgedessen unabhängig von den obigen Reaktionen sein, indessen trifft dies einmal für das erstgenannte Verfahren nicht immer zu, indem auch im Elektroofen Frischarbeit geleistet werden kann, anderseits enthält der Einsatz beim Raffinieren im Elektroofen bzw. beim Tiegelschmelzen feste Sauerstoffverbindungen in geringen Mengen, die dann mit dem Kohlenstoff des Einsatzes reagieren, oder beim Tiegelschmelzen reagiert das SiO_2-haltige Tiegelmaterial. In allen Fällen erfolgt Kohlenoxyd- und in geringerem Maße jedenfalls auch Kohlendioxydbildung. Freier Sauerstoff kann bei den in Betracht kommenden Temperaturen in Gegenwart von Eisen nur in geringen Mengen bestehen, und im wesentlichen sind nur seine Reaktionsprodukte FeO (MnO, SiO_2) oder CO und CO_2 existenzfähig.

Die Menge der mit dem Eisen in Berührung kommenden Gase wird wohl am größten bei den Windfrischprozessen sein, wird doch beim Thomasprozeß rd. 300 l Luft für das Kilogramm Eisen oder etwa das 2200 fache des Eisenvolumens durchgeblasen. Hierzu kommen noch etwa 70 l Kohlenoxyd aus der Verbrennung des Kohlenstoffs unter der Annahme, daß dieser ausschließlich zu Kohlenoxyd verbrennt. Beim Siemens-Martin-Prozeß befindet sich nach dem Einschmelzen zwar eine schützende Schlackenschicht über dem Eisenbade, aber einerseits ist bei den hohen Temperaturen kein Stoff undurchlässig für Gase und dann kommt das Eisen während der sogenannten Kochperiode mit der Ofenatmosphäre in nicht geringe Berührung. Immerhin wird zweifellos die Menge der Gase bei diesem Prozeß eine wesentlich geringere sein als bei den Windfrischverfahren, wenngleich an und für sich das aus inneren Reaktionen entstehende CO und CO_2 für beide Verfahren in gleichen Mengen entwickelt wird. Nur muß berücksichtigt werden, daß der Kohlenstoffgehalt des Einsatzes, wenigstens beim Schrott-Roheisenverfahren, meist wesentlich niedriger ist als bei den Windfrischverfahren. Beim Elektroverfahren ist die Menge der mit dem Eisen in Berührung kommenden Gase noch geringer als beim vorhergehenden Verfahren. Es kommen hier nur die durch die Ofentüren eintretende Luft bzw. bei Elektrodenöfen die aus der Verbrennung der Elektroden stammenden Gase in Betracht. Wird wie im Siemens-Martin-Ofen geschmolzen, so sind die Mengen der Reaktionsgase, gleichen Einsatz vorausgesetzt, gleich. Wird lediglich raffiniert, so ist natürlich die Menge der entwickelten Gase sehr gering. Am geringsten werden wohl die Gasmengen beim Tiegelschmelzverfahren sein, um so mehr, als die Tiegeldeckel sorgfältig verschmiert werden. Trotzdem diffundieren die Ofengase in den Tiegel, aber die Menge der so hineingelangenden Gase ist natürlich erheblich geringer als bei offenem Deckel. Reaktionsgase entwickeln sich zwar auch beim Tiegelschmelzverfahren, wie schon erwähnt wurde, jedoch normalerweise, d. h. bei nicht zu stark oxydhaltigem Einsatz und bei genügendem Graphitgehalt der Tiegelwände, in unvergleichlich geringerem Maße als bei den vorhergehenden Verfahren.

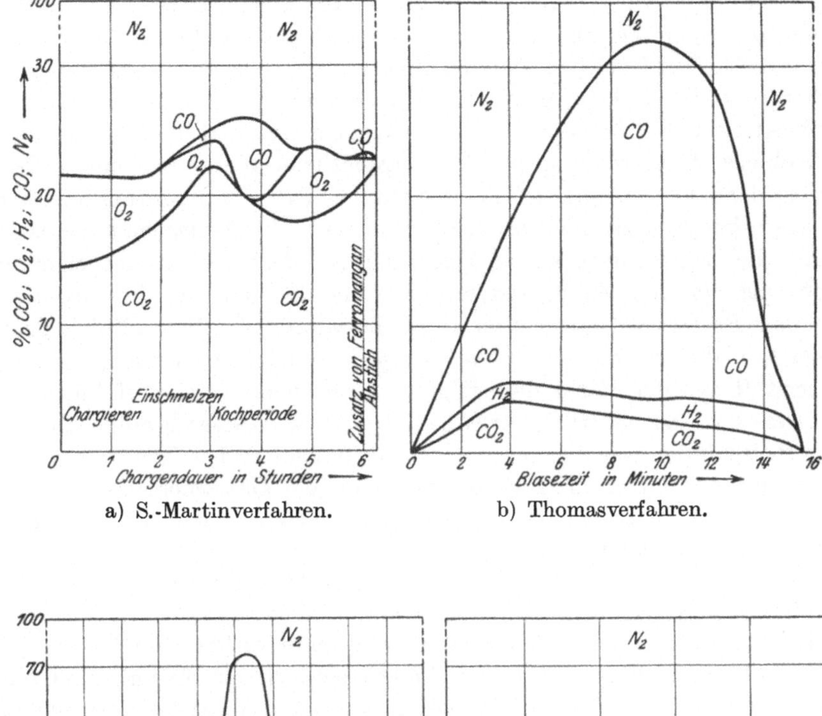

a) S.-Martinverfahren. b) Thomasverfahren.

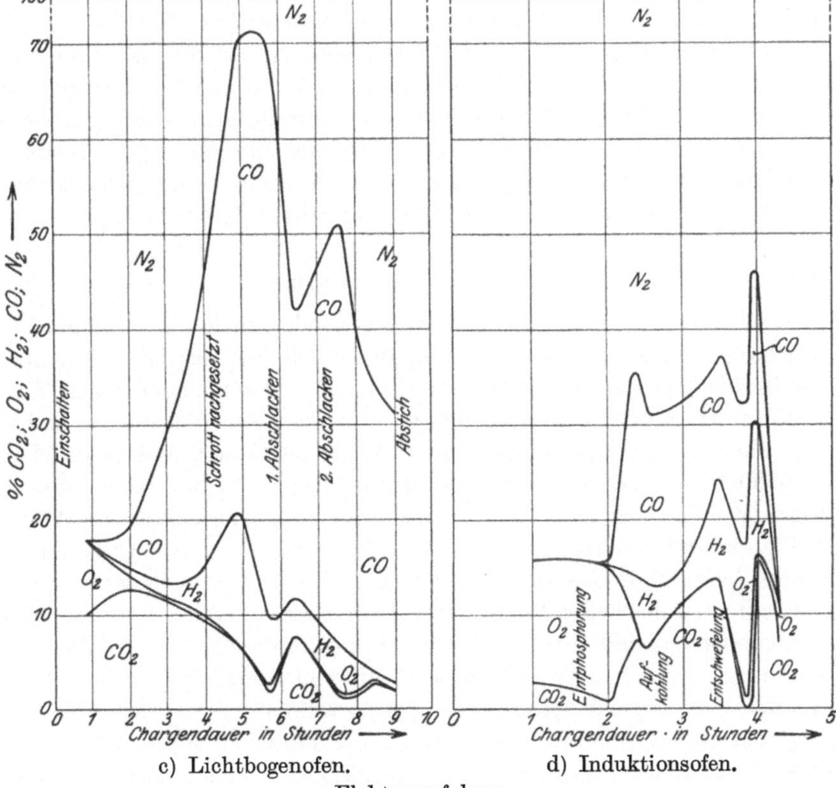

c) Lichtbogenofen. d) Induktionsofen.

Elektroverfahren.

Abb. 165a—d. Zusammensetzung der Ofenatmosphäre bei den verschiedenen metallurgischen Verfahren.

Der Mengenanteil der einzelnen Gase ist natürlich recht verschieden bei den einzelnen Verfahren, und er schwankt auch während des Verfahrens beträchtlich. Wird bei den Windfrischverfahren vom Sauerstoff der Luft abgesehen, der sich ja hier sofort zu festen Sauerstoffverbindungen umsetzt, so überwiegt zweifellos Stickstoff, während Kohlenoxyd und -dioxyd nur während der Kohlenstoffverbrennungsperiode beträchtliche Werte annehmen. In Anbetracht der hohen Luftmengen sind die mit dem Eisen in Berührung kommenden Wasserstoffmengen ziemlich groß, aber vom Feuchtigkeitsgehalt der Luft abhängig. Bei den Siemens-Martin-Verfahren sind die Stickstoffmengen natürlich kleiner als bei den Windfrischverfahren und hängen von der Art des verwendeten Brennstoffs sowie vom Luftüberschuß ab. Beträchtlich sind die Kohlendioxyd- und die Wasserstoffmengen in den Feuergasen, indem zum Wasserstoff aus der Verbrennungsluft der aus dem Brennstoff hinzukommt. Besonders hoch ist natürlich der Wasserstoff- bzw. Wasserdampfgehalt in hoch wasserstoffhaltigen Feuerungsgasen, wie insbesondere bei Koksofengas. Beim Elektroverfahren wird die Zusammensetzung der Gasatmosphäre vom Ofensystem und vom Einsatz, beim Tiegelschmelzverfahren vom Einsatz und vom Tiegelmaterial abhängig sein.

In Abb. 165a—d ist die Zusammensetzung der einzelnen Ofenatmosphären in großen Zügen graphisch veranschaulicht.

Im allgemeinen wechselt die Ofenatmosphäre verhältnismäßig stark, und nur beim Siemens-Martin-Verfahren ändert sie sich nur in geringen Grenzen: während der Kochperiode erfolgt ein Ansteigen des CO-Gehaltes um einige Prozent, und das Öffnen der Türen macht sich durch einen Anstieg des Sauerstoffgehaltes bemerkbar. Bemerkenswert ist der überaus hohe Anstieg des CO-Gehaltes im Elektroofen mit Elektroden. Es muß berücksichtigt werden, daß in den mitgeteilten Gasanalysen der Wasserdampfgehalt fehlt.

B. Die vom Eisen aufgenommenen Gase.

Wie alle Flüssigkeiten Gase aufzunehmen oder zu lösen vermögen, ist es von vornherein nicht unwahrscheinlich, daß auch das flüssige Eisen die mit ihm in Berührung stehenden bzw. in ihm sich entwickelnden Gase Wasserstoff, Stickstoff, Kohlenoxyd und -dioxyd aufzunehmen bestrebt ist, und zwar um so mehr, je höher die Temperatur, je höher der Druck und natürlich auch je größer die Menge der mit ihm in Berührung stehenden bzw. sich entwickelnden Gase ist. Mit sinkender Temperatur, also vom Augenblick des Abstiches in die Pfanne und erst recht vom Guß in die Form ab, wird das nunmehr im Überschuß befindliche Gas sich abscheiden. Dies tritt ja auch tatsächlich ein, wie das Auftreten der hellen Wasserstoff- bzw. blauen Kohlenoxydflamme beim Guß andeutet oder die Beobachtung des Flüssigkeitsspiegels in der Form lehrt. Es ist ferner durch Sieverts und seine Mitarbeiter[1]) experimentell nachgewiesen, daß das Lösungsvermögen vieler Metalle für Gase sich bei der Erstarrung sprunghaft ändert, und zwar meist plötzlich sinkt, wie z. B. für Wasserstoff im Eisen (vgl. Abb. 166). Es hängt, wie im Abschnitt Kristallisation gezeigt wird, in erster Linie vom Erstarrungsvorgang ab, ob diese

---

[1]) Ber. Chem. Ges. 1910, **43**, 893, sowie Elektroch. 1910, 707.

plötzlich freiwerdenden Gase aus dem Eisen entweichen können oder ob sie in Form von Gasblasen im Eisen eingeschlossen bleiben. Aber auch feste Metalle vermögen Gase zu lösen im eigentlichen Sinne des Wortes. Zum mindesten gelingt es selbst bei Anwendung stärkster Vergrößerungen nicht, in solchen gashaltigen Metallen etwa mikroskopisch feine Gashohlräume zu entdecken. Über die Art der Bindung dieser Gase vermag heute noch nicht viel ausgesagt zu werden. Möglicherweise handelt es sich um sehr leicht zerlegbare Verbindungen. Anderseits sind auch Verbindungen größerer Stabilität im festen Eisen denkbar. So lernten wir bereits eine sehr stabile Titan-stickstoff-Verbindung kennen, die im festen Eisen unlöslich ist.

Wir können also gemäß obigen Betrachtungen drei Arten von Gasen unterscheiden:

1. Die vor der Erstarrung entweichenden Gase,
2. die während der Erstarrung vom Eisen in Form von Gasblasen zurück-gehaltenen Gase, und
3. die nach der Erstarrung, also im festen Eisen vorhandenen Gase.

Bevor auf die Natur dieser Gase näher eingegangen wird, seien die Verfahren zu ihrer Ermittlung kurz gestreift.

Wegen der experimentellen Schwierigkeiten ist bisher kaum versucht worden, die Gase zu 1 zu ermitteln. Piwowarsky[1]) hat eine einfache Vor-richtung geschaffen zum Aufsaugen der Gase beim Kokillenguß von unten. Sie bestand in einem gasdicht mit dem Kokillenrand verkitteten Deckel, der eine Bohrung besaß, durch die das Gas mit Hilfe einer Saugflasche angesaugt werden konnte. Es lassen sich leider auf diesem Wege nur ungefähre Anhalte über Gasmenge und -zusammensetzung gewinnen, weil einmal die Temperatur und damit natürlich auch die Menge und Art der entweichenden Gase nicht über den ganzen Querschnitt die gleiche ist und beispielsweise die Erstarrung an den Kokillenwänden schon eingesetzt hat, während der Rest des Kokillen-inhaltes noch flüssig ist. Anderseits erfolgen Messung und Analyse nicht kontinuierlich, es können vielmehr nur Werte gewonnen werden, die sich über ein größeres Zeitintervall erstrecken.

Die unter 2 genannten Gase äußern sich im fertigen Gußstück als Gasblasen. Über ihre Menge kann daher nur durch Zerschneiden des Gußstückes ein Anhalt gewonnen werden, ein kostspieliges, aber empfehlenswertes und leider nur zu wenig angewandtes Verfahren, das auch über die recht wichtige Verteilung der Gasblasen Aufschluß gibt[2]). Allerdings ist ein einfaches Verfahren zur Messung der Menge der Gasblasen noch nicht gefunden, und man ist auf die Betrachtung des freigelegten Schnittes bzw. auf die Erfahrung angewiesen. Hingegen läßt sich die Art der in den Gasblasen enthaltenen Gase durch Anbohren des Stückes unter Wasser ermitteln, ein von F. C. G. Müller[3]) angewandtes, aber seither nicht mehr vervollkommnetes Verfahren.

Was schließlich die unter 3 erwähnten Gase betrifft, so bestehen zwei

---

[1]) Diss. Breslau 1918, St. E. 1920, 773.

[2]) Vereinzelt, z. B. bei der Herstellung von Qualitätsröhren, wird von einem hierher-gehörigen Verfahren mitunter Gebrauch gemacht, indem die Blöcke gebrochen werden. Die Menge und Verteilung der Gasblasen entscheidet über den Verwendungszweck der Blöcke.

[3]) St. E. 1882, 537.

große Gruppen von Verfahren, und zwar die Heißextraktions- und die Kaltumsetzungsverfahren, wenn zunächst von dem naß-analytischen Verfahren zur Bestimmung des Stickstoffs abgesehen wird. Die Heißextraktionsverfahren bestehen darin, daß die zerkleinerte Probe (Späne) erhitzt und die Gase mit einer Luftpumpe abgesaugt, aufgefangen und analysiert werden. Das ältere Verfahren, das u. a. Baker[1]), Charpy und Bonnerot[2]), Boudouard[3]) sowie Belloc[4]) anwandten, unterscheidet sich von dem neueren, von P. Goerens[5]) vorgeschlagenen und angewandten und vom Verfasser[6]) und seinen Mitarbeitern apparativ vervollkommneten dadurch, daß bei ersterem die Späne nicht zum Schmelzen gebracht werden, während bei den neueren durch Zugabe von Antimon und Zinn zu den Spänen der Schmelzpunkt soweit erniedrigt wird, daß die Anwendung der üblichen elektrischen Laboratoriumsöfen möglich ist. Der Vorteil der neueren Verfahren ergibt sich ohne weiteres aus der Überlegung, daß die Gase aus dem geschmolzenen Metall leichter und vor allem rascher und vollständig abgesaugt werden können. Die Kaltumsetzungsverfahren beruhen auf der Tatsache, daß das Eisen sich mit gewissen Salzen wie Quecksilber- und Kupferchlorid, sowie mit Brom und Jod umsetzt, wobei das Eisen molekular zerteilt wird und die gelösten Gase frei werden. Das Verfahren ist auch zur Bestimmung des Schlackengehaltes angewandt worden, da ja die nichtmetallischen Schlackeneinschlüsse sich nicht umsetzen, sondern mit dem Kohlenstoff im Rückstand verbleiben. Von den Beziehungen beider Verfahren zueinander soll später die Rede sein, ebenso vom Verfahren zur Bestimmung des Stickstoffs.

Nachstehend seien zunächst einige Versuchsergebnisse mitgeteilt, die mit Hilfe der hier beschriebenen Verfahren erzielt wurden, wobei gleich betont sei, daß das Studium dieses Gegenstandes sich noch in den Anfängen befindet.

	Kein Ferro-Silizium		Ferro-Silizium zeitig zugesetzt		Ferro-Silizium spät zugesetzt	
	A	B	A	B	A	B
$C\,\%$	0,10	0,10	0,35	0,35	0,36	0,36
$Mn\,\%$	0,40	0,40	0,55	0,55	0,57	0,57
$P\,\%$	0,030	0,030	0,050	0,050	0,045	0,045
$S\,\%$	0,030	0,030	0,035	0,035	0,040	0,040
$Si\,\%$	—	—	0,22	0,22	0,25	0,25
Gesamtgasmenge in Liter	36,0	2,8	18,0	8,4	11,0	3,9
$CO_2\,\%$	4,8	3,5	4,2	6,1	4,6	4,0
$CO\,\%$	54,3	21,2	52,5	35,4	65,8	16,7
$H_2\,\%$	30,0	11,1	41,0	37,2	20,0	8,4
$CH_4\,\%$	2,2	1,8	2,3	1,1	1,2	0,9
$N_2\,\%$	8,7	62,4	—	20,2	8,4	70,0
$\dfrac{\text{Gasvol.}}{\text{Blockvol.}}$	1,28	0,10	0,64	0,28	0,39	0,139

A = Gasentwicklung bis etwa 1300⁰.
B = Gasentwicklung von etwa 1300 bis etwa 800⁰.

[1]) C. Sc. M. 1909, **1**, 219, sowie 1911, **3**, 249.   [2]) C. R. 1911, 152, 1247.
[3]) C. R. 1907, **145**, 1280.   [4]) C. R. 1907, **145**, 1283.
[5]) P. Goerens, St. E. 1910, 1514; P. Goerens und Paquet, Fer. 1914/15, 57, sowie P. Goerens und Collart, Fer. 1915/16, 145.
[6]) Oberhoffer und Beutell, St. E. 1919, 1584, sowie Piwowarsky, Diss. Breslau 1918, St. E. 1920, 775; ferner Oberhoffer und Piwowarsky, St. E. 1922, 801, sowie Oberhoffer, Piwowarsky, Pfeiffer-Schießl und Stein, St. E. 1924, 113.

Piwowarsky[1]) hat, wie erwähnt, die während der Erstarrung von Siemens-Martin-Stahl mit verschiedenem Kohlenstoffgehalt entweichenden Gase der Menge und Zusammensetzung nach zu ermitteln versucht. In der vorstehenden Tabelle sind einige seiner Ergebnisse (Mittel aus je sechs Versuchen) mitgeteilt.

Aus den vorstehenden Zahlen geht zunächst hervor, daß Wasserstoff, Stickstoff, Methan, Kohlenoxyd und -dioxyd entweichen. Man erkennt ferner, daß die Hauptmengen der Gase in dem die Erstarrung einschließenden Intervall A entweichen, geringe Mengen aber auch aus dem bereits erstarrten Eisen frei werden. Am größten sind die Gasmengen beim unsilizierten Material, und es ist eine längst bekannte metallurgische Erfahrungstatsache, daß Silizium das Eisen „beruhigt", d. h. die Gasentwicklung zum Stillstand bringt. Dies wird vielfach dahin aufgefaßt, daß Silizium die Lösungsfähigkeit des Eisens für Gase steigert. Dann müßte man allerdings erwarten, daß siliziertes Material mehr Gase enthält als unsiliziertes. Für diese Erklärung spricht ein später zu erwähnender Versuch Bakers, der in einer Probe, die mit dem ähnlich wie Silizium wirkenden Aluminium behandelt war, mehr Gas fand als in einer ohne Aluminium behandelten. Endlich zeigen die Versuche von Piwowarsky, daß bei spätem Siliziumzusatz der Gasgehalt niedriger ist als bei frühzeitigem. Unter spätem Zusatz ist Zusatz bei zu zwei Drittel gefüllter Pfanne zu verstehen, unter frühzeitigem, daß es auf den Boden der Pfanne gelegt wird. Piwowarsky erklärt die vorerwähnte Tatsache damit, daß durch den Sturz in die Pfanne, den Temperaturabfall sowie durch die Aufhebung etwaiger Übersättigungserscheinungen an und für sich schon viel Gas frei wird, so daß das spät zugesetzte Silizium eine geringere Gasmenge zu binden hätte.

Die obige Tabelle gestattet auch eine Beurteilung der Ergebnisse vom Standpunkt der Verteilung der einzelnen Gasarten sowie ihrer Abhängigkeit von der Temperatur, doch dürften irgendwelche hieran zu knüpfenden Erörterungen wohl noch verfrüht sein.

Die Zusammensetzung des in den Gasblasen enthaltenen Gases nach F. C. G. Müller erläutert die nachfolgende Tabelle:

Material	Wasserstoff %	Stickstoff %	Kohlenoxyd %	Gasmenge %
Poröser Bessemer Schienenstahl	90,3	9,7	—	48
Poröser Bessemer Federstahl	81,9	18,1	—	21
Bessemerstahl vor dem Spiegeleisenzusatz .	88,8	10,5	0,7	60
Bessemerstahl nach dem Spiegeleisenzusatz .	77,0	23,0	—	45
Martinstahl vor dem Spiegeleisenzusatz . . .	67,0	30,8	2,2	25

Auffallend ist das Fehlen größerer Kohlenoxydmengen. Die Versuche bedürfen jedenfalls der Wiederholung.

Die dritte der erwähnten Gasarten, nämlich die im erstarrten, äußerlich gasblasenfreien Eisen vorhandenen Gase, sind weit eingehender untersucht worden als die beiden vorhergehenden Gasarten. P. Goerens und seine Mitarbeiter haben die Abhängigkeit der Menge und Art dieser Gase vom Herstellungsverfahren nach dem Heißextraktionsverfahren untersucht. Ge-

---

[1]) Tabelle s. Diss. Piwowarsky, Breslau 1918, St. E. 1920, 755, sowie St. E. 1920, 1365.

mäß den Betrachtungen über die während der Herstellung des Eisens mit diesem in Berührung kommenden Gasmengen sollte man eine direkte Abhängigkeit vom Verfahren erwarten, etwa in der Reihenfolge der nachstehenden Tabelle von P. Goerens und Paquet. Wie man aber an den Zahlenwerten dieser Tabelle erkennt, besteht keine derartige Abhängigkeit, und die Werte schwanken

in Thomasflußeisen . . . . . 22—49 ccm Gas pro 100 g Eisen
„ Martinflußeisen . . . . . . 38—78 „ „ „ 100 g „
„ Elektrostahl . . . . 10—105 „ „ „ 100 g „
„ Tiegelstahl . . . . 29—152 „ „ „ 100 g „

außerordentlich für ein und dasselbe Verfahren, ein Beweis, daß noch andere Faktoren die Gasmenge bestimmen. Von diesen wird wohl in erster Linie die Temperatur in Frage kommen. Die nachstehende Zusammenstellung nach P. Goerens gibt eine Vorstellung von der Zusammensetzung der Gase. Man sieht, daß·in allen Fällen das Kohlenoxyd bei weitem überwiegt. Irgend-

Material	Chemische Zusammensetzung					Prozentuale Zusammensetzung der Gase			
	P	Mn	C	S	Si	CO_2	CO	H_2	N_2
Thomasflußeisen . . .	0,1	0,49	0,08	0,05	0,05	14,7	65,1	12,2	8,0
Elektroflußeisen . . .	0,1	0,22	0,15	0,04	0,17	4,7	78,3	11,7	5,3
Martinflußeisen . . .	0,05	0,93	0,14	0,04	0,24	1,7	68,4	15,4	14,5

welche Erörterungen über Zusammenhänge zwischen der Gasanalyse und dem Herstellungsverfahren dürften verfrüht sein. Dagegen lehrt die nachfolgende Tabelle, ebenfalls nach P. Goerens und Paquet, daß die Desoxydation den

Material	Gesamtgasgehalt pro 100 g Eisen ccm	Prozentuale Gaszusammensetzung				Chemische Zusammensetzung				
		CO_2	CO	H_2	N_2	P	Mn	C	S	Si
Thomasflußeisen v. d. Desoxydat.	13,0	20,1	42,1	24,2	13,6	0,07	0,23	0,05	0,06	0,02
desgl., nach der Desoxydation .	43,0	7,8	76,3	6,0	9,9	0,08	0,40	0,07	0,04	0,02
Martinflußeisen v. d. Desoxydat.	21,6	2,2	85,6	7,4	4,8	0,03	0,30	0,09	0,05	0,003
desgl., nach der Desoxydation. .	24,2	3,4	82,8	8,1	5,7	0,03	0,90	0,14	0,04	0,35

Gasgehalt ganz anders beim Thomas- wie beim Siemens-Martin-Verfahren beeinflußt. Bei ersterem zeigt die Probe nach der Desoxydation erheblich mehr Gas als vor der Desoxydation im Gegensatz zum Martinverfahren, wo die Gasmenge sich infolge der Desoxydation kaum ändert. Die nachfolgend wiedergegebenen Zahlen von Oberhoffer und Beutell[1]) bestätigen die obigen Schlußfolgerungen bezüglich des Thomaseisens an zwei Chargen, von denen die eine sichtlich sehr unruhig, die andere sehr ruhig in der Kokille stand. In beiden Fällen erfolgt eine Steigerung der Gasmenge durch die Desoxydation. Man erkennt ferner an diesen Zahlen, daß im Verlauf des Gießens der Gasgehalt wieder sinkt. Endlich ist zu sehen, daß die ruhige Charge weniger Gas enthält

---

[1]) St. E. 1919, 1584.

Nr.	Bezeichnung der Probe	cm³ Gas auf 100 g Eisen	Volumprozente				O_2 950°	Gewichtsprozente					Bemerkungen
			CO_2	CO	H_2	N_2		C	Mn	P	S	Si	
1	a) Thomasschmelzung vor der Desoxydation . . .	39,6	13,5	61,1	13,7	11,6	0,035	0,025	0,31	0,098	0,045	0,01	Diese Schmelzung war sehr unruhig in der Kokille.
	b) nach der Desoxydation. Probe nach dem ersten Block	86,6	9,7	70,8	12,5	7,0	0,019	0,04	0,34	0,090	0,046	0,01	
	c) Desgl. Probe nach dem letzten Block	72,3	8,6	68,6	12,9	9,8	0,019	0,05	0,28	0,099	0,035	0,005	
2	a) Thomasschmelzung vor der Desoxydation . . .	12,1	15,4	64,5	20,1	20,1	0,035	0,055	0,31	0,091	0,058	—	Diese Schmelzung war sehr ruhig in der Kokille.
	b) nach der Desoxydation. Probe nach dem ersten Block	56,0	13,6	75,5	3,8	7,0	0,017	0,065	0,31	0,093	0,058	—	
	c) Desgl. Probe nach dem letztenBlock	33,7	11,0	70,2	7,8	10,9	0,020	0,065	0,31	0,091	0,058	—	
3	a) Martinschmelzung.Probe vor der Desoxydation .	164,5	0,6	66,5	5,7	27,0	0,021	—	—	—	—	—	Der Ferrosiliziumzusatz erfolgte erst, nachdem die Pfanne zur Hälfte gefüllt war.
	b) Probe nach dem ersten Gespann	106,0	0,0	53,6	39,5	6,8	0,019	—	—	—	—	—	
	c) Probe nach dem dritten Gespann	90,6	0,7	26,9	38,9	3,4	0,018	0,09	0,38	0,027	0,04	0,26	
4	a) Martinschmelzung.Probe vor der Desoxydation .	190,5	0,3	84,2	5,6	9,8	0,026	0,13	0,36	n. b.	0,057	n. b.	Der Ferrosiliziumzusatz befand sich zu Beginn des Abstichs in der Pfanne.
	b) Probe nach dem ersten Gespann (rd. 8000 kg) .	136,5	10,7	46,0	35,7	7,6	0,022	0,16	0,42	—	0,042	—	
	c) Probe nach dem Abgießen von 16000 kg Formguß (Dauer 50 Min.)	109,5	2,0	67,8	22,0	8,2	0,018	0,10	0,33	0,016	0,040	0,3	
5	a) Martinschmelzung.Probe nach der Desoxydation	110,0	4,7	69,7	16,1	9,4	0,028	—	—	—	—	—	
	b) nach dem ersten Gespann	78,5	0,7	87,5	8,3	3,5	0,021	—	—	—	—	—	
	c) nach dem Auswalzen .	60,5	0,0	81,3	7,6	10,6	0,020	0,20	0,48	0,03	0,03	0,23	

als die unruhige, so daß hiernach der Gasgehalt ein Maßstab für das Verhalten des Eisens beim Gießen wäre. Es erscheint verfrüht, weitere Schlußfolgerungen an obige Zahlen zu knüpfen. Was die Siemens-Martin-Chargen betrifft, so lehrt die Tabelle, daß nicht nur keine Zunahme des Gasgehaltes wie beim Thomasverfahren, auch kein annäherndes Gleichbleiben stattfindet, wie es Goerens und Paquet fanden, sondern daß eine deutliche Abnahme durch die Desoxydation erfolgt. Thomas- und Martin-Verfahren unterscheiden sich also prinzipiell voneinander bezüglich der Verhältnisse bei der Desoxydation. Absolut sind die Gasgehalte wesentlich höher bei dem Martinmaterial, und sie liegen auch außerhalb der von Goerens und Paquet gefundenen Grenzen. Ob aber hier eine Gesetzmäßigkeit vorliegt, bleibt noch durch weiteres Material zu entscheiden. Goerens hat die Vermutung ausgesprochen, daß der niedrige Gasgehalt des Thomasmetalles vor der Desoxydation auf die energische Bewegung des Bades zurückzuführen sei. Folgerichtig müßte im gleichen Sinne das während des Herstellungsverfahrens verhältnismäßig ruhig liegende Martinmetall unter sonst gleichen Umständen mehr Gas enthalten. Die obige Zusammenstellung zeigt auch den Einfluß des späten Siliziumzusatzes auf den Gasgehalt im gleichen

Sinne wie für die während und nach dem Erstarren entwickelten Gase. Dagegen liefern diese Zahlen keinen Anhalt für den Einfluß des Siliziums auf die Lösungsfähigkeit des Eisens für Gase. Lediglich für das ähnlich wie Silizium wirkende Aluminium liegen die nachfolgenden Zahlen von Baker vor, die, wie schon erwähnt, für eine Erhöhung des Lösungsvermögens sprechen, doch genügt auch hier das Material keineswegs zur Entscheidung der Frage. Ein Material mit 0,8% Kohlenstoff wurde einmal mit Aluminiumzusatz, sodann ohne solchen vergossen. Die Gasbestimmung bei etwa 1000° ergab:

	ccm Gas auf 100 g Eisen					Gesamte Gasmenge bzw. auf 100 g Eisen ccm
	CO_2	H_2	CO	CH_4	N_2	
Im ersten Falle (mit Aluminium)	1,54	47,77	41,83	0,66	0,77	91,86
Im zweiten Falle (ohne Aluminium)	0,37	22,99	17,85	0,73	0,20	42,09

Wie aus dem Vorstehenden ersichtlich ist, sind die aus den Ergebnissen zu ziehenden metallurgischen Schlußfolgerungen noch nicht sehr weittragend, doch muß berücksichtigt werden, daß die Gasbestimmung bisher erst in geringem Umfang angewandt worden ist. Vom Standpunkt der Konstitution interessiert die Beantwortung der Frage, ob die bei der Gasbestimmung gefundenen Gase identisch sind mit den Gasen, die mit dem Eisen während des Herstellungsvorganges in Berührung stehen. In zweiter Linie ist die Frage zu beantworten, in welcher Form die Gase im Eisen enthalten sind.

C. Wasserstoff.

Der größte Teil des Wasserstoffgehaltes wird wohl infolge der Zersetzung von Feuchtigkeit aus der Luft und aus den Heiz- und Verbrennungsgasen in Berührung mit dem flüssigen Eisen gebildet nach dem Vorgang:

$$Fe + H_2O \rightleftarrows FeO + H_2,$$

ein geringerer Teil aus dem in den obengenannten Gasen enthaltenen Wasserstoff. Dieses Gas wird vom Eisen aufgenommen, wobei über die Form der Bindung nur ausgesagt werden kann, daß sie sehr lose ist. Die Wasserstoffaufnahme erfolgt also sehr leicht ebenso wie die Abgabe. Systematische Versuche über die Menge des in Abhängigkeit von der Temperatur bei konstantem Druck von einer Atmosphäre vom Eisen aufgenommenen Wasserstoffs sind von Sieverts[1]) angestellt worden. Seine Ergebnisse sind in Abb. 166 dargestellt. Die Löslichkeit des flüssigen Eisens für Wasserstoff nimmt hiernach mit sinkender Temperatur bis zum Erstarrungspunkt des Eisens linear ab. Bei der Erstarrung verringert sich die Löslichkeit des Eisens für Wasserstoff beträchtlich; erstarrendes, mit Wasserstoff gesättigtes Eisen gibt demnach große Wasserstoffmengen ab. Aber auch bei der Abkühlung entweicht aus dem festen Eisen noch Wasserstoff, wie man wohl am einfachsten annehmen kann,

---

[1]) Sieverts und Krumbhaar, Ber. Chem. Ges. 1910, **43**, 893, sowie Sieverts, Elektrochem. 1910, 707.

infolge des mit sinkender Temperatur abnehmenden Lösungsvermögens des Eisens für dieses Gas. Die Modifikationen des Eisens scheinen sich verschieden zu verhalten, wie dies aus der Abb. 166, wenigstens bezüglich des γ- und β-Eisens, hervorgeht. Erhitzt man hochwasserstoffhaltiges Eisen, etwa Elektrolyteisen im luftleeren Raum unter gleichzeitiger Aufnahme einer Temperatur-Zeitkurve, so treten auf dieser Kurve außer den dem Eisen zukommenden noch bei einer

Reihe anderer Temperaturen[1]) Haltepunkte auf, die mit dem Entweichen des Wasserstoffs zusammenhängen und bei mehrmaligem Erhitzen des Eisens verschwinden. Hieraus würde hervorgehen, daß die Wasserstoffabgabe mit Wärmetönung verknüpft ist. Daß die Umwandlungsvorgänge im schmiedbaren Eisen seine Löslichkeit für Wasserstoff beeinflussen, nehmen auch Belloc[2]) und Baker[3]) an. Belloc beobachtete zwischen 500 und 600⁰ besonders starke Gasentwicklung, die er der von Osmond vermuteten, A_0 genannten Umwandlung zuschreibt, für deren Existenz spätere

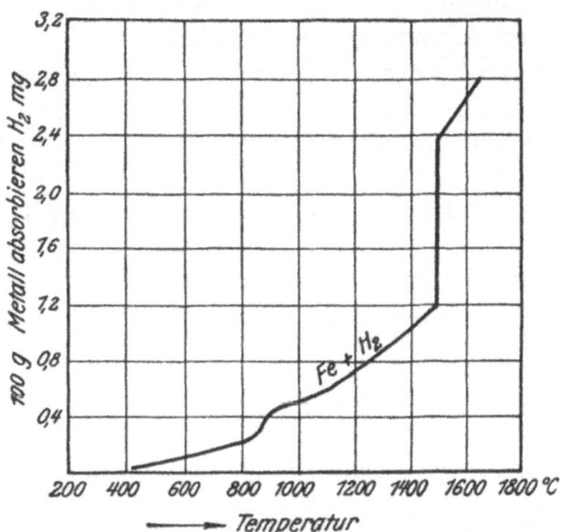

Abb. 166. Löslichkeit von Wasserstoff in Eisen in Abhängigkeit von der Temperatur. (Sieverts.)

Untersuchungen jedoch keine Bestätigung erbrachten. Außer der Temperatur beeinflußt auch der Druck das Lösungsvermögen des Eisens für Wasserstoff (und wahrscheinlich auch für andere Gase), und zwar gilt bei konstanter Temperatur nach Sieverts für flüssiges und festes Eisen die Beziehung

$$m = C\sqrt{p},$$

wo m die gelöste Gasmenge, p den Druck in Atmosphären, C eine Konstante bedeutet. Jedenfalls nimmt auch festes Eisen Wasserstoff auf. Dieser Vorgang erfolgt sogar sehr leicht bei gewöhnlicher oder wenig gesteigerter Temperatur, wenn der Wasserstoff im naszierenden Zustande einwirkt, wie dies beim technischen Vorgang des Beizens der Fall ist gemäß der Gleichung:

$$Fe + H_2SO_4 = FeSO_4 + H_2.$$

Ob das Gefüge des Eisens durch Wasserstoffaufnahme beeinflußt wird, steht nicht fest.

D. Stickstoff.

Die Bestimmung des Stickstoffs erfolgt bei der Gasbestimmung durch Heißextraktion und durch Kaltumsetzung aus der Differenz, ferner auch

---

[1]) Vgl. Roberts-Austen, Mech. Eng. 1899, 35, sowie A. Müller, Met. 1909, 145.
[2]) Rev. Mét. 1908, 469.
[3]) Ir. st. Inst. 1909, C. Sc. M. I, 219; Ir. st. Inst. 1911, C. Sc. M. III, 249.

auf maßanalytischem Wege durch Überführung in Ammoniak. Ob die Resultate beider Methoden unmittelbar vergleichbar sind, ist noch nicht untersucht worden. Der auf maßanalytischem Wege ermittelte Stickstoffgehalt des Eisens hat bisher das meiste Interesse beansprucht. Von größter Bedeutung ist hierbei die Frage des analytischen Verfahrens, die hier nicht in ihren Einzelheiten erörtert werden kann. Für diesen Zweck sei auf die eingehenden Ausführungen von Duhr[1]) verwiesen, dessen Verfahren nach dem heutigen Stand unsrer Kenntnisse das vollkommenste sein dürfte. Die nachstehende Tabelle von Duhr enthält die wichtigsten Ergebnisse der früheren Arbeiten.

Analytiker	Methode	Roheisen		Besse-mer-	Tho-mas-	S. M.-	Tiegel-	Zement-stahl
		Graues % N	Weißes % N	% N	% N	% N	% N	% N
Rinman (1867)	Boussingault	0,005	0,008	0,005 bis 0,011	—	—	—	0,016
Allan (1880)	Neßlersches Reagens	0,0074		0,016	0,011	0,0098 bis 0,0107	0,0080	0,015
Tholander (1889)	Boussingault	0,005 bis 0,012		0,012 bis 0,030	—	0,005 bis 0,021	0,006 bis 0,008	—
Harbord und Twynam (1896)	Neßlersches Reagens	—	—	0,007 bis 0,027	0,012 bis 0,017	0,006 bis 0,023	0,007 bis 0,009	—
Braune (1905)	Neßlersches Reagens	0,003 bis 0,045		0,008 bis 0,014	0,020 bis 0,060	0,006 bis 0,032	0,008 bis 0,017	—
Petrén und Grabe (1907)	Neßlersches Reagens	—	—	0,0010 bis 0,0045	0,0095 bis 0,0125	0,0035 bis 0,0055	0,0030	0,0065
Petrén und Grabe (1907)	Jodometrisch	—	—	0,0005 bis 0,0050	0,0075 bis 0,0115	—	0,0010	0,0085
Tschischewski (1907)	Neßlersches Reagens	—	—	0,0121	—	0,00218 bis 0,00367	—	0,00922
Tschischewski (1907)	Jodometrisch	0,00212	0,00534	0,0135	—	0,00312 bis 0,00433	—	0,0151

Man kann sagen, daß im allgemeinen der Stickstoffgehalt des nach den Windfrischverfahren erzeugten Eisens höher ist als der des Siemens-Martinbzw. Tiegel-Materials, ohne daß aber der Stickstoffgehalt den Wert eines zuverlässigen Kriteriums besitzt. Als Ergänzung zu obigen Zahlen seien nachfolgend die von Duhr ermittelten wiedergegeben.

---

[1]) Diss. Aachen 1920; s. a. Wüst und Duhr, E. F. I. 1921, **2**, 39.

Material-Bezeichnung	Werkanalyse					% N
	% C	% Si	% Mn	% P	% S	
Schwedisches Nageleisen	0,04	—	—	—	—	0,0029
Schweißeisen ⎧	0,03	—	—	—	—	0,0051
⎩	0,03	—	—	—	—	0,0054
Thomasmaterial ⎧	0,065	—	0,57	0,075	0,063	0,0170
⎩	0,450	—	1,04	0,094	0,050	0,0155
Elektromaterial ⎧	0,08	0,002	0,28	0,041	0,033	0,0099
⎪	0,15	0,05	0,41	0,057	0,024	0,0113
⎪	0,18	0,13	0,62	0,049	0,015	0,0160
⎩	0,22	0,11	0,53	0,048	0,014	0,0160
S.-M.-Material ⎧	0,08	0,13	0,38	0,063	0,039	0,0050
⎪	0,08	0,16	0,38	0,072	0,046	0,0056
⎪ sauer	0,20	0,21	0,46	0,045	0,033	0,0045
⎪ „	0,34	0,21	0,54	0,040	0,036	0,0055
⎪ basisch . . .	0,21	0,21	0,57	0,038	0,044	0,0043
⎩ „ . . .	0,37	0,38	0,68	0,026	0,032	0,0053
⎧ P. D. 1 . . .	0,06	0,01	0,12	0,01	0,010	0,0070
⎪ P. D. 2 . . .	0,11	0,04	0,13	0,015	0,018	0,0077
⎪ P. D. 3 . . .	0,23	0,05	0,12	0,01	0,018	0,0058
⎪ P. D. 4 . . .	0,41	0,06	0,13	0,01	0,018	0,0072
⎪ P. D. 6 . . .	0,55	0,05	0,11	0,01	0,015	0,0057
⎪ P. D. 7 . . .	0,64	0,09	0,08	0,01	0,010	0,0065
Einfluß des ⎪ P. D. 8 . . .	0,75	0,10	0,12	0,01	0,012	0,0062
C-Gehaltes ⎨ P. D. 9 . . .	0,82	0,10	0,12	0,01	0,010	0,0060
S.-M.-Material ⎪ P. D. 10 . . .	0,97	0,11	0,12	0,01	0,010	0,0060
⎪ P. D. 12 . . .	1,16	0,10	0,14	0,011	0,012	0,0061
⎪ P. D. 13 . . .	1,31	0,10	0,12	0,01	0,010	0,0076
⎪ P. D. 14 . . .	1,40	0,09	0,10	0,01	0,010	0,0076
⎪ P. D. 15 . . .	1,50	0,10	0,10	0,01	0,010	0,0071
⎪ P. D. 17 . . .	1,68	0,12	0,14	0,01	0,010	0,0060
⎩ P. D. 18 . . .	1,75	0,06	0,16	0,012	0,010	0,0059

Die untersuchten Schweißeisen und S.-M.-Materialien haben hiernach
wesentlich niedrigeren Stickstoffgehalt als die Thomas- und merkwürdigerweise auch die Elektromaterialien. Ein Einfluß des Kohlenstoffgehaltes auf
den Stickstoffgehalt besteht anscheinend nicht. Duhr hat die einzelnen Herstellungsverfahren noch eingehender untersucht und hierbei eine Reihe wertvoller metallurgischer Feststellungen gemacht. Seine Ergebnisse sind in den
nachfolgenden Tabellen wiedergegeben.

Puddelchargen.

Charge Nr.	Roheisen v. d. Einsatz % N[1])	Einsatz vollstän- dig niedergeschm. % N[1])	Beim Umsetzen % N[1])	Letzte Luppe % N[1])
1	0,0013	0,0025	0,0033	0,0040
2	0,0011	0,0019	0,0026	0,0030
3	0,0010	0,0019	0,0027	0,0033
4	0,0012	0,0020	0,0026	0,0032
5	0,0009	0,0018	0,0025	0,0035
6	0,0011	0,0021	0,0030	0,0036

[1]) Mittel aus je vier Bestimmungen.

Martin-Chargen (Talbotverfahren).

Charge Nr.	Probe des vor- gefrischten Materials im Wellmanofen $\%$ N[1])	Probe des zuge- setzten flüssigen Roheisens $\%$ N[1])	Probe nach dem nieder- geschmolzenen Neueinsatz $\%$ N[1])	Probe beim Abstich i. d. Pfanne $\%$ N[1])
07480	0,0034	0,0009	0,0018	0,0025
07479	0,0030	0,0007	0,0024	0,0026
07514	0,0032	—	0,0042	0,0015
07561	0,0025	0,0007	0,0020	0,0022
07562	0,0024	—	0,0060	0,0025
07563	0,0022	0,0009	0,0019	0,0030
07560	0,0022	0,0007	0,0017	0,0022
07506	0,0019	0,0005	0,0032	0,0019
07565	0,0017	0,0008	0,0024	0,0019

Elektrochargen (Induktionsofen).

Charge Nr.	$\%$ N[2])
07480	0,0040
07479	0,0100
07514	0,0106
07561	0,0116
07562	0,0110
07563	0,0090
07560	0,0082
07506	0,0050
07565	0,0083

Zusammenstellung der bei verschiedenen Thomaswerken erhaltenen Stickstoffgehalte.

Thomas- Werk	Chargen- Anzahl	Roheisen $\%$ N	Stahlprobe vor dem Des- oxydieren $\%$ N	Stahlprobe nach dem Desoxydieren $\%$ N	Stahlprobe nach dem Gießen des letzten Blockes $\%$ N	Zu- nahme in $\%$
A.[3])	10	0,00077	0,0109	0,0102	0,0103	1250
B.[3])	10	0,00097	0,0187	0,0170	0,0183	1780
C.[4])	8	0,0013	0,0128	0,0116	0,0118	830
D.[4])	10	0,0009	0,0148	0,0136	0,0145	1500
E.[4])	10	0,0007	0,0126	0,0104	0,0113	1500
F.[4])	10	0,0009	0,0210	0,0217	0,0216	2300

Beim Puddelverfahren steigt der Stickstoffgehalt gleichmäßig mit der Chargendauer an und erreicht im Endprodukt etwa 0,003 bis 0,008$\%$. Beim Talbotverfahren ergeben sich Endzahlen von 0,0015 bis 0,0030$\%$, die nur unwesentliche Änderungen während des Verfahrens erleiden. Das vorgefrischte S.-M.-Material wurde im Elektroofen (Röchling-Rodenhauser) fertiggemacht (Entphosphorung, Rückkohlung, Entschwefelung und Desoxydation). Außer der ersten Charge sind alle mit Koks behandelt worden und der starke Anstieg des Stickstoffgehaltes in diesen Chargen erfolgte immer nach

---

[1]) Mittel aus je drei Bestimmungen.   [2]) Mittel aus je drei Bestimmungen.
[3]) Mit festen Desoxydationsmitteln.   [4]) Mit flüssigen Desoxydationsmitteln.

der Kokszugabe und ist nach D u h r insbesondere auf den Koksstickstoff zurückzuführen. Der Stickstoffgehalt des untersuchten Thomasmaterials schwankt zwischen 0,0103 und 0,0216$^0/_0$. Der Anfangsgehalt des Roheisens erfährt eine nicht unerhebliche Steigerung durch das Verblasen, während die Desoxydation anscheinend ohne großen Einfluß ist. Sonstige Zusammenhänge ergeben sich nicht für diesen Prozeß.

Die Vermutung liegt nahe, daß der im Eisen analytisch festgestellte Stickstoff aus der Luft stammt. Entsprechende Laboratoriumversuche, festes Eisen im Stickstoffstrom zu nitrieren, haben aber zu widersprechenden Ergebnissen geführt. Während einige Forscher eine Stickstoffaufnahme feststellten, gelang sie andern nicht[1]. Diese letzteren, insbesondere T s c h i s c h e w s k i[2], glaubten vielmehr, nur stickstoffhaltige Gase, wie insbesondere Ammoniak, vermögen das Eisen zu nitrieren, wobei ein Nitrid, nach T s c h i s c h e w s k i Fe_2N mit 11,1$^0/_0$ Stickstoff entstände. Dieser fand das Maximum der Nitrierfähigkeit für Ammoniak je nach der Feinheit der Späne bei 450 bis 600^0. Das Nitrid ist nach T s c h i s c h e w s k i durch Glühen bei 1200^0 (selbst im Ammoniakstrom) vollständig zerlegbar. Daß auch andre stickstoffhaltige Gase, wie z. B. Stickoxydul, das Eisen bei niederen Temperaturen (200 bis 300^0) zu nitrieren vermögen, hatte der Verfasser früher festgestellt[3]. Die Gegenwart des Stickstoffs im technischen Eisen suchte T s c h i s c h e w s k i durch die Tatsache zu erklären, daß Mangan und Silizium im Stickstoffstrom nitriert werden können (s. später) und große Stickstoffmengen verhältnismäßig fest zu binden vermögen. Diese Stoffe sind also nach T s c h i s c h e w s k i die Vermittler der Stickstoffaufnahme. Gegen diese Hypothese ist einzuwenden, daß, wie schon erwähnt, andre Forscher im reinen Stickstoffstrom zu nitrieren vermochten. Auch D u h r gelang dies und neuerdings H e g e r[4]. Die T s c h i s c h e w s k i sche Hypothese ist daher kaum noch in vollem Umfange haltbar, und man muß annehmen, daß der in den technischen Produkten enthaltene Stickstoffgehalt im wesentlichen durch direkte Aufnahme des atmosphärischen Stickstoffs entsteht[5]. Nichtsdestoweniger bleibt die Tatsache bestehen, daß auch die Beimengungen des Eisens Stickstoff mehr oder weniger aufzunehmen vermögen, was mitunter für die Konstitutionsfrage von Bedeutung ist und z. B. die beruhigende Wirkung von Silizium und Aluminium, wenigstens zum Teil, erklären könnte, indem der Stickstoff in eine stabile Verbindung überführt würde, die im flüssigen und im festen Eisen löslich wäre. In der nachfolgenden Tabelle sind eine Reihe Beobachtungstatsachen zusammengestellt, die auf das Nitrieren von Eisen, Begleitelementen des Eisens und Ferrolegierungen Bezug haben. Alle Versuche sind im Stickstoffstrom ausgeführt.

Zu erwähnen wäre schließlich noch, daß beim Schweißen, insbesondere beim elektrischen, größere Stickstoffmengen, bis zu einigen Zehntel Prozent, von der Schweiße aufgenommen werden.

---

[1] Literatur vgl. D u h r, a. a. O.
[2] St. E. 1916, **147**; Ir. st. Inst. 1915, II, 47; Diss. Tomsk 1914.
[3] Dipl. Arb. T y l e w i c z, Breslau 1914.
[4] Diss. Aachen 1922, sowie O b e r h o f f e r und H e g e r, St. E. 1923, 1474.
[5] Eine Ausnahme macht vielleicht das mit Koks behandelte Elektromaterial, bei dem, wie schon erwähnt, D u h r eine Nitrierung durch den Koksstickstoff vermutet.

Beobachter	Metall	Form	Nitrier-temperatur	Nitrierdauer	$\%\,N$	Vermutete Verbindung	Verhalten dieser Verbindung zum Eisen	Sonstige Bemerkungen
Jurisch[1]	Eisen	Pulver	850—930°	—	max. 0,022	—	—	—
Wolfram[2]	„	„	Frittungs-temp.(?)	—	„ 0,033	—	—	—
Andrew[3]	„	Späne	—	—	„ 0,25	—	—	200 Atm. Druck
Strauß[4]	„	flüssig	> 1528°	—	„0,02-0,04	—	—	—
Tschi-schewski[5]	„	Späne	1200°	—	0,00	—	—	—
Duhr[6]	„	Pulver	900—1000°	3 st	0,0198	—	—	—
„	„	„	950°	2 st	0,0139	—	—	—
„	„	„	1100°	3 st	0,0244	—	—	—
„	„	„	1100°	4½ st	0,0242	—	—	—
„	„	Späne	950—1050°	6 st	0,0155	—	—	Bes. Vors.-Maßreg. (Entgasen) Reinig. d. Stickstoffs z. Verhind. v. NH_3-Bildung.
„	„	„	960°	12 st	0,0277	—	—	
Heger[7]	„	kompakt	0,011	20 st	1300	—	—	Kesselblechmaterial; Stickstoff sorgf. gereinigt.
„	„	„	0,014	34 st	1300	—	—	
„	„	„	0,017	171 st	1300	—	—	
„	„	„	0,018	295 st	1300	—	—	
Spiegel[8]	Wolfram	—	—	—	—	—	—	Selbst bei höherer Temperatur keine Aufnahme
Duhr[6]	„ 83%	Pulver	900—1000°	4 st	0,0118	—	—	
Spiegel[8]	Molybdän	—	—	—	—	—	—	Selbst bei höherer Temperatur keine Aufnahme
Duhr[6]	„ 98%	—	900—1010°	6 st	0,00	—	—	—
Spiegel[8]	Nickel	—	—	—	—	—	—	Selbst bei höherer Temperatur keine Aufnahme
Duhr[6]	„	—	900—1010°	3 st	0,00	—	—	
Tschi-schewski[5]	Mangan	—	1000°	—	20	MnN	löslich im festen Eisen	MnN ist stabiler als Fe_2N
Wolfram[2]	„	—	—	—	5,5	—	—	—
Duhr[6]	„	—	900—1025°	2 st	6,6	—	—	—
„	„	—	900—1025°	8 st	7,36	—	—	—
Spiegel[8]	Silizium	—	—	—	40	Si_3N_4	—	Si_3O_4 ist bis rd. 1600° stabil und nicht oxydierbar beim Glühen an der Luft
Strauß[4]	„	—	—	—	—	—	—	Bei Gegenwart von Si im Eisen bilden sich sehr beständige Si-N-Verbindungen.
Tschi-schewski[5]	„	flüssig	1500°	—	42,6	Si_2N_3	Löslich im festen Eisen	Si_2N_3 ist sehr stabil und nur durch Schmelzen mit KOH zu zersetz. Im Eisen gelöst ist Si_2N_3 durch Säuren z. zersetz.
Briegleb u. Geuther[9]	Chrom	—	—	—	21	CrN	—	Unbeständig gegen hohe Temp.
Duhr[6]	„	—	900—1020°	5—6 st	9,81	—	—	—

[1] St. E. 1914, 252.   [2] Diss. Dresden 1913.   [3] Ir. st. Inst. 1912, II, 210.
[4] St. E. 1914, 1817.   [5] St. E. 1916, 147; Diss. Tomsk 1914.
[6] Diss. Aachen 1920.   [7] Diss. Aachen 1922.
[8] Der Stickstoff und seine wichtigsten Verbindungen, Braunschweig 1903.
[9] Ann. Chem. Pharm. 1862, **123**, 228.

Beobachter	Metall	Form	Nitrier-temperatur	Nitrier-dauer	%N	Vermutete Verbindung	Verhalten dieser Verbindung zum Eisen	Sonstige Bemerkungen
Spiegel[1]	Vanadium	—	—	—	21,5	VN	—	Unbeständig gegen hohe Temp.
Spiegel[1]	Titan	—	—	—	—	TiN_2 Ti_3N_4 Ti_5N_6	—	Sehr beständig —
Lamort[2]	„	—	—	—	—	—	Unlöslich im festen Eisen, vgl. Seite 132	Beständig bis 1750⁰
Tschischewski[3]	Aluminium	—	—	—	34,7	AlN	Löslich im festen Eisen	—
Wolfram[4]	Ferromangan 80%	—	—	—	0,46	—	—	—
Tschischewski[3]	„ 20%	—	900⁰	1 st	1,79	—	—	—
„	„ 20%	—	1130⁰	1 st	0,099	—	—	—
„	„ 20%	—	1300⁰	1 st	0,045	—	—	—
Duhr[5]	„ 86%	—	900—1020⁰	3 st	0,782	—	—	—
Duhr[5]	Ferrochrom 47%	—	900—1030⁰	6 st	0,922	—	—	—
Duhr[5]	Ferrotitan 25%	—	900—1015⁰	6 st	1,52	—	—	—
Duhr[5]	Ferroaluminium 10%	—	900—1025⁰	6 st	$> 3,00$	—	—	Nur teilweise löslich
Duhr[5]	Ferrovanadium 25%	—	900—1025⁰	6 st	$> 1,00$	—	—	Nur teilweise löslich

Soweit bisher bekannt ist, sind die thermischen und mikroskopischen Eigenschaften der Eisenstickstofflegierungen unabhängig von dem Wege, auf dem der Stickstoff dem Eisen zugeführt wurde. Nitriertes Elektrolyteisen ergab nach Andrew[6] bei der ersten Erhitzung Haltepunkte bei 635 und 735⁰; bei der ersten Abkühlung war ein Haltepunkt bei 750⁰ zu erkennen. Bei der vierzehnten Erhitzung derselben Probe zeigten sich die dem reinen Eisen zukommenden Haltepunkte bei 768 (Ac_2) bzw. 935⁰ (Ac_3) und bei der vierzehnten Abkühlung bei 880 (Ar_3) bzw. bei 750⁰ (Ar_2). Strauß[7] erhitzte ein auf 0,22% Stickstoff nitriertes Elektrolyteisen auf 1000⁰ und konnte bei der Abkühlung das Verschwinden von A_3 feststellen, nach der dritten Erhitzung auf 1200⁰ traten auch hier die Haltepunkte wieder in normaler Lage auf. Ein vollständiges Zustandsdiagramm der Eisenstickstofflegierungen fehlt, doch lassen die zahlreichen und übereinstimmenden Beobachtungen über die durch Stickstoff verursachten Gefügeänderungen es wahrscheinlich erscheinen, daß die Verbindung Fe_2N bis zu einem gewissen Prozentgehalt im festen (α-)Eisen löslich ist und das Gefüge dieser festen Lösung durch das Auftreten von Zwillingsstreifung gekennzeichnet wird (vgl. Abb. 167). Über einen gewissen Stickstoffgehalt hinaus tritt zwischen den Kristallbegrenzungen ein durch gewöhnliche Ätzmittel dunkel gefärbter, dem Perlit ähnlicher Gefügebestandteil auf, dessen Menge mit zunehmendem Stickstoffgehalt rasch zunimmt (Abb. 168), um bei einem gewissen, noch unbekannten Stickstoffgehalt das ganze Gesichtsfeld

[1] Der Stickstoff und seine wichtigsten Verbindungen, Braunschweig 1903.
[2] Fer. 1913/14, 225.   [3] St. E. 1916, 147; Diss. Tomsk 1914.   [4] Diss. Dresden 1913.
[5] Diss. Aachen 1920.   [6] Ir. st. Inst. C. Sc. M. 1911, 3, 236.   [7] St. E. 1914, 1814.

auszufüllen. Endlich beobachtete Hanaman[1]) eine dritte Gruppe von Eisenstickstofflegierungen mit noch höherem Stickstoffgehalt, die zunächst neben dem vorerwähnten dunklen eutektoidähnlichen einen neuen hellen und offenbar stickstoffreichen Bestandteil zeigen, dessen Menge mit steigendem Stickstoffgehalt zunimmt. Durch Abschrecken der Eisenstickstofflegierungen bei Tem-

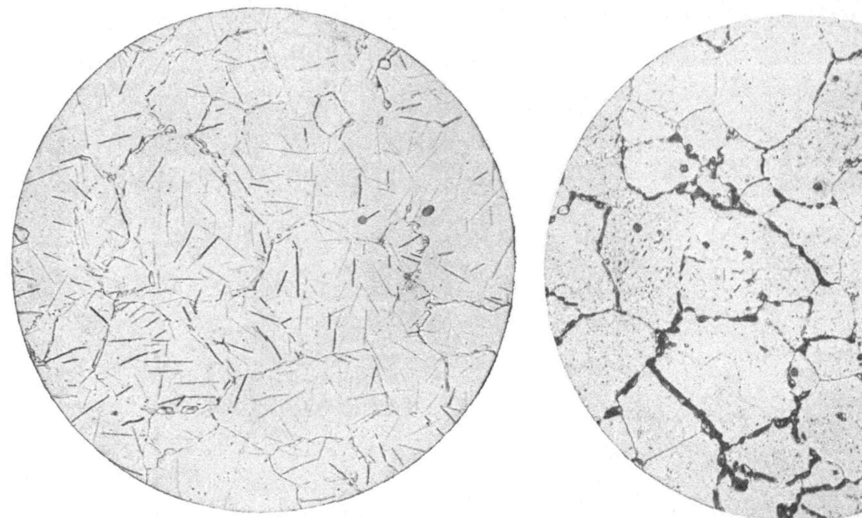

Abb. 167. Eisen-Stickstoff-Legierung mit hohem Stickstoffgehalt, ungeätzt, x 100.

Abb. 168. Eisen-Stickstoff-Legierung mit geringem Stickstoffgehalt, Ätzung II, x 100.

peraturen von 600 bis 750⁰ C erhält man[2]) martensitähnliche Strukturen. Es scheinen demnach die Eisenmodifikationen verschiedene Löslichkeit für Stickstoff zu besitzen. In der übereutektoidischen Randschicht von zementierten Gegenständen beobachtete Kirner[3]) einen stickstoffreichen Bestandteil, den er mit Rücksicht auf seine gelbe Farbe Flavit nannte und der seinem Gefüge nach als feste Lösung anzusprechen ist. Die Gegenwart dieses Bestandteils führt Kirner auf die nitrierende Wirkung organischer, ammoniakbildender Zementiermittel zurück[4]).

E. Methan.

Das Methan, das bisher nur Baker und Piwowarsky fanden, dürfte wohl als Reaktionsprodukt von Wasserstoff mit Kohlenstoff, also kaum als Bestandteil des Eisens, aufzufassen sein.

F. Kohlenoxyd und -dioxyd.

Daß auch Kohlenoxyd und Kohlendioxyd im wesentlichen Reaktionsgase sind, soll im nachfolgenden bewiesen werden. Die reagierenden Stoffe

---

[1]) Diss. Berlin 1913.
[2]) Tschischewski, Eisen und Stickstoff, Diss. Tomsk 1914, St. E. 1916, 147
[3]) Met. 1911, 76.
[4]) Vgl. a. die magnetischen Untersuchungen Kidos, Tohoku 1922, 471; St. E. 1922, 1758.

wären: Kohlenstoff einerseits und eine Oxydationsstufe des Eisens, Mangans oder Siliziums anderseits, und die Reaktion würde z. B. lauten:

$$\mathrm{FeO + C \longrightarrow Fe + CO}\,{}^{1}).$$

Dies ist offenbar eine Desoxydationsgleichung.

Daß vor der Desoxydation Oxyde im Eisen vorhanden sind, erscheint bei den eigentlichen Frischverfahren ganz natürlich, aber auch bei den andern Verfahren in Anbetracht des Zutritts oxydierender Gase verständlich. Ohne bereits hier auf den Vorgang der Desoxydation einzugehen, kann doch schon gesagt werden, daß einmal an diesen Vorgängen auch der in den Desoxydationsmitteln enthaltene Kohlenstoff beteiligt ist, und daß ferner der Desoxydationsvorgang keineswegs so rasch verläuft wie vielfach angenommen wird und daher sowohl in der Pfanne wie in der Form zwischen den noch im Bade vorhandenen Oxyden und dem Kohlenstoff Reaktionen von obiger Form unter CO- und CO_2-Entwicklung vor sich gehen können. Auf diese Reaktionen mag das vor, während und nach der Erstarrung entwickelte CO und CO_2 zurückzuführen sein, wenn auch ein direkter Beweis hierfür nicht erbracht werden kann und an und für sich eine Löslichkeit dieser Gase, zum mindesten des Kohlenoxydes, nicht ausgeschlossen wäre. Dieser Nachweis kann nicht erbracht werden durch den Versuch, flüssiges, oxydfreies Eisen durch Hindurchleiten von Kohlenoxyd mit diesem zu sättigen und das Kohlenoxyd auf dem Wege der Heißextraktion zu bestimmen. Etwa so gefundenes Kohlenoxyd könnte sehr wohl seine Entstehung dem Umstande verdanken, daß dieses Gas beim Hindurchleiten durch das Eisen zerlegt wird, wobei etwa in Umkehrung obiger Gleichung wie folgt

$$\mathrm{Fe + CO \rightleftharpoons FeO + C}\,{}^{1})$$

vom Eisen sowohl Kohlenstoff wie Sauerstoff aufgenommen wird. Beim Erhitzen und Verflüssigen des Eisens im Vakuum, wie dies bei der Heißextraktion ja geschieht, würden Kohlenstoff und Sauerstoff unter CO- oder CO_2-Bildung reagieren, und zwar, da die Gasphase ja ständig entfernt wird, bis entweder das gesamte FeO oder der gesamte C aufgezehrt ist. Nicht nur die vor, während und nach der Erstarrung sich entwickelnden Gase, sondern auch das im festen, dichten, also gasblasenfreien Eisen auf dem Wege der Heißextraktion gefundene Kohlenoxyd und -dioxyd könnte hiernach durch Reaktion der noch im Eisen vorhandenen Oxyde mit dem Kohlenstoff entstehen. Die Heißextraktion wäre also in Wirklichkeit eine Desoxydation und die Entstehung des CO und CO_2 ein sekundärer Vorgang, keineswegs aber notgedrungen ein Beweis für das Vorhandensein eines Lösungsvermögens des Eisens für diese Gase. Die Entscheidung dieser prinzipiell wichtigen Frage vermag nun die schon erwähnte Kaltumsetzung zu liefern, da ja hierbei eine Erhitzung des Probematerials nicht erfolgt und die Möglichkeit einer Desoxydationsreaktion daher ausgeschlossen ist. Das auf dem Wege der Kaltumsetzung gefundene CO und CO_2 müßte man demnach als gelöst ansehen, das bei der Heißextraktion gefundene dagegen als Reaktionsgas. Oberhoffer und Piwowarsky[2] haben eine Reihe von technischen Eisenproben nach beiden Verfahren untersucht und dabei folgende Zahlen gefunden:

---

[1] Nach Schenck, St. E. 1923, 65, würde die Gleichung lauten: $4\,\mathrm{Fe + CO \rightleftharpoons Fe_3C + FeO}$.   [2] St. E. 1922, 801.

Material	Heißextraktion					Kaltumsetzung					Bem.
	Ges.Gas ccm/100 g	CO_2 ccm	CO ccm	H_2 ccm	N_2 ccm	Ges.Gas ccm/100 g	CO_2 ccm	CO ccm	H_2 ccm	N_2 ccm	
1. Thomasflußeisen v. der Desoxydation .	40,90	4,96	24,79	8,95	2,39	9,23	1,73	1.50	4,15	1,85	K. U. mit $HgCl_2$; Mittel aus je 10 Best.
2. Desgl. nach der Des- oxydation	102,90	9,26	64,59	22,70	6,41	9,64	0,94	1,27	4,03	3,40	wie 1.
3. Siemens-Martin- Stahl mit 0,5% C vor der Desoxydation .	n. b.	n. b.	n. b.	n. b.	n.b.	31,89	4,57	4,52	22,80	0,0	K. U. mit Brom; Mittel aus 4 Best.
4. Desgl. nach der Des- oxydation	n. b.	n. b.	n. b.	n. b.	n.b.	40,50	2,90	4,30	33,30	0,0	wie 3.
5. Handelsflußeisen, gewalzt: 0,15% C, 0,45% Mn, 0,025% P, 0,026% S . . .	118,93	2,30	89,40	23,17	4,06	35,80	5,30	8,50	18,80	3,2	K. U. mit $HgCl_2$; Mittel aus zahlr. Best.
6. Desgl.	118,93	2,30	89,40	23,17	4,06	56,36	5,66	9,20	41,50	0,0	K. U. mit Brom. Mittel aus 3 Best.

Zunächst geht aus den Kaltumsetzungen des Handelsflußeisens (Nr. 5 und 6) hervor, daß die auf verschiedenem Wege gewonnenen Zahlen bezüglich CO und CO_2 sehr gut übereinstimmen, ein mehrfach bestätigtes Ergebnis, das die Zuverlässigkeit des Verfahrens für diese Gase dartut. Daß für Wasserstoff dagegen verschiedene Werte gefunden werden, ist wohl darauf zurückzuführen, daß bei der Sublimatmethode der naszierende Wasserstoff mit dem Quecksilberchlorid unter Bildung freier Salzsäure reagiert, was bei der Brommethode nicht der Fall ist. Daher bei letzterer die wahrscheinlich richtigeren Wasserstoffzahlen[1]). Leider aber ist dieses Verfahren sehr umständlich, und es gestattet nicht die Ermittlung des Stickstoffgehaltes. Von wesentlicher Bedeutung ist die aus den vorstehenden Zahlen[2]) sich ergebende Tatsache, daß die auf dem Wege der Kaltumsetzung gefundenen, also gelösten CO- und CO_2-Mengen im Verhältnis zu den bei der Heißextraktion sich ergebenden, also durch Reaktion entstandenen, sehr gering sind.

Wenn auch das bisher vorliegende Versuchsmaterial vielleicht noch etwas dürftig ist, so spricht die Tatsache, daß das gleiche Ergebnis auf verschiedenem Wege und an verschiedenen Stellen erhalten wurde, für seine Richtigkeit. Weiter spricht hierfür der Umstand, daß der wiederholt vom Verfasser und seinen Mitarbeitern angestellte Versuch, Elektrolyteisen im flüssigen Zustande mit Kohlenoxyd zu sättigen, anscheinend zu dem mit obigem übereinstimmenden Ergebnis geführt hat, daß nur äußerst geringe, zu vernachlässigende Mengen dieses Gases vom Eisen gelöst werden, wie z. B. nachstehende Ergebnisse (Mittel

<hr>

[1]) Die bei der Kaltumsetzung gewonnenen Zahlen für den H_2-Gehalt sind unzuverlässig und wertlos. Mit zunehmender Umsetzungsdauer bzw., was gleichbedeutend ist, abnehmender Auflösungsgeschwindigkeit (ein 5%iger Wolframstahl z. B. ergab bis zu 2000 ccm/100 g Reaktionswasserstoff) entwickeln sich zunehmende Mengen H_2-Gas durch sekundäre Reaktion.

[2]) Zu einem ähnlichen Ergebnis gelangte auch Maurer, St. E. 1922, 447.

aus je drei Versuchen) der Kaltumsetzung nach der Sublimatmethode lehren:

Dauer des Durch-leitens v. CO i. Min.	Ges. Gas ccm/100 g	CO_2 ccm	CO ccm	H_2 ccm	Rest (N_2) ccm
10	10,44	0,12	0,90	5,62	3,76
30	13,53	0,00	3,33	6,14	3,64
60	12 85	1,20	3,14	5,00	3,50

Analytisch und mikroskopisch ließ sich in dem so behandelten Eisen etwas Kohlenstoff und Sauerstoff (FeO) feststellen, was als Beweis für die Reaktion:

$$Fe + CO \rightleftarrows C + FeO$$

gedeutet werden kann.

Als Arbeitshypothese könnte demnach der Satz gelten, daß das auf dem Wege der Heißextraktion gefundene CO und CO_2 Reaktionsgas darstellt, und daß der Sinn der CO- und CO_2-Bestimmung keineswegs der gleiche ist wie der der Wasserstoff-Bestimmung, d. h. also die Ermittlung eines gelösten oder okkludierten Gases, sondern vielmehr ein Ausdruck für die Menge der durch den Kohlenstoff des Eisens reduzierbaren Oxyde oder kurzweg des Sauerstoffs, wobei die Menge des Sauerstoffs jeweils aus CO und CO_2 zu berechnen ist.

G. Sauerstoff; Oxydation und Desoxydation des Eisens.

Die Gasbestimmung durch Heißextraktion wäre hiernach also auch eine Sauerstoffbestimmung, wobei Sauerstoff als zusammenfassender Ausdruck für die im Eisen enthaltenen Oxyde aufzufassen wäre. Die Sauerstoffbestimmung auf diesem Wege ist aber dann nicht einwandfrei, wenn der zur Reduktion der Oxyde notwendige Kohlenstoff nicht in genügender Menge vorhanden ist. Bei gleichem Oxydgehalt wird der sich ergebende Sauerstoffgehalt mit steigendem Kohlenstoffgehalt des untersuchten Materials ansteigen. Will man auf dem Wege der Gasbestimmung einwandfreie Sauerstoffbestimmungen durchführen, so muß dem Probematerial Kohlenstoff in solchen Mengen zugeführt werden, daß die vollständige Reduktion aller reduzierbaren Oxyde gewährleistet erscheint[1]). Sauerstoffbestimmungen auf dieser Grundlage müssen im Roh- und Gußeisen hiernach prinzipiell zu richtigeren Ergebnissen führen als im schmiedbaren Eisen. Anderseits aber wird die Sauerstoffbestimmung auf dem hier angegebenen Wege richtigere Ergebnisse liefern als das Reduktionsverfahren im Wasserstoffstrom[2]), selbst wenn die Reduktionsfähigkeit des Wasserstoffs erheblich gesteigert wird durch Verflüssigung des Probematerials mit Zinn und Antimon oder anderen Metallen gemäß dem von Oberhoffer und von Keil[1]) vorgeschlagenen Verfahren. Einmal wird die Reduktionsfähigkeit des Kohlenstoffs stets größer sein als die des Wasserstoffs und dann wird beim Wasserstoffverfahren die Bildung von CO und CO_2 aus dem Kohlenstoff und den Oxyden der Probe nicht zu verhindern sein. Der Gedanke, das Wasserstoffverfahren in der Weise zu vervollkommnen, daß neben H_2O auch CO_2 und CO (gewichts-

---

[1]) Vgl. Oberhoffer und v. Keil, St. E. 1921, 1449, die vorgeschlagen haben, den Kohlenstoff in Form eines entgasten Gußeisens zuzugeben. Entsprechende Versuche; vgl. Oberhoffer, Piwowarsky, Pfeiffer-Schießl und Stein, St. E. 1924, 113.

[2]) Vgl. Oberhoffer, St. E. 1918, 105, sowie Oberhoffer und v. Keil, St. E. 1920, 812.

analytisch) bestimmt werden, ist von Pfeifer-Schießl[1]) mit Erfolg in die Tat umgesetzt worden, indessen wird die Apparatur so verwickelt, daß sie nur für den Laboratoriumsversuch verwendbar ist. Nichtsdestoweniger konnte Pfeifer-Schießl Übereinstimmung der mit diesem verbesserten Wasserstoffverfahren erhaltenen Zahlen mit denen feststellen, die sich auf dem Wege der Heißextraktion ergeben hatten, allerdings zunächst in solchen Proben, die genügend viel Kohlenstoff zur Reduktion der Oxyde enthielten, also hauptsächlich in Gußeisen.

Die vorstehende Abschweifung auf das Gebiet der Sauerstoffbestimmung war notwendig zur Beurteilung des Standes unsrer Kenntnisse der im Eisen enthaltenen Oxyde. Ihre Entstehung wurde schon kurz gestreift. Sie sind zur Durchführung der Frischverfahren erforderlich, und es läßt sich nicht vermeiden, daß mehr Eisen oxydiert wird als erforderlich ist (z. B. beim Windfrischverfahren). Wenn auch eine gewisse Schutzwirkung durch die leichter als Eisen oxydierbaren Elemente Mangan, Silizium, Kohlenstoff und Phosphor ausgeübt wird, so ist doch das Eisen in gewaltigem Überschuß zugegen und dadurch der Oxydation, wahrscheinlich zur eisenreichsten[2]) der bisher bekannten Oxydationsstufen, dem Eisenoxydul FeO, leichter preisgegeben. So kommt es, daß selbst bei Gegenwart z. B. von Kohlenstoff nicht unerhebliche Mengen FeO zugegen sein können. Pfeifer-Schießl sowie Stein[3]) fanden in der Tat in Kupolofeneisen bis zu $0,5\%$ Sauerstoff. Jedenfalls aber ist ein gewisses „Überfrischen" des Eisens kaum zu vermeiden. Ob außer FeO noch andre Oxyde, wie insbesondere MnO und SiO_2 bzw. Gemische aller dieser Oxyde, im Eisen vorhanden sind, läßt sich heute noch nicht entscheiden, indessen ist es wahrscheinlich, daß FeO im Überschuß zugegen ist.

Die Erfahrung hat nun gelehrt, daß die technischen Eigenschaften des überfrischten Eisens keine günstigen sind, insbesondere, daß solches Eisen sich schlecht weiterverarbeiten läßt, weil es in der Rotglut keine hohe Formänderungsfähigkeit aufweist und daher beim Schmieden oder Walzen rissig wird. Man hat diese Eigenschaft die Rotbrüchigkeit genannt. Die Erfahrung hat ferner gelehrt, daß der Zusatz gewisser Stoffe, wie Mangan, Silizium, Kohlenstoff, die Rotbrüchigkeit zu beseitigen vermag, und hat diesen technisch äußerst wichtigen Vorgang die Desoxydation genannt. Die mit diesem Vorgang verknüpften Änderungen der Konstitution des Eisens sind im wesentlichen Änderungen der Form, Menge und Verteilung oxydischer Bestandteile, weshalb sie an dieser Stelle zu besprechen sind.

Das Studium der Konstitution des Eisens vor der Desoxydation läuft im wesentlichen auf das Studium des Verhaltens von Eisen zu Sauerstoff und im besonderen zu Eisenoxydul hinaus. Soweit der feste Zustand in Frage kommt, interessieren die Beziehungen von Eisen zu Sauerstoff auch vom Standpunkt anderer technischer Fragen und Vorgänge, wie z. B. die Frage der Oxydierbarkeit des Eisens und seiner Legierungen sowie der Vorgang des Glühfrischens, der in einer Behandlung kohlenstoffhaltigen Eisens mit sauerstoffabgebenden Stoffen, wie z. B. Eisenoxydul und Eisenoxyd, in Form von Erzen besteht.

---

[1]) Diss. Aachen 1922.
[2]) Vgl. hierzu Schenck, St. E. 1923, 65, der ein wahrscheinlich metastabiles Suboxyd Fe_3O fand.
[3]) Diss. Aachen 1922.

Wird festes Eisen an der Luft erhitzt, so oxydiert es oberflächlich. Es bildet sich eine mit steigender Temperatur immer dicker werdende Schicht von Eisensauerstoffverbindungen wechselnder Zusammensetzung, die metallurgisch Glühspan, Hammerschlag, Zunder oder Walzsinter genannt werden und chemisch ein Gemisch von Fe_2O_3 und FeO darstellen sollen, das der Formel Fe_3O_4 sehr nahe steht. In einem Gasgebläseofen durch Glühen von Stahl bei 1000, 1100 und 1200° erzeugter Glühspan besaß nach Oberhoffer und d'Huart[1]) folgende Zusammensetzung:

	FeO	Fe_2O_3
1000°	60,90	36,70
1100°	68,14	30,34
1200°	70,38	29,27

Unter dem Mikroskop ist der Glühspan aus zwei Bestandteilen, einem dunkelgrauen netzwerkförmigen und einem von diesem umschlossenen hellgrauen aufgebaut (Abb. 169, Übergang von Glühspan zu Eisen). Das dunkle Netzwerk erscheint merkwürdigerweise mitunter, trotzdem doch anscheinend kein Schmelzen erfolgt ist, bei starker Vergrößerung als eutektisches Gemisch des hellen und dunklen Bestandteils.

Es ist nicht ausgeschlossen, daß der dunkle Bestandteil FeO, der helle Fe_2O_3 ist[2]). Erhitzt man nach dem Vorgang Matweieffs[3]) polierte Schnitte im Wasserstoffstrom auf verschiedene Temperaturen, so kann die Reduktionsfähigkeit der Bestandteile ein Unterscheidungsmerkmal abgeben. Unterwirft man Glühspan diesem Reduktionsversuch, so ergibt sich nach Oberhoffer und d'Huart, daß der helle Bestandteil bereits bei 500°, der dunkle jedoch erst bei 950°, und zwar wesentlich langsamer, reduziert wird. Dies wird damit übereinstimmen, daß FeO als wesentlich schwieriger reduzierbar angesehen

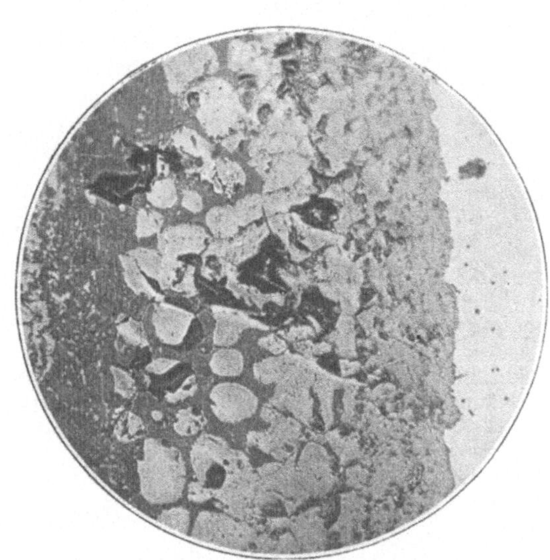

Abb. 169. Übergang von Fe_3O_4 zu Fe (rechts) in einem im Betriebe oxydierten Stück, ungeätzt, x 150.

[1]) St. E. 1919, 165.

[2]) Diese Anschauung vom Wesen des Fe_3O_4 fußt außer auf der mikroskopischen auch auf der chemischen Untersuchung, stimmt aber nicht überein mit der in physikalisch-chemischen Kreisen verbreiteten Auffassung. So fanden z. B. Ruer und Nakamoto (An. Chem. demnächst), daß Fe_2O_3 beim Erhitzen im reinen Stickstoffstrom erst bei 1150°, dann aber diskontinuierlich Sauerstoff abspaltet, ohne daß aber die Abspaltung etwa wie beim CuO bis zu einer chemischen Verbindung verläuft, vielmehr bei einer Zusammensetzung haltmacht, die einem Fe_3O_4 mit 2°/₀ gelöstem Fe_2O_3 entspricht. Mit steigender Temperatur erfolgt eine weitere kontinuierliche Sauerstoffabnahme, bis bei 1550° Schmelzen eintritt. Die Zusammensetzung entspricht hier dann einem Fe_3O_4 mit rd. 4°/₀ FeO in fester Lösung.

[3]) Rev. Mét. 1910, 447, 848, sowie Oberhoffer, St. E. 1918, 105.

wird als Fe_2O_3. An der Berührungsstelle des Glühspans mit dem Eisen dringt Sauerstoff anscheinend als Eisenoxydul in das Eisen, wie dies außer in Abb. 169 deutlicher in Abb. 170 zu erkennen ist. Gleiche Verhältnisse werden erhalten, wenn das Oxydationsmittel nicht wie hier fest, sondern gasförmig ist. Man kann fast stets drei Schichten unterscheiden. Die innerste Zone weist Oxydpünktchen in regelloser Verteilung auf. Dann folgt eine Schicht, in der außer den Oxydpünktchen noch mehr oder minder zusammenhängende Häutchen auftreten. Schließlich besteht eine dritte Zone als Übergang vom kompakten Oxyd zum Eisen, in der sehr grobe, homogene, mehr oder minder globulare Einschlüsse in der Eisengrundmasse vorhanden sind. Enthält das Eisen Kohlenstoff, so

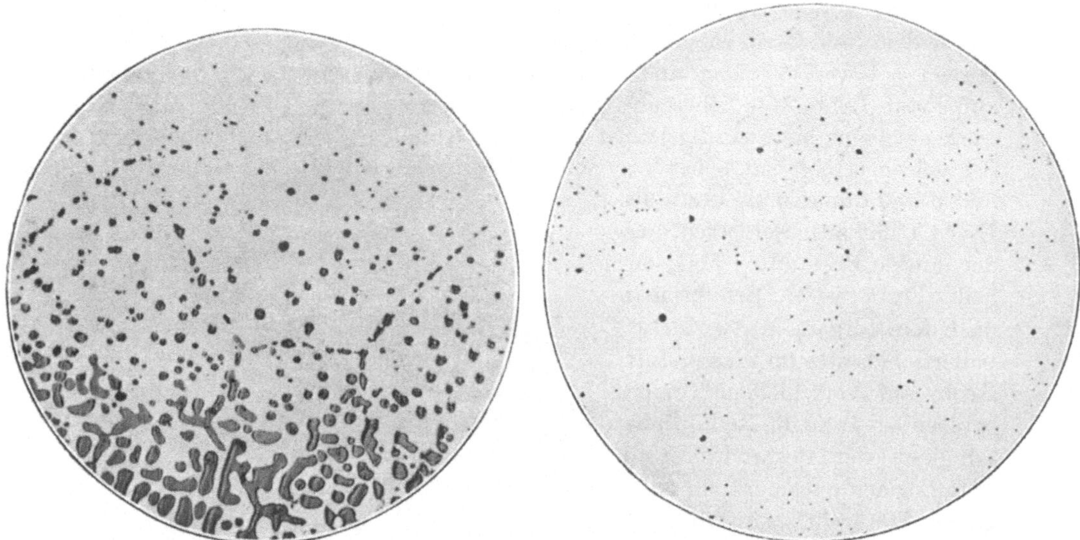

Abb. 170. Diffusion von Sauerstoff in Eisen, erhalten durch Glühen von Fe_3O_4 im Eisentiegel 10 Stunden bei 1050—1100°; Grenzschicht, ungeätzt, x 100.

Abb. 171. Elektrolyteisen im Sauerstoffstrom geschmolzen, eutektische Anordnung der sauerstoffhaltigen Teilchen, ungeätzt, x50.

findet außer dem Eindringen des Sauerstoffs Entkohlung statt (vgl. Temperprozeß).

Leitet man Sauerstoff in flüssiges Eisen, so nimmt dieses Sauerstoff auf, und zwar ergaben Bestimmungen nach dem vereinfachten Ledeburschen Verfahren[1]) (Reduktion im Wasserstoffstrom) etwa $0{,}14\%$. Abb. 171 zeigt das Gefüge von unter Sauerstoffzufuhr eingeschmolzenem Elektrolyteisen. Eine Andeutung eutektischen Gefüges ist nicht zu verkennen. Das gleiche Gefüge entsteht, wenn man, statt Sauerstoff in flüssiges Eisen einzuleiten, ihm eine Eisensauerstoffverbindung, etwa FeO (soweit diese Verbindung im reinen Zustande erhältlich ist) oder ein Gemisch von FeO und Fe_2O_3, zusetzt. Fe_2O_3 wird dabei wohl durch das im Überschuß vorhandene Eisen nach dem Vorgang:

$$Fe_2O_3 + Fe = 3\,FeO$$

____

[1]) Das Wasserstoffverfahren gibt in diesem Fall wahrscheinlich einwandfreie Werte, weil kein Kohlenstoff und keine schwer reduzierbaren Oxyde zugegen sind.

in FeO verwandelt. Auch technische Legierungen, die aller Wahrscheinlichkeit nach Sauerstoff als FeO enthalten, z. B. Thomasflußeisen vor der Desoxydation, weisen ein ähnliches Gefüge auf. Das Vorhandensein eutektischen Gefüges muß natürlich als einwandfreier Nachweis für das Bestehen zum mindesten einer gewissen Löslichkeit von FeO im flüssigen Eisen gedeutet werden. Dies stände im übrigen in Analogie mit dem Verhalten andrer Metalle, die ebenfalls ihre metallreichsten Sauerstoffverbindungen (Oxydule) in flüssigem Zustande lösen. Für Kupfer ist sogar das Zustandsdiagramm Kupfer-Kupferoxydul, das vom V-Typus ist, mit hinreichender Genauigkeit bekannt[1]), während man vom Nickel weiß, daß es sein Oxydul in eutektischer Anordnung aufweist, und daß der Schmelzpunkt des Eutektikums nur etwa um 5^0 tiefer liegt als der des Nickels[2]). Auch Chrom weist nach Pakulla[3]) ein ähnliches Eutektikum auf. Wie weit nun die Löslichkeit im flüssigen Zustande reicht, konnte bisher noch nicht festgestellt werden, doch scheint die Konzentration des Eutektikums kaum einige Zehntel Prozent Sauerstoff zu übersteigen. Eine von Goerens[4]) beschriebene Eisen-Sauerstofflegierung mit anscheinend recht hohem Sauerstoffgehalt zeigt neben den offenbar eutektischen Einschlüssen auch gröbere, vielleicht primäre, so daß man diese Legierung als übereutektische deuten könnte, um so mehr, als diese gröberen Einschlüsse homogen sind. Trotzdem ist aber eine Mischungslücke jenseits des eutektischen Punktes nicht ausgeschlossen.

Zahlreiche Sauerstoffbestimmungen in nicht desoxydierten Flußeisensorten ergaben nach dem einfachen Wasserstoffverfahren[5]):

	Reduktionstemperatur	
	950^0	1200^0
Für Thomas-Flußeisen vor der Desoxydation. .	0.023—0,063 %	0,065—0,117 % O_2
„ S.-Martin- „ „ „ „	0,020—0,030 %	—

Eine Abhängigkeit vom Einsatz und von der Chargenführung konnte nicht festgestellt werden. Ein besonders genau untersuchtes Thomaseisen vor der Desoxydation ergab:

nach dem alten Wasserstoffverfahren, Frässpäne, Red.-Temp. 1150^0, Dauer
120 Min., Einwage 10 g . . . . 0,118 % O_2
nach dem verbesserten Verfahren, Verflüssigung mit Sb und Sn zur Reduktion
von MnO und SiO_2 . . . . 0,126 % O_2

also praktisch dasselbe Ergebnis, wodurch bewiesen wird, daß in diesem Falle der Sauerstoff im wesentlichen als FeO zugegen ist. Trotzdem dürften die Werte zu niedrig sein, da selbst im nicht desoxydierten Metall noch geringe Kohlenstoffmengen zugegen sind, die beim Wasserstoffverfahren zu Verlusten durch CO- und CO_2-Bildung führen. Einwandfreie Werte werden sich eben nur nach dem an anderer Stelle bereits erwähnten Heißextraktionsverfahren mit Kohlenstoffzusatz erzielen lassen. Die mehrfach bestätigte Tatsache des Eindringens von Sauerstoff (FeO) in Eisen könnte dahin gedeutet werden, daß FeO im festen Eisen löslich ist. Wie indessen Fry[6]) nachgewiesen hat, ist die Löslich-

---

[1]) Heyn, Mat. Prüf. 1900, 315.   [2]) Ruer und Kaneko, Met. 1912, 419,
[3]) Diss. Aachen 1923.
[4]) Einführung in die Metallographie, 3. Aufl. 1922, Knapp, Halle.
[5]) von Keil, St. E. 1921, 605.   [6]) Diss. Breslau 1919.

keit im festen Zustande keine unbedingte Voraussetzung für die Diffusionsfähigkeit. Vielmehr vermag durch Reaktion des betreffenden Stoffes mit Eisen
ein Eindringen stattzufinden, ein von Fry mit Reaktionsdiffusion gekennzeichneter, hier in Betracht kommender Vorgang. Eine gewisse Löslichkeit
des Sauerstoffs im festen Eisen nehmen u. a. Le Chatelier und Bogitsch[1]),
Stead[2]) und Whiteley[3]) an auf Grund der Tatsache, daß kupferhaltige Ätzmittel (primäre) in sauerstoffhaltigem Material typische Ätzwirkungen hervorrufen, die dem in Lösung befindlichen Sauerstoff zugeschrieben werden. So
fanden Le Chatelier und Bogitsch in synthetischen Eisen-Sauerstoff-
Schmelzen an den Begrenzungslinien der primären Kristalle eine solche Ätzwirkung. Diese Verfasser stellten sogar die Behauptung auf, daß die mit Hilfe
primärer Ätzmittel entwickelten Heterogenitäten im Stahl (Kristallseigerung)
ausschließlich auf gelösten Sauerstoff zurückzuführen seien, weil die Kristallseigerung beim Glühen im Wasserstoffstrom (1200⁰) verschwinde. Abgesehen
davon, daß die Kristallseigerung auch beim Glühen in neutraler oder sogar
oxydierender Atmosphäre verschwindet (Whiteley, Oberhoffer und Knipping[4]), Heger[5]), ist der direkte Beweis für die Einwirkung des Ätzmittels auf
in Lösung befindliche Stoffe von andrer Natur als Sauerstoff durch die Arbeiten
von Oberhoffer[6]), Oberhoffer und Knipping sowie Fry[7]), aber auch
durch Whiteleys Arbeit, als hinreichend erbracht anzusehen. Im übrigen
konnten weder Stead noch neuerdings Heger die Ergebnisse von Le Chatelier
und Bogitsch an synthetischen Schmelzen reproduzieren. Stead fand nun
ferner die erwähnte Ätzwirkung in einem oxydierten Stahlstück als scharf
ausgeprägte Begrenzungslinien zwischen der Oxydschicht und dem Stahlstück
sowie zwischen den Ferritkristallen des entkohlten Randes. Ferner trat sie
nach Stead und ebenfalls nach Whiteley in der Schweißnaht zusammengeschweißter Eisenstücke auf. Whiteley schweißte sauerstofffreies und sauerstoffhaltiges Eisen zusammen und fand eine geringe Ätzwirkung. Während
aber bei der gewählten Beleuchtung die oxydhaltigen Streifen dunkler als die
oxydfreien erscheinen, waren die „Berührungslinien" heller. Auf Grund dieser
Versuche kann aber die Löslichkeitsfrage keineswegs als entschieden angesehen
werden.

Die Gegenwart andrer Stoffe beeinflußt zweifellos das Verhalten des
Sauerstoffs zum Eisen, und es müssen recht verwickelte Verhältnisse entstehen,
weil nunmehr nicht nur das Verhalten des neuen Stoffes als solcher zum
Eisen und Eisenoxydul, sondern auch seine Reaktionsfähigkeit zum Eisenoxydul
und ferner das Verhalten der bei der Reaktion entstehenden Sauerstoffverbindung des zugesetzten Stoffes zum Eisen und zum Eisenoxydul in Frage kommt.
Unsere Kenntnisse sind nach dieser Richtung äußerst gering.

Was zunächst die Beeinflussung der Oxydierbarkeit des festen Eisens
durch fremde Stoffe betrifft, so wissen wir, daß Silizium in Prozentsätzen
bis etwa 4⁰/₀ die Oxydierbarkeit sehr stark begünstigt (vgl. Temperprozeß),
Chrom in Prozentsätzen von 10 bis 20⁰/₀ sie dagegen erheblich vermindert,

---

[1]) Rev. Mét. 1919, 129.   [2]) Ir. st. Inst. 1921,
[3]) Ir. st. Inst. 1920, I, 359; St. E. 1921, 1579.   [4]) St. E. 1921, 253.
[5]) Diss. Aachen 1922, sowie Oberhoffer und Heger, St. E. 1923, 1151.
[6]) St. E. 1916, 798.   [7]) Diss. Breslau 1919.

weshalb dieser letztere Stoff bei der Herstellung schwer oxydierbarer Spezialstähle mit Absicht zugesetzt wird. Daß anderseits Stoffe von hoher
Reduzierfähigkeit, wie Kohlenstoff, neben größeren Mengen FeO im Eisen
bestehen können, wurde wiederholt dargetan. Dies scheint noch ganz besonders
auch dadurch erwiesen zu sein, daß beim Zementieren verschiedener Einsatz-
materialien verschiedene Zementationstiefen erzielt werden können, was darauf
zurückzuführen wäre, daß ein Teil des eindringenden Kohlenstoffs zur Reduktion von Oxyden verbraucht wird und daher die Zementationswirkung vom
Gehalt an Oxyden abhängig ist[1]).

Die Frage der Beeinflussung des flüssigen Systems Fe-FeO durch fremde
Stoffe ist in technischer Beziehung von höchster Bedeutung für die Kenntnis
des Desoxydationsvorganges. In groben Zügen werden sich bei den üblichen
Desoxydationsverfahren folgende Reaktionen abspielen:

$$FeO + Mn = MnO + Fe$$
$$2\,FeO + Si = SiO_2 + 2\,Fe$$
$$3\,FeO + 2\,Al = Al_2O_3 + 3\,Fe$$
$$FeO + C = CO + Fe.$$

Titan, Vanadium und möglicherweise auch Chrom, Wolfram, Molybdän und Bor
führen wohl zu ähnlichen Reaktionen, während dies für edlere Metalle, Kupfer, Nickel und Kobalt, nicht zutreffen dürfte. Phosphor ergibt eine ähnliche
Reaktion wohl nur bei Abwesenheit stärkerer Säuren als P_2O_5, also z. B. SiO_2,
und bei Gegenwart einer starken Base wie z. B. CaO. Überhaupt können obige
Reaktionen durch die Gegenwart andrer Stoffe wesentlich beeinflußt werden.
Kohlenstoff liefert, wie ersichtlich, als einziges Element ein gasförmiges Reaktionsprodukt. Der Sinn obiger Reaktionen mit Ausnahme der Kohlenstoff-
reaktion kann ein zweifacher sein. Sie bedeuten entweder lediglich den Ersatz
des FeO durch eine für die Eigenschaften, insbesondere die Warmbildsamkeit,
weniger nachteilige Sauerstoffverbindung. In diesem Falle würde also keine Entfernung des Sauerstoffs, sondern nur eine Umwandlung in eine harmlose Form
erfolgen. Oder aber die durch die Reaktion gebildete neue Sauerstofform besitzt im Gegensatz zu FeO die Fähigkeit, aus dem Eisenbade auszuscheiden,
indem sie nicht wie FeO im flüssigen Eisen löslich, sondern unlöslich wäre und
auf Grund ihres in jedem Falle im Verhältnis zum Eisen niedrigen spezifischen
Gewichtes an die Badoberfläche zu steigen vermöchte[2]). Die Leichtigkeit, mit
der sich ein Desoxydationsprodukt vom Bade trennt, würde dann auch von
seiner Fähigkeit, sich zu größeren Einheiten zusammenzuballen, abhängen, da
diese maßgebend ist für den Auftrieb. Der Vorstellung der Unlöslichkeit würde
am einfachsten das Vorhandensein einer Mischungslücke im flüssigen Zustand
entsprechen, und zwar gemäß den schematischen Abb. 172 und 173 für die
beiden Fälle:

---

[1]) Vgl. Elen, St. E. 1922, 1435.

[2]) Auch für den Fall, daß die Vorstellung von der Löslichkeit des FeO im flüssigen Eisen
unrichtig wäre, und in Wirklichkeit eine Suspension oder eine Emulsion vorhanden wäre,
kommt der geschilderte Vorgang in Betracht. Der neugebildeten Sauerstoffverbindung
müßte dann ein größeres Zusammenballungsvermögen zugeschrieben werden, wodurch die
Trennung in Anbetracht des höheren Auftriebes erleichtert wird.

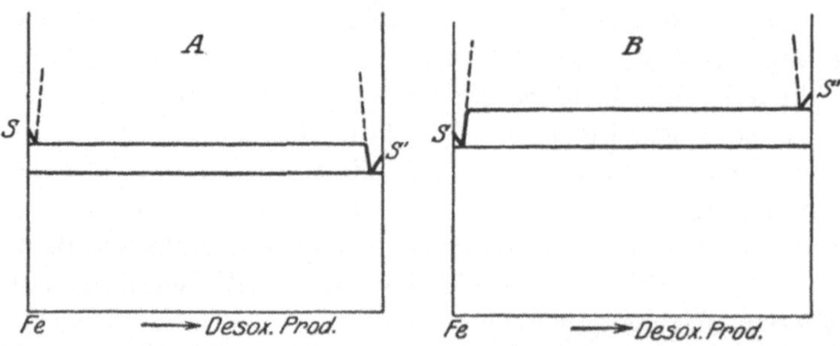

Abb. 172. Schematische Darstellung des Verhaltens der Desoxydationsprodukte zum Eisen. Der Schmelzpunkt des Desoxydationsproduktes liegt niedriger als der des Eisens.

Abb. 173. Wie 172, jedoch ist der Schmelzpunkt des Desoxydationsproduktes höher als der des Eisens.

A, daß der Schmelzpunkt S′ des Desoxydationsproduktes höher liegt als der des Eisens S,

B, daß das Umgekehrte der Fall ist.

In den Diagrammen ist der Wahrscheinlichkeit entsprechend eine geringe gegenseitige Löslichkeit im flüssigen Zustande angenommen worden. Fall A ist wohl der günstigere, weil die Desoxydationsprodukte sich bei größerer Dünnflüssigkeit (Überhitzung) unter sonst gleichen Bedingungen leichter vom Metall trennen. Feste Desoxydationsprodukte werden sich unter sonst gleichen Umständen wegen der größeren Reibung mit der Flüssigkeit schwieriger trennen als flüssige. In jedem Falle wird die Zeit eine große Rolle spielen, ganz besonders dann, wenn die in Abb. 174 skizzierten Verhältnisse vorliegen. Hier sollen die Linien A B C und F B D das System Fe-FeO und die Linien A C′ und A D′ das System Fe-Desoxydationsprodukt kennzeichnen. Die Verschiebung des eutektischen Punktes nach der Nullordinate und das steilere Ansteigen der Löslichkeits-(Ausscheidungs)-Linie A C′ des Desoxydationsproduktes gestatten während des Temperaturabfalles von der Gießtemperatur bis zur Erstarrungstemperatur des Eisens A D′, also im Temperaturintervall a, die Ausscheidung des gesamten in Lösung befindlichen Desoxydationsproduktes, jedoch nur unter der Voraussetzung, daß a langsam genug durchlaufen wird.

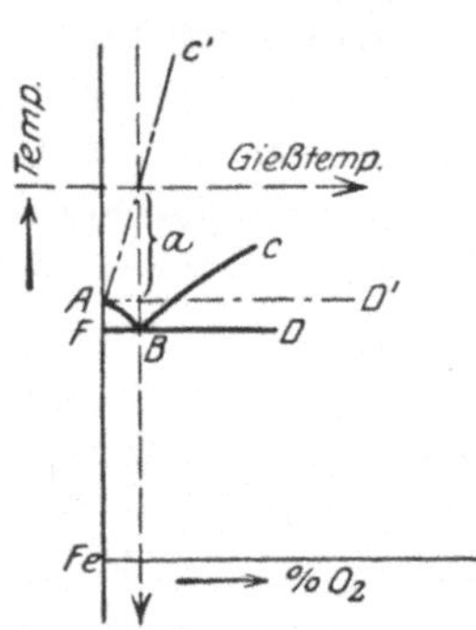

Abb. 174. Schematische Darstellung der Änderung des Zustandsdiagramms Eisen-Sauerstoff durch die Desoxydation.

Aus Vorstehendem ist zu ersehen, daß der Erfolg der Desoxydation von einer ganzen Reihe von Faktoren abhängen wird. Es werden einen Einfluß ausüben:

1. Die Natur des Desoxydationsproduktes
    a) spezifisches Gewicht
    b) Zusammenballungsvermögen
    c) Schmelztemperatur
    d) Löslichkeit im Eisen.
2. Zeit.
3. Gießtemperatur.

In der nachfolgenden Zusammenstellung sind die Schmelzpunkte einiger einfacher Desoxydationsprodukte zusammengestellt:

Stoff	Spez. Gew.	Schmelztemperatur ^{0} C
(FeO	—	1390)
MnO	5,09	$>$ 1550
SiO_2	2,02	1600
Al_2O_3	3,85	2020
TiO_2	3,84—4,26	1560
Cr_2O_3	5,04	2000

Mit den vorstehenden Ausführungen allgemeiner Natur ist aber die Frage keineswegs erschöpft. Die erwähnten einfachen Desoxydationsgleichungen erleiden wesentliche Komplikationen einmal dadurch, daß sie nicht vollständig von links nach rechts, sondern nur bis zu einem (bisher unbekannten) Gleichgewichtszustand zu verlaufen brauchen, daß ferner die zur Desoxydation verwendeten Stoffe (s. Definition und Einteilung des Eisens) nicht die reinen Stoffe Mn, Si (Al macht eine Ausnahme), C, Ti usw. sind, sondern daß Stoffe von komplexem Aufbau und häufig mehrere verwendet werden, und daß endlich die Produkte der Reaktion während und nach dieser mit Stoffen in Berührung kommen, mit denen sie sich verbinden und mischen können. Der erste Umstand bedingt in größerem oder geringerem Umfange die Gegenwart von FeO in den Reaktionsprodukten, so daß also die Gleichungen nicht zu MnO, SiO_2, Al_2O_3 usw., sondern zu (FeO, MnO), (FeO, SiO_2), (FeO, Al_2O_3) usw. in den Desoxydationsprodukten und zur Gegenwart von Mn, Si, Al, C im Eisen führen. Der zweite Umstand bedingt eine weitere Komplikation im Aufbau der Desoxydationsprodukte, die nun nicht mehr aus FeO und einem dieser Stoffe bestehen, sondern außer FeO mehrere enthalten werden. Der dritte Umstand bedingt den Eintritt von CaO, MgO, SiO_2 und Al_2O_3 aus dem feuerfesten Material der Ausgußrinne, der Pfanne und Zubehör und bei steigendem Guß des Trichters und der Kanalsteine in die Desoxydationsprodukte. Letzteres wird auch auf den Einfluß des Faktors Zeit zurückzuführen sein, der eine Fortsetzung des Desoxydationsvorganges (der nicht nur die eigentliche Reaktion, sondern auch die Trennung der Reaktionsprodukte vom Bade umfaßt) in der Pfanne und selbst in der Kokille bedingt.

Wie man aus allem ersieht, ist der Vorgang der technischen Desoxydation recht verwickelt und dementsprechend auch die Natur der Desoxydationsprodukte. In einzelnen Fällen sind sie der analytischen Untersuchung zugänglich gewesen. Sie sammeln sich mitunter als sogenannter Blockschaum auf der Oberfläche des flüssigen Eisens an oder finden sich im sogenannten Lunkerhohlraum (vgl. Kristallisation) großer Gußstücke. Da wahrscheinlich die Natur der Desoxydationsprodukte mit dem Zeitpunkt ihrer Bildung wechselt, geben die Analysen solcher Produkte natürlich nur ein ungefähres Bild. Nichtsdestoweniger seien die hierauf bezüglichen Angaben umstehend mitgeteilt.

Nr. 7 ist ein fast reines Gemisch von Eisen- und Manganoxydul. In Nr. 6 ist der hohe Tonerdegehalt auf den Aluminiumzusatz, in Nr. 10 der hohe Titansäuregehalt auf den (im Trichter erfolgten) Titanzusatz zurückzuführen. Der Kieselsäuregehalt dürfte z. T. wenigstens das Oxydationsprodukt des Siliziumgehalts des Ferromangans und Ferrosiliziums darstellen. Die verhältnismäßig

Nr.	Vorkommen der Schlacke	Beobachtet von	Chemische Zusammensetzung									
			FeO	Fe_2O_3	MnO	SiO_2	CaO	P_2O_5	S	Al_2O_3	TiO_2	$\dfrac{MnO}{FeO}$
1	Im Lunker	Ruhfus[1]	24,7	n. b.	66,0	9,2	0,64	0,23	0,61	n. b.	—	2,79
2	„	„	24,7	„	59,1	10,2	0,84	0,32	n. b.	„	—	2,39
3	„	„	23,1	„	71,0	5,0	0,21	0,09	n. b.	„	—	3,07
4	Bei der Bearbeitung von Schmiedestükken in einem Hohlraum (Lunker?) .	Jäger[2]	18,3	„	45,9	36,8	n. b.	n. b.	n. b.	„	—	2,50
5	„	„	18,4	„	43,4	37,7	„	„	„	„	—	2,36
6	Beim Walzen aus d. Block gespritzt, Mat. mit Al beh. .	Neu[3]	n. b.	„	29,2	28,8	„	0,25	„	37,5	—	—
7	Im Lunker	P. Goerens[4]	26,1	„	64,0	3,8	1,2	0,6	0,28	0,2	—	2,45
8	Blockschaum . . .	Hibbard[5]	20,4	„	63,1	20,4	—	—	0,39	4,0	—	3,14
9	„	„	19,9	„	46,8	17,1	2,04	—	0,16	15,1	—	2,35
10	Mat. m. Ti behandelt	Oberhoffer	17,0	2,17	46,9	14,8	2,40	0,05	0,43	4,4	10,3	2,75
11	(zugehörige Laufschlacke)	„	9,2	2,5	9,0	21,0	43,33	3,04	0,53	1,9	0,0	—

gute Übereinstimmung des Verhältnisses $\dfrac{MnO}{FeO}$ in diesen technischen Produkten ist um so bemerkenswerter, als Oberhoffer und d'Huart[6]) in den Desoxydationsprodukten von mit reinen Manganlegierungen desoxydierten Elektrolyteisen-Sauerstoffschmelzen das gleiche Verhältnis, etwa 2,7, fanden.

Zum systematischen Studium des Desoxydationsvorganges gehört das der Konstitution der in Frage kommenden Oxydgemische. Die Abb. 175 bis 180 vermitteln die bisher bekannten Daten. Abb. 175 zeigt die Ergebnisse einiger Versuche von Oberhoffer und v. Keil[7]) zur Ermittlung der Schmelzpunktverhältnisse von FeO-MnO-Gemischen. Zwischen 50 und 75% MnO scheint ein Knick oder ein Wendepunkt in der Schmelzpunktkurve aufzutreten. Die Konstitutionsfrage bedarf noch weiterer Klärung. Das anscheinend wichtige Gemisch $\dfrac{MnO}{FeO} \backsimeq 2,5$, also

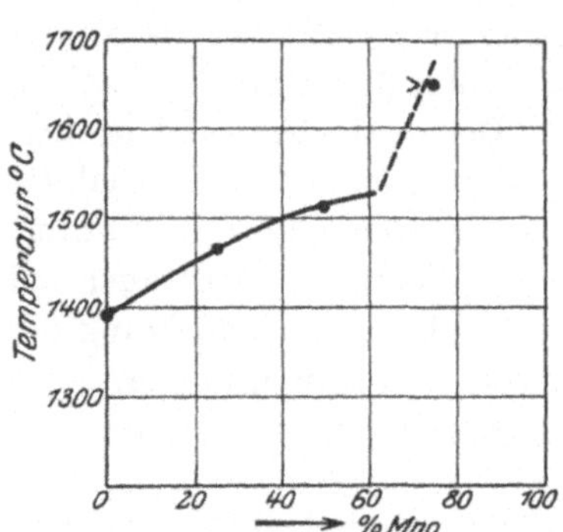

Abb. 175. Schmelzpunkte von FeO-MnO-Gemischen. (Oberhoffer und von Keil.)

mit rd. 73% MnO, hat einen unverhältnismäßig hohen Schmelzpunkt. Der Schmelzpunkt sämtlicher Gemische konnte wesentlich erniedrigt werden durch Einführung von Fe_2O_3 statt FeO in das Gemisch. Abb. 176 gibt die Versuchsergebnisse von Doerinckel[8]) über das System Manganoxydul-Kieselsäure wieder. Danach besteht innerhalb der untersuchten Konzentrationsgrenzen im flüssigen Zustande vollkommene Löslichkeit von MnO und SiO_2. Es treten im festen Zustande zwei durch verdeckte Maxima auf der Schmelzkurve gekennzeichnete Silikate: Mn_2SiO_4 und

[1]) St. E. 1897, 41.   [2]) St. E. 1912, 1653.   [3]) St. E. 1912, 1645.
[4]) Metallogr. II. Aufl. 292.   [5]) Int. Verb. 1912, II_{10}.   [6]) St. E. 1919, 165.
[7]) St. E. 1921, 1449.   [8]) Met. 1911, 201.

$MnSiO_3$ sowie ein bei 1180° schmelzendes Eutektikum beider mit rd. 40% SiO_2 auf. Auf dem Kurvenast A B, der bis zum reinen MnO nicht verfolgt werden konnte, scheidet sich, wie die mikroskopische Untersuchung im polarisierten Licht an Dünnschliffen wahrscheinlich erscheinen läßt, MnO (Manganosit) aus, das bei 1323° mit der Schmelze unter Bildung von Mn_2SiO_4 (Tephroit) reagiert. Auf dem Ast G H, den ebenfalls experimentelle Schwierigkeiten weiter zu verfolgen verhinderten, scheidet sich eine Kristallart unbekannter Zusammensetzung aus, die sowohl ein Silikat höherer Silizierungsstufe[1]) wie auch reine Kieselsäure sein kann. Diese Kristallart reagiert bei 1200° mit der Schmelze unter Bildung von $MnSiO_3$ (Rhodonit). v. Keil und Dammann[2]) haben das System FeO-SiO_2 untersucht. Ihren Ergebnissen verleiht Abb. 177 Ausdruck. Hiernach scheidet sich auf dem Ast A B FeO, auf B C das

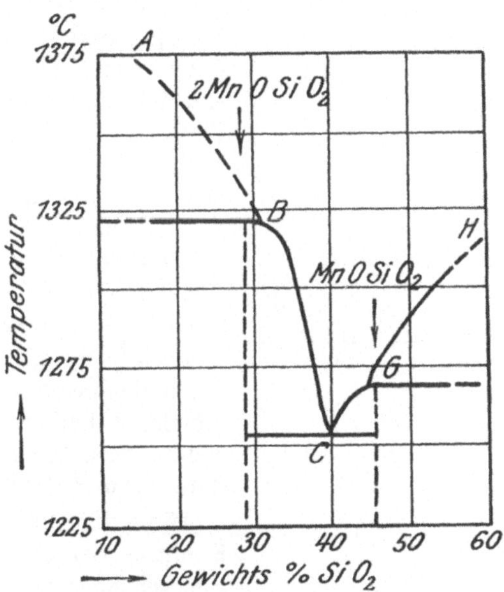

Abb. 176. Zustandsdiagramm Manganoxydul-Kieselsäure (Doerinckel.)

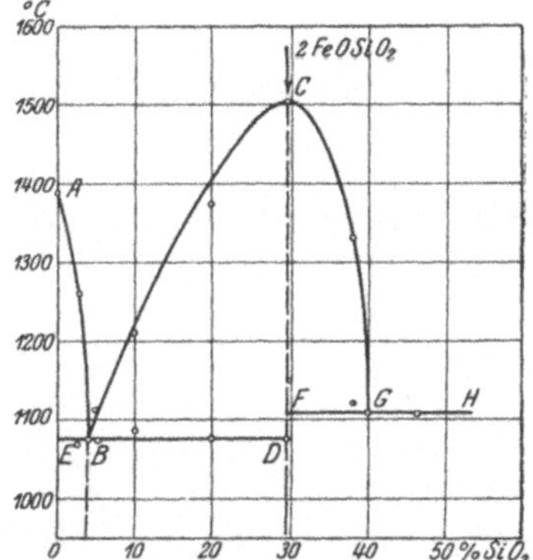

Abb. 177. Zustandsdiagramm Eisenoxydul-Kieselsäure. (von Keil und Dammann.)

Silikat 2 FeOSiO$_2$ ab. Bei B besteht ein Eutektikum FeO — 2 FeOSiO$_2$ mit 4% SiO_2, das bei 1075° schmilzt und erstarrt. Das Diagramm konnte nur bis zu einer Konzentration von etwa 45% SiO_2 ermittelt werden. Auch stimmte das Ergebnis der im auffallenden Licht vorgenommenen mikroskopischen Untersuchung mit dem der thermischen schlecht überein, was auf die Gegenwart von Fe_2O_3 zurückgeführt wurde. In Wirklichkeit scheint also Abb. 177 einem Schnitt durch das ternäre System zu entsprechen, der allerdings der Dreiecksseite FeO—SiO_2 sehr nahe kommen dürfte. Bemerkenswert ist, wie im System MnO—SiO_2, die starke Schmelzpunktserniedrigung durch verhältnismäßig geringe SiO_2-Mengen. Ein ternäres Diagramm FeO—MnO—SiO_2 fehlt bislang. Über die Schmelzpunkte ternärer Gemische von MnO—TiO_2—SiO_2, TiO_2—SiO_2—Al_2O_3 und MnO—TiO_2—Al_2O_3 geben die Abb. 178 bis 180 nach Cain[3]) Aufschluß. Die Ermittelung der Schmelzpunkte ge-

---

[1]) Vielleicht Mn_2SiO_8, das Stead (Ir. st. Mag. 1905, 105) auf rückstands-analytischem Wege gefunden haben will.

[2]) St. E. demnächst.　　　　　[3]) Chem. Met. Eng. 1920 879.

schah nach der Schmelzkegelmethode, und die Temperaturen sind daher im allgemeinen wohl zu niedrig, weil die Bildungstemperaturen der Gemische wahrscheinlich niedriger liegen als ihre Schmelzpunkte[1]. Immerhin liefern diese Angaben ein verhältnismäßig richtiges Bild. Das Fehlen von FeO beeinträchtigt ihren Wert.

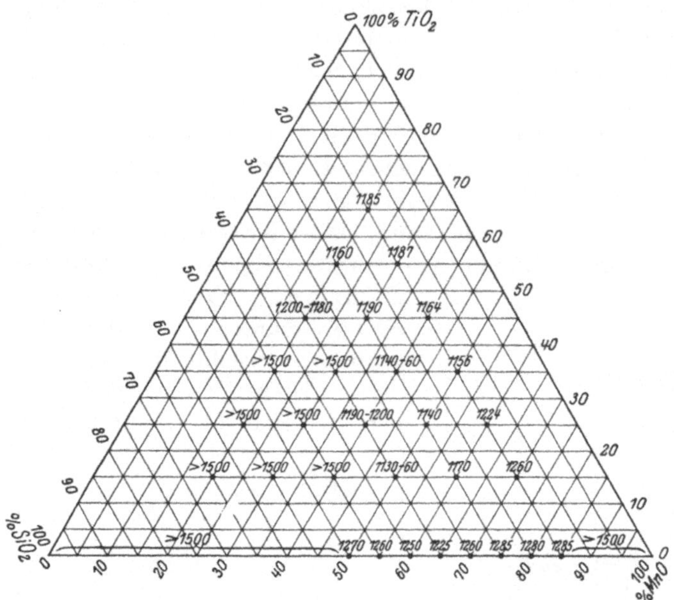

Abb. 178. Schmelzpunkte von Gemischen MnO-TiO$_2$-SiO$_2$. (Cain.)

Eine vollständige Kenntnis der Konstitution aller in Betracht kommenden Oxydgemische (nebst ihrer Beeinflussung durch das der Einfachheit halber nicht berücksichtigte CaO und MgO) würde für die Kenntnis der Desoxydationsvorgänge noch nicht genügen. Es bedarf, wie andererorts bereits erwähnt, auch der Kenntnis des Verhaltens dieser Gemische zum Eisen, weil es hiervon mit in erster Linie abhängen wird, ob ein Teil der Desoxydationsprodukte im Eisen zurückbleibt. Für die Eigenschaften der Fertigprodukte interessiert aber gerade der im Eisen verbleibende

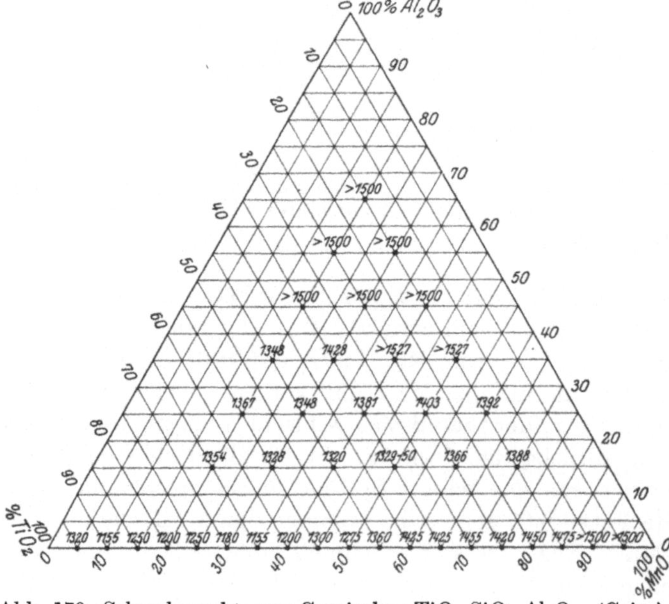

Abb. 179. Schmelzpunkte von Gemischen TiO$_2$-SiO$_2$-Al$_2$O$_3$. (Cain.)

---

[1] Vgl. z. B. Endell, Bildungstemperaturen von CaO-Fe$_2$O$_3$-Gemischen, E. F. I, 1921, **3**, Heft 1, 37.

Teil der Desoxydationsprodukte am meisten, und man vermutet, daß sie die Eigenschaften in nachteiliger Weise beeinflussen. Außer der Aufstellung von Zustandsdiagrammen: Eisen-Desoxydationsprodukte, an die bisher kaum gedacht worden ist, gestattet der Desoxydationsversuch im kleinen unter Ausschaltung störender Einflüsse einen tieferen Einblick in den Vorgang und damit auch die Beurteilung des Fertigproduktes vom Standpunkt seines Gehaltes an Oxyden. Zur Verfügung stehen dabei mehrere Verfahren. In erster Linie gibt die mikroskopische Untersuchung einen Anhalt über Art, Menge und Verteilung der Oxyde, die ja, soweit nicht etwa eine Löslichkeit im festen Zustande vorliegt, schon auf der ungeätzten Schliffläche zu erkennen sind. Ihre Farbe, ihr Verhalten gegen reduzierende Einflüsse, ihre Form und Anordnung sowie ihre Menge und Größe vermögen wichtige Kennzeichen für die Konstitution der Einschlüsse wie des Gesamtsystems sowie auch für den Oxydgehalt abzugeben. Da die Verarbeitung des Metalls auch die Form und Anordnung der Einschlüsse verändert, wird die Untersuchung besonders dann erfolgreich sein können, wenn sie am unverarbeiteten Metall erfolgt. Wenn die Größe der Einschlüsse eine hinreichende ist, wird die Farbe, der Aufbau (homo-

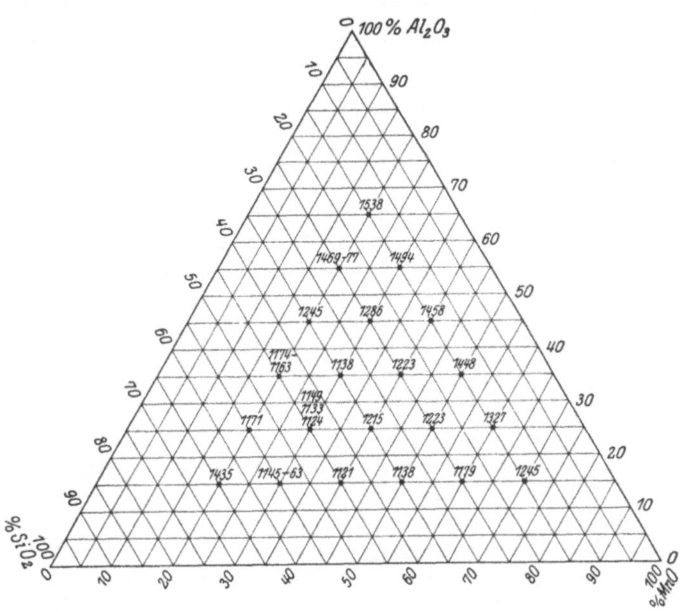

Abb. 180. Schmelzpunkte von Gemischen MnO-TiO₂-Al₂O₃. (Cain.)

gen, heterogen) und die Reduktionsfähigkeit etwa im Wasserstoffstrom Aufschlüsse über die Natur der Einschlüsse selbst vermitteln können. Form und Anordnung werden einen Aufschluß darüber geben können, ob primäre oder eutektische Ausscheidung vorliegt, also Löslichkeit im flüssigen Zustande vorhanden ist, oder ob regellose Verteilung von kugeligen Einschlüssen vorliegt, was für eine Mischungslücke im flüssigen Zustand spricht. Leider ist das Kennzeichen der Farbe schwer anwendbar wegen des Mangels an Vergleichsmaterial (Farbenskala) und wegen des Umstandes, daß alle oxydischen Einschlüsse eine lediglich im Farbton abweichende graue Farbe besitzen. Der Reduktionsversuch ist auch nur bei Einschlüssen von einer gewissen Größe an durchführbar. Die Erfolge der bisherigen Versuche[1] stehen kaum im Verhältnis zur Schwierig-

---

[1] Matweieff, Rev. Mét. 1910, 447, 848; Oberhoffer, St. E. 1918, 105; Oberhoffer und d'Huart, St. E. 1919, 165.

keit ihrer Durchführung. Wir wissen lediglich aus diesen Versuchen, daß Fe_2O_3 (?) bereits bei etwa 500^0, FeO (?) bei 900^0 und MnO überhaupt nicht durch Wasserstoff reduziert werden können, während Eisensilikate teilweise reduzierbar sind. Trotzdem wird das Verfahren zweifellos bei systematischer Inangriffnahme des Problems gute Dienste leisten. Die Untersuchung der Menge, Form und Anordnung der Einschlüsse hat bei den Desoxydationsversuchen von Oberhoffer und d'Huart einige interessante Aufschlüsse gebracht. Es wurden sauerstoffhaltige Schmelzen mit etwa $0,14^0/_0$ O_2 mit steigenden Manganmengen desoxydiert, wobei das Mangan in verschiedener Legierungsform, 30-, 60-, 80- und $100^0/_0$ig, mit und ohne Kohlenstoff zugegeben wurde. Die mikroskopische Untersuchung der Schmelzen ergab einmal, daß die Art der gebildeten Desoxydationsprodukte, selbst in ein und derselben Schmelze, in den weitesten Grenzen schwanken kann. Es besteht offenbar eine Abhängigkeit von lokalen Konzentrations- und Temperaturschwankungen. In großen Zügen ließ sich feststellen, daß unter $0,5^0/_0$ Manganzusatz die Desoxydationsprodukte in Form von kleinen kugeligen Einschlüssen, nicht unähnlich den FeO-Einschlüssen, jedoch von etwas größerer Abmessung, im Bade verteilt blieben. Vielleicht beweist dies, daß bis zu dem erwähnten Manganzusatz die Desoxydationsprodukte (FeO — MnO in wechselnden Verhältnissen) im Bade löslich sind.

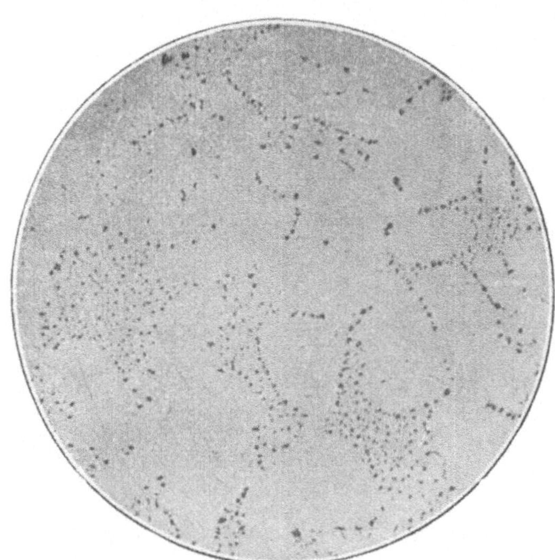

Abb. 183. Eutektisch angeordnete Einschlüsse in mit Mangan desoxydiertem, sauerstoffhaltigem Eisen, ungeätzt, x 50.

Tatsächlich lehrte auch die mikroskopische Untersuchung von zahlreichen Thomasproben[1] vor der Desoxydation und nach einem Manganzusatz von weniger als $0,5^0/_0$, daß nur eine unwesentliche Abnahme der Menge der Einschlüsse eingetreten war. Die Versuche von Oberhoffer und d'Huart lehrten ferner, daß bei einem Manganzusatz von mehr als $0,5^0/_0$ der größte Teil der Desoxydationsprodukte aus der Schmelze an die Badoberfläche stieg und mitunter sogar mit großer Heftigkeit herausgeschleudert wurde. Die Abb. 181—183 zeigen typische Desoxydationsprodukte, wie sie im oberen Teil der Schmelzen angetroffen wurden. Abb. 181 ist ein typisches Eutektikum des Desoxydationsproduktes mit dem Eisen, Abb. 182 kristallin gut ausgebildete Primärkristalle eines homogenen Desoxydationsproduktes, Abb. 183 heterogene kugelige Desoxydationseinschlüsse. Diese Beobachtungen bieten zwar noch keineswegs eine sichere Grundlage für die Beurteilung der Löslichkeitsverhältnisse, lassen aber die Vermutung zu, daß

---

[1] v. Keil, St. E. 1921, 605.

bei der Desoxydation mit reinem Mangan die durch Abb. 173 gekennzeichneten Verhältnisse Geltung haben. Die sonstigen mikroskopischen Beobachtungen

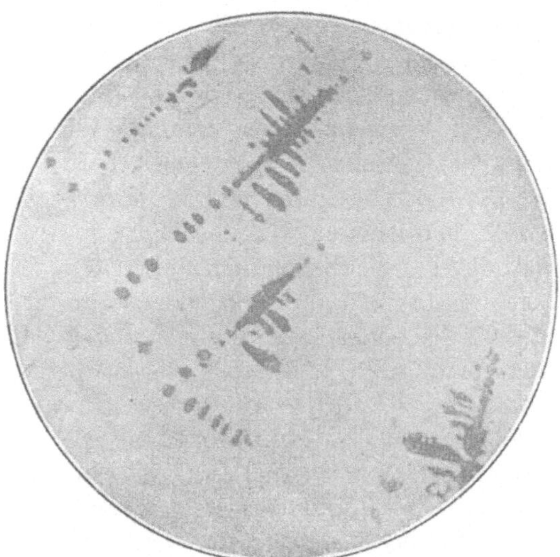

Abb. 182. Einheitliche, kristallisierte Einschlüsse in mit Mangan desoxydiertem, sauerstoffhaltigem Eisen, ungeätzt, x 200.

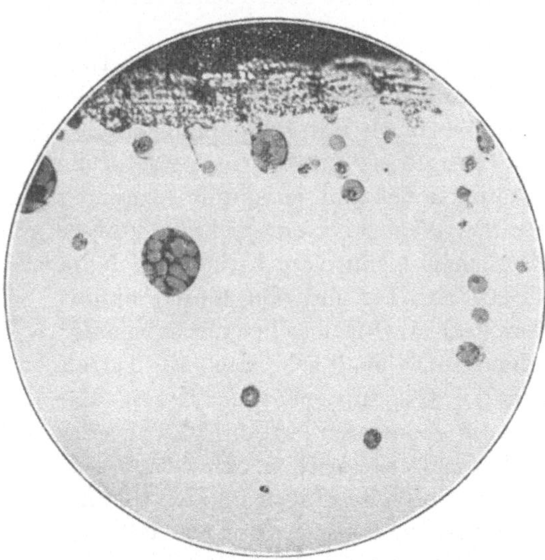

Abb. 183. Zusammengesetzte, nicht kristallisierte Einschlüsse in mit Mangan desoxydiertem, sauerstoffhaltigem Eisen, ungeätzt, x 150.

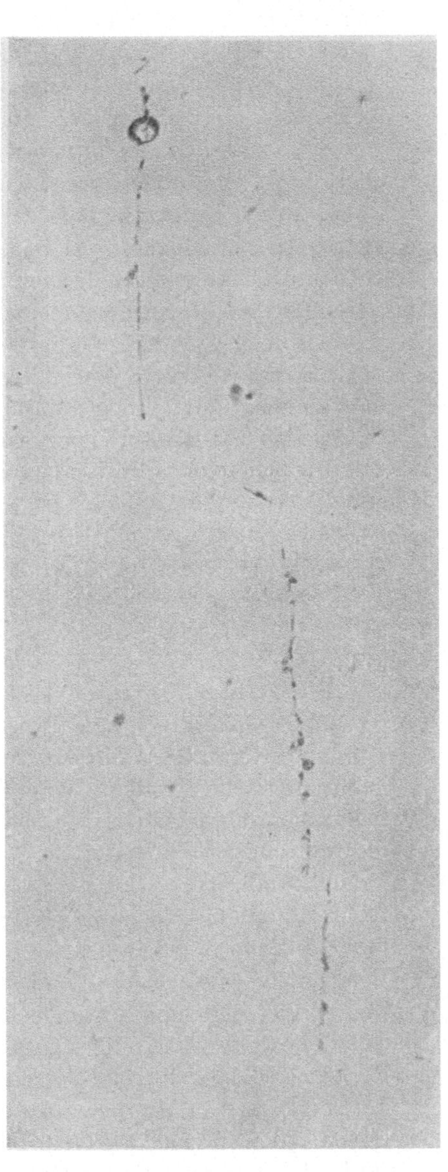

Abb. 184. Tonerdehäutchen in einem mit Aluminium behandelten Stahlformguß, ungeätzt, x 500.

über Einschlüsse[1]) beziehen sich im wesentlichen ganz allgemein auf diese und nicht auf die hier in Frage stehenden Desoxydationsprodukte und liefern daher

---

[1]) Vgl. z. B. Pacher, St. E. 1912, 1647, sowie Mars, St. E. 1912, 1557.

kein für den vorliegenden Zweck verwendbares Material. Von Wert ist eine Mitteilung von Mars[1]), wonach im Transformatorenmaterial mit etwa $4^0/_0$ Silizium an den Korngrenzen feine Oxydhäute auftreten, die als SiO_2 (wahrscheinlicher $FeOSiO_2$ mit hohem SiO_2-Gehalt) angesprochen werden. Es wird angenommen, daß das SiO_2 (bzw. das Silikat) sich im flüssigen Eisen nicht löst, sondern suspendiert bleibt und wegen seiner geringen Teilchengröße nur recht langsam an die Badoberfläche steigt. Mit Aluminium behandeltes Material zeigt ebenfalls zwischen den primären Kristallen nichtmetallische Häutchen gemäß Abb. 184[2]), im übrigen aber auch innerhalb der Kristalle zahlreiche Oxydpünktchen. Durch Tiefätzung läßt sich beides noch deutlicher entwickeln. Hier handelt es sich offenbar um Al_2O_3 oder ein an diesem reiches Gemisch $FeOAl_2O_3$. Sauveur[3]) hat in synthetischen Schmelzen eutektische Anordnung der Teilchen gefunden, was demnach für eine gewisse Löslichkeit der Tonerde im flüssigen Eisen sprechen würde. Comstock[4]) fand gemäß Abb. 429, daß Tonerdeeinschlüsse recht geringe Warmbildsamkeit besitzen müssen, da sie sich im Gegensatz zu andern oxydischen Einschlüssen (selbst reines FeO, vgl. Abb. 227) beim Schmieden und Walzen in der Streckrichtung nicht strecken. Daher ist mit Aluminium behandeltes Material manchmal schwer zu verarbeiten, es ist „trocken", wie der Walzwerksfachmann sagt. Da mit Silizium behandeltes Material zu ähnlichen Erscheinungen neigt, ist eine Ähnlichkeit der Ursache wahrscheinlich. Mit Aluminium behandelter Stahlformguß von der Art des in Abb. 184 dargestellten behält selbst nach dem zweckmäßigen Glühen (s. Stahlformguß) grobes Bruchgefüge und geringe Dehnung und Kontraktion. Das Korn des Bruches erscheint grau.

Ein zweites Verfahren zum Studium der im Eisen verbleibenden Desoxydationsprodukte ist die Sauerstoffbestimmung. Nach dem über diese Bestimmung Gesagten kann sie als Reduktionsversuch mit zahlenmäßigem Ergebnis angesehen werden. Wäre die Einwirkung des Reduktionsmittels auf die in Betracht kommenden Desoxydationsprodukte bekannt, so könnte sozusagen die fraktionierte Sauerstoffbestimmung einen Weg zur Kennzeichnung dieser Produkte abgeben. Unsere hierauf bezüglichen Kenntnisse befinden sich im Anfangsstadium. Gemäß Abb. 185 nach Oberhoffer und von Keil[5]) nimmt die Reduktionsfähigkeit des Wasserstoffs in FeO-MnO-Gemischen mit steigender Temperatur schwach zu und mit steigendem MnO-Gehalt sehr rasch ab. Durch Zusatz von Zinn und Antimon lassen sich in Gegenwart von Eisen alle Gemische und selbst reines MnO vollständig reduzieren. Abb. 186 zeigt die Reduktionsfähigkeit von Wasserstoff in FeO-SiO_2-Gemischen. Hier läßt sich durch Zusatz von Kupfer und Zinn nur eine schwache Steigerung der Reduktionsfähigkeit erzielen. Es erscheint nun zwar nicht ausgeschlossen, daß sich ein Legierungszusatz finden läßt, in dessen Gegenwart sich auch die schwieriger reduzierbaren Gemische vollständig reduzieren lassen werden, und auf diesem Wege ist vielleicht das angestrebte Ziel, die fraktionierte Reduktion der Oxyd-

---

[1]) Spezialstähle, II. Aufl. S. 269.

[2]) Für die Überlassung der Probe spricht der Verfasser Herrn Dipl.-Ing. Zingg auch an dieser Stelle seinen herzlichsten Dank aus.

[3]) Ir. Age 1916, 98, 80; s. a. Comstock, Ir. Age 1916, 98, 582.

[4]) St. E. 1917, 40.   [5]) St. E. 1921, 1449.

gemische, erreichbar. Leider besäße aber die praktische Anwendung eines solchen
Verfahrens nur einen Sinn in kohlenstofffreien Legierungen. Wie schon anderorts in diesem Abschnitt ausgeführt wurde, reduziert in den meist kohlenstoffhaltigen technischen Legierungen der Kohlenstoff ebenfalls unter CO- und
CO_2-Bildung. Zwar lassen sich diese Gase erfassen, wie Pfeifer-Schießl[1])
gezeigt hat, jedoch wird hierdurch das Verfahren so verwickelt, daß die praktische Anwendung wesentlich erschwert ist. Gangbarer erscheint der Weg über
das Heißextraktionsverfahren mit Kohlenstoffzusatz. Zunächst wird wohl auf

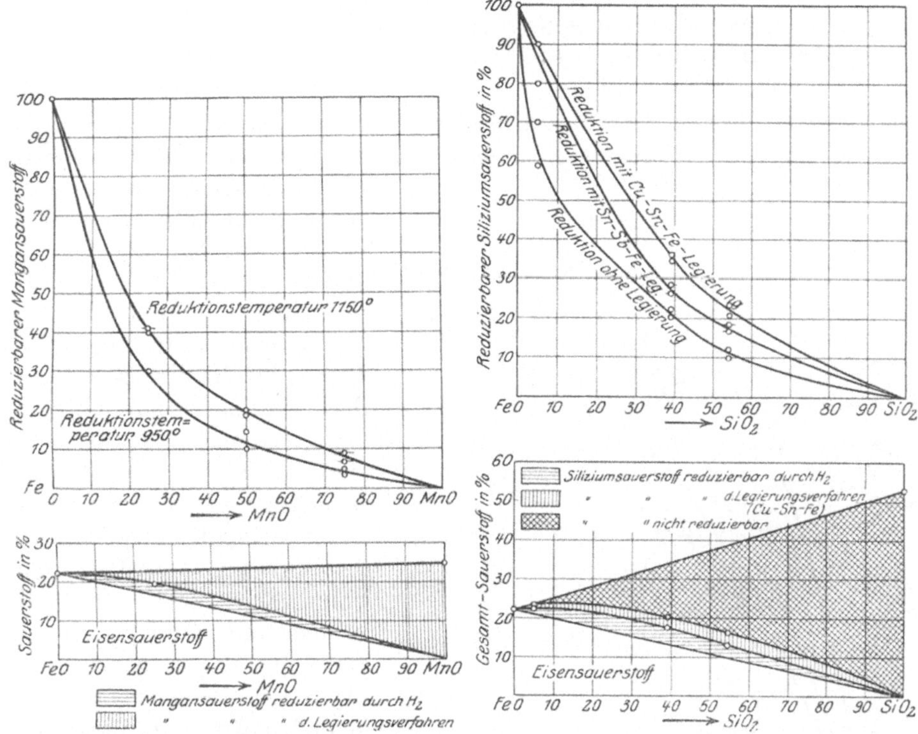

Abb. 185. Reduktionsfähigkeit des Wasser- | Abb. 186. Reduktionsfähigkeit des Wasser-
stoffs in FeO-MnO-Gemischen mit und ohne | stoffs in FeO-SiO₂-Gemischen mit und ohne
Zusatz von Zinn und Antimon. (Oberhoffer | Zusatz von Kupfer und Zinn. (Oberhoffer
und v. Keil.) | und v. Keil.)

die Ermittlung der Art der einzelnen Oxyde verzichtet und der Sauerstoffgehalt
in globo ermittelt werden müssen, wenn nicht die Reduktionstemperatur ein
Unterscheidungsmerkmal abgibt. Zahlreiche Sauerstoffbestimmungen nach dem
einfachen Wasserstoffverfahren ergaben:

	Reduktionstemperatur	
	950°	1200°
In Thomasmaterial desoxydiert mit 0,13 bis 0,48%		
Mangan in Form von 10 bis 24%igem Spiegeleisen	0,012—0,033	0,026—0,053% O₂
(Vor der Desoxydation	0,023—0,063	0,065—0,117% O₂)
In S.-Martin-Material desoxydiert mit 0,12 bis 0,23%		
Mangan in Form von 30%igem Ferromangan .	0,02—0,03	—
(Vor der Desoxydation	0,02—0,03	— % O₂)

<hr>

[1]) a. a. O.

Eine Abhängigkeit von der Art des Mangantägers bzw. vom Sauerstoffgehalt vor der Desoxydation konnte nicht festgestellt werden.

Daß die Desoxydationsprodukte schwer reduzierbare Stoffe enthalten, die durch das einfache Verfahren gemäß Abb. 185 und 186 nur zum geringsten Teil, vollständiger dagegen (mit der auf Kohlenstoff bezüglichen Einschränkung) durch Zusatz von Legierungen erfaßt werden können, lehren die Versuche an der gleichen Charge nach der Desoxydation, die bereits an andrer Stelle im Zustand vor der Desoxydation besprochen wurde. Es ergab sich hierbei:

	$\%\,O_2$	
Nach dem einfachen Wasserstoffverfahren Frässpäne, 120 Min.		
Dauer, 1150°, 10 g Einwage	0,035	(0,118)
Nach dem Legierungsverfahren	0,089	(0,126)

Die eingeklammerten Zahlen sind die bereits mitgeteilten vor der Desoxydation. Während diese letzteren kaum eine Steigerung aufweisen, was als Beweis für das Vorhandensein des Sauerstoffs im wesentlichen als FeO gedeutet wurde, findet in der Probe nach der Desoxydation eine Steigerung um mehr als das Doppelte statt, ein sicherer Beweis für die komplexe Natur der Desoxydationsprodukte und für die Gegenwart schwer reduzierbarer Oxyde. Es muß ferner berücksichtigt werden, daß die Verluste durch CO-Bildung in den Proben nach der Desoxydation in Anbetracht des höheren Kohlenstoffgehaltes größer sind als in den Proben vor der Desoxydation. Man gelangt also zum Schluß, daß die durch das ältere Wasserstoffverfahren vermittelte Vorstellung vom Desoxydationsvorgang falsch ist, weil die Zahlen im desoxydierten Metall zu niedrig ausfallen. In diesem Sinne sind auch die nach diesem Verfahren erhaltenen Ergebnisse der an andrer Stelle bereits beschriebenen Desoxydationsversuche in kleinem Maßstab von Oberhoffer und d'Huart[1]), Abb. 187, aufzufassen. Die mit steigendem Manganzusatz und mit steigendem Mangangehalt der Legierung ohne Kohlenstoff als Zunahme des entfernten Sauerstoffs gedeutete Erscheinung vermag ebenso gut als Abnahme der Reduzierbarkeit der Desoxydationsprodukte infolge gesteigerten MnO-Gehaltes gedeutet zu werden. Die größere Abnahme des

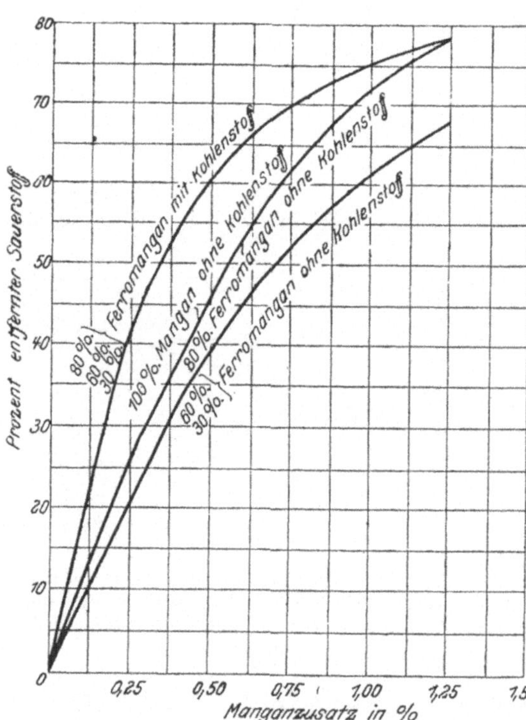

Abb. 187. Ergebnisse von Desoxydationsversuchen. (Oberhoffer und d'Huart.

______
[1]) a. a. O.

Sauerstoffs in den mit kohlenstoffhaltigen Legierungen behandelten Schmelzen kann einer Mitwirkung des hier in den desoxydierten Schmelzen vorhandenen Kohlenstoffs zugeschrieben werden. Auch die technisch wichtige Schlußfolgerung von der Unabhängigkeit des Vorganges von der Konzentration des Manganträgers vermag in den kohlenstoffhaltigen Legierungen nicht aufrecht erhalten zu werden, weil mit steigendem Mangangehalt der Legierung zwar ihr Kohlenstoffgehalt zunimmt, aber die zugeführte Kohlenstoffmenge dennoch bei gleichem prozentualen Manganzusatz und daher auch der Verlust durch CO-Bildung geringer ist. Je niedriger also der Prozentsatz der Legierung ist, um so größer ist der Fehler, um so höher müßte in Wirklichkeit die Kurve in Abb. 187 verlaufen. Auch die früher besprochene Tatsache, daß bei der Heißextraktion Thomasflußeisen eine Steigerung des CO- und CO_2-Gehaltes, Siemens-Martin-Flußeisen dagegen eine Abnahme oder ein Gleichbleiben durch die Desoxydation erfährt, scheint in einem gewissen Zusammenhange zu stehen mit der Tatsache, daß die einfache Sauerstoffbestimmung bei ersterem Material eine Abnahme, bei letzterem ein Gleichbleiben des Sauerstoffgehaltes ergibt. Solange ein Ausbau des Verfahrens zur Bestimmung der Oxyde zu einem zuverlässigen, dem Sinne nach leicht zu deutenden Verfahren nicht erfolgt ist, scheinen Überlegungen über diese und viele andre, den Desoxydationsvorgang betreffende Fragen verfrüht zu sein. Dies gilt auch insbesondere von dem Versuch, die Desoxydationsgleichungen, wie etwa die Gleichung $FeO + Mn \rightleftarrows Fe + MnO$, vom Standpunkt der physikalisch-chemischen Gleichgewichtslehre zu behandeln und die Reaktionskonstanten zu berechnen. Die Tatsache, daß über die Löslichkeitsverhältnisse von FeO und MnO so gut wie nichts bekannt ist, ferner der bisher nicht gemachte Versuch Mn und MnO in den desoxydierten Produkten analytisch zu trennen, verhindern eine zuverlässige Berechnung der Reaktionskonstante, selbst wenn die sonstigen Daten ausreichen würden und die Gegenwart des Kohlenstoffs und des Siliziums die Verhältnisse nicht so ungemein komplizieren würden.

Ein dritter und letzter Weg zur Ermittlung der Natur der Desoxydationsprodukte ist die Rückstandsanalyse. Sie erfolgt auf ähnlichem Wege wie die Gasbestimmung durch Kaltumsetzung, d. h. das Eisen wird mit Kupferammoniumchlorid oder Quecksilberchlorid, Brom, Chlor oder Jod umgesetzt, wobei die nichtmetallischen Bestandteile im Rückstand bleiben. Von Ledebur an bis in die neueste Zeit[1]) ist immer wieder versucht worden, das Verfahren zu einem zuverlässigen Laboratoriumsverfahren auszuarbeiten, ohne daß die experimentellen Schwierigkeiten ganz überwunden worden wären. Aus diesem Grunde sind auch die bisherigen Versuchsergebnisse recht dürftig und kaum zu irgendwelchen Schlüssen verwendbar. Dennoch sollte gerade diesem Verfahren die größte Aufmerksamkeit geschenkt werden, weil es zu den weitestgehenden Hoffnungen berechtigt. In der Tat würde das Verfahren, seine Zuverlässigkeit und bequeme Durchführbarkeit vorausgesetzt, nicht nur die Menge der Desoxydationsprodukte, sondern auch ihre Zusammensetzung und ihren Aufbau zu er-

---

[1]) Vgl. Ledebur, Leitfaden für Eisenhüttenlaboratorien, 1. Aufl., sowie IV von Stadeler und Kinder bearbeitete Auflage. Ferner: Fischer, St. E. 1912, 1557; Wüst und Kirpach, E. F. I. 1920, 1, 31.

mitteln gestatten, und bezüglich letzterer würde das Verfahren als einziges[1]) erlauben, neben den durch Kohlenstoff in Gegenwart von Eisen reduzierbaren Oxyden auch die unreduzierbaren CaO, MgO, Al_2O_3 zu ermitteln. Das wäre deshalb besonders wichtig, weil dann die Möglichkeit vorläge, die Verunreinigung der Desoxydationsprodukte durch Sulfide, feuerfestes Material aus Rinne, Pfanne, Stopfen, Trichter und Kanalsteinen oder durch die Lauf- oder Ofenschlacken festzustellen bzw. zu ermitteln, ob die Rückstände nicht überhaupt diese Herkunft besitzen.

H. Einschlüsse von feuerfesten Stoffen und Ofenschlacke.

In der Tat dürften in den meisten Fällen die Desoxydationsprodukte im obigen Sinne mehr oder minder verunreinigt sein, und zwar entweder chemisch, indem ein neuer Körper entsteht, oder mechanisch, indem die Stoffe nebeneinander bestehen. Daß aus dem feuerfesten Material der Rinne, Pfanne und des Stopfens sowie des Ausgusses, ferner beim Guß von unten aus dem Trichter und aus den Kanalsteinen Teilchen vom Eisenstrahl mitgerissen werden können und wegen Mangels an Zeit sich nicht mehr vom Eisen trennen, ist zweifellos möglich, ebenso wie beim Stahlformguß aus der Formmasse Teilchen mitgerissen werden und im Gußstück verbleiben können. Diese Möglichkeiten sind mehrfach erwogen worden, wiewohl das bisherige einwandfreie Beobachtungsmaterial nicht sehr umfangreich ist[2]). Pacher[3]) hat neuerdings die Bedingungen für die Entstehung solcher Einschlüsse eingehend besprochen und folgende allgemeine Gesichtspunkte aufgestellt. Beim Martinverfahren erhöht zu große Neigung der Rinne die Ausflußgeschwindigkeit des Stahls und damit die Neigung zum Mitreißen von Teilchen der Rinnenauskleidung. Hochgebaute Pfannen sind ungünstig wegen der Erhöhung des Aufpralles auf den Pfannenboden sowohl wie des Druckes, unter dem der Stahl die Stopfenöffnung (Ausguß, Büchse) verläßt. Gefährlicher ist der letztere Umstand, weil die mitgerissenen Teilchen in der Kokille kaum Gelegenheit zum Aufsteigen haben, während in der Pfanne Zeit dazu vorhanden ist. Aus diesem Grunde ist auch die Pfannenauskleidung von geringem Einfluß, hingegen können die aus Trichter und Kanalsteinen mitgerissenen Teilchen kaum noch vollständig aus dem Stahl entweichen. Größere

---

[1]) In seltenen Fällen, und zwar insbesondere beim Vorhandensein sehr vieler und grober Einschlüsse, vermag das nachfolgende, vom Verfasser angewandte Verfahren zum Ziele zu führen. Ein Schmiedestück enthielt außerordentlich viele, bereits mit bloßem Auge sichtbare Einschlüsse. Sie wurden auf folgende Weise gesammelt. Ein zylindrisch vorgedrehtes Stück wurde auf die Drehbank gespannt und mit einem spitzen Stahl wurden möglichst feine Drehspäne genommen. Jedesmal, wenn der Stahl auf einen Einschluß trifft, bricht der Span und der Einschluß wird zertrümmert und zu Staub zerrieben. Späne und Staub wurden sorgfältig gesammelt und erstere mit dem Magneten entfernt. Auf diese Weise gelang es, genügend viel Pulver für die Analyse zu sammeln, die folgendes ergab:

	SiO_2	Al_2O_3	FeO	MnO	CaO	MgO	P_2O_5
gesammeltes Pulver	30,6	4,3	30,6	35,7	5,6	1,47	—
zugehörige Gießtrichterschlacke	40,0	15,3	7,3	34,0	2,0	0,7	0,28
zugehörige Laufschlacke	19,0	3,8	13,1	17,3	39,6	4,6	3,8

Demnach sind die Einschlüsse nicht mit der Ofenschlacke, wohl aber mit den im Lunker bzw. als Blockschaum angesammelten und als (verunreinigte) Desoxydationsprodukte anzusehenden Schlacke identisch.

[2]) Vgl. Pacher, St. E. 1912, 1467.   [3]) St. E. 1921, 485.

Teilchen trennen sich leichter als kleinere, die im Eisen suspendiert bleiben als solche (falls keine Löslichkeit vorliegt) oder mit den Desoxydationsprodukten bzw. mit dem Schwefel Gemische eingehen. Daß die Qualität des feuerfesten Materials aller in Betracht kommenden Teile, insbesondere ihre mechanische und ihre Feuerfestigkeit eine große Rolle spielen, ist verständlich. Nachstehend seien zwei dem Verfasser mitgeteilte Analysen wiedergegeben, die im Zusammenhang mit dem Vorgesagten stehen:

Nr.	Herkunft und Art des Materials	Chemische Zusammensetzung				
		SiO_2	CaO	Al_2O_3	FeO	MnO
1	Gelbliches Pulver im Lunker des verlorenen Kopfes eines großen Stahlformgußstückes	28,3	26,0	38,3	3,5	4,7
2	Gelbbraune Schlacke im Lunkerteil eines verarbeiteten Erzeugnisses	69,0	2,4	18,5	9,1	1,1

Diese Stoffe stehen demnach dem feuerfesten Material nahe und dürften im wesentlichen aus der Formmasse bzw. aus der Pfannen- und Gießtrichterauskleidung sowie aus den Kanalsteinen stammen. Um einen Vergleich der Zusammensetzung solcher Produkte mit der in Betracht kommender, feuerfester Materialien zu ermöglichen, seien einige Analysen letzterer hier mitgeteilt:

	Al_2O	SiO_2	Fe_2O_3	MgO	CaO
Rinnensteine					
Pfannensteine					
Stopfenstangenrohre	21,80	75,32	2,23	0,13	0,52
Trichter, Trichterrohre					
Gießrohre					
Stopfen					
Ausgüsse	~ 35	~ 62	n. b.	n. b.	n. b.
Kanalsteine					
Vierwegsteine	11,68	85,70	1,70	Sp.	0,72

Aber auch die Lauf- oder Ofenschlacke vermag in den Stahl hineinzugelangen. Während des Verfahrens sind Stahl und Schlacke zeitweise innigst durchmischt. Dies gilt bei den Windfrischverfahren während der ganzen Dauer des Verblasens und bei den Herdfrischverfahren und Elektroverfahren mit kaltem Einsatz insbesondere während der Kochperiode, während bei dem als Raffinierverfahren geführten Elektroverfahren sowie beim Tiegelschmelzverfahren die Durchmischungsmöglichkeit geringer ist. Ist vor dem Abguß keine genügende Zeit zur Entmischung vorhanden, was allerdings nur in Ausnahmefällen zutreffen dürfte, da ja meist auch noch in der Pfanne eine Ruhepause eintritt, so könnte auf dieser Grundlage Gelegenheit zur Aufnahme von Ofenschlacke gegeben sein. Meist aber wird, wie Pacher für das Siemens-Martin-Verfahren eingehend ausführt, die Entstehung von Wirbeln während des Abstiches die Ursache eines Gehaltes an Ofenschlacke im Stahl sein können. Bei Beginn des Abstiches liegen die Verhältnisse günstiger beim feststehenden Ofen, da keine Ofenschlacke zum Ablauf kommt, dagegen entstehen zum Schluß des Abstiches leicht Wirbel, Stahl und Schlacke verlassen den Ofen gleichzeitig und die Emulsion beider Stoffe hat nur noch in der Pfanne die häufig nicht gegebene Zeit zur Trennung. Beim kippbaren Ofen liegen die Verhältnisse insofern günstiger, als eine Regelung des Ablaufes von vornherein möglich ist. Schnelles Ankippen ist ratsam, da bei zu langsamem Kippen die zuerst in die Pfanne gelangende und erstarrende Schlacke nachher im nachstürzenden Stahle wieder schmilzt und Anlaß zur Entstehung einer Emulsion gibt. Auch beim Pfannenguß können Wirbel entstehen, und zwar bei hochgebauten Pfannen leichter als bei breitgebauten, beim Abfluß des oberen Pfanneninhaltes leichter als bei dem des unteren. Schlecht vorgewärmte, womöglich feuchte Pfannen bedingen heftige Bewegung des Pfanneninhaltes infolge der stürmischen Gasentwicklung und geben damit Anlaß zur Durchmischung von Stahl und Schlacke.

Daß Schweißeisen so viele Schlackeneinschlüsse enthält, ist darauf zurückzuführen, daß gegen Ende des Puddelverfahrens feste Eisenkristalle gebildet werden, die Teile der Ofenschlacke einschließen. Durch das Zängen der Luppen wird nur ein Teil dieser dann noch flüssigen Schlacke herausgequetscht. Die Zusammensetzung dieser Schlacke läßt sich daher leicht ermitteln. Sie war in einem untersuchten Falle:

SiO_2 FeO Fe_2O_3 MnO P_2O_5.
5,63 63,3 13,4 6,31 3,42

Abb. 188 zeigt den üblichen Aufbau der im Schweißeisen vorkommenden Einschlüsse. Gemäß obiger Analyse sowie dem Zustandsdiagramm FeO—SiO_2 dürften die Primärkristalle im wesentlichen 2 FeO SiO_2 sein und die Grundmasse das Eutektikum FeO—2 FeO Si O_2 darstellen.

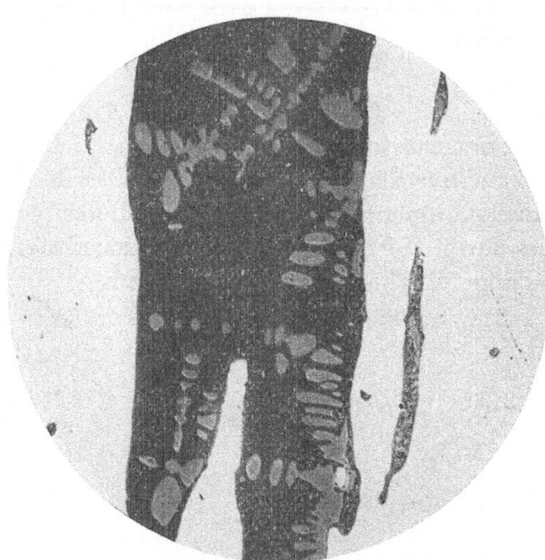

Abb. 188. Schlackeneinschlüsse im Schweißeisen, ungeätzt, x 250.

Zum Vergleich mit der Zusammensetzung etwa aufgefundener Einschlüsse im Flußeisen, sei auf S. 191 die Zusammensetzung der Fertigschlacken einiger Verfahren wiedergegeben.

Es ist im vorstehenden mehrfach der Ausdruck Schlackeneinschlüsse oder kurzweg Einschlüsse gebraucht worden. Es herrscht nun durchaus keine Übereinstimmung bezüglich der Definition der Schlackeneinschlüsse[1]). Sie werden häufig als nichtmetallische Einschlüsse bezeichnet, weil man sie schon auf der ungeätzten polierten Oberfläche auf Grund ihrer sulfidischen und oxydischen Natur erkennen kann. Mit demselben Recht müßte man dann aber auch andre nichtmetallische Verbindungen des Eisens, wie Fe_3P, Fe_2N, ja sogar Fe_3C, als Schlackeneinschluß bezeichnen können. Mitunter wird ihre Farbe als Unterscheidungs- und Einteilungsmöglichkeit herangezogen. Die hochschwefelhaltigen oder sulfidischen Einschlüsse, die bereits bei den Eisenschwefellegierungen besprochen wurden, besitzen charakteristische gelblichbraune bis hellgraue Färbung. Oxydische, d. h. aus Sauerstoffverbindungen des Eisens und seiner Begleitelemente bzw. aus Kalk, Magnesia und Tonerde aufgebaute Einschlüsse sind meist dunkelgrau bis schwarz gefärbt. Eine scharfe Trennung in

---

[1]) Vgl. Hibbard, Int. Verb. 1912, II$_{10}$, nebst Diskussion.

Nr.	Verfahren	SiO_2	CaO	FeMet.	Fe_2O_3	FeO	MnO	Al_2O_3	MgO	S	P_2O_5
1.	Bas. S.-Martin-Verfahren, Schrott-Roheisen-Verfahren (Diss. Bulle, Aachen 1923)										
	a)	16,41	18,04	11,31	—	11,55	18,93	32,84	2,18	0,3	n. b.
	b)	13,66	36,04	15,75	—	15,45	18,15	7,24	7,02	0,44	n. b.
	c)	20,40	40,22	8,29	—	7,07	12,98	—	7,75	0,25	1,80
2.	Hoeschverfahren (Petersen, St. E. 1910, 1)	12,40	46,28	—	—	17,03	10,25	1,90	5,92	0,34	5,0
3.	Roheisen-Erzverfahren Julienhütte O.-S. (Petersen, St. E. 1910, 1	20,85	43,89	—	—	12,69	7,60	4,26	6,90	0,04	3,24
4.	Talbotverfahren (Petersen, St. E. 1910, 1)	10,44	48,42	—	—	15,22	4,72	—	4,68	0,22	14,33
5.	Saures S.-Martin-Verfahren (Campbell, St. E. 1893, 873) . .	49,82	n. b.	n. b.	—	21,9	27,93	1960	n. b.	n. b.	n. b.
6.	Thomasverfahren (Mathesius)	6-12	44-48	—	3—5	7—18	4	—	3—6	—	12-22
7.	Bessemerverfahren										
	a) Ledebur	53,95	2,32	n. b.	—	5,54	35,14	2,31	Sp.	n. b.	n. b.
	b) Horn, St. E. 1903, 563	62,2	0,87	n. b.	—	n. b.	13,72	2,76	0,29	0,011	—
8.	Elektroverfahren										
	a) Induktionsofenschlacke (Wolfram-Stahl)	10	67	—	1,6	2	0,9	2,6	16,5	0,4	0,1
	b) Lichtbogenofenschlacke (Chrom-Nickel-Stahl) . . .	24	59,6	—	1,1	1,1	0,5	4,6	6	0,3	0,05

oxydische und sulfidische Einschlüsse ist aber nicht streng durchführbar, weil auch Gemische beider möglich sind, ebensowenig bietet die Farbe ein sicheres Unterscheidungsmerkmal, um so weniger, als die Einschlüsse nicht immer homogen, sondern recht häufig heterogen aufgebaut sind. Ein weiteres Unterscheidungsmerkmal soll die Löslichkeit der Einschlüsse im flüssigen Eisen abgeben. Ist Löslichkeit vorhanden, so scheiden sich die Einschlüsse mit sinkender Temperatur nach den für Legierungen geltenden Gesetzen ab, und man spricht von Segregationseinschlüssen. Beim Fehlen der Löslichkeit können die Einschlüsse suspendiert oder emulgiert gewesen sein, und man spricht von Suspensionseinschlüssen. Während im ersten Falle eine gesetzmäßige Form und Anordnung der Einschlüsse (primäre, eutektische Kristallisation) beobachtet wird, ist kugelige Ausscheidungsform das Kennzeichen von Suspensionen und Emulsionen. Dieses Unterscheidungsmerkmal ist aber nicht in allen Fällen mit Sicherheit anwendbar, besonders dann nicht, wenn durch die Verarbeitung die Merkmale des Ausscheidungsvorganges zerstört worden sind.

Wie die vorstehenden Ausführungen lehren, ist keine der vorgeschlagenen Definitionen und Einteilungen völlig einwandfrei. In diesem Werke sind mit den Ausdrücken Einschlüsse oder Schlackeneinschlüsse sulfidische und oxydische Einlagerungen gemeint, deren Entstehungsweise geschildert wurde. Diese wird als einziges Unterscheidungsmerkmal in Betracht gezogen.

III. Einfluß der chemischen Zusammensetzung auf die Eigenschaften des schmiedbaren Eisens.

1. Einleitung.

Die Anforderungen an die technischen Eigenschaften des schmiedbaren Eisens bewegen sich in den weitesten Grenzen, und können sich sogar grundsätzlich widersprechen. So soll beispielsweise Feinblechmaterial weich und zäh sein, während man vom Werkzeugstahl größte Härte verlangt. Vom Magneten erwartet man, daß er den ihm erteilten Magnetismus unbegrenzt lange beibehält, vom Anker der Dynamomaschine, der während einer Umdrehung wiederholt ummagnetisiert wird, also die Polarität wechselt, daß er den Magnetismus fast momentan und restlos verliere, und vom Antimagneten, daß er sich überhaupt nicht magnetisieren lasse. Diese hervorragende Anpassungsfähigkeit verdankt das Eisen in erster Linie dem Umstande, daß durch relativ geringfügige Zusätze andrer Elemente, mit denen man es legiert, seine Eigenschaften sich recht erheblich verändern lassen.

Wenn nun auch die chemische Analyse die Grundlage für die erfahrungsmäßige Beurteilung der Eigenschaften des schmiedbaren Eisens abgibt, so ist sie dennoch keineswegs der einzige bestimmende Faktor. In späteren Abschnitten wird vielmehr gezeigt werden, daß der Einfluß der Verarbeitung und der Wärmebehandlung sehr groß sein kann, unter Umständen sogar den der Analyse zu überdecken vermag. Ein Material von gegebener Zusammensetzung ist demnach nur dann hinreichend gekennzeichnet, wenn die Art der Verarbeitung und der Wärmebehandlung, die es erfahren hat, angegeben wird.

Schließlich kann nicht unterlassen werden, auf einen weiteren, die Bedeutung der Analyse herabmindernden Umstand hinzuweisen. Es ist anzunehmen, und die Erfahrung bestätigt dies, daß außer der Analyse im üblichen Sinne sowie der Art der Verarbeitung und Wärmebehandlung noch andere Faktoren eine gewisse nicht zu unterschätzende Rolle spielen. Hierher gehört beispielsweise die Frage des Sauerstoffs sowie die der Gase und der Schlackeneinschlüsse. Durch eine weitere Verfeinerung der analytischen und andern Hilfsmittel sowie durch Anpassung der Methoden an die Bedürfnisse der Werkslaboratorien dürften auch die Fälle einwandfrei zu erklären sein, in denen trotz gleicher Analyse im üblichen Sinne, Weiterbehandlung, und trotz gleichen Herstellungsverfahrens[1]) wesentlich verschiedene Eigenschaften erzielt werden.

Es ist auf Grund der vorstehenden Darlegungen einzusehen, daß der Wert von Untersuchungen über den Einfluß der chemischen Zusammensetzung auf

---

[1]) Vgl. z. B. Brès, Rev. Mét. 1913, 797 sowie Portevin, Rev. Mét. 1913, 808, ferner Chevenard, Rev. Mét. 1920, 688.

die Eigenschaften des schmiedbaren Eisens ein verhältnismäßig begrenzter ist und
vor allem nur dann Vergleiche statthaft sind, wenn die Ergebnisse unter gleichen
Voraussetzungen hinsichtlich des Zustandes, in dem sich die zu vergleichenden
Materialien befinden, gewonnen werden. So bezieht sich die Mehrheit der in
der Literatur mitgeteilten Untersuchungen auf warm verarbeitetes (meist gewalztes) Material. Es ist klar, daß diese Zahlen nicht verglichen werden können
mit entsprechenden, an nicht gewalztem Material, also etwa an Stahlguß erhaltenen. Aber auch die Vergleichbarkeit warmverarbeiteter Materialien untereinander zum Zwecke der Ermittlung des Einflusses der chemischen Zusammensetzung ist nur dann in vollem Maße gegeben, wenn Art und Grad der Verarbeitung untereinander gleich sind. Bezüglich der Wärmebehandlung gilt das gleiche.
Rohgegossenes oder -gewalztes Material kann nicht mit zweckmäßig geglühtem
und noch weniger etwa mit vergütetem verglichen werden. Für systematische
Untersuchungen müßten bezüglich der Verarbeitung und Wärmebehandlung
gewisse Normen geschaffen werden. Bei der Festlegung solcher Normen könnte
z. B. hinsichtlich der Wärmebehandlung der kritische Punkt Ac_3 gute Dienste
leisten und sozusagen als Normalglüh- und Härtetemperatur dienen. Zum mindesten wäre eine gewisse Einheitlichkeit der Versuchsbedingungen anzustreben.
Neuerdings hat sich die Gepflogenheit eingebürgert, Baustähle dadurch vergleichbar zu machen, daß man sie auf gleiche Festigkeit vergütet, d. h. die Anlaßtemperaturen so wählt, daß die Zugfestigkeiten ungefähr die gleichen werden.
Vergleichbar sind dann die Dehnungen, Kontraktionen und Kerbzähigkeiten.
Für die praktischen Anforderungen ist das Verfahren in diesem Sonderfall geeignet, doch läßt es sich auf beliebige Stähle natürlich nicht übertragen. Ferner
wird ja nicht eine einzige Eigenschaft in bestimmter zahlenmäßiger Höhe, sondern eine Kombination mehrerer Eigenschaften verlangt, die von Fall zu Fall
wechseln kann.

Wenn die Einheitlichkeit der Versuchsbedingungen bezüglich der Verarbeitung und Wärmebehandlung fehlt, so ist dies nicht minder für die übrigen
Versuchsbedingungen der Fall. So beispielsweise für die Abmessungen der
Zerreißstäbe, der Schlagproben, für die Bestimmung der Streckgrenze, die
häufig mit der Elastizitätsgrenze verwechselt wird und für die magnetischen
Untersuchungen. Häufig fehlen sogar in der Literatur jegliche Angaben über
die Art der Versuchsausführung, wodurch natürlich die Ergebnisse erst recht
erheblich an Wert einbüßen.

Bei der Sichtung des in der Literatur vorhandenen Materials fällt endlich
ein weiterer Mangel an Vollständigkeit und Systematik auf. Will man den Einfluß eines Elementes auf die Eigenschaften untersuchen, so darf nur der Gehalt
an diesem Element als Veränderliche eingeführt werden, und man sollte wie bei
der Aufstellung von Zustandsdiagrammen mit binären Systemen beginnen,
also zunächst den Einfluß von Kohlenstoff, Phosphor, Schwefel usw. auf die
Eigenschaften des von übrigen Elementen freien, also reinen Eisens untersuchen.
Sodann sollte man übergehen zur Untersuchung der Dreistoffsysteme, und zwar
zunächst der wichtigsten, Eisen-Kohlenstoff-Phosphor, Eisen-Kohlenstoff-Silizium usw., indem in einzelnen Reihen mit konstantem Kohlenstoffgehalt der Gehalt am Zusatzelement gesteigert wird. Dann müßten in ähnlicher
Weise quaternäre und komplexe Systeme erforscht werden. Wenn auch nach

dieser Richtung hin gewisse Ansätze bereits vorliegen, so ist das Material von der Vollständigkeit dennoch sehr weit entfernt, und es bleibt noch sehr viel zu leisten.

Daeves[1]) empfiehlt die Auswertung des im Betriebe sich ansammelnden statistischen Materials auf dem Wege der sogenannten Großzahlforschung: Liegt eine sehr große Anzahl Zahlenwerte (über 1000 Werte) der Analysen einerseits und einer bestimmten zu diesen Analysenwerten gehörigen Eigenschaft anderseits vor, so läßt sich allein durch graphische Auswertung die Richtung und Stärke des Einflusses eines jeden einzelnen, durch die Analyse angegebenen Elements auf die gemessene Eigenschaft feststellen. Man trägt die Werte in ein Koordinatensystem ein und ordnet sie einmal nach dem Kohlenstoffgehalt, dann dem Mangangehalt, Schwefelgehalt usw. ein. Nach dem Gesetz der großen Zahlen überdecken sich dann in jedem Falle die Einflüsse aller Elemente mit Ausnahme des Elements, nach dem die Zahlen jeweils geordnet sind. Durch ein solches Verfahren wird eine mühselige Untersuchung der Wirkung des Einzeleinflusses, die nur möglich ist durch Erschmelzung einer Reihe sehr reiner Legierungen (die nur das eine Element, dessen Einfluß bestimmt werden soll, variabel enthalten dürfen) überflüssig.

Eine exakte Darstellung des Einflusses der chemischen Zusammensetzung kann aus den vorher erwähnten Gründen zurzeit noch nicht gegeben, vielmehr muß versucht werden, an Hand des in der Literatur verstreuten Materials einen Einblick zu gewinnen, wobei zur Vermeidung von Mißverständnissen die Art und Weise, wie dieses Material gewonnen wurde, also die besonderen Versuchsbedingungen, soweit solche überhaupt angegeben sind, beigefügt werden müssen.

Den Zwecken dieses Buches entsprechend sind lediglich die technisch zurzeit wichtigsten Eigenschaften[2]) herangezogen worden.

Eine erschöpfende Benutzung des in der Literatur vorhandenen Materials ist vermieden worden. Vielmehr wurden meistens von den einschlägigen Arbeiten die am wichtigsten und ausführlichsten erscheinenden, gleichzeitig auf Grund neuerer Anschauungen durchgeführten berücksichtigt. Die Mehrzahl dieser Arbeiten enthält im übrigen geschichtliche Übersichten und ältere Literaturangaben, auf die nötigenfalls zurückgegriffen werden kann.

Zur Veranschaulichung der Abhängigkeit der Eigenschaften von der chemischen Zusammensetzung wurde, soweit dies angängig war, in ausgedehntem Maße die graphische Darstellung benutzt. Auf eine Beschreibung der Diagramme ist im allgemeinen verzichtet worden, weil sie in Worten ja nur das zum Ausdruck bringt, was ein Blick auf das Diagramm lehrt. Auf besonders bemerkenswerte Punkte wurde natürlich hingewiesen. Den Diagrammen sind, wenn möglich, Zusammenstellungen der chemischen Zusammensetzung, sowie Angaben über Herstellung und Behandlung des Versuchsmaterials und über die Einzelheiten der Versuchsausführung beigefügt.

---

[1]) St. E. 1923, 462; vgl. auch P. Goerens, St. E. 1923, 1191.

[2]) Über die Bedeutung und Ermittlung dieser Eigenschaften vgl. z. B. Martens, Materialienkunde Bd. I, Berlin 1898; Wawrziniok, Materialprüfungswesen, Berlin 1908; Schreiber, Materialprüfungsmethoden im Elektromaschinen- und Apparatebau, Stuttgart 1915; außerdem viele in der neueren Literatur verstreute Einzelaufsätze, deren Aufzählung hier zu weit führen würde.

2. Reines Eisen.

Die technische Verwertung des reinen Eisens findet nur in geringem Umfange statt. Auf Grund der großen Weichheit und Zähigkeit sowie der vorzüglichen magnetischen Eigenschaften des reinsten, bisher hergestellten Eisens, des Elektrolyteisens, wäre prinzipiell die Möglichkeit einer solchen Verwertung nicht ausgeschlossen, allerdings nur dann, wenn es gelänge, die Herstellungskosten wesentlich zu vermindern und das reine Eisen in größeren Mengen darzustellen.

Von den reinsten bisher hergestellten Eisensorten sei hier das nach dem Fischerschen Verfahren von den Langbein-Pfannhauserwerken, Leipzig, hergestellte Elektrolyteisen erwähnt, dessen Analyse[1] lautet:

$\%$ C	$\%$ Cu	$\%$ S	$\%$ P	$\%$ Si	$\%$ Mn	$\%$ Ni	$\%$ Co
0,0	0,0	0,0013	0,0	0,0	0,0	0,0	0,0

Außerdem enthält das ungeglühte Elektrolyteisen große Mengen Wasserstoff.

Das im Vakuum umgeschmolzene Elektrolyteisen hat nach Yensen[2] folgende Festigkeitseigenschaften:

```
Streckgrenze . . . . . . . . . . 11 kg/qmm
Festigkeit . . . . . . . . . . 25    „
Dehnung . . . . . . . . . . . 60%  auf 50,8 mm Meßl.
Kontraktion . . . . . . . . . 85%
```

Die Brinellhärte des Elektrolyteisens dürfte 60 bis 70 Einheiten betragen.

Die vorzüglichen magnetischen Eigenschaften des im Vakuum geschmolzenen Elektrolyteisens gehen aus den nachfolgenden Zahlen (nach Yensen) hervor. Zum Vergleich sind die entsprechenden Eigenschaften von Transformatorenblech mit 4% Silizium beigefügt.

Die Zahlen gelten für $\mathfrak{B} = 10\,000$.

Material	Koerzitivkraft	Remanenz	Hysteresis
Elektrolyteisen	0,27	9250	820
Transformatoren-Material 4% Si	0,88	5400	2260

Der magnetische Sättigungswert für reines Eisen beträgt nach Gumlich[3] 21 620 $4\,p\,\mathrm{J}_\infty$.

Das spezifische Gewicht des reinen Eisens beträgt nach Gumlich[3] 7,876, nach Levin und Dornhecker[4] 7,875.

Der elektrische Leitwiderstand von reinem Eisen beträgt nach Gumlich[3] 0,0994 Ohm pro m/qmm, der Temperatur-Koeffizient des Widerstandes $0,573\%$.

3. Kohlenstoff.

Erläuterungen zu den Abb. 189 bis 195 sowie Tab. 1 bis 4.

Abb. 189. Mittlere spezifische Wärme. (Levin und Schottky, Fer. 1912, 193.)

---

[1] Vgl. Wüst, Durrer und Meuthen, Forsch. Arb. Heft 204.
[2] St. E. 1916, 1256.   [3] Wiss. Abh. R.-A. 1918, **4**, 289.
[4] Fer. 1913/14, 321.

Analysen der untersuchten Materialien.

% C	% Si	% Mn	% P	% S	% Cu
0,11	0,04	0,12	0,01	0,024	0,03
0,17	0,01	0,11	0,01	0,022	0,03
0,28	0,03	0,11	0,01	0,022	0,03
0,35	0,07	0,13	0,01	0,021	0,03
0,45	0,08	0,13	0,01	0,021	0,03
0,54	0,10	0,13	0,01	0,021	0,04
0,63	0,07	0,11	0,01	0,024	0,03
0,81	0,09	0,13	0,01	0,026	0,03
0,89	0,08	0,12	0,01	0,021	0,03
1,00	0,10	0,12	0,01	0,022	0,03
1,22	0,12	0,13	0,01	0,019	0,03
1,43	0,13	0,14	0,01	0,019	0,03
1,54	0,12	0,15	0,18	0,014	0,03

Herstellung, Behandlung usw.: Rundeisen von 10—20 mm; Herkunft: Krupp.
Versuchsausführung: Wasserkalorimeter.

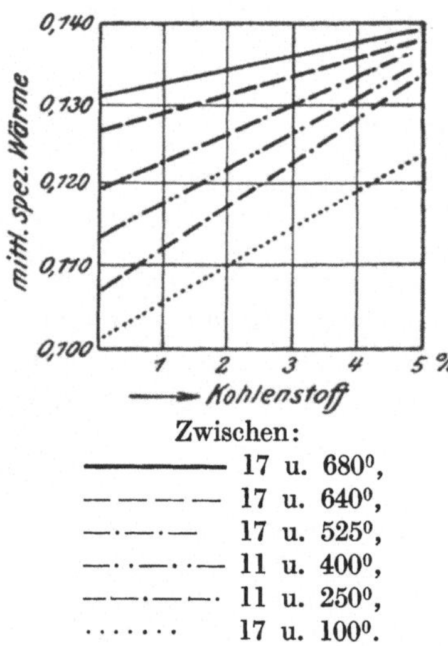

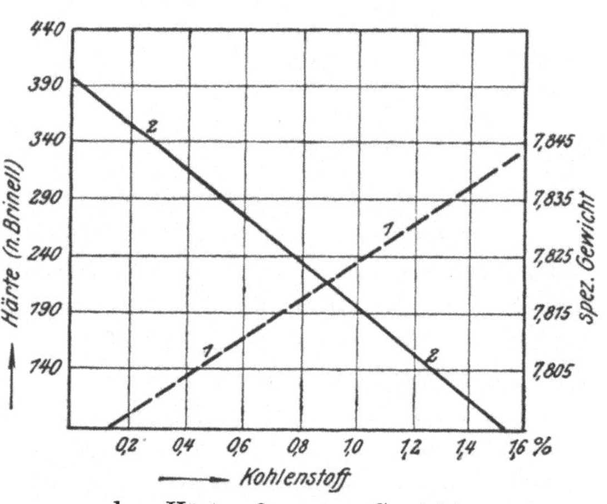

Abb. 189. Einfluß des Kohlenstoffs auf die mittlere spezifische Wärme des Eisens. (Levin und Schottky.)

Abb. 190. Einfluß des Kohlenstoffs auf die Härte und das spezifische Gewicht des Eisens. (Levin und Dornhecker.)

Die spezifische Wärme langsam abgekühlter Eisenkohlenstofflegierungen ist eine additive Eigenschaft. Man sollte daher eine lineare Abhängigkeit vom Kohlenstoffgehalt erwarten. Die bisherigen Ergebnisse widersprechen sich. Während Meuthen (Fer. 1912/13, 1) einen Knick in der Kurve der Abhängigkeit oder spezifischen Wärme vom Kohlenstoffgehalt bei etwa 1% Kohlenstoff findet, ist nach Levin und Schottky lineare Abhängigkeit vorhanden (vgl. den gleichen Knick auf den Kurven des elektrischen Widerstandes und der Koerzitivkraft Abb. 191). Eine einwandfreie Deutung dieser Erscheinung war bisher nicht möglich.

Abb. 190. Spezifisches Gewicht (Dichte). (Levin u. Dornhecker, Fer. 1913/14, 321.)

Analysen: }
Herstellung, Behandlung usw. } wie Abb. 189.

Versuchsausführung: Auftriebmethode. Die Zahlenwerte sind bezogen auf den luftleeren Raum und Wasser von 4° C.

Tab. 1 und 2. Mittlerer und wahrer Ausdehnungskoeffizient (Driesen, Fer. 1913/14, 129.)

Analysen der untersuchten Materialien.

% C	% Mn	% Si	% P	% S	% Cu
0,05/06	0,08	Sp.	Sp.	0,023	0,03
0,09	0,08	0,20	0,01	0,01	0,02
0,22	0,12	0,01	0,01	0,03	0,04
0,33	0,12	0,03	0,01	0,03	0,03
0,40	0,11	0,07	0,01	0,03	0,03
0,56	0,09	0,04	Sp.	0,23	0,02
0,65	0,12	0,09	0,01	0,03	0,03
0,81	0,10	0,06	Sp.	0,025	0,02
1,08	0,12	0,04	„	0,019	0,02
1,25	0,12	0,07	„	0,019	0,02
1,45	0,14	0,10	0,01	0,013	0,04
1,67	0,17	0,11	0,01	0,013	0,04
1,97	0,15	0,08	Sp.	0,015	Sp.

Herstellung, Behandlung usw.: Geschmiedete Stangen von 12 mm Durchmesser; Herkunft: Krupp.

Abb. 191. Elektrischer Leitwiderstand (Gumlich, Wiss. Abh. R.-A. 1918, 267).

Analysen der untersuchten Materialien.

Zeichen	% C	% Mn	% Si
×	0,07	0,48	0,10
.	0,11	0,25	0,16
.	0,16	0,35	0,19
×	0,21	0,52	0,11
+	0,23	0,18	0,04
+	0,44	0,13	0,06
×	0,48	0,52	0,12
+	0,69	0,13	0,16
.	0,71	0,29	0,21
×	0,71	0,51	0,14
.	0,77	0,26	0,16
.	0,99	0,25	0,24
+	1,11	0,13	0,10
.	1,57	0,37	0,23
+	1,78	0,17	0,10

Es bedeuten: × Proben von Phönix-Ruhrort; + Proben von Phönix-Hörde; . Proben von Lindenberg-Remscheid; die + -Proben sind für die Zwecke der Untersuchung besonders hergestellt worden. Alle Angaben beziehen sich auf das bei 930° im Vakuum erhitzte und langsam abgekühlte Material.

Versuchseinzelheiten: Der Spannungsabfall zwischen zwei Punkten wurde nach der Kompensationsmethode gemessen.

Abb. 191. Magnetische Eigenschaften[1]). Koerzitivkraft (Gumlich, Wiss. Abh. R.-A. 1918, 267).

Versuchseinzelheiten: Bis $\mathfrak{H} = 300$ erfolgte die Untersuchung an Stäben von 6 mm Dicke und 18 cm Länge mit dem Hopkinsonschen Schlußjoch mittels des ballistischen Galvanometers. Bei hohen Feldstärken wurde die Isthmusmethode verwendet.

---

[1]) Vgl. bezüglich der Koerzitivkraft, Remanenz und maximalen Induktion sowie der Beeinflussung dieser Eigenschaften durch das Härten Abb. 66 nach Benedicks.

Tabelle I.

Mittlere Ausdehnungskoeffizienten der reinen Kohlenstoffstähle $\left(\dfrac{\lambda}{l_0\,(t-20)}\right)\cdot 10^8$.

Bezeichnung der Probe	RF	K_1	K_2	K_3	K_4	P_2	K_6	P_3	P_5	P_6	P_7	R_2	R_4	R_8	R_9
Kohlenstoffgehalt %	0,05/06	0,09	0,22	0,33	0,40	0,56	0,65	0,81	1,25	1,45	1,67	1,97	2,24	3,66	3,80
20—50°	1149	1116	1122	1092	1073	1017	1074	1017	1058	967	1002	972	903	857	843
20—100°	1166	1158	1166	1109	1129	1098	1104	1104	1087	1013	1044	994	961	859	871
20—150°	1206	1206	1196	1170	1145	1144	1134	1143	1114	1038	1051	1002	—	875	876
20—200°	1232	1261	1212	1189	1199	1185	1157	1156	1108	1058	1028	996	964	883	849
20—250°	1256	1272	1249	1238	1207	1227	1188	1193	1146	1116	1083	1052	1025	904	935
20—300°	1302	1301	1278	1272	1247	1265	1231	1243	1187	1167	1138	1114	1096	988	1011
20—350°	1334	1336	1312	1309	1286	1308	1274	1284	1233	1218	1188	1172	1159	1063	1092
30—400°	1365	1363	1338	1342	1326	1340	1316	1321	1275	1268	1234	1221	1215	1135	1152
20—450°	1398	1393	1368	1388	1366	1374	1342	1355	1316	1313	1282	1268	1272	1196	1212
20—500°	1422	1418	1393	1402	1390	1402	1384	1382	1336	1348	1315	1312	1316	1250	1262
20—550°	1433	1438	1417	1420	1417	1427	1393	1408	1386	1378	1338	—	—	1291	—
20—600°	1464	1464	1438	1443	1436	1450	1422	1422	1399	1440	1366	—	—	1323	—
20—650°	1485	1486	1466	1459	1461	1467	1452	1450	1422	1424	1393	—	—	1370	—
20—700°	1501	1503	1481	1476	1476	1481	1465	1467	1441	1442	1424	—	—	1392	—
20—750°	1484	1493	—	—	—	—	—	—	—	—	—	=	—	—	—
20—800°	1467	1461	1293	1133	1172	1246	1268	1422	1478	1513	1502	—	—	1413	—
20—850°	—	—	—	—	—	—	—	—	—	—	—	—	—	—	—
20—900°	1314	1234	1248	1153	1235	1354	1387	1505	1644	1763	1757	—	—	1504	—
20—950°	—	—	—	—	—	—	—	—	—	—	—	—	—	—	—
20—1000°	1335	1332	1316	1308	1325	1438	1476	1570	1743	1950	1961	—	—	1586	—
700—1000°	950	942	940	929	991	1347	1500	1790	2410	2974	3145	—	—	2024	—

Tabelle 2.

Wahre Ausdehnungskoeffizienten der reinen Kohlenstoffstähle $\left(\dfrac{l_2 - l_1}{l_1\,(t_2 - t_1)}\right) \cdot 10^8$.

Bezeichnung der Probe	RF	K_1	K_2	K_3	K_4	P_2	K_6	P_3	P_4	P_5	P_6	P_7	R_2	R_4	R_8	R_9
Kohlenstoffgehalt %	0,05/06	0,09	0,22	0,33	0,40	0,56	0,65	0,81	1,08	1,25	1,45	1,67	1,97	2,24	3,66	3,80
20—100°	1166	1158	1166	1108	1129	1098	1104	1104	1077	1087	1013	1044	994	961	851	871
100—200°	1293	1293	1252	1254	1235	1238	1203	1194	1156	1124	1100	1012	997	967	794	793
200—300°	1423	1423	1396	1413	1374	1410	1358	1400	1347	1328	1366	1333	1325	1336	1277	1298
300—400°	1534	1539	1506	1534	1546	1535	1516	1513	1513	1510	1541	1513	1519	1541	1543	1548
400—500°	1627	1622	1592	1618	1622	1626	1596	1622	1648	1608	1646	1555	1644	1697	1679	1679
500—600°	1664	1628	1647	1641	1647	1724	1655	1673	—	1643	1664	1643	—	—	1690	—
600—700°	1703	1714	1703	1647	1685	1648	1713	1645	—	1671	1655	1728	—	—	1768	—
700—800°	+1212	+1159	+ 8	—1176	— 871	— 346	— 74	+1097	—	+1708	+1985	+2014	—	—	+1534	—
800—900°	— 589	— 530	+ 882	+1287	+1709	+2166	+2295	+2169	—	+3105	+3674	+3720	—	—	+2198	—
900—1000°	+2218	+2165	+2100	+2100	+2086	+2179	+2138	+2104	—	+2390	+3150	3710	—	—	+2272	—

Abb. 191[1]). Elektrischer Leitwiderstand (Gumlich, Wiss. Abh. R.-A. 1918, 267).

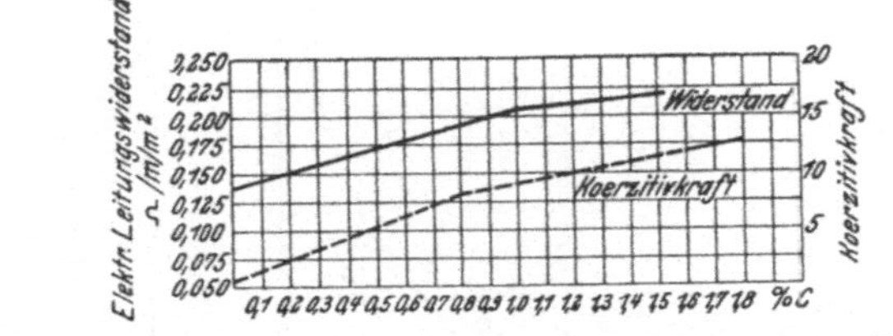

Abb. 191. Einfluß des Kohlenstoffs auf den elektrischen Leitwiderstand und die Koerzitivkraft des Eisens (Gumlich).

[1]) Aus P. Goerens, Enz.

Abb. 192 und 193. Festigkeitseigenschaften (Bruchfestigkeit, Streckgrenze, Dehnung, Kontraktion).

Abb. 192. Verarbeitetes Material.

Analysen: nicht angegeben.

Herstellung, Behandlung usw.: 1. schwedische Martinmaterialien, sauer und basisch, gewalzt; 2. desgl., jedoch gewalzt und geglüht; 3. Schwedische Bessemer und Thomasmaterialien, gewalzt. Nach einer Zusammenstellung vgl. Martens-Heyn, Mat.-Kde. II A, 324; s. auch Original: Hållfasthesprof å svenska Materialier. Herausg. v. Jernkontoret, Stockholm, Beckmann 1897.

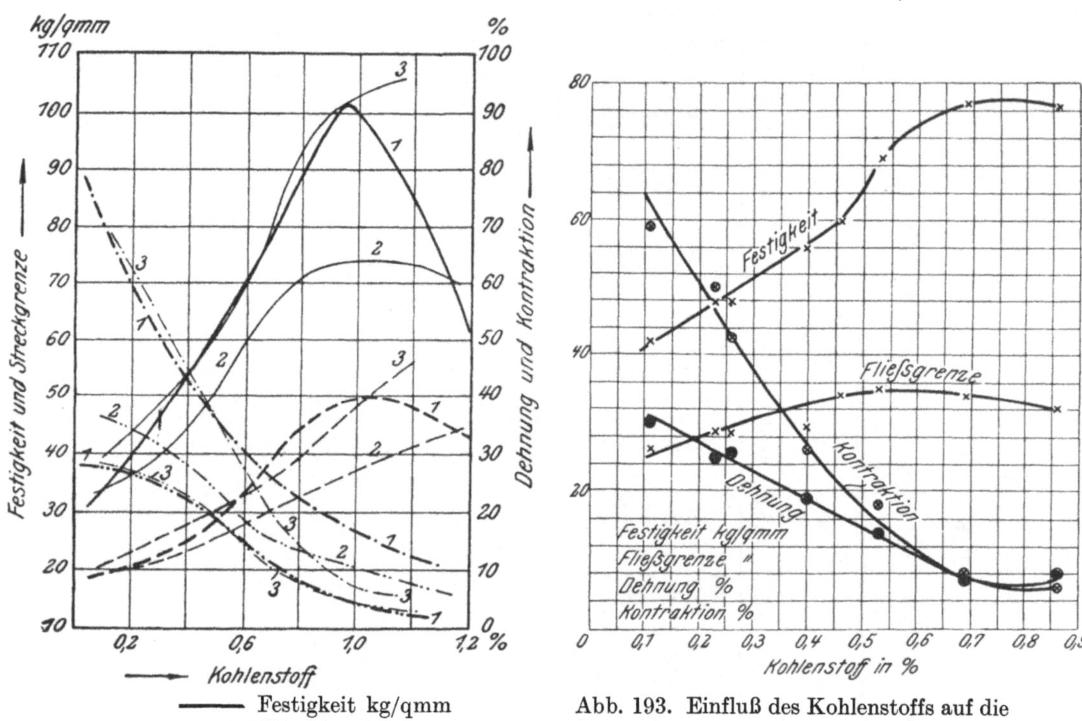

―――― Festigkeit kg/qmm

― ― ― Streckgrenze „

―·―·―· Kontraktion %

―··―··· Dehnung %

Abb. 192. Einfluß des Kohlenstoffs auf die Festigkeitseigenschaften von gewalztem Material.

Abb. 193. Einfluß des Kohlenstoffs auf die Festigkeitseigenschaften von geglühtem Stahlformguß (Oberhoffer).

Versuchseinzelheiten: Die Meßlänge war gleich $1{,}3\,\sqrt{f}$.

Abb. 193. Unverarbeitetes Material (Stahlguß) nach Oberhoffer, St. E. 1915, 93.

Analysen der untersuchten Materialien.

% C	% Mn	% Si	% P	% S
0,11	0,60	0,40	0,030	0,035
0,23	0,98	0,38	0,042	0,038
0,26	0,80	0,25	0,024	0,030
0,40	0,11	0,21	0,027	0,039
0,46	0,92	0,20	0,041	0,042
0,53	0,79	0,25	0,027	0,036
0,69	1,03	0,25	0,021	0,022
0,86	0,90	0,27	0,016	0,028

Herstellung, Behandlung usw.: Die Gußstücke lagen teils in Platten von 30 mm Stärke, teils in Blöcken von 200×200 mm vor und entstammten teils dem sauren, teils dem basischen Martinofen; 1 war Elektrostahl. Die Zahlen beziehen sich auf das etwa 30^0 über A_3 6 Stunden lang geglühte und langsam abgekühlte Material.

Versuchseinzelheiten: Normalstäbe 20 mm Durchmesser, Meßlänge: $11{,}3 \sqrt{f}$.

Abb. 190 und 194. Härte (vgl. auch Abb. 67, Änderung der Härte durch das Abschrecken).

Abb. 190. Verarbeitetes Material (Levin und Dornhecker, Fer. 1913/14, 321).

Analysen: } wie unter spez. Gew.
Herstellung, Behandlung usw. }

Versuchseinzelheiten: Verfahren von Brinell 5 mm Kugel, 1000 kg, $^1/_2$ Minute.

Abb. 194. Unverarbeitetes Material (Stahlguß) nach Oberhoffer, St. E. 1915, 93.

Analysen: wie Abb. 193.

Herstellung, Behandlung usw.: wie Abb. 193. Die bei systematischen Glühversuchen sich ergebenden höchsten und niedrigsten Härtezahlen sind aufgeführt.

Versuchseinzelheiten: Verfahren von Brinell, 10 mm Kugel, 3000 kg Druck, $^1/_2$ Minute.

Tab. 3 und Abb. 194. Spezifische Schlagarbeit.

Tab. 3. Verarbeitetes Material (Reinhold, Fer. 1915/16, 97).

Spez. Schlagarbeit mkg/qcm	Probe Nr.	% C	% Si	% Mn	% P	% S
41,0	A	0,08	0,24	0,36	0,05	0,04
24,7	B	0,15	0,28	0,49	0,036	0,03
18,0	C	0,25	0,22	0,39	0,048	0,038
10,5	D	0,40	0,23	0,51	0,036	0,015

Herstellung, Behandlung usw.: Gewalztes Flacheisen 30×10 mm unbekannter Herkunft, ungeglüht.

Versuchseinzelheiten: Verfahren nach Charpy, Normalkerbe, mittlere Versuchstemperatur 20^0.

Abb. 194. Unverarbeitetes Material (Stahlguß) nach Oberhoffer, St. E. 1915, 93.

Analysen: } wie zu Abb. 193.
Herstellung, Behandlung usw. }

Versuchseinzelheiten: Verfahren nach Charpy, Normalprobe 30×30 mm.

Abb. 195. Widerstand gegen Rostangriff (Chapell, St. E. 1912, 832).

Analysen der untersuchten Materialien.

% C	% Si	% Mn	% S	% P
0,10	0,019	0,091	0,011	0,011
0,24	0,037	0,072	0,028	0,015
0,30	0,030	0,094	0,021	0,012
0,55	0,053	0,100	0,020	0,017
0,81	0,048	0,168	0,028	0,016
0,96	0,018	0,133	0,027	0,014

Herstellung, Behandlung usw.: Es bedeutet in dem Diagramm: R = gewalztes Material, N = 20 Minuten bei 900^0 geglühtes, an der Luft abgekühltes Material, A = 20 Stunden bei 950^0 geglühtes, im Ofen abgekühltes Material.

Die Gewichtsabnahme der Proben nach Verweilen in Seewasser wurde bestimmt. Das Seewasser enthielt auf 1000 Teile:

$$27{,}2 \text{ Teile } NaCl$$
$$29{,}5 \;,, \quad MgCl_2$$
$$1{,}84 \;,, \quad MgSO_4$$
$$1{,}20 \;,, \quad CaSO_4$$
$$0{,}74 \;,, \quad CaCl_2$$
$$0{,}11 \;,, \quad CaCO_3$$

Unter der Voraussetzung zweckmäßiger Behandlung geht mit steigendem Kohlenstoffgehalt die Warmbildsamkeit oder Schmiedbarkeit erst bei etwa 2—2,5 % verloren.

Ein zahlenmäßiger Ausdruck für die Hämmerbarkeit oder Kaltbildsamkeit ist die Querschnittsverminderung bis zum Bruch beim Ziehprozeß, jedoch nur unter der Voraussetzung gleicher Bedingungen bezüglich der Anzahl der Züge und der Querschnittsverminderung pro Zug. Hierüber teilt P. Goerens[1]) folgende unter annähernd gleichen Bedingungen erhaltenen Zahlen mit:

Ursprünglicher Querschnitt in qmm	% Kohlenstoff	Querschnittsvermind. des bis zur Bruchgrenze gezogenen Materials
21,2	0,1	96,5 %
22,6	0,5	86,5 %
22,06	0,8	67,5 %

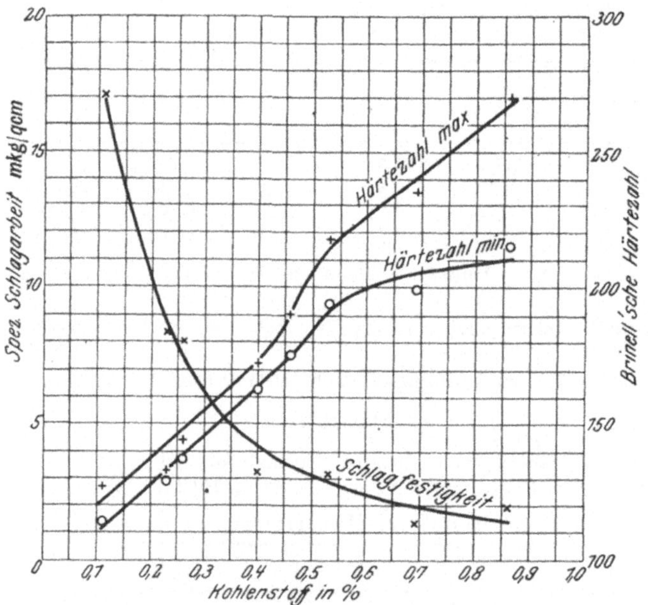

Abb. 194. Einfluß des Kohlenstoffs auf Härte und Schlagfestigkeit von Stahlformguß. (Oberhoffer.)

Für Gegenstände, die eine große Plastizität im kalten Zustande besitzen sollen, wählt man den Kohlenstoffgehalt möglichst niedrig. Draht für Feinzug soll 0,06—0,07 % enthalten. Über den Kohlenstoffgehalt des Stanzbleches sind die Ansichten geteilt. Während manche Fachleute den für Feinzugdraht genannten Gehalt empfehlen, sind andere der Ansicht, der Kohlenstoffgehalt müsse höher, und zwar 0,09 bis 0,12 % sein. Letztere begründen dies damit, daß die Festigkeit den hohen Beanspruchungen beim Stanzen entsprechend nicht zu niedrig sein dürfe.

Der Wert der Angaben über die Schweißbarkeit hängt in hohem Maße von der Art der Schweißprobe ab. Die echte Schweißung soll nach Mars[2]) in der Weise vorgenommen werden, daß die zu verschweißenden Enden auf Weißglut gebracht, zusammengelegt und mit kräftigen Hammerschlägen bearbeitet werden. In der Regel gelinge die Schweißung bis zu einem Kohlenstoffgehalt von 0,5 %, jedoch sei dieser Gehalt kein genaues Maß für die Schweißbarkeit, weil in der Schweißhitze eine sehr schnelle Entkohlung der Oberfläche eintrete, also in Wirklichkeit stets ein kohlenstoffärmeres Eisen zur Verschweißung gelange. Zur Verflüs-

---

1) Fer. 1912/13, 65.   2) Spezialstähle S. 155.

Tabelle 4.

% Kohlenstoff

	0,00	0,10	0,20	0,30	0,40	0,50	0,60	0,70	0,80	0,90	1,00	1,10	1,20	1,30	1,40
Leicht schweißbar mit Sand											Borax		schwierig		gar nicht
Schmiedetemperatur			1000⁰			950⁰				900⁰		850⁰		800⁰	750⁰
Härtetemperatur				850⁰						800⁰					750⁰

Drahtzone:

ungehärtet — Telephon-, Telegraphen-, Takelage-Seile	Draht	gehärtet Kraftleitungs-, Aufzug	Klavier-Saiten	Raspeln	Feilen mittelgrobe	feine

Holzschrauben Stanzbleche	Nahtlose Rohre Dampfkessel — Fahrräder	Federn	Spiral- Jalousien-	Eisenbahnwagen- Große Uhren-	Taschenuhren-	Reib-ahlen

Wagenachsen	Säbel	Tisch- Schlacht-	Messer Chirurgische Schnitz- Taschen- Rasier-

Geschmiedete Maschinenteile	Panzer — Kanonen Zapfen — Friktionsteile	Gewehr-läufe	Weiche Sensen	Steinmetz-werkzeuge	Fuchs-schwänze	Gewinde-Bohrer — Schneide-Fräser	Dreh-stähle

Bleche Dampfkessel, Fahrzeuge, Schutzschilder	Panzergranaten	Sägen gewöhnliche. Kreis-, Band-	Dorne gehärtet — ungehärtet

Träger — Spanten	Schienen — Bandagen	Tischlerwerkzeug	Äxte	Scheren kalt — warm	Matrizen

Radreifen —	Schlittenkufen Warmkreissägen	Niet-meißel	Meißel kalt — warm	

sigung der Oxyde gibt man zweckmäßig etwas Sand auf die zu verschweißende Oberfläche. Schweißpulver dienen außer zu dem vorgenannten Zwecke der Verflüssigung der Oxyde auch noch zum Schutz gegen Oxydation überhaupt.

Die überragende Rolle des Kohlenstoffs als Regulator der Festigkeitseigenschaften und der Härte ist nicht allein auf die große Empfindlichkeit dieses Regulators[1]), sondern auch darauf zurückzuführen, daß die Gegenwart des Kohlenstoffs die Möglichkeit des Härtens und Vergütens, und damit eine weitere Beherrschung der Eigenschaften des schmiedbaren Eisens innerhalb weitester Grenzen ermöglicht. Auch die magnetischen Eigenschaften des schmiedbaren Eisens lassen sich durch richtige Bemessung des Kohlenstoffgehaltes innerhalb weitester Grenzen verändern.

Über Verwendung von schmiedbaren Eisensorten mit Kohlenstoff als Grundbestandteil (Kohlenstoffstähle) orientiert die auf Vollständigkeit keinen Anspruch erhebende Tabelle 4[2]). Vgl. ferner Tab. 20 sowie im Abschnitt Härten und Anlassen die Zusammenstellung über Verwendungszweck von Werkzeugstählen.

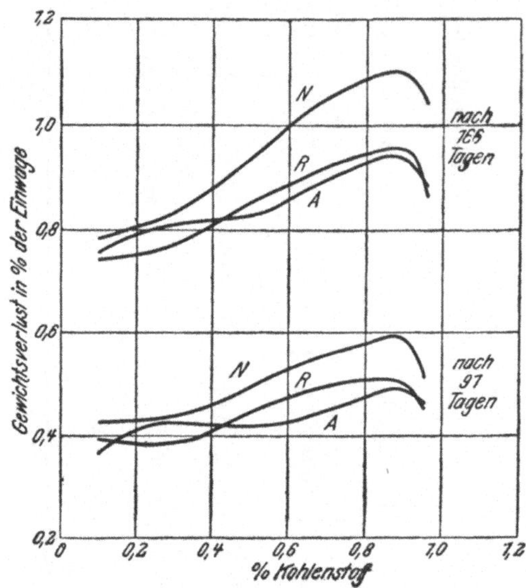

Abb. 195. Einfluß des Kohlenstoffs auf die Neigung zur Rostbildung. (Chapell.)

4. Phosphor.

Erläuterungen zu den Abb. 196 und 197.

Abb. 196 und 197. Alle Angaben sind einer Arbeit von d'Amico, Fer. 1912/13, 289 entnommen.

Analysen der untersuchten Materialien.

% C	% P	% Mn	% S	% Si
0,118	0,012	0,40	0,051	0,247
0,115	0,100	0,42	0,067	0,241
0,112	0,144	0,41	0,075	0,246
0,133	0,209	0,51	0,076	0,176
0,140	0,245	0,55	0,082	0,168
0,125	0,266	0,52	0,072	0,175
0,155	0,421	0,53	0,078	0,176
0,152	0,560	0,52	0,055	0,197
0,146	0,725	0,54	0,075	0,200
0,130	0,872	0,50	0,060	0,212
0,130	1,153	0,57	0,049	0,190
0,110	1,242	0,47	0,049	0,190

---

[1]) Vgl. Zusammenstellung über den Einfluß der Fremdkörper auf einige Eigenschaften des schmiedbaren Eisens Tab. 8.

[2]) Nach Hållfasthetsprof å svenska Materialier herausgegeben vom Jernkontoret, Stockholm, Beckmann 1897.

Herstellung, Behandlung usw.: Das Material wurde im Elektroofen hergestellt und in vorgewärmte Tiegel gegossen, in denen sich der Phosphor als Ferrophosphor befand. Nach dem Durchrühren des Tiegelinhalts wurde dieser in Sandformen von 100 × 100 mm Querschnittsabmessungen gegossen. Die Blöcke wogen 100 kg, doch ist nur die untere Hälfte verwendet worden. Für die Untersuchung der Festigkeitseigenschaften walzte d'Amico die Blöcke auf Rundstangen von 35 mm Durchmesser aus; aus der Mitte der Stangen wurde ein Abschnitt von etwa 1 m herausgeschnitten und auf Draht von 10 mm Durchmesser ausgewalzt. Alle Proben sind bei 900⁰ 1½ Stunden geglüht und im Glühofen abgekühlt worden.

Spezifisches Gewicht, elektrische und magnetische Eigenschaften sind am Draht von 10 mm Durchmesser, Härte und Festigkeitseigenschaften an den Rundstangen von 35 mm bestimmt worden.

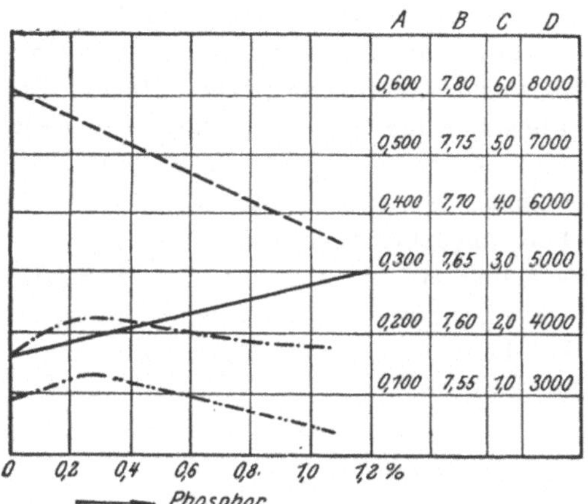

Maßstab		Eigenschaft
A	———————	Elektr. Widerst. in Ohm/m/qmm
B	— — — — —	Spez. Gewicht
C	—·—·— ·	Koerzitivkraft ($\mathfrak{B}$ = 13000)
D	—··—··	Hysteresis ($\mathfrak{B}$ = 10000)

Abb. 196. Einfluß des Phosphors auf den elektrischen Widerstand, das spezifische Gewicht, die Koerzitivkraft und die Hysteresis von weichem Flußeisen. (d'Amico.)

Maßstab		Eigenschaft
B	———————	Zugfestigkeit kg/qmm
B	— — — — —	Dehnung ⁰/₀
B	—·—·— ·	Streckgrenze kg/qmm
A	—··—···	Härte (Brinell)
B	········	Schlagfestigkeit mkg/qcm

Abb. 197. Einfluß des Phosphors auf die Festigkeitseigenschaften, Härte und Schlagfestigkeit von weichem Flußeisen. (d'Amico.)

Abb. 196. Spezifisches Gewicht. Auftriebmethode. Die Zahlenwerte sind auf die Wassertemperatur korrigiert.

Elektrischer Leitwiderstand. Thomsonsche Doppelbrücke.

Magnetische Eigenschaften. Köpselschaltung Siemens und Halske.

Abb. 197. Festigkeitseigenschaften. Die Streckgrenze ist am Manometer sowie aus dem Dehnungs-Spannungsdiagramm ermittelt worden. Andere Angaben fehlen.

Härte. Verfahren nach Brinell 9,525 mm Kugel, 2000 kg.

Spezifische Schlagarbeit. Verfahren nach Charpy. Probeabmessungen 25 × 25 × 160 mm, Kerbtiefe 12,5 mm, Durchmesser der Kerbrundung 2 mm.

Die Warmbildsamkeit wird durch Phosphor kaum beeinflußt, wenigstens nicht innerhalb der im technischen Eisen vorkommenden Gehalte. Aber auch darüber hinaus bis 1,1⁰/₀ konnte d'Amico[1]) Flußeisen mit 0,1—0,15⁰/₀ Kohlenstoff walzen. Dagegen leidet die Kaltbildsamkeit ganz gewaltig

---

[1]) a. a. O.

unter der Gegenwart von Phosphor, denn dieser erzeugt Kaltbruch. $0,25\%$ genügen bei einem weichen Flußeisen mit $0,1\text{—}0,15\%$ Kohlenstoff, um die Schlagfestigkeit praktisch auf Null zu reduzieren.

Über den Einfluß des Phosphors auf die Schweißbarkeit liegen nur wenig Angaben vor. Diegel[1]) gibt als einzuhaltende Grenze nach oben für Flußeisen $0,03\text{—}0,05\%$ an. Schweißeisen, dessen manchmal recht hoher Phosphorgehalt auf die Anwesenheit phosphorhaltiger Schlacke zurückgeführt wird[2]), kann nach Ledebur noch bei $0,4\%$ schweißbar sein.

Mit Rücksicht auf seine unbestrittene Rolle als Erzeuger des Kaltbruchs gehört Phosphor zu den im Eisenhüttenwesen unbeliebten Elementen, wenngleich nach Stead[3]) sein schlechter Ruf übertrieben ist und er auch gute Eigenschaften besitzt. So wird er z. B. verwendet zur Erzeugung von Legierungen für Gegenstände mit sauberer und glänzender Oberfläche (Fahrradteile). Ein weiteres Anwendungsgebiet hat der Phosphor bei der Herstellung von Preßmuttern gefunden, bei denen ein Gehalt von etwa $0,2\%$ die Herstellung eines sauberen und scharfen Gewindes ermöglicht. Merkwürdigerweise soll aber ein nach völliger Entphosphorung durch Ferrophosphorzusatz erzeugter Phosphorgehalt von ungleich schlechterer Einwirkung auf die Qualität des Produktes sein, als ein ohne künstlichen Zusatz durch Abbrechen der Charge erzeugter. Auf die magnetischen Eigenschaften sind die im technischen Eisen vorkommenden Phosphorgehalte ohne wesentlichen Einfluß.

5. Schwefel.

Erläuterungen zu den Abb. 198—201 und Tabelle 5.
Tab. 5. Spezifisches Gewicht (Arnold, Ir. st. Inst. 1894, I, 107) und

Analysen der untersuchten Materialien.

Tab. 5.

$\%\,C$	$\%\,Mn$	$\%\,Si$	$\%\,P$	$\%\,S$	Spez. Gew.
0,08	0,01	0,04	0,02	0,03	7,8478
0,08	0,00	0,08	0,02	0,97	7,6903

Herstellung, Behandlung usw.: In Sandformen mit Al-Zusatz gegossen, nicht verarbeitet.

Versuchseinzelheiten: Auftriebsmethode.

Abb. 198—200. Festigkeitseigenschaften (Unger, Am. Mach. 1916, 191, siehe auch St. E. 1917, 592).

Analysen der untersuchten Materialien.

	$\%\,C$	$\%\,S$
	0,09	0,03
	0,09	0,06
Abb. 198. Reihe I	0,09	0,09
(18 mm Rundstäbe)	0,09	0,14
	0,09	0,18
	0,09	0,25 nicht schmiedbar.

---

[1]) St. E. 1909, 776.   [2]) Ledebur, Eisenhüttenkunde III, 19.
[3]) St. E. 1917, 290.

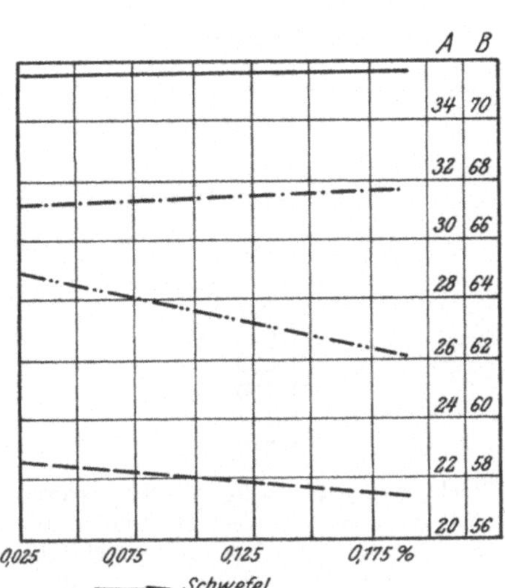

Maßstab   Eigenschaft

A ——————— Festigkeit kg/qmm
A — — — — — Elast.-Grenze kg/qmm
A —·—·—· Dehnung % (200 m/m)
B —··—··—· Kontraktion %

Abb. 198. Einfluß des Schwefels auf die Festigkeitseigenschaften von 18 mm Rundstäben mit 0,09 % C. (Unger.)

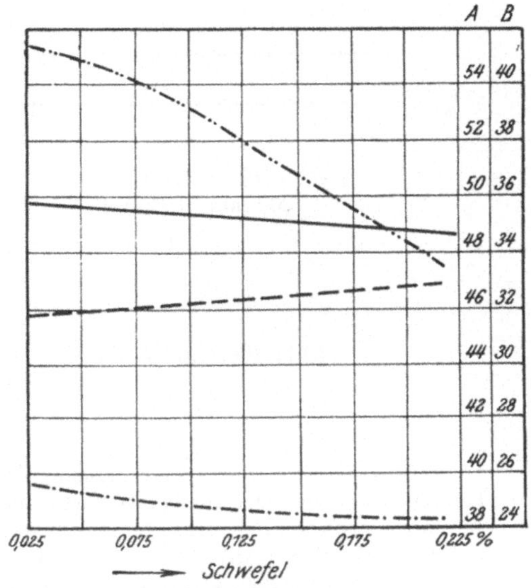

Maßstab   Eigenschaft

A ——————— Festigkeit kg/qmm
B — — — — — Elast.-Grenze kg/qmm
B —·—·— Dehnung % (200 m/m)
A —··—··—· Kontraktion %

Abb. 199. Einfluß des Schwefels auf die Festigkeitseigenschaften von 200 mm U-Eisen mit 0,32 % C. (Unger.)

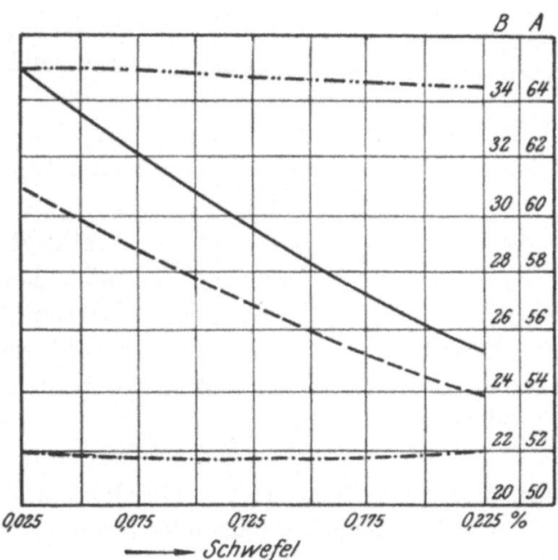

Maßstab   Eigenschaft

A ——————— Festigkeit kg/qmm
B — — — — — Elast.-Grenze kg/qmm
B —·—·— Dehnung % (200 m/m)
B —··—·· Kontraktion %

Abb. 200. Einfluß des Schwefels auf die Festigkeitseigenschaften von Achsen mit 0,51 % C. (Unger.)

Analysen der untersuchten Materialien.

	% C	% S
Abb. 199. Reihe II (200 mm U-Eisen)	0,32	0,032
	0,32	0,068
	0,32	0,108
	0,32	0,146
	0,32	0,190
	0,32	0,230
Abb. 200. Reihe III (Achsen)	0,51	0,025
	0,51	0,055
	0,51	0,095
	0,51	0,135
	0,51	0,167
	0,51	0,230

Herstellung, Behandlung usw.: Je 24 Blöcke von jeder Reihe, 3000 kg schwer bei 450 × 500 mm Querschnittsabmessungen wurden aus dem basischen Martinofen abgegossen. Der Schwefel ist in Pulverform während des Gießens zugegeben worden. Nur die untere Blockhälfte wurde verwendet. Die Blöcke wurden zu den für die betr. Qualität geeigneten Erzeugnissen wie Rundeisen, Blechen, Nieten, Draht, Röhren, Ketten, U-Eisen, Schienen und Achsen verarbeitet.

Versuchseinzelheiten: Bei der ersten und zweiten Reihe bezieht sich die Dehnung auf 200, bei der dritten auf 50 mm Meßlänge.

Abb. 201. Schlagbiegefestigkeit (Unger a. a. O.).

Material: Achsen, Reihe III (0,51 % C).

Herstellung, Behandlung: wie unter Festigkeitseigenschaften.

Versuchseinzelheiten: Durchmesser der Achsen 116 mm; Fallgewicht 990 kg; Fallhöhe 4,8 m.

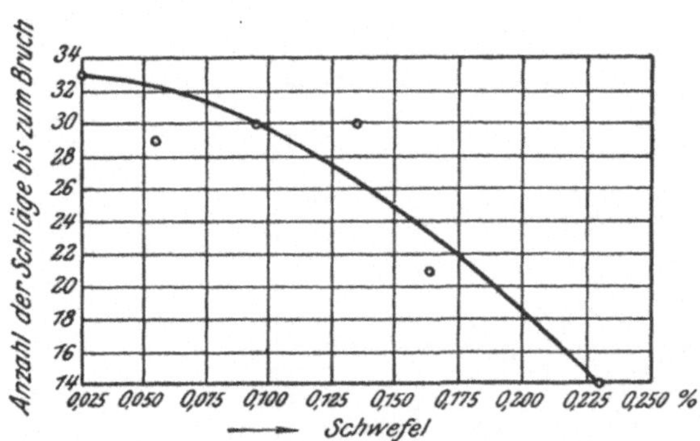

Abb. 201. Einfluß des Schwefels auf die Schlagfestigkeit von Achsen mit 0,51% C. (Unger.)

Die von Ledebur und andern geäußerte Ansicht, Schwefel verursache über 0,2 % Rotbruch, ist durch die auf breiter Grundlage durchgeführten Untersuchungen von Unger[1]) bestätigt worden. Jedenfalls ließen sich Nieten, Ketten, Röhren, U-Eisen, Grobbleche, Schienen, Achsen, Preß-[2]), Schmiede- und Gesenkschmiedestücke bis zu dem oben erwähnten Schwefelgehalt anstandslos herstellen. Dabei war der Mangangehalt (0,43 %) nicht übermäßig hoch, und für alle Schwefelgehalte gleich, so daß die Ansicht, je höher der Schwefelgehalt, um so höher müsse der Mangangehalt sein, durch die Ungerschen Versuche widerlegt erscheint. Dadurch erleidet die Wahrscheinlichkeit der Tatsache keinen Abbruch, daß durch Manganzusatz die Entfernung des Schwefels begünstigt wird, wie viele Analysen von Pfannen- und Blockschlacken gezeigt haben. Am natürlichsten läßt sich der Rotbruch auf Grund des Zustands-

---

[1]) a. a. O.   [2]) Unter diesen z. B. Automobilträger.

diagrammes erklären, aus dem hervorgeht, daß das Eutektikum Eisen-Schwefeleisen bei 985° schmilzt, und demzufolge der Materialzusammenhang wesentlich vermindert wird. Daß nun, wie von verschiedener Seite angegeben wird, rotbrüchiges, schwefelhaltiges Eisen in Weißglut wieder schmiedbar ist, erscheint durchaus nicht so unverständlich. Die Schweißbarkeit des Eisens steigt mit der Temperatur und die Gegenwart flüssiger Teilchen zwischen den Eisenkristallen braucht deren Zusammenschweißen keineswegs zu verhindern, denn auch die durch den Sand verflüssigten Oxyde werden bei der gewöhnlichen Schweißung infolge der mechanischen Bearbeitung, allerdings nur unter besonders günstigen Umständen entfernt oder unschädlich gemacht. Hiermit in Übereinstimmung steht die Tatsache, daß Flußeisen mit einem Gehalt von 0,125 % Schwefel (bei 0,51% Mangan) nach Harbord und Tucker[1]) gut schweißbar war; ferner die Ungersche Beobachtung, daß sich keinerlei Unzuträglichkeiten bei der Herstellung geschweißter Kettenglieder und nahtloser Rohre aus schwefelhaltigen Materialien ergaben. Immerhin empfiehlt Diegel[2]), den Schwefelgehalt zu schweißender Materialien nicht über 0,04 bis 0,05 % zu wählen.

Bezüglich der Kaltbildsamkeit ergaben die Ungerschen Versuche, daß bis zu 0,2 % kaum eine Beeinträchtigung dieser Eigenschaft erfolgt. Aus schwefelhaltigem Material ließen sich nicht allein anstandslos Stanzbleche und Draht herstellen, die Fertigmaterialien bestanden auch die üblichen Abnahmeproben einwandfrei.

Nimmt man hierzu noch den nach Unger relativ unbedeutenden Einfluß auf die Festigkeitseigenschaften sowie die vom gleichen Verfasser festgestellte Tatsache, daß auch die warm fertiggestellten Teile den Lieferungsvorschriften durchaus entsprachen (wenn auch zweifellos die Schlagfestigkeit z. B. bei Schienen und Achsen mit steigendem Schwefelgehalt abnimmt, vgl. Abb. 201), so ist das Gesamtbild der Wirkung des Schwefels innerhalb der Grenzen 0—0,2 % nicht so ungünstig, wie vielfach angenommen wird. Nun besitzt aber der Schwefel in höchstem Maße die Neigung zur ungleichmäßigen Verteilung, zum Seigern, so daß der aus der Chargenprobe sich ergebende Schwefelgehalt durchaus nicht dem in dem oberen, mittleren Blockteil vorhandenen zu entsprechen braucht, letzterer den durchschnittlichen Gehalt vielmehr um ein Vielfaches (bis zu 300—400 %) übersteigen kann. Dieser Umstand zwingt natürlich zur größten Vorsicht bei der Beurteilung der höchsten zulässigen Schwefelmengen. Unger hat ihn wohlweislich durch Entfernung der oberen Hälften seiner Versuchsblöcke berücksichtigt.

Nach Holtz[3]) ist Schwefel auf die magnetischen Eigenschaften des Elektrolyteisens ohne nennenswerten Einfluß.

In den Vereinigten Staaten wird mitunter ein Material mit 0,07—0,12 % Schwefel bei einem Mangangehalt von 0,75—1,0 % von solchen Abnehmern verlangt, die hohe Ansprüche bezüglich der Geschwindigkeit des Bohrens, Drehens oder Gewindeschneidens stellen. Das Anwendungsgebiet des Schwefels als Legierungselement für weiches Flußeisen scheint aber noch keineswegs erschöpft zu sein (vgl. a. St. E. 1916, 733).

---

[1]) Ir. st. Inst. 1886, II, 701; 1903, I, 136.   [2]) a. a. O.   [3]) Diss. Berlin, St. E. 1912, 319.

6. Arsen.

Erläuterungen zu den Abb. 202 und 203.
Alle Angaben sind einer Arbeit von Liedgens entnommen (St. E. 1912, 2109).
Analysen der untersuchten Materialien.

% C	% Mn	% P	% Si	% S	% Cu	% As
0,077	0,436	0,017	0,058	0,054	0,168	0,123
0,076	0,440	0,020	0,054	0,060	0,196	0,277
0,078	0,431	0,017	0,057	0,057	0,182	0,405
0,077	0,448	0,018	0,052	0,052	0,192	0,549
0,075	0,439	0,016	0,062	0,060	0,200	0,691
0,076	0,435	0,020	0,054	0,055	0,207	0,880
0,081	0,433	0,023	0,049	0,055	0,198	1,172
0,080	0,429	0,026	0,049	0,051	0,192	1,425
0,083	0,434	0,026	0,046	0,055	0,188	1,621
0,079	0,434	0,021	0,047	0,056	0,184	1,943
0,083	0,429	0,024	0,052	0,055	0,187	2,240
0,086	0,446	0,019	0,055	0,052	0,192	2,534
0,084	0,440	0,021	0,055	0,050	0,189	2,841
0,085	0,446	0,017	0,053	0,057	0,193	3,130
0,085	0,442	0,017	0,059	0,051	0,186	3,284
0,068	0,352	0,013	0,046	0,040	0,152	3,515

Herstellung, Behandlung usw.: Als Ausgangsmaterial diente ein im basischen Martinofen erschmolzenes weiches Flußeisen von folgender Zusammensetzung:

C	Mn	P	Si	S	Cu	As
0,080	0,435	0,020	0,050	0,050	0,177	0,032

Aus der großen Gießpfanne wurde in eine kleine, vorgewärmte, 100 kg fassende abgegossen, in der sich der Arsenzusatz in metallischer Form befand. Nach dem Durchrühren des Inhalts erfolgte das Gießen kleiner Blöcke von 750 mm Höhe und 250 × 100 mm mittlerer Querschnittsabmessungen. Außerdem wurden Probeblöckchen 200 × 65 × 65 gegossen. Erstere wurden zu Platinen und dann zu Stanz- und Dynamoblech von 0,5 mm Stärke verarbeitet. Die Untersuchung der magnetischen und elektrischen Eigenschaften sowie die des spezifischen Gewichtes erfolgte an dem bei 870⁰ geglühten und in 100 Stunden abgekühlten Blechmaterial. Die Festigkeitszahlen beziehen sich auf Quadrat- und Flachstäbe, die aus den kleinen Probeblöckchen ausgeschmiedet und dann bei 880⁰ etwa 1½ Stunde geglüht und langsam abgekühlt worden waren.

Versuchseinzelheiten:

Abb. 202. Spezifisches Gewicht. Wägung und Ermittlung des Kubikinhaltes durch Wasserverdrängung.

Abb. 202. Elektrischer Leitungswiderstand. Nach dem indirekten Verfahren mit Hilfe eines besonderen Apparates von Siemens & Halske.

Abb. 202. Magnetische Eigenschaften. Permeabilität, Hysteresis, Remanenz und Koerzitivkraft sind mit der Köpselschaltung, der Gesamtwattverlust mit dem Epstein-Apparat an 10 kg schweren Blechstreifen ermittelt.

Abb. 203. Festigkeitseigenschaften. Angaben fehlen.

Arsen verursacht wie Schwefel Rotbruch, jedoch erst bei Gehalten, die weit außerhalb der im technischen Eisen beobachteten Gehalte (bis 0,2 %) liegen. Harbord und Tucker[1] fanden bis 1,2 % keinen Rotbruch; nach Stead[2] ließ sich Flußeisen mit Arsengehalten bis zu 4 %, nach Liedgens[3] bei 0,4 % Mangan bis 2,8 % Arsen und bei 0,1 % Mangan bis 1,25 % Arsen gut walzen. Liedgens bestätigte seine aus dem Verhalten beim Walzen gezogenen Schlußfolgerungen durch besondere Rotbruchproben.

---

[1] Ir. st. Inst. 1888, II, 183. [2] Ir. st. Inst. 1895, I, 77.
[3] Diss. Berlin, St. E. 1912, 2109.

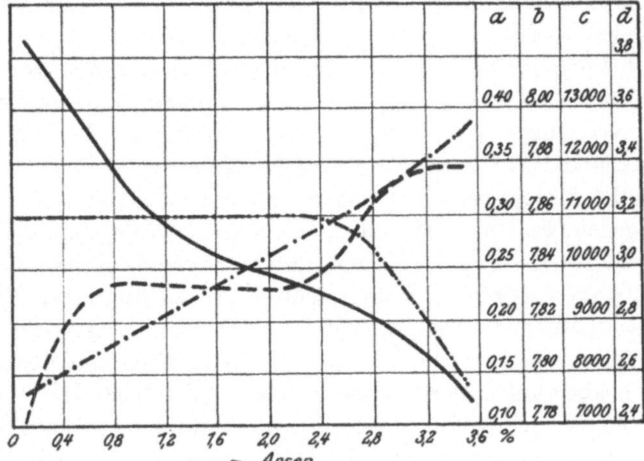

Abb. 202. Einfluß des Arsens auf das spezifische Gewicht, den elektrischen Widerstand, die Hysteresis und die Wattverluste von weichem Flußeisen. (Liedgens.)

Als Maßstab für die **Kaltbildsamkeit** arsenhaltigen Materials können die Versuche von Liedgens dienen, der Feinblech von 0,5 mm Stärke herstellte und daraus sogenannte Maschinentöpfe (85 mm Durchmesser und 90 mm Höhe) herstellte. Dies gelang anstandslos bis zu einem Arsengehalt von 1,5%. Wählt man als Maßstab für die Kaltbildamskeit die Kaltbiegeprobe, so dürfte ein Arsengehalt von 0,2% nach Harbord und Tucker keinen merklichen Einfluß ausüben; dagegen zersprang eine Stange mit 1% Arsen bereits beim Fallen auf eine eiserne Platte. Ein zahlenmäßiger Ausdruck für den Einfluß von Arsen auf die Schlagfestigkeit fehlt leider noch. Die von Liedgens durchgeführte Kaltbruchprobe (Biegung eines im Wasser abgeschreckten Vierkantstabes um 180° durch Hammerschläge) ergab von 0,4% Arsen ab eine deutliche Zunahme der Kaltbrüchigkeit. Jedenfalls gilt auch

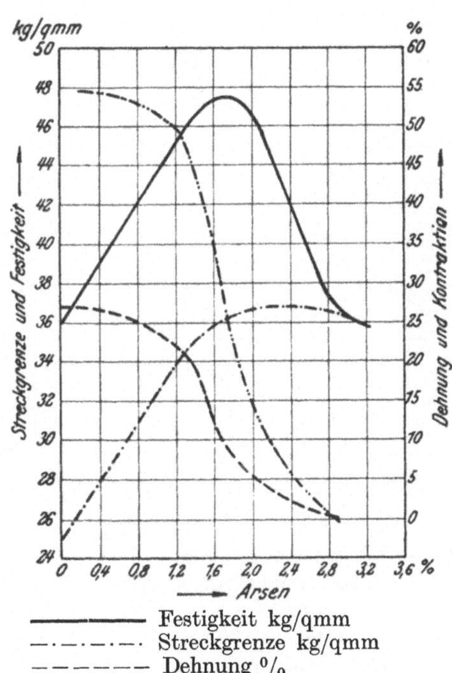

——————— Festigkeit kg/qmm
—·—·—·— Streckgrenze kg/qmm
——————— Dehnung %
—··—··—·· Kontraktion %

Abb. 203. Einfluß des Arsens auf die Festigkeitseigenschaften von weichem Flußeisen (Liedgens.)

14*

bezüglich der Kaltbildsamkeit, daß die im technischen Eisen vorkommenden Arsengehalte keinen Einfluß auf diese Eigenschaft ausüben.

Die Schweißbarkeit wird nach den übereinstimmenden Ergebnissen von Harbord und Tucker, Stead sowie Liedgens bereits durch geringe Arsengehalte verringert. Erstere beobachteten bereits bei 0,1 %, letzterer zwischen 0,12 und 0,27 % eine deutliche Abnahme der Schweißbarkeit. Diese letztere Angabe bezieht sich auf das Schweißen im Feuer. Nach Liedgens läßt sich dagegen die autogene und die elektrische Widerstandsschweißung bis zu einem Gehalt von etwa 1,4 % mit gutem Ergebnis durchführen.

In magnetischer Beziehung stellten übereinstimmend Burgess und Aston[1]) sowie Liedgens fest, daß infolge der Widerstandserhöhung bei gleichbleibender Hysteresisarbeit (bis rd. 3,00 %) die Wattverluste etwas abnehmen. Dies läßt sich aber auf andere Weise leichter und billiger erreichen.

Das Arsen ist demnach, soweit die im technischen Eisen beobachteten Gehalte in Frage kommen, weder nützlich noch schädlich und sein schlechter Ruf kann als übertrieben bezeichnet werden.

7. Kupfer.

Erläuterungen zu den Abb. 204—207.

Abb. 204—206. Festigkeitseigenschaften: Elastizitätsgrenze, Festigkeit, Dehnung, Kontraktion (Lipin, St. E. 1900, 536).

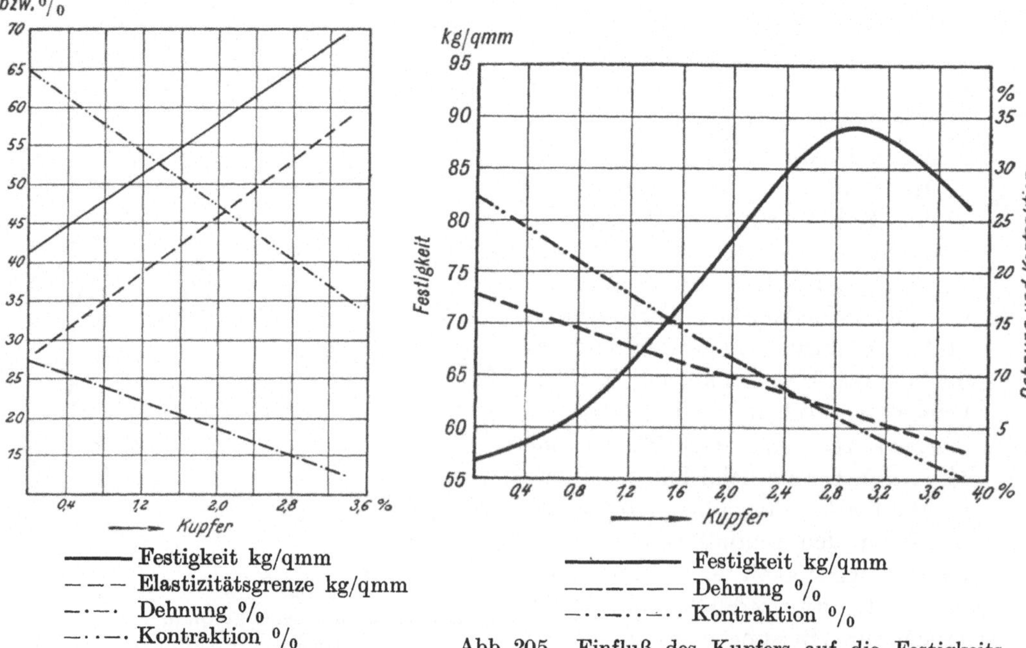

——— Festigkeit kg/qmm
– – – Elastizitätsgrenze kg/qmm
—·—· Dehnung %
—··—· Kontraktion %

Abb. 204. Einfluß des Kupfers auf die Festigkeitseigenschaften von Flußeisen mit 0,1% (Lipin.)

——— Festigkeit kg/qmm
– – – – Dehnung %
—··—··—·· Kontraktion %

Abb. 205. Einfluß des Kupfers auf die Festigkeitseigenschaften von Stahl mit 0,4% (Lipin.)

---

[1]) Elektrochem. met. Ind. 1909, 276, 403.

Analysen der untersuchten Materialien.
Abb. 204. Reihe I.

$^0/_0$ C	$^0/_0$ Si	$^0/_0$ Mn	$^0/_0$ P	$^0/_0$ S	$^0/_0$ Cu
0,10	0,09	0,14	0,023	0,034	0,00
0,10	0,10	0,20	0,029	0,024	0,49
0,12	0,16	0,22	0,024	0,025	0,86
0,15	0,15	0,26	—	—	1,16
0,10	0,06	0,16	0,023	0,023	1,69
0,09	0,05	0,18	0,029	0,038	3,51

Abb. 205. Reihe II.

$^0/_0$ C	$^0/_0$ Si	$^0/_0$ Mn	$^0/_0$ P	$^0/_0$ S	$^0/_0$ Cu
0,42	0,09	0,20	0,035	—	0,00
0,44	—	—	—	—	0,25
0,44	—	0,15	0,035	—	0,47
0,46	—	—	—	—	0,87
0,41	0,09	0,22	—	—	1,09
0,42	—	—	—	—	1,64
0,46	—	—	—	—	2,06
0,43	0,05	0,24	—	0,031	3,09
0,41	—	—	—	0,034	4,12

Abb. 206. Reihe III.

$^0/_0$ C	$^0/_0$ Si	$^0/_0$ Mn	$^0/_0$ P	$^0/_0$ S	$^0/_0$ Cu
0,98					0,00
1,01					0,25
0,90	0,2—	0,15—	0,02—		0,35
0,97	0,25	0,20	0,03	0,008	0,89
0,99					1,13
0,99					1,60
1,08					1,97
0,99					3,02

Herstellung, Behandlung usw.: Das Material ist in den Putilowwerken aus Martinstahlabfällen und Kupfer im Tiegel erschmolzen. Beim Guß wurde Aluminium zugegeben. Die Blöcke waren dicht. Das Ausschmieden erfolgte unter dem Hammer bei 900—930°. Die geschmiedeten Stücke wurden bei derselben Temperatur zu Rundstäben von 20 mm Durchmesser ausgewalzt. Die Ergebnisse der Reihe I beziehen sich auf nicht ausgeglühte Proben; diejenigen der Reihe II auf die bei 950° geglühten, an der Luft abgekühlten Proben und diejenigen der Reihe III auf die bei 850° geglühten und an der Luft abgekühlten Proben.

Versuchseinzelheiten: Jeder Diagrammpunkt entspricht dem Mittel aus 2 Versuchen. Die Zerreißstäbe waren 220 mm lang bei 20 mm Durchmesser.

Abb. 207. Härte. (Breuil, C. R. 1906, **142**, 1421, sowie 1906, **143**, 346.)

Analysen der untersuchten Materialien.
Reihe I

$^0/_0$ C	$^0/_0$ Mn	$^0/_0$ Si	$^0/_0$ P	$^0/_0$ S	$^0/_0$ Cu
0,168					0,000
0,158					0,490
0,156					1,005
0,156	0,1	0,020	0,020	0,015	2,015
0,165	bis				3,997
0,103	0,15		Mittel		8,050
0,173					15,670
0,150					31,920

Reihe II

% C	% Mn	% Si	% P	% S	% Cu
0,336					0,000
0,390					0,505
0,400					1,005
0,389					2,025
0,368					4,009
0,372					7,960
0,412					16,015

Reihe III

% C	% Mn	% Si	% P	% S	% Cu
0,55—79	?	?	?	?	0,5, 1,0, 3,0, 10,0

Herstellung, Behandlung usw.: Angaben fehlen bezüglich der Herstellung. Die Ergebnisse beziehen sich auf das bei 900° geglühte Material.

Versuchseinzelheiten: Verfahren nach Brinell.

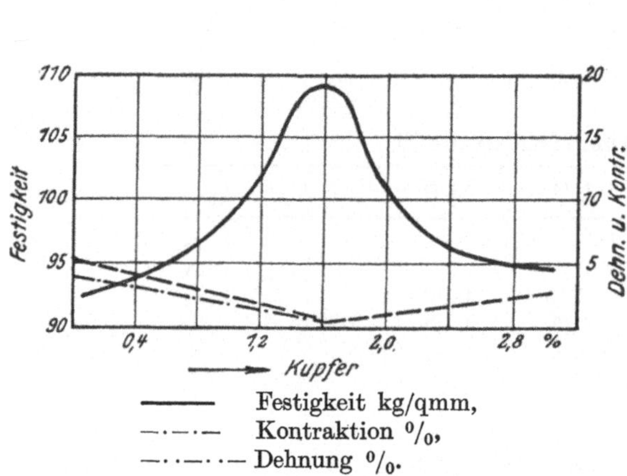

——— Festigkeit kg/qmm,
—·—·— Kontraktion %,
—··—··— Dehnung %.

Abb. 206. Einfluß des Kupfers auf die Festigkeitseigenschaften von Stahl mit 1,0 % C. (Lipin.)

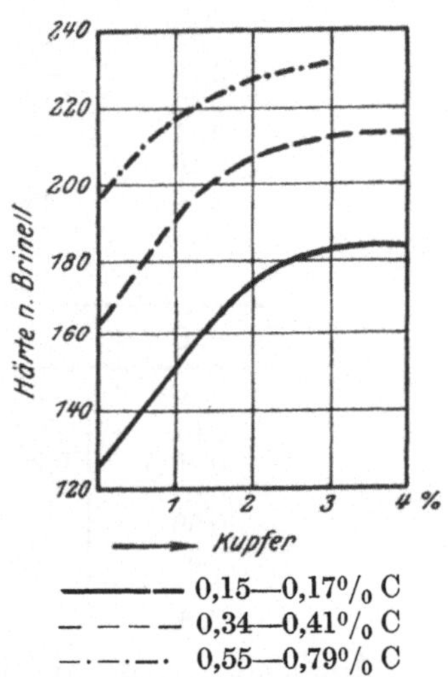

——— 0,15—0,17 % C
— — — 0,34—0,41 % C
—·—·— 0,55—0,79 % C

Abb. 207. Einfluß des Kupfers auf die Härte von Stahl mit verschiedenen Kohlenstoff-Gehalten. (Breuil.)

Bezüglich des spez. Gewichts und des elektrischen Leitwiderstandes s. a. die vergleichende Übersicht über den spezifischen Einfluß der wichtigsten Elemente auf die Eigenschaften des schmiedbaren Eisens.

Die im technischen Eisen vorkommenden Kupfermengen (bis 0,2 %) üben auf seine Warmbildsamkeit keinen Einfluß aus, und zwar nach übereinstimmenden Versuchen u. a. von Stead und Evans[1]), Lipin[2]), Colby[3]), Breuil[4]) sowie Burgess und Aston[5]). Rotbruch trat erst auf:

nach Stead bei . . . . 4,0 %
„ Lipin bei . . . . 4,7 „ (0,1 % Kohlenstoff)
„ Lipin bei . . . . 1,6 „ (0,4 % „)
„ Breuil bei . . . . 4,0 „
„ Burgess u. Aston bei . . . . . 2,0 „

Die Wasumsche[6]) Beobachtung, daß bei hohem Schwefel- und Kupfergehalt

[1]) Ir. st. Inst. 1901, I, 89.   [2]) St. E. 1900, 540.   [3]) St. E. 1900, 54.
[4]) Ir. st. Inst. 1907, II, 1.   [5]) Ir. Age 1909, 84, 1476.   [6]) St. E. 1882, 192.

Rotbruch auftritt, ist wahrscheinlich lediglich auf den Einfluß der hohen Schwefelgehalte seiner Versuchsproben zurückzuführen.

Die Kaltbildsamkeit, am Verhalten der Kaltbiegeprobe gemessen, wird ebenfalls durch geringe Kupfergehalte nicht beeinflußt. Lipin fand erst oberhalb 1%, Wigham[1]) oberhalb $0,6\%$ eine merkliche Verschlechterung dieser Probe. Die an kupferhaltigen Bessemerschienen von Stead und Evans vorgenommene Schlagbiegeprobe lieferte vollkommen zufriedenstellende Ergebnisse.

Die Schweißbarkeit leidet nach Colby und Lipin erst von einem Gehalt von $0,6\%$ an.

Wenn daher Kupfer in den im technischen Eisen vorkommenden Mengen als indifferent bezeichnet werden muß, so sind andererseits die Versuche, die Eigenschaften des Eisens durch absichtlichen Kupferzusatz zu verbessern, erfolglos geblieben, nicht allein bezüglich der Festigkeits-, sondern auch der magnetischen und elektrischen Eigenschaften. Dies scheint aber nicht zu gelten für den Widerstand gegen Rostangriff. In zahlreichen, hauptsächlich amerikanischen Arbeiten[2]) wird der Nachweis erbracht, daß etwa $0,3\%$ Kupfer die Rostneigung des weichen Flußeisens und insbesondere des Stahls wesentlich vermindert. In einem gewissen Widerspruch hiermit stehen die Ergebnisse von Bauer[3]), der nur bei Gegenwart von Säure (z. B. im Industriegebiet) in der Atmosphäre einen günstigen Einfluß des Kupfers feststellen konnte.

8. Silizium.

Erläuterungen zu den Abb. 208—211.

Die Angaben der Abb. 208—210 beziehen sich auf eine Arbeit von Paglianti, Met. 1912, 217.

Analysen der untersuchten Materialien.

$\%\,C$	$\%\,Si$	$\%\,Mn$	$\%\,S$	$\%\,P$
0,12	0,24	0,41	0,064	0,033
0,10	0,37	0,30	0,049	0,041
0,11	0,67	0,23	0,044	0,044
0,11	0,95	0,36	0,043	0,040
0,15	1,25	0,50	0,042	0,043
0,15	1,73	0,56	0,040	0,045
0,12	2,35	0,29	0,058	0,040
0,13	2,98	0,40	0,045	0,043
0,12	3,99	0,52	0,053	0,032
0,13	5,16	0,60	0,040	0,031

Herstellung, Behandlung usw.: Als Ausgangsmaterial diente ein Elektroflußeisen mit etwa $0,1\%$ Kohlenstoff. Das Silizium wurde als 50%iges Ferrosilizium zugesetzt. Der Guß erfolgte in Sandformen von 100×100 mm Querschnittsabmessungen. Die Blöcke wogen 80—100 kg. Nur die untere Hälfte wurde zu den Versuchen verwendet. Die Untersuchung der Festigkeitseigenschaften, der spezifischen Schlagarbeit und der Härte erfolgte an dem auf Rundstäbe von 32 mm heruntergewalzten Material, die der elektrischen und magnetischen Eigenschaften an dem auf 8 mm starken Draht heruntergewalzten, sodann

[1]) Ir. st. Inst. 1906, I, 222.
[2]) Vgl. Ir. Age 1913, 931, ferner die Literaturübersicht St. E. 1921, 1857.
[3]) St. E. 1921, 37.

auf 6 mm abgedrehten Material. Alle mitgeteilten Ergebnisse beziehen sich auf das 10 Stunden bei 1100⁰ geglühte und in 36 Stunden im Ofen abgekühlte Material.

Die Angaben der Abb. 211 sind nach Guillet, Rev. Mét. 1904, 46 zusammengestellt.

Analysen der untersuchten Materialien.
Reihe I.

$^0/_0$ C	$^0/_0$ Si	$^0/_0$ S	$^0/_0$ P	$^0/_0$ Mn
0,208	0,409	0,061	0,117	0,717
0,209	0,932	0,020	0,024	Sp.
0,117	1,60	0,012	0,032	0,275
0,277	5,12	0,009	0,034	0,380
0,216	7,17	0,030	0,025	0,450
0,326	9,74	0,015	0,065	0,488
0,350	13,90	0,012	0,013	0,562
0,188	19,8	0,020	0,029	0,733
0,277	25,5	0,008	0,015	0,674
0,249	29,1	0,050	0,024	0,643

Reihe II.

$^0/_0$ C	$^0/_0$ Si	$^0/_0$ S	$^0/_0$ P	$^0/_0$ Mn
0,878	0,433	0,013	0,057	0,730
0,835	1,156	0,017	0,021	0,570
0.986	2,09	0,022	0,032	0,407
0,944	5,54	0,017	0,062	1,438
0,808	7,51	0,025	0,020	0,505
0,718	9,10	0,009	0,024	0,674
1,036	14,10	0,007	0,018	0,590
0,539	20,27	—	—	0,735
0,431	26,80	—	—	0,758

Herstellung, Behandlung usw.: Nähere Angaben über die Art der Herstellung fehlen. Das Material stammt von Commentry-Fourchembault, Imphy. Alle Ergebnisse beziehen sich auf das ungeglühte Material.

Versuchseinzelheiten:

Abb. 208. Spezifisches Gewicht (Paglianti a. a. O.) mit der hydrostatischen Wage bestimmt. Als Sperrflüssigkeit diente ausgekochtes destilliertes Wasser.

Abb. 208. Elektrischer Widerstand (Paglianti a. a. O.) mit der Thomsonschen Doppelbrücke bestimmt.

Abb. 208. Magnetische Eigenschaften (Paglianti a. a. O.). Zur Ermittelung der magnetischen Eigenschaften diente die Köpselschaltung. Jede Schleife wurde vor der eigentlichen Messung 3 mal beschrieben. Die Maximalpermeabilität ermittelte Paglianti durch Anlegen der Tangente an die jungfräuliche Kurve durch den Koordinatenanfangspunkt. Die nach der Gumlichschen Formel[1]):

$$\mu_{max} = 0,487 \, \frac{R}{C} \quad \begin{array}{l} (R = \text{Remanenz}) \\ (C = \text{Koerzitivkraft}) \end{array}$$

berechneten Werte für die Maximalpermeabilität stimmen mit den gefundenen gut überein. Die Hysteresisschleifen wurden für verschiedene $\mathfrak{B}_{max}$ aufgenommen und der Hysteresisverlust:

$$A_{\mathfrak{H}} = \frac{1}{4\pi} \int \mathfrak{H} \, d\mathfrak{B} \text{ in Erg/ccm } (\mathfrak{H} \text{ und } \mathfrak{B} \text{ in } CGS\text{-Einheiten}).$$

Nach Steinmetz ist mit genügender Annäherung

$$A_{\mathfrak{H}} = \eta \, \mathfrak{B}^{1.6}.$$

Der Steinmetzsche Koeffizient

$$\eta = \frac{\int \mathfrak{H} \, d\mathfrak{B}}{\mathfrak{B}^{1.6}}$$

wurde für verschiedene $\mathfrak{B}_{max}$ berechnet.

---

[1]) E. T. Z. 1901, 697.

Die Verlustziffer Σ ist berechnet worden:

$$\Sigma = \mathrm{E}_{\mathfrak{H}} + \mathrm{E}_W \, .$$

Der Hysteresisverlust

$$E_{\mathfrak{H}} = \eta \, \frac{A_{\mathfrak{H}}}{\mu \cdot 10^4} = \eta \, \frac{\mathfrak{B}^{1.6}}{10^4} \, \text{Watt/kg}$$

ist berechnet worden.

Der Wirbelstromverlust E_W ergibt sich aus folgender Formel:

$$E_W = 10^{-9} \cdot \frac{\pi^2}{8} \cdot \frac{\mathfrak{B}^2 \, n^2 \, \delta^2}{\omega \, p} \, \text{Watt/kg}$$

wo $\mathfrak{B} = 10000 \, CGS$-Einheiten für magnetische Induktion,

n = Periodenzahl = 50,

δ = Blechdicke = 0,5,

ω = elektrischer Widerstand in Ohm/m/qmm,

p = spezifisches Gewicht in g/ccm.

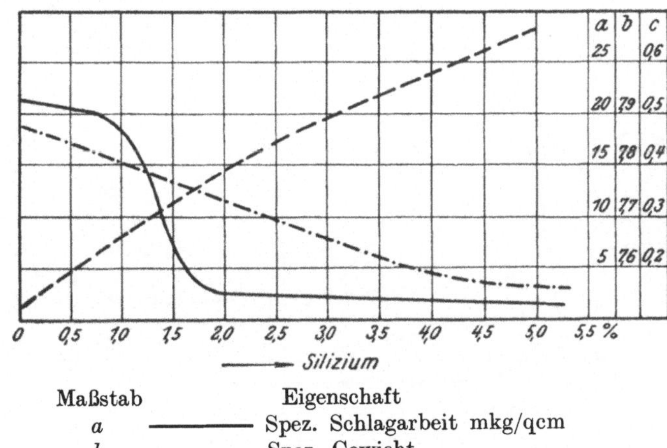

Maßstab   Eigenschaft

a   ———— Spez. Schlagarbeit mkg/qcm

b   —·—·—·— Spez. Gewicht

c   — — — — Elektr. Widerstand in Ohm/m/qmm.

Abb. 208. Einfluß des Siliziums auf die spezifische Schlagarbeit, das spezifische Gewicht und den elektrischen Leitwiderstand. (Paglianti.)

Abb. 210 und 211. Festigkeitseigenschaften.
Abb. 210. Paglianti a. a. O. Die Zerreißstäbe waren Normalstäbe mit 20 mm Durchmesser. Die Meßlänge betrug 200 mm.
Abb. 211. Guillet a. a. O. Angaben fehlen.
Abb. 208 und 211. Spezifische Schlagarbeit.
Abb. 208. Paglianti a. a. O. Verfahren nach Charpy mit eingekerbten Stäben 22 × 22 × 116 mm Normal-(Rund-)kerbe.
Abb. 211. Guillet a. a, O. Verfahren nach Frémont. Weitere Angaben fehlen.
Abb. 210 und 211. Härte.
Abb. 210. Paglianti a. a. O. Verfahren nach Brinell. Kugeldurchmesser 9,525 mm; Druck 2000 kg.
Abb. 211. Guillet a. a. O. Verfahren nach Brinell. Weitere Angaben fehlen.

Die Ansichten darüber, ob die Schmiedbarkeit des Eisens durch Silizium verschlechtert werde, sind geteilt. Zwar haben Hadfield[1] und Guillet[2] gezeigt, daß erst bei etwa 5% Schwierigkeiten bei der Verarbeitung auftreten, doch widerspricht dem die an vielen Stellen gemachte Erfahrung, daß weiches,

---

[1] Ir. st. Inst. 1889, II, 233.   [2] All. Mét.

mit Ferrosilizium siliziertes Flußeisen schlecht schmiedbar ist. Dies führen u. a. Ledebur[1]) und Mars[2]) darauf zurück, daß der vor dem Siliziumzusatz im Metall enthaltene Sauerstoff sich an Silizium zu Kieselsäure binde, die entweder im Eisen löslich oder emulsionsartig darin verteilt sei. Wenn aber, wie bei den sauren Stahlherstellungsverfahren das Silizium von vornherein als solches zugegen und in Lösung sei, oder gleichzeitig mit Mangan, etwa als Silikospiegel zugegeben werde, so übe das Silizium keine nachteilige Wirkung aus. Pourcel[3]) will sogar den direkten Nachweis der Gegenwart von Kieselsäure durch Verflüchtigung je eines mit Ferrosilizium und Silikospiegel hergestellten Eisens im Chlorstrom erbracht haben. Er fand im ersteren Falle einen Rückstand von Kieselsäure, im letzteren dagegen keinen Rückstand.

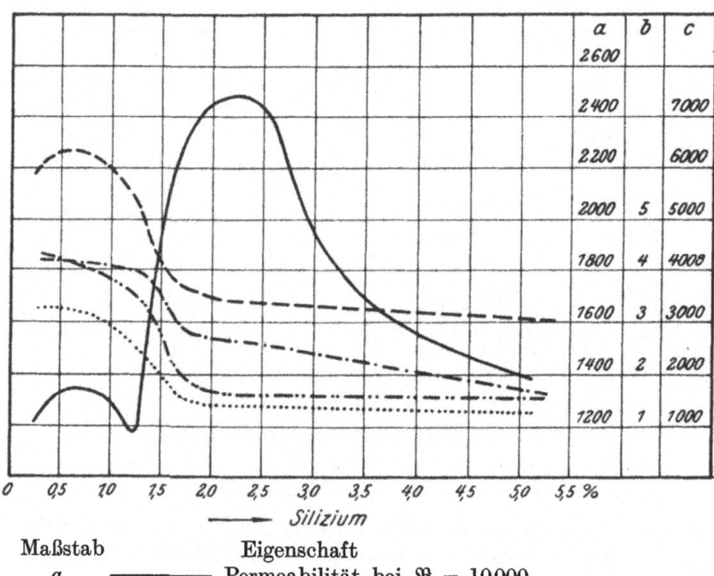

Maßstab   Eigenschaft
a   ——————— Permeabilität bei $\mathfrak{B} = 10000$
b   ·········· Koerzitivkraft bei $\mathfrak{B} = 10000$
b   —·—·—·— Wattverluste/kg bei $\mathfrak{B} = 10000$, p = 50, $\delta = 0,5$
c   ————— Remanenz bei $\mathfrak{B} = 10000$
c   —·—··—· Hysteresis Erg/ccm

Abb. 209. Einfluß des Siliziums auf die magnetischen Eigenschaften von weichem Flußeisen. (Paglianti.)

Ob der Erklärungsversuch richtig ist oder nicht, Tatsache bleibt jedenfalls, daß an manchen Orten, jedoch nicht an allen, ein großes Mißtrauen gegen siliziertes Material besteht. Wie schon an andrer Stelle erwähnt wurde, könnte ein zweckmäßiger Ausbau der Sauerstoffbestimmung bzw. der Rückstandsanalyse die Lösung dieser Frage herbeiführen.

Man vermeidet im allgemeinen auch die Verwendung des silizierten schmiedbaren Eisens zu jenen Zwecken, die eine große Kaltbildsamkeit voraussetzen. Feinzugdraht, Siederöhren und Stanzblech werden daher meist ohne Siliziumzusatz hergestellt.

---

[1]) Eisenhüttenkunde III, 11.   [2]) Spezialstähle 194.   [3]) s. Mars, Spezialstähle 193.

Aber auch bezüglich der **Schweißbarkeit** gilt Ähnliches. So fand **Had-field** als oberste Grenze 0,2 %. **Ledebur** verwirft für Flußeisen, das schweiß-bar sein soll, den Siliziumzusatz überhaupt, wogegen ein Eisen, dessen Silizium-gehalt auf ein Abbrechen des Frischvorganges zurückzuführen ist, selbst bei verhältnismäßig hohem Siliziumgehalt noch schweißbar sein soll. Mit Recht weist aber **Hadfield** auf den Widerspruch hin, der zwischen der Gefährlich-keit eines angeblich in Form von Kieselsäure vorhandenen Siliziumgehaltes und der Tatsache besteht, daß Sand beim Schweißen von Flußeisen ein unent-behrliches Hilfsmittel ist.

Nichtsdestoweniger ist aber Silizium ein wert-volles Legierungselement. Einmal wegen seiner vor-züglichen Wirkung bei der Erzielung dichten Gusses, was z. B. in der Stahlgießerei ausgenutzt wird. So-dann wird seine Fähigkeit, die Elastizitätsgrenze des Eisens wesentlich zu steigern, bei der Herstellung

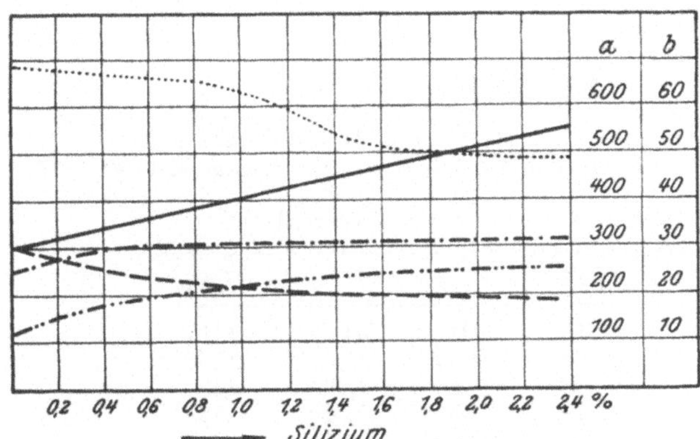

Maßstab		Eigenschaft
b	————————	Zugfestigkeit kg/qmm
b	— — — — —	Dehnung %
b	—·—·—·—	Streckgrenze kg/qmm
a	—··—··—	Härte (Brinell)
b	············	Kontraktion %

Abb. 210. Einfluß des Sliziums auf Festigkeitseigenschaften und Härte von weichem Flußeisen. (Paglianti.)

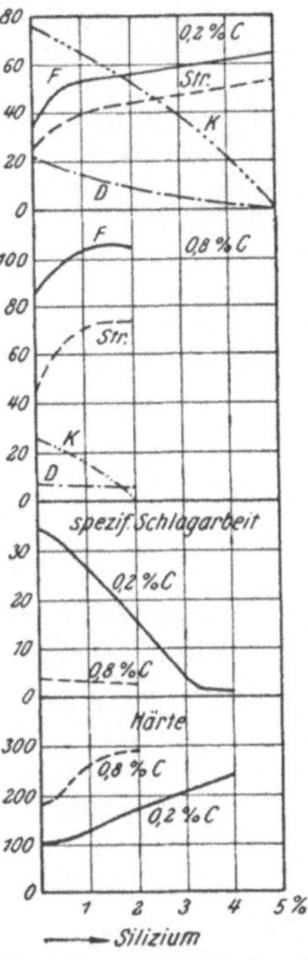

Abb. 211. Einfluß des Sili-ziums auf Festigkeitseigen-schaften, Härte und spezi-fische Schlagarbeit von Stahl mit 0,2 bzw. 0,8 % C. (Guillet.)

von Federn, Bruchbändern und dergleichen verwertet und endlich ist das Si-lizium in magnetischer Beziehung, zunächst wenigstens, unersetzlich, weil es nach den übereinstimmenden Ergebnissen zahlreicher Forscher, von etwa 2 % an die Wattverluste sehr stark erniedrigt. Der Wattverlust setzt sich zu-sammen aus Wirbelstrom- und Hysteresisverlust[1]. Ersterer wird dadurch er-heblich vermindert, daß mit steigendem Siliziumzusatz der elektrische Wider-stand erhöht wird. **Gumlich**[2] führt die Erniedrigung des Hysteresisverlustes auf eine indirekte Wirkung des Siliziums zurück, und zwar insbesondere auf den

---

[1] s. S. 217.   [2] Wiss. Abh. R.-A. 1918, 365.

Umstand, daß Silizium die Bildung von Temperkohle begünstigt, die in magnetischer Beziehung bei weitem nicht so ungünstig wirkt, wie der als Zementit oder sogar in gelöster Form vorhandene Kohlenstoff. Für die indirekte Wirkung des Siliziums spricht ferner nach Gumlich der Umstand, daß die magnetische Sättigung durch dieses Element nicht erhöht, sondern erniedrigt wird, und zwar pro 1% Silizium um 480 Einheiten.

Die nachstehende Tabelle gibt nach Mars einen Überblick über die Hauptverwendungszwecke der Siliziumstähle.

Verwendungszweck	$\%$ C	$\%$ Si	$\%$ Mn
Federn, Bruchbänder u. dgl.	0,5 —0,6	0,6—0,7	0,8—1,0
Mittelharter Federstahl.	0,45—0,55	1,0—1,5	0,4—0,5
Harter Federstahl	etwa 0,3	2,5	—
Transformatorenblech	weniger als 0,1	2,0	0,3
Dynamoblech	„ „ „	4,0	weniger als 0,1

9. Mangan.

Erläuterungen zu den Abb. 212 und 213 und Tabelle 6.
Die Angaben der **Abb. 212** beziehen sich auf eine Arbeit von Lang, Met. 1911, 15.

Analysen der untersuchten Materialien.

$\%$ Mn	$\%$ C	$\%$ Si	$\%$ S	$\%$ P	$\%$ Cu	
0,285	0,109	0,319	0,046	0,063	0,131	
0,440	0,125	0,286	0,050	0,067	0,164	
0,675	0,126	0,303	0,046	0,067	0,167	0,140
0,785	0,099	0,311	0,052	0,040	0,123	
1,020	0,098	0,316	0,049	0,041	0,140	
1,270	0,100	0,313	0,045	0,099	0,146	
1,315	0,101	0,303	0,047	0,102	0,141	
1,765	0,102	0,309	0,056	0,103	0,152	
1,835	0,099	0,324	0,059	0,108	0,126	
2,230	0,090	0,301	0,058	0,102	0,129	
2,470	0,092	0,294	0,051	0,110	0,125	

Herstellung, Behandlung usw.: Das Ausgangsmaterial war Elektroflußeisen mit etwa $0,1\%$ Kohlenstoff. Das zugesetzte Mangan war auf aluminothermischem Wege gewonnen und hatte folgende Zusammensetzung:

$\%$ C	$\%$ Al	$\%$ Si	$\%$ Fe	$\%$ P	$\%$ Mn
0,20	1,94	0,89	1,36	0,265	95,17

Die Manganzusätze befanden sich in vorgewärmten Tiegeln, in welche das Flußeisen aus der Pfanne gegossen wurde. Der Inhalt wurde durchgerührt und in Sandformen von 100×100 mm Querschnittsabmessungen gegossen. Die Blöcke wogen 85—100 kg. Nur die unteren Blockhälften sind verwendet worden. Die Ermittlung der Festigkeitseigenschaften und der Härte erfolgte an dem auf Rundstäbe von 30 mm Durchmesser ausgewalzten Material, die der elektrischen und magnetischen Eigenschaften an dem auf 8 mm starken Draht ausgewalzten Material, der auf 6 mm abgedreht worden war. Alle Angaben beziehen sich auf das bei 900^0 geglühte und langsam abgekühlte Material.
Versuchseinzelheiten: Die Messung der magnetischen Eigenschaften erfolgte mit der Köpselschaltung, die des elektrischen Widerstandes mit der Thomsonschen

Brücke. Die maximale Induktion bezieht sich auf $\mathfrak{H} = 130$, die maximale Permeabilität auf folgende Werte für $\mathfrak{H}$:

Mn-Gehalt $\%$	$\mathfrak{H}$	Mn-Gehalt $\%$	$\mathfrak{H}$
0,285	6,0	1,315	8,5
0,440	6,2	1,765	9,2
0,675	7,0	1,835	10,6
0,785	7,1	2,230	10,1
1,020	7,3	2,470	11,6
1,270	8,3		

Der elektrische Leitwiderstand ist ausgedrückt in Mikroohm/ccm $= \mathrm{m/qmm} \cdot 10^{-4}$ bei 20° C.

Die Angaben der **Abb. 213** sind nach Guillet, All. Mét. 310, zusammengestellt.

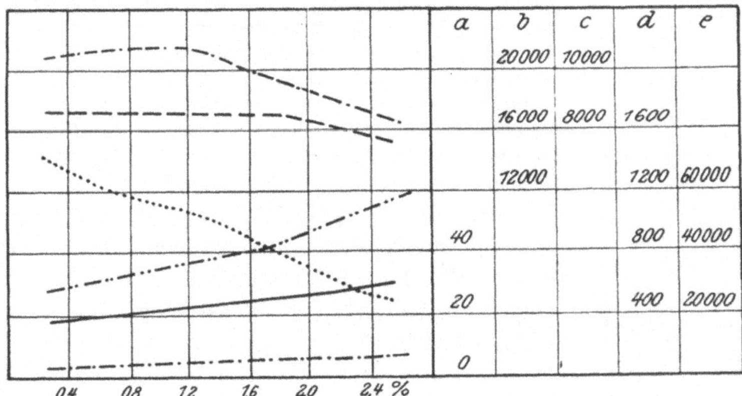

Maßstab		Eigenschaft	Maßstab		Eigenschaft
a	————	Elektr. Widerstand Mikroohm/ccm	a	—·—·—	Koerzitivkraft cgs.
			d	··········	Permeabilität cgs.
b	— — —	Max. Induktion, cgs.	c	—··—··—	Hysteresis Erg/ccm
c	—·—·—	Remanenz, cgs.			

Abb. 212. Einfluß des Mangans auf elektrische und magnetische Eigenschaften von weichem Flußeisen.

Analysen der untersuchten Materialien.

Reihe I.

$\%$ C	$\%$ Mn	$\%$ Si	$\%$ S	$\%$ P
0,082	0,432	0,163	0,012	0,015
0,273	1,296	0,320	0,009	0,011
0,104	1,728	0,457	0,008	0,032
0,237	2,150	0,781	0,010	0,032
0,058	4,200	0,304	0,025	0,020
0,276	5,600	1,100	Sp.	0,015
0,034	6,139	1,328	0,005	0,011
0,172	10,512	1,362	Sp.	0,010
0,156	12,920	0,292	0,010	0,016
0,224	14,400	0,911	Sp.	0,024
0,114	20,880	0,421	0,004	0,010
0,396	33,480	0,505	0,005	0,018

Reihe II.

% C	% Mn	% Si	% S	% P
0,873	0,461	1,351	0,024	0,020
0,840	1,031	0,573	0,015	0,024
0,930	1,972	1,028	0,011	0,018
0,934	3,084	1,446	0,010	0,015
0,762	5,112	1,111	0,011	0,013
0,700	7,200	0,745	0,021	0,010
0,922	10,080	0,721	0,016	0,013
0,966	12,096	0,876	0,013	0,011

Herstellung, Behandlung usw.: Nähere Angaben fehlen. Alle Ergebnisse sind an ungeglühtem Material erhalten.

Die Angaben der **Tab. 6** beziehen sich auf eine Arbeit von Téreny János, St. E. 1918, 567, deren Gegenstand die Frage des Ersatzes hochwertiger Konstruktionsstähle durch Manganstähle war. Die Tabelle enthält daher Ergebnisse an rohgeschmiedetem, geglühtem und vergütetem Material. Die Erzeugung der Stähle erfolgte im Tiegel zu 28 kg Inhalt. Der obere Teil der Blöcke wurde zur Untersuchung der Härte, der untere für Zerreißproben verwendet. Ersterer wurde zu Vierkantstäben von 18 × 18 mm, letzterer zu Rundstäben von 31 mm Durchmesser ausgeschmiedet. Die Zerreißproben hatten 12 mm Durchmesser. Die Meßlänge betrug 120 mm.

Auf die Schmiedbarkeit scheint Mangan nur einen geringen Einfluß auszuüben. Dies trifft ohne wesentliche Einschränkung jedoch nur für perlitische Stähle zu (bei 0,2 % Kohlenstoff bis 5 und bei 0,8 % Kohlenstoff bis 3 % Mangan vgl. im übrigen das Strukturdiagramm Abb. 6). Die austenitischen Manganstähle (bei 0,2 % Kohlenstoff mehr als 12 und bei 0,8 % Kohlenstoff mehr als 7 % Mangan) lassen sich dann schlecht schmieden, wenn sie sehr heiß gegossen werden. Sie weisen dann ausgesprochene dendritische Struktur auf, gleichgültig ob das Gießen in Sand- oder Metallform erfolgt. Bei niedriger Gießtemperatur entsteht hingegen ein die Schmiedbarkeit förderndes feinkörniges Gefüge. Die österr. Patentschrift 57610 Kl. 18b beschreibt ein Verfahren, das auch die leichte und sichere Verarbeitung von Manganstahl mit dendritischem Gefüge ermöglichen soll. Das Wesentliche dieses Verfahrens ist die gleichmäßige Erhitzung der Blöcke auf etwa 1250°, d. h. bis nahe an das beginnende Schmelzen. Hierdurch wird wahrscheinlich die Grundlage des dendritischen Gefüges, die ungleichmäßige Verteilung des Mangans durch Diffusion dieses letzteren aufgehoben[1]).

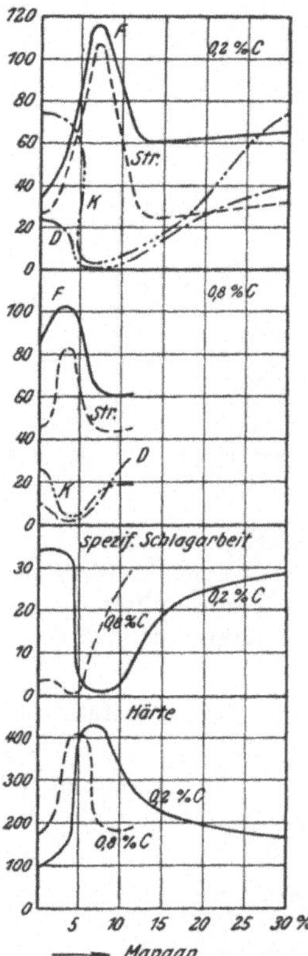

Abb. 213. Einfluß des Mangans auf Festigkeitseigenschaften, Härte und spezifische Schlagarbeit von Stahl mit 0,2 bzw. 0,8 % C. (Guillet.)

Die Kaltbildsamkeit der perlitischen Stähle scheint durch Mangan erniedrigt zu werden. Jedenfalls vermeidet man in kalt zu verarbeitendem Material, z. B. Tiefstanzblech, einen

---

[1]) Vgl. hierzu das Kapitel V, 1.

Mangangehalt von mehr als 0,4 bis 0,5%.

Die Schweißbarkeit soll nach Ledebur[1]) bei einem Mangangehalt von mehr als 1% verringert werden. Diegel[2]) schreibt für schweißbares Material einen Mangangehalt von 0,7—0,8% vor.

Mangan verhindert das Verziehen des Stahls beim Härten.

Die metallurgische Bedeutung des Mangans beruht auf der desoxydierenden Wirkung dieses Stoffes und ist an anderer Stelle[3]) bereits eingehend gewürdigt worden.

Die drei Hauptgefügefelder des Guilletschen Strukturdiagramms gelangen auch im Diagramm der Festigkeitseigenschaften klar zum Ausdruck. Insbesondere zur Erhöhung der Streckgrenze und der Festigkeit wird Mangan in perlitischen Stählen verwendet, jedoch höchstens bis zu einem Gehalt von etwa 2%. Dehnung und Kontraktion sinken dabei nur um unwesentliche Beträge und die spezifische Schlagarbeit steigt sogar bei niedrigem Kohlen-

---

[1]) Eisenhüttenkunde III, 20.
[2]) St. E. 1909, 776.
[3]) Vgl. S. 169.

Tabelle 6.

Untersuchter Stahl				Geschmiedeter Stahl					Geglühter Stahl						Vergüteter Stahl					
Lfde. Nr.	Zusammensetzung			Bruchfestigkeit in kg/qmm	Streckgrenze in kg/qmm	Querschnittsverminderung in %	Dehnung in %	Härte nach Shore	Bruchfestigkeit in kg/qmm	Streckgrenze in kg/qmm	Querschnittsverminderung in %	Dehnung in %	Härte nach Shore	Glühtemperatur °C	Bruchfestigkeit in kg/qmm	Streckgrenze in kg/qmm	Querschnittsverminderung in %	Dehnung in %	Härte nach Shore	Härtetemperatur °C
	C %	Si %	Mn %																	
1	0,4	0,17	0,30	46	40	41	24	26	41	33	56	26	22	900	50	37	62	23	27	900
2	0,4	0,19	0,75	55	46	58	23	28	47	41	49	22	23	900	64	57	60	17	32	900
3	0,4	0,16	1,50	73	63	32	14	32	65	58	44	18	31	900	98	92	42	10	43	900
4	0,4	0,16	1,50	73	63	32	14	32	65	58	44	18	31	900	80	68	44	13	42	850
5	0,4	0,18	1,95	83	74	28	11	37	72	69	43	17	34	850	112	108	39	9	44	880
6	0,4	0,18	1,95	83	74	28	11	37	72	69	43	17	34	850	89	77	38	12	43	830
7	0,5	0,17	0,30	56	48	38	21	27	51	38	56	27	26	700	63	52	59	22	30	900
8	0,5	0,18	0,75	60	50	33	25	—	54	39	49	32	27	850	Alte Probe (wurde nicht gehärtet).					
9	0,5	0,18	1,10	68	54	37	15	30	62	57	50	21	29	900	90	84	40	11	41	900
10	0,5	0,21	1,60	79	68	27	12	33	69	65	45	18	33	850	104	100	34	9	44	800
11	0,6	0,17	0,30	64	55	31	18	28	52	41	53	26	26	900	66	58	53	21	32	900
12	0,6	0,33	0,75	77	70	28	15	34	67	59	34	19	33	900	100	95	40	10	44	900
13	0,6	0,19	1,50	90	82	36	12	36	76	71	27	14	34	850	119	113	34	9	47	850
14	0,6	0,30	1,95	102	95	0,5	4	41	92	88	28	12	37	750	126	119	18	3	51	750
15	0,7	0,30	2,05	122	113	0,4	5	—	—	—	—	—	—	—	—	—	—	—	—	—

stoffgehalt[1]). Die martensitischen Manganstähle haben bisher keine Verwendung gefunden, weil sie sich praktisch nicht bearbeiten lassen. Die austenitischen Manganstähle sind bereits 1888 mit ihren merkwürdigen Eigenschaften durch Hadfields[2]) Untersuchungen bekannt geworden. Sie besitzen bei mittlerer Festigkeit außerordentlich hohe Dehnung, Kontraktion und insbesondere hohe spezifische Schlagarbeit. Dabei ist ihre Brinellhärte gering, gleichzeitig aber auch ihre Bearbeitungsfähigkeit, ein Beweis, daß diese beiden Begriffe nicht identisch sind. Der letztere der beiden Umstände hindert ihre Anwendungsfähigkeit, da die Bearbeitung durch Schleifen erfolgen muß, fördert sie aber für alle diejenigen Zwecke, für die hoher Widerstand gegen Abnutzung gefordert wird. Durch besondere Wärmebehandlung (Glühen oder Abschrecken bei 1000 bis 1100°, zur Verhinderung der Bildung von Martensit oder Troostit) kann die Bearbeitungsfähigkeit, insbesondere aber die Zähigkeit dieser Stähle noch wesentlich dem Rohzustande gegenüber gesteigert werden. Die starke Abnahme der magnetischen Permeabilität, sowie die Zunahme der Hysteresis, Remanenz und Koerzitivkraft mit steigendem Mangangehalt legen eine Verwertung dieser Eigenschaften bei der Herstellung permanenter Magnete nahe. Indessen scheint wohl wegen der günstigen, mit Chrom und Wolfram gemachten Erfahrungen eine Veranlassung zur Verwertung des Mangans nach dieser Richtung nicht vorzuliegen. Dagegen sucht man in Dynamo- und Transformatorenblechen den Mangangehalt möglichst niedrig zu halten.

Die nachfolgende Zusammenstellung enthält die wesentlichen Verwendungszwecke der Manganstähle (nach Mars, Spez.-St.):

Verwendungszweck	$^0/_0$ C	$^0/_0$ Mn	$^0/_0$ Si
Spezialbandagen	0,3 —0,4	1,3—1,4	0 1—0,2
Spezialhohlkörper, Flaschen u. dgl. .	0,25—0,35	1,3—1,4	0,1—0,2
Dorne	0,45	1,3	0,1
Schienen[3]), Brechbacken, Baggerbolzen, Schienenherzstücke, Spezialnieten	0,9 —1,1	10,0—13,0	0,2—0,4

10. Nickel.

Erläuterungen zu den Abb. 214 und 215 und Tab. 7.

Die Angaben der **Abb. 214** beziehen sich auf eine Arbeit von Burgess und Aston, Chem. met. Eng. 1910, 191. Das Material wurde durch Zusammenschmelzen von Elektrolyteisen und Nickel gewonnen. Die Ermittelung der elektrischen und magnetischen Eigenschaften erfolgte an dem geschmiedeten, unbehandelten Material.

Die Angaben der **Abb. 215** sind Guillet, All. Mét. 267 entnommen. Die Ergebnisse sind am ungeglühten Material erhalten, das von Commentry-Fourchembault, Imphy (Reihe I) bzw. von J. Holtzer (Reihe II) stammte[4]). Nachfolgend die

---

[1]) Bezüglich der Veränderungsfähigkeit der Eigenschaften durch Wärmebehandlung gilt das gleiche wie bei den Nickelstählen (s. d.).

[2]) Ir. st. Inst. 1888, II, 41.   [3]) Vgl. St. E. 1909, 721.

[4]) Die in diesem Zusammenhange erwähnten Arbeiten Guillets beziehen sich ausnahmslos auf ungeglühtes, also rohgeschmiedetes Material; wenn nicht anders angegeben, stammt dieses von Commentry-Fourchembault, Imphy und ist Tiegelstahl.

Analysen der untersuchten Materialien.

Reihe I.

% C	% Ni	% Mn	% S	% Si	% P
0,206	1,97	0,025	Sp.	0,030	Sp.
0,198	4,90	0,025	0,003	0,043	,,
0,225	7,59	0,050	Sp.	0,081	,,
0,215	9,79	0,025	,,	0,015	,,
0,223	12,27	0,025	0,002	0,014	,,
0,225	15,04	Sp.	Sp.	0,052	,,
0,220	20,01	0,020	0,003	Sp.	,,
0,230	25,06	Sp.	Sp.	0,082	,,
0,194	29,87	0,025	0,002	0,026	,,

Reihe II.

% C	% Ni	% Mn	% S	% Si	% P
0,800	2,20	0,107	0,005	0,100	Sp.
0,776	4,90	0,092	0,004	0,085	,,
0,815	7,09	0,125	0,003	0,100	,,
1,05	7,99	0,097	0,004	Sp.	,,
0,760	12,27	0,092	0,004	0,086	,,
0,769	15,04	0,060	0,007	0,091	,,
0,800	20,01	0,020	0,003	0,089	,,
0,790	25,06	0,070	0,002	Sp.	,,
0,810	29,96	0,030	0,004	0,139	,,

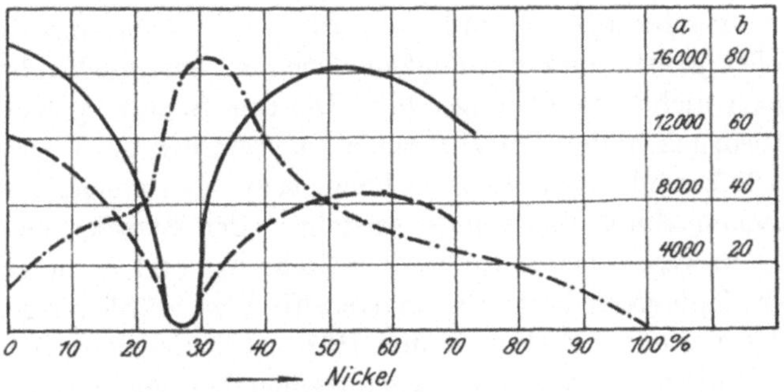

Maßstab   Eigenschaft

a ———— Induktion für $\mathfrak{H} = 100$ in cgs

a — — — Koerzitivkraft für $\mathfrak{H}$ max $= 200$ in cgs

b —·—·— Elektr. Widerstand in Mikro-Ohm/ccm

Abb. 214. Einfluß des Nickels auf die elektrischen und magnetischen Eigenschaften von reinem Eisen. (Burgess und Aston.)

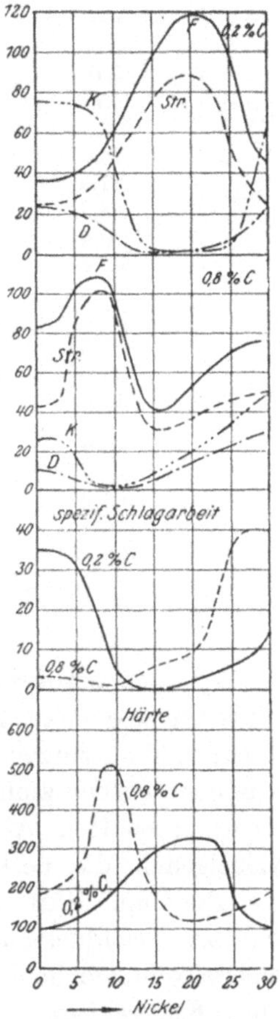

Abb. 215. Einfluß des Nickels auf Festigkeitseigenschaften, Härte und spezifische Schlagarbeit von Stahl mit 0,2 bzw. 0,8 % C. (Guillet.)

Tab. 7. Das von Guillaume, Bull. d'Enc. 1898, 261 benutzte Material stammte von Commentry-Fourchembault. Die Summe der in den Analysen nicht angegebenen Kohlenstoff-, Mangan- und Siliziumgehalte betrug etwa 1%. Der Ausdehnungskoeffizient wurde mit dem Komparator des internationalen Bureaus für Maße und Gewichte in Paris untersucht. Der Elastizitätsmodul ist durch den Biegeversuch an dem in den Endpunkten gelagerten Stab, das spezifische Gewicht nach der hydrostatischen Methode bestimmt worden.

Weder die Warm- und Kaltbildsamkeit, noch die Schweißbarkeit[1]) werden durch Nickel beeinflußt.

---

[1]) Ir. st. Inst. 1895, II, 164.

Tabelle 7.

% Ni	Elastizitätsmodul	Mittl. lin. Ausdehnungskoeffizient zw. 0^0 u. 38^0	Spez. Gew.
0	—	$10{,}354 + 0{,}00523\ t$	—
5,0	$2{,}17 \times 10^6$	$10{,}529 + 0{,}00580$ „	7,787
15,—	—	—	7,903
19,—	1,77 „	$11{,}427 + 0{,}00362$ „	7,913
26,2	1,85 „	$13{,}103 + 0{,}02123$ „	8,096
27,9	1,81 „	$11{,}288 + 0{,}02889$ „	—
28,7	—	$10{,}387 + 0{,}03004$ „	—
30,4	1,60 „	$4{,}570 + 0{,}01194$ „	8,049
31,4	1,55 „	$3{,}395 + 0{,}00885$ „	8,008
34,6	1,54 „	$1{,}373 + 0{,}00237$ „	8,066
35,6	1,49 „	$0{,}877 + 0{,}00127$ „	—
37,3	1,46 „	$3{,}457 - 0{,}00647$ „	8,005
39,4	1,51 „	$5{,}357 - 0{,}00448$ „	8,076
43,6	—	$7{,}992 - 0{,}00273$ „	—
44,4	1,63 „	$8{,}508 - 0{,}00251$ „	8,120
48,7	—	$9{,}901 - 0{,}00067$ „	—
50,7	—	$9{,}824 + 0{,}00243$ „	—
53,2	—	$10{,}045 + 0{,}00031$ „	—
70,3	·1,98 „	$11{,}890 + 0{,}00387$ „	—
100,—	2,16 „	$12{,}661 + 0{,}00550$ „	8,750

Nach Guillaume, Bull. d'Enc. 1898, **3**, 261;
Rev. gén. sc. 1903, **14**, 705.

Von den perlitischen, martensitischen und austenitischen Stählen sind die mittleren wegen zu großer Härte und Sprödigkeit, wie die entsprechenden Manganstähle, zurzeit noch nicht verwendungsfähig. Die drei Strukturgebiete gelangen deutlich zum Ausdruck in den Guilletschen Diagrammen der Festigkeitseigenschaften Abb. 215, und zwar kennzeichnen sich mit steigendem Nickelgehalt die perlitischen durch langsames Ansteigen der Streckgrenze, Festigkeit und Härte mit unwesentlichem Sinken der Dehnung und Kontraktion bei gleichbleibender Schlagfestigkeit; die martensitischen Stähle zeigen außergewöhnlich hohe Streckgrenze, Festigkeit und Härte, bei niedriger Dehnung, Kontraktion und Schlagfestigkeit: die austenitischen besitzen niedrige Streckgrenze, Festigkeit und Härte bei außergewöhnlich hoher Dehnung, Kontraktion und spezifischer Schlagarbeit.

Die für $0{,}1\%$ Nickel aus den Guilletschen Versuchen (vgl. Zusammenstellung Tabelle 8, S. 254) sich ergebenden Veränderungen der Festigkeitseigenschaften, insbesondere die Steigerung der Streckgrenze und der Bruchfestigkeit, stehen in keinem Verhältnis zu den hohen Kosten eines Nickelzusatzes. In der Tat weichen von den Guilletschen Zahlen die ebenfalls in Tabelle 8 mitgeteilten von Waterhouse[1]) erheblich ab, die den Erfahrungen der Bethlehem Steel Company an Schmiedestücken aus Siemens-Martinstahl mit etwa $0{,}5\%$ Mangan entsprechen. Mit diesen erheblich höheren Zahlen stimmen auch die von Riley[2]), von Wedding (Rudeloff)[3]), von Carpenter, Hadfield und Longmuir[4]) sowie von Dumas[5]) gefundenen besser überein,

---

[1]) Ir. st. Inst. 1905, II, 376.   [2]) Ir. st. Inst. 1889, II, 49.
[3]) Verh. Gew. 1894, 125; 1896, 65; 1898, 327; 1902, 81.
[4]) Eng. 1905, 24. Nov.; St. E. 1906, 1054.   [5]) Ir. st. Inst. 1905, II, 276.

dagegen liegen die aus einer späteren Arbeit von Longmuir[1]) sich ergebenden Zahlen etwa in der Mitte zwischen denen von Guillet und von Waterhouse. Im übrigen sagt aber Guillet selber, die Festigkeit der perlitischen Nickelstähle übertreffe diejenige der reinen Kohlenstoffstähle durchschnittlich um 16 kg/qmm. Man wird wohl der Wahrheit nahe kommen, wenn man annimmt, daß die Beeinflussung der Festigkeitseigenschaften des schmiedbaren Eisens durch Nickel etwa in der Mitte zwischen den Guilletschen und den Waterhouseschen Zahlen liegt. Es darf ferner auch nicht unerwähnt bleiben, daß mit zunehmendem Nickelgehalt in den perlitischen Stählen das durch Wärmebehandlung, im besonderen durch das Vergüten erreichbare Maß der Verbesserungsfähigkeit den reinen Kohlenstoffstählen gegenüber steigt, ferner aber auch Nickel in hohem Maße härtende Wirkung besitzt, also den Kohlenstoff in fester Lösung zurückzuhalten bestrebt ist. Aus diesem Umstand ergibt sich natürlich auch eine Veränderungsmöglichkeit der Eigenschaften der Nickelstähle durch Wärmebehandlung in erheblich weiteren Grenzen, als dies bei Kohlenstoffstählen der Fall ist.

Die austenitischen Nickelstähle werden auf Grund mehrerer Eigenschaften technisch verwertet. Einmal besitzen sie wie die entsprechenden Manganstähle hohen Widerstand gegen Abnutzung, wobei sie diesen gegenüber den Vorteil leichterer Bearbeitungsfähigkeit aufweisen. Sie werden aus diesem Grunde z. B. zur Herstellung von Ventilen für Explosionsmotoren verwendet. Sodann sind diese Stähle, wenigstens nach geeigneter Wärmebehandlung, praktisch unmagnetisch, und sie werden daher als sogenannte Antimagnete (z. B. für die Panzergehäuse von Kreiselkompassen, Periskoprohre, Wicklungskappen) verwertet. Ferner bietet ihr hoher elektrischer Widerstand Gelegenheit zu ihrer Verwendung als Widerstandsdraht (auch in elektrischen Glühlampen), ihr hoher Widerstand gegen Rostangriff und ihr niedriger Ausdehnungskoeffizient macht sie endlich geeignet zur Herstellung von chronometrischen, geodätischen und ähnlichen Präzisionsinstrumenten, doch ist auch hier eine geeignete Wärmebehandlung Vorbedingung.

Dem sogenannten Invarstahl mit 35—38$^0/_0$ Nickel und 0,3—0,5$^0/_0$ Kohlenstoff wird neuerdings[2]) ein Stahl mit 42$^0/_0$ Nickel zur Herstellung von Längennormalmaßen vorgezogen, weil er stabiler als jener ist, schwächer oxydiert und geringere Wärmeausdehnung als Platin besitzt. Bei zweckmäßiger Erzeugung und Wärmebehandlung übersteigt die spezifische Ausdehnung nicht $\pm\,0{,}1 \times 10^{-6}$ pro Grad, so daß bei einer geforderten Genauigkeit der Längenmessungen von einem Millionstel mm die Kenntnis der Temperatur auf 10^0 genau erforderlich ist. Für technische Präzisionsmessungen, zur Prüfung von Leeren und dgl. wird eine 56$^0/_0$ige Eisennickellegierung verwendet, die unveränderlicher als Stahl ist und ungefähr gleiche Ausdehnung, aber geringere Neigung zur Korrosion besitzt.

Die nachfolgende Zusammenstellung[3]) orientiert über die Hauptverwendungsgebiete der Nickelstähle.

---

[1]) Ir. st. Inst. 1909, I, 383.   [2]) Fer. 1916/17, 79.
[3]) Vgl. Mars, Spez. St. 359.

Verwendungszweck	% Ni	% C
Rohre, Bleche, Nieten	1—2	0,05—0,15
Im Einsatz zu härtende Konstruktionsteile von Maschinen und Automobilen, wie Zahn- und Kettenräder, Nocken und Daumenwellen, Zapfen, Bolzen usw..	2,5—8	0,05—0,15
Kesselblech, Brückenbaumaterial, Kanonenrohre	1,5—3,5	0,2 —0,45
Kurbel- und Transmissionswellen, Achsen, Pleuelstangen . .	3—5	0,2 —0,45
Zahnräder, Zapfen, Bolzen	4—6	0,25—0,45
Ventile für Explosionsmotoren, elektr. Widerstände	25—28	0,3 —0,5
Chronometrische, geodätische und ähnliche Präzisionsinstrumente (Invarstahl).	35—38	0,5 (Mangan dgl.)
Glühlampendraht Platinit (Ersatz für Platin), Einfassung von Linsen (Ausdehnungskoeffizient gleich dem des Platins und des Glases	46	0,15

11. Chrom.

Erläuterungen zu den Abb. 216—220.

Die Angaben der Abb. 216 bzw. 217 beziehen sich auf eine Arbeit von Guillet, Rev. Mét. 1904, 155 bzw. von Boudouard, Rev. Mét. 1912, 294, und sind an rohgeschmiedeten Materialien von folgender Analyse gewonnen:

Reihe I.

% C	Cr %	% Si	% S	% P	% Mn
0,043	0,703	0,971	Sp.	0,015	Sp.
0,058	1,207	0,700	—	0,016	,,
0,214	4,507	0,232	0,008	0,010	,,
0,071	7,835	0,120	0,014	0,020	,,
0,114	9,145	0,338	0,004	0,015	,,
0,154	10,136	0,200	0,028	0,006	,,
0,124	13,603	0,210	0,015	0,016	,,
0,382	14,522	0,469	0,011	0,015	,,
0,210	22,060	0,527	Sp.	0,011	,,
0,244	25,306	0,256	0,013	0,020	0,108
0,464	31,746	0,373	0,006	0,024	Sp.

Reihe II.

% C	% Cr	% Si	% S	% P	% Mn
0,065	0,519	0,243	0,017	0,015	0,027
0,973	0,986	0,221	0,016	0,013	0,244
0,887	2,741	0,280	0,033	0,020	0,108
0,789	4,570	0,420	0,023	0,016	Sp.
0,840	7,279	0,409	0,031	0,018	0,0.6
0,751	9,376	0,885	0,005	0,024	Sp.
0,961	11,521	0,409	0,047	0,013	0,056
0,741	14,538	0,486	0,038	0,008	Sp.
0,905	18,650	0,745	0,007	0,010	,,
0,820	26,541	0,585	0,008	0,016	,,
0,916	32,560	0,469	0,012	0,021	,,
0,828	36,340	0,326	0,014	0,026	,,

Die Angaben der Abb. 218 beziehen sich auf eine Arbeit von Mars, St. E. 1909, 1671. Das Material ist im Tiegelofen hergestellt und stammt von den Böhlerschen Stahlwerken. Es wurden Stangen von 20 × 10 mm geschmiedet, und zwar bei der für jede Qualität erfahrungsgemäß günstigsten Temperatur. Nach dem Erkalten wurden die Stangen bei der erfahrungsgemäß günstigsten Temperatur zu Telephonmagneten gebogen und nach dem Appretieren auf Schenkellänge bis zur völligen Erkaltung in Wasser gehärtet. Die gehärteten Magnete wurden auf die genaue innere Maulweite geschliffen und sodann in der üblichen Weise durch Abstreichen auf einem starken Elektromagneten magnetisiert. Die Analysen der untersuchten Legierungen waren folgende:

% C	% Cr	% Mn	% Si	Gehärtet in Wasser bei ⁰ C
0,81	—	0,20	0,08	820
0,97	—	0,15	0,20	810
1,01	1,21	0,25	0,20	720
0,78	1,30	0,20	0,19	750
0,82	1,40	0,18	0,19	750
1,05	1,62	0,24	0,15	750
1,02	2,14	0,23	0,21	750

Die Bestimmung des remanenten Magnetismus erfolgte auf einem Magnetometer von Siemens & Halske. Die Ablesungen an der Skala sind in Abb. 218 als Ordinaten eingetragen. Ein direkter Vergleich mit der in dem Kopselschen Apparat in cgs ermittelten Remanenz ist nur durch umständliche Rechnung möglich, doch besitzen die Angaben der Abb. 218 relativen Wert.

Die Warmbildsamkeit wird durch Chrom nicht beeinflußt[1]). Über den Einfluß des Chroms auf die Kaltbildsamkeit liegen keine Versuche vor. Die Schweißbarkeit soll bereits bei 0,3 % Chrom verschwunden sein[1]).

Bei der Beurteilung der aus den Guilletschen Ergebnissen herausgerechneten Änderungen der Festigkeitseigenschaften (vgl. Zusammenstellung Tab. 8) ist zu berücksichtigen, daß Chrom ein Element ist, das die Zurückhaltung des Kohlenstoffs in fester Lösung begünstigt, doch reicht es in diesem Sinne bei weitem nicht an die Wirkung der Elemente Mangan und Nickel heran. Während es möglich ist, durch geeignete Wärmebehandlung (Glühen über Ac_3 und sehr langsame Abkühlung) die nach Guillet martensitischen Chromstähle in perlitische überzuführen, ist dies für die entsprechenden Mangan- und Nickelstähle nicht so leicht durchführ-

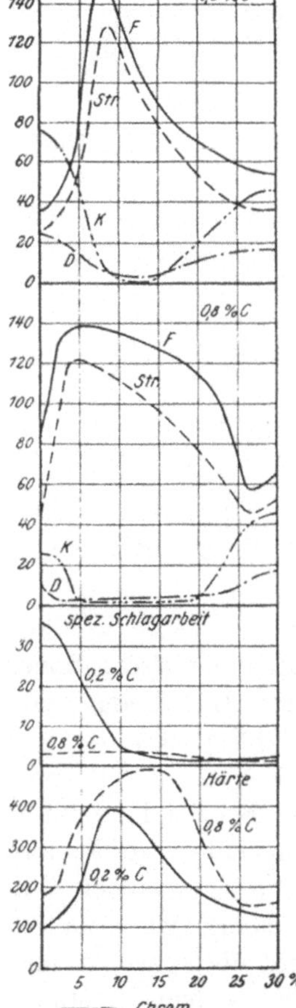

Abb. 216. Einfluß des Chroms auf die Festigkeitseigenschaften, Härte und spezifische Schlagarbeit von Stahl mit 0,2 bzw. 0,8 %C. (Guillet.)

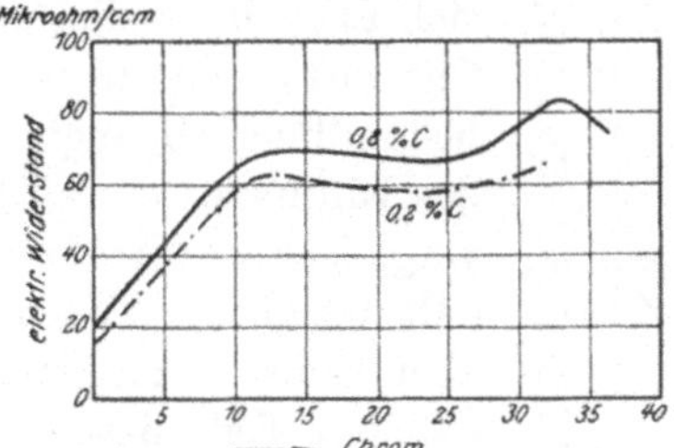

Abb. 217. Einfluß des Chroms auf den elektrischen Leitwiderstand von Stahl mit 0,2 bzw. 0,8% C. (Boudouard.)

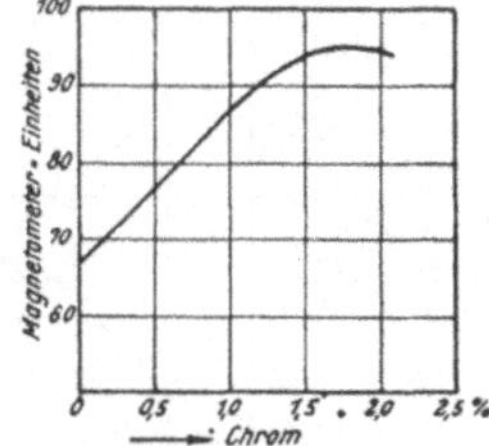

Abb. 218. Einfluß des Chroms auf die magnetischen Eigenschaften von Stahl mit 1% C. (Mars.)

1) Vgl. Portevin, C. R. 1911, **153.** 64; St. E. 1911, 2115.

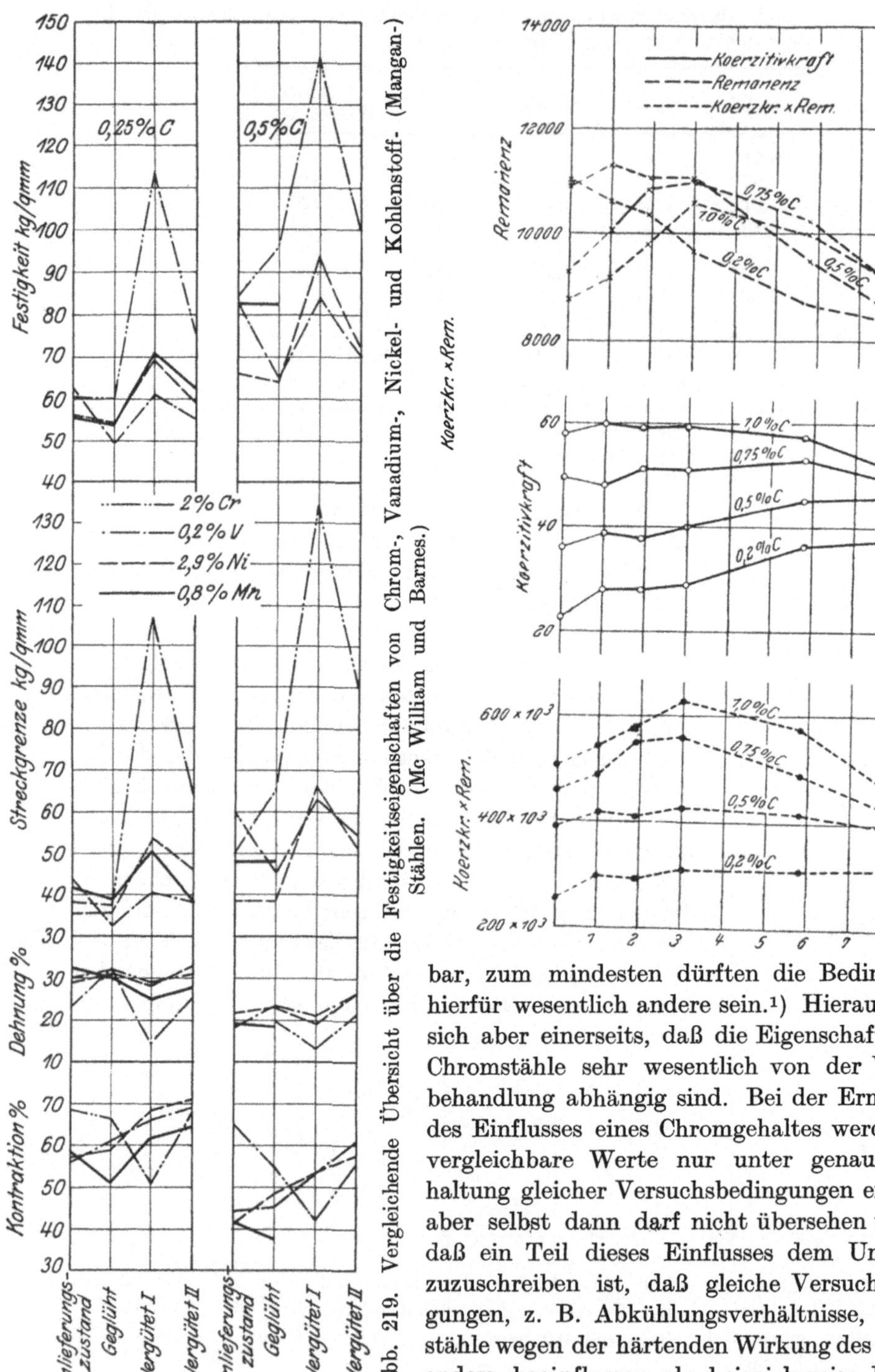

Abb. 219. Vergleichende Übersicht über die Festigkeitseigenschaften von Chrom-, Vanadium-, Nickel- und Kohlenstoff- (Mangan-) Stählen. (Mc William und Barnes.)

Abb. 220. Koerzitivkraft und Remanenz von Chromstahl mit verschiedenem Kohlenstoffgehalt. Alle Legierungen sind bei 850° gehärtet. (Gumlich.)

bar, zum mindesten dürften die Bedingungen hierfür wesentlich andere sein.[1]) Hieraus ergibt sich aber einerseits, daß die Eigenschaften der Chromstähle sehr wesentlich von der Wärmebehandlung abhängig sind. Bei der Ermittlung des Einflusses eines Chromgehaltes werden also vergleichbare Werte nur unter genauer Einhaltung gleicher Versuchsbedingungen erhalten, aber selbst dann darf nicht übersehen werden, daß ein Teil dieses Einflusses dem Umstande zuzuschreiben ist, daß gleiche Versuchsbedingungen, z. B. Abkühlungsverhältnisse, Chromstähle wegen der härtenden Wirkung des Chroms anders beeinflussen als beispielsweise Kohlen-

---

[1]) Vgl. Portevin, C. R. 1911, **153.** 64; St. E. 1911, 2115.

stoffstähle, der Einfluß des Chroms also unter Umständen mehr mittelbar als unmittelbar zum Ausdruck gelangt. Anderseits gibt die härtende Wirkung des Chroms Anlaß zu weit größerer Veränderungsfähigkeit der Eigenschaften von Chromstählen durch Wärmebehandlung, als dies bei Kohlenstoffstählen der Fall ist. Abb. 219 zeigt die Veränderungsfähigkeit der Festigkeitseigenschaften von ähnlich behandelten Chrom-, Vanadium-, Nickel- und Kohlenstoff- (Mangan-) Stählen mit etwa 0,25 und 0,5 % Kohlenstoff sowie 2 % Chrom, 0,2 % Vanadium, 2,9 % Nickel und etwa 0,8 % Mangan[1]) nach Mc William und Barnes. Die genaue Zusammensetzung der Stähle war folgende:

% C	% Mn	% Cr	% V	% Ni
0,25	0,23	1,99	—	—
0,50	0,24	1,99	—	—
0,23	0,16	—	0,16	—
0,40	0,23	—	0,23	—
0,28	0,15	—	—	2,90
0,47	0,14	—	—	2,92
0,27	0,68	—	—	—
0,50	0,92	—	—	—

Aus Abb. 219 geht hervor, daß die Vanadium-, Nickel- und Kohlenstoff- (Mangan-)Stähle keine beträchtlichen Abweichungen untereinander aufweisen. Dies gilt insbesondere für die vergüteten Stähle. Man kann also 0,2 % Vanadium, 2,9 % Nickel und etwa 0,8 % Mangan als ungefähr gleichwertig ansehen. Anders verhält es sich mit Chrom. 2 % dieses Elementes vermögen bei nicht zu großem Abfall der Dehnung und Kontraktion eine beträchtliche Steigerung der Streckgrenze und Festigkeit in den vergüteten Stählen herbeizuführen. Leider ist der Wert der vorstehenden Ergebnisse dadurch beeinträchtigt, daß Mitteilungen über das Verhalten der spezifischen Schlagarbeit fehlen.

Abgesehen von der Verbesserungsmöglichkeit der Festigkeitseigenschaften durch Chromzusatz, die den Chromstahl als Konstruktionsmaterial geeignet machen, ist es auch die Härtesteigerung, und zwar sowohl die unmittelbare, durch den höheren Gehalt an Doppelkarbid bei gleichem Kohlenstoffgehalt bzw. durch eine etwaige höhere Härte dieses Karbids hervorgerufene, als auch die durch Wärmebehandlung zu erzielende mittelbare, die ihm ein Anwendungsgebiet bei der Werkzeugherstellung eröffnet hat.

Außer den älteren Untersuchungen von Curie[2]) und von Mars[3]) (vgl.

---

[1]) Chromstähle, Ir. st. Inst. 1910, I, 246. Vanadiumstähle, Ir. st. Inst. 1911, I, 294; St. E. 1911, 903. Nickelstähle, Ir. st. Inst. 1911, I,269; St. E. 1911, 818. Kohlenstoff-(Mangan-)Stähle, St. E. 1909, 797. Die Kohlenstoffmanganstähle entstammen dem Bessemer-Konverter. $Si = 0,04\,\%$; $P = 0,06\,\%$. Die Stähle sind im Tiegel hergestellt in Blöcken von 75 × 75 mm und zu runden Stäben von 25 mm Stärke ausgeschmiedet. Siliziumgehalt 0,1 %, Phosphor und Schwefel etwa 0,02 %.

Die Dehnung bezieht sich auf 50,8 mm Meßlänge, der Stabdurchmesser betrug 14,3 mm. Das Glühen der Stähle erfolgte bei 950° und die Erkaltung an der Luft. Nur die Nickelstähle wurden bei 900° geglüht. In Abb. 219 bedeutet ferner:

Vergütet I: bei 800° gehärtet, bei 550° angelassen
Vergütet II: „ 800° „ , „ 700° „
Nur die Nickelstähle machen hiervon eine Ausnahme. Hier bedeutet:
Vergütet I: bei 850° gehärtet, bei 600° angelassen.

[2]) Bull. d'Enc. 1898, 54.   [3]) St. E. 1909, 1771.

Abb. 218) hat eine neuere von Gumlich[1]) den Nachweis der Brauchbarkeit des Chroms als Legierungselement für Dauermagnete erbracht und dessen Konkurrenzfähigkeit mit dem bisher meist verwendeten Wolfram bewiesen. Abb. 220 zeigt die wesentlichen Ergebnisse der Gumlichschen Arbeit an den bei 850⁰ in Wasser gehärteten Legierungen, die außer Chrom und Kohlenstoff nur unwesentliche Mengen andrer Legierungsbestandteile, insbesondere des schädlichen Siliziums ($\leq 0,3$) enthielten. Die Untersuchung erfolgte im kleinen. Joch an 22 cm langen Stäben, und zwar wurden die Schleifen bis zur Feldstärke $\mathfrak{H} = 300$ ermittelt und bei der Berechnung durch eine Scherung verbessert. Die Koerzitivkraft wurde mit dem Magnetometer ermittelt. Das Produkt Remanenz $\times$ Koerzitivkraft dient als brauchbarer Maßstab für den Vergleich von Magnetstählen. Was zunächst den Kohlenstoffgehalt betrifft, so ging aus den Untersuchungen hervor, daß eine Steigerung über 1—1,1⁰/₀ hinaus keine wesentlichen Vorteile bot. Mit steigendem Chromgehalt steigt bis rd. 6⁰/₀ Chrom die Koerzitivkraft, und zwar stärker bei niedrigen als bei höheren Kohlenstoffgehalten. Die Remanenz zeigt dagegen bei etwa 3⁰/₀ Chrom und 0,75 sowie 1⁰/₀ Kohlenstoff ein Maximum. Bei niedrigen Kohlenstoffgehalten sinkt die Remanenz, bei höheren (zwischen 1 und 1,75⁰/₀) steigt sie kontinuierlich mit dem Chromgehalt, doch schließt im letzteren Falle der verhältnismäßig niedrige Betrag eine praktische Verwertung des Umstandes aus. Das Optimum der Eigenschaften (R. CK) wird bei den gewählten Behandlungsarten (Härten bei 850⁰ und 900⁰) bei etwa 1⁰/₀ Kohlenstoff und 3—5⁰/₀ Chrom erreicht.

Die Haltbarkeit der Chromstahlmagnete gegen Erschütterungen und Temperaturschwankungen steigt im allgemeinen sowohl mit dem Chrom- wie mit dem Kohlenstoffgehalt, wogegen ein verhältnismäßig geringer Siliziumgehalt (0,3—0,6⁰/₀) außer der Haltbarkeit auch die Leistungsfähigkeit herabmindert. Der Siliziumgehalt sollte daher 0,1⁰/₀ nicht übersteigen (vgl. a. Abschn. V, 6).

Als Kugel- und Kugellagerstahl hat sich der Chromstahl den Markt erobert. Voraussetzung für seine Verwendung ist das Vorhandensein von körnigem Perlit.

Eine der wichtigsten Eigenschaften des Chroms ist aber seine Fähigkeit, dem schmiedbaren Eisen hohen Widerstand gegen Rosten und Säureangriff zu erteilen. Es handelt sich hierbei um eine Passivierung, d. h. um eine Verminderung der Fähigkeit des Eisens, Ionen in einen Elektrolyten zu senden. Die Passivierung kommt nach Tammann[2]) beim gewöhnlichen Eisen wahrscheinlich dadurch zustande, daß z. B. nach Eintauchen in Salpetersäure jedes Eisenatom der Oberfläche sich mit einem Sauerstoffatom verbindet und hierdurch der Zusammenhang mit den tieferliegenden Eisenatomen verloren geht. Das Eisen wird auf diese Weise edler, ohne daß Bildung einer merklichen Oxydhaut erfolgt[3]). Die Eisen-Sauerstofflegierung an der Oberfläche des passivierten Metalles ist nicht beständig und die Passivität geht daher mit der Zeit verloren. Der Zusatz gewisser Chrommengen erhöht die Stabilität der Oberflächenhaut. Anderseits ist aber die Schutzwirkung durch Passivwerden des

---

[1]) St. E. 1922, 43.   [2]) St. E. 1922, 577.

[3]) R. Borchers, Diss. Aachen, 1914, hat den experimentellen Nachweis für die Gegenwart von Sauerstoff in der passivierten säurefesten Borcherslegierung erbracht.

einen Metalls nur eine bedingte, sie besteht nur gegenüber denjenigen Agenzien, die die Passivität erzeugen. Nun ist Chrom in der Spannungsreihe etwas edler als Eisen, aber es geht von selbst an der Luft oder in wässerigen Lösungen in den passiven Zustand über, nur darf die Lösung keine Salzsäure enthalten. Daher sind auch die säurefesten Eisen-Chromlegierungen gegenüber dieser Säure nicht beständig.

Daß die Beständigkeit gegen verdünnte Salpetersäure zwischen 4 und 14% Chrom in kohlefreien Legierungen ungeheuer rasch zunimmt und etwas langsamer zwischen 14 und 20% zeigten die systematischen Versuche von Monnartz[1]. Eine Vorstellung des Widerstandes der 20%igen Legierung gegen verdünnte Salpetersäure erhält man durch die Tatsache, daß einige tausend Jahre erforderlich wären, um bei ununterbrochenem Kochen in dieser Säure ein Millimeter der Oberfläche eines Würfels abzulösen. Monnartz fand ferner, daß über 20% Chrom kaum eine Änderung der Löslichkeit in verdünnter Salpetersäure erfolgte. Ganz allgemein ist nach Monnartz jede Kombination salpetersäurebeständig, die aus einem in Salpetersäure edlen und einem passivierbaren Metall besteht, wenn die Konzentration des ersteren eine genügende ist. Ein Zusatz von Wasserstoffverbindungen der Halogene und von Chlorsalzen führte die Entpassivierung der Eisen-Chromlegierungen mehr oder minder rasch herbei, doch wiesen die Legierungen mit 40—100% Chrom einen höheren Widerstand in dieser Beziehung auf, und dies gilt insbesondere für die Legierung mit 65% Chrom. Die Gegenwart von Kohlenstoff in der Form des an und für sich in Salzsäure und Schwefelsäure schwer löslichen Karbides erhöht die Beständigkeit gegen diese entpassivierenden Agenzien. Monnartz untersuchte ferner den Einfluß anderer Stoffe auf den Widerstand gegen entpassivierende Agenzien. Obwohl diese Frage eigentlich in das Gebiet der komplexen Stähle gehört, sei sie hier kurz des engeren Zusammenhanges wegen besprochen. Monnartz stellte den günstigen Einfluß geringer Mengen andrer Elemente auf Chromeisenlegierungen fest und glaubt den Satz vertreten zu können, daß die in Salzsäure edlen Metalle, die außerdem mit Eisen oder Chrom legiert noch leicht Passivität annehmen, der entpassivierenden Wirkung entgegenzuarbeiten vermögen. Auf Grund seiner Versuche erwähnt er von solchen Elementen insbesondere Wolfram und Molybdän.

Die Hauptgrundlage für die Verwendungsmöglichkeit der hochprozentigen Chromstähle bildet außer ihrer Widerstandsfähigkeit gegen organische Säuren wie Zitronensäure und Essigsäure ihr Widerstand gegen Rosten. Monnartz erwähnt bereits, daß die in verdünnter Salpetersäure nicht angreifbaren Legierungen gegen Atmosphärilien und Flußwasser beständig sind.

Seit dem Erscheinen der Monnartzschen Arbeit hat die Literatur über die rostfreien Chromstähle wesentlich zugenommen[2]. Zu den bisher erwähnten Eigenschaften tritt noch der Widerstand gegen Oxydation bei hohen Temperaturen. Man kann gemäß der nachfolgenden Zusammenstellung nach Daeves[2] rostfreies Eisen oder weichen, d. h. nicht härtbaren rostfreien Stahl mit geringem Kohlenstoffgehalt, und harten, d. h. in Wasser, Öl oder an der Luft

---

[1] Met. 1911, 161.
[2] Vgl. die Literaturzusammenstellung von Daeves, St. E. 1922, 1315.

Nr. u. Herkunft	Bezeichnung	% C	Festigkeit kg/qmm	Schmiedbarkeit und Verwendung	Analysenbeispiel				
					C %	Cr %	Ni %	Si %	Mn %
1 England	Rostfreies Eisen	0,1	47—110	Handschmiedbar, auch im Gesenk, kalt zu bearbeiten, verschiedenste Verwendung	0,07	11,7	0,57	0,08	0,12
2 England	weicher, rostfreier Stahl	0,1—0,2	63—126	Leicht unter dem Krafthammer zu schmieden, härtbar, Schneidmesser für weiches Material	0,07	13,3	0,40	0,32	0,29
3 England	mittelharter rostfr. Stahl	0,2—0,3	71—142	Nur unter Maschinenhammer schmiedbar, lufthärtend, sorgsam zu kühlen. Scharfe, dauerhafte Schneidstähle	0,15	11,8	0,77	0,09	0,16
4 England	Rostfr. Stahl	0,3—0,4	70—173	Schmiedbarkeit etwa wie 3	0,37	12,0	0,55	0,19	0,14
5 England	harter rostfreier Stahl	$\geqq$ 0,5	—	Sehr schwer schmiedbar, große Festigkeit bei hoher Temperatur. Wird leichter angegriffen als weicher Stahl. Werkzeugstähle.	1,01	11,8	—	0,06	0,28
6 Krupp	V 5 M	—	—	—	0,15	13	0,6	—	—
7 Krupp	V 3 M	—	—	—	0,40	12	0,6	—	—
8 Krupp	V 2 A	0,25	80	Schmiedbar wie Cr-Ni-Stahl von hoher Festigkeit, härtbar	0,25	20	7	—	—
9 Krupp	V 1 M	0,15	80	Wie 8, jedoch nicht härtbar	0,15	14	2	—	—

härtbaren unterscheiden, dessen Kohlenstoffgehalt höher ist. Ferner ist der quaternäre Kruppsche V 2 A-Stahl rein austenitisch und daher nicht härtbar. Nickel erhöht nach Strauß und Maurer[1]) den Widerstand gegen Rosten, und das Nickel ist nach ihnen zur Erzielung der notwendigen Zähigkeit erforderlich. Die vorerwähnten Verfasser beanspruchen ferner das Verdienst, gezeigt zu haben, daß die selbsthärtenden Chrom-Nickel-Stähle des martensitischen Gebietes sich durch Anlassen wenig unter Ac_1 in den troostitischen Zustand leichter Bearbeitbarkeit überführen lassen[2]).

Ob die geringen Nickelmengen der englischen rostfreien Stähle mit Absicht zugesetzt sind, kann mit Bestimmtheit nicht angegeben werden. Keinesfalls aber scheint schon heute über die zweckmäßigste Analyse ein Urteil möglich zu sein[3]), da ihr Einfluß bei Rostversuchen von Zufälligkeiten überdeckt werden kann. Wendt[4]) teilt folgende Zahlen mit, die einen Vergleich der rostfreien Kruppschen Stähle mit Eisen und mit den Nickelstählen ermöglichen, die bisher als die rostsichersten Stähle angesehen wurden.

---

1) Kruppsche Monatsh. 1920, 129.

2) Es liegen also hier ähnliche Verhältnisse wie für die martensitischen Chromstähle vor, die ja nach Oberhoffer und Daeves (St. E. 1920, 1515) durch eine ähnliche Glühbehandlung weich gemacht werden können. Daß auch martensitische Nickelstähle in gleicher Weise in den weichen Zustand überführbar sind, war weniger bekannt, obwohl bereits Osmond und Werth 1899 diese Feststellung machten, die inzwischen wohl durch entgegengesetzte Ergebnisse von Guillet wieder in Vergessenheit geriet. Neuerdings hat Aall (St. E. demnächst) die Richtigkeit der Beobachtungen von Osmond und Werth nachgewiesen.

3) Rawdon und Krynitsky, Chem. Met. Eng. 1922, 171; St. E. 1923, 667.

4) Kruppsche Monatsh. 1922, 133.

Material	Gewichtsabnahme	
	durch Korrosion in See-wasser von 20⁰	in 10⁰/₀iger Salpetersäure von 20⁰
Eisen	100	100
Nickelstahl 5⁰/₀	—	97
„ 9⁰/₀	79	—
„ 25⁰/₀	55	69
Nichtrostender Kruppstahl V 1 M	5,2	—
Nichtrostender Kruppstahl V 2 A	0,6	0

Die Verwendbarkeit der rostfreien Stähle ist naturgemäß eine fast unbegrenzte um so mehr, als sich die Festigkeits- und sonstigen Eigenschaften, wie die Zusammenstellung nach Daeves lehrt, innerhalb der weitesten Grenzen bewegen. Vorläufig hindert an der weitgehenden Verwendung hauptsächlich ihr hoher Preis, der etwa das 12—15fache des gewöhnlichen Stahles betragen soll. Hierzu kommt allerdings, daß die rostsicheren Stähle einer weit individuelleren Behandlung bedürfen als gewöhnliche Stahlsorten. Daeves erwähnt folgende Verwendungszwecke:

Tafelbestecke, chirurgische und zahnärztliche Instrumente, Pumpen, Ventil-, Leitungsteile, Kessel für die chemische Industrie, Turbinenschaufeln, Schiffsschrauben, Beschläge für Schubladengriffe, Kochgeschirre, Münzen, Schiffsbeschläge, Eisenbahnwagenausstattungen, Automobilhauben und -Kästen, Spiegel, Radscheiben, Kaminausstattungen.

Die Eigenschaft des nichtrostenden Stahls, auch der Oxydation bei hohen Temperaturen zu widerstehen, hat neuerdings seine erfolgreiche Verwendung zur Herstellung von Ventilen für Luftfahrzeuge und Automobile im Gefolge gehabt[1]).

Die nachfolgende Tabelle, hauptsächlich nach Mars[2]), gibt Aufschluß über Zusammensetzung und Verwendungszwecke der Chromstähle mit Ausnahme der bereits erwähnten Verwendungszwecke rostsicherer Stähle.

Verwendungszweck	⁰/₀ C	⁰/₀ Cr	⁰/₀ Si	⁰/₀ Mn
Bleche für Preßteile	0,4 —0,45	1,0	0,2—0,3	0,5—0,6
Wagen -und Arbeitsfedern. . .	0,2 —0,4	1,5	0,2	0,3
Hand- und Preßluftmeißel. . .	0,3 —0,5	1—1,5	0,2	0,2
Spiralbohrer,Sägeblätter,Schnitte	0,9 —1,0	0,5	0,2	0,2
Fräser, Rasiermesser, Schuster-kneipe, Sägefeilen und ähnl.				
Schneidwerkzeuge.	1,4 —1,5	0,3—0,5	0,2	0,15
Lochdorne, Stempel, Kaltwalzen, Zieheisen[3])	0,8 —1,0	2—4	0,25	0,25
	1,8 —2,0	2,0—2,5	0,3	0,25
	1,5 —1,8	13—14	0,5	0,25
Kugellager.	0,85—0,95	1,0—1,3	0,2	0,3
Kugeln	0,95—1,05	1,3—1,5	0,25	0,20
Dauermagnete	1,0 —1,10	1,6—1,8	0,15	0,24

---

[1]) Gabriel, Ir. Age 1920, 1465; French, Mech. Eng. 1920, 501.

[2]) Spez. Stähle 269.

[3]) Es handelt sich zum Teil hier um Legierungen mit sehr großen Mengen des Ledeburit-ähnlichen Eutektikums. In diesem Falle werden sie meist im gegossenen Zustand verwendet.

12. Wolfram.

Erläuterungen zu den Abb. 221 und 222.

Die Angaben der Abb. 221 beziehen sich auf eine Arbeit von Guillet, Rev. Mét. 1904, 263. Das Material hatte folgende chemische Zusammensetzung:

Reihe I.

% C	% W	% Mn	% Si	% S	% P
0,117	0,412	Sp.	0,035	Sp.	0,013
0,110	0,930	,,	0,058	0,005	0,016
0,110	1,750	,,	0,036	0,008	0,010
0,128	4,965	,,	0,035	Sp.	0,015
0,173	11,89	0,067	0,046	0,013	0,008
0,201	14,37	Sp.	0,060	0,008	0,013
0,221	20,71	,,	0,139	0,013	0,011
0,219	24,35	,,	0,112	0,014	0,013
0,276	27,05	,,	0,139	0,012	0,016

Reihe II.

% C	% W	% Mn	% Si	% S	% P
0,861	0,397	0,027	0,040	0,033	0,012
0,658	0,951	0,054	0,120	0,023	0,015
0,795	2,750	0,054	0,058	0,019	0,010
0,828	4,678	Sp.	0,140	0,018	0,008
0,815	9,991	,,	0,093	0,014	0,015
0,712	14,749	,,	0,117	0,023	0,015
0,737	19,25	,,	0,006	0,018	0,070
0,743	25,276	,,	0,333	0,015	0,011
0,836	31,329	,,	0,233	0,024	0,015
0,867	39,967	,,	0,280	0,017	0,006

Die Angaben der Abb. 222 beziehen sich auf eine Arbeit von Mars, St. E. 1909, 1671. Die Analysen der untersuchten Legierungen waren folgende:

% C	% W	% Mn	% Si	Gehärtet in Wasser bei ⁰ C
0,65	—	0,12	0,15	850
0,64	1,12	0,26	0,25	820
0,62	1,96	0,20	0,22	800
0,57	5,47	0,26	0,18	930
1,17	—	0,23	0,18	780
1,15	0,68	0,23	0,20	780
1,16	1,20	0,20	0,19	750
1,20	3,22	0,29	0,28	740
1,25	8,65	0,30	0,27	930

Im übrigen gelten dieselben Bemerkungen wie für die vom gleichen Verfasser untersuchten Chromstähle.

Die Warmbildsamkeit wird durch Wolfram nicht beeinflußt[1]). Indessen soll die Verarbeitung der Wolframstähle einen wesentlich höheren Kraftaufwand bedingen[2]). Ferner soll das Wärmeleitvermögen mit dem Wolfram-

---

[1]) Ledebur, Eisenhüttenkunde III, 15.   [2]) Mars, Spezialstähle 281.

gehalt außerordentlich rasch sinken[1]), so daß die Wolframstähle sehr vorsichtig angewärmt werden müssen, wenn Spannungsrisse vermieden werden sollen. Reines Wolfram ist zwar ein sehr duktiles Metall, doch ist nicht bekannt, nach welcher Richtung die Kaltbildsamkeit des Eisens durch Wolfram beeinflußt wird.

Die Schweißbarkeit soll nach Hadfield[2]) schon bei einem Gehalt von 0,2 % verschwinden, doch gelingt die Schweißung selbst der hochprozentigen Wolframstähle unter Zuhilfenahme eines Lötmittels (Kupfer) oder eines Schweißmittels[3]) (Eisenfeilspäne und Borax).

Wolfram gehört zu den härtenden Elementen, und es gelten daher dieselben Bemerkungen wie beim Chrom. Wolfram erhöht zwar Streckgrenze und Festigkeit nicht so stark wie Chrom[4]), erniedrigt aber dafür Dehnung, Kontraktion und spezifische Schlagarbeit weniger als jenes Element, wenigstens deuten die Guilletschen Ergebnisse darauf hin. Wolfram macht also den Stahl zäher.

Die nachfolgende Zusammenstellung zeigt bei einer Reihe ähnlich hergestellter und behandelter Stähle den Einfluß der Elemente Nickel, Chrom, Wolfram, Molybdän und Vanadium. Die Stähle sind 30 Min. bei 900—950⁰

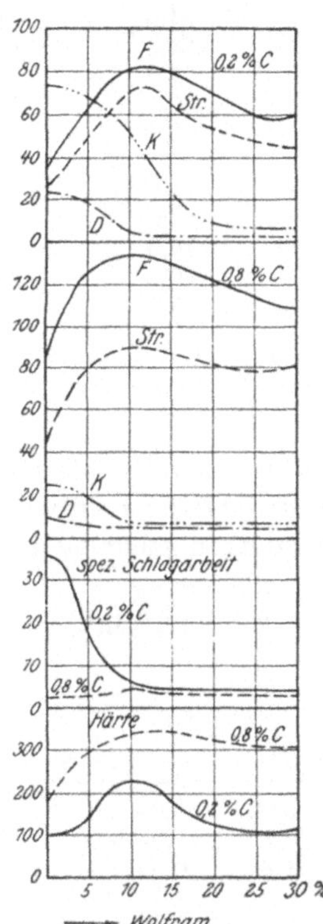

Abb. 221. Einfluß des Wolframs auf Festigkeitseigenschaften, Härte und spezifische Schlagarbeit von Stahl mit 0,2 bzw. 0,8 % C. (Guillet.)

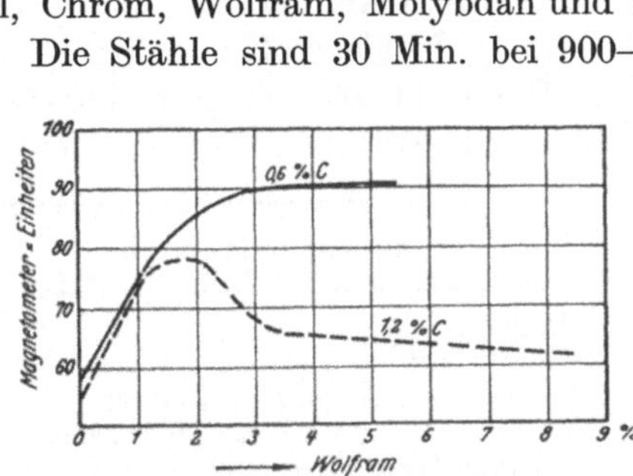

Abb. 222. Einfluß des Wolframs auf die magnetischen Eigenschaften von Stahl mit 0,6 bzw. 1,2 % C. (Mars.)

geglüht und an der Luft abgekühlt worden. Der Mangangehalt beträgt durchweg etwa 0,2 %, der Siliziumgehalt unter 0,1 %, der Phosphor- und Schwefelgehalt etwa 0,2 %. Diese Ergebnisse stimmen bezüglich des Einflusses von Chrom und Wolfram mit den Guilletschen Ergebnissen nur für Streckgrenze und Festigkeit, nicht aber für Dehnung und Kontraktion überein, die im Gegensatz zu Guillet stärker durch Wolfram als durch Chrom erniedrigt würden. Wie beim Chrom äußert sich die Steigerung der Streckgrenze und der Festigkeit um so

---

[1]) Hierzu in einem gewissen Widerspruch steht die Tatsache, daß die spezifische Wärme des Wolframs außerordentlich niedrig ist (vgl. z. B. Wüst, Durrer, Meuthen, Forsch. Arb. Heft 204).   [2]) Ir. st. Inst. 1903, II, 14.   [3]) Mars, Spezialstähle 282.
[4]) Vgl. die Zusammenstellung Tab. 8.

stärker, je höher der Kohlenstoffgehalt ist. Indessen ist bei der Beurteilung obiger Zahlen noch zu berücksichtigen, daß die Wirkung der Legierungselemente erst in den vergüteten Stählen zur vollen Entfaltung gelangt. Vergleichbares Material besteht hier leider nicht.

% C	% Legierungselement	Streckgrenze kg/qmm	Festigkeit kg/qmm	Dehnung % auf 50,8mm	Kontraktion %
0,28	2,90 Ni[1]	35,7	54,2	31,0	59,0
0,25	1,99 Cr[2]	37,8	60,0	32,0	66,4
0,22	3,24 W[3]	39,7	51,5	27,5	61,0
0,19	1,03 Mo[4]	35,5	46,8	35,5	73,0
0,23	0,16 V[5]	32,8	49,7	32,0	61,7
0,47	2,92 Ni[1]	38,5	64,4	23,0	45,6
0,50	1,99 Cr[2]	66,1	96,1	20,0	55,4
0,48	3,11 W[3]	64,5	83,2	16,0	45,5
0,44	1,05 Mo[4]	58,6	81,0	20,1	49,4
0,40	0,23 V[5]	45,3	65,6	23,0	48,5

Ist der Wolframgehalt so hoch, daß nach dem Guilletschen Gefügediagramm Doppelkarbid auftreten muß, so sinken Streckgrenze, Festigkeit, Dehnung und Kontraktion mit steigendem Wolframgehalt.

Der Wert des Wolframs als Legierungsmetall ist hauptsächlich (soweit ternäre Stähle in Frage kommen) auf magnetischem Gebiete zu suchen. Nach Mars[6] liegt das Maximum des remanenten Magnetismus in gehärteten Stählen bei etwa 0,6% Kohlenstoff und 5,5% Wolfram.

Eine Übersicht über einige technisch verwertete Wolframstähle vermittelt die nachfolgende Tabelle z. Tl. nach Mars[7]:

Verwendungszweck	% C	% W
Magnete	0,6—0,065	5,0—6,0
Gewehrläufe	0,6—0,7	1,0—3,0
Schneidwerkzeuge, Spiralbohrer . . .	1,0—1,2	0,5—1,0
Formstähle und Messer für Revolverbänke (besonders feine Schneiden) .	1,0—1,2	3,0—5,0
Warmzieh- und Preßmatrizen	0,6—0,65	8,0—9,0

13. Molybdän.

Erläuterung zu der Abb. 223.

Die Abb. 223 ist nach einer Arbeit von Guillet, Rev. Mét. 1904, 390 zusammengestellt. Stähle von folgender chemischer Zusammensetzung sind untersucht worden (s. S. 239).

Von Chrom und Wolfram unterscheidet sich Molybdän bezüglich seines Einflusses auf sämtliche Eigenschaften lediglich dem Grade nach. Über die spezifische Beeinflussung der Festigkeitseigenschaften orientiert die Zusammenstellung Tabelle 8 (Guillet). Hiermit in schlechtem Einklang stehen die S. 239

---

[1] Mc William und Barnes, Ir. st. Inst. 1911, I, 269.
[2] Mc William und Barnes, Ir. st. Inst. 1911, I, 246.
[3] Swinden, Ir. st. Inst. 1907, I, 291.   [4] Swinden, C. Sc. M. 1911, 66.
[5] Mc William und Barnes, Ir. st. Inst. 1911, I, 294.   [6] St. E. 1909, 1770.
[7] Spezialstähle 309.

Reihe I.

$\%$ C	$\%$ Mo	$\%$ Si	$\%$ S	$\%$ P	$\%$ Mn
0,188	0,450	0,117	0,009	0,018	0,070
0,158	1.005	0,110	0,032	0,018	0,100
0,138	2,200	0,128	0,009	0,021	0,168
0,289	4,500	0,117	0,039	0,026	0,500
0,489	9,300	0,304	0,062	0,026	0,480

Reihe II.

$\%$ C	$\%$ Mo	$\%$ Si	$\%$ S	$\%$ P	$\%$ Mn
0,735	0,504	0,210	0,032	0,021	0,260
0,811	1,210	0,019	0,018	0,040	0,396
0,814	1,980	0,175	0,034	0,016	0,300
0,824	5,750	0,304	0,023	0,020	0,380
0,680	9,750	0,243	0,060	0,032	0,360
0,692	14,640	0,373	0,090	0,032	0,230

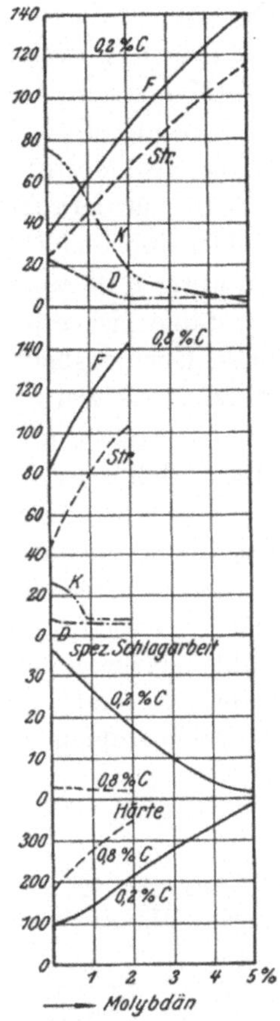

nach Swinden wiedergegebenen Zahlen. Nach letzterem würde etwas mehr als 1% Molybdän dieselbe Erhöhung der Festigkeit und der Streckgrenze bewirken wie 3 $\%$ Wolfram, wobei Dehnung und Kontraktion im Molybdänstahl weniger leiden als im Wolframstahl. Nach Guillet beträgt dagegen die Erhöhung der Streckgrenze und der Festigkeit durch Molybdän je nach dem Kohlenstoffgehalt das 10—6fache der durch Wolfram herbeigeführten. Bezüglich Dehnung und Kontraktion gilt nach Guillet das Entgegengesetzte des aus den Swindenschen Versuchen sich ergebenden Verhaltens. Es ist nicht ausgeschlossen, daß dieser Widerspruch nur ein scheinbarer und darauf zurückzuführen ist, daß die Ergebnisse beider wegen Verschiedenheit der Probenbehandlung nicht vergleichbar sind (siehe S. 192).

Die nachfolgende Tabelle gibt einen Einblick in die Wirkungsweise des Molybdäns auf die unter Wolfram bereits erwähnten Konstruktionsstähle mit dem Unterschied, daß hier die Stähle im vergüteten Zustand verglichen werden. Nur das Härten der Molyb-

Abb. 223. Einfluß des Molybdäns auf Festigkeitseigenschaften, Härte und spezifische Schlagarbeit von Stahl mit 0,2 bzw. 0,8 $\%$ C. (Guillet.)

$\%$ C	$\%$ Leg.-Element	Behandlung		Streckgr. kg/qmm	Festigkeit kg/qmm	Dehnung $\%$ auf 50,8mm	Kontraktion $\%$
		Härten $^\circ$C	Anlassen $^\circ$C				
0,28	2,90 Ni	850	500	53,3	69,6	28,5	68,6
0,25	1,99 Cr	800	550	105,0	111,2	14,5	51,5
0,19	1,03 Mo	900	550	32,6	62,2	27,5	68,4
0,23	0,16 V	850	500	40,8	60,8	31,0	69,2
0,47	2,92 Ni	850	500	62,5	84,1	21,0	52,7
0,50	1,99 Cr	800	550	131,5	138,5	13,0	42,5
0,44	1,05 Mo	900	550	116,5	145,2	14,8	49,5
0,40	0,23 V	850	500	52,0	72,8	26,0	58,2

dänstähle erfolgte in Öl, das der übrigen Stähle in Wasser, die Abkühlung nach dem Anlassen in Wasser.

Man ersieht aus diesen Zahlen, daß die Wirkung des Molybdäns bei niedrigem Kohlenstoffgehalt nicht einmal an die des Vanadium heranreicht, bei hohem Kohlenstoffgehalt aber fast gleich ist der des Chroms.

In magnetischer Beziehung fand Curie[1]), daß ein Stahl mit etwa 1 $^0/_0$ Kohlenstoff und 3 $^0/_0$ Molybdän sich zur Herstellung von Dauermagneten eignet. Im übrigen ist es zu einer ausgedehnten technischen Verwertung reiner Molybdänstähle bisher noch nicht gekommen. Die bei ihrer Verarbeitung beobachteten Unzuträglichkeiten, Risse und dgl. haben eine gewisse Abneigung gegen Molybdän erzeugt. Anderseits waren billigere und einwandfreie Legierungsmetalle wie Chrom und Wolfram bereits vorhanden. Mit Recht bemerkt aber Mars, daß man die bei der Anwendung des Molybdäns aufgetretenen Mängel nicht eigentlich dem Metall selber zuschreiben könne, viel wahrscheinlicher dem Umstande, daß man noch nicht gelernt hat, das Metall richtig zu verwenden. In neuester Zeit hat man gelernt, diese Schwierigkeiten zu überwinden, und man beginnt Molybdän als Legierungselement zu schätzen. Reine Molybdänstähle gelangen kaum zur Verwendung, dagegen wird das Molybdän heute bereits in quaternären Stählen, und zwar sowohl in Werkzeug- wie in Konstruktionsstählen vielfach angewandt (s. S. 268).

14. Vanadium.

Erläuterungen zu der Abb. 224.

Die Abb. 224 ist nach einer Arbeit von Guillet, Rev. Mét. 1904, 525 zusammengestellt. Die Analysen der untersuchten Legierungen waren folgende:

Reihe I.

$^0/_0$ C	$^0/_0$ V	$^0/_0$ Mn	$^0/_0$ Si	$^0/_0$ S	$^0/_0$ P
0,114	0,29	0,125	0,105	0,031	0,031
0,131	0,60	0,365	0,193	0,021	0,058
0,141	0,75	0,445	0,304	0,027	0,038
0,112	1,04	0,380	0,256	0,021	0,037
0,130	1,54	Sp.	0,248	0,015	0,048
0,200	2,11	,,	0,221	0,005	0,015
0,187	2,98	0,860	0,292	0,025	0,082
0,382	5,37	0,196	0,607	0,023	0,067
0,130	7,39	Sp.	0,409	0,015	0,112
0,120	10,27	,,	0,539	0,016	1,060

Reihe II.

$^0/_0$ C	$^0/_0$ V	$^0/_0$ Mn	$^0/_0$ Si	$^0/_0$ S	$^0/_0$ P
0,816	0,25	0,445	0,326	0,037	0,031
0,725	0,60	0,555	0,409	0,028	0,062
0,886	0,80	0,330	0,304	0,331	0,038
0,674	1,15	0,500	0,248	0,019	Sp.
0,618	1,58	0,340	0,292	0,021	0,053
0,950	2,89	0,224	0,421	0,025	0,016
0,666	3,06	0,700	0,356	0,022	0,058
1,084	4,99	0,449	0,457	0,013	0,020
0,737	7,85	0,309	0,745	0,046	0,122
0,858	10,25	0,562	0,993	0,048	0,049

[1]) Bull. d'Enc. 1898, 54.

Der metallurgische Wert des Vanadiums ist ein doppelter. Seine große Verwandtschaft zum Sauerstoff macht es wie Mangan zum vorzüglichen Desoxydationsmittel. Vanadium besitzt ferner wie Silizium entgasende Wirkung und kann daher zur Erzeugung dichten Gusses dienen. Voraussetzung ist aber geeignete Form des Zusatzes. Vanadiumlegierungen mit hohem Kohlenstoffgehalt lösen sich ähnlich den entsprechenden Chrom-, Wolfram- und Molybdänlegierungen schwer im Stahlbade. Mars[1]) empfiehlt ein Ferrovanadium mit 25—35% Vanadium und 0,2—0,5% Kohlenstoff. Als Legierungselement übt Vanadium, wie die Zusammenstellung Tabelle 8 zeigt, eine außerordentliche Wirkung auf die Festigkeitseigenschaften aus. Die Größenordnung des nach Guillets Ergebnissen berechneten spezifischen Einflusses ist aber vorsichtig zu beurteilen. Aus den Tabellen S. 238 und 239 scheint nach McWilliam und Barnes hervorzugehen, daß rd. 0,2% Vanadium fast dieselbe Wirkung wie etwa 2—3% Nickel ausüben, was mit den Guilletschen Ergebnissen durchaus nicht übereinstimmt. Gleiche Vanadiummengen wirken bei hohen Kohlenstoffgehalten ungleich stärker als bei niedrigen, doch scheint die Streckgrenze weniger gehoben zu werden als die Festigkeit. An die Wirkung von 2% Chrom reicht aber der Vanadiumzusatz, wie übrigens keiner der übrigen Zusätze heran. Jedenfalls sind alle Autoren darin einig, daß geringe, unter 1% liegende Zusätze zur vollen Entfaltung der Wirkung dieses Zusatzelementes genügen. Die Verarbeitungseigenschaften sollen außer der Schweißbarkeit nicht ungünstig beeinflußt werden. Die Beeinträchtigung der Schweißbarkeit wird in ähnlicher Weise wie bei Silizium erklärt.

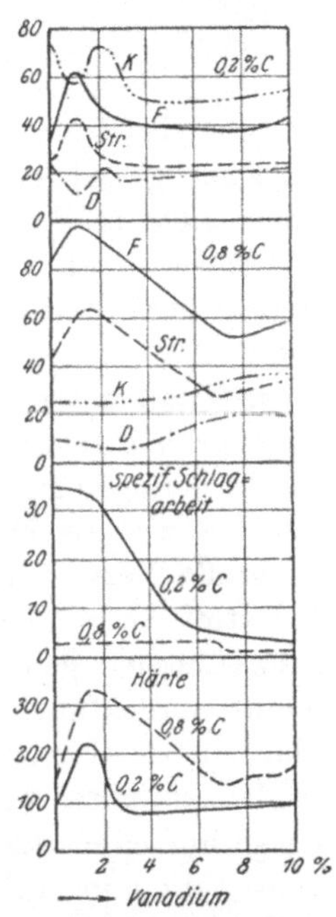

Abb. 224. Einfluß des Vanadiums auf Festigkeitseigenschaften, Härte und spezifische Schlagarbeit von Stahl mit 0,2 bzw. 0,8% C. (Guillet.)

Trotz der entschiedenen Vorzüge des Vanadiums für die Herstellung von Konstruktionsstahl ist seine Anwendung in Europa beschränkt, in Amerika dagegen sehr verbreitet. Es ist möglich, daß der hohe Preis des Vanadiums seine Verwendung beeinträchtigt hat. An dieser Stelle seien die Preise der für die Herstellung der Spezialstähle in Betracht kommenden Ferrolegierungen bzw. reinen Zusatzmetalle im Frühjahr 1914 mitgeteilt:

Ferro-Chrom, maximal 1% Kohlenstoff, 60—70% Chrom,
      M. 15.— pro kg Chrom;
Ferro-Wolfram, maximal 0,75% Kohlenstoff, 80—85% Wolfram,
      M. 6.20 pro kg Wolfram;
Ferro-Vanadium, kohlenstofffrei, 20—25% Vanadium,
      M. 28.— pro kg Vanadium;
Molybdänmetall in Pulverform, maximal 1% Kohlenstoff, 96—97% Molybdän,
      M. 50.— pro kg Molybdän;
Reinnickel M. 4.— pro kg; Kobaltmetall mit 95% Kobalt M. 36.— pro kg.

---

[1]) Die Spezialstähle, 312.

In Kohlenstoffstählen für gewisse Werkzeuge verwendet man Vanadium zur Erzeugung einer höheren Zähigkeit. Mars gibt folgende Verwendungszwecke für Vanadiumstähle an:

Verwendungszweck	$\%$ C	$\%$ Si	$\%$ Mn	$\%$ V
Maschinenteile, Lokomotivrahmen.	0,28	0,28	0,57	0,22
Werkzeugstahl für Matrizen, Stempel, Schneidwerkzeuge usw.	1,20	0,20	0,25	0,6—1,0

15. Titan.

Guillet[1]) schließt aus seinen Versuchen über den Einfluß des Titans auf die Festigkeitseigenschaften, daß die technische Verwendung der Titanstähle nicht in Frage komme, weil der erwähnte Einfluß praktisch gleich Null sei. Indessen ist, worauf auch Hadfield hinweist, eine Erhöhung der Streckgrenze durch geringe Titanzusätze (bis 3%) nicht zu verkennen. Lamort[2]) zeigte, daß in kohlenstoffreien Eisen-Titanlegierungen die Remanenz bis zu einem Titanzusatz von 14% langsam zunimmt. Der elektrische Leitwiderstand steigt nach Portevin[3]) um 1 Mikroohm pro $\%$ Titan.

In geringen Prozentsätzen wird Titan als Desoxydations- und Entgasungsmittel sowie als Mittel zur Verhütung von Seigerungen angepriesen, wobei die große Verwandtschaft des Titans zum Sauerstoff und insbesondere zum Stickstoff hervorgehoben wird. Die Ansichten über die Brauchbarkeit des Titans zu den genannten Zwecken gehen jedoch auseinander, was Lamort darauf zurückführt, daß die Konstitution der Handelsferrotitane sehr verschieden sei, die eine Gruppe das Titan praktisch vollständig an Stickstoff gebunden enthalte, während die andere Gruppe Stickstoff nur in unmerklicher Menge aufweise. Es sei daher zu erwarten, daß solche Verschiedenheiten der Konstitution in Anbetracht der verschiedenen Aufnahmefähigkeit für Stickstoff auch eine Verschiedenheit der Wirkungsweise bedingen, abgesehen davon, daß wie beim Aluminium der Einfluß der Bedingungen, unter denen der Zusatz erfolgt — z. B. Temperatur des Bades, Zeitraum zwischen Zusatz und Gießen, Art des Zusatzes und Beschaffenheit der Charge bezüglich ihres Gas- und Oxydulgehaltes — gänzlich unerforschte Gebiete darstellen[4]).

16. Kobalt.

Die Eigenschaften der Kobaltstähle sind allein deswegen schon interessant, weil sie trotz der nahen Verwandtschaft des Kobalts mit dem Nickel von denjenigen der Nickelstähle völlig abweichen. Diese Abweichung ist aber erklärlich, wenn die grundsätzliche Verschiedenheit zwischen dem Gefügeaufbau der Nickel- und Kobaltstähle berücksichtigt wird. Während das Gefügediagramm ersterer ein perlitisches, martensitisches und austenitisches Feld aufweist, fand Guillet[5]), daß alle von ihm hergestellten Kobaltstähle (bis 60% Kobalt) per-

---

1) Rev. Mét. 1904, 506.   2) Diss. Aachen, 1914.   3) Rev. Mét. 1909, 1355.
4) Über praktische Erfahrungen mit Titan vgl. z. B. St. E. 1909, 1593; 1910, 650; Eng. Min. 1903, 365; Electrochem. met. Ind. 1909, 128; Ir. Age 1907, 1393.
5) Rev. Mét. 1905, 348.

	% C	% Co	Festigkeit kg/qmm	Streckgrenze kg/qmm	Dehnung %	Kontraktion %
Dumas .	0,25	5,12	46,7	33,5	32	68
	0,27	10,80	60,6	44,1	27,5	53
	0,29	15,40	66,7	49,7	25,5	55
	0,16	19,76	73,8	59,8	18,5	42
	0,18	25,16	74,2	56,3	18,5	39
	0,12	29,24	76,8	54,9	18	34
Guillet .	0,89	4,45	121,8	46 6	6	10,6
	0,74	6,72	102,3	51,1	7	14,6
	0,81	9,76	122,6	44,0	5	6,8
	0,75	29,30	118,5	50,5	6	11,5

litisch waren. Mit steigendem Kobaltgehalt verändern sich in Übereinstimmung hiermit die Festigkeitseigenschaften nicht sprungweise wie bei den Nickelstählen, sondern allmählich und erreichen dabei, wie die nachfolgende Zusammenstellung nach Dumas[1]) (vgl. a. Abb. 225) und Guillet lehrt, recht bemerkenswerte Zahlen[2]).

In magnetischer Beziehung bemerkenswert ist nach Yensen[3]) eine im Vakuum erschmolzene reine Eisenkobalt-Legierung mit 33,34 % Kobalt. Wegen ihrer hohen Permeabilität dürfte sie nach Yensen für die Herstellung der Zähne von Dynamo-Armaturen geeignet sein. Nach Burgess und Aston[4]) sind kohlenstoffreie Eisenkobaltlegierungen bis zu einem Gehalt von 6 % schmiedbar und schweißbar. Ternäre Kobaltstähle sind bisher von keiner Bedeutung, dagegen ist das Kobalt ein wertvolles Legierungsmittel für quaternäre Magnetstähle.

17. Aluminium.

Nach Hadfield[5]) und Guillet[6]) tritt bis zu einem Gehalt von 2—3 % nur eine unwesentliche Änderung der Festigkeitseigenschaften ein, mit Ausnahme der Schlagfestigkeit und der Kontraktion, die ziemlich rasch sinken. (Vgl. die Zusammenstellung Tab. 8.) Wie Silizium verbessert Aluminium die magnetischen Eigenschaften des kohlenstoffarmen Eisens im Hinblick auf dessen Verwendung zur Herstellung von Dynamo- und Transformatorenblechen[7]). Die Remanenz ist bei einem Aluminiumgehalt von 5 % gleich Null. Gumlich[8]) fand, daß Aluminium wie Silizium, jedoch keineswegs ebenso günstig wirkt. Letzteres ist möglicherweise auf Mängel bei der technischen Herstellung zurückzuführen. Im übrigen ist die Wirkung des Aluminiums wie die des Siliziums nach

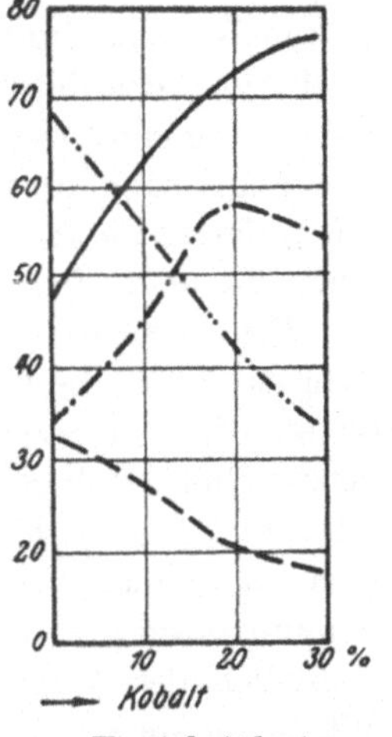

—— Festigkeit kg/qmm
—·—· Streckgrenze „
——— Dehnung %
—··—·· Kontraktion %

Abb. 225. Einfluß des Kobalts auf die Festigkeitseigenschaften von Stahl mit 0,2 % C. (Dumas.)

---

[1]) C. R. 1899, 129, 42, sowie les aciers au Nickel, Paris 1902, Dunod.
[2]) Vgl. a. Arnold und Read, Eng. 1915, 362.
[3]) St. E. 1916; 1256.   [4]) Electrochem. met. Eng. 1909, 346.
[5]) Ir. st. Inst. 1890, II, 161.   [6]) Rev. Mét. 1905, 312.
[7]) S. Daggar, Ir. st. Inst. 1890, II, 202.   [8]) Wiss. Abh. R. A. 1918, 367.

Gumlich eine indirekte, insbesondere auf der Temperkohlebildung beruhende. Der elektrische Leitwiderstand wird durch Aluminium erhöht[1]). Das spezifische Gewicht sinkt nach Hadfield linear, und zwar um 0,12 pro 1% Aluminium. Die Schmiedbarkeit wird nach Hadfield erst bei einem Gehalt von etwa 5% beeinträchtigt. Guillets im Tiegel hergestellte Legierungen mit 0,2% Kohlenstoff und 0—7% Aluminium bzw. 0,8% Kohlenstoff und 0—15% Aluminium ließen sich anstandslos walzen. Die Schweißbarkeit dagegen soll nach Hadfield bereits bei einem Gehalt von etwa 0,4% verloren sein. Burgess und Aston[2]) fanden, daß eine kohlenstoffreie Eisen-Aluminiumlegierung mit 2,5% Aluminium schmiedbar, aber nicht schweißbar war.

Ein neuer Verwendungszweig des Aluminiums ist das von der Firma Krupp empfohlene[3]) sogenannte Alitieren, ein dem Zementieren (s. d.) ähnliches Verfahren, bei dem also Aluminium von der Oberfläche des Gegenstandes aus in diesen eindringt. Hierdurch wird der Widerstand gegen oxydierende Einflüsse bei hohen Temperaturen wesentlich erhöht. So erwähnt Wendt, daß ein Flußeisentiegel nach 20stündigem Erhitzen auf 1000° stark verändert war, während ein alitierter Flußeisentiegel nach 60 Stunden noch kaum Spuren einer Veränderung erkennen ließ.

Die metallurgische Bedeutung des Aluminiums beruht auf der Verwendungsfähigkeit dieses Elementes auf Grund seiner hohen Verwandtschaft zum Sauerstoff als Desoxydationsmittel, ferner auf dem Umstande, daß stark treibender Guß durch geringen Aluminiumzusatz beruhigt wird, vielleicht wie durch Silizium infolge Erhöhung der Gaslöslichkeit des Eisens. Technisch beachtenswert ist endlich die Tatsache, daß die sogenannten Seigerungen[4]) durch Aluminiumzusatz vermindert werden. Indessen sind die Ansichten über die Zweckmäßigkeit des Aluminiumzusatzes geteilt, weil häufig beobachtet wurde, daß mit einem solchen Zusatz hergestellte Blöcke sich schlecht verarbeiten ließen. Ob dieser Umstand auf den Aluminiumzusatz, im besonderen, wie vielfach vermutet wird, auf die Bildung von Tonerdehäutchen zwischen den Kristallen[5]) zurückzuführen ist, muß noch entschieden werden.

18. Bor.

Schon Moissan und Charpy[6]) machten auf das merkwürdige Verhalten eines Stahls mit 0,17% Kohlenstoff und 0,58% Bor aufmerksam, der nach dem Schmieden und Glühen

$$46 \text{ kg/qmm Festigkeit und } 11\% \text{ Dehnung}$$

und nach dem Härten bei 900°:

$$120 \text{ kg/qmm Festigkeit und } 2,7\% \text{ Dehnung}$$

aufwies. Dabei war besonders bemerkenswert, daß der gehärtete Borstahl sich trotz seiner hohen Festigkeit leicht bearbeiten ließ. Diese Ergebnisse

<hr>

[1]) S. Portevin, Rev. Mét. 1909, 1335.   [2]) Elektrochem. met. Eng. 1909, 436.
[3]) Wendt, Kruppsche Monatsh. 1922, 133.   [4]) Vgl. V, 1.
[5]) Vgl. Heyn, St. E. 1913, 335.   [6]) C. R. 1890, **120**, 130.

sind durch Guillets[1]) eingehende Untersuchungen bestätigt worden. Ein Stahl mit

$$0,22 \; \%_0 \; C$$
$$0,46 \; \%_0 \; B$$
$$0,29 \; \%_0 \; Mn$$
$$0,16 \; \%_0 \; Si$$
$$0,015 \; \%_0 \; S$$
$$0,015 \; \%_0 \; P$$

der im Tiegelofen in Imphy durch Zusatz von Girodschem Ferrobor mit

$$2,85 \; \%_0 \; C$$
$$32,1 \;\;\; \%_0 \; B$$
$$0,03 \; \%_0 \; S$$
$$0,005 \%_0 \; P$$

hergestellt worden war, ergab nach dem Glühen bei 900⁰:

39,6 kg/qmm Festigkeit,
20,2 kg/qmm Streckgrenze,
27 $\%_0$ Dehnung auf 100 mm Meßlänge,
55 $\%_0$ Kontraktion,
3 mkg/qcm Schlagfestigkeit, (Frémontprobe, Guilleryhammer),
105 Brinellhärte,

nach dem Härten bei 850⁰ folgende außergewöhnliche Zahlen:

147,5 kg/qmm Festigkeit,
100 „ Streckgrenze,
6,5$\%_0$ Dehnung,
30,6$\%_0$ Kontraktion,
6 mkg/qcm spezifische Schlagarbeit,
311 Brinellhärte

Der gehärtete Stahl besitzt also eine höhere Schlagfestigkeit als der ungehärtete und ist noch zu bearbeiten. Stähle mit mehr als 1,5$\%_0$ Bor ließen sich nach Guillet nicht schmieden. Festes, hocherhitztes Eisen nimmt Bor auf, läßt sich also analog dem Zementieren „borieren"[2]). Endlich scheint Bor wie Aluminium, Silizium, Titan und Vanadium hervorragende desoxydierende Eigenschaften zu besitzen. Die Erforschung dieses interessanten Elementes ist keinesfalls erschöpft.

19. Weniger wichtige Elemente.

Uran. Nach Polushkin[3]) steigen in Stählen mit 0,25—0,45$\%_0$ Kohlenstoff Streckgrenze und Festigkeit mit steigendem Urangehalt, ohne daß die Dehnung sinkt. Bei mehr als 0,6$\%_0$ Kohlenstoff fallen aber Dehnung und Kontraktion rasch. Eine wesentliche Verbesserung der Festigkeitseigenschaften durch Uranzusatz tritt nur in den vergüteten Stählen ein, jedoch ist ein Zusatz von mehr als 0,6$\%_0$ Uran zwecklos. Im übrigen können aber nach Polushkin die durch Uran erzielten Verbesserungen der Eigenschaften durch andere Sonderzusätze besser erreicht werden.

Zinn legiert sich zwar mit dem Eisen und ist auf Grund dieser Tatsache ein wertvoller Schutzüberzug[4]), dagegen macht es das Eisen spröde[5]) und

---

[1]) Rev. Mét. 1907, 784.   [2]) Centr. Hütten- u. Walzw. 1917, 327.
[3]) St. E. 1922, 467.
[4]) Vgl. Leo Mayer, Die Weißblechdarstellung, Diss. Aachen 1916, sowie Guertler, Metallographie I, 648.   [5]) Guillet, Rev. Mét. 1904, 500.

ist auch in magnetischer und elektrischer Beziehung kein wertvoller Zusatz[1]). Kohlenstoffreie Zinn-Eisenlegierungen sind nach Burgess und Aston[2]) bis zu einem Gehalt von 2 % schmiedbar und schweißbar. Weiches Flußeisen zeigt bei einem Gehalt von 1,5 % deutlichen Rotbruch[3]).

Antimon soll bei einem Gehalt von 1 % das Eisen gänzlich unbrauchbar machen[4]).

Wie Zinn bildet auch Zink einen wertvollen Schutzüberzug für Eisen, weil es sich mit diesem leicht legiert[5]).

20. Gase und Schlackeneinschlüsse.

A. In Form von festen Verbindungen im Eisen enthaltene Gase.

Stickstoff. Durch eine Arbeit von Braune[6]) wurde in erhöhtem Maße die Aufmerksamkeit auf den Einfluß des Stickstoffs auf die Festigkeitseigenschaften des Eisens gelenkt. Indessen sind die Brauneschen Ergebnisse wegen der Unzulänglichkeit seiner Stickstoffbestimmungen unsicher. Ein weiterer Einwand richtet sich gegen die analytisch zuverlässigeren Tschischewskischen[7]) Ergebnisse, die in Abb. 226 dargestellt sind. Braune sowohl wie Tschischewski suchten den Einfluß des Stickstoffs auf die Festigkeitseigenschaften des Eisens dadurch zu ermitteln, daß sie dieses im Ammoniakstrom nitrierten. Ob der auf diese Weise zugeführte und der im technischen Eisen enthaltene Stickstoff die Festigkeitseigenschaften gleichartig beeinflussen, ist noch nicht entschieden. Erwähnenswert sind endlich die Stromeyerschen Arbeiten[8]) über den Einfluß von Stickstoff und Phosphor auf die Eigenschaften von Kesselblech. Die Wiedergabe der von Stromeyer aufgestellten Formel für die Abhängigkeit der Festigkeit von der chemischen Zusammensetzung:

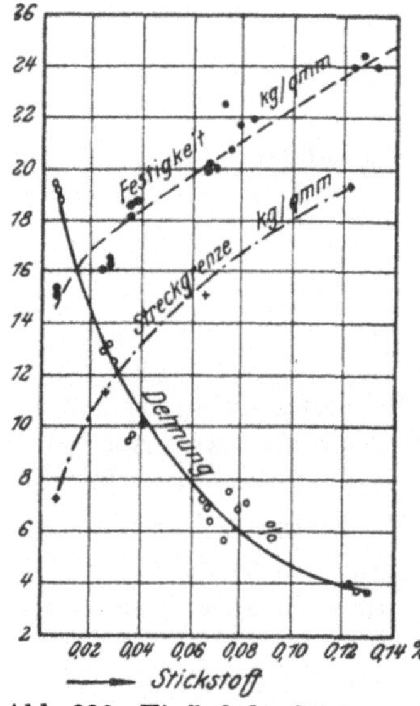

Abb. 226. Einfluß des Stickstoffs auf die Festigkeitseigenschaften von weichem Flußeisen. (Tschischewski.)

$$K_z = 17,2 \times 350 \times 10\,\mathrm{Si} \times 2,5\,(\mathrm{Mn} - 1,72\,\mathrm{S}) + 30\,\mathrm{P} + 300\,\mathrm{N}$$

soll die große Bedeutung zeigen, die Stromeyer dem Stickstoff zuweist. Im übrigen besitzt die Formel nur unter sonst gleichen Bedingungen einen praktischen Wert.

Sauerstoff. In der eisenhüttenmännischen Literatur hat sich die Anschauung eingebürgert, daß Sauerstoff das Eisen rotbrüchig mache. Die einzige

[1]) Burgess und Aston, Electrochem. met. Eng. 1909, 403.
[2]) Electrochem. met. Eng. 1909, 436.   [3]) St. E. 1901, 330.
[4]) Wedding, Eisenhüttenkunde, 2. Auflage, I, 314.
[5]) Vgl. Sang, Le zinguage du fer, Rev. Mét. 1912, 1, sowie Guertler, Metallographie I, 343.   [6]) Diss. Basel 1905; St. E. 1905, 1193, 1195, 1211.
[7]) Diss. Tomsk, 1914; St. E. 1916, 147.   [9]) St. E. 1909, 1491; Ir. Age 1910, 858.

auf exakteren Beobachtungen gegründete Zahlenangabe stammt von Ledebur[1]), der angibt, daß $0,1\%$ genügt, um Rotbruch herbeizuführen. Mehr noch
als beim Stickstoff ist hier die analytische Seite der Frage von Bedeutung.
Einmal ist die Zahl der bisher ausgeführten Sauerstoffbestimmungen eine recht
begrenzte, dann ist aber auch der Wert dieser Bestimmung zweifelhaft, solange
die Konstitutionsfrage nicht völlig geklärt ist. Daß ein an das Eisen gebundener, etwa in Form von Eisenoxyduleinschlüssen im Eisen vorhandener Sauerstoffgehalt von ansehnlicher Höhe (etwa $0,14\%$) die Schmiedbarkeit keineswegs ungünstig beeinflußt, zeigten Oberhoffer und d'Huart[2]). Die mikroskopische Untersuchung bewies, daß solche Einschlüsse plastisch sind (vgl.
Abb. 227), da sie im Sinne der Formänderungskräfte gestreckt waren, was z. B.,

wie Comstock[3]) nachwies, für
Einschlüsse, die aus der Reaktion
von Aluminium mit Sauerstoff
im Eisen entstanden, also jedenfalls tonerdehaltig sind, nicht der
Fall ist (vgl. Abb. 414). Mangan
sieht man im allgemeinen als
Mittel gegen Rotbruch an unter
Annahme der Umsetzung

$$FeO + Mn = Fe + MnO,$$

wobei man zur Erklärung der
Wirkung des Mangans dem MnO
bestimmte Eigenschaften zuschreibt, im besonderen, leichter
aus dem Eisenbade auszuscheiden als FeO (vgl. Abschnitt II,
21). Die Erfahrung bestätigt
dies. Anderseits dürfte häufig
auch nach der Desoxydation ein
gewisser Prozentsatz Mangan-

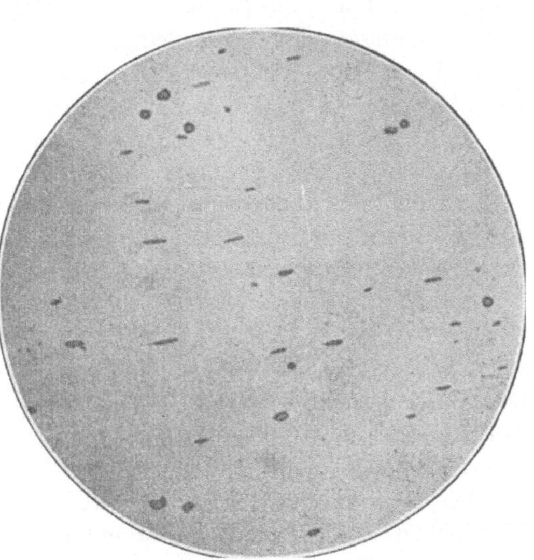

Abb. 227. Sauerstoffhaltige, plastische Einschlüsse
in reinem Eisen, ungeätzt, x 250.

oxydul oder diesem nahestehender Produkte im Eisen verbleiben. Es ist
vom Verfasser häufig beobachtet worden, daß solche, an sauerstoffhaltigen
Einschlüssen reiche Thomaseisenproben, gleichgültig, ob vor oder nach der Desoxydation entnommen, gut schmiedbar waren. Dies würde zum mindesten beweisen, daß unsere Anschauungen über die nachteilige Wirkung des Sauerstoffs
und über die Rolle des Mangans noch weiterer Klärung bedürfen. Anderseits
ist die Rotbruchprobe eine rein technologische Probe und daher in hohem
Maße von der Aufmerksamkeit und der Geschicklichkeit des Ausführenden abhängig. Eine weitere Durchbildung dieser Probe zu einer exakten, nach Möglichkeit mit zahlenmäßigem Ergebnis erscheint dringend wünschenswert. Ferner ist die Rotbruchprobe nicht immer maßgebend für das Verhältnis bei der
Weiterverarbeitung. Im besonderen beobachtet man, daß bei gutem Ausfall
der Rotbruchprobe schlechte Walzbarkeit (Kantenrissigkeit) auftritt. Ob in

[1]) Eisenhüttenkunde 3, 12: vgl. auch ds. Handbuch II, 19.
[2]) St. E. 1919, 165.   [3]) St. E. 1917, 40.

solchen Fällen der Sauerstoff die Schuld trägt, müßte noch entschieden werden. Monden[1]) beobachtete jedenfalls, daß schlechtere Walzbarkeit bei weichem Flußeisen nicht immer auf hohen Sauerstoffgehalt, vielmehr auf unzweckmäßige Anordnung des Blasenkranzes (vgl. Abschn. V, Gasblasen) zurückzuführen war. Einigkeit scheint darüber zu herrschen, daß ein Siliziumzusatz zu sauerstoffhaltigem Flußeisen die Schmiedbarkeit ungünstig beeinflußt. Hierüber ist im Abschnitt Silizium bereits das Wesentliche mitgeteilt worden. Ähnliches gilt für Aluminium, während für Titan, Vanadium und Bor nichts derartiges bekannt geworden ist (vgl. a. über Rotbruch V, 4).

Über den Einfluß von Sauerstoff auf die Festigkeitseigenschaften des schmiedbaren Eisens ist bisher nichts bekannt geworden. Das gleiche ist im übrigen der Fall auch für die nicht als Desoxydationsprodukte zu betrachtenden Einschlüsse. Man weiß lediglich, daß außer Größe, Zahl und Verteilung dieser Einschlüsse der Grad und die Art der Formgebung eine Rolle spielen. Hierüber wird in dem Abschnitt Warmformgebung Näheres berichtet.

Daß die magnetischen Eigenschaften durch Sauerstoff sehr ungünstig beeinflußt werden, wies Gumlich[2]) direkt an einer künstlich hergestellten sauerstoffreichen, also eisenoxydulhaltigen Probe nach[3]). Von praktischer Bedeutung ist die Verschlechterung der magnetischen Eigenschaften von Dynamoblechen durch den Blechzunder[4]).

B. Wasserstoff.

Daß gelöste Gase die Festigkeits- und auch die magnetischen Eigenschaften beeinflussen, ist zwar durch Versuche an im Vakuum erschmolzenen Legierungen nachgewiesen[5]), indessen ist das Material noch nicht sehr umfangreich und die Schlußfolgerungen sind daher unsicher.

Die sogenannte Beizbrüchigkeit, d. h. die große Sprödigkeit, die beim Eintauchen des Eisens in Säuren entsteht (Draht-, Blechfabrikation) ist nachgewiesenermaßen auf Wasserstoffaufnahme zurückzuführen[6]). Ungeglühtes Elektrolyteisen enthält sehr große Wasserstoffmengen und ist auch sehr spröde. Es scheint also der Wasserstoff im Entstehungszustande, bei gewöhnlicher oder wenig gesteigerter Temperatur, vom Eisen begierig aufgenommen zu werden. Das durch Glühen bzw. durch Umschmelzen im Vakuum vom Wasserstoff ganz oder teilweise befreite Elektrolyteisen ist dagegen weich und zäh. Heyn[7]) fand, daß beim Abschrecken von Eisen, das bei Temperaturen von 800—1000° mit Wasserstoff gesättigt worden war, dieser im Eisen zurückbleibt, während er bei langsamer Abkühlung aus dem Eisen entweicht. Die abgeschreckten wasserstoffhaltigen Proben waren erheblich spröder als die langsam abgekühlten, wasserstoffärmeren. So konnte u. a. eine im Luftstrom bis 820° erhitzte, sodann im Wasser abgeschreckte Biegeprobe[8]) mit einem Querschnitt von

---

[1]) Diss. Breslau 1921. St. E. 1923, 745.　　　[2]) Wiss. Abh. R.-A. 1918, 269.
[3]) Vgl. auch Holtz, Diss. 1911, Berlin.　　[4]) Fr. Inst. 184, 4.
[5]) Vgl. Yensen, (St. E. 1916, 1256), Angaben über im Vakuum erschmolzene Eisen-Siliziumlegierungen. Über den Einfluß des sichtbaren Gasgehaltes, der Gasblasen s. V, 1 u. 4.
[6]) Ledebur, St. E. 1887, 681; 1889, 745; Burgess, Electrochem. Met. Ind. 1906, 7; Baedecker, V. d. I. 1888, 186.　　　[7]) St. E. 1900, 837; 1901, 913.
[8]) Weichstes Martinflußeisen mit 0,05 % C, 0,01 % Si, 0,37 % Mn, 0,069 % P, 0,046 % S, 0,03 % Cu.

9,5 $\times$ 9,5 mm, ohne daß Risse auftraten, um 180° gebogen werden (bis 90° über einen Dorn von 8 mm Radius,) während eine in Wasserstoff erhitzte, im übrigen gleich behandelte Probe bereits bei einem Winkel von 138° brach. Weitere lehrreiche Versuche von Heyn mit Draht sind in der nachfolgenden Tabelle wiedergegeben:

Material	Vorbehandlung	Nachbehandlung	Biegezahl
Weicher Draht 3,7 mm Durchmesser	In Wasserstoff auf 820° erhitzt, in Wasser von 19° abgeschreckt	keine	5
		½ St. in kochendem Wasser erhitzt	6
		½ St. bei 200—217° in Luft erhitzt	23

Hieraus geht deutlich hervor, daß die Wasserstoffsprödigkeit, wie dies Ledebur bereits für die analoge Beizbrüchigkeit nachgewiesen hatte, durch gelinde, das Austreiben des Wasserstoffs bewirkende Erhitzung vermindert werden kann. Heyn zeigte ferner, daß das gleiche schon durch bloßes Liegen der Proben an der Luft bewirkt werden kann, in diesem Falle aber zur Austreibung des Wasserstoffs erheblich größere Zeiträume erforderlich sind. Über den Einfluß andrer gelöster Gase auf die Festigkeitseigenschaften des Eisens sind keine Unterlagen bekannt geworden.

Daß auch die magnetischen Eigenschaften durch den Gasgehalt beeinflußt werden, ist nach den Versuchen Gumlichs[1]) wahrscheinlich. Die nachfolgende Zusammenstellung nach Gumlich zeigt die Bedeutung des Glühens im Vakuum und damit auch den zweifellos ungünstigen Einfluß der Gase auf die Koerzitivkraft eines in Stabform untersuchten, äußerst weichen, nicht legierten Eisens. Das Glühen erfolgte stets bei 785° und währte 24 Stunden.

	Vor dem Glühen	Nach dem 1.,	nach dem 2. Glühen
Koerzitivkraft . .	1,48	1,30	0,79 in Stickstoff
„ . .	1,51	0,80	0,37 im Vakuum

Bemerkenswert ist ferner die von Gumlich aufgedeckte Tatsache, daß es bei hochprozentigen Eisen-Silizium-Legierungen gleichgültig ist, ob das Glühen in Luft oder im Vakuum erfolgt. Dies könnte einmal so erklärt werden, daß Silizium das Löslichkeitsvermögen des Eisens für Gase erniedrigt und der an und für sich bereits sehr niedrige Gasgehalt durch Extraktion im Vakuum daher nicht mehr erniedrigt werden karn. Es ist aber auch möglich, daß die Wirkung des Siliziums eine gasbindende ist, wie sie Tschischewski für Stickstoff nachgewiesen hat. Dann hätte man sich die Bindung der Gase so stabil zu denken, daß selbst Erhitzung im Vakuum keine Zerlegung bewirkt.

21. Vergleichende Übersicht über den spezifischen Einfluß der wichtigsten Elemente auf die Eigenschaften des schmiedbaren Eisens.

In der nachfolgenden Tab. 8 ist versucht worden, den spezifischen Einfluß der wichtigsten Elemente auf die Festigkeitseigenschaften, die Härte, die spefische Schlagarbeit, das spezifische Gewicht und den elektrischen Widerstand

---

[1]) Wiss. Abh. R.-A. 1918, 269, vgl. a. C. Wolff, Diss. Breslau 1919.

darzustellen. Die Zahlen gelten für 0,1% des betrachteten Elements. Bei ternären Legierungen ist der gleichzeitig anwesende Kohlenstoffgehalt angegeben worden. Ferner enthält die Tabelle eine Rubrik über die Grenzen, innerhalb derer, wenigstens angenähert, lineare Abhängigkeit der Eigenschaften vom Gehalt des Eisens an den betrachteten Elementen beobachtet worden ist.

Zum absoluten Wert dieser Zahlen sei folgendes bemerkt: Ein Vergleich der spezifischen Wirkung der einzelnen Elemente ist nur unter der Voraussetzung gleicher Behandlung (Herstellung, Verarbeitung, Wärmebehandlung) des Probematerials gültig. Diese Voraussetzung trifft aber für die in der Tabelle angegebenen Zahlen sicher nicht zu, und hier liegt eine erste Unsicherheit ihrer Angaben. Anderseits ist es fraglich, ob es überhaupt möglich ist, die Versuchsbedingungen so zu wählen, daß vergleichbare Werte geschaffen werden: Ein Beispiel möge dies erläutern. Unter sonst gleichen Bedingungen ist die härtende Wirkung beschleunigter Abkühlung z. B. bei Chromstählen bedeutender als bei reinen Kohlenstoffstählen. Geht man von der Auffassung aus, daß dies eine (indirekte) spezifische Wirkung des Chroms darstellt, so wären Chrom- und Kohlenstoffstähle nach gleicher Behandlung vergleichbar. Eine andere Auffassung wäre die, einen Vergleich nur an Stählen von gleicher mikroskopischer Gefügebeschaffenheit, für die ein Maßstab noch festzulegen wäre, für zulässig zu erklären. In diesem Falle würde die direkte spezifische Wirkung der Elemente zum Ausdruck gelangen. Endlich wäre es bei Baustählen möglich, den zu vergleichenden Stählen eine solche Behandlung zu erteilen, daß eine wichtige Eigenschaft, z. B. die Festigkeit, für alle Stähle den gleichen Wert erreicht, der innerhalb der an Baustähle zu stellenden Anforderungen liegt. Die übrigen Eigenschaften, insbesondere die Streckgrenze, Dehnung und Kerbzähigkeit sind dann vergleichbar. Die beiden ersten Verfahren dürften wohl zunächst aus Gründen leichterer Durchführbarkeit dem letzteren vorzuziehen sein. Wie schon erwähnt wurde, trifft für die Angaben der Tabelle die Voraussetzung gleicher Behandlung nicht zu. Einwandfreie Angaben könnten erst auf Grund neuer, von den entwickelten Gesichtspunkten aus angestellten Forschungen entstehen. Einen dankenswerten Versuch nach dieser Richtung stellen die Arbeiten von McWilliam und Barnes dar[1]).

Der Wert der einzelnen, in der Tabelle wiedergegebenen Zahlen ist verschieden. Während die Zahlen für Kohlenstoff, Phosphor, Silizium, Kupfer und Mangan in Anbetracht der größeren Zahl der zur Verfügung stehenden Arbeiten ziemlich einwandfrei die Größenordnung des spezifischen Einflusses dieser Elemente darstellen dürften, liegen im großen und ganzen für die übrigen Elemente die Verhältnise ungünstiger, weil hier die Guilletschen Arbeiten fast die einzigen darstellen, aus denen Material für die vorliegenden Zwecke geschöpft werden konnte. Dafür besitzen diese wieder den Vorzug, nach ein und demselben Schema angefertigt zu sein.

Es sei ferner noch betont, daß die Tabelle keinen Aufschluß gibt über die Beeinflussung der Eigenschaften durch die gleichzeitige Anwesenheit mehrerer Elemente außer Kohlenstoff. Obwohl eine ganze Reihe von Formeln empirischer Natur existiert, die den Einfluß gleichzeitig anwesender Mengen

---

[1]) Vgl. III, 11.

C, Mn, Si, P und S darstellen sollen[1]), und unter sonst gleichen Bedingungen auch vielleicht darstellen, ist der Wert, ebenfalls aus den schon erwähnten Gründen, ein relativ geringer.

Schließlich sei noch darauf hingewiesen, daß die vergleichende Übersicht sich auf normal abgekühltes, also nicht gehärtetes oder vergütetes Material bezieht. Manche der in dieser Übersicht enthaltenen Stähle werden aber gerade auf Grund derjenigen Eigenschaften verwendet, die sie nach zweckmäßiger

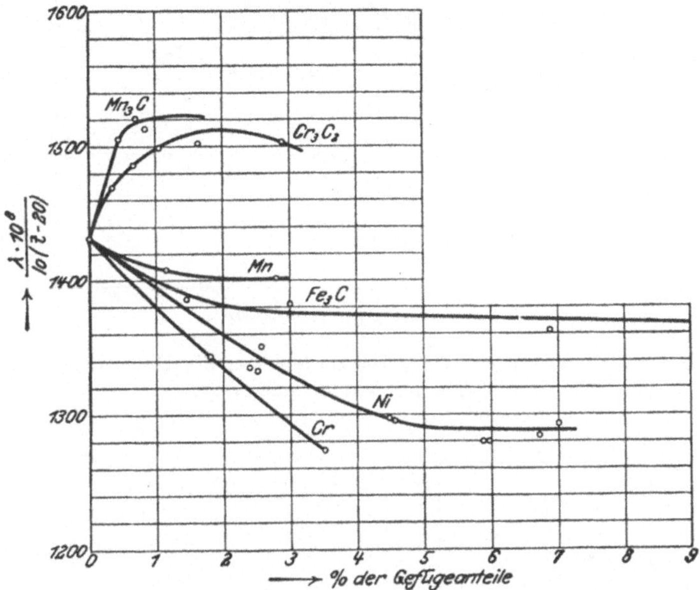

Abb. 228. Einfluß verschiedener Gefügebestandteile auf den mittleren Ausdehnungskoeffizienten des Eisens. (Maurer und Schmidt.)

Wärmebehandlung erhalten. Nach dieser Richtung ist daher der Wert der Tabelle ebenfalls nur ein recht begrenzter.

In diesem Zusammenhang sei noch ein erfolgreicher Versuch erwähnt, den Maurer gemeinsam mit Schmidt[2]) unternahm, um in Kohlenstoff-, Mangan-, Nickel- und Chromstählen einige Eigenschaften aus der Zusammensetzung der Stähle zu errechnen. Diese Eigenschaften, und zwar der Ausdehnungskoeffizient zwischen 20 und 450⁰, die Kugeldruckhärte und die Koerzitivkraft wurden zunächst für eine Reihe von Stählen verschiedenster Zusammensetzung ermittelt. Sodann wurden die auf Ferrit und Sonderkarbid entfallenden Beträge der betreffenden Legierungselemente ermittelt[3]) und der Einfluß der einzelnen Gefügebestandteile berechnet. Die Ergebnisse sind in den Abb. 228 bis 230 dargestellt und bedürfen keiner besonderen Erläuterung. Die Tatsache, daß die aus diesen Angaben berechneten Werte mit dem an den geglühten

---

[1]) Vgl. z. B. v. Jüptner, Beziehungen zwischen chem. Zus. und Festigkeit, Leipzig 1919.

[2]) E. F. I. 1921, 2, 1.

[3]) Vgl. Abschnitt II unter den betreffenden Elementen.

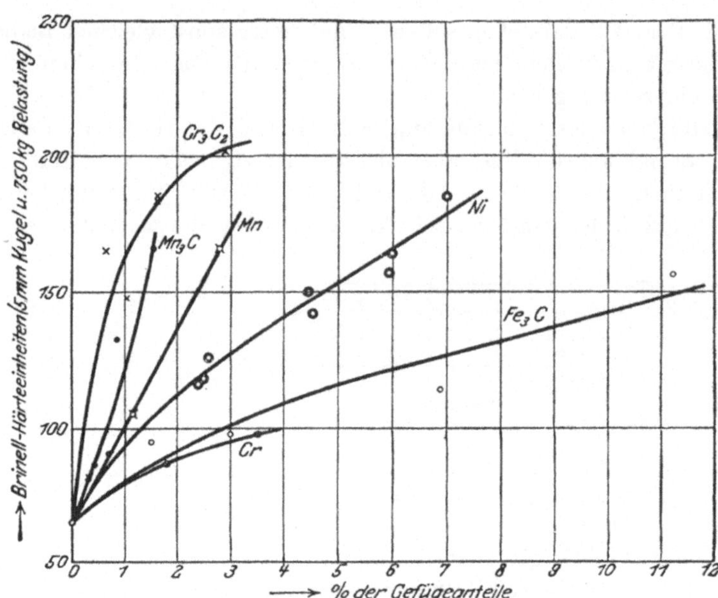

Abb. 229. Einfluß verschiedener Gefügebestandteile auf die Härte des Eisens.
(Maurer und Schmidt.)

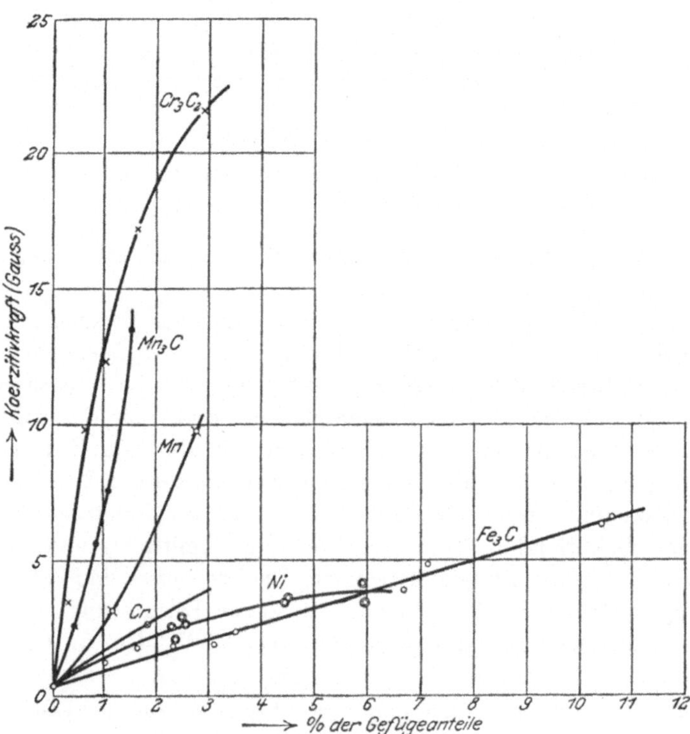

Abb. 230. Einfluß verschiedener Gefügebestandteile auf die Koerzitivkraft des Eisens.
(Maurer und Schmidt.)

Stählen gefundenen in hinreichender Übereinstimmung standen, beweist, daß sich die Wirkung der einzelnen Gefügebestandteile in einfacher Weise addiert. Bemerkenswert ist dann ferner, daß dies auch für die quaternären Nickelchromstähle zutraf.

22. Quaternäre und komplexe Stähle.

Die ständig gesteigerten Anforderungen an die Eigenschaften der Spezialstähle ließen sich mit den ternären Stählen nicht mehr erfüllen, und man ging dazu über, statt eines Spezialelementes zwei und mehrere einzuführen. Schon in den sechziger Jahren des vorigen Jahrhunderts sind von Mushet Versuche nach dieser Richtung angestellt worden, indessen fehlte es damals noch an der Erkenntnis der Bedeutung einer zweckmäßigen Wärmebehandlung, durch die die hochwertigen quaternären und komplexen Stähle erst zur vollen Auswirkung ihrer Eigenschaften gelangen können. Die Zahl der möglichen Kombinationen ist natürlich eine außerordentlich große und ihr Studium ist sicherlich keineswegs bereits erschöpft. Immerhin erkennt man in den einschlägigen Arbeiten das Bestreben der Industrie, hauptsächlich zwei große Stahlgruppen zu entwickeln: hochwertige Konstruktions- und Werkzeugstähle.

Konstruktionsstähle. Die Anforderungen an die Konstruktionsstähle beziehen sich im wesentlichen auf die Festigkeitseigenschaften, und zwar ist es insbesondere außer der absoluten Höhe der Streckgrenze, Festigkeit und Dehnung das Verhältnis der Streckgrenze zur Festigkeit, an das hohe Anforderungen gestellt werden. Hierzu tritt in neuester Zeit die Forderung höchsten Widerstandes der Stähle gegen plötzliche, stoßweise Beanspruchung (Kerbschlagprobe), sowie gegen wechselnde Beanspruchung (Ermüdungsprobe). Der Erfüllung dieser Anforderung hat nicht zum geringsten Teil der Automobil- und Flugzeugbau seine außerordentliche Entwicklung zu verdanken. Man kann ferner zur Gruppe der Konstruktionsstähle die hochwertigen Geschütz-, Geschoß-, Panzerplatten- und andere Stähle der Rüstungsindustrie rechnen, die ebenfalls eine ungewöhnliche Entwicklung erfahren haben, über die indessen aus begreiflichen Gründen nur vereinzelte Angaben an die Öffentlichkeit gedrungen sind.

Wie auf dem Gebiet der ternären Spezialstähle verdanken wir auch auf dem der quaternären Guillet[1]) eine größere Arbeit, die in gewisser Beziehung als grundlegend zu gelten hat, weil sie sich auf große Konzentrationsgebiete erstreckt. Dies hat den Vorteil, die Grenzen der Anwendungsfähigkeit der Stähle im großen und ganzen festzulegen. Im allgemeinen kommen für die vorliegenden Zwecke, soweit wenigstens unsere Erfahrungen reichen, nur diejenigen Stähle in Betracht, die wir als perlitische bezeichnet haben, deren Gefüge sich also prinzipiell von dem der Kohlenstoffstähle nicht unterscheidet und die demnach die Zusatzelemente auf Ferrit und Perlit nach einem unbekannten Gesetze verteilt enthalten. Die martensitischen Stähle scheiden wegen zu großer Sprödigkeit und zu geringer Bearbeitungsfähigkeit aus. Eine

---

[1]) Ir. st. Inst., II, 1.

Tabelle 8

Lfd. Nr.	Innerhalb der Grenzen	ändert 0,1%	bei einem C-Gehalt von	die Streckgrenze um kg/qmm	die Festigkeit um kg/qmm	die Dehnung um %
1	0— 0,9	C	—	+ 2,80[1]	+ 6,50[1]	— 4,33[1]
	0— 0,9	,,	—	+ 3,80[22]	+ 8,30[22]	— 3,00[22]
	0— 0,9	,,	—	+ 2,30[23]	+ 5,70[23]	— 3,70[23]
	0— 0,9	,,	—	+ 3,30[24]	+ 8,30[24]	— 3,00[24]
2	9— 0,3	P	0,1—0,15	+ 3,60[4]	+ 6,30[4]	— 1,36[4]
	0— 0,3	,,	0,1	+ 3,90[1]	+ 3,80[1]	— 0,70[1]
3	0— 0,2	S	0,1	— 0,50[5]	± 0,00[5]	+ 1,00[5]
	0— 0,2	,,	0,3	+ 0,70[5]	— 0,25[5]	— 0,50[5]
	0— 0,2	,,	0,5	— 3,00[5]	— 4,00[5]	± 0,00[5]
4	0— 0,5	As	0,08	+ 0,75[7]	+ 0,75[7]	— 0,15[7]
5	0— 1,0	Cu	0,1	+ 1,00[8]	+ 0,80[8]	— 0,50[8]
	0— 1,0	,,	0,4	—	+ 0,70[8]	— 0,40[8]
	0— 1,0	,,	1,0	—	+ 0,70[8]	— 0,25[8]
6	0— 1,0	Si	0,1—0,13	+ 0,60[10]	+ 1,05[10]	— 0,90[10]
	0— 1,0	,,	0,8	+ 2,50[11]	+ 2,00[10]	— 0,10[10]
7	0— 1,5	Mn	0,1	+ 0,27[12]	+ 0,80[12]	— 0,20[12]
	0— 2,0	,,	0,4	+ 0,25[25]	+ 0,19[25]	— 0,05[25]
	0— 2,0	,,	0,6	+ 0,27[25]	+ 0,23[25]	— 0,08[25]
	0— 1,5	,,	0,8	+ 0,33[11]	+ 0,50[11]	— 0,20[11]
8	0— 5,0	Ni	0,1	+ 0,24[13]	+ 0,32[13]	— 0,24[13]
	0— 5,0	,,	0,2	+ 0,06[11]	+ 0,10[11]	— 0,02[11]
	0— 3,0	,,	0,8	+ 0,03[11]	+ 0,07[11]	— 0,03[11]
	0— 3,5	,,	0,2	+ 0,40[26]	+ 0,60[26]	— 0,23[26]
	0— 3,5	,,	0,3	+ 0,46[26]	+ 0,40[26]	— 0,23[26]
	0— 3,5	,,	0,4	+ 0,58[26]	+ 0,50[26]	— 0,20[26]
	0— 3,5	,,	0,5	+ 0,74[26]	+ 0,60[26]	— 0,23[26]
9	0— 1,1	Cr	0,17	—	—	—
	0— 5,0	,,	0,2	+ 0,26[11]	+ 0,50[11]	— 0,30[11]
	0— 3,0	,,	0,8	+ 2,50[11]	+ 2,00[11]	— 0,30[11]
10	0— 1,4	W	0,08	—	—	—
	0— 5,0	,,	0,2	+ 0,25[11]	+ 0,25[11]	— 0,01[11]
	0— 5,0	,,	0,8	+ 0,66[11]	+ 0,80[11]	± 0,00[11]
11	0— 1,0	Mo	0,2	+ 2,00[11]	+ 2,50[11]	— 1,10[11]
	0— 1,0	,,	0,8	+ 3,70[11]	+ 3,60[11]	— 0,10[11]
12	0— 1,0	V	0,2	+ 2,00[11]	+ 2,50[11]	— 1,30[11]
	0— 1,0	,,	0,8	+ 2,00[11]	+ 1,50[11]	+ 0,20[11]
13	0— 2,0	Al	0,2	+ 0,20[11]	+ 0,17[11]	— 0,10[11]
	0— 2,0	,,	0,8	+ 0,16[11]	+ 0,12[11]	— 0,030[11]
14	0—15,0	Co	0,2	+ 0,16[18]	+ 0,20[18]	— 0,07[18]
15	0— 0,1	N	0,14	+ 11,00[19]	+ 7,00[19]	— 15,00[19]

[1] Stead, St. E. 1917, 289.
[2] Levin und Dornhecker, Fer. 1913/14, 321.
[3] P. Goerens, Enz. 4, 324.
[4] d'Amico, Fer. 1912/13, 289.
[5] Unger, St. E. 1917, 592.
[6] Arnold, Ir. st. Inst. 1894, I, 107.
[7] Liedgens, St. E. 1912, 2109.
[8] Lipin, St. E. 1900, 536.
[9] Breuil, Ir. st. Inst. 1907, II, 1.
[10] Paglianti, Met. 1912, 217.
[11] Guillet, All. mét., Paris, Dunod et Pinat, 1906.
[12] Lang, Met. 1911, 15.
[13] Burgess und Aston, Electrochem. met. Ind. 1909, 403.
[14] Burgess und Aston, Chem. Met. Eng. 1910, 468.

Tabelle 8

die Kontraktion um %	die Härte[27] um Br. E.	Spez. Schlagarbeit, um mkg/qcm Ch = Charpy Fr = Frémont	das spez. Gew. um	den elektr. Leitwiderstand um Ohm m/qmm
— 7,27[1]	+ 19,4[2]	— 10,0 Ch[20]	— 0,0045[2]	{ + 0,003[3] + 0,003[21]
— 6,50[22]	—	—	—	—
—	—	—	—	—
— 7,5[24]	—	—	—	—
— 3,80[4]	+ 12,0[4]	— 12,0 Ch[4]	— 0,0117[4]	+ 0,011[4]
— 1,50[1]	—	—	—	—
— 1,25[5]	—	—	— 0,0164[6]	—
— 3,00[5]	—	—	—	—
± 0,00[5]	—	—	—	—
— 0,10[7]	—	—	+ 0,0100[7]	+ 0,007[7]
— 0,90[8]	—	— s. [9]	+ 0,0011[6]	+ 0,002[14]
— 0,80[8]	+ 2,25[9]	— „	—	—
— 0,20[8]	+ 2,50[9]	— „	—	—
— 1,50[10]	+ 10,70[10]	— 0,4 Ch[10]	— 0,0075[10]	+ 0,010[10]
— 0,30[10]	+ 6,70[11]	—	—	—
± 0,00[12]	+ 3,00[12]	+ 1,4 Ch[12]	— 0,0016[6]	+ 0,005[12]
— 0,09[25]	—	—	—	—
— 0,09[25]	—	—	—	—
— 0,25[11]	+ 3,00[11]	± 0,0 Fr[11]	—	—
— 0,08[13]	—	—	+ 0,0004[6]	+ 0,0024[14]
± 0,00[11] (?)	+ 0,60[11]	± 0,0 Fr[11]	—	+ 0,0016[15]
± 0,00[11] (?)	+ 1,40[11]	± 0,0 Fr[11]	—	+ 0,0028[16]
— 0,14[26]	—	—	—	—
— 0,06[26]	—	—	—	—
— 0,14[26]	—	—	—	—
— 0,23[26]	—	—	—	—
—	—	—	+ 0,0001[6]	—
— 0,60[11]	+ 3,00[11]	— 0,5 Fr[11]	—	+ 0,004[16]
— 0,16[11]	+ 4,30[11]	± 0,0 Fr[11]	—	+ 0,004[16]
—	—	—	+ 0,0095[6]	—
— 0,01[11]	+ 1,20[11]	— 0,36 Fr[11]	—	+ 0,002[15]
— 0,01[11]	+ 2,40[11]	± 0,0 Fr[11]	—	+ 0,0034[15]
— 2,50[11]	+ 1,20[11]	— 1,0 Fr[11]	—	—
— 0,70[11]	+ 2,40[11]	— 0,3 Fr[11]	—	—
— 2,20[11]	+ 16,00[11]	± 0,0 Fr[11]	—	+ 0,007[15]
± 0,00[11]	+ 17,00[11]	± 0,00 Fr[11]	—	± 0,000[15]
— 0,70[11]	+ 0,85[11]	— 1,5 Fr[11]	— 0,0120[17]	+ 0,011[21]
— 0,07[11]	+ 2,80[11]	— 0,1 Fr[11]	—	—
— 0,13[18]	—	—	—	—
—	—	—	—	—

15) Portevin, Rev. Mét. 1909, 436.

16) Boudouard, Rev. Mét. 1912, 294.

17) Hadfield, Ir. st. Inst. 1890, 161.

18) Dumas, Aciers au nickel, Paris 1902, Dunod.

19) Tschischewski, Diss. Tomsk, St. E. 1916, 147.

20) Reinhold, Fer. 1915/16, 97. (Zwischen 0 und 0,4% besitzt die Kurve in Wirklichkeit hyperbolischen Verlauf.)

21) Gumlich, Wiss. Abh. R.-A. 1918, 269.

22) Siemens-Martin gewalzt, vgl. Heyn, Mat. Kde. II A, 324.

23) Siemens-Martin gewalzt und geglüht. Heyn a. a. O.

24) Thomas und Bessemer gewalzt. Heyn a. a. O.

25) Téreny János, St. E. 1918, 567.

26) Waterhouse, Ir. st. Inst. 1905, II, 376.

27) Vgl. a. P. Goerens, Kruppsche Monatsh. 1921, 163.

Tabelle 9. Nickel-Silizium-

% C	% Ni	% Si	% Mn	% S	% P	Bemerkungen
0,17	2,16	1,56	0,18	0,009	0,025	—
0,17	2,16	4,39	0,30	0,018	0,018	—
0,21	12,00	1,78	0,11	0,011	0,005	—
0,25	11,52	4,60	0,03	0,012	0,003	—
0,18	30,08	1,85	0,25	0,012	0,011	—
0,19	31,04	4,96	0,18	0,009	0,003	—
0,76	2,08	1,72	0,11	0,013	0,016	—
0,82	2,40	3,96	0,36	0,015	0,006	—
0,84	12,08	1,92	0,03	0,015	0,003	—
0,72	11,52	4,50	0,33	0,026	0,008	nicht schmiedbar
0,63	30,08	1,84	0,24	0,018	0,004	—
0,71	30,08	4,66	0,36	0,011	0,005	nicht schmiedbar
0,26	2,08	0,46	0,18	0,013	0,029	—
0,21	2,56	0,65	0,32	0,017	0,020	—
0,22	2,08	1,86	0,28	0,029	0,021	—
0,16	12,24	0,51	0,22	0,017	0,020	—
0,21	12,04	0,69	0,30	0,014	0,018	—
0,19	12,48	2,60	0,32	0,017	0,015	—
0,19	12,00	5,45	0,10	0,015	0,037	—
0,18	30,56	6,80	0,10	Spur	0,031	nicht schmiedbar
0,84	12,62	6,89	0,43	,,	0,024	,, ,,
0,82	30,64	6,99	0,27	,,	0,020	,, ,,
0,19	5,72	0,47	0,44	0,009	0,024	—
0,13	5,76	0,88	0,39	0,009	0,029	—
0,25	5,76	1,07	0,36	0,003	0,027	—
0,20	5,60	2,48	0,33	0,005	0,028	—
0,24	6,40	2,40	0,35	0,014	0,020	—
0,27	6,24	4,80	0,22	0,006	0,034	—
0,35	2,80	0,26	0,32	0,009	0,021	—
0,35	3,36	0,93	0,28	0,018	0,029	—
0,45	3,04	1,30	0,32	0,011	0,035	—
0,40	3,60	2,05	0,45	0,010	0,031	—
0,19	3,60	3,50	0,35	0,015	0,030	—
0,59	3,40	7,02	0,01	0,027	0,450	—
0,82	2,08	4,75	0,10	0,009	0,029	nicht schmiedbar
0,83	2,85	7,07	0,38	0,011	0,044	,, ,,
0,82	2,16	9,27	0,04	0,011	0,041	,, ,,
0,94	5,44	4,85	0,31	0,011	0,023	,, ,,
0,78	4,80	6,65	0,50	0,008	0,020	,, ,,
0,91	4,96	9,25	0,17	0,015	0,033	,, ,,
0,75	15,30	0,94	0,33	0,009	0,015	—
0,80	16,16	2,42	0,07	0,021	0,026	—
0,80	16,88	3,16	0,31	0,022	0,028	—
0,84	15,20	6,67	0,12	0,017	0,044	nicht schmiedbar
0,78	19,60	0,94	0,35	0,009	0,028	—
0,82	20,00	2,58	0,32	0,029	0,018	—
0,88	20,03	5,08	0,16	0,018	0,037	nicht schmiedbar
0,87	20,04	6,67	0,08	0,012	0,031	,, ,,

Ausnahme machen die an andrer Stelle bereits erwähnten rostsicheren Chromnickelstähle (vgl. Abb. 160). Das Anwendungsgebiet der austenitischen Stähle ist vorderhand, z. T. wegen des hohen Preises dieser Stähle, noch sehr begrenzt, doppelkarbidhaltige Stähle werden in der Hauptsache als Werkzeugstähle verwendet, und die Stähle mit neuen Gefügebestandteilen haben bisher noch keine

Stähle.

Mikrostruktur	F kg/qmm	E. Gr. kg/qmm	D %	K %	Schl mkg/qcm	H
Perlit	73,5	51,4	19,0	46,5	9	179
Perlit	97,0	76.4	16,0	38,1	5	235
Martensit	170,0	141,1	9,0	42,9	5	375
Martensit	142,5	142,5	2,0	0,0	3	430
γ-Eisen	61,9	24,4	36,0	69,3	39	143
γ-Eisen	66,2	21,6	40,0	69,5	38	159
Perlit	126,7	70,5	8,0	14,3	4	293
Perlit u. Sp. v. Graphit	83,7	69,0	9,5	33,2	2	351
grob. Martensit	103,4	103,4	0,0	0,0	5	153
	—	—	—	—	—	—
γ-Eisen	64,5	27,0	33,0	51,6	20	262
	—	—	—	—	—	—
Perlit	51,1	35,9	20,5	52,7	13	124
Perlit	59,6	35,7	16,0	44,5	5	126
Perlit	80,4	52,2	13,0	34,3	5	163
Martensit	141,0	141,0	4,1	1,0	5	351
Martensit	144,3	144,3	0,0	1,0	4	375
Martensit	117,7	117,7	0,0	0,0	3	402
Martensit	158,9	158,9	0,0	1,0	2	460
	—	—	—	—	—	—
	—	—	—	—	—	—
	—	—	—	—	—	—
Perlit	59,8	49,0	23,5	60,7	20	170
Perlit	73,0	42,0	23,0	46,0	9	170
mit Neigung zu Martensit						
,, ,, ,, ,,	78,0	55,0	19,0	66,1	6	163
Perlit u. Martensit	93,0	59,0	16,0	35,0	3	223
Martensit	117,0	88,0	11,0	22,9	4	248
Perlit	68,0	68,0	0,0	0.0	0	286
Perlit	65,6	45,5	20,0	46,5	8	170
Perlit m. schwacher Neigung zu Martensit	87,5	56,4	12,5	22,9	4	174
,, ,, ,, ,,	79,4	61,2	17,0	6,5	6	202
,, ,, ,, ,,	97,5	71,5	14,0	22,9	3	228
,, ,, ,, ,,	107,0	85,0	2,5	0,0	3	262
Perlit und Zementit	—	Schlecht gebrochen			2	286
	—	—	—	—	—	—
	—	—	—	—	—	—
	—	—	—	—	—	—
	—	—	—	—	—	—
γ-Eisen	83,0	83,0	0,0	0,0	5	143
γ-Eisen	85,0	85,0	2,0	0,0	4	179
Martensit	169,0	169,0	2,0	0,0	4	196
	—	—	—	—	—	—
γ-Eisen	94,0	23,0	33,0	48,2	20	143
γ-Eisen u. Martensit	120,0	27,0	27,0	46,1	38	134
	—	—	—	—	—	—

besonders hervorragenden Eigenschaften gezeigt. Guillets große Arbeit über
quaternäre Stähle besitzt also zunächst den Vorzug, uns über die Grenzen des
Gebietes der quaternären perlitischen Stähle und damit über die Anwendungsfähigkeit dieser Stähle zu orientieren. Sie lehrt uns ferner ganz allgemein,
daß die in ternären Stählen ähnlich wirkenden Elemente beim Zusammen

Tabelle 10.
Nickel-Mangan-Stähle.

% C	% Ni	% Mn	% Si	% S	% P	Mikrostruktur	F kg/qmm	E. Gr. kg/qmm	D %	K %	Schl mkg/qcm	H
0,13	1,40	5,76	0,51	0,014	0,008	Martensit	141,4	99,0	6,0	55,5	9	311
0,17	2,16	6,84	0,99	0,023	0,020	Martensit u. γ-Eisen	—	—	—	—	3	364
0,6	2,08	15,70	0,86	0,017	0,018	γ-Eisen	70,2	29,3	7,0	58,8	40	187
0,10	12,24	5,30	0,56	0,013	0,005	Martensit u. γ-Eisen	107,4	41,2	15,5	26,0	25	212
0,20	12,02	8,75	0,51	0,020	0,025	γ-Eisen	61,8	35,3	36,5	75,5	36	146
0,18	12,00	15,84	0,47	0,015	0,008	γ-Eisen	65,7	46,0	35,5	64,9	37	170
0,36	31,12	5,04	0,93	0,030	0,018	γ-Eisen	70,6	27,0	30,0	70,4	40	149
0,19	31,12	8,02	0,51	0,030	0,021	γ-Eisen	72,2	27,0	22,0	64,2	32	124
0,24	31,05	16,48	1,10	0,028	0,018	γ-Eisen			nicht schmiedbar			
0,09	4,96	0,52	0,17	0,014	0,021	Martensit	115,3	92,2	7,0	26,5	7	217
0,17	6,88	1,42	0,49	0,033	0,023	Martensit	148,1	79,3	6,0	37,6	10	387
0,43	3,32	1,35	0,65	0,046	0,021	α-Eisen u. Martensit	—	—	—	—	5	402
0,40	4,96	0,97	0,74	0,022	0,024	α-Eisen u. Martensit	—	—	—	—	4	375
0,60	4,10	0,60	0,55	0,028	0,026	Martensit a. d. Grenze	119,1	?	6,5	18,0	3	217
0,29	5,10	11,80	1,24	0,013	0,028	γ-Eisen u. ein wenig Martensit	100,6	50,4	30,0	20,1	42	137
0,26	7,20	5,10	1,63	0,012	0,037	Martensit u. γ-Eisen	70,5	70,5	2,0	—	5	207
0,43	5,40	7,80	0,65	0,020	0,029	Martensit u. γ-Eisen	86,8	47,1	47,9	41,0	7	114
0,81	4,00	3,30	1,68	0,013	0,020	Martensit u. γ-Eisen	57,0	15,9	5,0	—	—	187
0,67	1,76	4,79	0,45	0,018	0,010	γ-Eisen ⎫	—	—	—	—	3	277
0,81	2,32	7,03	1,21	0,013	0,020	γ-Eisen ⎬ a. d. Grenze	73,8	43,6	3,0	10,5	7	235
0,73	2,00	14,40	0,80	0,021	0,028	γ-Eisen	80,3	49,6	18,0	25,4	33	212
0,62	12,08	5,52	0,47	0,009	0,023	γ-Eisen ⎭	100,8	41,6	11,5	13,1	40	174
0,75	12,15	7,65	0,60	0,015	0,021	γ-Eisen	93,2	25,5	32,0	62,9	40	174
0,73	31,00	7,92	0,51	0,025	0,016	γ-Eisen	86,9	27,0	30,0	50,0	28	196

treten im quaternären Stahl ihre Wirkung addieren, demnach also Mangan und Nickel den Zerfall der festen Lösung oder die Umwandlung des γ-Eisens in β-bzw. α-Eisen nach niedrigeren Temperaturgebieten verschieben, während Chrom, Wolfram, Molybdän und Vanadium die Konzentration des Perlitpunktes und wahrscheinlich auch die Löslichkeit des γ-Eisens für Kohlenstoff erniedrigen, ohne die Temperaturen des Zerfalls der festen Lösung wesentlich zu beeinflussen, wenngleich eine Verzögerung dieses Zerfalls und damit die Bildung metastabiler Konstituenten durch die Gegenwart dieser Elementengruppen zweifellos begünstigt wird.

Bei der Größe der von Guillet untersuchten Konzentrationsgebiete war ein Eingehen auf Einzelheiten natürlich nicht in dem Maße möglich, wie es vom Standpunkt der Konstruktionsstähle nötig gewesen wäre. Nicht allein sind die Intervalle zwischen den Gehalten der einzelnen Proben reichlich groß, auch derjenige Teil der Arbeit, der sich mit den für diese Stahlgruppe, wie schon erwähnt, ganz besonders wichtigen Wärmebehandlungsfragen befaßt, ist begreiflicherweise sehr summarisch behandelt. Nichtsdestoweniger sind die grundlegenden Ergebnisse der Guilletschen Arbeit in den Tabellen 9—18 wiedergegeben. Für die Herstellung und Behandlung der Stähle, sowie für die Versuchseinzelheiten gelten die bei den früher erwähnten Guilletschen Arbeiten gemachten Angaben.

Im Laufe der letzten Jahre hat sich nun eine begrenzte Reihe von Baustählen in der Industrie Eingang verschafft, deren Haupttypen wohl sind:

  Nickel-Chromstähle,
  Nickel-Wolframstähle,
  Nickel-Vanadiumstähle,
  Chrom-Vanadiumstähle,
  Nickel-Chrom-Vanadiumstähle.

Die drei letzten Stahlgruppen sind insbesondere in Amerika und England sehr

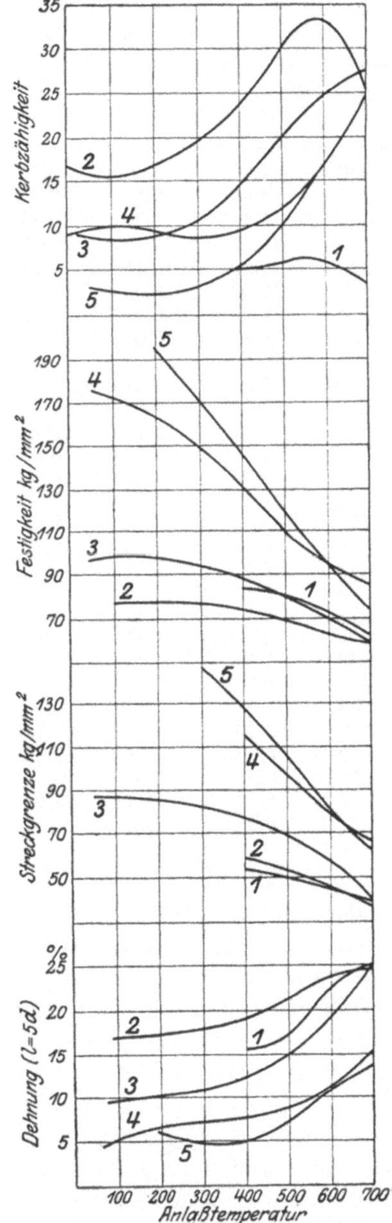

Abb. 230. Vergleichende Übersicht über die Eigenschaften einiger quaternärer Baustähle in Abhängigkeit von der Anlaßtemperatur. (Wendt.)
1 = Kohlenstoffst. 0,45% C; 0,65% Mn.
2 = Nickelstahl 0,2% C; 5% Ni.
3 = Chromnickelstahl 0,2% C; 3% Ni; 0,5% Cr.
4 = Chromnickelstahl 0,3% C; 4% Ni; 1,5% Cr.
5 = Chromnickelstahl 0,4% C; 1% Ni; 1,6% Cr.

Tabelle 11.

Nickel-

% C	% Ni	% Cr	% Si	% S	% P	% Mn	Bemerkungen
0,23	4,56	2,53	0,11	0,006	0,015	0,25	—
0,17	4,96	9,37	0,22	0,017	0,013	0,08	—
0,27	5,40	18,20	0,17	0,006	0,006	Spur.	nicht schmiedbar
0,20	12,04	3,18	0,28	0,005	0,003	„	—
0,21	12,50	10,15	0,51	0,044	0,016	0,06	—
0,31	10,60	20,55	0,61	0,013	0,010	Spur.	—
0,14	30,24	3,18	0,75	0,025	0,024	0,19	—
0,18	32,32	10,03	0,42	0,010	0,005	0,19	—
0,30	29,44	20,44	0,88	0,015	0,005	0,25	nicht schmiedbar
0,78	5,639	3,39	0,56	0,015	0,012	0,22	—
1,04	4,64	9,65	0,22	0,013	0,013	0,11	—
0,89	4,92	20,29	Spur.	0,020	0,024	Spur.	nicht schmiedbar
0,78	12,08	2,32	0,56	0,013	0,010	0,56	—
0,97	12,20	10,35	0,06	0,025	0,005	0,06	—
0,92	11,48	20,34	Spur.	0,015	0,018	Spur.	nicht schmiedbar
0,71	32,28	3,24	0,42	0,015	0,080	0,42	„
0,69	29,12	10,15	0,10	0,016	0,016	0,18	„
0,73	29,40	20,61	0,31	0,008	0,005	0,31	„
0,33	2,20	0,50	0,23	0,015	0,025	0,63	—
0,18	2,48	0,98	0,12	0,008	0,018	0,23	—
0,21	2,56	1,91	0,17	0,003	0,016	0,11	—
0,29	2,76	3,26	0,23	0,020	0,020	0,31	—
0,35	2,60	5,27	0,17	0,018	0,015	0,29	—
0,14	5,88	0,52	0,10	0,003	0,018	0,08	—
0,17	5,36	1,02	0,12	Spur.	0,023	0,09	—
0,20	6,00	0,93	0,06	0,005	0,020	0,10	—
0,19	5,92	1,70	0,08	0,006	0,019	0,12	—
0,24	6,00	4,95	0,10	0,005	0,020	0,19	—
0,21	6,23	5,44	0,12	0,006	0,020	0,05	—

beliebt, während in Deutschland und Frankreich Nickel-Chromstähle sich besonders eingebürgert haben. Die Anforderungen an diese, hauptsächlich im Automobil- und Flugzeugbau verwendeten Stähle gehen weit auseinander. Streckgrenzen von 50—150 kg/qmm, Festigkeiten von 75—170 kg/qmm bei Dehnungen von 7—20 % auf kurze Meßlängen (50—100 mm) und Schlagfestigkeiten von 7—30 mkg/qcm dürften wohl im großen und ganzen die Grenzen darstellen. Diese Eigenschaften erzielt man im allgemeinen nur durch das sogenannte Vergüten des Stahls, d. h. durch Härten und nachfolgendes Anlassen. Das Vergüten erfolgt meist am fertig- bzw. am vorbearbeiteten Gegenstand, dem zur Verminderung der Bearbeitungskosten durch vorheriges zweckmäßiges Ausglühen die nötige Weichheit erteilt wird (vgl. V, 6).

Je nach dem Verwendungszweck beträgt der Kohlenstoffgehalt der obengenannten Stähle 0,1—0,45 %. Stähle für im Einsatz zu härtende Teile enthalten meist 0,05—0,15 %, Stähle für Geschütze, Wellen, Achsen und dgl. 0,25—0,45 % Kohlenstoff. Der Nickelgehalt der quaternären Konstruktionsstähle schwankt etwa zwischen 2 und 5 %, der Chromgehalt zwischen 0,5 und 2,0 %, der Vanadiumgehalt zwischen 0,1 und 0,5 % und der Wolframgehalt dürfte 2 % wohl selten übersteigen. Die Härte- und Anlaßtemperaturen werden am zweckmäßigsten für jeden Stahl durch besondere Versuche ermittelt. Erstere dürfte im allgemeinen zwischen 800 und 900°, letztere zwischen 500 und 750°

Chrom-Stähle.

Mikrostruktur	F kg/qmm	E. Gr. kg/qmm	D %	K %	Schl mkg/qcm	H
Martensit u. Ferrit	101,2	82,8	10	47	7	248
Martensit	114	69	8	44,4	7	402
Reiner Martensit	166	166	6	39	7	430
Martensit u. Spuren v. Karbid	123	66	14	14,3	6	277
γ-Eisen u. Karbid	92	77,8	20	44,4	6	225
γ-Eisen	69	49	26	62	27	121
γ-Eisen u. Spuren von Karbid	90,5	68,9	10	52	6	143
Martensit	153	153	1,5	—	5	255
Martensit u. Spuren v. Karbid	144	144	2	—	5	555
Martensit	122,5	79,5	29,5	29,8	6	311
γ-Eisen u. geringe Spur. v. Karbid	83	40	33,5	66	22	286
	—	—	—	—	—	—
	—	—	—	—	—	—
	—					
Perlit	61,8	42,6	24,4	54,4	17	137
Perlit	62	40,2	23	62,9	26	146
Perlit u. Martensit	69,2	45,8	20	20	6	166
Martensit	139	139	—	—	6	275
Martensit	162	135	4,5	—	6	248
Martensit u. Ferrit	76	45,5	18	22,9	20	183
Martensit	114	88	10	48,2	16	269
Martensit	120	103	12	44,2	8	286
Martensit	157	123	7	29,2	8	375
stark martensit.	168	136	6	48,2	9	402
„ „	109	109	6	—	5	460

zu suchen sein. Gute Beispiele für die Ausführung von Wärmebehandlungsversuchen mit handelsüblichen quaternären und anderen Spezialstählen finden sich bei Guillet[1]), Révillon[2]), Sankey und Smith[3]), Longmuir[4]), Mathews[5]). Aus diesen Arbeiten seien in der Tabelle 19 (S. 266) die Hauptergebnisse mitgeteilt. Einen ausgezeichneten Einblick in die Wirkungsweise der Legierungselemente und gleichzeitig der Anlaßtemperaturen gibt Abb. 230 nach Wendt[6]). Der Einfluß des Legierens äußert sich in der Steigerung der Streckgrenze und der Festigkeit, wobei, was vom Standpunkt des Konstrukteurs besonders wichtig ist, das Verhältnis $\dfrac{\text{Streckgrenze}}{\text{Bruchfestigkeit}}$ erhöht wird. Besonders wichtig ist ferner, daß die Kerbzähigkeit der legierten Stähle bei zweckmäßiger Wärmebehandlung wesentlich höher ist als die des Kohlenstoffstahls.

Was die in Amerika vielfach verwendeten Chrom-Vanadiumstähle betrifft, so lehrt der nachstehend nach eigenen Versuchen aufgeführte Vergleich eines

---

[1]) Ir. st. Inst. 1905, II, 167; u. a. Nickelchromstähle.

[2]) Ir. st. Inst. 1909, C. Sc. M. I, 181: hauptsächlich handelsübliche Nickelchromstähle für Automobilgetriebe.

[3]) Eng. 1904, **78**, 871: Chrom-Vanadiumstahl.

[4]) Ir. st. Inst. 1909, I, 383: Nickelchrom- und Chromvanadiumstähle.

[5]) Fr. Inst. 1909, **167**, 379: Nickelvanadium- und Chromvanadiumstähle.

[6]) Kruppsche Monatsh. 1922, 121.

Tabelle 12.

Nickel-

%C	%Ni	%Mo	%Mn	%Si	%S	%P
0,18	6,0	0,51	0,28	0,07	0,005	0,020
0,10	6,40	1,23	0,20	0,07	0,004	0,021
0,15	5,92	2,04	0,37	0,03	0,009	0,006
0,25	5,80	5,13	0,31	0,19	0,012	0,021
0,54	3,60	0,63	0,35	0,13	Spuren	0,013
0,35	3,52	1,02	0,25	0,17	0,004	0,024
0,50	3,24	2,02	0,31	0,21	0,004	0,018
0,47	2,96	4,36	0,18	0,12	0,004	0,023

Tabelle 13.

Nickel-

%C	%Ni	%Al	%Mn	%Si	%S	%P
0,17	5,8	0,74	0,21	0,06	0,009	0,018
0,18	5,8	1,32	0,35	0,06	0,011	0,015
0,17	6,0	2,31	0,19	0,12	0,008	0,024
0,19	5,9	5,34	0,27	0,09	0,009	0,023
0,40	2,6	0,82	0,27	0,12	0,011	0,026
0,36	3,4	0,85	0,36	0,06	0,013	0,018
0,40	2,5	1,28	0,36	0,17	0,009	0,024
0,40	3,4	1,54	0,35	0,12	0,014	0,018
0,45	3,5	2,29	0,26	0,15	0,010	0,021
0,37	3,2	1,91	0,09	0,08	0,004	0,020

Tabelle 14.

Nickel-

%C	%Ni	%W	%Mn	%Si	%S	%P
0,19	0,68	0,27	0,12	0,47	0,005	0,025
0,15	5,60	0,29	0,28	0,12	0,004	0,029
0,20	5,92	0,71	0,10	0,10	0,004	0,025
0,16	5,82	2,27	0,07	0,10	0,004	0,021
0,19	6,20	5,94	0,20	0,07	0,003	0,024
0,42	2,88	0,34	0,15	0,05	0,004	0,021
0,40	3,60	0,71	0,08	0,06	0,006	0,024
0,45	4,00	1,90	0,07	0,09	Spuren	0,024
0,31	3,60	4,96	0,09	0,12	0,006	0,024

Tabelle 15.

Mangan-

%C	%Mn	%Si	%S	%P
0,11	1,73	0,46	0,008	0,032
0,24	2,17	0,78	0,010	0,032
0,21	2,07	1,35	0,008	0,019
0,22	14,40	0,91	Spuren	0,024
0,24	14,76	1,88	Spuren	0,029
0,56	0,45	0,96	Spuren	0,037
0,62	0,52	1,84	0,012	0,025
0,52	11,84	0,43	Spuren	0,017
0,57	12,00	1,21	0,015	0,028
0,49	11,94	2,31	Spuren	0,032

Molybdän-Stähle.

Mikrostruktur	F kg/qmm	E. Gr. kg/qmm	D %	K %	Schl. mkg/qcm	H
Ferrit u. Martensit	91,5	79,5	12,0	68,7	15	248
Ferrit u. Martensit	89,5	79,5	11,0	44,2	15	223
Martensit	106,3	86,0	14,0	46,1	9	293
Martensit u. Spuren v. Karbid	123,0	86,0	10,0	44,2	9	248
Ferrit u. Martensit	115,0	103,0	9,0	22,9	6	269
Ferrit u. Martensit	91,0	65,5	12,5	46,1	8	228
Martensit	126,0	96,5	10,0	68,7	6	293
Martensit u. Karbid	119,0	86,0	11,0	58,9	6	277

Aluminium-Stähle.

Mikrostruktur	F kg/qmm	E. Gr. kg/qmm	D %	K %	Schl. mkg/qcm	H
Perlit	59,0	45,5	23,0	58,7	20	156
Perlit	72,0	57,8	20,0	48,0	9	187
Perlit (körnig)	99,5	92,5	1,0	0,0	2	293
Perlit (körnig)	89,5	89,5	0,0	1,0	2	302
Perlit	72,0	45,5	15,5	44,2	7	163
Perlit (körnig)	64,8	47,5	20,0	39,6	6	159
Perlit (körnig)	80,5	48,3	14,5	28,7	4	192
Perlit (körnig)	79,5	51,0	14,0	22,9	4	159
Perlit (körnig)	96,5	76,0	10,0	22,9	3	228
Perlit (körnig)	51,5	51,5	0,5	0,0	1	183

Wolfram-Stähle.

Mikrostruktur	F kg/qmm	E. Gr. kg/qmm	D %	K %	Schl. mkg/qcm	H
Perlit, Ferrit u. Martensit	54,9	44,8	21,0	61,1	25	146
Perlit, Ferrit u. Martensit	68,0	55,5	17,0	35,3	12	179
Ferrit u. Martensit	64,0	57,0	16,0	33,1	15	192
Ferrit u. Martensit	74,1	57,0	14,0	46,8	12	207
Ferrit u. Martensit	88,2	63,8	16,0	46,8	12	226
Perlit, Ferrit u. Martensit	65,8	47,0	13,5	46,8	6	196
Perlit, Ferrit u. Martensit	62,2	45,5	15,5	33,1	7	174
Ferrit,Martensit u.Spur.v.Karbid	74,1	63,0	13,0	46,8	6	207
Ferrit, Martensit u. Karbid	76,5	60,3	14,0	46,8	7	217

Silizium-Stähle.

Mikrostruktur	F kg/qmm	E. Gr. kg/qmm	D %	K %	Schl. mkg/qcm	H
Perlit	49,7	28,6	17,5	58,2	36	107
Perlit	55,7	40,7	15,5	57,2	28	107
Perlit	60,2	46,4	14,0	57,2	6	153
γ-Eisen	79,1	23,2	10,1	14,7	27	212
γ-Eisen u. Spuren v. Martensit	94,5	49,7	5,0	6,0	7	248
Perlit	76,6	50,3	12,0	14,5	8	248
Perlit	83,2	54,3	10,0	8,7	6	293
γ-Eisen	72,5	48,2	19,0	22,3	25	196
γ-Eisen	75,7	46,4	15,0	14,6	20	202
γ-Eisen	79,8	49,1	10,0	12,5	15	202

Tabelle 16.

Mangan-

% C	% Mn	% Cr	% Si	% S	% P
0,22	2,76	3,05	0,17	0,010	0,013
0,19	2,91	4,82	0,23	0,008	0,015
0,26	9,80	3,45	0,22	0,008	0,006
0,23	10,23	5,25	0,31	0,006	0,004
0,13	14,02	2,98	0,18	0,012	0,017
0,89	1,92	2,87	0,32	0,021	0,013
0,73	2,25	4,52	0,41	0,013	0,010
0,92	11,76	3,72	0,16	0,010	0,021
0,87	12,28	4,77	0,54	0,010	0,016

Tabelle 17.

Nickel-

% C	% Ni	% Va	% Mn	% Si	% S	% P
0,16	6,2	0,12	0,13	0,06	0,014	0,021
0,19	5,5	0,35	0,16	0,07	0,012	0,023
0,15	6,08	0,60	0,11	0,02	0,009	0,032
0,19	6,08	0,68	0,20	0,12	0,006	0,024
0,40	3,60	0,135	0,09	0,40	0,007	0,015
0,41	2,88	0,335	0,25	0,35	0,006	0,023
0,33	3,40	0,60	0,09	0,12	0,011	0,034
0,44	2,60	0,68	0,42	0,22	0,008	0,031

Tabelle 18.

Chrom-

% C	% Cr	% W	% Mn	% Si	% S	% P
0,14	1,73	2,04	Spuren	0,14	0,007	0,013
0,20	1,79	15,14	„	0,09	0,002	0,005
0,23	9,76	1,98	„	0,19	0,018	0,020
0,26	9,85	15,10	„	0,24	0,004	0,007
0,18	19,82	1,98	„	0,76	0,011	0,020
0,67	2,60	1,98	„	0,18	0,006	0,028
0,76	2,40	14,15	„	Spuren	0,003	0,011
0,82	10,42	1,98	„	0,18	0,009	0,010
0,84	21,14	2,12	„	0,43	0,022	0,013
0,74	20,44	14,82	„	0,52	0,014	0,015
0,12	2,93	13,48	0,14	0,18	0,006	0,031
0,43	3,36	13,95	0,14	0,32	0,016	0,014
0,61	4,01	13,08	0,29	0,23	0,016	0,040
0,71	3,34	13,32	0,20	0,32	0,015	0,031
0,85	3,25	13,87	0,08	0,18	0,012	0,010
0,42	3,21	4,12	0,08	0,23	0,011	0,026
0,73	3,22	9,04	0,37	0,37	0,009	0,016
0,54	3,22	14,59	0,07	0,28	0,007	0,031
0,26	3,12	20,30	0,09	0,25	0,011	0,013
0,46	0,94	13,00	0,11	0,23	0,014	0,016
0,52	3,17	13,63	0,33	0,32	0,010	0,035
0,65	8,33	13,63	0,14	0,28	0,006	0,034

Chrom-Stähle.

Mikrostruktur	F kg/qmm	E. Gr. kg/qmm	D %	K %	Schl. mkg/qcm	H
Martensit u. Ferrit	96,8	63,2	5,0	6,4	4	293
Martensit	122,5	122,5	0,0	0,0	0	444
γ-Eisen u. Martensit	88,6	48,5	4,0	3,5	9	248
γ-Eisen	76,2	23,5	29,0	64,3	32	196
γ-Eisen	88,4	28,2	19,5	43,7	28	114
Troostit u. Martensit	95,6	84,2	8,0	9,0	6	364
Troostit u. Karbid	83,4	65,1	10,0	11,5	2	302
γ-Eisen	71,4	53,2	25,0	17,5	29	183
γ-Eisen	86,2	41,3	14,0	17,5	25	217

Vanadium-Stähle.

Mikrostruktur	F kg/qmm	E. Gr. kg/qmm	D %	K %	Schl. mkg/qcm	H
Ferrit u. Spur. v. Martensit	61,0	49,0	24,5	44,2	20	166
Ferrit u. Spur. v. Martensit	76,0	57,6	18,0	48,2	10	192
Ferrit u. Spur. v. Martensit	72,5	58,2	19,0	44,2	8	235
Ferrit u. Martensit	84,0	65,5	15,5	46,1	9	235
Perlit	67,8	49,0	21,0	44,2	8	179
Perlit	69,2	52,0	20,0	46,1	6	196
Perlit	73,0	57,0	19,0	44,2	8	183
Perlit m. schwacher Neigung zu Martensit	77,0	56,2	16,0	60,7	6	166

Wolfram-Stähle.

Mikrostruktur	F kg/qmm	E. Gr. k g /qm	D %	K %	Schl. mkg/qcm	H
Perlit	54,7	27,9	17;0	64,0	37	126
Karbid	67,6	25,4	10,0	19,7	2	153
Martensit	171,3	148,5	4,5	14,3	5	477
Martensit, γ-Eisen u. Karbid	86,4	33,1	10,5	32,8	0	196
Karbid u. γ-Eisen	50,4	25,9	20,0	55,0	4	174
Martensit mit ein wenig Karbid	126,0	101,0	4,5	27,5	4	518
Martensit u. Karbid	156,0	140,0	1,0	0,0	2	652
Karbid u. Martensit	144,0	126,0	3,0	6,2	3	253
Karbid u. γ-Eisen	89,6	37,7	10,0	16,9	3	207
Karbid u. γ-Eisen	79,0	46,0	18,0	26,3	5	179
Karbid u. Martensit	64,0	33,6	16,5	46,8	4	166
Karbid und Sorbit	92,0	41,0	10,0	22,9	3	223
Karbid und Sorbit	91,8	47,4	12,0	29,1	3	228
Karbid und Sorbit	95,6	57,8	10,0	9,7	4	288
Karbid und Sorbit	86,0	63,4	15,0	46,8	4	217
Martensit u. γ-Eisen	73,0	45,0	16,5	36,9	4	166
Karbid und Sorbit	89,6	65,5	9,0	23,4	3	217
Karbid und Sorbit	87,8	51,0	11,5	35,0	3	217
Karbid und Sorbit	64,3	53,0	7,0	22,9	4	156
Karbid und Troostit	82,0	57,8	—	9,7	4	228
Karbid und Troostit	87,8	51,0	11,5	35,0	3	217
Karbid und Troostit	89,5	74,6	6,0	9,7	3	228

Tabelle 19 (s. S. 261).

	Zusammensetzung des Stahls								
	% C	%Mn	% Si	% P	% S	% Cr	% Ni	%Va	% Mo
Révillon Meßl. = 100	0,22	0,54	0,36	0,009	0,044	0,35	2,19	—	—
			desgl.	desgl.					
	0,105	0,34	0,11	0,014	0,03	0,85	4,38	—	—
			desgl.	desgl.					
	0,253	0,52	0,17	0,012	0,021	1,28	3,82	—	—
			desgl.	desgl.					
	0,45	0,34	0,11	0,014	0,03	0,58	2,25	—	—
			desgl.	desgl.					
Schuchardt und Schütte[3])	0,15	—	—	—	—	1,5	4,5	—	—
			desgl.	desgl.					
			„	„					
			„	„					
Eigene Versuche Meßl. = 100 Charpy Schlagpr.	0,20	0,28	0,28	0,024	0,019	1,22	3,89	—	—
			desgl.	desgl.					
			„	„					
Mathews Meßl. = 50,8 mm	0,37	—	—	—	—	1,04	2,09	—	—
			desgl.	desgl.					
	0,40	0,18	—	—	—	0,80	2,10	—	—
			desgl.	desgl.					
			„	„					
	0,34	0,17	—	—	—	—	3,88	—	—
			desgl.	desgl.					
			„	„					
	0,33	0,16	—	—	—	—	3,72	0,12	—
			desgl.	desgl.					
			„	„					
	0,33	0,16	—	—	—	—	3,40	0,24	—
			desgl.	desgl.					
			„	„					
	0,24	0,72	—	—	—	—	3,33	0,12	—
			desgl.	desgl.					
			„	„					
	0,36	0,21	—	—	—	2,78	—	0,24	—
			desgl.	desgl.					
			„	„					
	0,45	0,58	—	—	—	2,37	—	0,30	—
			desgl.	desgl.					
	0,33	0,54	—	—	—	1,24	—	0,20	—
			desgl.	desgl.					
Sankey u. Smith Meßl. = 50,8 mm	0,30	0,39	0,06	—	0,04	1,07	—	0,17[4])	—
			desgl.	desgl.					
			„	„					
			„	„					
Longmuir Meßl. = 50,8 mm	0,32	—	—	—	—	1,10	—	1,16	

[1]) Brinellhärte.

[2]) Spezifische Schlagarbeit von Révillon nach dem Verfahren von Guillery bestimmt.

Behandlung	Streckgrenze kg/qmm	Festigkeit kg/qmm	Dehnung %	Kontraktion %	Härtezahl[1]	spez. Schlagarbeit[2] mkg/qcm
Geglüht bei 800⁰, lgs. abgek.	39,6	56,1	26	64,9	153	18,5
In Wasser gehärtet bei 750⁰	127,0	143,8	10	64,3	370	9,5
Geglüht bei 800⁰, lgs. abgekühlt	42,3	63,7	20	60,5	179	16
In Wasser gehärtet bei 750⁰	122,0	147,0	10	54	295	10
Geglüht bei 900⁰, lgs. abgek.	45,4	80,6	17,5	50,5	213	7,5
In Öl gehärtet bei 850⁰	129,0	146,5	9,5	51,0	343	6,5
Geglüht bei 750⁰, lgs. abgek.	50,0	86,0	13,0	45,5	220	6,0
In Wasser gehärtet bei 800⁰, angelassen auf 500⁰	122	134	6,5	47,8	301	11,0
In Öl gehärtet bei 850⁰	—	131	8,0	—	—	14
In Öl gehärtet bei 820⁰, angelassen auf 300⁰	—	129	8,0	—	—	14,0
„ „ „ „ 850⁰, „ „ 550⁰	—	964	15,0	—	—	20,0
„ „ „ „ 850⁰, „ „ 650⁰	—	85	20,0	—	—	30
„ „ „ „ 850⁰, „ „ 700⁰	—	93	16,0	—	—	27
Geglüht bei 725⁰, lgs. abgek.	61,0	96,7	10,8	41,5	270	18
In Öl gehärtet bei 820⁰, angelassen auf 500⁰	106,6	113,9	8,0	52,0	399	22,3
„ „ „ 820⁰, „ „ 600⁰	90,0	97,6	11,8	58,1	347	23,7
In Öl gehärtet bei 800⁰, auf 475⁰ angelassen	119,7	130,3	16	56	—	—
„ „ „ „ 815⁰, „ 650⁰ „	93,3	121,2	18,5	61	—	—
Anlieferungszustand	93,3	118,2	12,8	37	—	—
In Öl gehärtet bei 815⁰, auf 315⁰ angelassen	164,8	183,1	10,0	34	—	—
„ „ „ „ 815⁰, „ 620⁰ „	90,0	102,5	17,5	40	—	—
Anlieferungszustand	45	66,9	27,3	54	—	—
In Öl gehärtet bei 820⁰, auf 315⁰ angelassen	91,6	102,5	15,5	55	—	—
„ „ „ „ 820⁰, „ 620⁰ „	57,5	79,2	16,5	51	—	—
Anlieferungszustand	63,7	84,0	23,8	53	—	—
In Öl gehärtet bei 820⁰, auf 315⁰ angelassen	108,5	118,2	14,5	56	—	—
„ „ „ „ 820⁰, „ 620⁰ „	79,2	91,6	24,0	61	—	—
Anlieferungszustand	76,0	102,5	17,8	40	—	—
In Öl gehärtet bei 820⁰, auf 315⁰ angelassen	127,0	131,8	15,0	55	—	—
„ „ „ „ 820⁰, „ 620⁰ „	91,6	96,1	21,0	61	—	—
Anlieferungszustand	59	76	27	64	—	—
In Öl gehärtet bei 870⁰	110,2	155,0	11,6	36	—	—
In Wasser gehärtet bei 870⁰	142,9	182,5	14,5	52	—	—
Anlieferungszustand	93,3	161,5	4,1	8	—	—
In Öl gehärtet bei 815⁰, auf 315⁰ angelassen	152,3	161,5	13	45	—	—
„ „ „ „ 815⁰, „ 620⁰ „	100,9	111,9	20	56	—	—
„ „ „ „ 870⁰, „ 220⁰ „	214,4	227	6	16	—	—
„ „ „ „ 870⁰, „ 607⁰ „	136	146	13,2	46	—	—
In Wasser gehärtet bei 870⁰, angelassen auf 315⁰	147,6	161,5	11	38	—	—
In Öl gehärtet bei 815⁰, angelassen auf 607⁰	99,5	107,2	15,5	56	—	—
Anlieferungszustand	57,3	84.1	24	41,9	—	3,1
¹/₂ St. bei 900⁰ geglüht	41,6	64,4	30,7	53,4	—	11,5
12 St. „ 900⁰ geglüht	31,7	60,0	32,7	50,0	—	11,2
In Öl gehärtet bei 900⁰	74,4	94,6	18,5	39,1	—	4,9
In Öl gehärtet bei 870⁰, angelassen auf 350⁰	77,5	92,1	23,0	50,8	—	9,0
„ „ „ „ 900⁰, „ „ 600⁰	67,4	83,2	22,0	56,6	—	13,4
Stäbe aus vergüteten Kurbelwellen und Achsen, die bei 250⁰—900⁰ in Öl gehärtet und bei 500⁰—600⁰ angelassen worden waren	63	79	20	45	—	—

[3]) Technisches Hilfsbuch, 3. Aufl. 336.

Tabelle 19 (s. S. 261).

	Zusammensetzung des Stahls								
	% C	% Mn	% Si	% P	% S	% Cr	% Ni	% V	% Mo
Swinden[1] Meßl. = 50,8 mm	0,15	0,22	0,06	0,02 desgl. „ „	0,02 desgl. „ „	—	0,98	—	0,53
	0,19	0,23	0,06	0,02 desgl. „ „	0,02 desgl. „ „	0,95	—	—	0,53
	0,30	0,33	0,07	0,02 desgl. „ „	0,02 desgl. „ „	—	—	0,22	0,52
	0,30	0,24	0,08	0,02 desgl. „ „	0,02 desgl. „ „	—	0,99	—	0,45
	0,32	0,28	0,08	0,02 desgl. „ „	0,02 desgl. „ „	0,91	—	—	0,46

solchen Stahls mit einem Chrom-Nickelstahl von handelsüblicher Zusammensetzung, daß die Eigenschaften des ersteren denen des letzteren nicht wesentlich nachstehen. Die Stähle sind auf gleichem Wege erzeugt und weiterverarbeitet worden.

Bezeich-nung	Analysen						Behandlung		Streck-grenze	Festig-keit	Deh-nung	Kon-traktion	Kerb-zähigk.
	% C	%Mn	% Si	% Cr	% Ni	% V	Härten i. Wasser	An-lassen	kg/qmm	kg/qmm	%	%	mkg/qcm
Cr-Ni	0,26	0,19	0,26	1,13	2,68	—	850°	600°	76,5	85,0	14,0	59,0	25,0
Cr-V	0,18	0,19	0,17	0,95	—	0,11	860°	600°	71,3	78,3	10,9	60,3	24,0

Neuerdings wendet sich das Interesse auch den mit Molybdän legierten Baustählen zu[2]). Bei mindestens gleichwertigen Eigenschaften sollen sie den technisch wichtigen Vorzug eines größeren Härtebereichs besitzen, d. h. sie vertragen beim Erhitzen auf Härtetemperatur eine etwaige Überhitzung, ohne daß die Eigenschaften darunter leiden. Dies wäre besonders wichtig auch für Einsatzstähle, da diese ja längere Zeit auf sehr hohe Temperaturen erhitzt werden müssen. Ferner sinken Streckgrenze und Festigkeit beim Anlassen nicht so rasch mit steigender Anlaßtemperatur, wie dies für die anderen Stähle der Fall ist.

Die nachfolgende Übersicht erlaubt einen Vergleich[3]) der Eigenschaften je eines Kohlenstoff-, Nickel-, Chrom-, Chrom-Nickel- und Chrom-Molybdänstahls, die alle auf ungefähr gleiche Festigkeit vergütet worden sind.

---

[1]) C. Sc. M. 1913, 156. Die Stähle sind im Tiegel in Blöcken 70 × 70 mm hergestellt, auf 25 mm gewalzt. Durchmesser der Zerreißstäbe 14,3 mm.

[2]) St. E. 1920, 1673; 1922, 186, 230.   [3]) Rass. min. 1922, **56,** 105.

Behandlung	Streckgrenze kg/qmm	Festigkeit kg/qmm	Dehnung %	Kontraktion %	Härtezahl	spez. Schlagarbeit mkg/qcm
Anlieferungszustand	39,1	50,3	33,5	68,0	—	—
Bei 900⁰ 15 Min. geglüht, Luft abgekühlt	34,7	49,6	33,0	62,6	—	—
Bei 900⁰ in Öl gehärtet, bei 500⁰ angelassen	57,6	68,5	24,0	67,0	—	—
„ 900⁰ „ „ „ „ 650⁰ „	50,6	67,6	24,5	70,0	—	—
Anlieferungszustand	47,5	59,4	25,0	61,6	—	—
Bei 900⁰ 15 Min. geglüht, Luft abgekühlt	34,4	49,6	34,6	68,0	—	—
Bei 900⁰ in Öl gehärtet, bei 500⁰ angelassen	74,2	90,1	16,0	60,4	—	—
„ 900⁰ „ „ „ „ 650⁰ „	59,0	74,4	19,5	56,0	—	—
Anlieferungszustand	70,6	93,5	18,5	45,8	—	—
Bei 900⁰ 15 Min. geglüht, Luft abgekühlt	45,7	61,8	26,5	54,8	—	—
Bei 900⁰ in Öl gehärtet, bei 500⁰ angelassen	80,4	96,5	17,0	59,2	—	—
„ 900⁰ „ „ „ „ 650⁰ „	55,0	72,5	23,0	64,8	—	—
Anlieferungszustand	62,7	87,0	16,0	52,4	—	—
Bei 900⁰ 15 Min. geglüht, Luft akgekühlt	47,6	67,9	23,5	57,2	—	—
Bei 900⁰ in Öl gehärtet, bei 500⁰ angelassen	110,5	127,0	13,0	42,0	—	—
„ 900⁰ „ „ „ „ 650⁰ „	80,5	107,5	18,0	62,6	—	—
Anlieferungszustand	54,5	68,0	21,0	57,2	—	—
Bei 900⁰ 15 Min. geglüht, Luft abgekühlt	41,5	59,5	25,0	59,2	—	—
Bei 900⁰ in Öl gehärtet, bei 800⁰ angelassen	91,5	105,8	17,0	54,8	—	—
„ 900⁰ „ „ „ „ 650⁰ „	63,3	86,0	20,5	60,3	—	—

Zusammensetzung der Stähle				Festigkkeit	Streckgr.	Dehnung	Kontraktion	Izod-Kerbzäh.
% C	% Ni	% Cr	% Mo					
0,62	—	—	—	126,2	84,4	—	43,6	5
0,49	—	0,60	—	125,5	107,2	18,	56,3	56,5
0,40	3,6	—	—	128	112,5	18,8	61,4	54,5
0,43	1,6	0,48	—	128	111,0	19,8	60,3	54,0
0,32	—	0,8	0,27	125,7	112,5	21,0	68,0	90,0

Daß eine Überschreitung der zweckmäßigsten Härtetemperatur um den gewaltigen Betrag von 300⁰ die Eigenschaften eines Molybdänstahls mit 0,27 % Kohlenstoff, 0,42 % Molybdän und 0,83 % Chrom kaum beeinflußt, lehren die nachfolgenden, der gleichen Quelle wie oben entnommenen Zahlen. Leider fehlen die Kerbzähigkeitswerte.

Härtetemperatur	Anlaßtemperatur	Elastizitätsgrenze	Festigkeit	Dehnung	Brinellhärte
810⁰	570⁰	98	115	18,5	319
870⁰	570⁰	98	114	17	321
930⁰	570⁰	97	113	17,5	321
990⁰	570⁰	97	114	18	319
1040⁰	570⁰	98	112	16,8	317
1100⁰	570⁰	98	110	17	317

Auch für den Brückenbau wird neuerdings der Chrom-Molybdänstahl empfohlen. Nach Wadell[1]) wäre die zweckmäßigste Zusammensetzung 0,25 %

—————

[1]) Gén. civ. 1920, 74.

Kohlenstoff, 0,75 % Mangan, 0,75 % Chrom, 0,75 % Molybdän. Die Steigerung des Preises würde durch die Gewichtsersparnis reichlich aufgewogen.

Nickel-Molybdänstähle sollen nach amerikanischen Quellen als Panzermaterial für Tanks und Nickel-Chrom-Molybdänstähle für die Herstellung von Kurbelwellen für Flugzeugmotore Verwendung finden.

Die nachfolgende Zusammenstellung zeigt eine Reihe von Verwendungszwecken quaternärer Konstruktionsstähle[1]).

Verwendungszweck	Zusammensetzung				
	% C	% Mn	% Ni	% Cr	% V
Leichte Achsen, Zugstangen, Treibachsen, Kolbenstangen (Verwendung des Stahls erfolgt im geglühten Zustande), Transmissionsteile, Zahnräder, Kurbelwellen, Kurbelzapfen (Verwendung des Stahls erfolgt im vergüteten Zustande)	0,25—0,3	0,4—0,5	—	1,0	0,16—0,18
Eisenbahnräder, Kurbelzapfen, Geschützrohre (Verwendung des Stahls erfolgt im gegl. Zustande), Lokomotiv-, Automobil- u. Wagenfedern (Verwendung des Stahls im vergüteten Zustande) . .	0,45—0,55	0,8—1,0	—	1,25	0,18
Für Einsatzhärtung	0,12—0,15	0,2	—	0,3	0,12
Panzerplatten	0,25—0,45	—	1,5—3,0	0,5—0,75	—
Panzergranaten	0,5—0,8	—	2,0—2,5	0,6—2,0	—
Höchstbeanspruchte Teile im Automobil- u. Maschinenbau	0,25—0,45	—	2,5—2,75	0,25—1,0	—

Werkzeugstähle. Die ternären und komplexen Werkzeugstähle haben sich unter dem Namen Schnelldrehstähle (Schnellarbeitsstähle) den Weltmarkt erobert. Der Analyse nach sind diese Stähle schon durch die Arbeiten von Mushet seit 1861 bekannt, indessen ist die typische Eigenschaft dieser Stähle, die sogenannte Rotgluthärte, erst durch die systematischen Arbeiten über die Steigerungsmöglichkeit der Schnittgeschwindigkeit von Taylor und White[2]) bei Gelegenheit der Neuorganisation der Werkstätten der Bethlehem Steel Company entdeckt worden. Der Schnittgeschwindigkeit von gewöhnlichem (Kohlenstoff-)Werkzeugstahl ist durch die Wärmeentwicklung beim Bearbeitungsvorgang (z. B. beim Drehen) nach oben hin eine Grenze gesetzt, weil diese Wärmeentwicklung im Werkzeug Anlaßwirkung hervorruft und damit dem Stahl die Härte und Schneidfähigkeit nimmt. Im Gegensatz dazu behalten die Schnelldrehstähle bis zu einer Temperatur von etwa 600°, also noch bei dunkler Rotglut, ihre ursprüngliche Härte[3]), vorausgesetzt, daß die vorausgehende Behandlung richtig gewesen ist. Die älteren Mushetstähle wurden wie gewöhnliche Kohlenstoffstähle bei Rotglut in Wasser gehärtet und waren infolgedessen außerordentlich hart und fast nicht zu bearbeiten. Das wesentliche Verdienst von Taylor und White ist die Auffindung derjenigen Wärmebehandlung, durch die der Schnelldrehstahl die erstaunlichen Schnittleistungen

---

[1]) Vgl. Mars, Spez.-St.   [2]) Rev. Mét. 1907. 1.   [3]) Vgl. IV und V, 6.

erhält. Gledhill[1]) gibt an, daß vor dieser Entdeckung die üblichen Schnittgeschwindigkeiten 45—75 m/min betrugen, während mit modernen Schnelldrehstählen 150—180, in Ausnahmefällen sogar bis zu 240 m/min erzielt werden. Es muß aber berücksichtigt werden, daß die Schnittgeschwindigkeit allein kein richtiges Bild von der Leistung eines Schnelldrehstahls gibt. Außer ihr ist zur Beurteilung der Leistung die Kenntnis des Vorschubes und des Spanquerschnittes erforderlich. Schließlich ist es klar, daß nicht etwa das absolute Maximum dieser Faktoren das erstrebenswerte Ziel darstellen kann, vielmehr das Maximum, das sich für eine rationelle Schnittdauer (Zeit bis zum Wiederanschleifen) ergibt. Zur Feststellung der Arbeitsleistung eines Schnelldrehstahls geht man daher entweder von einer zweckmäßigen Schnittdauer (bei Taylor und White z. B. 20 Minuten) aus und ermittelt die maximale Geschwindigkeit, nachdem Vorschub und Spandicke festgelegt sind, oder man ermittelt die Zeit bis zum Stumpfwerden des Werkzeuges bei festgelegten übrigen Faktoren, z. B. Spandicke = 4 mm, Vorschub = 1,5 mm, Schnittgeschwindigkeit = 70 m, Festigkeit des zu bearbeitenden Materials = 70 kg/qmm. Es würde hier zu weit führen, auf die Einzelheiten solcher Messungen einzugehen, um so mehr als noch eine weitere Reihe von Faktoren wie Spanmenge, Drehmaterial, Drehdurchmesser, Stahlform, Winkel, Kühlung u. a. m. zu berücksichtigen sind und eine Normalisierung solcher Messungen zurzeit noch nicht durchgeführt ist[2]).

Die nachfolgende Zusammenstellung nach Taylor kennzeichnet die Entwicklung der Schnelldrehstähle:

	$\%$ C	$\%$ Si	$\%$ Mn	$\%$ Cr	$\%$ W	$\%$ V
Kohlenstoffstahl bis 1894	1,05	0,21	0,20	0,20	—	—
Mushetstahl bis 1900	2,15	1,04	1,58	0,40	5,44	—
Erster Schnelldrehstahl 1900	1,85	0,15	0,30	3,80	8,00	—
Schnelldrehstahl 1906	0,67	0,04	0,11	5,47	18,91	0,29

Die letzte Analyse ist das Ergebnis der ausgedehnten Untersuchungen von Taylor und White; spätere Versuche[3]) haben keine wesentlich neuen Gesichtspunkte mehr ergeben, es sei denn, daß man aus wirtschaftlichen Rücksichten neben den hochlegierten Stählen mit etwa 18—20$\%$ Wolfram noch niedriglegierte mit etwa 12—14$\%$ einführte, die geringeren Anforderungen genügen.

Der Vanadiumgehalt soll einmal den Stahl desoxydieren und entgasen, zum andern ihm eine gewisse Zähigkeit verleihen. In neuerer Zeit werden die Vanadiumzusätze wesentlich, und zwar bis maximal 1,8$\%$ erhöht. Daß aber auch die Schnittleistungen durch den Vanadiumzusatz erheblich gesteigert werden können, lehrt die nachstehende Zahlentafel durch den Vergleich eines

---

[1]) Ir. st. Inst. 1904, II, 127.

[2]) Es sei hier auf die einschlägige Literatur verwiesen: Taylor-Wallichs, Springer, Berlin; Taylor, Proc. Am. Soc. Mech. Eng. 1906, 1; Nicolson, Proc. Inst. Mech. Eng. 1904, 883; Herbert, Ir. st. Inst. 1910, I, 206; Ripper u. Burley, Eng. 1913, 715, 737; Schlesinger, St. E. 1913, 929; Sarwin, Ding. Pol. 1913, 21; Kurrein, St. E. 1914, 1126; Le Chatelier, Rev. Mét. 1904, 334.

[3]) Vgl. z. B. Edwards, Ir. st. Inst. 1908, II, 104, der die Rolle des Chroms und des Wolframs im Schnelldrehstahl systematisch untersuchte.

gewöhnlichen Kohlenstoff-Werkzeugstahls mit einem gleichen Stahl, der aber etwa 0,3 % V enthielt.

Zusammensetzung des Stahls				Schnittdauer in min bei 4 mm Schnittiefe, 0,75 mm Vorschub, 6 m Schnittgeschwindigkeit auf Material mit 70 kg/qmm Festigkeit (Mittel aus 2 Vers.)
% C	% Mn	% Si	% V	
1,07	0,21	0,27	—	33
0,98	0,54	0,70	0,29	64

Im übrigen geht der günstige Einfluß des Vanadiums auf die Schnittleistung von Schnelldrehstahl auch aus der nachstehenden Tabelle von Arnold[1]) hervor. Der einwandfreie Nachweis der Leistungssteigerung durch Vanadium ist neuerdings von Pölzguter[2]) erbracht worden, und zwar sowohl für gegossenen als auch für geschmiedeten Wolfram- und Molybdänschnelldrehstahl. Die Leistungssteigerung durch 1 % Vanadium beträgt etwa 100 % sowohl beim Schnitt- wie beim Bohrversuch. Über diesen Gehalt hinaus sinkt die Leistung wieder.

Molybdän kann als Ersatz für Wolfram dienen, wobei 1 % des ersteren etwa 2 % des letzteren ersetzt, jedoch sagt man diesem Element nach, daß es geringere Schmiedbarkeit und höhere Sprödigkeit des Stahls bewirke. Es wurde aber bereits erwähnt und die neuesten Erfahrungen bestätigen dies, daß bei zweckmäßiger Wahl der Form und der Art des Zusatzes, Molybdän ein dem Wolfram gleichwertiges Legierungselement darstellt.

Insbesondere während des Krieges hat man sich, z. T. wegen des Mangels an Wolfram, eingehender mit diesen Stählen beschäftigt. Die nachfolgende Zusammenstellung nach Arnold zeigt, daß die Molybdänstähle den Wolframstählen an Leistung kaum nachstehen:

Chemische Zusammensetzung					Leistung Geschnittene Spanmengen in kg
% C	% Cr	% W	% Mo	% V	
0,75	2,77	—	5,79	1,29	9,3
0,72	2,79	—	5,72	—	4,7
0,76	2,82	12,12	2,06	1,28	8,0
0,62	2,79	12,80	2,06	—	6,25
0,55	2,62	15,93	—	1,16	9,15
0,60	2,78	15,54	—	—	5,5

In Deutschland hat man Stähle von folgender Zusammensetzung hergestellt:

0,5 bis 0,8 % Kohlenstoff
0,2 „ 0,4 „ Mangan
0,2 „ 0,4 „ Silizium
6,0 „ 10,0 „ Molybdän
3,0 „ 6,0 „ Chrom
0,75 „ 2,0 „ Vanadium
1,5 „ 3,5 „ Kobalt.

Sehr eingehend hat sich auch neuerdings Pölzguter mit der Frage der Molybdänstähle beschäftigt. Er bestätigte zwar den Arnoldschen Befund,

---

[1]) Vgl. St. E. 1922, 186.   [2]) Diss. Aachen, 1923.

stellte aber fest, daß die Molybdänstähle schwerer schmiedbar und sehr empfindlich bei der Wärmebehandlung sind. So fand Pölzguter bei der Feststellung der sogenannten Härtebereiche, daß die Molybdänstähle (6 $\%$ Mo) schon bei der Härtung von 1150—1200° eine bedeutende Vergröberung des Bruches aufwiesen, was bei niedrig legierten Wolframstählen erst bei 1250° und bei hoch legierten sogar erst bei 1300° eintrat (vgl. V, 6).

Kobalt ist erst in neuerer Zeit als Legierungselement in den Schnelldrehstahl eingeführt worden. Schlesinger[1] schließt auf eine bemerkenswerte Steigerung der Leistung und Lebensdauer von Schnelldrehstählen durch Kobaltzusatz. Dieser Schlußfolgerung wurde jedoch von interessierten Firmen widersprochen[2]. Auf Grund eigener Versuche teilt die Poldihütte mit, daß lediglich sogenannte niedriglegierte Schnelldrehstähle (3,5 $\%$ Chrom, 13 $\%$ Wolfram) eine Steigerung der Leistung aufwiesen, ohne daß aber die Leistungen der bestbekannten Schnelldrehstähle übertroffen wurden. Hochlegierte Stähle (5 $\%$ Chrom, 17 $\%$ Wolfram) wurden durch Kobaltzusatz überhaupt nicht beeinflußt. Aus neueren Versuchen[3] scheint aber hervorzugehen, daß ein Einfluß des Kobaltzusatzes auch bei hochlegierten Stählen besteht, daß er aber erst bei Anwesenheit eines höheren Vanadiumzusatzes voll zur Auswirkung komme. Pölzguter hat auch den Einfluß des Kobaltzusatzes (bis 9 $\%$) eingehend untersucht und festgestellt, daß zwar ein Einfluß besteht, daß er aber erheblich geringer ist als der des Vanadiums, wie die nachfolgende Tabelle lehrt:

Bezeichnung des Stahls[4]	Schnittdauer[5]
6 Mo	8 min 10 sek
6 Mo 3 Co	10 ,, 20 ,,
6 Mo 6 Co	11 ,, 30 ,,
8 Mo 9 Co	13 ,, 00 ,,
8 Mo 1 V	18 ,, 30 ,,
8 Mo 1 V 6 Co	20 ,, 00 ,,
8 Mo 2 V 6 Co	22 ,, 00 ,,
13 W 0,4 V	14 ,, 30 ,,
12 W 0,4 V 5 Co	17 ,, 45 ,,
18 W 0,4 V	16 ,, 40 ,,
17 W 0,4 V 5 Co	20 ,, 00 ,,

Dem Schnellarbeitsstahl ist eine Konkurrenz entstanden in der Stellit genannten, im Jahre 1912 von Haynes in Amerika zum Patent angemeldeten Metallegierung, die aus Kobalt und zwei oder mehreren Metallen der Chromgruppe, d. i. vorzugsweise Chrom, Wolfram und Molybdän besteht, wobei die Menge des Metalles oder der Metalle, die neben Kobalt und Chrom anwesend sind, 5—60 $\%$ beträgt. Die kennzeichnende Eigenschaft des Stellits, die ihn zur Verwendung als Schneidmetall vorzüglich geeignet macht, ist seine hohe Härte, die er bis zu den höchsten Temperaturen beibehält. In Abb. 231 ist die Härte, gemessen am $\oslash$ des Kugeleindrucks eines Stellits und eines gehärteten Schnellstahles bis zu einer Temperatur von 1000° in Vergleich gesetzt. Eine

---

[1]) St. E. 1913, 929.　　[2]) St. E. 1913, 1196.　　[3]) St. E. 1922, 187.
[4]) Die vor den Symbolen stehenden Zahlen bedeuten die ungefähren Prozentgehalte an den betr. Elementen.
[5]) Schnittgeschw. = 17 m/min.; Spantiefe = 4 mm; Vorschub = 1,4 m; Festigkeit des bearbeiteten Materials = 75 kg/qmm.

weitere bemerkenswerte Eigenschaft des Stellits ist seine Verschleißfestigkeit bei hohen Temperaturen. Die Verwendung des Stellits zur Herstellung spanabhebender Werkzeuge gestattet eine erhebliche Steigerung der Schnittgeschwindigkeit. Besonders gut eignet sich das Hartmetall zur Bearbeitung von homogenem zähen Material, weniger gut für die Bearbeitung von karbidhaltigem, wie z. B. übereutektoidem Kohlenstoffstahl. Infolge seiner hohen Härte bis kurz unter den Schmelzpunkt, der bei ungefähr 1250° festgestellt wurde, läßt sich Stellit nicht warm verformen, eine Bearbeitung ist vielmehr nur durch Schleifen mit Schmirgelscheiben möglich. Seine relative Härte liegt ein wenig tiefer als die eines gehärteten Schnellarbeitsstahles. Es läßt sich zwar auch die Härte durch Änderung der Legierung noch steigern, doch geschieht dies auf Kosten der Zähigkeit. Stellit eignet sich in erster Linie für ruhige gleichmäßige Schneidarbeit, weniger für stoßweise Beanspruchung (Hobelmaschinen usw.). Von größter Bedeutung ist die richtige Wahl des Kohlenstoffgehaltes. Sowohl in den Patenten von Haynes als auch in der bisher nur spärlichen Literatur über Stellit ist dieser Punkt stets unberücksichtigt geblieben. Vorteilhaft zur Herstellung von Schneidwerkzeugen ist eine Stellitlegierung mit 2,5—3,5 % C. Das Gefüge des Stellits besteht aus komplexen Karbiden, die in einer eutektischen Grundmasse eingebettet sind. Mit Rücksicht auf den hohen Preis wird der Stellit besser in aufgeschweißtem Zustand

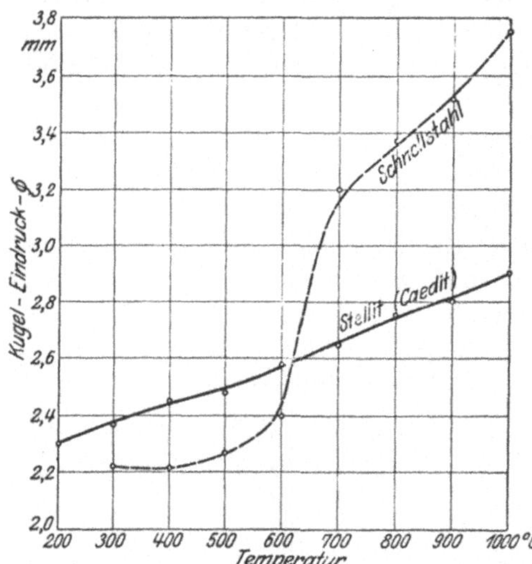

Abb. 231. Vergleich der Warmhärte von Schnellstahl und Stellit (Oertel).

verwendet. Am geeignetsten ist das elektrische Stumpfschweißverfahren, aber auch ein Auflöten mittels Kupfer ist möglich. Gemäß seinem Gefügeaufbau verlangen Werkzeuge aus Stellit eine besondere Behandlungsweise, z. B. darf der Stellit von hoher Temperatur keinesfalls in einem Härtemittel abgeschreckt werden. Bemerkenswert ist der hohe Widerstand von Stellit gegen die Einwirkung von Gasen, Wasser und Säuren. Er rostet nicht und widersteht der Oxydation bei hohen Temperaturen. Stellit wird daher in vieler Beziehung an Stelle von nichtrostendem Stahl verwendet werden können. In Deutschland stellen z. B. die Glockenstahlwerke ein dem Stellit ähnliches Hartmetall unter dem Namen „Caedit" her[1].

Die nachfolgende Tabelle[2] enthält eine Reihe von Analysen bekannter Schnelldrehstahlsorten.

---

[1] Ich verdanke die obigen Angaben Herrn Dr.-Ing. Oertel von den Glockenstahlwerken, dem ich auch an dieser Stelle meinen herzlichsten Dank dafür ausspreche.
[2] Z. Tl. nach Mars, Spezialstähle, 401 (ältere Quellen).

	% C	% Si	%Mn	% Cr	% W	%Mo	% V	% Co
Allen & Co.	0,65	0,24	0,19	3,78	15,20	—	0,90	—
Allen & Co., Stag Special . .	0,73	0,35	0,15	3,38	18,43	—	1,23	—
Arbed, S P W 18	0,65	0,25	0,15	5,0	18,0	—	1,2	—
Arbed, Arbed-Cobalt	0,65	0,25	0,25	5,0	18,0	0,65	1,2	6,00
Armstrong	0,65	0,39	0,15	2,95	12,0	—	—	—
Balfour, Ultra capital	0,60	0,17	0,23	3,57	17,66	—	1,20	=
Becker	0,76	0,28	0,10	4,38	16,4	0,3	0,62	—
Belmont & Moine, Ideal . . .	0,50	0,35	0,23	4,67	11,24	—	0,30	—
Belmont & Moine, Maxideal .	0,66	0,30	0,26	7,02	20,40	—	1,27	—
Bethlehem (Taylor) 1906. . .	0,68	0,05	0,07	5,95	17,81	—	—	—
Bleckmann.	0,48	0,10	0,04	5,48	15,17	3,38	0,22	—
Bleckmann, Phönix	0,65	0,18	0,03	5,40	18,25	—	—	—
Böhler, Rapid	0,60	0,10	0,11	3,10	12,50	—	—	—
Böhler, Rapid	0,75	0,24	Sp.	7,30	25,28	—	—	—
Danner	0,65	0,11	0,14	6,58	23,89	—	—	—
Darwin & Milner	0,63	0,12	0,13	4,72	17,70	—	0,67	—
Darwin & Milner, Como. . .	0,68	0,21	0,18	4,47	0,40	3,75	1,30	4,85
Dörrenberg	0,73	0,10	0,02	3,62	19,20	—	—	—
Firminy.	0,59	0,40	0,09	5,54	18,38	—	—	—
Girod, Mars	0,62	0,14	0,28	3,40	13,18	—	—	—
Girod, Mars superior	0,57	0,10	0,12	3,12	—	—	—	—
Haeffely-Paris, Splendid. . .	0,61	0,22	0,31	4,69	16,83	—	0,96	4,55
Holtzer, Triple-Express . . .	0,66	0,10	0,18	5,56	17,90	0,83	1,26	6,42
Huntsman	0,60	0,12	0,04	2,87	11,46	—	—	—
Jonas & Colver, Spedicut Max.	0,78	0,23	0,32	3,96	14,90	—	1,81	—
Jonas & Colver, Spedicut extra	0,63	0,23	0,34	3,49	18,32	—	0,87	—
Jonas & Colver, Novo. . . .	0,51	0,38	0,22	4,22	17,72	—	0,50	—
Jonas & Colver, Novo-Superior	0,68	0,21	0,25	3,84	18,01	—	1,21	—
Krefelder Stahlwerke	0,70	0,09	0,05	6,44	21,65	—	—	—
Lindenberg	0,66	0,13	0,01	7,10	26,28	—	—	—
Lindenberg	0,58	0,26	0,37	4,30	—	7,19	0,16	1,13
Mushet	0,80	0,09	Sp.	2,66	13,63	—	—	—
Mushet-Osborn	0,60	0,17	0,12	4,38	13,48	—	0,86	—
Mowbray	0,58	0,18	0,14	3,07	17,77	—	1,08	—
Poldi, Maximum	0,46	0,11	Sp.	5,06	17,22	2,50	—	—
Poldi, Maximum	0,50	0,05	0,03	5,10	18,09	1,60	0,15	—
Poldi, Maximum Spezial . .	0,88	0,28	0,07	5,09	18,1	0,6	1,16	—
Putilow	0,55	0,18	0,05	4,68	11,86	—	—	—
Sandviken	0,52	0,08	0,05	5,57	13,46	—	—	—
Saville	0,49	0,10	0,03	3,46	13,64	—	—	—
Schmidt	0,57	0,09	0,10	3,50	11,25	—	—	—
Seebohm & Dieck.	0,45	0,17	0,02	3,22	18,32	—	0,76	—
Spencer, Sheffield, Velos . . .	0,73	0,26	0,28	3,35	15,68	0,65	—	—
Sybry Searls, Sheffield, Co-Cr	1,18	0,56	0,53	8,35	—	—	2,47	—
United Works, London . . .	1,16	0,58	0,54	7,93	—	—	—	2,25
Vickers	0,60	0,47	0,28	3,90	12,50	—	—	—
Withworth	0,50	0,24	Sp.	3,53	11,91	—	—	—

Komplexe Stähle für Sonderzwecke. Auf die nichtrostenden Chromnickelstähle wurde an anderer Stelle bereits hingewiesen (vgl. S. 232).

Die magnetischen Eigenschaften der Kobaltchromstähle haben infolge der Untersuchungen von Honda[1]) einiges Aufsehen erregt, weil hier zum erstenmal für eine Koerzitivkraft sowie für das Produkt $K \times R$ Zahlen erreicht wurden, die man bisher für unmöglich gehalten hatte. Die nachfolgende Tabelle nach Wendt[2]) bringt einen Vergleich der bisher üblichen Magnetstähle mit Kobaltchromstählen nach Honda.

---

[1]) Tohoku 1920, 417.   [2]) Kruppsche Monatsh. 1922, 131.

Material	Kohlenstoffstahl	Chromstahl	Wolframstahl	Kobalt-Chromstahl	Kobaltstahl
	$1,2\%$ C	2% Cr	5% W	18% Co	35% Co
Koerzitivkraft K	60	61	65	145	203
Remanenz R	8110	11225	11100	10650	9130
K × R . 10^3	487	685	722	1584	1853

Zur Vervollständigung der früheren Angaben über Analyse und Verwendungszweck von Werkzeug-, Konstruktions- und besonderen Stählen diene die nach dem Verwendungszweck geordnete Analysentabelle 20 eines Edelstahlwerkes.

Tabelle 20.

Werkzeugstähle (Kohlenstoffstähle).

Analyse:			Verwendungszweck
$\%$ C	$\%$ Mn	$\%$ Si	
1,25—1,38	0,35	0,25	Dreh- und Hobelmeißel normaler Beanspruchung, Fräser, Spiralbohrer, Rasiermesser, Sägefeilen.
1,40—1,50	0,35	0,25	Dreh- und Hobelmeißel normaler Beanspruchung, Fräser, Spiralbohrer, Rasiermesser, Sägefeilen usw.
0,99—1,10	0,35	0,25	Kompl. Schnitte und Stanzen, Prägestempel, Bohrer, Gewindebohrer, Feilen, Feilenhauermeißel, Kaltmatrizen und Scherenmesser usw.
0,90—0,98	0,35	0,25	Hand- und Schrotmeißel, Holzbearbeitungswerkzeuge, Kaltsägen und Metallkreissägen mit gestauchten, geschränkten und gewellten Zähnen, Gesenke.
0,70—0,79	0,35	0,25	Döpper, Hämmer, Warmmatrizen, Stanzen für weiche Bleche.
0,90—1,00	0,9—1,0	0,40	Für alle Arten Holzsägen und Messer, für Bearbeitung von Holz, Kork, Gummi, Leder, Papier, Tuch, Tabak usw. sowie für den landwirtschaftlichen Gebrauch, ferner besonders geeignet für Lehren.
0,85—0,92 bzw. 0,78—0,84	} 0,60	0,40	Für alle Arten Holzsägen und Messer, für Bearbeitung von Holz, Kork, Gummi, Leder, Papier, Tuch, Tabak usw. sowie für den landwirtschaftlichen Gebrauch, geeignet für Lehren.
0,80—0,83	0,35	0,25	Allgemeine Werkzeuge, Dorne, Körner, Drehstähle auf Eisen usw.
1,10—1,20	0,35	0,25	Drehmeißel für Maschinenguß, Spiralbohrer, Reibahlen.
0,45	0,60—0,65	0,40—0,45	Schweißstahl, Gesteinsbohrer.
0,50—0,60	0,95—1,10	0,40—0,50	Stammblätter, Sägen, Messer.
0,55	1,00	0,35—0,45	Stammblätter, Sägen, Messer.
0,50—0,60	0,50—0,60	0,35	Gesenke.
0,40—0,50	0,8—1,0	1,8—2,2	Ausgleichfedern.

Legierte Werkzeugstähle.

Analyse:					Verwendungszweck:
% C	% Mn	% Si	% Mo	% Cr	
0,85—1,05	0,60	0,40	—	0,5—0,6	Lange Gewindebohrer, Stehbolzenbohrer, Kaltsägen, Metall-, Lang- und Kreissägen, Sägefeilen, Rasiermesser, Schlitzfräser, Schienensägen.
1,0—1,20	0,35	0,25	0,5—0,7	1,0—1,2	Kaltsägen, Metallkreissägen, Schlitzfräser, Schienensägen, Metall-Langsägen, hochbeanspruchte Fräser, Drehstähle a. Hartguß.

Schnellarbeitsstähle.

Analyse:								Verwendungszweck:
% C	% Mn	% Si	% W	% Cr	% Mo	% Co	% V	
0,50—0,60	0,35	0,25	13—14	4,0—4,5	—	—	—	Dreh-, Schlicht- und Schrubbarbeit, ferner für Spiralbohrer, Warmgesenke, Metallsägen, Fräser usw.
0,50—0,60	0,35	0,25	13—14	4,0—4,5	—	—	0,3—0,5	
0,55—0,65	0,35	0,25	18—20	4,0—5,0	—	—	—	
0,55—0,65	0,35	0,25	18—20	4,0—5,0	—	—	0,3—0,5	
0,60—0,70	0,35	0,10	22—25	4,0—5,0	—	—	1,0	
0,6—0,65	0,35	0,35	9,0—9,5	4,2—4,6	3,5—4,0	—	0,2—0,5	
0,6—0,7	0,35	0,35	12—13	4,0—5,0	3,5—4,0	1,5	0,3—0,5	
1,5—1,6	0,45	0,3—0,4	—	11—12	0,5—0,4	3,5	—	

Kugellager- und Zieheisenstahl.

Analyse:				Verwendungszweck:
% C	% Mn	% Si	% Cr	
0,85—1,05	0,35	0,25	0,9—1,3	Kugeln.
0,85—1,05	0,35	0,24	1,4—1,8	Kugellager.
1,00	0,25	0,40	1,5—1,7	Magnete.
2,20—2,50	0,35	0,25	2,8—3,3	Zieheisen
2,20—2,50	0,35	0,25	11,0—12,0	Hochbeanspruchte Schnitte und Stanzen, Ziehdorne und Zieheisen.

Konstruktionsstahl (hochwertige Kurbelwellen).

Analyse:					Verwendungszweck:
% C	% Mn	% Si	% Ni	% Cr	
0,05—0,15	0,35—0,50	0,25 {	2,0—2,5 bzw. 4,5—5,5	—	Konstruktionsmaterial, Einsatzmaterial.

Analyse:					Verwendungszweck
% C	% Mn	% Si	% Ni	% Cr	
0,20—0,22	0,35—0,50	0,25	3,55—4,0	1,4—1,7	Konstruktionsmaterial, Einsatzmaterial, Warmpreßwerkzeuge.
0,05—0,15	0,35—0,50	0,25	3,5—4,5	1,4—1,7	Konstruktionsmaterial, Einsatzmaterial.
0,05—0,15	0,35—0,50	0,25	2,5—2,8	0,5—0,8	Konstruktionsmaterial, Einsatzmaterial.
0,12—0,15	0,40—0,60	0,25—0,31	—	0,90—1,0	Einsatzmaterial.
0,35—0,50	0,35—0,50	0,25 {	2,5—3,5 bzw.4,0—4,5	1,3—1,5	Kurbelwellen ohne Einsatz

Panzerstahl.

Analyse:					Verwendungszweck:
% C	% Mn	% Si	% Ni	% Cr	
0,35—0,45	0,70—1,0	0,70—1,0	—	0,70—1,0	Warmpreßstempel, Ventile, Panzerplatten usw.
0,38—0,42	0,50—0,60	0,30—0,40	1,8—2,0	0,75—1,0	Minenwerfer

IV. Der Einfluß der Temperatur auf die Eigenschaften des schmiedbaren Eisens.

Im Abschnitt II wurde gezeigt, daß das Studium der Temperaturabhängigkeit gewisser Eigenschaften wertvolle Aufschlüsse über die Konstitution zu geben vermag. Im vorliegenden Abschnitt soll der gleiche Gegenstand mehr vom technischen Standpunkt aus behandelt werden. Die Tatsache, daß das schmiedbare Eisen normalerweise Temperaturen von etwa — 25 bis + 40° ausgesetzt wird, zwingt zur Untersuchung der Frage, ob die technischen Eigenschaften, insbesondere die mechanischen, in diesem Temperaturintervall konstant bleiben, und macht gegebenenfalls die Berücksichtigung der Temperatur bei der Prüfung des Eisens zur Notwendigkeit. In Ausnahmefällen wird aber das schmiedbare Eisen auch bei höheren Temperaturen als etwa 40° verwendet. Eine dem Verwendungszweck angepaßte Eigenschaftsermittlung vermag daher wichtige Aufschlüsse über das Verhalten eines Materials zu geben bzw. dessen Auswahl für einen bestimmten Zweck zu erleichtern. In anderen Fällen wurde versucht, Zusammenhänge zwischen der Temperaturabhängigkeit einzelner mechanischer Eigenschaften mit anderen Eigenschaften technologischer Art (Formänderungsfähigkeit, Schnitthaltigkeit) herzustellen. Endlich gibt der Umstand, daß das Eisen leicht oxydiert, Anlaß zum Studium der Frage, ob diese bei der Verwendung manchmal recht unangenehme Eigenschaft sich durch Legierungszusätze in günstigem Sinne verändern läßt. So bietet das Studium der Temperaturabhängigkeit der Eigenschaften des Eisens mehr als rein wissenschaftliches Interesse.

Den breitesten Raum beanspruchen bisher die Untersuchungen über die mechanischen Eigenschaften.

Abb. 232, zum Teil nach einer Zusammenstellung von P. Goerens[1]), zeigt die Veränderung der wichtigsten mechanischen Eigenschaften von weichem Flußeisen mit der Temperatur. Bemerkenswert sind: die Zunahme der Festigkeit und Härte unterhalb 0° verbunden mit schwacher Abnahme der Deh-

---

[1]) Aus Ullmann, Enzyklopädie der techn. Chemie, Bd. IV, 324. Erläuterung: Zugfestigkeit und Dehnung von — 80 bis + 600° nach Reinhold, Fer. 1916/17, 97 Flußeisen mit 0,04% Kohlenstoff, 0,44% Mangan, 0,01% Silizium, 0,05% Phosphor, 0,043% Schwefel; über 600° nach Rosenhain u. Humfrey, Ir. st. Inst. 1913, II, 219; Flußeisen mit 0,106% Kohlenstoff, 0,305% Mangan, Sp. Silizium, 0,05% Phosphor, 0,072% Schwefel. Kerbzähigkeit nach Goerens u. Härtel, An. Chem. 1913, 81, 130; Flußeisen mit 0,07% Kohlenstoff, 0,4% Mangan, Sp. Silizium, 0,07% Phosphor, 0,062% Schwefel. Härte nach Robin, Rev. Mét. 1912, 1083, Flußeisen mit 0,12% Kohlenstoff, 0,26% Mangan, 0,02% Phosphor, 0,033% Schwefel; vgl. auch die erschöpfende Zusammenstellung des bisher Geleisteten bei Oertel, Fachber. V. d. E. 1923, W. A. Nr. 26.

nung und Kontraktion, die Minima der Festigkeit und der Härte bei 50—150⁰
und endlich die Maxima der Festigkeit und Härte bei 250⁰, denen die Minima
auf den Kurven der Dehnung und Kontraktion ungefähr zu entsprechen
scheinen. Oberhalb 250⁰ sinken Härte und Festigkeit, und die Dehnung steigt
rasch mit steigender Temperatur. Während bezüglich der Maxima und Minima
der Festigkeits-, Dehnungs- und Härtekurven bei niedrigen Temperaturen ein
Zusammenhang mit Modifikationsänderungen, soweit bisher feststeht, nicht
vorhanden ist, gelangen die Umwandlungspunkte des benutzten Flußeisens nach
Rosenhain und Humfrey auf der Kurve der Festigkeit deutlich zum Ausdruck[1]).

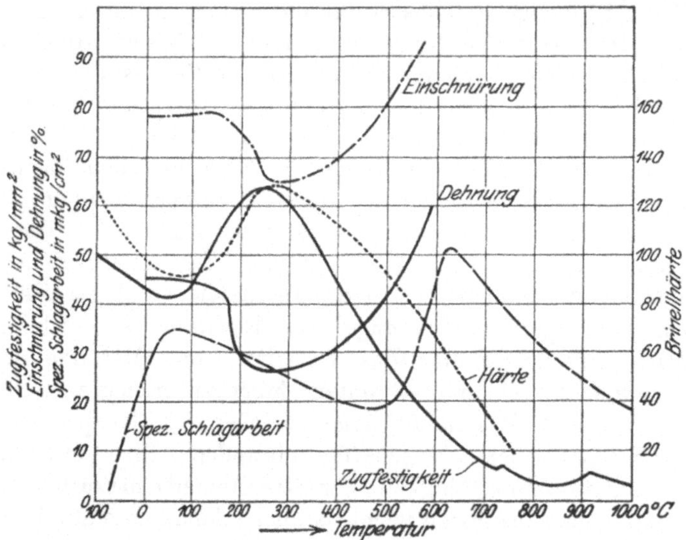

Abb. 232. Abhängigkeit der Festigkeit, Dehnung, spezifischen Schlagarbeit und Härte von der Temperatur (größtenteils nach P. Goerens).

Die Steigerung der Sprödigkeit des Eisens, soweit sie einen Ausdruck in der Kerbzähigkeit findet, nimmt von Raumtemperatur an sowohl mit sinkender als mit steigender Temperatur zu. Ersteres ist bei der Ausführung des Kerbschlagversuchs zu berücksichtigen, ferner aber sehr wichtig für das Verhalten des Eisens gegen stoßweise
Beanspruchung (z. B. bei Schienen) in solchen Gegenden, in denen mit
erheblich unter 0⁰ gelegenen Temperaturen zu rechnen ist. Mit steigender Temperatur erreicht die Kerbzähigkeit bei 470⁰ ein Minimum, die
Sprödigkeit also ein Maximum. In der Umgebung dieser Temperatur
laufen die Bruchflächen blau an. Diesem Umstande sowie der längst
bekannten Sprödigkeit des Eisens bei 300—500⁰ verleiht die Bezeichnung „Blaubrüchigkeit" Ausdruck. Jede Formänderung innerhalb des
genannten Temperaturintervalls soll tunlichst vermieden werden, was insbesondere beim Schmieden, Biegen, Bördeln usw. wohl zu beachten ist. Die
Tatsache, daß die Sprödigkeit sich innerhalb des Blaubruch-Temperaturinter-
valls auf der Schlagfestigkeits-, nicht aber auf der Zugfestigkeits- und Deh-
nungskurve äußert, ließ zunächst vermuten, daß man es mit verschiedenen
Erscheinungen zu tun habe. Es hat sich aber gezeigt[2]), daß das Zugfestigkeitsmaximum sich durch Steigerung der Versuchsgeschwindigkeit nach höheren
Temperaturen verschiebt und beim Schlagzerreißversuch bei 400⁰ bis 500⁰,
also in ähnlicher Lage wie beim Schlagbiegeversuch auftritt. Im übrigen soll

---

[1]) Vgl. Abschn. II, 2.   [2]) A. Le Chatelier, Rev. Mét. 1909, 914.

die Erscheinung des Blaubruches noch in einem besonderen Abschnitt (V, 3) ausführlicher behandelt werden. Dem Minimum der Schlagfestigkeit bei 470° folgt mit steigender Temperatur ein rasches Anwachsen; bei 630° wird ein Maximum erreicht, dem rasches, endgültiges Sinken der Schlagfestigkeit folgt.

Die Temperaturabhängigkeit der Streckgrenze, Proportionalitäts- und Elastizitätsgrenze ist bisher wenig bearbeitet worden. Welter[1] fand, daß die Streckgrenze mit steigender Temperatur fällt und oberhalb 300° nicht mehr beobachtet werden konnte. Da dies bedeuten würde, daß von dieser Temperatur an der geringsten Beanspruchung eine bleibende Formänderung entsprechen würde, bedarf diese Feststellung in Anbetracht der Wichtigkeit der Frage einer Nachprüfung.

Der Einfluß des Kohlenstoffgehaltes auf

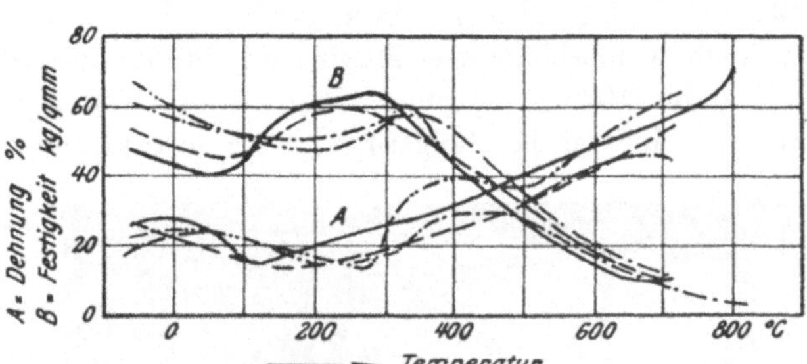

Abb. 233. Abhängigkeit der Festigkeit und Dehnung von der Temperatur (Reinhold).

—— 0,04% C, - - - - - 0,13% C,
· - · - · - 0,51% C, · · · · · · · 0,81% C.

die Temperaturabhängigkeit der Festigkeit, Dehnung und Schlagfestigkeit geht aus den Abb. 233 und 234 nach Versuchen von Reinhold hervor. Die Zusammensetzung der untersuchten Materialien erhellt aus den Abbildungen. Das in weichem Flußeisen beobachtete Minimum bei etwa 75° und das Maximum bei etwa 200° verschieben sich von 0,5% Kohlenstoff an um rund 100° nach oben. Das gleiche geschieht mit dem Minimum der Dehnung, jedoch tritt von dem genannten Kohlen-

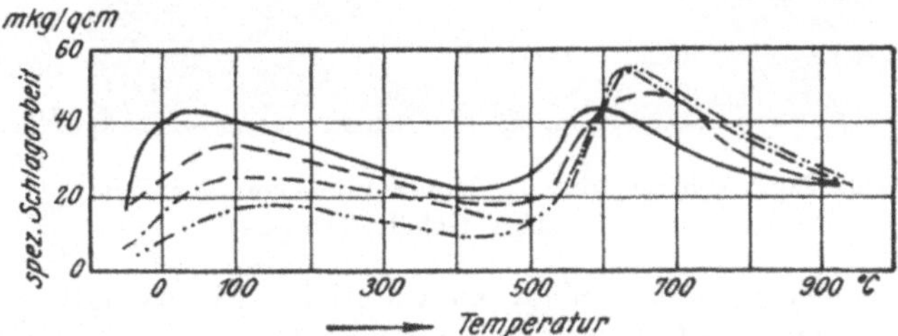

Abb. 234. Abhängigkeit der spezifischen Schlagarbeit von der Temperatur (Reinhold).

—— 0,08% C, - - - - - 0,15% C,
· · · · · · 0,25% C, · · · · · · 0,4% C.

stoffgehalte an neben diesem ersten ein zweites bei 450 bis 500° und zwischen den beiden Minima ein Maximum bei 400° auf. Der allgemeine Charakter der Schlagfestigkeitskurven wird durch den Kohlenstoffgehalt nicht beeinflußt, d. h. die beiden Maxima bei 50—100° bzw. 600—650° und das Minimum bei 450—500° bleiben erhalten, jedoch ist das erstgenannte Maximum um so schwächer, das letztgenannte um so schärfer ausgeprägt, je höher der Kohlenstoffgehalt ist.

Ähnlich wie die Festigkeit verhält sich auch die Härte. Man hat die Temperatur, bei der das Maximum überschritten wird und die Härte wieder ab-

---

[1] Forsch.-Arb. 1921, H. 230; vgl. a. Eppe und Jones, Met. Chem. Eng. 1917, 67.

fällt, die Temperatur beginnender Erweichung[1]) genannt. Diese Temperatur soll vom Kohlenstoffgehalt unabhängig sein.

Als Maß für die Sprödigkeit hat Dupuy[2]) statt der Kerbzähigkeit die Kontraktion benutzt. Seinen interessanten Ergebnissen verleiht das Raumdiagramm Abb. 235 Ausdruck. Bis 0,6% Kohlenstoff treten zwei mit steigendem Kohlenstoffgehalt an Intensität abnehmende Maxima bei etwa 250 und 850° auf. Jedem Maximum folgt je ein Minimum, von denen das erste im Blaubruchintervall liegt. Dem zweiten Minimum folgt dann ein vom Kohlenstoffgehalt unabhängiges Maximum. Stähle mit mehr als 0,6% Kohlenstoff reißen bis 1000° fast ohne Kontraktion, weisen aber oberhalb dieser Temperatur eine rasche Steigerung der Kontraktion auf. Ob die Anomalien bei höheren Temperaturen, wie Dupuy glaubt, auf die Zustandsänderungen zurückzuführen sind, müssen weitere Versuche lehren.

Es ist, wie bereits erwähnt wurde, insbesondere wegen des Fehlens von Untersuchungen an reinem Eisen, zurzeit nicht möglich, für die merkwürdigen sprunghaften Eigenschaftsänderungen unterhalb der kritischen Temperaturen befriedigende Erklärungen zu geben. Im übrigen sind es nicht allein die mechanischen Eigenschaften, die sich derartig verhalten, fast alle

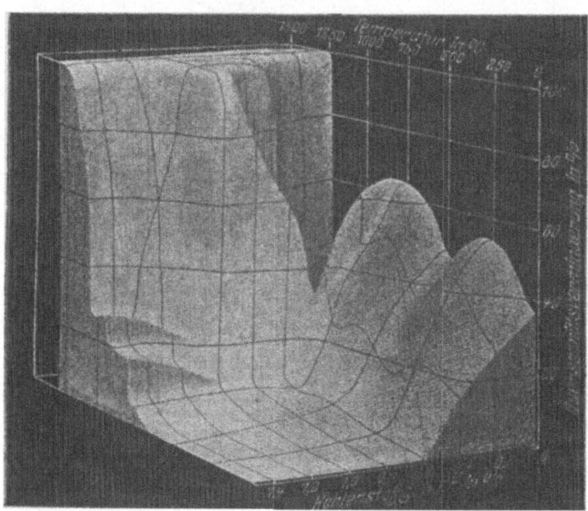

Abb. 235. Abhängigkeit der Kontraktion von der Temperatur und vom C-Gehalt. (Dupuy).

andern technisch nicht so wichtigen Eigenschaften weisen Ähnliches auf[3]).

Der Einfluß von veredelnden Sonderzusätzen macht sich bei den perlitischen Stählen in der Weise bemerkbar, daß die Kurven der Festigkeitseigenschaften ausgeglichener erscheinen, das Sprödigkeitsmaximum in der Blauwärme fast verschwindet und der sogenannte Erweichungspunkt nach höheren Temperaturgebieten verschoben wird. Nickel und Chrom, in Gehalten wie sie bei den Konstruktionsstählen Anwendung finden, wirken in diesem Sinne. Abb. 236 nach Mc Perrhan[4]) belegt dies zahlenmäßig. Vanadium und Molybdän sollen einen besonders günstigen Einfluß auf die Festigkeitseigenschaften von Nickel der Chromstählen ausüben[5]).

---

[1]) Oertel, a. a. O.   [2]) Eng. 1921, **112**, 391.
[3]) Vgl. die ausführliche Zusammenstellung von F. Robin, Int. Verb. New York 1912, sowie die Untersuchungen Robins, C. Sc. M. 1911, 125 über die akustischen Eigenschaften des Eisens, die bei 100 bis 150° und bei 200 bis 250° merkwürdige sprunghafte Änderungen aufweisen.
[4]) Chem. met. Eng. 1921, 1153; vgl. a. Oertel, a. a. O.
[5]) Mc Perrhan, a. a. O., sowie Stratton, Mech. Eng. 1921, **43**, 746.

Auch im rein austenitischen Nickelstahl fehlt gemäß Abb. 237 das Sprödigkeitsmaximum; die Festigkeit beginnt bei verhältnismäßig niedriger Temperatur abzufallen, während die Dehnung zunächst erheblich ansteigt, um erst von 500° an unter den ursprünglichen Wert zu sinken; ebenso sinkt von dieser Temperatur an die Kontraktion. Die Tendenz der beiden letztgenannten Eigenschaften ist also hier die entgegengesetzte von der bei perlitischen Stählen beobachteten. Die mechanischen Eigenschaften der austenitischen Stähle in der Kälte, insbesondere bei der Temperatur der flüssigen Luft, sind schon lange und wiederholt Gegenstand von Untersuchungen gewesen, hauptsächlich zum Zwecke der Konsti-

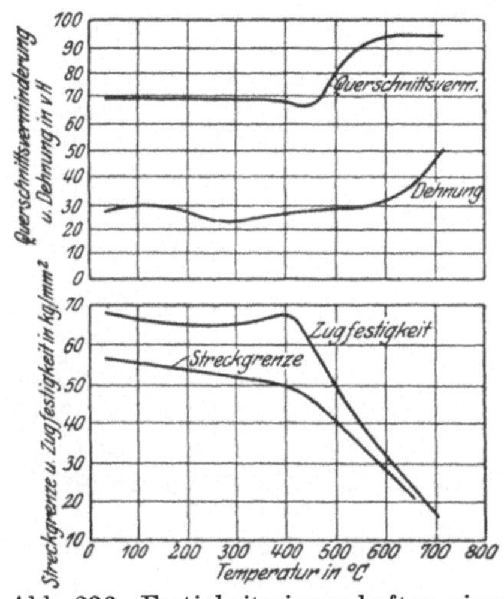

Abb. 236. Festigkeitseigenschaften eines Chromnickelstahles mit 0,34% C, 0,59% Mn, 0,1% Si, 2,4% Ni, 0,38% Cr in der Wärme (nach Mc Perrhan).

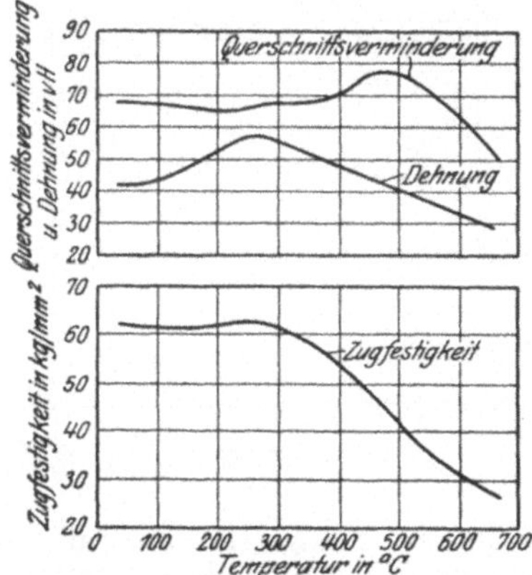

Abb. 237. Festigkeitseigenschaften eines Nickelstahls mit 33% Ni, 0,25% C, 0,55% Mn, 0,25% Si in der Wärme (nach Mc Perrhan).

tutionsforschung. Es sei hier nur auf die besonders ausführliche Arbeit von Hadfield[1]) verwiesen.

Doppelkarbidstähle, insbesondere Schnellarbeitsstähle sind wiederholt auf die Temperaturabhängigkeit der mechanischen Eigenschaften, vor allem der Festigkeit und der Härte, untersucht worden, weil man Beziehungen zwischen diesen leicht zu ermittelnden Eigenschaften und der Schnitthaltigkeit oder -leistung[2]) dieser Stähle vermutete.

So glaubte Kayser[3]) Beziehungen im obigen Sinne aufstellen zu können, was aber Pölzguter[4]) an einem ausgedehnten Material nicht bestätigen konnte. Abb. 238 nach Mc Perrhan zeigt, daß die Erweichung von etwa 500° an sehr rasch erfolgt. Abb. 239 zeigt die Temperaturabhängigkeit der Härte von einigen Schnellarbeitsstählen, deren Leistungen nach Pölzguter

---

[1]) Ir. st. Inst. 1905, I, 147.

[2]) Vgl. Abschn. Härten und Anlassen. Scharf zu trennen sind allerdings die Versuche an gehärteten Stählen von den an geglühten angestellten. Im ersten Falle handelt es sich um reine Anlaßwirkung, deren Besprechung im Abschnitt Härten und Anlassen erfolgt. Vgl. a. Abb. 486 u. 487.

[3]) St. E. 1921, 1116.   [4]) Diss. Aachen 1923.

S. 237 angegeben sind. Man erkennt aus dem Vergleich beider Abbildungen, daß keine Beziehungen bestehen.

Einen in diesem Zusammenhang wichtigen Fall besonderer Art bilden die Stähle, die zur Herstellung der Ventile von Automobil- und Flugzeugmotoren dienen. Die hohe Temperatur, der die Ventile ausgesetzt sind, zwingt zur Verwendung eines Stahls mit hoher Festigkeit bei den in Frage kommenden Temperaturen. Da aber anderseits die mit den Ventilen in Berührung

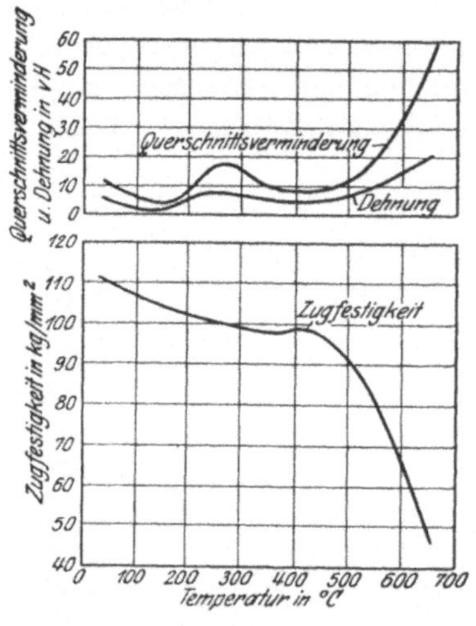

Abb. 238. Festigkeitseigenschaften von Schnellschnittstahl mit 0,68 % C, 0,12 % Mn, 0,23 % Si, 19,28 % W, 3,36 % Cr, 0,88 % V in der Wärme (nach Mc Perrhan).

Abb. 239.   Warmhärte von Schnellarbeitsstahl (Pölzguter).

angelassen auf 600°:

In Öl gehärtet: bei 1200°

„ „ „ „ 1150°

	C	Mn	Si	Cr	W	Mo	Co	V
	0,79	0,68	0,21	4,87	12,01	—	5,1	0,41
	0,83	0,36	0,77	4,47	13,31	—	—	0,44
	0,79	0,56	0,25	4,42	—	6,34	5,05	—

kommenden, hocherhitzten Gase von oxydierender Natur sind, wird an den Stahl des weiteren die Anforderung gestellt, daß er möglichst wenig oxydiere. Hierzu kommen noch einige Anforderungen allgemeiner Natur, die in der nachfolgenden Tabelle aufgeführt sind. Bezeichnet man den höchsten Grad der erwünschten Eigenschaften mit 1 und den niedrigsten mit 5, so lassen sich die bisher üblich gewesenen Stähle nach Gabriel[1]) wie folgt (Tabelle S. 285) gruppieren.

Hiernach wären die besten Stähle, nach dem Verwendungszweck eingeteilt, folgende: für Einlaßventile 3 %ige Nickelstähle mit 0,3 bis 0,35 % Kohlenstoff, 0,4 bis 0,7 % Mangan, Härten in Öl bei 830°, Anlassen bei 625°. Für Auspuffventile derselbe Stahl wie für Einlaßventile, wenn die Arbeitstemperatur 600° nicht übersteigt. Liegt sie dagegen zwischen 600 und 700°, so wird ein Chromstahl angewendet mit 10 % Cr, 0,65 % C, 0,6 % Si, 0,5 % Mn, Lufthärtung bei 900°, Anlassen bei 750°. Liegt die Arbeitstemperatur höher als 700°, so müssen Stähle mit hohem Wolframgehalt angewendet werden.

---

[1]) Ir. Age 1920, 1465; St. E. 1921, 1861.

Eigenschaften	0,6% C, 3,5% Cr, 14—17% W	0,35% C, 13% Cr	0,6% C, 7—12% Cr	0,35% C, 3% Ni	0,15—0,30% C, 3,75—4,25% Ni, 1,0—1,4% Cr
Hohe Festigkeit bei hoher Temp. .	1	3	2	4	4
Schmiedbarkeit	4	3	4	1	2
Leichtigkeit d. Wärmebehandlung .	2	1	2	4	3
Neigung zur Oxydation	3	1	2	4	4
Widerstand gegen Veränderung der phys. Eigenschaften	1	2	2	3	4
Lufthärtung während des Gebrauchs	2	3	4	1	5
Widerstand gegen Verziehen . . .	1	1	1	2	2
Abnutzung zwischen Spindel u. Führ.	1	3	1	2	2
Neigung zum Härten des unteren Ventilschaftendes	2	1	1	3	3
Bearbeitbarkeit	3	1	5	2	4

French[1]) hat sich besonders eingehend mit dem Widerstand der bekanntesten Stahlsorten gegen Oxydation beschäftigt. Seinen Ergebnissen ver-

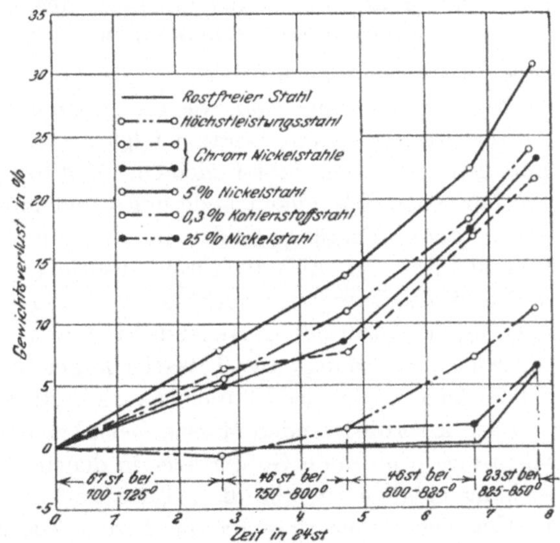

Abb. 240. Oxydierbarkeit einiger Stahlsorten (French).

leiht Abb. 240 Ausdruck, aus der hervorgeht, daß der nicht rostende Stahl auch gegen Oxydation den größten Widerstand leistet und hierin sowohl den 25%igen Nickelstahl wie auch den Höchstleistungs- (Schnellarbeits-) Stahl, von den übrigen Stählen ganz zu schweigen, wesentlich übertrifft.

<hr>

[1]) Mech. Eng. 1920, 501; St. E. 1921, 1861.

V. Der Einfluß der Weiterverarbeitung auf Gefüge und Eigenschaften des schmiedbaren Eisens.

Unter Weiterverarbeitung sollen die Vorgänge verstanden werden, denen das Eisen vom Augenblick seiner Fertigstellung an unterliegt, also z. B. das Gießen, das Schmieden, Walzen, Kalt- und Warmziehen, das Härten, Vergüten, Zementieren usw. Die Desoxydation nimmt eine Zwischenstellung ein zwischen den Herstellungs- und Weiterverarbeitungsverfahren. Sie ist im übrigen in einem anderen Zusammenhange bereits besprochen worden (vgl. II, 21 G).

1. Die Kristallisation des schmiedbaren Eisens sowie einige die chemische und physikalische Gleichmäßigkeit des Produktes störende Nebenerscheinungen.

Wie alle Metalle, kristallisiert auch das Eisen, gleichgültig ob es rein oder von Fremdkörpern begleitet ist, und zwar wie die meisten Metalle im regulären System[1]). Dieser primären Kristallisation folgt bei der Abkühlung eine sekundäre, die auf den im Eisen stattfindenden Modifikationsänderungen und der hiermit verbundenen Löslichkeitsänderung vornehmlich für Kohlenstoff beruht. Diese letzteren Vorgänge finden im Zustandsdiagramm in den Linien GOSE, MO und PSK (vgl. Abb. 16) ihren Ausdruck. Infolge der Tatsache, daß die Kristallisationsvorgänge nicht so verlaufen, wie die in den Zustandsdiagrammen zum Ausdruck gelangende Lehre vom physikalisch-chemischen Gleichgewicht es verlangt, die Tatsache ferner, daß die Kristallisation mit anormalen Änderungen des Volumens verknüpft ist und die Temperaturverteilung in den kristallisierenden Massen meist keine gleichmäßige ist, endlich aber zwischen diesen und den Gußformen, in denen die Kristallisation erfolgt, Wechselwirkung möglich ist, alle diese Tatsachen bedingen chemische und physikalische Ungleichmäßigkeiten, die in diesem Zusammenhange besprochen werden sollen.

A. Primäre Kristallisation (Erstarrung).

Die primäre Kristallisation beginnt in einzelnen Punkten, den Kristallisationszentren, in denen zuerst die dem flüssigen Zustande entsprechende, willkürliche Anordnung der Massenteilchen (Moleküle) in die von kristallographischen Gesetzen beherrschte Raumgitteranordnung übergeht[2]). Von den Zentren ausgehend, wachsen die Kristalle in der Mutterlauge, bis sie an benach-

---

[1]) Bezüglich der kristallographischen Unterschiede der Modifikationen vgl. Abschnitt: Reines Eisen.

[2]) Über die hiervon abweichenden Anschauungen O. Lehmanns vgl. Int. Z. Met. 1914, 217, bzw. ders., Die neue Welt der flüssigen Kristalle, Leipzig 1911.

barte stoßen und dadurch sowohl am Wachstum wie an der Ausbildung orientierter Kristallflächen gehindert werden[1]). Auf dem polierten und geätzten Schnitt sind z. B. im reinen Eisen die Einzelkristalle oder Körner durch unregelmäßig verlaufende Linien begrenzt. Die Größe der Körner ist abhängig von der Zahl der in der Einheit des Volumens während der Zeiteinheit gebildeten Kristallisationszentren oder der mit ihr im wesentlichen identischen Kernzahl KZ und der Kristallisationsgeschwindigkeit KG, d. h. der in Millimeter auszudrückenden Geschwindigkeit, mit der das Wachstum der Kristalle von den Zentren aus erfolgt. Verschiedenheit der letzteren nach verschiedenen Richtungen beeinflußt die Form des Kornes. KZ und KG und damit die Korngröße sind, wie Tammann[2]) für viele nichtmetallische Stoffe nachwies, im wesentlichen von dem Grade der Unterkühlung abhängig, d. h. von der Anzahl von Temperaturgraden, um die man den flüssigen Stoff unter seinen Schmelzpunkt abkühlt, ehe Kristallisation erfolgt. Die Fähigkeit der Metalle, sich unterkühlen zu lassen, ist äußerst gering[3]), jedoch sicher bis zu einem bestimmten Grade vorhanden und im wesentlichen abhängig von der Geschwindigkeit der Abkühlung aus dem schmelzflüssigen Zustande. Folgende allgemeine Beziehungen sind aufgestellt worden:

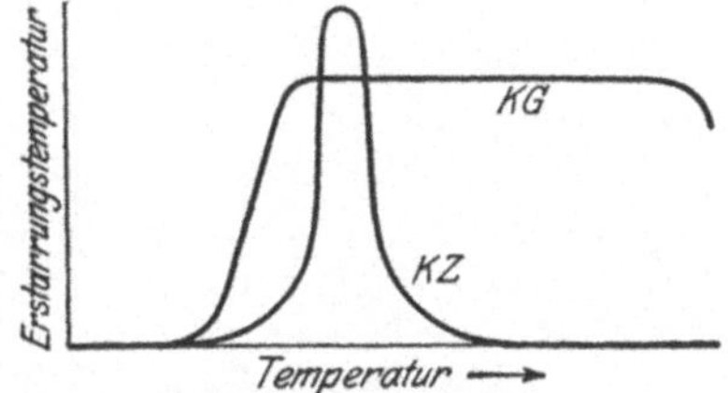

Abb. 241. Kristallisationsgeschwindigkeit (KG) und Kernzahl (KZ) schematisch dargestellt in Abhängigkeit von der Unterkühlung.

1. Die Kernzahl nimmt mit steigender Unterkühlung von 0 bis zu einem Maximum zu und wieder auf 0 ab. Letzteres würde bedeuten, daß ein Körper ohne zu kristallisieren, also „glasig“ oder amorph erstarren kann.

2. Die Kristallisationsgeschwindigkeit verändert sich mit steigender Unterkühlung in groben Zügen nach einem ähnlichen Gesetze.

3. Trotz der relativen Ähnlichkeit der beiden, KZ und KG mit dem Grade der Unterkühlung verknüpfenden Gesetze, brauchen sie nicht identisch zu sein. Es braucht also beispielsweise die maximale KZ nicht mit der maximalen KG zusammenzufallen.

Diese Verhältnisse gelangen schematisch in Abb. 241 zum Ausdruck, der die für die Metalle wahrscheinliche Annahme zugrunde gelegt ist, daß das Gebiet maximaler KZ noch im Gebiet maximaler KG liegt. Bei geringer Unterkühlung wachsen die Kristalle als flächenreiche Polyeder, bei größerer aber als Kristallfäden, weil die Abhängigkeit der KG senkrecht zu den einzelnen Flächen des Kristalls von der Unterkühlung meist sehr verschieden ist. Da beim schmiedbaren Eisen mit dem Grade der Unterkühlung (Abkühlungsgeschwindigkeit) die Korngröße abnimmt[4]), kann man annehmen, daß mit ihr auch die relative Zunahme der KZ die der KG übersteigt. Abgesehen von dieser allgemeinen Schlußfolgerung aus den Tammannschen Arbeiten, sind

---

[1]) Vgl. Abb. 10.

[2]) Kristallisieren und Schmelzen, Leipzig 1903, sowie ders., Metallographie, Leipzig 1914.

[3]) Czochralski, V. d. I. 1917, 345.   [4]) Arend, St. u. E. 1917, 393.

unsre Kenntnisse nach dieser Richtung noch sehr mangelhaft. Für einige leichtschmelzende Metalle hat Czochralski[1]) folgende (die einzigen bisher bestehenden) Zahlen ermittelt:

	Zinn	Zink	Blei
KZ	9	10	3,8 pro ccm/min
KG	90	100	140 mm/min

Ein eingehenderes Studium wird voraussichtlich wertvolle Aufschlüsse über die Erstarrungsvorgänge des Eisens bringen.

Die Form der Kristalle ist nicht allein von KZ und KG sowie den Beziehungen dieser Faktoren zueinander, sondern noch von weiteren Bedingungen abhängig. Man kann beim schmiedbaren Eisen im wesentlichen zwei Gruppen von Kristallformen unterscheiden, und zwar die polyedrische oder besser die globulitische und die dendritische oder Tannenbaumform. An freien Erstarrungsflächen, hauptsächlich im Lunker von Blöcken und Stahlgußstücken finden sich beide Formen. So zeigt die Abb. 300a ausgezeichnet ausgebildete Dendriten, die sich im Lunker eines Stahlformgußstückes vorfanden. Dagegen wies eine vom Verfasser untersuchte Martinofensau polyedrische Kristallbildung auf, wobei die Durchmesser der Kristalle mehrere Zentimeter betrugen. Der Unterschied zwischen den Erstarrungsgeschwindigkeiten beider Fälle ist offenkundig. Man kann behaupten, daß im Falle der Martinofensau eine Unterkühlung so gut wie ausgeschlossen war, was im ersten Falle nicht zutrifft. Auf Grund des Vorhandenseins der gleich noch zu besprechenden Kristallseigerung besteht die Möglichkeit, die Größe und Form der primären Kristalle auch an ebenen Schnitten festzustellen. Dies geschieht durch Anwendung der kupferhaltigen Ätzmittel von der Art des vom Verfasser[2]) umgeänderten Rosenhainschen Ätzmittels, die daher primäre genannt worden sind[3]). Dendritisches Primärgefüge wurde bereits durch Abb. 92 in einem Stahl mit etwa 0,8% Kohlenstoff veranschaulicht, globulitisches in einem weichen Flußeisen mit etwa 0,1% Kohlenstoff ist in Abb. 242 dargestellt. Ganz allgemein scheinen Globuliten kleinstem Primärkorn zu entsprechen, Dendriten größerem. Daher finden wir z. B. am Rande von Gußstücken, wo infolge der Wärmeableitung durch die Gußform die Erstarrungsgeschwindigkeit (KZ) am größten ist, Globuliten, und in der langsamer erstarrenden Mitte der Gußstücke Dendriten. Abb. 243 ist ein hierfür typisches Beispiel (Stahlguß mit 0,15% Kohlenstoff). Unter sonst gleichen Verhältnissen ist die Wandstärke ein Maß

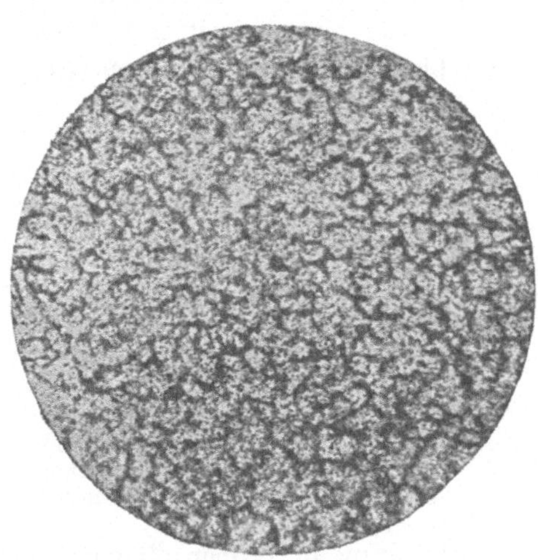

Abb. 242. Globulitische Kristallseigerung in weichem Flußeisen, geschmiedet, Ätzung I, ×4.

---

[1]) St. E. 1920, 1016. [2]) St. E. 1916, 798. [3]) Oberhoffer, St. E. 1920, 705.

für die Erstarrungsgeschwindigkeit. Oberhoffer und Weisgerber[1]) konnten daher feststellen, daß in einem Stahlguß mit rund 0,17% Kohlenstoff bei einer Wandstärke von 12 mm globulitische Kristalle von großer Feinheit auftreten (Abb. 244a). Bei 45 mm Wandstärke traten bereits deutliche Anzeichen dendritischer Struktur auf, die bei 200 mm Wandstärke noch ausgeprägter und wesentlich gröber war (Abb. 244b und c).

Aber die Erstarrungsgeschwindigkeit ist keineswegs der einzige, die Form des Primärkristalls beeinflussende Faktor. Dies geht schon daraus hervor

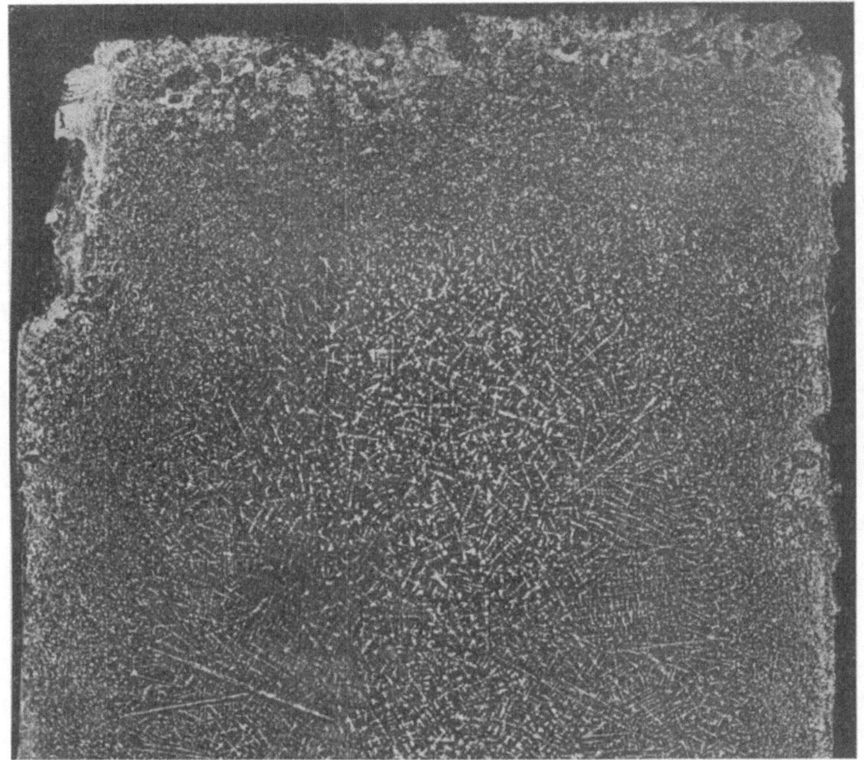

Abb. 243. Ein halber Querschnitt durch ein Stahlgußblöckchen; am Rande globulitische, in der Mitte dendritische Kristallseigerung, Ätzung I, x 2,5.

daß in der oben erwähnten, zweifellos äußerst langsam erstarrten Martinofensau polyedrische (globulitische) Kristalle gefunden wurden. Vogel[2]) schildert die Entstehung der Dendriten in Zwei- und Mehrstoffsystemen in der nachfolgenden, anschaulichen Weise:

Durch Kristallabscheidung aus einer Lösung von zwei oder mehreren Komponenten werden zwei das Gleichgewicht zwischen Kristall und Lösung betreffende Variable verändert: Die Temperatur und die Konzentration der Lösung. Für das polyedrische Wachstum eines Kristalls ergibt sich hier die Bedingung, daß die Änderung der Temperatur und der Konzentration sich

---

[1]) St. E. 1920, 1433. [2]) An. Chem. 1900, **166**, 31.

an der ganzen Polyederoberfläche gleichmäßig vollzieht, daß also in jedem Augenblick die Polyederoberfläche den geometrischen Ort derselben Temperatur und derselben Konzentration darstellt. Gilt dies nur für einen Teil der Oberfläche, etwa die Eckbezirke des Polyeders, während die Kanten- und Flächenbezirke die geometrischen Orte höherer Temperaturen und geringerer Konzentrationen sind, so bleibt an dieser Stelle die Konzentrationsgrenze gegen die Eckbezirke zurück und der Kristall entwickelt sich dendritisch.

Als wesentliche Momente, welche auf die Bildung der Tannenbaumkristalle einen Einfluß ausüben können, führt Vogel die Geschwindigkeit und Richtung der Abkühlung, die Kristallisationswärme, Wärmeleitfähigkeit, Viskosität der Lösung, Diffusionsgeschwindigkeit, Konzentration und Löslichkeit, das spontane Kristallisationsvermögen und Beimengungen an.

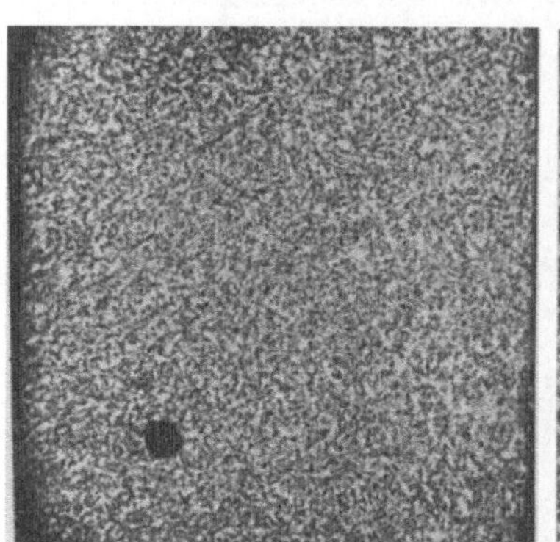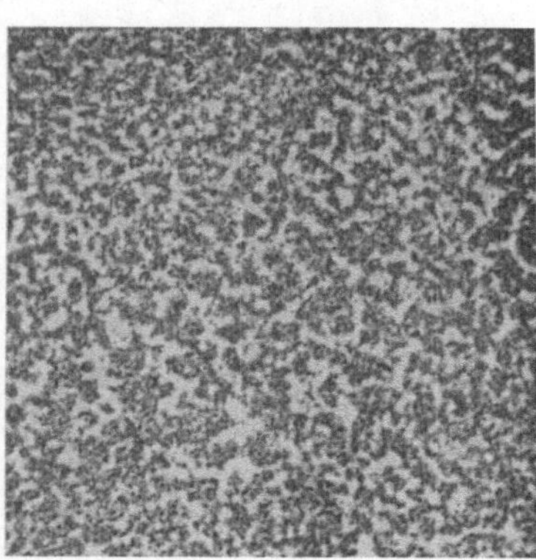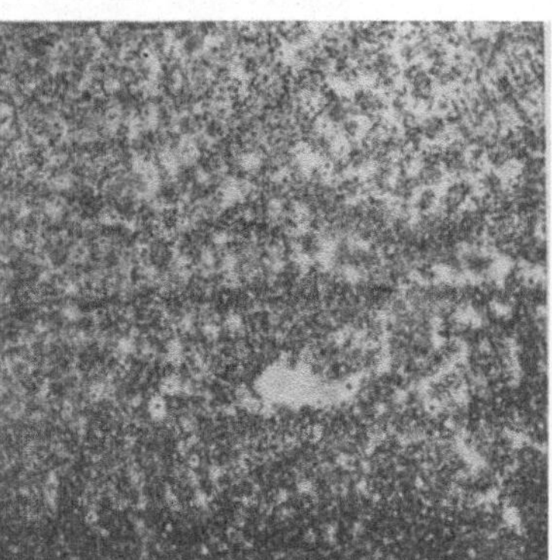

Abb. 244. Primärätzung in der Mitte von Stahlgußstücken, Versuchsreihe 1, Abb. 332 u. 333 (Oberhoffer und Weisgerber).
a: Wandstärke = 12 mm.　　b: Wandstärke = 40 mm.　　c: Wandstärke = 200 mm.

Von diesen Faktoren ist insbesondere der Richtung der Abkühlung eine erhöhte technische Bedeutung beizumessen. So zeigte schon Czochralski[1]), daß sich die Kristalle der regulären Metalle mit ihrer Hauptachse parallel zur Richtung des Wärmeflusses einstellen, während die Lage der Nebenachsen scheinbar unbeeinflußt bleibt[2]). Die Erscheinung selbst, also das Entstehen langer Kristalle, die senkrecht zu den abkühlenden Flächen wachsen, nannte Czochralski Transkristallisation. Wie A. W. und H. Brearley[3]) anführen, ist dem Tiegelstahlfachmann die Erscheinung längst bekannt aus der Zeit, wo noch jeder Block gebrochen wurde. Die Blöcke mit Transkristallisation hießen „scorched ingots". Die Anordnung der Kristalle in einem solchen Block ist schematisch durch Abb. 245 gekennzeichnet, und zwar in einem Längs- und einem Querschnitt. Es ist mangels eines geeigneten Naturproduktes versucht worden darzustellen, wie die Kristalle mit einer Hauptachse senkrecht zu den abkühlenden Flächen der Kokille bzw. der Grundplatte wachsen. Dabei ist einmal angenommen,

---

[1]) V. d. I. 1917, 348.
[2]) Natürlich mit der Maßgabe, daß sie stets in einer zur Hauptachse senkrechten Ebene bleiben.
[3]) Ingots and ingot moulds, London. Longmans Green and Co. 1918.

daß sonst keine störenden Nebenerscheinungen auftreten und daß anderseits die Kristalle ihre maximale Länge erreichen. Dies letztere trifft nicht immer zu. Die in Abb. 245 leider nur schematisch zu kennzeichnenden Verhältnisse behalten aber auch dann Geltung. Man muß sich vorstellen, daß transkristallisierte Blöcke unter Bedingungen hergestellt sind, die ein Über- wiegen der KG mit sich bringen. Selten werden solche Bedingungen über den ganzen Quer- schnitt des Blockes, der ja dann annähernd in allen Punkten gleiche Temperatur haben müßte, vorhanden sein. In der Tat beobachtet man voll- kommene Transkristallisation nur an verhältnis- mäßig kleinen Querschnitten und Brearley be- richtet, daß ein und derselbe Stahl in kleine Block-

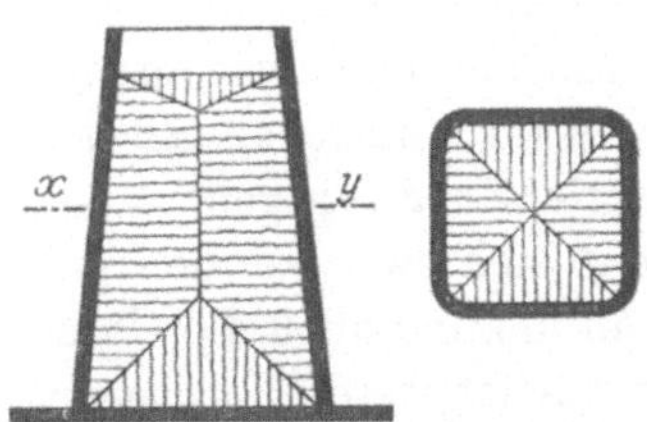

Abb. 245. Schematische Darstel- lung der Transkristallisation im Längs- und Querschnitt eines Gußblocks.

formen vergossen Transkristallisation aufwies, die aber fehlte, wenn der Stahl in große Formen gegossen wurde. Das bedeutet offenbar, daß die Gießtemperatur (und wohl auch -geschwindigkeit), die für große Blöcke zweckmäßig ist, für kleine Blöcke zu hoch ist. Bei den in der Tiegelstahlindustrie vielfach üblichen kleinen Blockeinheiten wartet daher der geübte Gießer so lange mit dem Gießen,

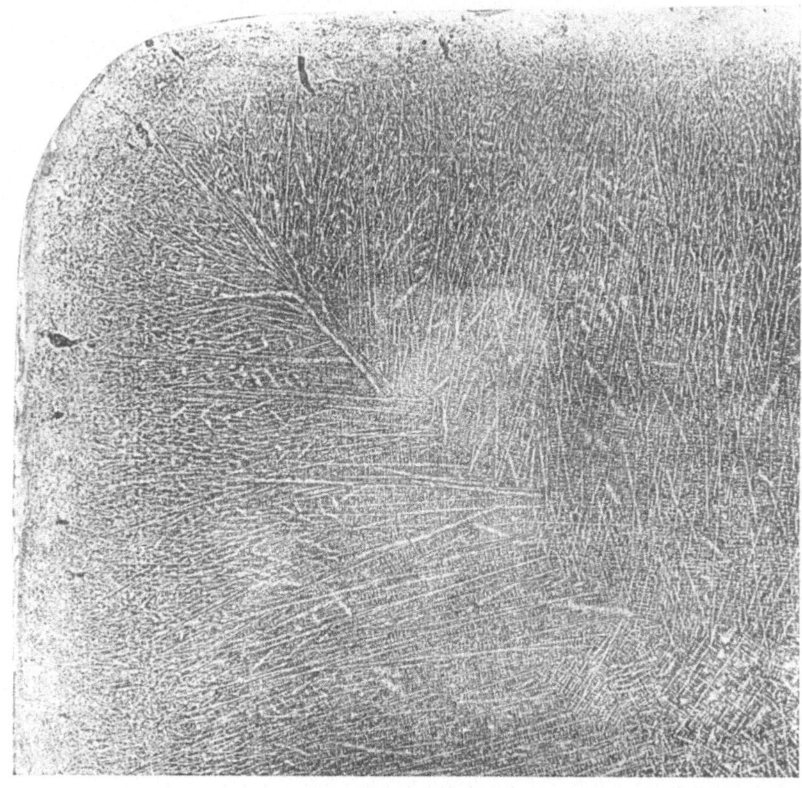

Abb. 246. Querschnitt durch die Ecke eines Stahlblocks mit 0,8% C und 0,1% P, Transkristallisation, Ätzung I, x 2.

19*

bis die Erstarrung gerade beginnt. Die Transkristallisation ist nach Brearley keine gute Eigenschaft für ein Gußstück. Die ausgedehnten, zur Richtung der Beanspruchung meist ungünstig gelagerten Trennungsflächen der Einzelkristalle sowohl wie der einzelnen Kristallkomplexe gleicher Orientierung brauchen nun zwar an und für sich keine Flächen geringen Widerstandes zu sein, und die Tatsache, daß der Bruch meist intra- und nicht intergranular erfolgt, spricht sogar gegen eine solche Annahme. Aber es wird noch gezeigt werden, daß sich zwischen den primären Kristallen alle Verunreinigungen, wie Oxyde, Sulfide und auch die Gase ansammeln. In diesem Falle ist der Zusammenhang natürlich wesentlich geringer im transkristallisierten als im nicht transkristallisierten Metall[1]).

Die Transkristallisation wird nach Brearley durch folgende Faktoren beeinflußt: 1. Gießtemperatur; 2. Gießgeschwindigkeit; 3. Querschnittsgröße der Kokille; 4. Kokillendicke und -temperatur. Die drei ersten Fak-

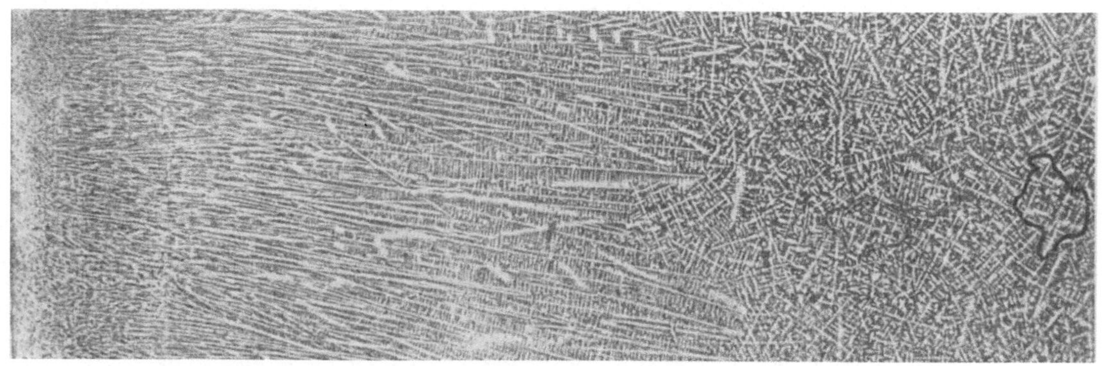

Abb. 247. Teilquerschnitt vom Rand (links) bis zur Mitte eines Gußblocks mit 0,8% C, 1% Mn, 0,1% P. Ätzung I, x 1.

toren wurden bereits besprochen. Zum Verständnis des vierten Faktors gehört eine richtige Vorstellung der Vorgänge beim Erstarren des Stahls in der Gußform. Der Einfachheit halber seien die Verhältnisse beim Blöckeguß als Beispiel gewählt. Die Erstarrung beginnt durch Bildung einer um den ganzen Kokilleninhalt sich erstreckenden Kruste, da ja hier die Temperatur infolge der gesteigerten Wärmeableitung und Strahlung am niedrigsten ist. Von der Größe dieser Faktoren wird das Wachstum der Kruste abhängen. Ist die Kruste stark genug, um dem Druck der in ihrem Innern befindlichen Flüssigkeit standzuhalten, so löst sie sich infolge des bei der Abkühlung eintretenden Zusammenziehens von der Kokille ab. Dieser Vorgang wird unterstützt und beschleunigt durch das Verhalten der Kokille, die sich beim Erwärmen ausdehnt. Die Zeit bis zur Trennung ist also abhängig von der durch die Kokille aufgenommenen bzw. abgeleiteten Wärme[2]). Je rascher sich aber eine genügend starke Kruste gebildet hat, um so geringer ist die Gefahr der

---

[1]) Über den Einfluß der Transkristallisation auf die Walzbarkeit von Chrom-Nickelstahl vgl. Oertel und Richter, St. E. 1924, 169.

[2]) Vgl. Meerbach, Diss. Aachen 1922.

Transkristallisation nach Brearley, da sich diese nur ausbildet während der
Berührung zwischen Stahl und Kokille, d. h. der Periode größter Wärmeableitung. Brearleys Erfahrungen haben ihm nun gezeigt, daß bezüglich der
Zeit bis zur Bildung einer genügend starken Kruste zwischen dünnen und
dicken Kokillen kein großer Unterschied besteht und daher die aus diesem
Grunde meist erfolgende Bevorzugung der dünnen Kokillen nicht zu Recht
besteht, dünne Kokillen anderseits auch den Nachteil besitzen, sich rasch zu
erwärmen und zu wachsen, wodurch unsaubere Blockoberfläche entsteht.

Um die Transkristallisation im unteren Blockteil (vgl. Abb. 245) möglichst klein zu halten, bildet man den Boden der Kokille (Unterlagsplatte)

Abb. 248. Transformatorenmaterial, $^1/_4$ Gußblock, Ätzung II, x 1.

mitunter aus feuerfestem Material, meistens aber nach oben konkav aus.
Diese Ausbildungsform verdankt im übrigen noch einer anderen, bei der Be-
sprechung der Gieß- und Oberflächenfehler zu erwähnenden Rücksicht ihre
Entstehung.

Zur Ergänzung der schematischen Abb. 245 seien noch einige Proben mit
teilweiser Transkristallisation wiedergegeben. Abb. 246 ist eine Ecke eines
Stahlblockquerschnitts in primärer Ätzung. Der Stahl hatte etwa 0,8 % Kohlenstoff und 0,1 % Phosphor. Am Rande finden wir eine Zone globulitischer,
jedenfalls sehr feiner Kristallisation (Überwiegen der KZ). Hierauf folgt die
transkristallisierte Zone (Überwiegen der KG), und schließlich ist in der rechten
unteren Ecke auch noch eine Zone mit größeren, aber annähernd gleichachsigen
Dendriten zu erkennen (in der also weder KG noch KZ überwiegt). Noch
deutlicher zeigt Abb. 247 ähnliche Verhältnisse an einem vom Blockrand

(Mitte einer Seite) bis zur Blockmitte reichenden Teilquerschnitt aus einem ähnlichen Material. Schließlich geht Gleiches hervor aus den Abb. 248 und 249, die je einen Viertelblock aus Transformatorenmaterial mit $4\,{}^0/_0$ Silizium in primärer und sekundärer (Kornfärbungs-) Ätzung zeigen. Es soll noch an anderer Stelle auf diese Abbildungen eingegangen werden. Es erhebt sich nun die Frage, ob ein Einzeldendrit gleich ist einem Kristall oder Korn[1]). Eine genauere Betrachtung der bisher wiedergegebenen Primärätzungen lehrt zweifellos, daß obiges nicht zutrifft oder zum mindesten, daß man häufig, wenn

Abb. 249. Transformatorenmaterial, $^1/_4$ Gußblock, Ätzung I, x 1.

nicht immer, Bereiche erkennt, die aus einer größeren oder kleineren Zahl von gleich orientierten Dendriten bestehen. In Abb. 247 ist an der rechten Seite ein solcher Bereich umzeichnet, in dem eine Würfelfläche parallel zur Zeichenebene liegt. Als eigentliche Kornbegrenzung ist wohl die den Bereich gleicher Orientierung einfassende Linie anzusehen, wiewohl auch die einzelnen Dendriten dieses Bereiches, da sie wahrscheinlich nicht gleichzeitig entstanden sind, selbständige Einheiten darstellen[2]). Mitunter sind die Bereiche gleicher Dendriten-Orientierung von der Art der in Abb. 247 begrenzten auch daran deutlich zu erkennen, daß sie von mehr oder minder breiten Säumen eingefaßt er-

---

[1]) Nach Tammann, Kristallit, d. h. Kristall, dem die kristallographisch orientierten Begrenzungsflächen fehlen.

[2]) Die Frage ist nicht unwichtig wegen des Zusammenhanges zwischen primärer und sekundärer Kristallisation.

scheinen. Ob es sich hier um eine ähnliche Erscheinung wie bei den eutektischen Strukturen handelt[1]), wo durch Stauung der Kristallisationswärme Kerne feinen Gefüges von Säumen gröberen eingefaßt erscheinen (vgl. a. Abb. 26), oder ob es sich lediglich um Konzentrationsverschiebungen infolge von Kristallseigerungen handelt, ist noch unentschieden.

Auf die Bedeutung des Primärgefüges für die Eigenschaften des schmiedbaren Eisens wird im Abschnitt Kristallseigerung noch näher eingegangen. Von ganz besonderer Bedeutung ist dieses Gefüge für die Doppelkarbidstähle. Es wurde bereits hervorgehoben, daß das Doppelkarbid hauptsächlich in Form eines Eutektikums vorliegt. Dieses Eutektikum durchzieht die ganze Stahlmasse in Form eines Netzwerks, dessen Maschengröße von den Erstarrungsbedingungen abhängig ist und bei rascher Erstarrung kleiner ist, als bei langsamer. Je gleichmäßiger aber das Doppelkarbid verteilt ist, um so besser werden die Eigenschaften des Stahls sein. Es ist also verständlich, daß rasche Erstarrung für Doppelkarbidstähle, mögen sie nun im geschmiedeten oder im gegossenen Zustande Verwendung finden, zweckmäßiger ist, als langsame Erstarrung. Im Abschnitt Warmverarbeitung wird dies noch an einem Beispiel erläutert werden.

Zur Bildung der Kristallisationszentren geben häufig als Keime wirkende Einschlüsse den Anstoß, wie z. B. in Abb. 250, der freien Erstarrungsoberfläche eines im Vakuum geschmolzenen Stahls, zu erkennen ist, doch kommen für eine derartige Keimwirkung nur die im flüssigen Eisen zu Beginn der Erstarrung bereits in unlöslicher Form vorhandenen Einschlüsse in Frage.

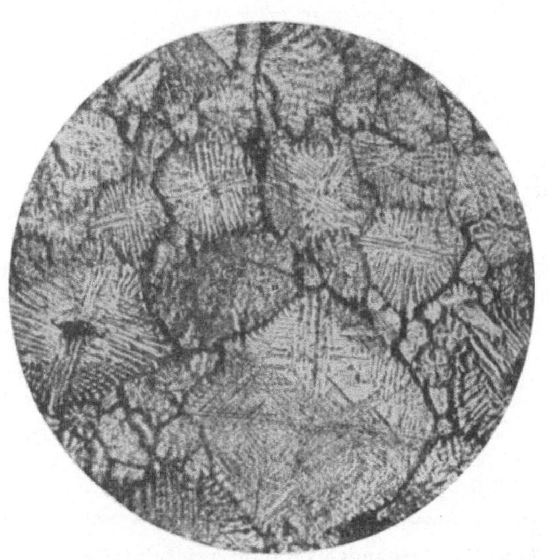

Abb. 250. Freie Erstarrungsoberfläche von Stahl mit 0,4% C im Vakuum geschmolzen und erstarrt, Kristallisationskeime, ungeätzt, x 4.

B. Kristallseigerung.

Man kann, wie im zweiten Teil dieses Buches gezeigt wurde, innerhalb der technischen Konzentrationsgrenzen das schmiedbare Eisen kurz unterhalb seines Erstarrungspunktes im wesentlichen als komplexe, feste Lösung ansehen. Außer dem als Ledeburit aufgefaßten Bestandteil der sogenannten Doppelkarbidstähle machen nur Schwefel und Sauerstoff eine Ausnahme, da sie in manchmal recht komplizierten, unter dem Namen „Schlackeneinschlüsse" zusammengefaßten Formen auftreten. In diesen Ausnahmefällen sind also die betreffenden Elemente bzw. Legierungsbestandteile nicht in Lö-

---

[1]) Vgl. Brady, Eng. 1922, 494.

sung. Im Falle vollkommener Löslichkeit der Komponenten im flüssigen und festen Zustande (Mischkristallbildung) ergibt sich prinzipiell für den Erstarrungsvorgang von Legierungen mit zwei Komponenten das in Abb. 251 dargestellte Diagramm. Als Abszissenachse dienen in üblicher Weise die Gewichtsprozente des Zusatzelementes, als Ordinaten die Temperaturen. Aus diesem Diagramm geht hervor, daß alle Legierungen in einem Temperaturintervall erstarren, das nach oben durch die Kurve A C B, nach unten hin durch A D B begrenzt ist. Oberhalb A C B sind alle Legierungen flüssig, unterhalb A D B fest, zwischen beiden Kurven bestehen sie aus Gemischen von Kristallen mit Schmelze. A C B ist also die Kurve beginnender, A D B die Kurve beendeter Erstarrung. Die als Beispiel herausgegriffene, durch die Vertikale C′ D′ gekennzeichnete Legierung mit 50 % B ist bei der Temperatur t vollkommen flüssig. Bei der Abkühlung setzt dann mit Erreichung der Temperatur t_1 (Schnittpunkt von C′ D′ mit A C B) der Erstarrungsvorgang durch Ausscheidung von Kristallen ein, deren Zusammensetzung der Schnittpunkt E der Horizontalen C E mit der Kurve der beendeten Erstarrung A D B angibt. Diese Kristalle enthalten demnach nur 25 % B, obwohl die Ausgangsschmelze 50 % B enthielt. Unter der Voraussetzung eines idealen Verlaufes der Erstarrung — worin dieser besteht, soll gleich gezeigt werden — ist bei der Temperatur t_2 ein Gemisch fester Kristalle mit 36 % B und flüssiger Schmelze mit 63 % B vorhanden. Bei einer beliebigen, innerhalb des Erstarrungsintervalles gelegenen Temperatur können nach der Phasenregel nur zwei Phasen gleichzeitig nebeneinander bestehen, wenn Gleichgewicht herrschen soll, und zwar werden die jeweils miteinander im Gleichgewicht befindlichen Phasen durch Horizontale, wie F G H bestimmt, deren Schnittpunkte F und H mit den Kurven beginnender und beendeter Erstarrung die B-Gehalte der festen und der flüssigen Phase bei der Temperatur t_2 angeben. Jede Temperaturänderung bedingt demnach eine Änderung der Zusammensetzung dieser Phasen und daraus folgt, daß alle zwischen t_1 und t_2 gebildeten Kristalle, deren B-Gehalte zwischen 25—36 % B liegen, in solche von 36 % B verwandelt sein müssen, wenn Gleichgewicht herrschen soll. Diese Umwandlung der niedrigprozentigen Kristalle in höherprozentige erfolgt durch B-Aufnahme aus der Schmelze auf dem Wege der Diffusion. Wird also einerseits durch Ausscheidung niedrigprozentiger Kristalle der B-Gehalt der Schmelze angereichert, so wird gleichzeitig durch die Diffusionsvorgänge der Schmelze B entzogen, das zur Anreicherung der Kristalle von 25 auf 36 % dient. Das Diagramm gibt ferner über die bei einer beliebigen Temperatur vorhandenen Mengen von

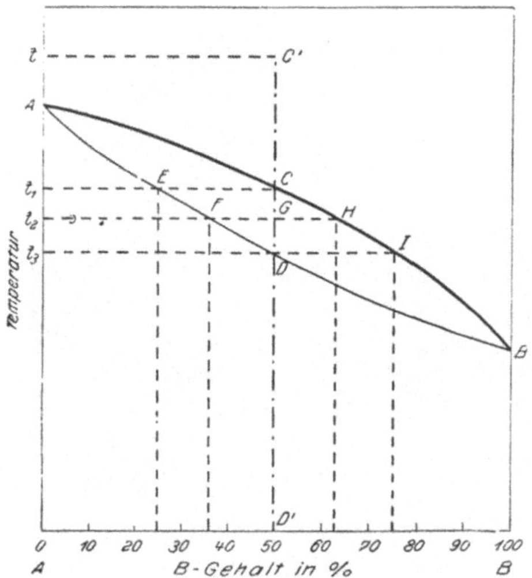

Abb. 251. Zustandsdiagramm zweier Stoffe, die im festen und flüssigen Zustande vollkommen ineinander löslich sind.

Kristallen und Schmelze Aufschluß. Es besteht z. B. bei der Temperatur t_2 folgende Beziehung (Hebelbeziehung):

$$\frac{\text{Menge der Kristalle}}{\text{Menge der Schmelze}} = \frac{G\,H}{F\,G}.$$

Bei den in Abb. 251 zugrunde gelegten Verhältnissen verlangt diese Beziehung für eine Ausgangsmenge der Schmelze von 100 g 48,1 g Kristalle und 51,9 g Schmelze. Bei der Temperatur t_3, dem Schnittpunkt der Vertikalen $C'\,D'$ mit der Kurve beendeter Erstarrung $A\,D\,B$ ist der Erstarrungsvorgang, einen idealen Verlauf vorausgesetzt, beendet. Die Hebelbeziehung ergibt in der Tat bei dieser Temperatur 100 g Kristalle und 0 g Schmelze. Alle vor der

Temperatur t_3 ausgeschiedenen Kristalle haben durch Diffusion aus der Schmelze B aufgenommen mit der Maßgabe, daß bei dieser Temperatur ausschließlich homogene Mischkristalle (oder feste Lösung) vorhanden sind. Während des Temperaturabfalles von t_3 auf t_2 stieg dabei der B-Gehalt der Schmelze von 63 auf 75%. Metallische Mischkristalle müssen, den geschilderten idealen Verlauf der Erstarrung vorausgesetzt, unter dem Mikroskop vollkommen homogen erscheinen, insbesondere durch das Ätzmittel gleichmäßig angegriffen werden. Sie dürfen daher dem reinen Eisen gegenüber keine prinzipiellen Gefügeunterschiede aufweisen,

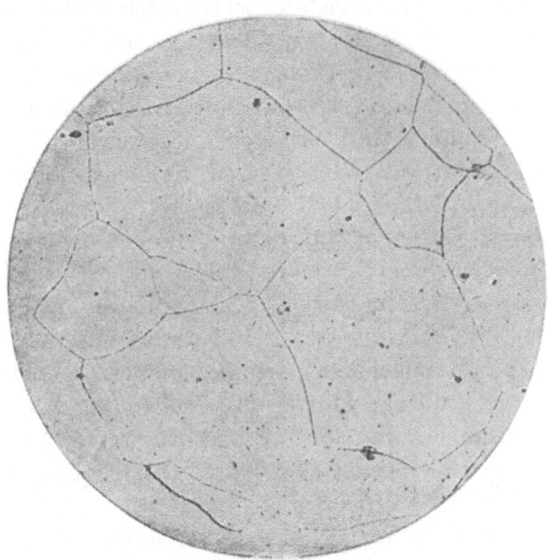

Abb. 252. Eisensilizium-Legierung mit 4% Si, homogene Mischkristalle, Ätzung II, x 100.

wie denn auch der Begriff der flüssigen Lösung das vollkommene Verschwinden des gelösten Stoffes im Lösungsmittel bedingt. Wenn nun auch zum Beispiel gemäß Abb. 252 und auch 248 eine 4%ige Eisensilizium-Legierung (Transformatorenblech) diesen beiden Forderungen: völlige Homogenität bei der Ätzung und Fehlen eines neuen Gefügebestandteils genügt, weil Silizium bis zu einem Gehalte von 18% mit Eisen Mischkristalle bildet, so ist dies durchaus nicht immer der Fall, wie alle bisher besprochenen Primärätzungen zeigten. Aber selbst im Falle der Siliziumlegierung trifft es auch nicht vollständig zu, wie die primär geätzte Fe-Si-Legierung Abb. 249 lehrt. Im besonderen ist es anscheinend der Phosphor, bei dem die Voraussetzung für den idealen Verlauf des Erstarrungsvorganges, das Stattfinden der geschilderten Diffusionsvorgänge zwischen Kristallen und Schmelze in hohem Maße fehlt. Erfolgt die Diffusion mangelhaft oder gar nicht, weil entweder das Diffusionsvermögen der beteiligten Elemente zu gering, oder die für jeden Diffusionsvorgang erforderliche Zeit nicht gegeben ist, so führt der Erstarrungsvorgang zu einem anderen Ergebnis. In diesem Falle ist beispielsweise bei der Temperatur t_2 kein Gemisch fester Kristalle mit 36% B und flüssiger Schmelze mit 63% B vorhanden, weil die zwischen t_1 und t_2 gebildeten Kristalle mit $25—36\%$ B nicht in der Lage gewesen sind, sich durch B-Aufnahme aus der Schmelze auf dem Wege der Diffusion in homogene Kristalle mit 36% B zu verwandeln. Wäre überhaupt keine Diffusion erfolgt, so würden bei der Temperatur t_2 in der Schmelze Kristalle vorhanden sein, von deren Aufbau man sich folgende Vorstellung machen kann. In dem zuerst gebildeten Mittelpunkt jedes Kristallindividuums beträgt der B-Gehalt 25% und dieser nimmt nach dem Rande jedes Individuums hin zu. In der Randschicht muß aber der B-Gehalt höher sein als 36%. Dies ergibt sich aus folgender Überlegung: Nach der Phasenregel kann stets nur ein Kristall bestimmter Zusammensetzung mit einer Mutterlauge ebenfalls bestimmter Zusammensetzung im Gleichgewicht sein. Diese miteinander im Gleichgewicht befindlichen Zusammensetzungen findet man ja aus den Schnittpunkten von Horizontalen, wie z. B. F G H mit den Kurven beginnender und beendeter Erstarrung. Nun ist aber infolge Ausbleibens der Diffusionsvorgänge nicht diejenige Menge B der Schmelze entzogen worden, die erforderlich ist, um die zuerst ausgeschiedenen niedrigprozentigen Kristalle durch Diffusion auf den höheren Gehalt zu bringen. Infolgedessen ist der B-Gehalt der Schmelze höher, als er bei idealem Verlauf des Erstarrungsvorganges sein würde. Die Schmelze mit mehr als 63% ist nur im Gleichgewicht mit der äußeren Randschicht der vorhandenen Kristalle. Die von dieser Randschicht eingeschlossenen Schichten mit niedrigem B-Gehalt verhalten sich der Mutterlauge gegenüber wie Fremdkörper, d. h. aber, daß die Summe der bei der Temperatur t_2 wirklich im Gleichgewicht befindlichen Mengen kleiner ist als 100 g. Überträgt man die für die Temperatur t_2 geschilderten Verhältnisse sinngemäß auf t_3, die Temperatur beendeter Erstarrung bei idealem Verlauf des Erstarrungsvorganges, so ergibt sich, daß unter der Voraussetzung des Ausbleibens der Diffusion der Erstarrungsvorgang bei dieser Temperatur noch nicht beendet ist, und der B-Gehalt der bei dieser Temperatur vorhandenen Schmelze mehr als 75% betragen muß, daß endlich neben der Schmelze Kristalle vorhanden sind, deren Mittelpunkt 25% B enthält und deren B-Gehalt nach dem Rande hin zunimmt. Es ist leicht einzusehen, daß die natürliche Grenze des Vorganges erreicht ist, wenn die Zusammensetzung der Schmelze 100% B beträgt und die Temperatur gleich der Erstarrungstemperatur des reinen Körpers B ist. Man braucht sich nur zu vergegenwärtigen, daß mit dem kleinsten Temperaturabfall eine Verringerung der wirklich im Gleichgewicht befindlichen Mengen erfolgt, sozusagen eine neue Ausgangslegierung entsteht. Während bei idealem Verlauf des Erstarrungsvorganges die Legierung dauernd durch die Vertikale $C'\,D'$ gekennzeichnet ist, verschiebt sie sich bei vollständigem Ausbleiben der Diffusion von $C'\,D'$ kontinuierlich nach rechts. Eine unter diesen Bedingungen erstarrte Legierung besteht nicht aus homogenen Kristallen, sondern aus solchen, deren B-Gehalt von der Mitte nach dem Rande zu kontinuierlich von 25 bis 100% zunimmt. Es ist schwer, innerhalb des Diagramms, Abb. 251, die besprochenen Vorgänge graphisch darzustellen. Eine angenäherte graphische Darstellung gibt Giolitti[1]), eine exakte Darstellung ist auf mathematischem Wege möglich. Natürlich braucht in Wirklichkeit die Diffusion nicht ganz auszubleiben. Dies stellt vielmehr das eine, der ideale Verlauf das andere Extrem dar. Die Wirklichkeit wird meist zwischen beiden liegen. Wenn tatsächlich bei ganzem oder teilweisem Ausbleiben der Diffusion der B-Gehalt der Kristalle von innen nach außen zunimmt, so müssen die Kristalle unter dem Mikroskop bei Anwendung geeigneter Ätzmittel aus Schichten verschiedener Färbung bestehen und sie dürfen keinesfalls homogen erscheinen. Diese Annahme hat sich als richtig erwiesen. Bei einer großen Zahl von Legierungen sind derartige Schicht-kristalle beobachtet worden, so z. B. bei Eisen-Mangan-, Eisen-Phosphor-, Kupfer-Nickel-, Kupfer-Arsen- und vielen anderen Legierungen. Man bezeichnet diese Erscheinung wohl am besten mit Kristallseigerung zum Unterschiede von anderen Seigerungsarten, die in diesem Zusammenhange noch besprochen werden sollen. Die Kristallseigerung in einer reinen Eisen-Phosphorlegierung mit $0,8\,\%$ Phosphor wurde bereits in Abb. 90 dargestellt. Die Ätzung erfolgte mit dem umgeänderten Rosenhainschen Ätzmittel[2]). Im angewendeten schräg auffallenden Lichte erscheinen die phosphorreichen Zonen dunkler als die phosphorärmeren. Auch die Abb. 92, 242, 244a bis c, 246 und 247 sind Belege für die Kristallseigerung. Abb. 253 zeigt die Kristallseigerung in einer Legierung mit $0,2\,\%$ Kohlenstoff und $0,6\,\%$ Phos-

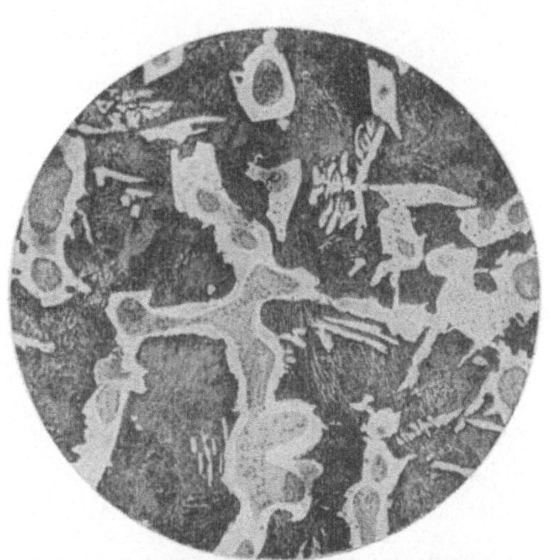

Abb. 253. Legierung mit $0,2\,\%$ C und $0,6\,\%$ P, ungleichmäßige Verteilung des Phosphors (Kristallseigerung), Ätzung II, x 100.

phor, und zwar genügt hier die sekundäre Ätzung zu ihrer Entwicklung. Die ferritischen Zonen verschiedenen Phosphorgehaltes sind an der verschiedenen Färbung zu erkennen. Daß die dunkleren ferritischen Zonen phosphorreicher als die hellen sind und wie groß die durch mangelnde Diffusion herbeigeführte Anreicherung des Phosphors sein kann, beweist die starke Vergrößerung Abb.254. Mitten in der dunklen ferritischen Zone erkennt man eine deutlich eutektische (zuletzt zur Erstarrung gelangte) Zone, die offenbar aus dem binären Eutektikum Fe-Fe$_3$P mit $10,2\,\%$ Phosphor besteht, ein deutlicher Beweis für die mögliche Größe der Kristallseigerung. Die verhältnismäßig scharfe Abgrenzung einer offenbar phosphorreicheren Zone um das Eutektikum in Abb. 254 legt die Vermutung nahe, daß der Erstarrungsvorgang nicht kontinuierlich erfolgt.

An der Kristallseigerung können außer Phosphor alle Elemente beteiligt sein, die mit dem Eisen Mischkristalle bilden[3]). Der Kohlenstoff aber unter-

[1]) St. E. 1918, 338. [2]) Vgl. Oberhoffer, St. E. 1916, 798.
[3]) Die seinerzeit von Le Chatelier und Bogitsch (Rev. Mét. 1919, 129) auf-

scheidet sich von allen anderen Elementen, wenigstens soweit unsere Kenntnisse reichen, dadurch, daß er nicht in fester Lösung bleibt und daher den Anlaß zur sekundären Kristallisation gibt.

Die Größe der Kristallseigerung ist von mehreren Faktoren abhängig, und zwar in erster Linie von der Zeit, die zum Durchlaufen des Erstarrungsvorganges gegeben ist. Unter sonst gleichen Umständen werden die Diffusionsvorgänge um so vollständiger verlaufen, je mehr Zeit zur Verfügung steht. Es können daher Legierungen, die an und für sich weniger zur Kristallseigerung neigen, diese aufweisen, wenn die Erstarrung zu rasch erfolgte. Über einen derartigen Fall berichten Levin und Tammann[1]) bei einer 50%igen Eisen-Manganlegierung. In zweiter Linie spielt die Größe des Diffusionsvermögens eine hervorragende Rolle. Je größer dieses unter sonst gleichen Umständen ist, um so geringer ist die Neigung zur Kristallseigerung. Leider liegen hier nur recht unvollständige Versuchsergebnisse vor. Nach Arnold und Mc Williams[2]) verhält sich das Diffusionsvermögen der Elemente: Kohlenstoff, Phosphor, Nickel, Mangan und Silizium wie 5:1:1:0:0. Das Studium dieser Frage ist neuerdings von Fry[3]) wieder aufgenommen worden. Eine Formulierung der Ergebnisse in der einfachen Arnoldschen Art ist nicht möglich. Da die Arbeit im Abschnitt Zementation ausführlicher besprochen wird, genüge hier der Hinweis, daß der Phosphor zu den leicht diffundierenden Elementen gehört und Silizium im Gegensatz zu Arnold leichter und besser diffundiert als Phosphor. Alle diese Angaben beziehen sich aber, wie ausdrücklich bemerkt sei, auf den luftleeren Raum und (kohlenstoffreies) Elektrolyteisen. In dritter Linie ist es die absolute Größe des Erstarrungsintervalles, von der die Kristallseigerung in besonderem Maße beeinflußt wird. Es ist in der Tat verständlich, daß je größer dieses Intervall ist, um so größer auch der absolute Betrag sein muß, um den während der Erstarrung die Schmelze über ihren Ausgangsgehalt hinaus angereichert wird und um so größer ferner der absolute Unterschied zwischen den Gehalten

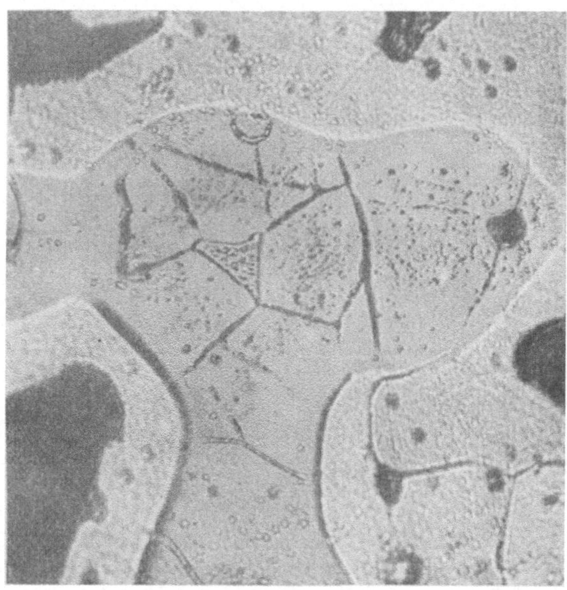

Abb. 254.   Stärkere Vergrößerung einer Stelle aus Abb. 253, in der Mitte Eutektikum mit 10,2% P, x 900.

gestellte Behauptung, nur der in fester Lösung befindliche Sauerstoff sei an der Kristallseigerung beteiligt, ist an anderer Stelle bereits entkräftet worden (s. S. 174).
   [1]) An. Chem. 1906, **47**, 136.   [2]) Ir. st. Inst. 1899, I, 85.   [3]) St. E. 1923, 1039.

der miteinander in Gleichgewicht befindlichen Zusammensetzungen von Kristall
und Schmelze ist. Einen Überblick über die Verhältnisse bei den in Betracht
kommenden Eisenlegierungen vermittelt Abb. 255, in der die Kurven beginnender und beendeter Erstarrung der Einfachheit halber unter Fortlassung
der durch die δ-γ-Umwandlung bedingten Kurven für die Systeme Eisen-
Kohlenstoff, Eisen-Mangan, Eisen-Silizium, Eisen-Phosphor und Eisen-Schwefel
bis zu einem Gehalt von etwa 2 % zusammengetragen sind. Nimmt man den
Abstand der Kurven beginnender und beendeter Erstarrung als maßgebende
Größe für den Betrag der Kristallseigerung an, so würden die vorbezeichneten
Elemente unter sonst gleichen Umständen
in der nachstehenden Reihenfolge zur Kristallseigerung neigen müssen: Ni, Si, Mn, C
und P. Diese Reihenfolge erweist sich, wie
die Ergebnisse aus der Praxis gelehrt haben,
als richtig. Nickel und Silizium seigern so gut
wie gar nicht, Mangan schwach, Kohlenstoff
erheblich stärker und Phosphor am aller-
stärksten.

Ist ein System nicht wie im vorgehen-
den Falle aus zwei, sondern aus drei Komponenten aufgebaut, so liegen in diesem
ternären System die Verhältnisse bei der
Mischkristallbildung ähnlich wie im binären mit der Maßgabe, daß die Zusammensetzungen der miteinander im Gleichgewicht
befindlichen Kristalle und Schmelzen sich
nicht ohne weiteres aus dem (Raum-) Diagramm ergeben, sondern experimentell ermittelt werden müssen. Während nun im
ternären System noch eine einfache graphische Darstellung der Verhältnisse möglich
ist, wird sie in dem aus mehr als drei Stoffen
aufgebauten komplexen System, mit dem
wir in der Praxis stets zu rechnen haben,
äußerst verwickelt. Dies beeinträchtigt aber

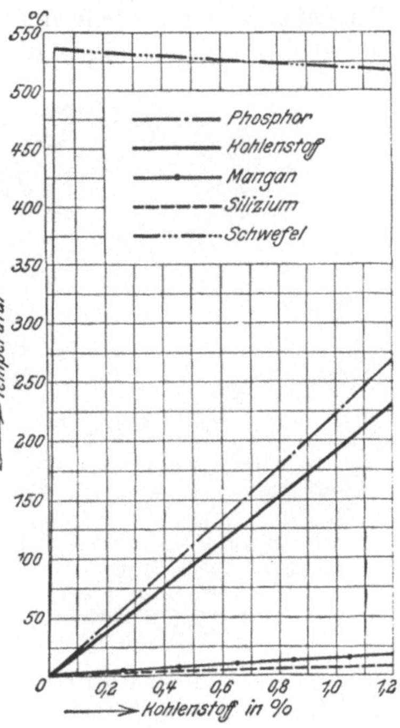

Abb. 255. Die Größe des Erstarrungsintervalls einiger binärer Eisenlegierungen in Abhängigkeit von der chemischen Zusammensetzung.

den Wert der vorangegangenen Erörterungen keineswegs, da wenigstens qualitativ in komplexen Legierungen die Verhältnisse ähnlich liegen, wie in den binären.
Auch die Tatsache, daß eine ganze Reihe wichtiger Systeme, wie: Eisen-Kohlenstoff, Eisen-Phosphor, Eisen-Silizium usw. keine unbeschränkte Mischbarkeit
der Komponenten aufweist, vielmehr von einem bestimmten Prozentgehalte an
ein Eutektikum auftritt, dessen eine Komponente stets der gesättigte Mischkristall ist, beeinträchtigt unsere Darstellung nur insofern, als im Falle unvollständigen Ausgleiches der Konzentrationen durch Diffusion die Randschichten der
geseigerten Kristalle nicht der reinen Komponente B, sondern eben diesem
Eutektikum zustreben. Dies wurde bereits durch Abb. 254 gezeigt. Ein weiteres
interessantes Beispiel hierfür ist der in Chrom-, Molybdän-, Wolfram- und
Chrom-Wolfram (Schnelldrehstählen) im Zustande des Rohgusses auftretende

Ledeburit, dessen Anwesenheit bereits an anderer Stelle erklärt und darauf zurückgeführt wurde, daß die Sättigungskonzentration der Mischkristalle durch die genannten Elemente erniedrigt wird. Abb. 256 zeigt diesen Bestandteil in einem Stahl mit 0,7% Kohlenstoff und 3% Wolfram. Geht man von der nicht unwahrscheinlichen, der Abb. 255 zugrunde gelegten Annahme aus, daß Eisen in festem Zustande ein geringes Lösungsvermögen für Schwefel besitzt, so müßte bei der außerordentlichen Größe des Erstarrungsintervalles dieses Element besonders ausgeprägte Kristallseigerung bewirken. Die Erfahrung bestätigt dies insofern, als Schwefel unter den zur Seigerung neigenden Elementen an erster Stelle steht und hierin den Phosphor noch übertrifft. Der Erstarrungsvorgang komplexer schwefelhaltiger Legierungen würde jedenfalls mit der Ausscheidung des schwefelhaltigen Eutektikums abschließen und dies bedingen, daß die Hauptmengen des Schwefels stets dort zu erwarten sind, wo die Erstarrung zuletzt erfolgt, d. h. in den Randschichten der Kristalle. Es ist wahrscheinlich, daß der an Mangan gebundene Schwefel sich ähnlich wie der an Eisen gebundene verhält. Jedenfalls sind die äußeren Begrenzungsflächen der primären Kristalle komplexer Legierungen theoretisch an sämtlichen Legierungselementen angereichert, was durch unterschiedliche Färbung der Primärkristalle durch primäre Ätzmittel zum Ausdruck gelangt.

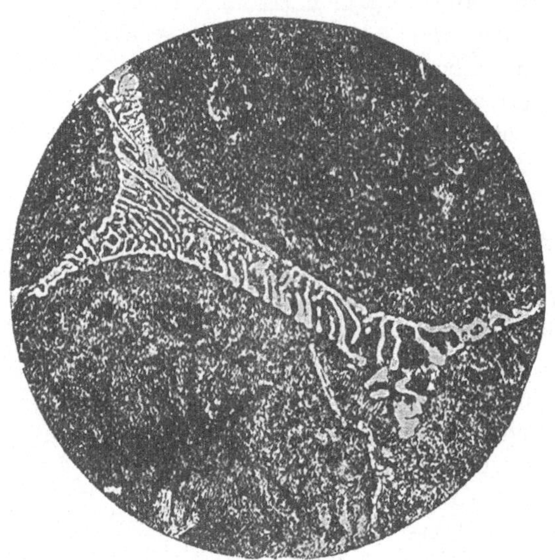

Abb. 256. Ledeburitähnlicher Gefügebestandteil in einem Stahl mit 3% W und 0,7% C (Kristallseigerung), ungeschmiedet, Ätzung II, x 250.

Während die Kristallseigerung in reinen Eisen-Manganlegierungen (Levin und Tammann[1]), reinen Eisen-Phosphorlegierungen (Oberhoffer und Knipping[2]) und auch in der Legierung Abb. 256 durch Glühen der Legierungen bei 1000 bis 1200° entfernt werden konnte, indem hierdurch die ungleichmäßig verteilten Elemente durch Diffusion zum Ausgleich ihrer Konzentration gelangten, ist es durch gleiche Behandlung nicht möglich, in reinen Eisen-Kohlenstoff-Phosphorlegierungen, z. B. von der Art der in Abb. 253 und 254 dargestellten, den Ausgleich herbeizuführen. Auch in Handelsmaterialien, die fast immer Kristallseigerung aufweisen, gelingt der Ausgleich schwieriger und es sind nach Giolitti und Forcella[3] bzw. nach Oberhoffer und Heger[4] Glühtemperaturen und -zeiten erforderlich, die über den Rahmen dessen hinausgehen, was von einer vernünftigen, d. h. praktisch anwendbaren Wärme-

---

[1] a. a. O.   [2] St. E. 1921, 253.
[3] Met. it. 1914, 616; St. E. 1916, 874.   [4] St. E. 1923, 1151.

behandlung verlangt wird. So zeigt Abb. 257 den Erfolg eines 23stündigen Glühens bei 1200° an einem Stahl mit 0,8% C und 0,13% P. Man sieht, daß die Kristallseigerung zwar abgeschwächt, aber noch nicht verschwunden ist[1].

Schließlich interessiert praktisch die Frage, ob die Kristallseigerung von nachteiligem Einfluß auf die Festigkeitseigenschaften ist. Sie kann aber, in dem bescheidenen Maße, wie sie bisher gelöst erscheint, erst im Anschluß an die Kapitel über das Glühen beantwortet werden.

C. Sekundäre Kristallisation (Abkühlung).

Die nach der primären Kristallisation vorhandene feste Lösung zerfällt bei der Abkühlung. Zerfallstemperaturen sowie Art und Menge der neugebildeten Phasen sind von der chemischen Zusammensetzung abhängig, deren Einfluß nach diesen Gesichtspunkten im zweiten Teil dieses Buches eingehend erörtert wurde. Dem Kohlenstoff kommt eine beherrschende Rolle zu.

Das Gefüge des aus dem Schmelzfluß nach primärer und sekundärer

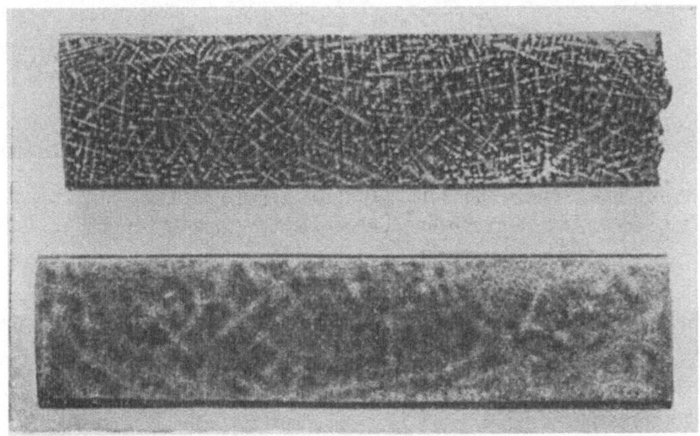

Abb. 257. Stahl mit 0,8% C ungeglüht bzw. 23 Stunden bei 1200° geglüht zur Entfernung der Kristallseigerung, Ätzung I, x 1 (Oberhoffer und Heger).

Kristallisation abgekühlten schmiedbaren Eisens (Stahlformguß) heißt Gußgefüge und hat eine hohe praktische Bedeutung. Die Korngröße und Form des Gußgefüges sowie die Anordnung der Zerfallsprodukte Ferrit, Perlit und (praktisch kaum in Betracht kommend) Zementit ist in hohem Maße abhängig von den bei der primären Kristallisation vorhandenen Bedingungen. Wir sahen, daß in erster Linie die Abkühlungsgeschwindigkeit die Größe des primären Kristallkorns beeinflußt. J. P. Arend[2] fand, daß auch die Korngröße des (sekundären) Gußgefüges von der ein Maß für die Abkühlungsgeschwindigkeit darstellenden Wandstärke des Gußstückes abhängig ist. Aber auch die Anordnung des Gußgefüges wechselte mit der Korngröße. Die Abb. 258—261 veranschaulichen nach Arend an 4 typischen Gußgefügearten den Einfluß der Erstarrungsgeschwindigkeit, und zwar ist

I. Abb. 258 äußerst feinkörniges und gleichmäßig verteiltes Ferrit-Perlitgemisch, das bei Gußstücken mit kleinster Wandstärke erzielt wird.

---

[1] Vgl. a. Abb. 464.

[2] St. E. 1917, 393. Für die Überlassung von Originalabzügen der Abb. 258—261 spreche ich Herrn Dr. Arend auch an dieser Stelle verbindlichsten Dank aus.

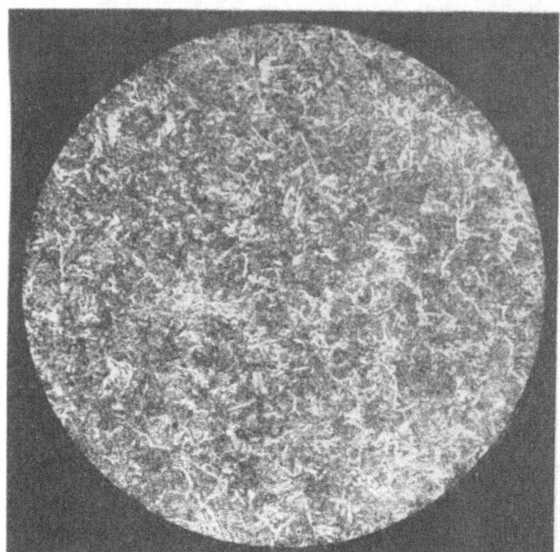

Abb. 258. Gußgefüge im Stahlguß mit 0,35⁰/₀ C, Ferroperlit I (Arend) Ätzung II. x 50.

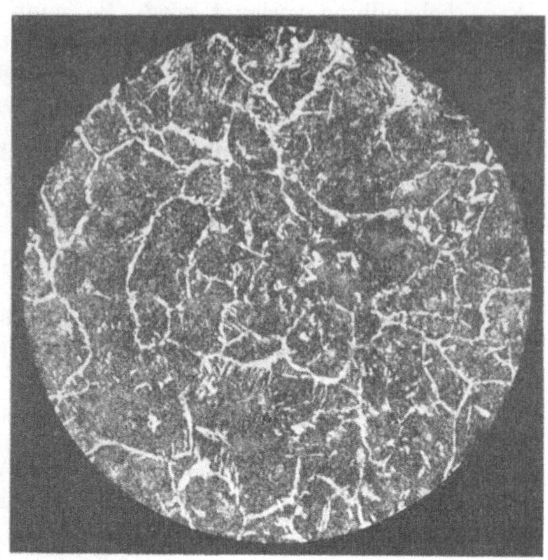

Abb. 259. Wie Abb. 258, jedoch Ferroperlit II.

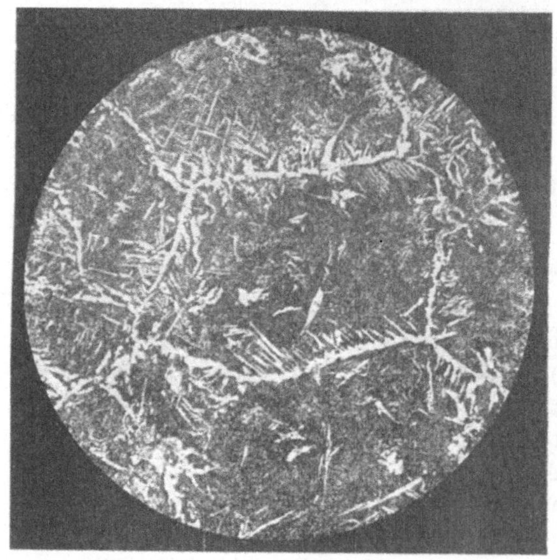

Abb. 260. Wie Abb. 258, jedoch Ferroperlit III.

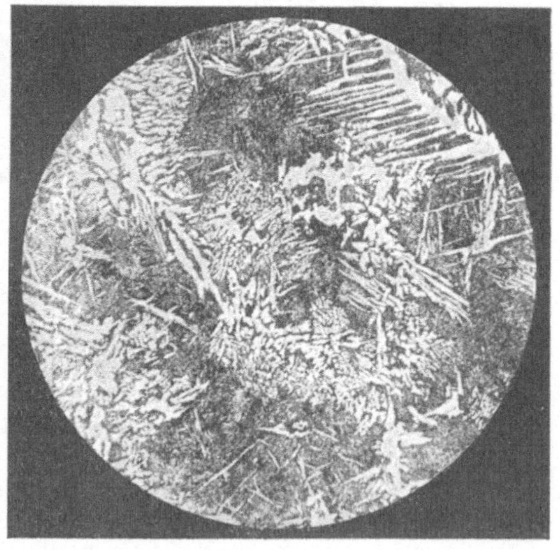

Abb. 261. Wie Abb. 258, jedoch Ferroperlit IV.

II. Mit wachsender Wandstärke, Abb. 259: Netzförmige Anordnung des Ferrits um ferritfreie Perlitinseln;

III. Abb. 260: Gröberes Ferritnetz als Abb. 259 und Auftreten paralleler Ferritansammlungen in den Körnern, die ersten Anzeichen der sogenannten Widmannstättenschen Figuren (s. u.);

IV. Abb. 261: DasFerritnetz ist äußerst grobmaschig und das Innere der Maschen mit unregelmäßig gelagertem eutektoid-ähnlichen (pseudo-eutektoidem) Ferrit-Perlitgemisch angefüllt; endlich

V.: Die bei größter Wandstärke und langsamster Abkühlung entstehende Widmannstättensche Struktur; sie wird am besten gekennzeichnet durch die Abb. 262-264 nach Belaiew[1]). Innerhalb des gesamten Gesichtsfeldes ist die Kristallorientierung die gleiche, und in der Tat ist das Auftreten der Widmannstättenschen Figuren in der vorliegenden idealen Ausbildung gleichbedeutend mit gröbster Körnung. Die Kornbegrenzungen sind mehr oder minder durch ein Ferritnetzwerk angedeutet. Diese Struktur ist von Widmannstätten[2]) 1808 an Meteoriten und von Osmond[2]) an schmiedbarem

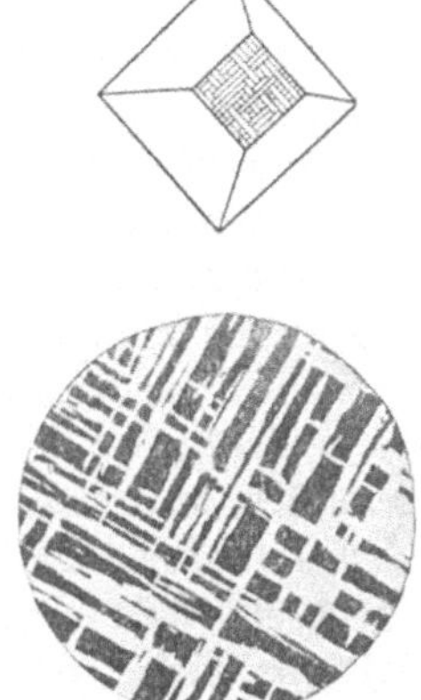

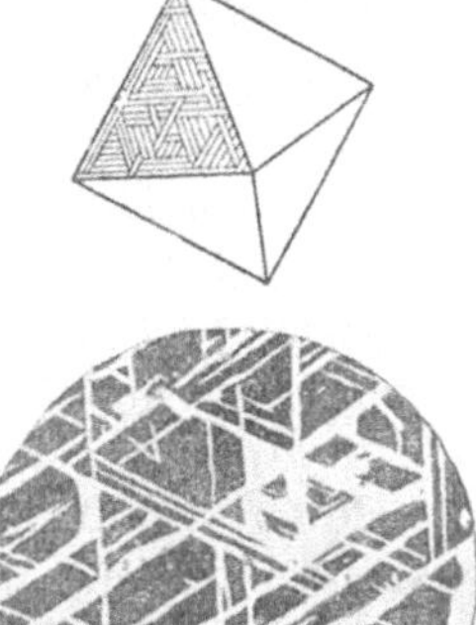

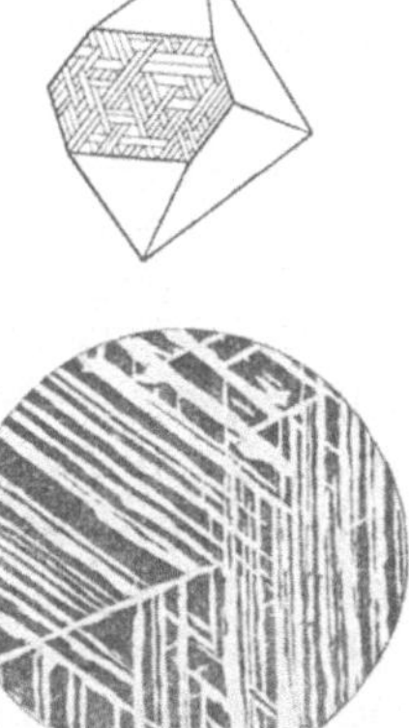

Abb. 262. Oben: Querschnitt parallel zur Würfelfläche (Tschermak.) Unten: Gußgefüge in Stahlguß mit 0,55% C, Schnitt parallel zur Würfelfläche, Ätzung II, x 30. (Belaiew).

Abb. 263. Oben: Schnitt parallel zur Oktaederfläche. (Tschermak.) Unten: Wie Abb. 262, jedoch Schnitt parallel zur Oktaederfläche (Belaiew).

Abb. 264. Oben: Schnitt parallel zur Rhombendodekaederfläche. (Tschermak). Unten: Wie Abb. 262, jedoch Schnitt parallel zur Rhombendodekaederfläche (Belaiew).

Eisen entdeckt und nach Widmannstätten benannt worden. Ihr Charakteristikum ist die Lagerung des Ferrits und Perlits innerhalb eines und desselben Korns nach kristallographischen Gesetzen, so daß entsprechend Abb. 262 in einem zur Würfelfläche parallelen Schnitt zwei unter 90^0 sich schneidende Systeme von Figuren, in einem der Oktaederfläche parallelen drei unter 60^0 sich schneidende (Abb. 263) und in einem zur Rhombendodekaederfläche parallelen zwei unter $109^0\,28'\,16''$ sich schneidende Systeme, sowie zwei weitere jedoch zusammenfallende auftreten, die den genannten Winkel halbieren (Abb. 264). Zu im wesentlichen ähnlichen Ergebnissen wie Arend gelangten Oberhoffer und Weisgerber[3]). Sie fanden in einem Stahlguß mit 0,17% C bei 12 mm Wandstärke und bei 45 mm in der Randschicht Ferroperlit, in

---

[1]) Rev. Mét. 1910, 510; vgl. auch bezüglich der Kristallisation des Stahls Rev. Mét. 1912, 320 u. 647.

[2]) Osmond, Cristallographie du fer, Paris 1900, 25　　　　[3]) a. a. O.

der Mitte dagegen schon Widmannstättensches Gefüge. Letzteres herrschte auch in einem Probekörper mit 100 mm Wandstärke vor, indessen merkwürdigerweise nicht in der Mitte, wo doch die Abkühlung am langsamsten erfolgt war. Charakteristisch für das Gefüge der Mitte sind die abgerundeten Perlitansammlungen im Gegensatz zu dem scharfkantigen des Widmannstättenschen Gefüges.

Mit steigendem Kohlenstoffgehalt verschieben sich die Verhältnisse. Bei $0,27\,\%$ Kohlenstoff war bei 12 und bei 45 mm Wandstärke Ferroperlit und bei 200 mm dieser im Gemisch mit Widmannstätten-Gefüge, wobei der Ferroperlit mit steigender Wandstärke gröber wurde. Es läßt sich bei diesem Kohlenstoffgehalt also noch nicht angeben, ob Widmannstätten-Gefüge über oder unter 200 mm Wandstärke auftritt. Bei $0,43\,\%$ Kohlenstoff tritt mit der Wandstärke gröber werdendes Zellengefüge auf. Immerhin muß man bedenken, daß die Wandstärke nicht die einzige Variable ist und diese Ausführungen insbesondere nur für eine bestimmte Gießtemperatur gelten.

Bei reinen Metallen und homogenen Mischkristallen sind Festigkeit und Dehnung einerseits und Korngröße anderseits derartig miteinander verknüpft, daß kleinster Korngröße höchste Festigkeit und niedrigste Dehnung, größter Korngröße niedrigste Festigkeit und höchste Dehnung entsprechen. Diese Beziehung erklärt sich aus der Tatsache, daß die zwischen den Kristallen befindlichen Grenzschichten „verfestigt“ sind, also höhere Festigkeit als das Kristallinnere besitzen. Mit steigender Gesamtzahl verfestigter Grenzschichten pro Querschnittseinheit, oder zunehmender Feinheit des Kristallkorns muß hiernach die Festigkeit steigen. Die höhere Festigkeit der Grenzschichten in reinen Metallen und festen Lösungen wird bewiesen durch die Beobachtung, daß der Bruch nicht den Kristallgrenzen entlang (intergranular), sondern quer durch die Körner (intragranular) erfolgt. Mit steigender Temperatur nimmt jedoch die Festigkeit der Grenzschichten ab[1]), und der Bruch erfolgt intergranular. Nach Rosenhain und Humfrey[2]) erfolgt der Umschlag der intragranularen in die intergranulare Bruchart sehr plötzlich, und zwar bei der Temperatur der β-γ-Umwandlung (906^0). Rosenhain[3]) betrachtet die Grenzschichten als aus amorpher Substanz bestehend, doch ist diese zum Teil auf Untersuchungen Beilbys[4]) fußende Hypothese vielfach[5]) angegriffen worden. Zwangloser erscheint die Annahme, daß in der Grenzschicht Orientierungsablenkungen unter dem Einfluß zweier benachbarter Kristalle (Guertler[6]) bzw. Oberflächenspannung (Heyn[7]) oder beides (v. Möllendorff, Czochralski[8]) die Verschiedenheit des Verhaltens von Korninnerem und Grenzschicht bedingen. Die Umorientierung bzw. der Ausgleich der Spannungen in den Grenzschichten und damit die Entfestigung dieser Schichten unter dem Einfluß erhöhter Temperatur sind ohne weiteres einzusehen. Schließlich kann zur Erklärung des

---

[1]) Bengough, Eng. 1912, 166.   [2]) Ir. st. Inst. 1913, I, 219.
[3]) Int. Z. Met. 1914, **5**, 65.
[4]) Vollständige Literaturangabe in dem unter 3) genannten Aufsatz.
[5]) Vgl. Tammann, Metallographie S. 55; O. Lehmann, Int. Z. Met. 1914, 217; v. Moellendorff, Int. Z. Met. 1914, 43; Guertler, Int. Z. Met. 1914, 213; Heyn, Int. Z. Met. 1913, 167. vgl. a. V, 2.
[6]) Int. Z. Met. 1913, 167.   [7]) Mat.-Kde. IIA, 239.   [8]) V. D. I. 1913, 933.

intragranularen Bruches auch die von Stead[1]) beobachtete Spaltbarkeit des Eisens parallel zur Würfelfläche herangezogen werden. Um den bei hoher Temperatur auftretenden intergranularen Bruch zu deuten, ist man dann allerdings gezwungen, Abnahme der Spaltbarkeit mit steigender Temperatur vorauszusetzen.

Ob in dem heterogenen Gemisch von Ferrit und Perlit, aus dem das als Stahlformguß verwendete schmiedbare Eisen besteht, die weiter oben ausgesprochene Beziehung zwischen Korngröße, Festigkeit und Dehnung ebenfalls verwirklicht ist, ist zunächst noch nicht zu übersehen. Jedenfalls aber fand Arend[2]):

für die Gefügeart	(Kugel-?)Druckfestigkeit
I	60 kg/qmm
II	59 „
III	58 „
IV	58 „
V	53 „

also eine Bestätigung des Satzes, daß mit steigender Korngröße die Festigkeit abnimmt. In Übereinstimmung hiermit fanden Oberhoffer und Weisgerber[3]) gemäß Abb. 332 und 333 ein Sinken der Festigkeit sowie ein Ansteigen der Dehnung (und der Kontraktion) mit steigender Körnung, und zwar für alle untersuchten Kohlenstoffgehalte: 0,17, 0,24 und 0,43%. Zwei Einflüsse verschleiern aber das Ergebnis. Einmal ist es nicht zu vermeiden, daß mit steigender Wandstärke sich außer dem sekundären auch das primäre Gefüge ändert, dessen Einfluß auf die Festigkeitseigenschaften unbekannt ist. Es soll in einem der nächsten Abschnitte versucht werden, diesen Einfluß näher zu kennzeichnen. In zweiter Linie aber ist zu berücksichtigen, daß der Zerreißstabquerschnitt der gleiche für alle Versuche war, die Korngröße der Gefügebestandteile dagegen veränderlich ist. Nun läßt sich allgemein über die Beziehungen zwischen Korngröße und Probestabquerschnitt folgendes aussagen.

Ist der Kornquerschnitt (bei ungefähr gleicher Ausdehnung des Kornes nach allen Richtungen) im Verhältnis zum Probestabquerschnitt unendlich klein, und dementsprechend die Zahl der Körner sehr groß, so bezeichnet man das Metall nach dem Vorgange von Voigt[4]) als quasiisotrop, d. h. die Eigenschaften sind nach allen Richtungen gleich, die des einzelnen Kristallindividuums treten nicht hervor. Dies trifft aber im entgegengesetzten äußersten Grenzfalle, wenn der Probestabquerschnitt gleich dem Kornquerschnitt, der Stab also aus einem einzigen Kristall besteht, nicht zu. Hier äußert sich die Individualität des Kristalls, die Verschiedenheit der Eigenschaften nach verschiedenen Richtungen und demzufolge die Orientierung des Kristalls zur Zerreißstabachse. So stellte Osmond[5]) an isolierten Kristallen aus reinem α-Eisen folgende Härtezahlen fest:

Würfelfläche 66
Oktaederfläche 76
Rhombendodekaederfläche 69

---

[1]) Ir. st. Inst. 1898, I, 145; vgl. auch Heyn, Mat.-Kde. II A, 224.
[2]) St. E. 1917, 396.   [3]) a. a. O.
[4]) Ann. d. Phys. 1889, 573, sowie v. Kármán, V. D. I. 1911, 1756.
[5]) Met. 1906, 522.

Noch weit umfangreicher und überzeugender ist das von Czochralski[1]) an Kupfer- und Aluminium-Einkristallen erhaltene Material, aus dem einwandfrei die Abhängigkeit der Eigenschaften von der kristallographischen Orientierung hervorgeht. So zeigte sich z. B. bei Kupfer, daß die Festigkeit zwischen 12 und 35 kg/qmm und die Dehnung zwischen 10 und 55% schwankte.

Es ist leicht einzusehen, daß bei gleichem Stabquerschnitt der Einfluß der Kristallorientierung wie der der verfestigten Grenzschichten mit steigender Kornzahl abnehmen und schließlich bei einer gewissen Kornzahl verschwinden muß. Czochralski schätzt das hierzu erforderliche Verhältnis von Korn zu Arbeitsstückvolumen, die sogenannte „Körnigkeit", auf $\dfrac{1}{1000}$. Ist dieses Verhältnis kleiner, so äußert sich die Lagerung der Einzelkristalle bereits beim Zerreißversuch auf der Staboberfläche, die ein narbiges oder knittriges Aussehen erhält, wie dies Abb. 265 zeigt. Infolge von Zufälligkeiten der Lagerung der Einzelkristalle schwanken ferner die an Stäben ein und desselben Materials gewonnenen Ergebnisse außerordentlich, wie folgende Beispiele[2]) (ungeglühter Stahlformguß) zeigen:

%C	Streckgrenze kg/qmm	Festigkeit kg/qmm	Dehnung %
0,26	24,3	38,2	5,1
	22,9	47,6	23,3
	22,9	44,4	11,0
0,40	30,0	56,8	13,0
	28,8	54,4	10,8
	31,2	60,6	8,4
0,53	22,3	66,2	12,0
	25,6	60,7	4,1
	25,5	58,6	3,4

Bei einer genauen zahlenmäßigen Ermittelung des Einflusses der Primär- und Sekundärstruktur wäre also, was bisher noch nicht geschehen ist, der Einfluß der Korngröße durch geeignete Wahl des Probestabquerschnittes auszuschalten.

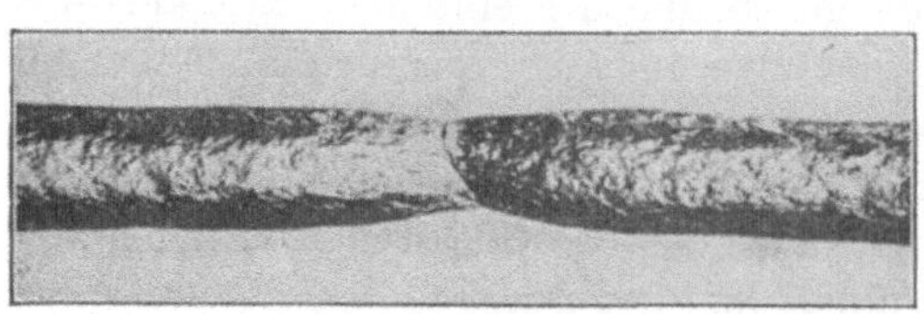

Abb. 265. Zerreißstab mit narbiger Oberfläche, typisch für ungeglühten, grobkristallinen Stahlguß.

Nicht allein die von Kernzahl und Kristallisationsgeschwindigkeit, also im wesentlichen von der Erstarrungsgeschwindigkeit abhängige Korngröße des primären Kristalls beeinflußt Gestalt und innere Anordnung des sekundären Kristalls, auch die bei der primären Kristallisation besprochene Kristallseigerung, oder Anreicherung des Phosphors und anderer Begleitelemente des Eisens sowie der im flüssigen Eisen löslichen Einschlüsse (hauptsächlich sulfidischer Natur und kurzweg mit „Schwefel" bezeichnet) übt einen wesentlichen Einfluß auf das bei der sekundären Kri-

---

[1]) Metallk. 1923, 7.   [2]) Oberhoffer, St. E. 1915, 93.

stallisation entstehende Gefüge aus. Die Anreicherungen finden sich in den Kristallbegrenzungen. Die im festen Eisen unlöslichen Einschlüsse wirken bei der Ferritbildung als Kristallisationskeime, die beim Überschreiten der Linie GOSE des Zustandsdiagramms der Eisenkohlenstofflegierungen die Bildung von Ferrit- bzw. Zementitzentren begünstigen. Den direkten Nachweis hierfür bietet Abb. 266, die ein an Einschlüssen reiches Material mit $0,3\,^0/_0$ Kohlenstoff, 30^0 unter Ar_3 abgeschreckt zeigt. Die bei dieser Temperatur aus der festen Lösung abgeschiedenen Ferritkristalle bilden sich dort,

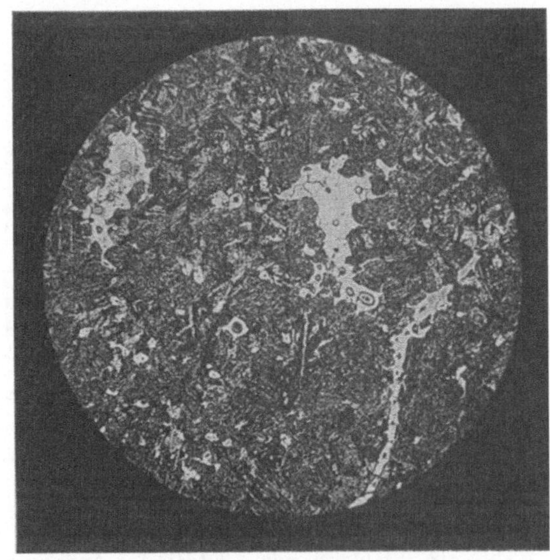

Abb. 266. Stahlguß mit $0,3^0/_0$ C, 30^0 unter Ar_3 abgeschreckt, Keimwirkung der Schlackeneinschlüsse. Ätzung II, x 200.

wo Einschlüsse, in diesem Falle sulfidischer Natur, vorhanden sind. Die Anordnung der Einschlüsse an der Begrenzung polygonaler Körner führt daher zur Ausbildung eines polygonalen Ferritnetzwerks, wie es beispielsweise in Abb. 267 wiedergegeben ist. Rasche Abkühlung aus dem γ-Gebiet wirkt der Keimwirkung der Einschlüsse entgegen, weil auch bei der sekundären Kristallisation die Zahl der Kristallisationszentren wahrscheinlich mit dem Grade der Unterkühlung zunimmt. Bei rascher Abkühlung sind daher Keime bereits in genügender Anzahl vorhanden und eine willkürliche Auswahl besonders für die Ferritbildung geeigneter Orte erfolgt nicht. Langsame Abkühlung verbreitert das Ferritnetzwerk, weil dann die Kernzahl gering ist, die Keimwirkung der Einschlüsse also zur vollen Entfaltung gelangt

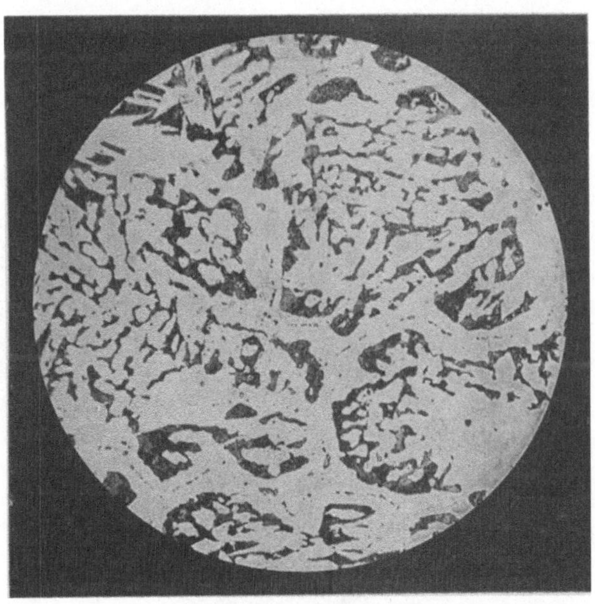

Abb. 267. Netzwerk von Schlackeneinschlüssen mit Ferritnetzwerk. Ätzung II, x 50.

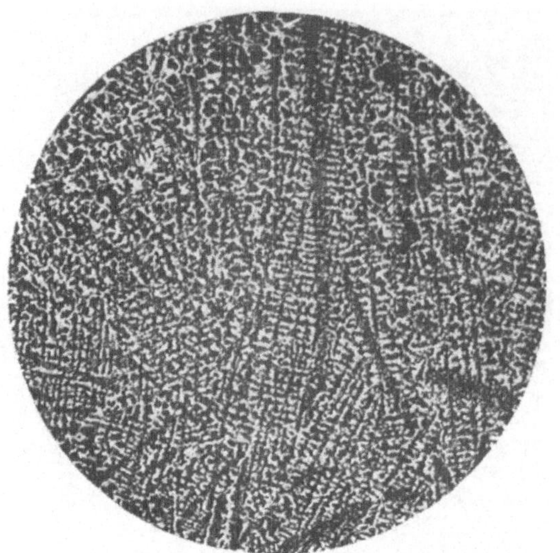

Abb. 268. Stahlguß mit dendritischer Anordnung von Ferrit und Perlit, Ätzung II, x 5.

und die um die Einschlüsse gebildeten Ferritkristalle ihrerseits als Keime wirken.

Die Rolle des Phosphors bei der sekundären Kristallisation ist im wesentlichen ungeklärt. Tatsache ist, daß im sekundären Gefüge der Ferrit sich stets dort findet, wo außer den im flüssigen Eisen löslichen Einschlüssen auch der Phosphor angereichert ist, d. h. in den Verästelungen der Dendriten (Abb. 253, 254, 268) oder außer in diesen als große Zellen um die Bereiche gleicher Dendritenorientierung (269, 270). Dementsprechend findet sich der Kohlenstoff (Perlit) in den Achsen der Dendriten, also in der Mitte der Kristalle, was im Widerspruch steht zu der mehrfach betonten Tatsache, daß infolge des Ausbleibens der Diffusion die Anreicherung sämtlicher kurz nach der Erstarrung in Lösung befindlichen Stoffe, also auch des Kohlenstoffs, in den äußeren Begrenzungen der Kristalleinheiten stattfindet. Diesen Widerspruch hat Giolitti[1]) dadurch zu lösen versucht, daß er dem β-Eisen bei der sekundären Kristallisation eine besondere Rolle zuschreibt. In Anbetracht der problematischen Natur des β-Eisens scheint diese Erklärung recht unsicher zu sein. Man könnte nun annehmen, daß infolge des Vorhandenseins keimwirkender Einschlüsse in den Rändern der Mischkristalle hier zuerst die Ferritbildung erfolgt und der Kohlenstoff sich daher nach dem Innern der Kristalle hin anreichert, bis hier die Perlitbil-

Abb. 269. Stahlguß mit 0,46% C, Ferrit in Zellen, Ätzung II, x 5.

[1]) Chem. Met. Eng. 1920, 22, 585, 737 sowie Heat Treatment of soft and medium steels, New York 1921.

dung erfolgt. Damit wäre aber keine Erklärung für die Tatsache gegeben, daß in der im Vakuum erschmolzenen schwefelfreien Legierung Abb. 253 und 254, in der also keimbildende Einschlüsse fehlen, der Perlit in den Achsen der Dendriten liegt. Heger[1]) nimmt daher an, daß die Gegenwart des Phosphors den Kohlenstoff innerhalb des γ-Gebietes zur Wanderung aus den Rändern in die Mitte des Mischkristalls veranlaßt, auf Grund der Tatsache, daß gemäß dem ternären Zustandsdiagramm mit steigendem Phosphorgehalt der mit einem bestimmten Phosphorgehalt im Gleichgewicht stehende Kohlenstoffgehalt abnimmt.

Die Phosphoransammlungen schaffen zwar mit Rücksicht auf den verfestigenden Einfluß dieses Elements in den Kristallbegrenzungen und Dendritenverästelungen verfestigte Grenzschichten und üben dadurch auf die

Abb. 270. Dieselbe Stelle wie Abb. 269, jedoch Ätzung I.

Festigkeit einen erhöhenden Einfluß aus. Die in diesen Zonen vorhandene Kohlenstoffarmut bzw. -freiheit bewirkt ihrerseits Festigkeitserniedrigung. Hierzu kommt der ebenfalls in gleichem Sinne aber ungleich stärker wirkende Einfluß von Ansammlungen spröder Einschlüsse in den Grenzschichten, deren Resultat intergranularer Bruch und damit äußerst niedrige Festigkeit und Dehnung beim Zerreiß- und Kerbschlagversuch ist. Ein äußeres Anzeichen für das Vorhandensein von

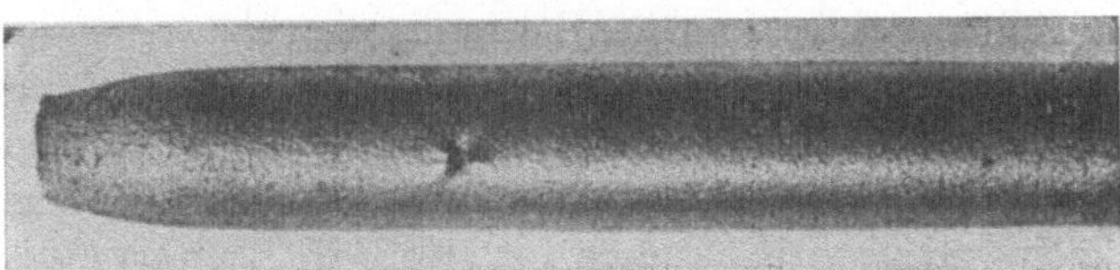

Abb. 271. Zerreißstab mit Querrissen.

Einschlüssen ist das lokale Auftreten frühzeitigen Bruches auf der Zerreißstaboberfläche, die Bildung sogenannter Querrisse Abb. 271. Je kleiner bei gleicher Form und Verteilung der Anreicherungen der Probestabquerschnitt ist, um so deutlicher tritt ihr Einfluß hervor, um so weiter entfernt sich das Material auch in diesem Sinne vom Zustande der Quasiisotropie.

---

[1]) Diss. Aachen 1922.

D. Das Lunkern.

Das spezifische Volumen jedes festen Körpers nimmt mit steigender Temperatur nach einem bestimmten Gesetze zu. Beim Übergang aus dem festen in den flüssigen Zustand erfolgt meistens eine sprunghafte Änderung, die sowohl positiv als negativ sein, also ebensowohl einer Ausdehnung wie einer Zusammenziehung entsprechen kann. Das spezifische Volumen des flüssigen Körpers nimmt sodann mit steigender Temperatur meistens wieder zu. Es ist nicht bekannt, ob beim Schmelzen des schmiedbaren Eisens Ausdehnung oder Zusammenziehung erfolgt. P. Goerens[1] nimmt an, daß ersteres, wie bei den meisten Metallen, der Fall ist.

Die Zunahme des spezifischen Volumens der festen und flüssigen Körper mit steigender Temperatur braucht, wie z. B. beim festen Eisen und beim

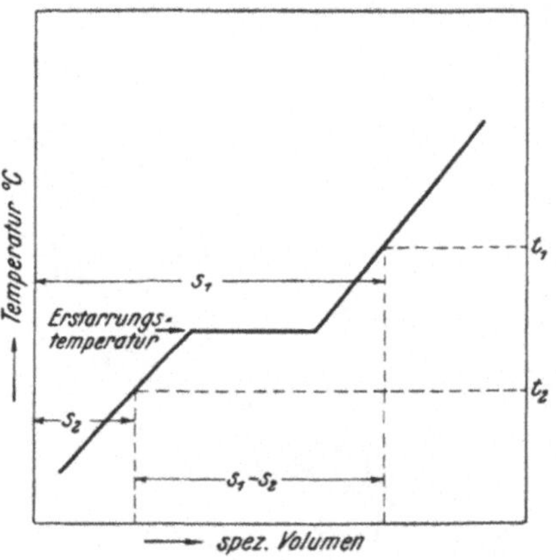

Abb. 272. Schematische Darstellung der Abhängigkeit des spezifischen Volumens von der Temperatur.

Wasser, durchaus keine stetige zu sein. Ersteres weist bei den Haltepunkten Unstetigkeiten[2]) auf, letzteres besitzt ein Minimum des spezifischen Volumens bei $+ 4^0$ C. Unter der Annahme, daß die Abhängigkeit des spezifischen Volumens von der Temperatur den in Abb. 272 gezeichneten schematischen Verlauf aufweise, d. h. der Übergang aus dem flüssigen in den festen Zustand unter Zusammenziehung erfolge, ist der Unterschied $s_1 - s_2$ der Betrag, um den sich das spezifische Volumen verkleinert, wenn die Temperatur von t_1 auf t_2 sinkt. Man ersieht daraus, daß der Unterschied $s_1 - s_2$ von der Form der Kurve abhängig ist.

Würde die Erstarrung eines Gußstückes von der Volumeneinheit von innen nach außen allmählich vonstatten gehen, so würde es die Form nicht ausfüllen, sondern um den Betrag $s_1 - s_2$ kleiner sein als die Form. Dies würde die kaum zu erfüllende Voraussetzung haben, daß die Temperatur im Innern des Gußstückes niedriger ist als an den Außenrändern. Die Erstarrung beginnt aber in Gußstücken im allgemeinen an den Wänden der Form und schreitet nach und nach ins Innere fort, weil die Temperatur im Gußstück von innen nach außen abnimmt. Nach dem Schema der Abb. 273 entsteht z. B. in einem Gußblock zunächst eine feste Kruste 1 an der Wand, bzw. am Boden der Kokille. (Es wird der Einfachheit halber zunächst vorausgesetzt, daß die Oberfläche keine feste Kruste ansetzt.) Das Volumen dieser festen Kruste ist nach Abb. 272 kleiner als das Volumen einer gleichen, flüssig gedachten Kruste. Infolgedessen wird die zurückbleibende Flüssigkeit, die ursprünglich

---

[1]) Enz. Bd. IV, S. 413; vgl. a. Wüst und Schitzkowski, E. F. I., 1922, 4, 105. Hiernach setzt bei C-ärmerem Eisen sofort nach dem Erstarren der äußeren Kruste Verkürzung ein. Mit steigendem C-Gehalt findet bei der Erstarrung eine zunehmende Ausdehnung statt.

[2]) Vgl. Abb. 6.

bis zum Rande der Form reichend gedacht war, die Kokille nicht mehr bis
dorthin anfüllen. Der Flüssigkeitsspiegel
sinkt infolgedessen, und dieser Vorgang
wiederholt sich bei der Erstarrung der
nächstfolgenden Krusten, so daß im oberen
Teile des Blockes ein nach oben offener,
trichterförmiger Hohlraum von der in
Abb. 273 angedeuteten Form zurückbleibt.
In den meisten Fällen bildet sich auch
an der Oberfläche eine feste Kruste und
der Lunker kann aus einem vollständig
abgeschlossenen Hohlraum bestehen, der

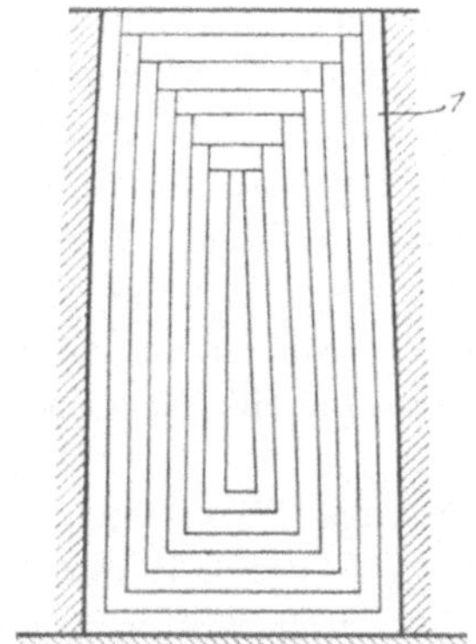

Abb. 273. Schematische Darstellung der Lunkerbildung.

öfters durch horizontale, die einzelnen
Erstarrungsstadien kennzeichnende Zwischenwände abgeteilt ist, wie sie z. B.
in den Abb. 275 bis 281 an Wachsblöcken und in Abb. 283 an einem Stahl-
block sowie endlich in der schematischen
Skizze Abb. 286 zu erkennen sind. Die
Entstehung der Zwischenwände oder
Brücken hat man sich wie folgt vorzu-
stellen. Die zunächst erstarrende Ober-
flächenschicht wird, da mit fortschreitender Erstarrung sich unter ihr ein
luftleerer Raum bildet, durch den Atmosphärendruck eingedrückt, und die
Blockoberfläche wird nach oben konkav.

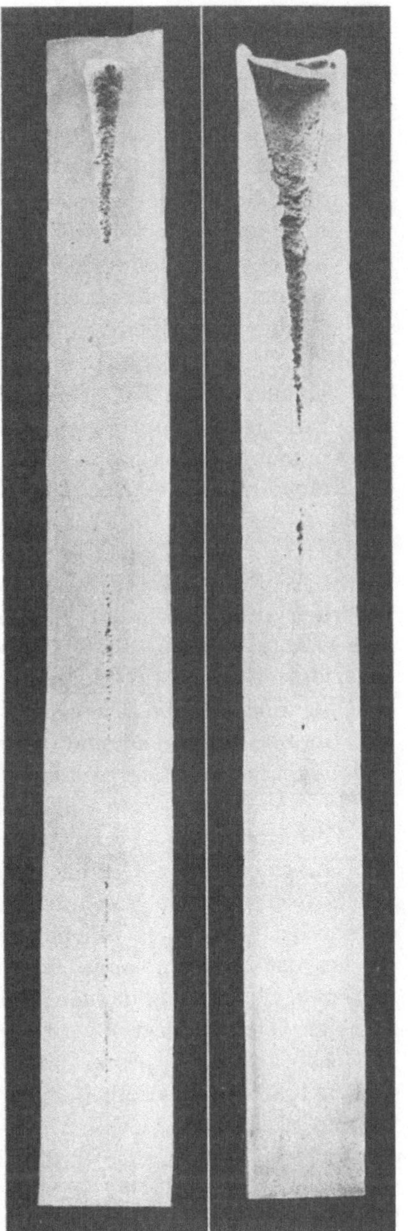

Abb. 274. Längsschnitte durch Blöcke
aus weichem Siemens-Martin-Flußeisen
(Rohrqualität), links mit ausgedehntem
Schwindungshohlraum (Fadenlunker).
x 1/7.

Der Flüssigkeitsspiegel sinkt mit weiter fortschreitender Erstarrung unter
der Oberflächenkruste, wodurch der obere Hohlraum entsteht; es erstarrt

eine zweite Kruste, unter der sich wieder ein luftleerer Raum bildet usw. Es kann infolge des Atmosphärendruckes zum Durchbrechen der einzelnen Krusten kommen, was aber am Vorgang selbst kaum etwas ändert und nur die Form der Krusten beeinflussen kann. Ferner ist es hiervon abhängig, ob die Lunkerwände oxydiert sind oder nicht.

Wie aus Abb. 274 links hervorgeht, setzt sich der eigentliche Lunker nach unten hin durch einen zunächst rohrförmigen Hohlraum fort, der sich manchmal im unteren Blockdrittel nach den vier unteren Blockecken gabelt. Man hat vielfach einen Unterschied gemacht zwischen dem oberen trichterförmigen Teil des den Block durchziehenden Hohlraums, den man Lunker im eigentlichen Sinne oder Schrumpfungshohlraum nannte und dem unteren rohrförmigen Teil, den man Schwindungshohlraum nannte. Der erstere wird auf die bei der Erstarrung erfolgende Volumenverkleinerung zurückgeführt, der Schwindungshohlraum dagegen auf die bei der Erkaltung erfolgende. Es ist verständlich, daß er besonders dann scharf ausgeprägt ist, wenn infolge hoher Gießtemperatur, wie an anderer Stelle ausgeführt, Transkristallisation auftritt. Dann ist naturgemäß der Zusammenhang dort, wo die Kristalle zusammenstoßen (vgl. Abb. 245), besonders lose, und bei der Zusammenziehung während des Erkaltens entsteht hier der in Frage stehende Hohlraum, der natürlich durchaus nicht immer kontinuierlich durchzugehen braucht und dessen Abmessungen sehr stark schwanken können, wie schon aus den beiden Beispielen Abb. 274 hervorgeht, die sich auf das gleiche Material, nämlich weiches, unsiliziertes Flußeisen beziehen.

Im nachfolgenden sind entsprechend dem augenblicklichen, noch sehr unvollkommenen Stand unserer Kenntnisse die Abhängigkeit der Form und Größe des Lunkers von einer beschränkten Zahl von Faktoren und Mittel zur Verhütung bzw. Verkleinerung des Lunkers geschildert.

Mit einer ersten Gruppe derartiger Mittel sucht man den Temperaturunterschied zwischen Blockrand und Mitte zu verkleinern, die zur Erstarrung erforderliche Zeit nach Möglichkeit abzukürzen und im oberen Teil des Gußstückes das Metall solange als möglich flüssig zu halten, um dessen Nachfließen in den sich bildenden Hohlraum zu ermöglichen. Durch Vermeidung zu hoher Gießtemperatur wird der absolute Betrag der Volumenverminderung (vgl. Abb. 272, $s_1 - s_2$) und demnach auch der Lunker verkleinert. Langsames Gießen führt zu demselben Ziele, wie Howe und Stoughton[1]) an Wachsblöcken nachwiesen. Abb. 275 nach Howe zeigt einen in 30 Sek., Abb. 276 einen gleichen, aber in 1 Std. und 39 Min. gegossenen Wachsblock. Der Lunker reicht im ersten Falle 90, im zweiten 13$^0/_0$ ins Innere des Blockes. Rasche Abkühlung vergrößert, langsame verringert also die Größe des Lunkers, weil durch die verzögerte Abkühlung der Temperaturausgleich zwischen Rand und Mitte befördert wird. Temperatur, Wandstärke und Material der Gußform beeinflussen daher die Größe des Lunkers ebenso wie einseitige Abkühlung Verschiebung des Lunkers aus der Mittelachse bewirkt; letzteres ist in Abb. 277 ebenfalls nach Howe und Stoughton an einem links langsam, rechts rasch abgekühlten Block veranschaulicht. Flüssighalten des oberen Blockteils (Kopfes)

---

[1]) Met. 1907, 793.

ist ein weiteres, mit großem Vorteil zur Verkleinerung des Lunkers anwendbares Mittel. Das im Blockkopf lange flüssig bleibende Eisen füllt den durch die Kontraktion des unteren Blockteils entstehenden Hohlraum aus, letzterer „saugt", wie dies z. B. zutrifft beim verlorenen Kopf von Formgußstücken, einer Anwendung des obigen Verfahrens. Die Wirksamkeit des Verfahrens an Wachsblöcken zeigen nach Howe und Stoughton die Abb. 278, ein im Kopf warmgehaltener, und 279, ein durchweg rasch abgekühlter Wachsblock.

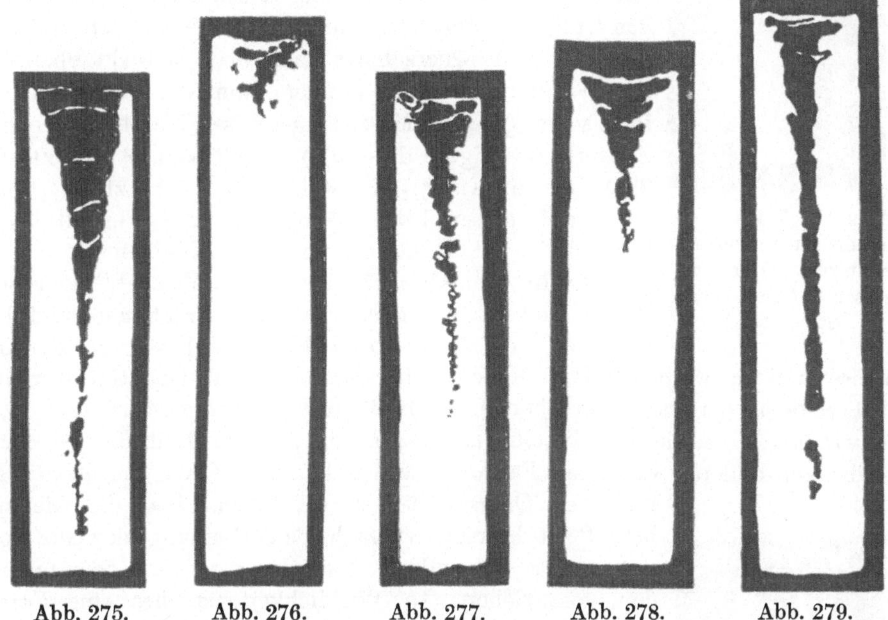

Abb. 275. Abb. 276. Abb. 277. Abb. 278. Abb. 279.

Abb. 275. Wachsblock in 30 Sekunden gegossen. (Howe und Stoughton.)
Abb. 276. Wachsblock in 1 Stunde 39 Minuten gegossen. (Howe und Stoughton.)
Abb. 277. Wachsblock unter einseitiger Abkühlung gegossen. (Howe u. Stoughton.)
Abb. 278. Wachsblock unter Warmhalten des Kopfes gegossen. (Howe und Stoughton.)
Abb. 279. Wie Abb. 278, jedoch ohne Warmhalten des Kopfes gegossen. (Howe und Stoughton.)

Im ersten Falle reicht der Lunker 26, im zweiten $85^0/_0$ ins Innere des Blockes. Das Warmhalten des Kopfes geschieht in der Praxis durch Aufsetzen einer vorher auf Rotglut erwärmten Haube aus feuerfester Masse auf die Kokille. Hierbei ist zu beachten, daß der ⌀ der Haube nicht kleiner sei als der des Blockes, sonst ist das Mittel unwirksam, weil die Erstarrung an der engen Übergangsstelle rasch einsetzt und hierdurch ein Nachfließen des Materials aus der Haube in den Block verhindert wird. Lange schmale Blöcke mit parallelen Seiten oder nach oben sich verjüngende Blöcke können durch Aufsetzen einer Haube nicht dicht gemacht werden, weil die Erstarrung unterhalb der Haube zu rasch einsetzt. Hadfield[1]) setzt einen mit Sand ausgekleideten Kasten

---

[1]) Ir. st. Inst. 1912, II, 40, vgl. a. Abb. 294.

Abb. 280. Wachsblock in eine nach oben verbreiterte Form gegossen. (Howe und Stoughton.)

von der Form der Kokille auf diese, bedeckt nach beendigtem Gießen die Blockoberfläche mit flüssiger, möglichst neutraler Schlacke, etwa Kupolofenschlacke, diese Schicht dann mit Holzkohle und bläst auf letztere mit einem Gebläse Luft. Das Verfahren ist nach Brearley unzweckmäßig, weil die Holzkohle den oberen Blockteil aufkohlt. Riemer[1]) hält den Blockkopf durch Aufsetzen einer mit Gasgebläsebrennern versehenen Haube auf die Kokille warm. Dem Riemerschen ähnlich ist das Beikirchsche[2]) Verfahren. Das Gießen von Blöcken mit größerem Querschnitt nach oben bewirkt ebenfalls eine Verkleinerung des Lunkers, weil der obere Teil infolge seiner größeren Masse länger flüssig bleibt. Howe und Stoughton zeigten dies an Wachsblöcken (Abb. 280 und 281), Gathmann[3]) an Stahlblöcken. Letzterer weist auch auf die richtige Bemessung des Verhältnisses: Querschnitt zu Höhe bei normalen Kokillen hin.

Die in den Abb. 275 bis 281 an Wachsblöcken von Howe und Stoughton erhaltenen Ergebnisse sind inzwischen von A. W. und H. Brearley[4]) in gleicher Weise und in weitgehendem Maße nachkontrolliert und bestätigt worden. Außer dem bereits besprochenen Einfluß der Gießtemperatur und -geschwindigkeit, sowie der Blockform besprechen sie den Einfluß von einer Reihe von anderen wichtigen Faktoren, wie z. B. der Gießart, der Konizität und des Querschnitts der Kokillen. Was die Gießart betrifft, so herrscht vielfach die Auffassung, der Guß von unten oder steigende Guß sei dem von oben oder fallenden vorzuziehen. In Wirklichkeit ist dies eine Frage der Gießgeschwindigkeit, und da im allgemeinen beim Guß von unten langsamer gegossen wird, so mag die oben mitgeteilte Auffassung unter sonst gleichen Verhältnissen zutreffen. Ohne eine Einschränkung ist aber der Satz nicht gültig, und es lassen sich beim Guß von oben durch zweckmäßige Wahl der Gießgeschwindigkeit ebenso gute Blöcke (bezüglich des Lunkers) erzeugen wie beim Guß von unten. Wohl ist es bei letzterer Gießart leichter möglich, den Abschluß des Lunkers von der Atmosphäre zu erzielen. Dagegen wird es wohl nicht zutreffen, daß man beim Guß von unten durch Wahl eines genügend langen Eingusses dichte, d. h. lunkerfreie Blöcke erzielen kann, denn in den Kanalsteinen friert das Eisen ein, ehe es im Block ganz erstarrt ist[5]). Die Konizität der üblichen, d. h. nach oben spitz zulaufenden Kokillen

Abb. 281. Wachsblock in eine nach oben verjüngte Form gegossen. (Howe u. Stoughton.)

[1]) St. E. 1903, 1196 u. 1904, 392.   [2]) St. E. 1905, 865.
[3]) Ir. st. Inst. 1913, II, 281.
[4]) Ingots and ingot moulds, London: Longmans, Green and Co. 1918.
[5]) Vgl. Kilby, Ir. st. Inst. 1917, I, 73.

schwankt zwischen 2 und 10%. Die Grundforderung ist nach Brearley, daß der Block kontinuierlich von unten nach oben erstarren kann, was nicht zutrifft, wenn die Konizität zu groß ist. In diesem Falle bilden sich zwei Lunker aus, von denen der eine im oberen, der andere im unteren Blockteil auftritt. Abb. 279 bzw. 281 zeigt Andeutungen dieser Erscheinung. Zur Ausfüllung des unteren Lunkers ist wegen der im darüber liegenden Blocktei bereits erfolgten Erstarrung kein flüssiges Material mehr vorhanden, wohl aber bei geringerer Konizität und in weit höherem Maße bei nach oben sich verbreiternder Gußform. Die Unbequem-

lichkeiten letzterer Grundform bei der Entfernung der Blöcke aus den Kokillen sind nicht so groß wie allgemein angenommen wird[1]).

Der rechteckige Blockquerschnitt gibt im allgemeinen zu größeren ∞-förmigen Lunkern Anlaß; besser bewährt hat sich statt des ▭ der ◯ Querschnitt. Der ◯-Querschnitt soll vor dem ▭ Vorteile besitzen, die sich aber weniger auf den Lunker als auf die Oberflächenfehler beziehen. Das gleiche gilt für den ◯-Querschnitt. Wie schon erwähnt wurde, ist das direkte experimentelle Studium der die Größe und Form des Lunkers beeinflussenden Faktoren an Stahlblöcken kostspielig und umständlich. Immerhin sind auch auf diesem Wege bereits wertvolle Erkenntnisse gesammelt worden. Es sei hier insbesondere auf eine Arbeit von Brünnighaus und Heinrich[2]) verwiesen. Außer einem Verfahren zur Berechnung des Lunkers aus der Form des Blockes sowie aus der Schrumpfung

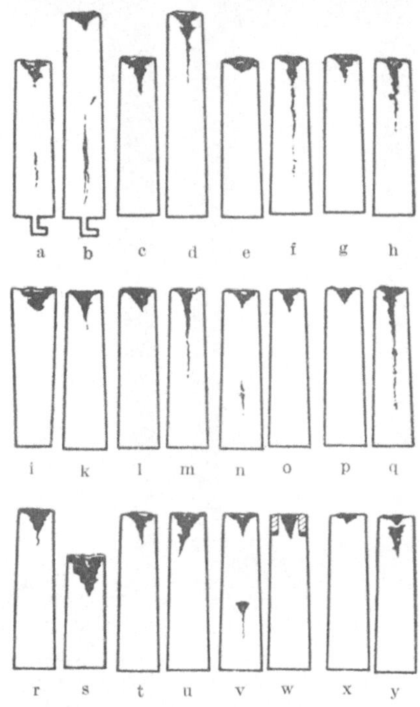

Abb. 282. Schematische Darstellung der Lunkerbildung (Pacher).

des Metalls enthält die Arbeit eine Reihe von Beispielen, die den Einfluß des Massekopfes, der Blockgröße und der Gießart anschaulich in dem hier bereits im wesentlichen besprochenen Sinne lehren.

Eine übersichtliche Zusammenfassung unserer Kenntnisse vom Lunkern der Stahlblöcke (siliziertes Siemens-Martinmaterial) gibt Abb. 282 nach Pacher[3]). Es genüge eine kurze Beschreibung der einzelnen Blocktypen: a) Beim steigenden Guß (hauptsächlich bei kleineren Blockabmessungen und Gewichten angewandt) ist bei Blöcken normaler Länge der Lunker ziemlich klein. Im unteren Blockteil zeigen sich Anfänge lockeren Gefügeaufbaues (Schwindungs-

---

[1]) Brearley beschreibt drei Mittel: 1. Eingießen eines Hakens im oberen Blockteil, 2. beweglicher Boden, 3. geteilte Kokillen, 4. Umwerfen der Blöcke nach dem Erstarren, 5. Verfahren von Brearley: die Kokillen sind so geformt, daß sie nach erfolgtem Guß mit dem breiten Ende nach oben gedreht werden können. Hinzu käme noch: besondere Ausbildung des Stripperkrans.   [2]) St. E. 1921, 497.   [3]) St. E. 1922, 485.

hohlraum). b) Bei größeren Blocklängen und Gewichten, bei steigendem Guß im unteren Blockteil meist Schwindungshohlräume. Beim fallenden Guß kann bei langen schmalen Blöcken (d) der Lunker in schmaler Form etwas tiefer in den Block reichen als bei kürzeren (c). Schwindungshohlräume im unteren Blockteil, wie bei (b) treten kaum auf. Niedrige Gießtemperatur (e) verkürzt den Lunker, hohe Temperatur (f) verlängert ihn. Bei dicken Gußformwandungen (g) ist die Ausdehnung des Lunkers als günstig zu bezeichnen. Dünne Gußform bedingt (h) einen weitreichenden Lunker. Die nach oben erweiterte Blockform (i) wirkt lunkerverkürzend entgegen der nach oben verjüngten Blockform (k). l zeigt einen langsam gegossenen, m einen schnell gegossenen, n einen anfangs schnell, zum Schlusse langsam gegossenen Block (im unteren Teil Schwindungshohlraum). Block o ist langsam angegossen, zum Schluß schnell fertig gegossen; heißes Metall im oberen Blockteil wirkt also günstig. Block p ist in eine kalte, Block q in eine heiße Blockform gegossen. Daß eine übermäßige Vergrößerung der Blocklänge schädlich ist, zeigten Block b und d. Eine übermäßige Verkürzung der Blocklänge übt den in s im Vergleich zur normalen Länge r gezeigten Einfluß aus. Starke einseitige Erwärmung der Gußform zeigt Block u, während Block t unter gleichen Verhältnissen in eine gleichmäßig

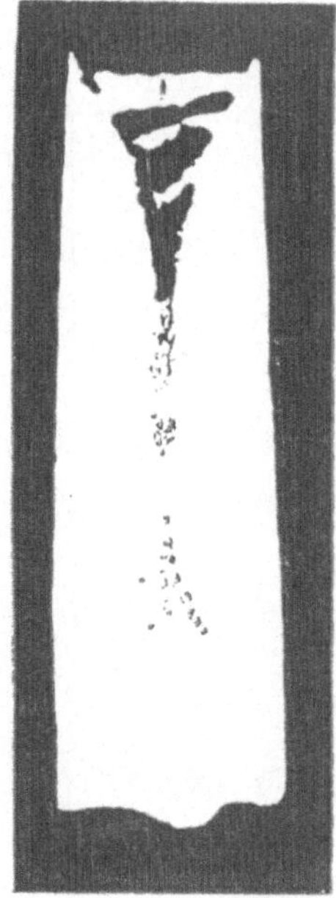

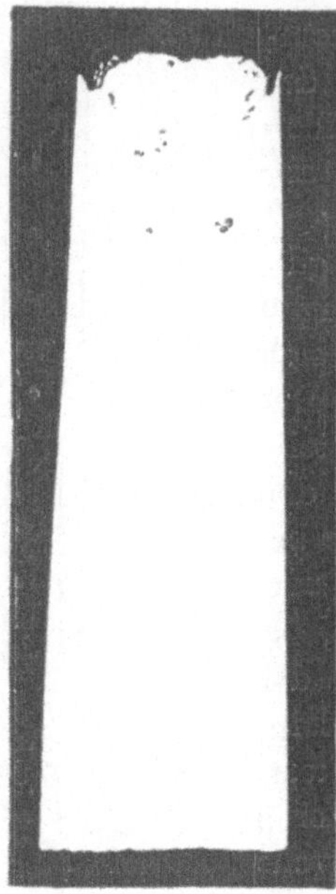

Abb. 283. Nach dem Harmet-Verfahren komprimierter Block. (Heyn und Bauer.)

Abb. 284. Aus der gleichen Charge wie Abb. 283 gegossener Block, jedoch nicht komprimiert. (Heyn u. Bauer.)

erwärmte Gußform gegossen ist. Fall v kann eintreten, wenn der Gießvorgang durch eine Störung (z. B. an der Pfanne) unterbrochen werden mußte. Fall w zeigt einen mit Schamottehaube gegossenen Block. In x und y sind nachgegossene Blöcke dargestellt, während im Fall x das Nachgießen rechtzeitig erfolgte, zeigt Block y den Mißerfolg durch zu spätes Nachfüllen flüssigen Stahles.

Durch eine zweite Gruppe von Verfahren sucht man auf rein mechanischem Wege den Lunker vollständig zu beseitigen. Es wird auf den äußerlich erstarrten, innen jedoch noch flüssigen oder vielmehr teigigen Block bei den Verfahren von Harmet, Withworth, Illingworth sowie Robinson und Rodger[1]) auf hydraulischem Wege, beim Talbotschen[2]) Verfahren durch Walzen, Druck ausgeübt, der die Ausbildung des Lunkers verhindern soll. Abb. 283 ist ein nach dem Harmetschen[3]) Verfahren komprimierter, wie man sieht, vollständig lunkerfreier Block, während der in Abb. 284 dargestellte

[1]) Ir. st. Inst. 1906, I, 28.   [2]) Ir. st. Inst. 1913, I, 30.
[3]) Nach Heyn und Bauer, Mat.-Prüf. 1912, 1.

aus derselben Charge stammende, normal erstarrte und daher den üblichen
Lunker aufweist. Die Kosten dieser Verfahren scheinen aber in einem ungünstigen Verhältnis zu den erzielbaren Vorteilen zu stehen, denn die obengenannten Verfahren haben sich dort, wo sie eingeführt wurden, nur eine
beschränkte Zeit gehalten. Ferner ist ihre Durchführung nicht ohne Schwierigkeiten. So weist Pacher nachdrücklich darauf hin, daß eine Anpassung des

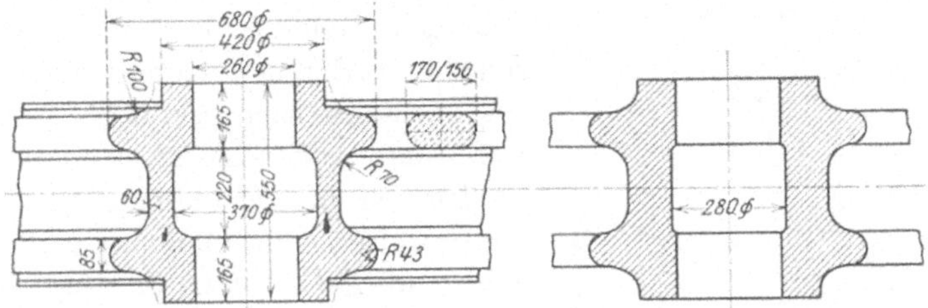

Abb. 285. Falsch und richtig konstruiertes Induktorrad (Krieger).

Preßvorganges an die chemische Zusammensetzung und die Temperatur des
Stahls erfolgen muß, was natürlich eine große Erfahrung voraussetzt.

Während in Stücken, die durch Walzen, Pressen oder Schmieden eine
Weiterverarbeitung erfahren, also hauptsächlich in Blöcken, Aussicht auf das
Schließen des Lunkers vorhanden ist, oder aber nach Bedarf die lunkerhaltigen
Teile an der Blockschere mehr oder minder vollständig entfernt werden können,
stellen in Stahlformgußstücken etwa vorhandene Lunker bedeutende und

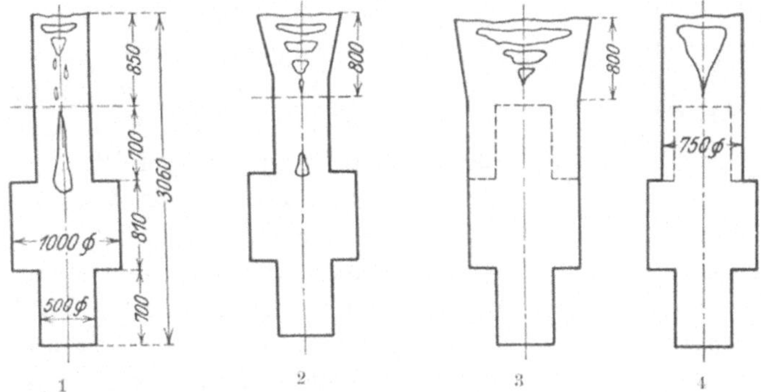

Abb. 286. Kammwalze in verschiedenen Ausführungsformen (Krieger).

nicht mehr zu beseitigende Schwächungen dar. Der Lunker tritt besonders leicht
dort auf, wo stärkere Teile mit schwächeren zusammenstoßen. Mit der weiteren
Abkühlung der rascher erstarrenden Teile ist eine Zusammenziehung der letzten
verbunden, die z. B. in einem Induktorrad das „Nachsaugen" aus dem noch
flüssigen Innern der Nabe und die Entstehung eines Lunkerhohlraumes im
Übergang vom stärkeren zum schwächeren Teil zur Folge hat (vgl. Abb. 285
links). Die Verhütung des Lunkers in Gußstücken ist die in ihrer Tragweite
noch nicht völlig erfaßte Aufgabe des Konstrukteurs[1]), der in erster Linie für

---

[1]) Vgl. Krieger, St. E. 1918, 349, Irresberger, St. E. 1918, 487, sowie Wendt,
Kruppsche Monatsh. 1922, 153.

zweckmäßige Verteilung der Massen zu sorgen hat, so zeigt Abb. 285 z. B. nach Krieger links ein falsch, d. h. mit zu schroffen Übergängen, rechts ein richtig dimensioniertes und daher auch lunkerfreies Induktorrad. Durch sachgemäßes d. h. nach Größe, Zahl und Stellung richtig bemessenes Aufsetzen der sogenannten ver- lorenen Köpfe auf das Gußstück läßt sich meist erreichen, daß der Lunker nicht im Gußstück, sondern im bis zuletzt flüssigen Teil des verlorenen Kopfes entsteht. Abb. 286 ebenfalls nach Krieger, zeigt unter 1 und 2, daß trotz Aufsetzens eines verlorenen Kopfes die in der Abbildung dargestellte Kammwalze nicht dicht zu gießen ist und selbst im günstigsten Fall (2) ein Lunker zwischen Ballen und Zapfen entsteht. Die Lösung 3 verhindert zwar die Entstehung eines Lunkers in der eigentlichen Walze, bedingt aber einen Mehraufwand an Material von 20%. Am günstigsten ist Lösung 4, die durch Kombination eines richtig dimensio- nierten verlorenen Kopfes mit zweck- mäßiger Gießart erzielt worden ist. Das Gießen wird unterbrochen, wenn der Stahl gerade in den oberen Zapfen tritt, nach reichlich einer Minute wird bis zur Zapfen- mitte weitergegossen, nochmal unterbrochen, dann die Form gefüllt, mit Asche abgedeckt und der Trichter am Ende des Gusses mit frischem Stahl nachgefüllt.

Auch das in Abb. 287 nach Krieger dargestellte Schwungrad kann wie unter 1 gezeichnet, trotz der verlorenen Köpfe nicht lunkerfrei gegossen werden: an den Verenge- rungen zwischen Gußstück und verlorenen Köpfen treten Lunker auf. Es muß entweder wie unter 2 eine konstruktive Abänderung getroffen oder wie unter 3 dem verlorenen Kopf eine andere, die Verengerung beseiti- gende Form gegeben werden, was aber einen Mehraufwand an Material von 13% bedingt. Man kann ferner den Unterschied zwischen den Erstarrungsgeschwindigkeiten der stärke- ren und der schwächeren Teile, etwa durch

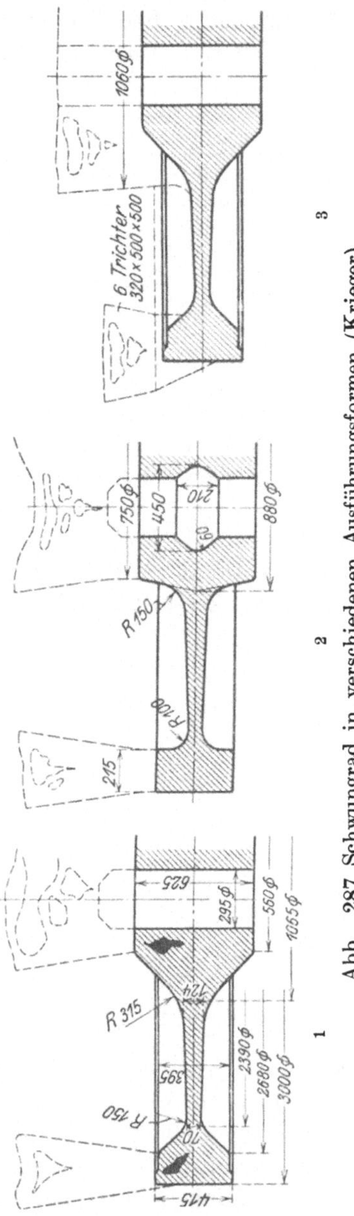

Abb. 287 Schwungrad in verschiedenen Ausführungsformen (Krieger).

raschere Abkühlung ersterer ausgleichen, indem man diese sofort nach dem Guß von der die Wärme schlecht leitenden Formmasse befreit oder an den stärkeren Stellen eiserne, also gut leitende Teile, sogenannte Schreckplatten oder Kokillen einbaut. Diese letztere Maßnahme erweist sich mitunter als

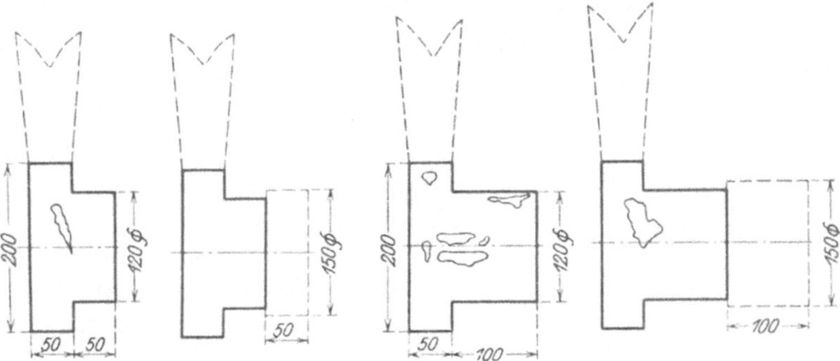

notwendig, wenn das Zusammentreffen großer und kleiner Querschnittsteile bei Motorgehäusen oder Polrädern unvermeidlich ist und verlorene Köpfe entweder aus konstruktiven Gründen nicht angebracht werden können oder ihre Verwendung wegen der zu hohen Kosten nicht angängig ist. Wie aus Abb. 288 nach Krieger ersichtlich, ist die Wirkung der erwähnten Maßnahme aber begrenzt und im Fall 2 schon nicht mehr vorhanden. Die Anwendung der Schreckplatte bleibt daher ein Notbehelf, dessen Wirksamkeit

Abb. 288. Wirkung von Schreckplatten auf den Lunker (Krieger).

noch dazu von Fall zu Fall auszuprobieren ist. Ein mit noch größerer Vorsicht anzuwendendes Verfahren ist, wie der Erfolg zeigt, das in Abb. 289

dargestellte, einem primär geätzten Querschnitt durch einen Stahlgußrahmen, bei dem zur Vermeidung des Lunkers ein Quadrateisen (Kühleinlage) in die Form eingesetzt worden war. Abgesehen davon, daß das Quadrateisen mit dem Stahlguß nicht verschweißte, wurde, wohl infolge der übertrieben abkühlenden Wirkung des Quadrateisens, die Form nicht ausgefüllt und der entstandene Hohlraum ist dann nachträglich, wie an der linken Seite der Abbildung zu erkennen ist, autogen zugeschweißt worden. Der Zweck hätte möglicherweise erreicht werden können durch Einsetzen eines an der Oberfläche sorgfältig von Walzsinter gereinigten

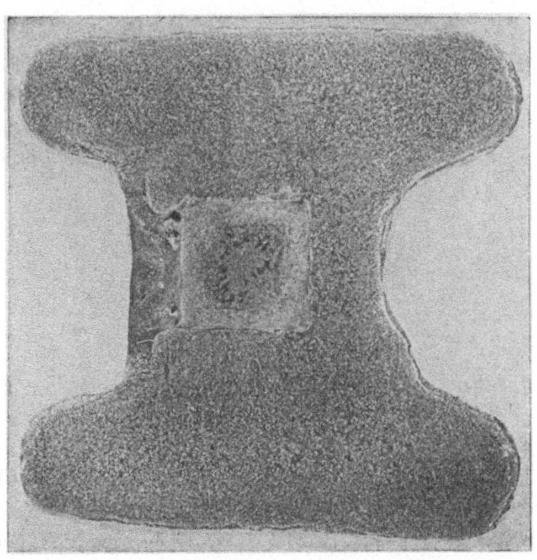

Abb. 289. Querschnitt durch ein Stahlgußstück mit eingeformtem Quadrateisen zur Verhütung des Lunkers. Ätzung I, x 1.

Quadrateisens von geringerem Querschnitt. Das Zusammenschweißen wäre vielleicht erfolgt und die abkühlende Wirkung bedeutend schwächer gewesen. Abb. 290 nach Krieger zeigt deutlich den Einfluß der richtigen Bemessung der Kühleinlage: mit einer Kühleinlage von 35 mm Durchmesser ist das fragliche Stück nicht dicht zu gießen, dagegen gelingt die Herstellung eines dichten Gußstückes mit einer Kühleinlage von 55 mm Durchmesser.

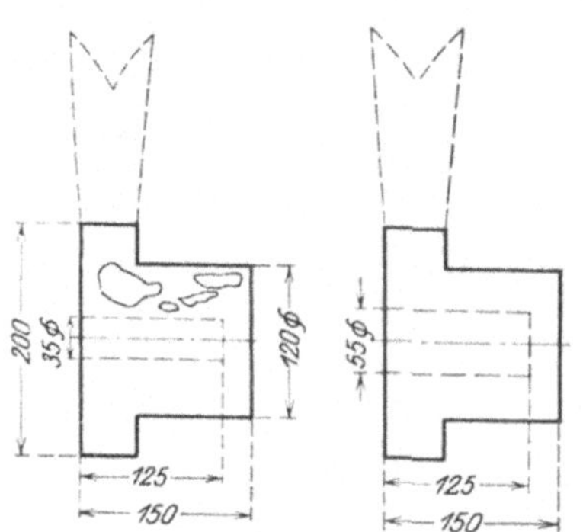

Abb. 290. Wirkung einer Kühleinlage auf den Lunker (Krieger).

Die vorstehenden Beispiele erschöpfen den Gegenstand keineswegs. Der Stahlgießer steht vielmehr vor der schwierigen Aufgabe, die Mittel zur Erzielung lunkerfreier Güsse von Fall zu Fall zu wählen. Leider sind vielfach seinen Bestrebungen durch den wirtschaftlichen Wettbewerb und durch die mitunter sehr große Verständnislosigkeit der Abnehmerkreise Grenzen gesetzt.

Schließlich sei eine häufig bei Zerreißstäben aus Stahlguß beobachtete Erscheinung erwähnt, die man mit Mikro-Lunker bezeichnen könnte. Wie mehrfach erläutert wurde, geht die Kristallisation der flüssigen Masse von Zentren aus: sie ist beendet, wenn die Kristallindividuen oder Körner aneinanderstoßen. Erfolgt nun die Kristallisation sehr rasch und praktisch gleichzeitig in allen Punkten der Masse, wie dies bei geringer Wandstärke des Gußstückes zutrifft, so können zwischen den Kristallen Zwischenräume entstehen, die unter dem Mikroskop als feine, haarförmige Risse an den Kristallbegrenzungen entsprechend Abb. 291 erscheinen. Beim Zugversuch reißen dann die Stäbe unter Bloßlegung der geringen oder keinen Zusammenhang besitzenden Grenzschichten. Abb. 292 zeigt den Bruch eines derartigen Stabes mit unverletzten Kristallbegrenzungsflächen.

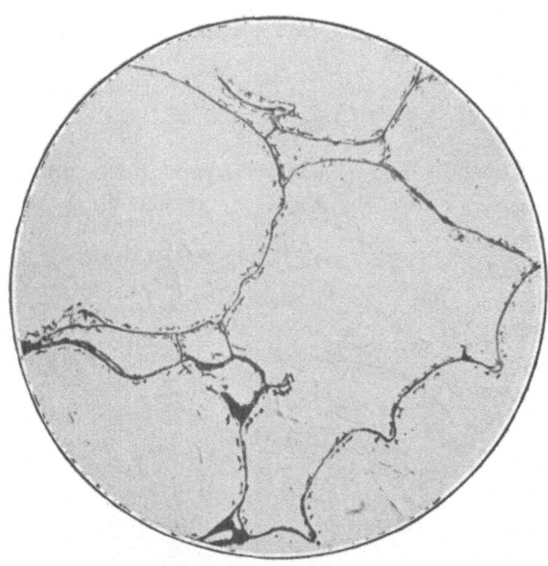

Abb. 291. Mikrolunker im Schnitt durch einen Zerreißstab, ungeätzt, x 30.

Die vorstehend geschilderten Mikrolunker[1] verdanken ihre Entstehung der Tatsache, daß infolge Nichtvorhandenseins von Temperaturunterschieden

<hr>

[1] Vgl. a. Charpy, Génie civil, 1920, 240; St. E. 1920, 880.

die flüssige Masse sich in allen Punkten fast gleichzeitig dem Erstarrungspunkt nähert und erstarrt. Gleiches trifft auch in größeren Gußstücken (Blökken) insbesondere dann zu, wenn nach Ansetzen einer dünnen Kruste ständige Gasentwicklung die Temperaturunterschiede im flüssigen Blockkern ausgleicht, dessen Erstarrung dann praktisch gleichzeitig in allen Punkten erfolgt. Ein eigentlicher Lunker wird dann nicht gebildet, die Volumendifferenz verteilt sich vielmehr auf die in diesem Falle in großer Zahl vorhandenen Gasblasen.

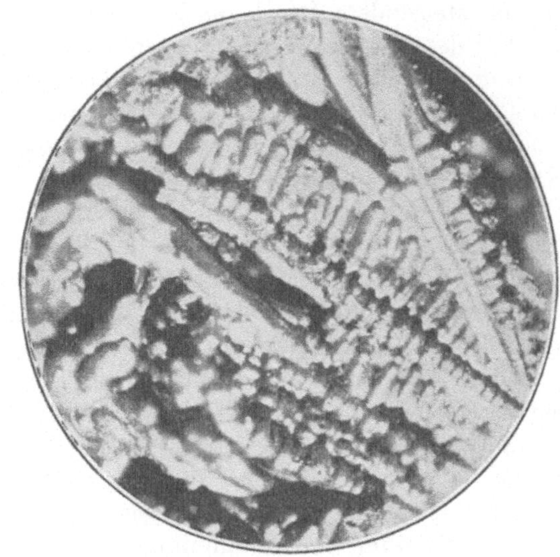

Abb. 292. Bruch des Zerreißstabes Abb. 291 mit Dendriten, x 4.

E. Gasblasen und Gasblasenseigerung.

Die Gasblasen stellen den überschüssigen und folglich ausgeschiedenen Teil des Gesamtgasgehaltes dar, der aus dem Metall nicht mehr entweichen konnte. Über die Ursache des Gasgehaltes, die Zusammensetzung und das Verhalten der Gase zum Eisen wurde an anderer Stelle bereits berichtet (II, 21).

Mit sinkender Temperatur wird entsprechend der abnehmenden Löslichkeit des Eisens für Gas letzteres abgeschieden, und zwar findet die Hauptgasentwickelung bei einem im flüssigen Zustande mit Gas gesättigten Eisen beim Erstarrungspunkt statt (vgl. Abb. 166) bzw. das aus einer Desoxydationsgleichung von der Art: $FeO + C = Fe + CO$ stammende (Reaktions-)Gas scheint besonders reichlich im Erstarrungsintervall gebildet zu werden. Das Vorhandensein von Gasblasen im abgekühlten Material beweist, daß die Gase beim Freiwerden am Entweichen gehindert wurden. Die Menge und Verteilung der Gasblasen ist sehr verschiedenartig. Erstere ist abhängig vom Anfangsgasgehalt des Materials, worunter sowohl der Gehalt an gelösten Gasen wie auch der am besten mit potentiellem Gasgehalt zu bezeichnende, von der Höhe des Gehaltes an Sauerstoffverbindungen und an Kohlenstoff abhängige Gehalt an Reaktionsgas zu verstehen wäre. Je höher diese sind, um so weniger Aussicht ist vorhanden, daß sich der gesamten Gasmenge Gelegenheit zum Entweichen bieten wird. Daß aber der Gasgehalt des Eisens in sehr weiten Grenzen schwanken kann, beweisen alle in der Literatur mitgeteilten Zahlen. Je höher unter sonst gleichen Umständen die Temperatur ist, um so mehr Gas muß entsprechend Abb. 166 entweichen, um so größer ist die Gefahr der Blasenbildung. Wenn alle Begrenzungsflächen des Blockes bei noch flüssigem Kern erstarren, kann das bei der weiteren Erstarrung des flüssigen Kerns sich entwickelnde Gas nicht entweichen und der Druck steigt daher im Blockinnern.

Da mit steigendem Druck die Löslichkeit des Eisens für Gas zunimmt, wird ein Teil des Gases sich wieder lösen. Sind jedoch die Gasmengen zu groß, so kann der Druck derart steigen, daß die bereits erstarrte Oberfläche von dem flüssigen Kern durchbrochen wird. Die plötzliche Druckverminderung bewirkt erneute starke Gasentwickelung und der Block „steigt". Die Verteilung der Gasblasen hängt außer von der Gasmenge vom Verlauf der Erstarrung ab. Diese wird aber insofern durch die chemische Zusammensetzung beeinflußt, als von ihr die Größe des Erstarrungsintervalls, in ^{0} C ausgedrückt, abhängig ist. Es ist anzunehmen, daß im technischen Eisen gleich wie in den binären Systemen Schwefel, Phosphor und Kohlenstoff vergrößernd, Mangan, Silizium, Aluminium und Nickel verkleinernd auf das Intervall einwirken. Je kleiner letzteres ist, um so geringer ist die zum Entweichen des Gases zur Verfügung stehende Zeit. In weicherem, also kohlenstoffärmerem Material scheint der Einfluß des Faktors Zeit zu überwiegen, denn dieses Material ist im allgemeinen bedeutend blasenhaltiger als härteres, kohlenstoffreicheres, es sei denn, daß Kohlenstoff an und für sich die Gasaufnahmefähigkeit erniedrigt. Bezüglich Mangan, Silizium und Aluminium wurde an anderer Stelle[1]) schon darauf hingewiesen, daß diese Elemente vielleicht die Lösungsfähigkeit des Eisens für Gase und damit natürlich auch Menge und Verteilung der Gasblasen beeinflussen. Anderseits ist es auch nicht ausgeschlossen, daß die Wirkung dieser Elemente keine gaslösende ist, sondern durch den Zusatz der genannten Elemente in der unten angegebenen Höhe die Desoxydation bis zur Entfernung der neugebildeten Sauerstoffverbindungen aus dem Bade verläuft und damit der Anlaß zur Gasbildung aufhört oder daß die neugebildeten Sauerstoffverbindungen, falls sie im Bade verbleiben, eine geringe Reaktionsfähigkeit mit dem Kohlenstoff besitzen. Brinell[2]) zieht aus seinen umfangreichen Untersuchungen jedenfalls den Schluß, daß es unter sonst gleichen Bedingungen zur Erreichung eines praktisch gasblasenfreien Blockes vom Typus 1, 2 Abb. 293 nur notwendig sei, daß Mangan, Silizium und Aluminium nach Maßgabe der Beziehung vorhanden seien:

$$\text{Mn} + 5{,}2 \text{ Si} + 90 \text{ Al} = 1{,}66 \text{ bis } 2{,}05.$$

Brinell nimmt also an, daß die Wirkung des Siliziums 5,2 mal und die des Aluminiums 90 mal stärker als die des Mangans, die des Aluminiums 17,3 mal stärker als die des Siliziums sei. Typus 3 und 4 (Abb. 293), d. h. „randblasige" Blöcke sollen entstehen, wenn obige Beziehung mit 1,16, Typus 5, wenn sie mit 0,28 und die Typen 6 und 7, wenn sie mit weniger als 0,28 erfüllt sei. Die Beziehung gilt jedoch nur für Blöcke von 240 mm $\varnothing$. Blöcke von 350 mm $\varnothing$ würden bei 1,66 bereits randblasig, kleinere von 100 mm $\varnothing$ bei 1,16 noch dicht sein, jedenfalls würde die Neigung zur Blasenbildung mit der Blockgröße zunehmen, eine Tatsache, die durch die Wickhorstschen[3]) Versuche mit Schienenblöcken verschiedener Größe bestätigt wird. Es ist nun zweifellos eine feststehende Tatsache, daß Silizium und Aluminium den Gasblasengehalt vermindern. Ein Beispiel für die Wirkung des Aluminiums auf Schienenstahl

---

[1]) Vgl Abschn. II, 21.   [2]) Ir. st. Inst. 1902, I, 833.
[3]) Proc. Railw. Eng. 1912, 655.

nach R. Hadfield[1]) ist in Abb. 294 dargestellt. Block Nr. 1 ist ohne Zusatz von Aluminium, Nr. 2 mit 0,036, Nr. 3 mit 0,09% Aluminium hergestellt. Dem Block Nr. 4 sind ebenfalls 0,09% Aluminium zugesetzt, außerdem aber ist der Blockkopf nach dem Hadfieldschen Verfahren warm gehalten und hierdurch eine Verkleinerung des im blasenfreien Block Nr. 3 vorhandenen Lunkers erzielt worden. Das Volumen des Lunkers wird demnach durch hohen Aluminiumzusatz merklich vergrößert. (Titan wirkt nach eigenen Versuchen ähnlich.) Es ist aber anzunehmen, daß diese Vergrößerung nur eine scheinbare

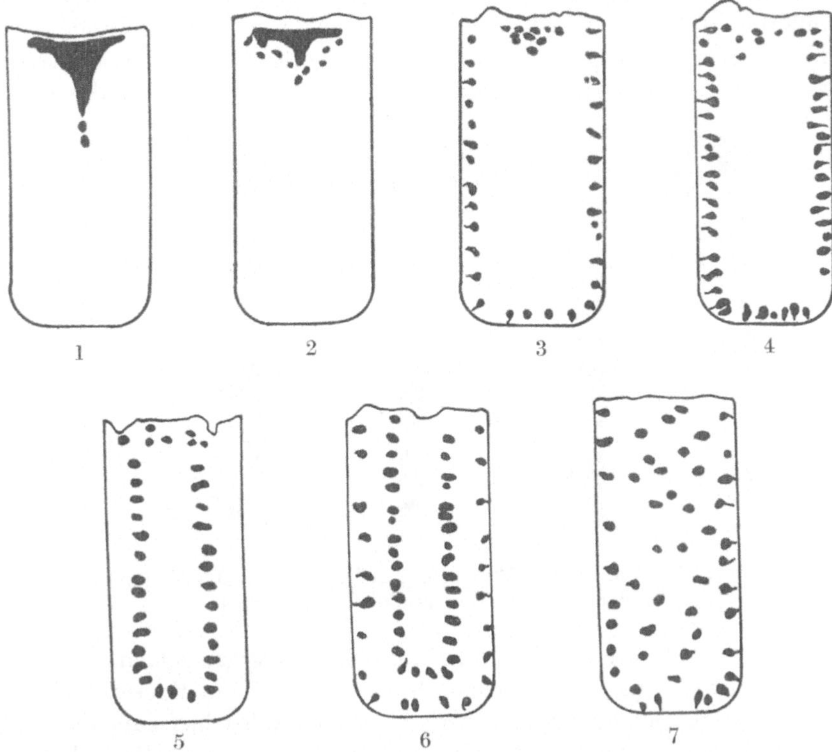

Abb. 293. Schematische Darstellung der Gasblasenanordnung in Eisen- und Stahlblöcken. (Brinell.)

ist, da sich im blasenhaltigen Block der Lunker in zahlreiche, auf die Gasblasen verteilte Einzellunker auflöst, weil gasblasenbildendes Eisen bis zum Zeitpunkt der Erstarrung in lebhafter Bewegung bleibt und allmähliche, zur Ausbildung des Lunkers erforderliche, schichtenweise Erstarrung daher nicht möglich ist, die Erstarrung vielmehr praktisch gleichzeitig in allen Punkten der Masse erfolgt. Talbot[2]) bestätigte die Ergebnisse Hadfields und stellte außerdem fest, daß Aluminium die Erstarrung beschleunigt, d. h. die nach einer bestimmten Zeit vorhandene Stärke der erstarrten Kruste (ein für das lunkerverhütende Verfahren Talbots wichtiger Umstand) durch Aluminiumzusatz vergrößert wird.

---

1) Ir. st. Inst. 1912, II, 11.   2) Ir. st. Inst. 1913, I, 30.

Bei gleicher chemischer Zusammensetzung dürften sich folgende allgemeine Grundsätze für die Blasenbildung ergeben. An und für sich geringer Gasgehalt und mittlere Gießtemperatur führt zu einer Blasenanordnung entsprechend Abb. 293, Typus 5. Die bei der Erstarrung der Blockwände freiwerdenden Gase steigen im flüssigen Metall auf und entweichen, solange die Blockoberfläche flüssig bleibt; sowie diese erstarrt, bleiben zunächst die sich entwickelnden Blasen dort zurück, wo sie sich gerade befanden, d. h. zwischen den in die Mutterlauge hineinschießenden Kristallen bzw. in den vorderen, also nach dem Blockinnern zugekehrten Verästelungen der Kristalle. Abb. 295 zeigt im unteren Blockteil zwischen den senkrecht zur Kokillenwand gewachsenen Kristallen die in gleicher Weise angeordneten Blasen, die demnach den Verlauf und die Größe der Transkristallisation andeuten. Daß diese Blasen

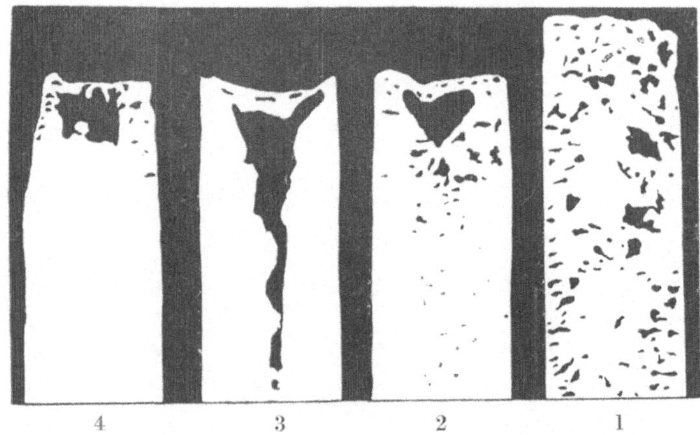

Abb. 294. Einfluß des Aluminiums auf Größe und Anordnung der
Gasblasen und des Lunkers. (Hadfield.)

nur im unteren Blockteil vorkommen, im oberen dagegen fehlen, dürfte wohl in der Hauptsache darauf zurückzuführen sein, daß die Krustenbildung im oberen Blockteil langsamer erfolgt und den Gasen daher hier zum Entweichen reichere Gelegenheit geboten ist als im unteren Teil. Dies dürfte insbesondere beim Guß von oben zutreffen, bei dem im oberen Blockteil am Schluß des Gießens das wärmste Metall vorhanden ist. Der innere, ziemlich scharf abgegrenzte Blasenkranz stellt wahrscheinlich die innere Begrenzung der transkristallisierten Randzone dar. Auf Grund ihrer Unebenheit bietet sie der Zurückhaltung der Gase schon durch bloße Adhäsion günstige Gelegenheit. Ist die Oberflächenkruste stark genug, um dem gesteigerten Gasdruck standhalten zu können, und der Anfangsgasgehalt so hoch, daß die durch Drucksteigerung hervorgerufene Erhöhung der Lösungsfähigkeit eben genügt, um die Gasentwickelung in dem noch flüssigen Teil vollständig zu hintertreiben, so ist das Blockinnere frei von Gasblasen und der Randblasenkranz tritt in geringerer oder größerer Entfernung vom Blockrande auf. Je höher die Gießtemperatur, um so geringer die Dicke der um den Blasenkranz vorhandenen Kruste. Maßgebend für die Entfernung der Randblasen von der Blockoberfläche ist die Geschwindigkeit, mit der die Erstarrung erfolgt, im wesentlichen also die Gießtemperatur. So gelang es dem Verfasser, bei weichem, unsiliziertem Kesselmaterial durch einen Parallelversuch festzustellen, daß durch sogenanntes Füttern, d. h. Zugabe von sorgfältig gereinigtem Schrott die Entfernung des Randblasenkranzes von der Blockoberfläche sich auf etwa den dreifachen Betrag bringen ließ (vgl. Abb. 295), ein praktisch nicht unwichtiger Umstand bezüglich der Oberfläche des aus solchen Blöcken hergestellten Walzgutes. Bei höherem Anfangsgasgehalt genügt die Drucksteigerung zur Hintertreibung der Gasentwicklung nicht. Zur Bildung einer festen Kruste kommt es überhaupt nicht; unter steter, das Blockinnere in ständiger Bewegung haltender und daher die Temperaturunterschiede ausgleichender Gasentwicklung kühlt das Blockinnere gleichmäßig ab und erstarrt fast gleichzeitig in allen Punkten. Die Gase können wegen Mangels an Zeit oder teigiger Konsistenz des Metalles nicht entweichen, das Blockinnere ist infolgedessen durchweg blasig.

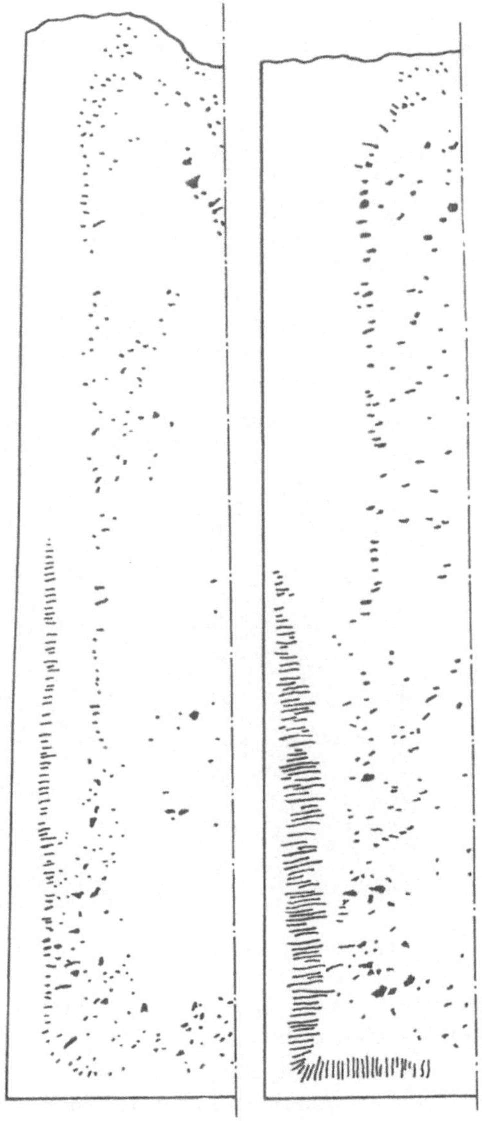

Im allgemeinen neigt weiches, unsiliziertes Flußeisen mehr zur Ausbildung der Typen 3 bis 7, siliziertes Flußeisen und härterer Stahl dagegen zur Ausbildung der Typen 1 und 2, ohne daß aber etwa eine Gesetzmäßigkeit vorliegt (vgl. Abb. 274).

Im unverarbeiteten, also rohgegossenen schmiedbaren Eisen wirkt die Gegenwart von Gasblasen natürlich sehr nachteilig, da die Gesamtfestigkeit des Gußstückes durch den stellenweise fehlenden Materialzusammenhang stark beeinträchtigt wird. Hierzu kommt noch, daß bei Beanspru-

Abb. 295. Einfluß des sogenannten Fütterns auf die Anordnung der Gasblasen in weichem Flußeisen. Links gefüttert, rechts ungefüttert.

chungen auf Zug und Druck an den Grenzen der Hohlräume beträchtliche lokale Spannungserhöhungen auftreten[1]). In hochwertigen, dünnwandigen Stahlformgußstücken sind also Gasblasen unbedingt zu vermeiden, doch gelten für solche

---

[1]) Vgl. Preuß, V. d. I. 1912, 1780.

Gußstücke nicht ohne weiteres die für größere Gußblöcke aufgestellten Bedingungen zur Erreichung größter Dichtigkeit. Insbesondere ist zu berücksichtigen, daß der Faktor Gießtemperatur nicht im gleichen Sinne ausgenützt werden kann. So würde zu niedrige Gießtemperatur das Ausfüllen der Formen verhindern. Stahlguß für dünnwandige Gußstücke wird daher möglichst heiß zu vergießen und der Gasblasengehalt durch Verringerung des Anfangsgasgehaltes (Tiegel- oder Elektrostahlguß) oder Zusatz von Silizium und Aluminium

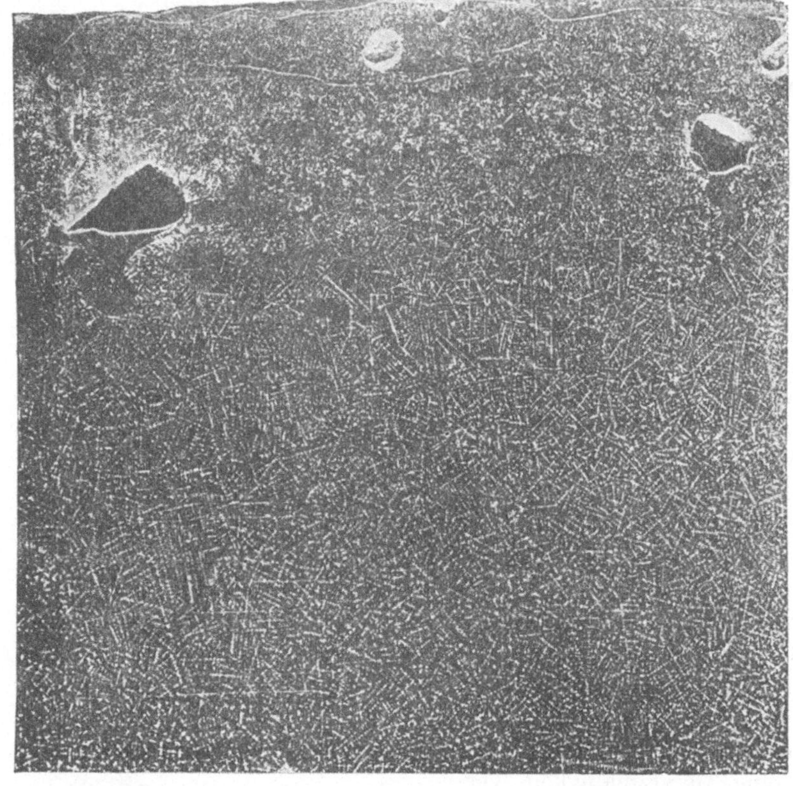

Abb. 296. Gasblasenseigerung in Stahl mit rd. 0,8% C, Ätzung I, x 2.

zu erstreben sein. In besonders wichtigen Fällen kann man derartige Gußstücke mit Röntgenstrahlen[1]) auf Dichtigkeit prüfen.

Häufig findet man anschließend an die Gasblasen tropfenförmige Zonen mit starken Anreicherungen an Phosphor, Schwefel (sulfidische Einschlüsse) und Kohlenstoff. Abb. 296 ist ein primär geätzter Teilquerschnitt eines Blockes mit 0,77% Kohlenstoff, 1,28% Mangan, 0,03% Phosphor, 0,029% Schwefel und 0,21% Silizium[2]). In der hier angewandten senkrechten Beleuchtung erscheinen die Phosphoranreicherungen dunkel. Daß sie auch an Schwefel angereichert sind, zeigt die Aufnahme des ungeätzten Querschnitts Abb. 297 in 200facher Vergrößerung. Die sulfidischen Kristalle sind offenbar in flüssiger

[1]) Gieß. Ztg. 1917, 1; Centr. Hütten- u. Walzw. 1917, 225, sowie St. E. 1918, 508.
[2]) Oberhoffer, St. E. 1916, 798.

Mutterlauge kristallisiert, was außerhalb der angereicherten Zone (vgl. Abb. 298) nicht der Fall ist. Die in Abb. 297 dargestellte Stelle ist in Abb. 299 mit verdünnter alkoholischerSalpetersäure und in Abb. 300[1]) mit Natriumpikrat geätzt wiedergegeben, dies zur Veranschaulichung derTatsache, daß der Kohlenstoffgehalt weit über 0,9 beträgt, da freier Zementit auftritt. Den analytischen Nachweis für diese Gasblasenseigerung erbrachten an weichem Flußeisen v. Keil und Wimmer[2]) unter Zuhilfenahme mikroanalytischer Methoden. Sie

Abb. 297. Schwefelhaltige Einschlüsse innerhalb der Gasblasenseigerung Abb. 296, ungeätzt, x 200.

fanden Anreicherungen an Phosphor und Schwefel, die je nach der Form der angereicherten Zonen zwischen 90 und 400 $^0/_0$, bezogen auf den Gehalt

der Umgebung betrugen. Es ist wahrscheinlich, daß die Gegenwart der Gasblasenseigerungen einer Saugwirkung zu verdanken ist. Das Volumen des in den Gasblasenhohlräumen enthaltenen Gases nimmt mit sinkender Temperatur erheblich rascher ab, als das des Hohlraumes selbst. So ist es denkbar, daß die zwischen den Dendriten eingeschlossene, an Phosphor und Schwefel angereicherte Mutterlauge in den Hohlraum gesaugt wird. Hierzu mag noch eine von der erstarrten Blockkruste auf das Blockinnere ausgeübte Druckwirkung kommen.

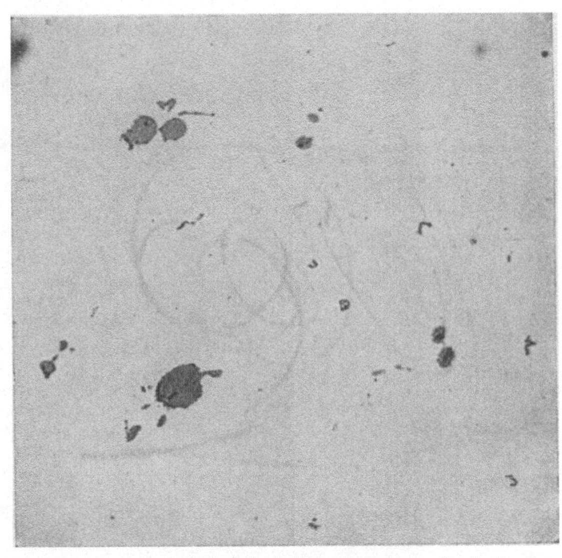

Abb. 298. Schwefelhaltige Einschlüsse außerhalb der Gasblasenzone, ungeätzt, x 200.

---

[1]) Die auf Abb. 299 nicht hervortretenden sulfidischen Einschlüsse sind in Abb. 300 tiefschwarz gefärbt. Comstock (St. E. 1917, 383) benutzt die Natriumpikratätzung zur Unterscheidung sulfidischer Einschlüsse von oxydischen. Letztere werden durch Natriumpikrat nicht gefärbt.

[2]) St. E. demnächst.

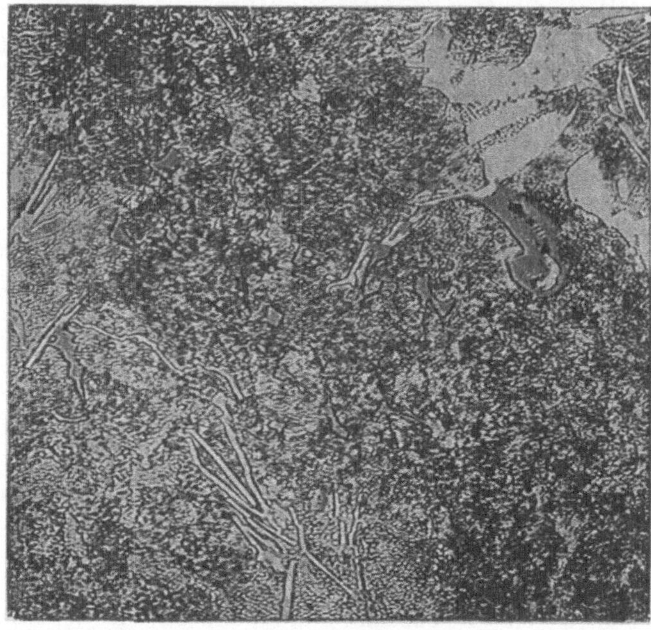

Abb. 299. Zementit innerhalb der Gasblasenseigerung. Ätzung II, x 200.

Abb. 300. Dieselbe Stelle wie Abb. 299, jedoch mit Natriumpikrat geätzt.

F. Seigerung in größeren Gußstücken (Gußblockseigerung).

In kleineren Gußstücken erfolgt die Erstarrung insofern fast gleichzeitig und gleichartig über den ganzen Querschnitt, als die etwa angereicherte Mutterlauge zwischen den zahlreichen (kleinen) Kristallindividuen eingeschlossen wird. Innerhalb der erstarrten Einzelkristalle sind daher, wie unter A geschildert wurde, Unterschiede der Zusammensetzung vorhanden (Kristallseigerung), doch verteilen sich diese Unterschiede gleichmäßig über den ganzen Querschnitt und zwischen Rand und Mitte des Gußstückes fehlen sie. Anders verhält es sich bei größeren Blöcken, in denen die Erstarrung nicht gleichzeitig oder nahezu gleichzeitig in allen Punkten erfolgt, vielmehr an den kälteren Kokillenwänden beginnt und mit steigendem Temperaturausgleich zwischen Rand und Mitte nach letzterer zu allmählich fortschreitet. Denkt man sich den Erstarrungsvorgang, wie dies in Abb. 300a angenommen wurde, schichtenweise

Abb. 300a.
Tannenbaum-Kristalle. x. $^1/_4$.

erfolgend, so wird die erste, sehr rasch an den Kokillenwänden, am Boden und vielleicht auch an der Oberfläche erstarrende Kruste sehr rein, d. h. an Fremdkörpern arm sein müssen entsprechend den allgemeinen Vorgängen bei der Mischkristallbildung, bzw. beim System Eisen-Schwefel aus praktisch reinem Eisen bestehen. Die Mutterlauge hat aber Gelegenheit, dem Eingeschlossenwerden durch die Kristalle nach dem Blockinnern auszuweichen, und so schiebt die an Dicke ständig zunehmende, an der Oberfläche mit in die Mutterlauge wachsenden Kristallen[1]) versehene, erstarrte Wand

____
[1]) Abb. 300a nach einem im Besitz der Firma Krupp befindlichen Schaustück zeigt die dendritischen Kristalle von beträchtlicher Größe. Es entstammt einem verlorenen Kopf

eine an Fremdkörpern sich ständig anreichernde Mutterlauge vor sich her, bis die letzte und an Fremdkörpern reichste Schicht unterhalb des Lunkers erstarrt. Gelegenheit zur Diffusion ist nur in beschränktem Maßstabe vorhanden, denn mit der Dicke der Schicht wächst der vom diffundierenden Element zurückzulegende Weg und damit die Schwierigkeit des Ausgleichs, insbesondere wenn letzterer mit dem Kristallwachstum nicht gleichen Schritt halten kann. Da der Erstarrungsvorgang, wie im vorhergehenden Kapitel geschildert wurde, mit der Gasentwicklung innig verknüpft ist, steht zu erwarten, daß auch die Seigerungen mit der Verteilung der Gasblasen in einem gewissen Zusammenhange stehen müssen. Reichliche Entwicklung hält das Bad in ständiger Bewegung, hindert infolgedessen das allmähliche Anwachsen einer erstarrten Schicht und bewirkt gleichzeitige Erstarrung über den ganzen Querschnitt (Typus 7 Abb. 293) und daher nahezu gleichmäßige Zusammensetzung über den ganzen Querschnitt. Findet innerhalb des von einer bereits erstarrten Kruste eingeschlossenen flüssigen Kernes heftige Gasentwicklung statt (Typus 5 Abb. 293), so wird eine relativ scharf abgegrenzte Aufteilung des Blockes in eine reinere (Kruste) und eine angereicherte Zone (Kern) zu erkennen und letztere nahezu gleichmäßig angereichert sein. Die Gleichmäßigkeit der gasblasenhaltigen Zonen wird indessen nur eine beschränkte sein, weil hier die im vorhergehenden Abschnitt erwähnte Anlagerung stark angereicherter Zonen an die Gasblasen oder Gasblasenseigerung besonders reichlich auftreten wird.

Einige Beispiele aus der Literatur mögen die Verteilung der Seigerungen in Gußblöcken näher erläutern. Für die Darstellung der Ergebnisse ist folgendes Verfahren gewählt worden. Die Punkte, in denen Proben für die Analyse gebohrt wurden, sind in den maßstäblich im Längsschnitt wiedergegebenen Profilen der Blöcke ebenfalls maßstäblich eingetragen. Die diese Punkte verbindenden Horizontalen stellen den gleich 100 gesetzten Mittelwert an Kohlenstoff, Phosphor und Schwefel dar. Mangan und Silizium sind in den Diagrammen nicht aufgenommen, weil die Seigerung dieser Elemente zu gering ist und die Diagramme durch die Einzeichnung beinahe horizontal verlaufender Linien an Deutlichkeit eingebüßt hätten. Verläuft also die Kurve über der Horizontalen, so liegt positive, verläuft sie dagegen unterhalb der Horizontalen, so liegt negative Seigerung vor. Die Größe der Seigerung in Prozenten wird durch das System von Horizontalen angegeben, deren Abstand gleich 20% ist. Das Mittel aus sämtlichen Werten muß dem aus der Chargenanalyse sich ergebenden Werte entsprechen, was bei den Talbotschen[1] Versuchen der Fall ist.

In Abb. 301 sind Ergebnisse von Talbot an einem Schienenstahlblock in der geschilderten Weise dargestellt. Alle Einzelheiten bezüglich Gewicht, Analyse und Blockabmessungen sind der Abbildung beigefügt. Der Blocktypus ist höchstwahrscheinlich[2] der in Abb. 302 dargestellte, bei härteren

---

eines Stahlgußstückes. Die den Hohlraum ursprünglich anfüllende Mutterlauge ist vom Stahlgußstück „nachgesaugt" worden. Für die Überlassung der Abbildung spreche ich auch an dieser Stelle der Firma Krupp meinen verbindlichsten Dank aus.

[1]) Ir. st. Inst. 1905, II, 205.

[2]) Talbot hat zwar keine Photographien der Blocklängsschnitte in der Veröffentlichung aus dem Jahre 1905 reproduziert. Da aber die in der zweiten Veröffentlichung

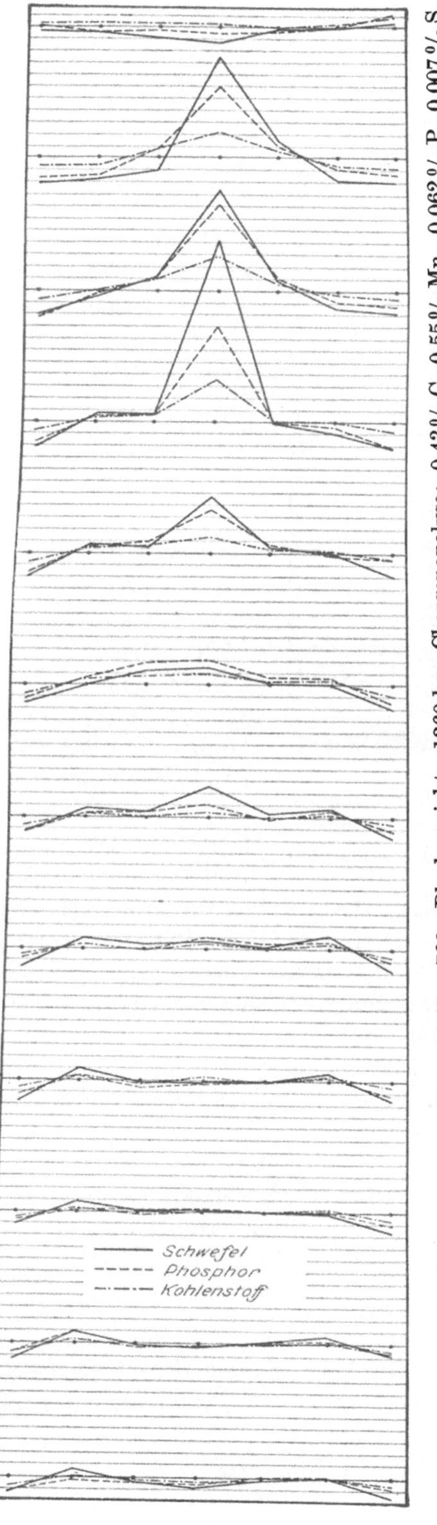

Abb. 301. Diagramm der Gußblockseigerung in einem Schienen-Stahlblock (nach Tablet).

und silizierten Stahlsorten vorherrschende: die Hauptseigerung ist in nächster Umgebung des Lunkers vorhanden. Der Block ist bis auf relativ unbedeutende Zonen im Rande des oberen Blockteils frei von Gasblasen. Bemerkenswert ist die negative Seigerung in den

Abb. 302. Längsschnitt durch den Block Abb. 303.

Randzonen, in der obersten und in den untersten Schichten, worauf noch zurückzukommen sein wird. Der Block ist offenbar unter Ansetzung einer an Fremdkörpern armen Kruste erstarrt. Die in das

(Ir. st. Inst. 1913, I, 30) in gleicher Weise untersuchten und hier photographierten Blöcke aus gleichem Material sich ähnlich wie der in Abb. 301 dargestellte in bezug auf Seigerungen verhalten, ist es sehr wahrscheinlich, daß die Blöcke beider Veröffentlichungen gleichen Typus besaßen.

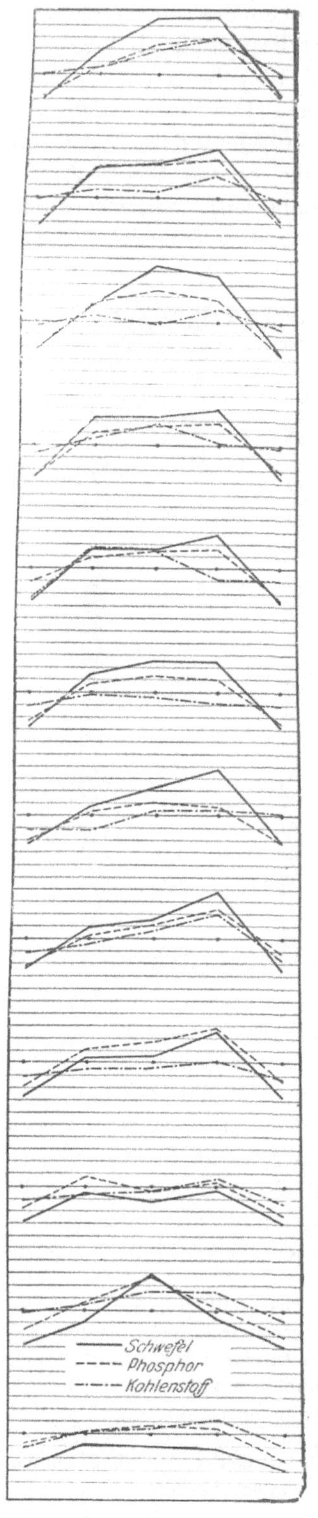

Wüst und Felser: Martinblock, 340 kg, 210 ⌀, 1150 mm hoch. Chargenanalyse: 0,065% C, 0,48% Mn, 0,05% P, 0,04% S, 0,016% Si. Abb. 303. Diagramm der Gußblockseigerung in einem Block aus weichem Flußeisen. (Wüst und Felser.)

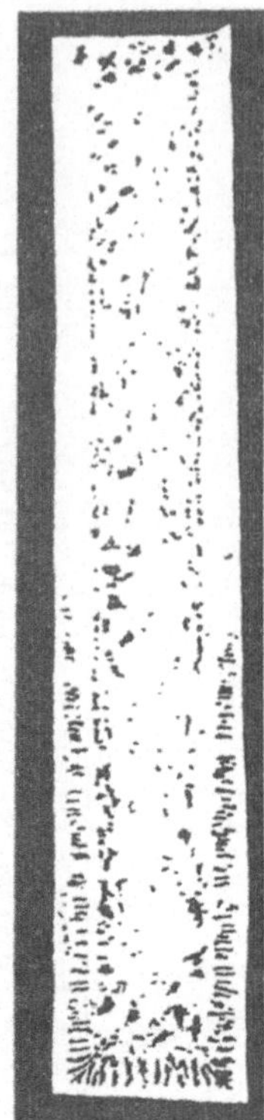

Abb. 304. Längsschnitt durch den Block Abb. 303.

Blockinnere hineinwachsenden Kristalle haben die sich stetig anreichernde Mutterlauge vor sich hergedrängt, und der am längsten flüssige und am stärksten angereicherte Teil erstarrt in der Umgebung des Lunkers. Von ganz anderem Typus ist der in Abb. 303 nach Ergebnissen von Wüst und Felser[1]) dargestellte Block von weichem, nicht siliziertem Flußeisen. Auch in diesem erstarrte zunächst eine ärmere Randschicht, aber die Gasentwicklung war schon mit Rücksicht auf die weichere Materialqualität sehr stark, so daß der untere Teil der Randzone und die gesamte Mittelzone blasig ausfiel, Abb. 303; letztere erstarrte wahrscheinlich durchweg ziemlich gleichzeitig. Die Kurven der Abb. 303 zeigen dementsprechend in der Randzone negative, in der Mittelzone positive Seigerung, deren Betrag innerhalb dieser Zonen fast gleichmäßig ist.

Die Reihenfolge für die Größe der Anreicherung ist sowohl in Abb. 301 wie 303 folgende:

Schwefel
Phosphor
Kohlenstoff
(Mangan)
(Silizium),

in Übereinstimmung mit der eingangs erwähnten Abhängigkeit der Anreicherung von der Größe des Erstarrungsintervalls.

---

[1]) St. E 1910, 2154.

Mit der Blockgröße steigt der absolute Betrag der Seigerung, wie aus Abb. 305 nach Howe[1]) erhellt. Dieses Verhalten ist nach dem Gesagten durchaus erklärlich, denn mit steigender Blockgröße nimmt nicht nur die absolute Größe der Erstarrungsdauer, sondern auch der Temperaturunterschied zwischen Blockrand und -mitte zu. Auch die von Dudley[2]) hervorgehobene Tatsache, daß mit steigendem Kohlenstoffgehalt die Neigung zum Seigern zunimmt, ist erklärlich, nur ist zu berücksichtigen, daß unter Neigung zum Seigern der Betrag der Anreicherung, etwa in Prozenten ausgedrückt und nicht etwa das von der geseigerten Zone eingenommene Volumen zu verstehen ist. Dieses Verhalten geht im übrigen aus den Abb. 301 und 303 zur Genüge hervor. Die nachfolgende Tabelle gibt ferner in Prozenten die maximale Anreicherung der in den beiden Abbildungen wiedergegebenen Blöcke:

Element	Anreicherung in %	
	Talbot	Wüst u. Felser
Schwefel	337	130
Phosphor	279	66
Kohlenstoff	150	26
Mangan	35	0

Seigerungszone entschieden vorzuziehen, blasenseigerung berücksichtigt wird.

Aluminium verhindert nicht nur die Bildung von Gasblasen, seine Wirkung erstreckt sich, wie die Abb. 306 nach Talbot[3]) zeigt, auch auf die Seigerungen. Alle Einzelheiten gehen aus der Abbildung hervor, so daß eine nähere Erläuterung überflüssig ist. Wenn auch nicht in allen Fällen eine derartige Gleichmäßigkeit der Zusammensetzung wie hier erzielt wird, so ist doch die günstige Wirkung des Aluminiumzusatzes auch nach dieser Richtung hin beachtenswert. Von ähnlicher Wirkung wie Aluminium ist anscheinend auch Titan, doch tritt einerseits die Wirkung des Titans nicht so deutlich hervor, anderseits widersprechen die Water-houseschen[4]) Ergebnisse andern,

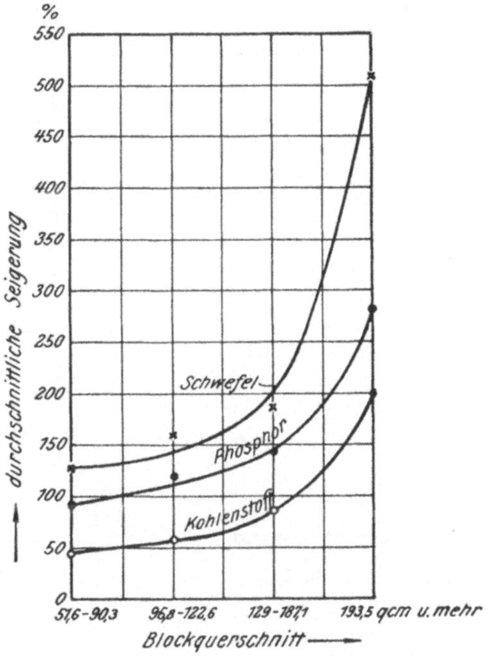

Zweifellos ist eine auf geringstes Volumen reduzierte, aber prozentual sehr stark angereicherte einer zwar prozentual schwächer ausgeprägten, aber dafür dem Volumen nach sehr ausgedehnten und noch dazu mit Gasblasen durchsetzten insbesondere wenn noch die Gas-

Abb. 305. Einfluß der Blockgröße auf die Gußblockseigerung von Schwefel, Phosphor und Kohlenstoff (nach Howe).

---

[1]) Trans. Am. Min. 1909, 909.
[2]) Ir. Age 1909, II, 1880.
[3]) Ir. st. Inst. 1905, I, 85; s. a. 1913, II, 30. [4]) Mech. Eng. 1910, 26, 167. Waterhouse findet in Bessemerschienen-Material folgende extreme Gehalte, die ein Maß für die Seigerung darstellen:

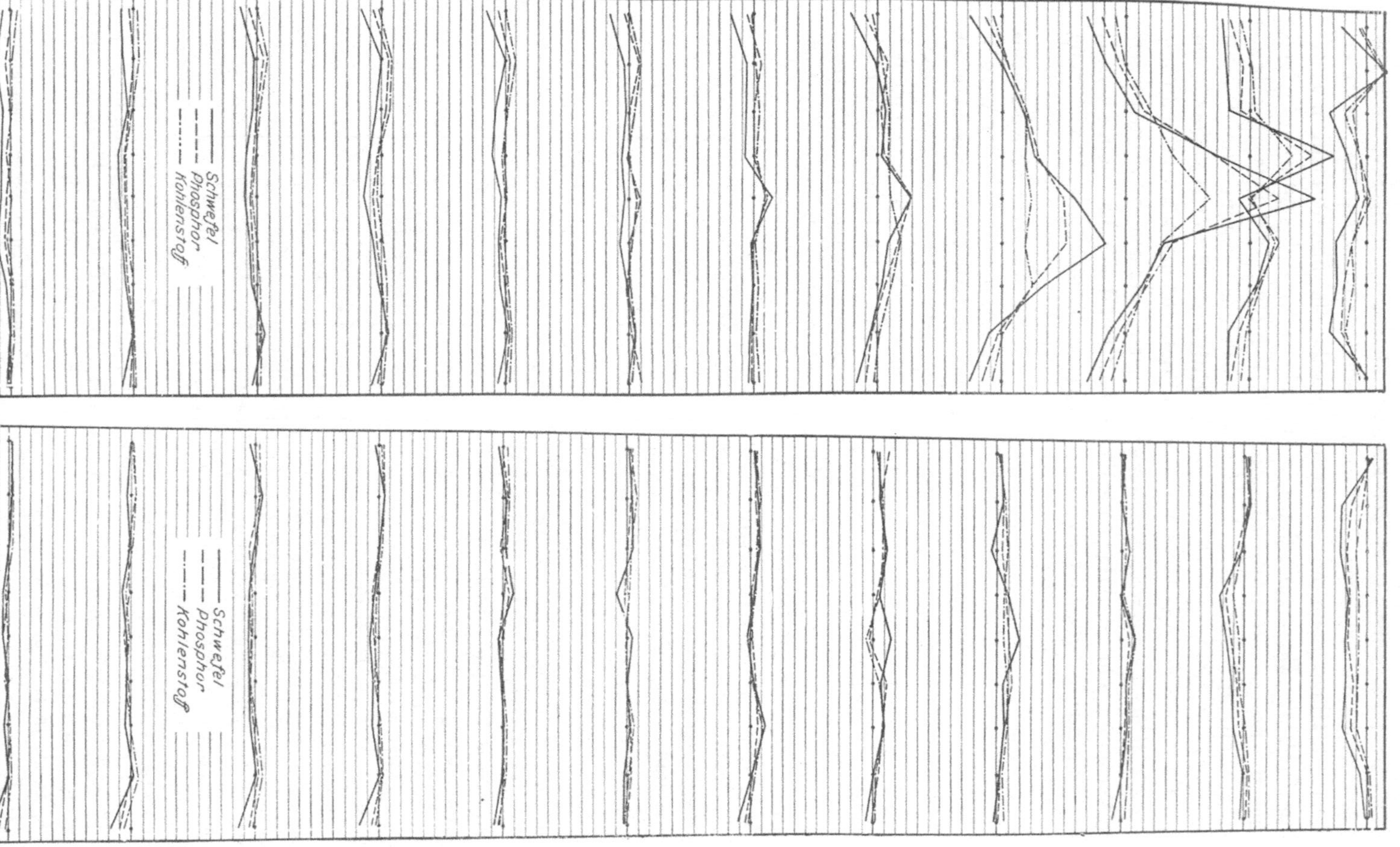

Blockabmessungen: 457 × 859 × 1700 mm.   Blockgewicht = 2700 kg.   Chargenanalyse: 0,38°/₀ C, 0,52°/₀ Mn, 0,00°/₀ Si, 0,052°/₀ P, 0,061°/₀ S.
Abb. 306. Einfluß des Aluminiums auf die Gußblockseigerung (nach Talbot). Beide Blöcke sind auf demselben Gespann gegossen, der linke ohne, der rechte mit 113 g/t Aluminiumzusatz.

was im Abschn. II, 15 auf die verschiedene Form des Titanzusatzes zurückgeführt worden ist.

Soweit die als Schlackeneinschlüsse bezeichneten Fremdkörper im flüssigen Eisen löslich sind und sich bei der Erstarrung ausscheiden, folgen sie den
allgemeinen Gesetzen der Seigerung. Praktisch liegt bei Abwesenheit größerer
Manganmengen der gesamte Schwefelgehalt in Form von derartigen Einschlüssen vor, und daß der Schwefel qualitativ wie Phosphor und Kohlenstoff
seigert, wurde gezeigt. Bezüglich der im flüssigen Eisen bereits in unlöslicher
Form vorhandenen Einschlüsse gilt der Grundsatz, daß außer ihrem spezifischen Gewicht noch die Fähigkeit, sich zusammenzuballen für die Möglichkeit
ihrer Ansammlung im oberen Blockteil in Frage kommt.

Es wurde bereits festgestellt, daß außer positiver und negativer Seigerung, d. h. also über und unter dem Durchschnitt gelegener Zusammensetzung
auch eine umgekehrte Seigerung vorkommen kann. Normalerweise ist nämlich die Blockmitte reicher an allen Legierungsbestandteilen als der Blockrand. Aus Abb. 301 geht aber hervor, daß auch das Umgekehrte der Fall
sein kann. Deutlich trifft dies in der obersten Schicht des in der erwähnten
Abbildung dargestellten Blockes, mit einer Einschränkung auf die mittleren $^3/_5$
auch für die untersten Schichten zu. Wendt[1]) berichtet über weitere Fälle.
Die Erscheinung ist bisher vorwiegend an Metallegierungen beobachtet worden.
So stellten Bauer und Arndt[2]) umgekehrte Blockseigerung an den Legierungs-
paaren: Cu-Sn, Cu-Mn, Al-Zn, Al-Cu, Ag-Cu fest, während die Legierungsreihen
Cu-Ni, Hg-Pb, Au-Ag, Fe-C, Cu-Zn diese eigenartige Erscheinung nicht aufwiesen. Die genannten Verfasser definieren umgekehrte Blockseigerung als
einen Vorgang, der anscheinend in Widerspruch steht zu den aus den Er-
starrungsschaubildern abzuleitenden Schlüssen bei der Kristallisation von Mischkristallen, da in den Fällen ihres Auftretens die zuerst erstarrten Randschichten, z. B. die eines kleinen Blöckchens, nicht reicher, sondern ärmer
sind an der Komponente mit dem höheren Schmelzpunkt. Bauer sieht in
einer besonders hohen Kristallisationsgeschwindigkeit der zunächst erstarrenden Mischkristalle, und zwar in bevorzugter Richtung bei mangelnder Diffusionsgeschwindigkeit der beteiligten Metalle die Hauptursachen für diese Erscheinung. Masing[3]) dagegen führt sie in erster Linie auf Unterkühlung zurück.
Kühnel[4]) findet durch Beobachtungen in der Praxis die Versuche von Bauer
im allgemeinen bestätigt. Wie aus dem hier mitgeteilten Material hervorgeht, kommt die umgekehrte Blockseigerung entgegen der Auffassung
von Bauer auch beim schmiedbaren Eisen vor, doch ist das Beobachtungsmaterial zu dürftig, um sichere Schlüsse zuzulassen. Vielleicht handelt es sich
hier lediglich um eine Entmischungserscheinung infolge verschiedenen spezi·
fischen Gewichtes der zuerst erstarrenden Mischkristalle gegenüber der zuletzt erstarrenden Mutterlauge.

	$^0/_0$ C	$^0/_0$ P	$^0/_0$ S
Ohne Titanzusatz . .	0,44 bis 0,69	0,088 bis 0,167	0,098 bis 0,223
Mit Titanzusatz . . .	0,44 „ 0,67	0,093 „ 0,123	0,068 „ 0,101

[1]) Kruppsche Monatsh. 1922, 150.   [2]) Metallk. 121, 497.
[3]) Metallk. 1922, 204.   [4]) Metallk. 1922, 462.

G. Oberflächen- und sonstige Gießfehler.

Außer den in diesem Abschnitt bereits besprochenen, bei der Kristallisation des schmiedbaren Eisens entstehenden physikalischen und chemischen Ungleichmäßigkeiten kommen noch eine Reihe von anderen vor, die unter der Bezeichnung Oberflächen- und sonstige Gießfehler zusammengefaßt werden können. Eine Zusammenstellung dieser Fehler nach Pacher[1]) ist in Abb. 307 wiedergegeben. Diese Fehler haben im wesentlichen drei Ursachen. Die Blockoberfläche wird auf Grund der Tatsache, daß sie hocherhitzt ist, durch die geringste Beanspruchung deformiert, und die Deformation kann wegen der niedrigen Festigkeit sehr rasch, d. h. bei niedrigen Spannungen bis zum Bruch führen. Es entstehen dann die mehr oder minder tief in den Block hineinreichenden Risse, die je nach der Ursache der Spannungen verschiedenartigen Verlauf aufweisen können. Spannungen können dadurch entstehen, daß die gleichmäßige Zusammenziehung der abkühlenden Stahlmasse und ihre Ablösung von der Kokille[2]) irgendwie gehindert wird. Dies ist beispielsweise der Fall, wenn beim Guß von unten der aus dem Kanalstein austretende Strahl längere Zeit mit großer Gewalt seitlich gegen die Kokillenwand läuft und an der betreffenden Stelle eine Höhlung in der Kokillenwand entsteht. Beim Zusammenziehen des Blockes kann dieser an der Höhlung „hängen“, d. h. die gleichmäßige Zusammenziehung und Ablösung wird verhindert, und es kann ein Riß entstehen. Der Riß tritt dann besonders leicht ein, wenn infolge der übermäßigen Erwärmung der Kokille an der Stelle wo der Strahl auftrifft ein Verschweißen des Stahls mit der Kokille erfolgt. Dieses „Angießen“ ist dann besonders gefährlich, wenn es an mehreren Stellen erfolgt. Die Fälle b und c der Abb. 307 zeigen schematisch den geschilderten Fehler, und zwar b beim Guß von unten, c beim Guß von oben. Auch Fall d ist ähnlicher Art, hier lag von vornherein ein Oberflächenfehler der Kokille vor. Im Fall e ist das Auftreten von Oberflächenrissen darauf zurückzuführen, daß die Kokille zu voll gegossen wurde. Das ganze Gewicht des Blockes hängt an der über die Kokille hinausragenden Stahlmasse. Fall f bezeichnet Pacher als Bewegungswarmriß, weil er auf die Zerstörung der in Bildung begriffenen Metallkruste durch die mechanische Wirkung des Gießstrahls zurückzuführen ist. Diese Risse reichen meist nicht tief in den Block hinein. Alle bisher geschilderten Blockrisse verlaufen mehr oder minder horizontal. Die senkrecht verlaufenden Risse Fall k der Abb. 307 reichen meist tief in das Blockinnere. Sie sind nach Pacher darauf zurückzuführen, daß die sich bildende Metall-

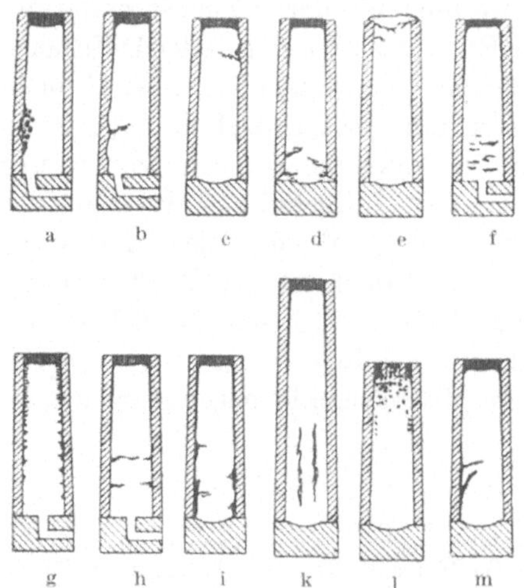

Abb. 307. Schematische Darstellung verschiedener Oberflächen- und Gießfehlerarten (Pacher).

1) St. E. 1922, 485.
2) Vgl. A. W. und H. Brearley, a. a. O.

kruste dem Druck des flüssigen Kerns nicht standhält und aufplatzt. Da die Blockecken wegen der größeren Wärmeableitung zuerst erstarren, sind die Mitten der Blockseiten dem Auftreten solcher Risse besonders ausgesetzt. Die Wärme möglichst gut ableitenden Kokillen schützen bis zu einem gewissen Grade vor diesem Fehler. Da das Hängen der Blöcke und somit auch das Auftreten von Rissen endlich auch noch durch windschiefe Kokillenflächen sowie durch ungrade Kokillenkanten hervorgerufen werden kann, ist der Form der Kokillen eine nicht untergeordnete Bedeutung beizumessen. Insbesondere soll die Verwendung von Kokillen mit kreisrundem Querschnitt das Auftreten von Längsrissen verhindern. Bei Harmetblöcken treten nach Brearley Längsrisse besonders leicht auf, was auf Grund der angegebenen Entstehungsursache erklärlich erscheint.

Fehler anderer Art entstehen dadurch, daß das Aufsteigen des Eisens in der Kokille nicht kontinuierlich erfolgt. Wellenförmige Bewegung des Stahls in der Kokille, insbesondere bei stürmisch erfolgendem Guß von oben, bewirkt die Erstarrung dünner Krusten an der Kokillenwand, die vom nachsteigenden Stahl nicht gelöst werden. Die gebildeten Krusten können beim Aufsteigen des Stahls schon von der Kokillenwand abgelöst sein, so daß dieser in die Trennungsfuge hineinfließt. Hierdurch entstehen unsaubere, d. h. nicht glatte Oberflächen, nach Pacher landkartenartige Stellen, die häufig von Rissen durchsetzt sind (vgl. Abb. 307 m). Die sogenannte Mattschweiße (Abb. 307 g, h) entsteht nach Pacher sowohl beim Guß von oben wie von unten dadurch, daß der erste Stahl bei letzterer Gußart, insbesondere aber matter Stahl bei beiden Gußarten sehr rasch an den Kokillenwänden erstarrt und ohne aufgelöst zu werden vom nachfolgenden heißeren Metall überholt wird. Der Vorgang wiederholt sich öfter und gibt unsaubere Blockoberfläche gemäß Abb. 307 g, h. Pacher kennzeichnet das Verhalten solchen Stahls treffend als „mühsames Klettern". Steigend gegossene Blöcke von kleinerem Querschnitt weisen den erwähnten Fehler besonders leicht auf.

Zu den bisher besprochenen Fehlerursachen kann, entweder in Kombination mit jenen oder allein, ein neuer hinzutreten, die örtliche Blasenbildung an der Blockoberfläche, scharf in ihren Ursachen getrennt von der bereits besprochenen Gasblasenbildung und leicht von ihr zu unterscheiden eben an der Tatsache, daß sie meist an der Blockoberfläche und örtlich begrenzt auftritt. Die hier zu besprechende Blasenbildung kann verschiedene Ursachen haben. Rauhe Kokillenoberfläche, insbesondere lokale Aushöhlung, vom Guß anhaftend oder vom Gebrauch herrührend, kann die Zurückhaltung des im Stahl von Anfang an enthaltenen Gases bewirken (Fall a Abb. 307). Das Gas kann aber auch während des Gießens entstehen, einmal durch Einwirken von Feuchtigkeit in der Gußform, dann aber auch von unsauberer, etwa verrosteter Kokillenoberfläche auf den Kohlenstoff des Stahls unter Bildung von CO nach dem schematischen Vorgang $FeO + C = Fe + CO$ oder durch gleiche Einwirkung etwaiger während des Gießens oxydierter Stahlteilchen. Letzteres kann z. B. eintreten beim Guß von oben, wenn durch zu heftiges Auftreffen des Gießstrahls auf die Grundplatte Stahltröpfchen gegen die Kokillenwand geschleudert werden, sich dort ansetzen, oxydieren und mit dem aufsteigenden Stahl zusammentreffen. Es tritt dann lokal eine Reaktion von der oben genannten Art ein und das gebildete Gas kann zurückgehalten werden. Man hilft sich hier durch Gießen mittels Wannen, wodurch die Heftigkeit des Auftreffens gemildert wird. Nach oben konkave Form der Grundplatte wirkt in gleichem Sinne. Einsetzen eines (sorgfältig gereinigten) Ringes aus Feinblech vermag ebenfalls zur Vermeidung des Fehlers zu führen. Die bereits geschilderten, infolge wellenförmiger Bewegung des Kokilleninhalts, infolge zu stürmischen Gießens oder bei zu mattem Stahl gebildeten Ansätze an der Kokillenwand können ähnlich wie die Stahlspritzer oxydieren und ergeben dann eine ähnliche Wirkung wie diese. Abb. 307, 1 zeigt die auf dieser Grundlage erfolgte Gasblasenbildung im oberen Teil eines Blockes.

H. Gußspannungen.

Im vorhergehenden Unterabschnitt war schon von Spannungen die Rede. Ihre Entstehung, ihre Wirkungen und die Mittel zu ihrer Vermeidung und Beseitigung sollen hier näher erörtert werden.

Die Abkühlung eines Stoffes erfolgt nach dem Newtonschen Abkühlungsgesetz

$$t = t_0 \, e^{-kz} \quad \ldots \ldots \ldots \ldots \ldots \ldots \quad (1)$$

wo t_0 = Anfangstemperatur,
  z = Zeit,
  e = Basis des natürlichen Logarithmensystems,
  k = eine von der Natur und der Form des betrachteten Stückes abhängige Konstante ist. Unter Form ist insbesondere das Verhältnis von Masse zu Oberfläche zu verstehen. Je kleiner dieses Verhältnis ist, um so größer ist unter sonst gleichen Umständen der Temperaturverlust durch Strahlung.

Gibt eine hocherhitzte Metallmasse bei der Abkühlung die Wärme nicht gleichmäßig an die Umgebung ab, so ist ungleichmäßige Temperaturverteilung die hierdurch bedingte Folge. Dies wäre beispielsweise der Fall in einem Gußstück, in dem größere Querschnittsteile mit kleineren abwechseln. Letztere haben ein anderes k als erstere, sie kühlen rascher ab. In einem Stück von durchweg gleichem Querschnitt könnte ungleichmäßige Temperaturverteilung dadurch eintreten, daß die Wärmeableitung infolge verschiedenartiger Wärmeleitfähigkeit der Formmasse ungleichmäßig ist.

Außer Temperatur und Zeit sind auch Temperatur und Volumen gesetzmäßig miteinander verknüpft, und zwar lautet das der Einfachheit halber nicht auf das Volumen, sondern auf die Länge bezogene Gesetz

$$l = l_0 \, [1 + \alpha \, (t_0 - t)] \quad \ldots \ldots \ldots \ldots \quad (2)$$

wo l_0 und t_0 = den zugeordneten Werten für Anfangslänge und -temperatur sind, α = dem Ausdehnungskoeffizienten ist, der bekannterweise beim Eisen Anomalien aufweist, von denen zunächst der Einfachheit halber bei diesen Betrachtungen abgesehen werden soll. Ist ferner t_0 = der Gießtemperatur, so wird α = dem Schwindungskoeffizient.

Betrachten wir nun den einfachen, in Abb. 308 dargestellten Fall, daß ein dünner Stab d und ein dicker Stab D aus gleichem Material von gleicher Anfangstemperatur t_0 aus abkühlen, wobei wichtige Grundvoraussetzung sei, daß die beiden Stäbe miteinander fest verbunden seien, wie dies in der Abbildung angenommen ist. Das Abkühlungsgesetz der beiden Stäbe ist verschieden und schematisch in Abb. 308 dargestellt. Im Zeitpunkt z ist der dünne Stab d auf niedrigerer Temperatur als der dicke Stab D und da die Länge der Stäbe eine einfache Funktion ihrer Temperatur ist gemäß Gleichung (2), so geben die beiden Kurven der Abb. 308 auch eine relative Vorstellung von der Längenänderung in Abhängigkeit von der Zeit. Demnach stellen die Ordinaten auch, in anderem Maßstab natürlich, die Längenänderungen der Stäbe dar. In Abb. 308 ergibt also die senkrechte Strecke a b nicht nur den Temperatur- sondern auch den Längenunterschied der beiden Stäbe, aber letzteres mit der Einschränkung, daß dieser Längenunterschied a b nur dann zustande kommt, wenn die beiden Stäbe sich frei zusammenziehen können. Ist dies nicht der Fall, und diese Voraussetzung wurde ja gemacht, indem die Stäbe fest verkuppelt angenommen wurden, so müssen sich die Stäbe auf eine gemeinsame Länge einigen und die Gesamtlängenänderung des Systems würde durch den zwischen a und b gelegenen Punkt c dargestellt. Der dicke Stab D wäre also um das Stück a c kürzer, der dünne Stab d um c b länger, als wenn beide Stäbe nicht verkuppelt wären. Es läßt sich leicht zeigen, daß die Lage des Punktes c abhängig ist von dem Verhältnis der Querschnitte der beiden Stäbe. Jedenfalls würde Stab D unter Druckspannung, Stab d unter Zugspannung stehen. Ist nun im Zeitpunkt z die Temperatur des Stabmaterials so hoch, daß die geringste Beanspruchung eine Formänderung

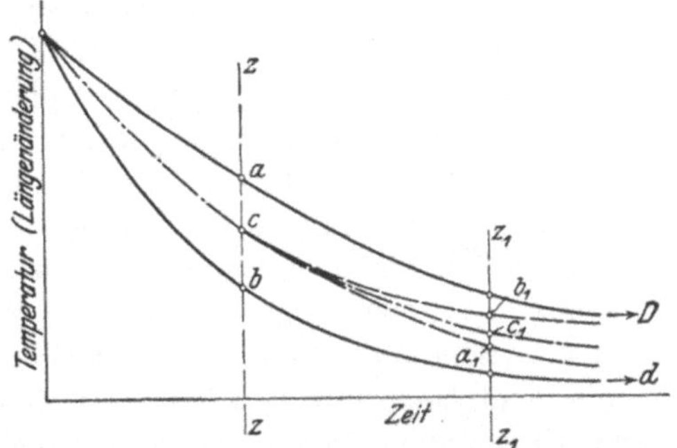

Abb. 308. Entstehung von Wärmespannungen in einem System zweier fest verkuppelter Stäbe (Heyn).

hervorruft, ist in anderen Worten die Elastizitätsgrenze gleich Null (vgl. Abschnitt IV), so resultieren aus dem in Abb. 308 geschilderten Stand der Dinge bleibende oder plastische Formänderungen, und zwar eine Verkürzung des Stabes D um a c und eine Verlängerung des Stabes d um b c. Spannungen sind also nicht vorhanden. Was für den Zeitpunkt z gilt, läßt sich natürlich für jeden beliebigen anderen Zeitpunkt in Abb. 308 darstellen, und zwar würde die gestrichelte, zwischen D und d verlaufende Kurve die Abhängigkeit der Gesamtlängenänderung des festverkuppelten Systems der beiden Stäbe von der Zeit darstellen. Wird nun die Voraussetzung gemacht, daß vom Zeitpunkt z an, also bei weiterer Abkühlung der Stäbe nicht mehr plastische, sondern nur noch elastische Formänderungen auftreten, eine der Wirklichkeit nahe kommende Annahme, so würde folgendes eintreten. Im Zeitpunkt z haben beide Stäbe zwar gleiche Länge, aber verschiedene Temperatur, und die weitere Abkühlung erfolgt nach dem für jeden Stab von vornherein gültigen Abkühlungsgesetz. Stab D ändert also vom Zeitpunkt z an seine Länge gemäß der gestrichelten Kurve parallel zur Kurve D im Abstand a c von dieser und Stab d gemäß der Kurve parallel zu d und im Abstand b c von dieser Kurve. Im Zeitpunkt z_1 werden beide Stäbe, da sie fest verkuppelt sind, sich auf die

Längenänderung c_1 geeinigt haben. Wie man sieht, ist nunmehr die Längenänderung von Stab D um $a_1\,c_1$ kleiner, die von Stab d um $b_1\,c_1$ größer als die gemeinsame Längenänderung, d. h. die Verhältnisse haben sich umgekehrt, der dicke Stab erfährt eine Verkürzung, der dünne Stab eine Verlängerung. Da ferner vorausgesetzt wurde, daß die Formänderungen vom Zeitpunkt z_1 ab elastischer Natur sind, steht also der langsam abgekühlte dicke Stab unter Zug-, der rasch abgekühlte dünne Stab unter Druckspannung.

Im Zeitpunkt $z = \infty$, d. h. nach vollständiger Abkühlung des Systems werden beide Stäbe sich auf die gemeinsame Längenänderung c_∞ geeinigt haben, und der Betrag der elastischen Spannungen wird sein:

$$\text{für Stab } D = -\,b\,c = \text{Zug,}$$
$$\text{für Stab } d = +\,a\,c = \text{Druck.}$$

Die hier in Anlehnung an Heyn[1]) gegebene Darstellung entspricht in zwei Punkten nicht ganz der Wirklichkeit. Einmal erfolgt der Übergang der beiden Stäbe D und d aus dem Gebiet der plastischen in das der elastischen Formänderungen, also aus dem spannungsfreien in den mit Spannungen behafteten Zustand nicht im gleichen Zeitpunkt, doch wird hierdurch, wie leicht einzusehen ist, nur die Lage des Punktes c zwischen a und b beeinflußt. Ferner erfolgt der Übergang von einem Gebiet in das andere nicht plötzlich, sondern es werden vielmehr z. B. in Abb. 308 rechts von z neben elastischen auch noch plastische Formänderungen vorkommen. Qualitativ wird aber das Ergebnis nicht beeinflußt werden. Der Zweck der vorangegangenen Darstellung kann aber anderseits nur der sein, qualitativ die Verhältnisse zu schildern, die sich nach Heyn in folgendem Satz von allgemeiner Gültigkeit zusammenfassen lassen:

Kühlen zwei miteinander fest verkuppelte Stäbe eines metallischen Stoffes, die an der Biegung verhindert sind, von einer hohen Temperatur, die innerhalb des Gebietes der vorwiegend plastischen Formänderungen liegt, bis auf gewöhnliche

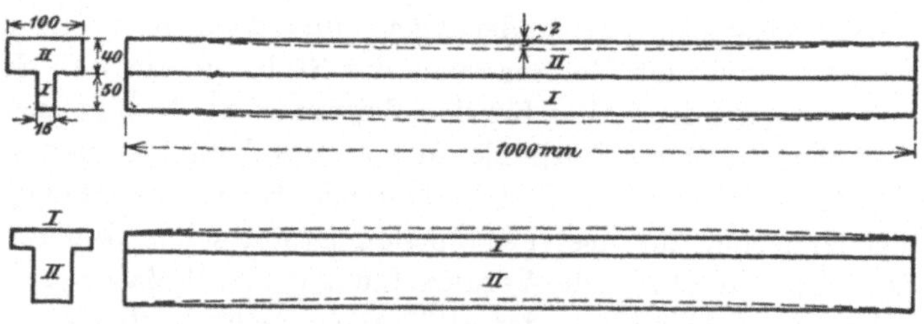

Abb. 309. Verziehen zweier T-förmiger Querschnitte (Heyn).

Temperatur ab, so verbleiben nach der Abkühlung in dem schneller abgekühlten Stabteil Druck-, in dem langsamer abgekühlten Zugspannungen. Liegen die Spannungen unter der Elastizitätsgrenze, so sind die Deformationen elastischer Natur, überschreiten sie diese Grenze, so sind sie plastisch. In beiden Fällen tritt sogenanntes Ver-

---

[1]) Mat.-Kde., II A, 245.

ziehen ein. Dementsprechend werden z. B. gemäß Abb. 309 nach Heyn
in den beiden T-förmigen Querschnitten die punktiert angedeuteten Deformationen eintreten. Im oberen Beispiel
ist der stegförmige Teil dünner als der flanschförmige.
Ersterer kühlt also schneller ab und verzieht sich, da er
unter Druckspannungen steht, so daß eine nach unten
konvexe Krümmung entsteht. Im unteren Beispiel ist
die Massenverteilung und demgemäß auch das Verziehen
umgekehrt. Eine quadratische Platte von der in Abb. 310
dargestellten Form[1]) wird sich, da die Ränder rascher abkühlen als die Mitte, in der punktiert angedeuteten Weise
verziehen. In Speichenrädern irgendwelcher Art treten in
den Speichen sowohl als in den Armen Spannungen auf,
deren Art von der Massenverteilung abhängig sein wird.

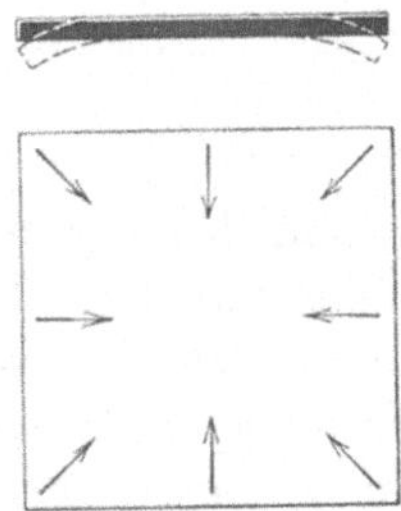

Abb. 310. Verziehen
einer quadratischen
Platte (Kessner).

Bei verhältnismäßig dünnem Kranz und dicken Armen (Riemenscheiben) treten
in letzterem im wesentlichen Zugspannungen auf, Druckspannungen dagegen bei
umgekehrten Verhältnissen (Schwungräder). Die Spannungen bieten insofern
eine Gefahr, als sie schon von vornherein eine mehr oder minder wesentliche
Anfangsbeanspruchung des Stückes darstellen, das demnach bis zur Deformation oder sogar bis zum Bruche nicht mehr den vollen
Betrag der Spannungen aufzunehmen vermag, für das es
berechnet ist[2]). Übersteigen die Spannungen die Bruchgrenze, so tritt der Riß in. Man unterscheidet Warm- und
Kaltrisse, je nach der Temperatur, bei der der Riß auftritt. Erstere weisen im Gegensatz zu letzteren oxydierte
Wände auf. Warmrisse entstehen an Gußstücken leicht dort,
wo dicke Querschnittteile mit dünneren zusammentreffen.
Letztere sind bereits erstarrt, wenn erstere im Inneren
noch flüssig sind, oder zum mindesten können erstere bereits wesentlich abgekühlt und daher fester sein, während
erstere noch hocherhitzt sind und daher geringe Festigkeit
besitzen. Dort, wo die Querschnitte zusammenstoßen, z. B.
bei einem Flanschrohr am Übergang zwischen Flansch und
Rohr, tritt dann leicht ein Riß auf. Man hilft sich in solchen
Fällen durch Anbringung von Schwindungsrippen wie Abb.
311 zeigt. An der Schwindungsrippe wird die Erstarrung des Flansches beschleunigt, und die rasch erstarrenden Schwindungsrippen können die entstehenden Spannungen aufnehmen. Bei plattenförmigen Gegenständen läßt sich
durch dieses Hilfsmittel leicht dem Verziehen vorbeugen. Auch
durch rasche Entfernung des Formmaterials an den stärkeren

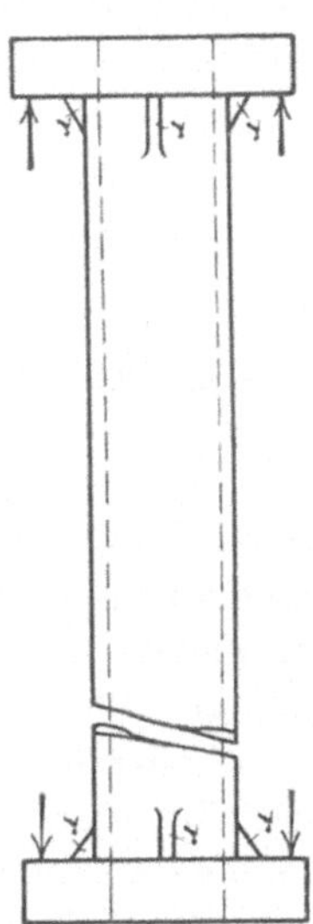

Abb. 311. Schwin-
dungsrippen in
einem Flanschen-
rohr (Heyn).

Querschnittsteilen lassen sich die Spannungen vermindern, weil hierdurch die
Erstarrung und Erkaltung dieser Teile beschleunigt wird. Gleichzeitig werden
hierdurch in vielen Fällen Warmrisse vermieden, die auf die Unnachgiebig-

---

[1]) Vgl. Geiger, Gießereikunde I, 240.
[2]) Über den Bruch eines großen Schwungrades vgl. Krieger, St. E. 1918, 394.

keit des Formmaterials zurückzuführen sind[1]). An in diesem Sinne gefährdeten Stellen wählt man zweckmäßigerweise das Formmaterial besonders elastisch. Statt des Losmachens der Form an den dicken Querschnittsteilen kann man hier auch Schreckplatten oder Kokillen in die Form einbauen. Das beste Gegenmittel dürfte aber auch hier sein, schroffe Querschnittsübergänge schon bei der Konstruktion der Gußstücke zu vermeiden und nur im Notfalle zu den oben angegebenen Hilfsmitteln zu greifen. Daß aber auch in solchen Fällen der konstruktiven Durchbildung der Gußstücke die notwendige Aufmerksamkeit zu schenken ist, zeigt Abb. 312 nach Krieger an einem Meißelschlitten, der nur dann spannungsfrei zu gießen ist, wenn die Möglichkeit des raschen Losmachens der Form besteht. Dies ist in der oberen Ausführung nicht möglich, während die untere Ausführung ein rasches Losmachen gestattet.

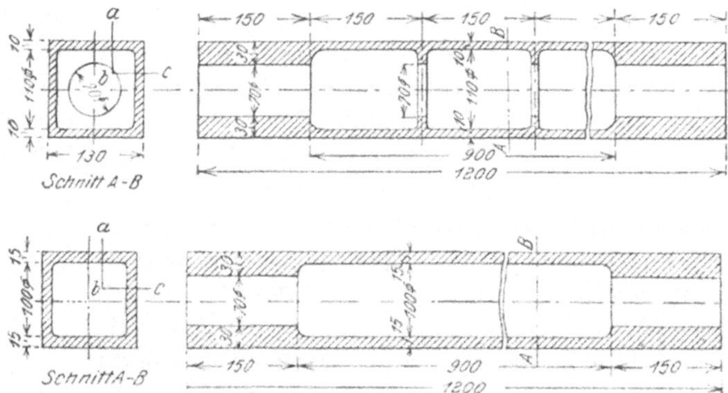

Abb. 312. Meißelschlitten, falsch (unten) und richtig (oben) konstruiert (Krieger).

Die Entfernung der Spannungen kann durch Glühen erfolgen, d. h. durch Erhitzen der Stücke auf bestimmte Temperaturen mit nachfolgendem langsamen Abkühlen. Es ist zunächst die Frage zu beantworten, wie hoch zu diesem Zwecke die Glühtemperatur zu wählen ist. Es kommt darauf an, ob die Glühtemperatur im Gebiet vorwiegend elastischer oder vorwiegend plastischer Formänderungen gewählt wird. Ersterer Fall ist in Abb. 313 dargestellt. Der schnell abgekühlte dünne Stab kann natürlich, wenn die Erhitzung zu schnell erfolgt, auch schneller heiß werden als der langsamer abgekühlte dicke Stab D. Zu Beginn des Glühens, d. h. im Punkt A haben beide Stäbe zwar dieselbe Länge, doch stehen sie unter elastischer Spannung, die für Stab d gleich + AC, also einer Druckspannung ist, für Stab D gleich — AB, also einer Zugspannung. Würden demnach die beiden Stäbe frei sein, so würden die Längenänderungen + AC bzw. — AB eintreten. Nach der Zeit z wird Stab d wärmer sein als Stab D. Demzufolge wird ersterer eine größere Längenzunahme aufweisen als Stab D. Wenn beide Stäbe frei wären, würde Stab d im Zeitpunkt z eine Dehnung aufweisen von AC + DF = GF + DF = DG und Stab D eine Gesamtdehnung DE — AB = DE — EH = — DH.

---

[1]) Vgl. Heyn, a. a. O. 349.

Da die beiden Stäbe sich nun nicht frei ausdehnen können, muß der Gesamtbetrag der Längenänderungen = GH angeglichen werden, indem sich beide Stäbe auf eine gemeinsame Längenänderung, die durch den Punkt L dargestellt wird, einigen. L hängt ab vom Verhältnis der Querschnitte zueinander sowie von den Faktoren k. Jedenfalls aber wird Stab d unter Druck, Stab D unter Zug stehen, indessen ist die Größe der Spannungen nicht mehr gleich der ursprünglichen. Vielmehr nehmen, wie man sieht, die Spannungen infolge der ungleichmäßigen Erwärmung zu. Erreichen sie die Streckgrenze, so tritt bleibende Deformation auf, wird die Bruchgrenze erreicht, so kann das Glühen sogar zu Rissen führen. Die Steigerung der

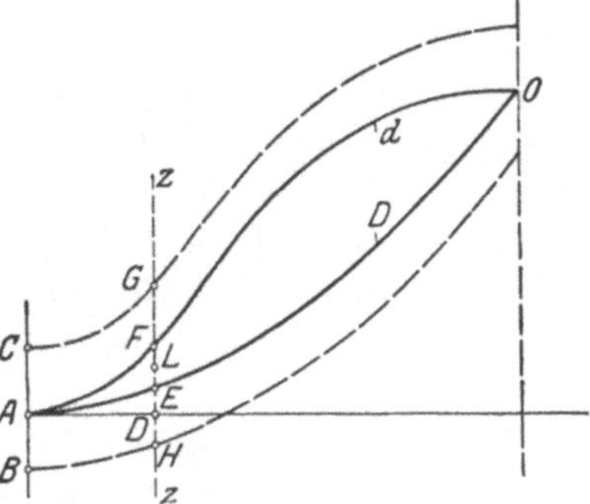

Abb. 313. Einfluß zu rascher Erhitzung auf die Spannungen (Heyn).

Anfangsspannungen kann vermieden werden, wenn die Erhitzung so langsam erfolgt, daß kein Temperaturunterschied zwischen den beiden Stäben entsteht. Aber selbst in diesem Falle ist der Erfolg des Glühens gleich Null, denn wenn die Glühtemperatur lange genug konstant gehalten wird, gleichen sich die Längenänderungen der Stäbe d und D in Abb. 313 zwar aus, aber da wir uns noch immer im Gebiet der elastischen Formänderungen befinden, bleiben die Anfangsspannungen + AC bzw. — BA bestehen. Erst wenn die Glühtemperatur innerhalb des Gebietes der plastischen Formänderungen gewählt wird, kann ein Ausgleich der Spannungen durch solche Formänderungen geschaffen werden, vorausgesetzt, daß nicht nur die Erhitzung, sondern auch, wie leicht einzusehen ist, die Abkühlung so langsam erfolgt, daß sich kein Temperaturunterschied zwischen den einzelnen Querschnitten der Gußstücke ausbildet. Zum mindesten innerhalb des Gebietes der elastischen Formänderungen muß also die Abkühlung langsam erfolgen. Genaue Angaben über die notwendige Höhe der Glühtemperatur zu machen, ist noch nicht möglich wegen der in Abschnitt IV bereits erwähnten Unkenntnis der Temperaturabhängigkeit der Elastizitäts- und Streckgrenze. Indessen dürfte die Temperatur der dunklen Rotglut, also 500 — 600⁰, in den meisten Fällen für die Entfernung der Spannungen ausreichen, wobei, wie erwähnt, der Geschwindigkeit der Erhitzung und Abkühlung besondere Aufmerksamkeit zu schenken ist.

2. Die Umkristallisation (Glühen) des nicht verarbeiteten schmiedbaren Eisens.

Mit Umkristallisation seien die Vorgänge beim Erhitzen oder Glühen des aus dem Schmelzfluß abgekühlten schmiedbaren Eisens (Stahlformguß) bezeichnet, soweit sie mit einer Gefügeänderung und nicht lediglich mit Entfernung von Spannungen verknüpft sind. Die Höhe der Glühtemperatur, die Zeitdauer des Glühens und die Geschwindigkeit der Abkühlung sind die hierbei maßgebenden Faktoren.

A. Glühtemperatur.

Wird bei der Erhitzung untereutektoidischer[1]) Stähle die Temperatur der Horizontalen PSK (Abb. 16) erreicht, so geht der im vorher langsam abgekühlten Stahl vorhandene Perlit in feste Lösung über. Wird die Perlitlinie PSK nach höheren Temperaturgebieten hin überschritten, so geht außer dem Perlit um so mehr Ferrit in feste Lösung über, je höher die Erhitzungstemperatur ist. Sowie die Temperatur die Ferritlinie GOS erreicht wird, ist das gesamte Ferrit-Perlitgemisch in feste Lösung verwandelt. Die Hebelbeziehung ergibt die bei einer bestimmten Temperatur und einem bestimmten Kohlenstoffgehalt miteinander im Gleichgewicht befindlichen Mengen Ferrit und feste Lösung.

Bei der Abkühlung der über PSK erhitzten Legierung scheidet sich nach Maßgabe des Zustandsdiagramms wieder Ferrit und Perlit ab, die Legierung kristallisiert um. Die Umkristallisation kann nur dann vollständig sein, wenn bei der Erhitzung die Linie GOS überschritten, die Legierung also bis in das Temperaturgebiet der homogenen festen Lösung gebracht worden ist. Sowohl die Perlit- als auch die Ferritlinie werden bei der Erhitzung in höherer Temperaturlage als bei der Abkühlung gefunden. Der Unterschied beider, die Hysteresis, verschwindet aber wahrscheinlich, wenigstens innerhalb gewisser Grenzen der chemischen Zusammensetzung, bei zweckmäßiger Wahl der Abkühlungs- und Erhitzungsgeschwindigkeit bzw. -dauer. Hierfür sprechen u. a. die Versuche von H. Meyer[2]) mit nickel- und manganhaltigen Stählen. Es muß berücksichtigt werden, daß bei der Abkühlung aus dem Gebiet der festen Lösung Unterkühlungen auftreten können. Ferner ist der bei der Erhitzung erfolgende Lösungsvorgang wie jeder derartige Vorgang an die Zeit gebunden und von der Korngröße der Bestandteile Ferrit und Perlit abhängig. Die zweifellos in der Literatur vorhandenen Abweichungen der Angaben über die Lage der besprochenen Linien sind mit Rücksicht auf diese Gesichtspunkte erklärlich. Hierüber sowie über die Verschiebung der Linien GOS bzw. PSK mit der chemischen Zusammensetzung vgl. II, 3 c, d. Als grobe Faustregel ergibt sich für den Einfluß des Mangans und des Nickels, die als Spezialzusätze hauptsächlich für Stahlformguß in Betracht kommen, daß 1% Mangan die Temperatur des Beginnes der Ferritabscheidung um rd. 70° und 1% Nickel um rd. 35° erniedrigt. Die Erniedrigung des Perlitpunktes scheint etwas geringer zu sein.

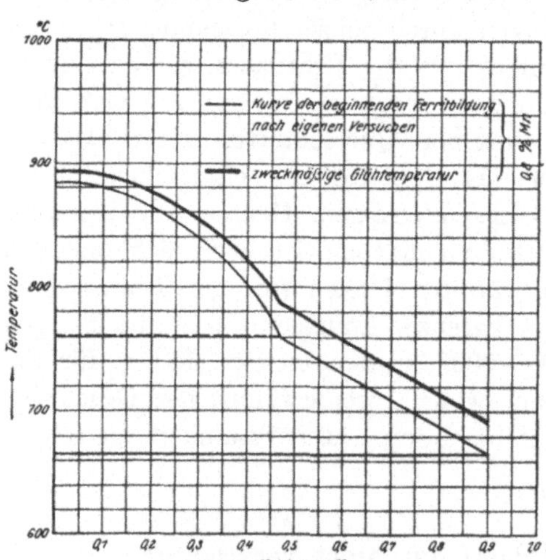

Abb. 314. Zweckmäßige Glühtemperatur von Stahlguß mit 0,8% Mn.

---

1) Nur solche kommen vorwiegend in Frage.   2) St. E. 1914, 1395.

Ausschlaggebend ist aber der Kohlenstoffgehalt. Der Unsicherheit bezüglich der Abhängigkeit der Temperatur beginnender Ferritbildung (Ar_3) bzw. vollendeter Auflösung (Ac_3) vom Kohlenstoffgehalt ist bereits gedacht worden. Im Notfalle entscheidet am besten der direkte Versuch. Für eine Reihe vom Verfasser[1]) untersuchter Materialien ergab sich die auf gleichen Mangangehalt, und zwar $0,8\%$ bezogene Kurve (dünn ausgezogen) Abb. 314. Zur Erzielung vollständiger Umkristallisation ist eine Erhitzung auf rd. 30° über die aus dieser Kurve in Abhängigkeit vom Kohlenstoffgehalt sich ergebenden Temperaturen erforderlich (dick ausgezogene Kurve).

Die auf ihre Bildungstemperatur erhitzte feste Lösung besitzt ein Minimum der Korngröße, da kurz oberhalb GOS die Zahl der Kristallisationskeime eine sehr große ist. Ausgehend von der Annahme, daß die Korn-

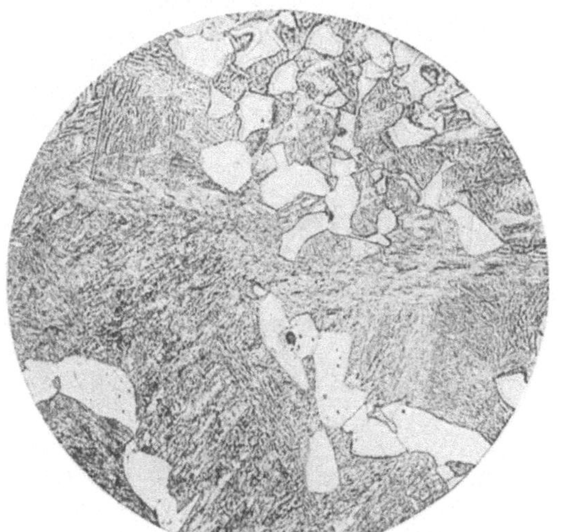

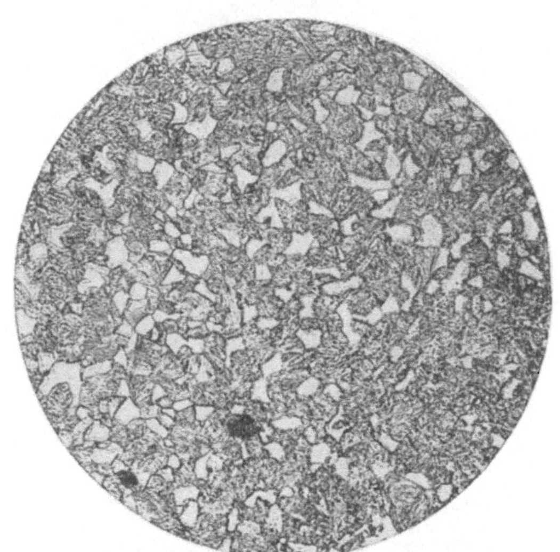

Abb. 315. Stahl mit $0,3\%$ C auf 1100° erhitzt, bis 840° abgekühlt, dann abgeschreckt, Ätzung II, x 225.

Abb. 316. Derselbe Stahl wie Abb. 315, jedoch auf 980° erhitzt, bis 840° abgekühlt, dann abgeschreckt, Ätzung II, x 225.

grenzen als Flächen geringerer Gitterstabilität anzusehen sind, infolgedessen bei allotropen Umwandlungen zuerst zur Phasenänderung neigen werden, i. a. W., daß sie die Flächen größter spontaner Kernzahlen sein werden, ist zu erwarten, daß das aus dem Minimum der Korngröße der festen Lösung bei nachfolgender Abkühlung entstehende Ferrit-Perlit-Gemisch ebenfalls ein Minimum der Korngröße aufweisen wird. Je weiter die Erhitzung in das Gebiet der festen Lösung hinein erfolgt, um so größer wird das Wachstumsbestreben der γ-Kristalle und demzufolge wird das bei der Abkühlung entstehende Ferrit-Perlitgemisch auch um so gröber. Das in Abb. 315 und 316 dargestellte Beispiel nach Meyer[2]) erläutert dies an einem bei 840°, also zwischen Ar_1 und Ar_3, abgeschreckten Probematerial mit $0,3\%$

---

[1]) St. E. 1915, 93.   [2]) St. E. 1914, 1395.

Kohlenstoff und 0,25% Mangan, das vor dem Abschrecken einmal (Abb. 315) auf 1100°, das andere Mal (Abb. 316) nur auf 980° erhitzt worden war. Die Zahl der Ferritkerne ist im ersten Falle bedeutend kleiner als im letzten.

Da die Korngröße der festen Lösung bei ihrer Bildungstemperatur ein Minimum ist, wird bei der teilweisen Umkristallisation durch Glühen innerhalb des Gebietes GOSP lokal, und zwar, soweit bei der Erhitzung Auflösung erfolgte, Verfeinerung des Gefüges stattfinden. Indessen bleibt, solange nicht die Linie GOS überschritten wird, das ursprüngliche grobe Korn unzerstört, und die Folge des Glühens ist lediglich eine scheinbare Verfeinerung, und zwar ein Zerfall in gleichorientierte Elemente. Glühen bei der Temperatur

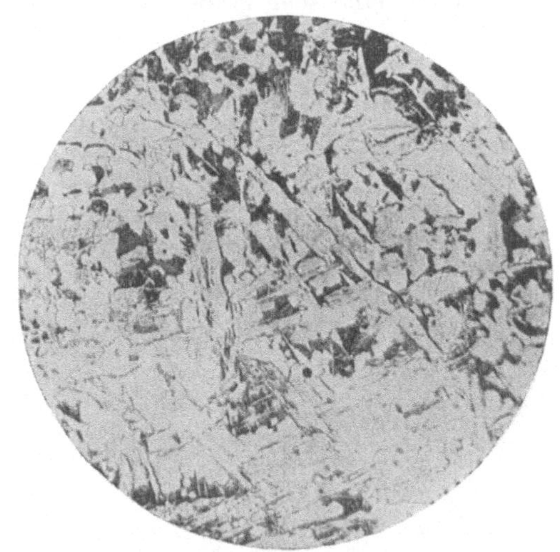

<table>
<tr><td>Abb. 317. Stahlguß mit 0,27% C,
ungeglüht, Ätzung II, x 80.</td><td>Abb. 318. Stahlguß mit 0,27% C,
bei 750° geglüht, Ätzung II, x 80.</td></tr>
</table>

PSK bewirkt natürlich nur Umkristallisation des Perlits, der dadurch sowohl in seiner Korngröße als in seinem Aufbau verändert wird. Glühen bei Temperaturen unterhalb PSK beeinflußt lediglich die Ausbildung des Perlits und führt, wenn die Höhe der Temperatur genügt und Zeit zur Verfügung steht, zur Koagulierung der Zementitlamellen des Perlits, den man dann (zum Unterschied von lamellarem) körnigen Perlit nennt. Über die Bedingungen zur Erzielung von körnigem Perlit sind an anderer Stelle bereits Einzelheiten mitgeteilt worden, vgl. II, 3 d.

Abb. 317 ist ungeglühter Stahlguß mit 0,27% Kohlenstoff und 0,88% Mangan. Das Gußgefüge ist vom Typus V: Widmannstätten. Die zur völligen Umkristallisation erforderliche Glühtemperatur für diesen Stahlguß errechnet sich zu 850 + 30°. Abb. 318 ist das Gefüge des bei 750° geglühten Materials. Bei dieser Temperatur sind nach der Hebelbeziehung 48,6% Ferrit und 51,4% feste Lösung mit 0,525% Kohlenstoff im Gleichgewicht. Von den 51,4% entfallen 30 auf die zur Perlitbildung erforderliche feste Lösung, so daß von 665 bis 750⁰ 21,4% Ferrit in die feste Lösung übergegangen sind. Eine Verfeinerung des Gefüges ist zweifellos vorhanden, doch ist sie einerseits lokali-

Abb. 319. Stahlguß mit 0,27% C, bei 800⁰ geglüht, Ätzung II, x 80.

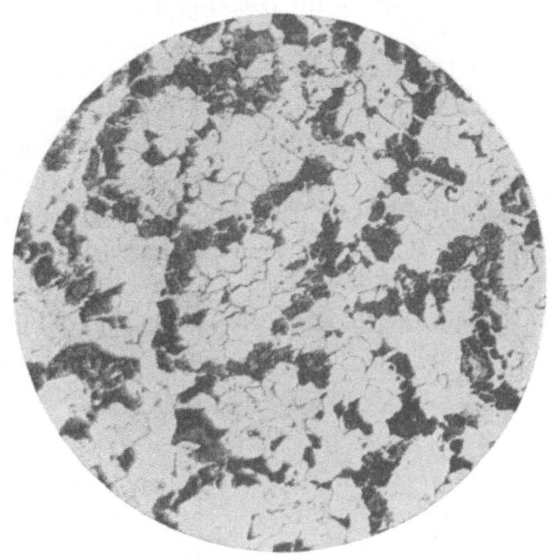

Abb. 320. Stahlguß mit 27% C, bei 850⁰ geglüht, Ätzung II, x 80.

Abb. 321. Stahlguß mit 0,27% C, bei 900⁰ geglüht, Ätzung II, x 80.

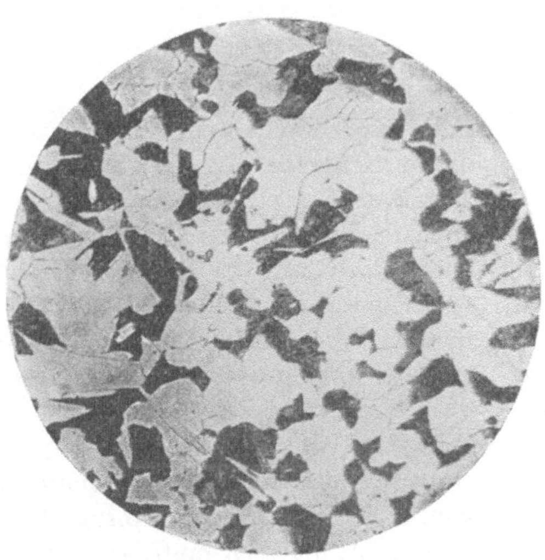

Abb. 322. Stahlguß mit 0,27% C, bei 1000⁰ geglüht, Ätzung II, x 80.

siert und anderseits nur scheinbar, denn man erkennt, daß Ferrit und Perlit im größten Teile des Gesichtsfeldes gleichorientiert sind, demnach das grobe Korn des Gußgefüges in Wirklichkeit nicht zerstört ist. Die gleichen Erläuterungen gelten für Abb. 319, die das Gefüge des bei 800° geglühten Stahls zeigt. Hier ist aber die scheinbare Verfeinerung bedeutend stärker und auf größere Gebiete ausgedehnt. Bei dieser Temperatur sind rd. 65% feste Lösung mit 35% Ferrit im Gleichgewicht; von 665 bis 800° sind demnach 35% Ferrit in feste Lösung übergegangen. Bei 850° (Abb. 320) ist die Gesamtheit des Ferrits gelöst. Die Umkristallisation bei der Abkühlung ist vollständig. Die Ferritkristalle sind nicht mehr nadelig, sondern haben nach allen Richtungen annähernd gleiche Ausdehnung und individuelle Orientierung. Wir haben es hier mit einer wahren, im Gegensatz zu der bei den niedrigeren Glühtemperaturen beobachteten scheinbaren Korngröße des Ferrits zu tun. In der Anordnung des Perlits ist eine gewisse Regelmäßigkeit nicht zu verkennen, die sich in netzwerkähnlicher Anordnung des Perlits äußert. Schon das vorhergehende Bild deutet diese Struktur an. Der Lösungsvorgang beginnt bei der Erhitzung in den perlitischen Teilen der Legierung. Mit steigender Temperatur nimmt

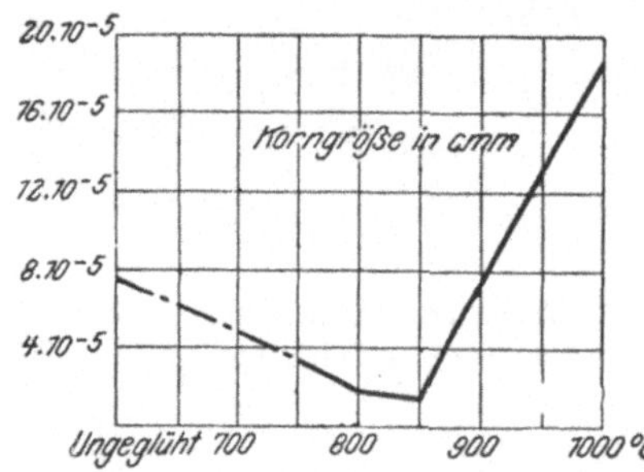

Abb. 323. Abhängigkeit der Korngröße in Stahlguß mit 0,27% C von der Glühtemperatur.

der gelöste Ferritanteil zu. Aber selbst wenn die Linie GOS bei der Erhitzung erreicht wird, hängt die Homogenität der Lösung von der Zeit ab, die dem Kohlenstoff zur gleichmäßigen Verteilung (durch Diffusion) zur Verfügung steht, und es ist leicht einzusehen, daß diese Zeit mit steigender Korngröße wachsen muß. Die Abb. 320 ist ein Beispiel für unvollständigen Ausgleich des Kohlenstoffgehaltes. In den kohlenstoffärmeren Mittelpunkten des Netzwerks beginnt bei der Abkühlung die Ferritbildung und mit sinkender Temperatur wird infolge weiterer Ferritausscheidung der Kohlenstoff in die sich ständig anreichernde Lösung getrieben. Dieser Vorgang nimmt ein Ende bei der Temperatur der Perlitlinie PSK, und der Perlit muß notgedrungen an den Grenzflächen der Ferritagglomerate kristallisieren. Rasche Erhitzung oder kurze Erhitzung auf Temperaturen nahe an der Linie GOS bzw. längere auf wenig unterhalb GOS gelegene Temperaturen führen wahrscheinlich zur Ausbildung dieser Gefügeart. Abb. 321, die das Gefüge des 50° über die Linie GOS erhitzten Stahlgusses zeigt, weist schon keine Spur des geschilderten Perlitnetzwerkes mehr auf, dafür ist aber die Korngröße des Ferrits gewachsen. Durch Erhitzung auf noch höhere Temperatur, z. B. 1000°, wird eine weitere Vergrößerung des Perlit-Ferrit-Gemisches (Abb. 322) erzeugt. Die an dieser Versuchsreihe festgestellten Korngrößen des Ferrits sind in Abb. 323 graphisch dargestellt, indessen muß berücksichtigt werden, daß die links vom Minimum gelegenen Werte scheinbare sind und nur die rechts hiervon eingetragenen wirkliche Korngrößen veranschaulichen.

Es ist einzusehen, daß bei ständiger Steigerung der Glühtemperatur gröbste Körnung und schließlich wieder ein Gefüge erreicht würde, das dem des ungeglühten Stahls sehr nahe kommt. Der Perlit findet sich dann nicht mehr an den Grenzen der Ferritkörner, vielmehr bilden Ferrit + Perlit das Korn und ordnen sich innerhalb dieses nach kristallographischen Gesetzen

Abb. 324. Stahlguß mit 0,4% C,
ungeglüht, Ätzung II, x 100.

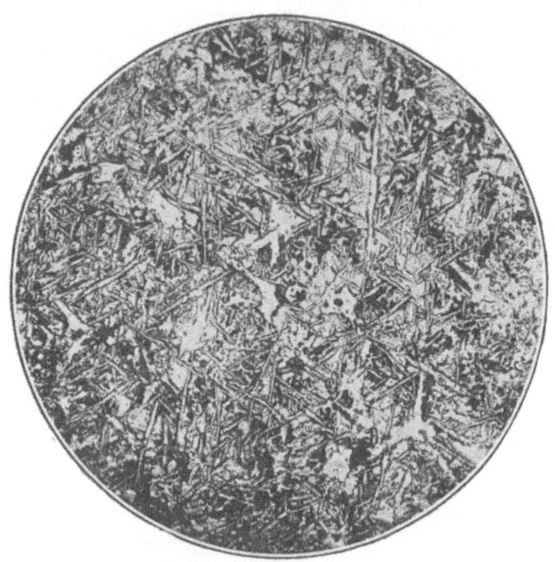

Abb. 325. Stahlguß mit 0,4% C,
bei 730° geglüht, Ätzung II,
x 100.

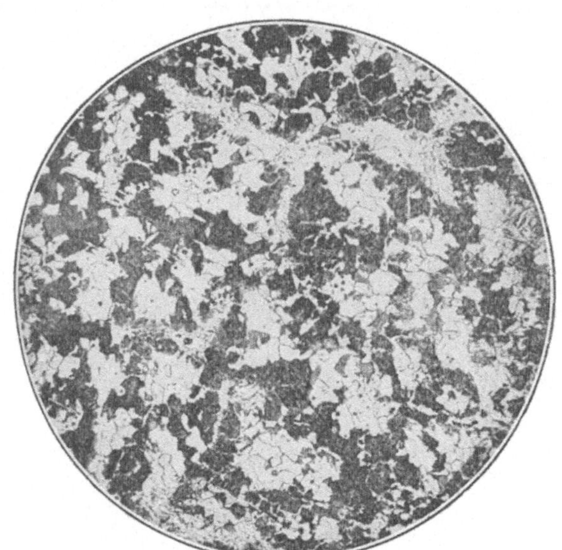

Abb. 326. Stahlguß mit 0,4% C,
bei 800° geglüht, Ätzung II,
x 100.

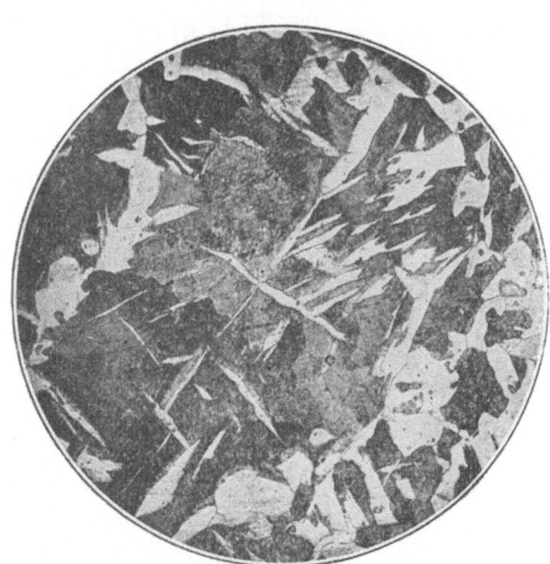

Abb. 327. Stahlguß mit 0,4% C,
bei 1000° geglüht, Ätzung II,
x 100.

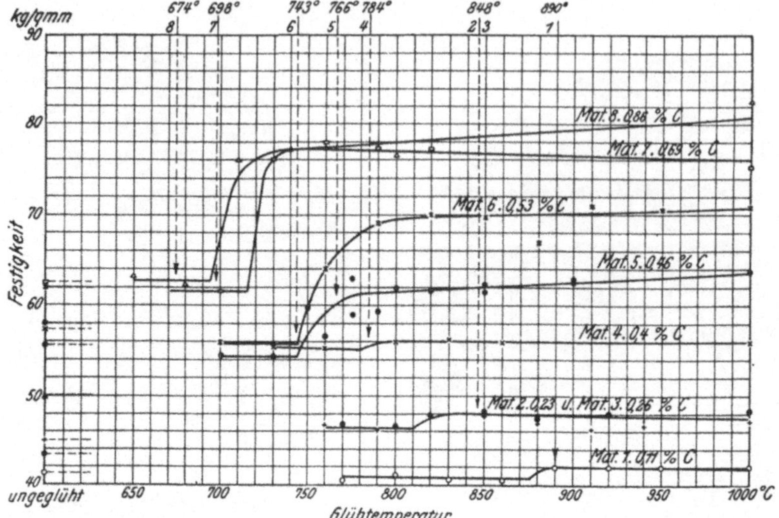

Abb. 328. Abhängigkeit der Festigkeit verschiedener Stahlgußsorten von der Glühtemperatur.

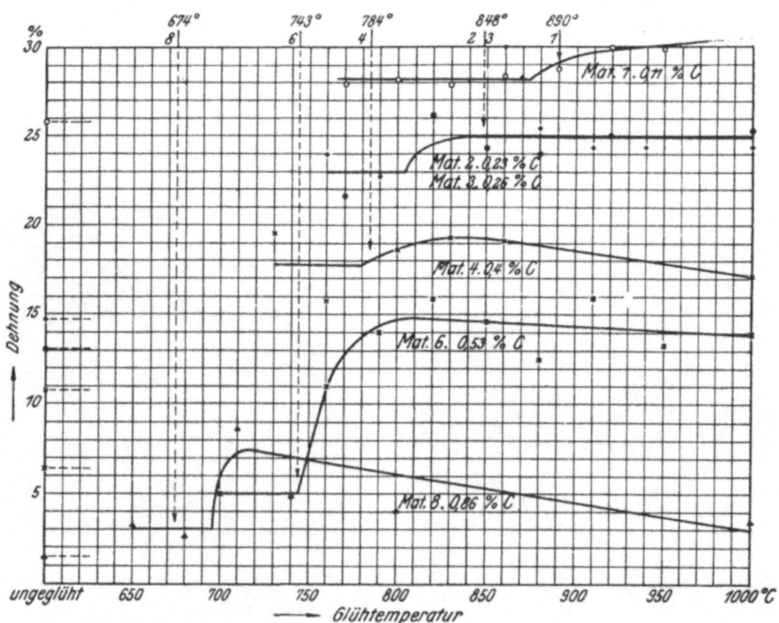

Abb. 329. Abhängigkeit der Dehnung verschiedener Stahlgußsorten von der Glühtemperatur.

an, es entsteht Widmannstättensches Gefüge oder eine andre Abart der Gußstruktur, je nach den besonderen Versuchsbedingungen. In diesem Falle bezeichnet man den Stahl als überhitzt. Die Gußstruktur und die Struktur des überhitzten Stahls können demnach identisch sein. Mit steigendem Kohlenstoffgehalt sinkt die zur Überhitzung erforderliche Temperatur. Während in dem vorhergehenden Beispiel eines Stahlgusses mit 0,27% Kohlenstoff bei 1000° noch keine Überhitzung zu erkennen ist, tritt sie deutlich bei dieser Temperatur in einem Stahlguß mit 0,4% Kohlenstoff (Umkristallisationstemperatur = 805°) auf, wie das in den Abb. 324—327 veranschaulichte Beispiel zeigt, das im übrigen auch die am ersten Beispiel entwickelten allgemeinen Grundsätze bestätigt.

Außer dem mikroskopischen Gefüge verändert sich auch das Bruchgefüge mit der Glühtemperatur, und zwar bleibt der meist grobkristalline Bruch des ungeglühten Stahls so lange erhalten, bis die Temperatur der Linie GOS erreicht ist, dies in Übereinstimmung mit der Tatsache, daß innerhalb des Gebietes GOSP nur eine scheinbare Kornverfeinerung erfolgt. Eine bedeutende Verfeinerung des Bruchgefüges ist mit dem Erreichen der Linie GOS beim Glühen verknüpft, und eine Vergröberung wird erst dann wieder bewirkt, wenn das Glühen in höheren Temperaturlagen erfolgt, insbesondere wenn Überhitzung stattgefunden hat.

Hand in Hand mit den Gefügeänderungen beim Glühen gehen die Änderungen der Festigkeitseigenschaften, wie aus den Kurven Abb. 328—330 nach eigenen[1]) Untersuchungen hervorgeht. Die Zusammensetzung der untersuchten Qualitäten sowie die aus dem Kohlenstoff und Mangangehalt berechneten Temperaturen, bei der die Umkristallisation beendet ist, sind aus der nachfolgenden Zusammenstellung ersichtlich:

Temp. d. vollst. Umkristallisation bei d. Erhitzung	Nr.	% C	% Mn	% Si	% P	% S
890°	1	0,11	0,60	0,40	0,030	0,035
847°	2	0,23	0,98	0,38	0,042	0,038
848°	3	0,26	0,80	0,25	0,024	0,030
784°	4	0,40	1,11	0,21	0,027	0,039
766°	5	0,46	0,92	0,20	0,041	0,042
743°	6	0,53	0,79	0,25	0,027	0,036
698°	7	0,69	1,03	0,25	0,021	0,022
674°	8	0,86	0,90	0,27	0,016	0,028

In allen Fällen ist ein Anstieg der Kurven in der Nähe der berechneten Umkristallisationstemperatur zu beobachten. Wenn die Temperatur dieses Anstiegs mit der berechneten nicht vollkommen übereinstimmt und nicht für alle Eigenschaften gleich ist, so gilt doch der bereits erwähnte Grundsatz, daß 30° oberhalb der berechneten Temperatur der Anstieg der Kurven vollzogen und eine Verbesserung der Eigenschaften eingetreten ist. Vor allen Dingen ist nach vollzogener Umkristallisation die Abweichung der Einzelwerte vom Mittel bedeutend geringer, das Material nähert sich dem Zustande der Quasiisotropie. Die nachfolgenden Zahlen veranschaulichen dies. Die Materialien sind dieselben wie S. 308 (sekundäre Kristallisation), jedoch rd. 30° oberhalb Ar_3 geglüht.

---

[1]) St. E. 1915, 93.

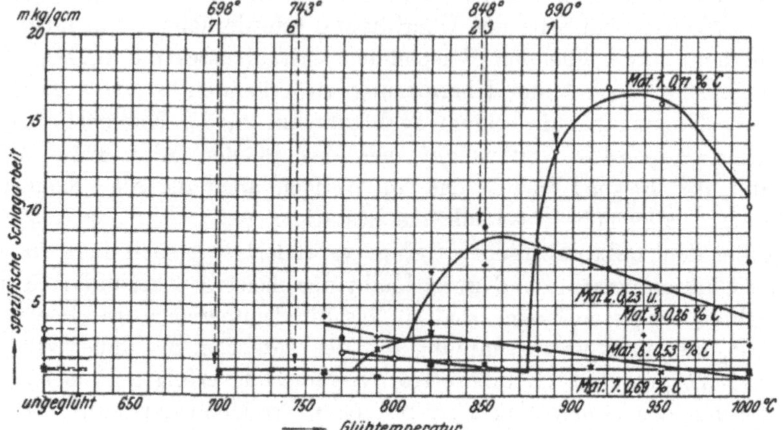

Abb. 330. Abhängigkeit der spezifischen Schlagarbeit verschiedener Stahlgußsorten von der Glühtemperatur.

Kohlenstoff %	Streckgrenze kg/qmm	Festigkeit kg/qmm	Dehnung %
	27,9	48,3	25,1
0,26	25,7	47,1	25,3
	26,0	46,9	21,5
	28,6	55,6	18,5
0,40	28,4	56,3	17,5
	30,8	56,5	19,9
	29,8	55,7	21,5
	35,2	68,8	13,1
0,53	33,6	68,6	13,9
	35,2	69,5	14,9

Aus der Betrachtung der Kurven Abb. 328 — 330 ergibt sich:

1. Daß in allen Fällen die Dehnung erhöht wird. (Die Kontraktion verhält sich ebenso.) Eine Verbesserung der Schlagfestigkeit ist dagegen nur bis zu einem Kohlenstoffgehalt von 0,53 % zu erkennen. Materialien mit höherem Gehalt besitzen im gegossenen Zustande an sich so niedrige Schlagfestigkeit, daß eine Verbesserung nicht eintritt oder jedenfalls so gering ist, daß sie mit den zur Verfügung stehenden Hilfsmitteln nicht zu erkennen ist.

2. Die Festigkeit wird im allgemeinen, jedoch nicht immer erhöht. Die Streckgrenze verhält sich ebenso.

3. Der Grad der Verbesserung schwankt außerordentlich.

Den letzteren Umstand suchte ich durch die Annahme zu erklären, daß das Ausgangsprodukt, der ungeglühte Stahlguß, bei gleicher Analyse sich infolge von Verschiedenheiten der Herstellungsbedingungen in verschiedenem Anfangszustand befinden kann. Unter Anfangszustand sei der in erster Linie durch die Geschwindigkeit der Erstarrung (Gießtemperatur, Querschnitt) und der Abkühlung bedingte Zustand zu verstehen. Abb. 331 nach

Arend[1]) veranschaulicht die Abhängigkeit der (Kugel-?)Druckfestigkeit von der Wandstärke bei gleicher Gießtemperatur, i. a. W. den Einfluß der Erstarrungsgeschwindigkeit und damit der von letzterer abhängigen Korngröße.

Die Festigkeit von Stahlguß mit 0,35% Kohlenstoff würde nach Abb. 331, solange die Wandstärke zwischen 50 und 80 mm liegt, durch das Glühen erhöht, bei Wandstärken von 10 bis 50 mm dagegen erniedrigt werden, und auch der Grad der Erniedrigung bzw. der Erhöhung wäre von der Wandstärke abhängig. Vom Standpunkt des Gußgefüges würde das Widmannstättensche Gefüge niedrige, das feinkörnige Ferrit-Perlitgemisch hohe Festigkeit bedingen, Stahlguß mit 0,23% Kohlenstoff zeigt qualitativ ähnliche Verhältnisse, doch ist hier das Gebiet der Festigkeitserhöhung weit ausgedehnter. Zu ähnlichen Ergebnissen bezüglich des Einflusses

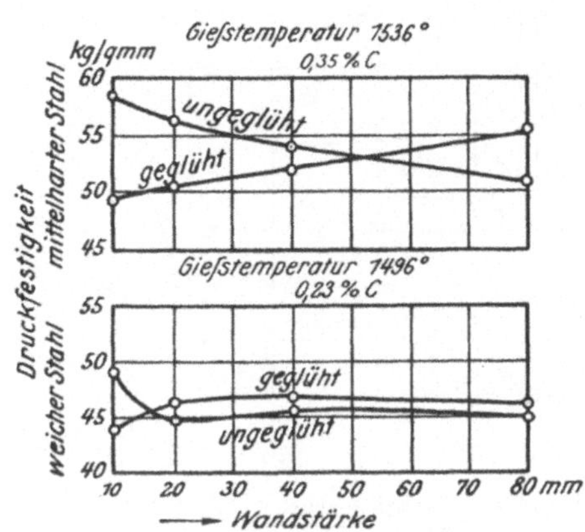

Abb. 331. Abhängigkeit der Druckfestigkeit von der Wandstärke von Stahlguß (Arend).

der Wandstärke gelangten, wie die Abb. 332 und 333 für Festigkeit und Dehnung zeigen, Oberhoffer und Weisgerber[2]). Die mittlere, innerhalb der einzelnen Probekörper sehr wenig schwankende Zusammensetzung der drei Versuchsreihen war folgende:

Versuchsreihe	1	2	3
% C	0,15	0,27	0,43
% Mn	0,67	0,95	0,91
% Si	0,34	0,37	0,35
% P	0,028	0,049	0,028
% S	0,032	0,038	0,039

Wie man aus den Abb. 332 und 333 ersieht, besteht für jede Versuchsreihe eine kritische Wandstärke, bei der weder Erhöhung noch Erniedrigung der Festigkeit eintritt. Die folgende Tabelle enthält die extrapolierten Zahlenwerte für die kritische Wandstärke in Abhängigkeit vom Kohlenstoffgehalt:

% Kohlenstoff	Kritische Wandstärke mm
0,0	9
0,1	11
0,2	13,5
0,3	18,5
0,4	27
0,5	39

Wie schon an andrer Stelle betont wurde, sind die Festigkeitswerte für das geglühte Material wahrscheinlich ohne Fehler im Gegensatz zu denen für das ungeglühte Material, die mit einem prinzipiellen Fehler behaftet sein

---

[1]) St. E. 1917, 396.   [2]) St. E. 1920, 1433.

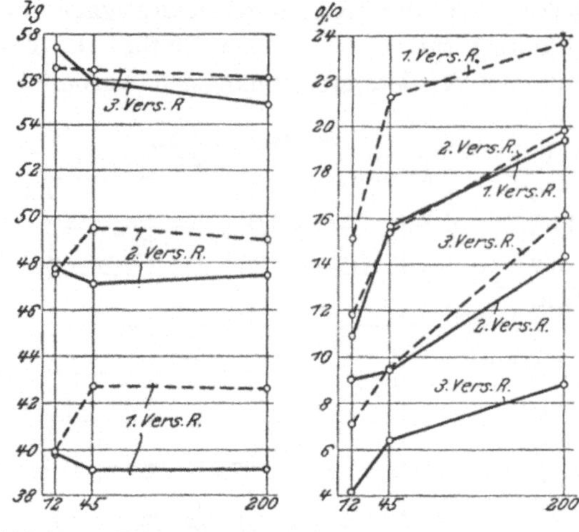

Abb. 332. Zerreißfestigkeit in Abhängigkeit von der Wandstärke in mm (Oberhoffer und Weisgerber).

——————— ungeglüht

- - - - - - geglüht

Abb. 333. Dehnung in Abhängigkeit von der Wandstärke in mm (Oberhoffer und Weisgerber).

——————— geglüht

- - - - - - ungeglüht

können, weil der Einfluß der Quasiisotropie durch geeignete Wahl der Zerreißstabdurchmesser nicht berücksichtigt ist. Eine Nachprüfung nach dieser Richtung erscheint wünschenswert. Hervorzuheben bleibt noch das Verhalten der Dehnung, die zwar durch das Glühen wesentlich gehoben wird, aber sowohl im geglühten wie im ungeglühten Guß steigende Tendenz in Abhängigkeit von der Wandstärke aufweist. Jedenfalls ist zu berücksichtigen, daß bei gleicher Analyse und Glühbehandlung Gußstücke verschiedener Wandstärke bzw. alle Teile eines und desselben Gußstückes mit größeren Verschiedenheiten der Wandstärke nicht dieselben Festigkeitseigenschaften aufweisen können. Durch die mikroskopische Untersuchung, im besonderen durch primäre Ätzung, ist man in der Lage, derartige Verschiedenheiten des in diesem Sinne zu verstehenden Anfangszustandes leicht aufzudecken.

Die Rolle des Phosphors und des Schwefels wurde bereits im Kapitel: Sekundäre Kristallisation beleuchtet, und es ist hervorgehoben worden, daß diese Körper bzw. Legierungsprodukte wegen ihrer ungleichmäßigen Verteilung einen die Quasiisotropie vermindernden Einfluß ausüben. Durch das Glühen wird nun lediglich die Ausbildung des Ferrit-Perlitgemisches, nicht aber die Phosphor- und Schwefelverteilung beeinflußt. Letztere ist sozusagen eine Materialkonstante, erstere ein mit der Art der Wärmebehandlung veränderlicher Faktor, und beide beherrscht die primäre Kristallisation. So bewirkt z. B. rasche Erstarrung nicht nur die Ausbildung eines feinkörnigen primären und damit auch sekundären Kristallisationsproduktes, sondern auch feine und gleichmäßige Verteilung der Phosphor- und Schwefelanreicherungen. Das bei langsamer Abkühlung entstehende grobmaschige Netzwerk von Phosphor- und Schwefelanreicherungen führt in zweckmäßig geglühtem und daher verfeinertem Material aus bekannten Gründen[1]) zur Ausbildung eines grobmaschigen Ferritnetzwerks (vgl. Abb. 267). Je höher demnach, bis zu einer gewissen Grenze, der absolute Phosphor- und Schwefelgehalt ist, um so eher vermag im Verein mit zweckmäßiger Beherrschung des veränderlichen Ferrit-Perlitgemisches beim Glühen auch durch Beschleunigung der Erstarrungsgeschwindigkeit dem auf Verminderung der Quasiisotropie und Beeinträchtigung der Festigkeitseigenschaften gerichteten Einfluß dieser Fremdkörper die Wagschale gehalten zu

---

[1]) S. 309.

werden. Es leuchtet ein, daß nicht in allen Fällen die zweckmäßige Beherrschung des Ferrit-Perlitgefüges zum Ziele führen kann, insbesondere nicht bei ungünstiger, also grobmaschiger Anordnung des Phosphor- und Schwefelnetzwerks oder bei übermäßig hohem Gehalt an den beiden Elementen. Folgende Beispiele erläutern dies an zwei bezüglich der Phosphor- und Schwefelgehalte verschiedenen Stahlgußqualitäten.

Stahlguß I.

0,26 % C
0,80 % Mn
0,25 % Si
0,027% P
0,030% S

Behandlung	Streckgrenze kg/qmm	Festigkeit kg/qmm	Dehnung %	Kontraktion %	Spez. Schlagarbeit mkg/qcm
Ungeglüht	24,3	38,2	5,1	5,3	2,77
	22,9	47,6	23,3	27,7	3,25
	22,9	44,4	11,0	9,6	2,80
Geglüht bei 850°	27,1	47,1	22,4	36,0	9,9
	28,5	48,5	26,9	45,3	9,9
	29,8	48,5	23,8	40,1	8,4

Stahlguß II.

0,24 % C
0,62 % Mn
0,30 % Si
0,083% P
0,065% S

Behandlung	Streckgrenze kg/qmm	Festigkeit kg/qmm	Dehnung %	Kontraktion %	Spez. Schlagarbeit mkg/qcm
Ungeglüht	n. b.	46,4	6,5	7,2	1,3
	„	45,8	9,5	11,1	1,2
	„	46,8	11,5	14,8	1,4
Geglüht	31,3	48,3	9,5	13,3	2,0
	31,4	48,5	10,0	17,1	1,8
	32,4	50,2	13,5	18,4	2,0

B. Glühdauer.

Das Kristallwachstum wird durch die Zeit gefördert, und zwar um so mehr, je höher gleichzeitig die Temperatur ist. Erfolgt das Glühen im Gebiet der festen Lösung, so wachsen mit steigender Glühdauer die γ-Kristalle, und bei der Umkristallisation auch die Elemente des Ferrit-Perlitgemisches. Verlängerung der Glühdauer wirkt also in ähnlichem Sinne wie Erhöhung der Glühtemperatur. Abb. 334 erläutert den Einfluß der Glühdauer bei 880° bzw. 950° auf die Größe des Ferritkornes im Stahlguß II der vorhergehenden Beispiele.

Das Wachstum des Ferrits wird durch gleichzeitig vorhandenen Perlit gehindert und sinkt demnach mit steigendem Kohlenstoffgehalt, es ist aber wahrscheinlich, daß dann das Wachstumsbestreben des Perlitkorns zunimmt. In den üblichen, kohlenstoffärmeren Stahlgußqualitäten wirkt die Vergrößerung des Ferritkornes erhöhend auf die Dehnung, erniedrigend auf Festigkeit und spezifische Schlagarbeit. Abgesehen hiervon gelangt aber der die Quasiisotropie mindernde Einfluß der Phosphor- und Schwefelanreicherungen um so deutlicher zum Ausdruck, je gröber das Korn ist, so daß zur Erhöhung der Dehnung von dem Mittel der verlängerten Glühdauer nur mit besonderer Vorsicht Gebrauch zu machen ist.

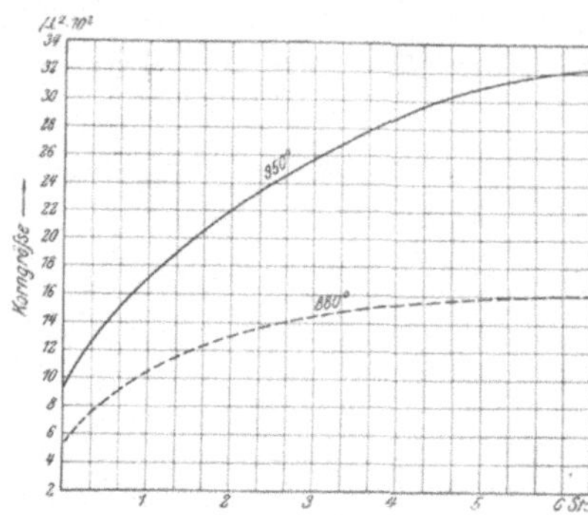

Abb. 334. Abhängigkeit der Korngröße des Ferrits von der Glühdauer.

C. Abkühlungsgeschwindigkeit.

Ebenso wie Beschleunigung der Erstarrung zur Ausbildung einer feinkörnigen festen Lösung führt, begünstigt auch Beschleunigung der Abkühlung durch das Gebiet GOSP die Ausbildung eines feinkörnigen Ferrit-Perlitgemisches. Leider kann von diesem Mittel kein allzu ausgiebiger Gebrauch gemacht werden, weil die Gefahr des Auftretens von Spannungen infolge ungleichmäßiger Abkühlung zu nahe liegt. Diese Gefahr ist dadurch herabzumindern, daß man nach beendetem Glühen durch Entfernung des Brennmaterials von den Rosten oder durch Abstellen des Gases und Eintretenlassen kalter Luft die Temperatur rasch auf Dunkelrotglut sinken und die weitere Abkühlung durch Schließen der Rauchschieber wieder langsam erfolgen läßt[1]). Rasche Abkühlung durch das Gebiet GOSP hat insofern eine weitere günstige Wirkung, als größere Ferritansammlungen um die Schlackeneinschlüsse verhindert und die Quasiisotropie erhöht wird. Abb. 335 ist ein Stahlguß mit ausgeprägtem Netzwerk sulfidischer Einschlüsse und entsprechendem Ferritnetzwerk nach rascher Abkühlung,

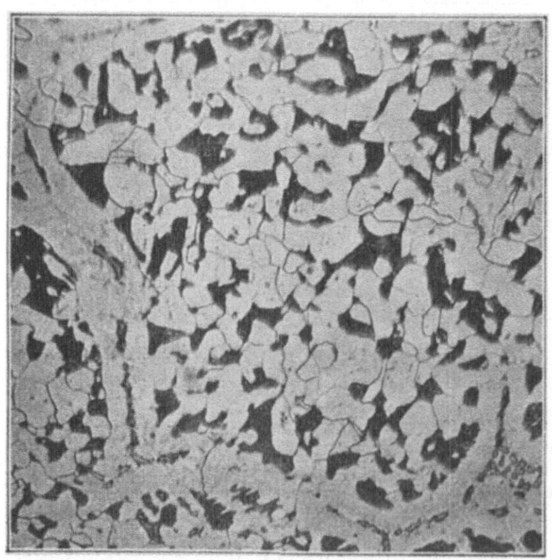

Abb. 335. Ferritnetzwerk bei rascher Abkühlung, Ätzung II, x 80.

<hr>

[1]) Galli, Taschenbuch für Eisenhüttenleute, 672.

Abb. 336 derselbe Stahlguß, jedoch sehr langsam durch das
Gebiet GOSP hindurch abgekühlt. Die Verbreiterung des
Ferritnetzwerks ist unverkennbar. Abgesehen von der Korngröße wird auch die Ausbildung
des Perlits durch die Geschwindigkeit der Abkühlung, also
im wesentlichen des Über-
schreitens der Linie PSK beeinflußt. Langsame Abkühlung
bewirkt die Entstehung der körnigen bis lamellaren, rasche die
Ausbildung der sorbitischen Form
des Perlits. Letztere zeichnet sich
durch höhere Festigkeit bei wenig
verminderter Dehnung aus.

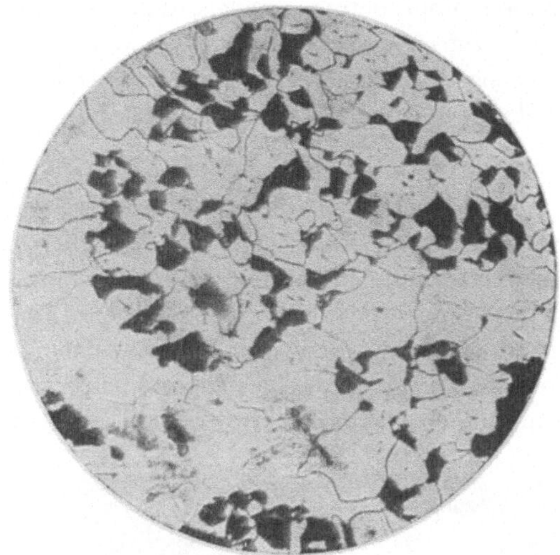

Abb. 336. Ferritnetzwerk bei langsamer Abkühlung, Ätzung II, x 80.

3. Die Kaltverformung und Rekristallisation des schmiedbaren Eisens, die Ermüdungs- und Alterungserscheinungen sowie die Blaubrüchigkeit.

Es hat sich als notwendig erwiesen, zwischen Kalt- und Warmverformung zu unterscheiden. Erstere kommt in Betracht bei den Verarbeitungs-
oder Formgebungsvorgängen des Ziehens, Kaltwalzens, Hämmerns und Pressens
usw., letztere bei denen des Warmwalzens, -schmiedens und -pressens usw.
Da die typischen Begleiterscheinungen der Kaltverformung, wie insbesondere
die Steigerung der Festigkeit (Verfestigung) und der Härte, die Abnahme der
Dehnung und der Zähigkeit sowie besondere Gefügemerkmale sich nicht nur
dann feststellen lassen, wenn die Verformung bei Raumtemperatur erfolgt,
sondern auch dann noch, wenn die Temperatur ziemlich erheblich gesteigert
wird, so hat man sich mehrfach bemüht, eine Temperaturgrenze zwischen
Kalt- und Warmverformung festzulegen. So hat man die A_3-Umwandlung als
natürliche Grenze der beiden Formgebungsintervalle angesehen, weil im γ-Ge-
biet nach Rosenhain und Humfrey[1]) der Bruch den Korngrenzen entlang,
also interkristallin erfolgt, ohne daß das Korn seine Gestalt merklich verändert,
während unter A_3 eine Kornverzerrung stattfindet und gleichzeitig der Bruch
intrakristallin erfolgt. Aber schon Heyn[2]) glaubt an einen allmählichen
Übergang der beiden Intervalle ineinander, und die neuere Forschung zeigte
sogar, daß zwischen beiden ein mit den Rekristallisationserscheinungen ver-
knüpftes, sogenanntes kritisches Formgebungsintervall besteht. Berücksichtigt
man dazu noch, daß die Verformung in der Blauwärme zu besonders typischen
Eigenschaftsänderungen Anlaß gibt, so erkennt man, daß die einfache Teilung
in Kalt- und Warmverformung den heutigen Anschauungen nicht mehr genügt, oder daß, wenn man an der alten Teilung festhalten will, die oben erwähnten Anomalien des Kaltverformungsintervalls berücksichtigt werden müssen.

---

[1]) Ir. st. Inst. 1913, I, 219.   [2]) Mat.-Kde. II A.

Zudem muß betont werden, daß das Studium aller mit der Definitionsfrage verknüpften Erscheinungen keineswegs erschöpft ist und die Temperaturgrenzen sich mit Ausnahme der unteren Grenze des Warmverformungsintervalles nur ungefähr festlegen lassen.

A. Die Kaltverformung.

Zunächst seien die von jeder Hypothese unabhängigen Änderungen des Gefüges und der Eigenschaften besprochen, wobei zu betonen ist, daß es sich um Kaltverformungen handelt, die im Dehnungs-Spannungsdiagramm einer Überschreitung der Elastizitätsgrenze entsprechen, also um plastische Formänderungen. Im übrigen werden die Eigenschaften und das Gefüge nicht verändert, solange die Elastizitätsgrenze nicht überschritten ist[1]), d. h. solange die Formänderungen elastischer Natur sind. Mit dem Überschreiten der Elastizitäts-

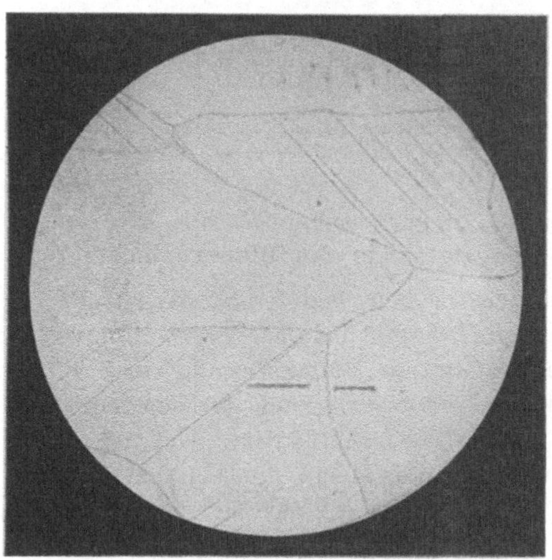

Abb. 337. Translationslinien in reinem
Eisen, Ätzung II, x 100.

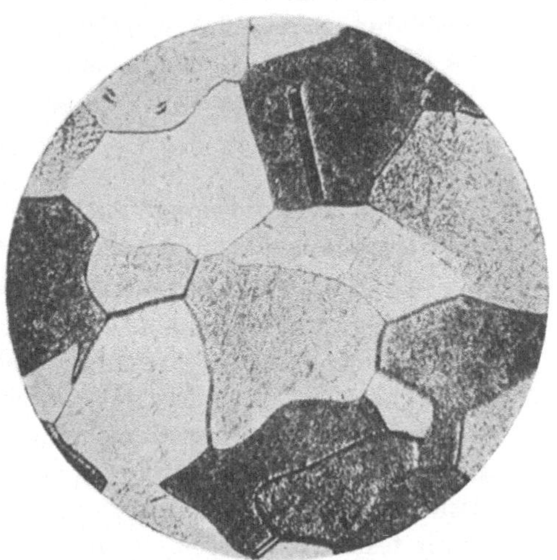

Abb. 338. Zwilling in deformiertem
α-Eisen, x 100.

grenze, also im Gebiet der plastischen Formänderungen, lassen sich auf mikroskopischem und makroskopischem Wege typische Kennzeichen feststellen, die sich mit dem Grade der Verformung ändern und besonders eingehend am weichen, d. h. hauptsächlich aus Ferrit bestehenden Eisen studiert worden sind. Zunächst seien die mikroskopischen Kennzeichen erörtert.

Sowie die Elastizitätsgrenze überschritten ist und demnach bleibende Formänderungen auftreten, beobachtet man an den Kristallen oder Körnern eines polierten und geätzten Stabes das Auftreten von individuell orientierten Linien, sogenannten Translations- oder Gleitlinien, wie sie in Abb. 337 dargestellt sind und deren geradliniger Verlauf besonders hervorzuheben ist.

---

[1]) Die Feststellung, ob eine solche Überschreitung stattgefunden hat, ist nicht so einfach, wie es auf den ersten Blick hin scheinen mag, da infolge von ungleichmäßiger Verteilung der Spannung lokal eine Überschreitung stattfinden kann, obwohl die Gesamtspannung keine solche anzeigt. Die lokale Spannungserhöhung kann z. B. eintreten als Folge der sog. Kerbwirkung (vgl. Ermüdungserscheinungen).

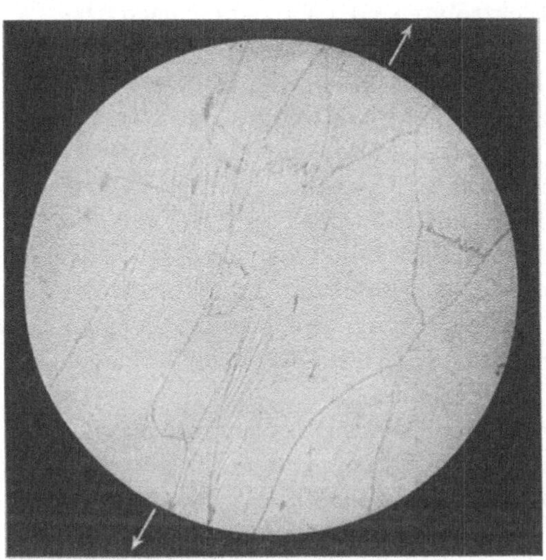

Abb. 339. Banale Fließlinien und Korndeformation in kalt deformiertem, reinem Eisen, Ätzung II, x 200.

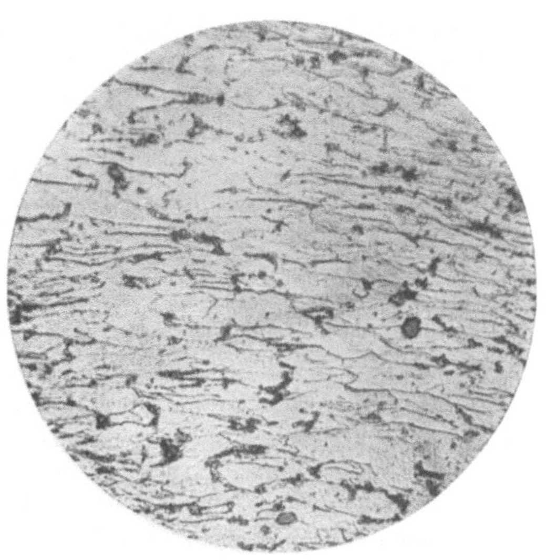

Abb. 340. Gezogene Zone eines um 180° gebogenen Stabes aus weichem Flußeisen, Ätzung II, x 100.

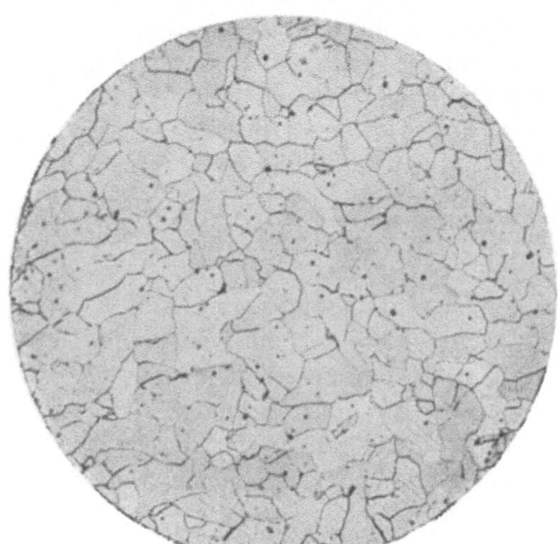

Abb. 341. Neutrale Zone eines um 180° gebogenen Stabes aus weichem Flußeisen, Ätzung II, x 100.

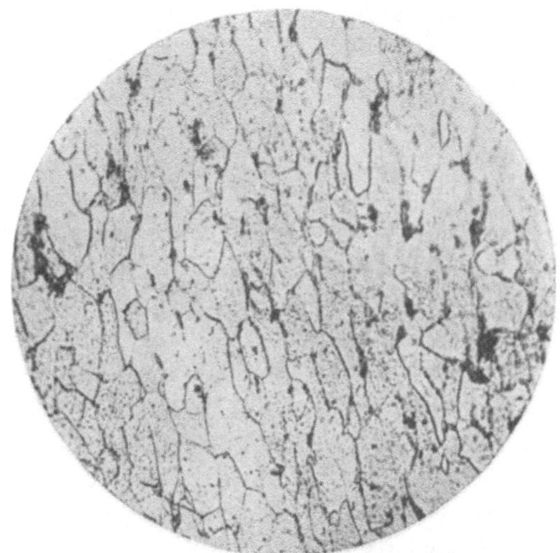

Abb. 342. Gedrückte Zone eines um 180° gebogenen Stabes aus weichem Flußeisen, Ätzung II, x 100.

Mitunter treten Erscheinungen von der in Abb. 338 dargestellten Art auf, indem innerhalb eines Kornes geradlinig begrenzte und durch verschiedene Färbung gekennzeichnete, offenbar individuell orientierte Bereiche auftreten, die man Zwillingslamellen genannt hat. In ein und demselben Kristall können mehrere Zwillingslamellen auftreten. Beim γ-Eisen (vgl. z. B. Abb. 15, 40, 119) ist Zwillingsbildung die Regel, beim α-Eisen tritt sie sehr selten auf. Abb. 338

zeigt eine Zwillingslamelle in α-Eisen (Elektrolyteisen). Man kann nach Osmond und Cartaud[1]) durch Aufschlagen einer Spitze auf polierte Flächen Zwillingsbildung erzeugen. Nach den gleichen Verfassern sind die Zwillingsstreifungen identisch mit den in der Mineralogie bekannten Neumannschen Linien. Wie die Betrachtung der Abb. 337 lehrt, weisen nicht alle Kristalle eines Haufwerks gleichzeitig Gleit- oder Translationslinien auf. Mit steigender Beanspruchung wächst die Zahl der Körner mit Gleitlinien, ebenso wie die Zahl der Gleitlinien pro Korn. In manchen Fällen[2]), insbesondere bei kleinstem Korn, treten sie erst nach erheblicher Überschreitung der Elastizitätsgrenze oder überhaupt nicht auf. Die beim Tiefätzen des Ferrits beobachteten Helligkeitsdifferenzen (n. Czochralski: dislozierte Reflexion) bleiben in diesem Stadium der Formänderung noch erhalten.

Mit steigender Gesamtverformung ändern sich die für das α-Eisen charakteristischen Translationslinien. Sie verlieren ihren bisherigen geradlinigen Verlauf und nehmen mehr oder minder gekrümmte, wellenförmig verlaufende Bahnen an, sie werden „banalisiert" und sind schließlich nur noch abhängig vom Spannungsverlauf. Gleichzeitig erleidet auch die Korngestalt eine Veränderung, und zwar wird das Korn allmählich in der Richtung der Beanspruchung gestreckt. Abb. 339 zeigt die Veränderung des Kornes sowie den von der Orientierung des einzelnen Kornes unabhängigen Verlauf der „Fließlinien" in der durch Pfeile angedeuteten Streckrichtung. Die Abhängigkeit der Korngestalt von der Art der Beanspruchung geht auch aus dem in den Abb. 340 bis 342 dargestellten Beispiel hervor. Abb. 340 entspricht dem unter Zug — Abb. 341 dem unter Druckbeanspruchung stehenden Teil eines im Winkel von 180° gebogenen Flußeisenstabes, während Abb. 342 die neutrale Zone veranschaulicht. Die Abbildungen sind in ihrer natürlichen Stellung im Objekt (Krümmung nach oben) wiedergegeben. Die Abhängigkeit der Korndeformation von der Größe der Beanspruchung, der sogenannnte Streckungsgrad, wird weiter unten besprochen[3]).

Mit steigender Verformung wächst die Zahl der Fließlinien, man kann sie einzeln nicht mehr unterscheiden und beim Ätzen erscheint die Schlifffläche gleichmäßig gefärbt, die sogenannte dislozierte Reflexion tritt nicht mehr auf.

Der Perlit spielt im kohlenstoffhaltigen Eisen eine ganz besondere Rolle wegen seiner Neigung zu ausschließlich banaler Formänderung[4]), die stets der des Ferrits vorauseilt, so daß im letzteren erst Fließlinien erscheinen, wenn der Perlit längst unter dem Einfluß der äußeren Kräfte Gestaltsveränderungen erlitten hat.

Über die Gefügemerkmale der Formänderungsvorgänge in übereutektoidischen Stählen liegen keine Beobachtungen vor[5]).

Die Schlackeneinschlüsse werden im allgemeinen, wie im Kapitel Warmverarbeitung geschildert werden wird, durch letztere in der Streckrichtung

---

¹) Met. 1906, 522.   ²) Osmond und Cartaud, a. a. O.

³) Vgl. hierzu auch Kurrein, Baumat. 1904, Heft 13.

⁴) Vgl. Über die Formänderung des Perlits, Howe, St. E. 1915, 197.

⁵) Vgl. jedoch im nächsten Abschnitt Hanemanns Untersuchungen an kaltgewalztem Bandstahl, sowie im Abschnitt Warmverarbeitung: über das Schmieden übereutektoidischer Stähle.

gestreckt, weil sie bei hoher Temperatur relativ plastisch sind. Eine Formänderung bei gewöhnlicher Temperatur vermögen sie jedoch wegen ihrer Sprödigkeit nicht zu ertragen, brechen vielmehr häufig quer zur Streckrichtung.

Das Erreichen bzw. Überschreiten der Elastizitätsgrenze äußert sich außer durch die vorerwähnten mikroskopischen Merkmale auch noch durch andere, mit bloßem Auge erkennbare, also makroskopische. Es ist längst bekannt[1]), daß auf blanken, insbesondere polierten Zerreißstäben typische, meist geradlinige, unter einem Winkel von 45 bis 60° oder senkrecht oder in beiden Richtungen zur Stabachse verlaufende, mehr oder minder breite Streifen im Relief auftreten, deren Erscheinen mit dem Überschreiten der Elastizitätsgrenze einsetzt, die bei Flachstäben mit scharf abgesetzten Schultern von den Kopfecken ausgehen und sich mit steigender Beanspruchung nach und nach über den ganzen Stab erstrecken, um bei weiterer Steigerung der Beanspruchuug wieder zu verschwinden. Diese Fließfiguren, Hartmannschen[2]) oder Lüdersschen Linien treten im übrigen nicht nur beim Zug-, sondern auch beim Druckversuch und bei jeder andern Art von Festigkeitsversuch auf. Ist die Oberfläche des Versuchskörpers nicht blank, sondern wird sie nach dem Vorgang von Pohlmeyer mit einer künstlichen Oxydschicht versehen, so erscheinen die Fließfiguren als

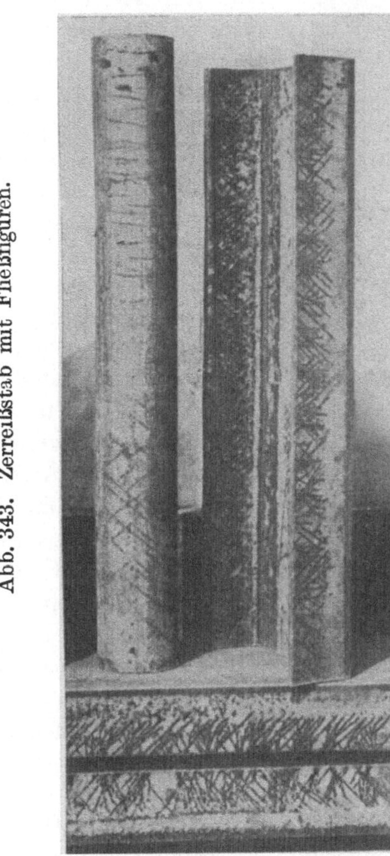

Abb. 343. Zerreißstab mit Fließfiguren.

Abb. 344. Kalt gerichtetes Rohr und U-Eisen mit den durch Rosten entwickelten Fließfiguren.

<hr>

[1]) Vgl. Martens, Mat.-Kde. I, S. 68.
[2]) Vgl. Hartmann, Distribution des déformations dans les métaux soumis à des efforts. Paris: Berger-Levrault & Cie. 1896.

silberweiße Adern in blauschwarzem Grunde. Abb. 343 zeigt Fließfiguren auf einem blanken Zerreißstab. Eine ähnliche Erscheinung läßt sich im übrigen häufig auf den Lagerplätzen von Eisenhüttenwerken beobachten. Bei der Adjustage erleiden die in Frage kommenden Gegenstände wie Träger, Schienen, Rohre usw. durch die Beanspruchung in der Richtmaschine bleibende Formänderungen. Der Zunder springt den Hartmannschen Linien entlang ab, und an diesen blanken Stellen rostetidann das Eisen früher. Abb. 344 zeigt auf solchem Wege entstandene Fließfiguren an einem Rohr und an mehreren

Abb. 345. Durch Rosten entwickelte Fließfiguren auf einer Eisenbahnschwelle, infolge von Stanzen, Nieten, Kappen.

U-Eisen. Sehr typisch äußert sich auch die auf gleichem Wege, d. h. durch Rosten erhaltene Erscheinung auf der in Abb. 345 dargestellten Eisenbahnschwelle[1]). Die durch das Stanzen, Nieten und Kappen hervorgerufenen Deformationen äußern sich durch Fließfiguren. Da das Rosten ein elektrolytischer Vorgang ist, liegt die Vermutung nahe, daß sich die Fließfiguren auch auf dem Wege der Elektrolyse an ebenen Schnitten erzeugen lassen. In der Tat hatte Ferd. Fischer[2]) bereits 1913 bei der Herstellung von Elektrolyteisen nach dem Fischerschen Verfahren Fließfiguren festgestellt. Strauß[3]) fand sie 1905 bei der Ätzung mit Kupferammoniumchlorid an kalt deformierten Eisenteilen. Diese Einzelbeobachtungen sind jedoch nicht weiterverfolgt worden bzw. die Erscheinung war nicht immer reproduzierbar. Erst Fry[4]) gelang es, ein zweckentsprechendes Ätzverfahren zur Entwicklung der Fließfiguren ausfindig zu machen. Abb. 346 ist ein schwach gebogenes Stück Kesselblech, in dem die Fließfiguren (nach Fry: Kraftwirkungsfiguren) durch Ätzung entwickelt worden sind. Sie verlaufen in einem Winkel von etwa 45° zur Blechoberfläche. In der Blechoberfläche verlaufen sie senkrecht zur Bildebene und parallel zueinander. Während ihr Verlauf in dem verhältnismäßig einfachen Fall der Abb. 346 entsprechend einfach ist, verwickelt sich das entstehende Ätzbild nach Maßgabe der Verwicklung in der Art der Beanspruchung. Zur Erläuterung

---

[1]) Für die Überlassung der Bilder spreche ich auch an dieser Stelle Herrn Oberinspektor Stark vom Eisenwerk Witkowitz meinen besten Dank aus.

[2]) Zitiert nach Meyer und Eichholz, Fachber. V. d. E. 1922, W. A. Nr. 20.

[3]) Zitiert nach Strauß und Fry, St. E. 1921, 11.

[4]) St. E. 1921, 1093; vgl. auch die Vorschläge zur Vereinfachung des Ätzverfahrens bzw. der Ätzflüssigkeit von Meyer und Eichholz (a. a. O.) sowie von Bauerfeld und Hornig, Mitt. D. U. 1922. 2, 71.

diene, Abb. 347, ein Schnitt durch eine mit Kugeleindruck (P = 2500 kg) versehene Kesselblechprobe. Weitere Beispiele anzuführen erscheint verfrüht. Der Wert der Ätzung auf Fließfiguren ist zunächst ein rein statistischer, indem diese Messung die Beantwortung der Frage ermöglicht, ob lokale Überschreitungen der Elastizitätsgrenze stattgefunden haben, wobei noch die bereits er-

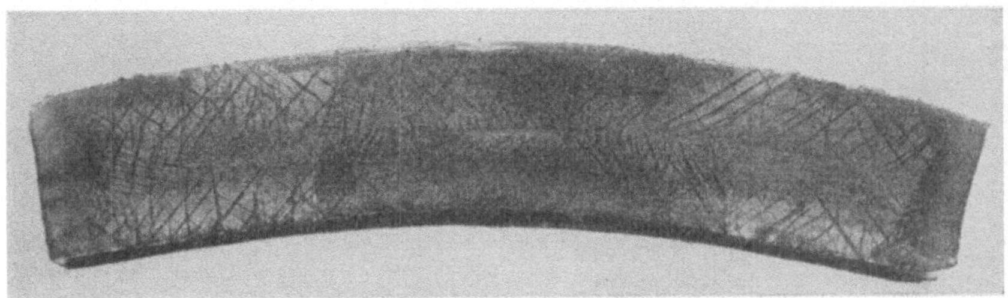

Abb. 346. Gebogenes Blech nach Fry geätzt.

wähnte Tatsache zu berücksichtigen ist, daß die Figuren bei Überschreitung der Elastizitätsgrenze (nach Meyer und Eichholz um etwa 1 kg/qmm) wieder verschwinden bzw. eine mehr oder minder gleichmäßige Dunkelung erfolgt. Sodann vermag die Ätzung Aufschluß über die Art der Beanspruchung (Spannungsverteilung) zu geben doch ist eine erschöpfende Antwort auf diese Frage in erster Linie vom Festigkeitstheoretiker anzustreben[1]). Erwähnenswert ist noch, daß die Entwicklung der Fließ-

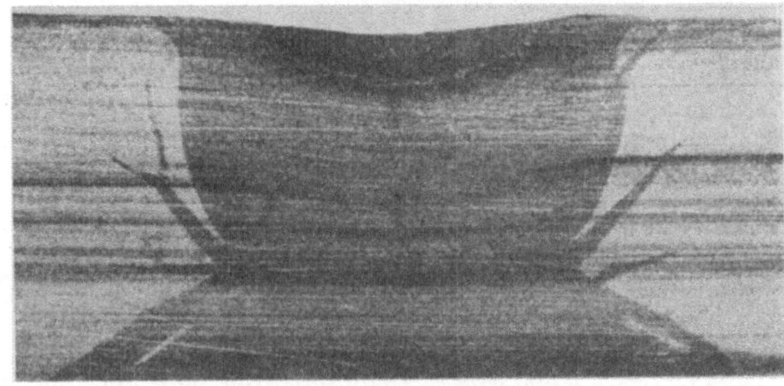

Abb. 347. Kugeleindruck in Kesselblech nach Fry geätzt (Meyer und Eichholz).

[1]) v. Karmán äußert sich zu den Kraftwirkungsfiguren wie folgt: die Kraftwirkungsfiguren dürfen vom Standpunkt der Mechanik keinesfalls als Richtungen der Kraftausbreitung oder -übertragung aufgefaßt werden. Wovon hängt nun ihre Gestalt ab und warum sind einzelne Linien ausgezeichnet? Bei zähen Stoffen, bei denen die Elastizitätsgrenze für Zug und Druck identisch ist, ist für die Überschreitung der Elastizitätsgrenze die Differenz der Hauptspannungen bzw. die größte Schubspannung maßgebend. Die Orientierung der Linien erklärt sich aus dem Umstand, daß die größte Schubspannung immer unter 45° zwischen der größten und kleinsten Hauptspannung liegt. So erleidet z. B. beim Lochen das Material in radialer Richtung Druck, dazu senkrecht Zug. Die größten Schubspannungen treten an Flächen auf, die vom Radius unter 45° gerichtet sind. Die Linien müssen also eine Kurve bilden, die die radiale Richtung immer unter 45° schneidet; das ist eine logarithmische Spirale. Beim gebogenen Blech ist die Schubspannung am Rande Null, da hier nur Zug bzw. Druck auftritt, d. h. die Hauptrichtung liegt unter 45°. In der neutralen Faser verschwindet die Normalspannung, es tritt nur Schubspannung auf. Die Linien müssen also unter 45° geneigt, von da an senkrecht zum Rand verlaufen. Man kann also mit Hilfe der Kraftwirkungsfiguren die Spannungsverteilung in solchen Fällen experimentell ermitteln, wo sich mathematisch Schwierigkeiten ergeben.

figuren eine gewisse Vorbehandlung der Probe voraussetzt. Fry gibt als solche eine Erhitzung auf etwa 200^0 an, während Meyer und Eichholz feststellten, daß sie schon bei 50^0 schwach und mit steigender Temperatur deutlicher erschienen. In den meisten Fällen verschwinden sie wieder, wenn die Anlaßtemperatur 600^0 übersteigt. Zu ähnlichen Ergebnissen gelangt man,

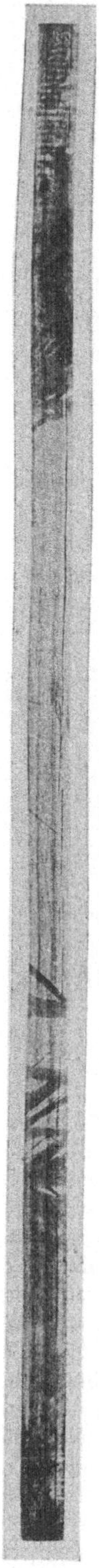

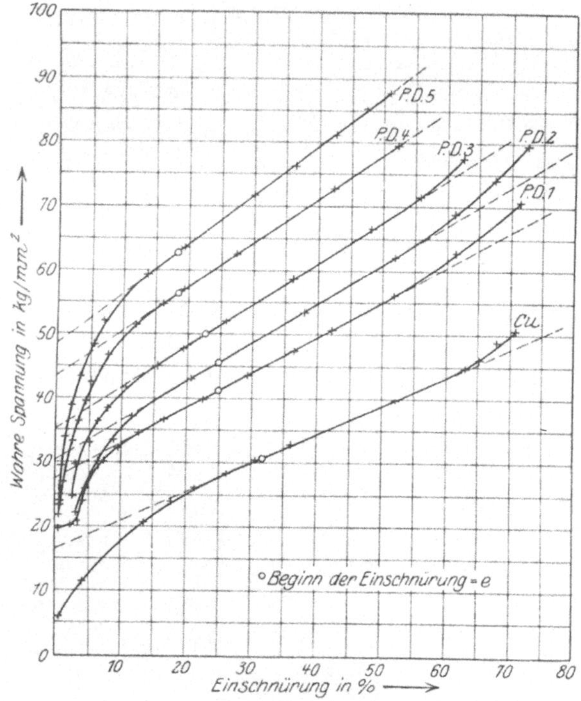

Abb. 349.   Diagramm der auf den jeweiligen Querschnitt bezogenen „wahren Spannung" (Körber).

P.D. = fast reiner C-Stahl

1 = 0,1% C
2 = 0,2% C
3 = 0,3% C
4 = 0,4% C
5 = 0,5% C

wenn das Erhitzen nicht nach der Verformung, sondern gleichzeitig mit ihr erfolgt.

Belastet man einen Zerreißstab bis zur Streckgrenze, und zwar so, daß nur ein Teil des Stabes Fließfiguren aufweist (vgl.

Der Winkel der Kraftfiguren mit der Hauptspannungsrichtung ist eine Funktion der Sprödigkeit bzw. der Abweichung zwischen der Elastizitätsgrenze für Zug und Druck. Je spröder der Stoff, um so spitzer der Winkel. Die Frage, warum diskrete Linien auftreten, ist schwieriger zu beantworten. Dies bedeutet offenbar, daß die Überschreitung der Streckgrenze nicht gleichmäßig, sondern in bevorzugten Stellen erfolgt, vielleicht auf Grund dort vorhandener Fehlstellen.

Abb. 348. Bis zur Streckgrenze belasteter Stab aus weichem Flußeisen, nach Fry geätzt (Meyer und Eichholz).

Abb. 348), so lehrt die Untersuchung der Kerbzähigkeit, daß die mit Fließfiguren behafteten Teile des Stabes eine höhere Sprödigkeit aufweisen als die von Fließfiguren freien. Meyer und Eichholz stellten an weichem Flußeisen als Mittel aus sechs Versuchen fest, daß die ersteren nur noch 63 % der Kerbzähigkeit der letzteren besaßen. Bleibende Deformation bedingt also Abnahme der Zähigkeit. Dies ist im übrigen lange bekannt[1]) aus dem Zerreißversuch, bei dem bleibende Deformation (also eine Vorbelastung über die Streckgrenze) Steigerung der Festigkeit und Abnahme der Dehnung bewirkt. Wenn man beim Zerreißversuch die Spannung σ auf den Anfangsquerschnitt bezieht, so gelangt man zu den Dehnungs-Spannungsdiagrammen Abb. 349, deren nähere Erläuterung überflüssig ist. Es sei nur daran erinnert, daß im gewöhnlichen Dehnungs-Spannungsdiagramm die Spannung einem Höchstwert σ zustrebt, der sogenannten Zug- oder Bruchfestigkeit, die mit dem Beginn der Periode starker und meist lokaler Kontraktion zusammenfällt. Dann sinkt die Spannung wieder. Bezieht man aber die Spannung auf den kleinsten Stabquerschnitt, wie dies zuerst von v. Möllendorff und Czochralski[2]), später von Körber[3]) geschah, so gelangt man zu dem in Abb. 349 dargestellten Bild, wonach die wahre oder Fließspannung σ' im Gebiet starker Verformung proportional zur Querschnittsabnahme wächst, so daß ihr Verlauf von der Einschnürungsgrenze e ab gradlinig ist. Die Steigung der Graden α nennt Körber Verfestigungszahl. α stellt also die Zunahme der Fließspannung für die Querschnittsabnahme $= 1$ dar. Rohland[4]) hat die Konstanten σ_0 (Schnittpunkt der verlängerten Graden mit der Null-Ordinate) und α für eine große Zahl von reinen Metallen, Kohlenstoff- und Spezialstählen bestimmt und gefunden:

1. Daß der Gültigkeitsbereich des linearen Verfestigungsgesetzes sämtliche plastischen Metalle (Kupfer, Nickel, Aluminium, Eisen) und Legierungen umfaßt.

2. Daß in reinen Metallen σ_0' und α sich im allgemeinen gleichartig verändern.

3. Daß in Legierungen aus homogenen Mischkristallen der geradlinige Verlauf der σ_0'-Linie vielfach schon vor dem Beginn der Einschnürung auftritt und σ_0' nur wenig beeinflußt wird, während α z. T. sehr stark ansteigt.

4. Daß in langsam abgekühlten Eisen-Kohlenstofflegierungen σ_0' nahezu proportional dem Kohlenstoffgehalt steigt, während α sich bedeutend weniger verändert (siehe auch Abb. 349). Dies deutet Rohland dahin, daß der Ferrit hier der Träger der Deformation und damit der Verfestigung ist. Die mit dem Kohlenstoffgehalt zunehmende Perlitmenge schiebt lediglich die Verfestigungskurve zu höheren Spannungswerten, ohne daß der Grad der Verfestigung wesentlich geändert wird.

Von größter praktischer Bedeutung ist die Änderung der Eigenschaften beim Vorgang der „aufgenötigten" Formänderung, wie Czochralski[5]) die im Gesenk, Zieheisen und Walzwerk stattfindende Formänderung genannt hat im Gegensatz zur „freiwilligen" Formänderung bei der Zug-, Biege- oder Verdrehungsbeanspruchung in der Materialprüfung. Abb. 350 nach Ergebnissen

---

[1]) Vgl. z. B. Bauschinger, Mitt. Mech.-Techn. Lab. München. 1886, Nr. 13.
[2]) V. d. I. 1913, 1017.   [3]) E. F. I. 1922, 3, Heft 2, 1.
[4]) Diss. Aachen, 1923.   [5]) V. d. I. 1923. 536.

von H. Altpeter[1]) mit einem Flußeisen mit 0,1 % Kohlenstoff veranschaulicht die Veränderung einiger Eigenschaften durch die beim Drahtziehen auftretende Kaltformänderung. Als Abszisse wählte Altpeter die sogenannte Streckzahl F_0/F, wo F_0 den ursprünglichen, F den unter Betrachtung stehenden, durch Ziehen reduzierten Querschnitt bedeutet. Zum Vergleich ist auch die prozentuale Querschnittsverminderung $\dfrac{F_0 - F}{F_0} \cdot 100$ (P. Goerens) als Maß der Verarbeitung beigefügt. Der Anfangsdurchmesser des Walzdrahts betrug 13,85 mm, der Enddurchmesser des gezogenen Drahtes 3,35 mm.

Die Änderung der Korngestalt des Ferrits gelangt durch das sogenannte Streckungsverhältnis[3]) zum Ausdruck, das dem Verhältnis der durchschnitt-

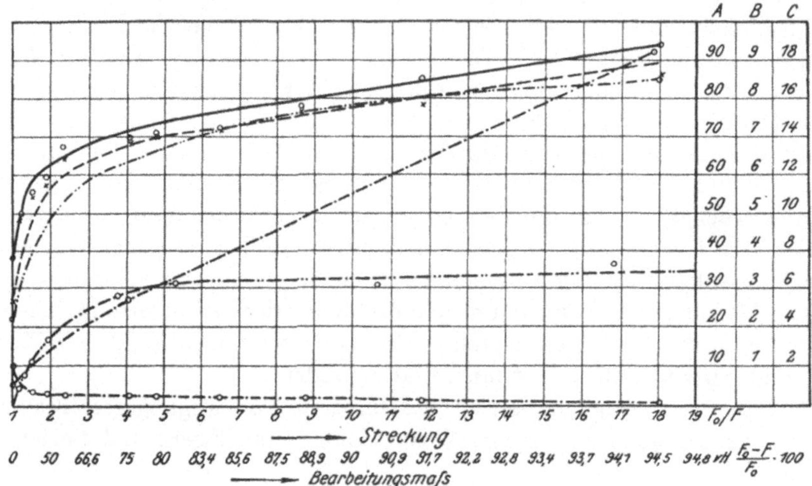

Abb. 350. Veränderung der Festigkeits- und einiger anderer Eigenschaften von Draht mit 0,1 % C durch Kaltziehen (Altpeter).

Eigenschaft	Maßstab		Eigenschaft	Maßstab
———— Festigkeit kg/qmm	A		··—··—··— Härte (Shore)	A
— — — — Streckgrenze „	A		—·—··—··· Löslichkeit	B
—·—·—· Dehnung %	A		—·—·—·— Streckungsgrad	C

lichen längeren Kornseite zur kürzeren entspricht. Dieses Verhältnis wächst mit zunehmender Querschnittsverminderung, jedoch konnte Altpeter, wie vor ihm Heyn, feststellen, daß das Kornvolumen nicht konstant bleibt, sondern von einem gewissen Formänderungsgrade an, und zwar für $F_0/F = 3,06$ stark abnimmt.

Die Löslichkeit, ausgedrückt durch die Gewichtsabnahme der Probe nach 83stündigem Verweilen in 1 %iger Schwefelsäure, die nach dem Shoreschen Verfahren ermittelte Härte, die Bruchfestigkeit und die Streckgrenze nehmen mit steigender Querschnittsverminderung nach einem annähernd parabolischen Gesetze zu, die Dehnung nimmt sehr rasch ab, und zwar bereits nach dem

---

[1]) St. E. 1915, 362. Diss. Breslau 1914.
[2]) Vgl. Heyn, Mat.-Kde. II A, S. 620.
[3]) Vgl. Heyn, Mat.-Kde. II A, S. 230.

ersten Zuge. Wie die Streckgrenze verhalten sich Proportionalitäts- und Elastizitätsgrenze[1]) mit dem Unterschiede, daß sie nicht wie die Streckgrenze bereits nach dem ersten Zuge mit der Festigkeit beinahe zusammenfallen. Wie die Dehnung verhält sich die Kontraktion[1]). Mit Ausnahme des Streckungs-

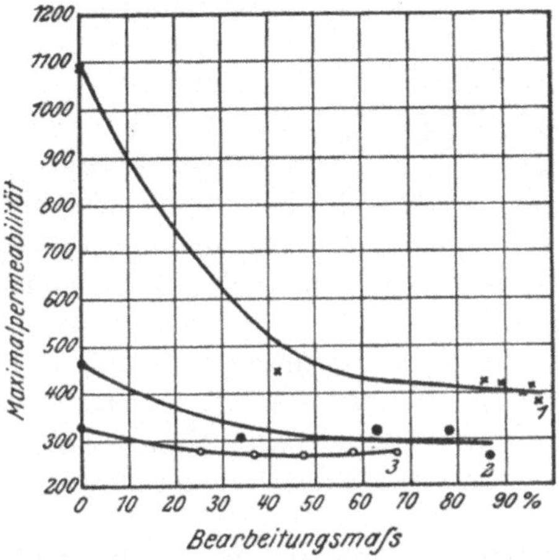

Abb. 351. Veränderung der max. Permeabilität von Drähten mit verschiedenen Kohlenstoffgehalten durch Kaltziehen. (P. Goerens.)
Kurve 1 = 0,07 % C,
„ 2 = 0,55 % C,
„ 3 = 0,78 % C.

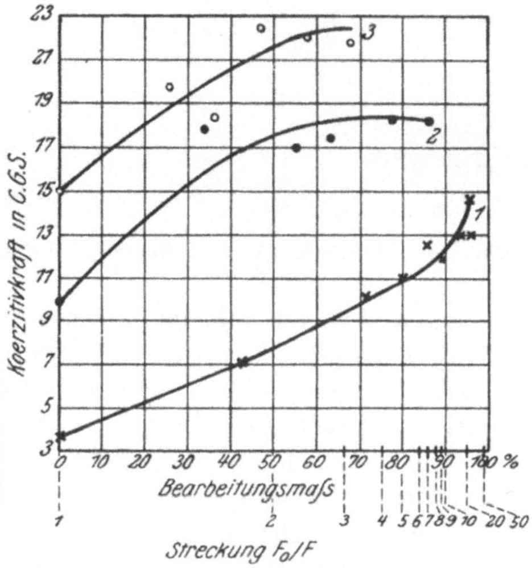

Abb. 352. Veränderung der Koerzitivkraft von Drähten mit verschiedenen Kohlenstoffgehalten durch Kaltziehen. (P. Goerens.)
Kurve 1 = 0,07 % C,
„ 2 = 0,55 % C,
„ 3 = 0,78 % C.

verhältnisses und der Streckgrenze, die nicht bestimmt wurden, ergeben sich nach P. Goerens[1]) ähnliche Kurven für mittelharten und harten Stahl mit 0,55 bzw. 0,78 % Kohlenstoff. Der Elastizitätsmodul bleibt nach P. Goerens[1]) unbeeinflußt. Auch die elektrische Leitfähigkeit bleibt nach P. Goerens unbeeinflußt im Widerspruch zum Verhalten andrer Metalle, z. B. Kupfer[2]).

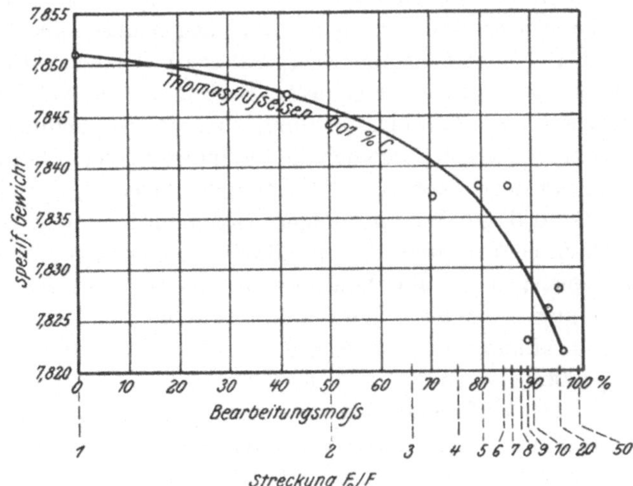

Abb. 353. Veränderung des spezifischen Gewichts durch Kaltziehen. (P. Goerens.)

---

[1]) Vgl. P. Goerens, Fer. 1912/13, 65.
[2]) Vgl. z. B. Gewecke, Diss. Darmstadt und Heyn, Mat.-Kde., II A, 5. 305. Im übrigen geht aus den späteren Untersuchungen (Fer. 1912/13, 233) von P. Goerens her-

Das Verhalten einiger magnetischer Eigenschaften nach P. Goerens[1]) wird durch die Abb. 351 und 352 an weichem Flußeisen mit 0,07, Stahl mit 0,55 und mit 0,78 % Kohlenstoff erläutert. Abb. 353 nach demselben Verfasser zeigt endlich die durch Kaltziehen hervorgerufene Verminderung des spezifischen Gewichts von Flußeisendraht mit 0,07 % Kohlenstoff, deren Grad übrigens anscheinend mit steigendem Kohlenstoffgehalt abnimmt. Die merkwürdige Erscheinung,

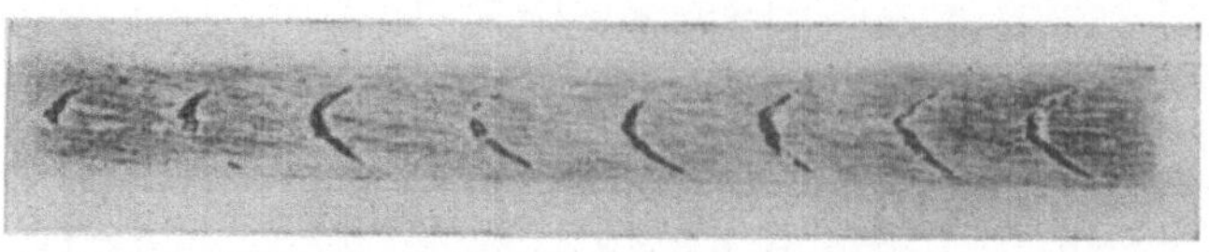

Abb. 354. Längsschnitt durch überzogenen Draht. (P. Goerens.)

daß durch Kaltverformung die Dichte ab- und nicht, wie man erwarten sollte, zunimmt, zeigt sich bei allen bisher untersuchten metallischen Stoffen[2]).

Abb. 359 (nach P. Goerens) ist ein Längsschnitt durch „überzogenen" Draht. Im Innern des Drahtquerschnitts ist offenbar das Arbeitsvermögen, ausgedrückt durch die maximale Querschnittsverminderung, eher erschöpft als am Rande. Die inneren Schichten werden demnach beim Drahtziehen stärker gereckt als die äußeren[3]).

Im Interesse einer geschlossenen Darstellung werden die auf die Kaltverformungsvorgänge bezüglichen Hypothesen erst nach Erörterung der Rekristallisationserscheinungen besprochen.

B. Die Rekristallisation (Glühen) des kaltverformten schmiedbaren Eisens.

Rekristallisation nennt man diejenigen Veränderungen des Gefüges, die in kaltverformten Metallen und Legierungen bei gewisser Wärmezufuhr (Glühen bei bestimmten Temperaturen) erfolgen. Diese Veränderungen sind einmal das Verschwinden aller Merkmale der Kaltformänderung wie Translationslinien, Zwillingsstreifung, banale Formänderungslinien und Kornstreckung, sodann aber auch die Veränderungen der Größe des von der Streckung befreiten, also nach allen Richtungen durchweg gleich ausgedehnten Kornes Der Grad dieser Veränderungen wird auch hier beherrscht durch die Höhe der Glühtemperatur und die qualitativ in gleichem Sinne wirksame Dauer des Glühens, jedoch außerdem noch durch den Grad der voraufgegangenen Formänderung. Bezüglich der Glühtemperatur gilt ferner beim reinen Eisen[4]) die Einschränkung, daß als Rekristallisationstemperaturen lediglich die unterhalb Ac_3 (906°) liegenden in Betracht kommen, die oberhalb gelegenen sind dagegen als Umkristallisationstemperaturen aufzufassen. Beim schmiedbaren, kohlenstoffhaltigen Eisen vollzieht sich die Umkristallisation (vgl. die hierauf

---

vor, daß der elektrische Leitwiderstand des Eisens, wenn auch unwesentlich, durch Kaltformänderung erhöht wird.

[1]) Fer. 1912/13, 65.   [2]) Vgl. z. B. Heyn, Mat. Kde. II A, 5. 275.

[3]) Es ist aber auch nicht ausgeschlossen, daß die frühere Erschöpfung der Innenzone wenigstens z. Tl. auf die hier vorhandenen Seigerungen zurückzuführen ist.

[4]) Diese Einschränkung fällt natürlich für die Metalle ohne Modifikationsänderungen fort.

bezüglichen Kapitel) in einem Temperaturintervall, dessen untere und obere Grenzen Ac_1 und Ac_3 sind. Ohne praktische Bedeutung ist Ac_2.

Die ersten Beobachtungen über das Wachsen kaltdeformierter Ferritkörner durch Glühen unter Ac_3 stammen von Stead[1]. Sauveur[2] ergänzte diese Beobachtungen an lokal deformierten Proben und fand, daß das Wachsen an eine kritische Deformation geknüpft ist. Die Arbeiten von Heyn[3] und von P. Goerens[4] gipfeln in der Erkenntnis, daß zwischen 400 und 500 ⁰ die mikroskopischen Merkmale der Kaltverformung verschwinden. Aber erst Czochralski[5] erkennt die Zusammenhänge zwischen Verformungsgrad, Temperatur und Korngröße. Rekristallisation bedeutet nun nicht mehr Kornwachstum oder etwa Erreichen eines besonders groben Korns, sondern

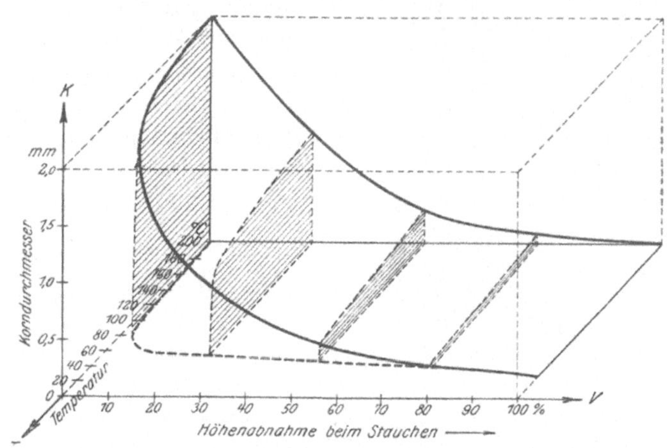

Abb. 355. Abhängigkeit der Korngröße von rekristallisiertem Zinn von der Glühtemperatur und vom Verlagerungsgrad. (Czochralski.)

Entstehung eines neuen Korns überhaupt. Seither häufen sich bzw. werden ausgebaut die experimentellen Unterlagen für die technisch bedeutungsvolle Erscheinung bzw. die an sie geknüpften theoretischen Erörterungen.

Die Abhängigkeit der Rekristallisationsvorgänge von Glühtemperatur und Verformungsgrad beim Zinn veranschaulicht das Raumdiagramm Abb. 355 nach Czochralski[5]. Die gestrichelte, in der V, T-Ebene verlaufende Kurve ist die untere Rekristallisationstemperatur, unterhalb deren Rekristallisation praktisch nicht erreicht wird. Damit soll nicht ausgesprochen sein, daß unterhalb dieser Temperatur Rekristallisation unmöglich sei, jedoch ist die dazu erforderliche Zeitdauer sehr groß. Bezüglich der Glühdauer zeigten die Untersuchungen von Czochralski[6] und von P. Goerens[7], daß nach 10- bis 20stündiger Glühdauer praktisch kaum noch eine Veränderung erfolgt (vgl. a. Abb. 369). Wie Abb. 355 weiter zeigt, liegt die untere Rekristallisationstemperatur um so tiefer, je höher der Grad der Verformung ist. Für einen bestimmten Verformungsgrad ist die praktisch erreichbare Korngröße von der Temperatur abhängig, und zwar nimmt die Korngröße mit steigender Temperatur zunächst rasch, dann langsamer zu. Bezüglich des aus dem Diagramm nicht ersichtlichen Einflusses der Glühdauer gilt auch hier, daß nach relativ kurzer Zeitdauer eine Korngröße erreicht wird, an der weiteres Glühen

---

[1] Ir. st. Inst. 1898, I, 145.   [2] Int. Verb. 1912, II 6.
[3] Mat. Kde. II A, 5. 270.   [4] Fer. 1912/13, 223.
[5] Int. Z. Met. 1916, 8,36.   [6] Fer. 1912/13, 226.   [7] St. E. 1919, 1061.

bei der gleichen Temperatur praktisch nichts mehr ändert. Gröberes Korn kann nur noch durch Anwendung höherer Glühtemperatur erzielt werden.

Zu einem in großen Zügen ähnlichen Diagramm gelangten Oberhoffer und Oertel[1]) für Elektrolyteisen. Nur nahm mit steigender Temperatur bei den einzelnen Verformungsstufen die Korngröße nicht wie beim Zinn erst rasch, dann langsam zu, sondern bei niedrigen Verformungsstufen zunächst langsam, dann rasch und bei höheren Verformungsstufen sofort sehr rasch. Es war von Oberhoffer und Oertel der Einfachheit halber angenommen worden, daß die Ausgangskorngröße bei um so niedrigerer Temperatur wieder erreicht wird, je niedriger der Verformungsgrad ist, und daß ferner die Ausgangskorngröße durch Glühen wenig unter Ac_3 wieder erreicht aber nicht überschritten wird. Diese letztere Annahme hat sich bei einer neuerdings durch Oberhoffer und Oertel[1]) vorgenommenen Nachprüfung der Verhältnisse als nicht berechtigt erwiesen.

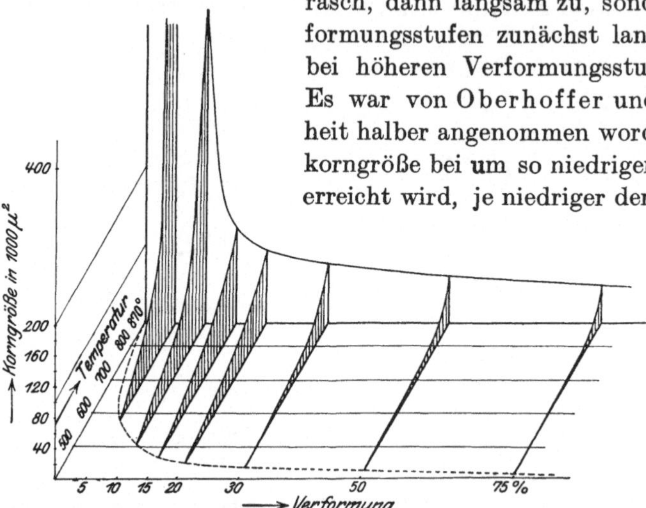

Abb. 356. Rekristallisationsdiagramm von Elektrolyteisen.
(Oberhoffer und Oertel.)

Vielmehr steigen die Korngrößen wenigstens bei schwachen Verformungsstufen über die Anfangskorngrößen weit hinaus und erreichen ein Maximum (rd $4 \cdot 10^6$ u²), das nach den bisherigen Feststellungen bei 5 % Verformung und bei einer Glühtemperatur von 870° liegt (vgl. Abb. 356)[2]). Innerhalb der untersuchten Verformungsgrenzen verändert sich die (extrapolierte) Temperatur beginnender Rekristallisation um rd. 100°, und zwar von etwa 400° bei einer Höhenabnahme von 75 % bis etwa 520° bei einer solchen von 5 %. Auch beim Eisen war nach mehr als 1 stündiger Glühdauer nur noch eine unwesentliche Veränderung gegenüber den bei 1 stündiger Glühdauer erreichten Resultaten festzustellen.

Schließlich sei noch erwähnt, daß das Diagramm Abb. 356 das Verhalten des einzelnen Kornindividuums wiedergibt, nicht etwa das der Gesamtheit aller Körner der verformten Probe. Diese Einschränkung ist deshalb notwendig, weil der Verformungsgrad der einzelnen Körner eines Haufwerks von Körnern sowie der einzelnen Stellen einer Stauchprobe (gemessen wurde immer im Schnittpunkt der Diagonalen) sehr verschieden ist, die Rekristallisation daher nicht gleichzeitig in allen Körnern einsetzt. Dies er-

---

[1]) St. E. 1924, 560.

[2]) Das ältere Diagramm von Oberhoffer und Oertel ist demnach nur der untere Teil des wirklichen Diagramms. Die Abweichung ist wohl auf die Verwendung eines durch Schlackeneinschlüsse verunreinigten Ausgangsmaterials bei den ersten Versuchen zurückzuführen. In der Tat waren die bei diesen Versuchen verwendeten Elektrolyteisenproben durch Zusammenschweißen einzelner Lagen entstanden, während bei den neueren Versuchen das Elektrolyteisen im Vakuum umgeschmolzen worden war.

läutert Abb. 357, die eine in der Rekristallisation begriffene Probe von Elektrolyteisen zeigt. Neben den großen, die Merkmale der Deformation noch aufweisenden Körnern sind die rekristallisierten Stellen deutlich zu erkennen.

Neuerdings sind für die Metalle Kupfer[1]) und Aluminium[2]) K-,V-,T-Diagramme wie für Zinn und Eisen aufgestellt worden, und es hat sich gezeigt, daß alle diese Diagramme prinzipiell ähnlich sind. Um so bemerkenswerter ist das Verhalten des technischen schmiedbaren Eisens wie es in dem Rekristallisationsdiagramm Abb. 358 und 359 nach Oberhoffer und Jungbluth[3]) zum Ausdruck gelangt. Bezüglich der Temperatur beginnender Rekristallisation weisen die Diagramme keine Anomalie auf.

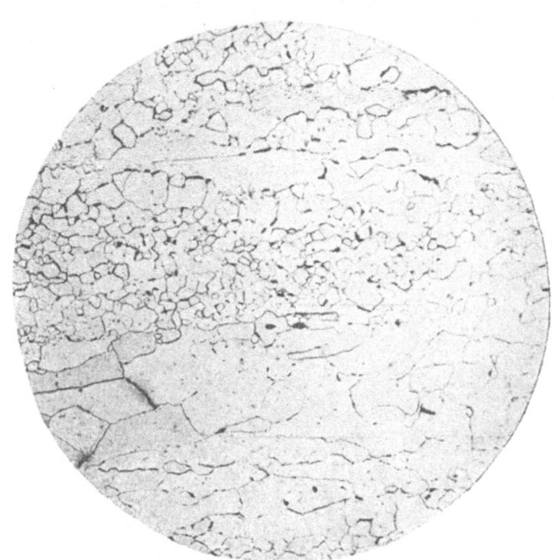

Abb. 357. Teilweise rekristallisiertes Elektrolyteisen, 1 Stunde bei 500° geglüht, Ätzung II, x 100.

Dagegen findet sich bei 10 % Verformung (genau wahrscheinlich 11 %) und

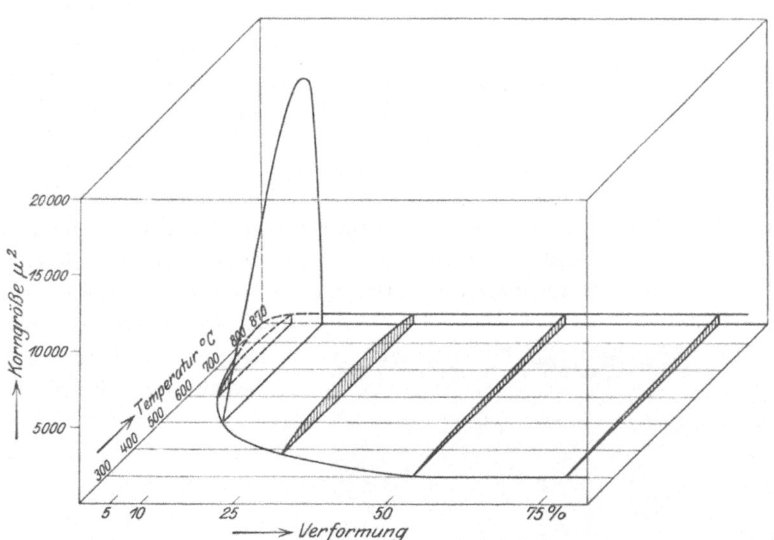

Abb. 358. Rekristallisationsdiagramm von Kruppschem Weicheisen 0,08% C, 0,13% Mn, 0,02% Si, 0,002% P, 0,035% S. (Oberhoffer und Jungbluth.)

---

[1]) Rassow und Velde, Metallk. 1920, 369.
[2]) Rassow und Velde, Metallk. 1921, 557, sowie Rassow, Metallk. 1921, 558.
[3]) St. E. 1922, 1513.

800 bzw. 700° ein Maximum der Korngröße, dessen Intensität mit steigendem Kohlenstoffgehalt abnimmt.

Diese Tatsache, d. h. also die Entstehung eines außerordentlich groben Kornes unter kritischen Bedingungen, findet sich bereits in früheren Arbeiten, insbesondere bei Chappell[1]) und bei Sherry[2]), doch ist sie bewußt erst durch Pomp[3]) zum Ausdruck gebracht worden. Die Versuche dieses letzteren brachten ferner eine Bestätigung der von Wüst und Huntington[4]) bereits festgestellten Tatsache, daß gleichzeitige Einwirkung kritischer Bedingungen, d. h. kritische Formänderung bei kritischer Temperatur, von gleicher Wirkung ist auf das Gefüge wie Glühen bei kritischer Temperatur nach kritischer Formänderung. Man beobachtet bei warmgewalzten Kesselblechen häufig sogenannte Grobkornbildung, d. h. an den Oberflächen des Bleches in größerer oder geringerer Tiefe sehr grobes, in der Mitte sehr feines Korn, wie z. B. aus der Bruchprobe eines solchen Bleches, Abb. 360, hervorgeht. Die Entstehung dieser Grobkornzonen ist zweifellos auf eine unter kritischen Bedingungen erfolgte Formänderung zurückzuführen.

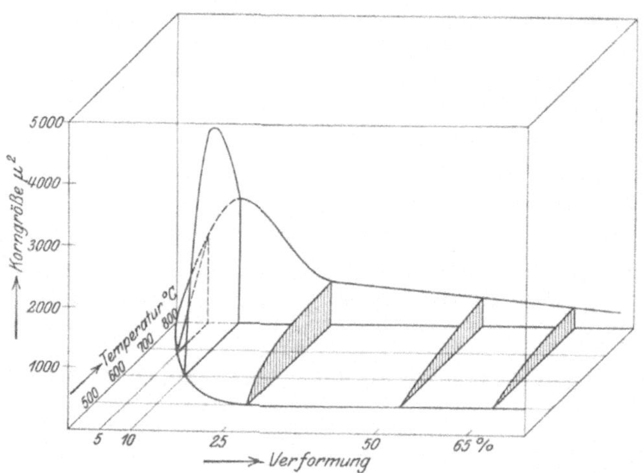

Abb. 359.   Rekristallisationsdiagramm von härterem Flußeisen 0,18% C, 0,52% Mn, 0,18% Si, 0,046% P, 0,023% S. (Oberhoffer und Jungbluth.)

Es ist wohl zu beachten, daß Rekristallisation nicht etwa nur Vergröberung des Gefüges bedeutet, daß vielmehr je nach der Anfangskorngröße Zunahme, Abnahme oder Gleichbleiben der Korngröße möglich ist. Dieser Umstand gibt sogar ein Mittel an die Hand, wenigstens qualitativ die Verteilung der Spannungen, soweit sie die Streckgrenze überschreiten, in ebenen Schnitten zu bestimmen. Beispiele hierfür finden sich bei Chapell bzw. Deutsch[5]). Auch Abb. 361 vermittelt hiervon eine Vorstellung an einer um 180° kalt gebogenen Kesselblechprobe, die dann bei 750° geglüht wurde. Die Zonen kritischer

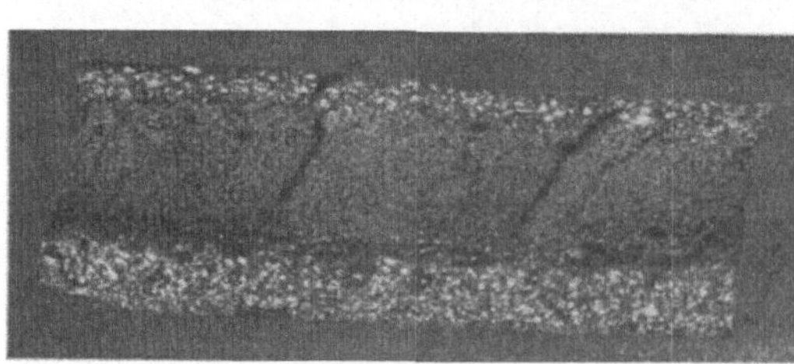

Abb. 360. Grobkornbildung in einem Kesselblech, x 1.

[1]) Fer. 1915/16, 6.   [2]) Ir. Age 1916, 76.
[3]) St. E. 1920, 1261.   [4]) St. E. 1917, 829.
[5]) Int. Z. Met. 1916, 8, 80.

Deformation erscheinen auf dem Bilde dunkel. Ähnliches gilt für die Abb. 362 und 363. Erstere zeigt ein gestanztes (links) und ein gebohrtes (rechts) Nietloch, letztere die beim hydraulischen (links) und pneumatischen (rechts) Nieten sowie beim Biegen des Bleches erfolgten kritischen Deformationen.

Abb. 361. Um 180⁰ kaltgebogene Kesselblechprobe, bei 750⁰ geglüht, Ätzung II, x 1.

Ebenso wie die Kristallisation aus dem Schmelzfluß in bevorzugter Richtung, und zwar dem Wärmefluß folgend, stattfinden kann (Transkristallisation), beobachtet man bei der Rekristallisation häufig die Entstehung mit ihren Hauptachsen parallel gelagerter, von den Stellen höchster zu denjenigen niedrigster Spannung sich erstreckender, säulenförmiger Kristalle[1]).

Die durch Rekristallisation erreichbare Vergröberung des Ferrits ist in hohem Maße von der Reinheit, also im wesentlichen von der chemischen Zusammensetzung des Materials ab-

Abb. 362. Gestanztes (links) und gebohrtes (rechts) Nietloch; die Probe wurde nach der Herstellung der Nietlöcher bei 750⁰ geglüht, Ätzung II, x 1.

hängig. Dies geht am besten aus dem Vergleich der Abb. 358 und 359 hervor, und man gelangt zum Schlusse, daß wohl der Kohlenstoff die Hauptrolle spielt, doch herrscht noch keineswegs völlige Klarheit, und es ist sehr wahrscheinlich, daß auch andre, durch die normale chemische Analyse nicht zu ermittelnde Stoffe einen Einfluß auf das Kornwachstum ausüben. Nach den Untersuchungen von Chappell ist zwar der Kohlenstoffgehalt ohne Einfluß auf die Höhe der Rekristallisationstemperatur (sie liegt bei 0,55 $^0/_0$ Kohlenstoff in der Umgebung von 520⁰). Wird aber bei der Rekristallisation Ac$_1$ erreicht oder überschritten, so bildet sich feste Lösung, deren Menge mit zunehmender Überschreitung dieser Temperatur zunimmt. Dies ist von doppeltem Einfluß auf das Resultat der Rekristallisation. Einmal hindert die feste Lösung den noch vorhandenen Ferrit bis zu einem gewissen Grade am Wachstum, ferner aber kristallisiert bei der Abkühlung die feste Lösung zu einem äußerst fein-

---

[1]) Vgl. Deutsch, a. a. O., sowie Czochralski, V. d. I. 1917, 345.

körnigen Gemisch der Zerfallsprodukte (vgl. Umkristallisation) um, und es entstehen hiernach relativ große Ferritkörner (deren Menge und Größe mit der Temperatur und dem Kohlenstoffgehalt abnehmen), die in einem feinkörnigen Gemisch von Ferrit und Perlit eingebettet sind.

Pomp[1]) fand in kritisch behandeltem weichen Flußeisen den Perlit, der im normalisierten Eisen in den Ecken der Körner erscheint, entmischt, also als Zementit in Form von dünnen Adern um die Korngrenzen verteilt. Die Entstehungsbedingungen für diesen „Korngrenzenzementit" dürften noch zu klären sein (vgl. a. S. 51), doch ist wohl sicher, daß er dem Flußeisen hohe Sprödigkeit, nach Rosenhain[2]) infolge Neigung zum interkristallinen Bruch, verleiht.

Bei der Kaltverarbeitung übereutektoidlscher Stähle (z. B. Bandstahl) wird der Zementit stark verformt. Dies befördert nun nach den Unter-

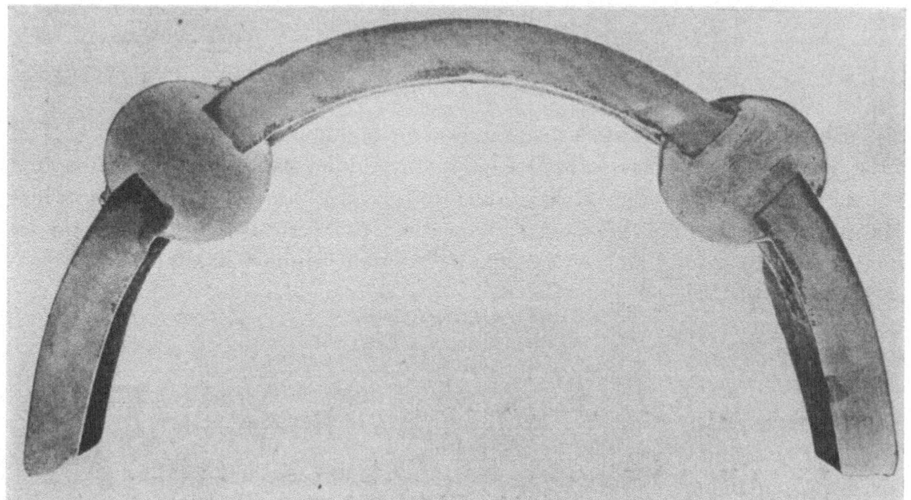

Abb. 363. Hydraulische (links) und pneumatische (rechts) Vernietung eines kaltgebogenen Kesselblechs, hierauf Glühen bei 750°, Ätzung II, x ¹/₂.

suchungen von Hanemann und Lind[3]) anscheinend das Zusammenballen des Zementits, also die Entstehung des sogenannten körnigen statt lamellaren Perlits. Dieser Umstand äußert sich, wie später erörtert werden soll, in den Festigkeitseigenschaften des Bandstahls in hervorragender Weise.

Das Fertigwalzen hochsilizierter (Dynamo- und Transformatoren-)Bleche erfolgt wie das der Feinbleche im Temperaturgebiet der Kaltverarbeitung[4]). Es ist aber bemerkenswert, daß nach Ruder die Rekristallisation dieses Materials erst oberhalb 1050° einsetzt. Wie bei den Feinblechen mag der geringe Deformationsgrad höhere Rekristallisationstemperatur bedingen; dieser Umstand allein gibt aber keine Erklärung für die außergewöhnliche Höhe dieser Temperatur. Selbst starke lokale Deformation erforderte nach Ruders Ver-

---

[1]) St. E. 1920, 1261.   [2]) St. E. 1921, 799.
[3]) St. E. 1913, 551; vgl. a. Whiteley, Eng. 1922, 144, 753, sowie S. 51.
[4]) S. Ruder, Trans. Am. min. 1913, 2805.

suchen eine Rekristallisationstemperatur von 730⁰. Wahrscheinlich spielt die Konstitution die ausschlaggebende Rolle. Das von Ruder benutzte Transformatorenmaterial (4 $^0/_0$ Si) verhält sich anscheinend praktisch wie ein Körper ohne Modifikationsänderungen, in Übereinstimmung mit der beim Zustandsdiagramm Eisen-Silizium gemachten Annahme, da ja α- und δ-Eisen kristallographisch identisch sind. Diese Folgerung erhält eine Stütze durch die Rudersche Beobachtung, daß eine einmal erzeugte grobe Körnung durch keinerlei Wärmebehandlung zu zerstören ist. Im übrigen bestätigen die Ruderschen Versuchsergebnisse die eingangs entwickelten allgemeinen Gesetze der Rekristallisation auch an diesem Material. Die Korngröße ist bei hochsiliziertem Material nach den Ruderschen Versuchen ohne Einfluß auf die Wattverluste, solange sie kleiner ist als die Blechstärke. Zwar nimmt die Hysteresis mit steigender Korngröße ab, dagegen steigen die Wirbelstromverluste. Die Verlustziffer wird also von einem andern Faktor beherrscht. Welcher Art dieser Faktor ist, läßt sich mit Sicherheit zurzeit noch nicht sagen. Bemerkenswert ist jedenfalls die Beobachtung Yensens[1]), daß durch Umschmelzen des silizierten Materials im Vakuum eine bedeutende Verbesserung der Verlustziffer erzielt wird[2]), was zweifellos für eine Beeinflussung der magnetischen Eigenschaften durch gelöste Gase spricht.

Die austenitischen Stähle (20—25 $^0/_0$ Nickel oder 10—12 $^0/_0$ Mangan) verhalten sich bis zu einem gewissen Grade wie Körper ohne Modifikationsänderungen. Über die für diese Stähle wichtige Temperaturgrenze zwischen Kalt- und Warmformgebungsgebiet, sowie über ihr Verhalten bei der Rekristallisation liegen keine Untersuchungen vor. Es ist nicht ausgeschlossen, daß manche Anomalien im magnetischen und mechanischen Verhalten dieser Stähle durch die Untersuchung der obigen Fragen geklärt werden können.

Mit dem Eintreten der Rekristallisation sind zum Teil erhebliche Änderungen der Eigenschaften verknüpft. In den Abb. 364—368 ist nach P. Goerens[3]) die Änderung der Festigkeit, der Dehnung, des spezifischen Gewichtes, der Biegezahl des elektrischen Leitwiderstandes, der Löslichkeit in 1 $^0/_0$iger Schwefelsäure und einiger magnetischer Eigenschaften von weichem Flußeisendraht mit 0,07 $^0/_0$ Kohlenstoff in Abhängigkeit von der Glühtemperatur wiedergegeben. Es wurde Draht von 2,7 mm Durchmesser benützt, der in 7 Zügen ohne Zwischenglühung eine durchschnittliche Querschnittsverminderung von 85 $^0/_0$ erfahren hatte. Bei den meisten Eigenschaften beginnt die Änderung bereits bei den niedrigsten Glühtemperaturen, doch findet die Hauptänderung zwischen 300 und 600⁰ statt. Dieses Intervall der stärksten Änderungen ist aber nicht für alle Eigenschaften von gleicher Ausdehnung. Festigkeit und Dehnung (die Kontraktion verhält sich wie letztere Eigenschaft) ändern sich am stärksten bei 520⁰, bei welcher Temperatur von P. Goerens auf mikroskopischem Wege Rekristallisation festgestellt wurde. Am größten ist

---

[1]) St. E. 1916. 1256.

[2]) Vgl. a. Versuche von Gumlich, Wiss. Abh. R. A. 1918, 365, wo schon der Gedanke ausgesprochen wird, daß durch das Glühen der für die magnetischen Eigenschaften nachteilige Sauerstoff durch den ebenso schädlichen Kohlenstoff in Form von CO entfernt wird. Wolff, Diss. Breslau 1919 hat dies durch den Versuch bestätigt.

[3]) A. a. O.

das Intervall für Hysteresis und Koerzitivkraft. Demnach befindet sich das Ergebnis der mikroskopischen Untersuchung, das eine Gefügeänderung erst von der unteren Rekristallisationstemperatur an bedingt, im Widerspruch mit dem Verhalten der meisten Eigenschaften, die bereits unterhalb dieser Temperatur Änderungen aufweisen. Offenbar finden hier Vorgänge statt, deren Kenntnis uns das Mikroskop nicht vermittelt. Worin diese bestehen, ist nicht bekannt. Vielleicht handelt es sich um die Auslösung von Spannungen[1]).

Den Einfluß der Glühdauer auf Festigkeit und Dehnung zeigt Abb. 369 nach P. Goerens. Aus den Kurven dieser Abbildung ergibt sich, daß die bei einer bestimmten Temperatur überhaupt erreichbare Änderung schon nach relativ kurzer Zeit erfolgt und eine weitere Änderung nur durch Erhöhung der Glühtemperatur zu erzielen ist.

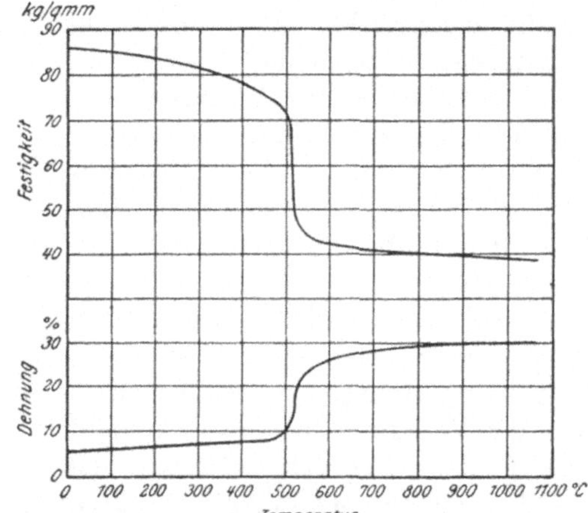

Abb. 364. Abhängigkeit der Festigkeit und Dehnung kalt gezogenen Flußeisendrahtes von der Glühtemperatur. (P. Goerens.)

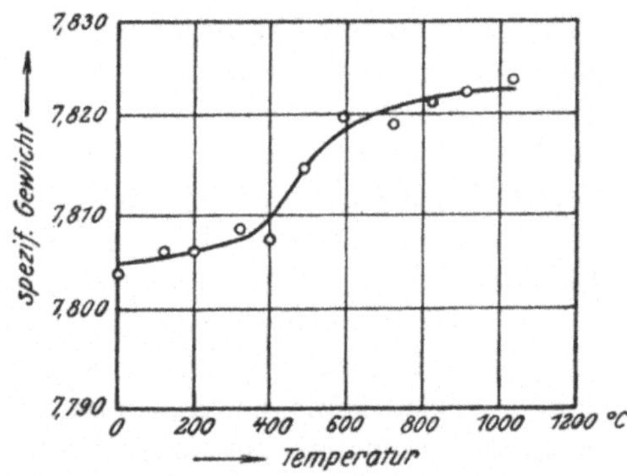

Abb. 365. Abhängigkeit des spezifischen Gewichts kalt gezogenen Flußeisendrahtes von der Glühtemperatur. (P. Goerens.)

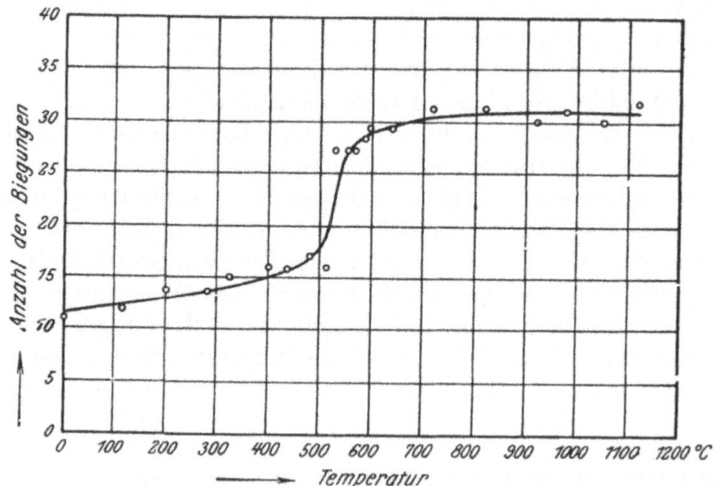

Abb. 366.   Abhängigkeit der Biegezahl kalt gezogenen Flußeisendrahtes von der Glühtemperatur. (P. Goerens.)

____

[1]) Bezüglich der ähnlich sich verhaltenden Härte vgl. a. Oberhoffer und Oertel, a. a. O.

Man schaltet in der Praxis des Drahtziehens zwischen den einzelnen Zügen Zwischenglühungen ein. Natürlich sind die Veränderungen der Eigenschaften dann ganz anderer Natur, als sie in den Abb. 350 bis 353 des vorhergehenden Kapitels dargestellt wurden. Für mittelharten Flußeisendraht mit 0,55% Kohlenstoff findet sich eine den praktischen Verhältnissen entsprechende Darstellung bei Seyrich[1]). Auch die Hanemannschen[2]) Untersuchungen an kaltgewalztem Bandstahl mit 1% Kohlenstoff sind in praktischer Beziehung wertvoll. Ihre Ergebnisse sind in Abb. 370 dargestellt, aus der die nach jeder Glühung erfolgende Steigerung der Dehnung, Löslichkeit, des spezifischen Gewichtes und die Abnahme der Festigkeit zu ersehen ist. Besonders bemerkenswert ist die kontinuierliche Abnahme der Festigkeit, die Zunahme der Dehnung in den geglühten Proben und der außer-

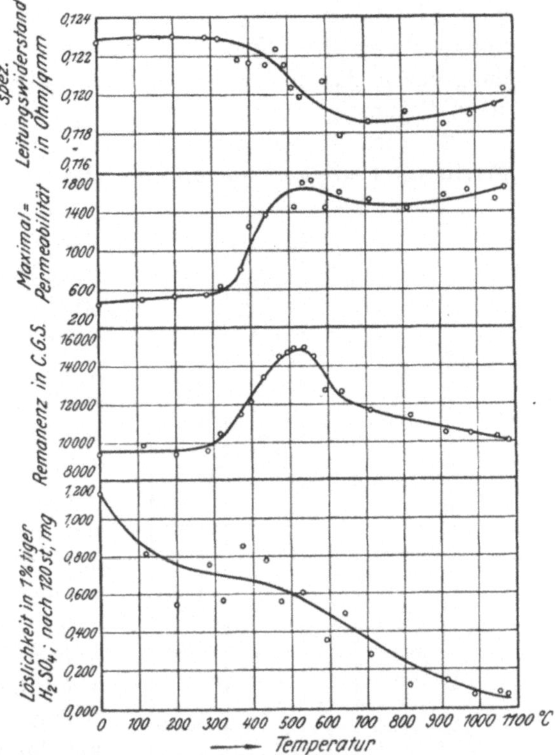

Abb. 367. Abhängigkeit der magnetischen und elektrischen Eigenschaften sowie der Löslichkeit kalt gezogenen Flußeisendrahtes von der Glühtemperatur. (P. Goerens.)

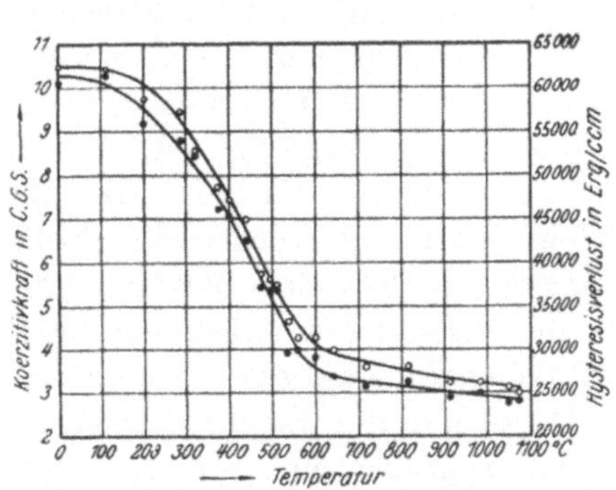

Abb. 368. Abhängigkeit der Koerzitivkraft und der Hysteresis kalt gezogenen Flußeisendrahtes von der Glühtemperatur. (P. Goerens.)

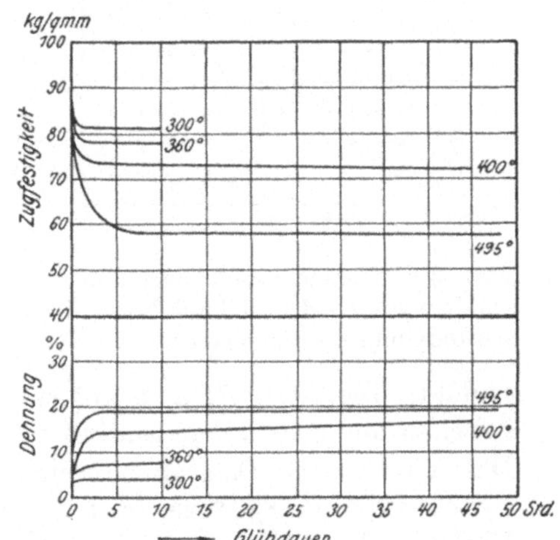

Abb. 369. Abhängigkeit der Festigkeit und der Dehnung kalt gezogenen Flußeisendrahtes von der Glühtemperatur und Glühdauer. (P. Goerens.)

1) Diss. Dresden 1911.

2) St. E. 1913, 551.

gewöhnlich hohe Betrag der Dehnung. Diese Tatsachen finden bei der Gefügeuntersuchung ihre Erklärung im Auftreten des körnigen Perlits, dessen Bildung durch das Kaltwalzen mit darauffolgendem Glühen (zwischen 600 und 700⁰) begünstigt wird.

Es wird später gezeigt werden, daß mit zunehmender Korngröße des Ferrits die Festigkeit ab- und die Dehnung zunimmt, doch sind die Änderungen geringfügig im Vergleich zu der starken, durch die Kerbschlagprobe vermittelten Sprödigkeitszunahme, die durch das Anwachsen des Ferritkornes bedingt ist. Da gemäß Abb. 358 nur unter kritischen Bedingungen bezüglich der Verformung und der Temperatur Körner von sehr großen Abmessungen entstehen, so zeigen die Goerensschen Versuchsergebnisse Abb. 364—368 bei der kritischen Temperatur keine Einwirkung der erwähnten Art. Dagegen konnte sie Pomp[1]) einwandfrei nachweisen. Er walzte normalisiertes Weicheisen[2]) von Krupp mit einem Ausgangsquerschnitt von 30×15 mm kalt auf 14,5, 14, 13,5, 13, 12 und 10 mm Dicke herunter. In Prozenten ausgedrückt, betrugen also die Deformationsgrade (Dikkenabnahmen) 3,3, 6,7, 10, 13,3, 20 und 33,3 %. Die durch nachträgliches Glühen bei kritischer Temperatur erzielten Eigenschaftsänderungen waren deutlich ausgeprägt bei der zweiten bis vierten Deformationsstufe und am deutlichsten bei der dritten, d. h. bei 10 % Dickenabnahme. Diese Ergebnisse sind von Körber[3]) an gleichem Material nachkontrolliert worden, indem er das Weicheisen in der Zerreißmaschine um 10 % streckte. (Körber hatte durch Vorversuche festgestellt, daß es gleichgültig ist, ob die Deformation durch Walzen oder Ziehen erfolgt.) Hierauf wurden die Proben bei Temperaturen zwischen 500 und 1000⁰

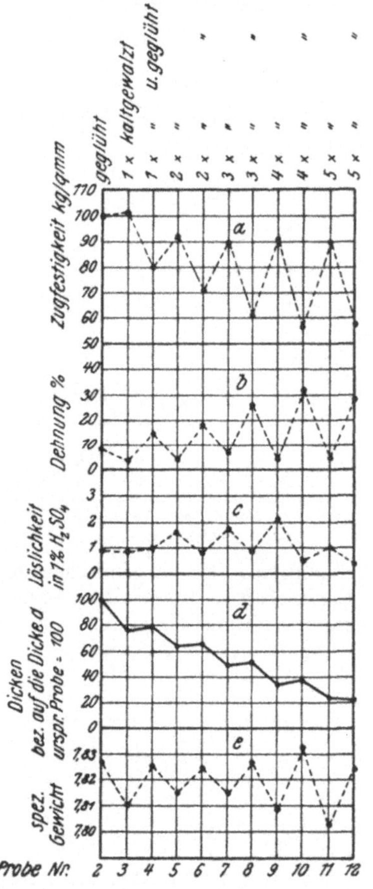

Abb. 370. Veränderung einiger Eigenschaften von Bandstahl durch Kaltwalzen und Glühen. (Hanemann und Lind.)

geglüht. Die Abb. 371 und 372 enthalten die wesentlichen Ergebnisse beider Arbeiten und zeigen den Einfluß kritischer Behandlung auf die Eigenschaften. Das Körbersche Diagramm besitzt eine Depression der Eigenschaftskurven zwischen 700 und 850⁰, der im Diagramm der Korngrößen ein spitz zulaufendes Maximum bei 800⁰ gegenübersteht. Bemerkenswert ist ferner, daß die Eigenschaftswerte nach Erreichen von Ac₃, also nach Umkristallisation, nicht

---

[1]) St. E. 1920, 1261.
[2]) Von ähnlicher Zusammensetzung wie das zu den Versuchen Abb. 358 benutzte.
[3]) E. F. I. 1922, 4, 31.

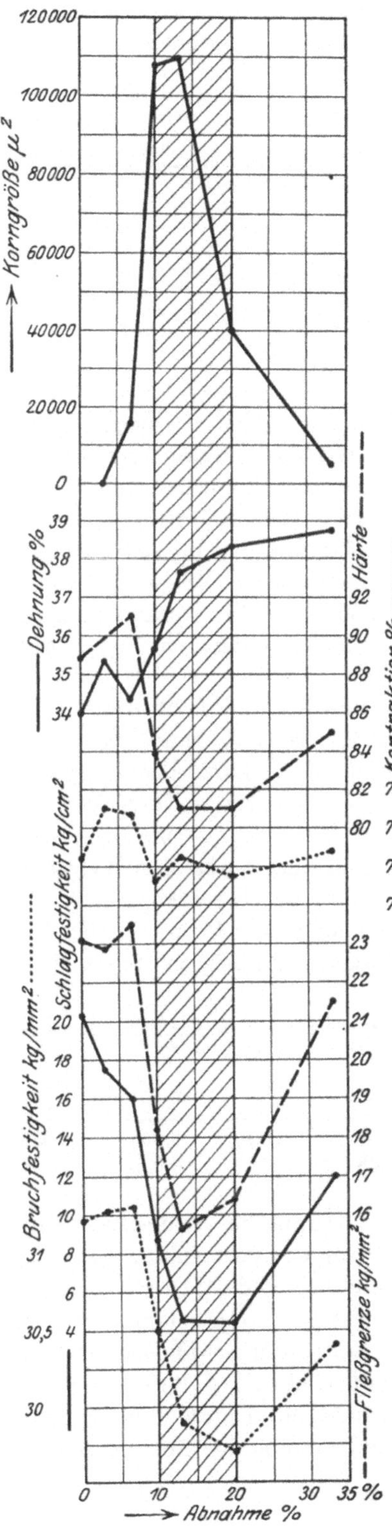

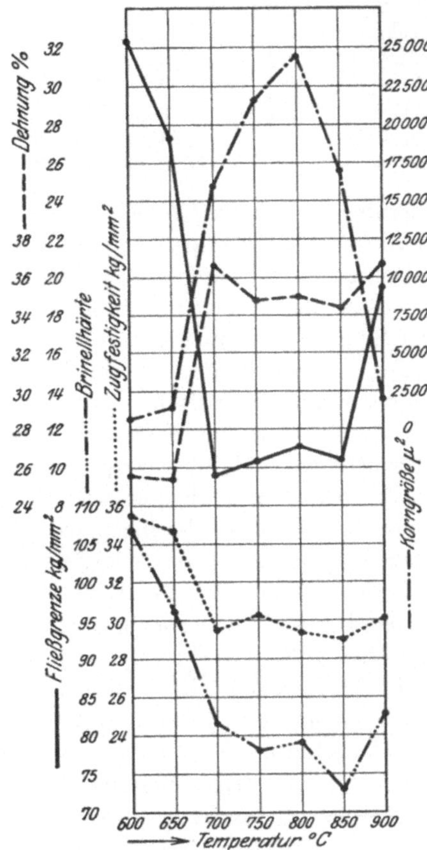

Abb. 372. Wie Abb. 371. (Körber.)

gleich denen des Ausgangs-, also normalisierten Materials sind. Endlich macht Körber darauf aufmerksam, daß das grobkörnige, durch kritische Behandlung erzeugte Eisen lediglich „kerbspröde", jedoch nicht spröde im eigentlichen Sinne

ist, wie der Umstand beweist, daß einer Abnahme der Kerbzähigkeit im gekerbten Stab von 94% nur eine solche von 4% im ungekerbten Stab gegenübersteht. Im übrigen gibt die nachfolgende Tabelle einige Anhaltszahlen von Pomp und von Körber über die maximalen Eigenschaftsänderungen dem normalisierten Metall gegenüber.

Körber stellt den durch kritische Behandlung erzeugten Eigenschafts-

Abb. 371. Einfluß kritischer Verformung mit nachfolgendem kritischen Glühen auf die Eigenschaften von Kruppschem Weicheisen. (Pomp.)

Eigenschaft	Eigenschaftsänderung in Prozenten gegenüber dem normalisierten Metall		
	durch kritische Behandlung nach		durch Glühen bei 1200⁰
	Pomp	Körber	nach Körber
Elastizitäts- grenze . . .	—	— 84	— 61
Streckgrenze .	— 35 bis 47	— 60	— 46
Festigkeit . .	— 4 „ 11	— 7	— 1
Dehnung . . .	+ 9 „ 25	± 0	+ 1
Härte	— 9 „ 14	— 17	— 11
Kerbzähigkeit .	— 84 „ 93	— 94	—
Korngröße . .	+ 22000 bis 240000	+ 4200	+ 650

änderungen solche gegenüber, die er durch einfaches Glühen des normalisierten
Metalls bei 1200⁰ erhielt. Durch eine solche Glühbehandlung erreicht man,
wie später gezeigt wird, ebenfalls eine bedeutende Kornvergröberung. Wie aus
der Zusammenstellung ersichtlich ist, wirken beide Behandlungsarten im gleichen Sinne. Als praktisch wichtige Schlußfolgerung ergibt sich jedenfalls
hieraus, bei weichem Flußeisen kritische Formänderungen (8—12%) zu vermeiden, wenn im kritischen Intervall (650—850⁰) geglüht werden muß oder
aber, wenn kritische Formänderungen wie beim Drahtziehen (vgl. Pomp)
unvermeidlich sind, über Ac_3 zu glühen.

Es wirft sich auch hier wie beim Gefüge die Frage auf, ob die beschriebenen Eigenschaftsänderungen lediglich durch kritische Behandlung von der
bisher besprochenen Art erfolgen, d. h. durch Einwirkung der Temperatur
nach der Deformation in der Kälte oder ob gleichzeitige Einwirkung von
Temperatur und Deformation auch zum Ziele führt. Eine solche Behandlung
wäre also z. B. das Walzen bei etwa 800.⁰, wobei die durch das Walzen bewirkte Verformung (Dickenabnahme) etwa 10% zu betragen hätte. Die
Walzversuche von Wüst und Huntington[1]) sowie von Pomp[2]) geben hierüber Aufschluß. Erstere benutzten zwei weiche Flußeisensorten von folgender Art und Zusammensetzung:

Material-Nr.	Querschnitt mm²	Analyse				
		% C	% Mn	% Si	% P	% S
1	20 × 30	0,08	0,38	0,13	0,063	0,039
2	10 × 30	0,08	0,38	0,16	0,072	0,046

Pomp verwendete das mehrfach erwähnte Kruppsche Weicheisen. Unter
der von Wüst und Huntington als Maßstab für die Verformung gewählten
Verdrängung ist die prozentuale Dickenabnahme der Walzstäbe zu verstehen.
Der von Pomp benutzte Maßstab ist an anderer Stelle bereits erläutert worden.
Die Abb. 373 und 374 geben die Versuchsergebnisse der erwähnten Verfasser
für eine typische Eigenschaft, die Kerbzähigkeit wieder. Die Betrachtung der
Abbildungen lehrt, daß die Ergebnisse der beiden Arbeiten, speziell in bezug auf
die hier zur Erörterung stehende Frage, nicht miteinander übereinstimmen.

---

[1]) St. E. 1917, 829.　　　　[2]) a. a. O.

So finden Wüst und Huntington im kritischen Temperaturintervall ein Minimum der Kerbzähigkeit, das bei Pomp fehlt. Allerdings findet sich das Minimum bei allen Verformungsstufen, und sogar wider Erwarten nicht bei der 10%igen Deformationsstufe in stärkster Ausprägung. Ferner scheint bei 650° ein zweites Minimum aufzutreten. Pomp dagegen findet lediglich, daß beim Drücken um 5 mm = 33,3% der Dicke der Anstieg der Kurve zwischen 700 und 800° langsamer erfolgt.

Die hier aufgeworfene, praktisch so wichtige Frage harrt also noch endgültiger exakter Lösung, aber an der Tatsache selbst der gleichzeitigen Einwirkung von kritischer Temperatur und kritischer Verformung ist kaum

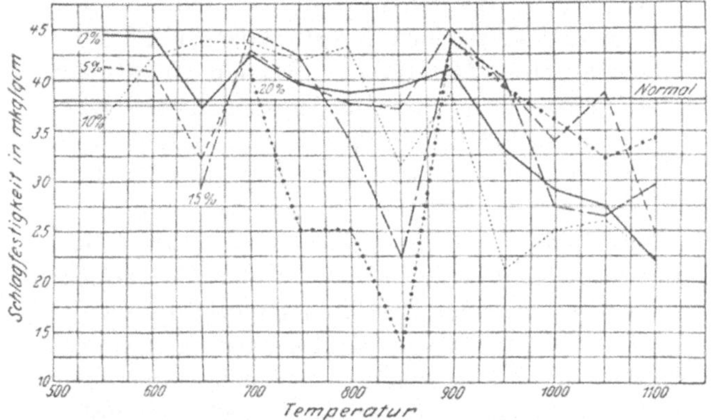

Abb. 373. Kerbzähigkeit von weichem Flußeisen in Abhängigkeit von der Walztemperatur und dem Verformungsgrad. (Wüst und Huntington.)

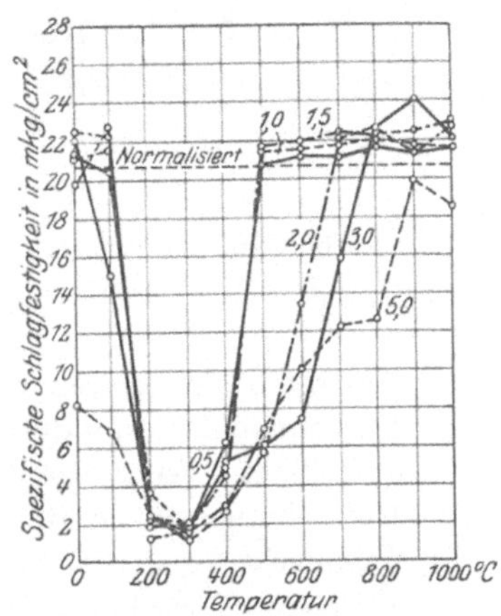

Abb. 374. Wie Abb. 373. (Pomp.)

zu zweifeln, schon allein auf Grund der Gefügeuntersuchung. Es dürfte sich also praktisch empfehlen, das Walzen von weichem Flußeisen nach Möglichkeit oberhalb Ac_3 zu beendigen.

C. Die Verformungs- und Rekristallisationshypothesen.

Für die Deutung der vorstehend beschriebenen Erscheinungen sind eine Reihe von Hypothesen aufgestellt worden. Es kann nicht der Zweck der vorliegenden Arbeit sein, alle diese Hypothesen im einzelnen und kritisch zu erörtern. Es genüge vielmehr eine kurze Wiedergabe der wesentlichen Grundlagen der am weitesten ausgebauten Hypothesen[1]).

Die Translationshypothese. Tammann[2]) erblickt in der Entstehung von Gleit- oder Translationsebenen den ersten Anlaß zur bleibenden Deformation, indem gemäß Abb. 375 Teile eines Kristalls sich unter der Einwirkung eines Kräftepaares auf diesen Ebenen geringsten Schubwiderstandes gegeneinander verschieben können. Auf ebenen Schnitten äußern sie sich dann gemäß Abb. 337 als dunkle Linien. Die Gleitebenen sind kristallographisch

---

[1]) Vgl. a. Fränkel, Die Verfestigung der Metalle durch mechanische Beanspruchung. Berlin, Julius Springer 1920.

[2]) Vgl. insbes. Metallographie. 3. Aufl. Leipzig: Voß 1923.

definierte Ebenen, und zwar nach Mügge[1]) und nach Osmond und Cartaud[2]) im α-Eisen die Oktaederfläche. Statt der einfachen Translation, bei der die beiden Teilkristalle A und A_1 die gleiche optische Orientierung bewahren, kann auch gemäß Abb. 376 unter Einwirkung des Kräftepaares neben der Trans-

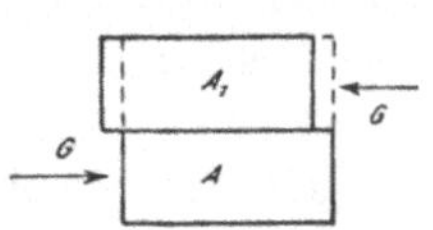

Abb. 375. Entstehung der Translationslinien, schematisch.

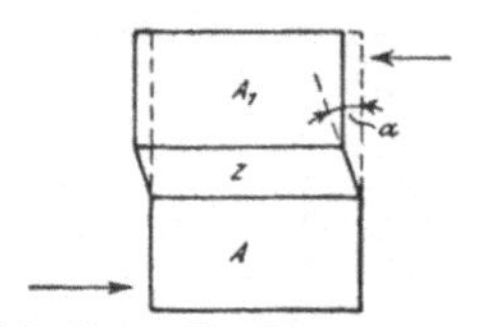

Abb. 376. Zwillingsbildung, schematisch.

lation eine Drehung der Lamelle Z in die Zwillingsstellung erfolgen, ein Vorgang, der von Reusch[3]) entdeckt und einfache Schiebung genannt wurde. Nach Mügge ist die Ebene einfacher Schiebung die Ikositetraederfläche[4]). Von der Zahl der Gleitebenensysteme (deren Kenntnis im übrigen als mangelhaft bezeichnet wird) und von der Zahl der pro Kristall gebildeten Gleitebenen hängt zunächst die Plastizität eines Metalles ab. Da ein Metall ein Konglomerat von verschieden orientierten Kristallen darstellt, erfolgt die Ausbildung von Gleitebenen nicht gleichzeitig in allen Kristallen, sondern zunächst in den zur wirkenden Kraft am günstigsten orientierten (45°). Das Auftreten der ersten Gleitlinien entspricht also dem Auftreten der ersten bleibenden Deformation oder dem Erreichen der Elastizitätsgrenze, die daher auf diesem Wege ermittelt werden kann. Weitere Kraftsteigerung bedingt Entstehung von weiteren Gleitebenen, und es nehmen allmählich auch die ungünstiger orientierten Kristalle am Vorgang teil. Ist eine genügend große Zahl von Kristallen beteiligt, so tritt Fließen ein, das Kraftfeld wird homogenisiert. Die Erhöhung der Elastizitätsgrenze durch eine vorangehende Kaltverformung ist eine Folge hiervon sowie der Tatsache, daß infolge der Unterteilung der einzelnen Körner durch die Gleitebenen die Korngröße sinkt. Gleichzeitig mit der Elastizitäts- und Streckgrenze steigt auch die am Konglomerat ermittelte technologische Härte (Brinell, Shore), da sie ja auch von der Gleitebenenbildung abhängig sein muß, während die absolute Härte (z. B. Ritzhärte) unverändert bleibt[5]). Oberhalb der Streckgrenze, und zwar im Diagramm der wahren Spannungen von dem Punkte an, wo die Spannungskurve den geradlinigen Verlauf annimmt, beginnt nach Körber[6]) in Erweiterung der Tammannschen Hypothese eine Drehung der Kristallteile gegen die Deformationsrichtung, indem die Gleitebenen in eine möglichst ungünstige (Diatrop-)Stellung gedreht werden. Diese Stellung ist nach röntgenographischen Feststellungen von Körber und Wever dann erreicht, wenn die dichtest besetzte Gitterebene, auf der die Gleitung am leichtesten erfolgt, senkrecht zur Zugrichtung steht. Beim α-Eisen ist dies dann erreicht, wenn

---

[1]) N. Z. Min. 1889, I, 130; 1892, II, 91; 1893, II, 221; 1898, I, 71; 1899, II, 55.

[2]) Met. 1906, 522.   [3]) Pogg. Ann. 1867, 132, 441; 1872, 147, 307.

[4]) Vgl. a. Linck, Z. f. Krist. 1892, 20, 209 sowie Osmond und Cartaud, a. a. O.; nach letzterem ist durchaus nicht das Einschnappen der Lamelle in die Zwillingsstellung erforderlich, vielmehr können alle sog. banale Zwischenlagen zwischen dem Winkel 0 und α durchlaufen werden.

[5]) Vgl. Körber und Wieland, E. F. I. 1921, 3, Heft 1, 57.

[6]) St. E. 1922, 365.

eine der Rhombendodekaederflächen parallel zur Zugrichtung wird, die demnach dann mit einer Flächendiagonale des Würfels zusammenfällt. Die steigende Verfestigung erklärt sich also dadurch, daß immer zahlreichere Kristallteile in die vorbeschriebene Stellung gebracht werden, bis schließlich die von Polanyi[1]) an stark deformierten Drähten röntgenographisch definierte Faserstruktur entsteht, die also durch gleiche Orientierung praktisch aller Kristallteile gekennzeichnet wäre. Dies würde erklären, warum ein stark deformiertes Metall beim Ätzen keine Helligkeitsdifferenzen mehr aufweist (nach Czochralski: dislozierte Reflexion). Zur Erklärung der Abnahme des spezifischen Gewichtes durch die Kaltverformung greift Tammann auf einen Versuch von Rose zurück, wonach bei der Zwillingsbildung in Kalkspatkristallen hohle Kanäle gebildet werden. Aber auch bei der Translation würde nach Tammann der Zusammenhang gelockert, und endlich glaubt Tammann auch an die Entstehung von Lücken an den Kristallgrenzen sowie von Rissen bei sehr starken, insbesondere Biegungsbeanspruchungen. Durch alle diese Tatsachen würde die Dichte infolge der Kaltdeformation abnehmen müssen. Die Zunahme des elektrischen Leitwiderstandes infolge von Kaltverformung (z. B. bei Kupfer) ist nach Tammann an die Entstehung der Faserstruktur (Gleichrichtung der Kristallteile) gebunden und hängt zusammen mit der Verschiedenheit dieser Eigenschaft in den verschiedenen kristallographischen Achsenrichtungen. Die Änderung der magnetischen Eigenschaften ist auf die Lockerung des Zusammenhanges zurückzuführen. Die Zunahme der Löslichkeit ist eine Folge größerer Löslichkeit der Zwillingslamellen (festgestellt am Meteoreisen). Die Grundlage der Tammannschen Anschauungen über die Deformation ist die aus vorstehendem hervorgehende Tatsache, daß das Raumgitter keine Veränderung erfährt. Die Röntgenuntersuchung nach dem Debye-Scherrer-Verfahren (das Laue-Verfahren ist nach Tammann ungeeignet) wird zum Beweis der Richtigkeit dieses Satzes herangezogen. Auf Grund der Änderung der chemischen Eigenschaften infolge von Kaltverformung hält aber Tammann eine geringfügige Änderung der Atome selbst nicht für ausgeschlossen.

Von der Rekristallisation gibt Tammann folgende Vorstellung. Zwei sich berührende Kristalle von gleicher Orientierung oder in Zwillingsstellung üben aufeinander keinen Einfluß aus, verhalten sich also so, als ob sie ein einziger Kristall wären. In allen anderen Fällen erfolgt eine Einwirkung (selbstverständlich erst bei den Temperaturen merklichen Platzwechsels der Atome)[2]), indem entweder ein Kristall neuer Orientierung oder ein Wachsen des einen Kristalls auf Kosten des anderen erfolgt. Es ist wahrscheinlich, daß im letzteren Falle die dichter mit Atomen besetzte Ebene die maßgebende ist. Wenn dem nun so ist, so müßte in einem aus dem Schmelzfluß erstarrten, aus vielen verschiedenartig orientierten Kristallen bestehenden Metallstück durch Erhitzung auf geeignete Temperatur ein einziger Kristall zu erzeugen sein. Die Erfahrung lehrt aber, daß die Korngröße und -anordnung eines solchen Metalls praktisch unveränderlich ist. Das rührt nach Tammann daher, daß die Kristalle infolge der an den Korngrenzen in Form von Häutchen sich ansammelnden Ver-

---

[1]) Z. f. Phys. 1921, **5**, 61; 1921, **7**, 181.

[2]) Vgl. hierzu die Versuche von Sauerwald an pulverförmigen, reinen Metallen, An. Chem. 1922, **122**, 277.

unreinigungen nicht isomorpher Natur, der sogenannten Zwischensubstanz, sich nicht berühren. Die Dicke der Zwischensubstanz braucht nur einige Atomschichten zu betragen und unter dem Mikroskop nicht erkennbar zu sein. Die Zwischensubstanz ist beim Kadmium durch Anwendung eines geeigneten Lösungsmittels experimentell festgestellt worden. Da durch die Deformation die Zwischensubstanz zerrissen wird, gelangen die Kristalle miteinander in Berührung, und der Anreiz zur Rekristallisation ist auf diesem Wege gegeben. Je geringer die Zahl der Orte ist, wo Zerreißung stattgefunden hat, je kleiner also die Deformation war, um so geringer ist die Zahl der möglichen Rekristallisationsorte, um so größer also das entstehende Korn und umgekehrt.

Die Hypothese erklärt nach Tammann auch die Abnahme des Ferritkorns bei Ac₃. Da diese Umwandlung $\alpha\,(\beta) \rightarrow \gamma$ mit diskontinuierlicher Volumveränderung verknüpft ist, entstehen Hohlräume zwischen den Kristallen; die Möglichkeiten der Berührung und damit auch der Entstehung grober Körner nehmen ab. Rekristallisation ist ferner auch das Zusammenkleben (-schweißen) zweier frischer, aufeinander geschliffener oder besser polierter Metallflächen unter der Einwirkung von Temperatur und Druck. Die Wiederkehr der ursprünglichen Eigenschaften beim Erhitzen des deformierten Metalls ist eine Folge eines und desselben Vorganges, der Rekristallisation. Die mitunter bei der Erhitzung deformierter Metalle beobachtete abnorme Zunahme des elektrischen Leitwiderstandes nach anfänglicher normaler Abnahme ist nach Tammann auf (mikroskopisch nachweisbare) Lückenbildung zwischen den Kristallen infolge von Oberflächenspannung zurückzuführen.

Die Verlagerungshypothesen. Der Grundgedanke der von Czochralski[1]) aufgestellten und ausgebauten Verlagerungshypothese ist im Gegensatz zur Translationshypothese der, daß bei der Deformation eine Störung des Raumgitters stattfindet. Nach dieser Hypothese kommt der Gleitflächenbildung nur der Wert einer unwirksamen Nebenerscheinung zu, die auf den Fließ- und Verfestigungsverlauf ohne nennenswerten Einfluß ist und jedenfalls nur die Anfangsstufen der bleibenden Deformationen begleitet. Schon kurz oberhalb der Elastizitätsgrenze wird nach den ersten Darlegungen Czochralskis die gleichmäßige Verkettung der kleinsten Teilchen gestört. Die Moleküle werden aus ihrer normalen Lage gedreht unter Bildung mehr oder weniger verlagerter Übergangszonen, bis im Endzustand die (ungleichachsigen) Moleküle sich mit ihren Hauptachsen quer zur Schubrichtung eingestellt haben. Größe und Richtung der Kraft sind ausschlaggebend. Diesen Zustand nennt Czochralski nach dem Vorgang von O. Lehmann[2]) den der erzwungenen Homöotropie (Gleichrichtung). Er ist weder mit dem hoch dispersen noch mit dem amorphen identisch. In ersterem bilden die kleinsten Teilchen alle möglichen Winkel mit ihren Nachbarn, der letztere weist keine achsiale Bevorzugung auf. Wesentlich für die Charakteristik des Zustandes der verlagerten Teilchen ist der Umstand, daß sie ihr Orientierungsbestreben behalten haben. Sie befinden sich eben nur in einem Zwangszustand, von dem sie durch Wärmezufuhr wieder befreit und in neue, aber Gleichgewichtslagen überführt werden können. Hierin be-

---

[1]) Int. Z. Met. 1916, 1; vgl. a. v. Moellendorff und Czochralski, V. d. I. 1913, 931; erner Int. Z. Met. 1914, 6, 43 u. 289; endlich Czochralski, V. d. I. 1923, 533.

[2]) Die neue Welt der flüssigen Kristalle. Leipzig 1910.

steht das Wesen der Rekristallisation, und es ist begreiflich, daß diese bei um
so tieferer Temperatur und in um so zahlreicheren Zentren einsetzen wird, je
stärker und vollständiger die Teilchen aus ihrer Gleichgewichtslage heraus-
gedreht worden waren, je größer also die Verlagerung war. Hierdurch wird
auch zwanglos erklärt, warum das Resultat der Rekristallisation unabhängig
von der Ausgangskorngröße und -gestalt ist. Maßgebend für die Richtung
des Fortschreitens der Rekristallisation ist einzig und allein die Spannungsverteilung im deformierten Metallstück, und zwar schreitet sie von den Stellen
höchster Spannung zu solchen geringerer fort.

Czochralski hat neuerdings durch umfangreiche mechanische und röntgenographische Untersuchungen an Kupfer- und Aluminium-Einkristallen
seine Hypothese erweitert und gegen die Translationshypothese Stellung genommen. Die Grundfrage: findet eine Störung des Raumgitters statt oder nicht,
glaubte Czochralski eindeutig im positiven Sinne mit dem Hinweis erledigt
zu haben, daß bei starker Verformung eines Haufwerks von Kristallen die
Helligkeitsdifferenzen (dislozierte Reflexion) verschwinden. Wir haben aber
gesehen, daß dieses Argument neuerdings auch von Tammann als Beweis
für die Verdrehung und Gleichrichtung der Kristallteile bei starker Verformung
herangezogen wird. Auch aus der röntgenographischen Untersuchung von
Aluminium-Einkristallen, und zwar unter Verwendung des nach Rinne und
Tammann nicht geeigneten Laue-Verfahrens, schließt Czochralski[1]) auf
Raumgitterstörung. Durch seine Zerreißversuche an orientierten Kristallen
hat Czochralski[2]) eine Reihe von weiteren Argumenten gegen die Translationshypothese aufgebracht. So fand er bei der Ermittlung der Festigkeit, Dehnung
und Härte von orientierten Kupfer-Einkristallen, daß die größte Dehnung
in den Achsenrichtungen auftritt, in denen die Möglichkeit der Gleitflächenbildung am kleinsten ist. Die bisher als Ebene geringsten Schubwiderstandes
angesehene Gleitebene im kristallographischen Sinne (beim Kupfer die Oktaederfläche) erwies sich in Wirklichkeit als Ebene größten Schubwiderstandes,
als „Hemmungsebene", während als Fläche geringsten Schubwiderstandes
sich hier die Richtung parallel zur Würfelfläche als eigentliche Gleitebene
ergab. Im übrigen aber verlaufen in einem Streuungsbereich von etwa 30^0
noch ganze Scharen von Ebenen mit fast ebenso günstiger Orientierung.
Auch die Tatsache, daß die Festigkeit in den einzelnen Kristallrichtungen
verschieden war (12,9—35 kg/qmm) beweist nach Czochralski die Halt-
losigkeit der Verdrehungstheorie der Kristallteile (Körber), da ja nach dieser
Vorstellung der Bruch unabhängig von der Orientierung stets bei konstanter
Spannung vor sich gehen müßte. Es ergab sich im übrigen die auffallende
und unerwartete Tatsache, daß die Höchstwerte der Festigkeit und Dehnung einander zugeordnet sind. Ferner zeigte sich, daß die mit Atomen
am dichtesten besetzte Netzebene (Oktaederfläche) die höchste Festigkeit
aufweist, die mit Atomen am geringsten besetzte (Dodekaederfläche) dagegen
die größte Dehnung, dazwischen liegt die Fläche mittlerer Atombesetzung
(Würfelfläche). Beweiskräftig in ähnlichem Sinne für die Auffassung der
Gleitebene als Hemmungsebene sind auch die sogenannten äußeren Fließ-
erscheinungen, wie Czochralski die Verzerrungen des Kugeleindrucks bei

---

[1]) Z. f. Metallk. 1923, 60.   [2]) V. d. I. 1923, 533.

der Härteprüfung und die Querschnittsänderungen beim Zerreißversuch an orientierten Kristallen nennt. Es zeigt sich, daß senkrecht zur Oktaederfläche elliptische, senkrecht zur Würfelfläche quadratische und senkrecht zur Dodekaederfläche kreisrunde Eindrücke entstehen. Dementsprechend wird der Querschnitt eines Zerreißstabes senkrecht zur Würfel- und Oktaederfläche kaum verändert, senkrecht zur Dodekaederfläche dagegen treten die größten Verzerrungen auf. Quadratische Querschnitte werden zu Rauten oder Rechtecken, kreisrunde zu Ellipsen verzerrt. Aus allem geht hervor, daß in Einkristallen das Fließen bevorzugt tangential zu einem Elementarwürfelkomplex erfolgt.

Die Untersuchung stark deformierter Kupferkristalle lehrte, daß, je niedriger die Festigkeit der unbeanspruchten Kristalle war, um so höhere Verfestigung erzielt werden konnte. Dementsprechend trat normal zur Würfelebene die geringste, normal zur Dodekaederfläche und in der Zone Würfel-Dodekaederfläche um 18° geneigt dazu die größte Verfestigungswirkung auf. In allen anderen Richtungen ergaben sich mittlere Wirkungen. Jedenfalls verschwinden infolge der Deformation die Unterschiede der Festigkeit (und natürlich auch der Dehnung, die in allen Achsenrichtungen fast gleich Null wird) in den einzelnen Richtungen. Auch dieser Umstand sowie die von W. Müller[1]) festgestellte Tatsache, daß die Festigkeit kaltgewalzter Kupfer-Vielkristallproben von der Walzrichtung unabhängig ist, spricht also gegen die erweiterte Translationshypothese. Weiter sprechen gegen diese Hypothese die von Czochralski insbesondere an verdrehten Aluminium-Einkristallen beobachteten gesetzmäßigen Verzerrungen der äußeren Gestalt, die auf dem Schliff nach geeigneter Ätzbehandlung in Form von eigentümlichen und mannigfaltigen Reflexionserscheinungen auftreten. Die Übergänge in der Reflexionsintensität sind nämlich bei allen Proben diskontinuierlich. Hieraus schließt Czochralski, daß das Fließen je nach Ausgestaltung des jeweiligen Fließfeldes in einzelnen Kristallrichtungen voreilt, in anderen nachbleibt, zugleich aber auch, daß der Kristall als Ganzes in seinem gesetzmäßigen Aufbau tiefgreifende Störungen erlitten hat. Verdrehungsversuche an Vielkristallproben zeigen jedenfalls die beschriebenen Reflexionswirkungen nicht. Die Umgestaltung des Raumgitters besteht vielleicht darin, daß die Atome nach und nach in der Weise verlagert werden, daß die Abstände der Gitterpunkte in den verschiedenen Netzebenen durch den Umbildungsvorgang zunächst einmal mehr oder weniger stark ausgeglichen werden. Dadurch würde die ursprüngliche Symmetrie der Netzebenen und damit des Raumgitters zerstört. Das Wesen der Verfestigung wäre also gewissermaßen ein Ausgleich der Atomabstände, vielleicht in loser Anlehnung an die Geometrie der dichtesten Kugelpackung. In einem Übersichtsdiagramm versucht nun Czochralski ein sogenanntes Zustandsschema zu schaffen, das die gesamten Fließ- und Verfestigungsvorgänge, die Beziehungen zwischen der Festigkeit und Dehnung in den verschiedenen Zuständen und dem Grad der Körnigkeit für Kupfer in möglichst umfassender Weise zeigt. Ganz kurz berührt Czochralski die Kräftemechanik der Verfestigungsvorgänge, und zwar zunächst an Vielkristallproben. Er lehnt sich dabei insbesondere an die Untersuchungen, von Ludwik[2]) an, der versucht hat, die Fließ- und Verfestigungsvorgänge zu der inneren Reibung in Beziehung zu bringen. Auf Grund einfacher

---

[1]) Forsch.-Arb. Nr. 211, 56.   [2]) Elemente der technologischen Mechanik.

Annahmen über die Natur des Stoffes (Isotropie, Aufbau aus verschiebbaren elastischen Elementen), über die wirksamen Kräfte (Kohäsion τ = Normalkraft zur Aufhebung der Berührung benachbarter Körperelemente; innere Reibung R = Tangentialkraft- oder Schubspannung zur bleibenden Relativverschiebung der Teilchen; Schubgeschwindigkeit) sowie auf Grund der Tatsache, daß bei τ = R die ersten bleibenden Formveränderungen auftreten, die mit dem Erscheinen der beim Zerreißversuch unter einem Winkel von 45^0 (ω) zur Stabachse geneigten Fließfiguren verknüpft sind, der mit zunehmender Dehnung sich vergrößert, wird die Beziehung aufgestellt:

$$\tau = {}^1/_2 \frac{P}{f_0} \sin 2\,\omega,$$

wo P die Belastung, f_0 der Ausgangsquerschnitt ist. Die relative Bewegung der Massenteilchen längs der (hier fiktiven) Gleitebenen wird durch die spezifische Schiebung γ gekennzeichnet. Sie läßt sich aus der Längenänderung λ der Probe beim Zerreißversuch zu

$$\gamma = \frac{4{,}6 \log(1+\lambda)}{\sin 2\,\omega}$$

berechnen[1]). Aus dem Zugdiagramm läßt sich dann auch die Beziehung zwischen γ und $\frac{P}{f_0}$ oder $\frac{P}{f}$, wo f der jeweilige Querschnitt ist, ermitteln, und nun ist die Möglichkeit gegeben, die Beziehungen zwischen der inneren Reibung und der spezifischen Schiebung in einer sogenannten Fließkurve zum Ausdruck zu bringen. Es ist nun bemerkenswert, daß die am Zug-, Druck- und Verdrehungsdiagramm gewonnenen Fließkurven nur wenig voneinander abweichen. Die Fließkurve hat also den Wert einer eindeutigen Materialcharakteristik, der das Schubgesetz zugrunde liegt. Ludwik hat seinen Überlegungen die Quasiisotropie des Materials zugrunde gelegt. Fehlt sie, wie bei den Einkristallproben, so kommt nicht die fiktive Gleitebene, sondern die kristallographisch definierte in Betracht. Auf Grund der Zugdiagramme seiner Einkristallproben hat Czochralski ihre Fließkurven ermittelt und dabei die interessante Feststellung gemacht, daß die innere Reibung bei Einkristallproben Höchst- und Mindestwerte erreicht und die Fließkurve der Vielkristallprobe dem arithmetischen Mittel der vorhergehenden entspricht. Leider ist eine geschlossene Darstellung auf diesem Wege aber nicht möglich, weil die Lage der Gleitebenen in den Einkristallen, wie schon betont wurde, durchaus nicht eindeutig ist und nur in grober Annäherung angenommen wurde. Diese Annahme erweist sich bei genauer Analyse des Raumkörpers der Dehnungen in Abhängigkeit von der kristallographischen Orientierung als unzulässig, da man zu einer unbegrenzten Mannigfaltigkeit von Fließebenen gelangt, wenn sie auch in gewissen Kristallbereichen bevorzugt auftreten. Es sind also nach Czochralski nicht die rationellen kristallgeometrischen, als vielmehr die kräftegeometrischen Beziehungen, auf die es ankommt, etwa: Beziehungen zwischen Aufbau des Gitters und Gitterkräften, Verhalten eines Atoms zu der Lage der Nachbaratome. Auf Grund dieser Anschauung lassen sich einfache „Schubelemente" angeben, in denen der Neigungswinkel

---

[1]) Vgl. Original.

von einem Massenteilchen zum andern ausschlaggebend ist. Die günstigste Schubrichtung ist immer auch die Richtung geringer Atomdichte. Da aber nicht das Einzelelement, sondern die Gesamtheit der Massenteilchen in Frage kommt, entscheidet die resultierende Kräftekomponente, die sich aus der Gestalt des Dehnungskörpers ergibt. In dieser Richtung gelangt Czochralski zu einer geordneten und allgemein gültigen Darstellung der Fließvorgänge in Kristallen. Es fehlt zwar noch an experimentellen Daten, doch dürfte aus dem Vorstehenden die umfassende Bedeutung des Schubgesetzes hervorgehen.

Masing[1]) teilt im großen und ganzen Czochralskis Ansicht, jedoch kommt er auf Grund seiner Studien an Zinn und Zink dazu, neben der primären Rekristallisation noch eine sekundäre anzunehmen. Die primäre Rekristallisation führt schnell zu einem allerdings unvollkommenen Gleichgewicht, wobei ziemlich große Körner gebildet werden. Ist die Gleichgewichtsstörung in einem so schon etwas stabileren Stoff von Natur aus oder durch eine zusätzliche Verformung anderer Art als die erste, die sich aber sofort ohne zwischengeschobene Wärmebehandlung der ersten Verformung anschließt, noch hinreichend stark, so setzt eine zweite, sekundäre Rekristallisation ein. Die erste Rekristallisation wird durch Kristallkeime eingeleitet, die im verformten Material noch vorhanden waren. Die Größe des Kornes ist weitgehend unabhängig von der Rekristallisationstemperatur, wohl aber abhängig von der Größe der Verformung. Bei der zweiten Rekristallisation tritt zunächst Keimbildung auf, und von diesen Keimen aus bilden sich neue Körner. Die Korngröße ist dabei abhängig von der Temperatur, da die Keimzahl ja nach Tammann eine Funktion der Temperatur ist.

Die Hypothese von der amorphen Zwischensubstanz. Rosenhain[2]) und andere nehmen den von Beilby[3]) zuerst aufgeworfenen Gedanken auf, daß die Metalle durch Kaltverformung in den amorphen Zustand übergehen. So bilde sich z. B. auf der polierten Fläche eines Metalls beim Polieren eine dünne Schicht dieser amorphen Substanz. Sie tritt in den Korngrenzen undeformierter Metalle auf und bildet sich bei der Kaltverformung zwischen den Gleitebenen. Ihre große Sprödigkeit, die sie mit allen amorphen Stoffen teilt (Glas), ist die Ursache der Verfestigung, ihre geringe Dichte die der Abnahme des spezifischen Gewichtes bei der Kaltverformung. Die Rekristallisation geht bei Wärmezufuhr von den amorphen Schichten aus. Nach Tammann[4]) führt die Annahme der amorphen Substanz als neue Phase zu Widersprüchen mit der Phasenregel, was bei entsprechender Auslegung dieser Regel nach W. Schmidt[5]) aber nicht notwendig ist, der Störungen im Raumgitter annimmt, die zu sogenannten Fehlbindungen im Raumgitter führen. Eine andere Schwäche der Hypothese ist die, daß für die Rekristallisation die Oberflächenspannung herangezogen werden muß. Dies zwingt zur Annahme, daß das stabilere größere Korn auf Kosten des kleineren wachsen muß. Der Versuch

---

[1]) Metallk. 1920, **12**, 457; St. E. 1920, 1206.

[2]) Int. Z. Met. 1914, 65; s. a. dort Literaturnachweis.

[3]) Proc. Roy. Soc. 1905, **76**, 462; s. ferner: Beilby, Aggregation and flow of solids, London 1921, McMillan and Co.

[4]) Metallographie, 3. Aufl., Leipzig: Voß 1923.

[5]) Über Kaltreckvorgänge, Sonderdruck. Wien: Menz 1923.

bestätigt dies nicht nur nicht, er beweist sogar die Möglichkeit des Gegenteils. Im übrigen hat Benedicks[1]) die experimentellen Unterlagen der Beilbyschen Hypothese von der amorphen Substanz einer eingehenden Kritik unterzogen. Er gelangt zur Schlußfolgerung, daß sich die Beilbyschen Beobachtungen auch ohne Annahme der amorphen Substanz zwanglos erklären lassen. Beiläufig sei erwähnt, daß die Benedickssche Theorie der Kaltverformung auf der Annahme beruht, daß die Bildung von Zwillingslamellen die Ursache der Verfestigung ist. Die bei steigender Beanspruchung sich immer mehr kreuzenden und an Zahl zunehmenden Lamellen begrenzen das Fließvermögen.

Die Gleitstörungshypothese. In den Vereinigten Staaten und in England ist die von Jeffries und Archer[2]) vertretene und ausgebaute Hypothese von der Gleitstörung sehr verbreitet. Sie ist sehr umfassend gedacht, denn sie soll nach ihren Urhebern nicht nur die Verfestigung und Härtesteigerung durch Deformation (Kalthärtung), sondern auch die Härtesteigerung durch Legieren und durch Wärmebehandlung (Härten) erklären. Die Härte ist nach Jeffries und Archer der auf die anziehenden Kräfte zwischen den Atomen zurückzuführende Widerstand gegen dauernde Verformung. Die absolute Kohäsion ist die Summe aller interatomaren Bindungen in einer zur Kraftrichtung senkrechten Ebene. Ihr Höchstwert wird praktisch nicht erreicht, weil die Bindungen beim Bruchvorgang nicht gleichzeitig gesprengt werden. Durch Kalthärtung werden die Bindungen wirksamer, es tritt bei der Formänderung oder beim Bruche eine größere Zahl ins Spiel. Auch durch Legieren werden die Bindungen, die an und für sich bei weitem ausreichen würden, die Härte der härtesten Legierung zu erklären, infolge Einlagerung fremder Atome in das Raumgitter besser ausgenutzt. Im übrigen erfolgt nach Jeffries und Archer die Formänderung plastischer Metalle durch Ausbildung von Gleitebenen, d. h. Ebenen von geringem Schubwiderstand. Die Härtung nach irgendeinem der genannten Verfahren erfolgt durch Behinderung des Gleitens (Gleitstörung). Bei der Kaltverformung ist der Grund der Behinderung das Auftreten der amorphen Schicht nach kurzer Gleitung, wodurch die Bewegung zum Stillstand kommt, indem die anfangs infolge der Reibungswärme erweichte Schicht wegen mangelnder Wärmeabfuhr erhärtet, so daß der Schubwiderstand wächst und die Bewegung sich infolgedessen auf eine andere Gleitebene überträgt. Mit steigender Beanspruchung treten Drehungen einzelner Teile der Kristalle gegeneinander auf, besonders an den Korngrenzen. Hierdurch werden neue Gleitebenen geschaffen, und die Kalthärtung nimmt auch noch durch Verminderung der Korngröße zu. Kleine Korngröße bedingt höhere Festigkeit, nicht nur wegen der wechselnden Richtung der Gleitebenen, sondern auch wegen der in den Korngrenzen von den Verfassern angenommenen amorphen Substanz. Diese Darstellung des Kalthärtungsvorganges deckt sich weitgehend mit Äußerungen von Ludwik[3]), der ebenfalls eine „Blockierung" der Gleitebenen, jedoch durch örtliche Verzerrung des Raumgitters annimmt. Wie schon erwähnt, ist die Härte des Martensits nach den Verfassern auch eine Folge der Gleitstörung, die hier zunächst veranlaßt wird durch „kritische Teilchengröße" des im α-Eisen gelösten Kohlenstoffs. Je kleiner bis zu einer gewissen

---

[1]) Rev. Mét. 1922, 505.
[3]) V. d. I. 1919, 63, 142.

[2]) Vgl. Fachber. V. d. E. 1922, W. A. Nr. 25.

unteren Grenze die gelösten Teilchen sind, um so zahlreichere Gleitebenen werden „blockiert", d. h. unwirksam. Sodann ist es die außerordentlich geringe Korngröße des Martensits, die ihm die hohe Härte verleiht.

Andere Hypothesen. Auf einige andere, weniger ausgebaute Hypothesen wurde bereits verwiesen. Es bliebe noch kurz zu erwähnen die von Sauerwald[1]) geäußerte Ansicht, daß der Schwingungszustand der Atome durch Deformation beeinflußt wird, indem eine weniger stabile Verteilung der Größe der Amplituden auf die einzelnen Atome erfolgt. Ein Teil der Atome erhält so mit steigender Verformung größere Amplituden, woraus auf die Abhängigkeit der Rekristallisationstemperatur vom Verformungsgrad geschlossen werden kann. Schließlich bleibt noch die von Alterthum[2]) durch Anwendung thermodynamischer Prinzipien angestrebte Lösung zu erwähnen[3]).

Wie aus allem hervorgeht, sind die Anschauungen über dieses praktisch so wichtige Gebiet sehr geteilt. Die Lösung der in Frage kommenden Probleme befindet sich in stetigem Fluß. Die experimentellen Daten widersprechen sich aber zum Teil noch, zum Teil sind sie unzureichend. Es ist daher vermieden worden, eine einseitige Stellung zu nehmen. Nichtsdestoweniger scheint es, als ob die auf den Gitter- und Atomaufbau und die hier wirksamen Kräfte Bezug nehmenden Hypothesen die größte Beachtung verdienen.

D. Der Dauer- oder Ermüdungsbruch.

Man kann einen Eisenstab ohne wesentliche Formänderung durch eine Beanspruchung zu Bruch bringen, die weit unter seiner Bruchfestigkeit, ja sogar unter seiner Elastizitätsgrenze liegt, wenn diese Beanspruchung häufig erfolgt und ihre Richtung wechselt. Zahlreiche Vorrichtungen sind zu dem Zwecke gebaut worden, um wiederholte, von Null auf ein Maximum steigende und wieder auf Null abnehmende Beanspruchung zu erzeugen, bzw. das Vorzeichen dieser maximalen Beanspruchung zu ändern[4]). Die Analogie des bei der Dauerbruchprobe erzeugten charakteristischen Bruchgefüges mit dem praktisch vielfach beobachteten führte zum Rückschluß, daß die Ausbildung des Bruches in ähnlicher Weise wie bei der Dauerbruchprobe erfolgt. Der typische Dauerbruch findet sich bei Wellen und ähnlichen, umlaufenden, auf Biegung bzw. Torsion beanspruchten Maschinenteilen. Abb. 377 ist ein Teil des Bruchquerschnittes einer geschmiedeten Feinblechwalze von 0,8 m Durchmesser in natürlicher Größe. Das Bruchgefüge ist im dunkleren Teil äußerst feinkörnig, der Bruch fast glatt bis muschlig. Von einer an der untersten Grenze dieser Zone gelegenen Stelle (durch einen Pfeil gekennzeichnet), die sich bei der mikroskopischen Untersuchung als Schlackeneinschluß von größerer Ausdehnung erwies, gehen zahlreiche Kurven[5]) aus, deren Ausbildung mit der jeweiligen Verteilung der Spannungen zusammenhängt[6]). In dem helleren

---

[1]) Elektrochem. 1923, 79.

[2]) Elektrochem. 1922, 347; Int. Z. Met. 1922, 14, 417.

[3]) Kritik dazu vgl Sauerwald a. a. O.

[4]) Vgl. die Zusammenstellung nebst Literaturnachweis von Mailänder, Fachber. d. V. d. E., W.-A. 1922, Nr. 19 sowie 1923, Nr. 38.

[5]) Kardioiden mit gleicher Spitze.

[6]) Vgl. a. die ausgezeichneten Beispiele Rittershausen und Fischer, Kruppsche Monatsh. 1920, 93.

Bereich, der den überwiegenden Teil des Querschnitts ausmacht, ist der Bruch normal, d. h. ziemlich grobkristallin.

Nach diesem Befund dürfte wohl im vorliegenden Falle die Schlackenansammlung als Ursache oder vielmehr als Erreger des Dauerbruchs anzusehen sein. Diese Schlußfolgerung kann aber nicht verallgemeinert werden, und es gelingt bei Dauerbrüchen durchaus nicht immer, den Erreger in dieser prä-

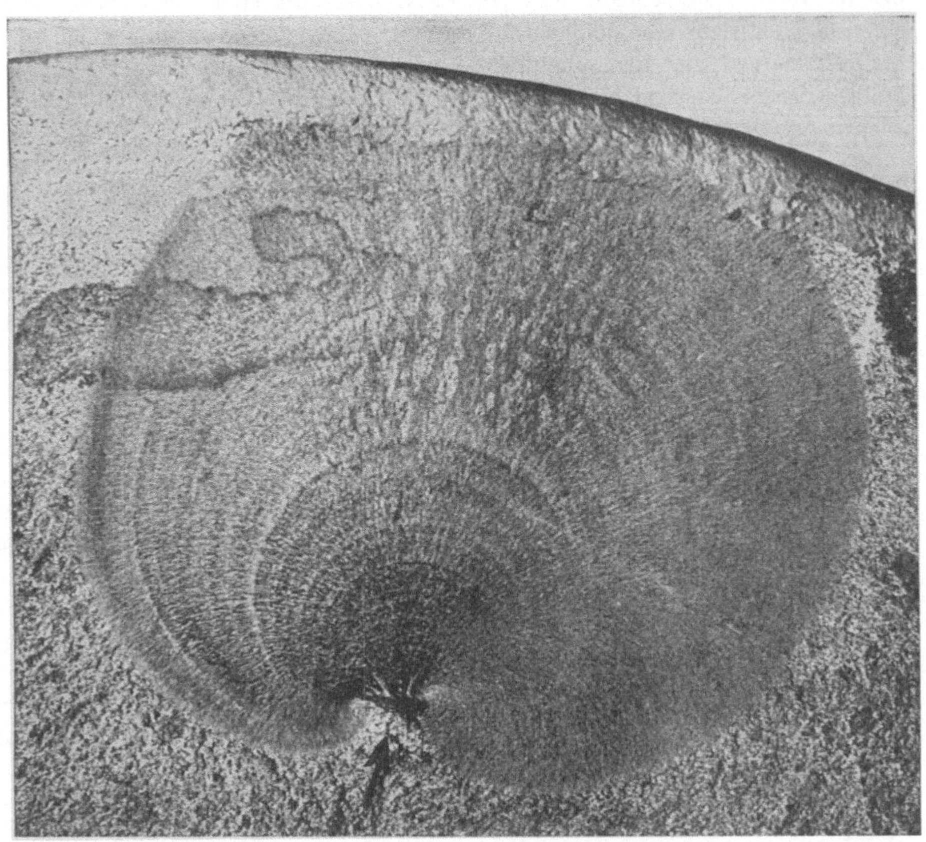

Abb. 377.　Dauerbruch einer Feinblechwalze, x 1.

gnanten Form zu finden. Der künstlich erzeugte Dauerbruch von vollkommen einwandfreiem Material wäre ja auch sonst unerklärlich.

Die Ansichten über die Entstehung des Dauerbruchs stimmen darin überein, daß eine Umkristallisation, wie dies früher angenommen wurde, nicht stattfindet. Beobachtungen an polierten Proben zeigen, daß lokal kleine bleibende Formänderungen auftreten können[1]). Dies ist z. B. der Fall dort, wo die Spannungen am höchsten sind (äußerste Faser eines auf Biegung beanspruchten Stabes) oder wo sie sich infolge einer Kerbe makroskopischer oder auch mikroskopischer (Drehriefe) Größenordnung verdichten, oder wo eine solche Verdichtung infolge einer Materialungleichmäßigkeit (Schlackeneinschluß, schlecht

---

[1]) Vgl. z. B. Ludwik und Scheu, V. d. I. 1923, 122.

geschweißte Gasblase, Spannungsrisse[1]) u. dgl.) stattfindet. Diese ersten Formänderungen lassen sich meist mit Feinmeßmitteln gar nicht feststellen und
äußern sich mikroskopisch zunächst als Gleitlinien. Bei häufigem Spannungs-
wechsel bildet sich ein feiner Riß aus, falls ein solcher nicht schon vorhanden
war, der sich schnell vertieft. Die Rißwände schleifen sich aneinander ab,
bis schließlich der rißfreie Teil des Stückes nicht mehr standhält und plötzlich
bricht. Daher unterscheidet man gemäß Abb. 377 bei einem Dauerbruch stets
einen glatten, dem allmählichen Rißvorgang entsprechenden und einen mehr
kristallinen Teil, der dem plötzlichen Bruch entspricht. Die Form und Verteilung der beiden Brucharten kann je nach der Bruchursache und der Beanspruchung stark wechseln.

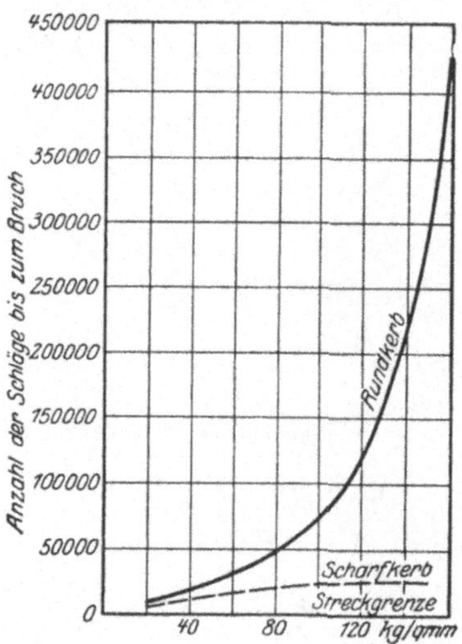

Abb. 378. Beziehung zwischen
Dauerschlagzahl und Streckgrenze
(Rittershausen und Fischer.)

Es empfiehlt sich also zur Vermeidung
des Dauerbruchs in erster Linie, scharfe
Kerben bei solchen Konstruktionsteilen zu
vermeiden, die wechselnden Beanspruchungen unterworfen sind. So können unerheblich scheinende Anlässe, wie eingeschlagene
Buchstaben und Zahlen zum Dauerbruch
führen. Bearbeitungsriefen können das
gleiche veranlassen, weshalb z. B. fertig
bearbeitete Federn mit gutem Erfolg zur
Entfernung der Bearbeitungsriefen mit dem
Sandstrahlgebläse behandelt werden. Der
Einfluß der Kerbform geht deutlich aus den
nachstehend wiedergegebenen Ergebnissen
von Rittershausen und Fischer[2]) hervor, die mit dem Kruppschen Dauerschlagwerk erhalten wurden. Die Zahlen beweisen
gleichzeitig, daß die Probenform einen wesentlichen Einfluß auf das Resultat ausübt
und daher die auf verschiedenem Wege ge-
wonnenen Zahlen nicht ohne weiteres vergleichbar sind. Trotzdem ist die
Schlagzahl oder Dauer- oder Arbeitsfestigkeit offenbar eine Materialeigen-
schaft, wobei allerdings Grundvoraussetzung ist, daß die Zahl der Be-
lastungswechsel eine gewisse untere Grenze erreicht, die praktisch bei etwa
2—3 Millionen liegen dürfte (Mailänder). Ein Einfluß der Zahl der Bela-
stungswechsel in der Zeiteinheit konnte bis jetzt nicht festgestellt werden. Die
Übersicht S. 395 lehrt nun ferner, daß zwischen Streckgrenze und Bruchfestigkeit
einerseits und der Schlagzahl anderseits eine Beziehung zu herrschen scheint,
indem die Schlagzahl mit steigender Streckgrenze und Bruchfestigkeit steigt.
Abb. 378 ist eine graphische Darstellung dieser Beziehung nach Rittershausen
und Fischer für die Streckgrenze. Steigerung der Korngröße des Ferrits bewirkt[3]) eine Abnahme der Schlagzahl. Grobes Ferritnetzwerk in Kohlenstoff-

---

[1]) Vgl. z. B. Meerbach, Risse an schweren Stahlwalzen, St. E. 1920, 141.

[2]) a. a. o.

[3]) Vgl. z. B. W. Müller und H. Leber, V. d. I. 1923, 357, die bei einer Steigerung
der Korngröße um 1400% eine Abnahme der Schlagzahl um 11,5% fanden.

Übersicht; Dauerschlagproben mit verschiedenen Kerbformen.

Die Proben der Reihen 1—5 sind bei dauernder Drehung geschlagen, die der Reihen 6 und 7 bei 180° Drehung; die Schlagrichtung ist bei den beiden letzteren in dem Kerbformschema durch Pfeile angegeben. Sämtliche Schlagzahlen sind Mittelwerte aus mindestens drei Proben.

Stahlsorte	Kohlen-stoffstahl	Nickelstahl	Mangan-stahl	Silizium-Mangan-stahl	Chrom-nickelstahl
Zerreißproben 12 mm ∅:					
Streckgrenze . . . . kg/qmm	ca. 38	ca. 38	46	64	76
Festigkeit . . . . „	58,5	50,1	64,3	84,4	85,6
Dehnung auf 5 d . . . . %	28,6	31,8	23,5	22,8	22,7
Einschnürung . . . . „	65	73	67	52	68
Kerbschlagproben 30×30×160 mm¹):					
mit Rundkerb . . . . . mkg/qcm	11,4	28,7	14,7	6,0	19,8
mit Scharfkerb . . . . . „	3,4	22,6	6,4	ca. 3	ca. 13

Dauerschlagproben:

Kerbform	Ausführung der Kerben	Schlagzahl bis z.Bruch	Ver-hältnis	Schlagzahl bis z.Bruch	Ver-hältnis	Schlagzahl bis z.Bruch	Ver-hältnis	Schlagzahl bis z.Bruch	Ver-hältnis	Schlagzahl bis z.Bruch	Ver-hältnis
1 (r~35; 13∅)	Normalrundkerb.	15 807	100	15 630	100	23 168	100	30 075	100	50 170	100
2 (wie 1)	In die Kerben sind nachträglich absichtlich Riefen mit einer Reißnadel eingeritzt	8 702	55	12 085	77	15 736	68	18 750	62	32 000	64
3	So scharfeckig wie möglich.	8 892	56	7 240	46	12 009	52	15 350	51	31 400	63
4	So scharf wie möglich.	4 805	30	4 240	27	6 992	30	10 098	33	16 795	33
5	Normalrundkerb, 2 mm Querbohrung.	5 270	33	5 917	38	8 442	36	10 591	35	19 582	39
6	desgl.	6 117	39	5 023	32	8 937	39	9 975	33	16 258	32
7	desgl.	2 175	14	1 976	13	3 423	15	4 216	14	7 900	16

(Reihen 1—5: Dauernde Drehung; Reihen 6 u. 7: Drehung um 180°)

¹) Bei beiden 30×30×160 mm-Kerbschlagproben reicht die Kerbtiefe bis in die Mitte des Querschnitts. In der Rundkerbprobe ist der Kerb an seinem Grunde nach einem Halbmesser von 2 mm ausgerundet, in der Scharfkerbprobe endigt er ganz scharf und seine Flanken bilden einen Winkel von 45° (vgl. hierzu Moser, Kruppsche Monatsh., 1920, 48, Abb. 26 u. 27.

stählen ist ebenfalls nachteilig. Körniger Perlit erniedrigt nach W. Müller und H. Leber die Schlagzahl, während troosto-sorbitisches Gefüge nach Richards und Stead[1]) sie steigert. Vergüten steigert also die Schlagzahl, Anlassen auf zu hohe Temperatur und bloßes Ausglühen vermindert sie. Den Einfluß der Temperatur auf die Dauerschlagzahl von geglühtem Flußeisen, geglühtem und vergütetem Chrom-Nickel-Stahl zeigt Abb. 379 nach W. Müller und H. Leber. Hiernach sinkt zunächst die Schlagzahl, um sich dann zu einem Maximum zu erheben und wieder abzufallen. Das Maximum verschiebt sich mit der Zusammensetzung, scheint aber mit dem Blaubruchintervall zusammen-

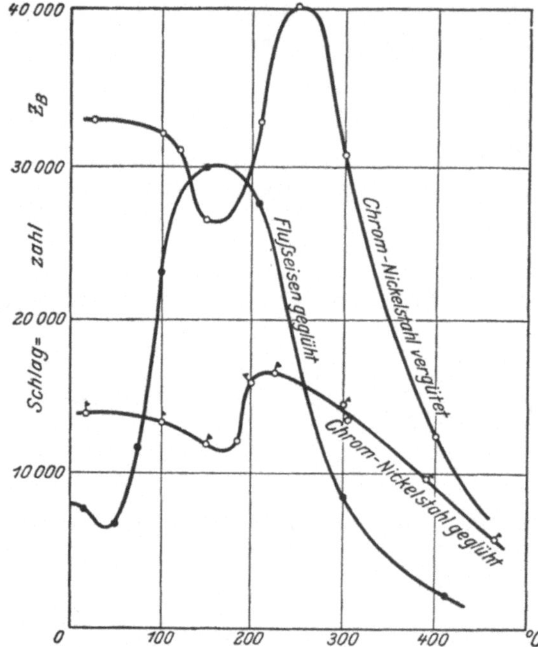

Abb. 379. Abhängigkeit der Dauerschlagzahl von der Temperatur (W. Müller und H. Leber).

zuhängen (vgl. V, 4 E). Durch Einsatzhärten wird die Schlagzahl erheblich vergrößert (11 Millionen gegen bestenfalls $^1/_2$ Million nach Rittershausen und Fischer). Es sei schließlich noch betont, daß die Forderung hoher Schlagzahl der hoher Kerbzähigkeit widerspricht, was bei der Auswahl eines Stahls mitunter zu berücksichtigen ist.

E. Blaubruch und Altern.

Es wurde bereits an anderer Stelle gezeigt (vgl. Abb. 233 S. 281), daß das Eisen bei der Temperatur der blauen Anlauffarbe, also bei 200—300°, wesentlich höhere Festigkeit und Härte, niedrigere Dehnung und Kontraktion als bei gewöhnlicher Temperatur besitzt, und daß erst nach Durchlaufen des Maximums bzw. Minimums bei etwa 250° der zu erwartende Abfall bezw. Anstieg der betreffenden Kurve mit der Temperatur erfolgt. Auch auf der Kurve der Kerbzähigkeit tritt ein Minimum auf, das aber bei 400—500° gelegen ist. Diese Tatsachen werden von Fettweis[2]) in Beziehung gebracht zu einer Reihe von weiteren, an und für sich schon bekannten. Es seien zunächst die noch nicht mitgeteilten Tatsachen erörtert.

1. Die Lage des Festigkeitsmaximums auf der Kurve der Temperaturabhängigkeit dieser Eigenschaft ist von der Versuchsgeschwindigkeit abhängig. Der mit normaler, d. h. niedriger Versuchsgeschwindigkeit durchgeführte Warmzerreißversuch zeigt das Maximum zwischen 200 und 300°. Durch Steigerung der Versuchsgeschwindigkeit verschiebt es sich nach höheren Temperaturgraden. Der mit hoher Versuchsgeschwindigkeit durchgeführte Schlag-

---

[1]) Ir. st. Inst. 1905, II, 84.   [2]) St. E. 1919, 1.

versuch zeigt das Minimum erst zwischen 400 und 500°. Wird die Versuchsgeschwindigkeit dadurch erniedrigt, daß das Eisen durch wiederholte Schläge zu Bruch gebracht wird, so tritt das Minimum bereits bei 200—300° auf (vgl. Abb. 379).

2. Wird Eisen bei Temperaturen unterhalb 500° deformiert und nach dem Abkühlen auf Zimmertemperatur bei dieser geprüft, so findet sich ein Maximum bzw. Minimum bei denjenigen Proben, die zwischen 200 und 300° deformiert worden waren. Als Beispiel hierfür seien folgende Versuche von Charpy[1]) angeführt: an beiden Enden aufgelagerte Stäbe von 120 mm Länge wurden bei verschiedenen Temperaturen langsam so durchgebogen, daß eine Durchbiegung von 20 mm entstand, sodann zurückgebogen und nach Abkühlung auf Zimmertemperatur geprüft. Die Versuche ergaben folgendes:

Temperatur während der Biegung °C	Spezifische Schlagarbeit mkg/qcm					
	Flußeisensorten				Nickelstahl	
Ohne Biegung	44,5	40,0	43,5	26,9	36,0	29,1
15	38,2	23,9	28,4	1,5	34,3	20,4
150	—	—	—	—	35,3	20,4
200	40,4	20,9	12,2	0,5	33,8	17,8
250	39,4	17,0	4,8	0,5	30,5	15,1
300	40,4	19,4	6,2	0,5	31,5	18,5
400	41,5	28,2	10,9	0,5	35,3	28,5

Die Zeit, während der das Material nach der Deformation auf der betreffenden Temperatur bleibt, entspricht derjenigen, die für den Warmzerreißversuch erforderlich ist. Bemerkenswert ist im übrigen bei den drei ersten Flußeisensorten die verschiedene Empfindlichkeit gegen die Blauwärme[2]). In ähnlicher Weise durch den Zerreißversuch erhaltene Ergebnisse teilt Klein[3]) mit. Eine weitere Bestätigung dieser Tatsache liefern die Versuche von Pomp, wie ein Blick auf die Abb. 374 lehrt.

3. Zu demselben Ergebnis wie unter 2 gelangt man, wenn màn die Deformation bei gewöhnlicher Temperatur vornimmt und die so behandelten Proben auf verschiedene Temperaturen erhitzt. In dieser Weise von Fettweis behandeltes Material (Nickelstahl mit 0,16% C und 4% Ni) zeigt ein Zugfestigkeitsmaximum und ein Minimum der Dehnung bei etwa 250°. Die Streckgrenze verhält sich nach Fettweisschen, die Härte nach Versuchen von Grenet[4]), die Schlagfestigkeit nach Versuchen von Bauer[5]) und von Baumann[6]) ähnlich. Für die Entstehung der Blaubrüchigkeit ist demnach Deformation bei der Temperatur der blauen Anlauffarbe nicht unbedingt erforderliche Voraussetzung. Diese Tatsache ist praktisch besonders wichtig. Unvorsichtiges, zu bleibenden Deformatiònen führendes Abklopfen des Kesselsteins bei gewöhnlicher Temperatur kann demnach beispielsweise bei nachfolgender Erhitzung der Kesselwand auf Blaubruchtemperatur die Neigung zum Blaubruch hervorrufen.

---

1) St. E. 1914, 845.
3) St. E. 1914, 136.
5) St. E. 1918, 457.

2) Vgl. a. Baumann, St. E. 1922, 1865.
4) Rev. Mét. 1909, 1054.
6) V. d. I. 1915, 628.

4. Um die Blaubrüchigkeit hervorzurufen, ist nicht einmal eine der Deformation nachfolgende Erhitzung nötig, längeres Lagern (Altern) von deformiertem Eisen bei gewöhnlicher Temperatur vermag diejenigen Erscheinungen, die die Blaubrüchigkeit kennzeichnen, hervorzurufen. Über derartige Versuche berichtete zuerst Bauschinger[1]). Martens[2]) beanspruchte Zerreißproben in der Maschine bis zur Streckgrenze und stellte nach verschiedenen Ruhepausen die neue Streckgrenze fest. Seine Ergebnisse waren folgende:

Beanspruchung kg/qmm	Ruhepause	Neue Streckgrenze kg/qmm	Steigerung kg/qmm
54,9	30 Min.	55,0	0,1
56,1	1 Tag	56,5	0,4
54,9	7 „	56,3	1,4
54,5	30 .,	59,6	5,1
54,5	244 „	59,7	5,2

Ähnliche Versuche von Fettweis führten zum gleichen Ergebnis. Baumanns[3]) Versuche mit Kesselblechflußeisen sind in Abb. 380 dargestellt. Erhitzen auf niedrige Temperaturen (100—300⁰) befördert das Altern, d. h. die zum Erreichen der höchsten Sprödigkeit erforderliche Zeit sinkt.

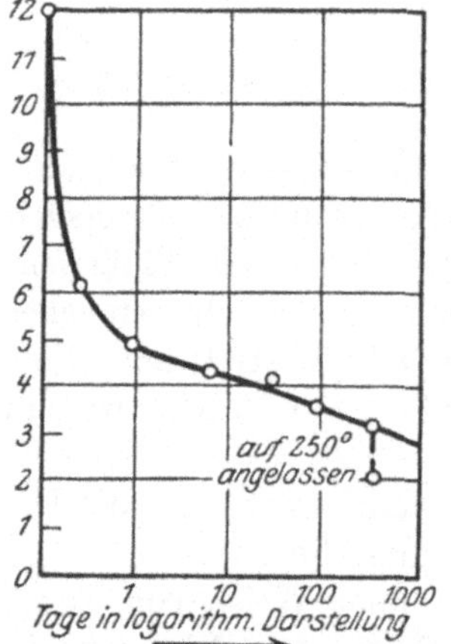

Abb. 380. Einfluß des Alterns auf die Kerbzähigkeit von Kesselblechflußeisen (Baumann).

Aus allen diesen Tatsachen schließt Fettweis, daß Altern und Blaubruch dieselbe Erscheinung sind. Dann darf aber auch deformiertes und vollständig gealtertes (längere Zeit gelagertes) Eisen z. B. auf der Kurve der Temperaturabhängigkeit der Festigkeit kein Maximum aufweisen, vielmehr muß mit steigender Glühtemperatur die Festigkeit kontinuierlich abnehmen. Der Versuch bestätigte dies.

Jedenfalls fügen sich eine ganze Reihe von Beobachtungen zwanglos in den Rahmen der hier erwähnten Erscheinungen, so z. B. die Stromeyerschen[4]), daß mit der Schere abgeschnittene Kesselblechstreifen bei sofortiger Vornahme der Biegeprobe sich, ohne zu reißen, biegen lassen, während längere Zeit gelagerte Proben reißen.

Der Fettweisschen Auffassung widersprechen Körber und Dreyer[5]) auf Grund eines umfangreichen Versuchsmaterials. Sie stellten zunächst an drei verschiedenen weichen Materialien die Tatsache wieder fest, daß sowohl die Festigkeit wie die elastischen Eigenschaften durch Verformung in der Blauwärme steigen, Dehnung und Kontraktion sinken. Erhitzen des bei 20⁰, also kaltverformten Eisens (1stündige Erhitzung genügt) ruft zwischen 100 und

---

[1]) Der Zivilingenieur, 1881.   [2]) Mat.-Kde., I, 207.
[3]) St. E. 1923, 1865, vgl. a. Bauer, Mat. Prüf. 1921, 251.
[4]) Met. 1907, 385; vgl. a. Scholtz, St. E. 1912, 793.   [5]) E. F. I. 1921, 2, 59.

300° eine Verstärkung der Verformungswirkung hervor, nur ist die Wirkung des ersten Vorganges etwa doppelt so groß wie die des zweiten. Körber und Dreyer bestätigten ferner, daß durch Lagern (Altern) kaltverformter Proben die Festigkeit und die elastischen Eigenschaften steigen, Dehnung und Kontraktion sinken und daß dies in der ersten Zeit viel rascher erfolgt als später. Altern und Erhitzen kaltverformten Eisens sind nach den Verfassern im großen und ganzen von ähnlichen Wirkungen begleitet und daher als wesensgleich anzusehen. Für Kerbzähigkeit und Härte fanden sie beim Vergleich der Wirkung der Verformung in der Blauwärme mit der des Erhitzens kaltverformten Eisens auf diese Temperaturen wie bei den schon erwähnten Eigenschaften einen Unterschied des Grades und schließen hieraus, daß beide Wirkungen andre Ursachen besitzen müssen und demnach im Gegensatz zu Fettweis die Frage nach der Wesensgleichheit der Verformung bei Blauwärme einerseits und der Erhitzung kaltverformten Eisens auf diese Temperatur sowie des Alterns anderseits verneint werden muß. Dieser Schlußfolgerung tritt Fettweis[1]) entgegen. Der Unterschied des Grades ist eine notwendige Folge der unterschiedlichen Behandlung. Durch die Prüfung bei Blauwärme wird schon gleich bei der ersten bleibenden Formänderung Altern eintreten. Die folgenden Formänderungen treffen also auf ein Material, das infolge dieses Alterns schon mehr Formänderungsfähigkeit eingebüßt hat, als dem wirklichen Formänderungsgrad entspricht. So kommt es, daß beim (vorübergehenden) Erhitzen von kaltverformtem Eisen auf Blauwärme eine geringere Festigkeitssteigerung erzielt wird als durch Prüfen bei Blauwärme. Man kann dem letzteren Vorgange unter Beibehaltung des ersteren Weges nahekommen durch intermittierendes, allmählich gesteigertes Kaltverformen und Erhitzen auf Blauwärme. Hierdurch gelang es Fettweis in der Tat mehr als die doppelte Festigkeitssteigerung wie bei gewöhnlichem Altern zu erreichen.

Auf eine der Hypothesen einzugehen, die zur Klärung der vorstehenden Fragen aufgestellt worden sind, scheint verfrüht zu sein, solange das Wesen der Kaltverformung noch nicht genauer erfaßt ist. Auch die Feststellung von Körber und Dreyer, „die Blaubrüchigkeit sei eine Folge der besonders starken Verminderung der Formänderungsfähigkeit in der Blauwärme, die zur Folge hat, daß zu einer bestimmten Verformung eine höhere wahre Spannung erforderlich ist als bei höherer und tieferer Temperatur", befriedigt nicht. Sehr gewagt erscheint der Versuch von Jeffries[2]) (der übrigens wie Fettweis die Erklärung der Erscheinungen in der Existenz einer Modifikation unter A_1 sucht), die thermischen, volumetrischen und resistometrischen Änderungen beim Lagern und Anlassen abgeschreckter Stähle sowie die später zu besprechende Anlaßsprödigkeit mit den hier geschilderten Erscheinungen auf gleiche Stufe zu stellen.

4. Die Warmverformung des schmiedbaren Eisens.

Erfolgt die Verarbeitung oder Verformung des schmiedbaren Eisens bei oberhalb A_3 gelegenen Temperaturen, also im Temperaturgebiete der homo-

---

1) St. E. 1922, 744.   2) Am. Min. Met. Eng. 1922, 67, 56.

genen festen Lösung, so heißt sie Warmverarbeitung oder -verformung. Das Wesentliche an dieser Art der Verarbeitung ist demnach, daß nicht wie bei der Kaltverformung die Zerfallsprodukte der festen Lösung Ferrit bzw. Zementit und Perlit, sondern die feste Lösung selbst von der Verformung betroffen wird. Ein weiterer Unterschied der beiden Verformungsarten besteht darin, daß die Körner oder Kristalle der festen Lösung bei der Warmverformung keine Veränderung der Gestalt, im besonderen keine Streckung erleiden. Dies führt man darauf zurück, daß die hohe Temperatur bei der Warmverformung die sofortige Rekristallisation der festen Lösung, also die Bildung nach allen Richtungen gleich ausgedehnter Körner veranlaßt. Ob diese Rekristallisation den im vorhergehenden Kapitel entwickelten allgemeinen Gesetzen der Rekristallisation folgt, im besondern also zwischen Temperatur, Verformungsgrad und Korngröße ähnliche Beziehungen bestehen, ist nicht festgestellt. Es darf aber nicht vergessen werden, daß während der Abkühlung des warmverformten schmiedbaren Eisens zwischen GOSE und PSK Abb. 16 der Zerfall der festen Lösung stattfindet. Für die Korngröße dieser Zerfallsprodukte ist nun, wie im Kapitel Umkristallisation gezeigt wurde, die Korngröße der festen Lösung bis zu einem gewissen Grade maßgebend. Die Veränderung der Korngröße durch die Warmverarbeitung läßt sich beurteilen durch den Vergleich der Korngrößen von nicht verarbeitetem, sondern lediglich auf die Verarbeitungstemperaturen erhitztem Material, mit der Korngröße des gleichen, aber warmverformten Materials. Derartige Versuche[1] haben ergeben, daß erhebliche Kornverkleinerung erfolgt, wie der Vergleich der Kurven 1 und 4 bzw. 2 und 4a der Abb. 381 lehrt.

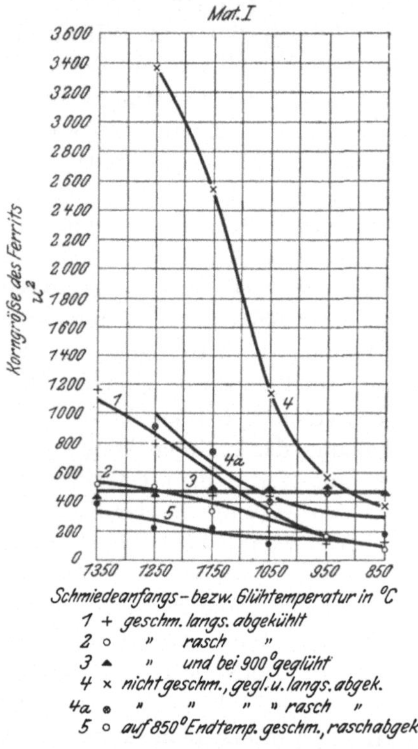

Abb. 381. Einfluß der Schmiede- und Glühtemperatur auf die Korngröße von weichem Flußeisen (Oberhoffer, Lauber und Hammel).

Als Abszissen sind, da es sich um Schmiedeversuche handelt und die Verarbeitung in einem Temperaturintervall erfolgt, die Anfangsschmiedetemperaturen eingetragen. Mit langsamer Abkühlung ist Abkühlung in Kieselgur, mit rascher Luftabkühlung, gemeint. Das Versuchsmaterial (I) war weiches Flußeisen mit 0,1 % Kohlenstoff, 0,4 % Mangan, 0,02 % Silizium, 0,012 % Phosphor und 0,024 % Schwefel (Tiefstanzqualität). Der Verarbeitungsgrad ist für alle geschmiedeten Proben der gleiche, und zwar betrug der Anfangsquerschnitt 50 × 50, der Endquerschnitt 25 × 25 mm, so daß die Querschnittsvermin-

---

[1] Vgl. Oberhoffer, St. E. 1913, 1507, sowie Oberhoffer, Lauber und Hammel, St. E. 1916, 234.

derung $= 75\%$, die Streckung $F_0/F = 4$ war. Ähnliche Beziehungen wie die in Abb. 381 dargestellten erhält man auch für die Korngröße des Ferrits von Stahl mit 0,4% Kohlenstoff. Über das Verhalten von durchweg aus Perlit aufgebautem Stahl liegen keine Beobachtungen vor. Die Hauptschwierigkeit nämlich, durch geeignete Ätzmittel die Korngröße, also die Bereiche gleicher Orientierung des Perlits festzustellen, ist noch nicht überwunden.

Der Einfluß des Schmiedens auf die Festigkeitseigenschaften unter den oben angegebenen Versuchsbedingungen ergibt sich aus dem Vergleich der am Material I ermittelten Kurven 1 und 4 der Abb. 382. Zwischen dem Gefüge und den Eigenschaften des weichen Materials I besteht beim geschmiedeten Material (Kurven 1 und 2) die allgemeine Beziehung, daß Streckgrenze, Festigkeit und Härte mit abnehmender Korngröße zunehmen, daß die Dehnung abnimmt und Kontraktion und Schlagfestigkeit nicht beeinflußt werden. Beim ungeschmiedeten Material (Kurve 4) besteht in großen Zügen dieselbe Beziehung, nur die Dehnung schließt sich dem Verhalten von Kontraktion und Schlagfestigkeit an und wird durch die Korngröße nicht beeinflußt, doch muß berücksichtigt werden, daß beim nichtverarbeiteten Material die Gefahr der mangelnden Quasiisotropie und der Einfluß geringer Verunreinigungen (Schlak-ken- und Phosphoransammlungen) größer ist als beim verarbeiteten und die beim nicht verarbeiteten Material erhaltenen Werte daher im allgemeinen unzuverlässiger sind als die am verarbeiteten ermittelten. Vergleicht man nun die Beziehung der zugehörigen Eigenschaftskurven mit denen der Korngröße, ein Vergleich, der den reinen Einfluß des Schmiedens lehrt, so müßte man einen um so größeren Unterschied zwischen den Eigenschaften des verarbei-teten und nicht verarbeiteten Materials erwarten, je höher die Verarbeitungs-temperatur liegt, da ja der Unterschied der Korngröße in gleichem Sinne wächst. Diesem Verhalten entspricht nur die Dehnung, so daß man annehmen muß, daß für die übrigen Eigenschaften noch andere, unbekannte Faktoren maßgebend sind. Als praktische Schlußfolgerung ergäbe sich aus diesen Ver-suchen für Material I, daß zur Erzielung größter Weichheit und Zähigkeit die höchsten Verarbeitungstemperaturen und zur Erzielung bester magnetischer Eigenschaften, wie Abb. 383 zeigt, mittlere Verarbeitungstemperaturen an-zuwenden sind. Als Qualitätsmaterial wird aber dieses weiche Eisen u. a. zur Erzeugung hochwertiger Feinbleche (Tiefstanz) verwendet, die aus andern Grün-den kalt fertig gewalzt werden müssen.

Gleiche Versuche wie mit den vorhergehenden sind mit zwei weiteren, mit II und III bezeichneten Materialien höheren Kohlenstoffgehaltes auf-gestellt worden, deren Zusammensetzung folgende war:

	% C	% Mn	% Si	% P	% S
Material II . .	0,40	0,70	0,09	0,014	0,031
„ III . .	0,77	1,28	0,21	0,03	0,029

Die Ergebnisse sind ebenfalls in Abb. 382 graphisch dargestellt. Das Material II verhält sich bis auf Kontraktion und spezifische Schlagarbeit in großen Zügen wie das weiche Material. Bei der Erzeugung von Qualitäts-Schmiedestücken, wie Achsen, Wellen und ähnlichen Teilen, sind hohe Verarbeitungstemperaturen

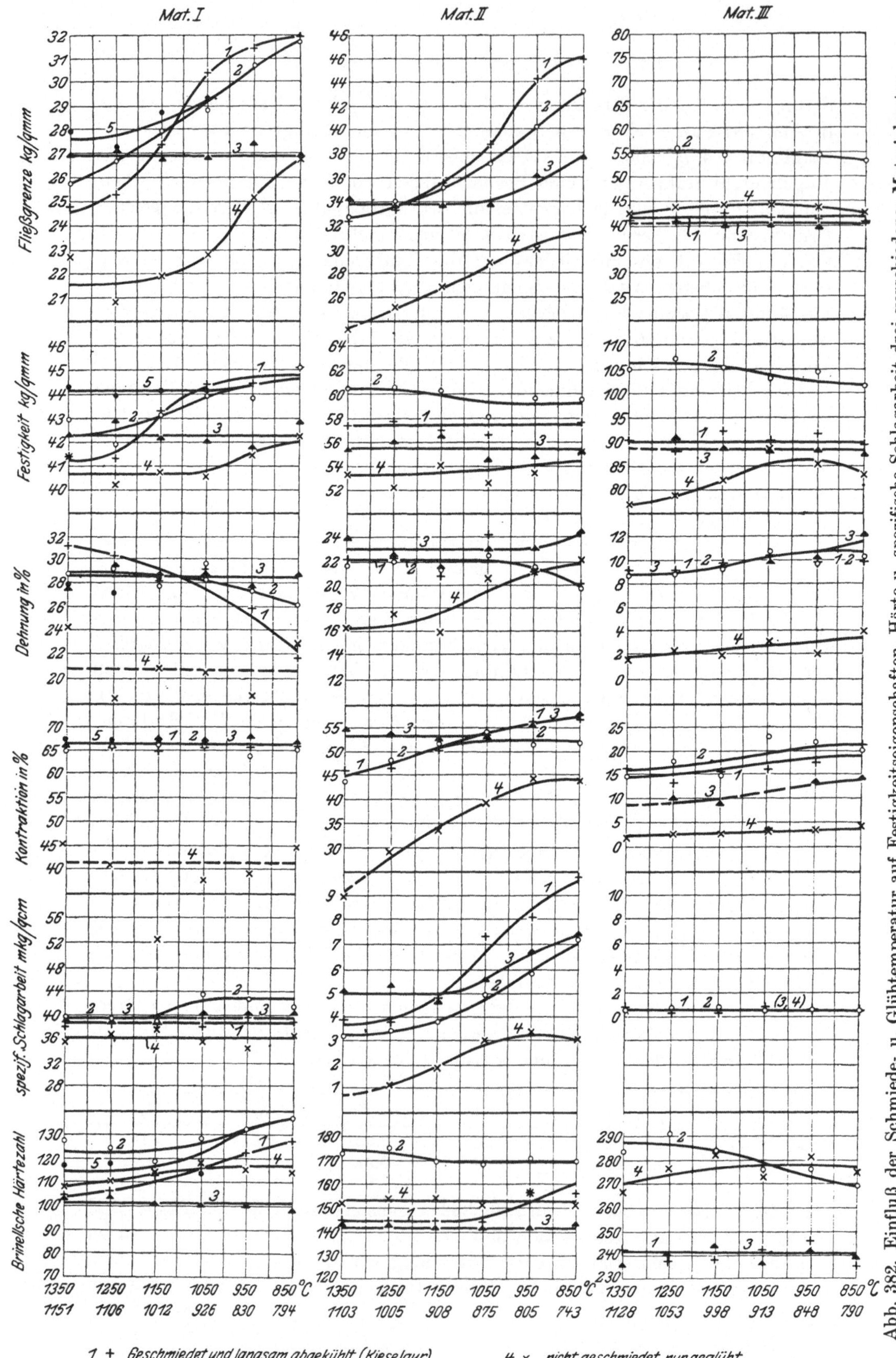

Abb. 382. Einfluß der Schmiede- u. Glühtemperatur auf Festigkeitseigenschaften, Härte u. spezifische Schlagarbeit drei verschiedener Materialsorten.

wegen der mit ihnen verbundenen, durch Abnahme der Kontraktion und der spezifischen Schlagarbeit sich äußernden Sprödigkeit zu vermeiden.

Das Material III nimmt bezüglich aller Eigenschaften eine Sonderstellung insofern ein, als Streckgrenze, Festigkeit, spezifische Schlagarbeit und Härte im verarbeiteten Material kaum durch die Höhe der Schmiedetemperatur beeinflußt werden, während Dehnung und Kontraktion mit abnehmender Schmiedetemperatur deutlich ansteigen, im Gegensatz zum Verhalten der Materialien I und II. Zur Erzielung höchster Zähigkeit ist also auch dieses Material bei nicht zu hohen Temperaturen zu verarbeiten[1]).

Im Gegensatz zu den meisten untereutektoidischen und eutektoidischen Materialien werden die übereutektoidischen mit Absicht und im Hinblick auf ihre Verwendung als Werkzeugstähle zwischen Ar$_{cm}$ und Ar$_1$ verarbeitet. Der hierbei verfolgte Zweck ist die Zerstörung des groben Zementitnetzwerks bzw. der Zementitnadeln und die Erzeugung punktförmiger Ansammlungen von Zementit (körniger Zementit). Hierdurch wird der Stahl für das Härten in geeigneter Weise vorbereitet. Der Zweck des Härtens solcher Stähle ist nicht etwa die Überführung des gesamten Zementits in Lösung,

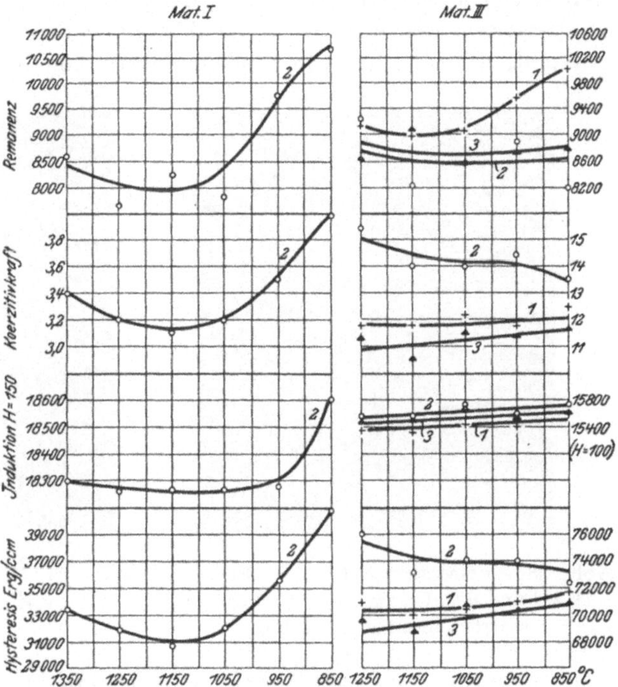

Abb. 383. Einfluß der Schmiedetemperatur auf die magnetischen Eigenschaften von weichem Flußeisen und hartem Stahl (Oberhoffer, Lauber und Hammel).

vielmehr soll nur die Grundmasse, der Perlit in feste Lösung verwandelt und damit härter gemacht werden, der an und für sich harte Zementit soll dagegen als solcher erhalten bleiben, vorausgesetzt, daß seine Form und Verteilung zweckmäßig ist. Das ist zweifellos nicht der Fall, wenn er in Form von Netzwerken und Nadeln vorliegt, wohl aber dann, wenn er in feiner und gleichmäßiger Verteilung, also in körniger Form vorhanden ist. Diese zu erzielen, ist einer der Zwecke des Schmiedens.

Besonders wichtig ist dieser Umstand auch für die Stähle mit Doppelkarbid, die dieses nach der hier vertretenen Auffassung als ledeburitähnliches Eutektikum enthalten, also z. B. die Schnellarbeitsstähle. Zunächst sei betont, daß

---

[1]) Bezüglich der magnetischen Eigenschaften vgl. nächstes Kapitel.

der Schmiede- und überhaupt der Verarbeitungstemperatur des schmiedbaren Eisens nach oben hin eine Grenze gesetzt ist, die im System Eisen-Kohlenstoff bei der Temperatur beginnenden Schmelzens (Solidus) liegt. Wird aber die Erstarrung, wie es ja in den hier unter Betrachtung stehenden komplexen Systemen vorkommen kann, durch die Bildung eines binären oder ternären Eutektikums abgeschlossen, so kommt natürlich die Erstarrungs- bzw. Schmelztemperatur dieses Eutektikums als obere Grenze für die Schmiedetemperatur in Frage. Es ist nämlich leicht einzusehen, daß die Verflüssigung des meist in Zellenform vorliegenden Eutektikums den Zusammenhang so bedenklich lockern muß, daß ein Verschmieden unmöglich wird. Die genaue Kenntnis der Schmelztemperaturen der hier in Betracht kommenden Eutektika, die heute noch aussteht, würde daher von großem praktischen Nutzen sein. Aber noch ein

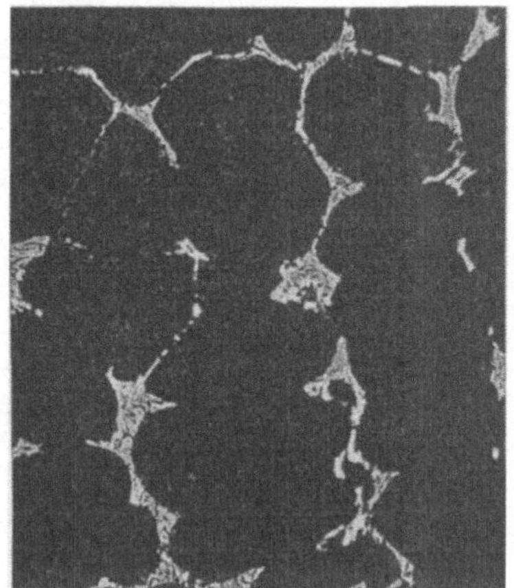

Abb. 384. Gegossener Chromstahl mit 1,1% C und 6% Cr, im Magnesittiegel erstarrt. Ätzung II, x 100.

Abb. 384. Wie Abb. 385, jedoch in einer Eisenkokille erstarrt.

anderer Umstand ist bei den Stählen erwähnter Art zu berücksichtigen. Wie schon im Kapitel Kristallisation gezeigt wurde, ist die Größe des Primärkorns eine Funktion der Erstarrungsgeschwindigkeit, und zwar sinkt jene, wenn diese steigt. Demnach muß auch die Größe des eutektischen (Doppelkarbid-) Netzwerkes mit der Erstarrungsgeschwindigkeit zunehmen. Dies wurde vom Verfasser[1]) bestätigt, wie die Abb. 384 und 385 lehren, die keiner besonderen Erläuterungen bedürfen. Es muß ferner in ein und demselben Block auf Grund der verschiedenen Erstarrungsgeschwindigkeiten in den einzelnen Blockteilen die Größe des Netzwerks verschieden sein, unten bzw. am Rande kleiner als oben bzw. in der Mitte. Eine dahinzielende Untersuchung von Rapatz hat dies gemäß Abb. 386 bestätigt[2]). Da nun einer der Zwecke des Schmiedens auch hier die gleichmäßige Verteilung des Karbides ist, so ist leicht einzusehen, daß die Erreichung dieses Zweckes nicht nur von der Ausgangskorngröße des

---

[1]) St. E. 1922, 1240.
[2]) Diss. Aachen 1924; die Punkte der Abb. 386 deuten die Stellen an, wo Messungen vorgenommen wurden; die Zahlen über den Punkten sind die Netzwerkdurchmesser in μ.

Netzwerks, sondern auch von der Durchschmiedung oder Streckung abhängig ist. Abb. 387 und 388 zeigen die in den Abb. 384 und 385 dargestellten Stähle im Querschnitt nach dem Schmieden von 45 auf 15 mm ⎕, was einer 9fachen Streckung entspricht. Der rasch erstarrte Stahl weist gleichmäßige Karbidverteilung auf im Gegensatz zum langsam erstarrten Stahl. Als weitere Folge aus dem Gesagten ergibt sich, daß die einzelnen Blockteile nach dem Verschmieden verschiedenartige Form der Karbide aufweisen müssen, da ja das Netzwerk von Anfang an verschieden war. So berichtet Rapatz[1]) über einen Rundblock von 140 mm ⌀ aus Chromstahl mit 12,8 % Chrom, der trotz 6facher Verschmiedung in der Mitte noch grobes, kaum deformiertes Netzwerk aufwies. In solchen Fällen wird häufig und fälsch-lich die Diagnose auf Karbidseigerungen gestellt, während es sich in Wirklichkeit um ungenügende Verschmiedung handelt. Rapatz berechnet die Ver-schmiedung aus der Streckung des Netzwerkes, wenn das Endprodukt einen dem Block ähnlichen Quer-schnitt hat und die Streckung nicht zu stark war.

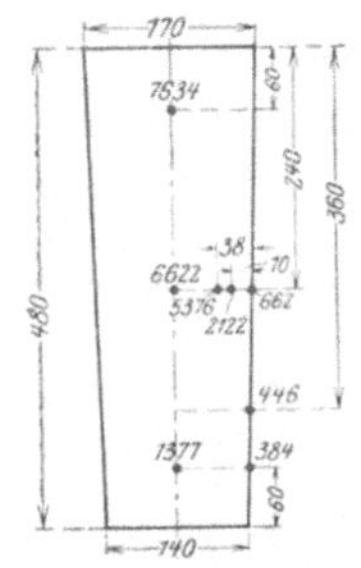

Abb. 386. Einfluß der Lage der Probe (in mm) auf die Netzwerkgröße (in μ^2) in einem Rundblock (1000 kg) Schnellarbeitsstahl mit 0,91 % C, 4,61 % Cr, 19,82 % W (Rapatz).

Ist b die Anzahl der in der Längsrichtung, l die der in der Querrichtung geschnittenen Zellen, so ist die Streckung oder Verschmiedung

$$S = \sqrt[3]{\left(\frac{l}{b}\right)^2}.$$

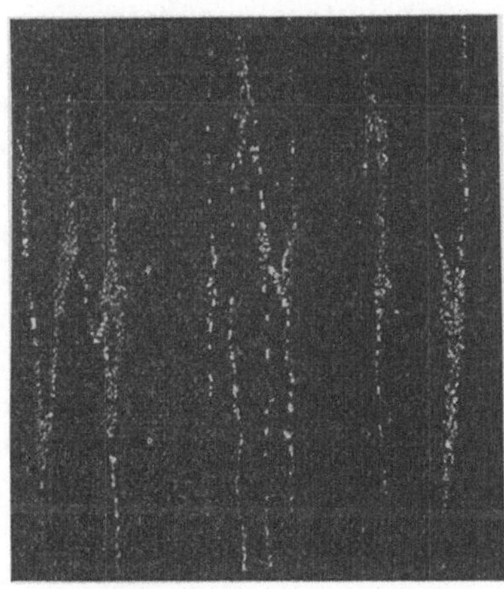

Abb. 387. Wie Abb. 384, jedoch neunfach gestreckter Querschnitt, Ätzung II, x 100.

Abb. 388. Wie Abb. 385, jedoch neunfach gestreckter Querschnitt, Ätzung II, x 100.

Die Frage der Abhängigkeit der Arbeitseigenschaften von der Verschmie-dung ist für Schnellarbeitsstahl durch Andrew und Green[2]) angeschnitten worden. Sie stellten zunächst fest, daß eine 9fache Verschmiedung bei 150 mm

---

[1]) a. a. O.   [2]) St. E. 1920, 484. Ir. st. Inst. 1920, Sept.

⊞-Blöcken stets zur weitgehenden Zertrümmerung des Karbidnetzwerkes genügt und fanden eine deutliche Abhängigkeit der Arbeitseigenschaften von Schneidmessern, Bohrern und Fräsern von der Karbidverteilung. Je feiner letztere war, um so größer war die Haltbarkeit des Werkzeuges. Die Lösungsgeschwindigkeit der Karbide beim Härten steigt und damit sinkt die erforderliche Erhitzungsdauer, mit deren Zunahme anderseits die Gefahr der Kornvergröberung steigt. Dies ist besonders wichtig für Werkzeuge mit feinen Schneiden.

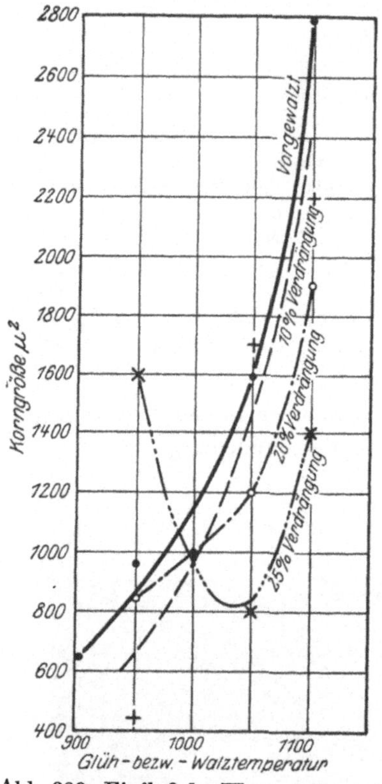

Abb. 389. Einfluß des Warmwalzens auf die Korngröße von weichem Flußeisen (nach Wüst und Huntington).

Die Frage der Durcharbeitung ist im übrigen nicht nur wichtig für die übereutektoidischen und Doppelkarbidstähle, sondern auch für die untereutektoidischen Stähle, doch kann sie erst ihre Erledigung finden, wenn der Einfluß der Warmformgebung auf das Primärgefüge besprochen worden ist.

Die bisherigen Ausführungen beziehen sich ausschließlich auf Schmiedeversuche. Da das Schmieden in einem Temperaturintervall erfolgt, so ist die Gesamtwirkung gleich einer Reihe von bei verschiedenen Temperaturen erfolgten Einzelwirkungen, die sich überdecken und verwischen können. Viel zweckmäßiger zur Ermittelung des Einflusses der Warmformgebung wäre daher der Walzversuch, bei dem die gesamte Einwirkung wenigstens annähernd bei gleicher Temperatur erfolgt. Leider ist das nach dieser Richtung hin vorliegende zuverlässige Material nicht sehr umfangreich. Es beschränkt sich im wesentlichen auf die Arbeit von Wüst und Huntington[1]), deren Versuchsbedingungen ja bereits an anderer Stelle (vgl. S. 383) geschildert wurden. Zwar wird hier im Gegensatz zu den Schmiedearbeiten der Einfluß der Durcharbeitung berücksichtigt, aber die Größe des untersuchten Temperaturintervalls der wirklichen Warmformgebung (von etwa 900⁰ an aufwärts) ist gering, sie erstreckt sich nach oben hin nur bis 1100⁰. Trotzdem seien die Ergebnisse dieser Arbeit, soweit sie sich auf die Warmverformung beziehen, besprochen. Die Korngröße Abb. 389 weist ein merkwürdiges Verhalten auf. Während bei den hohen Temperaturen (etwa bis 1000⁰) mit steigender Verdrängung (Dickenabnahme) die Verminderung der Korngröße durch die Warmformgebung sinkt, ist unterhalb 1000⁰ das Umgekehrte der Fall und die Korngröße des mit 25 %/0 Verdrängung bei 950⁰ gewalzten Materials ist sogar größer als die des vorgewalzten Materials. Da es sich hier nicht um Versuchs-

---

[1]) St. E. 1917, 820.

fehler handeln kann, muß angenommen werden, daß sich das Material hier schon außerhalb des Warmformgebungsintervalls und zwar im kritischen Intervall befunden hat. Die Diagramme der Eigenschaftsänderungen (vgl. z. B. Abb. 373) weisen keinen großen Einfluß der Warmverformung innerhalb der untersuchten Grenzen nach. Die Richtung dieses Einflusses ist im großen und ganzen dieselbe wie beim geschmiedeten Material, d. h. mit steigender Walztemperatur sinken Streckgrenze, Dehnung und Kerbzähigkeit schwach, während die Festigkeit annähernd gleichbleibt.

Wenn die Verarbeitung wie beim Schmieden in einem Temperaturintervall erfolgt, so entsteht die Frage, welche Bedeutung der Endtemperatur beizumessen ist, i. a. W. ob bei gleichem Grad der Verarbeitung (prozentuale Querschnittsverminderung oder Streckung) die Größe des Temperaturintervalls, in dem die Verarbeitung erfolgt, von Bedeutung ist. Es hat sich gezeigt, daß unter den eingehaltenen[1]) Versuchsbedingungen der Einfluß der Endtemperatur bei weitem überwiegt. Dies lehrt ein Vergleich der Kurven 2 und 5 (Mat. I) der Abb. 382.

Der Einfluß der Abkühlung der verarbeiteten Stücke (Vergleich der Kurven 1 und 2 der Abb. 382) ist ähnlicher Art, wie im Kapitel Umkristallisation geschildert wurde. Er wird im nächsten Kapitel noch eingehender berücksichtigt werden.

Von größter praktischer Bedeutung für die Eigenschaften der warmverarbeiteten Erzeugnisse sind die im Kapitel Kristallisation besprochenen, die Gleichmäßigkeit des Erzeugnisses störenden Faktoren: Lunker, Gasblasen sowie Seigerungen der drei dort erwähnten Arten.

Bei der Warmverarbeitung eines lunkerhaltigen Blockes werden die Innenflächen des Hohlraums zusammengepreßt und unter günstigen Umständen zusammengeschweißt. Erste Bedingung für das Zusammenschweißen ist Verarbeitung bei genügend hoher (Schweiß-)Temperatur. Aber selbst bei hoher Temperatur wird das Zusammenschweißen nur dann leicht erfolgen, wenn die Lunkerwände blank und frei von störenden, insbesondere von nichtmetallischen Verunreinigungen sind. Beides ist selten der Fall. Meist steht der Lunker mit der Luft in Verbindung und seine Wände sind mit Glühspan überzogen. Nun hat zwar Stead[2]) nachgewiesen, daß auch solche Wände zusammenschweißen können, falls der Kohlenstoffgehalt des Eisens genügend hoch ist, um die Reduktion der Oxyde zu ermöglichen. Stead stellte künstlich in Eisenstücken Hohlräume mit oxydierten Innenflächen her, schmiedete die Stücke und erhitzte sie verschieden lang auf verschiedene Temperaturen. Das Oxyd wird bei genügend langer Erhitzung durch den umliegenden Kohlenstoff reduziert, und es bleibt schließlich als charakteristisches Merkmal solcher mit Reduktion verbundener Schweißungen eine Anhäufung von punktförmig verteilten, feinen (Oxyd?) Einschlüssen, umgeben von einer perlitfreien, entkohlten Zone zurück. (Vgl. Abb. 390.) Häufig genug sind aber die Forderungen: Zeit, Temperatur und Kohlenstoffgehalt nicht erfüllt, so daß der Lunker stets das Auftreten von Unganzheiten im verarbeiteten Stück begünstigen wird.

---

[1]) Vgl. Oberhoffer, Lauber und Hammel, a. a. O.
[2]) Ir. st. Inst. 1912, I. 104 u. 1911, I. 54; vgl. auch Howe, Trans. Am. Min. 1909, 327 und 1910, 167.

Dies ist um so mehr der Fall, als sich an den Wänden des Lunkerhohlraums Stoffe ansammeln, die das Zusammenschweißen in weit höherem Grade verhindern als Glühspan, weil sie durch Kohlenstoff nicht reduziert werden können. Es sind dies spezifisch leichtere Stoffe schlakkenartiger Natur, die sich ja schon während des Gießens großer Blöcke teilweise an der

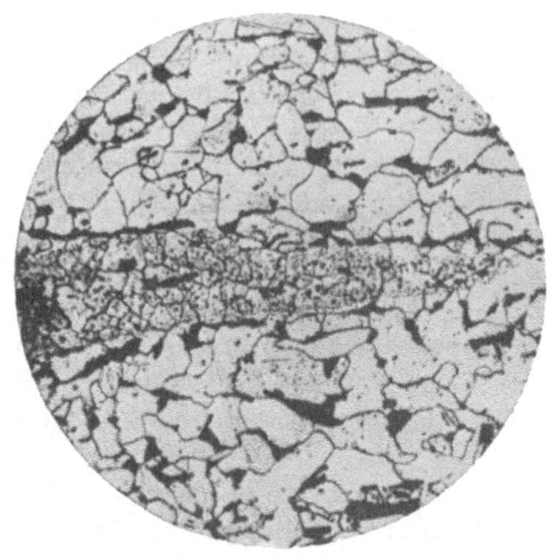

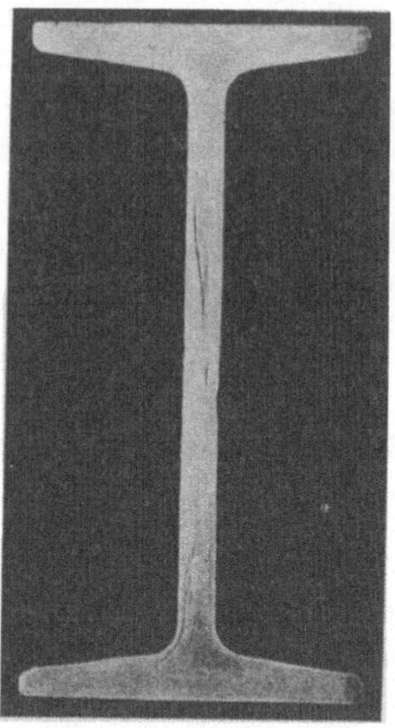

Abb. 390. Zusammengeschweißter Hohlraum mit innen oxydierten Wänden, Ätzung II, x 100.

Abb. 391. Träger mit unvollständig zusammengeschweißtem Lunker (Heyn und Bauer).

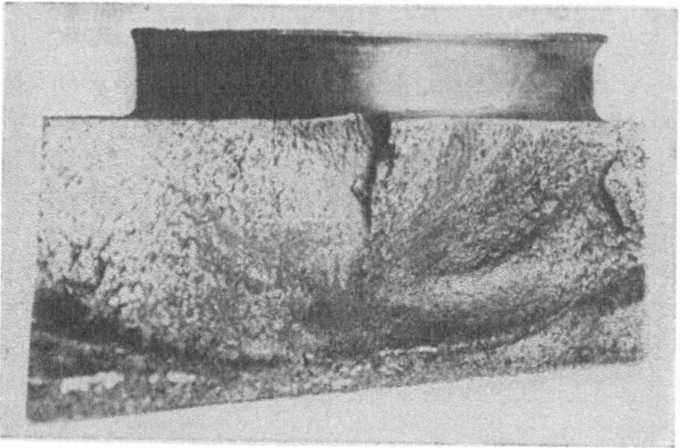

Abb. 392. Schiene mit unvollständig zusammengeschweißtem und durch das Befahren wieder aufgequetschtem Lunker.

Abb. 393. Kurbelwelle mit unvollständig zusammengeschweißtem Lunker.

Oberfläche des flüssigen Stahls als Blockschaum und auch nach beendetem Gießen, soweit sie noch nicht zur Ausscheidung gelangt sind, dort ansammeln, wo der Block am längsten flüssig bleibt, d. h. am Lunker[1]).

---

[1]) Über die Natur dieser Stoffe vgl. II, 21 G.

Abb. 391 nach **Heyn** und **Bauer** zeigt einen Träger aus dem lunkerhaltigen Teil eines der Abb. 283 ähnlichen Blockes. Die Überreste des nicht zusammengeschweißten Lunkers sind deutlich zu erkennen. Aus lunkerfreien, nach dem **Harmet**schen Verfahren komprimierten Blöcken (vgl. Abb. 284) gleichzeitig hergestellte Träger waren frei von derartigen Rissen. **Wickhorst**[1]) bringt als Beispiel von nicht zusammengeschweißtem Lunker bei Schienen die Abb. 392. Bei dieser Schiene öffnete sich unter dem Druck der Fahrlast der Lunker im Schienenkopf. Bei der Herstellung von einseitig geschlossenen Hohlkörpern (z. B. Stahlflaschen) führt die Anwesenheit von Lunkerresten zum Aufplatzen

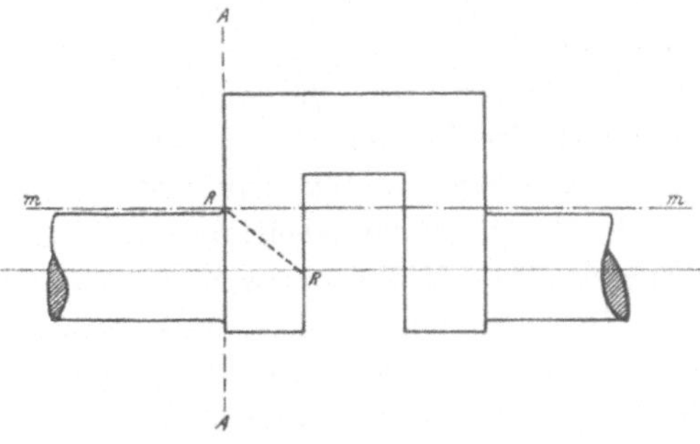

Abb. 394. Erläuterung zu Abb. 393.

des Bodens. Ein typisches Beispiel für die Gefährlichkeit von schlecht geschweißtem Lunker in einer Kurbelwelle ist in den Abb. 393—396 nach eigenen Untersuchungen dargestellt. Den Bruch der Welle zeigt Abb. 393. Er erfolgte

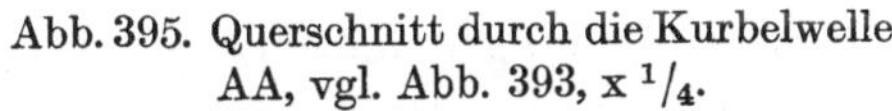

Abb. 395. Querschnitt durch die Kurbelwelle AA, vgl. Abb. 393, x $^1/_4$.

Abb. 396. Oxydreste am Ausläufer des Risses, Ätzung II, x 100.

dort, wo Wange und Wellenende zusammenstoßen, wie dies in Abb. 394 durch die punktierte Linie RR angedeutet ist. Die Linie mm deutet die Achse des Blockes an, aus dem die Welle herausgearbeitet wurde. Demnach tritt der Lunker an recht unzweckmäßiger, weil hochbeanspruchter Stelle aus der Wange heraus. Daß er nicht zugeschweißt war und ein Riß klaffte, beweist Abb. 395, eine Ansicht des bei AA Abb. 394 geschliffenen Wellenquerschnitts;

---

[1]) Int. Verb. New Yorker Kongreß 1912. Bericht X. 11, Abb. 1.

ferner zeigt Abb. 396, daß dort, wo die Lunkerwände nicht mehr klafften, durch den umliegenden Kohlenstoff unreduziertes Oxyd vorhanden war. Hieraus geht hervor, daß man nach Möglichkeit die Herausarbeitung der Kurbeltriebe vermeiden und solche Wellen aus vorgebogenen Stäben im Gesenk schmieden oder aus einzelnen Teilen zusammensetzen soll. Leider sind diese Verfahren nicht immer anwendbar[1]). Im übrigen zeigen die umfangreichen Untersuchungen von Wickhorst[2]) an durchgeschnittenen Schienenblöcken, daß nach 9facher Streckung der Lunker bei weitem noch nicht geschlossen war, und selbst in der fertigen Schiene stets Überreste des Lunkers auftraten[3]).

Bei der Warmverarbeitung gasblasenhaltiger Blöcke sind bezüglich des Schließens bzw. Zusammenschweißens die bei der Besprechung des Lunkers angeführten Gesichtspunkte maßgebend. Das Schließen erfolgt natürlich erst bei genügend hohem Verarbeitungsgrad[4]) und besonders dann leicht, wenn die Hohlräume nicht oxydiert sind. Letzteres ist für die im Blockinnern be-

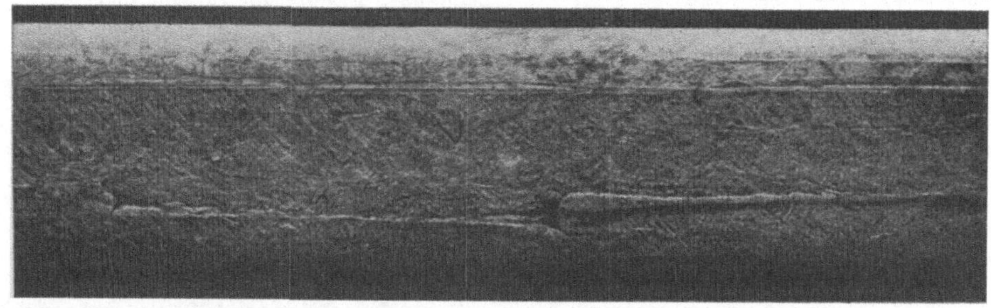

Abb. 397. Schienenlauffläche mit schuppiger Oberfläche, herrührend von Randblasen.

findlichen Blasen, da sie ja mit reduzierenden Gasen gefüllt sind, der Fall. Selbst oxydierte Hohlräume können aber, wie wir sahen, vollständig verschweißen[5]), wenn zur Reduktion der Oxyde Kohlenstoff in genügenden Mengen zugegen ist und die zur Reduktion erforderliche Zeit und Temperatur gegeben ist. Die Spuren solcher Schweißnähte entsprechen durchaus dem in Abb. 390 dargestellten Beispiel. Oxydation der Blasen wird erfolgen, wenn sie zu nahe oder vollkommen an der Blockoberfläche liegen (Randblasen). Die Oberfläche aus derartigen Blöcken hergestellter Walzprodukte ist mit Schuppen, Rissen u. dgl. bedeckt. Abb. 397 zeigt die Oberfläche eines Schienenkopfes mit derartigen, von Randblasen herrührenden Schuppen.

Die in den Gasblasen enthaltenen Gase müssen bei der Verarbeitung des Eisens von diesem aufgenommen werden. Die Meinungen darüber, ob dies geschieht oder nicht, sind geteilt. Stead[6]) vertritt die Ansicht, daß unter dem hohen Druck, unter den z. B. beim Walzen das Gas gelangt, unbedingt Absorption des Gases stattfinde, Howe[7]) dagegen ist hiervon nicht überzeugt,

---

[1]) Vgl. Wendt, Kruppsche Monatsh. 1922, 160.
[2]) Proc. Railw. Eng. 1911, 797.
[3]) Vgl. hierzu z. B. auch P. Goerens, Metallographie, 2. Aufl., Abb. 251.
[4]) Beobachtungen hierüber s. Wickhorst, Proc. Railw. Eng. 1912, 753.
[5]) Stead, Ir. st. Inst. 1911, I. 54.   [6]) Ir. st. Inst. 1911, I. 54.
[7]) Trans. Am. Min. 1909, 327 u. 1910, 167.

im wesentlichen jedoch nur, weil er bezweifelt, daß die zur Diffusion nötige Zeit zur Verfügung steht. Nach seinen Versuchen trägt das Warmhalten der Blöcke in Tiefgruben schon vor dem Auswalzen zur Diffusion der Gase wesentlich bei.

Die anschließend an Gasblasen auftretenden Anreicherungen an Schwefel, Phosphor und Kohlenstoff, die unter dem Namen Gasblasenseigerungen beschrieben wurden, bleiben auch nach der Warmverarbeitung dort erhalten, wo sie im Gußblock schon gewesen sind, vielleicht mit der Einschränkung, daß bei genügend hoher Temperatur und genügender Erhitzungsdauer der Kohlenstoff sich in Anbetracht seiner hohen Diffusionsfähigkeit gleichmäßiger verteilt, was für Phosphor und Schwefel jedoch keinesfalls zutrifft. Beim Schließen der Gasblasen gelangen also Stellen stärkster Anreicherung in Anbetracht ihrer meist asymmetrischen Lage zur Gasblase mit normalen, also nicht angereicherten Stellen zur Berührung bzw. sie sind von diesen durch eine Schweißnaht getrennt. Abb. 398 veranschaulicht den Vorgang

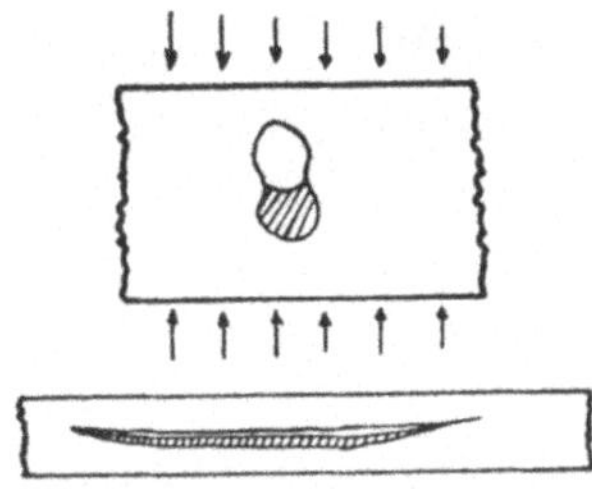

Abb. 398. Schematische Darstellung des Vorganges beim Zusammendrücken einer Gasblase mit anschließender Gasblasenseigerung.

schematisch. Aus dieser Abbildung geht ferner hervor, daß die angereicherte Zone auch ihre Form ändern muß, und zwar ist leicht einzusehen, daß dies nach Maßgabe der Art und Verteilung der formändernden Kräfte geschieht. Denkt man sich eine solche Zone etwa würfelförmig, so wird, wenn beim Walzen Druck von allen Seiten gegeben wird, wie dies z. B. für kreisrunde Querschnitte der Fall ist, aus dem Würfel entsprechend Abb. 399 ein Prisma entstehen, das im Querschnitt durch das Walzprodukt etwa punktförmig, im Längsschnitt dagegen langgestreckt ist. Wird aber gemäß Abb. 400 nur Druck von oben und unten gegeben, wie etwa beim Walzen eines Bleches, so entsteht aus dem Würfel ein plattgedrücktes Prisma, das im Längs- und Querschnitt langgestreckt ist. Starke lokale Schwefel- und Phosphoranreicherung entsprechend z. B. Abb. 401 und 402 (aus dem Längsschnitt durch die Blasenzone eines Kesselblechs) rührt von der Gasblasenseigerung her und ist daher das Charakteristikum ursprünglich hier vorhanden gewesener Gasblasen. Beide Abbildungen stellen die gleiche Stelle dar, nur die Ätzung ist verschieden.

Parallel zur Richtung stärkster Streckung kommt der Einfluß der stets von Schlackeneinschlüssen begleiteten Gasblasenseigerungen beim Zerreißversuch nur dann zur Geltung, wenn ihre Ausdehnung gegenüber der Stärke des Zerreißstabes erheblich ins Gewicht fällt, was nur bei geringen Streckungsgraden der Fall ist, oder wenn die Anreicherung ungünstig, etwa exzentrisch im Querschnitt des Stabes gelagert ist. Quer zur vorgenannten Richtung beobachtet man jedoch je nach dem Streckungsgrad in der Querrichtung oder der Breite und zwar, wenn diese gering ist im Vergleich zur Streckung, in der Walzrichtung abweichendes Verhalten. Weil die Ansammlungen sich meist über den ganzen Probestabquerschnitt erstrecken, fallen Festigkeit und Dehnung erheblich niedriger aus[1]). Dann aber weist der Bruch ein eigentüm-

---

[1]) Vgl. z. B. Oberhoffer und Meyer, St. E. 1914, 1241.

liches, an Schiefer erinnerndes Aussehen auf, weshalb er häufig Schieferbruch[1]) genannt wird. In den Grenzschichten der quer über den ganzen Zerreißstab- querschnitt sich erstreckenden, fast immer mit nichtmetallischen Einschlüssen

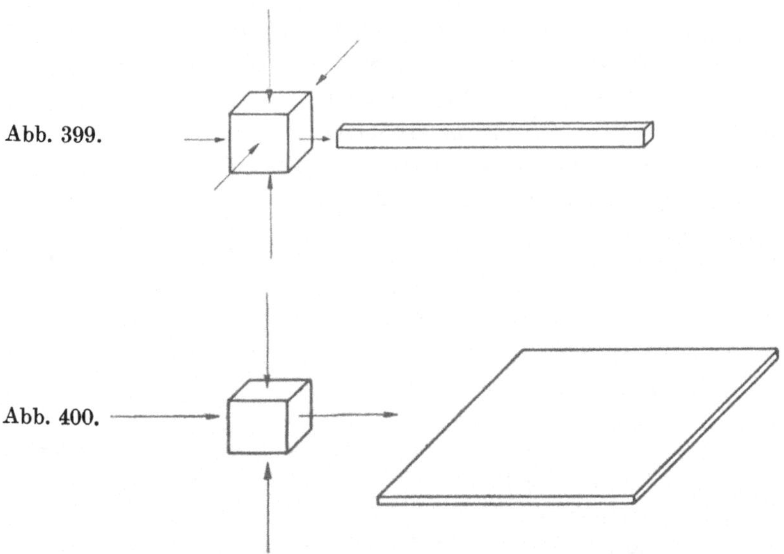

Abb. 399.

Abb. 400.

Abb. 399. Schematische Gestaltsveränderung eines würfelförmigen Einschlusses bei der Streckung unter allseitigem Druck.

Abb. 400. Schematische Gestaltsveränderung eines würfelförmigen Einschlusses bei der Streckung unter Druck von oben und unten.

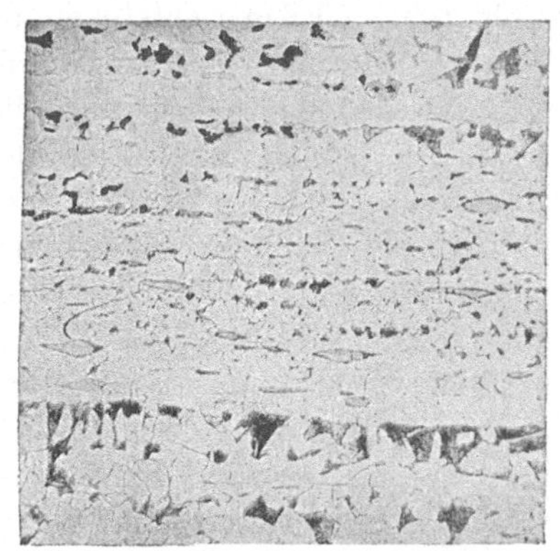

Abb. 401. Gasblasenzone, Schnitt durch ein Kesselblech, Ätzung II, x 80.

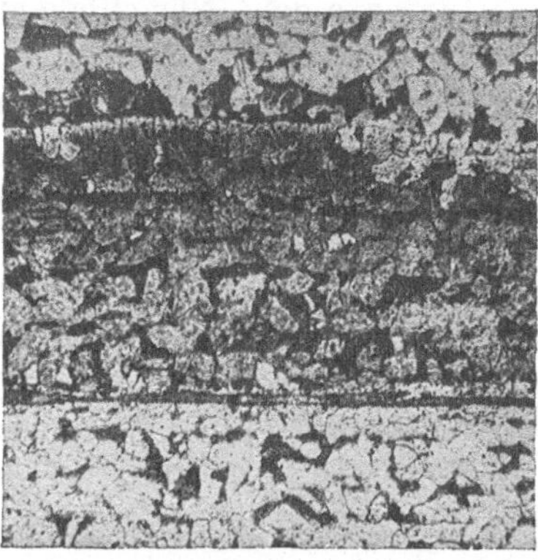

Abb. 402. Dieselbe Stelle wie Abb. 401, je- doch Ätzung I, x 80.

angefüllten und noch dazu phosphorreicheren Ansammlungen entstehen hohe Schubspannungen, die zum vorzeitigen, fast dehnungslosen Bruch führen. Abb. 403 ist ein Zerreißstab mit Schieferbruch (Material mit 0,8% Kohlen- stoff), Abb. 404 ein Längsschnitt quer zum Verlauf des Schiefers primär geätzt.

---

[1]) Oberhoffer und Meyer, a. a. O., sowie Oberhoffer, St. E. 1920, 705; sowie Rapatz, Fachber. V. d. E. 1922, W. A. Nr. 21, wo eine ausführliche Literaturzusammen- stellung zu finden ist.

Den einzelnen Absätzen des Bruches entsprechen Phosphoransammlungen, hier offenbar Gasblasenseigerungen (vgl. a. später).

Die Ansammlungen zahlreicher, durch den Formänderungsvorgang analog den Gasblasenseigerungen beeinflußter, also z. B. in der Längsrichtung ge-

Abb. 403. Zerreißstab mit Schieferbruch, x 3.

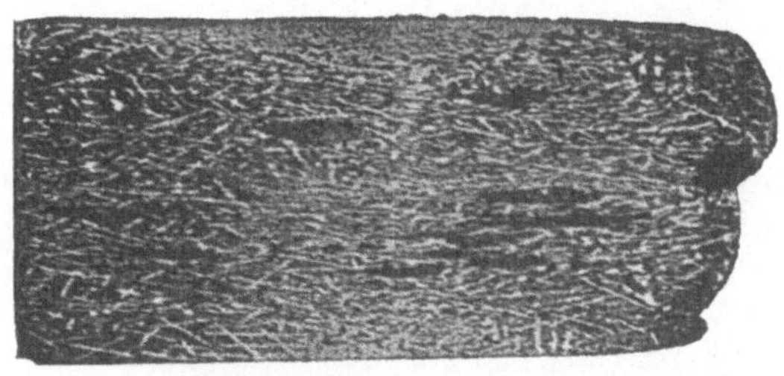

Abb. 404. Längsschnitt quer zum Schiefer der Abb. 403 mit Gasblasenseigerung, Ätzung I, x 3.

streckter Schlackeneinschlüsse führen besonders dann oft zur lokalen Lösung des Materialzusammenhanges während der Warm- oder Kaltverarbeitung, wenn senkrecht zu ihrer Streckrichtung bei der Verarbeitung erhebliche Beanspruchungen auszuhalten sind. So zeigen sich beim Ziehen nahtloser Rohre und ähnlich hergestellter Gegenstände öfter zahlreiche kurze Längsrisse an der Innenwand des Hohlkörpers, wie sie in Abb. 405 an einem nahtlosen

Abb. 405. Innenwand eines nahtlos gezogenen Rohres mit Längsrissen.

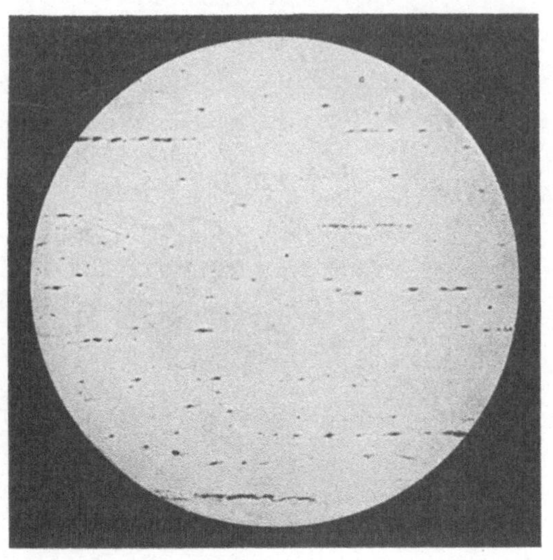

Abb. 406. Längsschnitt zu Abb. 387 mit zahlreichen Schlackeneinschlüssen, ungeätzt, x 50.

Rohre aus weichem Flußeisen[1]) zu erkennen sind. Der Längsschnitt Abb. 406 zeigt die zahlreichen Schlackenansammlungen.

Bei der Formänderung durch Walzen, Schmieden, Pressen und Ziehen verändern die im Gußblock vorhandenen Seigerungszonen im wesent-

---

[1]) Dieselbe Erscheinung tritt auch bei nahtlosen Hohlkörpern aus härterem Material, wie Geschossen, Geschützrohren und Gasflaschen, auf. Die Ursache ist die gleiche.

lichen ihre Form entsprechend der Formänderung des ganzen Querschnitts, also in ähnlicher Weise wie die Gasblasenseigerungen. Im fertigen Stück sind daher die Phosphor- und Schwefelansammlungen mit Hilfe einer der bekannten Ätzmethoden auf Schwefel und Phosphor leicht zu ermitteln. Abb. 407 bis 409 zeigen im vorgewalzten Riegel aus weichem Flußeisen (etwa 0,1 % Kohlenstoff)

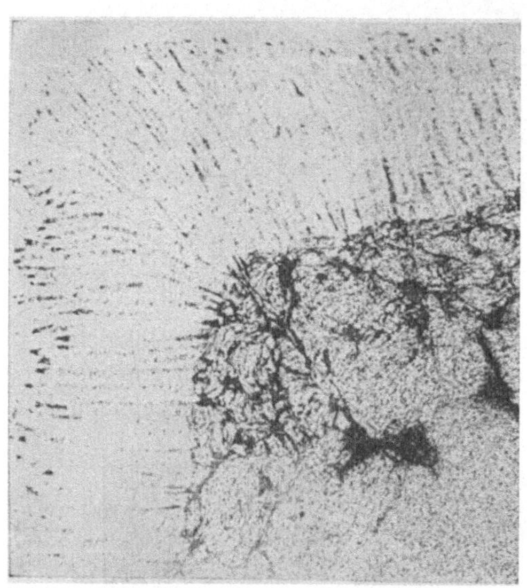

Abb. 407. ¼ Querschnitt aus einem Riegel von weichem Flußeisen, Kopfteil des Blockes, Ätzung I, x 1.

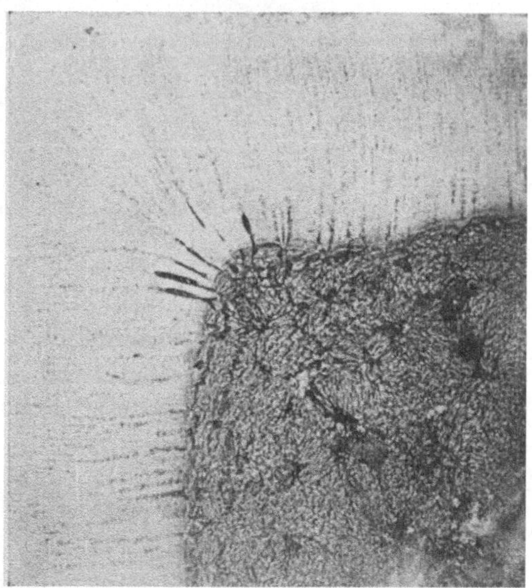

Abb. 408. Wie Abb. 407, jedoch Mitte des Blockes.

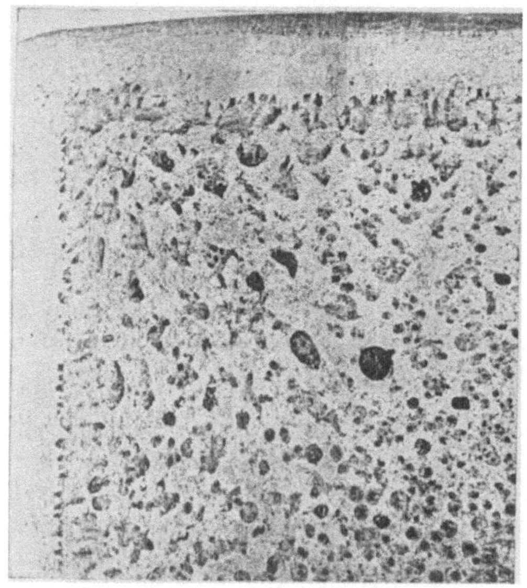

Abb. 409. Wie Abb. 407, jedoch Fuß des Blockes.

die dem Flußeisen eigentümliche, scharfe Abgrenzung der Zonen[1]). In den Abbildungen ist ein Viertel des Querschnitts aus Kopf (Abb. 407), Mitte (Abb. 408) und Fuß (Abb. 409) des Blockes in primärer Ätzung dargestellt. Ist die Form des bei der Verarbeitung erzeugten Endquerschnitts dieselbe wie die des Blockquerschnitts (wie z. B. beim Quadrateisen), so ist auch die Form der Seigerungszone ungefähr dieselbe, wie die des Endquerschnitts (Abb. 410).

Abb. 410. Quadrateisen mit Seigerungszone, Ätzung I, x 1.

Abb. 411. Rundeisen mit Seigerungszone, Ätzung I, x 1.

Ist aber die Form des Endquerschnitts von der des Blockquerschnitts verschieden, so besitzt auch die Seigerungszone eine andere Form als der Endquerschnitt[2]). Dies ist z. B. beim Rundeisen der Fall, in dem gemäß Abb. 411 die Seigerungszone vom Kreisumfang weniger weit entfernt ist als die Mitte der Quadrat- (bzw. Rechteck-)seiten, während im Rohblock bzw. im Riegel

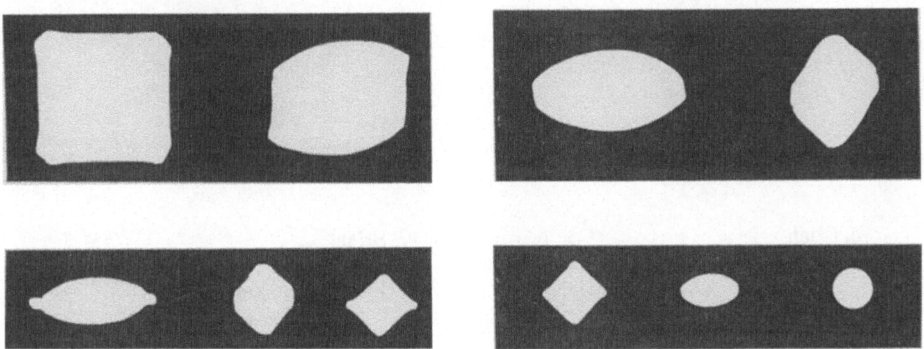

Abb. 412. ⌀-Eisenkalibrierung, Querschnitte ungeätzt (Gredt).

oder Knüppel umgekehrte Verhältnisse herrschen. Dies beweist, daß von den Ecken des Riegelquerschnitts Material nach den Mitten der Quadratseiten „verdrängt" wird, oder wie man diesen Vorgang sonst nennen mag. Die leichte Eindrückung der Quadratseiten rührt offenbar von der Einwirkung des Ovalkalibers her. Des besseren Verständnisses halber sind in Abb. 412 die zehn ungeätzten Querschnitte einer Rundeisen-Kalibrierung und in Abb. 413 sieben Querschnitte derselben Kalibrierung in primärer Ätzung und stärker vergrößert (man beachte die Verschiedenheit der Vergrößerungen) nach Gredt[3]) wiedergegeben.

---

[1]) Nach v. Keil, Diss. Breslau 1919.
[2]) D. h. Seigerungszone und Endquerschnitt sind nicht ähnlich im geometrischen Sinne.
[3]) Diss. Aachen 1922.

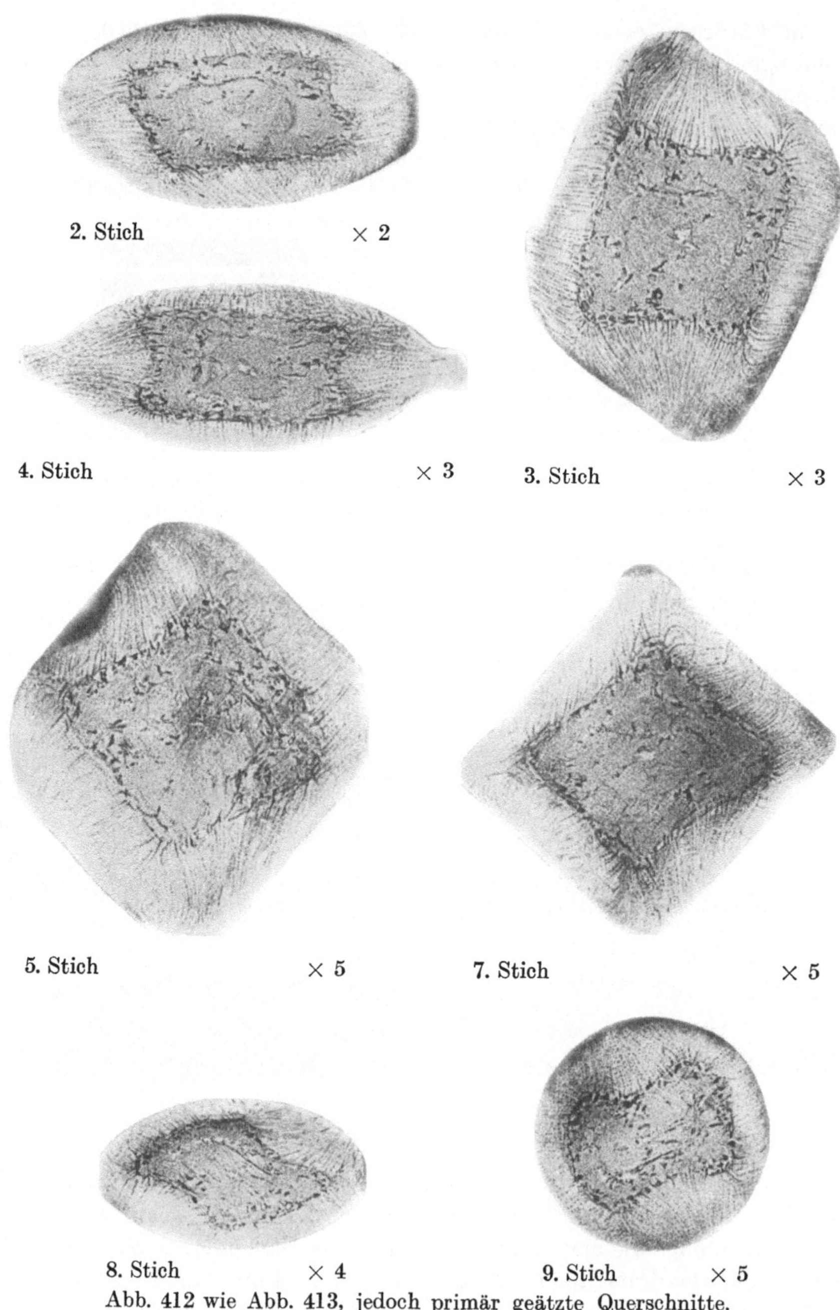

Abb. 412 wie Abb. 413, jedoch primär geätzte Querschnitte.

Aus Abb. 413 ist die jeweilige Deformation der Seigerungszone zu ersehen. Gredt fand u. a., daß das Verhältnis: $\dfrac{\text{Querschnitt der Seigerungszone}}{\text{Gesamtquerschnitt}}$ sich beim Walzen nicht verändert, und er zieht aus seinen mikroskopischen Untersuchungen interessante Schlußfolgerungen bezüglich des Walzvorganges.

Wird ein Kaliber zu stark „gefüllt", d. h. tritt z. B. Material beim Oval-
kaliber über die beiden Spitzen heraus, was bei falscher Kalibrierung (zu
geringe Abnahme), falscher Stellung der Walzen zueinander, zu starker Breitung infolge zu niedriger Walztemperatur der Fall sein kann, so werden beim

nächsten Kaliber die
überstehenden Teile
(vgl. Abb. 413 Stich-
Nr. 4) umgebogen,
und es entsteht
an beiden Längs-
seiten eine Naht
oder Überwal-
zung. Die Qualität
gewisser Walzpro-
dukte (z. B. Draht
oder andere weiter-
zuverarbeitende
kleine Querschnitte)
wird hierdurch sehr
beeinträchtigt. Der
Vorgang des Um-
biegens der über-
stehenden Teile ist
im Querschnitt Abb.

Abb. 414. □-Drahtquerschnitt mit Überwalzungen, Ätzung I, x 20.

414 an der Form der Seigerungszone deutlich zu erkennen. Auch die beiden
Längsnähte sind zu sehen.

Das beim Walzen von Profileisen häufig beobachtete, in Abb. 415 an einer
Schwelle dargestellte Auftreten von Querrissen wird erklärt durch die Primär-

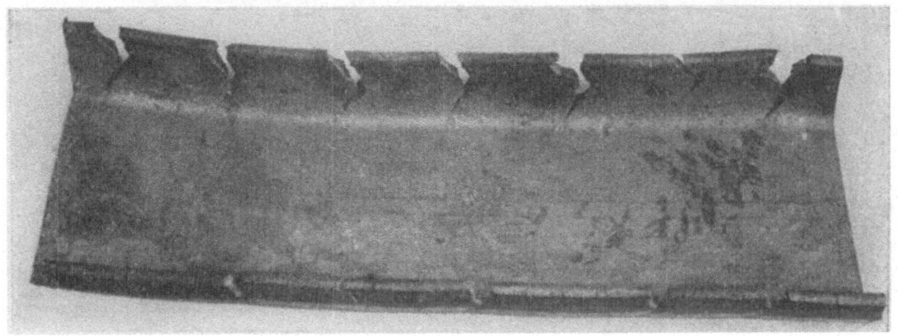

Abb. 415. Schwelle mit Querrissen.

ätzung Abb. 416 eines Querschnittes durch dieses Profil. In den beiden Ecken
der oberen Profilseite (und nur dort) tritt die geseigerte Zone mit der Walze in
Berührung, das Material der Randzone ist also nach diesen Stellen verdrängt.
Ob dies auf zu geringen Durchmesser oder zu große Umdrehungsgeschwindig-
keit der Oberwalze oder auf zu große Ausdehnung der Seigerungszone zurückzuführen ist, läßt sich ohne eingehendes Studium dieser und ähnlicher Fragen

nicht entscheiden. Tatsache ist jedenfalls, daß die an Phosphor und Schwefel angereicherte Zone gegenüber der Randzone weit geringere Warmbildsamkeit

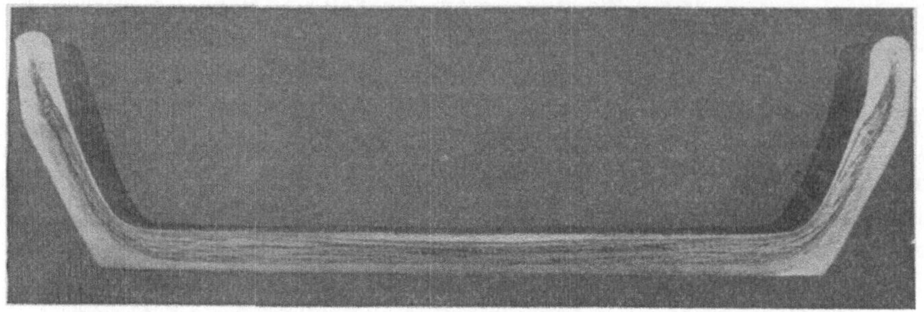

Abb. 416. Querschnitt durch die Schwelle Abb. 415, Ätzung I, x 1.

besitzt und daher aufreißt. Die Zusammensetzung der Rand- bzw. der Kernzone ist in diesem Falle ermittelt worden und war folgende:

	$\%\,C$	$\%\,P$	$\%\,S$
Randzone	0,09	0,067	0,04
Kernzone	0,13	0,133	0,16 .

Nach dem Ehrhardtschen Verfahren hergestellte Hohlkörper aus weichem wie aus hartem Material (Rohre, Stahlflaschen u. dgl.) weisen häufig einen der Abb. 415 ähnlichen Fehler auf, d. h. es treten an der dem Loch-, bzw. Ziehdorn zugekehrten Seite Querrisse auf, wie dies Abb. 417 an einem Längsschnitt

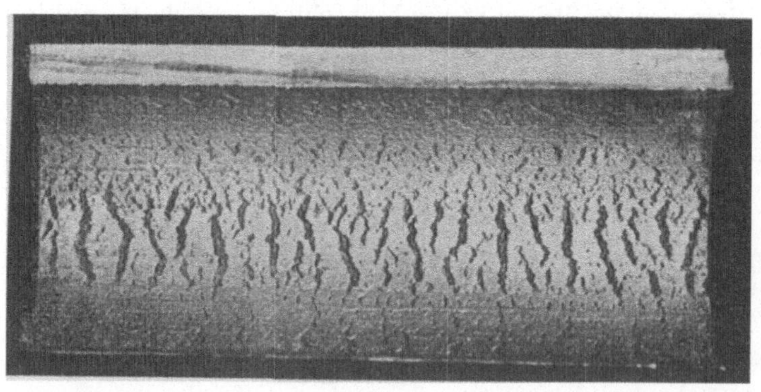
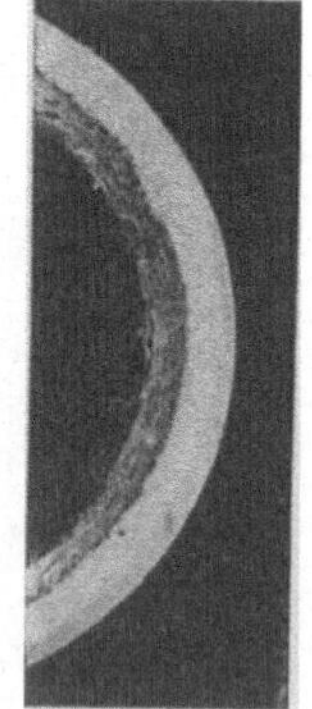

Abb. 417.   Abb. 418.

Abb. 417. Nahtlos gezogenes Rohr aus weichem Flußeisen mit Querrissen an der Innenwand.
Abb. 418. Querschnitt zu Abb. 417, Ätzung I, x 1.

durch ein Flußeisenrohr zeigt. Die Primärätzung Abb. 418 zeigt, daß die Ursache der Querrisse die gleiche ist wie die in Abb. 416 erkennbare, nämlich die geringere Warmbildsamkeit der Seigerungszone, die nun hier gerade am stärksten vom Verarbeitungsvorgang betroffen wird. Überhaupt kann man sagen, daß die Seigerungszone auf den Verarbeitungsvorgang ohne wesent-

lichen Einfluß ist, wenn sie ständig vom reineren Randzonenmaterial um-
schlossen bleibt (vgl. Abb. 410, 411, 407—409) dagegen zu Lösungen des Materialzusammenhanges führt, wenn sie direkt am Vorgang beteiligt ist (vgl.
Abb. 415—418).

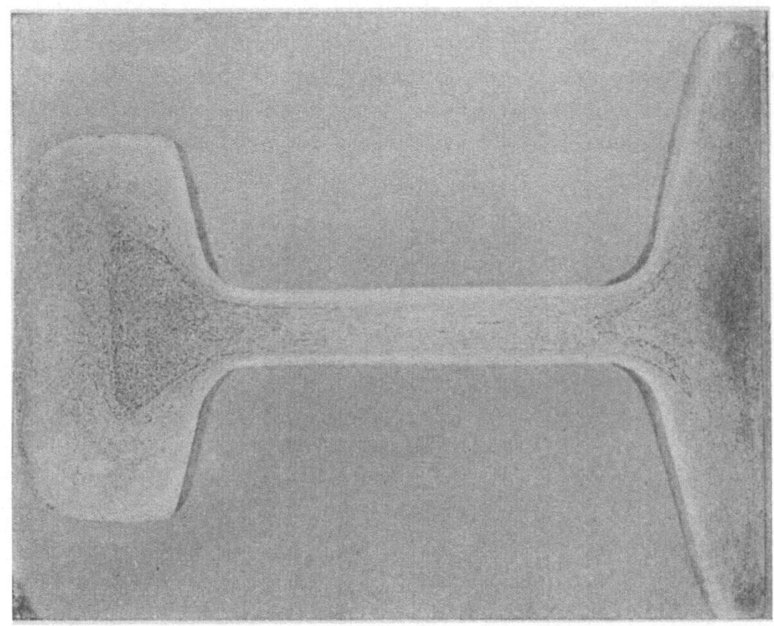

Abb. 420. Wie Abb. 419, jedoch Mitte des Blockes.

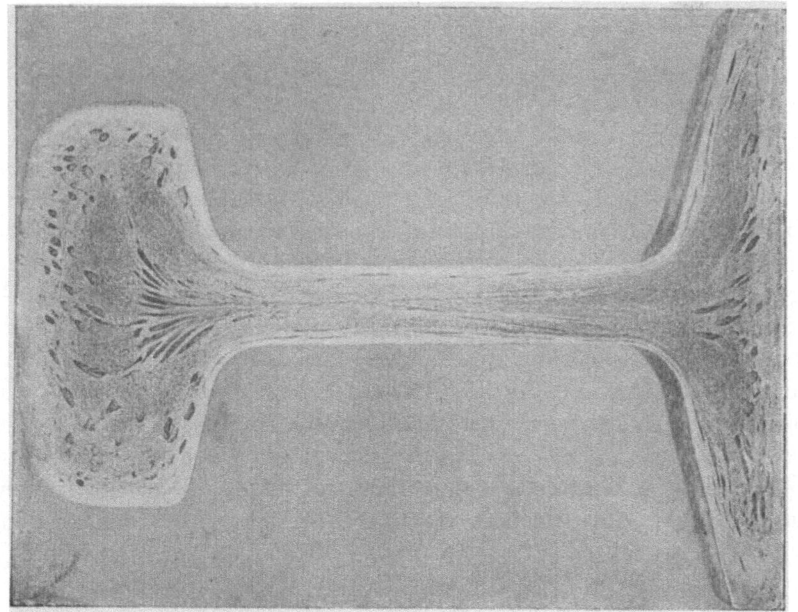

Abb. 419. Schienenquerschnitt aus dem Kopf eines Blockes, Ätzung I, x 1.

Im härteren Stahl ist die scharfe Trennung zwischen Rand- und Kernzone wie beim Flußeisen (vgl. Abb. 407—409) seltener vorhanden. Dies äußert sich natürlich auch in den Seigerungsbildern, wie die Abb. 419—421 Querschnitte je einer aus Kopf, Mitte und Fuß eines Blockes stammenden Schiene zeigen.

Daß die Festigkeitseigenschaften durch die Seigerungen beeinflußt werden müssen, ist schon mit Rücksicht auf die beträchtlichen Schwankungen der chemischen Zusammensetzung im Gußblock zu erwarten. Während der Verarbeitung des schmiedbaren Eisens kann höchstens der Kohlenstoff in Anbetracht seines hohen Diffusionsvermögens zu gleichmäßigerer Verteilung

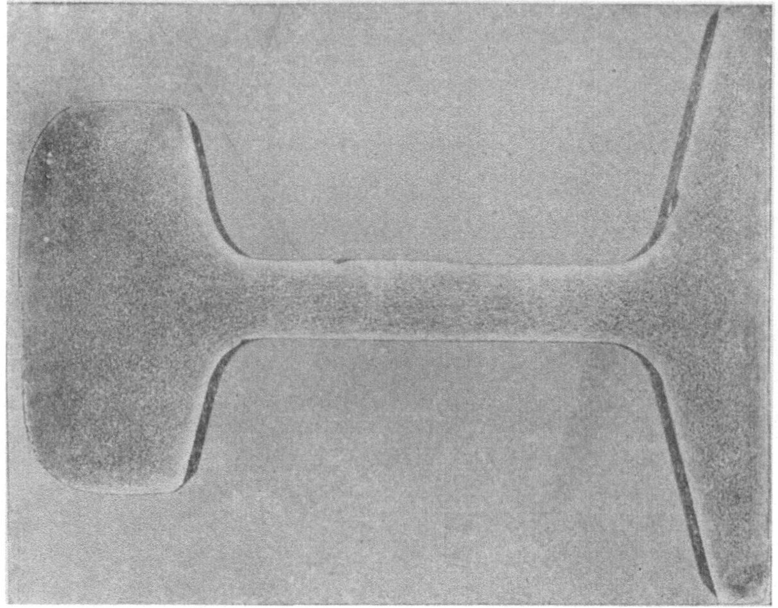

Abb. 421. Wie Abb. 419, jedoch Fuß des Blockes.

gelangen; für Phosphor und Schwefel ist dies nicht der Fall. Phosphor erniedrigt aber Dehnung, Kontraktion und Schlagfestigkeit und erhöht Festigkeit und Streckgrenze, während Schwefel insbesondere die Schlagfestigkeit erniedrigt. Der Einfluß der Seigerungszone ist indessen nicht ohne weiteres vorauszusagen. Nicht allein die prozentuale Höhe der Anreicherung, auch der Anteil der Seigerungszone am Gesamtquerschnitt ist, falls sich die Prüfung über diesen erstreckt, von Bedeutung, ferner aber auch die Form des Querschnitts, der Grad der Streckung und die Richtung, in der die Probe genommen wird. Die nachstehenden Zahlen sind von Wüst und Felser[1]) an 34 mm $\varnothing$-Eisen erhaltene Mittelwerte, doch ist zu berücksichtigen, daß die Stäbe von 20 mm $\varnothing$ aus dem Walzmaterial durch Abdrehen hergestellt wurden. Trotzdem sind die Zahlen für weichere Materialien mit scharfgetrennter Rand- und Kernzone typisch.

----

[1]) A. a. O.

Blockteil der Probeentnahme	Festigkeit kg/qmm	Dehnung %	Kontraktion %	Spez. Schlagarbeit mkg/qcm
Kopf	42,8	26,0	39,2	6,9
Mitte { oben	41,7	28,2	38,5	10,1
Mitte { unten	40,7	30,5	43,6	12,0
Fuß	38,9	30,0	44,6	13,2

Ähnliche, an Schienen gewonnene Zahlen teilt Wickhorst[1]) mit. Eigene Zahlenmittelwerte aus Versuchen an vier Schienenblöcken von der Art der in Abb. 419—421 dargestellten enthält die nachfolgende Zusammenstellung.

	Streckgrenze kg/qmm	Festigkeit kg/qmm	Dehnung % (200 mm)	Kontraktion	Durchbiegung in mm nach dem sechsten Schlag bei der normalen Schlagprobe
Kopf	39,5	68,0	10,6	23,0	108
Mitte	37,8	68,4	16,6	36,6	104
Fuß	38,0	67,9	16,8	41,8	102

Man sieht, daß wesentliche Abweichungen nur bei der Dehnung und Kontraktion bestehen. Die Proben waren wie üblich aus dem Kopf des Schienenprofils hergestellt.

Im allgemeinen wird bei härteren Stahlsorten das obere Blockdrittel minderwertiges Material darstellen, das bei hohen Anforderungen an den Zuverlässigkeitsgrad unbedingt auszuschalten ist.

Beim Bördeln von Kessel- und ähnlichen Blechen bzw. bei der Herstellung von Preßteilen aus Blech treten innerhalb des Querschnitts starke Schubbeanspruchungen auf. Liegen stärkere Seigerungen vor, so ist der Zusammenhang zwischen den einzelnen Schichten mit Rücksicht auf die zahlreichen nichtmetallischen Einschlüsse, die sich in den geseigerten Zonen vorfinden, so gering, daß bei der Bördelbeanspruchung diese Schichten wie die Blätter eines ähnlich beanspruchten Kartenspiels aneinander vorbeigleiten.

In Grobblechen, die zur Herstellung geschweißter Rohre von größerem Durchmesser benutzt werden sollen, spielt die Seigerungszone eine besondere Rolle. Wenn das Blech die Fertigwalze verläßt, liegt die Seigerungszone symmetrisch zum Querschnitt entsprechend der schematischen Abb. 422. (Die Seigerungszone ist schraffiert.) Die beiden seigerungsfreien und daher gut schweißenden Enden a a gelangen aber nicht

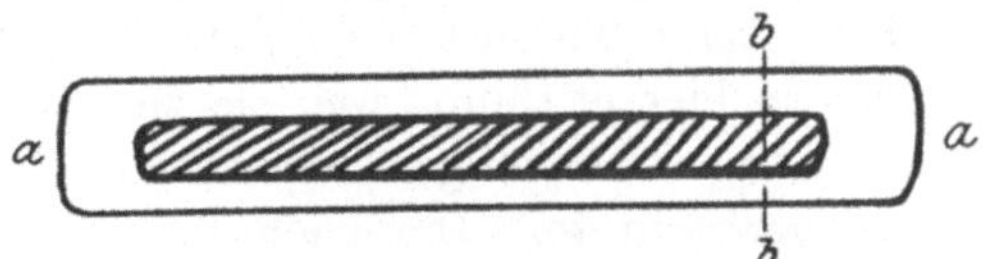

Abb. 422. Schematische Darstellung der Lage der Seigerungszone in einem Grobblech.

immer zur Schweißung, vielmehr kann es vorkommen, und zwar bei ungleichmäßigem Beschneiden oder Säumen der Bleche bzw., wenn die beiden a a entsprechenden Rechteckseiten, was fast immer zutreffen dürfte, nicht parallel bzw. geradlinig verlaufen, daß der Scherenschnitt entsprechend b b durch die Seigerungszone hindurchgeht. Dann gelangt eine in Anbetracht der in der Seige-

¹) Proc. Railw. Eng. 1911, 797.

rungszone angehäuften Fremdkörper schlecht schweißende mit einer gut schweißenden Fläche zur Berührung und die Schweißung kann mißlingen. Abb. 423 zeigt eine so zustande gekommene und beim Schweißen (z. T. auch später) gerissene Schweißstelle.

Wenn der Verarbeitungsgrad ein sehr hoher ist, wie z. B. bei Feinblechen, so ist die absolute Dicke der reineren Randzone sehr gering, die Seigerung liegt praktisch an der Oberfläche. Entstehung von Blasen und rauhen Stellen beim Beizen sowie Auftreten von Rissen bei der Stanzprobe sind die Folgeerscheinungen. Stark geseigertes Material ist daher zur Herstellung von Tiefstanzblech ungeeignet. Im übrigen spielt bei Feinblechen die Blasenfrage eine große Rolle. Die Blasen zeigen sich mitunter erst beim Beizen oder sogar erst beim Verzinnen. Sie sind z. T. als Überreste der Randblasen aufzufassen, die während des Walzvorganges nicht verschweißten, weil sie mit der Atmosphäre in Verbindung standen. Beim Beizen öffnen sie sich und die Gasentwicklung treibt die Blasen auf. Bauer[1]) hat die oxydischen Ablagerungen im Innern solcher

Abb. 423. Gerissene Schweißstelle aus einem Azetylen-geschweißten Behälter. Querschnitt, Ätzung I, x 1.

Blasen untersucht und darin Schwefelsäure festgestellt. Mitunter aber erscheinen die Blasen erst beim Verzinnen, und zwar aufgetrieben als Beulen. Bauer nimmt an, daß es sich um zusammengewalzte, aber nicht verschweißte Blasen handelt, die noch Gas enthalten, dessen Volumenzunahme beim Eintauchen in das Zinnbad das Auftreiben verursacht.

Eine beim Talbotschen Schienenwalzverfahren auftretende Eigentümlichkeit sei hier erwähnt, weil sie zu ähnlichen Erscheinungen führt, wie sie Neu[2]) beim unfreiwilligen Auswalzen im Innern noch nicht ganz erstarrter Blöcke beobachtete. Die nach dem Talbotschen Verfahren ausgewalzten Blöcke weisen gemäß Abb. 424 drei Zonen wesentlich verschiedener chemischer Zusammensetzung auf, die mit 1, 2 und 3 bezeichnet sind. Die chemische Untersuchung der 3 Zonen in 10 Blöcken ergab im Mittel folgende Zusammensetzung:

	% C	% S	% P	% Mn
Zone 1	0,50	0,042	0,018	0,68
„ 2	0,69	0,073	0,029	0,71
„ 3	0,61	0,055	0,024	0,69

---

[1]) Mat. Prüf. 1919, 1; vgl. a. St. E. 1908, 943.   [2]) St. E. 1912, 397 und 1363.

Howe[1]) gibt für die Anreicherung der Mittelzone 2 folgende Erklärung. Vor dem Auswalzen besteht der Block gemäß Abb. 425 aus drei Zonen: 1. einer festen Kruste A; 2. einer ebenfalls festen, aber aus dendritischen Kristallen

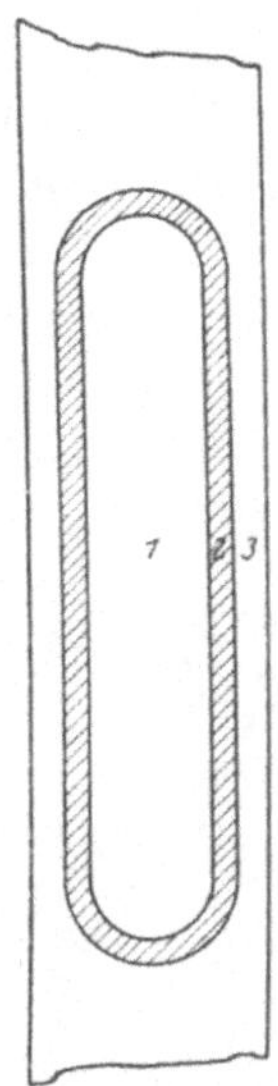

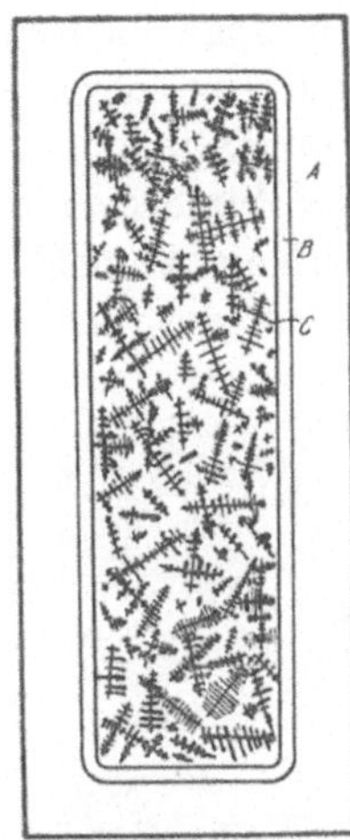

Abb. 424. Lage der Seigerungszone in einem mit flüssigem Kern gewalztem Block.

Abb. 425. Schematische Darstellung der Vorgänge beim Walzen eines Blockes mit flüssigem Kern (Howe.)

mit nicht ausgefüllten Zwischenräumen bestehenden, also nicht zusammenhängenden Schicht B und 3. einer teigigen Masse C, bestehend aus reineren Mischkristallen in einer flüssigen, an Verunreinigungen angereicherten Mutterlauge. Durch den Walzdruck wird die Mutterlauge der Schicht C in die Schicht B hineingedrückt und auf diese Weise eine Anreicherung dieser Schicht herbeigeführt. Je dünner die bereits erstarrte Kruste A beim Auswalzen war, um so näher rückt die angereicherte Schicht an die Blockwand.

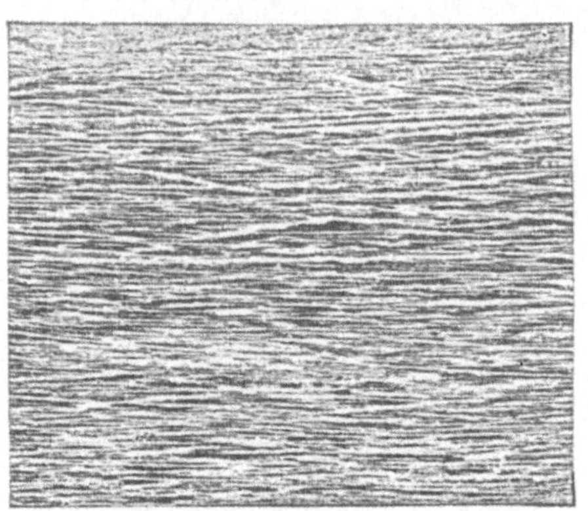

Abb. 426. Primäre Zeilenstruktur, Ätzung I, x 4.

Wir sahen im Kapitel Kristallisation, daß die Verteilung des Phosphors, Schwefels und vielleicht noch anderer Elemente innerhalb des primären Einzelkristalles keine gleichmäßige ist und eine gleichmäßige Verteilung nur sehr schwer herbeizuführen ist. Diese „Kristallseigerung" wird durch die Warmformgebung in ähnlicher Weise wie die Gasblasenseigerung beeinflußt, und es ist unter Zugrundelegung der hierauf bezüglichen Erläuterungen leicht einzu-

---

[1]) Trans. Am. min. 1913, 414.

sehen, daß aus dem Dendriten- bzw. Globulitengefüge Abb. 242 bzw. 243 bei genügendem Verformungsgrade ein Abb. 426 entsprechendes entsteht, das man Zeilenstruktur genannt hat[1]). Die Zeilenstruktur kann man demnach immer in Schnitten parallel zur Richtung starker Streckung feststellen, z. B. in Blechen im Längs- und Querschnitt, im Draht- oder Rundeisen dagegen im Längsschnitt, wogegen hier im Querschnitt körnige Struktur auftritt. Zwischen den beiden Möglichkeiten, daß in Längs- und Querrichtung annähernd gleich starke Streckung oder aber nur in einer Richtung Streckung erfolgt, liegt eine große Mannigfaltigkeit von Möglichkeiten und es kann jedenfalls die Untersuchung des Primärgefüges in den verschiedenen Richtungen durch Schaffung eines räumlichen Vorstellungsbildes Einblick in die Art der Verformung gewähren. Ein gewisses Interesse verdient bei Blechen u. dgl. der Schnitt parallel zur Blech-

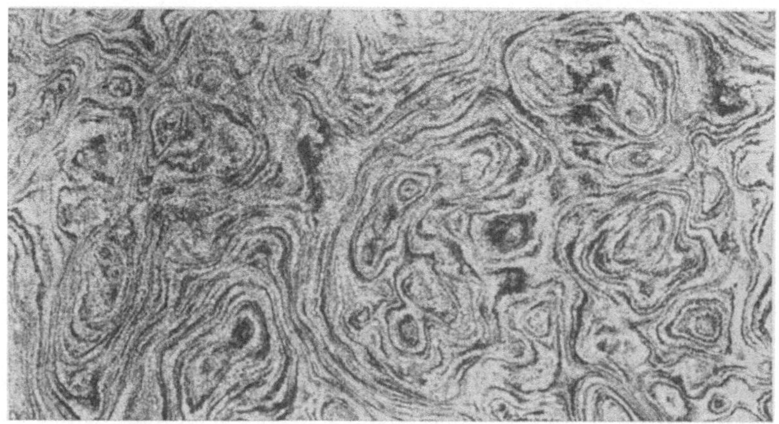

Abb. 427. Künstlich in einem Kesselblech erzeugtes Damaszenergefüge, Ätzung I, x 2.

oberfläche. Dieser Schnitt zeigt die plattgedrückten Anreicherungen in ihrer größten Ausdehnung, falls annähernde Parallelität der Schichten vorliegt, wie dies z. B. beim gewalzten Blech der Fall ist. Sind die Schichten aber nicht parallel, sondern verlaufen sie wie z. B. bei handgeschmiedeten Messerklingen infolge lokaler Verschiedenheit des Formänderungsgrades wellenförmig, so ergibt der Flachschnitt das Damastgefüge[2]) entsprechend Abb. 427. Die mit Primärätzmitteln ermittelte Zeilenstruktur kann als primäre Zeilenstruktur bezeichnet werden, weil sie von der primären Kristallisation herrührende Ungleichmäßigkeiten der Zusammensetzung anzeigt. Im verarbeiteten und im unverarbeiteten Material verhalten sich die von der Kristall- und Gasblasenseigerung herrührenden und durch die Primärätzung aufgedeckten Ungleichmäßigkeiten bezüglich ihrer Ausdehnung ähnlich, d. h. letztere überwiegen stets an Ausdehnung. Demnach stellen die bei der Primärätzung erscheinenden Anreicherungen größerer Ausdehnung, die aber durch die Formänderung im übrigen in gleicher Weise wie die von der Kristallseigerung herrührenden, beeinflußt wur-

---

[1]) Vgl. Oberhoffer, An. Chem. 1913, 156; St. E. 1913, 1569. Oberhoffer und Meyer, St. E. 1914, 1241. — Oberhoffer und Hartmann, St. E. 1914, 1245.
[2]) Oberhoffer, St. E. 1915, 40; vgl. a. Sommer, Diss. Aachen 1923.

den, die Spuren von im unverarbeiteten Material ursprünglich vorhandenen Gasblasen dar. In diesem Sinne ist die als Beispiel herangezogene Abb. 428 zu deuten[1]).

Besitzen die Einschlüsse genügende Plastizität, was im Warmformgebungsgebiet meist der Fall ist, so verändern sie ihre Form in ähnlicher Weise wie die Kristallseigerungen, erscheinen also beispielsweise im Längsschnitt etwa durch ein Blech, in langgestreckter Form vgl. z. B. Abb. 406. Nicht alle Einschlüsse sind aber bei den Temperaturen der Warmverarbeitung plastisch, so daß häufig nebeneinander gestreckte und in mehrere Teile zerfallene Einschlüsse beobachtet werden können. Tonerdeeinschlüsse, die beim Aluminiumzusatz entstehen, sind, wie Abb. 429 nach Comstock[2]) zeigt, überhaupt nicht plastisch und finden sich in Form von dunklen, zwar in ihrer Ge-

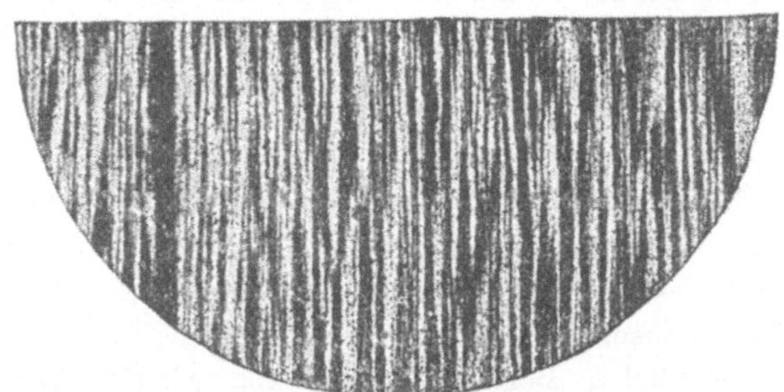

Abb. 428. ¹/₂ Querschnitt durch einen Abb. 403 entsprechenden Zerreißstab mit primärer Zeilenstruktur und gestreckter Gasblasenseigerung, Ätzung I, x 3.

samtheit, aber nicht einzeln gestreckten Anhäufungen von Einschlüssen von bemerkenswerter Kleinheit vor.

Der Einfluß der Einschlüsse auf die Festigkeitseigenschaften richtet sich nach ihrer Zahl, Größe und Form sowie nach ihrer Lage im Querschnitt. Eingehende Beziehungen fehlen jedoch. Fällt die Zerreißstabachse mit der Richtung stärkster Streckung zusammen, so bedarf es schon zahlreicher und räumlich ausgedehnter Einschlüsse, um auf Festigkeit und Dehnung einen merklich erniedrigenden Einfluß auszuüben. In der Querrichtung dagegen üben solche Einschlüsse insbesondere auf die Kerbzähigkeit, aber auch auf Festigkeit und Dehnung einen erniedrigenden Einfluß aus. Ein typischer Fall hierfür ist das Schweißeisen. Aber auch sehr feine Einschlüsse vermögen nach Heyn[3]) von schädlicher Wirkung zu sein. So soll feinverteilte Kieselsäure

---

[1]) Fachber. V. d. E., 1922 W. A. Nr. 23 berichtet F. Schmitz über die Abhängigkeit der Schärfe der Primärzeile von der Verarbeitungstemperatur. Wenn auch die Plastizität zweifellos von der Temperatur in verschiedener Weise abhängig ist, im besonderen niedrige Temperatur höhere Breitung bedingt, (vgl. z. B. für Kupfer Oberhoffer, Metall und Erz 1916), so ist die von Schmitz aus seinen Ätzbildern gezogene Schlußfolgerung, bei niedriger Verarbeitungstemperatur erscheine die primäre Zeile klarer als bei hoher, nur bedingt richtig, indem hier eine bloße Ätzwirkung vorliegt. Es ist bekannt, daß in überhitztem Stahl die primäre Zeile öfters verwischt erscheint, um nach dem Regenerieren wieder klar zu werden. Offenbar stört im ersten Falle das grobe Sekundärgefüge, das durch das Ätzmittel schwach angegriffen wird.

[2]) St. E. 1917, 40; vgl. a. Wilson, Met. Chem. Eng. 1920, 1161.

[3]) Mat.-Kde, II A.

in hochsiliziertem Material nach Mars[1]) die magnetischen Eigenschaften verschlechtern. Zu diesen Einschlüssen gehören zweifellos auch die infolge ungenügender Desoxydation im Eisen verbleibenden, analytisch noch nicht feststellbaren Einschlüsse. Es ist sogar sehr gut möglich, daß ihre Gegenwart weit verhängnisvoller ist als meist angenommen wird, und zwar sowohl für die Eigenschaften wie für das Warmformänderungsvermögen. Wenn z. B. zwischen den Dendriten des Rohgusses solche Stoffe angenommen werden, so wird der Schubwiderstand auf den einzelnen Schichten einer im Längsschnitt in Zeilenform erscheinenden Struktur nicht groß sein, etwa so wie es bei der Besprechung des Schieferbruches an den früheren Gasblasenseigerungen gen infolge der dort bestehenden Häufung nichtmetallischer Einschlüsse beobachtet wurde. Es kann demnach wohl möglich sein, daß in solchen Fällen beim Fehlen größerer Ansammlungen bei der Primärätzung, lediglich in Anlehnung an die Zeilenstruktur, Schieferbruch auftritt. Bis zu einem gewissen Grade wird etwas ähnliches, die Sehne, vom Qualitätsmaterial sogar verlangt. Die Sehne ist vom Schweißeisen übernommen worden und zweifellos auf die hier beschriebenen Ursachen zurückzuführen. Wo aber die Grenze zwischen Nützlichem und Schädlichem liegt, kann heute noch nicht angegeben werden. Bemerkenswert ist jedenfalls noch die Tatsache, daß Siliziumstahl ganz besonders leicht zur Ausbildung der Faser neigt. Es ist endlich leicht einzusehen, daß die Neigung zur Faser vom Grade der Verarbeitung in räumlicher Beziehung abhängen wird[2]). Was den Einfluß feinverteilter Einschlüsse auf die Warmformänderungsfähigkeit betrifft, so scheint diese nach Versuchen von Oertel und Richter[3]) durch solche, auf ungenügende oder unzweckmäßige Desoxydation zurückzuführende Einschlüsse beeinträchtigt zu werden. Die Blöcke zeigen beim Schmieden dann häufig die sogenannte Kantenrissigkeit, sie reißen an den Kanten auf, was zum Zerfall des ganzen Blockes führen kann.

Das in Abb. 92 dargestellte Dendritengefüge bzw. das durch Warmformänderung aus diesem hervorgegangene Zeilengefüge Abb. 426 ist an Material mit etwa 0,8 % Kohlenstoff gewonnen, das demnach praktisch nur aus Perlit besteht. Die beiden Abbildungen sind aber Primärätzungen. Bei der Benutzung eines sekundären Ätzmittels würde das Gesichtsfeld gleichmäßig dunkel erscheinen[4]). Ist nun neben Perlit noch Ferrit vorhanden (also bei Kohlenstoffgehalten von weniger als 0,9 %), so kann auch die sekundäre Ätzung Zeilenstruktur entwickeln und demnach ein mit der Primärätzung qualitativ übereinstimmendes Bild ergeben (Abb. 430). Die Ursachen hierfür sind die gleichen, die im unverarbeiteten Material (Stahlguß) das Netz- und Dendritengefüge in beiden Ätzungen erscheinen lassen (vgl. Abb. 268), und zwar vor-

---

[1]) Spez. Stähle.

[2]) Scharf zu trennen vom eigentlichen Schieferbruch ist offenbar die von Schmitz und Knipping, Fachber. V. d. E. 1922, W. A. Nr. 22 beobachtete Tatsache, daß beim Schmieden unter GOS ein dem Schieferbruch ähnliches, blättriges Bruchgefüge erzeugt werden kann, das die Verfasser Faserbruch nennen. Es handelt sich aber hier um teilweise Kaltverformung. Der Faserbruch läßt sich infolgedessen durch Glühen mehr oder minder leicht wieder entfernen.

[3]) St. E. 1924, 169 vgl. a. Kothny, St. E. 1920, 41, 677.

[4]) Vgl. Oberhoffer, St. E. 1916, 798.

nehmlich die Keimwirkung der Schlackeneinschlüsse, ferner auch die ungleichmäßige Verteilung des Phosphors bzw. anderer, in ihrer Wirkung noch un-

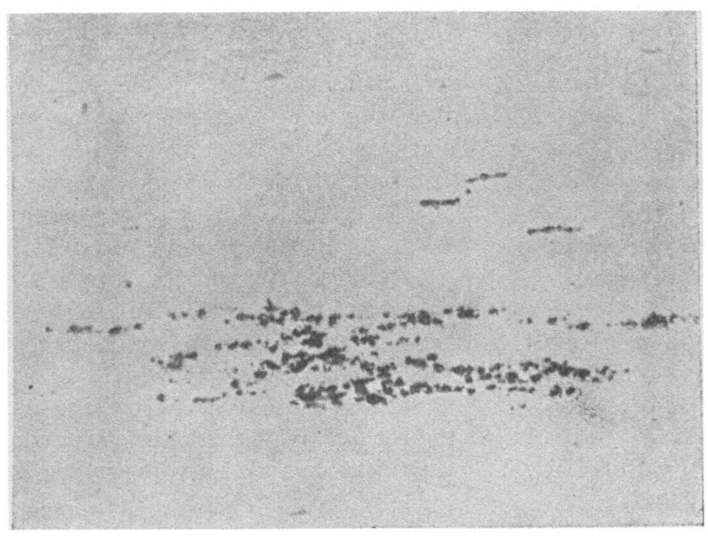

Abb. 429. Tonerdeeinschlüsse. (Comstock.)

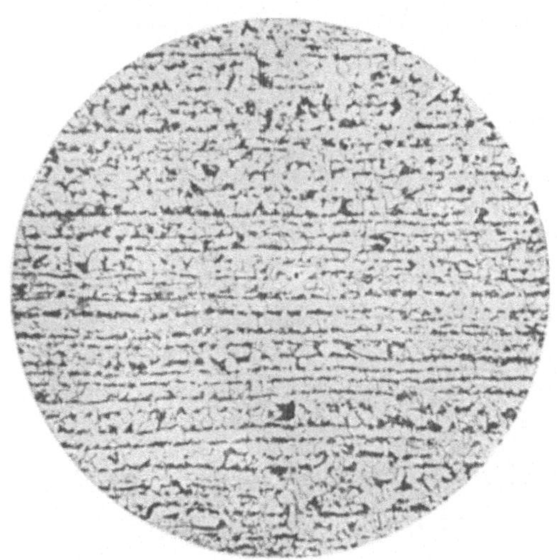

Abb. 430. Sekundäre, Zeilenstruktur, Ätzung II, x 50.

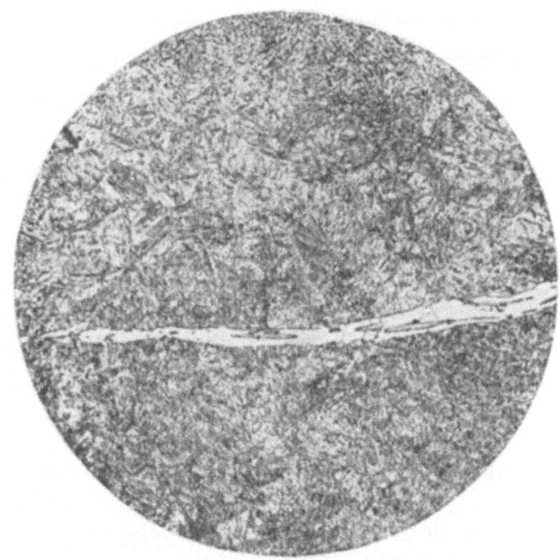

Abb. 431. Einfluß der Streckung der Schlakkeneinschlüsse auf die Form der Ferritausscheidung bei der sekundären Zeilenbildung, Stahl mit 0,4 % C bei 750° abgeschreckt, Ätzung II, x 150.

bekannter Faktoren. Die gestreckten Einschlüsse bewirken bei der Ferritbildung die Bildung entsprechend gestreckter Ferritabscheidungen, wie Abb. 431 ein Längsschnitt durch eine bei 750°, also zwischen A_3 und A_1 während der

Ferritbildung abgeschreckte Probe eines gewalzten Materials mit 0,4 % Kohlenstoff zeigt.

Die durch sekundäre Ätzung entwickelte Zeilenstruktur ist wegen ihres Zusammenhanges mit der sekundären Kristallisation ein sekundäres Gefüge, braucht daher mit der primären nicht identisch zu sein, bzw. kann trotz der Anwesenheit der letzteren überhaupt fehlen. Die bei der sekundären Ätzung entwickelte Struktur ist nämlich von der Wärmebehandlung abhängig (s. nächstes Kapitel), was für die bei der Primärätzung entwickelte nicht oder nur in unbedeutendem Maße der Fall ist. Diese hängt vielmehr ausschließlich von der Art und dem Grade der Verarbeitung ab. Die durch die Breite der Zeilen gekennzeichnete Feinheit der in diesem Sinne aufgefaßten primären Zeilenstruktur steigt mit der Durcharbeitung, ist also unter sonst gleichen Bedingungen z. B. abhängig von der Blockgröße. Bei gleicher Wärmebehandlung müssen daher auch die bei der sekundären Ätzung entwickelten Zeilen mit zunehmender Durcharbeitung schmäler werden[1]).

Je stärker die Streckung ist, um so höher ist die Kerbzähigkeit der Längsproben und die Kontraktion, während Streckgrenze, Festigkeit und Dehnung weniger beeinflußt werden. Dies geht aus den nachfolgenden Zahlen von Charpy[2]) hervor.

Material	Streckung $\frac{F_0}{F}$	Festigkeit kg/qmm	Dehnung %	Kontraktion %	Kerbzähigkeit mkg/qcm
Saurer Siemens-Martin-Stahl f. Geschütze bei 950° abgeschreckt bei 650° angelassen	1,7 3,2 6,1	91,2 91,6 90,3	20 20 22	11 40 70	6,5 7,9 9,9
Basischer Siemens-Martin-Stahl für Granaten halbhart	1,7 6,1	70,1 72,7	18 23	33 60	5,5 9,1

Daß aber eine deutliche, wenn auch geringe Beeinflussung der Streckgrenze, Festigkeit und Dehnung besteht, die auch durch Wärmebehandlung nicht zu überdecken ist, lehrt Abb. 432 nach Versuchen des Verfassers. Aus einem 2 t-Block 250 mm $\varnothing$ wurde je ein Riegel 150 $\varnothing$ und 80 $\varnothing$ mm hergestellt,

demnach mit $\frac{F_0}{F} \simeq 2{,}8$ und 10 wobei darauf geachtet wurde, daß beide Riegel

aus dem Fußende des Blockes stammten. Das Material war harter Stahl mit etwa 0,8 % Kohlenstoff, 1,0 % Mangan, 0,3 % Silizium, 0,1 % Phosphor und 0,04 % Schwefel. Nun wurden aus dem ersten Riegel nach dem Ehrhardtschen Verfahren Hohlkörper von 150 mm äußerem $\varnothing$ und etwa 25 mm Wandstärke, aus dem zweiten Riegel solche von 75 mm $\varnothing$ und etwa 15 mm Wandstärke hergestellt. Auch die weitere Durcharbeitung war also bei den Hohlkörpern zweiter Art größer als bei ersteren. Darauf wurden aus den Hohlkörpern Probestäbe für Zerreißversuche in der Längsrichtung hergestellt

---

[1]) Vgl. Oberhoffer, An. Chem. 1913, 81, 156, Abb. 4 u. 5.
[2]) Eng. 1918, 311, vgl. a. Junkers St. E. 1921, 677.

und bei verschiedenen Temperaturen geglüht. Die Ergebnisse der Zerreißversuche sind in Abb. 423 in Abhängigkeit von der Glühtemperatur dargestellt,
und sie lehren, daß selbst nach der Wärmebehandlung ein Unterschied besteht
und zwar, daß das stärker verarbeitete Material höhere Streckgrenze und Festigkeit, dagegen niedrigere Dehnung und Kontraktion aufweist. Das Sekundärgefüge war für beide Verarbeitungsfälle gleich, das Primärgefüge dagegen

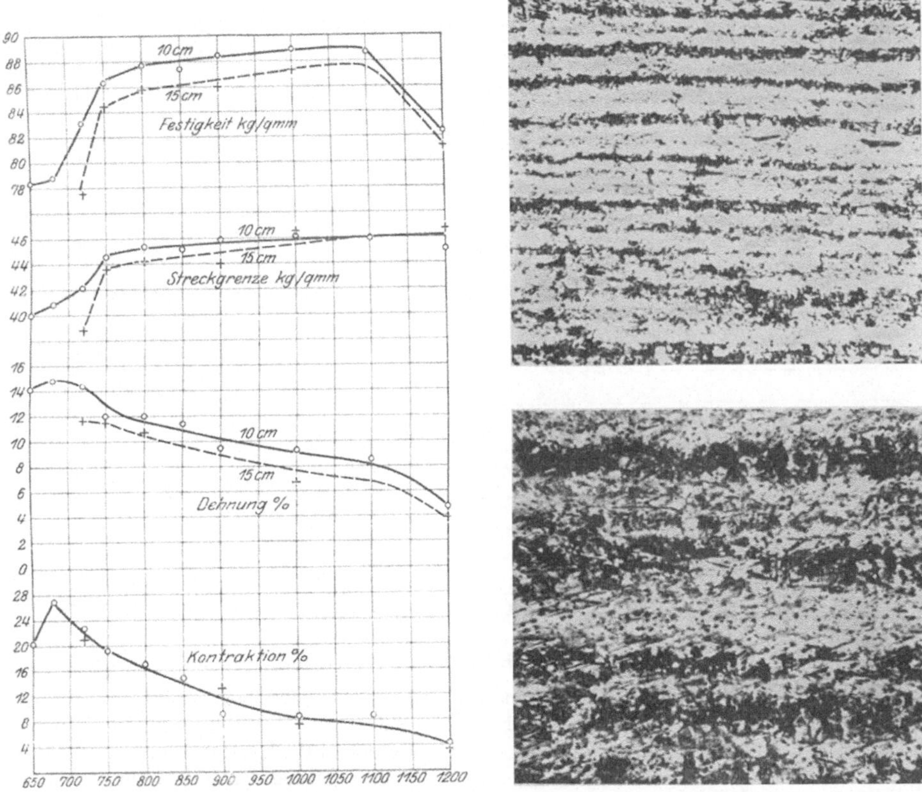

<table>
<tr><td>

Abb. 432. Vergleich der Eigenschaften
von 150 bzw. 100 mm Hohlkörpern aus
dem gleichen Block hergestellt.

</td><td>

Abb. 433. Primärzeile der 100 mm (oben)
und 150 (unten) Hohlkörper, Ätzung I,
x 100.

</td></tr>
</table>

gemäß Abb. 433 wesentlich feiner im zweiten als im ersten Falle, so daß der
Schluß wohl berechtigt erscheint, der geschilderte Einfluß sei ausschließlich
dem Primärgefüge gutzuschreiben. Umfassendere zahlenmäßige Zusammenhänge fehlen leider noch[1].

Ist die Streckung nach verschiedenen Richtungen nicht gleich, so äußert
sich dies in einem Unterschied der Festigkeitseigenschaften in verschiedenen
Richtungen. Im allgemeinen kann zunächst festgestellt werden, daß in Schmiedestücken, bei denen also die Streckung vornehmlich in einer bevorzugten Richtung erfolgt, die Kerbzähigkeit (wie im übrigen schon erwähnt) in der Längs-

---

[1] Vgl. Wendt, Kruppsche Monatsh. 1922, 163.

richtung zunimmt. Dafür aber nimmt sie in der Querrichtung ab. Dies zeigt deutlich Abb. 434 nach Descolas[1]). Die Abbildung lehrt ferner, daß in der Längsrichtung die Proben aus der Mitte (die Abszissen sind die Abstände der Proben vom Rand des Schmiedestückes) geringere Kerbzähigkeit aufweisen als die Randproben. Sowohl die Unterschiede des primären und sekundären Gefüges wie die der Durcharbeitung können hierfür verantwortlich gemacht werden. Die Querproben weisen ein dem der Längsproben entgegengesetztes Verhalten auf. Sehr eingehend haben sich mit dieser Frage Oertel und Richter[2]) beschäftigt. Sie benutzten einen Chrom-Nickel-Stahl für Einsatzzwecke mit etwa $0,1\,\%$ Kohlenstoff, $4\,\%$ Nickel und $1,2\,\%$ Chrom. Sie änderten das Blockgewicht, die Streckung und die Breitung. Ihren Ergebnissen verleiht Abb. 435

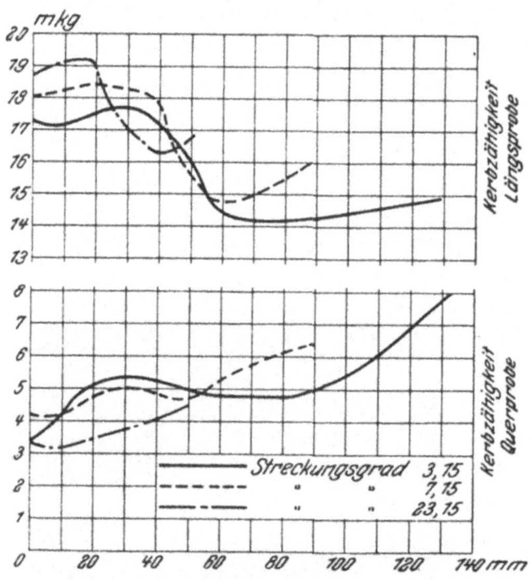

Abb. 434. Einfluß der Streckung und der Lage der Probestäbe auf die Kerbzähigkeit (Descolas).

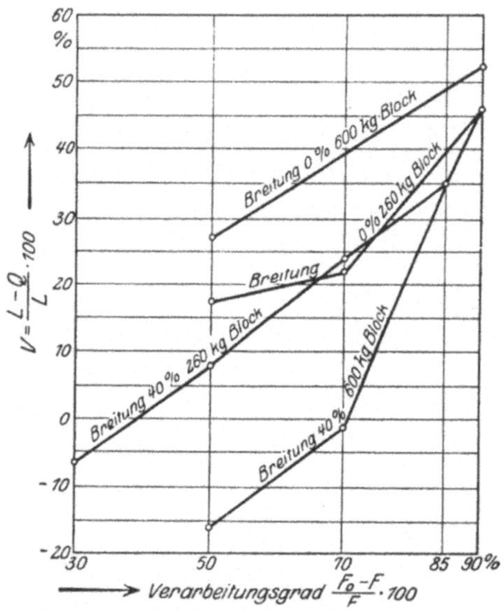

Abb. 435. Einfluß des Verarbeitungsgrades, der Breitung und des Blockgewichtes auf den Unterschied zwischen Längs- und Querprobe bei Chrom-Nickel-Einsatzstahl (Oertel und Richter).

Ausdruck. Alle Proben sind vergütet (830^0 Öl/580^0). Die Ordinaten geben einen Begriff vom Unterschied zwischen Längs- und Querprobe. Man sieht auch hier, daß dieser Unterschied mit steigender Verschmiedung wächst. Die Breitung ist bei dem kleinen Block (220 mm $\varnothing$) so gut wie ohne Einfluß auf den erwähnten Unterschied. Dagegen steigt er beim 600 kg-Block (380 mm $\varnothing$). Die Blockgröße erniedrigt ihn bei starker und erhöht ihn bei geringer Breitung. Man erkennt ferner, daß der Unterschied zwischen Längs- und Querprobe auch negativ werden kann, und zwar im großen Block, bei starker Breitung und geringem Durcharbeitungsgrad. Die absoluten Zahlen bewegten sich (normale Charpy-Probe) bei den Längsproben zwischen 23 und 33, bei den Quer-

---

[1]) Rev. Mét. 1920, 16. Es handelt sich um einen mittelharten Stahl für Schmiedestücke. Alle Proben sind vergütet worden.

[2]) Diss. Aachen 1923, St. E. 1924, 169.

proben zwischen 16 und 26 mkg/qcm. Vom Standpunkt des Primärgefüges kann man sagen, daß der Unterschied zwischen Längs- und Querprobe um so größer ist, je mehr sich die Feinheit der Zeile (etwa Anzahl der Zeilen pro Längeneinheit quer zur Zeile gemessen) in beiden Richtungen unterscheidet.

Über den Einfluß der Richtung der Zeile oder Faser auf andere Eigenschaften ist wenig bekannt. Es geht aus den Darlegungen an anderer Stelle dieses Kapitels schon hervor (Einfluß des Lunkers vgl. Abb. 393—396), daß ein geschlossener Verlauf der Faser vorteilhaft ist. Auch in bezug auf die Arbeitseigenschaften, insbesondere auf den Widerstand gegen Abnutzung, scheint

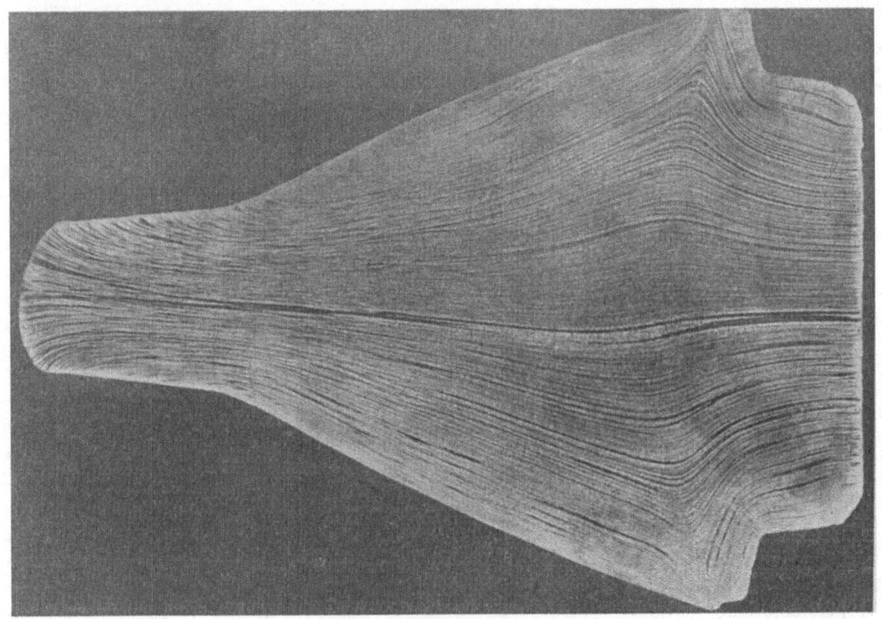

Abb. 436. Längsschnitt durch ein Gesenkschmiedestück aus einem runden Querschnitt geschlagen, Ätzung I, x 1.

dieser Grundsatz anwendbar zu sein. So wird empfohlen[1]), hochbeanspruchte Zahnräder für Automobilgetriebe nicht aus Stangen durch Herausarbeitung der Zahnlücken herzustellen, weil hierbei die Faser zerschnitten wird. Viel zweckmäßiger ist es, die Zahnräder im Gesenk zu schmieden oder zum mindesten sie aus allseitig überschmiedeten Scheiben herzustellen. Ringventilscheiben, die ebenfalls starker Abnutzung unterworfen sind, werden besser aus Blechen als aus Stangen hergestellt, weil die Faser im letzteren Falle günstiger zur Richtung der abnützenden Kräfte liegt[2]).

Man findet durchweg in der Praxis die Ansicht vertreten, daß die Art der Formgebung auf die Eigenschaften des Fertigerzeugnisses von größtem Einfluß sei. Im besonderen wird geschmiedetes Material gewalztem gegenüber

---

[1]) Vgl. z. B. Benetka, Werkz.-M. 1920, 331; vgl. a. Warmwalzen von Zahnrädern V. d. I. 1922, 813.
[2]) Vgl. Meyer und Nehl, St. E. 1924, 463.

als Qualitätsmaterial deshalb bezeichnet, weil die Durcharbeitung eine weit intensivere sei und die inneren Teile des Querschnitts erfasse, während beim Walzen hauptsächlich die äußeren Querschnittsteile durchgearbeitet würden. Man kann in der Tat im Längsschnitt geschmiedeter Materialien feststellen, daß die mittleren Zonen primäre Zeilenstruktur aufweisen, während in den Randzonen noch deutlich Dendriten zu erkennen sind, wogegen in Materialien, die in bezug auf Querschnittsverminderung unter gleichen Bedingungen gewalzt wurden, umgekehrte Verhältnisse vorliegen. Wenn nun auch im Gefüge zweifellos Unterschiede festzustellen sind, so sind sie doch anscheinend ohne Einfluß auf die Eigenschaften. Diese Erfahrung des Verfassers wird bestätigt durch die Untersuchungen Charpys[1]), von dessen zahlreichen Ergebnissen folgende zur Stütze der hier ausgesprochenen Ansicht wiedergegeben seien. Die Versuche sind an Stäben von 175 mm Durchmesser aus mittelhartem Stahl gemacht. Die Rohblöcke wogen 1100 kg bei 300 × 300 mm Querschnitt.

Ergebnisse von Versuchen an Probestäben von geschmiedeten und gewalzten Blöcken

| Versuchsproben | Zugproben mit 13 mm Durchmesser und 60 mm Körnerabstand, entnommen: | | | | | | Schlagproben mit Stäben 24×9 mm Querschnitt, Länge 60 mm senkrecht zur Streckrichtung, freies Fallgewicht 10 kg, Fallhöhe 0,50 m | |
| | in der Streckrichtung | | | senkrecht zur Streckrichtung | | | | |
	Elastizitätsgrenze kg/qmm	Festigkeit kg/qmm	Dehnung %	Elastizitätsgrenze kg/qmm	Festigkeit kg/qmm	Dehnung %	Anzahl der Schläge ohne Brucherzeugung	Biegewinkel in Grad
Rundgeschmiedet:								
1. Versuchsreihe	51,5	69,4	25	52,15	67,75	20	20	73,5
2. „	54,8	72,0	26	55,15	70,40	17	26	76,0
Rundgeschmiedet:								
1. Versuchsreihe	53,5	71,3	25	52,10	68,10	19,5	26	70,5
2. „	55,5	72,7	26	54,85	70,10	20	26	73,5
Rundgewalzt:								
1. Versuchsreihe	52,8	71,3	26	52,15	69,40	20	25,5	75,0
2. „	56,1	73,4	24	55,80	71,00	19,5	25,5	79,5
Rundgewalzt:								
1. Versuchsreihe	54,2	72,3	26	53,80	69,4	26	26	73,0
2. „	58,1	75,0	25	57,80	72,7	18	26	86,5

Bezüglich des Pressens gilt im großen und ganzen das gleiche wie für das Schmieden, so daß unter gleichen Bedingungen auch dem gepreßten Material gegenüber dem gewalzten bezüglich der Eigenschaften keine Überlegenheit zuerkannt werden kann.

Bei Gesenkschmiedestücken vermag die Betrachtung der Primärätzung bestimmter Schnitte Aufschluß über die Zweckmäßigkeit der Massenverteilung zu geben. Die Abb. 436 und 437 zeigen je einen Längsschnitt durch das gleiche Gesenkschmiedestück. Der Unterschied zwischen beiden ist aber der, daß das Stück Abb. 436 aus einem Knüppelabschnitt von kreisrundem, das Abb. 437

---

[1]) St. E. 1917, 740. — Gén. civ. 1917, 109.

entsprechende aus einem ebensolchen von quadratischem Querschnitt hergestellt wurde. Ersterer war offenbar zweckmäßiger als letzterer, wie aus dem kontinuierlichen Verlauf der „Faser" (Zeilen) in Abb. 436 im Gegensatz zu Abb. 437 zu erkennen ist.

Der Rotbruch.

Es wurde mehrfach schon auf die beim Warmverarbeiten häufig zu beobachtende Erscheinung des Rotbruches verwiesen (vgl. S. 167), die darin besteht, daß beim Schmieden, Walzen oder Pressen, insbesondere in dem mit Rotglut (700—900⁰) bezeichneten Temperaturintervall Risse, und zwar haupt-

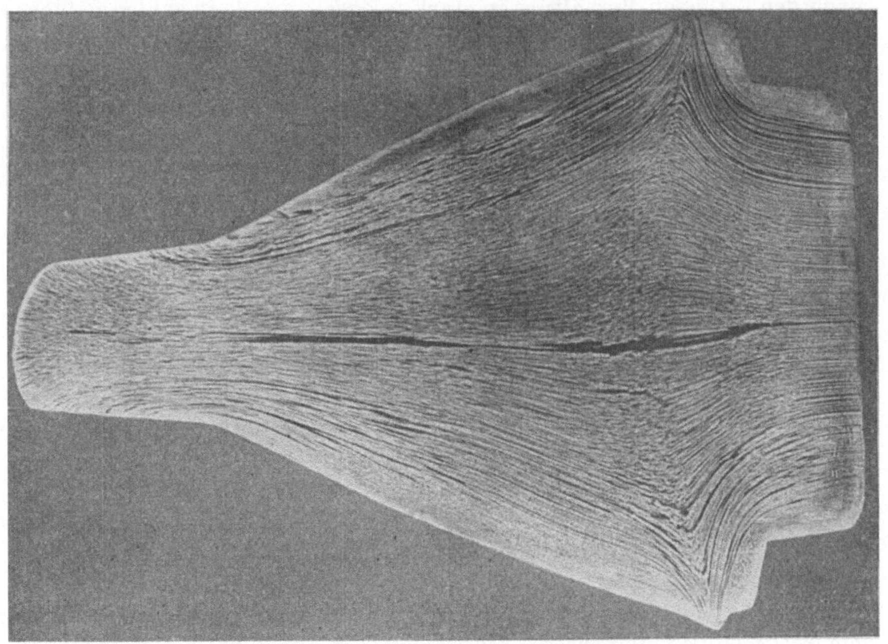

Abb. 437. Wie Abb. 436, jedoch aus einem quadratischen Querschnitt geschlagen.

sächlich senkrecht zur Streckrichtung entstehen (vgl. als Beispiele Abb. 415 und 417). Mehrfach ist beobachtet worden, daß die Neigung zum Rotbruch bei höherer Temperatur wieder abnimmt[1]). Als Erreger des Rotbruches werden in erster Linie Schwefel und Sauerstoff, aber auch Arsen und Kupfer bezeichnet (vgl. Abschn. III, 5, 6, 7, 20 sowie II, 21 G), indessen wurde auch gezeigt, daß hier noch manche Unklarheiten bestehen, nicht nur bezüglich der Höhe des zum Rotbruch führenden Prozentsatzes dieser Elemente, sondern selbst bezüglich der Frage, ob überhaupt diese Elemente in ihrer einfachen Form als Rotbrucherreger bezeichnet werden müssen. So steht beim Schwefel zweifellos die mildernde Rolle des gleichzeitig anwesenden Mangans mit ziemlicher Sicherheit fest. Zehn Proben von weichem Flußeisen (0,1 % C) mit im Mittel 0,213 % Mangan und 0,069 % Schwefel waren rotbrüchig, wogegen 10 Proben von glei-

---

[1]) Vgl. z. B. Ledebur, Eisenhüttenkunde 1, 296; 3, 12.

chem Material mit 0,68 % Mangan und 0,022 % Schwefel rotbruchfrei waren[1]). Daß ferner die Höhe des Eisenoxydul-Sauerstoffs nicht ausschlaggebend sein kann, geht qualitativ aus der Tatsache hervor, daß Oberhoffer und d'Huart[2]) sowie Austin[3]) bei beträchtlichem Sauerstoffgehalt in Form von Eisenoxydul (0,14 bzw. 0,24 %) gute Schmiedbarkeit in Rotglut fanden.

Die Klärung der Rotbruchfrage ist nicht nur abhängig von der endgültigen Lösung der Frage, welches die in Betracht kommenden Rotbrucherreger[4]) sind, es ist auch bisher der Frage der zahlenmäßigen Ermittlung des Rotbruches zu wenig Aufmerksamkeit geschenkt worden. Die heute übliche Rotbruchprobe ist eine verhältnismäßig rohe technologische Probe, die noch dazu je nach den örtlichen Verhältnissen stark wechselt und kein zahlenmäßiges Er-

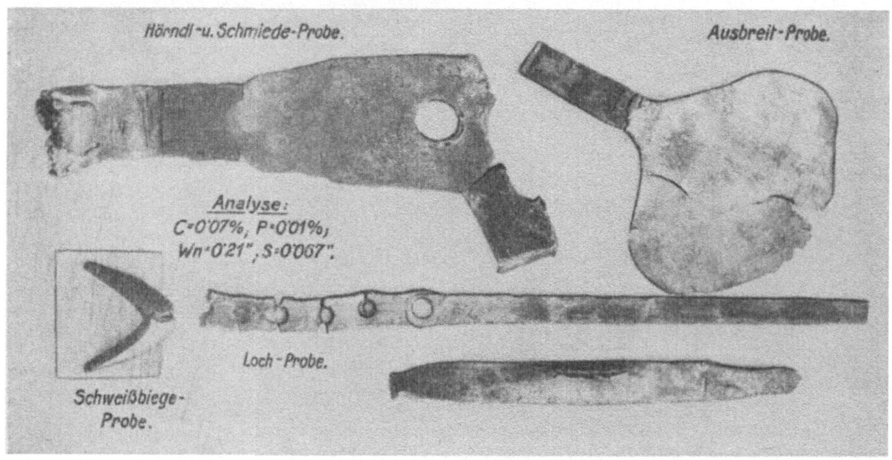

Abb. 438.   Verschiedene Ausführungsformen der Rotbruchprobe.

gebnis liefert. Abb. 438 zeigt verschiedene Ausführungsformen dieser Probe an einem rotbrüchigen Material[1]). Monden[5]) hat versucht, die Rotbruchprobe etwas exakter auszubilden durch Ausführung an Walzstäben mit gleicher Kerbtiefe und genauer Einhaltung einer bestimmten Temperatur. Von jedem Material wurden sechs Proben ausgeführt. Waren alle sechs rotbrüchig, so war der Grad der Rotbrüchigkeit = 6, und war keine rotbrüchig = 0. Auf diese Weise konnte ein zahlenmäßiger Ausdruck für den Grad des Rotbruches gegeben werden. Die auf diesem Wege erhaltenen Zahlen sind in Abb. 439 nebst den übrigen Materialkennzeichen, dargestellt und man sieht, daß die Übereinstimmung zwischen der Sauerstoff-[6]) und Rotbruchkurve eine ziemlich gute ist. Monden

---

[1]) Nach Privatmitteilung des Herrn Oberinspektor Starck vom Eisenwerk Witkowitz, für die ich auch an dieser Stelle danke.

[2]) St. E. 1919, 169.   [3]) St. 1916, 149.

[4]) Bezüglich des Sauerstoffs vgl. Abschn. II 21 G; bezüglich des Schwefels sei darauf verwiesen, daß ein Verfahren zur Bestimmung des Mangans in Form von MnS neben dem in metallischer Form vorhandenen zur Zeit noch nicht besteht.

[5]) St. E. 1923, 746.

[6]) Wasserstoffverfahren ohne Legierungszusatz, das in diesem Falle nicht ganz einwandfreie Werte liefert (vgl. Abschn. II, 21 G).

konnte eine direkte Abhängigkeit des Sauerstoffgehaltes von der Art des Schrotts feststellen, und zwa rwar ersterer um so höher, je größer der Anteil an rostigem Schrott im Einsatz war. Daß ferner die Walzbarkeit (Auftreten von Querrissen) nicht mit dem Grade der Rotbrüchigkeit parallel zu gehen braucht, konnte Monden an seinem Versuchsmaterial nachweisen. Als Grund hierfür ergab sich die leicht einzusehende Tatsache, daß außer dem Sauerstoff auch noch die Anwesenheit und Verteilung der Gasblasen die Walzbarkeit beeinflussen muß.

5. Die Umkristallisation (Glühen) des warm verarbeiteten schmiedbaren Eisens.

Das Glühen des vorher warm verarbeiteten schmiedbaren Eisens erfolgt zwar im allgemeinen nach ähnlichen Grundsätzen wie das Glühen von Stahlformguß, d. h. auch hier sind Höhe der Glühtemperatur, Glühdauer und Abkühlungsgeschwindigkeit die maßgebenden Faktoren. Dennoch bestehen einige grundsätzliche Verschiedenheiten, die eine getrennte Behandlung des Stoffes erfordern. So besitzt der Stahlformguß meist das von der primären Kristallisation noch vorhandene grobe Kristallkorn, das im warm verarbeiteten Material nicht mehr vorhanden und sogar häufig durch ein sehr feines ersetzt ist. Dann aber ist die Zahl der für die Glühbehandlung in Frage kommenden schmiedbaren Eisensorten weit größer als die der Stahlformgußqualitäten. Nicht nur alle Kohlenstoffgehalte vom weichsten, praktisch aus Ferrit bestehenden Eisen bis zum übereutektoidischen Stahl, auch zahlreiche Spezialstähle unterliegen der Glühbehandlung. Eine getrennte Besprechung nach einzelnen Gruppen empfiehlt sich daher.

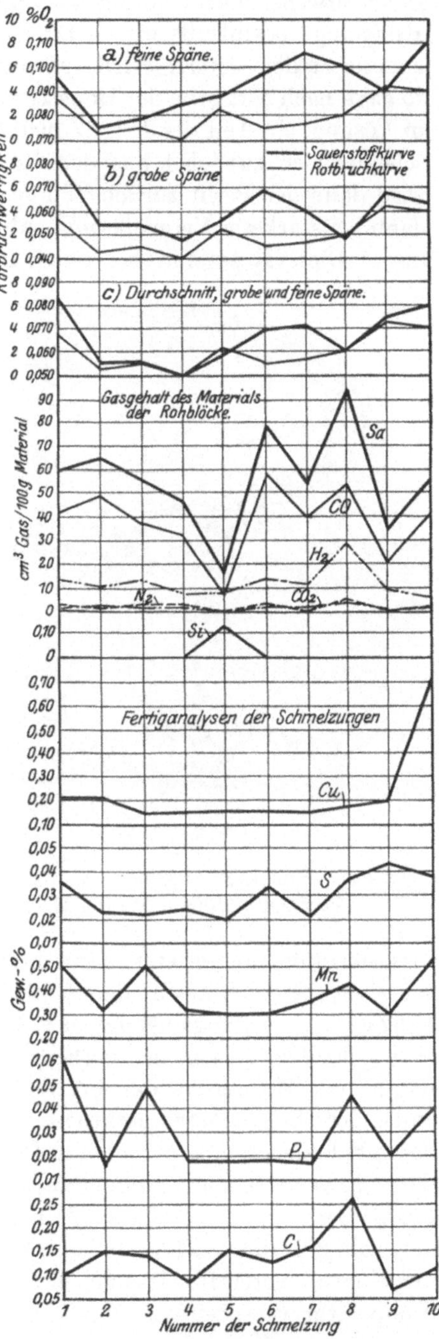

Abb. 439. Versuchschargen zur Kennzeichnung des Zusammenhanges zwischen Sauerstoff und Rotbruch. (Monden.)

28*

A. Sehr weiche, hauptsächlich aus Ferrit bestehende Eisensorten.

Glühtemperatur. Glühen unter Ac_1 führt, insbesondere wenn der Perlit in sorbitischer Form vorlag, zur Bildung von körnigem Perlit, ohne daß das Restgefüge beeinflußt wird. Die besonderen Bedingungen wurden bereits an anderer Stelle erörtert. Wird auf eine Temperatur zwischen Ac_1 und Ac_3 erhitzt, so geht nach Maßgabe der Hebelbeziehung ein Teil des Ferrits mit dem Perlit in Lösung, ein Teil des Ferrits bleibt unbeeinflußt zurück. Bei der Abkühlung scheidet sich zunächst aus der festen Lösung wieder Ferrit ab, und bei Ar_1 wird dann der Perlit zurückgebildet. Der in Lösung gewesene Ferrit erscheint dann bei stärkerer Vergrößerung, Abb. 440, in Form eines Hofes um die Perlitinsel. Diese Höfe sind bei weichem Flußeisen ein sicheres Kennzeichen für eine Glühbehandlung zwischen A_1 und A_3[1]). Sie entstehen offenbar, weil in der festen Lösung die Konzentration des Kohlenstoffs nicht ausgeglichen ist infolge mangelnder Diffusion, und der Kohlenstoffgehalt an den äußeren Begrenzungen der gelösten Anteile daher niedriger ist als im Zentrum, wo die Perlitinsel war. Vielleicht bleiben auch an der Peripherie Ferritkeime zurück, oder der hier vorhandene ungelöste Ferrit wirkt als Keim. Jedenfalls beginnt hier die Ferritbildung unter Anreicherung des Kohlenstoffs nach der Mitte zu.

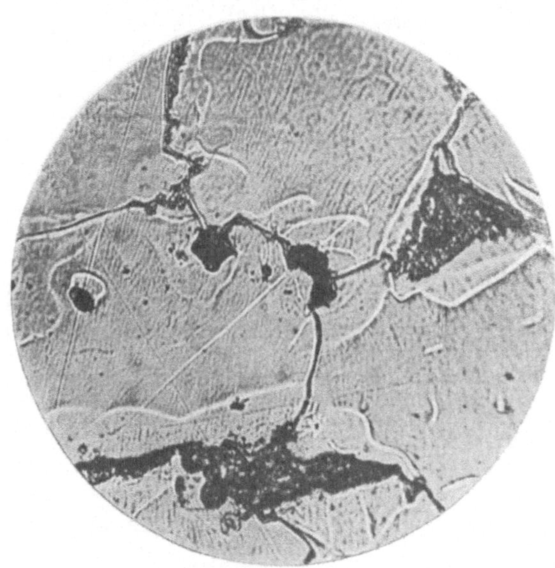

Abb. 440. Flußeisen zwischen A_1 und A_3 geglüht, Ferrithofbildung. Ätzung II, x 300.

Eine vollständige Umkristallisation findet erst dann statt, wenn die Glühtemperatur Ac_3 überschreitet. Der Einfluß der Umkristallisation auf die Korngröße ist abhängig vom Anfangszustand des Glühgutes. — Die Kurve 1 der Abb. 381 veranschaulicht, wie im vorhergehenden Kapitel gezeigt wurde, die Abnahme der Korngröße des Ferrits von Flußeisen mit 0,1 % Kohlenstoff mit sinkender Schmiedetemperatur. Glüht man die geschmiedeten Proben, deren Schmiedetemperaturen aus der Abszisse zu entnehmen sind, und die sich daher in verschiedenen Anfangszuständen befinden, bei 900°, so erhält man für die Korngröße der so behandelten Proben die mit 3 bezeichnete Horizontale der Abb. 381, die von 1350 bis 1100° unterhalb und von 1100° bis 850° oberhalb der Kurve 1 verläuft. Das grobe Anfangskorn überhitzten oder bei sehr hoher Temperatur verarbeiteten Ferrits wird demnach verfeinert (regeneriert), während das durch Verarbeitung bei niedrigeren Temperaturen über dem struk-

---

[1]) Vgl. Oberhoffer, St. E. 1921. 1215.

turellen Gleichgewichtszustand bei 900° stark verfeinerte Korn vergröbert wird. So erklärt es sich, daß durch Glühen mitunter Erhöhung, mitunter Erniedrigung der Festigkeit und der Streckgrenze bei umgekehrtem Verhalten der Dehnung, Kontraktion und Schlagfestigkeit erzielt wird (vgl. hierzu Abb. 382).

Abb. 441 veranschaulicht nach Ergebnissen von Pomp[1]) die Abhängigkeit der Korngröße (Kurve 3) von der Glühtemperatur bei einer Glühdauer von sechs Stunden. Das benutzte Material war sehr reines Flußeisen mit

$$
\begin{aligned}
&0{,}08 \ \%_0 \ \text{Kohlenstoff,}\\
&0{,}02 \ ,, \ \text{Silizium,}\\
&0{,}07 \ ,, \ \text{Mangan,}\\
&0{,}01 \ ,, \ \text{Phosphor,}\\
&0{,}002 ,, \ \text{Schwefel}\\
&0{,}04 \ ,, \ \text{Kupfer.}
\end{aligned}
$$

Von 600° an bis 1100° steigt die Korngröße langsam und von dieser Temperatur an außerordentlich rasch, Der plötzliche Anstieg bei 1100° ist auch von zahlreichen anderen Forschern beobachtet worden. Er ist verknüpft mit der Anordnung von Ferrit und Perlit nach kristallographischer Orientierung wie beim Widmannstättenschen Gefüge. Man könnte die Anordnung auch als intragranular bezeichnen. Eine Diskontinuität der Kurve Abb. 441 bei Ac_3 ist nicht vorhanden und bei der geringen Anfangskorngröße auch nicht zu erwarten. Die von Stead[2]) und später von Joisten[3]) beobachtete Vergröberung des Ferrits bei 650 bis 750°, findet Pomp nicht, in Übereinstimmung mit den Ergebnissen zahlreicher anderer Forscher. Pomp glaubt, daß Stead und Joisten durch Rekristallisationsvorgänge getäuscht worden sind. Es liegt aber an sich kein Grund dagegen vor, dem Korn des α-Eisens ein mit steigender Temperatur zunehmendes Wachstumsbestreben zuzuschreiben, das ja im übrigen auch Pomp beobachtet (Zunahme der Korngröße zwischen 600 und 900°).

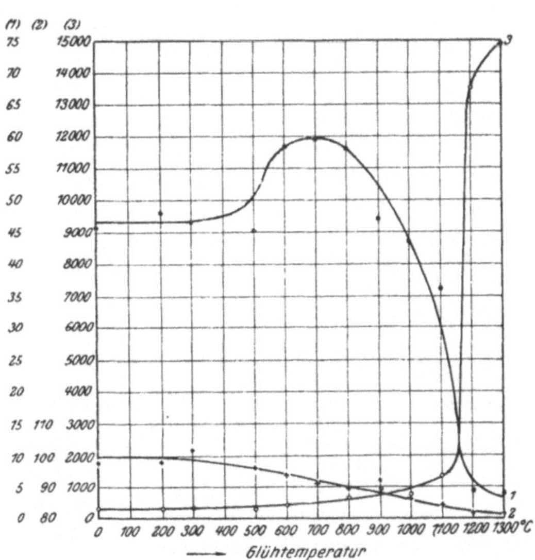

Abb. 441. Einfluß der Glühtemperatur auf spezifische Schlagarbeit, Härte und Korngröße von weichem Flußeisen. (Pomp.)

Den Zusammenhang zwischen Glühtemperatur einerseits, spezifischer Schlagarbeit (Kurve 1) und Härte (Kurve 2) anderseits, vermittelt ebenfalls die Abb. 441 für eine Glühdauer von 6 Stunden. Bemerkenswert ist die rasche Abnahme der spezifischen Schlagarbeit in dem Gebiet der raschen Kornzunahme, also von etwa 1100° an. Die hohen Werte der spezifischen Schlag-

---

[1]) Fer. 1915/16, 65. — Daeves, An. Chem. 1922, 125, 167.
[2]) Ir. st. Inst. 1898, I, 145.   [3]) Diss. Aachen 1911.

arbeit zwischen 600 und 800° sind vorderhand nicht zu erklären, anderseits ist das Pompsche Versuchsmaterial zu umfangreich, um Zweifel an diesen Werten zuzulassen.

Die Härte nimmt mit steigender Glühtemperatur ab, ohne daß aber ein scharfer Richtungswechsel wie in den beiden andren Kurven bei etwa 1100° vorhanden wäre. Immerhin würde der an andrer Stelle bereits angeführte Satz bestätigt sein, daß großem Kristallkorn des Ferrits niedrige Härte entspricht. Indessen ist auch diese Regel offenbar nicht ohne Ausnahme. Vielmehr zeigten Oberhoffer und Oertel[1]), daß ein Unterschied zwischen der Härtezahl von sehr feinkörnigem und sehr grobkörnigem Elektrolyteisen praktisch nicht besteht. Dabei schwankten die beobachteten Korngrößen zwischen wenigen Hundert und rd. 100000 μ^2.

Auf die Möglichkeit des Regenerierens von überhitztem weichen Flußeisen durch Glühen bei oder wenig oberhalb Ac_3 wurde bereits hingewiesen.

Glühdauer. Mit steigender Glühdauer nimmt die Kristallgröße zu, und zwar um so rascher, je höher die Glühtemperatur ist, wie Abb. 442 nach Ergebnissen von Pomp[2]) zeigt. Dementsprechend verändern sich auch die Festigkeitseigenschaften[3]). Gefüge und Eigenschaften sind zweckmäßig durch richtige Wahl der Glühtemperatur, nicht der Glühdauer zu beherrschen. Die Glühdauer muß nur der Masse des zu glühenden Gutes entsprechend mindestens so zu wählen sein, daß eine gleichmäßige Durchwärmung gewährleistet ist.

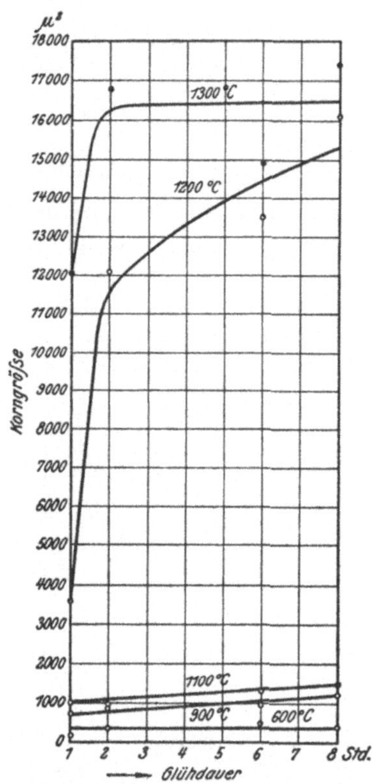

Abb. 442. Einfluß der Glühdauer bei verschiedenen Temperaturen auf die Korngröße von weichem Flußeisen. (Pomp.)

Abkühlungsgeschwindigkeit. Von einer oberhalb Ac_3 gelegenen Temperatur rasch abgekühltes weiches Flußeisen besitzt feineres Ferritkorn als langsam abgekühltes. Dies geht deutlich aus Abb. 381 durch Vergleich der Kurven 1 und 2 hervor. Die Kurven stellen die Korngröße von weichem Flußeisen mit etwa 0,1 %/₀ Kohlenstoff in Abhängigkeit von der Schmiedetemperatur dar, und zwar bedeutet Kurve 1 (langsame) Abkühlung der geschmiedeten Proben in Kieselgur, 2 (rasche) an der Luft. Der Einfluß der Abkühlungsgeschwindigkeit nimmt mit steigender Temperatur zu. Zur Erklärung des Einflusses der Abkühlungsgeschwindigkeit braucht man sich nur zu erinnern, daß mit ihr auch die Größe der Unterkühlung wächst. Mit steigender Unterkühlung nimmt anscheinend K Z rascher zu als K G (vgl. Abb. 241). Besonders ausgeprägt ist

<hr>

[1]) St. E. 1919, 1061.   [2]) A. a. O.
[3]) Vgl. z. B. Pomp sowie Joisten, a. a. O.

dieses Verhalten beim Elektrolyteisen, das nach Stead und Carpenter[1]) bei langsamer Abkühlung von einer oberhalb Ac_3 gelegenen Temperatur grobkörnig, bei rascher Abkühlung (Abschrecken) dagegen feinkörnig wird. In den Festigkeitseigenschaften gelangt der in Abb. 381 veranschaulichte, auf Unterschieden der Abkühlungsgeschwindigkeit beruhende Unterschied der Korngröße des Ferrits kaum zum Ausdruck (vgl. Abb. 382).

Obwohl durch das Hinzutreten von Kohlenstoff zum Eisen insofern eine prinzipielle Änderung erfolgt, als die Umwandlung nicht mehr wie beim praktisch reinen Eisen bei einer Temperatur, sondern in einem vom Kohlenstoffgehalt abhängigen Temperaturintervall stattfindet, ist bei den niedrigen Kohlenstoffgehalten des weichen Flußeisens der in großen Mengen vorhandene Ferrit von überragender Bedeutung, so daß auch die im wesentlichen von den im Vorhergehenden entwickelten Faktoren beherrschte Korngröße dieses Gefügebestandteils die Hauptrolle spielt.

B. Eisensorten mit Kohlenstoffgehalten von etwa 0,2 bis etwa 0,75%.

Bei Anwesenheit größerer Kohlenstoff- und merklicher Ferritmengen, also bei Kohlenstoffgehalten von etwa 0,2 bis 0,75%, gelten die S. 346 entwickelten Gesichtspunkte insofern, als

1. Glühen unterhalb Ac_1 nur den Charakter des Perlits zu verändern vermag. Der durch vorhergehende rasche Abkühlung gebildete, der festen Lösung noch nahestehende sorbitische Perlit kann durch Koagulierung des in ultramikroskopischen Ausscheidungen vorhandenen Zementits in körnigen Perlit verwandelt werden, oder die Zementitlamellen des fertig gebildet vorliegenden lamellaren Perlits werden ebenfalls durch Koagulierung in körnigen Perlit übergeführt. Erniedrigung der Festigkeit und Steigerung der Dehnung sind die Folge dieses Vorganges.

2. Wird Ac_1 beim Glühen erreicht, so geht der Perlit in feste Lösung und kristallisiert bei der Abkühlung um. Die Wirkung eines derartigen Glühens ist abhängig vom Anfangszustand, d. h. von der ursprünglichen Ausbildung des Perlits.

3. Durch Glühen bei Temperaturen zwischen Ac_1 und Ac_3 wird nur ein Teil des Ferrits in feste Lösung übergeführt, und zwar um so mehr, je näher die Temperatur an Ac_3 gelegen ist. Die Umkristallisation ist daher nur eine lokale und unvollständige. Dabei ist das Ferrit-Perlitgemisch in Anbetracht der niedrigen Bildungstemperatur der festen Lösung äußerst feinkörnig dort, wo Umkristallisation erfolgte, und grobkörniger, wo dies nicht der Fall war. Abb. 443 zeigt einen auf 1250° erhitzten Stahl mit 0,45 % Kohlenstoff. Die Kennzeichen der Überhitzung, grobes Ferritnetzwerk und Andeutungen von Widmannstättenschen Figuren, sind vorhanden. Dasselbe Stück auf 730°, also zwischen Ac_1 und $Ac_{3,2}$ erhitzt, zeigt noch Überreste der großen, aber auch viele umkristallisierte und sehr kleine Kristalle, wie Abb. 444 lehrt.

4. Erst nach Erreichung von Ac_3 bei der Erhitzung ist bei der nachfolgenden Abkühlung die Umkristallisation vollständig. Ob aber Verfeinerung oder Vergröberung des Gefüges, Verbesserung oder Verschlechterung der Eigen-

---

[1]) Ir. st. Inst. 1913, II, 119.

schaften eintritt, hängt auch hier vom Ausgangszustand ab. Je höher die Glühtemperatur über Ac_3 gelegen ist, um so stärker wird das Gefüge vergröbert, und zwar gleichgültig, ob es, wie bei niedrigeren Kohlenstoffgehalten körnig

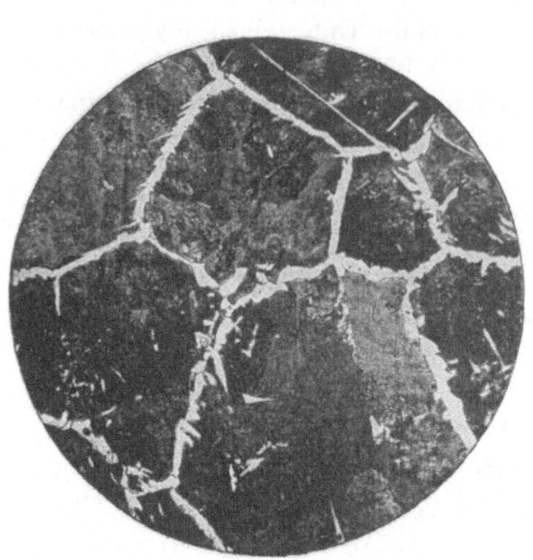

Abb. 443. Stahl mit 0,45% C bei 1250° geglüht, beginnende Überhitzung. Ätzung II, x 100.

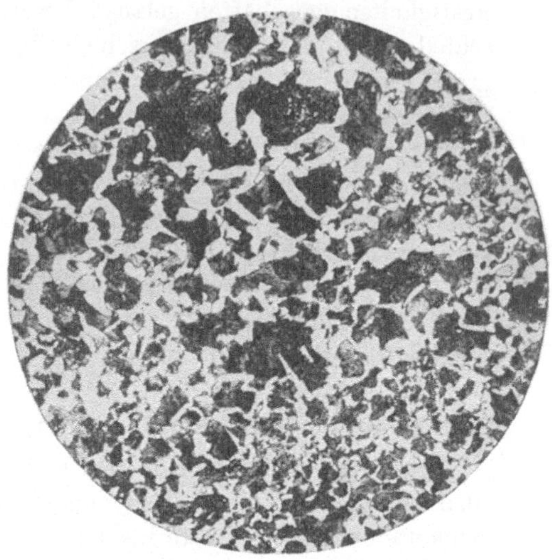

Abb. 444. Derselbe Stahl wie Abb. 443, bei 730° geglüht. Ätzung II, x 100.

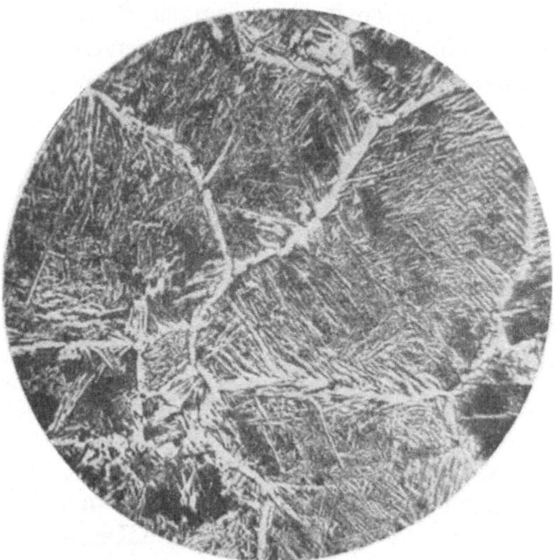

Abb. 445. Überhitzter Stahl mit 0,25% C. Ätzung II, x 50.

Abb. 446. Am Rande, bzw. an den Rißwänden entkohlter Stahl. Ätzung II, x 50.

oder, wie bei höheren, zellen- bzw. netzwerkförmig ist. Im ersten Falle nimmt mit steigender Glühtemperatur die Größe der körnigen Bestandteile Ferrit und Perlit, im zweiten die des Netzwerkdurchmessers zu. Die Zunahme der Größe der Gefügebestandteile bei der körnigen Struktur erklärt sich aus der Tatsache, daß oberhalb Ac_3 mit der Temperatur die Kristallgröße der festen Lösung zunimmt und diese die Kristallisationskerne für die Zerfallsprodukte liefert, doch bleibt es bei der Netzwerkstruktur an sich bemerkenswert, daß der zeitlich zuerst gebildete Bestandteil sich in Zellenform ablagert, während doch bei der primären Kristallisation der zeitlich zuletzt gebildete Bestandteil, z. B. ein Eutektikum, in Zellenform in den Zwischenräumen der primären Kristalle auftritt. Vielleicht läßt sich dies durch Ungleichmäßigkeiten des Kohlenstoffgehaltes in den Kristallen der festen Lösung erklären. Je größer der Kristall ist, um so schwieriger wird der Ausgleich des Kohlenstoffgehaltes durch Diffusion, weil die Diffusionswege wachsen. Eine Abnahme des Kohlenstoffgehaltes vom Mittelpunkt nach dem Rand des Kristalles ist daher denkbar. Dies bedingt aber bei der Abkühlung den Beginn der Ausscheidung des Ferrits am Umfang des Kristalls und damit die Bildung des Ferritnetzwerkes. Diese Annahme gewinnt dadurch an Wahrscheinlichkeit, daß bei mittleren Kohlenstoffgehalten sowohl körnige als Netzwerkstruktur beobachtet wird[1]). Je niedriger der Kohlenstoffgehalt ist, um so höher muß die Glühtemperatur und um so größer also der Kristall der festen Lösung sein, bevor Netzwerkstruktur auftritt. Diese Struktur und die Widmannstättenschen Figuren bilden daher die Kennzeichen der Überhitzung, doch kann man erst dann von regelrechter Überhitzung reden, wenn diese Kennzeichen durchweg das ganze Stück in nicht zu verkennender Form durchsetzen. Deutlich überhitzten Stahl mit 0,25 % Kohlenstoff zeigt Abb. 445. Je höher die Glühtemperatur, um so größer ist neben der Gefahr der Überhitzung die der Entkohlung oder Entfernung des Kohlenstoffs in den der Luft oder oxydierenden Gasen ausgesetzten Teilen. Der Kohlenstoff verbrennt hierbei (aus der festen Lösung), und es bleibt das mehr oder minder reine, entkohlte Eisen zurück. Abb. 446 zeigt die Randzone eines Stahlstückes mit Riß. Die entkohlten Stellen sind an ihrer helleren Färbung zu erkennen. Überhitzter Stahl wird in der bekannten Weise durch Glühen bei Ac_3 regeneriert. Die Entkohlung kann natürlich nicht rückgängig gemacht werden.

Nach Ergebnissen von W. Campbell[2]) verändern sich die Festigkeitseigenschaften eines Stahls mit 0,5 % Kohlenstoff und 0,98 % Mangan den Kurven Abb. 447 und 448 entsprechend. Durch Haltepunktsbestimmungen wurde Ac_1 bei 710 °, Ac_3 bei 745 bis 750 ° gefunden. Betrachtet man die Kurven der an der Luft abgekühlten Proben (die langsam abgekühlten ergeben Ähnliches), so zeigt sich, daß mit dem Glühen unterhalb Ac_1 Erhöhung der Dehnung und Kontraktion, Erniedrigung der Streckgrenze und der Festigkeit dem ungeglühten Material gegenüber verbunden ist. Dies wurde auf die Bildung von körnigem Perlit zurückgeführt. Nach der Gefügeuntersuchung war das Material im Anlieferungszustand ziemlich feinkörnig, jedenfalls nicht überhitzt. Durch Glühen bei 720 ° ist nach Campbells Angabe im wesentlichen nur das Perlitkorn verfeinert worden. Mit Erreichung von Ac_3 steigen Festigkeit und Streckgrenze wesentlich, Dehnung und Kontraktion nehmen unwesentlich ab. Aus den Gefügebildern Campbells ergibt sich, daß bei

---

[1]) Vielleicht ist es aber auch lediglich die an andrer Stelle herangezogene Instabilität des Raumgitters in den Korngrenzen der festen Lösung, auf die die Entstehung des Ferritnetzwerks zurückzuführen ist.

[2]) Met. 1911, 772.

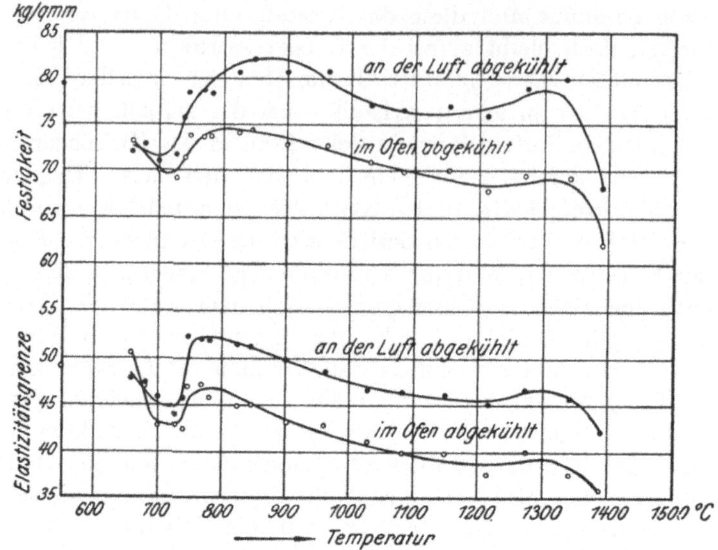

Abb. 447. Einfluß der Glühtemperatur und der Abkühlungsgeschwindigkeit auf Streckgrenze und Festigkeit von Stahl mit 0,5 % C. (Campbell.)

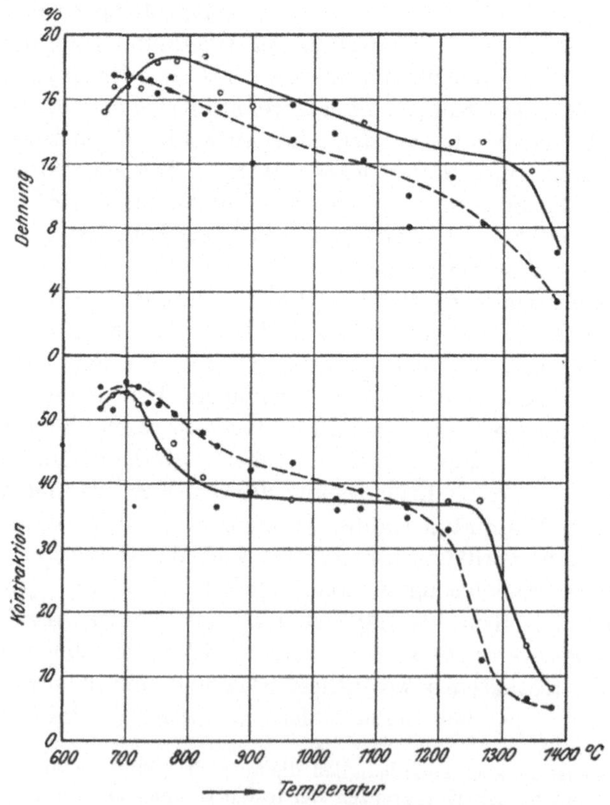

Abb. 448. Einfluß der Glühtemperatur auf Dehnung und Kontraktion von Stahl mit
0,5 % C. (Campbell).

745° das Gefüge als Ganzes verfeinert wurde. Es ist bemerkenswert, daß innerhalb eines Temperaturintervalls von schätzungsweise mindestens 200° (750 bis 950°) keine ausgeprägte Veränderung der Eigenschaften erfolgt. Erst von 965° an bemerkt man deutliche Verschlechterung der Eigenschaften mit Ausnahme der Festigkeit, die sogar bis 1340° nahezu noch unverändert bleibt, um dann allerdings sehr rasch zu sinken. Dagegen sinken Kontraktion und Dehnung rasch mit der Glühtemperatur, und zwar erstere weit rascher als letztere und insbesondere zwischen 1150 und 1270°. Die Streckgrenze sinkt kontinuierlich aber langsam[1]). Leider fehlte bei diesen Untersuchungen die Ermittlung der spezifischen Schlagarbeit, die jedenfalls einen empfindlichen Maßstab für die Größe der Gefügebestandteile abgegeben hätte.

Es empfiehlt sich, in diesem Zusammenhange an den Einfluß des Anfangszustandes zu erinnern, insbesondere daran, daß durch Glühen eines gänzlich überhitzten Materials bei Ac_3 (Regenerieren) eine Steigerung sämtlicher Festigkeitszahlen bis zu den ursprünglichen Werten hervorgerufen wird.

Mit der Glühdauer steigt bei den oberhalb Ac_3 gelegenen Temperaturen die Korngröße, und zwar um so rascher, je höher die Glühtemperatur ist. Jede überflüssige Ausdehnung der Glühdauer ist also nicht nur Brennstoffverschwendung, sondern führt auch zu unnötiger Vergröberung des Gefüges. Einige Schlagfestigkeitszahlen nach Meyer[1]) zeigen den geringen Einfluß der Glühdauer bei der aus der Zusammensetzung errechneten Temperatur $Ac_3 = 780$°· Das Material enthielt 0,42 % Kohlenstoff, 3,02 % Nickel und 0,44 % Mangan.

Behandlung	Spez. Schlagarbeit mkg/qcm
Langsam auf 780° erhitzt . . .	12,9
½ Std. bei 780° geglüht . . .	12,9
1 „ „ 780° „ . . .	11,6
2 „ „ 780° „ . . .	12,00
6 „ „ 780° „ . . .	11,0

Die Behauptung, jede überflüssige Ausdehnung der Glühdauer sei Brennstoffvergeudung, steht in Widerspruch mit der in den Kreisen der Praxis vertretenen Anschauung, je länger man glühe um so weicher und zäher werde der Stahl. Der Widerspruch ist aber nur ein scheinbarer. Die Erkenntnis, daß die zweckmäßigste Glühtemperatur bei etwa Ac_3 liege, d. h. daß zweckmäßiges Glühen einer Umkristallisation gleichkomme, die (natürlich nur bei verhältnismäßig grobem Anfangskorn) alle Werte der Festigkeitseigenschaften hebt, diese Erkenntnis ist noch nicht sehr alten Datums und in den Kreisen der Praxis vielfach noch unbekannt. Der wesentliche Zweck des Glühens ist auch früher nicht dieser gewesen. Man wollte vielmehr durch das Glühen lediglich die Spannungen beseitigen, allenfalls die durch die meist an der Luft erfolgte Abkühlung der Stücke entstandene, bei der Bearbeitung störende Härte vermindern. Hierzu genügen aber Temperaturen, die weit unter Ac_3 liegen, und zwar für die Beseitigung der Spannungen die Temperatur, bei der die Elastizitätsgrenze dem Grenzwert Null zustrebt, also dunkle Rotglut und für die Er-

---

[1]) Vgl. a. bezüglich des Verlaufs der Kurven Abb. 432.

niedrigung der Härte die Temperatur, bei der die Bildung des körnigen Perlits erfolgt, das ist: wenig unter Ac_1. Insbesondere der letztere Zweck ist im Gegensatz zur wirklichen Umkristallisation an die Zeit gebunden, und die oben erwähnte praktische Erkenntnis vom Einfluß dieses Faktors beruht daher, aber nur für diese Art des Glühens, auf Richtigkeit. Die Bildung des körnigen Perlits durch Glühen unterhalb Ac_1 ist in der Tat um so vollkommener, nicht allein, je weniger die Glühtemperatur unterhalb Ac_1 liegt, sondern auch je länger die Glühdauer ist. Streckgrenze und Festigkeit (Härte) sinken mit der Glühdauer, wogegen Dehnung und Kontraktion zunehmen, wie das nachfolgende Beispiel nach Hanemann und Morawe[1] zeigt:

	Streckgrenze kg/qmm	Festigkeit kg/qmm	Dehnung %
Stahl mit 0,9 % C bei 800⁰ ¼ St. geglüht, an der Luft abgekühlt	86,8	89,3	12,5
Derselbe Stahl 1 St. bei 670⁰ geglüht . . .	46,0	77,6	18,5
„ „ 5 „ „ 670⁰ „ . . .	45,0	69,5	21,3

Von größerer Bedeutung als bei den weichsten Eisensorten ist bei der Stahlgruppe 0,2 bis 0,75 % Kohlenstoff der Einfluß der Abkühlungs-

Abb. 449. Stahl mit 0,46% C in Kieselgur abgekühlt, Perlit lamellar. Ätzung II, x 300.

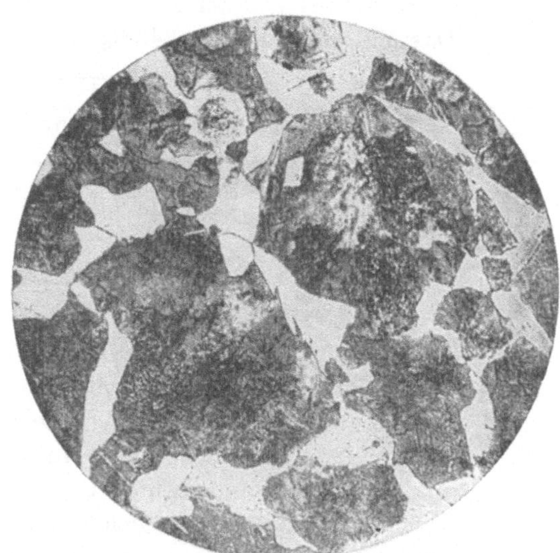

Abb. 450. Wie Abb. 449, jedoch rasch abgekühlt, Perlit sorbitisch. Ätzung II, x 300.

geschwindigkeit. Die Steigerung der Abkühlungsgeschwindigkeit bewirkt nicht nur wie bei den weichsten Eisensorten und aus denselben Gründen Verfeinerung des Kornes, es wird auch die Ausbildung des Perlits beeinflußt. Je langsamer in der Tat die Abkühlung, im besonderen der Durchgang durch Ar_1

---

[1] St. E. 1913, 1350.

erfolgt, um so vollkommener ist die Trennung der Bestandteile des Perlits, je rascher sie stattfindet (ohne daß dabei jedoch eine Abschreckwirkung wie beim Härten in Betracht kommt), um so feinkörniger wird das Gemisch sein, das Ferrit und Zementit zu bilden bestrebt sind. Über die zahlenmäßige Abhängigkeit der Ausbildungsform des Perlits (lamellar, körnig, sorbitisch) von der Abkühlungsgeschwindigkeit ist an anderer Stelle (vgl. Abschn. II, 3 A) bereits berichtet worden. Es sei daran erinnert, daß z. B. Hanemann und Morawe[1]) als Mindestgeschwindigkeit für die Entstehung von körnigem Perlit 2 ^{0}/min, Babochine[2]) für Stähle mit etwa 0,2 % Kohlenstoff und nicht über 0,6 % Mangan 1 ^{0}/min angeben. In Abb. 449 ist ein Stahl mit 0,46 % Kohlenstoff nach langsamer, in Abb. 450 derselbe Stahl nach rascher Abkühlung in einem Preßluftstrom dargestellt. Im ersten Falle wurde feinlamellarer Perlit, im zweiten sorbitischer Perlit gebildet. Die Steigerung der Abkühlungsgeschwindigkeit bewirkt Erhöhung der Festigkeit und der Streckgrenze und Erniedrigung der Dehnung, und zwar steigt die Größe des Einflusses mit der Höhe des Kohlenstoffgehaltes. Dies geht deutlich aus dem Vergleich der Kurven für Luft- und Ofenabkühlung Abb. 447 und 448 (vgl. a. Abb. 382, Mat. II und III, Kurven 1 und 2), wenigstens soweit Glühtemperaturen über Ac_3 in Frage kommen, hervor. Beim Glühen unter Ac_1 kann natürlich die Abkühlungsgeschwindigkeit keinen Einfluß auf die Ausbildung des Perlits ausüben, da dieser ja nicht umkristallisiert.

C. Stähle mit 0,75 bis 1,0 % Kohlenstoff.

In dieser Stahlgruppe überwiegt der Einfluß des Perlits; Korngröße und Ausbildung des Perlits sind die Faktoren, die durch Wärmebehandlung veränderungsfähig sind, und es gelten auch hier die teilweise schon bekannten Grundsätze, daß Glühen unterhalb Ac_1 die Bildung des körnigen Perlits mit niedriger Festigkeit, Härte und Streckgrenze sowie hoher Dehnung und Kontraktion befördert und außer der Höhe der Glühtemperatur die Dauer des Glühens eine hervorragende Rolle spielt, und daß ferner durch Glühen oberhalb Ac_1 die Korngröße mit der Temperatur zunimmt und gleichzeitig die Festigkeit wächst, während Dehnung und Kontraktion abnehmen. Im Gebiet der Überhitzung sinkt die Festigkeit, Dehnung und Kontraktion weisen äußerst niedrige Werte auf. Die Streckgrenze bleibt nahezu unverändert. Dieses Verhalten erhellt aus dem nachfolgenden Beispiel eines Stahls mit 0,8 % Kohlenstoff, 1,00 % Mangan und 0,2 % Silizium.

Glüh- temperatur ^{0} C	Streckgrenze kg/qmm	Festigkeit kg/qmm	Dehnung % 100 mm Meßlänge
700	50,9	89,9	11,8
750	54,1	99,9	10,2
800	51,8	103,3	9,2
900	53,0	105,5	7,6
1000	51,3	103,2	5,8
1100	50,7	102,4	5,4
1200	52,2	87,7	1,8

[1]) St. E. 1913, 1350. [2]) Rev. Mét. 1917, Extr. 81.

Die Proben sind an der Luft abgekühlt. Abb. 451 zeigt das bei 800°, Abb. 452 das bei 1200° geglühte Material zur Veranschaulichung des Unterschiedes der Korngröße des (sorbitischen) Perlits.

Die Glühdauer ist auch hier, d. h. wenn die Glühtemperatur über Ac_1 liegt, von geringem Einfluß, wie die nachfolgenden Zahlen beweisen. Sie wurden gewonnen an einem dem vorhergehenden ähnlichen, jedoch nach dem Glühen bei 750° sehr langsam in angewärmter Kieselgur abgekühlten Material.

Glühdauer	Streckgrenze kg/qmm	Festigkeit kg/qmm	Dehnung % 100 mm Meßlänge
$^1/_4$ Std.	38,2	79,8	15,2
1 „	40,2	82,9	16,0
4 „	40,2	85,4	13,7

Mit steigender Abkühlungsgeschwindigkeit nimmt nicht allein die Größe des Perlitkorns ab, sondern auch die Feinheit des Perlitgemisches bis

Abb. 451. Stahl mit 0,9% C bei 800° geglüht, Perlitkorn fein. Ätzung II, x 100.

Abb. 452. Wie Abb. 451, jedoch bei 1200° geglüht, Perlitkorn sehr grob. Ätzung II, x 100.

zur Sorbitbildung zu. Dabei steigen Streckgrenze und Festigkeit (Härte), und die Dehnung nimmt ab, wie das nachfolgende Beispiel eines bei 750° geglühten und in Kieselgur, Luft und Preßluft abgekühlten Stahls mit 0,76% Kohlenstoff und 1,10% Mangan zeigt. Die Zeitdauer der Abkühlung von 720 auf 400° wurde durch Aufnahme von Abkühlungskurven ähnlicher Stücke ermittelt. Die Kurven sind in Abb. 453 dargestellt. Auf der Abkühlungskurve des in Kieselgur abgekühlten Stabes ist der Perlitpunkt bei 660° deutlich erkennbar. Mit steigender Abkühlungsgeschwindigkeit wird dieser Punkt nicht nur undeutlicher, sondern seine Temperatur sinkt auch, wie ja an anderer Stelle (vgl. S. 48ff.) zur Genüge erörtert wurde.

Dauer d. Abkühlung von 720 auf 400° i. Sek.	Streckgrenze kg/qmm	Festigkeit kg/qmm	Dehnung %100 mm Meßlänge	Kontraktion %
705	48,9	86,5	14,0	46,0
188	59,7	93,9	9,1	35,2
68	79,9	120,7	6,9	7,0

Der Einfluß des Glühens auf die magnetischen Eigenschaften richtet sich, wie aus Abb. 383 (Mat. III) hervorgeht, nach dem Anfangszustand. Das

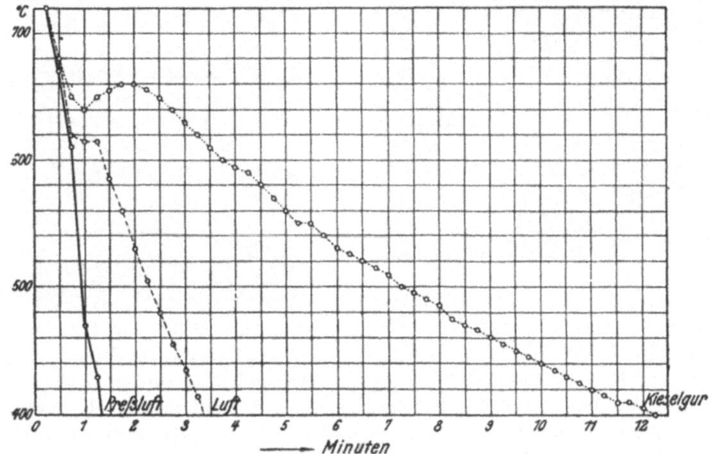

Abb. 453. Einfluß der Abkühlungsgeschwindigkeit auf die Lage des Perlitpunktes in Stahl mit 0,76% C.

bedeutet wohl, und es wird auch durch Abb. 383 bestätigt, daß die Abkühlungs-geschwindigkeit, also die Form des Perlits, den ausschlaggebenden Einfluß ausübt. Im übrigen aber kommt das Glühen weniger als das Härten zur Rege-lung der magnetischen Eigenschaften praktisch in Frage (vgl. Abschn. V, 6 C).

D. Stähle mit mehr als 1% Kohlenstoff.

Die übereutektoidischen Stähle werden der Glühbehandlung zum Zwecke der Veränderung der Festigkeitseigenschaften seltener unterworfen. Die Glüh-behandlung dient höchstens der Vorbereitung des Materials für die Härte-behandlung zwecks Erzeugung eines möglichst geeigneten Gefüges. Die Ver-änderungen unterhalb Ac_1 beziehen sich auch hier lediglich auf den Perlit. Erhitzen auf Temperaturen zwischen Ac_1 und Ac_{cm} bewirkt teilweise Auflösung des Zementits und dessen Wiederabscheidung bei der Abkühlung. Bei Ac_{cm} ist die Auflösung vollständig. Je höher die Glühtemperatur über Ac_{cm} liegt, um so gröber ist das bei der Umkristallisation entstehende Zementitnetzwerk. Je rascher die Abkühlung stattfindet, um so zahlreicher sind die Kristallisations-zentren. Dementsprechend finden Howe und Levy[1]) bei langsamer Abküh-lung den Zementit fast ausschließlich in Form von Zellen, bei rascher Abküh-

---

[1]) Int. Verb. 1912, II₄, Fer. 1913/14, 381.

lung innerhalb der Zellen und zwar in den Spaltflächen der Perlitkörner Zementitnadeln. Abb. 454 bis 457 zeigen typische Gefügeänderungen nach Howe

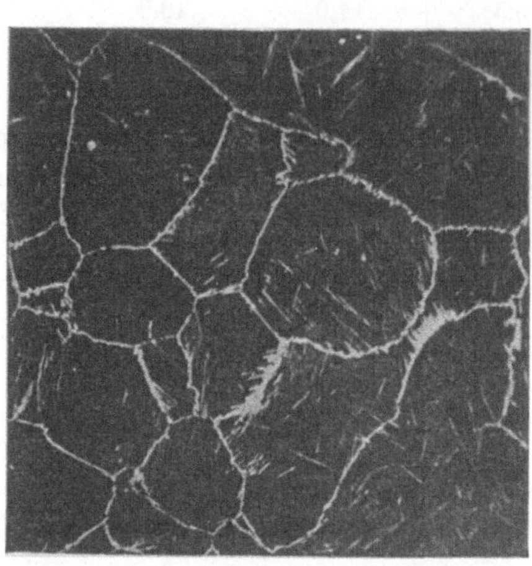

Abb. 454. Stahl mit 1,45% C auf 1200° erhitzt, bis 790° langsam abgekühlt, 75 Minuten bei 790° gehalten, dann in Wasser abgeschreckt, Zementit hauptsächlich in Form von groben Zellen. Ätzung II, x 40. (Howe und Levy.)

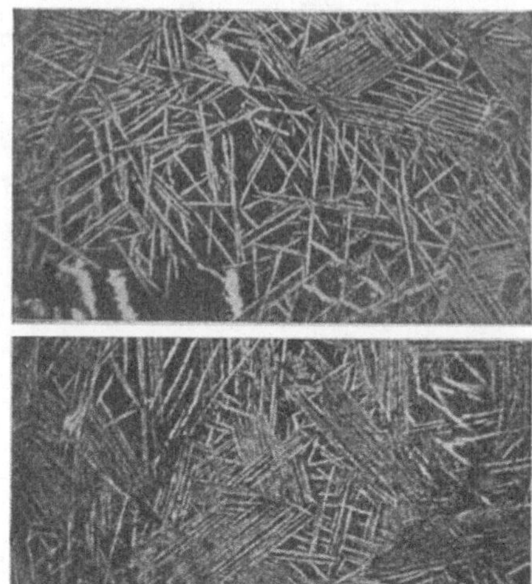

Abb. 455. Wie Abb. 454, jedoch von 1200 auf 785° rasch abgekühlt, 33 Minuten auf 785° gehalten und in Wasser abgeschreckt, kein Zementitnetzwerk. Ätzung II, x 40. (Howe und Levy.)

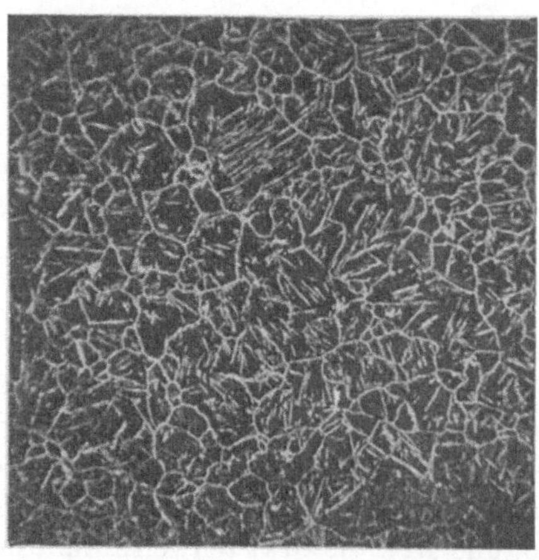

Abb. 456. Wie Abb. 454, jedoch auf 1100° erhitzt, bis 800° rasch abgekühlt, 108 Minuten auf 800° gehalten, dann in Wasser abgeschreckt, feines Zementitnetzwerk. Ätzung II, x 40.

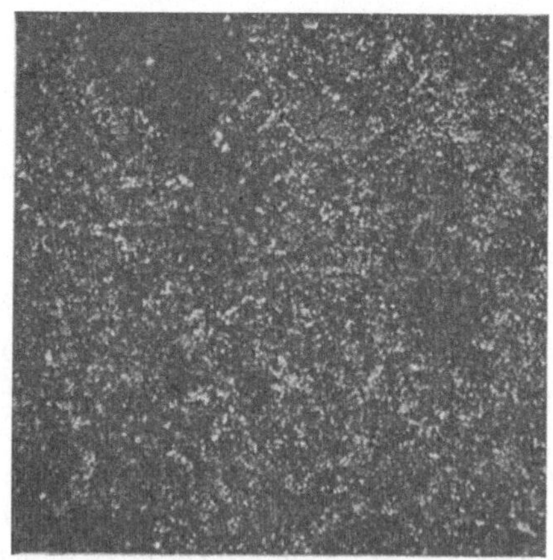

Abb. 457. Wie Abb. 454, jedoch auf 1200° erhitzt und an der Luft abgekühlt. Ätzung II, x 40.

und Levy an einem Stahl mit 1,45% Kohlenstoff und 0,16% Mangan. Die Zunahme des in Nadelform ausgeschiedenen Zementits mit der Geschwindigkeit der Abkühlung lehrt der Vergleich der Abb. 454 und 455. Interessant ist endlich die Möglichkeit der Ausscheidung des Zementits in körniger Form (Abb. 457) durch Luftabkühlung des auf 1200° erhitzten Stahls. Zu ähnlichen Ergebnissen wie Howe und Levy gelangt auch Iljin[1]).

Das Glühen übereutektoidischer Stähle bietet im übrigen noch eine Reihe von Besonderheiten. Allerdings ist das hierbei einzuhaltende Verfahren etwas verschieden von dem in diesem Kapitel besonders hervorgehobenen, das sich ja mehr auf die Beschreibung der bei wirklicher Umkristallisation erfolgenden Gefügeänderungen bezieht. Dagegen steht es in einem gewissen Zusammenhang mit der Frage des körnigen Perlits bzw. Zementits. Erhitzt man einen im Rohzustande etwa gemäß Abb. 24 oder 454 vorliegenden übereutektoidischen Stahl wenig über Ac_1, so geht der Perlit in Lösung, und er scheidet sich gemäß den Darlegungen S. 48 ff. bei der Abkühlung in körniger Form ab. Erhitzt man ein zweites Mal auf dieselbe Temperatur, jedoch nur kurze Zeit, so gehen die vorhandenen Zementitkügelchen nicht vollständig in Lösung, und bei der Abkühlung scheiden sich die in Lösung gegangenen Zementitanteile an den bereits vorhandenen Kügelchen ab. Diese wachsen, weil von dem übereutektoidischen Zementit ein Teil in Lösung gegangen war. Bei genügend häufiger Wiederholung gelingt es, wie Portevin und Bernard[2]) zeigten, den gesamten (also nicht nur den perlitischen) Zementit in die körnige Form zu verwandeln. Um anderseits einen solchen Stahl wieder in den Normalzustand zu überführen, genügt eine kurze Erhitzung auf Ac_{cm} nicht, denn die verhältnismäßig starken Zementitansammlungen lösen sich schlecht. Ferner aber muß zum Zwecke des vollständigen Konzentrationsausgleichs Diffusion des Kohlenstoffs in hohem Maße stattfinden. Auch hierfür sind die Bedingungen in bezug auf Temperatur und Zeit ganz andere als beim normalen Glühen. Die Temperatur muß weit in das Gebiet der festen Lösung hinein gesteigert werden und erhebliche Zeit aufgewendet werden, wenn man in einem solchen Falle alle Zementitkerne zerstören und den Kohlenstoffgehalt ausgleichen will. Praktisch wichtig ist dieser Umstand, wie Portevin und Bernard zeigen, für die Stahlhärtung (s. d.).

An anderer Stelle (s. S. 51) wurde gezeigt, daß es Piwowarsky gelang, durch eine geeignete Glühbehandlung, die der vordem beschriebenen etwas ähnelt, den gesamten Zementit in Zellenform abzuscheiden, was im übrigen praktisch auf dasselbe hinauskommt. Piwowarsky zeigt hierbei auch den Einfluß verschiedener Elemente auf diese Neigung des Zementits zur Entmischung.

E. Spezialstähle.

Es würde zu weit führen, den Einfluß der Spezialelemente im einzelnen zu erörtern. Soweit die Stähle perlitischer Natur sind, und nur diese kommen hier in Betracht, gelten die allgemeinen Grundsätze für das Glühen. Ausgangspunkt sämtlicher Betrachtungen und Untersuchungen sind auch hier die kritischen Punkte, deren Lage bei der Erhitzung durch besondere Laboratoriumsversuche (Abschreckversuche oder Aufnahme von Erhitzungs- und Abkühlungskurven) zu ermitteln ist. Indessen sei noch besonders betont, obwohl es ja selbstverständlich ist, daß bei untereutektoidischen Stählen Ac_3 in

---

[1]) Rev. Mét. 1917, Extr. 83.[2]) St. E. 1922, 268.

Oberhoffer, Eisen. 2. Aufl.29

Frage kommt. Endlich sei bezüglich des Einflusses der Abkühlungsgeschwindigkeit an den Umstand erinnert, daß Mangan, Nickel, Chrom, Wolfram und Vanadium härtende Elemente sind, d. h. Elemente, die die feste Lösung bei gewöhnlicher Temperatur zu erhalten bestrebt sind. So ist nach Wendt[1]) die kritische Abkühlungsgeschwindigkeit, d. h. die Geschwindigkeit der Abkühlung zwischen 700 und 200°, die zur Erzeugung von Martensit erforderlich ist:

$$
\begin{array}{lrl}
\text{bei Kohlenstoffstahl} & = & 6 \ \text{Sek} \\
\text{,, Nickelstahl mit } 5\,^0/_0 \ \text{Ni} & = & 60 \ \text{,,} \\
\text{,, Chromnickelstahl mit } 3\,^0/_0 \ \text{Ni, } 1,5\,^0/_0 \ \text{Cr} & = & 500 \ \text{,,}
\end{array}
$$

Im übrigen aber spielt das bloße Glühen heute bei weitem nicht die Rolle wie das im nächsten Kapitel zu besprechende Vergüten. Dies gilt insbesondere für die Spezialstähle für Konstruktionszwecke. Trotzdem erfordern auch diese Stähle eine Vorbehandlung durch Glühen, die einerseits für Gleichmäßigkeit des Produktes, günstigen Anfangszustand für das Härten und leichte Bearbeitbarkeit Gewähr leisten soll, letzteres, weil viele Stücke vor dem Härten zum mindesten vorbearbeitet werden. Bei einzelnen Stählen ist der Zweck des Glühens lediglich das Weichmachen, d. h. bearbeitbar machen. Es handelt sich oft dabei um Stähle, die selbst bei sehr langsamer Abkühlung martensitisch werden (z. B., martensitische Chromstähle). Würde man solche Stähle über ihren Ac_1-Punkt erhitzen, so würden sie bei der Abkühlung wieder hart werden. Hier besteht die Behandlung daher in einem Anlassen, d. h. Erhitzen unter Ac_1. Im nächsten Abschnitt wird noch hierauf zurückzukommen sein.

F. Zeilenstruktur.

Es seien hier noch der Beeinflussung der Zeilenstruktur durch das Glühen einige Worte gewidmet. Ein Stahl kann bei der Primärätzung Zeilenstruktur zeigen, bei der Sekundärätzung dagegen kann sie fehlen. Letzteres trifft in zwei Fällen zu, einmal wenn die Zahl der natürlicherweise vorhandenen Kristallisationszentren bereits so groß ist, daß es eines besonderen Anstoßes zur Kristallisation, etwa der Keimwirkung der Schlackeneinschlüsse nicht bedarf; dann aber auch, wenn bei geringer Zahl von Kristallisationszentren die Kristallisationsgeschwindigkeit sehr groß ist. Im ersten Falle entsteht ein sehr feinkörniges, im zweiten ein sehr grobkörniges Gefüge. Ersteres ist der Fall, wenn bei Temperaturen geglüht wird, bei denen das Korn der festen Lösung sehr fein ist, also in nächster Umgebung von Ac_3, letzteres bei gröbstem Korn der festen Lösung, also beim Glühen im Temperaturgebiet der Überhitzung. In beiden Fällen begünstigt rasche Abkühlung das Ausbleiben der Zeilenstruktur im Ferrit-Perlitgefüge. Zeilenstruktur entsteht durch Glühen oberhalb Ac_3 bis zu den an der Grenze der Überhitzung gelegenen Temperaturen und bei gleichzeitiger langsamer Abkühlung während des Durchganges durch das kritische Intervall $Ar_3—Ar_1$. Die Breite der Zeilen steigt dann mit der Glühtemperatur und der Dauer der Abkühlung. Abb. 458 ist Kesselblechmaterial mit Zeilenstruktur im Anlieferungszustand in primärer, Abb. 459 in sekundärer Ätzung. Dasselbe Material auf 1250° erhitzt und an der Luft abgekühlt, zeigt Abb. 460 in pri-

---

[1]) Kruppsche Monatsh. 1922, 141.

Abb. 458.   Kesselblech im Anlieferungszustand, Ätzung I, x 50.

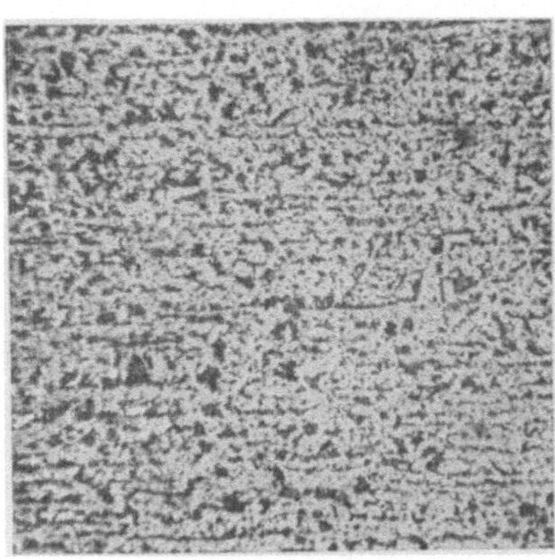

Abb. 459.   Dieselbe Stelle wie Abb. 458,
jedoch Ätzung II, x 50.

Abb. 460.   Dasselbe Stück wie Abb. 458,
auf 1250⁰ erhitzt, an der Luft abgekühlt,
Ätzung I, x 50.

Abb. 461.   Dieselbe Stelle wie Abb. 460,
jedoch Ätzung II, x 50.

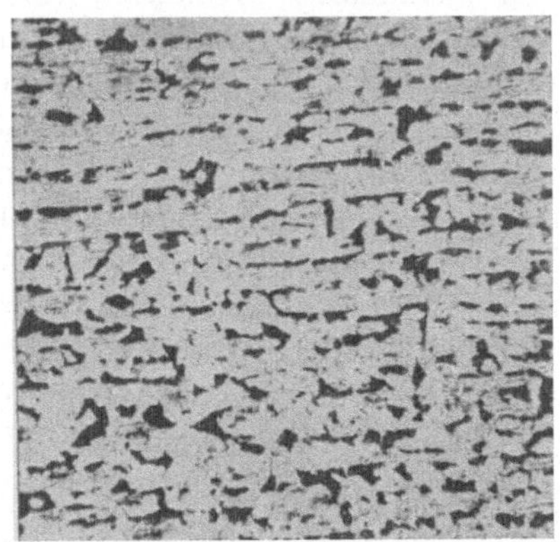

Abb. 462.   Dasselbe Stück wie Abb. 458,
nach Behandlung wie Abb. 460, auf 1050⁰
erhitzt und langsam abgekühlt,
Ätzung II, x 50.

Abb. 463.   Dasselbe Stück wie Abb. 458,
jedoch nach Behandlung wie Abb. 460, auf
870⁰ erhitzt und sehr rasch abgekühlt,
Ätzung II, x 50.

märer, Abb. 461 in sekundärer Ätzung. Man sieht, daß am primären Gefüge nichts geändert ist, daß dagegen die Zeilenstruktur im Ferrit-Perlitgefüge verschwunden und durch die Struktur der Überhitzung ersetzt ist. Abb. 462 ist dasselbe Stück nach der Erhitzung auf 1050^0 langsam abgekühlt. Die langsame Abkühlung bewirkt wieder sekundäre Zeilenbildung. Abb. 463 endlich ist dasselbe Stück auf 870^0 (Ac_3) erhitzt und sehr rasch abgekühlt. Die sekundäre Zeilenstruktur ist durch körniges Gefüge ersetzt. Diesen Darlegungen wäre bezüglich des Verhaltens der sekundären Zeile noch folgendes hinzuzufügen. Die sekundäre Zeile erfährt durch eine dicht oberhalb Ac_1 erfolgende Wärmebehandlung keine merkbare Veränderung, dagegen tritt bei höheren Glühtemperaturen innerhalb des kritischen Intervalls zwischen Ac_1 und Ac_3 entsprechend dem wachsenden Anteil von fester Lösung Umkristallisation ein, die bei rascher Abkühlung zur Homogenisierung des Gefüges und Kornverfeinerung führt. Breite, als Gasblasenzeilen anzusprechende Ferritbänder, die durch eine derartige Wärmebehandlung nicht völlig in Lösung gegangen sind, treten in dem verfeinerten Gefüge um so charakteristischer hervor; in diesem Falle kommt es auch leicht zur Ferrithofbildung in den ungelösten Ferritbändern (vgl. Abb. 440). Auch nach Erhitzung kurz oberhalb Ac_3 und rascher Abkühlung durch das kritische Intervall bleibt an·den Stellen stärkster Phosphorseigerung diese noch erhalten. Bei weiterer Temperatursteigerung und rascher (Luft- bzw. Preßluft-)Abkühlung verschwindet in den schlackenarmen Gebieten mit lediglich Schichtkristallzeilen jegliche sekundäre Zeilenstruktur. Trotz langsamer (Ofen-)Abkühlung verschwindet sie schon nach sehr kurzem Glühen bei Temperaturen oberhalb etwa 1270^0. Die Keimwirkung der Schlackeneinschlüsse bleibt auch bei rascher Abkühlung von hohen Temperaturen stellenweise noch erhalten und kann zur Ausbildung einer Sekundärzeile führen. Der Einfluß der Glühdauer macht sich in allen Fällen in dem Sinne bemerkbar, daß der einer höheren Temperatur, aber kürzeren Behandlungsdauer zukommende Gefügezustand dem einer größeren Glühdauer bei niedrigerer Temperatur entspricht, gleiche Behandlungsweise im übrigen (z. B. Abkühlungsverhältnisse) vorausgesetzt.

Man erkennt aus Vorstehendem, daß das Sekundärgefüge durch Wärmebehandlung sehr veränderungsfähig ist, was für das Primärgefüge nicht zutrifft. Es wurde an anderer Stelle bereits betont, daß nur unter Anwendung sehr hoher Glühtemperaturen und sehr langer Glühzeiten ein vollständiger Ausgleich zu erzielen ist. Zwar gelingt dieser Ausgleich verhältnismäßig leicht in reinen Eisen-Phosphorlegierungen, die Gegenwart von Kohlenstoff hindert ihn aber sehr stark[1]). Heger[2]) gelangt auf Grund umfangreicher Versuche zu folgenden Schlüssen. Die Zerstörbarkeit des Primärgefüges technischer Eisensorten gelingt bei Glühtemperaturen zwischen 1100 und 1300^0 erst nach verhältnismäßig langer Glühdauer. Diese hängt in erster Linie von der Größe der Heterogenität ab. Am langwierigsten sind Gasblasenseigerungen zum Verschwinden zu bringen (vgl. Abb. 464). Leichter gelingt die Homogenisierung bei dem von der Kristallseigerung herrührenden primären Zeilengefüge. Je feiner die Zeile ist, desto eher erfolgt ihre Zerstörung. Globulitisches und dendriti-

---

[1]) Vgl. Oberhoffer und Knipping, St. E. 1921, 253.
[2]) Diss. Aachen. 1922, St. E. 1923, 1151.

sches Gefüge läßt sich schneller als das primäre Zeilengefüge homogenisieren. Bei der Ermittlung des Einflusses des Primärgefüges auf die Festigkeitseigenschaften machte sich der Einfluß des beim Glühen im Stickstoffstrom erfolgten Kohlenstoffverlustes bzw. der Stickstoffzunahme[1]) besonders nachteilig bemerkbar, so daß die Erreichung eines einwandfreien Ergebnisses außerordentlich

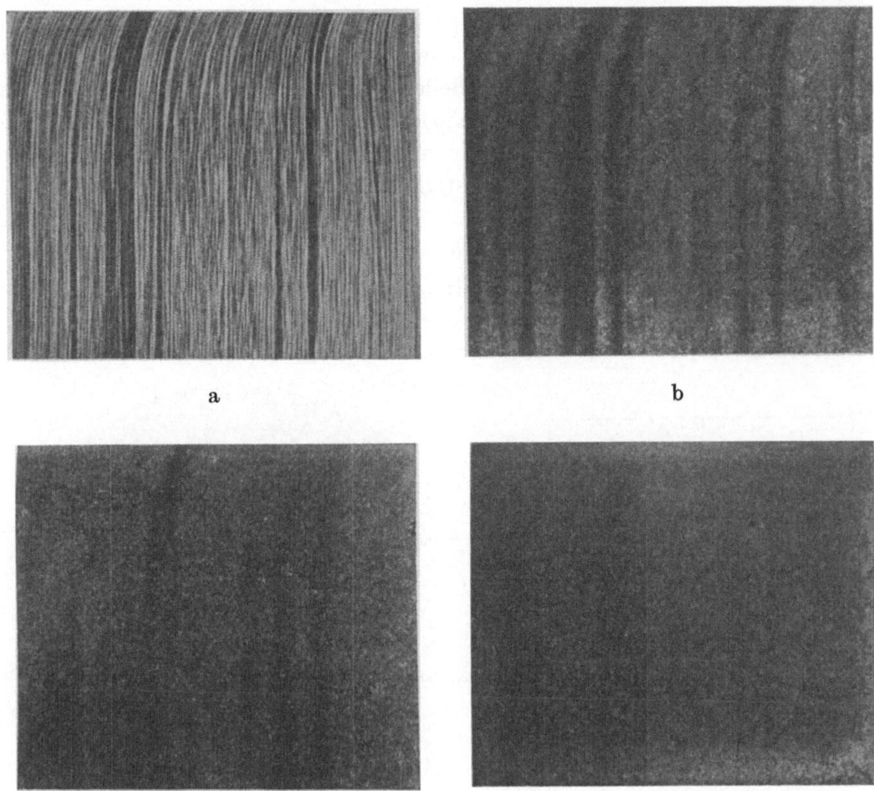

a   b

c   d

Abb. 464. Entfernung des Primärgefüges in Kesselblechmaterial durch langandauerndes Glühen bei 1300°, Ätzung 1, x 1 (Oberhoffer und Heger).

a = Anlieferungszustand.
b =   23 st bei 1300° geglüht.
c = 107 st bei 1300° geglüht.
d = 205 st bei 1300° geglüht.

erschwert wurde. Unter Berücksichtigung dieses Einflusses kann über die Wirkung des Primärgefüges auf die Festigkeitseigenschaften technischer Eisensorten folgendes ausgesagt werden: Die homogenisierende Wärmebehandlung führt bei dendritischem und globulitischem Gefüge zu einer merklichen Steigerung der Bruchfestigkeit und Kerbzähigkeit und zu einer wesentlichen Erhöhung der Dehnung und Querschnittsverminderung. Die Bildsamkeit von gegossenem, unverarbeitetem Material wird bedeutend verbessert. Die Zerstörung des

---

[1]) Vgl. Oberhoffer und Heger, St. E. 1923, 1474.

primären Zeilengefüges in verarbeitetem Material scheint auf die Festigkeitseigenschaften einen ähnlichen, nur geringfügigeren Einfluß auszuüben. Am wenigsten wird die Kerbzähigkeit gewalzten Materials beeinflußt.

Zu einem ähnlichen Ergebnis gelangten Giolitti und Forcella[1]), welche feststellten, daß das Verschwinden des Tannenbaumgefüges ohne Einfluß auf die Höhe der Festigkeit zu sein scheint, die Querschnittsverminderung, die Dehnung und die Schlagarbeit eine geringe Verbesserung erfahren. In einer späteren Abhandlung legt Giolitti[2]) dem Einfluß der Homogenisierung auf die Dehnbarkeit und Zähigkeit mehr Bedeutung bei. Emicke[3]), der die physikalischen Eigenschaften eines homogenisierten Magnetstahls (1 % C, 1,7 % Cr) untersuchte, fand, daß durch die Zerstörung der Primärstruktur eine Steigerung weder der magnetischen noch der Festigkeitseigenschaften erfolgte.

G. Das Verbrennen des schmiedbaren Eisens.

Der Unterschied zwischen Überhitzen und Verbrennen ist nach der heute allgemein verbreiteten Anschauung[4]) der, daß im Gegensatz zur Überhitzung die Verbrennung des Stahls das Erreichen von Temperaturen bedingt, die

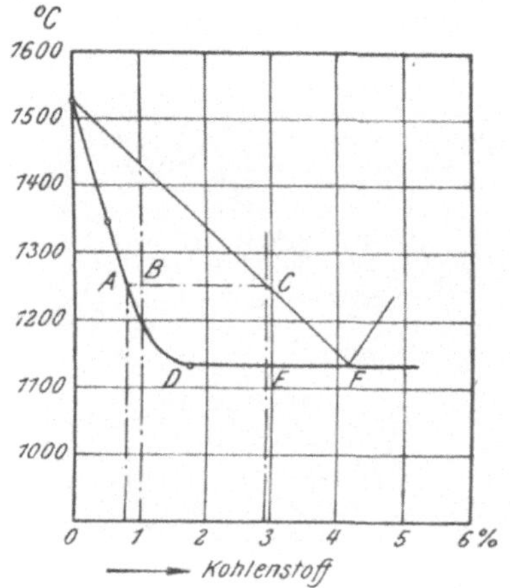

Abb. 465. Schematische Darstellung des Vorganges der Verbrennung von Stahl.

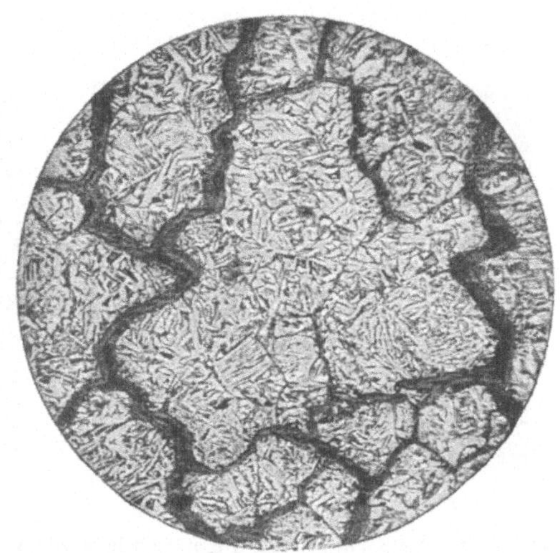

Abb. 466. Verbranntes Stahlblech, Ätzung II, x 5

z. B. im binären System Eisen-Kohlenstoff, Abb. 16, oberhalb der Soliduslinie gelegen sind, bei denen also bereits beginnendes Schmelzen erfolgt. Die übrigens fast immer gegebene Möglichkeit des Zutritts von Sauerstoff gehört ferner zu den Kennzeichen der Verbrennung. Erhitzt man einen Stahl mit 1,0 % Kohlenstoff auf 1250°, so ist, wie Abb. 465 zeigt, die Soliduslinie überschritten, und es

sind bei dieser Temperatur miteinander im Gleichgewicht $\dfrac{BC}{AC} = 90,5\,\%$ Kristalle

mit 0,8 % Kohlenstoff und 9,5 % Schmelze mit 2,9 % Kohlenstoff. Findet nun

---

[1]) Met. it. 1914, 616. St. E. 1916, 874.   [2]) Chem. Met. Eng. 1920, 921.
[3]) Diss. Aachen 1923, vgl. a. V, 6 C.
[4]) Vgl. z. B. Stansfield, The burning and overheating of steel. Ir. st. Inst. 1903, II, 433.

plötzlich Erstarrung statt, so verhält sich die Schmelze, als ob sie allein vorhanden wäre und erstarrt unter Bildung von $\dfrac{EF}{DF} = 52\%$ gesättigten Mischkristallen und 48 % Ledeburit. Die Schmelze sammelt sich meist in den Kristallbegrenzungen; hat der Sauerstoff Zutritt, so verbrennt sie sehr rasch unter Bildung der Oxydationsprodukte des Eisens, die sich dann, wie Abb. 466 zeigt, als dunkle Zellen vorfinden. Das Material, Stahlblech mit 0,45 % Kohlenstoff, ist mit dem Schweißbrenner überhitzt und verbrannt worden.

Ist bei der primären Kristallisation wegen mangelnden Ausgleichs der Konzentrationen durch Diffusion, wie dies meistens eintrifft, Kristallseigerung eingetreten, so liegt die Temperatur, bei der das Schmelzen beginnt, um so tiefer unter der normalen, je stärker die Kristallseigerung ausgeprägt ist.

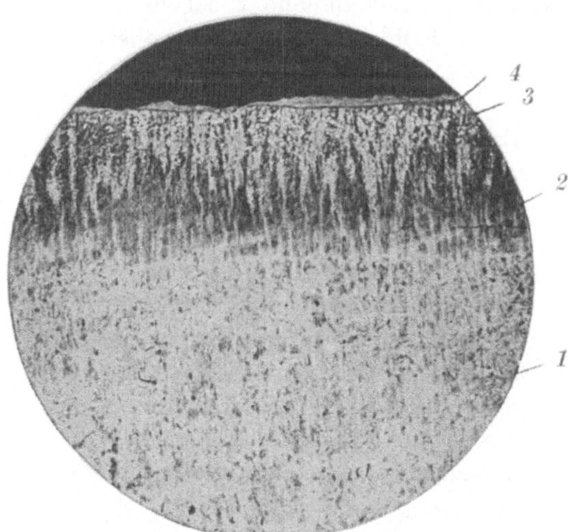

Abb. 467. Stahl mit 0,8 % C mit dem Schweißbrenner geschnitten, Schnitt senkrecht zur Schnittfläche, Ätzung II, x 50.

Abb. 468. Wie Abb. 467, jedoch starke Vergrößerung der äußersten Randzone (Ledeburit), Ätzung II, x 500.

Jedenfalls beginnt der Schmelzvorgang in den angereicherten Schichten. Die Beobachtung, daß beim autogenen Schneiden häufig Löcher in der Schnittfläche entstehen und deren Sauberkeit beeinträchtigen, ist auf diesen Umstand zurückzuführen. (Ähnliches gilt auch für das Schweißen.) In derartigen Querschnitten sind dann meist starke Seigerungszonen mit entsprechend niedriger Temperatur des beginnenden Schmelzens aufzufinden.

Die Schnittfläche autogen geschnittener Stähle ist zunächst deswegen häufig sehr hart, weil hier die Abkühlung des hocherhitzten Stahls in Anbetracht der raschen Wärmeableitung sehr rasch erfolgt und ein dem Härten ähnlicher Vorgang stattfindet. Es ist aber noch ein anderer Grund für eine Härtesteigerung vorhanden. Der geschmolzene und rasch wiedererstarrte Teil verhält sich der Abb. 465 entsprechend (soweit er nicht oxydiert ist), d. h. er ist an Kohlenstoff wesentlich angereichert. Abb. 467 ist ein Schnitt senkrecht zur autogen geschnittenen Fläche eines Quadratstahls mit 0,8 % Kohlenstoff.

Man erkennt 4 Zonen. 1. Die untere, aus dem normalen Gefügebestandteil Perlit bestehende. (Zur Erzeugung besserer Kontraste ist das Stück nur sehr schwach angeätzt.) 2. Eine dunkle, aus Troostit bestehende, der bemerkenswerterweise dem Wärmefluß folgend auskristallisierte. 3. Eine aus Troostit-Martensit-Zementit (letzterer bei der schwachen Vergrößerung nicht sichtbar) bestehende und 4. eine schmale, zum Teil abgebröckelte Zone, die in Abb. 468 in 500facher Vergrößerung dargestellt ist. Nach dem Rande zu besteht sie aus Ledeburit (4,2 % Kohlenstoff), nach dem Innern zu aus einem Gemisch gesättigter Mischkristalle und Ledeburit. Diese Bilderfolge ist gleichzeitig eine Bestätigung für den durch Abb. 465 erläuterten Vorgang.

H. Der Schwarzbruch.

Bei Werkzeugstählen tritt mitunter folgende eigentümliche Erscheinung auf. Infolge teilweisen Zerfalls von gebundenem Kohlenstoff unter Abscheidung von Graphit oder Temperkohle erscheint der Bruch der gewalzten Stangen oder der Schmiedestücke an diesen Stellen dunkel, während in den helleren Zonen der Kohlenstoff noch vorwiegend in gebundener Form vorhanden ist (vgl. Abb. 469). Howe[1]) führt als Ursache zu niedrige Temperatur beim Fertighämmern oder -walzen oder zu lange und zu hohe Erhitzung beim Ausglühen an. Mit dieser Auffassung decken sich auch die anderorts gemachten Erfahrun-

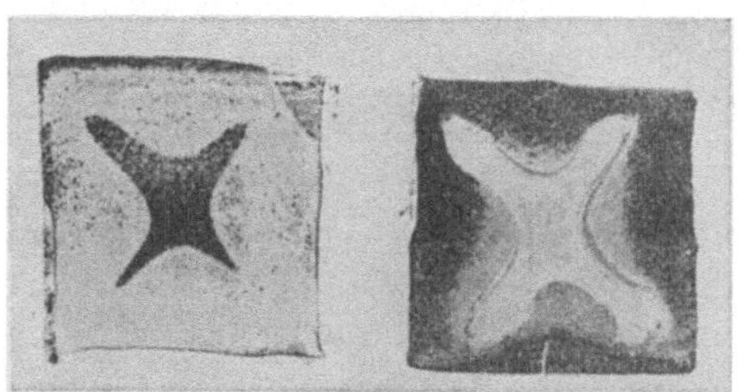

Abb. 469.   Schwarzbruch in Tiegel-Stahl mit 1.15 % C, 0,2 % Si, 0,2 % Mn.

gen. Green[2]) beobachtete Schwarzbruch an einem Stahl mit 1,16 % C, 0,3 % Mn, 0,024 % P, 0,02 % S und 0,025 % Si, der zum Zwecke der Zusammenballung des Zementits bei 700 bis 730° C geglüht worden war. In einer Zuschrift zur letztgenannten Arbeit ist Schwarz[3]) der Ansicht, daß die Ursache des Schwarzbruchs im Block noch nicht gegeben war, sondern die Temperkohle sich erst in einem späteren Verarbeitungszustand bildete. Honda[4]) führt den Zerfall des Zementits auf die katalytische Wirkung von Kohlenoxyd oder -dioxyd zurück, Gase, die sich durch Einwirkung von gebundenem oder gelöstem Kohlenstoff auf die oxydischen Einschlüsse des Stahls bilden, weshalb vorwiegend Seigerungszonen zur Schwarzbruchbildung neigen sollen. Diese Auffassung gibt aber keine Erklärung für die Tatsache, daß der Schwarzbruch mitunter in der Kernzone, mitunter in der Randzone auftritt (vgl. Abb. 469). Auch die Auffassung von Heike[5]), daß der mechanische Druck bei Entstehung der Temperkohle im Kern des Materials die Karbidzerlegung in den Randschichten verhindere, läßt sich angesichts der Abb. 469 nicht aufrechterhalten. Maurer[6]) sieht die Ursache

[1]) Met. 1909, 81.
[3]) Chem. Met. Eng. 1922, 774.
[5]) St. E. 1922, 325.
[2]) Chem. Met. Eng. 1922, 265.
[4]) Chem. Met. Eng. 1922, 114.
[6]) Kruppsche Monatsh. 1923, 117.

des Schwarzbruchs in der Keimwirkung von bereits im Guß vorhandenen Graphitspuren. Es gelang ihm durch Glühen in kohlenoxyd- bzw. -dioxydhaltiger Atmosphäre (in Anlehnung an die Auffassung Hondas[1]) über die Mitwirkung der Gasphase) künstlich die Erscheinung des Schwarzbruches zu erzeugen. Allerdings waren bei den Maurerschen Versuchen infolge des hohen Siliziumgehalts (1,35 bis 1,7 %) der Versuchsstäbe die Vorbedingungen besonders günstig.

6. Das Härten und Anlassen (einschließlich Vergüten) des schmiedbaren Eisens.

A. Allgemeines.

Die Theorie des Härtens und Anlassens ist an anderer Stelle behandelt worden (vgl. Abschn. II, 21 G). Das technische Resultat einer solchen Behandlung ist abhängig von folgenden Faktoren:

1. von der chemischen Zusammensetzung des Stahls,
2. von der Höhe der Härtetemperatur,
3. von der Dauer der Erhitzung auf diese Temperatur,
4. von der Abkühlungsgeschwindigkeit beim Härten (im wesentlichen von der Natur der Härteflüssigkeit),
5. von der Anlaßtemperatur,
6. von der Anlaßdauer,
7. in besonderen Fällen von der Abkühlungsart nach dem Anlassen.

Die Fähigkeit Härte anzunehmen oder die Härtbarkeit prägt sich mit zunehmendem Kohlenstoffgehalt immer deutlicher aus, wird aber praktisch erst von etwa 0,3 % Kohlenstoffgehalt an ausgenutzt. Damit ist durchaus nicht gesagt, daß Eisen mit geringerem Kohlenstoffgehalt nicht härtbar ist. Bewies doch u. a. Kühnel[2]), daß die Eigenschaften eines Flußeisens mit 0,05 % Kohlenstoff und 0,46 % Mangan sich durch Härten bei 950 ⁰ in folgender Weise änderten:

	Festigkeit kg/qmm	Dehnung % (100 mm)	Kontraktion %
Vor dem Abschrecken	36,7	26,0	75,0
Nach dem Abschrecken	72,0	11,0	51,0

Das Erscheinen der Härtbarkeit mit steigendem Kohlenstoffgehalt und damit der Übergang vom Eisen zum Stahl erfolgt also nicht plötzlich, sondern allmählich. Die kontinuierlich zunehmende Härtesteigerung durch das Härten geht im übrigen auch aus Abb. 67 hervor. Die Gegenwart der Spezialelemente Nickel, Mangan und Chrom erleichtert die Härtung, und bei genügenden Mangan-, Nickel- und Chrommengen kann sogar selbst bei langsamster Abkühlung Härtung stattfinden, d. h. Martensit gebildet werden. Solche Stähle, die wir bei der Besprechung der Spezialstähle bereits kennenlernten (vgl. die Guilletschen Strukturdiagramme), wurden als selbsthärtend bezeichnet. Die selbst-

---

[1]) A. a. O.
[2]) Diss. Berlin, 1913, vgl. a. Hanemann, St. E. 1911, 1366; s. a. Joisten, Diss. Aachen 1911.

härtenden Stähle stehen nur dem Grade nach im Gegensatz zu den lufthärtenden Stählen, bei denen Luftabkühlung zur Härtung genügt. Zwischen diesen und den reinen Kohlenstoffstählen besteht ein allmählicher Übergang, indem die niedriger legierten Mangan-, Nickel-, Chrom-, Wolfram-, Molybdän- und Vanadiumstähle unter sonst gleichen Verhältnissen, insbesondere bezüglich der Abkühlungsgeschwindigkeit, höhere Härte annehmen als die Kohlenstoffstähle. So wurde an anderer Stelle bereits hervorgehoben, daß, nach Wendt[1]), zur Erzielung von Martensit die Abkühlungszeit zwischen 700 und 200° höchstens beträgt:

in reinem Kohlenstoffstahl . . . .   6 Sek.
in 5 %igem Nickelstahl . . . .   60 „
in Chromnickelstahl mit 3 %Ni und 1,5 %Cr . . . .   500 „

Dies bedeutet auch, daß bei gleichem Querschnitt in entsprechend legierten Stählen die Durchhärtung größer ist als in Kohlenstoffstählen.

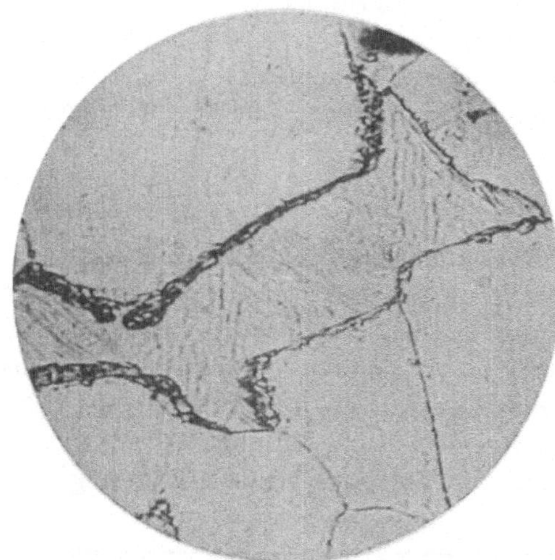

Abb. 470. Stahl mit 0,15 % C wenig über Ac_1 in Wasser abgeschreckt. Ätzung II, x 50.

Da in reinen Kohlenstoffstählen mit dem Kohlenstoffgehalt die Temperatur des Übergangs in den Zustand der festen Lösung (Ac_3) sich ändert, muß sich mit dem Kohlenstoffgehalt auch die Härtetemperatur verschieben, und es ergeben sich wie beim Glühen eine Reihe von Grundprinzipien. So kann Härten unterhalb Ac_1 nur insofern einen Einfluß ausüben, als durch das dem Härten vorangehende Glühen (Bildung von körnigem Perlit) eine Veränderung eintritt, die aber ebensogut bei langsamer als bei rascher Abkühlung erfolgen würde. Erst beim Härten aus dem Temperaturgebiet der festen Lösung erfolgt eine Änderung. Liegt die Härtetemperatur zwischen Ac_1 und Ac_3, so wird neben Ferrit bzw. Zementit feste Lösung in einer der beschriebenen Erscheinungsformen, und zwar desto mehr feste Lösung vorhanden sein, je höher die Abschrecktemperatur ist (z. B. Abb. 38 und 39). Abb. 470 zeigt ein Kesselblechflußeisen mit etwa 0,15 % Kohlenstoff, etwas über Ac_1 abgeschreckt. Der Härtetemperatur entsprechend ist praktisch nur der Perlit in Lösung gegangen und als Martensit mit Troostitsaum neben Ferrit zugegen. Ferrit ist ein sehr weicher, Zementit dagegen ein sehr harter Gefügebestandteil. Die Brinellhärte des reinen Ferrits wird etwa 60 betragen, während Portevin und Bernard[2]) die Brinellhärte des Zementits zu etwa 400 extrapolierten. Demgegenüber beträgt die sog. Glashärte des gehärteten Werkzeugstahls (Martensit) etwa 600 Brinelleinheiten. Während zur Erzielung maximaler Härte untereutektoidische Stähle oberhalb Ac_3 gehärtet werden müssen, ist

---

[1]) a. a. O.   [2]) St. E. 1922, 268.

dies bei übereutektoidischen Stählen nicht nötig. Hier genügt es vielmehr, unabhängig vom Kohlenstoffgehalt[1]) die Härtetemperatur etwa 50⁰ oberhalb Ac_1, also bei etwa 760⁰ zu wählen. Voraussetzung für erfolgreiches Härten ist aber, daß im Ausgangsmaterial der Zementit in feinverteilter Form als körniger Zementit vorhanden ist, was durch geeignete Schmiedebehandlung (vgl. Warmverarbeitung) erreicht werden kann. Wir sahen in den dem Glühen gewidmeten Kapiteln, daß die Korngröße der festen Lösung bei ihrer Bildungstemperatur ein Minimum besitzt. Nun ist beim Härten minimale Korngröße anzustreben, weil diese der höchsten Härte entspricht. Mit zunehmender

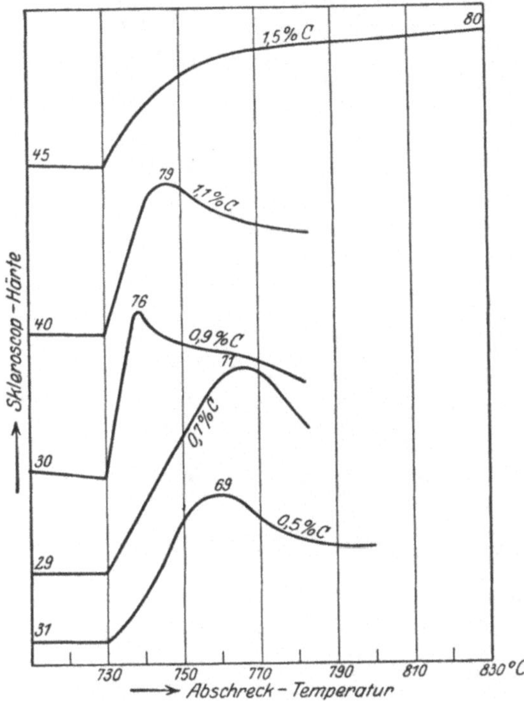

Abb. 471. Veränderung der Skleroskophärte mit der Härtetemperatur. (Aall.)

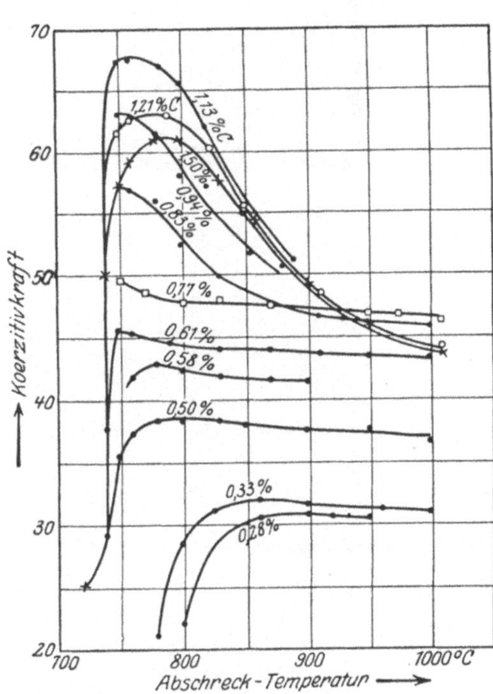

Abb. 472. Veränderung des Magnetismus mit der Härtetemperatur. (Matsushita.)

Härtetemperatur nimmt nicht nur die Korngröße des Martensits zu, sondern es tritt auch ein steigender Anteil an Austenit auf. Austenit ist aber im Gegensatz zu Martensit verhältnismäßig weich (180—240 Brinell), daher nimmt mit steigender Härtetemperatur die Härte ab (vgl. Abb. 471). Einen sicheren Maßstab für die Beurteilung der richtigen Härtetemperatur bietet nach Matsushita[2]) auch die magnetische Untersuchung, wie Abb. 472 nach diesem Verfasser zeigt. Insbesondere bei hohen Kohlenstoffgehalten zeigt das Abfallen der Kurve der Koerzitivkraft das steigende Auftreten des unmagnetischen Austenits deutlich an. Würde man übereutektoidischen Stahl etwa bei Ac_{cm} härten, so wäre

---

1) Vgl. Brearley-Schäfer, Das Härten des Werkzeugstahls, 1913, 38.
2) Tohoku, 1922, 471.

zweifellos die feste Lösung weit über ihre Bildungstemperatur hinaus erhitzt und das Korn bereits sehr grob geworden, der Stahl wäre überhitzt. Auch für das Härten untereutektoidischer Stähle gilt wie beim Glühen dieser Stähle der Grundsatz, daß jede unnötige Steigerung der Temperatur über Ac_3 zu vermeiden ist. Die Überhitzung äußert sich auf dem Bruch des Stahls und unter dem Mikroskop durch grobes Bruch- bzw. grobes Martensitkorn. Ein einfaches Mittel zur Bestimmung der richtigen Härtetemperatur auf Grund des Bruchkorns ist die Metcalfsche Härtungsprobe. Eine Stahlstange von

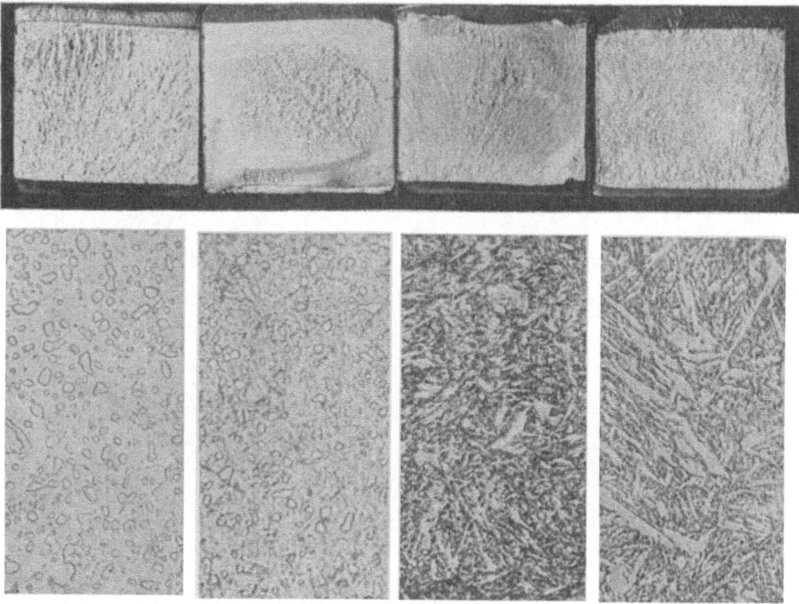

Abb. 473. Härteprobe eines Stahls mit 1 % C.
Von links nach rechts: bei 700, 750, 800, 950° in Wasser gehärtet.
oben: Bruchproben.
unten: Gefügebilder. Ätzung II, x 500.

15—20 mm Stärke wird alle 15 mm, etwa im ganzen 8 mal, eingekerbt. Der eingekerbte Teil wird dann in einem Schmiedefeuer erhitzt, bis das äußerste Ende Funken sprüht (Kennzeichen der Verbrennung). Das andere Stabende ist kalt, so daß alle Temperaturgrade zwischen Raum- und Verbrennungstemperatur auf dem Stabe vorhanden sind. Der Stab wird nach dem Härten abgetrocknet und bei jeder Kerbe gebrochen. Das Stück mit feinem, mattglänzendem, samtartigem Bruch hat die richtige Härtetemperatur gehabt. Abb. 473 ist eine der Metcalfschen ähnliche Härteprobe. Man erkennt deutlich den Bereich feinsten Bruchkorns (750°). Da die Neigung zur Überhitzung nicht bei allen Stählen gleich ist, kann man auf diesem Wege den sog. Härtebereich oder Bereich zweckmäßiger Härtetemperatur ermitteln. Den Bruchproben Abb. 473 ist jeweils ein sekundäres Gefügebild beigefügt. Aus diesem geht hervor, daß der Martensit mit steigender Härtetemperatur immer gröber wird und die doppelte Natur des Gefüges immer deutlicher hervortritt. Den durch

Abschrecken bei der niedrigsten Bildungstemperatur der festen Lösung bei kürzester Erhitzungsdauer und demzufolge mit feinstem Korn erhaltenen Martensit nennt Hanemann[1]) Hardenit. Der Hardenit erscheint gemäß Abb. 474 unter dem Mikroskop vollkommen strukturlos. Sind außer Kohlenstoff in den zu härtenden Stählen noch Spezialelemente vorhanden, so müssen zur Ermittelung der richtigen Härtetemperatur die Haltepunkte (bei der Erhitzung) durch besondere Versuche, wie dies auch im vorhergehenden Kapitel zur Ermittelung der zweckmäßigsten Glühtemperatur empfohlen wurde, bestimmt werden. Bei den nah- und übereutektoidischen Stählen (Werkzeug-, Magnet-, Kugellagerstählen) kommt es im wesentlichen auf Ac_1 an. Eine mit einfachen Mitteln aufgenommene Erhitzungskurve führt also hier rasch und leicht zum Ziele. Bei den untereutektoidischen Baustählen dagegen, bei denen es auf Ac_3 ankommt, versagt dieses Verfahren, wenn nicht besondere Kunstgriffe (Differentialmethode) angewandt werden. Hier leistet der Abschreckversuch an kleinen Stückchen mit nachfolgender mikroskopischer Untersuchung bessere Dienste.

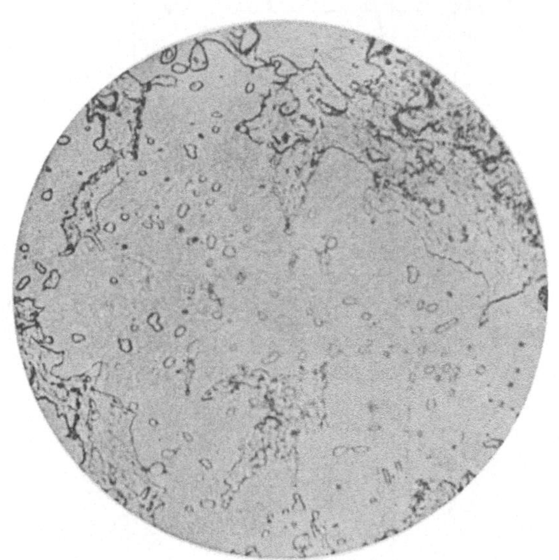

Abb. 474. Stahl mit 0,85% C einige Sekunden über Ac_1 erhitzt, breite, mittlere Fläche Hardenit, tiefer geätzte Fläche Ferrit, in beiden Zementitkörner. Ätzung II, x 1200.

Die Veränderung der Festigkeitseigenschaften zweier Stähle mit 0,3 bzw. 0,5% Kohlenstoff mit der Härtetemperatur zeigt Abb. 475 nach Versuchen von Kühnel[2]). Man erkennt, daß das Maximum der Festigkeit bei dem Stahl mit 0,5% Kohlenstoff bei niedrigerer Temperatur erreicht wird als bei dem weicheren Stahl, entsprechend der Tatsache, daß in ersterem Ac_3 niedriger liegt als in letzterem.

Die Härtetemperaturen der doppelkarbidhaltigen Stähle, deren vornehmste Vertreter die Schnellarbeitsstähle sind, bewegen sich in anderen Grenzen als die der Kohlenstoff- und niedrig legierten Stähle. Abb. 476 zeigt nach Pölzguter[3]) die Abhängigkeit der Schnittleistung von der Härtetemperatur für einen Chrom-Molybdänstahl, und man sieht, daß die Höchstleistung erst bei einer Härtetemperatur von etwa 1200° erreicht wird, worauf schon Taylor[4]) hingewiesen hat. Mit steigender Härtetemperatur nimmt auch die Brinellhärte zu. Abb. 477 zeigt nach Pölzguter die Abhängigkeit der Härte von der Härtetemperatur. Die Zusammensetzung der Stähle erhellt aus den

---

[1]) St. E. 1912, 1397.   [2]) Diss. Berlin 1913.   [3]) Diss. Aachen 1923.
[4]) Taylor-Wallichs, Über Dreharbeit und Werkzeugstähle. Berlin: Julius Springer 1920.

den chemischen Symbolen vorgesetzten Zahlen. Es wird bei der höchsten, praktisch noch anwendbaren Härtetemperatur eine maximale Brinellhärte von rd. 600 erreicht, was in einem gewissen Gegensatz zu der Tatsache steht, daß solcher Stahl polyedrisches (austenitisches) Gefüge aufweist und praktisch

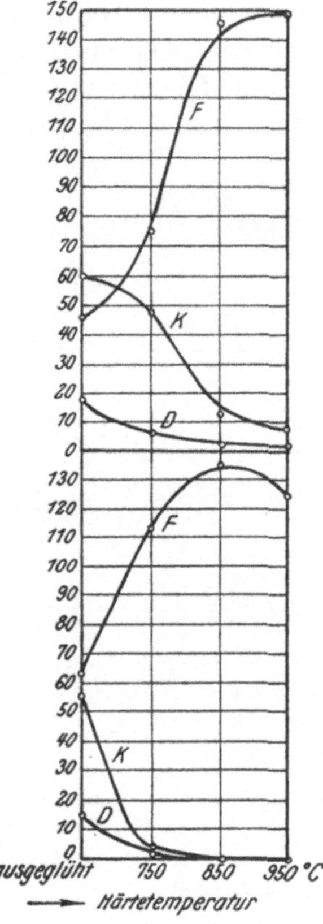

Abb. 475. Abhängigkeit der Festigkeitseigenschaften untereutektoidischer Stähle von der Härtetemperatur. (Kühnel.)
Oben: Stahl mit 0,34% C, 0,05% Si, 0,63% Mn, 0,06% P, 0,035% S.
Unten: Stahl mit 0,5% C, 0,21% Si, 0,46% Mn, 0,06 P, 0,04% S.

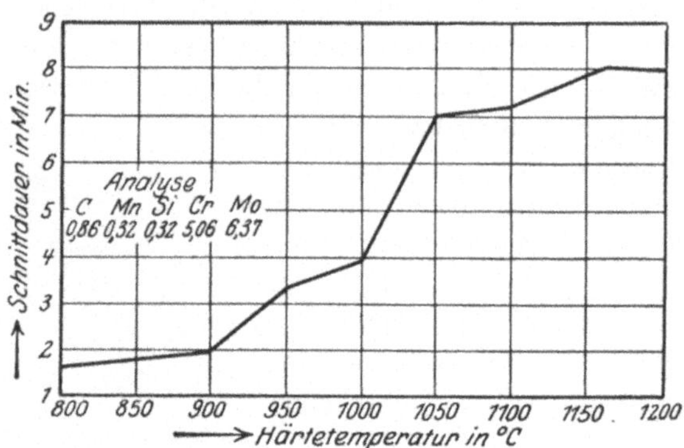

Abb. 476.   Einfluß der Härtetemperatur auf die Schnittleistung eines Chrom-Molybdän-Schnellarbeitsstahls. (Pölzgüter.)

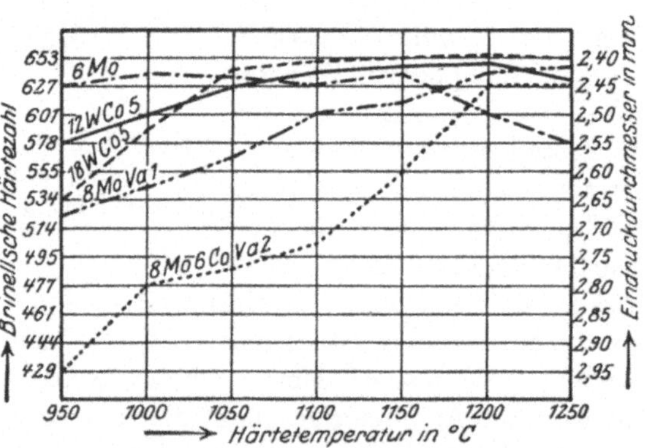

Abb. 477.   Einfluß der Härtetemperatur auf die Härte von Schnellarbeitsstählen. (Pölzguter.)

das gesamte Karbid in Lösung geht. Pölzguter wies ferner nach, daß so behandelter Stahl auch seinen magnetischen Eigenschaften nach nicht als austenitisch angesprochen werden kann. Der Austenit des Schnelldrehstahls ist also von anderer Beschaffenheit als der normale Austenit. Er erinnert durch seine Eigenschaften an Martensit.

Abb. 477 stellt das polyedrische, nur von wenigen Karbidteilchen durchsetzte Gefüge eines richtig gehärteten Schnellarbeitsstahles dar. Man vermißt auch die typische Zwillingsbildung des Austenits. Abb. 479 ist ein ähnlicher Stahl schwach, Abb. 480 stark überhitzt. In beiden Abbildungen erkennt man die stattgehabte Rückbildung des ledeburitähnlichen Eutektikums, dessen Menge mit steigendem Grade der Überhitzung zunimmt. Mit dem

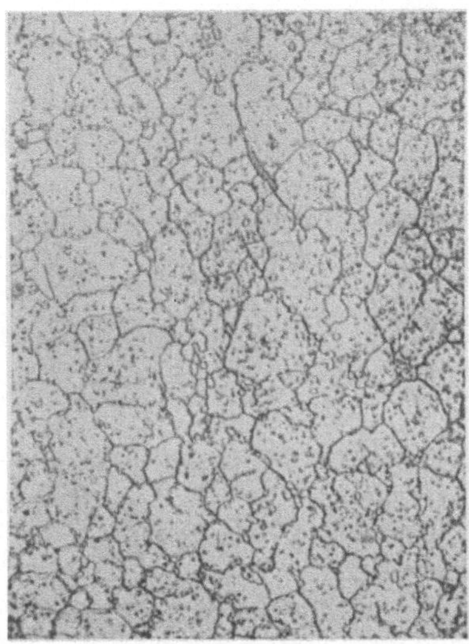

Abb. 478. Schnellarbeitsstahl, richtig gehärtet, Ätzung II, x 500. (Pölzguter.)

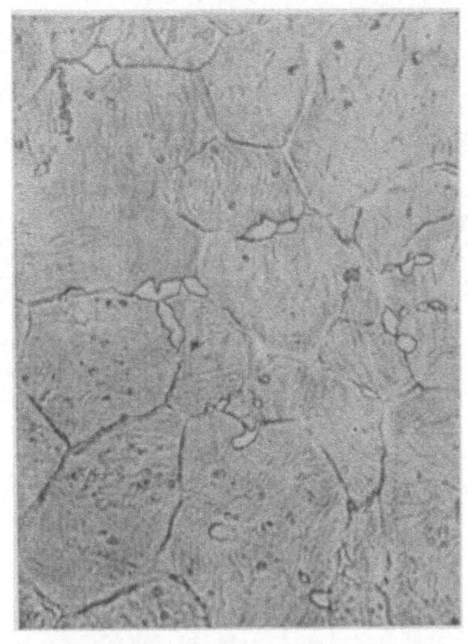

Abb. 479. Schnellarbeitsstahl, schwach
überhitzt, Ätzung II, x 500. (Pölzguter.)

Eintreten der Überhitzung sinkt die Härte, der Bruch wird gemäß Abb. 481 grobkörnig.

Aus den Kurven Abb. 477 ist zu ersehen, daß ein reiner Molybdänstahl die maximale Härte schon nach einer Härtung von ca. 1000 ⁰ C erreicht, die niedrig legierten Wolframstähle erreichen die höchste Härte bei etwa 1150⁰, die höher legierten bei 1270⁰ C, jedoch sind die Härteunterschiede der innerhalb dieses Temperaturbereiches gehärteten Proben nicht sehr beträchtlich. Bei 1250⁰ hat der reine Molybdänstahl seine Härte schon beträchtlich verringert. Ein merkwürdiges Abweichen von diesem Kurvenverlauf zeigen die mit Vanadium legierten Stähle, indem ihre Härte gegenüber den anderen Stählen zurückbleibt.

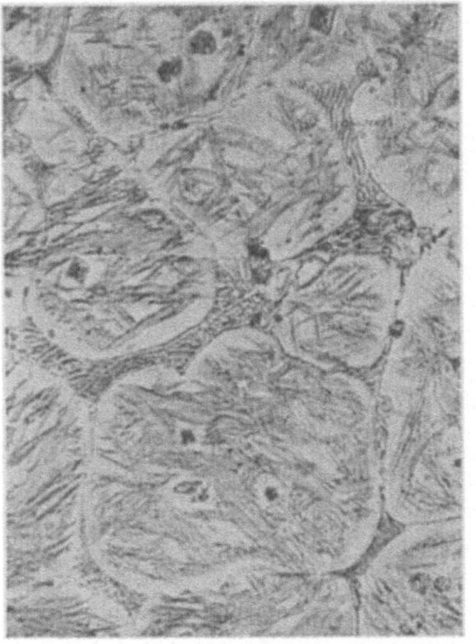

Abb. 480. Schnellarbeitsstahl, stark überhitzt, Ätzung II, x 500. (Pölzguter.)

Die Dauer der Erhitzung auf Härtetemperatur ist so kurz wie möglich zu bemessen, weshalb der Schmied das Werkzeug in weißglühendes Koksfeuer bringt und den Moment zum Härten abpaßt, in dem der Stahl eben die richtige Temperatur erreicht hat. Um wenige Sekunden zu langes

Verweilen genügt nach Hanemann zum Verderben und Grobkörnigwerden des Stahls. Die zur gleichmäßigen Durchwärmung eines Stückes er-

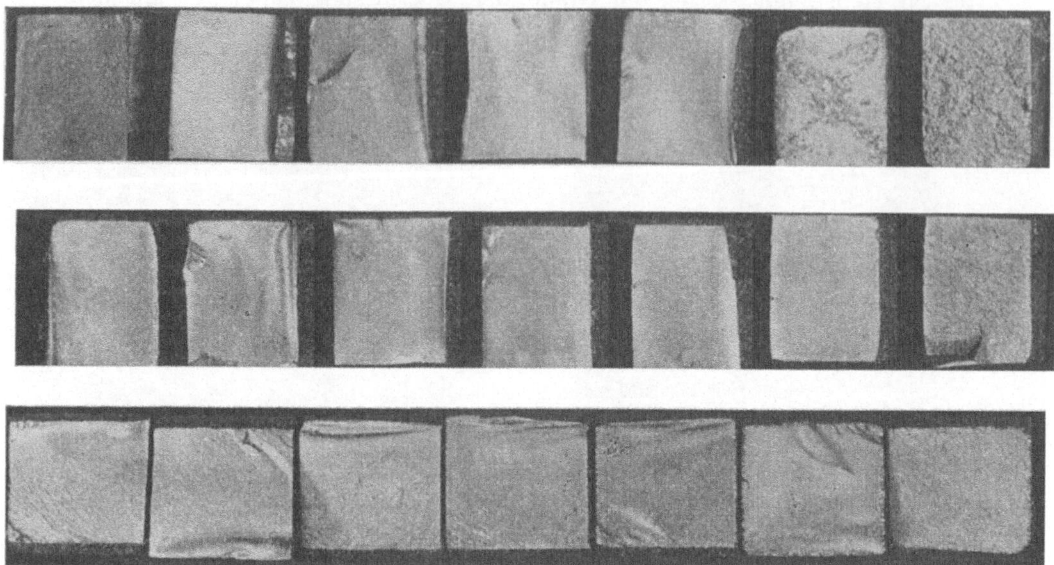

Abb. 481. Abhängigkeit des Bruchgefüges von der Härtetemperatur von Schnellarbeits-
stahl. (Pölzguter.)
Von links nach rechts: 950, 1000, 1050, 1100, 1150, 1200, 1250°.
Obere Reihe: 13% W, 0,4% V;
Mittlere Reihe: 12% W, 0,4% V, 5% Co;
Untere Reihe: 8% Mo, 1,0% V.

forderliche Zeit ist natürlich von den Abmessungen und von der Form der
Stücke abhängig. Die einzigen systematischen Versuche hierüber stammen
von Portevin[1]). Sie beziehen sich auf
den Einfluß des Probendurchmessers von
zylindrischen Stücken auf die zur Erhitzung
(im Salzbad) auf verschiedene Temperaturen
erforderliche Zeit. Das Diagramm Abb. 482
zeigt, daß die zur Durchwärmung erforderliche Zeit nicht allein mit zunehmender
Erhitzungstemperatur, sondern auch ganz
besonders rasch mit abnehmendem Probendurchmesser abnimmt. So wären zur Erhitzung einer zylindrischen Probe von 10 mm
Durchmesser auf 800° $^1/_2$ Minute, zur Erhitzung einer Probe von 60 mm Durchmesser
auf die gleiche Temperatur dagegen 6 Minuten erforderlich. Ist einmal das Stück
gleichmäßig durchgewärmt, so wird jede

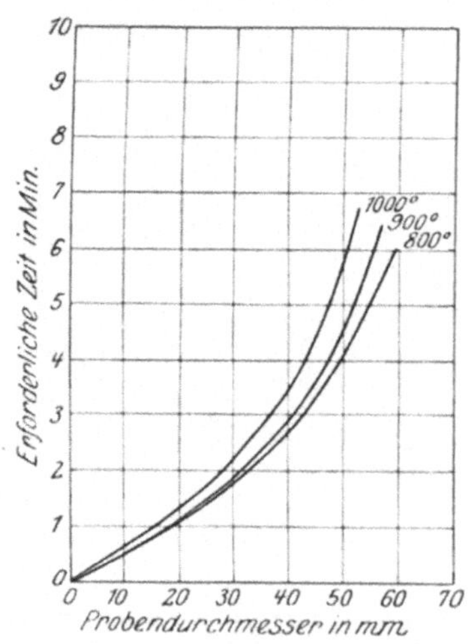

Abb. 482. Abhängigkeit der zur
Durchwärmung erforderlichen Zeit
vom Probendurchmesser.

---

[1]) Bull. d'Enc. 1914, 207, sowie Rev. Mét.
1916, 9.

Verlängerung der Erhitzung zur Steigerung der Korngröße führen, vorausgesetzt, daß in untereutektoidischen Stählen die Zeit zur gleichmäßigen Verteilung des Kohlenstoffs und in übereutektoidischen zur Auflösung derjenigen Zementitmengen ausreicht, die dem Gleichgewichtszustand bei dieser Temperatur entsprechen. Die Steigerung der Korngröße ist wahrscheinlich mit einer geringen Zunahme der Festigkeit und Abnahme der Dehnung verknüpft. Hierauf deuten auch die von Portevin veröffentlichten, allerdings teilweise sich widersprechenden Zahlen hin. Überhitzter, grobkörnig gewordener Stahl muß ausgeglüht, und falls dies durchführbar ist, zwecks Zertrümmerung etwa gebildeter grober Zementitansammlungen und Überführung dieser in die körnige Form geschmiedet werden.

Die Geschwindigkeit der Abkühlung ist gemäß früheren Ausführungen (vgl. Härtungstheorie) von größter Bedeutung. Nach der allgemein verbreiteten Anschauung ist das vollständige Zurückhalten des bei der Härtetemperatur vorliegenden Zustandes nur in Ausnahmefällen, und zwar bei Gegenwart härtender Spezialelemente durchführbar. Die Abkühlung beansprucht immerhin meßbare Zeiträume, in denen teilweise Umwandlung nach den bei gewöhnlicher Temperatur stabilen Phasen α-Ferrit und Zementit erfolgen kann und in reinen Kohlenstoffstählen auch erfolgt. Die Größe dieser Umwandlungen ist der Abkühlungsgeschwindigkeit umgekehrt proportional, und letztere

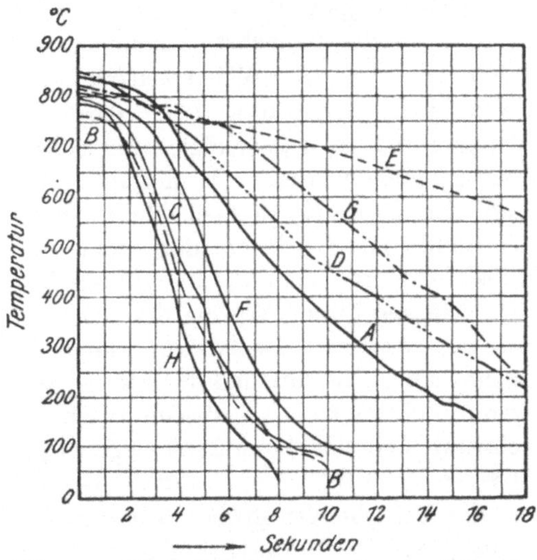

Abb. 482. Einfluß des Härtemediums auf die Abkühlungsgeschwindigkeit. (Le Chatelier und Haedicke.)

A = Quecksilber
B = Wasser von 20° C
C = Salzwasser
D = Leinöl
E = Blei
F = Wasser von 50° C
G = Wasser von 100° C
H = Sprühregen

hängt in erster Linie von der Art des Mediums ab, in dem die Härtung stattfindet. Von den zahlreichen, auf diesen Gegenstand bezüglichen Versuchen[1]) seien die Le Chatelierschen[1]), von Haedicke[1]) zusammengestellten, in Abb. 482 graphisch veranschaulicht. Die Kurven dieser Abbildung sind auf photographischem Wege registrierte Abkühlungskurven kleiner Probestückchen. Die Abbildung zeigt, daß die Abschreckwirkung der Flüssigkeiten sehr verschieden ist und bestätigt z. B. die längst bekannte Tatsache, daß Wasser „schroff", Öl dagegen „milde" härtet. Sie lehrt aber weiter, daß ein Unterschied zwischen der Abschreckwirkung von gewöhnlichem und mit

---

[1]) Le Chatelier, Rev. Mét. 1904, 473; s. a. Haedicke, St. E. 1904, 1239. — Lejeune, Rev. Mét. 1905, 299. — Heyn und Bauer, St. E. 1906, 778. — Benedicks, Ir. st. Inst. 1908, II, 153.

Salz versetztem Wasser kaum besteht. Haedicke nimmt an, die weit verbreitete Anwendung des Salzzusatzes sei darauf zurückzuführen, daß er das Wasser in großen Härtebecken vor dem Verfaulen bewahre. Nichtsdestoweniger besteht kein Zweifel darüber, daß sehr reines, d. h. weiches Wasser, wie Quell- oder Regenwasser, schroffer härtet als frisches Leitungswasser. Simon[1]) glaubt, daß die in letzterem enthaltenen Kalzium- und Magnesiumsalze feine Niederschläge auf der Oberfläche des Werkstückes bilden, die die Abkühlung verzögern. Im allgemeinen lehrt die Erfahrung[1]), daß Kalk, Seife, Alaun, Glyzerin die Abschreckwirkung des Wassers vermindern, Kochsalz und Schwefelsäure sie erhöhen.

Man sollte zunächst annehmen, daß die Abschreckwirkung einer Härteflüssigkeit mit ihrer Wärmeleitfähigkeit zunehme. Obwohl aber die Wärmeleitfähigkeit des Quecksilbers (0,018) mehr als zehnmal größer als die des Wassers (0,0016) ist, erfolgt unter sonst gleichen Bedingungen die Abkühlung weit rascher in Wasser als in Quecksilber. Diese auch von Heyn und Bauer und von Benedicks beobachtete Tatsache wurde von Le Chatelier dem Umstande zugeschrieben, daß nicht die Wärmeleitfähigkeit, sondern die spezifische Wärme der Abschreckflüssigkeit für ihre Wirkung ausschlaggebend sei. Die spezifische Wärme des Quecksilbers sei nun etwa 30 mal kleiner als die des Wassers. Benedicks gelangt auf Grund seiner ausgedehnten Versuche zu der Ansicht, daß die latente Verdampfungswärme den Ausschlag gebe, wenn auch niedrige spezifische Wärme und hohe Wärmeleitfähigkeit die Geschwindigkeit der Abkühlung begünstigen; die hohe Verdampfungswärme des Wassers (536 WE) werde durch den Wärmeinhalt des Metalls gedeckt und sei die Ursache der großen Abschreckwirkung dieses Härtemediums. Wäre weiter, wie Le Chatelier glaubt, die Bewegung der Flüssigkeit infolge der Dampfbildung die einzige Ursache der guten Abschreckwirkung des Wassers, so müßte künstliche Bewegung des Bades oder des Stückes die Geschwindigkeit der Abkühlung fördern. Dies ist aber nach eigenen Versuchen Le Chateliers nicht der Fall (vgl. später). Die wahrscheinlichere Erklärung ist vielmehr nach Benedicks, daß der an der Oberfläche des zu härtenden Stückes gebildete Dampf entweicht und die Oberfläche demnach ständig mit neuen wärmeentziehenden Flüssigkeitsschichten in Berührung kommt. Hieraus ergibt sich aber auch die für Öl wichtige Tatsache, daß die Zähflüssigkeit eine gewisse Rolle insofern spielen muß, als von ihr die Geschwindigkeit jeder Bewegung innerhalb des Härtebades abhängig ist. Le Chatelier glaubt endlich, die zur Abkühlung eines Gegenstandes erforderliche Zeit sei der Masse des Stückes direkt und seiner Oberfläche umgekehrt proportional. Aus eigenen, allerdings wenig umfangreichen Versuchen schließt dagegen Benedicks, daß der Masse die bei weitem ausschlaggebende Rolle zukomme. Unter gleichen übrigen Bedingungen ist die zur Abkühlung erforderliche Zeit um so kleiner, je höher die Abschrecktemperatur ist, wie die nebenstehenden Zahlen von Benedicks zeigen.

Gewicht der Probe g	Abschrecktemperatur ⁰ C	Dauer der Abkühlung Sek.
12,5	950	3,07
12,3	845	4,43
12,3	703	5,73

---

[1]) Werkstattbücher: Simon, Härten und Vergüten. 2 Tl. Berlin: Julius Springer 1923

Wie auch aus Abb. 55 ersichtlich ist, beeinflußt eine Abweichung von 20 bis 50⁰ in der Temperatur des Wassers die Abkühlungsdauer so lange nicht wesentlich, als diese Temperatur noch weit genug unterhalb des Siedepunktes der Abschreckflüssigkeit liegt. Dagegen spielt die chemische Zusammensetzung des Stückes eine nicht zu unterschätzende Rolle. Nach Benedicks steigt die Abkühlungsdauer mit dem Kohlenstoffgehalt, wie aus der nachfolgenden Tabelle hervorgeht[1]).

Zusammensetzung			Dauer der Abkühlung Sek.
$\%$ C	$\%$ Mn	$\%$ Si	
0,21	0,26	0,02	4,43
1,00	0,25	0,15	4,76
1,33	0,43	0,16	6,05
1,99	0,42	0,15	7,04

Da mit dem Kohlenstoffgehalt des schmiedbaren Eisens sein Wärmeinhalt und damit unter gleichen übrigen Bedingungen die zu entziehende Wärmemenge steigt, ist dies Verhalten erklärlich.

Neuerdings hat man sich auch mit der Abschreckfähigkeit der Gase beschäftigt. So hat Chevenard[2]) mit Vorteil die hohe Leitfähigkeit des Wasserstoffs (0,3270) zum Abschrecken dünner Drähte in seinem Dilatometer benutzt und durch Mischen dieses Gases mit dem schlecht leitenden Stickstoff (0,05694) Gemische von verschiedener Abschreckfähigkeit[3]) hergestellt. In einzelnen Fällen wird auch Preßluft als Abschreckmittel benutzt. Dies gilt insbesondere für legierte Stähle, von denen die Schnellarbeitsstähle vornehmlich dadurch gekennzeichnet sind, daß sie als Lufthärter durch bloße Abkühlung an der Luft die nötige Härte erhalten.

Die bei gewöhnlicher Temperatur durch Härten als metastabiles Produkt erhaltene feste Lösung oder die Produkte ihrer teilweisen Umwandlung werden durch Wärmezufuhr (Erhitzung, Anlassen) wieder in die unter Ac_1 stabilen Zerfallsprodukte α-Ferrit und Zementit übergeführt. Die Vollständigkeit dieses Vorganges ist wie bei jedem Umwandlungsvorgang abhängig von der Höhe der Temperatur und von der Dauer des Anlassens. Es ist durchaus nicht notwendig, daß zur Erzielung der stabilen Gefügebestandteile Ferrit, Perlit und Zementit bis über die diesen Bestandteilen entsprechenden Gleichgewichtslinien erhitzt wird. Die Umwandlung ist vielmehr weit unterhalb dieser Linien bereits beendet. Temperatur und Dauer der Erhitzung wirken ferner auf die Kornfeinheit der Umwandlungsprodukte in dem bekannten Sinne, d. h. mit ihrer Zunahme steigt auch die Korngröße dieser Gefügeelemente. Über die Gefüge- und Eigenschaftsänderungen ist im Abschnitt II, 21 G bereits berichtet worden, soweit dies für die Aufstellung der Härtungstheorie nötig war. Die Einwirkung der Anlaßtemperatur auf die Festigkeitseigenschaften nah- und übereutektoidischer Stähle nach Hanemann und Jung[4]) zeigt die Abb. 483.

---

[1]) Vgl. hierzu auch die gegenteilige Ansicht von Portevin und Garvin, St. E. 1920, 760 und ihre Widerlegung durch Schneider, Diss. Breslau 1921.

[2]) Rev. Mét. 1919, 1.

[3]) Wasserstoff besitzt etwa die dreifache Abschreckfähigkeit von Stickstoff, da neben der Wärmeleitfähigkeit die spezifischen Wärmen der Gase von Einfluß sind.

[4]) Diss. Berlin 1914.

Die Härtetemperatur betrug 750⁰ für den ersten, 850⁰ für den zweiten und 950⁰ für den dritten Stahl und stimmt daher annähernd mit Ac_{cm} überein. Die Anlaßdauer betrug:

$$
\begin{array}{llr}
\text{bei } 100^0 & \ldots\ldots\ldots\ldots & 2 \text{ Stunden} \\
\text{,, } 200^0 & \ldots\ldots\ldots\ldots & 2 \text{ ,,} \\
\text{,, } 300^0 & \ldots\ldots\ldots\ldots & 1 \text{ ,,} \\
\text{,, } 400^0 & \ldots\ldots\ldots\ldots & {}^{3}/_{4} \text{ ,,} \\
\text{,, } 500^0 & \ldots\ldots\ldots\ldots & {}^{1}/_{2} \text{ ,,} \\
\text{,, } 600^0 & \ldots\ldots\ldots\ldots & {}^{1}/_{4} \text{ ,,} \\
\text{,, } 700^0 & \ldots\ldots\ldots\ldots & 10 \text{ Minuten.}
\end{array}
$$

Die Festigkeitskurve besitzt für alle drei Stähle praktisch denselben Verlauf. Die Temperatur des Maximums, etwa 350⁰, stimmt mit den auch bei anderen Eigenschaften beobachteten Maxima (vgl. Abb. 79, 80) hinreichend gut überein. Bemerkenswert ist die niedrige Festigkeit der nicht oder nur schwach angelassenen Stähle. Dies liegt vielleicht daran, daß in gehärtetem Stahl sehr große Anfangsspannungen vorhanden sind.

Aus Abb. 483 geht weiter hervor, daß Dehnung und Kontraktion selbst bei hohen Anlaßtemperaturen noch sehr geringe Werte aufweisen. Bezüglich der Anlaßdauer gilt nach Hanemann folgendes: Unterhalb Ac_1 ist gehärteter Stahl bestrebt, sich in α-Eisen und Zementit umzuwandeln. Diese Umwandlung verläuft unendlich langsam bei gewöhnlicher Temperatur und ihre Geschwindigkeit wächst mit steigender Temperatur. Jeder Anlaßtemperatur entspricht eine Zeit größerer und eine darauffolgende geringerer Umwandlungsgeschwindigkeit. Erstere beträgt bei 100⁰ etwa 3 Stunden, bei 650⁰ wenige Sekunden[1]).

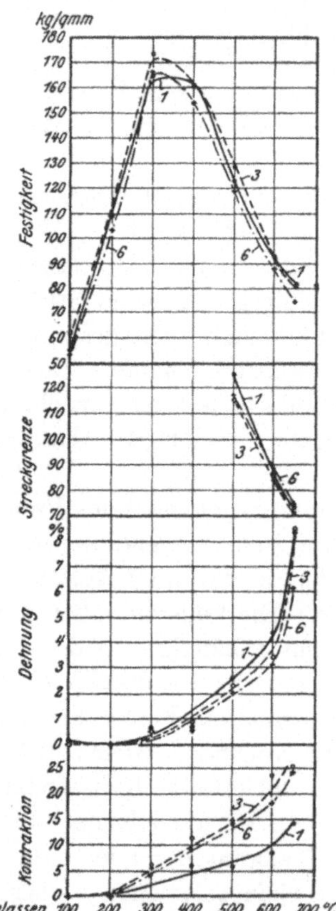

Abb. 483. Abhängigkeit der Festigkeitseigenschaften in übereutektoidischen Stählen von der Anlaßtemperatur. (Hanemann und Jung.)
Kurve 1 = 0,99 % C,
,,   3 = 1,22 % C,
,,   6 = 1,56 % C.

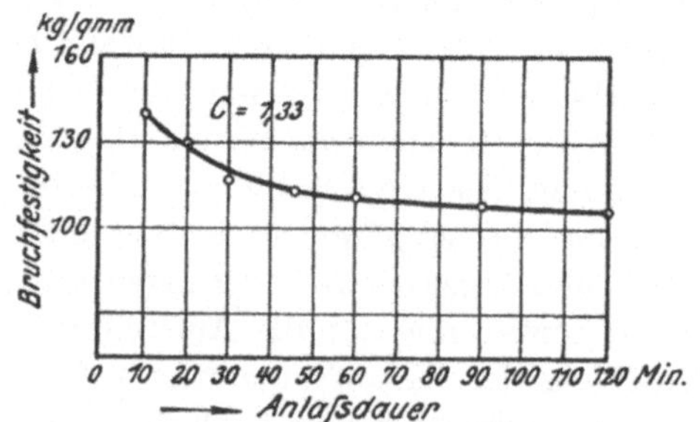

Abb. 484. Abhängigkeit der Festigkeit von Stahl mit 1,33 % C von der Anlaßdauer, gehärtet in Wasser von 20⁰, angelassen auf 500⁰ (Jung).

---

[1]) Vgl. hierzu auch die Messungen der thermoelektrischen Kraft in Abhängigkeit von Anlaßtemperatur und -dauer von Strouhal und Barus, St. E. 1906, 917.

Den Einfluß der Dauer des Anlassens bei gleicher Härtetemperatur erläutert Abb. 484 nach Jung[1]). Die Ergebnisse sind gewonnen unter folgenden
Bedingungen: Der Stahl enthielt 1,3% C und war in Wasser von 20° gehärtet.
Man erkennt, daß während der ersten 30 Minuten eine nicht unwesentliche, später
nur eine unbedeutende Veränderung und zwar eine Abnahme der Festigkeit erfolgt.

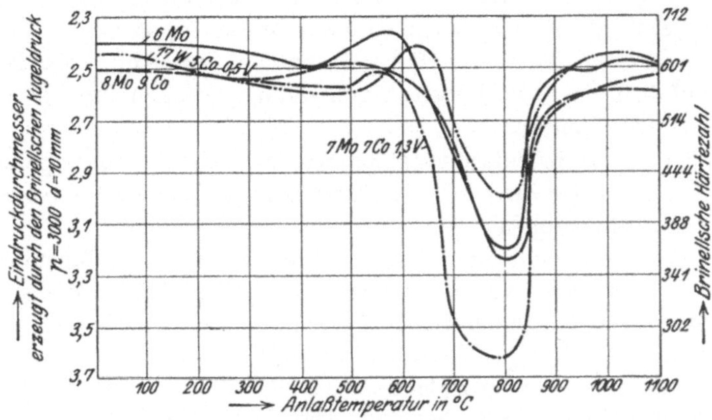

Abb. 485. Einfluß des Anlassens auf die Härte von Schnellarbeitsstahl (Pölzguter).
———————— 6 Mo,
— · · — 17 W 5 Co 0,5 V,
— — — 8 Mo, 9 Co,
— · — 7 Mo, 7 Co, 1,3 V.

Je niedriger die Anlaßtemperatur, um so später nähert sich die Kurve dem
asymptotischen Verlauf.

Bei den Kohlenstoffwerkzeugstählen spielen die Festigkeitseigenschaften
eine untergeordnete Rolle. Es kommt vielmehr auf hohe Härte, verbunden mit
genügender Zähig-
keit an. Letztere
wird durch das An-
lassen vermittelt,
dessen Temperatur-
höhe demnach je
nach den Anforde-
rungen schwankt,
aber eine gewisse
obere Grenze be-
sitzt, bei deren Über-
schreitung die not-
wendige Härte ver-

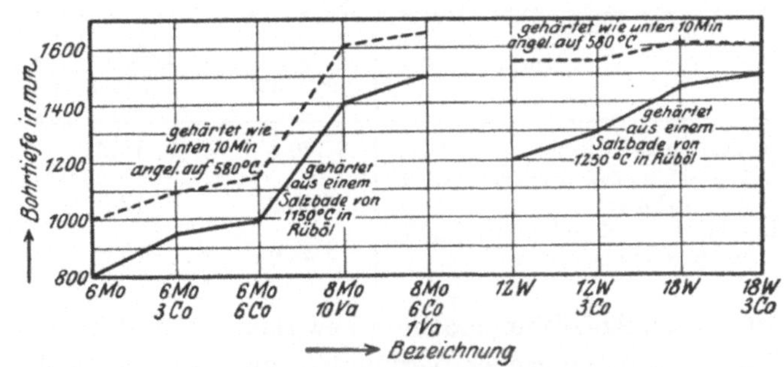

Abb. 486. Einfluß des Anlassens auf die Bohrleistung von Schnellarbeitsstahl (Pölzguter).

loren gehen würde. Anlaßtemperaturen von mehr als 300° kommen hier praktisch nicht in Betracht. Das Gefüge ist vornehmlich troostitisch. Schnellarbeitsstähle dagegen vertragen Anlaßtemperaturen bis 600°, wie Abb. 485 nach
Pölzguter[2]) lehrt. Die Härte sinkt erst nach Überschreiten einer Anlaßtemperatur von 600°. Von 800° an tritt dann wieder Lufthärtung ein. Abb. 486

———————

1) Diss. Berlin 1914.   2) Diss. Aachen 1923.

zeigt, ebenfalls nach Pölzguter, den günstigen Einfluß des Anlassens auf die durch den Bohrversuch ermittelte Leistung verschiedener Schnelldrehstähle. Die Zusammensetzung der Stähle erhellt aus den den chemischen Symbolen vorgesetzten Zahlen (in Prozenten). Durch Anlassen auf 300⁰ wird das Gefüge eines richtig gehärteten Schnelldrehstahles kaum verändert. Erst bei einem Anlassen auf 550—600⁰ tritt in vielen Fällen eine ausgeprägte Martensitbildung ein. Hiermit hängt wahrscheinlich die bei dieser Anlaßtemperatur beobachtete Härtesteigerung (sekundäre Härte) zusammen (vgl. Abb. 485). Nach einem Anlassen auf 650⁰ ist der Martensit vollständig zerfallen, und er nimmt ein troostitisches Aussehen an.

Auch bei den Konstruktionsstählen werden hohe Anlaßtemperaturen angewandt, jedoch ist der Zweck dieser Maßnahme ein anderer als bei den beiden vorgenannten Stahlgruppen.

Der Kohlenstoffgehalt einer ersten Unterabteilung von Baustählen, deren Glieder in der Hauptsache zur Herstellung von Wellen, Achsen und zahlreichen, auch blechförmigen Automobilteilen Verwendung finden, bewegt sich meist in den Grenzen 0,3—0,5%, gleichgültig ob, wie dies häufig der Fall ist, neben Kohlenstoff noch eines der Spezialelemente Nickel, Chrom, Vanadium, Wolfram, Molybdän oder mehrere vorhanden sind. Die Behandlung dieser Stähle besteht meist in einer Härtung bei einer wenig oberhalb Ac_3 gelegenen Temperatur, im Mittel etwa 800—850⁰ und nachfolgendem Anlassen bis zu relativ hohen, jedenfalls erheblich höher als bei den Werkzeugstählen gelegenen Temperaturen von 500—700⁰. Die Gesamtheit dieser Behandlung wird im allgemeinen Vergüten genannt. Das Vergüten bewirkt vornehmlich die Hebung der Streckgrenze, in geringerem Maße auch der Festigkeit und der Dehnung und ganz besonders der Kontraktion und der spezifischen Schlagarbeit, wie das folgende Beispiel an einem Stahl mit 0,65% C, 0,93% Mn, 0,21% Si, 0,041% P und 0,048% S zeigt:

Behandlung	Festigkeit kg/qmm	Dehnung %/100 mm	Kontraktion %	Spez. Schlagarbeit mkg/qcm
Anlieferungszustand.	70,3	10,2	9,0	0,8
Bei 770⁰ ¹/₂ St. geglüht, a. d. Luft erkaltet.	83 2	12,0	17,4	3,1
Bei 800⁰ in Öl gehärtet, ¹/₂ St. bei 630⁰ angelassen.	85,2	12,5	35,5	16,5

Die hohen Anlaßtemperaturen bewirken die Bildung eines äußerst feinkörnigen Ferrit-Perlit-Gemisches, verbunden mit körniger Ausbildung des Perlits.

Abb. 487 nach Kühnel[1]), zeigt die Abhängigkeit der Festigkeitseigenschaften von drei in Öl gehärteten Stählen mit 0,34, 0,5 bzw. 0,65% Kohlenstoff von der Anlaßtemperatur. Die Härtetemperatur war 850⁰ und die Anlaßdauer je nach der Anlaßtemperatur 120, 60, 40 bzw. 15 min. Der Charakter der drei Festigkeitskurven ist wesentlich verschieden. Die Stähle mit 0,5 und 0,65% Kohlenstoff besitzen ein Festigkeitsmaximum bei 200⁰ Anlaßtemperatur und entsprechen demnach in ihrem Verhalten etwa den eutektoidischen und

---

[1]) Diss. Berlin 1913.

übereutektoidischen Stählen. Der Stahl mit 0,3 % Kohlenstoff weist dagegen mit steigender Anlaßtemperatur nahezu kontinuierlich sinkende Festigkeit bei steigender Dehnung auf. Leider sind die Anlaßtemperaturen bei den Kühnelschen Versuchen niedriger als die für Konstruktionsstähle der hier betrachteten Art in der Praxis üblichen. Diese bewegen sich meist zwischen etwa 500 und 700⁰. Die nachfolgenden, an einem Stahl mit 0,5 % C, 0,86 % Mn, 0,24 % Si, 0,06 % P und 0,04 % S gewonnenen Zahlen zeigen den Einfluß höherer Anlaßtemperaturen:

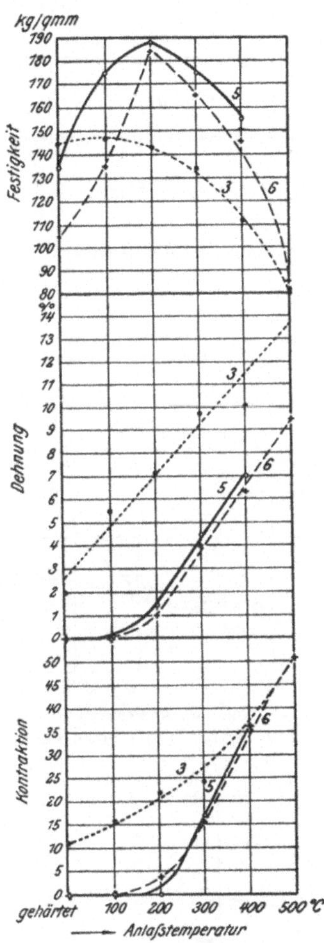

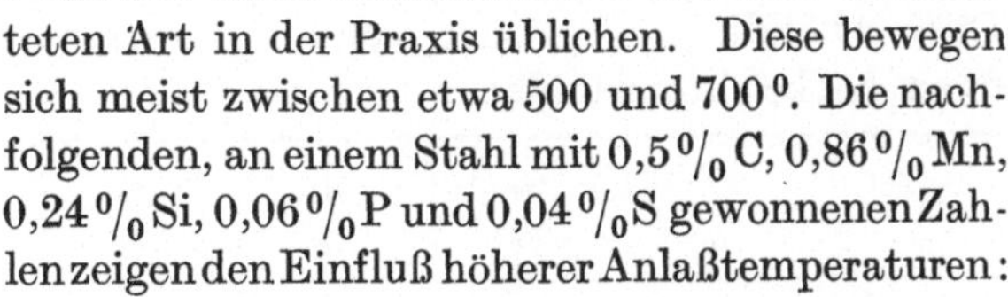

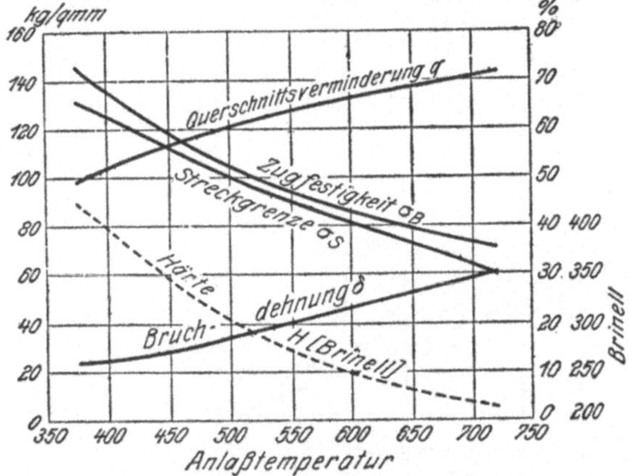

Abb. 488. Abhängigkeit der Festigkeitseigenschaften und der Härte von Chrom-Nickelstahl von der Anlaßtemperatur (French.)

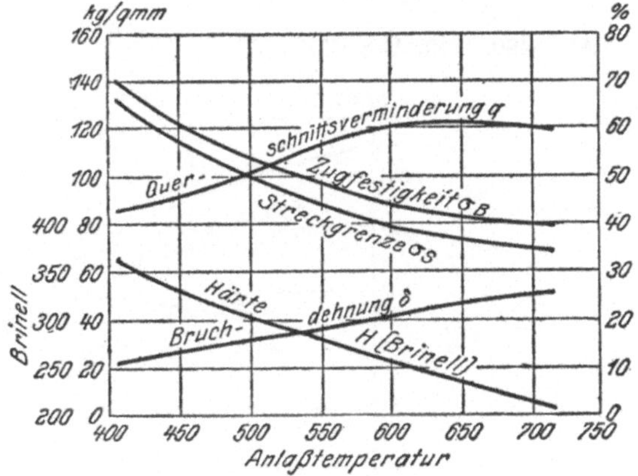

Abb. 489. Wie Abb. 488.

Abb. 487. Abhängigkeit der Festigkeitseigenschaften untereutektoidischer Stähle von der Anlaßtemperatur (Kühnel).
Kurve 3 = 0,34 % C,
„ 5 = 0,5 % C,
„ 6 = 0,65 % C.

Behandlung	Streckgrenze kg/qmm	Festigkeit kg/qmm	Dehnung %/100 mm
Anlieferungszustand	42,0	76,5	15,0
In Öl gehärtet bei 800⁰, ½ St. bei 650⁰ angelassen	54,8	87,3	13,1
In Öl gehärtet bei 800⁰, ½ St. bei 600⁰ angelassen	59,0	97,2	10,7
In Öl gehärtet bei 800⁰, ½ St. bei 550⁰ angelassen	64,1	99,4	10,9

Die ungefähre Höhe der Anlaßtemperatur richtet sich nach den Anforderungen an die Eigenschaften und wird in jedem besonderen Falle am besten durch den Laboratoriumsversuch ermittelt. Beispiele für das Vergüten von Spezialstählen sind in Abb. 488—492 nach H. J. French[1]) wiedergegeben. Diese Abbildungen beziehen sich auf die nachfolgenden, bei 800° in Öl gehärteten Nickelchromstähle:

Abb.	C %	Mn %	Ni %	Cr %	Herkunft
488	0,35	0,64	1,47	0,50	Basischer Siemens-Martin-Stahl
489	0,43	0,52	1,16	0,72	Basischer Siemens-Martin-Stahl
490	0,45	0,51	1,19	0,98	Basischer Siemens-Martin-Stahl
491	0,39	0,36	2,56	1,01	Saurer Siemens-Martin-Stahl
492	0,24	0,36	3,19	0,98	Saurer Siemens-Martin-Stahl

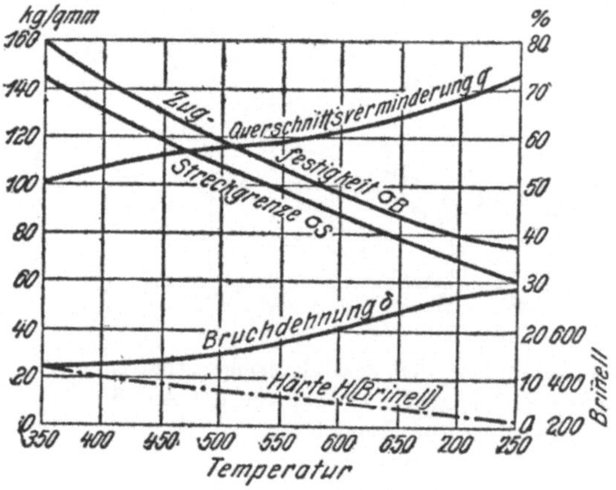

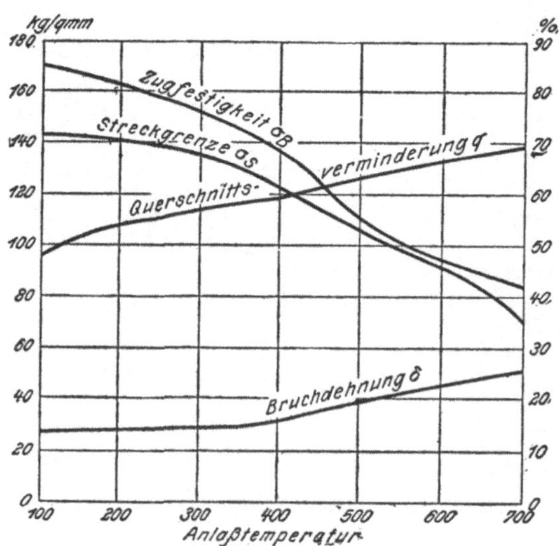

Abb. 490. Wie Abb. 488.

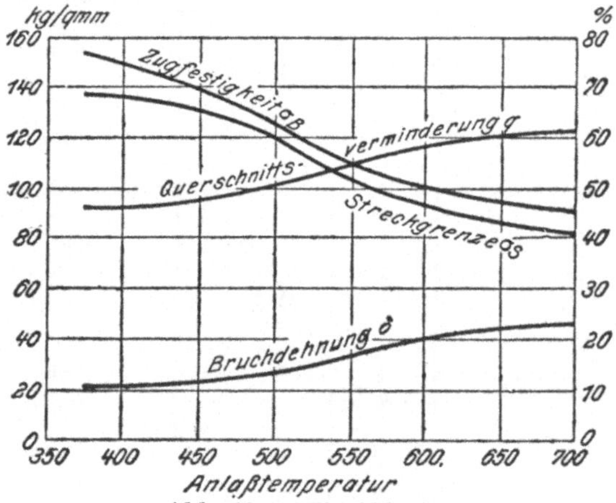

Abb. 491. Wie Abb. 488.

Abb. 492. Wie Abb. 488.

1) St. E. 1919, 179.

Andere Beispiele finden sich S. 266. Insbesondere sei hier auch noch auf Abb. 230 nach Wendt verwiesen, aus der nicht nur der Einfluß des Anlassens auf verschiedene Baustähle, sondern auch der Zweck des Vergütens überhaupt hervorgeht, nämlich höhere Kerbzähigkeit und Streckgrenze bei annähernd gleicher Festigkeit und Dehnung zu erzielen. Um diese Steigerung der Qualität auch in größeren Querschnitten zu erreichen, müssen legierte Stähle verwandt werden, in denen die mehrfach erwähnte kritische Abkühlungsgeschwindigkeit kleiner ist.

Eine zweite Gruppe von Konstruktionsstählen, die sog. Einsatzstähle, unterscheidet sich von der vorstehenden lediglich durch niedrigeren Kohlenstoffgehalt; prinzipiell ändert dies aber nichts an der Anlaßbehandlung. Diese Stähle werden im übrigen im nächsten Abschnitt noch eingehender behandelt. Stähle für besondere Zwecke vgl. am Schluß dieses Abschnittes.

Während bei Werkzeug- und Schnellarbeitsstählen die Abkühlungsgeschwindigkeit nach dem Anlassen gleichgültig ist, trifft dies für Konstruktionsstähle nicht zu. Es zeigt sich vielmehr, daß langsame Abkühlung nach dem Anlassen hohe Sprödigkeit (niedrige Kerbzähigkeit) hervorrufen kann, die bei rascher Abkühlung (Abschrecken) fehlt. Dies ist um so bemerkenswerter, als dem heutigen Stande unserer Kenntnisse gemäß ein Abschrecken von Temperaturen unterhalb Ac_1 keine Änderung der Konstitution hervorrufen sollte. Man hat die Erscheinung selbst, d. h. das Auftreten erhöhter Sprödigkeit, bei langsamer Abkühlung von der Anlaßtemperatur, die Anlaßsprödigkeit genannt. Die nachfolgende Tabelle nach Greaves[1]) belegt die Erscheinung zahlenmäßig an einem Stahl mit 0,26 % C, 0,7 % Si, 0,66 % Mn, 3,53 % Ni, 0,84 % Cr, 0,026 % P.

| | Behandlung | | | Streck-grenze kg/qmm | | Festigkeit kg/qmm | | Dehnung % / 50 mm | | Brinell-Härte | | Izod-Kerbzähigkeit mkg/qcm | |
	Öl-Härte-temp.	Anlaß-temp.	Ab-kühlung	quer	längs	quer	längs	quer	längs	quer	längs	quer	längs
1.	850°	650°	Ofen	60	60	75,6	75,6	22,5	25	237	240	*1,3*	*2,0*
2.	850°	650°	Wasser	61	61	77,0	77,1	21,0	25	240	248	*10,0*	*14,3*
3.	1000°	650°	Luft	81	62	72,7	78,0	21,0	25	247	250	*9,5*	*7,0*
4.	1000°	650°	Wasser	58	60	75,6	76,0	21,0	25	239	240	*10,0*	*15,3*
5.	1000°	650°	Ofen	60	60	74,0	75,6	20,0	27	238	239	*0,9*	*1,3*
6.	wie 4. jedoch wieder auf 650° erhitzt		Ofen	58	58	75,6	75,0	12,5	25	234	236	*0,6*	*1,3*
7.			Wasser	57	58	74,0	76,0	20,0	28	233	236	*10,0*	*13,6*

Um den Einfluß der Höhe der Anlaßtemperatur festzustellen, hat Greaves folgende Versuche mit dem gleichen Stahl wie oben gemacht:

Behandlung	Brinellhärte	Izod-Kerbzähigkeit mkg/qcm
Abgeschreckt in Öl bei 1000°, auf 670° 2 St. angelassen, abgekühlt in Wasser	247	11,6
Wieder erhitzt auf 450°, langsam abgekühlt	248	10,8
„ „ „ 508°, „ „	245	5,6
„ „ „ 554°, „ „	232	4,6
„ „ „ 598°, „ „	236	5,1

[1]) St. E. 1920, 984; vgl. a. dort frühere Literatur.

Behandlung	Brinellhärte	Izod-Kerbzähigkeit mkg/qcm
Abgeschreckt in Öl bei 1000°, auf 670° 2 St. angelassen, langsam abgekühlt	234	2,0
Wieder erhitzt auf 675°, abgeschreckt in Wasser	228	11,0
„ „ „ 600°, „ „ „	223	11,1
„ „ „ 556°, „ „ „	228	6,6
„ „ „ 517°, „ „ „	233	2,5
„ „ „ 500°, „ „ „	232	3,1

Aus diesen Zahlen geht deutlich hervor, daß eine kritische Temperatur besteht, oberhalb der rasch abgekühlt werden muß, wenn die Anlaßsprödigkeit vermieden werden soll. Diese Temperatur beträgt etwa 500—550°. Ist umgekehrt die Anlaßtemperatur unter 450—500° gelegen, so ist es gleichgültig, ob die Abkühlung rasch oder langsam erfolgt.

Eine eindeutige Erklärung der Erscheinung besteht zurzeit noch nicht. Maurer und Hohage[1]) geben einen Überblick über die bisherigen Erklärungsversuche und auf Grund eigener Versuche folgende Deutung. Es findet bei 500—550° eine physikalische Änderung des Sonderkarbides statt. Daß ein Sonderkarbid am Voɪgang beteiligt ist, würde daraus hervorgehen, daß die Erscheinung in reinen Kohlenstoff- und in Nickelstählen fehlt, dagegen in mangan- und chromhaltigen Stählen auftritt. Bezeichnet man das Sonderkarbid unterhalb 500—550° mit I, oberhalb dieser Temperatur mit II, so bleibt beim Abschrecken von Temperaturen über 500—550° das Karbid II erhalten, wird langsam abgekühlt, so wandelt es sich in I um. Bezüglich der physikalischen Eigenschaften ist noch folgendes zu bemerken. Weder im spezifischen Gewicht, noch im elektrischen Leitwiderstand, noch auf der Erhitzungskurve konnten Greaves und Jones Unterschiede zwischen den beiden Formen feststellen. Chevenard[2]) dagegen fand mit seinem Differentialdilatometer unter Anwendung eines Stahles in zäher und spröder Form eine Störung bei 400—550°. Maurer und Hohage berichten endlich, daß sich das Korn der spröden Form durch Tiefätzung leichter entwickeln ließ als das der zähen.

Im übrigen bleibt zu betonen, daß in Stählen von gleicher chemischer Zusammensetzung der Grad der Anlaßsprödigkeit sehr verschieden sein und letztere sogar gänzlich fehlen kann.

B. Störende Nebenerscheinungen.

Eine Reihe von störenden Nebenerscheinungen beeinträchtigt die Gleichmäßigkeit der dem Härten unterworfenen Stücke.

Eine erste Quelle solcher Ungleichmäßigkeit ist die Tatsache, daß es bei größeren Stücken nicht gelingt, die Abkühlungsgeschwindigkeit in allen Punkten der Stücke auf gleicher Höhe zu halten. Abb. 493 nach Honda, Matsushita und Idei[3]) zeigt den Temperaturverlauf in der Mitte (Kurve 1) und am Rande (Kurve 2) eines in Wasser abgeschreckten Stahlzylinders von 2 cm Höhe und Durchmesser. Aus der Differenzkurve 3 geht hervor, daß der größte Temperaturunterschied, etwa 300°, nach etwa 4 Sek. besteht.

1) E. F. I. 1921, 2, 102.
2) St. E. 1921, 516.
3) Ir. st. Inst. 1921, Mai.

Eine Folge der ungleichmäßigen Abkühlungsgeschwindigkeit ist aber das Auftreten von Spannungen, Volumenänderungen (Verziehen), Rissen (Härterissen), wobei die Abkühlungsgeschwindigkeit nach zwei Richtungen hin wirksam ist. Einmal entstehen Spannungen, Volumenänderungen und Härterisse lediglich auf Grund der Tatsache, daß die Abkühlung ungleichmäßig erfolgt, und wegen ihres Zusammenhängens die rascher abkühlenden Teile (Oberfläche, dünnere Querschnitte) ein größeres, die langsamer abkühlenden (Inneres, dickere Querschnitte) ein kleineres Volumen einzunehmen gezwungen sind, als ihnen zusteht und als sie einnehmen würden, wenn jeder Teil für sich abkühlen würde. Es ist bei der Besprechung der Spannungen in Gußstücken (vgl. V, 1 E) schon gezeigt worden, daß in einem solchen Falle Wärmespannungen entstehen können, die im rascher abgekühlten Teil Druck-, im

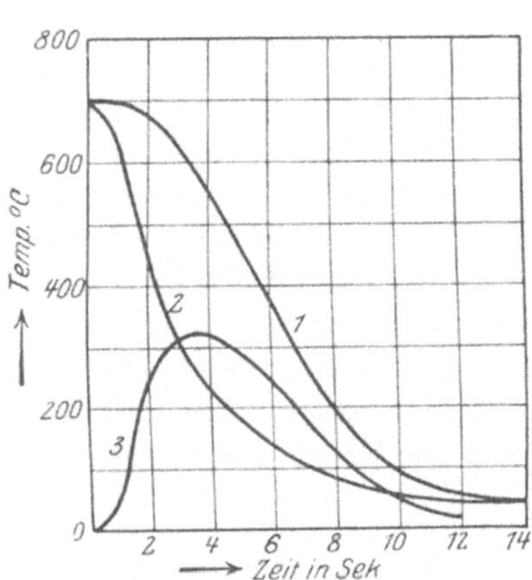

Abb. 493. Temperaturverlauf in der Mitte und am Rande eines in Wasser abgeschreckten Stahlzylinders (Honda, Matsushita und Idei).

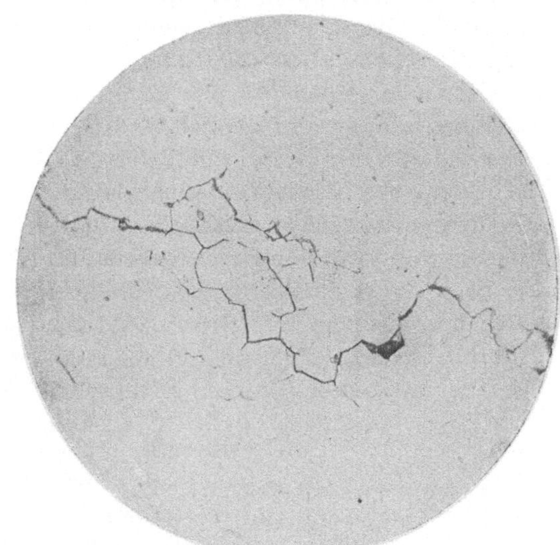

Abb. 494. Härteriß ungeätzt, x 50.

langsamer abgekühlten Teil Zugbeanspruchung entsprechen. Solange der Körper sich im Temperaturgebiet vorwiegend plastischer Formänderungen befindet, gleichen sich die Spannungen durch bleibende Formänderungen aus; nur wenn dies nicht der Fall ist, treten elastische Formänderungen auf. Beides ist beim Härten nachteilig, indem Verziehen eintritt bzw. die Anfangsspannungen keine volle Ausnutzung der Festigkeitseigenschaften zulassen. Das Verziehen ist für manche Gegenstände (Lehren, Matrizen usw.) sehr nachteilig und macht eine umständliche und manchmal gefährliche Nachbehandlung durch Richten, Schleifen usw. zur Notwendigkeit. Hinzu kommt noch, daß die Spannungen sich fortschreitend mit der Zeit auswirken, und daher oft die Nachbehandlung unwirksam wird. Besonders unangenehm ist aber die Wirkung der Spannungen, wenn sie so hoch sind, daß sie Risse im Gefolge haben, da hierdurch der betreffende Gegenstand völlig unbrauchbar wird. Die Härterisse haben gemäß Abb. 494 ein typisches Aussehen und folgen meist den Kornbegrenzungen des Martensits. Die Rißbildung erfolgt nicht immer sofort nach dem Härten, sondern infolge lokaler Anhäufung der Spannungen (z. B. bei geringer Erwärmung, vgl. Abb. 313) erst später. Die Verteilung der Spannungen und damit die Formänderung des Stückes ist eine Funktion der Gestalt des Gegenstandes. Besonders einfach liegen z. B. die Verhältnisse bei der Kugel. Hier nehmen sie von einem negativen Höchstwert (Druck) an der Oberfläche über Null bis zu einem positiven Höchstwert (Zug) im Mittelpunkt zu. Verwickelter liegen schon die Verhältnisse beim Würfel. Infolge der besseren Wärmeentziehungsmöglichkeit an den Würfelecken kühlen diese erheblich rascher ab; sie bleiben bei wiederholtem Härten gegenüber den Seitenmitten zurück, und so erklärt es sich, daß durch sehr häufiges Härten eines Würfels schließlich ein kugelförmiges Gebilde entstehen kann[1]). Noch verwickelter ist der Fall des Zylinders. Hier kommt es zunächst sehr auf das Verhältnis Länge : Durchmesser, ferner darauf an, ob die Abkühlung der Mantelfläche ebenso schroff wie die der Stirnfläche erfolgt[2]). Bei kompliziert geformten Gegenständen ist vollends eine Voraussage der Verhältnisse unmöglich.

Zu den reinen Wärmespannungen treten noch Spannungen, deren Entstehung bedingt wird durch die Ungleichartigkeit in der Verteilung der Gefügebestandteile und durch die Tatsache, daß diese Gefügebestandteile ganz verschiedene spezifische Volumina besitzen. Letzten Endes ist die Ursache dieser Gefügespannungen ebenfalls die Ungleichmäßigkeit der Abkühlungsgeschwindigkeit in ein und demselben Querschnitt. Wir sahen im Abschnitt II, 21 G, daß je nach der Abkühlungsgeschwindigkeit verschiedene Gefügebestandteile entstehen können, in Kohlenstoffstählen im wesentlichen Martensit und Troostit (Sorbit, Perlit), zu denen in legierten Stählen noch Austenit käme. Bezüglich der spezifischen Volumina dieser Gefügebestandteile besteht die Beziehung:

$$\text{Martensit} > \begin{matrix} \text{Troostit} \\ \text{Sorbit} \\ \text{Perlit} \end{matrix} > \text{Austenit}$$

Die Erfahrung lehrt nun, daß die Gefügebestandteile in einem und demselben Querschnitt sehr ungleichmäßig verteilt sein können. Die Verteilung ist abhängig in erster Linie von den Querschnittsabmessungen, von der chemischen Zusammensetzung und von der Abkühlungsgeschwindigkeit. So fand z. B. Schneider[3]) in Zylindern von 1 cm Durchmesser eines eutektoiden Stahls beim Abschrecken in Wasser von 18⁰ nur Martensit, beim Abschrecken in Wasser von 80⁰ nur Troostit. Bei dazwischenliegenden Temperaturen fand sich außen Martensit, innen Troostit, und zwar um so mehr Troostit, je höher die Wassertemperatur war. Nicht immer liegen die Verhältnise so einfach. So zeigt Abb. 495 nach Hanemann und Schulz[4]) das Auftreten von mehreren Martensit- und Troostitringen und einem Troostitkern. Honda und Idei[5]) stellten durch Härteuntersuchung über den ganzen Querschnitt für Würfel von 2 cm Kantenlänge bzw. Zylinder von 2 cm Durchmesser folgende, für Kohlenstoffstähle geltende Beziehungen auf. Die Härte ist an der Oberfläche größer als im Kern, wenn die Abschreckung milde ist, also z. B. von mittlerer Temperatur, etwa 800⁰, in Öl erfolgt. Bei mittlerer Härtung, also beispiels-

---

[1]) Vgl. St. E. 1919, 817.

[3]) a. a. O.

[2]) Vgl. Simon, a. a. O.

[4]) St. E. 1914, 450.

[5]) Tohoku, 1920, 491, vgl. a. über Härterisse, St. E. 1921, 1507, 1867; 1922, 1565.

weise eines Stahles mit 0,9 %/_0 Kohlenstoff bei 780 ⁰ in Wasser oder mit 1,5 %/_0 bei 900 ⁰ in Öl ist die Härte über den ganzen Querschnitt gleich. Bei schroffer Härtung, z. B. eines Stahls mit mehr als 0,7 %/_0 Kohlenstoff bei mehr als 800 ⁰ in Wasser ist die Härte am Rande immer geringer als in der Mitte. Die Verfasser fanden ferner, daß die Härterisse stets senkrecht zu den Kurven gleicher Härte verlaufen, die in zylindrischen Stücken konzentrische Kreise sind, in Würfeln sich mehr oder minder zu Ellipsen verzerren. Diese Schlußfolgerung kann aber nicht verallgemeinert werden, wie der Verlauf des Härterisses in Abb. 495 beweist. Das Auftreten von Martensit am Rande und Troostit im Kern bedingt auf Grund des höheren spezifischen Volumens des ersteren das Auftreten von Spannungen, die zu Härterissen führen können. In Abb. 496 nach Honda und Idei gibt

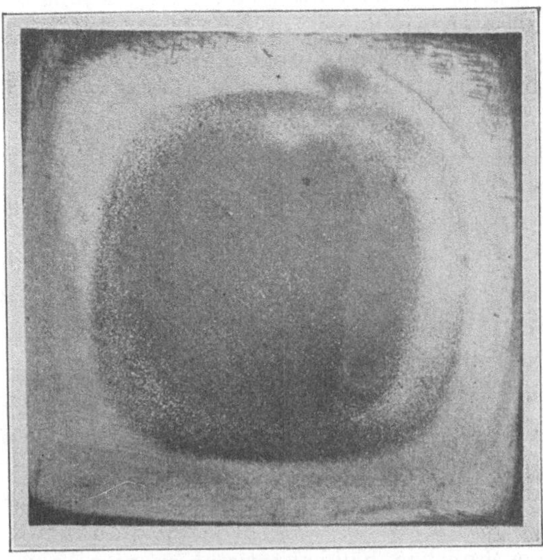

Abb. 495. Querschnitt eines abgeschreckten Stahlwürfels mit Martensitzonen (hell) und Troostitzonen (dunkel), oben rechts Härteriß, Ätzung II, x 1,5. (Hanemann und Schulz.)

die Kurve a die Verhältnisse bei langsamer Abkühlung wieder, die im wesentlichen identisch sind mit den Verhältnissen bei der Troostitbildung, also im Kern der betrachteten Probe, Kurve b dagegen die Verhältnisse bei rascher Abkühlung, also bei der Martensitbildung an der Oberfläche der Probe. Beide Teile werden sich auf einer mittleren Basis einigen und im Kern wird Zug-, in der Schale Druckspannung entstehen, während gemäß Abb. 496 oberhalb der Temperatur des Schnittpunktes beider Kurven entgegengesetzte Verhältnisse bestehen. Nähert sich also der Körper der Raumtemperatur, so addieren sich die Gefügespannungen zu den Wärmespannungen. Wie man sieht, können Härterisse sowohl bei hoher wie bei Raumtemperatur auftreten, doch ist letzteres

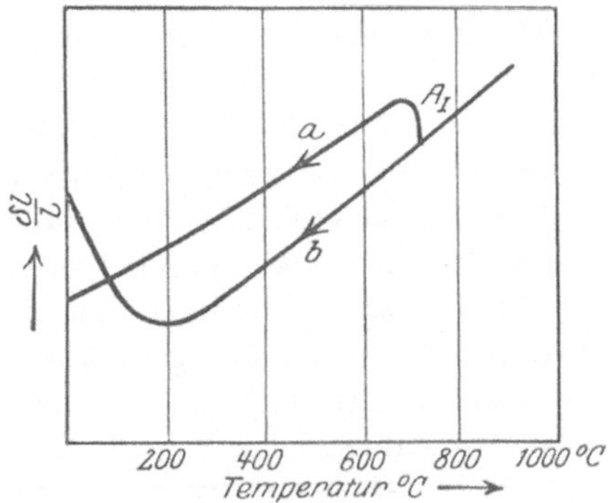

Abb. 496. Ausdehnungskurve eines eutektoiden Kohlenstoffstahls bei langsamer (a) und bei rascher Abkühlung (b), (Honda und Idei).

wahrscheinlicher, weil sich hier die Spannungen addieren.

Für das Auftreten der konzentrischen Martensit- und Troostitringe geben Hanemann und Schulz[1]) folgende Erklärung. Martensit besitzt ein größeres

---

[1]) a. a. O.

Volumen als Troostit. Eine erste Martensitschicht bildet sich unter dem Einfluß der raschen Abkühlung am Umfang der Probe. Die Abkühlungsgeschwindigkeit nimmt nach innen zu ab und erreicht schließlich einen Wert, bei dem sich Troostit bildet. Die Bildung des Troostits bewirkt das Auftreten von Zugspannungen im Innern des Stückes, da die äußere Schicht nicht nachgeben kann. Unter dem Einfluß der Zugspannung gelangt aber die Troostitbildung zum Stillstand, und es wird wieder Martensit gebildet. Dieser Vorgang wiederholt sich öfter und das Ergebnis ist die Ausbildung einer Reihe von konzentrischen Schichten, deren innerste trotz geringster Abkühlungsgeschwindigkeit aber mit Rücksicht auf die Spannungsverteilung aus Martensit bestehen kann.

Daß die Spannungs- und Gefügeverteilung von der chemischen Zusammensetzung abhängig sein muß, ist bereits angedeutet worden. Im besonderen sei noch daran erinnert, daß die Gegenwart der härtenden Legierungselemente die kritische Abkühlungsgeschwindigkeit wesentlich beeinflußt, d. h. diejenige Geschwindigkeit, bei der Härtung stattfindet. Der Wert dieser Elemente ist also ein doppelter. Einmal werden die Festigkeitseigenschaften günstig beeinflußt, sodann aber ist die Möglichkeit größerer „Durchhärtung" gegeben, d. h. selbst in größeren Querschnitten werden die langsamer abkühlenden inneren Querschnittsteile noch gehärtet und daher hochwertiger gemacht, was bei gewöhnlichen Kohlenstoffstählen nicht zutrifft.

Bezüglich der Vermeidung von Formänderungen und von Härterissen gelten einige Grundsätze von allgemeiner Bedeutung. Schroffe Querschnittsübergänge sind wegen der an den Übergängen infolge der Kerbwirkung sich häufenden Spannungen zu vermeiden. Das Eintauchen der zu härtenden Stücke muß so erfolgen, daß die einzelnen Teile möglichst gleichmäßig abkühlen. Lange Gegenstände müssen also entweder senkrecht eingetaucht werden oder auf einer schrägen Ebene in das Härtebad rollen. Keinesfalls darf schiefes Eintauchen erfolgen. In manchen Fällen, z. B. bei Sägeblättern, Ringen usw., läßt sich das Verziehen nur gewaltsam durch Anwendung bestimmter Vorrichtungen verhindern[1]). Zweckmäßige Bewegung des Stückes bzw. des Bades trägt des weiteren zur Vermeidung von Spannungen bei. Im allgemeinen sind dünne flache Gegenstände (kleinere Kreissägen) senkrecht zur Achse vor- und rückwärts, lange zylindrische dagegen auf- und abwärts zu bewegen oder um ihre Achse zu drehen. Auch die Bewegung der Härteflüssigkeit genügt mitunter zur gleichmäßigen Abkühlung. Die durch Badbewegung erzielte Zunahme der Streckgrenze ist besonders bemerkenswert, wie aus den nachfolgenden Zahlen nach Frey[2]) hervorgeht:

Stahlsorte	Bad-zustand	Temperaturen beim Härten	beim Anlassen	Streck-grenze kg/qmm	Festigkeit kg/qmm	Dehnung %/50 mm	Kon-traktion %
Kohlenstoff-Stahl	ruhig	815	620	34,8	66,8	20,5	43,5
„	bewegt	815	620	48,7	75,4	21,0	42,0
Chrom-Vanadium-Stahl	ruhig	815	620	56,6	86,8	20,5	57,5
„	bewegt	815	620	67,5	87,2	16,5	61,5

[1]) Simon, a. a. O., 45. [2]) St. E. 1917, 1031.

Durch zweckmäßige Bemessung der Dauer des Eintauchens kann den Spannungen wirksam begegnet werden. Läßt man nämlich das Stück nicht bis zur vollständigen Abkühlung in der Härteflüssigkeit, so genügt unter Umständen die aus dem nicht völlig abgekühlten Innern des Stückes nach außen strömende Wärme, um die Spannungen ganz oder teilweise aufzuheben. Zur richtigen Bemessung der Zeit gehört große Erfahrung. Bei zu langer Eintauchdauer entstehen Risse, bei zu kurzer wird das Stück nicht hart. Ähnliches gilt auch für das häufig angewendete Verfahren, den ersten Teil des Abschreckens schroff, z. B. in Wasser, den zweiten dagegen milde, z. B. in Öl vorzunehmen. Auch hierdurch lassen sich Spannungsrisse vermeiden.

Zu den störenden, die Gleichmäßigkeit des Produktes herabmindernden Nebenerscheinungen gehört auch die ungleichmäßige oder unzweckmäßige Verteilung der Legierungselemente in dem zu härtenden Stahl, und zwar einmal bezüglich der an der Härtung direkt beteiligten Stoffe, also im wesentlichen des Kohlenstoffs oder besser der Karbide und anderseits der von der Härtung unabhängigen Stoffe, wie Phosphor und Schwefel, also der Seigerungen.

Was die Karbide betrifft, so wurde schon im Abschnitt V, 4 betont, daß es Aufgabe der Warmverformung sei, sowohl in übereutektoidischen, wie in doppelkarbidhaltigen Stählen für eine möglichst geringe Korngröße der Karbide und für deren gleichmäßige und feine Verteilung zu sorgen. Die Bedeutung dieses Umstandes erhellt ohne weiteres aus dem Grundsatz, daß von der Gleichmäßigkeit des Anfangsgefüges auch die des Härtungsgefüges in dem Sinne abhängt, daß gleichmäßigstes Härtungsgefüge durch um so geringere Überhitzung über die theoretische Härtetemperatur (z. B. Ac_1) und in um so geringerer Zeit erreicht wird, je kleiner die Diffusionswege und die diffundierenden Mengen des aufzulösenden Karbides sind. Je niedriger aber die Härtetemperatur und je kürzer die Zeit der Erhitzung auf Härtetemperatur gewählt werden kann, um so feiner wird das Korn des Härtungsgefüges ausfallen. Denken wir uns einen Konstruktionsstahl in dem durch Abb. 52 gekennzeichneten Zustand, also mit Korngrenzenzementit, oder einen übereutektoiden Stahl gemäß Abb. 50, also mit fast vollständiger Entmischung von Ferrit und Zementit und Anhäufung des letzteren in groben Zellen, so erkennt man ohne weiteres, daß hier die gestellte Forderung keinesfalls erfüllt ist, d. h. zum Ausgleich der Konzentration der festen Lösung eine längere Erhitzung auf hohe Temperatur erforderlich ist. Portevin und Bernard[1] zeigten, daß sich der Anfangszustand des Gefüges, im besonderen die Tatsache, ob in einem eutektoidischen Stahl körniger oder lamellarer Perlit vorliegt, beim Härten in den Eigenschaften deutlich bemerkbar macht. Die Verfasser untersuchten den Einfluß mehrerer aufeinanderfolgender Härtungen auf die Eigenschaften ein und desselben Stahls im körnigen und lamellaren Zustand. Die Untersuchungen beziehen sich auf einen Stahl mit 0,98 % Kohlenstoff einmal im körnigen und einmal im lamellaren Zustand. Versuchsproben mit geeigneten Abmessungen für die mikroskopische, elektrische, magnetische und Härteuntersuchung wurden viermal nacheinander von 800° in Wasser

---

[1] St. E. 1922, 268.

von 20—24⁰ abgeschreckt. **Die mikroskopische Untersuchung** ergab: Der ursprünglich körnige Stahl verliert allmählich im Verlaufe der aufeinanderfolgenden Härtungen den Zementit, indessen bleiben selbst nach der vierten Härtung Spuren von Zementit sichtbar. Der ursprünglich lamellare Stahl zeigt nach dem ersten Abschrecken ein feines Zementitnetzwerk, das nach der zweiten Härtung verschwindet, um nicht wieder zu erscheinen. Die übrigen Eigenschaften sind aus der nachfolgenden Tabelle ersichtlich.

| Ursprünglicher Gefügezustand | Wärmebehandlung | | | | | | $\varnothing$ des Kugeleindrucks 5-mm-Kugel 500 kg Druck | Elektr. Widerstand in Mikroohm ccm | Magnetismus | |
	Nr. der Härtung	Erhitzungsdauer vor dem Härten sek	Gesamte Erhitzungsdauer sek	Temperatur des Bleibades Beginn ⁰C	Ende ⁰C	Wassertemperatur ⁰C			1 Max. Induktion Gauß	Remanenz Gauß
Lamellar	1. Härtung	45	45	800	798	23	1,02	32,07	83	6,5
Körnig		45	45	803	798	23	1,16	29,77	98,5	11,0
Lamellar	2. Härtung	45	90	808	804	24	0,99	35,60	81,0	6,5
Körnig		45	90	807	802	24	1,27	30,40	91,5	9,5
Lamellar	3. Härtung	120	210	800	800	24	1,03	33,96	80,5	6,0
Körnig		120	210	803	800	24	1,03	33,06	85,5	7,6
Lamellar	4. Härtung	300	510	803	800	20	—	36,27	84,0	7,0
Körnig		300	510	806	800	20	—	35,60	86,5	7,5

Der elektrische Widerstand steigt mit wachsender Auflösung des Zementits, abgesehen von der Anomalie des lamellaren Stahls bei der zweiten Härtung, und strebt für die beiden Ausgangszustände einem gemeinsamen Grenzwert zu, wobei das langsamere Ansteigen im körnigen Stahl die geringere Auflösungsgeschwindigkeit des Zementits zur Genüge kennzeichnet. In magnetischer Beziehung ergab sich, daß die Hysteresiskurven der beiden Stähle im körnigen und lamellaren Zustand sich zunächst nicht decken, aber allmählich einem gemeinsamen Grenzwert zustreben. **Die Untersuchung der Härte** zeigt, daß der Einfluß des Ausgangsgefüges erst nach der dritten Härtung verschwindet.

Wenn sich also offenbar der körnige Zementit langsamer löst als der lamellare, so bedeutet dies keinesfalls immer die Unzweckmäßigkeit des ersteren, vielmehr wird die Geschwindigkeit der Lösung von der Größe der Zementitteilchen und von ihrem Abstand abhängen. Für Kugel- und Kugellagerstahl mit 0,8—0,9 % Kohlenstoff und 1 % Chrom, der bei 830—860⁰ in Öl oder bei 770—810⁰ in Wasser zu härten ist, verlangt man, allerdings hier in erster Linie wegen der leichteren Bearbeitbarkeit, körnigen Perlit als Anfangsgefüge mit einer Brinellhärte von $\leq$ 180, die sich mit lamellarem Perlit nicht erzielen läßt.

Anreicherungen an Phosphor und Schwefel bzw. an Schlackeneinschlüssen, üben bei der Behandlung durch Härten und Vergüten einen nachteiligen Einfluß aus. Einmal kann die Gegenwart solcher Stoffe an und für sich die Sprödigkeit des Stahls erhöhen und daher die Neigung zum Auftreten von Härterissen begünstigen. Dies trifft zweifellos für den Phosphor zu. Die Gegenwart von Sulfiden und von anderen Einschlüssen, soweit sie nicht submikroskopisch verteilt sind, kann natürlich ebenfalls die Neigung zur Rißbildung bedeutend steigern. Dies wird besonders dann zutreffen, wenn die Richtung der Spannungen zur Hauptrichtung der Einschlüsse (Streckrichtung) besonders günstig liegt. Unvollständig zusammengeschweißte Lunker und Gasblasen, womöglich mit Oxydansammlungen, auch Karbidanhäufungen in Doppelkarbidstählen können ebenfalls die Neigung zur Rißbildung verstärken. Abb. 497 zeigt einen Teilquerschnitt eines vergüteten Rohres aus Chromnickelstahl mit 0,4 % C, 2 % Ni und 1 % Cr. Die Phosphoransammlungen sind als Gasblasenseigerung aufzufassen. Die abgedrehte Oberfläche des Rohres zeigte zahlreiche kurze, parallel zur Längsachse des Rohres verlaufende Risse. Die mikroskopische Untersuchung ergab, daß die Risse stets in den Phosphoransammlungen auftraten, wie z. B. Abb. 498 zeigt.

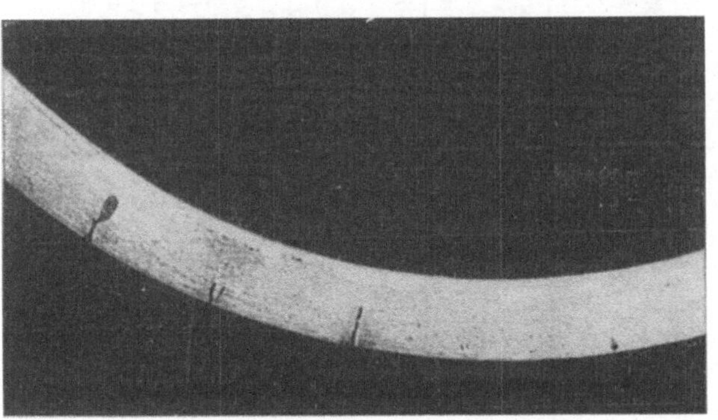

Abb. 497. Teilquerschnitt eines vergüteten Rohres aus Chrom-Nickelstahl mit Phosphoransammlung (Gasblasenseigerung). Ätzung I x $^1/_2$.

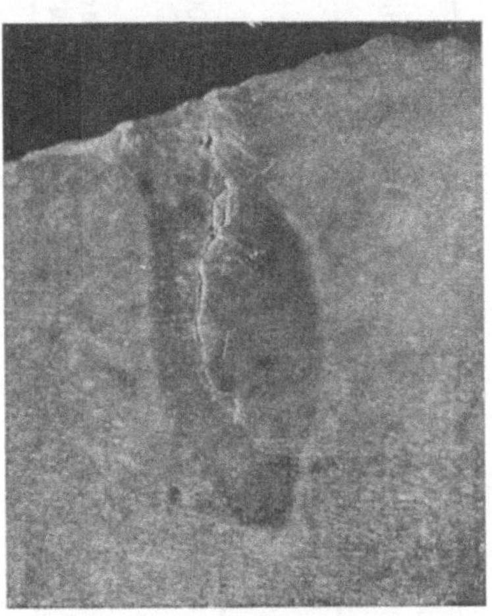

Abb. 498. Stärkere Vergrößerung einer Phosphoransammlung aus Abb. 497 mit Riß. Ätzung I x 10.

In quadratisch geschmiedeten Stahlstangen aus Werkzeug- und Schnelldrehstahl findet sich des öfteren in den Diagonalen des Bruchquerschnittes grobes Korn (vgl. z. B. Abb. 481 obere Reihe, zweites Stück von rechts), dem bei der mikroskopischen Untersuchung ebenfalls grobes Korn entspricht. Schmitz und Knipping[1]) hatten gefunden, daß die Erscheinung besonders dann auftritt, wenn das Schmieden bei sehr niedriger Temperatur stattfindet. Dies wird von Rapatz[2]) für Schnellarbeitsstahl bestätigt. Die erstgenannten Verfasser fanden in den Diagonalen Martensit und feine Risse, die blau angelaufen waren, doch muß betont werden, daß diese Proben kalt geschmiedet waren. Die Entstehung des Martensits erklären die Verfasser durch die in den Diagonalen auftretende, hohe Reibungswärme bei gleichzeitiger rascher Wärmeableitung durch die umgebende Metallmasse. Bei Warmverformung wird natürlich eine solche Wirkung nicht auftreten, dafür aber infolge der hohen Reibungswärme Überhitzung mit ihren Kennzeichen entstehen können. Die Erscheinung bedarf jedenfalls noch näherer Untersuchung.

Mitunter beobachtet man, insbesondere bei legierten Stählen, eine grobkristalline, weiche Haut, wie sie in Abb. 481 besonders deutlich bei der unteren

<hr>

[1]) Fachb. V. d. E. 1922 W. A. Nr. 22.   [2]) Mündl. Mitt. an den W. A. d. V. d. E.

Liberty-Flugmotor.

Verwendungszweck	Analyse	Eigenschaften					Behandlung und Bemerkungen
		StrGr kg/qmm	F kg/qmm	D %	K %	H	
Schrauben (C-Stahl)	0,15—0,25 C, 0,5—0,8 Mn < 0,045P < 0,06—0,09 S S.-M.-Qualität.	35	—	10	35	—	Kalt gezogen.
Gehärtete Teile (C-Stahl): 1. Steuerwelle 2. Schwinghebelwelle 3. Stößel 4. Zahnradbolzen	0,15—0,25 C, 0,3—0,6 Mn < 0,045 P < 0,05 S	—	—	—	—	—	Zu 1. Zementieren bei 900—930 ⁰ langsam abkühlen. Wieder erhitzen auf 750—780 ⁰, in H_2O abschrecken. Zu 2.—4. Wie oben, aber in H_2O abschrecken. Auf 750—780 ⁰ erhitzen, in H_2O abschrecken.
Schmiedestücke, 1. Vergaserhebel u. a. Regelgestänge, die wenig beansprucht werden (C-Stahl):	0,25—0,35 C, 0,5—0,8 Mn < 0,045 P < 0,05 S	—	—	—	—	Br 177 bis 217	Bei 860—885 ⁰ glühen, in H_2O abschrecken, auf 535—590 ⁰ anlassen, lgs. abkühlen oder abschrecken.
Schmiedestücke, die hoch beansprucht werden: Zylinder, Naben, Flanschen f. Luftschrauben	0,4—0,5 C, 0,5—0,8 Mn < 0,045 P < 0,05 S	49	—	18	45	Br 217 bis 255	Bei 815—845 ⁰ in H_2O abschrecken, auf 625—650 ⁰ anl., lgs. abkühlen oder abschrecken.
Preßteile (C-Stahl), Wassermäntel der Zylinder, Auspuffkrümmer	0,05—0,15 C, 0,3—0,6 Mn < 0,045 P < 0,045 S	—	—	—	—	—	Schwierigkeiten: Ermüdungsbrüche im obern Teil d. Kühlwassermäntel. Ursachen: Kratzer von der Bearbeitung, ungenü- des Ausglühen zwischen den einzelnen Preßstufen.
Hochbeanspr. Teile: Pleuelstangenschrauben, Hauptlagerbolzen, Keile f. Luftschraubennaben usw.	Ni-Stahl: 3,25—3,75 % Ni Cr-Ni-Stahl: 1—1,5 Ni, 0,45—0,75 Cr Cr-V-Stahl: 0,8—1,1 Cr, $\geq$ 0,15 V	70	—	16	45	Sk 40—50	Bei 830—860 ⁰ in Öl abschrecken, auf 495—525 ⁰ anlassen. Schwierigkeiten: Abbrennen am Gewinde, geringe Toleranzen f. Gewinde. Bolzen daher vielfach aus fertig vergüt. kaltgezog. Stangen. Bei 10 mm ⌀: Walzen; sofort glühen; bei 830 bis 860 ⁰ in Luft abkühlen; kalt ziehen. Bei > 10 mm vor d. Ziehen vergüten. Cr-V-Stahl ist am leichtesten zu bearbeiten, dann Ni-, dann Cr-Ni-Stahl. Keine Kratzer, keine schroffen Querschnittsänderungen, Anlaßsprödigkeit entsteht beim Anl. auf 205—590 ⁰ und langsamer Abkühlung, z. B.: Ofen 1,2 mkg/qcm Öl 5,9 mkg/qcm Luft 4 „ H_2O 6,9 „ Entsteht nur bei Cr-Ni-Bess.-Stahl, nie b. S.-M.-Stahl.

Verwendungszweck	Analyse	Eigenschaften					Behandlung und Bemerkungen
		StrGr kg/qmm	F kg/qmm	K %	D %	H	
Zahnräder (Z.R.)	2,75—3,25 Ni; 0,7—0,95 Cr oder 0,8—1,1 Cr; $\geq$ 0,15 V bei 0,35—0,45 C	—	—	—	—	Sk 55—65 Br 177 bis 217	Für Schmiedestücke: Bei 845—875° in Öl abschrecken oder auf 705—735° anlassen für größere u. komplizierte Z.R. — Von 845—875° abkühlen lassen mit < 25°/st für kleine Z.R. Für fertig·bearbeitete Z.R.: Für Cr-Ni: bei 770—780°, für Cr-V bei 815—840° abschrecken in Öl, auf 345—375° anlassen.
Pleuelstangen	wie Z. R., jedoch 0,3 bis 0,4 % C.	75	—	17,5	50	Br 241 bis 277	Bei 845—875° Glühen; abkühlen i. Ofen oder a. d. Luft. Dann für Cr-Ni bei 770—780°, für Cr-V bei 815—830° in Öl abschrecken. Auf 580—620° anlassen oder zur Erleichterung der Bearbeitung: Bei 845—875° in Öl abschr., auf 705—730° anl., dann jedoch nach Bearbeit. nochm. vergüten. Bei 160—260° aus dem Öl nehmen, damit keine Risse entstehen. Vorsicht vor dem Verbrennen beim Schmieden. Probe anschmieden.
Kurbelwellen: Höchst beanspruchter Teil des Flugmotors	0,35—0,45 C; 0,3—0,6 Mn; $\leq$ 0,04 P; $\leq$ 0,045 S; 1,75—2,25 Ni; 0,7—0,9 Cr	81,5	—	16	50	Br 266 bis 321	Schmiedestücke: Bei 845—875° glühen, dann bei 800—830° in H_2O abschrecken, damit keine Risse entstehen bei 280° aus d. Öl nehmen u. sofort auf 340—590° anlassen. Probe anschmieden. Für Zerreiß- u. Kerbschlagprobe 2 mal auf Brinellhärte prüfen. Wird die Welle unter 260° gerichtet, so muß sie wieder auf etwa 110° unter d. 1. Anl.-Temp. angelassen werden. Keine scharfen Querschnittsübergänge oder Verletzungen d. Oberfläche. Besondere Schwierigkeit: Haarrisse, deren Ursache Schlackeneinschl. sind, die dann besonders gefährlich, wenn in der Abrundung. Die Kerbzähigkeit gibt keinen Anhalt für Dauerfestigkeit. Sowohl bei 1,3—2 wie bei 7 mkg/qcm kann die Ermüdungsfestigkeit genügen.
		Kerbzähigkeit $\geq$ 4,7 mkg/qcm. Je 0,14 mkg/qcm werden ersetzt durch 2,8 kg/qmm Streckgrenze mehr.					
Kolbenbolzen: Beansprucht auf Abnutzung, Ermüdung	0,1—0,2; 0,5—0,8 Mn; $\leq$ 0,045 S $\leq$ 0,04 P 3,25—3,75 Ni	—	—	—	—	Sk Oberfläche 70 Kern 35—55	Bei 910—915°, 0,5—1 mm zementieren; lgs. abkühlen; ausbohren, auf Länge schmieden; bei 830—860° in Öl abschrecken, auf 725—750° anlassen, dann abschrecken, auf 190—205° anlassen. Jeder Bolzen wird auf Skleroskophärte untersucht.

31*

Kraftwagen, Zugmaschinen (sinngemäß wie bei Flugmotoren).

Verwendungszweck	Analyse	Eigenschaften					Behandlung und Bemerkungen
		StrGr kg/qmm	F kg/qmm	D %	K %	H	
Schraubenbolzen	0,15—0,25 C, 0,5—0,8 Mn $\leq$ 0,045 P 0,075—0,15 % S	—	—	—	—	—	Gleichförmig u. leicht schmiedbar.
Zahnräder	0,47—0,52 C, 0,5—0,8 Mn $\leq$ 0,04 } P 0,04 } S 2,75—3,25 Ni; 0,7—0,95 Cr. Dieser Stahl ist ein Lufthärter und neigt zu Blasen- u. Lunkerbildung, daher besser 0 % Ni, 0,8—1,1 % Cr mit Fe-V desoxydiert.	—	—	—	—	Br 512 bis 560	Schmiedestücke: Bei 845—875° glühen, mit 25 %/st auf 595° abkühlen a. d. Luft oder in H_2O abschrecken. Br. 177—217, muß leicht zu bearbeiten sein. Dann fertige Räder bei 815—840° in Öl abschrecken, auf 190—220° in Öl anlassen. Br. 512—560; Sk. 72—80.
Zahnkränze ohne Naben, Ritzel	0,1—0,2 C, 0,35—0,65 Mn $\leq$ 0,04 S; < 0,045 P, 0,55—0,75 Cr, 0,4—0,6 Ni leichter zu vergüten oder besser 4,75—5,85 Ni sonst w. o.	—	—	—	—	—	Bei 900—925°; 0,8—1,2 mm zementieren, in Öl abschrecken. Bei 755—795° in Öl abschrecken, u. zw. gegen Verziehen in Gleason-Presse eingespannt, auf 190—220° anlassen. Bei 870—900° zementieren, bei 815—830° abschreken, auf 725—740° anlassen und abschrecken. Dieser Stahl hat häufig Fehler.
Hinterachsen, Ausgleichwellen, Lenkhebel (Ermüdung)	1,1—1,5 Ni, 0,45—0,75 Cr oder 0,8—1,1 Cr, $\geq$ 0,15 V	80,5	—	16	50	Br 277 bis 321	Bei 825—840° in H_2O abschrecken, auf 525—550° anlassen. Vor dem Schmieden bei 840—870° glühen.

Reihe im zweiten Stück von rechts zu erkennen ist. Auch diese recht unangenehme Erscheinung ist noch nicht völlig geklärt, doch scheint hier Entkohlung, in andern Fällen auch vielleicht Verdampfen eines Legierungselementes (so neigt insbesondere Molybdän zum Verdampfen), vielleicht auch Stickstoffaufnahme eine Rolle zu spielen. An und für sich ist die Entkohlung insbesondere für Gegenstände mit scharfen Schneidkanten, wie Fräser, Gewindeschneider, Feilen usw. so nachteilig, daß sie die Verwendungsfähigkeit dieser Gegenstände in Frage stellen kann. Jede überflüssige Zeit- und Temperatursteigerung beim Härten soll daher vermieden werden. Die Anwendung von Salzbädern zur Erhitzung auf Härtetemperatur schränkt natürlich die Gefahr wesentlich ein, ohne sie, insbesondere nach längerem Gebrauch der Bäder (wohl infolge gelöster Metalloxyde) gänzlich zu beseitigen. Man setzt daher den Bädern mit Vorteil kohlenstoffabgebende (CN-haltige) Salze zu, natürlich nur in solchen Mengen, daß keine Zementation eintritt, oder versieht die zu härtenden Gegenstände mit dünnen Kupferüberzügen, was aber nur bei den Werkzeugstählen anwendbar ist, deren Härtetemperaturen nicht über dem Schmelzpunkt des Kupfers liegen. Feilen werden zur Vermeidung der Entkohlung mit Überzügen, z. B. von Hufmehl und Salz oder 1 Teil Lederkohlenpulver und je 2 Teilen Mehl und Kochsalz versehen. Können diese Wege nicht eingeschlagen werden, so hat man zum mindesten für reduzierende Atmosphäre im Härteofen bzw. möglichst weitgehende Fernhaltung oxydierender Gase zu sorgen. Einzelheiten hierüber sind in einschlägigen Büchern über die praktische Seite des Härtens und Vergütens enthalten[1]).

C. Das Härten und Vergüten der wichtigsten Stahlgruppen.

Es kann nicht die Aufgabe dieses Abschnittes sein, Einzelangaben über die Wärmebehandlung aller in Frage kommenden Stähle zu machen. Die allgemeinen Gesichtspunkte sind im Abschnitt A gegeben worden. Im übrigen sind an den einschlägigen Stellen dieses Buches genügend viele Einzelangaben gemacht worden. Die nachfolgenden Erörterungen sollen daher nur zur Ausfüllung etwaiger Lücken dienen.

1. Die Konstruktionsstähle. Als Muster für gut ausgearbeitete Vorschriften über Auswahl, Zusammensetzung, Eigenschaften und Behandlung von Baustählen für den Flugzeug- und Automobilbau mögen die Angaben von Wood[2]) über den Liberty-Flugmotor und Kraftwagen dienen, die in der vorstehenden Tabelle zusammengestellt sind[3]).

2. Die Werkzeugstähle. Die Wahl der geeigneten Härtetemperatur bereitet bei den Kohlenstoff-Werkzeugstählen sowie bei den niedrig legierten Stählen dieser Art keine Schwierigkeiten. Sie bewegt sich im übrigen in einem verhältnismäßig kleinen Temperaturintervall, nämlich etwa zwischen 740—850⁰.

---

[1]) Vgl. z. B. Simon, Härten und Vergüten. — Brearley-Schäfer, Die Wärmebehandlung des Werkzeugstahls. — Thallner, Werkzeugstahl. — Hofman, Die Qualitätsstähle und Schiefer und Grün, Das Härten. Vgl. ferner die Broschüren der großen Edelstahlwerke.

[2]) St. E. 1920, 1279; s. ferner French, St. E. 1921, 1861.

[3]) Vgl. a. die zusammenfassende Betrachtung von P. Goerens, Kruppsche Monatsh. 1921, 161.

Manche Stähle sind besonders wärmeempfindlich, d. h. sie vertragen nur schwache Überhitzung von etwa 20—30° über die theoretische Härtetemperatur, während trotz gleicher chemischer Zusammensetzung andre Stähle sich um 100° überhitzen lassen, ohne grobkörnig zu werden. Es wird behauptet, dies hänge mit dem Herstellungsverfahren zusammen und sei eine Frage der Desoxydation. So wird dem Tiegelstahl ein großer Härtebereich zugeschrieben, weil hier die Desoxydation durch Silizium aus der Tiegelwand besonders wirksam sei. Zahlenmäßige Belege für diese Anschauung fehlen aber noch. Bei der Erhitzung von Gegenständen mit scharfen Kanten ist darauf zu achten, daß letztere nicht zu rasch erhitzt und überhitzt werden. Mehrmaliges Herausnehmen aus dem Härteofen zum Zwecke des Temperaturausgleichs empfiehlt sich in solchen Fällen. Die Wahl des Härtemittels hängt von der Form des Gegenstandes und der zu erzielenden Härte ab. Gegenstände mit scharfen Kanten werden, wie schon erwähnt, zweckmäßig zunächst bis zum Verschwinden der Rotglut in Wasser, dann in Öl getaucht. Über die Eintauchdauer ist an anderer Stelle berichtet worden (vgl. Abschnitt V, 6 B). Besondere Aufmerksamkeit ist dem Anlassen zu widmen. Wird das Anlassen nicht, wie es unbedingt anzustreben ist, in einem flüssigen, thermometrisch kontrollierten Anlaßbade vorgenommen, so kann die beim Anlassen auftretende Veränderung der Farbe der Oxydhaut ein geeignetes, jedoch nicht unbedingt zuverlässiges Mittel abgeben. Die Reihenfolge der Anlaßfarben und die ihnen entsprechenden Temperaturen werden im allgemeinen folgendermaßen angegeben[1]):

Anlauffarbe	Temperatur ° C
hellgelb	220
gelbbraun	250
rotbraun	265
violett	285
hellblau	310
grau bis grün	330

Dabei ist aber der Faktor Zeit in dem Sinne zu berücksichtigen, daß die erwähnten Temperaturen nur für den Moment ihres Erscheinens gelten. Jedes Verweilen bei der betreffenden Temperatur vermag die Anlaßfarbe zu verändern. Für den unter stets gleichen Bedingungen Arbeitenden ist die Beurteilung der Temperatur aus der Anlaßfarbe ein wertvolles Hilfsmittel. Die in der Praxis eingebürgerten Anlaßtemperaturen für eine Reihe wichtiger Werkzeuge gibt die nachfolgende Zusammenstellung[2]):

Anlaßtemperatur ° C	Werkzeug
100—150°	Meßwerkzeuge (angelassen 10 Stunden oder länger), Stahlwalzen.
150—170°	Stahlkugeln.
160—200°	Alle Schneidwerkzeuge aus Kohlenstoffstahl, wie Dreh- und Hobelstähle, Bohrer Fräser, Reibahlen, Kreissägen, Sägeblätter, Schaber usw.

---

[1]) S. a. Brearley-Schäfer, Die Wärmebehandlung des Werkzeugstahls. Berlin: Julius Springer 1913. Betreffs der theoretischen Deutung der Anlauffarben vgl. Tammann, St. E. 1922, 615.

[2]) Größtenteils nach Simon, Härten und Vergüten II.

Anlaßtemperatur ^{0}C	Werkzeug
200—260^0	Alle obigen Werkzeuge, wenn sie durch ihre Form oder Arbeit dem Brechen sehr ausgesetzt sind, wie dünne Bohrer, Gewindebohrer, Schaftfräser, feine Schneideisen.
220—260^0	Werkzeuge für Holzbearbeitung.
220—250^0	Stempel, Meißel u. dgl. an der Schneide.
300—350^0	Stempel, Meißel u. dgl. am Kopf.
280—360^0	Schraubenzieher, Schnitte, Nadeln, Bandsägen.
350—550^0	Federn und federnde Teile.

Während bei den Kohlenstoff- und niedrig legierten Werkzeugstählen die Härtetemperaturen verhältnismäßig niedrig liegen und das Härtemittel sowie die Anlaßtemperatur einen großen Einfluß ausüben, liegen bei Werkzeugstählen aus Schnelldrehstahl die Verhältnisse anders. Was zunächst die Härtetemperatur betrifft, so lautet nach Simon der oberste Grundsatz, sie so hoch zu wählen, wie eben zulässig, um die höchste Schneidhaltigkeit und Härtebeständigkeit zu erzielen. Niedrigere Temperaturen werden nur dann angewendet, wenn die Form der Schneide es verlangt, d. h. Überhitzungs- und Verbrennungsgefahr für sie vorliegt. Letzteres ist z. B. der Fall für Formfräser und ähnliche Werkzeuge. Das Abschrecken erfolgt am zweckmäßigsten in Preßluft. Bei niedriger legierten Stählen oder geringerem Kohlenstoffgehalt wählt man auch wohl Tran, Talg, schwere Öle oder Gemische von Petroleum und Paraffin. Wasser vermeidet man lediglich wegen der Rißgefahr. Da die Härtetemperatur der Schnellarbeitsstähle häufig über der Schmelztemperatur des ledeburitähnlichen Eutektikums liegt, so liegt die Gefahr der Zurückbildung dieses Eutektikums vor, wenn die Erhitzung zeitlich zu lange ausgedehnt wird. Diese Gefahr wächst natürlich, wie Rapatz[1] zeigte, mit dem Kohlenstoffgehalt des Stahls. Im allgemeinen werden Schnellarbeitsstähle nicht oder selten angelassen. Simon gibt an, daß Fräser, Bohrer und Gewindeschneidwerkzeuge auf 220—275 oder auch auf 590—610^0 anzulassen sind. Bereits Taylor hat in seiner klassischen Arbeit den Vorteil eines Anlassens auf 600^0 nachgewiesen, und dies ist, wie an anderer Stelle schon gezeigt wurde (vgl. Abb. 485 und 486) durch Pölzguter[2] bestätigt worden.

Schließlich sei auch hier bezüglich der technischen Einzelheiten des Härtens und Anlassens auf die bereits erwähnten Werke von Simon, Brearley-Schäfer, Hofman und Schiefer und Grün verwiesen.

3. Die Magnetstähle. An die Stähle für Dauermagnete (Zündmagnete für Automobile, elektrische Zähler usw.) werden Anforderungen anderer Art als an die vorhergehenden gestellt, weshalb diese Stähle hier im Zusammenhang behandelt seien. Neben hoher magnetischer Induktion werden hohe Remanenz und Koerzitivkraft bzw. ein hohes Produkt beider Eigenschaften verlangt. Ferner muß die magnetische Haltbarkeit, d. h. der Widerstand gegen den Verlust obiger Eigenschaften mit der Zeit, oder durch leichte Erhitzung (100^0) oder durch Erschütterungen, ein sehr großer sein. Sowohl wolfram-, wie chromlegierte Stähle werden angewandt, und zwar mit folgender Grundanalyse:

---

[1] Diss. Aachen 1924.   [2] Diss. Aachen 1923.

$$1—1,1\,^0/_0\ \text{C}, \qquad 1,8—2,2\,^0/_0\ \text{Cr},$$
$$0,5—0,6\,^0/_0\ \text{C}, \qquad 5—6\,^0/_0\ \text{W}.$$

Hinzu kommt in neuester Zeit der hochwertige K.S.-Stahl von Honda[1]) mit folgender Grundanalyse:

$$0,4—0,8\,^0/_0\ \text{C}, \quad 30—40\,^0/_0\ \text{Co}, \quad 5—9\,^0/_0\ \text{W}, \quad 1,5—3\,^0/_0\ \text{Cr},$$

dessen überraschende magnetische Eigenschaften bereits an anderer Stelle (Abschn. III, 11) geschildert wurden. Die Behandlung dieses Stahls sei hier vorweggenommen. Sie besteht in einer Härtung in schwerem Öl bei 950⁰. Die Härte beträgt im ausgeglühten Stahl 444 Br.E. und 652 im gehärteten. Außer den vorzüglichen magnetischen Eigenschaften ist auch die magnetische Beständigkeit dieses Stahls bemerkenswert.

Was nun die Wärmebehandlung der üblichen Magnetstähle betrifft, so hat Mars[2]) für Wolframstähle mit $0,6\,^0/_0$ Kohlenstoff und $5\,^0/_0$ Wolfram als beste Härtetemperatur 900—950⁰ und als beste Härteflüssigkeit Wasser festgestellt. Über die Ergebnisse der Gumlichschen[3]) Untersuchungen an Chromstählen ist an anderer Stelle (vgl. Abb. 220) bereits berichtet worden. Neuerdings hat Emicke[4]) besonders eingehende Untersuchungen über einen Chrom-Magnetstahl mit $1\,^0/_0$ Kohlenstoff und $1,6\,^0/_0$ Chrom[5]) angestellt, deren Ergebnisse so wichtig erscheinen, daß sie hier etwas eingehender behandelt werden sollen.

Emicke stellte zunächst fest, daß die Kristallseigerung ohne Einfluß auf die magnetischen Eigenschaften ist, indem er den durch längeres Glühen der Knüppel von 60 mm ⬚ bei sehr hoher Temperatur (1150—1200⁰, 10—20 st) homogenisierten, sodann auf 7 mm gewalzten und auf 6 mm gezogenen Stahl mit normal geglühtem verglich. Lediglich zur Vermeidung schädlicher Entkohlung ist das Blockmaterial so kurz wie möglich vorzuwärmen und bei mittlerer Temperatur (etwa 1000⁰) zu walzen, jedenfalls aber so, daß der Stahl über Ar_1 (690⁰ bei $v = 2\,^0/\text{min}$) die Walze verläßt.

Der Einfluß der Härtetemperatur, der Erhitzungsdauer sowie des Härtemittels ist in Abb. 499a, b dargestellt. Jeder Diagrammpunkt stellt das Mittel aus 30 Werten dar. Zu diesen Abbildungen ist folgendes zu bemerken. Was zunächst die Härtetemperatur betrifft, so erkennt man, daß mit steigender Härtetemperatur alle Eigenschaftswerte einem Maximum zustreben, um dann wieder abzufallen. Die Lage bzw. absolute Höhe des Maximums ist abhängig von der Erhitzungsdauer (2, 4, 10 min) und der Abschreckgeschwindigkeit (Öl, Wasser). Bezüglich der Ölhärtung gilt folgendes. Maximale Induktion (M. I.) und Remanenz (R.) verlaufen ähnlich. Die Maxima verschieben sich nur unwesentlich mit der Härtetemperatur, und zwar für die R. 780, 775, 770⁰ bei 2, 4, 10 min Erhitzungsdauer, jedoch überlagern sich die Kurven, indem der längsten Dauer die niedrigste M.I. bzw. R. entspricht. Dahingegen überschneiden sich die Kurven der Koerzitivkraft (CK.), ohne daß die Höhe des Maximums sich wesentlich ändert. Das Maximum der CK. findet sich aber bei wesentlich höheren Härtetemperaturen als das der M.I. und R., und zwar

[1]) Tohoku 1920, 417. [2]) St. E. 1909, 1770.
[3]) St. E. 1922, 44. [4]) Diss. Aachen 1922.
[5]) Man wählt neuerdings den Chromgehalt etwas höher, u. zw. rd. $2\,^0/_0$.

je nach der Erhitzungsdauer bei 880, 860 bzw. 840⁰ für 2, 4, 10 min Erhitzungsdauer. Dementsprechend überschneiden und überlagern sich die Kurven des Produktes R.CK. 10^3. Die Maxima liegen bei mittleren Temperaturen, nämlich: 830, 815, 800⁰ für 2, 4, 10 min Erhitzungsdauer. Eine Steigerung der CK. läßt sich durch Änderung der Härtetemperatur und Erhitzungsdauer nicht erzielen, während die R. sich steigern läßt durch Erniedrigung der Härtetemperatur und der Erhitzungsdauer. Das Produkt R.CK. 10^3 ist in engen Grenzen steigerungsfähig durch Erniedrigung der Härtetemperatur und Erhöhung der Erhitzungsdauer, wie die Kurven gleichen Produktes R.CK. 10^3 Abb. 499a lehren. So klar wie bei der Ölhärtung liegen die Verhältnisse bei der Wasserhärtung nicht. Dies scheint wohl daher zu rühren, daß die Stähle schon bei niedrigen Härtetemperaturen Härterisse aufwiesen. Alle Kurven überschneiden sich. Die Maxima der R. liegen bei 800, 790, 780⁰ für 2, 4, 10 min Erhitzungsdauer, anscheinend ohne wesentlichen Unterschied in der Höhe des Maximums. Dafür sind aber die R_{max} für Wasserhärtung nicht unerheblich höher als die für Ölhärtung. Die Maxima der CK. liegen bei 880, 890, 865⁰(?) für 2, 4, 10 min Erhitzungsdauer, auch hier anscheinend ohne wesentlichen Unterschied in der Höhe von CK_{max}. Während die R_{max} für Ölhärtung höher liegen als für Wasserhärtung, ist für K_{max} das Umgekehrte der Fall. Wie aus dem Kurvenverlauf von R.CK. 10^3 hervorgeht, liegen die Maxima bei 855, 840, 825⁰ für 2, 4, 10 min Erhitzungsdauer, und zwar unter den bei der Ölhärtung erreichten. Gemäß den Kurven gleichen Produktes R.CK. 10^3 läßt sich bei der Wasserhärtung, umgekehrt wie bei der Ölhärtung, nur durch Verkürzung der Erhitzungsdauer unter gleichzeitiger Steigerung der Härtetemperatur in schwachen Grenzen eine Verbesserung von R.CK. 10^3 erzielen. Der besseren Übersicht halber sind die wichtigsten Zahlenwerte noch einmal in der nachfolgenden Tabelle zusammengestellt.

Eigenschaft	Härtetemperaturen in ⁰C zur Erreichung der Maxima von R, CK, R.CK. 10^3 (eingeklammert) bei verschiedener Erhitzungsdauer auf Härtetemperatur für Öl- und Wasserhärtung					
	Öl			Wasser		
	2 min	4 min	10 min	2 min	4 min	10 min
Remanenz	780 (10 600)	775 (10 500)	700 (10 300)	800 (10 800)	790 (10 940)	780 (10 800)
Koerzitivkraft	880 (56,6)	860 (56,4)	840 (56,8)	880 (53,8)	890 (53,2)	865 (53,8)
R. CK.10^3 . .	830 (516)	815 (524)	800 (538)	855 (526)	840 (510)	825 (512)

Die aus Abb. 499 sich ergebenden Tatsachen wären nun vom Standpunkte der Konstitution aus zu erklären.

Es sei zunächst daran erinnert, daß Gumlich[1] in den ungeglühten Kohlenstoffstählen eine ziemlich deutlich ausgeprägte Unabhängigkeit der R. vom Kohlenstoffgehalt fand. In Abb. 500 sind einige Ergebnisse von Gumlich unter Benutzung der Härtetemperatur als Abszisse dargestellt. Man erkennt zunächst, daß die höchste R. erreicht wird bei einem Stahl mit etwa 0,5 %

---

[1] Gumlich, Wiss. Abh. R. A. 1918, 338; St. E. 1922, 41.

Kohlenstoff, eine Tatsache, die noch der Erklärung harrt, (vgl. a. Abb. 66). Ferner zeigt sich, daß bis zu einem Gehalt von 1,1 %/0 Kohlenstoff mit steigen. der Härtetemperatur die R. umso stärker ansteigt, je niedriger der Kohlenstoffgehalt ist. Man kann offenbar aus dem Verlauf der Kurven schließen, daß die R. in gleichem Maße ansteigt, wie sich die Bildung der festen Lösung vollzieht. Von 1,1 %/0 Kohlenstoff an tritt aber das Gegenteil ein, besonders deutlich bei dem Stahl mit 1,7 %/0 Kohlenstoff. Das Verhalten der R. ist also nicht eindeutig und es kann jedenfalls nicht als gekennzeichnet gelten lediglich durch den Satz, daß die Austenitbildung die R. erniedrigt. Das Verhalten der CK. ist klarer. Sie steigt in den ungehärteten Stählen mit dem Kohlenstoffgehalt. Ob der schwache Knick bei rd. 1 %/0 Kohlenstoff (vgl. Abb. 191) wesentlich ist oder nicht, läßt sich nicht ent-

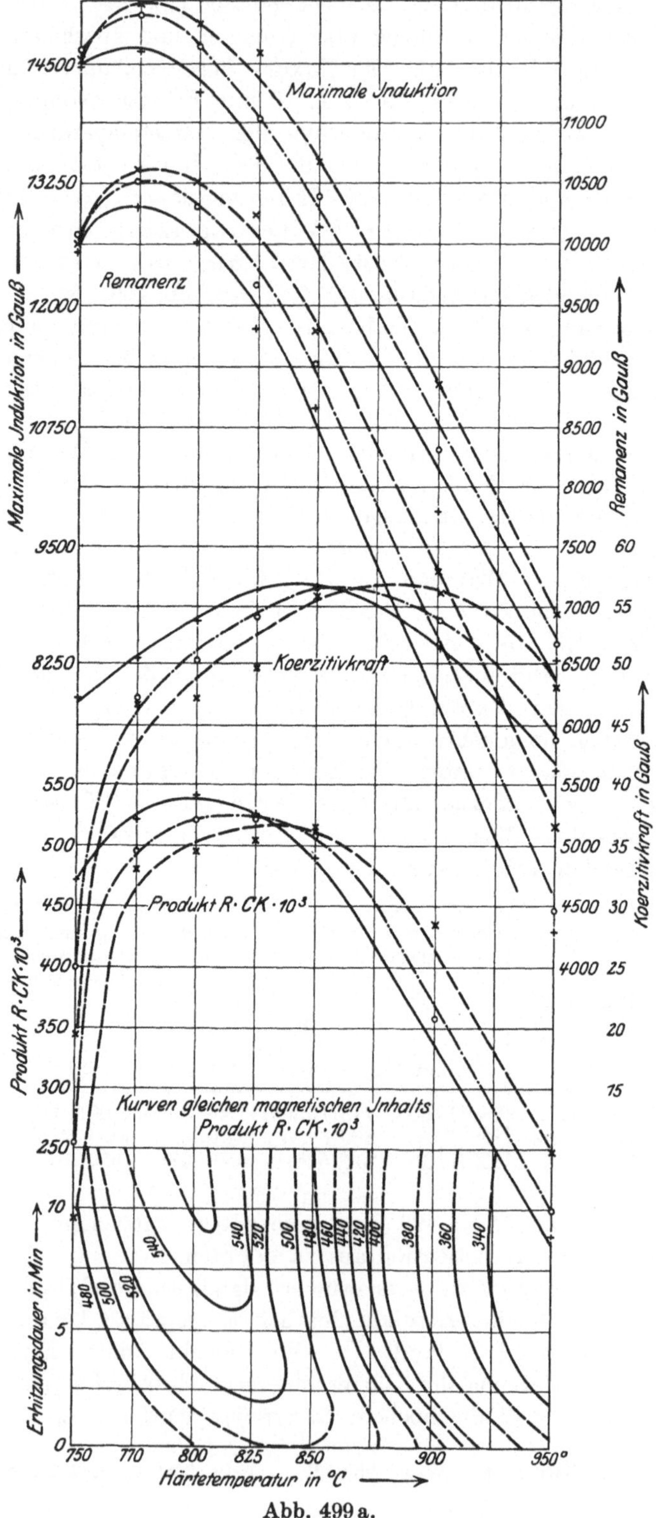

Abb. 499 a.

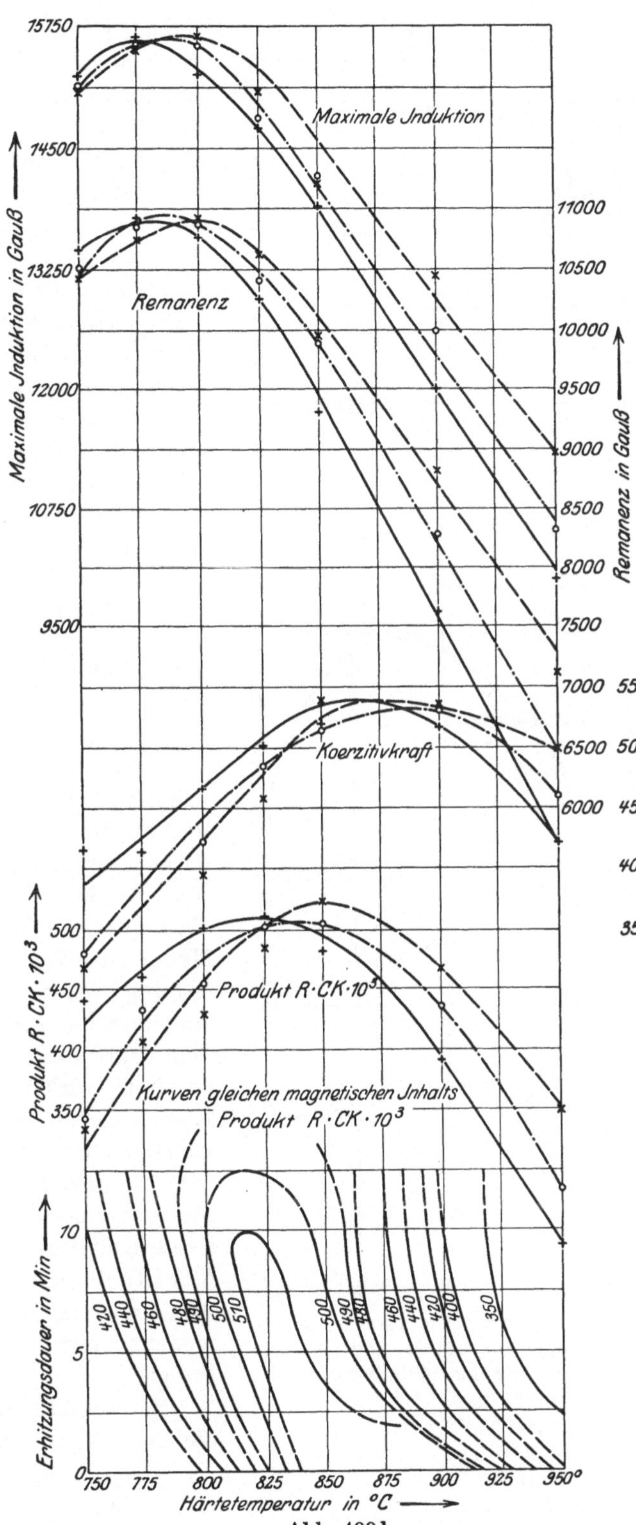

Abb. 499 a u. b. Einfluß der Abschrekkungsgeschwindigkeit, der Härtetemperatur sowie der Dauer der Erhitzung auf Härtetemperatur auf die magnetischen Eigenschaften von Chrom-Magnetstahl mit 1,05⁰/₀ C und 1,6⁰/₀ Cr (Emicke). a = Öl-, b = Wasserhärtung.

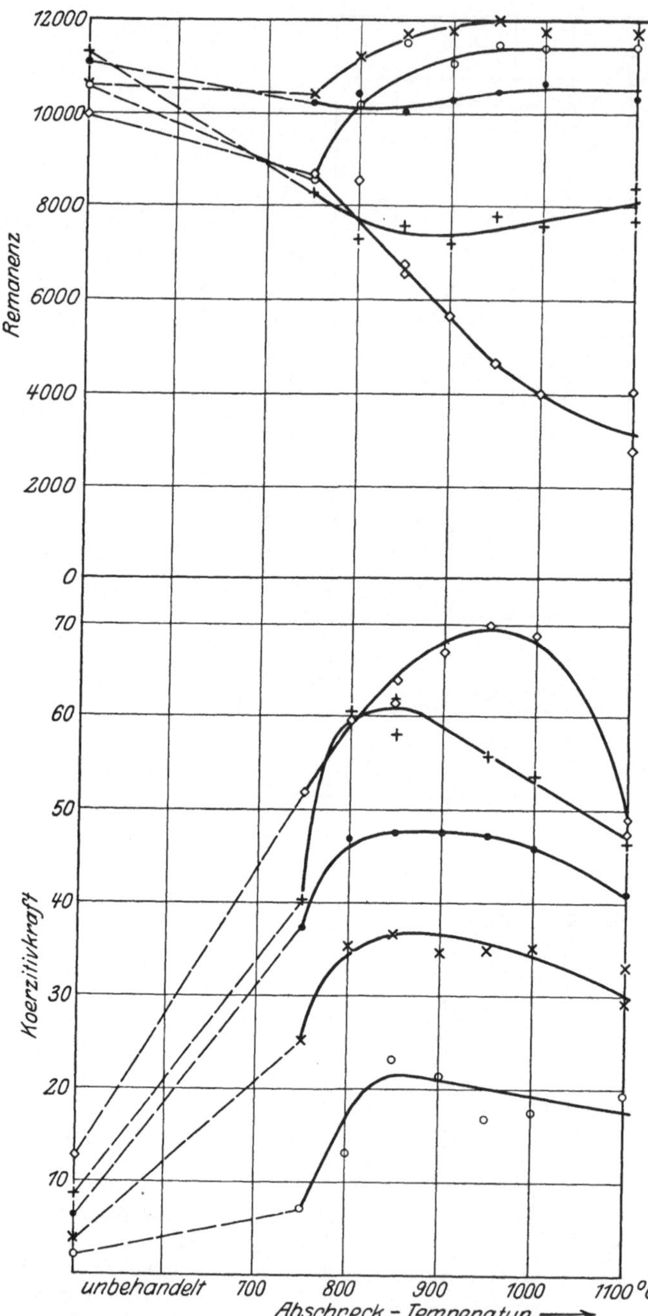

Abb. 500. Einfluß der Härtetemperatur auf R. und CK. von in Wasser abgeschreckten C-Stählen (Gumlich).

○ — ○ — ○ 0,234% C,
× — × — + 0,445% C,
· — · — · 0,695% C,
+ — + — + 1,105% C,
◇ — ◇ — ◇ 1,775% C.

scheiden. Die beim Härten erreichbare maximale CK. steigt ebenfalls mit dem Kohlenstoffgehalt, und der Anstieg ist am steilsten bei 1,1 % Kohlenstoff. Offenbar besteht Proportionalität zwischen der Menge des in Lösung gegangenen Kohlenstoffs einerseits und der CK. anderseits. Aber auch auf sie übt die Austenitbildung einen ähnlichen Einfluß aus wie auf die R., was aus dem abfallenden Ast der Kurven zu schließen ist.

Die günstige Wirkung des Chroms und Wolframs wird darauf zurückgeführt[1]), daß diese Elemente in hohem Maße an der Karbidbildung beteiligt sind und hierdurch dem Stahl das magnetisch wirksame Eisen in geringerem Umfang entzogen wird als dies durch Steigerung des Kohlenstoffgehaltes der Fall ist, die ja eine Abnahme der Remanenz mit sich bringt.

Betrachtet man die in Abb. 499

---

[1]) Mars, St. E. 1909, 1769.

niedergelegten Kurven, so erkennt man, daß die vorstehenden Ausführungen für die Deutung der Ergebnisse wertvolle Fingerzeige geben, die durch die mikroskopische Untersuchung gestützt werden. So wird z. B. der Verlauf der CK.-Kurven erklärlich: mit steigender Härtetemperatur und Erhitzungsdauer wächst die Menge des in Lösung übergeführten Kohlenstoffs und demnach auch CK., ohne daß R. wie in den Kohlenstoffstählen schon bei niedriger Härtetemperatur abfällt. Vielleicht kann dies so gedeutet werden, daß die Chromkarbide langsamer in Lösung gehen. An und für sich ist ja die Tatsache bemerkenswert, daß, trotzdem Ac_1 bei 735° liegt, zur Erzielung der höchsten CK. eine mindestens 100° höhere Härtetemperatur erforderlich ist. Dies hängt nun keinesfalls allein mit der Gegenwart des Chroms in dem Sinne zusammen, daß durch dieses Element der eutektoide Punkt nach links verschoben wird und der vorliegende Stahl also übereutektoidisch ist (vgl. auch Abb. 500), sondern es ist auch der Anfangszustand des Stahls zu berücksichtigen. Bereits Portevin und Bernard[1]) hatten an eutektoidem Stahl festgestellt, daß der körnige Perlit sich schwieriger auflöst als der lamellare oder sorbitische und leichter dazu neige, infolge örtlichen Überschreitens der Konzentration des eutektoiden Punktes den Zementit, wie sie sich ausdrücken, vorzeitig wieder abzuscheiden. Unter sonst gleichen Verhältnissen läßt sich daher mit sorbitischem Perlit als Anfangsgefüge eine höhere CK. erzielen als mit körnigem. Dies geht deutlich aus der nachfolgenden Übersicht nach Emicke hervor, die auch lehrt, daß das mit sorbitischem Perlit als Anfangsgefüge erzielbare Produkt R.CK. 10^3 höher liegt als die beste der Zahlen in Abb. 499.

Behandlung	Anfangsgefüge	Maximale Induktion	Remanenz R.	Koerzitivkraft CK.	R.CK. 10^3
Ungeglüht . .	Sorbit	15700	13300	20,9	278
Gehärtet . . .	—	13450	10100	60,2	608
Geglüht . . .	körniger Perlit	15000	12900	10,7	138
Gehärtet . . .	—	14200	10000	53,9	539

Leider lag in dem der Abb. 499 zugrunde liegenden Ausgangsmaterial der Perlit in körniger und nicht in sorbitischer Form vor, und weder der Verlauf der Kurven Abb. 499 noch die aus den Ergebnissen gezogenen Schlußfolgerungen können daher verallgemeinert werden. Die zahlreichen, z. B. bei Wasserhärtung und 2 min Erhitzungsdauer auf 750° neben Martensit (dunkel) und Ferrit (hell) ungelöst zurückbleibenden Karbidkörnchen sind deutlich in Abb. 501 zu erkennen. Aber selbst nach 10 min langem Erhitzen auf 800° und Ölhärtung, wodurch das beste Produkt R.CK. 10^3 erzielt wird, bleiben, wie die Natriumpikratätzung Abb. 502 lehrt, noch ungelöste Karbidteilchen zurück. Es geht schon aus dieser Abbildung die merkwürdige Tendenz der Karbidkörnchen hervor, sich zu Netzwerken zusammenzuschließen, und zwar sowohl bei Öl- wie bei Wasserhärtung. Mit steigender Härtetemperatur schließen sich die Netzwerke und ihr Durchmesser nimmt zu, wie die Natriumpikratätzung des 10 min auf 825° erhitzten, in Wasser gehärteten Stahls (Abb. 503) bzw. die gleiche Ätzung des auf 950° 10 min erhitzten und in Öl gehärteten Stahls (Abb.

---

[1]) St. E. 1922, 268.

504) lehrt[1]). Diese Tatsache, sowie die mit steigender Temperatur in vermehrtem Maße auftretenden Austenitmengen, erklären den Abfall der CK.-Kurven.

In großen Zügen bestätigt die mikroskopische Untersuchung also die Ergebnisse der magnetischen bezw. die herrschende Auffassung, doch bleibt

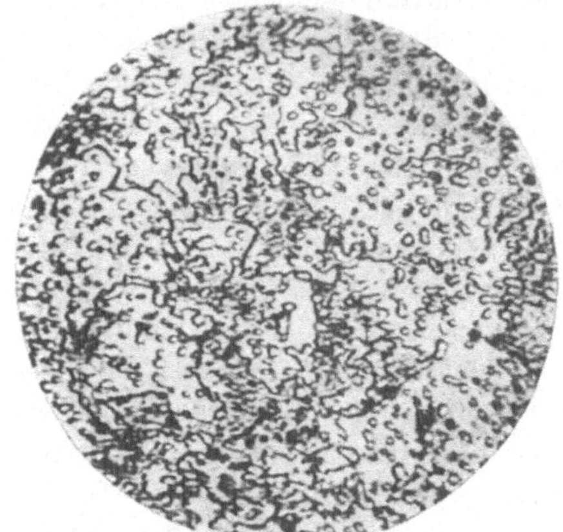

Abb. 501. Stahl mit 1,05% C, 1,6% Cr, 2 min auf 750° erhitzt, in Wasser abgeschreckt, Ätzung II, x 1000 (Emicke).

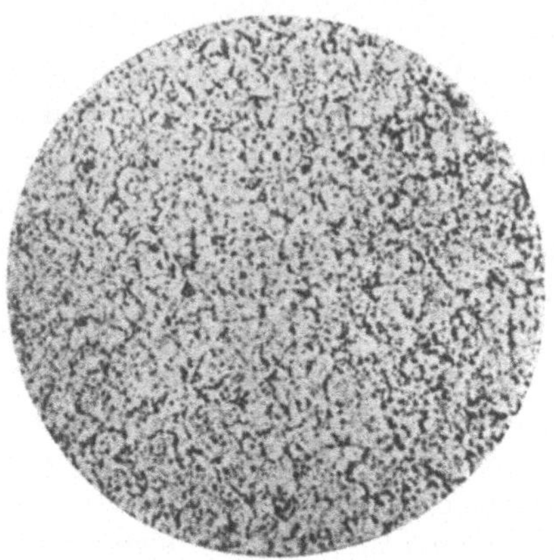

Abb. 502. Stahl mit 1,05% C, 1,6%, Cr, 10 min auf 800° erhitzt, in Öl abgeschreckt, Natriumpikratätzung x 500 (Emicke).

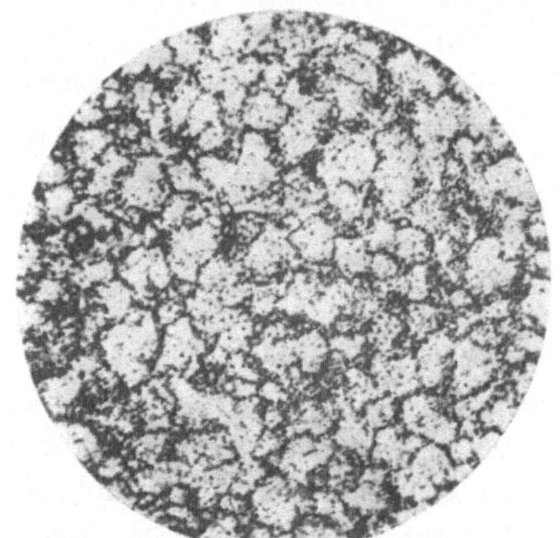

Abb. 503. Stahl mit 1,05% C, 1,6% Cr, 10 min auf 825° erhitzt, in Wasser abgeschreckt. Natriumpikratätzung x 500 (Emicke).

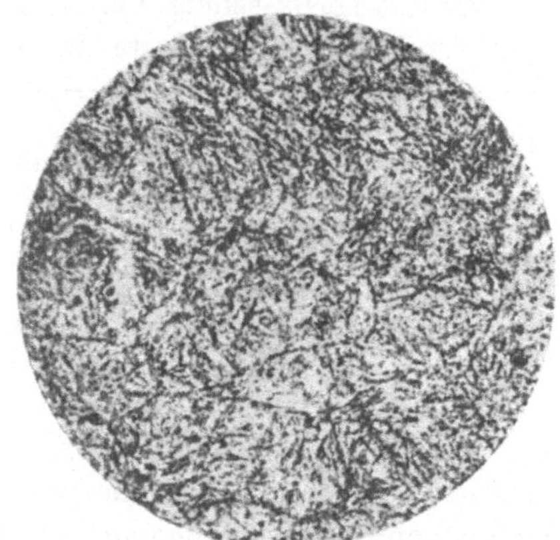

Abb. 504. Stahl mit 1,05% C, 1,6% Cr, 10 min auf 950° erhitzt, in Öl abgeschreckt. Natriumpikratätzung x 500 (Emicke).

die Klärung einer ganzen Reihe von Einzeltatsachen, wie z. B. das Auftreten eines Maximums in den R.-Kurven noch weiterer Forschung vorbehalten.

Der Einfluß der Anlaßtemperatur auf den ölgehärteten Stahl erhellt aus Abb. 505. Praktisch läßt sich sagen, daß das Anlassen trotz der erzielten Steigerung der Remanenz wegen des gleichzeitigen Abfalls der Koerzitivkraft keinen Vorteil bedeutet, es sei denn, daß die Anlaßtemperatur unter 100°

---

[1]) Es ist anzunehmen, daß die Karbidnetzwerkbildung bei der Abkühlung erfolgt, und zwar in den Korngrenzen, weil hier die Stabilität des Raumgitters am geringsten ist.

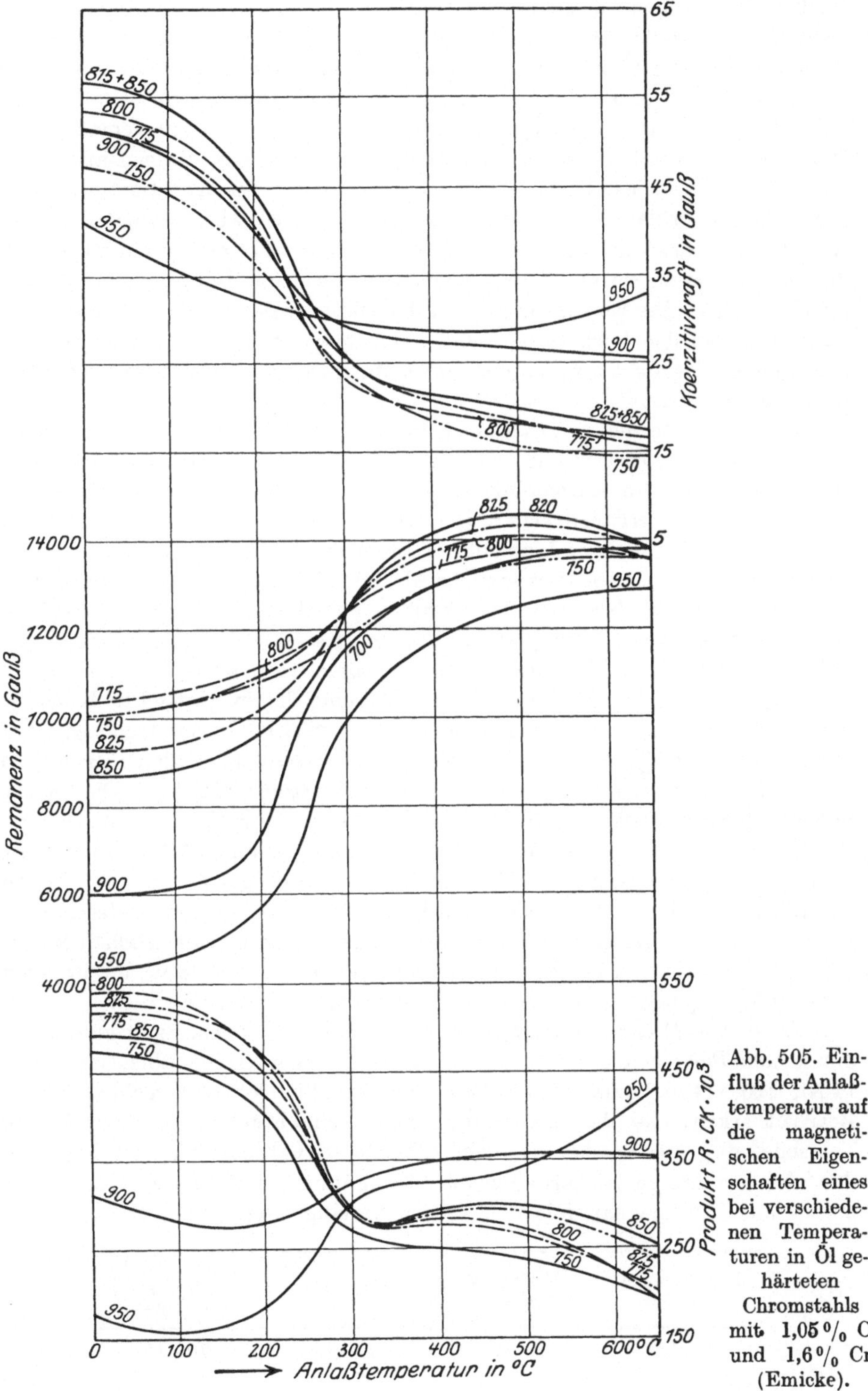

Abb. 505. Einfluß der Anlaßtemperatur auf die magnetischen Eigenschaften eines bei verschiedenen Temperaturen in Öl gehärteten Chromstahls mit 1,05 % C und 1,6 % Cr (Emicke).

bleibt. Im übrigen ist die rasche Änderung der magnetischen Eigenschaften zwischen 250 und 350^0 bemerkenswert, deren Sinn für R. und CK. entgegengesetzt gerichtet ist, bei ersterer einem Ansteigen und bei letzterer einem Sinken entspricht. Das Produkt R.CK. 10^3 richtet sich im wesentlichen nach der CK. Bemerkenswert ist ferner, daß die Kurven der bei hohen Temperaturen, 900—950^0, gehärteten Stähle nicht unwesentlich von den übrigen abweichen. Auch diese Tatsachen lassen sich vom Standpunkt der Konstitution aus in großen Zügen erklären. Der Abfall der CK. bis 300^0 wird bedingt durch die Ausscheidung des Karbides (Troostitbildung). Sie wirkt bedeutend stärker auf die CK. ein, wenn sie aus dem Martensit anstatt zum Teil aus dem Austenit (950^0) erfolgt. Die Einwirkung des Anlassens auf die R. ist am deutlichsten ausgeprägt bei den hoch (900—950^0) gehärteten Stählen, weil hier die beim Anlassen erfolgende Umwandlung von γ- in α-Eisen zur Karbidausscheidung wirksam hinzutritt.

Emicke untersuchte ferner den Einfluß von Erschütterungen auf die Eigenschaften der gehärteten Stähle. Die technische Bedeutung solcher Untersuchungen, z. B. für die im Automobilbau verwendeten Magnetstähle leuchtet ohne weiteres ein. Es ergaben sich durch 20maliges Herabfallen der Stäbe aus 2,5 m Höhe auf einen mit Linoleum belegten Steinfußboden bzw. durch 5 min langes Schlagen mit dem Holzhammer Ab- und Zunahme von R. und CK. bzw. von R.CK. 10^3, die bei letzterem Produkt zwischen $+$ 9,2 und $-$ 4,5$^0/_0$ des Anfangswertes lagen, ohne daß aber eine gesetzmäßige Abhängigkeit von Erhitzungsdauer oder Härtetemperatur hervorgetreten wäre.

Ähnliches ergaben Versuche zur Ermittelung der magnetischen Konstanz durch zyklisches (6 $\times$) Erhitzen auf 100^0. Die erzielten Änderungen lagen zwischen $+$ und $-$4,5$^0/_0$ der Anfangswerte, ohne eine Gesetzmäßigkeit aufzuweisen.

4. Die martensitischen und austenitischen Stähle. Die im vorhergehenden besprochenen Stahlgruppen sind ausschließlich perlitisch bzw. können leicht durch Anlassen in diesen Zustand übergeführt werden. Nur dem Grade nach besteht ein Unterschied zwischen diesen letzteren Stählen (Lufthärter) und den als martensitisch bezeichneten Stählen (Selbsthärter). In der Tat können selbst die als sehr stabil angesehenen martensitischen Nickelstähle durch genügend langes Anlassen auf geeignete Temperatur, die in jedem Falle unter Ac$_1$ liegt, weich und damit bearbeitbar gemacht werden.

Es ist, wie Maurer und Hohage[1]) mit Recht betonen, nicht so sehr die durch hohe Festigkeit und Härte (bei martensitischen Nickelstählen mit 12 bis 14 Ni, 130—140 kg/qmm, bzw. 300—400 Brinellhärte) verursachte schwere Bearbeitbarkeit, die das Anwendungsgebiet einschränkt, als vielmehr die Tatsache, daß die Streckgrenze dieser Stähle verhältnismäßig tief liegt (bei den oben erwähnten Nickelstählen 68—75 kg/qmm), während z. B. im Automobil- und Flugzeugbau folgende Zahlen verlangt werden:

Streckgrenze kg/qmm	Festigkeit kg/qmm	Dehnung $^0/_0$	Kerbzähigkeit mkg/qcm
90—100	110—120	10—15	10—15

[1]) E. F. I. 1921, **2**, 91.

Diese Zahlen lassen sich leicht und in bezug auf den Legierungszusatz viel billiger durch niedrigere Zusätze, z. B. 3—4% Nickel und 1,5% Chrom erreichen als durch martensitische Stähle.

Der einzige, bisher zur Anwendung gelangte martensitische Stahl ist der von Krupp[1]) eingeführte V 1 M-Stahl mit Nickel und Chrom, der bei zweckmäßiger Behandlung 60 kg/qmm Streckgrenze, 80 kg/qmm Festigkeit und 15% Dehnung aufweist und für hoch beanspruchte Maschinenteile vorteilhaft Verwendung findet.

Wie im Kapitel „Glühen" bereits betont wurde, wendet man ausschließlich zum Zwecke des Weichmachens die Anlaßbehandlung auf gewisse martensitische Stähle an. Die große relative Stabilität des Martensits dieser Stähle zwingt mitunter zur Anwendung sehr hoher Anlaßtemperaturen (wenig unter Ac_1) und großer Anlaßdauer, obwohl dies nicht die Regel darstellt.[2]) Die nebenstehende Zusammenstellung enthält Angaben über Zusammensetzung und Eigenschaften der wichtigsten austenitischen Stähle, größtenteils nach Maurer und Hohage[3]).

Wie Maurer und Hohage betonen, richtet sich die Art der Wärmebehandlung nach der Art des austenitischen Stahls. So ist der Hadfieldsche Manganstahl kein sehr stabiler Austenitstahl. Potter[6]) zeigte, daß das Gefüge der austenitischen Manganstähle in hohem Grade von der Art der Erstarrung und Abkühlung abhängig sei. Bei sehr langsamer Erstarrung und Abkühlung treten außer Austenit je nach dem Mangan- und Kohlenstoffgehalt, Ledeburit, Zementit, Martensit, Troostit, Sorbit und lamellarer Perlit auf. In diesem Falle erweisen sich die magnetischen und die Festigkeitseigenschaften als in hohem Grade abhängig von der Wärmebehandlung, und der Stahl besitzt eine Reihe von kritischen Punkten. Dies alles ist nicht der Fall, wenn der Stahl von vornherein so behandelt wurde (bei der Erstarrung und Abkühlung), daß er gleichmäßiges Austenitgefüge be-

---

[1]) Vgl. Strauß und Maurer, Kruppsche Monatsh. 1920, 129.

[2]) Vgl. Aall, St. E., 1924, 1080.

[3]) a. a. O.

[4]) Nach Dumas, Aciers aux nickel. Paris 1902, 94 u. 127.

[5]) Hadfield, Engl. Pat. 7422, 1896.

[6]) Met. 1909, 33.

Oberhoffer, Eisen. 2. Aufl.   32

Zusammensetzung	Verwendung auf Grund von folgenden Eigenschaften bzw. f. folgende Zwecke	Streckgrenze kg/qmm	Festigkeit kg/qmm	Dehnung %	Kerbzähigkeit mkg/qcm
1—1,4% C, 10—14% Mn	hohe Zähigkeit und Verschleißfestigkeit	—	132,0	87,0	—
	hohe Rostsicherheit	20—23	58—62	—	—
0,2—0,3% C, 25% Ni	Marinebauzwecke, magnetische Eigenschaften	33,6	76,0	65,5	—
n. b., 20—25% Ni, 2—3% Cr[4])	Ersatz für Ni-Stahl	32,5	81,5	57,0	—
0,6, 15% Ni, 5% Mn[5]) 0,6, 5—7% Ni, 20% Cr[1])	hohe Rostsicherheit (Kruppscher V 2 A-Stahl)	40,0	75,0	50,0	25

sitzt. Die Behandlung besteht in einem Abschrecken bei 1000⁰ in Wasser. Abb. 506 zeigt den so abgeschreckten Stahl, der ausschließlich aus Austenit

Abb. 506. Austenitischer Manganstahl, bei 1000⁰ in Wasser abgeschreckt, Ätzung II, x 200 (Rapatz).

Abb. 507. Austenitischer Manganstahl auf 900⁰ erhitzt und verhältnismäßig langsam abgekühlt, Ätzung II, x 200 (Rapatz).

besteht, Abb. 507 den von 900⁰ an verhältnismäßig langsam abgekühlten Stahl, der an den Austenitkorngrenzen Zementitausscheidungen aufweist[1]). Anders verhält sich der 25⁰/₀ige Nickelstahl, dessen Austenit stabiler zu sein scheint, wobei aber zu berücksichtigen ist, daß dieser Stahl nie so hohe Kohlenstoffgehalte aufweist wie der Manganstahl. Abb. 508 zeigt einen 25⁰/₀igen Nickelstahl[2]) im Anlieferungszustand. Innerhalb der Körner erkennt man Translationsstreifung, die jedenfalls von der Kaltverarbeitung her etwas verzerrt und verbogen ist. Glühen bei 1000⁰ mit nach-

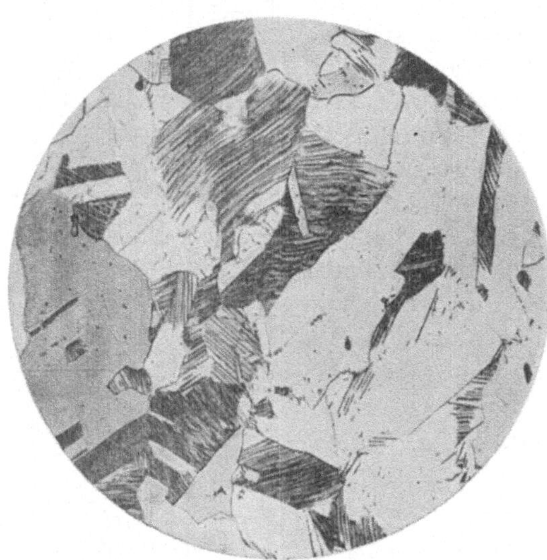

Abb. 508. Austenitisch. Nickelstahl (25⁰/₀ Ni), Anlieferungszustand, Ätzung Ammonium-Persulfat, x 500.

[1]) Für die Überlassung der beiden Bilder spreche ich auch an dieser Stelle Herrn Dr. Rapatz meinen Dank aus. Vgl. a. Fußnote 2, S. 493.

[2]) Als Ätzmittel wurde die von Czochralski empfohlene 10⁰/₀ige wässerige Ammoniumpersulfatlösung benutzt.

folgender langsamer Abkühlung bewirkt, wie Abb. 509 zeigt, außer beträchtlicher Zunahme der Korngröße (man beachte den Unterschied zwischen den Vergrößerungen von Abb. 508 und 509) auch eine merkwürdige Veränderung der Translationslinien, die, statt innerhalb eines und desselben Kornes parallel zu sein, sich kreuzen und ein dem Martensit nicht unähnliches Gefügebild ergeben. Ob tatsächlich, wie verschiedentlich behauptet worden ist, Martensit vorliegt, steht dahin, jedenfalls wäre dieser Martensit, wie aus den nachfolgend mitgeteilten Härtemessungen hervorgeht, erheblich weicher als der normale Martensit. Abschrecken des Stahls bei 1000⁰ bewirkt, wie Abb. 510 zeigt, die Entstehung vorzüglich ausgebildeter Translations- und Zwillingsstreifung. Der Unterschied zwischen den Härtezahlen abgeschreckter und langsam abgekühlter Proben ist unerheblich. Erheblich ist dagegen die Härteabnahme mit steigender

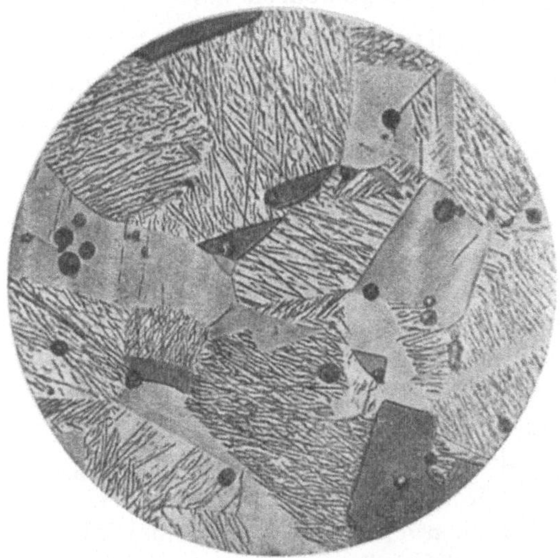

Abb. 509. Wie Abb. 508, jedoch ½ Stunde bei 1000⁰ geglüht und langsam abgekühlt, x 250.

Abb. 510. Wie Abb. 508, jedoch ½ Stunde bei 1000⁰ geglüht und abgeschreckt, x 250.

Temperatur, die wohl eine Erweiterung des für reine Metalle bereits aufgestellten Grundsatzes auf die den reinen Metallen vom Standpunkt des Gefüges sehr nahestehenden festen Lösungen darstellt, daß mit steigender Korngröße die Härte abnimmt. Nach Guillet soll das Abschrecken dieses Stahles bei 1000⁰ eine Zähigkeitsabnahme bedingen, indem bei der Frémont-Probe die Kerbzähigkeit in einem untersuchten Falle von 35 auf 23 mkg/qcm fiel[1]).

Temperatur ⁰ C	Brinellsche Härtezahl des bei nebenstehender Temperatur geglühten bzw. abgeschreckten ( ) Stahls	
Anlieferungszustand	137	(...)
600	—	(134)
800	119	(129)
1000	112	(110)
1200	108	(102)

[1]) Vgl. Guillet, Aciers spéciaux. Paris 1906, 13, 32, 37.

Bezüglich der magnetischen Eigenschaften weist der „natürliche" Austenit Anomalien auf. Wie aus seiner Natur als feste Lösung von Kohlenstoff im unmagnetischen γ-Eisen hervorgeht, steht zu erwarten, daß er unmagnetisch ist. Dies trifft auch praktisch zu, aber Hilpert, Mathesius und Colvert-Glauert haben gezeigt[1]), daß durch geeignete Wärmebehandlung auch dem austenitischen Stahl eine nicht zu unterschätzende Magnetisierbarkeit erteilt werden könne. Aus den mitgeteilten Gefügebildern läßt sich nicht schließen, wie weit ein Zusammenhang mit dem Gefüge vorliegt.

Für den austenitischen Nickel-Chromstahl (Kruppscher V 2 A-Stahl) kommt nach Strauß und Maurer Abschrecken bei 1100—1200° in Wasser in Betracht.

7. Das Zementieren (Einsatzhärten) des schmiedbaren Eisens.

A. Zementation mit Kohlenstoff.

Die Tatsache, daß fester Kohlenstoff bei bestimmten Temperaturen in festes Eisen hineinzudiffundieren vermag, wurde ursprünglich[2]) ausgenutzt, um Platten oder Stangen aus weichem Eisen in Stahl zu verwandeln. Das als Ausgangsprodukt für die Tiegelstahlfabrikation benutzte, wegen seiner Feinheit sehr hochwertige, aber auch sehr teure Erzeugnis heißt Zement- oder Blasenstahl. Die Zuführung des Kohlenstoffs erfolgt durch Glühen des festen Eisens unter Luftabschluß in Holzkohle oder in anderen, Kohlenstoff abgebenden Zementationsmitteln, deren Zusammensetzung von den beteiligten Stellen häufig als Fabrikationsgeheimnis ängstlich gehütet wird und Gegenstand einer umfangreichen Patentliteratur bildet. Die 1,5—2 cm starken Platten oder Stangen werden meist so lange erhitzt, bis der Kohlenstoff den ganzen Querschnitt gleichmäßig bis zu einem Gehalte von 1—2% durchdrungen hat, wovon man sich durch Entnahme von Bruchproben überzeugt, wie denn überhaupt das Erzeugnis lediglich nach dem Aussehen des Bruches beurteilt wird. Als Ausgangspunkt wird bestes schwedisches Schweißeisen von etwa folgender Zusammensetzung benutzt:

$$
\begin{aligned}
&0{,}05 \ \%\ \text{C}\\
&0{,}045 \ „\ \text{Si}\\
&0{,}025 \ „\ \text{Mn}\\
&0{,}007 \ „\ \text{S}\\
&0{,}010 \ „\ \text{P}
\end{aligned}
$$

Obwohl das Verfahren, wie erwähnt, sehr kostspielig und wenig leistungsfähig ist, bewirkt die Vorzüglichkeit des Produktes eher eine Ausbreitung als ein Zurückgehen seiner Anwendung. Es ist nicht ausgeschlossen, daß die Güte des Produktes darauf zurückzuführen ist, daß die Oxyde (Sauerstoff) durch den eindringenden Kohlenstoff reduziert werden.

Heute wird das Zementationsverfahren aber hauptsächlich benutzt:

1. um in der Form fertig vorliegenden Gegenständen, die an und für sich zähe und widerstandsfähig gegen stoßweise oder wechselnde Beanspruchung

---

[1]) St. E. 1915, 197; vgl. a. Trans. Am. min. 1914, 601.

[2]) Vgl. Ledebur, Eisenhüttenkunde, Bd. 3, 401—419, sowie F. Giolitti, La cémentation de l'acier. Paris: Herrmann et fils, 1914, 287—314.

sein sollen, eine harte und gegen Abnutzung widerstandsfähige Oberfläche zu erteilen; die Zementationstiefe, d. h. die Tiefe, bis zu der der Kohlenstoff im Innern des Gegenstandes eindringt, übersteigt hierbei selten 1—2 mm; oder

2. um Panzerplatten an der dem Geschoß zugekehrten Seite durch Zementation widerstandsfähig gegen das Eindringen des Geschosses zu machen, während der gegenüberliegende, nicht zementierte Teil hohe Zähigkeit besitzen und dadurch verhindert werden soll, daß die Platte beim Auftreffen des Geschosses zerspringt; die Zementationstiefen sind hier wesentlich beträchtlicher als im Fall 1, doch gelangen aus begreiflichen Gründen sowohl hierüber wie überhaupt über das Verfahren nur wenige zuverlässige und meist in der Patentliteratur verstreute Angaben an die Öffentlichkeit [1]); endlich

3. um die während der Wärmebehandlung der Werkzeugstähle häufig auftretende Entkohlung und damit das Weichwerden der Oberfläche dieser Stähle wieder rückgängig zu machen; da es sich hier meist nur um geringe Bruchteile eines Millimeters (0,1—0,2 mm) handelt, genügt es, das Kohlenstoff abgebende Mittel in Form von schmelzbaren, kohlenstoffhaltigen Bestandteilen, z. B. Ferrozyankalium in Gemisch mit Ruß, Hornmehl, Harz, Salz, Weinsäure, Holzteer und Kornmehl [2]) auf die Oberfläche des auf Härtetemperatur gebrachten Stahls aufzustreuen, weshalb diese Gemische auch wohl „Aufstreupulver" genannt werden, während das Verfahren mit „Einbrennen" bezeichnet wird.

Das Hauptinteresse beanspruchen die zu 1 gehörigen Verfahren. Sie werden angewendet auf hochbeanspruchte Konstruktions- insbesondere Automobilteile, wie Zahnräder des Wechselgetriebes, Differentials und Hinterachsenantriebes; Wellen, wie Schiebe- Nocken- und Kurbelwellen; Spindeln, Konusse, Kolbenbolzen, Bolzen, Büchsen, Achszapfen, Kettenstifte, Rollen und dgl. Da der nicht zementierte „Kern" möglichst zähe sein soll, wählt man als Ausgangsmaterial meist weiche Sorten mit $0,1—0,15\,^0/_0$ Kohlenstoff, $0,4\,^0/_0$ Mangan, höchstens $0,3\,^0/_0$ Silizium, $0,04\,^0/_0$ Schwefel und $0,05\,^0/_0$ Phosphor, mit Vorliebe aber Spezialstähle, die außerdem $2—4\,^0/_0$ Nickel oder bei gleichem Nickelgehalt noch bis $2\,^0/_0$ Chrom, weniger häufig statt Chrom oder neben diesem Molybdän, Wolfram oder Vanadium enthalten. Nickel- und Chromnickelstähle der angegebenen Zusammensetzung sind die am häufigsten in Europa verwendeten, weil sie gewöhnlichem Kohlenstoffstahl gegenüber höhere Streckgrenze, Schlagfestigkeit und höheren Widerstand gegen wechselnde und häufig wiederholte Beanspruchung besitzen. Nach den Angaben der Bismarckhütte verhält sich die Dauerschlagzahl bis zum Bruch eines Kohlenstoffstahls mit 50 kg/qmm Festigkeit und 26 kg/qmm Streckgrenze zu derjenigen eines Nickelstahls von gleicher Festigkeit jedoch mit 35 kg/qmm Streckgrenze etwa wie 5000 zu 15000.

Die Zementation bedingt ein längeres, zur Vergröberung des Gefüges führendes Glühen bei verhältnismäßig hohen Temperaturen. Aus diesem, sowie aus allgemeinen Gründen, wie Erhöhung der Härte in der zementierten und der Festigkeit und Zähigkeit in der nicht zementierten Schicht, werden zementierte Gegenstände stets nach später zu erwähnenden Grundsätzen vergütet. Die

---

[1]) Vgl. Ehrensberger, St. E. 1922, 1229.
[2]) Vgl. Brearley-Schäfer, Werkzeugstähle. Berlin: Julius Springer 1913.

Gesamtheit der Operationen, Zementieren und Vergüten heißt allgemein Einsatzhärten. Übrigens ist die bessere Eignung von Spezialstählen der angegebenen Art für die Einsatzhärtung nicht zum mindesten dem Umstande zuzuschreiben, daß diese Stähle bei gleicher Glühbehandlung bei weitem weniger zum Grobkörnigwerden neigen als vergleichbare reine Kohlenstoffstähle.

Die Beurteilung des Erfolges der Zementation geschieht nicht allein auf Grund der erreichten Zementationstiefe in mm ausgedrückt, sondern auch nach der maximalen Höhe und der Verteilung des Kohlenstoffgehaltes in der zementierten Schicht. Letztere lassen sich nach dem Bruchaussehen der Stücke nicht schätzen, weshalb empfindlichere Verfahren herangezogen werden müssen. Die Bestimmung des Kohlenstoffgehaltes auf chemischem Wege ist das sicherste Mittel zur Beurteilung des Erfolges, vorausgesetzt, daß die Bestimmung in genügend vielen und dünnen Schichten erfolgt, so daß die Ergebnisse etwa in graphischer Darstellung ein genaues Bild vom Eindringen des Kohlenstoffs in das Material geben. Dieses Verfahren ist aber sehr umständlich und daher für praktische Zwecke nicht so geeignet wie das mikroskopische Verfahren, das darin besteht, einen Schnitt durch den zementierten Gegenstand zu schleifen, zu polieren, zu ätzen und mikroskopisch zu untersuchen. Viele Mißerfolge bei im Einsatz gehärteten Stücken, insbesondere das gefürchtete „Abblättern" der zementierten Schicht, z. B. bei Zahnrädern, sind auf unzweckmäßige (maximale) Höhe und Verteilung des Kohlenstoffgehaltes in der zementierten Schicht zurückzuführen. Zur Vermeidung von Erscheinungen der genannten Art ist es notwendig:

1. daß der Kohlenstoffgehalt in der äußersten Schicht den eutektoidischen Gehalt nicht übersteigt, hier also kein freier Zementit vorhanden ist. Sind nämlich die Zementationsbedingungen in diesem Sinne unzweckmäßig gewählt, so tritt der Zementit nicht wie im Werkzeugstahl feinverteilt, sondern in Form von groben Nadeln und Lamellen auf, die den Materialzusammenhang stark lockern und ohne Gefahr der Überhitzung durch das Vergüten nicht beseitigt werden können;

2. daß der Kohlenstoffgehalt möglichst allmählich vom Rande der zementierten Schicht zum nicht zementierten Kern abnehme. Schroffe Übergänge führen bei der Härtung wegen des Auftretens von Spannungen zwischen Rand und Kern zur Lösung des Materialzusammenhanges zwischen beiden, d. h. zum Abspringen der zementierten Schicht.

Abb. 511 zeigt zementierte Schichten von weichem Flußeisen im unvergüteten Zustande. Der Kohlenstoffgehalt an der Oberfläche erreicht hier etwa 0,9 %.

Die Tiefe der zementierten Schicht sowie die maximale Höhe und die Verteilung des Kohlenstoffgehaltes in der zementierten Schicht sind abhängig von den folgenden Faktoren:

1. Temperatur der Zementation,
2. Dauer der Zementation,
3. Art des Zementationsmittels,
4. Art der Abkühlung nach dem Zementieren (Giolitti),
5. Natur des zementierten Stahls.

1. **Temperatur der Zementation.** Der Durchführbarkeit der Zementation sind sowohl nach oben wie nach unten bezüglich der Temperatur Grenzen gesetzt. Nimmt man an, daß in der äußersten Randschicht der Kohlenstoffgehalt $1,0\%$ nicht übersteigen soll, so dürfte bei der Zementation 1184^0 nicht überschritten werden, weil nach dem Zustandsdiagramm der Eisenkohlenstofflegierungen, Abb. 16, bei dieser Temperatur eine 1%ige Eisenkohlenstofflegierung zu schmelzen beginnt. In Wirklichkeit dürfte bei diesem Kohlenstoffgehalt die Temperatur des beginnenden Schmelzens sogar noch niedriger liegen, weil die der Zementation unterliegenden technischen Eisensorten außer Kohlenstoff noch andere den Schmelzpunkt erniedrigende Elemente enthalten. Bei höheren Kohlenstoffgehalten in der äußersten Randschicht erniedrigt sich die obere Grenztemperatur dementsprechend noch weiter.

Die untere Grenze des Temperaturintervalles, innerhalb dessen Zementation durchführbar ist, müßte nach allen unseren Erfahrungen über die Lösungsfähigkeit der Eisenmodifikationen für Kohlenstoff das Existenzgebiet des α-Eisens, und zwar dessen Grenztemperatur nach oben, 768^0 sein. Nun ist aber von verschiedener Seite, von Charpy[1] u. a. auch im Gebiet des α-Eisens, und zwar von 640^0 an Zementation beobachtet worden. Vom rein wissenschaftlichen Standpunkte ist die Frage allzu wichtig, als daß sie auf Grund einiger Einzelversuche als entschieden betrachtet werden könnte. Eine von Giolitti[2] versuchte Erklärung, die darin gipfelt, daß

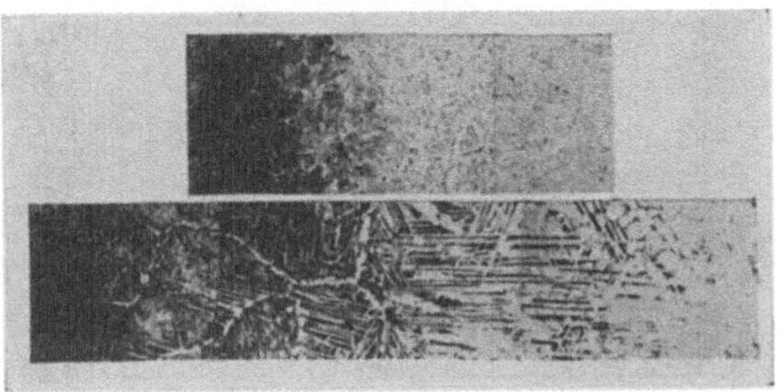

Abb. 511. Zementierte Schichten von weichem Flußeisen im unvergüteten Zustande. Ätzung II, x 100.

die beobachtete Kohlenstoffaufnahme des α-Eisens eben keine wirkliche Zementation, sondern eine Synthese des Eisenkarbides darstellt, ist als Hypothese beachtenswert, doch fehlen bei Giolitti experimentelle Bestätigungen seiner Ansicht[3]. Vom praktischen Standpunkt entbehrt die Frage vorläufig des Interesses, da mit Sicherheit feststeht, daß die Zementation unterhalb etwa 850^0 viel zu langsam verläuft.

Die Dicke der zementierten Schicht steigt innerhalb der genannten praktischen Temperaturgrenzen für ein und dasselbe Zementationsmittel mit der Höhe der Temperatur, wie z. B. aus Abb. 512 nach Versuchen von Giolitti[4] hervorgeht. Das Zementationsmittel war eins der gebräuchlichsten und bestand aus pulverförmiger Holzkohle mit 5% Ferrozyankalium zu gleichen Teilen vermischt mit trocknem Bariumkarbonat. Abgesehen von der genauen Messung

---

[1] C. R. 1903, **137**, 120; vgl. a. Howe, Trans. Am. min. 1908, 489, welcher angibt, Elektrolyteisen mit Zyankali bei 650^0 fast vollständig in Zementit verwandelt zu haben.

[2] Cémentation de l'acier a. a. O. 131—133, sowie G. u. Carnevali, Soc. chim. di Roma 1908, Nr. 17.

[3] Vgl. die ähnliche, von Fry versuchte Erklärung am Schluß dieses Kapitels.

[4] Cém. de l'acier a. a. O. S. 110.

bzw. Registrierung ist auch der Konstanz der Temperatur während des Zementierens die größte Beachtung zu schenken. Temperaturschwankungen führen nach den Beobachtungen von Osmond[1]), Charpy[2]), Benedicks[3]) sowie Giolitti und Scapia[4]) zu der, wie erwähnt, zu vermeidenden Bildung von Zementit, wo diese nicht zu erwarten steht und bei konstanter Temperatur auch nicht eintreten würde. Benedicks gibt hierfür folgende Erklärung: Sind die Mischkristalle bei einer bestimmten Temperatur mit Kohlenstoff gesättigt, so wird bei der Abkühlung (z. B. unter A_{cm}) Zementit ausgeschieden werden. Wenn dann die Temperatur wieder steigt (z. B. über A_{cm}), so ist die Möglichkeit vorhanden, daß dieser Zementit langsamer gelöst wird als aus dem Zementationsmittel Kohle in Lösung geht. Bei wiederholten Temperaturschwankungen dürfte sich demgemäß die ausgeschiedene Zementitmenge unbegrenzt vermehren können. Für diesen Erklärungsversuch sprechen die an anderer Stelle bereits erwähnten Arbeiten von Portevin und Bernard[5]) sowie von Piwowarsky[6]).

2. Dauer der Zementation. Daß die Dicke der zementierten Schicht mit steigender Zementationsdauer wächst, erhellt für das erwähnte Zementationsmittel ebenfalls aus Abb. 512. Über die maximale Höhe und die Verteilung des Kohlenstoffgehaltes in der zementierten Schicht sagt dieses Diagramm natürlich nichts aus.

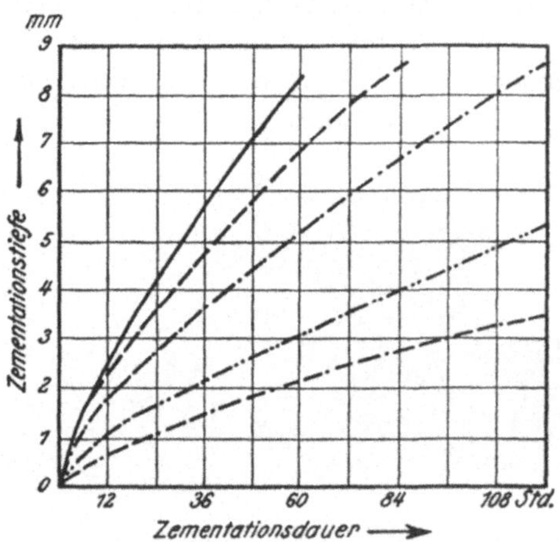

Abb. 512. Abhängigkeit der Zementationstiefe von der Zeit (Giolitti).
———— über 1000⁰, - - - - - 950—1000⁰, —·—·— 850—900⁰, —··—··— 700—800⁰, —·——·—— 700⁰.

Das erstrebenswerte Ziel ist die Auffindung eines Zementationsmittels, dessen Anwendung bei möglichst niedriger Temperatur (800—900⁰) und Dauer die Anforderungen an die Dicke und Beschaffenheit der Schicht erfüllt. Je geringer nämlich Temperatur und Dauer der Erhitzung bei der Zementation sind, um so geringer ist die Gefahr der Gefügevergröberung und damit um so einfacher die der Zementation folgende Wärmebehandlung.

3. Art der Zementationsmittel. Man kann die zur Verfügung stehenden Zementationsmittel einteilen in:

a) feste;   c) gasförmige;
b) flüssige;   d) gemischte.

Bevor in die Besprechung der gebräuchlichen Zementationsmittel eingetreten wird, sei die Wirkungsweise der in Frage kommenden Elemente dieser Zementationsmittel besprochen. Diese Elemente sind:

---

[1]) Ir. st. Inst. 1897, II, 143.   [2]) C. R. 1903,. 136, 1000.   [3]) Met. 1906, 393.
[4]) Met. it. 1911, Sept.   [5]) St. E. 1922, 268.
[6]) Fachber. V. d. E. 1923, W. A. Nr. 33.

elementarer Kohlenstoff,
Kohlenoxyd,
Kohlenwasserstoffe,
Cyan.

Die Frage, ob elementarer Kohlenstoff, der hauptsächlich in Form von Holzkohle lange Zeit hindurch das gebräuchlichste Zementationsmittel bildete und auch heute noch vielfach angewendet wird, zu zementieren vermag, ist in der Fachwelt Gegenstand lebhaften Meinungsaustausches gewesen[1]). Unter anderen erbrachten insbesondere die Versuche Weyls[2]) den Nachweis, daß die von ihm untersuchten Formen des elementaren Kohlenstoffs: Garschaum, Ceylongraphit und Diamant über 750^0 (von 900^0 an beobachtet) zu zementieren vermögen, doch beweisen sowohl diese Versuche, wie die zu gleichen Schlußfolgerungen führenden von Giolitti und Astorri[3]), von Guillet und Griffith[4]) und nicht zum mindesten auch die zur entgegengesetzten Schlußfolgerung führenden von Charpy und Bonnerot[5]), daß die direkte zementierende Wirkung des festen elementaren Kohlenstoffs so gering ist, daß sie keine praktische Bedeutung besitzt. Damit dürfte nachgewiesen sein, daß die Wirksamkeit der technischen Zementationsmittel nicht auf der Gegenwart des festen Kohlenstoffs beruht, vielmehr die kohlenstoffhaltigen Gase die Hauptrolle spielen.

Die Wirksamkeit des Kohlenoxydes als Zementationsmittel beruht auf der Tatsache, daß dieses Gas bei Gegenwart von Eisen in Kohlenstoff und Kohlensäure zerlegt wird nach dem Gleichgewicht: $2\,CO \rightleftharpoons C + CO_2$. Der Grad der Zerlegung ist von der Temperatur und dem Drucke abhängig und kann durch den CO_2-Gehalt des Gemisches Kohlenoxyd, Kohlensäure und Kohlenstoff zum Ausdruck gebracht werden. Nach Boudouard[6]) ist unter Atmosphärendruck bei 1100^0 dieser Gehalt 0,7, bei 700^0 aber bereits 42, bei 550^0 89 $^0/_0$, vgl. Abb. 535. Mit steigendem Druck nimmt der CO_2-Gehalt des Gemisches zu. Das in das Eisen diffundierende Kohlenoxyd wird unter Bildung von Kohlenstoff zerlegt, und dieser im Entstehungszustand befindliche Kohlenstoff zementiert das Eisen offenbar leichter als lediglich in oberflächlicher Berührung mit dem Eisen befindlicher. Mit zunehmender Temperatur nimmt trotz zunehmender Dicke der zementierten Schicht die maximale Höhe des Kohlenstoffgehaltes in dieser ab, während sie mit steigendem Druck wächst, wie Giolitti und Carnevali[7]) beobachteten. Die gleichen Verfasser stellten ferner fest, daß mit zunehmender Menge des übergeleiteten Kohlenoxydes, also mit der Geschwindigkeit des Gasstromes, der Kohlenstoffgehalt der zementierten Schicht ebenfalls zunimmt. Diese Tatsachen sind folgendermaßen zu erklären. Die Diffusionsgeschwindigkeit des Kohlenstoffs im Eisen wächst mit der Temperatur rascher als die Zerfallsgeschwindigkeit des Kohlenoxyds. Mit diesem Gase zementierte Gegenstände weisen daher blanke Oberfläche, jedenfalls keine Kohlenstoffablagerung auf, wie man sie bei der Zementation

---

[1]) Vgl. Guillet, Ing. civ. 1904, 6 ser. Nr. 2; Ledebur, St. E. 1906, 72; Guillet, Rev. Mét. 1906, 227.

[2]) St. E. 1910, 1417. [3]) Gaz. chim it. 1910, 1.

[4]) Rev. Mét. 1909, Okt. [5]) C. R. 1910, **261**, 173.

[6]) Ann. Chim. et Phys. (7), **24**, 5. [7]) Gaz. chim. it. 1908, II, 309.

mit Kohlenwasserstoffen beobachtet. Aus Abb. 513 geht die Verteilung des Kohlenstoffs innerhalb der zementierten Schicht für mehrere typische Gasarten nach den Versuchen von Giolitti und Carnevali hervor. Außer der geringen Höhe des Kohlenstoffgehaltes zeichnen sich die durch Kohlenoxyd zementierten Schichten durch schwache und allmähliche Abnahme des Kohlenstoffgehaltes aus.

Die Wirksamkeit der reinen Kohlenwasserstoffe Äthylen und Methan ist gänzlich verschieden von der des Kohlenoxyds. Wie Abb. 513 lehrt, übersteigt die maximale Höhe des Kohlenstoffgehaltes den eutektoidischen, und die Abnahme des Kohlenstoffgehaltes in der zementierten Schicht erfolgt weit rascher und schroffer als in den mit Kohlenoxyd erzeugten Schichten. Erstere neigen daher leichter zum Abblättern. Es wird jedoch gezeigt werden, daß außer der Natur des Gases noch andere Faktoren die Verteilung des Kohlenstoffs in der zementierten Schicht beeinflussen. Je höher Temperatur und Zeit sind, um so dicker ist nach Giolitti und Carnevali bei der Zementation mit Äthylen und Methan die übereutektoidische Schicht. Die eutektoidische übersteigt dagegen 0,5 mm nicht, und der Kohlenstoff der untereutektoidischen nimmt stets sehr rasch ab. Mit steigendem Druck wächst unter 1000° die Zementationstiefe, mit steigender Gasmenge die Dicke der übereutektoidischen Schicht. Auf der Oberfläche der mit Kohlenwasserstoffen der genannten Art zementierten Gegenstände lagert sich Kohlenstoff in reichlichen Mengen ab. Man nimmt daher an[1]), daß die Zersetzungsgeschwindigkeit dieser Kohlenwasserstoffe größer als die Diffusionsgeschwindigkeit des Kohlenstoffs im Eisen ist.

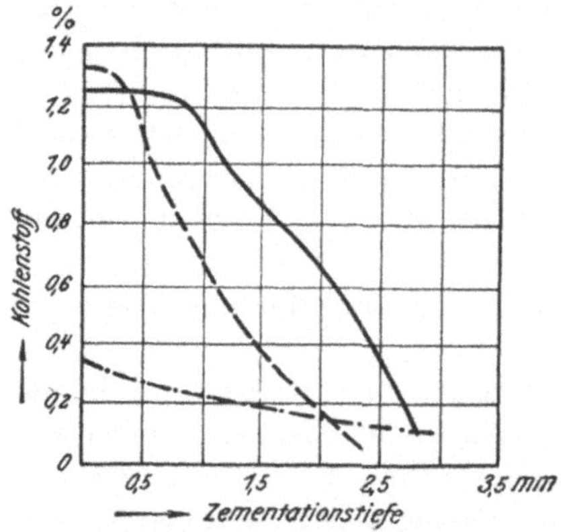

Abb. 513. Zementierende Wirkung von Methan, Äthylen und Kohlenoxyd (Giolitti).

—————— 5 Liter Methan, 1100°, 3 Stunden,
· · · · · · 7   „   Äthylen, 1100°, 5   „
— · — · — 9   „   Kohlenoxyd, 1100°, 10 Stdn.

Es kann zwar als feststehend angesehen werden, daß Zyan und Zyanverbindungen zementierend wirken, und man nutzt diese Fähigkeit durch Zugabe von Zyankali, Ferrozyankali, Zyanamid[2]) und anderen Zyanverbindungen zu den technischen Zementiermitteln aus oder benutzt die genannten Körper wie bereits erwähnt wurde, zur Aufkohlung dünner entkohlter Schichten als sog. Aufstreupulver. Über die spezifische Wirkung des Zyans und der Zyanverbindungen ist jedoch zurzeit noch sehr wenig bekannt. Ihre Bedeutung ist vielleicht übertrieben worden[3]). Der Einfluß von Stickstoff und Ammoniak als Zugabe zu festen oder gasförmigen Zementiermitteln ist mehrfach untersucht[4])

---

[1]) Vgl. a. Kureck, St. E. 1912, 1780, dessen Ergebnisse sich mit den Giolittischen im wesentlichen decken.

[2]) Vgl. z. B. Shimer, Am. steel treat. 1921/22, 403; Hillmann, Am. steel treat. 1921/22, 296; Brophy und Leiter, Am. steel treat. 1920/21, 330.

[3]) Vgl. insbesondere Guillet, Ing. civ. 1904, (6), Nr. 2.

[4]) Vgl. z. B. Giolitti und Astorri, Gaz. chim. it. 1910, 1 und Kureck a. a. O.

und eine Beeinflussung der zementierenden Wirkung festgestellt worden, praktisch wichtig dürfte aber vor allen Dingen die Tatsache sein, daß durch Zugabe dieser Gase und jedenfalls auch des Zyans und seiner Verbindungen Nitrierung des Eisens unter Bildung des von Kirner[1]) Flavit genannten Gefügebestandteils erfolgt. Quantitative Angaben über die Stickstoffaufnahme finden sich bei Kureck. Feschtschenko-Tschopowski[2]) stellte fest, daß Gemische von Holzkohle und Ferrozyankalium die maximale Stickstoffaufnahme bei 700^0 bewirken und diese mit steigendem Stickstoffgehalt des Zementiermittels zunimmt. Stickstoff steigert die Härte der zementierten Schicht, und zwar $0,1\,{}^0/_0$ um 17 Brinelleinheiten, doch ist bei 850^0 bis 1000^0, d. h. bei den praktisch üblichen Zementationstemperaturen die Härtesteigerung durch Stickstoff zu vernachlässigen gegenüber der durch Kohlenstoff herbeigeführten.

Die in der Industrie üblichen Zementiermittel bestehen aus Gemischen der im vorhergehenden besprochenen Elemente oder besser aus Körpern, die während ihrer Anwendung zur Bildung solcher Gemische Anlaß geben. Allerdings ist der Zweck mancher in technischen Zementiermitteln befindlichen Körper, wie Glas, Sand, Kochsalz usw. rätselhaft, wenn auch nach den Untersuchungen von Fry[3]) die Möglichkeit ihrer Mitwirkung bei den Zementationsvorgängen nicht ohne weiteres von der Hand zu weisen ist. Der von Giolitti vertretene Grundsatz, nur solche Zementiermittel genau bekannter Zusammensetzung anzuwenden, deren Einzelbestandteile in ihrer Wirkung wenigstens einigermaßen bekannt sind, kann nicht nachdrücklich genug empfohlen werden. Die einfachsten Zementiermittel haben sich noch stets als die besten herausgestellt. Sie haben noch dazu den Vorzug der Billigkeit, weil man in der Lage ist, sie selbst herzustellen.

a) Feste Zementiermittel. In der nachfolgenden Zusammenstellung sind eine Reihe bewährter fester Zementiermittel enthalten. Obwohl alle als Basis Kohlenstoff enthalten, beruht ihre Wirkung nicht auf der dieses Elementes, das, wie gezeigt wurde, praktisch wegen seiner geringen Wirksamkeit als Zementiermittel nicht in Frage kommt. Wirksam sind vielmehr die in Berührung mit dem Luftsauerstoff bzw. aus den Zementiermitteln entwickelten Gase in Verbindung mit Kohlenstoff. Als solche kommen in Frage: bei der Kohle das mit dem Luftsauerstoff gebildete Kohlenoxyd; bei Leder, Knochen, Sägemehl und dgl. in der Hauptsache Kohlenwasserstoffe; bei den Karbonaten das in Berührung mit Kohle entstehende Kohlenoxyd und bei Zyanverbindungen das Zyan.

```
1. Pulverisierte Eichenholzkohle. . . . . . . . . . . . . . . . . . .  5 Tle.
   Lederkohle. . . . . . . . . . . . . . . . . . . . . . . . . . . .  2  ,,
   Ruß . . . . . . . . . . . . . . . . . . . . . . . . . . . . . . .  3  ,,
2. Pulverisierte Buchenholzkohle . . . . . . . . . . . . . . . . . .  3  ,,
   Verkohlte Hornabfälle . . . . . . . . . . . . . . . . . . . . . .  2  ,,
   Pulverisierte Knochenkohle . . . . . . . . . . . . . . . . . . .  2  ,,
3. Holzkohle . . . . . . . . . . . . . . . . . . . . . . . . . . . . 90  ,,
   Kochsalz . . . . . . . . . . . . . . . . . . . . . . . . . . . . 10  ,,
4. Holzkohle . . . . . . . . . . . . . . . . . . . . . . . . . . . . 60  ,,
   Bariumkarbonat . . . . . . . . . . . . . . . . . . . . . . . . . 40  ,,
```

---

[1]) Met. 1910, 72.   [2]) Rev. Mét. 1917, Extr. 90.   [3]) Diss. Breslau 1919.

5. Mit schweren mineralischen Ölen imprägnierter Koks   Tle.
6. Pulverisierte Holzkohle . . . . 10 „
   Kochsalz . . . . 1 „
   Sägemehl. . . . . 15 „
7. Steinkohle mit 30 % flüchtigen Bestandteilen . . . . 5 „
   Lederabfälle . . . . 5 „
   Kochsalz . . . . 1 „
   Sägemehl. . . . . 15 „
8. Lederabfälle . . . . 10 „
   Ferrozyankalium . . . . 2 „
   Sägemehl. . . . . 10 „ [1])

Man kann die Zementiermittel einteilen in „milde“ und „schroffe“. Erstere ergeben bei genügender Zementationsdauer tiefe Schichten (bis 30 mm), ohne daß die maximale Höhe des Kohlenstoffgehaltes den eutektoidischen Gehalt übersteigt. Die Gefahr des Abblätterns ist bei Anwendung dieser Mittel demnach gering, und man verwendet sie zur Zementation hochbeanspruchter Teile. In diese Klasse gehören die mit 3, 4 und 6 bezeichneten Typen. Die übrigen wirken schroff, d. h. sie ergeben in kurzen Zeiten dünne Schichten mit sehr hohen Kohlenstoffgehalten und werden dort angewendet, wo möglichst harte Oberfläche (hohe Abnutzungshärte) verlangt wird, jedoch stoßweise Beanspruchungen nicht zu befürchten sind, z. B. bei dauernd im Eingriff befindlichen Zahnrädern.

Wenn im großen und ganzen die erwähnten Zementiermittel auch durch diese Klassifikation gekennzeichnet sind, so ist dennoch die Unsicherheit bei ihrer Anwendung aus meist ungeklärten Gründen mitunter recht groß, und die in der Industrie vielfach verwendeten Zementationskurven haben infolgedessen nur einen bedingten Wert.

Das unter 4 erwähnte, weit verbreitete Zementiermittel, dessen Erfindung aus dem Jahre 1861 von Caron stammt, besitzt noch eine besonders wertvolle Eigenschaft; es regeneriert sich durch Kohlendioxydaufnahme aus der Luft und wird daher als „unerschöpflich“ bezeichnet. Feschtschenko-Tschopowski[2]) hat die Wirkungsweise dieses wichtigen Zementiermittels näher untersucht. Er gelangte zu folgender Auffassung der Vorgänge:

$$BaCO_3 + C \longrightarrow BaO + 2\,CO$$

$$2\,CO \longrightarrow C \quad + \quad CO_2$$

$$C + 3\,Fe \longrightarrow Fe_3C\!\downarrow \quad CO_2 \begin{cases} + \; C \longrightarrow 2\,CO \\ + \; BaO \longrightarrow BaCO_3 \end{cases}$$

Bei gleicher Zementationstemperatur und -dauer ist das Verhältnis des unverbrauchten zum ursprünglich vorhandenen $BaCO_3$ konstant. Mit der Zunahme des letzteren steigt auch die Menge des ersteren. Das vorgenannte Verhältnis nimmt mit steigender Zementationsdauer und -temperatur ab.

Ebenso verhält sich der Quotient $\dfrac{Ba\,CO_3}{BaO}$. Mit der Zunahme des BaO-Gehaltes

---

[1]) Z. Tl. nach Giolitti, Cém. de l'acier, a. a. O.; weitere Zementiermittel vgl. bei Lake, Composition and heat treatment of steel, New York 1911, 235; Shaw Scott, Met. 1907, 715; Grayson, Ir. st. Inst. 1910, I. 298; Bannister, Met. 1907, 746.

[2]) Rev. Mét. 1917, Extr. 90.

im Zementiermittel nimmt seine zementierende Wirkung ab, insbesondere leidet dadurch die Gleichmäßigkeit der zementierten Schicht.

Während des Verlaufs der Zementation mit festen Zementiermitteln treten mitunter heftige Explosionen auf, deren Ursache de Nolly und Veyret[1]) erforschten. Sie fanden, daß die aus Zementiermitteln, die Tier- oder Pflanzenstoffe enthalten, bei relativ niedriger Temperatur entweichenden Gase sowie zu rasche Erhitzung die Schuld an den Explosionen tragen. Es ist daher die Verwendung von Holzkohle mit Bariumkarbonat und langsame Erhitzung, wenigstens bis 700⁰ zu empfehlen.

b) **Flüssige Zementationsmittel.** Die im flüssigen Zustande angewendeten Zementiermittel dienen zur raschen Erzeugung dünner (0,1 bis 0,2 mm) sehr hoch gekohlter Schichten. Diese Zementationsmittel werden entweder auf den erhitzten Gegenstand aufgestreut und schmelzen, oder sie werden in besonderen, mit Gas oder elektrisch geheizten Tiegelöfen geschmolzen. Man verwendet nach Giolitti[2]) folgende Gemische:

1. Pulverisiertes Ferrozyankalium . . . . 2 Tle.
   „ · Kaliumbichromat . . . . 1 „
   Dextrin zur Erzeugung einer teigigen Masse.
2. Zyankalium . . . . 5 Tle.
   Natriumborat . . . . 2 „
   Kaliumnitrat . . . . 2 „
   Bleiazetat . . . . 1 „
3. Tierkohle . . . . 20 „
   Hornspäne . . . . 6 „
   Kaliumnitrat . . . . 8 „
   Kochsalz . . . . 40 „
   Leim . . . . 5 „ .
4. Hornspäne . . . . 16 „
   Chinarinde . . . . 8 „
   Ferrizyankalium . . . . 4 „
   Kaliumnitrat . . . . 2 „
   Kochsalz . . . . 2 „
   grüne Seife . . . . 30 „

Die aus den geschmolzenen Zementiermitteln entweichenden Gase sind mehr oder minder giftig und die Arbeiter müssen daher durch besondere Vorrichtungen geschützt werden.

c) **Gasförmige Zementationsmittel.** Die Wirkung der beiden wichtigsten Elemente gasförmiger Zementiermittel, des Kohlenoxydes und der Kohlenwasserstoffe, wurde bereits beschrieben. Durch Mischen beider Gasarten in geeigneten Mengenverhältnissen läßt sich nach Giolitti und Astorri[3]) ein Gemisch erzielen, dessen Zersetzungsgeschwindigkeit gerade gleich der Diffusionsgeschwindigkeit des Kohlenstoffs im Eisen ist. Noch bequemer ist die Verwendung von Leuchtgas, das selbst ein Gemisch von Kohlenoxyd und Kohlenwasserstoffen darstellt, jedoch in solchen Verhältnissen, daß es noch als schroff wirkendes Zementationsmittel angesehen werden muß. Die Zementation mit gasförmigen Mitteln wird mit Vorteil z. B. bei kleinen Fahrradteilen angewandt, deren Einzelbehandlung zu kostspielig würde. Der Machletsche

---

[1]) Int. Verb. 1912, s. a. Met. 1913, 310.
[2]) Cém. de l'acier, a. a. O. 397.   [3]) a. a. O.

rotierende Ofen der American Gas Furnace Co.[1]) eignet sich für obige Zwecke sehr gut. Zur Zementation großer Stücke geeignet ist der Ofen der Firma Gio. Ansaldo Co.[2]).

d) Gemischte Zementationsmittel. Die der Firma Ansaldo[2]) patentierten Öfen eignen sich nach Giolitti speziell zur Anwendung eines gemischten Zementationsmittels. Leitet man über erhitzte pulverisierte Kohle technische Kohlensäure, so erhält man nach der Gleichung $CO_2 + C \rightleftarrows 2\,CO$ ein der Temperatur und dem Druck entsprechendes Gleichgewicht von Kohlenoxyd und Kohlendioxyd, dessen Zusammensetzung man durch zweckmäßige Regelung der Geschwindigkeit des Gasstromes so zu wählen imstande ist, daß innerhalb bestimmter Zeiten Zementationsschichten von bestimmter Tiefe erreicht werden können. Bei Anwendung dieses Zementiermittels soll man gleichmäßige, stets zu reproduzierende Ergebnisse erzielen können, wobei die Kosten der Zementation wesentlich zurückgehen. Einzelheiten des Verfahrens teilt Giolitti[3]) mit. Teile von zu zementierenden Gegenständen, die nicht hart zu werden und daher keinen Kohlenstoff aufzunehmen brauchen, bedeckt man zum Schutze gegen Zementation mit Lehm, oder man erzeugt an diesen Stellen festhaftende Kupferniederschläge, oder man stellt, wenn dies wie z. B. bei Zahnrädern angängig ist, die Gegenstände so aufeinander, daß die nicht zu zementierenden Flächen sich berühren. Bezüglich der Kupferniederschläge stellte Zimmer[4]) fest, daß eine Dicke von 0,01 mm vollständig ausreicht.

4. Art der Abkühlung der zementierten Gegenstände. Giolitti und Tavanti[5]) beobachteten, daß in langsam abgekühlten zementierten Gegenständen schroffe Übergänge von der übereutektoidischen zur eutektoidischen und von dieser zur untereutektoidischen Schicht entstehen, während bei rascher Abkühlung die Übergänge allmählich waren. Man kann diese Erscheinung so erklären, daß bei langsamer Abkühlung der zuerst abgeschiedene, primäre Bestandteil: Zementit oder Ferrit, Gelegenheit hat, eine Keimwirkung auszuüben, und damit eine Anhäufung dieser Gefügebestandteile bewirkt wird, was bei rascher Abkühlung nicht der Fall ist. Wie mehrfach erwähnt wurde, sind wegen der Gefahr des Abspringens der zementierten Kruste beim Härten schroffe Übergänge der Zonen zu vermeiden, und es empfiehlt sich daher, der Zementation keine übermäßig langsame Abkühlung folgen zu lassen. Natürlich muß bei der Wahl der Abkühlungsgeschwindigkeit auf die Gefahr etwa auftretender Spannungen Rücksicht genommen werden.

5. Art des zu zementierenden Stahls. Die zur Zementation meist verwendeten Spezialstähle mit Nickelgehalten bis $4\,^0/_0$ und Chromgehalten bis $2\,^0/_0$ (zweckmäßigerweise $3,5\,^0/_0$ Nickel, $1,25\,^0/_0$ Chrom) weichen bezüglich ihres Verhaltens von dem des nickel- und chromfreien Stahls nicht wesentlich ab[6]).

---

[1]) D.R.P. 191391 Kl. 18c. Gr. 3, 1907, sowie Met. 1911, 724.

[2]) Vgl. Giolitti, Cém. de l'acier, a. a. O. 409. Über ein Zementationsverfahren mit Zyangas s. Ir. Age 1920, 1267.

[3]) A. a. O. 419—463. Laboratoriumsversuche des Verfassers bestätigten die Angaben von Giolitti.

[4]) Mech. Eng. 1920, 1859; vgl. a. Galibourg und Ballay, Rev. Mét. 1920, 222.

[5]) Gaz. chim. it. **39**, I, 29.

[6]) Vgl. Giolitti und Carnevali, Atti Ac. Tor. 1911, 19. Febr.; Giolitti und Tavanti, Rass. Min. 1911, 21. Juni; Giolitti und Carnevali, Atti Ac. Tor. 1911, 2. April.

Mit dem Nickelgehalte nimmt die Zementationstiefe unerheblich zu; ferner verhindert Nickel bis zu einem gewissen Grade das Auftreten schroffer Übergänge in der zementierten Schicht, ein weiterer Vorzug, der für die Anwendung nickelhaltiger Stähle spricht. Die Gegenwart von Chrom dagegen erhöht den maximalen Kohlenstoffgehalt in der zementierten Schicht. Stähle mit Chromgehalten von mehr als 4—5 % weisen bei Anwendung eines Kohlenoxyd-Kohlendioxydgemisches oxydierte Oberfläche auf, die bei anderen Stählen nur unter Anwendung höherer Drucke zu beobachten ist[1]). Neuerdings hat

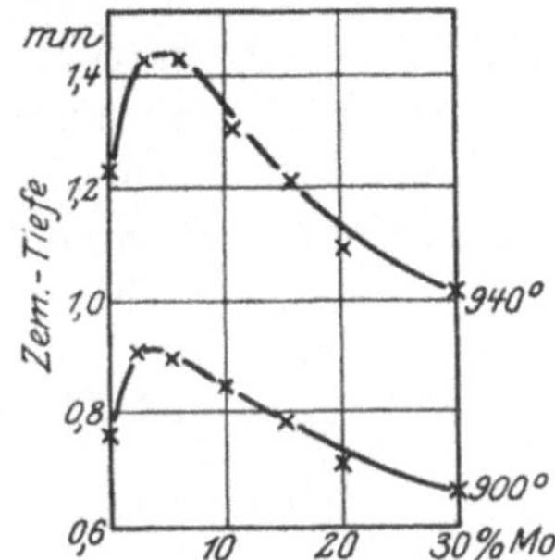

Abb. 514. Einfluß des Molybdäns auf die Zementationstiefe (Tammann).

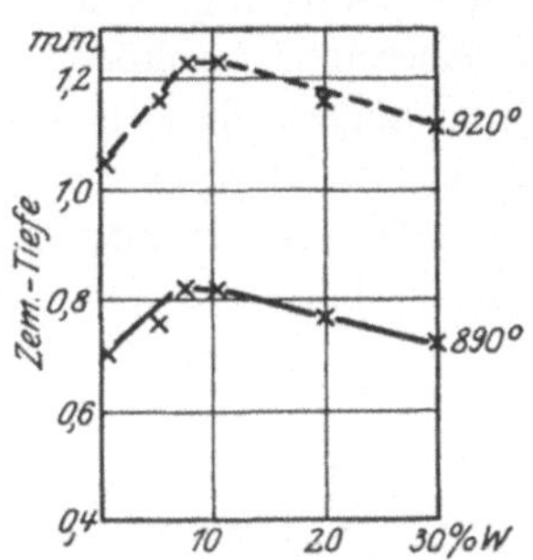

Abb. 515. Einfluß des Wolframs auf die Zementationstiefe (Tammann).

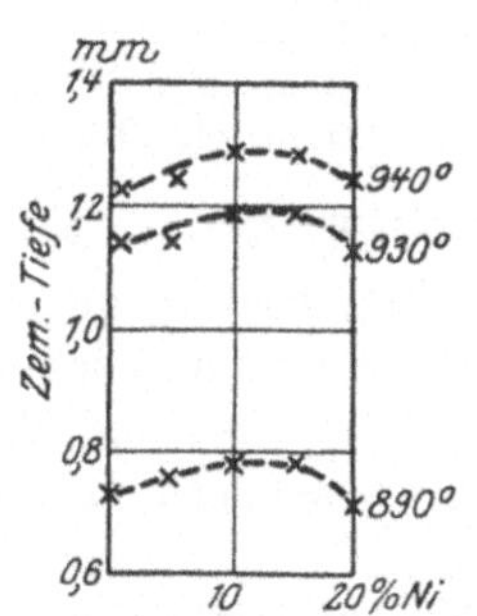

Abb. 516. Einfluß des Nickels auf die Zementationstiefe (Tammann).

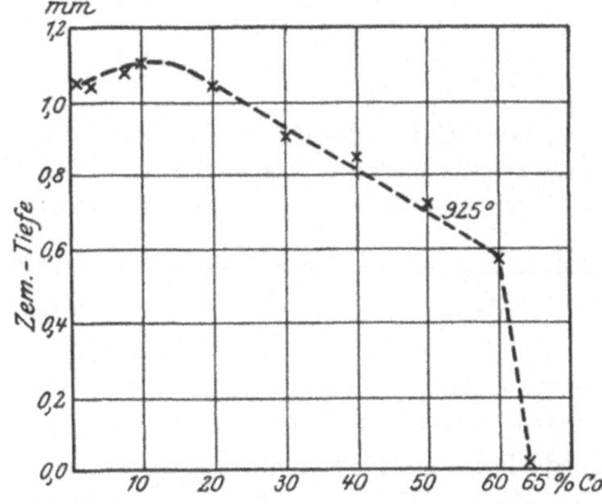

Abb. 517. Einfluß des Kobalts auf die Zementationstiefe (Tammann).

sich Tammann[2]) mit dem Einfluß von Legierungselementen auf die Zementationstiefe beschäftigt. Seinen Ergebnissen verleihen die Abb. 515—520 Ausdruck. Die Angaben der Abbildungen beziehen sich auf ein 2 stündiges Glühen in einem Hexan-Wasserstoffgemisch. Der von Guillet aufgestellte Satz, alle karbidbildenden Elemente beförderten die Zementationstiefe, findet keine Bestätigung, da auch Kobalt- und Nickelzusätze sie zunächst erhöhen.

Die Tatsache, daß zwei Stähle gleicher oder wenig abweichender chemischer Zusammensetzung verschiedene Zementationstiefen aufweisen können,

[1]) Vgl. z. B. über den Einfluß des Nickels und Chroms auf die Zementationstiefe R. R. Abbott, Trans. Am. min. 1913, 2389. S. a. Giesen, C. Sc. M. 1909, 1.
[2]) Fachber. d. V. E. 1922, W. A. Nr. 14.

wird von Tammann auf die Gegenwart der Zwischensubstanz zurückgeführt, d. h. der zwischen den Kristallen angesammelten Verunreinigungen. Diese Annahme erscheint dann besonders wahrscheinlich, wenn oxydische Stoffe hier angesammelt sind, die den eindringenden Kohlenstoff vergasen.

Sehr eingehend hat sich Ehn[1]) mit dieser Frage beschäftigt, und er gelangt zu folgenden interessanten und wertvollen Schlüssen: Fehler beim Einsatzhärten, insbesondere die sogenannten weichen Stellen sind häufig auf unzweckmäßige Stahlqualität zurückzuführen. Guter Stahl besitzt grobkörnigen Perlit und geradlinige Zementitbereiche, schlechter Stahl dagegen krummlinige Zementitbereiche, feinkörnige, zerrissene Perlitfelder in der übereutektoidischen Zone und abgerundete in der Übergangszone und im Kern. Das verschiedene Verhalten ist auf gleichmäßig im Stahl verteilte Oxyde zurückzuführen und letzten Endes eine Desoxydationsfrage. Der Verfasser zeigt endlich, daß nicht nur das Verhalten bei der Zementation, sondern auch das Verhalten jeden

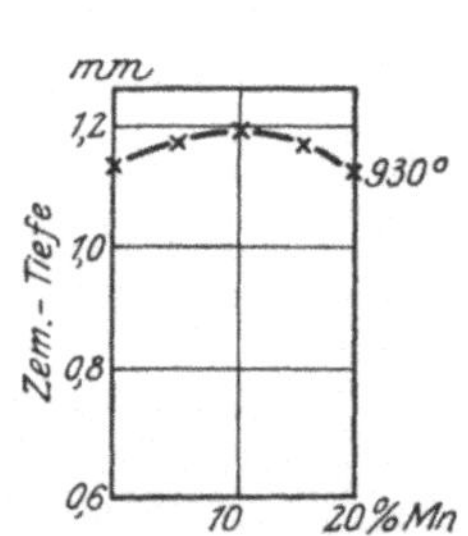

Abb 518. Einfluß des Mangans auf die Zementationstiefe (Tammann).

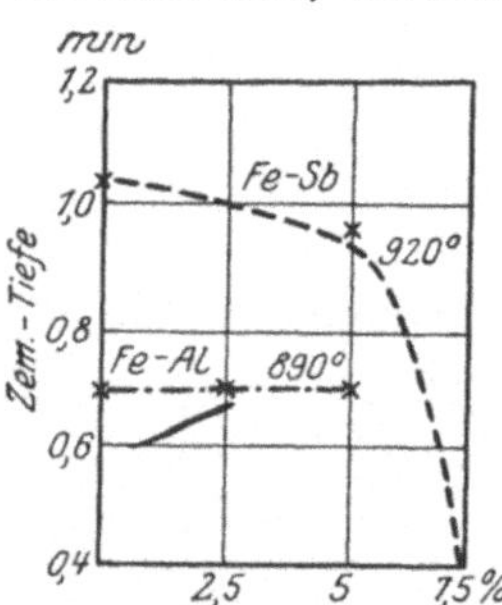

Abb. 519. Einfluß des Aluminiums und Antimons auf die Zementationstiefe (Tammann).

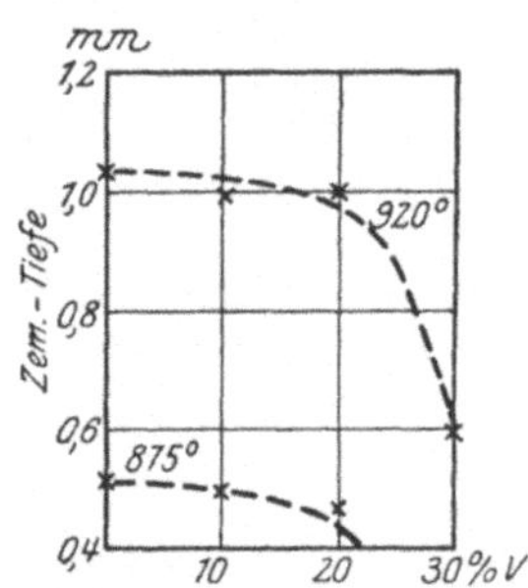

Abb. 520. Einfluß des Vanadiums auf die Zementationstiefe (Tammann).

Stahls bei der Härtung durch die Oxyde beeinflußt wird. Es erscheint aber verfrüht, auf die von Ehn aufgestellte Deutung der Vorgänge einzugehen.

Die von Guillet[2]) hervorgehobene Tatsache, daß perlitische Nickelstähle durch Zufuhr von Kohlenstoff (also bei der Zementation) in den Randschichten martensitisch und demnach hart werden, ohne daß eine besondere Härtung erforderlich ist, wird kaum bisher praktisch ausgenutzt.

Feschtschenko-Tschopowski[3]) stellt Beziehungen auf zwischen dem Volumen des Zementationsmittels und den Abmessungen des zu zementierenden Gegenstandes. Als Zementiermittel benutzte er ein Gemisch von 70 Teilen Holzkohle und 30 Teilen Natriumkarbonat, dessen Vorzüge Billigkeit und rasche, gleichmäßige Wirksamkeit sein sollen. Die Versuche wurden bei 1000° durchgeführt, die Zementationsdauer betrug 4 Stunden. Feschtschenko-Tschopowski stellte fest: 1. daß die Zementationstiefe von der Menge des verwendeten Zementationsmittels unabhängig ist. 2. Daß die übereutektoidische Schicht um so dünner, je kleiner das Verhältnis $\dfrac{v - v_1}{p}$ ist, wo v das Volumen der Zementierkiste, v_1 das Volumen des Gegenstandes, p die Fläche des Gegenstandes bedeutet.

[1]) Ir. st. Inst. 1922, I, 195.   [2]) Ing. civ. (6) 1904, Nr. 2.
[3]) Rev. Mét. 1917, Extr. 90.

B. Vergüten und Prüfen zementierter Gegenstände.

Durch die meist langandauernde Erhitzung auf ziemlich hohe Temperatur ist das Gefüge zementierter Gegenstände mehr oder minder vergröbert, was mit einer Beeinträchtigung der Festigkeitseigenschaften, insbesondere der Kerbzähigkeit verbunden ist. Um diese zu heben und anderseits der zementierten Randschicht die erforderliche Härte zu vermitteln, werden zementierte Gegenstände meist vergütet. Die Art der Vergütung richtet sich nach den an das Material zu stellenden Anforderungen.

Man kann sich einen zementierten Gegenstand aus zwei Teilen aufgebaut denken, dem weichem Kern mit 0,1—0,2 $\%$ und der harten Schale mit 0,9 $\%$ Kohlenstoff. Die für das Härten und Anlassen entwickelten Grundsätze lassen sich daher ohne weiteres auf zementierte Gegenstände übertragen. Um den beiden Teilen die zweckmäßigsten Eigenschaften zu erteilen, wendet man häufig das Verfahren der doppelten Härtung an. Mit der ersten, meist bei 900—920 ^{0} (Ac$_3$ des Kerns) vorzunehmenden, regeneriert man den überhitzten und gegen stoßweise Beanspruchung daher wenig widerstandsfähigen Kern des Stückes und erteilt ihm seine ursprüngliche Zähigkeit wieder, wie aus folgenden an weichem Einsatzmaterial mit Nickel und Chrom gewonnenen Zahlen nach Giolitti[1]) hervorgeht:

Spez. Schlagfestigkeit
mkg/qcm

Ausgangsmaterial bei 925 ^{0} geglüht, an der Luft abgekühlt . . 28
Ausgangsmaterial bei 925 ^{0} in Wasser gehärtet 32
4 Stunden bei 1000 ^{0} zementiert, nicht gehärtet 10
Desgl. bei 1025 ^{0} in Wasser gehärtet 30

Am aussichtsreichsten erscheint zunächst Abkühlung des zementierten Gegenstandes unter Ar$_3$ und Wiedererhitzung auf eine wenig oberhalb Ac$_3$ gelegene Temperatur zwecks Härtung. Aus bekannten Gründen soll nach dem Zementieren rasch abgekühlt werden. Die erste Härtung erfolgt in Öl oder in Wasser. Im letzteren Falle ist es zweckmäßig, zur Verringerung der Gefahr des Verziehens die Härtung zu unterbrechen, wenn die Temperatur unter die der Rotglut entsprechenden sinkt. Nach Brearley[2]) genügt sogar Abkühlung an der Luft. Die zweite Härtung dient zur Erzeugung maximaler Härte in der Randschicht und wird daher zweckmäßig bei 750—800 ^{0} (oberhalb Ac$_1$ der Randschicht) vorgenommen. Um Spannungen in dieser Schicht zu vermeiden und das Abspringen der Schicht im Betriebe zu verhindern, läßt man zweckmäßig dieser Härtung ein Anlassen auf etwa 200 ^{0} folgen. Die Gegenwart von Nickel in den gebräuchlichen Nickel- und Nickelchromstählen bewirkt, wie mehrfach erwähnt wurde, daß die mit dem Zementieren verbundene Erhitzung fast ohne Einfluß auf die Gefügevergröberung ist. Man kann daher in diesen Stählen mit einer einzigen Härtung auskommen, was um so vorteilhafter ist, als die wiederholte Härtung das Verziehen der Stücke im Gefolge haben kann, das bei manchen Gegenständen wie Laufringen von Kugellagern, Zahnrädern und dgl. nach Möglichkeit vermieden werden muß. Die erwähnte einfache Härtung kann entweder bei 850 ^{0} in Öl oder Wasser erfolgen und dient dann gleichzeitig zur Regenerierung des Kerns und zur

---

[1]) Cém. de l'acier a. a. O. 478.   [2]) Brearley-Schäfer, 1919, a. a. O. S. 156.

Härtung der Schale, oder man regeneriert durch eine Zwischenglühung und härtet oberhalb Ac_1 (780°) in Öl zur Erzeugung der harten Schale.

Oertel[1]) schlägt neuerdings zur Vermeidung der Entkohlungsgefahr beim ersten Härten über Ac_3 statt dessen ein Regenerieren durch Glühen bei 650° vor, dem dann das normale Härten bei 770° folgt. Wie aus den Oertelschen Ergebnissen (vgl. die nachfolgende Zusammenstellung) mit einem weichen Flußeisen mit 0,15 % Kohlenstoff hervorgeht, ist die mit diesem Verfahren erzielte Kerbzähigkeit zwar nicht besser als die mit den andern Verfahren erzielte, aber die Dauerschlagzahl ist wesentlich höher. Die Möglichkeit der Verbesserung durch Glühen bei 650° beruht nicht auf einer Umkristallisation, sondern auf der Bildung von körnigem Perlit.

| Vorbehandlung | Vergüten | | Kerb-zähigkeit mkg/qcm | Dauer-schlagszahl |
	Regenerieren des Kerns (W = Wasser-, L = Luftabk.)	Härten der Schale (in Wasser)		
Ausgangszustand . . . . {	—	—	32	5100
	—	770°	32	6840
4 St. bei 900° geglüht {	—	—	25	4500
	—	770°	12,5	—
4 „ „ 900° zementiert{	—	—	7,4	6600
	—	770°	2,7	> 1000000
4 „ „ 900° geglüht {	950° W	—	21	248000
	950° W	770°	23	—
4 „ „ 900° zementiert{	900° W	—	24,1	75000
	900° W	770°	7,8	53000
4 „ „ 900° geglüht {	900° L	—	32	6300
	900° L	770°	32	—
4 „ „ 900° zementiert{	900° L	—	27	5400
	900° L	770°	9,7	55000
4 „ „ 900° geglüht {	650°	—	32	9500
	650°	770°	32	—
4 „ „ 900° zementiert{	650°	—	30	6600
	650°	770°	8,2	> 1000000

Für die Prüfung zementierter Gegenstände gibt es keine einheitlichen Gesichtspunkte. Im allgemeinen wird ein Stahl von bestimmter Festigkeit, Dehnung, häufig auch Kontraktion und Kerbzähigkeit (letzteres bei Automobilteilen) vorgeschrieben, wobei sich die Zahlen auf den geglühten Stahl beziehen. Besondere Proben dieses Stahls, deren Form je nach den Grundsätzen des betreffenden Werkes sehr verschieden sein kann, werden mit dem Gegenstande zementiert und in der Weise behandelt, wie man den fertigen Gegenstand zu behandeln beabsichtigt. Der Erfolg der Zementation (Dicke der Schicht und zweckmäßig auch mikroskopisch Höhe und Verteilung des Kohlenstoffs) wird festgestellt, sodann die Härte der Randschicht und die

---

[1]) St. E. 1923, 494.

Eigenschaften der Gesamtprobe oder des von der Randschicht befreiten Kerns bestimmt. Die Härte kann ermittelt werden durch Anfeilen, ein recht grobes und primitives Verfahren; besser durch Bestimmung der Kugeldruck- oder Sprunghärte (Skleroskop). Bei der Ermittlung der Kugeldruckhärte muß in Anbetracht der geringen Dicke der Randschicht vorsichtig verfahren werden bezüglich des Durchmessers der Kugel, um zu vermeiden, daß diese in die nicht zementierte Schicht eindringt und ein falsches Bild der Härte entsteht. Die Anwendung von Kugeln mit 1—2 mm Durchmesser bei Drucken von 500 kg hat sich bewährt. Zur Ermittlung der Eigenschaften des ganzen Stückes wird recht verschieden verfahren. Manche Werke brechen eine an beiden Seiten aufgelagerte Platte unter langsamem Druck, bestimmen letzteren und

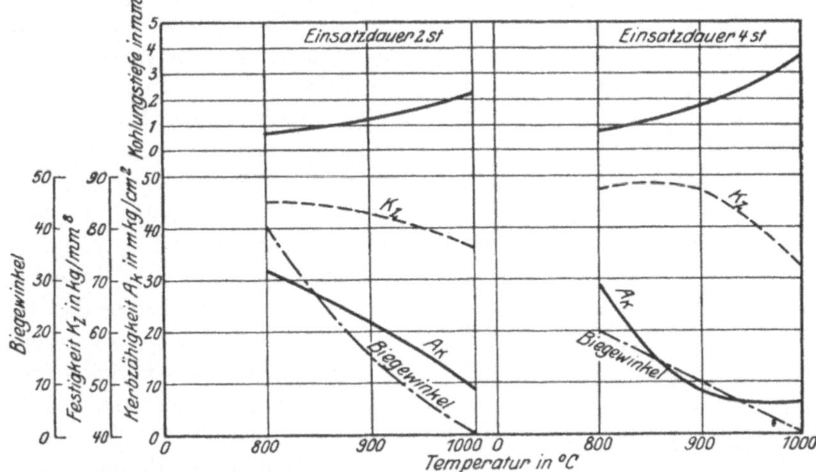

Abb. 521. Einfluß der Einsatzdauer und -temperatur auf die Zementationstiefe und die Festigkeitseigenschaften von weichem Flußeisen mit 0,1% C (Oertel).

beobachten die Art und Weise, wie der Bruch erfolgt, etwa den Biegewinkel, sowie die Bruchfläche des Stückes. Andere Werke stellen zementierte Schlagproben (nach Charpy oder anderen) her und messen die spezifische Schlagarbeit, wobei die Ergebnisse natürlich untereinander nur dann vergleichbar sind, wenn die Form der Proben und des Schlagwerkes gleich sind. Giolitti verwirft die Prüfung der Probe einschließlich der zementierten Randschicht und will die Schlagfestigkeit stets am reinen Kernmaterial ermittelt wissen. Auch Baumann[1]) gelangt zu diesem Ergebnis. Oertel[2]) dagegen prüfte nach Ausschaltung aller Fehlerquellen seine Proben mit der Schale und gelangte so zu vergleichbaren Ergebnissen. In Abb. 521 sind eine Reihe von·auf diesem Wege gewonnenen Ergebnissen dargestellt, die die Abhängigkeit der Zementationstiefe, der Festigkeit, Kerbzähigkeit und des Biegewinkels von der Einsatztemperatur und -dauer zeigen. Das Vergüten der Proben geschah durch Regenerieren bei 900°, Abkühlen an der Luft, sodann Härtung bei 770° in Wasser. Man erkennt den nachteiligen Einfluß hoher Zementiertemperatur. Man geht neuerdings dazu über, zementierte Proben mit der Schale auf einem

---

[1]) Jahrb. d. schiffbautechn. Ges. 1915, 156.   [2]) a. a. O.

Dauerschlagwerk zu prüfen. Man hat übereinstimmend beobachtet[1]), daß die Dauerschlagzahl zementierter Proben in ganz ungeheurem Maßstabe gehoben wird (vgl. die Oertelschen Angaben). Über den Wert einer oder der anderen Probe läßt sich nichts aussagen, jedenfalls sind aber diejenigen die zuverlässigeren, die ein zahlenmäßiges Ergebnis liefern, wobei natürlich die Erfahrung erst einen Maßstab für die Beurteilung dieser Zahlen liefern kann.

C. Die Zementation mit andern Stoffen als Kohlenstoff.

Außer Kohlenstoff können auch andere Elemente durch ein der Zementation ähnliches Verfahren in das Eisen bis zu einer gewissen Tiefe eingeführt werden. Versuche hierüber sind schon frühzeitig angestellt worden. Es sei hier nur an die Versuche von Arnold und McWilliam erinnert (vgl. S. 300). Fry[2]) untersuchte neuerdings das Diffusionsvermögen von Phosphor, Schwefel, Silizium, Mangan und Nickel in Form von festen Verbindungen, Legierungen bzw. reinen Metallen. Zur Ausschaltung aller störenden Nebenerscheinungen, insbesondere der Oxydation, arbeitete Fry im Vakuum. Seinen Ergebnissen verleiht Abb. 522 Ausdruck, aus der zu ersehen ist, daß der Höchstgehalt an Phosphor etwa gleich dem Gehalt des gesättigten Mischkristalls ist. Wenn dies bei Silizium nicht zutrifft, so ist hieran eine störende Nebenerscheinung, nämlich die Bildung einer die weitere Siliziumaufnahme verhindernden dünnen SiO_2-Schicht schuld, die auch Schmitz[3]) beobachtet hatte. An und für sich sprechen alle Ergebnisse dafür, daß Guillets[4]) Anschauung richtig ist, Voraussetzung für die Diffusion sei das Vorhandensein einer Löslichkeit der beiden Stoffe im festen Zustande, und der Diffusion sei durch die Konzentration der maximalen Löslichkeit eine Grenze gesetzt. Daher schließt auch Fry aus seinen Versuchen über die Diffusion des Schwefels, daß dieser bis zu 0,025 %, der erreichten Höchstgrenze, im festen Eisen löslich sei. Der obigen Anschauung von Guillet steht aber die von Charpy[5]) entdeckte Tatsache gegenüber, daß weit unter Ac_1 bis zu 6,72 %

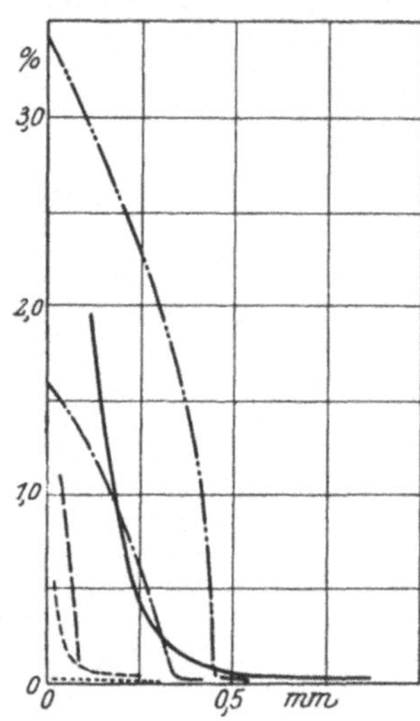

Abb. 522. Diffusion von Phosphor, Schwefel, Silizium, Mangan und Nickel im Eisen bei 950° während 50 Stunden (Fry).

· · · · —	P	aus	24 proz.	Ferrophosphor,
· · · · · · · · ·	S	„	34 „	FeS,
— · · — · · —	Si	„	21 „	Ferrosilizium,
— — — — —	Mn	„	27 „	Ferromangan,
———————	„	„	97 „	Mangan,
· · · · · · · · · ·	Ni	„	100 „	Nickelpulver.

[1]) Kruppsche Monatsh. 1920, 103, sowie Oertel, a. a. O.
[2]) Diss. Breslau 1919, St. E. 1923, 1039.
[3]) Diss. Aachen 1915, St. E. 1919, 321.   [4]) Rev. Mét. 1909, 761.
[5]) C. R. 1905, **136**, 1000; **137**, 120.

Kohlenstoff in das Eisen diffundieren kann. Aus der Tatsache, daß in Abb. 522 die Kurven derjenigen Elemente, die eine beschränkte Löslichkeit im Eisen aufweisen, einen Wendepunkt besitzen im Gegensatz zu den vollkommen löslichen Elementen, zieht Fry folgenden Schluß.

Es ist bei der Diffusion im Eisen streng zu unterscheiden zwischen reiner Diffusion und einem Vorgang, der als Reaktionsdiffusion zu kennzeichnen wäre. Die reine Diffusion hat ihre Ursache lediglich in einer Art von osmotischem Druck der festen Stoffe, während die Reaktionsdiffusion dadurch gekennzeichnet ist, daß der diffundierende Stoff mit dem Eisen in Reaktion tritt. Reine Diffusion kann nur bis zum Gehalt der gesättigten Mischkristalle stattfinden. Dagegen läßt sich durch Reaktionsdiffusion bei geeigneten Versuchsbedingungen der Gehalt der höchsten chemischen Verbindung des betreffenden Elements mit dem Eisen erreichen. Die Reaktionsdiffusion ist von besonderer praktischer Bedeutung, da sie weitgehende Wandlungsfähigkeit besitzt und daher durch Veränderung der Versuchsbedingungen dem jeweiligen Zweck in hohem Maße angepaßt werden kann. Die in der Literatur über Diffusion vorhandenen Widersprüche lassen sich größtenteils mit Hilfe der von Fry vertretenen Anschauung erklären.

Fry stellt endlich folgende allgemeingültige Sätze auf. Auf die Diffusionsgeschwindigkeit wirken ein:

a) Der Zustand der Moleküle und der Kristallelemente des aufnehmenden Stoffes (Modifikation, „Porosität" der Kristallelemente).

b) Die Größe der Moleküle des diffundierenden Stoffes.

Auf die durch Diffusion erreichte Höchstkonzentration wirken ein:

a) Die chemische Verwandtschaft des diffundierenden zu dem aufnehmenden Stoffe.

b) Der Höchstgehalt der bei der jeweiligen Temperatur beständigen Mischkristalle.

c) Die Zeit.

d) Die Temperatur.

e) Bei diffundierenden Verbindungen, ihre Zersetzungsfähigkeit unter Berücksichtigung von Druck, Temperatur, Konzentration und chemischer Verwandtschaft.

Es ist anzunehmen, daß auch noch andere Elemente, insbesondere Aluminium, Chrom, Wolfram, Molybdän und Vanadium in das Eisen diffundieren. Über Aluminiumdiffusion bei der Herstellung des Kruppschen Alits wurde bereits an anderer Stelle (vgl. S. 244) berichtet. Die Möglichkeiten für derartige Verfahren scheinen sehr groß zu sein. Vor allem kommen anscheinend weniger die betreffenden Stoffe in reiner Form als vielmehr in Form von Legierungen bzw. Verbindungen, oder von Salzen allein oder im Gemisch mit katalytisch wirkenden oder an einer Reaktion beteiligten Stoffen in Betracht[1]. Bemerkenswert ist endlich, daß die Diffusion von Phosphor, Schwefel und Silizium auf dem Wege über die Gasphase und in Form der betreffenden Wasserstoffverbindungen (PH_4, SH_2, SiH_4) sehr leicht stattfindet, wie Schmitz[2] gezeigt hat und wie vom Stickstoff ja bereits bekannt war.

---

[1] Vgl. z. B. D.R.P. 83093, Kl. 18, 1895; D.R.P. 57729; Fr. P. 327984, 1902; D.R.P. 211201, 231971 und zahlreiche neue Patente; ferner Valley, Rev. Mét. 1922, 41.

[2] a. a. O.

VI. Der Temperguß.

Der Zweck des Temperns und Glühfrischens ist, aus dem zwar gut vergießbaren, aber nicht bearbeitbaren weißen Roheisen durch Glühen in annähernd neutraler oder in oxydierender Umgebung ein leicht bearbeitbares Produkt zu schaffen. Findet das Glühen in annähernd neutraler Umgebung statt (z. B. Sand), so bezeichnet man das Verfahren als das amerikanische oder auch kurzweg Temperverfahren; ist die Umgebung dagegen stark oxydierend (z. B. Eisenerz, Hammerschlag), so spricht man vom europäischen oder Glühfrischverfahren. Das Produkt heißt in beiden Fällen Temperguß und zur Kennzeichnung des Herstellungsverfahrens bezeichnet man wohl gemäß dem Bruchaussehen den amerikanischen Temperguß als schwarzkernigen, den europäischen als weißkernigen Temperguß. Abb. 523 zeigt

Abb. 523. Bruchgefüge v. schwarz- u. weißkernigem Temperguß.

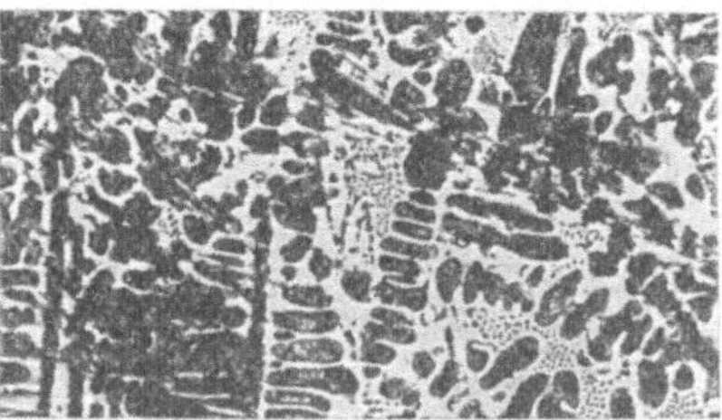

Abb. 524. Gefüge von Temperrohguß, Ätzung II, x 100.

links den bis auf eine dünne Randzone durchweg tiefdunklen Bruch eines Stückes amerikanischen Gusses (black-heart) und rechts ein Stück europäischen Gusses mit dem charakteristischen hellen Bruch. Der Ausdruck schmiedbarer Guß ist unzweckmäßig, weil er leicht die Vorstellung erweckt, der Zweck des Temperns sei die Erzeugung der Schmiedbarkeit, während in Wirklichkeit die Erzeugung der Weichheit oder Bearbeitbarkeit der Hauptzweck des Temperns und Glühfrischens ist. Das Ausgangsprodukt beider Verfahren zur Erzeugung von Temperguß ist ein weißes untereutektisches Roheisen mit 2,8 bis $3,5\%$ Kohlenstoff, dessen Kohlenstoffgehalt also ausschließlich in gebundener Form als Fe_3C vorliegt und das gemäß Abb. 524 aus primären Mischkristallen in einer Grundmasse von Ledeburit besteht[1]. Durch das Glühen bei verhältnismäßig hoher Temperatur, 850—950⁰, wird der bei dieser Temperatur nicht in Lösung befindliche Zementit zerlegt und Temperkohle gebildet. An andrer Stelle[2] wurde gezeigt, daß die Zerlegung des Karbides in reinen Eisen-Kohlenstofflegierungen verhältnismäßig träge erfolgt und auf

---

[1] Nähere Erläuterungen zu diesem Gefüge s. S. 35.   [2] Vgl. S. 79.

hohe Temperaturen, jedenfalls auf mehr als 850—950⁰ erhitzt werden muß, um merkliche Zerlegung herbeizuführen. Um daher die Zerlegung zu beschleunigen, gattiert man den Rohguß mit soviel Silizium ein, daß er zwar noch weiß erstarrt, gleichzeitig aber auch die Karbidzerlegung beim Tempern begünstigt wird. Die Wahrscheinlichkeit dieser letzten Tatsache ist ja aus der die Graphitbildung fördernden Wirkung des Siliziums zu schließen. Ihre Richtigkeit ist aber auch auf direktem Wege nachgewiesen worden. So zeigten Charpy und Cornu[1]), daß in einem Material mit nur 0,15⁰/₀ Kohlenstoff, aber 3,8⁰/₀ Silizium und 0,35⁰/₀ Mangan ein dreistündiges Glühen bei 800⁰ genügte, um den gesamten Kohlenstoff in Temperkohle zu verwandeln. Abb. 525 nach Charpy und Grenet[2]) zeigt ferner, daß die Temperatur beginnender Temperkohlebildung durch Silizium wesentlich herabgesetzt wird. Die der Abbildung zugrunde liegenden Versuche wurden an Legierungen mit 3,2 bis 3,6⁰/₀ Kohlenstoff angestellt. Die Gegenwart des Siliziums im Rohguß ist also unbedingt erforderlich, doch gibt es eine untere und obere Grenze. Die untere Grenze wird dort zu suchen sein, wo die fördernde Wirkung des Siliziums auf die Temperkohlebildung zu schwach wird, d. h. beim Tempern zu hohe Temperaturen angewendet werden müßten, was nach jeder Richtung hin unwirtschaftlich wäre (Verzundern, Brennstoffverbrauch). Daher wird man gemäß Abb. 525 unter 0,5⁰/₀ Silizium im Rohguß nicht heruntergehen. Die obere Grenze liegt in erster Linie dort, wo die Höhe des angewendeten Siliziumgehaltes bereits Graphitbildung im Rohguß herbeiführen würde. Da die Graphitbildung aber auch von der Erstarrungsgeschwindigkeit abhängt, ist es klar, daß die Höchstgrenze mit steigender Wandstärke abnehmen muß. Man findet daher die Vorschrift:

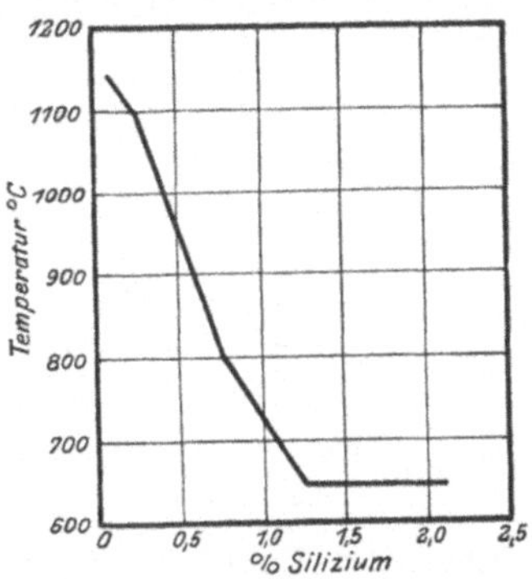

Abb. 525. Einfluß des Siliziums auf die Temperatur der beginnenden Temperkohleausscheidung (Charpy u. Grenet).

für starke Stücke . . . . 0,45—0,55⁰/₀ Si
für mittlere Stücke. . . . . 0,60—0,70⁰/₀ Si
für schwache Stücke . . . . 0,70—1,20⁰/₀ Si.

Man vermeidet die Graphitbildung, weil die räumlich ausgedehnten Graphitblättchen bei einseitiger Orientierung im Gegensatz zu den punktförmigen Temperkohleausscheidungen wesentliche Unterbrechungen des Materialzusammenhanges darstellen und daher Festigkeit und Dehnung erniedrigen. Im europäischen Guß, wo es auf die möglichst rasche Entfernung von möglichst viel Kohlenstoff ankommt, spielt die Oxydierbarkeit der Kohlenstofform eine große Rolle. Stotz[3]) hat nachgewiesen, daß der Graphit im Gegensatz zur Temperkohle schwer oxydierbar ist, jedenfalls unter den Oxydationsbedingungen des europäischen Verfahrens nicht oxydiert wird.

Man könnte der Wirkung des Siliziums durch entsprechende Bemessung des Gehaltes an Mangan begegnen, das ja die Graphit- und daher auch die Tem-

---

[1]) C. R. 1913, **156**, 1616.   [2]) Bull. d'Enc. 1902, **102**, 399.
[3]) St. E. 1916, 501.

perkohlebildung hemmt. Indessen würde ein solches Vorgehen das Verfahren nur komplizieren, und man begnügt sich daher meist damit, nur den Siliziumgehalt der Wandstärke anzupassen und den Mangangehalt konstant zu halten. Man findet in amerikanischem Guß selten mehr als $0,3^0/_0$ und für europäischen Guß die Vorschrift, der Mangangehalt müsse 0,3 bis $0,4^0/_0$ betragen. Für letzteren könnte man daran denken, dies dahin zu ergänzen, daß im Hinblick auf eine möglichst vollständige Abscheidung der Temperkohle der Mangangehalt dem Schwefelgehalt in der Weise anzupassen sei, daß er zur Bildung von MnS oder zum mindesten eines manganreichen Sulfides ausreiche. Wüst und Miny[1]) haben in der Tat gezeigt, daß der nachteilige Einfluß des Schwefels auf die Graphitbildung (vgl. Abb. 95) dadurch gemildert werden kann, daß der Schwefel in der Form des schwer schmelzbaren, jedenfalls vor der beginnenden Ausscheidung der Mischkristalle erstarrenden MnS zugegen ist. Der auf diese Weise der Schmelze entzogene Schwefel wirkt dann nicht mehr

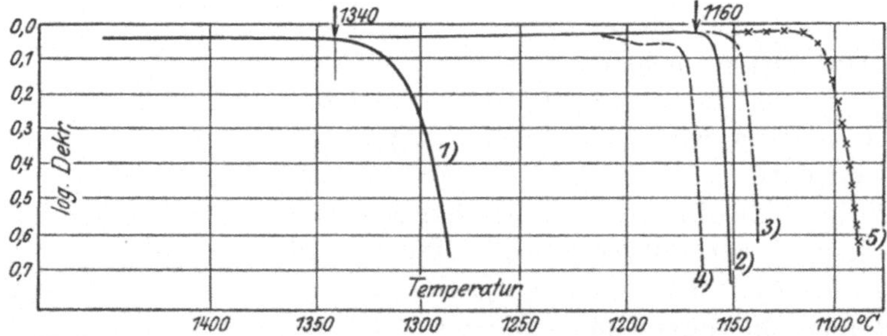

Abb. 526. Einfluß des Kohlenstoffs (1,2), des Phosphors (5), des Schwefels (3) und des Schwefelmangans (4) auf die Viskosität des Eisens (Wimmer).

hindernd auf die Graphitbildung ein. Diesem Vorteil des Mangan steht allerdings der Nachteil gegenüber, daß die in der Schmelze ausgeschiedenen MnS-Kristalle die Viskosität des Eisens bedeutend herabsetzen, wie Wimmer[2]) durch Viskositätsbestimmungen nachgewiesen hat. Dies geht deutlich aus Abb. 526 hervor. Kurve 2 ist die Viskositätskurve einer reinen Eisenkohlenstofflegierung mit $3,8^0/_0$ Kohlenstoff, in der der plötzliche Abfall der Viskosität bei 1160°, der Temperatur beginnender Mischkristallbildung, deutlich zum Ausdruck gelangt. Durch Zusatz von $0,2^0/_0$ Schwefel wird diese Temperatur in Übereinstimmung mit Liesching[3]) und Levy[4]) deutlich erniedrigt. Wird dieser Legierung $0,4^0/_0$ Mangan zugesetzt (Kurve 4), so tritt eine unverkennbare Änderung der Vikositätskurve ein. Es zeigen sich zwei Knicke in der Kurve, von denen der erste wohl der Ausscheidung der MnS-Kristalle, der zweite der beginnenden Ausscheidung der Mischkristalle entspricht, die nunmehr höher liegt als in reinen Eisen-Kohlenstofflegierungen[5]). Jedenfalls

---

[1]) Fer. 1916/17, 97.   [2]) Diss. Aachen 1921.
[3]) Met. 1910, 565.   [4]) Ir. st. Inst. 1908, II, 45.

[5]) Die Tatsache, daß die Viskosität der vollkommen flüssigen Legierungen keine Unterschiede aufweist, ist sehr wahrscheinlich auf die noch bestehende Unvollkommenheit des Verfahrens zurückzuführen, da doch aus der Erfahrung mit hinreichender Sicherheit z. B. festzustehen scheint, daß Phosphor die Viskosität des Eisens deutlich erniedrigt, falls nicht etwa hier ein Beobachtungsfehler in dem Sinne vorliegt, daß Phosphor zwar

kann eine deutliche Viskositätssteigerung durch Schwefelmangan als feststehendes Ergebnis der Viskositätsuntersuchung betrachtet werden, die auch die praktische Erfahrung bestätigt. Der Ausgleich der schädlichen Wirkung des Schwefels auf die Temperkohlebildung kann also durch richtige Bemessung des Mangangehaltes nur unter Hinnahme des Nachteils der Viskositätssteigerung erkauft werden. Ein Ausgleich durch Silizium, wie er gemäß Abb. 95 wohl möglich wäre, ist nicht angängig, da der hierzu erforderliche Siliziumgehalt die zulässige Grenze nach oben hin überschreiten würde. Am zweckmäßigsten wird es daher sein, den Schwefelgehalt so niedrig wie möglich zu halten. Als obere Grenze findet man für europäischen Guß $0,3^0/_0$ angegeben, doch muß dieser Gehalt als reichlich hoch bezeichnet werden, wenn auch in Europa die Verwendung von schwefelreichem Koks bei der Herstellung des Tempergusses im Kupolofen einen höheren Schwefelgehalt zweifellos im Gefolge haben muß als in Amerika, wo der niedrige Schwefelgehalt des Koks nur etwa $0,07^0/_0$ Schwefel im Rohguß bedingt. Indessen würde zweifellos eine noch in weiten Grenzen mögliche Verbesserung des Kupolofenbetriebes in bezug auf Konstruktion (richtige Bemessung und Anordnung der Blasquerschnitte), Koksverbrauch und Durchsatzzeit auch in Europa eine Verringerung des Schwefelgehaltes bei gleichzeitiger Verringerung der Gestehungskosten ermöglichen. Auch die Anwendung von Entschwefelungsmitteln wäre hier am Platze. Leider finden die auf Qualitätssteigerung gerichteten Bestrebungen des Herstellers in den deutschen Abnehmerkreisen mangels genügender Materialkenntnis zurzeit noch wenig Verständnis. Der niedrige Schwefelgehalt des amerikanischen Tempergusses bedingt im Gegensatz zum europäischen Guß eine außerordentlich große Leichtigkeit der Temperkohlebildung, so daß nicht allein im Endprodukt durchweg fast nur Ferrit und Temperkohle zugegen sind, sondern auch die Glühzeit und die Glühtemperatur niedriger gewählt werden können als beim europäischen Verfahren. Eine Glühtemperatur von 800 bis 850^0 reicht in Amerika meist aus[1]).

Der Phosphor ist innerhalb weiter Grenzen ohne Einfluß auf die Graphit- und daher auch auf die Temperkohlebildung (vgl. Abb. 95). Es besteht aber die Neigung des Phosphors, das schmiedbare Eisen kaltbrüchig zu machen und im Gußeisen nach anfänglicher geringer Verbesserung der Eigenschaften, schon von niedrigen Gehalten an (etwa $0,2—0,3^0/_0$), wahrscheinlich infolge der Einlagerung des spröden Phosphideutektikums eine Verschlechterung der Eigenschaften herbeizuführen (vgl. Grau-Guß). Man hat daher für europäischen Guß als obere zulässige Grenze des Phosphorgehaltes etwa $0,2^0/_0$ festgesetzt und für amerikanischen Guß hat Touceda[2]) gezeigt, daß $0,25^0/_0$ Phosphor keinen Einfluß auf die Eigenschaften des Gusses ausüben.

Es ist im vorstehenden hauptsächlich die Entstehung der Temperkohle infolge Karbidzersetzung geschildert worden in Abhängigkeit von der chemischen Zusammensetzung. Zu dieser kommen, was nach dem Gesagten selbstverständlich erscheint, als weitere Faktoren Temperatur und Zeit. Abb. 527

---

nicht die Dünnflüssigkeit erhöht, wohl aber, was ja auch aus Abb. 526 hervorgeht, die Temperatur beginnender Mischkristallbildung wesentlich erniedrigt, phosphorhaltige Legierungen also länger flüssig bleiben als phosphorfreie.

[1]) Vgl. Stotz, Gieß.-Zg. 1920, 305.   [2]) Foundry, 1915, 446.

nach **Charpy** und **Grenet**[1]) zeigt an einem Material mit 3,2% Kohlenstoff und 1,25% Silizium den Einfluß von Temperatur und Zeit. Zwar steigt mit zunehmender Temperatur die Menge der gebildeten Temperkohle, indessen offenbar bei 800° rascher mit der Zeit als bei 900 und 700°. Diese Tatsache steht wohl im Zusammenhang mit der Möglichkeit der Temperkohlebildung nach der Linie E'S' des Zustandsdiagramms Abb. 16. Hiernach muß sich aus den gesättigten Mischkristallen nach Maßgabe des Hebelgesetzes bei der Abkühlung entlang E'S' Temperkohle ausscheiden. Die Menge dieser Temperkohle ist begrenzt infolge der durch das Diagramm gegebenen Verhältnisse. **Ruer** und **Iljin**[2]) zeigten, daß die Ausscheidungsgeschwindigkeit des elementaren Kohlenstoffs aus der festen Lösung zwischen 1100 und 800° C praktisch gleich Null ist und erst unterhalb 800° C meßbare Werte annimmt. Selbst bei 400° C konnte noch merkliche Temperkohlebildung festgestellt werden.

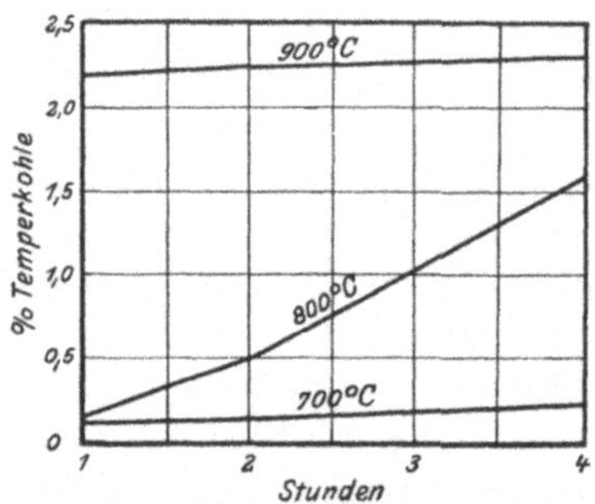

Abb. 527. Einfluß von Temperatur und Zeit auf die Temperkohlebildung in einem Material mit 3,2% C und 1,2% Si (Charpy und Grenet).

Wenn nun auch zwischen 1100 und 800° C keine merkliche Temperkohlebildung stattfindet, so zeigten doch besondere Versuche, daß die Menge der sich unterhalb 800° C bildenden Temperkohle um so größer ist, je länger das Material innerhalb des genannten Temperaturintervalls verweilte. Die Erklärung für diese Tatsache geben die Verfasser auf Grund des allgemeinen Verhaltens von Körpern bei der Kristallisation. Letztere ist abhängig von der Anzahl der Kristallisationskeime, die sich in der Zeiteinheit bilden, und von der linearen Kristallisationsgeschwindigkeit, mit der die durch das Auftreten von Kristallisationskeimen eingeleitete Kristallbildung fortschreitet. Beide Faktoren sind von der Temperatur abhängig. Wenn daher bei rascher Abkühlung von 1100 auf 800° C keine Temperkohlebildung erfolgt, so beweist dies, daß die zur Einleitung der Ausscheidung der Temperkohle nötigen Kristallisationskeime nicht in genügender Anzahl gebildet werden. Wird dagegen von 800° C ab rasch abgekühlt und erfolgt keine Temperkohlebildung, so kann dies dadurch erklärt werden, daß die durch die langsame Abkühlung von 1100 auf 800° C in genügender Anzahl gebildeten Kristallisationskeime keine Gelegenheit zum Wachstum besaßen. Für die Menge der Temperkohleausscheidung kommt aber in erster Linie die Geschwindigkeit in Frage, mit der das Material durch das Intervall hindurchgeführt wird, in dem die Kristallisationskeime entstehen, d. h. 1100—800° C. Wenn daher in diesem Intervalll auch keine direkte Temperkohleausscheidung stattfindet, so ist es dennoch unbedingt erforderlich, das Material mit genügender Langsamkeit durch dieses Intervall hindurchzuführen.

Wenn nun auch die Menge der entlang E'S' abgeschiedenen Temperkohle begrenzt und gering ist, so darf nicht vergessen werden, daß durch Karbid-

---

[1]) Bull. d'Enc. 1902, **102**, 399.   [2]) Met. 1911, 97.

zersetzung eine große Menge Temperkohle gebildet werden kann und das bei
der Zersetzung nach der Gleichung:

$$Fe_3C = 3Fe + C$$

lokal gebildete Eisen sich stets wieder gemäß dem bei der entsprechenden Temperatur herrschenden Gleichgewicht mit Kohlenstoff, und zwar wahrscheinlich vorzugsweise mit dem leichter löslichen unzersetzten Fe_3C, absättigt. Es würde demnach eine ständige Abscheidung von Temperkohle, Wiederauflösung von Karbid und eine Wanderung des Kohlenstoffs durch Diffusion von Stellen höheren zu solchen niedrigeren Kohlenstoffgehaltes stattfinden. Daß die zuerst gebildeten Temperkohleteilchen eine Keimwirkung auf die in der Folge (wahrscheinlich auch während der Abkühlung entlang $E'S'$) sich abscheidenden

Temperkohleteilchen ausüben, ist sehr wahrscheinlich, wirken doch die Graphitblätter von Grauguß bei der Glühbehandlung in ähnlichem Sinne auf die hierbei entstehenden Temperkohlepünktchen ein. Dies veranschaulicht die Abb. 528, ein Tempergußstück, das bereits im Rohguß Graphit enthalten hatte. Die Keimwirkung des Graphits ist deutlich zu

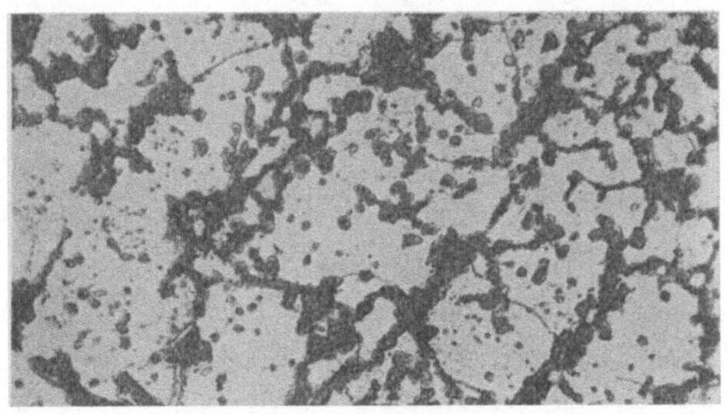

Abb. 528. Keimwirkung des Graphits auf die Temperkohle in einem Tempergußstück mit 1,38% Ges. C, 0,87% Graphit + Temperkohle und 1,68% Si, ungeätzt x 400.

erkennen. Für letzteres spricht die Tatsache, daß bei rascher Abkühlung eines schwefelarmen, getemperten Gusses nach Stotz[1]) Perlit entsteht, während bei langsamer Abkühlung das Endgefüge des gleichen Gusses aus Temperkohle und Ferrit besteht. Im ersten Fall folgt also das System der Linie ES des Zustandsdiagramms, im letzteren Falle dagegen $E'S'$.

Die Einwirkung submikroskopischer Teilchen auf die Menge der Temperkohle und gleichzeitig den Einfluß der Gießtemperatur erläutern die Abb. 529 und 530. Beide Abbildungen entsprechen Proben gleicher chemischer Zusammensetzung und gleicher Temperbehandlung. Der einzige Unterschied besteht in der Gießtemperatur, die bei der Probe Abb. 529 1400, bei der Abb. 530 1300° betrug. Der höheren Gießtemperatur entspricht mehr Temperkohle und weniger gebundene Kohle als der niedrigen Gießtemperatur, die noch deutlich neben wenig Temperkohle das Roheisengefüge fast unzersetzt aufweist. Dies ist offenbar auf die größere Zahl der bei der hohen Gießtemperatur gebildeten Keime von elementarem Kohlenstoff zurückzuführen.

Man beobachtet endlich häufig, und zwar fast ausschließlich bei schwefelarmem und fast nie bei schwefelreichem Guß eine Keimwirkung der Temperkohle auf den bei der Abkühlung entstehenden Ferrit, indem dieser sich ge-

---

[1]) a. a. O.

mäß Abb. 531 als Hof um die Temperkohlepünktchen abscheidet. Daß dies natürlich nur dann eintreten kann, wenn die Konzentration der Mischkristalle wenigstens lokal unter $0,9\%$ sinkt, erscheint selbstverständlich.

Beim amerikanischen Temperguß ist das Endgefüge im allgemeinen Temperkohle und Ferrit. Dabei ist ein wesentliches und mit der Herstellung

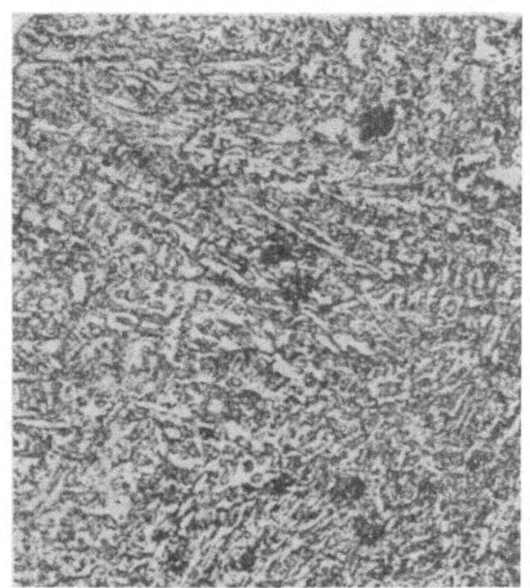

Abb. 529. Temperguß bei 1400° gegossen, Ätzung II, x 60.

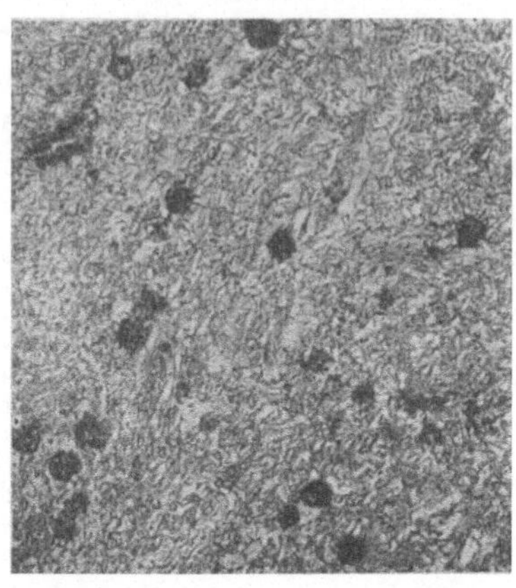

Abb. 530. Wie Abb., jedoch bei 1300° gegossen, Ätzung II, x 60.

dieses Gusses in annähernd neutraler Atmosphäre zusammenhängendes Kennzeichen die gleichmäßige Verteilung der Gefügeelemente über den ganzen Querschnitt, wenn man von einer mehr oder minder breiten, entkohlten Randzone absieht, die auf den unvermeidlichen, schwach oxydierenden Einfluß der im Packmittel (Sand) bzw. im Glühraum enthaltenen Luft zurückzuführen ist. Die analytische und mechanische Prüfung von Gußstücken aus amerikanischem Temperguß begegnet daher auch keinen Schwierigkeiten, weil der Guß bis auf die meist sehr schmale, entkohlte Randzone homogen ist. Der Einfluß der Beimengungen Silizium, Mangan, Phosphor und Schwefel läßt sich im Sinne des direkten Einflusses dieser Elemente als Legierungselemente leicht und zuverlässig ermitteln, ebenso der Einfluß der Glühdauer, der dann in Abhängigkeit vom Gehalt an Temperkohle und gebundener Kohle zum Ausdruck kommt.

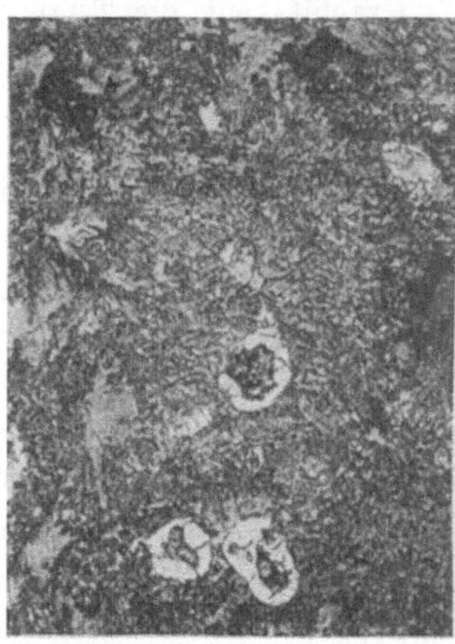

Abb. 531. Keimwirkung der Temperkohle auf die Ferritabscheidung, Ätzung II x 60.

Auch die Einwirkung der von der Glühtemperatur in erster Linie abhängigen Größe und Zahl der Temperkohleeinschlüsse auf die Eigenschaften läßt sich hier leicht ermitteln. Leider fehlt es in der Literatur in dieser Hinsicht an Unterlagen. Man sagt im allgemeinen dem amerikanischen Temperguß sehr große Zähigkeit nach, wie die nachfolgenden, von Stotz[1] mitgeteilten Zahlen lehren.

---

[1] Gieß.-Zg. 1920, 305.

Bruch	Spez. Schlagarbeit mkg/qcm
vollkommen schwarz	$> 14{,}6$
ganz dünner weißer Rand	13,4
starker weißer Rand	10,8
kleiner schwarzer Kern	7,2
vollkommen weiß	6,0

Die Festigkeit ist im allgemeinen auf Grund des Fehlens von Perlit niedrig und bewegt sich zwischen 30 und 35 kg/qmm. Als Halbjahrsmittel stellte der Verband amerikanischer Tempergießer 31,7 kg/qmm fest. Die Dehnung (auf 50 mm Meßlänge bezogen) ist verhältnismäßig hoch, sie erreicht bis zu $23^0/_0$, und das oben erwähnte Jahresmittel ergab $7^0/_0$. Abb. 532 stellt eine in Amerika sehr viel angewendete, einfache und zuverlässige Prüfungsmethode dar. Das dünne Schneidende des Keils wird durch Schläge von Hand oder mittels eines Fallhammers von 10 mkg zu einer Spirale geformt, und es werden die Schläge bis zum Auftreten des Bruches gezählt.

Ganz anders liegen bezüglich der Homogenität die Verhältnisse beim europäischen Guß. An und für sich erfolgt zwar beim Glühen in oxydierender Umgebung zunächst wohl die Karbidzerlegung in gleicher Weise wie in neutraler Atmosphäre, nur beim europäischen Guß in Anbetracht des hohen Schwefelgehaltes langsamer als beim amerikanischen, doch werden die Vorgänge sehr bald gestört und verwickelt, weil neben dem Einfluß der Glühtemperatur sich der des Sauerstoffs bemerkbar macht. In der Tat ist

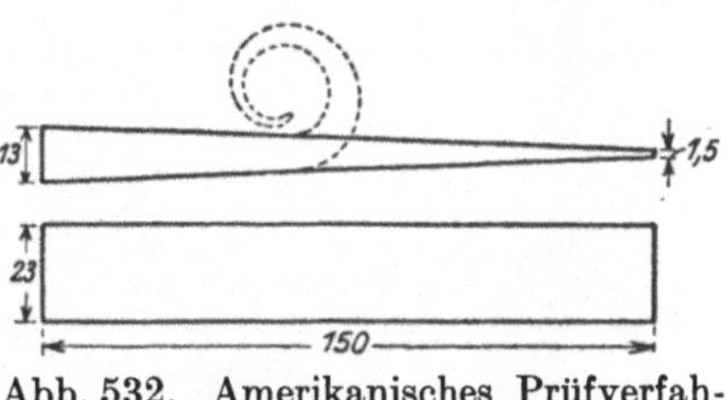

Abb. 532. Amerikanisches Prüfverfahren für Temperguß.

beim Glühfrischen der Hauptträger der Reaktion die Gasphase, wie Wüst[1] einwandfrei dadurch nachwies, daß er im Glühraum räumlich getrennt voneinander Eisenoxyd auf Gußeisen einwirken ließ. Es trat Entkohlung ebensogut ein, wie wenn das Eisenoxyd sich in Berührung mit dem Gußeisen befand. Eisenoxyd beginnt unter Atmosphärendruck von etwa 600^0 an Sauerstoff abzuspalten, der mit dem Kohlenstoff des Rohgusses CO_2 bildet, d. h. also einen Teil des Kohlenstoffs (an der Oberfläche des Gußstückes) vergast. Das Kohlendioxyd reagiert mit weiteren Kohlenstoffmengen unter CO-Bildung. Das Kohlenoxyd seinerseits oxydiert sich am Sauerstoff des Tempermittels wieder zu CO_2. Dieses oxydiert weitere Kohlenstoffmengen usw. Ledebur[2] und Wüst[3] haben der Frage besondere Aufmerksamkeit geschenkt, ob sich die Reaktion

$$CO_2 + C = 2CO$$

dauernd, d. h. bis zur vollständigen Entkohlung an der Oberfläche des Gußstückes vollzieht, indem also die hier oxydierten Kohlenstoffmengen durch Nachfließen (Diffusion) des Kohlenstoffs aus dem Innern des Stückes ersetzt werden oder ob umgekehrt das Kohlendioxyd in das Innere des Stückes eindringt und die Vergasung in situ erfolgt. Ledebur vertritt die erstere, Wüst die zweite Anschauung. Letzterer trennt infolgedessen den Glühfrischprozeß

---

[1] Mitt. E. H. I. 1908, 2, 113.
[2] Eisenhüttenkunde, 4. Aufl., 1062 sowie Eisen- und Stahlgießerei, 4. Aufl., 386.
[3] a. a. O.

in zwei Stadien: Bildung und Oxydation der Temperkohle. Letztere kann also erst eintreten, wenn sich Temperkohle gebildet hat. Das Hauptargument hierfür sieht Wüst darin, daß lediglich der gelöste, nicht aber der in elementarer Form ausgeschiedene Kohlenstoff wandern könne. Es wird hierbei übersehen, daß einmal der erstere Vorgang ja zur Erklärung der Entkohlung genügt, und die Tatsache besteht, daß temperkohlefreie Legierungen, z. B. Stahl, entkohlt werden können, worauf auch Hatfield[1]) hingewiesen hat. Ferner aber kann auf Grund der seither erwiesenen[2]) Löslichkeit des elementaren Kohlenstoffs im γ-Eisen auch diesem das Diffusionsvermögen nicht abgesprochen werden. Gegen die Wüstsche Behauptung von der Notwendigkeit der Temperkohleausscheidung vor deren Vergasung richtet Hatfield ferner den Einwand, wenn man den Glühfrischprozeß unterbreche, könne man des öfteren im Innern des Stückes das unveränderte Gefüge des weißen Roheisens ohne jede Spur von Temperkohle beobachten, der Entkohlung brauche also die Temperkohlebildung nicht vorauszugehen. Dieser Einwand ist allerdings nicht stichhaltig, denn man kann sich sehr wohl eine Reaktionszone vorstellen, die sich mit fortschreitender Zeit nach dem Innern des Stückes verschiebt

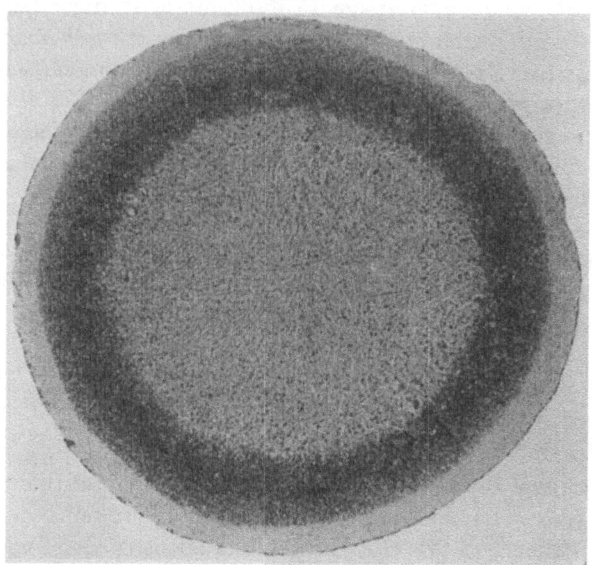

Abb. 533. Unvollständig getempertes Roheisen mit 3,5% C, 0,72% Si, 0,23 % Mn, 0,22% S, Ätzung II, x 6.

und in der sich dann unter Einwirkung der bis zu dieser Zone vordringenden Gasphase die Temperkohlebildung, ihre Vergasung und das Nachfließen des Kohlenstoffs aus dem Kern kurz hintereinander oder praktisch gleichzeitig vollziehen. Die ringförmige Anordnung der Zonen in Abb. 533 spricht für einen solchen Mechanismus. Die mittlere Zone enthält noch sehr viel Karbid, im übrigen aber auch gemäß der stärkeren Vergrößerung der Kernpartie, Abb. 529, entgegen der Beobachtung von Hatfield auch etwas Temperkohle. An diese Zone schließt sich die Zone beginnender Reaktion mit fast nur Perlit und wenig Temperkohle; es folgt eine Zone mit Ferrit und Perlit ohne Temperkohle, dann eine nur aus Ferrit bestehende Randzone, und wir werden sehen, daß auf diese Zone noch weitere folgen können. Der Rohguß Abb. 533 bzw. 529 enthielt 0,22%, also ziemlich viel Schwefel, entsprechend etwa dem Kupolofenguß. Nun glaubt Stotz[3]) auf Grund von Ermittlungen des spezifischen

---

[1]) Met. 1909, 358.   [2]) Ruer und Iljin, a. a. O.   [3]) St. E. 1916, 50.

Gewichtes, daß bei Gegenwart von Schwefel der Vorgang nach Ledebur, bei Abwesenheit von Schwefel dagegen nach Wüst erfolgt. Stotz verfolgte die beim Tempern in neutraler Atmosphäre stattfindende Abnahme des spezifischen Gewichtes und glühte dann das Endprodukt mit $1,62^0/_0$ Temperkohle und $0,73^0/_0$ gebundener Kohle in Erz, wobei die Gehalte an den entsprechenden Kohlenstoffarten auf 0,16 bzw. $0,06^0/_0$ abnahmen. Das spezifische Gewicht des Rohgusses mit $3,18^0/_0$ Kohlenstoff, der ausschließlich in gebundener Form vorgelegen hatte, betrug 7,74, nahm durch das Tempern in neutraler Atmosphäre auf 7,31 ab und veränderte sich durch das Glühen in oxydierender Atmosphäre auf 7,34, also nur unwesentlich. Dann zeigt Stotz, daß es nur bei schwefelarmem Tiegelguß gelingt, durch Glühfrischen ein so niedriges spezifisches Gewicht zu erzielen, daß dagegen bei schwefelreichem Tiegel- und noch schwefelreicherem Kupolofenguß weit höhere spezifische Gewichte, nämlich bis zu 7,69 erhalten werden. Hieraus schließt Stotz, daß bei solchem Guß keine Abscheidung der Temperkohle vor der Vergasung erfolgt. Es erscheint aber fraglich, ob das spezifische Gewicht ein sicheres Kennzeichen ist. Für die Kennzeichnung des Rohgusses scheint dies zwar zuzutreffen, indem Wüst und Leuenberger[1] für Ölofen- und Kupolofenguß als Mittel aus je sechs Chargen 7,712 bzw. 7,673 mit etwa $\pm 0,5^0/_0$ Abweichung feststellen, wobei nur der Schwefelgehalt der beiden Gußarten abwich, und zwar beim Ölofenguß 0,061 und beim Kupolofenguß $0,178^0/_0$ betrug. Bei in Erz getempertem Guß waren dagegen die Abweichungen von den Mitteln erheblich größer, nämlich zum Teil viel mehr als $\pm 1^0/_0$. Die mittleren spezifischen Gewichte der beiden Gußarten nach 270 stündigem Tempern waren 7,801 bzw. 7,409 bei $0,01^0/_0$ bzw. $0,15^0/_0$ Temperkohle und 0,1 bzw. $0,16^0/_0$ geb. Kohle. Ob demnach die bei schwefelreichem Guß festgestellte langsamere Entfernung des Kohlenstoffs, die übrigens auch Oberhoffer und Welter[2] fanden, auf den Umstand zurückzuführen ist, daß der Kohlenstoff nicht als Temperkohle ausgeschieden wird, bevor er vergast wird, vielmehr bei solchem Guß ein Wandern des in Lösung befindlichen Kohlenstoffs von innen nach außen erfolgte, kann auf dem Wege der Bestimmung des spezifischen Gewichtes nur an Hand eines umfangreicheren Versuchsmaterials entschieden werden. Keinesfalls ist die etwa schon ausgeschiedene Temperkohle ein Hindernis für die Diffusion, da sie bei lokaler Konzentrationsabnahme wieder in Lösung gehen und infolge der nicht bestreitbaren Wanderung des gelösten Kohlenstoffes diffundieren kann; sodann ist die Annahme einer sich mit fortschreitender Entkohlung nach dem Innern der Stücke vorschiebenden Haupt-Reaktionszone unabhängig von beiden Anschauungen, indem sich hier die Vorgänge der Temperkohlebildung, Vergasung und Wanderung praktisch nebeneinander vollziehen können. Dies würde auch am besten erklären, warum sich Anhaltspunkte für beide Theorien finden lassen.

Auf alle Fälle aber ist der Glühfrischprozeß an das Vorhandensein der Gasphase gebunden. Becker[3] untersuchte die Natur der Gasphase. Er ließ Kohlenoxyd-Kohlendioxyd-Gemische verschiedener Zusammensetzung bei verschiedenen Temperaturen auf temperkohlehaltiges Eisen und auf weißes

---

[1] Mitt. E. H. I. 1919, 8, 77.   [2] St. E. 1923, 105.
[3] Mitt. E. H. I. 1911, 4, 43.

Roheisen einwirken und stellte fest, daß die entkohlende Wirkung des Gasgemisches mit steigendem Kohlendioxydgehalt und mit steigender Temperatur zunimmt, daß jedoch die Einwirkung auf weißes Roheisen bei 800° C geringer ist als auf getempertes, daß also bei dieser Temperatur der Kohlenstoff in elementarer Form leichter vergast wird als in gebundenem oder gelöstem Zustande. Erst bei 900—1000° war in dem Verhalten des weißen und des getemperten Roheisens kein Unterschied mehr festzustellen. Es findet keine merkliche Oxydation des Eisens statt:

bei 900° in einem Kohlendioxyd-Kohlenoxyd-Gemisch mit 28 $^0/_0$ Kohlendioxyd
„ 1000° „ „ „ „ „ 24 $^0/_0$ „

Wüst und Stotz[1]) machten vergleichende Versuche mit Erz und CO-CO_2-Gemischen als Tempermittel. Sie fanden, daß zur völligen Entkohlung ein Gasgemisch mit zunächst 50 $^0/_0$ CO_2 zu benutzten ist, das im Verlauf des Prozesses CO_2-ärmer werden muß und in Übereinstimmung mit Becker bei 1000°, der für das Gastempern günstigsten Temperatur, nur noch 20 $^0/_0$ CO_2 enthalten darf. Der Grad der Entkohlung ist beim Gastempern außer von der Temperatur, der Glühdauer und dem CO_2-Gehalt des Gasgemisches auch von dessen Zuflußgeschwindigkeit abhängig.

Eine direkte Bestätigung für die Wirksamkeit der Gasphase beim gewöhnlichen Erztempern ist dadurch erbracht worden, daß die in den Temperkästen der Praxis vorhandene Gasatmosphäre untersucht wurde[2]). Unabhängig von der Natur des angewandten Tempermittels: frischer und gebrauchter Walzsinter sowie Roteisenstein, sowie in weiten Grenzen unabhängig vom Kohlenstoffgehalt des Eisens (1,0—3,5 $^0/_0$), ergab sich stets dasselbe Bild. In Abb. 534 ist ein derartiger Versuch dargestellt. Bei einer Temperatur von 550° Mitte Glühtopf und außen von 980°, im Mittel also vielleicht etwa 700°, ist fast der ganze Stickstoff aus dem Glühtopf verdrängt.

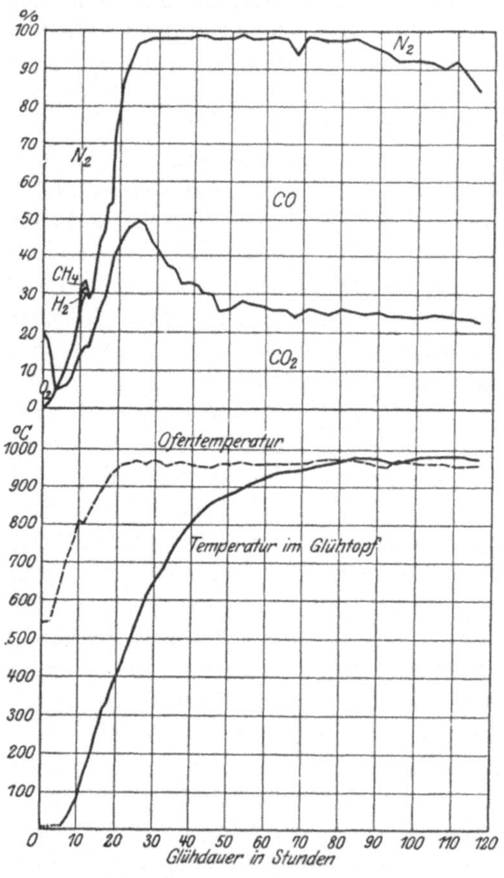

Abb. 534. Gaszusammensetzung und Temperaturverlauf in einem Tempertopf.

[1]) Mitt. E. H. I. 1919, 8, 89.
[2]) Zingg und van Rossum, Dipl. Arb. Aachen 1922.

Das Verhältnis $\frac{CO}{CO_2}$ steigt von nun an langsam an, bleibt einige Zeit konstant und sinkt dann, wobei die relative Zunahme des Kohlendioxyds, wie aus der Zunahme des Stickstoffgehaltes zu ersehen ist, auf in den Glühtopf eindringende Luft zurückgeführt werden muß. Trägt man die aus den Versuchen sich ergebenden $\frac{CO}{CO_2}$ Verhältnisse in das kombinierte Diagramm von Boudouard ($CO_2 + C \rightleftarrows 2CO$) sowie von Schenck[1]) ein, so zeigt sich gemäß Abb. 535, daß die gefundenen Punkte von 800⁰ an sehr gut mit der Kurve übereinstimmen, die voraussichtlich das Gebiet des Eisenoxyduls von dem des Eisens trennt. Aus diesem Diagramm ergibt sich im übrigen die für die Wahl des geeigneten Tempermittels wichtige Bedingung, daß es im Verlauf des Glühfrischprozesses mindestens auf die Oxydationsstufe FeO reduziert werden muß. Genügt der Kohlenstoffgehalt des Gusses nicht, das Tempermittel

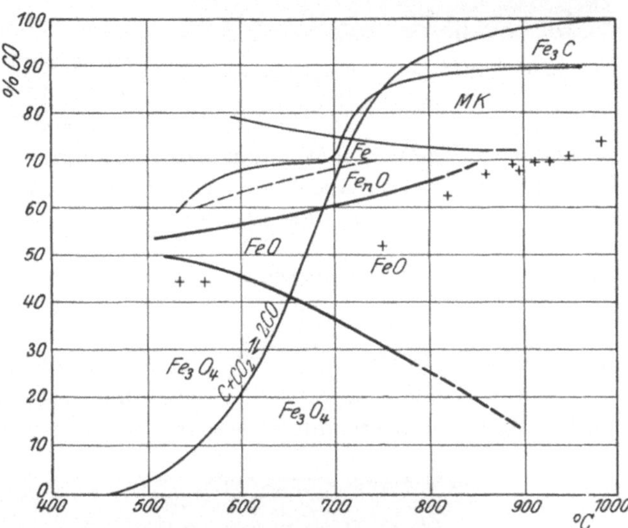

Abb. 535. Gleichgewicht zwischen Eisen, Kohlenstoff und Sauerstoff (Schenck).

während des Temperverlaufes bis auf die Oxydationsstufe FeO zu reduzieren, so müssen folgende Reaktionen eintreten:

$$Fe_3O_4 + CO \rightarrow 3FeO + CO_2$$
$$CO_2 + Fe \rightarrow FeO + CO$$

d. h. es würde so lange im Gußstück FeO gebildet, bis alles Tempermittel zu FeO reduziert ist. Umgekehrt kann bei zu hohem CO-Gehalt des Gasgemisches (bei stark verbrauchtem Oxydationsmittel) Zementation eintreten.

Die erste der beiden Möglichkeiten, nämlich die zu starke Oxydationswirkung des Tempermittels ist die weit unangenehmere, weil sie viel Ausschuß verursacht. Die Erscheinung ist in der Praxis der Tempergießerei bekannt unter der Bezeichnung Haut. Stotz[2]), der sich eingehend mit ihr befaßte, unterscheidet verbrannten Temperguß und Temperguß mit Haut- oder Schalenbildung. Bei ersterem ist die Oberfläche rauh und das Eisen ist in geringerer oder größerer Tiefe regelrecht verbrannt, d. h. es besteht aus mehr oder minder reinem Fe_3O_4, auch sind Teile des Tempermittels fest verbunden mit dem

---

[1]) Für die Überlassung der Abb. spreche ich auch an dieser Stelle Herrn Geheimrat Schenck meinen verbindlichsten Dank aus.

[2]) St. E. 1920, 997; vgl. auch Erbreich, St. E. 1915, 777.

Oberhoffer, Eisen. 2. Aufl.

Gußstück, so daß stellenweise ein kontinuierlicher Übergang zwischen Tempermittel und Gußstück besteht. Bei Haut- oder Schalenbildung hingegen ist die Oberfläche des Gußstückes sauber. Die Haut tritt entweder gemäß Abb. 536 erst auf dem Bruch oder gemäß Abb. 537 beim Deformieren des Stückes in Erscheinung. Die Haut tritt in wechselnder Stärke auf, und ein Ansatz dazu ist in fast allen Tempergußstücken vorhanden. Sie enthält immer Oxyde und ist daher nur dem Grade nach verschieden von der Oberflächenkruste des

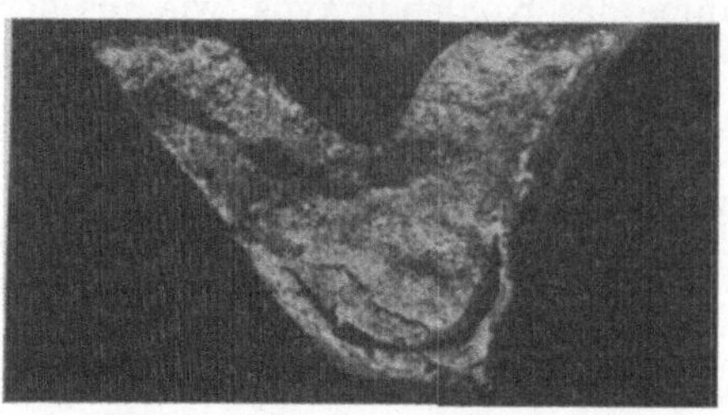

Abb. 536. Bruch eines Tempergußstückes mit starker „Haut".

verbrannten Tempergusses. Sauerstoffbestimmungen[1]) in der Haut und im Gesamtquerschnitt ergaben in vier verschiedenen Proben:

$\%$ O_2 im Gesamtquerschnitt	$\%$ O_2 in der Haut
0,042	0,142
0,050	0,192
0,047	0,240
0,053	0,306

Lehrreichere Aufschlüsse über die Natur der Haut vermittelt aber die mikroskopische Untersuchung. Abb. 538 zeigt eine Ecke des Stückes Abb. 536, mit starker Haut. Man erkennt eine scharf abgegrenzte Randzone und die Kern-

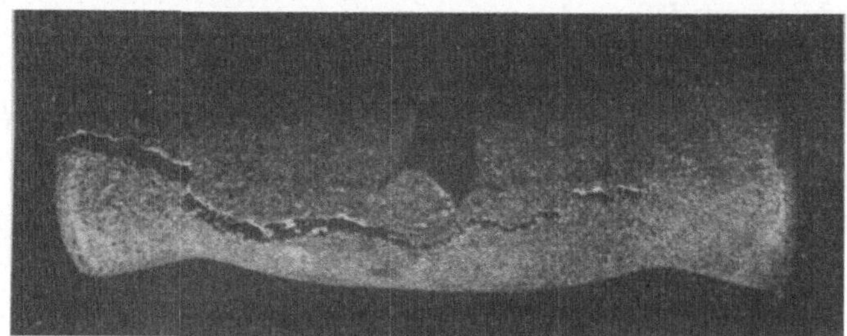

Abb. 537. Rohr aus Temperguß mit „Haut".

zone mit den schwarzen Temperkohlepünktchen. Die ebenfalls schwarzen Einschlüsse der Randzone, die am äußersten Rande gröber, gegen die Mitte feiner ausgebildet erscheinen, sind Oxydeinschlüsse. Die mittlere Zusammensetzung des Tempergusses war folgende:

$\%$Ges.-C	$\%$T.-K.	$\%$Si	$\%$Mn	$\%$P	$\%$S
0,6	0,58	1,59	0,25	0,108	0,353

Mitunter erscheint zwischen Rand- und Kernzone noch eine temperkohlefreie Zone. Abb. 539 zeigt eine wesentlich schwächere Randzone in einem Material mit

$\%$Ges.-C.	$\%$T.-K.	$\%$Si	$\%$Mn	$\%$P	$\%$S
0,48	0,16	0,79	0,57	0,035	0,37

---

[1]) Nach der Wasserstoffmethode; vgl. im übrigen Oberhoffer und Welter, St. E. 1923, 105.

Auch hier erkennt man am äußersten Rande gröbere, nach der Mitte zu feinere Oxydeinschlüsse, die ähnlich wie in Abb. 170 (Diffusion von Sauerstoff in Eisen) teils den Ferritbegrenzungen folgen, teils im Ferrit eingebettet sind. Schließlich zeigt Abb. 540 eine sehr dünne Randzone mit geringfügiger Oxydbildung.

An der innern Begrenzung der Oxydzone tritt neben Oxyd häufig Perlit auf, den man natürlich nur nach geeigneter Ätzung erkennen kann. Abb. 541 und 542 lassen die perlithaltige Zone erkennen. Es handelt sich um den in Abb. 539 dargestellten Temperguß. Die Perlitzone ist in Abb. 542 tiefer nach innen gerückt als in Abb. 541. Der Unterschied zwischen beiden Proben be-

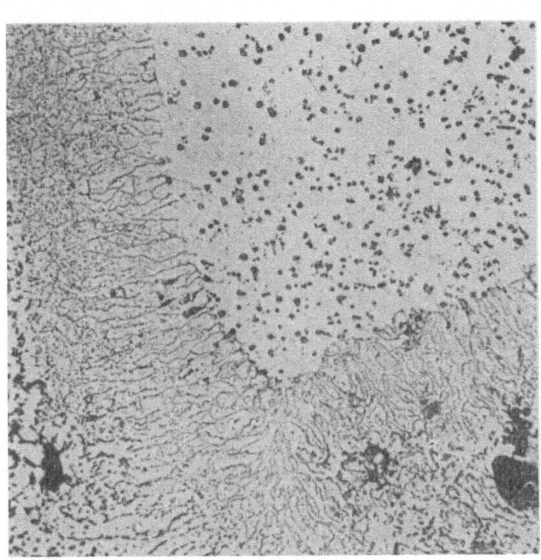

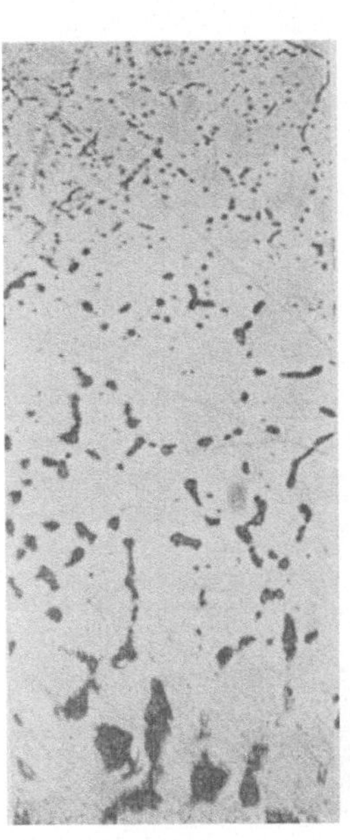

Abb. 538. Haut des Stückes Abb. 536, ungeätzt, x 200.

Abb. 539. Schwächere Hautbildung als Abb. 536, ungeätzt, x 200.

steht darin, daß die Probe Abb. 541 bei 900°, die Probe Abb. 542 dagegen bei 1030° getempert wurde.

Eine allgemeine Erklärung für die geschilderte Erscheinung dürfte nach dem über den Mechanismus des Glühfrischprozesses Gesagten nicht schwer sein. Die oxydierende Wirkung des Gasgemisches darf sich normalerweise nur auf den Kohlenstoff, nicht aber auf das Eisen erstrecken. Ist ein Überschuß von CO_2 im Gasgemisch, so wird zunächst eine mehr oder minder starke äußere Schicht oxydiert. Hierbei verliert das eindringende Gasgemisch so lange Sauerstoff, bis seine Zusammensetzung wieder der normalen entspricht. Je größer der CO_2-Überschuß ist, um so stärker wird die Hautbildung sein. Das Vorhandensein des Perlitbandes an der inneren Begrenzung der Haut entspricht möglicherweise einem 5-Phasen-Gleichgewicht; oder aber es ist so zu erklären, daß dem zunächst stark oxydierenden Gasgemisch durch die Oxydation soviel Sauerstoff entzogen wird, daß die umgekehrte Wirkung, nämlich CO-Überschuß und damit Zementation so lange eintritt, bis durch diesen Vorgang der CO_2-Gehalt des Gemisches wieder die normale Höhe erreicht, bei der also keine Oxydation des Eisens, sondern nur des Kohlenstoffs erfolgt.

Die für die Stärke der Hautbildung maßgebenden Faktoren müssen demnach sein: Natur des Tempermittels, Natur des Tempergusses und Temperatur. Zingg[1]) hat gezeigt, daß das Verhältnis $\dfrac{FeO}{Fe_2O_3}$ im Tempermittel an erster Stelle die Hautbildung beeinflußt und unter sonst normalen Verhältnissen eine Hautbildung nicht eintritt, wenn $\dfrac{FeO}{Fe_2O_3} = \dfrac{90}{10}$ und der Gesamtsauerstoffgehalt

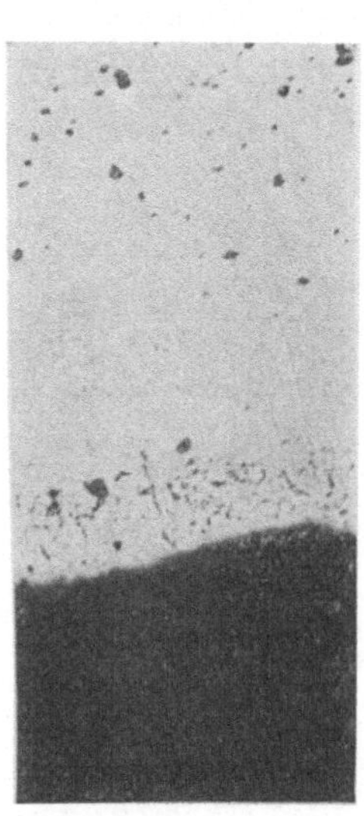

Abb. 540. Sehr schwache Haut, ungeätzt, x 200.

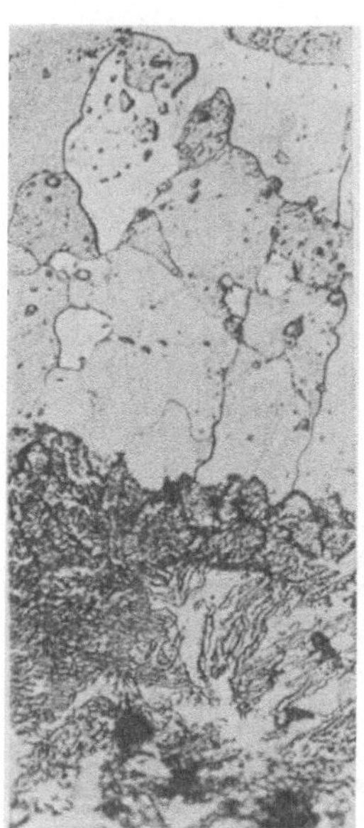

Abb. 541. Kohlenstoff (Perlit) in der Haut des gleichen Materials wie Abb. 539. Glühtemperatur 900°, Ätzung II, x 400.

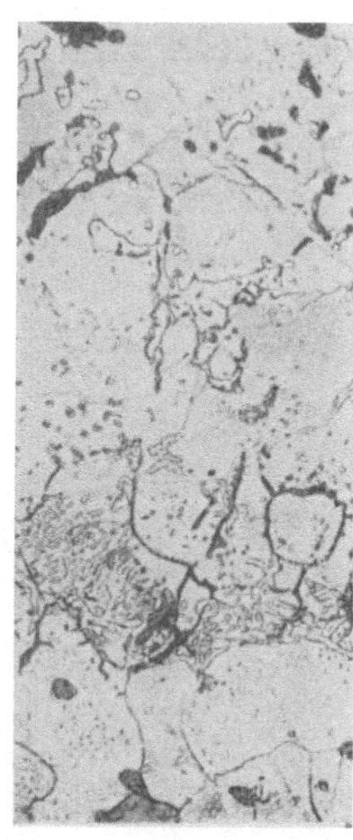

Abb. 542. Wie Abb. 541, jedoch Glühtemperatur 1030°.

etwa gleich 31% ist. Diesen Forderungen entspricht am besten Walzsinter, der noch dazu den Vorteil besitzt, daß er sich stets durch Liegen an der Luft regenerieren läßt. Außer der chemischen Zusammensetzung des Tempermittels spielen auch dessen Korngröße sowie die Wandstärke des Gusses eine Rolle. Grobe Körnung des Tempermittels beschleunigt die Entkohlung und begünstigt daher die Schalenbildung, jedenfalls ein Beweis für die große Bedeutung der Gasphase beim Temperprozeß, indem bei grober Körnung sich der Ausgleich der Gaszusammensetzung leichter vollzieht als bei feiner. Daß dünnere Teile rascher entkohlt werden als dicke und daher mehr zur Hautbildung neigen, ist auf Grund der hier über den Mechanismus des Prozesses gemachten Annahme verständlich. Zum Ausprobieren der Wirkung eines

---

[1]) a. a. O.

Tempermittels eignet sich daher vorzüglich eine keilförmige Probe. Bleibt bei genügend rascher Entkohlung der dickeren Teile die dünne Schneide frei von Hautbildung, so entspricht das Tempermittel den Anforderungen. Dies gilt z. B. für das obenerwähnte Tempermittel: den Walzsinter. Die chemische Zusammensetzung des Tempergusses ist ferner von großem Einfluß auf die Hautbildung. Die Analyse der in Abb. 536 bzw. 538 dargestellten Probe ist bemerkenswert wegen des hohen Siliziumgehaltes. In der Tat scheint ein Siliziumgehalt von mehr als $0,9\%$ die Schalenbildung sehr stark zu begünstigen. Bestätigt wurde dies noch dadurch, daß reinstes Elektrolyteisen und kohlenstoffreies Transformatorenmaterial mit 4% Silizium unter sonst gleichen Bedingungen in einem Tempermittel unter Luftabschluß geglüht wurden, und zahlreiche Versuche[1] übereinstimmend ergaben, daß das Transformatorenmaterial viel

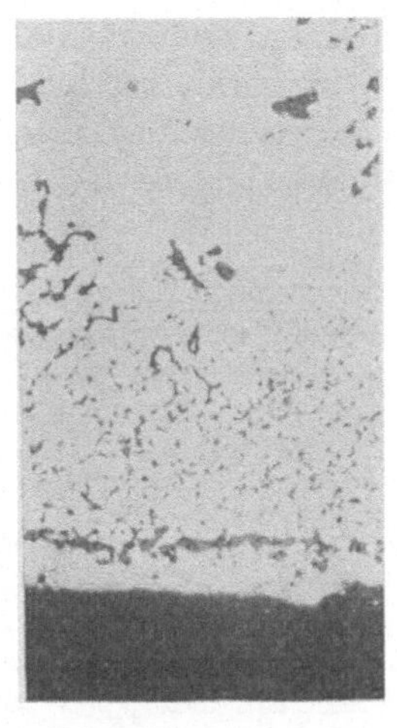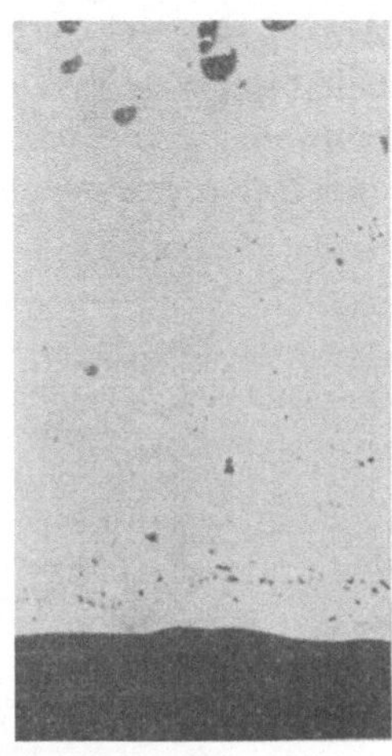

Abb. 543. Einfluß des Siliziums auf die Hautbildung. Links 1,26, rechts $0,27\%$ Si.

stärker zundert als Elektrolyteisen. Zur weiteren Begründung des Gesagten zeigt ferner Abb. 543 rechts die Haut eines Gusses mit niedrigem, links mit hohem Siliziumgehalt, bei gleichzeitig niedrigem Mangan-, Schwefel- und Phosphorgehalt. Die Analysen lauteten:

$\%\,Si$	$\%\,Mn$	$\%\,P$	$\%\,S$
0,27	0,25	0,025	0,02
1,26	0,24	0,027	0,02

Auch dieses Ergebnis wurde wiederholt erhalten. Auf dem Wege der Verflüchtigung im Chlorstrom fand Zingg, daß in der Haut eines Gußstückes mit 1,14 bzw. $0,9\%$ Silizium 2,43 bzw. $1,9\%$ SiO_2 vorhanden waren, d. h. der gesamte Siliziumgehalt des Gußstückes in diesem Teil der Probe zu Kieselsäure oxydiert ist.

Es wurde ferner festgestellt, daß die gleichzeitige Anwesenheit eines hohen Schwefelgehaltes neben einem hohen Siliziumgehalt die Hautbildung stark begünstigt, ein höherer Mangangehalt dagegen ohne Einwirkung zu sein scheint.

Als letzter für die Hautbildung wichtiger Faktor wurde die Temperatur erwähnt. Schon aus Abb. 535 geht hervor, daß die Wirkung des Gasgemisches in hohem Maße von der Temperatur abhängig sein muß. Dementsprechend nimmt unter sonst gleichen Bedingungen die Dicke der Haut mit der Temperatur zu, wie Abb. 541 und 542 zur Genüge lehren.

---

[1] Dipl. Arb. Brüggemann, Aachen 1922; sowie van Rossum, 1923 und Thiel, 1924.

Es sei schließlich noch darauf hingewiesen, daß die Schalenbildung oft lokal und zwar wahrscheinlich vorzugsweise an solchen Stellen erfolgt, zu denen die stark oxydierenden Ofengase Zutritt hatten.

Der im europäischen Guß stets in höheren Gehalten anwesende Schwefel spielt eine nicht zu unterschätzende Rolle. Daß er die Hautbildung begünstigt, wurde bereits gesagt. Daß er ferner die Entkohlung verlangsamt, geht aus Abb. 544 nach Oberhoffer und Welter[1]), wenigstens für die niedrige Glühtemperatur, hervor. Immerhin ist hier zu bemerken, daß mit steigendem Schwefelgehalt zwar die Menge des insgesamt vergasten Kohlenstoffs abnimmt, anderseits aber von 0,1% Schwefel an der Gehalt an gebundenem Kohlenstoff

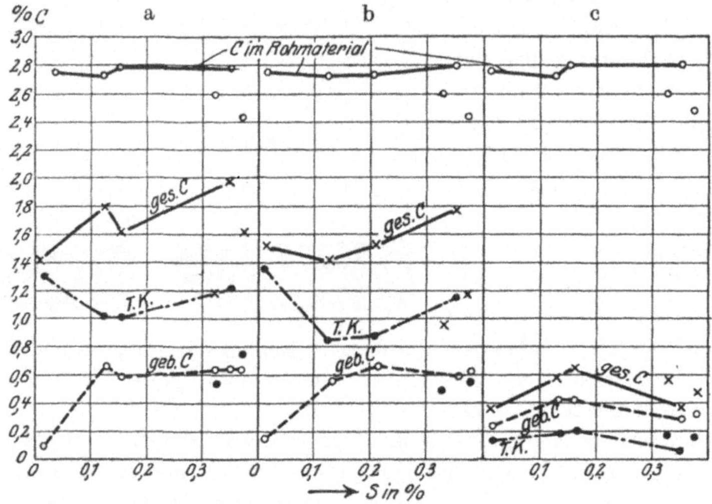

Abb. 544. Einfluß des Schwefels auf Ges. C, Temperkohle, geb. Kohle beim Tempern (Oberhoffer und Welter).

Versuche a) 900° 60 st   Walzsinterstaub,
   „   b) 910° 60 st.   Roteisenstein 2—4 mm
   „   c) 1030° 70 st.   {¹/₃ frischer Walzsinter, ¹/₃ gebrauchter Walzsinter, ¹/₃ frischer Roteisenstein.

konstant bleibt und der Temperkohlegehalt zunimmt. Ferner geht aus dem Diagramm die bedeutende Wirkung eines höheren Mangangehaltes (rd. 0,5 gegen rd. 0,1 in den übrigen Schmelzen; vgl. die ausserhalb der Kurvenzüge liegenden Punkte) hervor. Die Menge der vergasten Kohle steigt bedeutend, aber lediglich auf Kosten der Temperkohle. Es ist schwer zu entscheiden, ob der als MnS vorhandene Schwefel die Bildung von Temperkohle begünstigt, die man sich demnach gemäß Abb. 544 als vergast vorstellen müßte, oder aber ob MnS die Bildung der Temperkohle überhaupt verhindert, wobei die größere Menge von vergastem Kohlenstoff auf das leichtere Diffundieren des vornehmlich in gebundener Form vorliegenden Kohlenstoffs zurückzuführen wäre. Die von Wüst und Miny[1]) festgestellte Tatsache, daß MnS die Graphitbildung nicht beeinträchtigt, spricht für die

---

[1]) a. a. O.

erstere Hypothese. Der hohe Schmelzpunkt des MnS bedingt im Gegensatz zum FeS, daß selbst bei Anwendung hoher Glühtemperaturen kein Schmelzen der Einschlüsse und schon allein als Folge hiervon keine Diffusion des Schwefels und daher keine neue und ungleichmäßige Verteilung des Schwefels erfolgt, wie sie in der Tat in den technischen Gußstücken mit meist niedrigem Mangangehalt beobachtet wird. Daß durch Glühen eines Gusses mit $0,36\%$ Schwefel und $0,12\%$ Mangan bei 1030^0, also oberhalb des Schmelzpunktes des Fe-FeS-Eutektikums tatsächlich die Größe der Einschlüsse verändert wird, lehrt Abb. 545, die links die Einschlüsse im ungeglühten, rechts im geglühten Temperguß zeigt. Daß ferner durch Glühen bei niedriger Temperatur (900^0) weder im manganarmen noch im manganreichen Guß eine Veränderung der ursprünglich gleichmäßigen Verteilung des Schwefels erfolgt und lediglich das MnS die Baumannsche Schwefelprobe stärker dunkelt

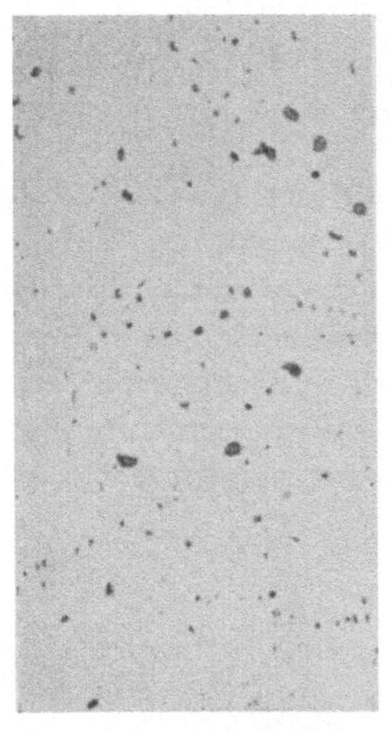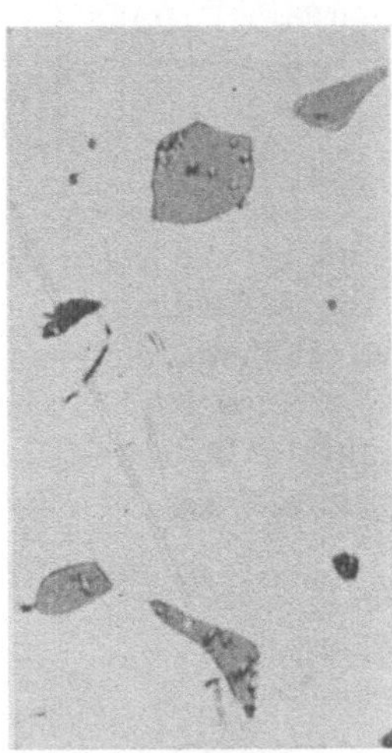

Abb. 545. Eisensulfideinschlüsse vor (links) und nach (rechts) dem Tempern Ungeätzt, x 100. (Oberhoffer und Welter.)

als FeS, geht aus den Schwefelabzügen a und b der Abb. 546 hervor. Daß dagegen durch Glühen bei 1030^0 im manganarmen Guß eine ungleichmäßige

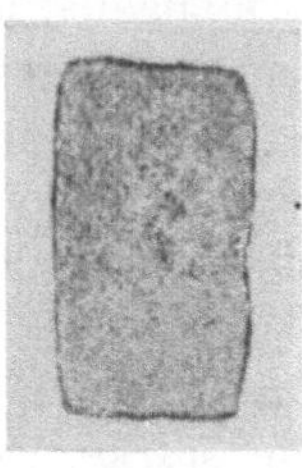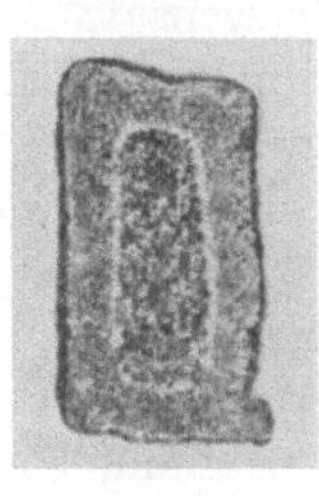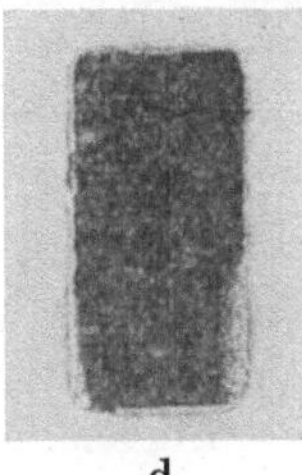

a b c d

Abb. 546. Schwefelabzüge von getemperten Proben (Oberhoffer und Welter).
a $0,36\%$ S, $0,12\%$ Mn bei 900^0 getempert,
b $0,37\%$ S, $0,57\%$ Mn „ 900^0 „
c $0,36\%$ S, $0,12\%$ Mu „ 1030^0 „
d $0,37\%$ S, $0,57\%$ Mn „ 1030^0 „

Verteilung des Schwefels eintritt, die bei manganreichem Guß fehlt, zeigen die Schwefelabzüge c und d Abb. 546. Die nachfolgende Zusammenstellung nach Oberhoffer und Welter[1]) gibt einen auf analytischem Wege gewonnenen Einblick in die Verhältnisse in bezug auf Veränderung des Gesamtschwefelgehaltes und der Verteilung des Schwefels.

[1]) a. a. O.

Ausgangsmaterial		Ge-tempert bei °C	Gesamt-schwefel i. getempert. Material %	Schwefel in der Randzone %	Schwefel in der Kernzone %	Schwefel im Tempermittel	
% S	% Mn					vor dem Versuch %	nach dem Versuch %
0,36	0,12	900°	0,135	—.	—	0,009	0,047
0,014	0,34	1030°	0,047	0,06	—	—	—
0,36	0,12	1030°	0,240	0,124	0,311	—	—
0,37	0,57	1030°	0,365	0,324	—	—	—

Aus diesen Zahlen geht hervor, daß in schwefelreichem und manganarmem Guß bei niedriger Glühtemperatur zwar Schwefel entfernt wird, aber gemäß Abb. 546a die gleichmäßige Verteilung des Schwefels nicht beeinträchtigt wird, es sei denn, daß eine Anreicherung in einer sehr schmalen Randzone erfolgt. Der Schwefelabnahme im Guß entspricht eine Schwefelzunahme im Tempermittel. Schwefelarmer Guß nimmt offenbar aus dem Tempermittel etwas Schwefel auf. Bei höherer Glühtemperatur verändert sich in schwefelreichem

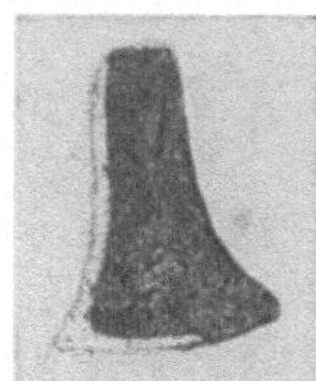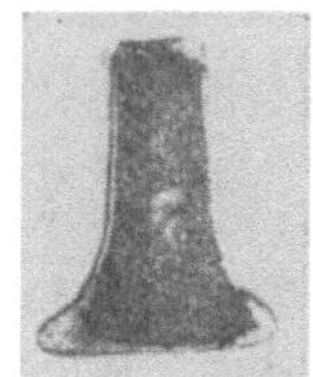

Abb. 547. Schwefelabzüge von technischem Temperguß.

aber manganreichem Guß weder praktisch der Gesamtschwefelgehalt noch dessen Verteilung, im Gegensatz zum schwefelreichen und manganarmen Guß. Die in der Schwefelprobe c Abb. 546 zum Ausdruck gelangende Schwefelverteilung bildet aber durchaus nicht die Regel. Eine solche ist überhaupt schwer aufzustellen wie die Schwefelabzüge Abb. 547 mehrerer Querschnitte von Stücken gleicher Form zeigen. Ebenso wie die Haut in ungleichmäßiger Verteilung auftreten kann, beobachtet man auch Ungleichmäßigkeiten in der Schwefelverteilung. Wir sehen aber trotzdem, daß, wenn überhaupt ungleichmäßige Verteilung eintritt, zunächst am Rande starke Entschwefelung vorliegt wie in Abb. 546c, daß aber dann statt einer völlig entschwefelten, dünnen Zone wie in Abb. 546c eine dünne Zone mit starker Schwefelanreicherung zum schwefelreichen Kern überleitet. Es besteht nun ein Zusammenhang zwischen der Schwefelverteilung, der Haut (Sauerstoffverteilung) und der Kohlenstoffverteilung. Die dünne Zone der Schwefelanreicherung findet sich an der innern Begrenzung der Haut. Die starke Anhäufung und große Ausdehnung der schwefelhaltigen Einschlüsse geht aus Abb. 548 hervor.

Die scharfe Abgrenzung der Zonen ungleichen Schwefelgehaltes hat zweifellos die gleiche allgemeine Ursache wie die ähnliche Abgrenzung des Sauerstoff- und Kohlenstoffgehaltes. Auch für die Verteilung des Schwefels ist das Vorhandensein einer in das Eisen eindringenden Gasphase maßgebend. Unter dem Einfluß der oxydierenden Wirkung des Tempermittels bildet sich im eindringenden Gasgemisch auf Kosten des im Guß enthaltenen Schwefels eine Schwefel-Sauerstoffverbindung (wahrscheinlich SO_2). Nach Maßgabe der Eindringungstiefe reichert sich das Gemisch an SO_2 an, bis schließlich die Wirkung des Gasgemisches sich umkehrt und stark schwefelnd wird. Der SO_2-Gehalt sinkt hierdurch und die Folge ist eine nochmalige Umkehrung der Wirkung des Gasgemisches. Diese Hypothese wird gestützt durch die Frysche Beobachtung[1]), daß im Vakuum Schwefeleisen nicht in das Eisen zu diffundieren vermag und durch die alte Erfahrung, daß SO_2 eine stark schwefelnde Wirkung ausübt.

Die Gegenwart der sehr spröden Sulfidanreicherungen an der inneren Begrenzung der Oxydhaut bedingt an dieser Stelle schwachen Materialzusammenhang und daher auch das leichte Abspringen der Haut.

Es liegt in der Natur des europäischen Tempergusses, daß die Kohlenstoffverteilung im Querschnitt eine ungleichmäßige ist, und der Kohlenstoffgehalt vom Rande nach der Mitte hin zunimmt. Daher gibt eine Analyse der einzelnen Kohlenstofformen über den ganzen Querschnitt eines Stückes nur eine unvollkommene Vorstellung, die zweckmäßig zu ergänzen ist durch die mikroskopische Untersuchung. Man kann sich jedenfalls leicht vorstellen, daß bei gleichem Gesamt-C-Gehalt der Gehalt zweier Stücke an Temperkohle und daher auch an gebundener Kohle verschieden ist. Indessen kann auch bei gleichem Gehalt an diesen beiden Kohlenstofformen ihre Verteilung und ihre Korngröße recht verschieden sein.

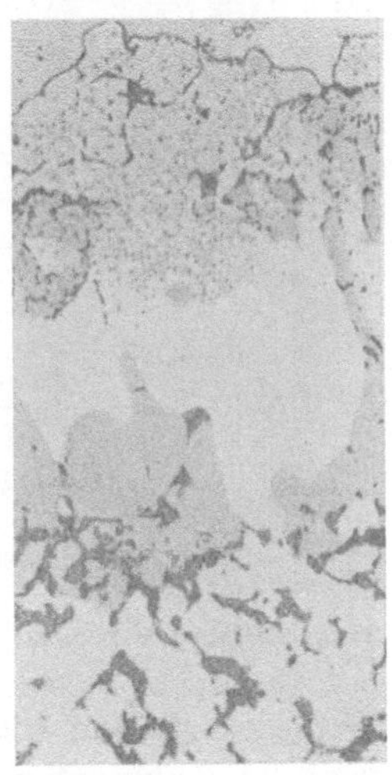

Abb. 548. Schwefelreiche Zone an der innern Hautbegrenzung im technischen Temperguß Abb. 547. Ungeätzt, x 200.

Auf Grund aller dieser Tatsachen bietet der technische Temperguß eine Mannigfaltigkeit, wie sie kaum ein anderes technisches Erzeugnis aufweist und die im Rahmen dieses Buches nicht erschöpfend behandelt werden kann.

Die nachfolgenden Abbildungen sollen einen kleinen Einblick in die Kohlenstoffverteilung guter und

Abb. 549. Querschnitt durch einen richtig getemperten Schlüssel. Ätzung II, x 3.

schlechter Tempergußstücke geben. In Abb. 549 ist ein Querschnitt durch einen richtig getemperten Schlüssel in dreifacher Vergrößerung dargestellt. Die Abb. 550—554 zeigen in sekundärer Ätzung und 100facher Vergrößerung mehrere Stellen des geätzten Querschnittes. In Zone 1, der Mitte des Schlüsselbartes, findet sich neben relativ viel Perlit noch Ferrit und Temperkohle, in der Zone 2 we-

---

[1]) St. u. E. 1923, 1039.

niger Perlit, außerdem Ferrit und Temperkohle. Die Randzone 3 ist entkohlt und besteht nahezu aus reinem Ferrit. Zone 1 ist in Abb. 550, der Übergang von Zone 1 zu Zone 2 in Abb. 551, und der Übergang von Zone 2 zu 3 in Abb. 552 veranschaulicht. Im Schlüsselschaft liegen ähnliche Verhältnisse vor, nur

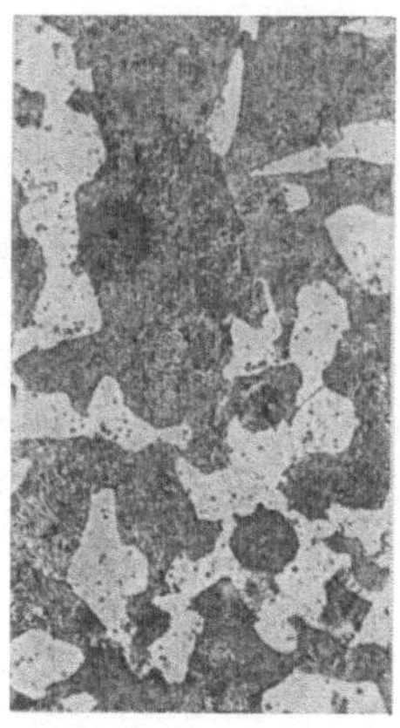 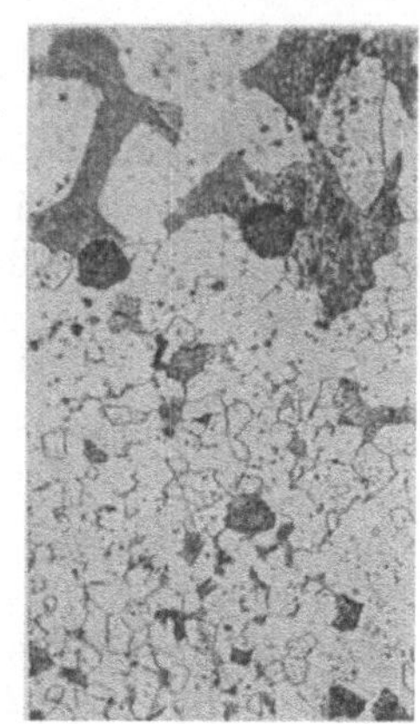 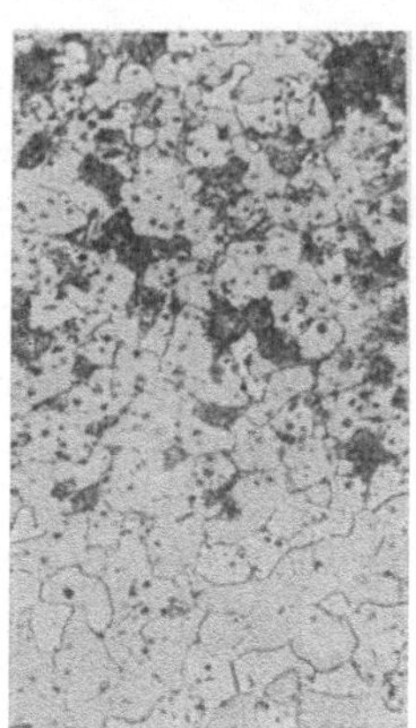

Abb. 550, Stelle 1 Abb. 549. Abb. 551, Stelle 2 Abb. 549. Abb. 552, Stelle 3 Abb. 549.

ist die Oxydation stärker gewesen, wie Abb. 553, Mitte des Schaftes (Zone 4), zeigt. Im dünnsten Teile des Querschnittes, an der Übergangsstelle vom Bart zum Schaft (Zone 5) ist die Oxydationswirkung so stark gewesen, daß neben Ferrit nur noch Temperkohle erkennbar ist, wie aus Abb. 554 ersicht-

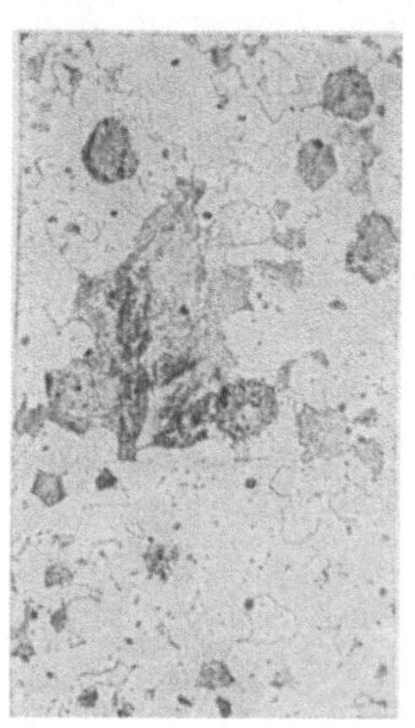 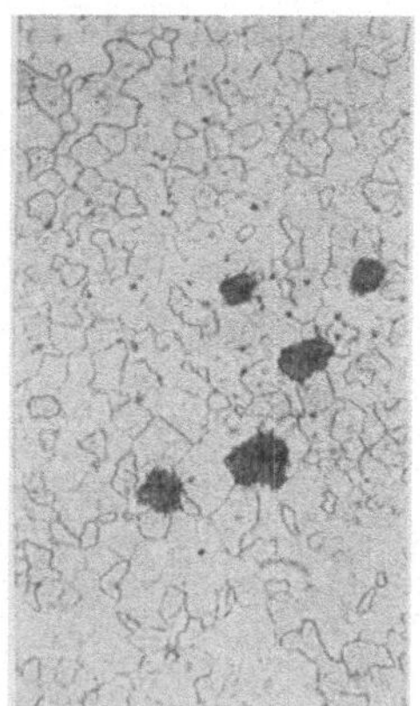

lich ist. Abb. 555 zeigt in zehnfacher Vergrößerung einen geätzten Querschnitt durch den Schlüsselschaft. Hier sind die gleichen Zonen erkennbar wie in Abb. 549. Zone 1 entspricht im Gefüge Abb. 550, Zone 2 Abb. 551 im unteren Teil, während Zone 3 aus reinem Ferrit besteht. Der dunkle Fleck im rechten Teile der Abb. 555 ist ein größerer oxydischer Einschluß, der, wie Abb. 556 in 100facher Vergrößerung zeigt, durch den umgebenden Kohlenstoff zum Teil zu Eisen reduziert

Abb. 553, Stelle 4 Abb. 549. Abb. 554, St. 5 Abb. 549.

ist. Die oxydierende Wirkung dieses Einschlusses erhellt auch aus der Betrachtung der Abb. 555. Ein breites Ferritband umgibt den Einschluß auch nach innen.

In Abb. 557 ist ein Schnitt durch eine Gewindemuffe dargestellt. Im Gewinde, dem dünneren Teil, ist die Entkohlung vollkommen; das Gefüge besteht, wie Abb. 558 zeigt, lediglich aus Ferrit. Im stärkeren Muffenbund dagegen ist außer der vollständig entkohlten Randzone eine weniger vollständig entkohlte Zone, die aus Ferrit und Perlit besteht, zu erkennen. Abb. 559, ist diese Zone in 100facher Vergrößerung.

Abb. 560 ist in dreifacher Vergrößerung ein Querschnitt durch ein zu hartes Tempergußstück, in dem verschiedene Zonen zu erkennen sind. Die

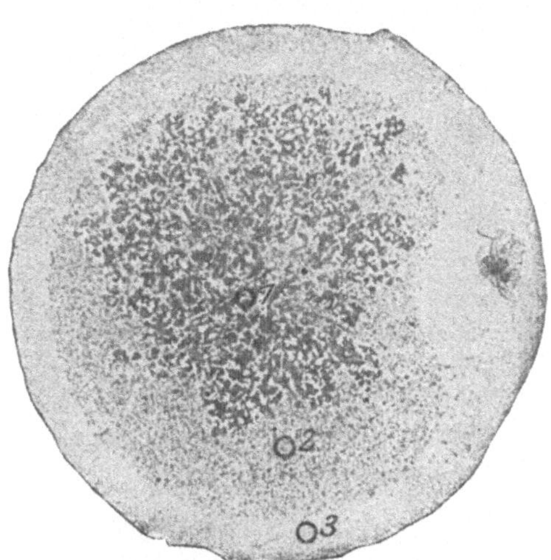

Abb. 555. Querschnitt durch den Schlüsselschaft, Ätzung II, x 10.

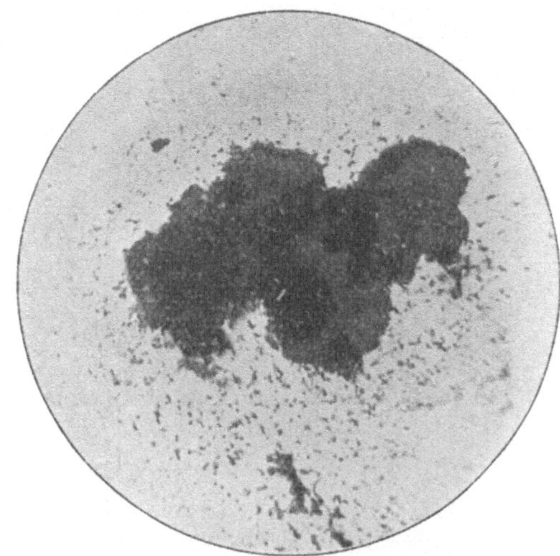

Abb. 556. Oxydeinschluß von Abb. 555, Ätzung II, x 100.

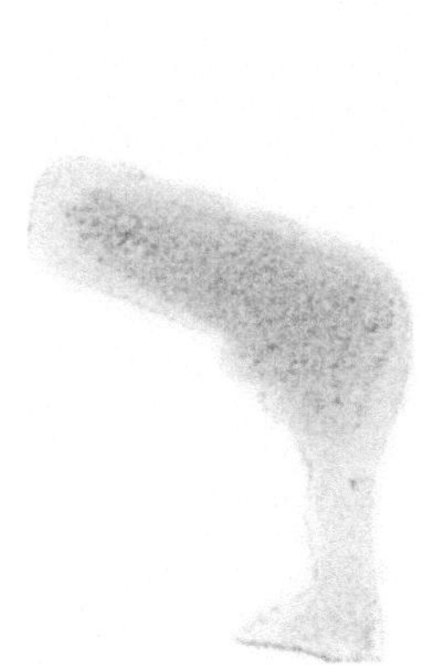

Abb. 557. Querschnitt durch eine richtig getemperte Gewindemuffe, Ätzung II, x 2.

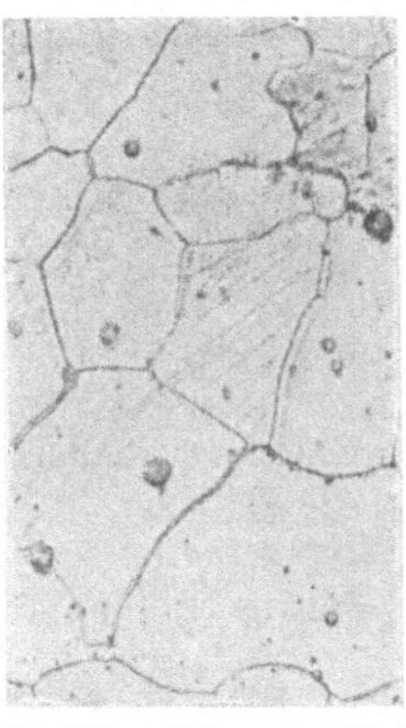

Abb. 558. Dünnste Stelle des Querschnitts von Abb. 557. Ätzung II, x 300.

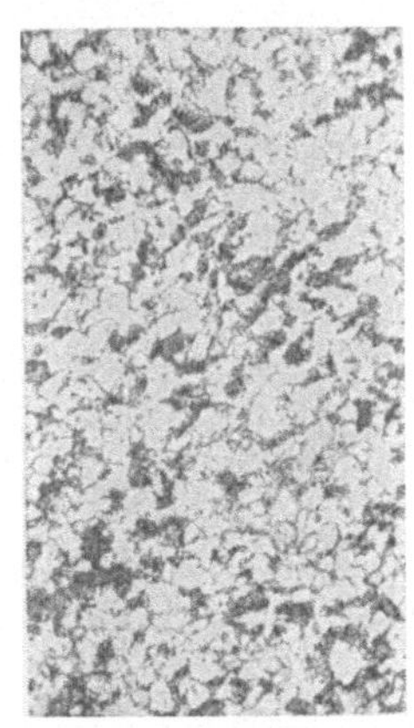

Abb. 559. Mitte des dicksten Querschnitteils. Ätzung II, x 100.

mittlere größere Zone 1 besteht noch aus Mischkristallen und Ledeburit neben Temperkohle, entsprechend der 100fachen Vergrößerung Abb. 561. In der Zone 2 (Abb. 562, x 100) finden sich Temperkohleausscheidungen in einer perlitischen Grundmasse; Zone 3, Abb. 563, x 100, weist Ferrit und Perlit auf, Zone 4 ist temperkohlefreier Ferrit. Die grobe Kristallisation kann auf grobes Gefüge des Ausgangsmaterials oder auf Tempern bei zu hoher Temperatur zurückgeführt werden.

Ein als „unzweckmäßig getempert" bezeichnetes Stück ist in Abb. 564 in dreifacher Vergrößerung teilweise dargestellt. Es sind nur zwei Zonen erkennbar, eine mittlere, die entsprechend der 100fachen Vergrößerung in Abb. 565 Temperkohle, Perlit und Ferrit aufweist, und eine Randzone, die, wie Abb. 566 in gleicher Vergrößerung zeigt, lediglich Ferrit und Perlit enthält. Die grobe Kristallisation aller Gefügebestandteile, auch der Temperkohle, ist auffallend. Letztere wird beim Schleifen und Polieren stets, wohl infolge ihrer groben Körnung, teilweise entfernt. Die grobe Kristallisation kann auch hier auf grobes Gefüge des Ausgangsmaterials oder auf Tempern bei zu hoher Temperatur zurückgeführt werden. Eine vollständig entkohlte Randzone ist in dieser Probe nicht vorhanden.

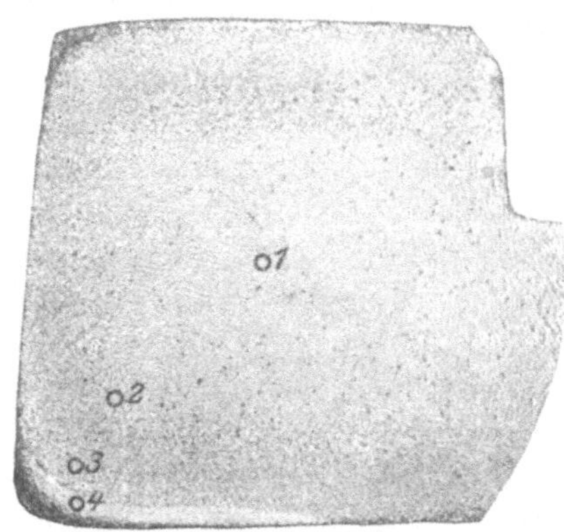

Abb. 560.   Zu hartes Tempergußstück, Ätzung II, x 3.

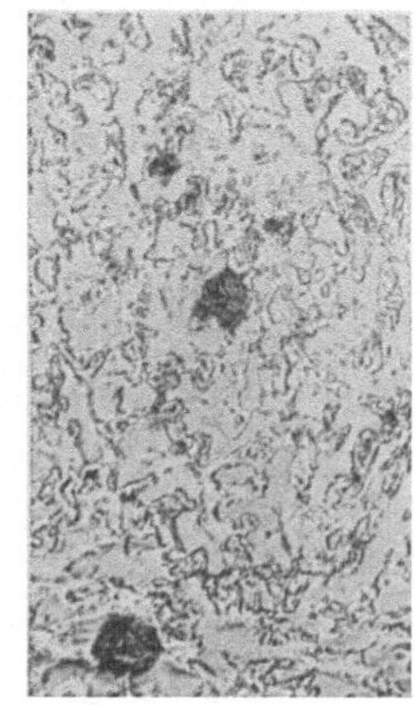

Abb. 561, Stelle 1 Abb. 560.

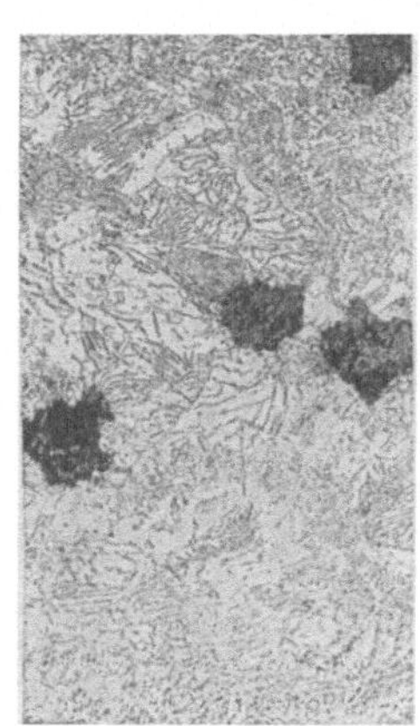

Abb. 562, Stelle 2 Abb. 560.

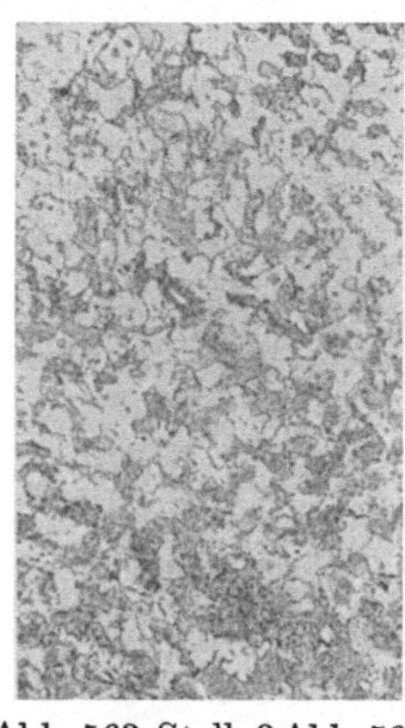

Abb. 563, Stelle 3 Abb. 560.

Ein ebenfalls unzweckmäßig getempertes, mit „überweich" bezeichnetes Stück ist in dreifacher Vergrößerung in Abb. 567 teilweise dargestellt. Diese Probe unterscheidet sich von der vorhergehenden nur durch das Vorhandensein einer vollständig entkohlten Randzone. Auch dieses Material zeichnet sich durch äußerst grobe Kristallisation aus.

Die ungleichmäßige Verteilung insbesondere des Kohlenstoffs in Tempergußstükken europäischer Art bringt

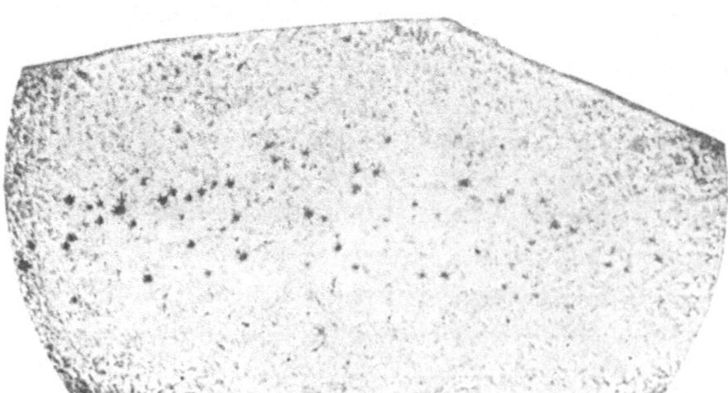

Abb. 564. Unzweckmäßig getempertes Stück, Ätzung II, x 3.

es mit sich, daß die Prüfung dieses Erzeugnisses nur unter Einhaltung besonderer Vorsichtsmaßregeln zu einem brauchbaren und vergleichbaren Ergebnis führt. Zwar bedient sich die Praxis empirischer und zweifellos auch in der Hand des Kundigen brauchbarer Verfahren wie der Beurteilung des Bruches, der Härteprüfung mittels Feile, der Biege- und Hämmerprobe, aber diese Verfahren haben den Nachteil, kein zahlenmäßig registrierbares Ergebnis zu liefern. Der Normenausschuß der deutschen Industrie beschäftigt sich daher mit einem zweckmäßigen Prüfverfahren für Temperguß[1]). Der Kurzzerreißstab (Meßlänge 50 mm, Stabdurchmesser 10 mm) und die Kerbschlagprobe 15 × 15 mm mit Rundkerb 7,5 mm Tiefe, 1 mm Rundung, sowie die Brinellprobe zur Härteprüfung scheinen Anklang zu finden. Die Zerreiß- und Kerbschlagproben müssen natürlich besonders gegossen und mit dem zu prüfenden Material getempert werden.

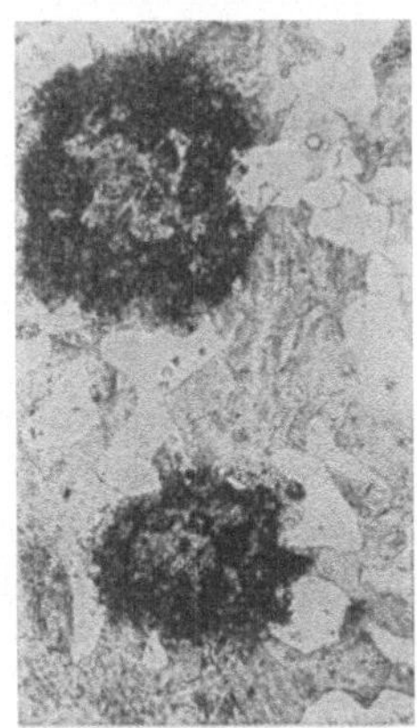

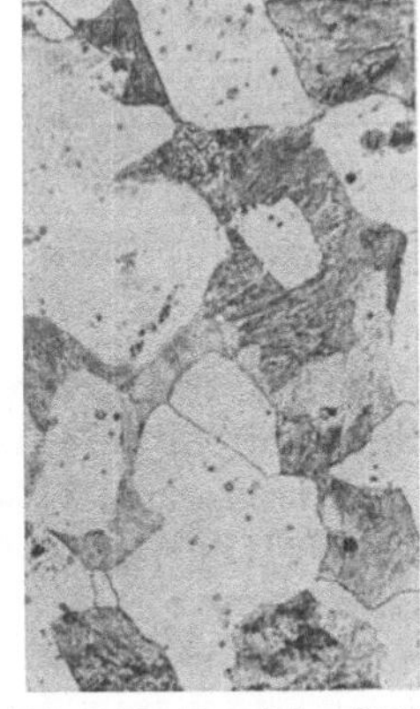

Abb. 565. Mitte des Stükkes, Ätzung II, x 100.   Abb. 566. Rand des Stükkes, Ätzung II, x 100.   Abb. 567. Überweiches Tempergußstück, Ätzung II, x 3.

Die Natur des Tempergusses und die Unvollkommenheit der Prüfverfahren bringen es mit sich, daß die in der Literatur verstreuten, an und für sich nicht sehr umfangreichen Angaben über den Einfluß der Fremdkörper auf die technischen Eigenschaften des Tempergusses kaum untereinander vergleichbar sind. Vom Kohlenstoffgehalt läßt sich nur sagen, daß der gebundene Kohlenstoffgehalt den überwiegenden Einfluß auf Festigkeit und Dehnung ausübt. Wüst und Leuenberger[2]) berichten über vergleichende Versuche mit Kupolofen- und Ölofenguß, in denen allerdings der gleichzeitige Einfluß der Gesamt-, Temper- und gebundenen Kohle und des Schwefels zum Ausdruck gelangt. Letzterer betrug im Kupolofenguß 0,178%, im Ölofenguß 0,061%. Silizium-, Mangan- und Phosphorgehalt betrugen

	% Si	% Mn	% P
im Kupolofenguß	0,56	0,28	0,070
im Ölofenguß	0,56	0,24	0,055

waren also praktisch gleich. Der Kohlenstoffgehalt verteilte sich wie folgt:

---

[1]) Vgl. a. Stotz, Normung von Temper- und Grauguß, Gieß. Zg. 1922, 543, sowie Enßlin, Mitteilung an den N. D. I. 1921.

[2]) Mitt. E. H. I. Aachen 1919, 8, 78.

Dauer des Temperns . .	135 st			196 st			270 st		
Kohlenstofform % . . .	Ges.-C	T.-K.	Geb. C	Ges.-C	T.-K.	Geb. C	Ges.-C	T.-K.	Geb. C
Kupolofenguß	1,18	0,38	0,80	0,68	0,37	0,31	0,31	0,15	0,16
Ölofenguß	0,54	0,15	0,39	0,45	0,12	0,33	0,11	0,01	0,10

Das Tempern erfolgte in einer Mischung aus frischem und gebrauchtem Hammerschlag. Die Festigkeit und Dehnung wurde an Normalstäben mit 12 mm $\varnothing$ und 110 mm Meßlänge ermittelt, die Kerbzähigkeit an quadratischen Stäben 10 × 10 × 100 mm ohne Kerbe, die Härte mit der 5-mm-Kugel unter einem Druck von 1500 kg. Alle Stäbe waren mit dem Sandstrahlgebläse gereinigt worden. Die Ergebnisse sind in der folgenden Tabelle zusammengestellt. Die Zahlen sind Mittel aus zahlreichen Versuchen.

Gußart	Kupolofenguß			Ölofenguß		
Dauer d. Temperns st	135	196	270	135	196	270
Festigkeit kg/qmm . .	35,9	35,2	32,8	40,0	39,6	33,5
Dehnung %	2,7	3,5	6,9	5,1	5,5	12,1
Kerbzähigkeit mkg/qcm	7,1	9,8	21,8	17,7	21,4	> 22,8
Härte	139	134	113	129	129	113

Die Überlegenheit des Ölofengusses erhellt zweifellos aus diesen Zahlen, doch kommt sie, wie schon erwähnt, sowohl auf das Konto des Kohlenstoffs, wie auf das des Schwefels. Daß aber letzterer die Zähigkeit des Tempergusses erniedrigt, haben Oberhoffer und Welter[1]) gezeigt. Dies bestätigt Abb. 568

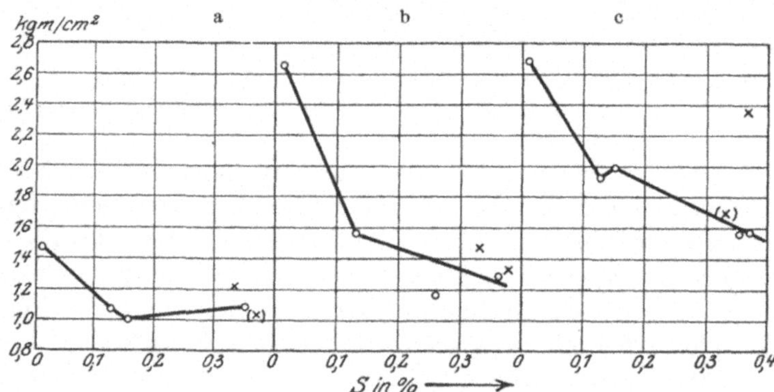

Abb. 568. Einfluß des Schwefels auf die Kerbzähigkeit von Temperguß. (Oberhoffer und Welter).

nach diesen Verfassern und insbesondere Versuch a, bei dem die Gehalte an den einzelnen Kohlenstofformen untereinander fast gleich sind. Die Erläuterungen zur Versuchsausführung sowie die Gehalte an den einzelnen Kohlenstofformen sind bereits Abb. 544 beigegeben worden.

Den Einfluß des Siliziums hat Leuenberger[2]) sehr eingehend untersucht. Die Versuchsanordnung war die gleiche wie die der Arbeit über Kupolofen-

---

[1]) a. a. O.   [2]) St. E. 1917, 513.

und Ölofenguß. Die mittlere Zusammensetzung des Materials nach 260 stündigem Glühen, mit Ausnahme des Siliziumgehaltes, war folgende:

% Ges.-C	% Mn	% P	% S
$0{,}13 \pm 0{,}04$	0,13	0,061	0,057

Die Ergebnisse sind in Abb. 569 zusammengestellt. Danach ändert sich die Zugfestigkeit kaum, Dehnung, Kontraktion, Kerbzähigkeit, spezifisches Gewicht und Rostneigung sinken, Härte, Längenänderung und elektrischer Widerstand steigen mit zunehmendem Siliziumgehalt.

Leuenberger hat auch den Einfluß der Glühdauer untersucht. Je kürzer diese war, um so schwächer war im allgemeinen die Neigung der Kurven, ohne daß aber deren Richtungssinn verloren ging.

Auch den Einfluß des Mangans untersuchte Leuenberger[1]) an Temperguß mit im Mittel:

% Si	% P	% S
0,41	0,076	0,041

der 95, 130 und 260 st getempert worden war. Die Ver-

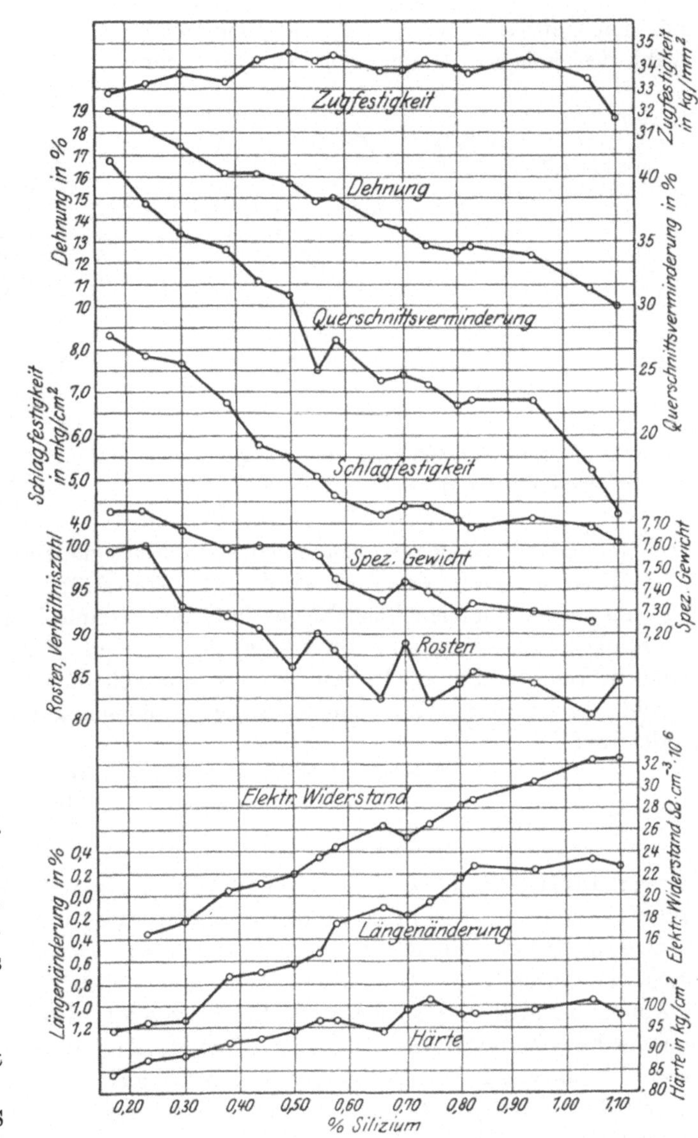

Abb. 569. Einfluß des Siliziums auf einige Eigenschaften von Temperguß. (Leuenberger.)

suchsbedingungen waren die gleichen wie in den vorhergehenden Arbeiten. Der Charakter der Kurven ist für alle Glühstufen annähernd der gleiche. Abb. 570

---

[1]) St. E. 1921, 285.

zeigt die Ergebnisse der 260 stündigen Glühung. Die Dehnung bleibt praktisch konstant bis etwa 1,3 % Mangan, um dann schwach zu sinken. Die Festigkeit steigt kontinuierlich. Man hätte also Anlaß, den Mangangehalt höher zu wählen, als dies gebräuchlich ist, wenn einmal die gleiche Wirkung für den schwefelreicheren Kupolofenguß nachgewiesen wäre und anderseits der Wahl des höheren Mangangehaltes nicht der

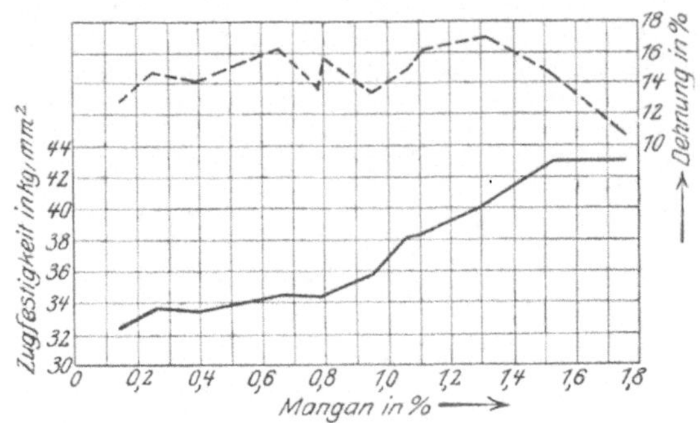

Abb. 570. Einfluß des Mangans auf Festigkeit und Dehnung von Temperguß. (Leuenberger).

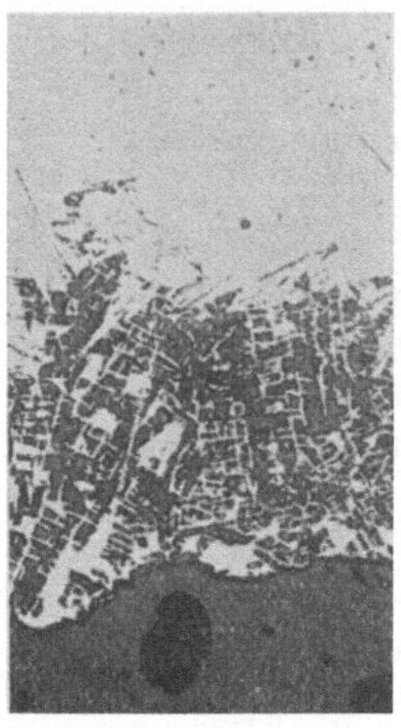

Abb. 571. „Schwarze Stelle" am Lunker eines Tempergußstückes, Ätzung II, x 10.

für Kupolofenguß nachgewiesene niedrigere Flüssigkeitsgrad entgegenstände, dessen Ursache bereits erläutert wurde (vgl. Abb. 526).

Eine recht unangenehme Eigenschaft des technischen Tempergusses ist die infolge der starken Schwindung des weißen Roheisens beobachtete reichliche Lunkerbildung. In den Lunkern sammeln sich die nichtmetallischen Einschlüsse an, deren Zusammensetzung in einem untersuchten Falle folgende war:

$$\% \; SiO_2 \dots \dots \dots \dots \dots 26,1$$
$$\% \; Ges. \; Fe \dots \dots \dots \dots 51,5$$
$$\% \; Al_2O_3 \dots \dots \dots \dots \dots 2,6$$
$$\% \; CaO \dots \dots \dots \dots \dots \; Sp.$$

Der verhältnismäßig hohe Tonerdegehalt beweist, daß die Einschlüsse bereits zum mindesten teilweise im Rohguß vorhanden waren und aus dem Ofen- oder Pfannenfutter bzw. aus der Formmasse stammen. Die Erscheinungsform der durch die Einschlüsse veranlaßten „schwarzen Stellen" ist eine mannigfache. In Abb. 555 wurde eine solche Stelle bereits gezeigt; Abb. 571 ist eine weitere typische Erscheinungsform. Die ausgezeichnete Kristallisation der Einschlüsse ist wohl als Beweis für ihr Vorhandensein im Rohguß aufzufassen. Nicht immer weisen die schwarzen Stellen diese Kristallisationserscheinung auf, vielmehr ist das Gefüge häufig das der „Haut". In solchen Fällen ist anzunehmen, daß es sich um Mikrolunker (poröse Stellen) handelt, in die das Gasgemisch leicht eindringt und oxydierend wirkt.

VII. Der Grauguß.

A. Konstitution und chemische Zusammensetzung.

Wie bereits im Kapitel Konstitution gezeigt wurde, ist im technischen grauen Roheisen und Grauguß der Kohlenstoff zum Teil als Graphit, zum Teil als Eisenkarbid zugegen. Man kann den Grauguß in erster Annäherung als Stahl mit eingelagerten Graphitblättern ansehen und kann in dieser Kennzeichnung des Graugusses noch weitergehen, indem man unterscheidet:

1. untereutektoidischen Stahl, $\leq 0{,}9^0/_0$ geb. C\   Ferrit,
     + Graphit.   ∫Ferrit + Perlit

2. eutektoidischen Stahl, $0{,}9^0/_0$ geb. C   Perlit
     + Graphit.

3. übereutektoidischen Stahl, $0{,}9\text{---}1{,}7^0/_0$ geb. C Perlit + Zementit
     + Graphit.

Es wird einleuchten, daß die Eigenschaften des Graugusses vom Graphitgehalt und vom Gehalt an gebundener Kohle abhängen. Beide Kohlenstoffformen sind durch die Beziehung verknüpft: Geb. C + Gr. = Ges. C. Es kommt aber nicht nur auf die absolute Menge Graphit bzw. geb. C an, vielmehr spielen auch die Größe, Form und Verteilung der Graphitblätter und der Gefügeeinheiten der gebundenen Kohle eine hervorragende Rolle.

Die Graphitbildung ist abhängig von der chemischen Zusammensetzung sowie von der Erstarrungsgeschwindigkeit und der Gießtemperatur. Der Einfluß der chemischen Zusammensetzung geht aus Abb. 95 hervor und ist bereits im Abschnitt Konstitution des näheren erläutert worden. Man kann zusammenfassend sagen: Bis zu einem Gehalt von $4^0/_0$ Silizium steigt die Graphitbildung, über $4^0/_0$ sinkt sie. Ebenso wie Silizium wirkt Aluminium fördernd auf die Graphitbildung, aber es genügen schon $0{,}25^0/_0$, um das Höchstmaß der Wirkung zu erreichen. Auch Titan wirkt nach neueren Untersuchungen von Piwowarsky[1] in ähnlichem Sinne wie Silizium und Aluminium. Das Höchstmaß der Wirkung liegt bei etwa $0{,}1^0/_0$ Titan, doch steigt die in Form von Graphit ausgeschiedene Kohlenstoffmenge mit der Höhe des gleichzeitig anwesenden Siliziumgehaltes. Sie beträgt:

bei $^0/_0$ Si	$^0/_0$
rd. 1,0	rd. 79,0
„ 1,7	„ 85,0
„ 2,6	„ 91,0 (vgl. Abb. 608).

Nickel wirkt fördernd auf die Graphitbildung. Die Höchstwirkung beobachteten Piwowarsky und Ebbefeld[2] bei $1^0/_0$ Nickel. Auch hier zeigte sich eine Abhängigkeit vom gleichzeitig vorhandenen Siliziumgehalt.

---

[1] St. E. 1923, 1491.   [2] St. E. 1923, 967.

Mangan, Chrom und wahrscheinlich auch Wolfram und Molybdän, ferner nach Piwowarsky und Bauer[1]), Kobalt wirken der Graphitbildung entgegen. Maßgebend für die Art und Größe der Einwirkung ist aber auch hier die Höhe des im technischen Grauguß nie fehlenden Siliziumgehaltes. Dies geht besonders deutlich aus Abb. 95 hervor, nach der in Legierungen mit $1,5\%$ Silizium bis $0,3\%$ Mangan sogar eine die Graphitbildung fördernde Wirkung beobachtet wird und erst über $0,3\%$ Mangan ein schwacher Abfall der Graphitkurve stattfindet. Ähnliches Verhalten weist auch der Schwefel auf, dessen hemmende Einwirkung auf die Graphitbildung bekannt ist. Sie tritt aber gemäß Abb. 95 um so schwächer in Erscheinung, je höher der gleichzeitig anwesende Siliziumgehalt ist. Wüst und Miny[2]) zeigten, daß bei Anwesenheit von Mangan in genügender Menge durch die Bildung von MnS, das nach Wimmer[3]) vor den Mischkristallen abgeschieden wird (vgl. Abb. 526), dem Eisen Schwefel entzogen wird und hierdurch mehr Kohlenstoff als Graphit abgeschieden wird als in manganfreiem Eisen von gleichem Schwefelgehalt. Phosphor beeinflußt die Graphitbildung nur unwesentlich, solange der Gehalt unter 2,5 bis 3% bleibt, und zwar unabhängig vom Siliziumgehalt. Darüber hinaus tritt eine um so stärkere, die Graphitbildung fördernde Wirkung ein, je niedriger der Siliziumgehalt ist. Die Wirkung des Vanadiums ist umstritten, doch scheint dieses Element die Graphitbildung zu hemmen.

Wie schon erwähnt, kommt es außer auf die Menge noch auf die Form und Größe der Graphitblätter an. Als oberster Grundsatz für die Gießereitechnik gilt, daß die Garschaumgraphitbildung (vgl. Abb. 86) wegen der dadurch hervorgerufenen starken Lockerung des Materialzusammenhanges zu vermeiden ist. Da gemäß Abb. 111 die Kohlenstoff-Konzentration des binären Eutektikums durch Silizium stark nach links, d. h. nach niedrigeren Gehalten verschoben wird, muß dieser Umstand bei Bemessung des Kohlenstoff- und Siliziumgehaltes von Grauguß berücksichtigt werden. Die Form des gießereitechnisch wichtigen eutektischen Graphits scheint im übrigen durch Silizium nicht beeinflußt zu werden. Mangan dagegen übt einen Einfluß auf die Form der Graphitausscheidungen aus; sie werden kleiner und geradliniger. Phosphor endlich beeinflußt Form und Verteilung des Graphits in besonderer Weise. Es tritt die Neigung der Graphitblättchen hervor, sich in einzelnen Nestern anzusammeln. Diese Neigung ist bei etwa 2% Phosphor sehr deutlich ausgeprägt[4]). Titan und Sauerstoff verkleinern die Größe der Graphitblättchen, wie Piwowarsky[5]) bzw. Stein[6]) zeigten. Die Einwirkung des Sauerstoffgehaltes erläutert die Abb. 572.

Mit Ausnahme von Phosphor, Schwefel und Titan gibt keines der vorgenannten Elemente, soweit wenigstens unsere Erfahrungen reichen, Anlaß zur Bildung eines neuen Gefügebestandteils. Insbesondere Mangan und Silizium befinden sich in fester Lösung, genau wie wir dies beim schmiedbaren Eisen sahen, und zwar Silizium im Ferrit gelöst, Mangan auf Ferrit und Zementit verteilt in Lösung. Phosphor dagegen führt zur Bildung von Steadit (vgl. S. 92), dem ternären Eutektikum: Mischkristalle — Fe_3C — Fe_3P

[1]) St. E. 1920, 1300.   [2]) Fer. 1916/17, 97.   [3]) Diss. Aachen, 1922.
[4]) Vgl. Wüst und Stotz, Fer. 1914/15, 89, Abb. 41.
[5]) St. E. 1923, 1491.   [6]) Diss. Aachen, 1922.

mit rd. 7°/₀ Phosphor und 2°/₀ Kohlenstoff. Da der technische Grauguß fast immer größere Phosphormengen enthält, ist der Steadit ein fast ständig auftretender Gefügebestandteil. Da er ferner als ternäres Eutektikum die Erstarrung abschließt, vermag seine Verteilung und Anordnung gewisse Kennzeichen für die Art der Erstarrung zu geben. Auch der Schwefel gibt Anlaß zur Bildung eines neuen Gefügebestandteils, und zwar entsteht beim Fehlen von Mangan das Eisensulfid FeS, kenntlich an seiner bräunlich- bis rötlichgelben Färbung, das ziemlich wahllos im übrigen Gefüge verteilt ist. Die rundlichen Formen der Einschlüsse sprechen dafür, daß sie zuletzt zur Abscheidung gelangen. Bei Gegenwart von genügend viel Mangan sind die Einschlüsse taubengrau, und sie besitzen gut ausgebildete Kristallformen, ein Beweis dafür, daß sie zuerst zur

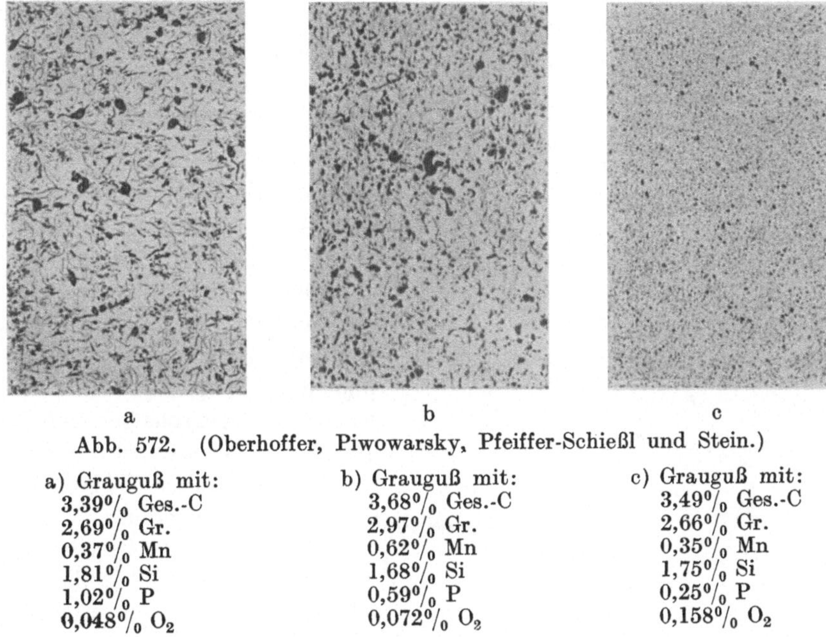

a   b   c

Abb. 572. (Oberhoffer, Piwowarsky, Pfeiffer-Schießl und Stein.)

a) Grauguß mit:	b) Grauguß mit:	c) Grauguß mit:
3,39°/₀ Ges.-C	3,68°/₀ Ges.-C	3,49°/₀ Ges.-C
2,69°/₀ Gr.	2,97°/₀ Gr.	2,66°/₀ Gr.
0,37°/₀ Mn	0,62°/₀ Mn	0,35°/₀ Mn
1,81°/₀ Si	1,68°/₀ Si	1,75°/₀ Si
1,02°/₀ P	0,59°/₀ P	0,25°/₀ P
0,048°/₀ O_2	0,072°/₀ O_2	0,158°/₀ O_2

Abscheidung gelangen. Hierfür spricht auch gemäß Abb. 526 der erste Knick in der Viskositätskurve. Vogel[1]) stellte das Titan neben Titannitrid als Titankarbid fest. Die Erscheinungsform als rötliches Zyanstickstofftitan bzw. messinggelbes Titannitrid ist schon länger bekannt (vgl. z. B. Abb. 150). Beide Erscheinungsformen kristallisieren gut. Das Karbid erscheint in bleigrauen, größeren Kristallskeletten mit würfelförmigem Aufbau und ist bei geringen Gehalten in ziemlich gleichmäßiger Verteilung zugegen, bei höheren Gehalten lokal angehäuft. Metallisches Titan ist offenbar im Grauguß nicht vorhanden. Piwowarsky nimmt an, daß die nichtmetallischen Titanverbindungen, die bereits oberhalb der beginnenden Mischkristallbildung in ausgeschiedener Form zugegen sind, in Verbindung mit dem Titankarbid im Augenblick der eutektischen Erstarrung als Impfkeime wirken. Ferner wäre wahrscheinlich, daß durch die reinigende Wirkung des Titans auf die Grundmasse die Graphit-

---

[1]) Fer. 1916/17, 177; vgl. a. Piwowarsky, St. E. 1923, 1491.

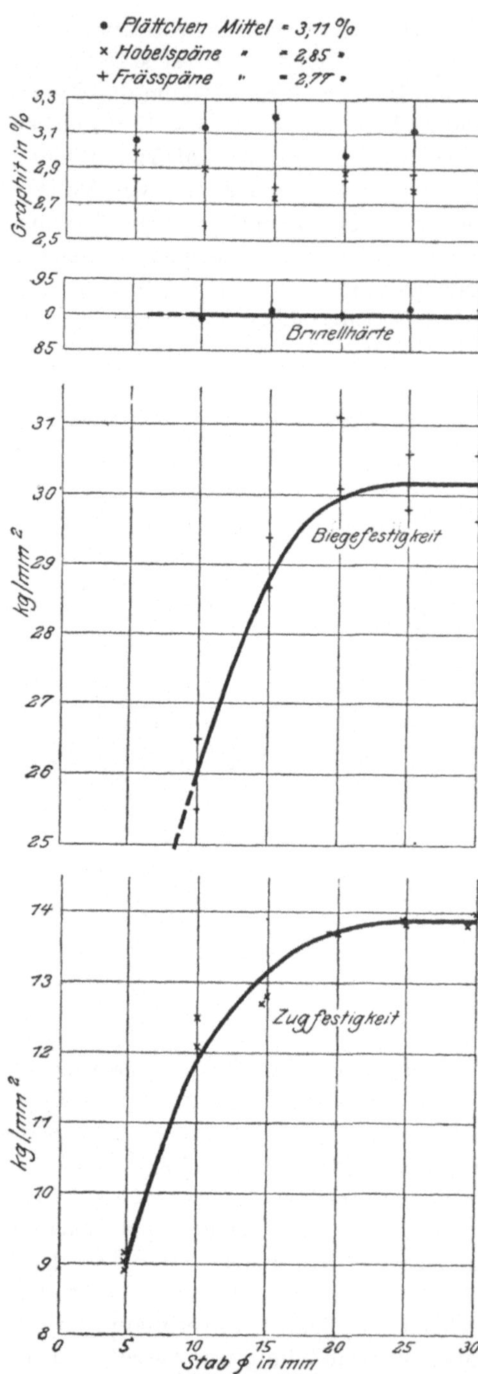

Abb. 573. Einfluß des Probestabquerschnitts auf Zug- und Biegefestigkeit in einem Grauguß mit

3,24% Ges.-C	0,55% Mn
2,75% Gr.	0,38% P
1,78% Si	0,08% S

bildung im Gebiet größerer Kernzahl erfolgt. Ob der ähnliche Einfluß des Sauerstoffs auf die Graphitbildung ähnlichen Einflüssen zugeschrieben werden muß, steht noch dahin.

Der Einfluß der Begleitelemente des Graugusses ist also dreierlei Art:

1. Beeinflussung der Menge, Form und Größe der Graphitausscheidungen.

2. Beeinflussung der Grundmasse (Stahl) infolge der Aufnahme der Elemente in feste Lösung.

3. Beeinflussung durch Bildung neuer Gefügebestandteile.

B. Die Eigenschaften in Abhängigkeit von der chemischen Zusammensetzung.

Bevor der Einfluß der wichtigsten und im Grauguß nie fehlenden Elemente Silizium, Mangan, Phosphor und Schwefel auf die technisch wichtigen Eigenschaften von Grauguß näher erörtert wird, seien der Ermittlung dieser Eigenschaften einige Worte gewidmet.

Die sogenannte Quasiisotropie, d. h. die Gleichartigkeit der Eigenschaften nach allen Richtungen (vgl. S. 307) leidet beim Grauguß sehr unter der Tatsache, daß die wenig widerstandsfähigen Graphitlamellen in einer stahlartigen Grundmasse liegen. Mehr als bei andern metallischen Stoffen ist daher bei der Prüfung von Grauguß Rücksichtnahme auf das Verhältnis des Probestabquerschnittes zur Größe und Zahl der Graphitlamellen geboten. Dies geht einwandfrei aus Abb. 573 nach Oberhoffer und Poensgen[1]) hervor. Es zeigt sich, daß erst von einem Durchmesser

---

[1]) St. E. 1922, 1189.

20—25 mm an konstante Werte der Biege- und Zugfestigkeit erreicht werden. Es war natürlich bei der Auswahl des Probematerials darauf geachtet worden, daß nicht nur die chemische Zusammensetzung, sondern auch der Gefügezustand, Zahl, Größe, Form und Verteilung der Graphitlamellen sowie Form und Verteilung des Steadits in allen Probestäben gleich waren. Schließlich bleibt noch zu betonen, daß Abb. 573 nur gültig ist für die untersuchten Verhältnisse, daß also eine andere Art der Graphitausscheidung bzw. der Steaditbildung einen anderen Probestabdurchmesser bedingen kann, bei dem Quasiisotropie eintritt. Um einen ungefähren zahlenmäßigen Anhalt zu gewinnen, sei noch erwähnt, daß in dem zu Abb. 573 gehörigen Versuchsmaterial pro cm² etwa 100 Graphitblättchen von rd. 0,2 mm Länge gezählt wurden. Hier war also Quasiisotropie erreicht worden, als das Verhältnis der Länge des Graphitblättchens zum Stabdurchmesser etwa wie 1:100 war.

Der Einfluß der chemischen Zusammensetzung, insbesondere der wichtigsten Elemente Kohlenstoff, Silizium, Phosphor und Schwefel ist durch Wüst und seine Mitarbeiter[1]) sehr eingehend untersucht worden[2]). Die nachfolgende Tabelle gibt Aufschluß über die Zusammensetzung der untersuchten Reihen.

Mittlere chemische Zusammensetzung der Proben.

Nr.	Anzahl der Schmelzungen	Ges.-C %	Graphit %	Gebund. C %	Mn %	P %	S %	Si %
1. Versuchsreihen zur Erforschung des Einflusses von Kohlenstoff und Silizium.								
1	20	2,00—3,80	0,80—2,47	0,79—1,56	0,14	0,051	0,011	0,45—3,24
2	20	2,60—4,00	1,25—2,81	0,27—1,76	0,13	0,045	0,010	0,54—3,23
2. Versuchsreihen zur Erforschung des Einflusses von Mangan.								
3	10	2,79	2,06	0,73	0,093—1,55	0,030	0,005	1,56
4	10	3,08	2,29	0,79	0,23—1,71	0,061	0,010	1,47
5	10	3,39	2,67	0,72	0,17—1,93	0,035	0,010	1,58
6	10	3,89	3,21	0,68	0,32—2,46	0,033	0,011	1,72
3. Versuchsreihen zur Erforschung des Einflusses von Phosphor.								
7	13	3,28	1,80	1,48	0,12	0,09—2,04	0,014	1,12
8	13	3,27	1,83	1,44	0,12	0,09—1,98	0,013	1,15
9	14	3,53	2,19	1,34	0,11	0,10—1,90	0,010	1,34
10	10	3,27	2,12	1,15	0,11	0,03—1,0	0,005	2,10
11	15	3,19	2,70	0,49	0,10	0,04—1,7	0,010	2,56
12	13	3,22	2,64	0,58	1.04	0,04—1,3	0,010	1,94
13	9	3,37	2,92	0,45	1,26	0,03—1,0	0,004	1,63

Die Entnahme der Proben sowie deren Abmessungen gehen aus Abb. 574 hervor. Zur Vermeidung des einseitigen Reißens, das besonders leicht bei sprödem Material eintritt, wurde bei den Phosphorreihen 7—13 der Zerreißstab Abb. 575 benutzt. Jeder Punkt der nachfolgenden Diagramme ist der Mittelwert aus fünf Versuchen, wobei offenkundig fehlerhafte Stäbe weggelassen wurden. Bei den Versuchsreihen 2—13 wurde der Tiegelinhalt durch

---

[1]) Vgl. die Zusammenfassung von Stadeler, St. E. 1916, 933 sowie die Einzelaufsätze: für Kohlenstoff und Silizium: Wüst und Kettenbach, Fer. 1913/14, 51; für Mangan: Wüst und Meißner, Fer. 1913/14, 97; für Phosphor: Wüst und Stotz, Fer. 1914/15, 89; für Schwefel: Wüst und Miny, Fer. 1916/17, 97.

[2]) Vgl. a. Coe, Ir. st. Inst. 1919, Frühjahrsvers.

die Form durchgeschüttet. Dies bedingte eine gewisse Vorwärmung der Formen, die eine größere Gleichmäßigkeit der einzelnen Stabreihen zur Folge hatte.

Was nun den Einfluß von Kohlenstoff und Silizium betrifft, so stellten Wüst und Kettenbach fest, daß die Menge und Form des Graphits den ausschlaggebenden Einfluß ausübt, dessen Natur aus den Abb. 576—580 hervorgeht. Reihe 2 unterscheidet sich von Reihe 1 lediglich dadurch, daß bei letzterer im Gegensatz zur ersteren durch die Form durchgeschüttet wurde. Die hierdurch bei Reihe 2 bewirkte langsame Abkühlung hat im allgemeinen

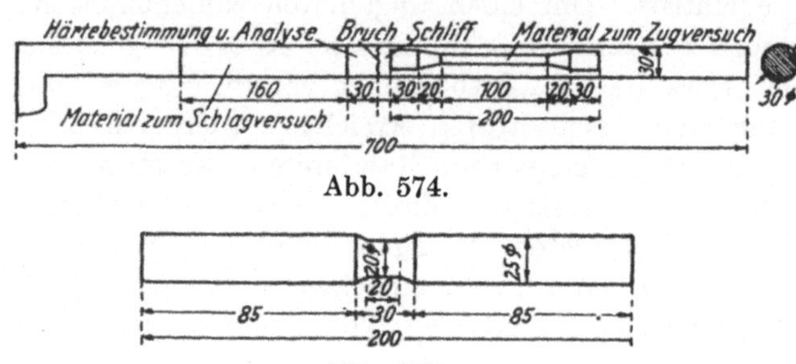

Abb. 574.

Abb. 575.

Abb. 574 u. 575. Probenahme und Probestabform bei den Versuchen von Wüst u. M.

eine Erniedrigung der Härte und eine Erhöhung der Durchbiegung sowohl wie der Zug- und Biegefestigkeit zur Folge. Die römischen Zahlen in den Abb. 576—580 entsprechen einer Einteilung der sämtlichen Reihen in vier Gruppen mit:

$$0,8-1,0\%\ Si\ in\ Gruppe\quad I$$
$$1,1-1,4\%\ Si\ \ ,,\quad\quad ,,\quad\quad II$$
$$1,5-1,9\%\ Si\ \ ,,\quad\quad ,,\quad\quad III$$
$$2,1-2,4\%\ Si\ \ ,,\quad\quad ,,\quad\quad IV$$

Man erkennt also, daß nicht der Siliziumgehalt, sondern der Graphitgehalt den überragenden Einfluß ausübt. Ordnet man anderseits das Material in

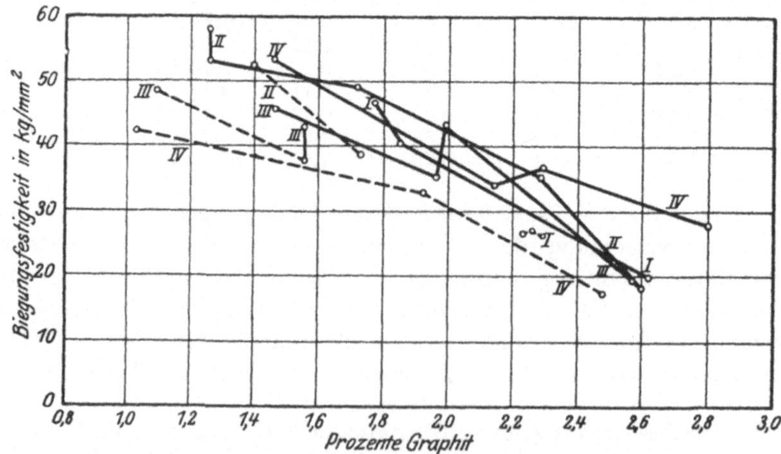

Abb. 576. Abhängigkeit der Biegefestigkeit des Graugusses vom Graphitgehalt bei gleichem Siliziumgehalt. (Wüst und Kettenbach.)

— — — Versuchsreihe 1 ——— Versuchsreihe 2

Gruppen gleichen Graphitgehaltes, so ergeben sich große Abweichungen der Eigenschaften bei gleichem Graphitgehalt. Die mikroskopische Untersuchung lehrte, daß in solchen Fällen große Abweichungen in der Form und Größe der Graphitblätter bestanden, eine Bestätigung des bereits ausgesprochenen Grundsatzes, daß es nicht allein auf die Menge des Graphits ankommt. Als besonders günstig für die Festigkeitseigenschaften erwies sich ein Kohlenstoffgehalt in Form von Temperkohle, deren Entstehung durch das Durchschütten begünstigt wurde. Je mehr sich der Kohlenstoffgehalt dem eutektischen nähert, desto gröber werden die Lamellen. Damit sinkt dann aber auch die Festigkeit.

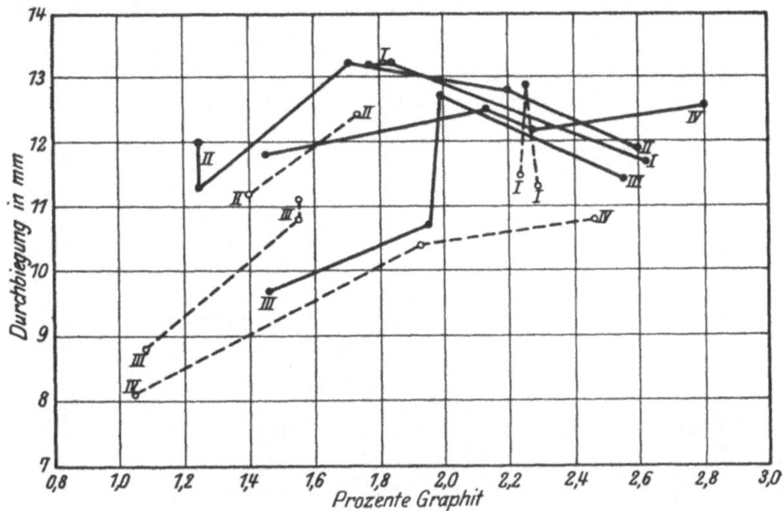

Abb. 577. Abhängigkeit der Durchbiegung des Graugusses vom Graphitgehalt bei gleichem Siliziumgehalt. (Wüst und Kettenbach.)

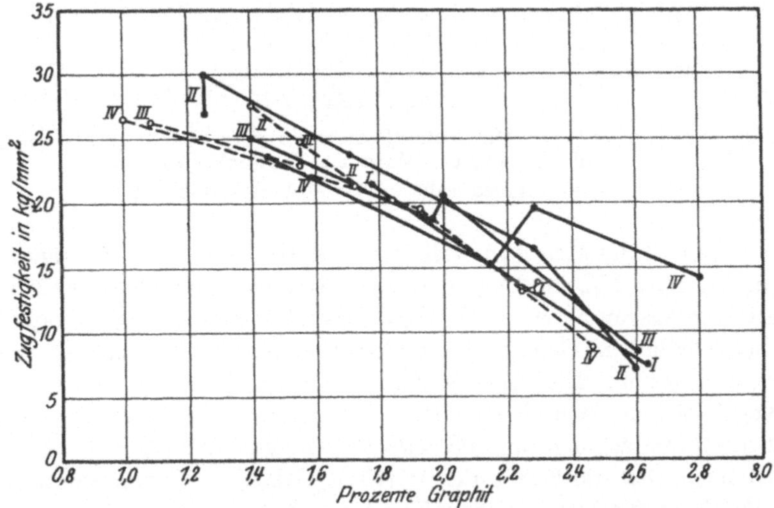

Abb. 578. Abhängigkeit der Zugfestigkeit des Graugusses vom Graphitgehalt bei gleichem Siliziumgehalt. (Wüst und Kettenbach.)

— — — Versuchsreihe 1 ——— Versuchsreihe 2

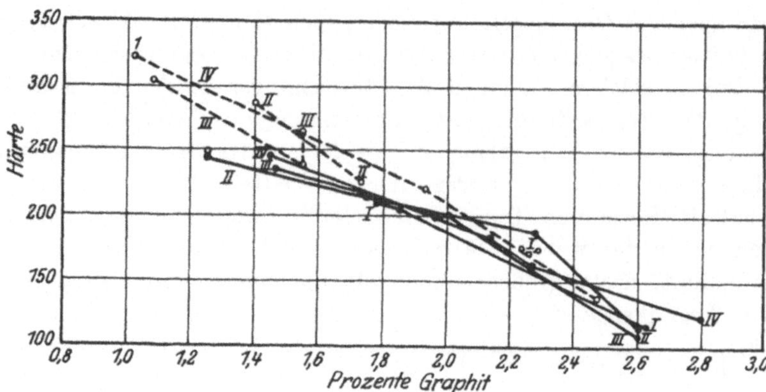

Abb. 579. Abhängigkeit der Kerbzähigkeit des Graugusses vom Graphitgehalt bei gleichem
Siliziumgehalt.   (Wüst und Kettenbach.)

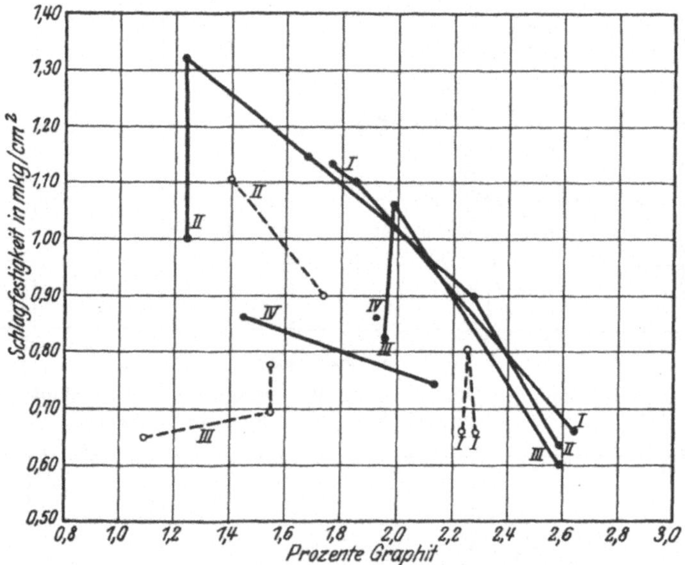

Abb. 580.   Abhängigkeit der Härte des Graugusses vom Graphitgehalt bei gleichem
Siliziumgehalt.   (Wüst und Kettenbach.)
– – – Versuchsreihe 1 ——— Versuchsreihe 2

Den Einfluß des Mangans erläutern die Abb. 581—585. Hiernach erhöht
Mangan bis etwa 1% die Zug- und Biegefestigkeit, und zwar ist dieses Verhalten um so ausgeprägter, je niedriger Gesamtkohlenstoff- und Graphitgehalt
sind; bei sehr hohem Gehalt ist die Beeinflussung der an sich sehr niedrigen
Festigkeiten gering. Die Kurven der Durchbiegung verlaufen analog denen
der Biegefestigkeit, d. h. bei niedrigem Gesamtkohlenstoffgehalt steigt zunächst die Durchbiegung, um von etwa 1% Mangan an zu sinken. Bemerkenswert ist noch, daß die Kurve der Durchbiegungen der Schmelzen mit hohem
Gesamtkohlenstoffgehalt bei annähernd konstantem Verlauf nicht wie die
Kurven der Festigkeit wesentlich unter den Kurven der Schmelzen mit niedrigem Kohlenstoffgehalt verläuft. Die Kerbzähigkeitskurven der Schmelzen

mit hohem Kohlenstoffgehalt steigen bis etwa 0,3—0,6% an, um dann zu sinken. Bei hohem Kohlenstoffgehalt ist die Kerbzähigkeit an sich niedrig, und sie verändert sich auch nur unwesentlich mit steigendem Mangangehalt.

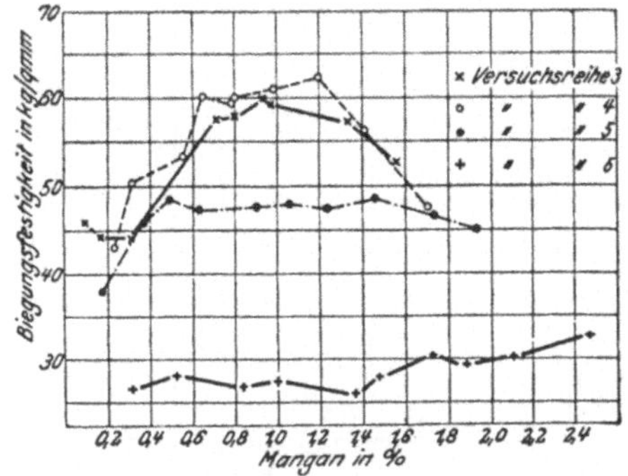

Abb. 581. Abhängigkeit der Biegefestigkeit des Graugusses vom Mangangehalt bei gleichem Siliziumgehalt. (Wüst und Meißner.)

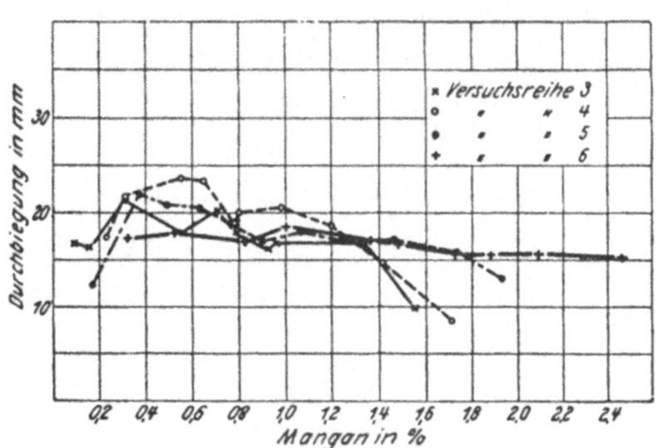

Abb. 582. Abhängigkeit der Durchbiegung des Graugusses vom Mangangehalt bei gleichem Siliziumgehalt. (Wüst und Meißner.)

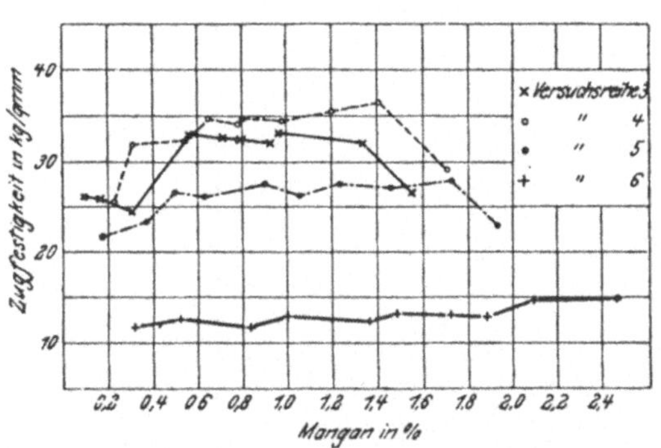

Abb. 583. Abhängigkeit der Zugfestigkeit des Graugusses vom Mangangehalt bei gleichem Siliziumgehalt. (Wüst und Meißner.)

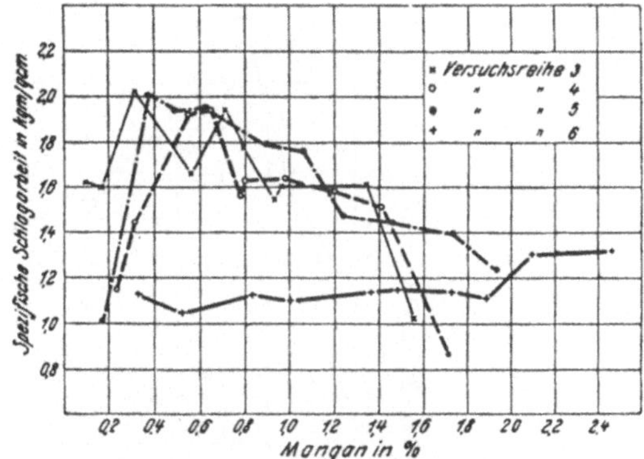

Abb. 584. Abhängigkeit der Kerbzähigkeit des Graugusses vom Mangangehalt bei gleichem Siliziumgehalt. (Wüst und Meißner.)

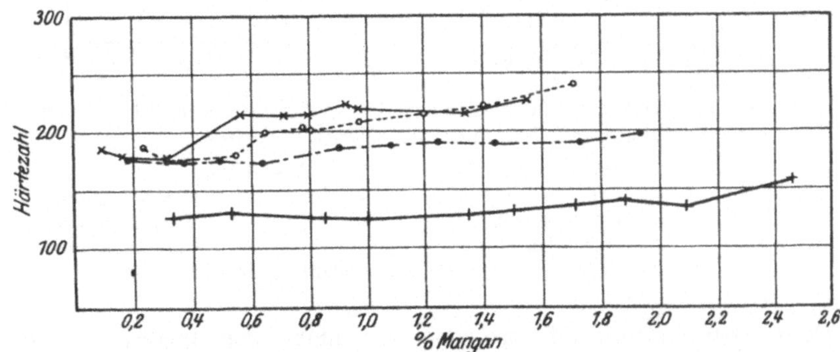

Abb. 585. Abhängigkeit der Härte des Graugusses vom Mangangehalt bei gleichem Siliziumgehalt. (Wüst und Meißner).

Die Härte steigt mit dem Kohlenstoffgehalt, und zwar bei allen Reihen langsam und kontinuierlich und ferner anscheinend um so langsamer, je niedriger der Kohlenstoffgehalt ist. Die Reihe 4 weist die günstigsten

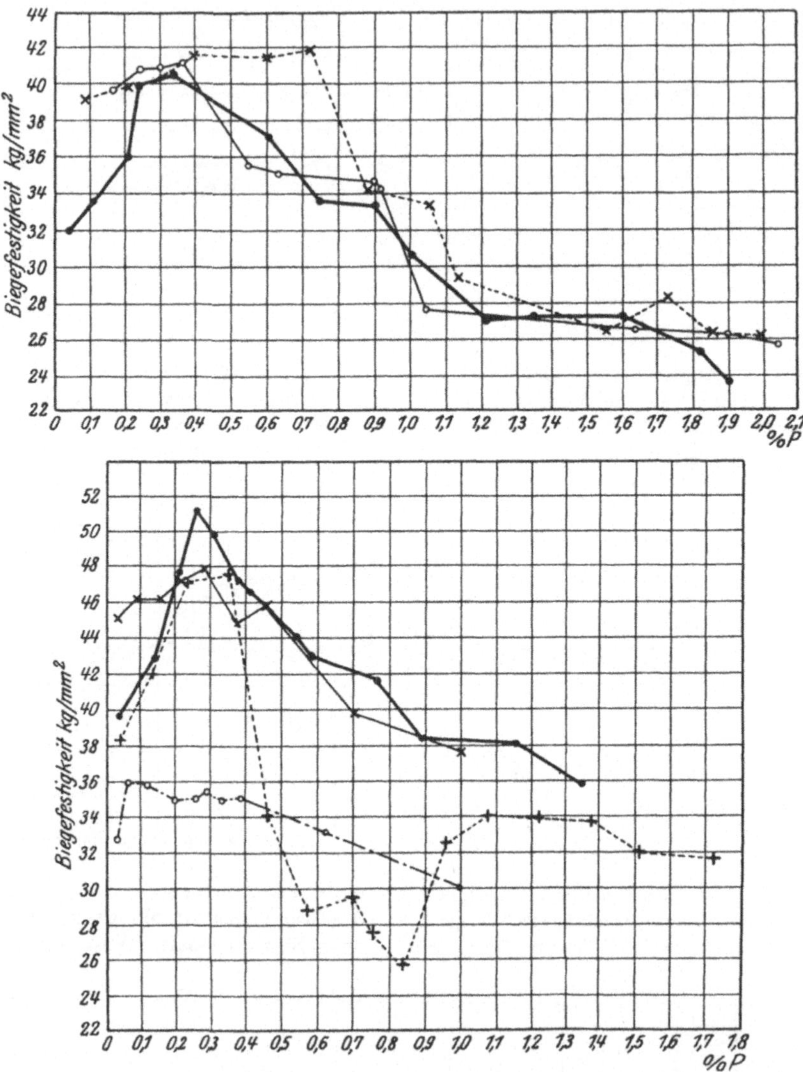

Abb. 586. Abhängigkeit der Biegefestigkeit des Graugusses vom Phosphorgehalt bei gleichem Siliziumgehalt. (Wüst und Stotz.)

Versuchsreihe 7—13; zu Abb. 586—590.

Festigkeitseigenschaften auf, trotzdem sie nicht den niedrigsten Gesamtkohlenstoff- und Graphitgehalt besitzt. Durch diese Angaben allein wird also die Qualität des Graugusses nicht gekennzeichnet, vielmehr scheint auch der absoluten Höhe der gebundenen Kohle eine Bedeutung in dem von P. Goerens[1] gekennzeichneten Sinne zuzukommen, daß die Festigkeit um so höher ausfällt, je mehr sich der Gehalt an gebundener Kohle dem eutektoiden Gehalt $(0,9\%)$ nähert (vgl. Perlitguß).

Die Abb. 586—590 veranschaulichen den Einfluß des Phosphors. Die Reihen 7, 8 und 9 sind in bezug auf die chemische Zusammensetzung fast

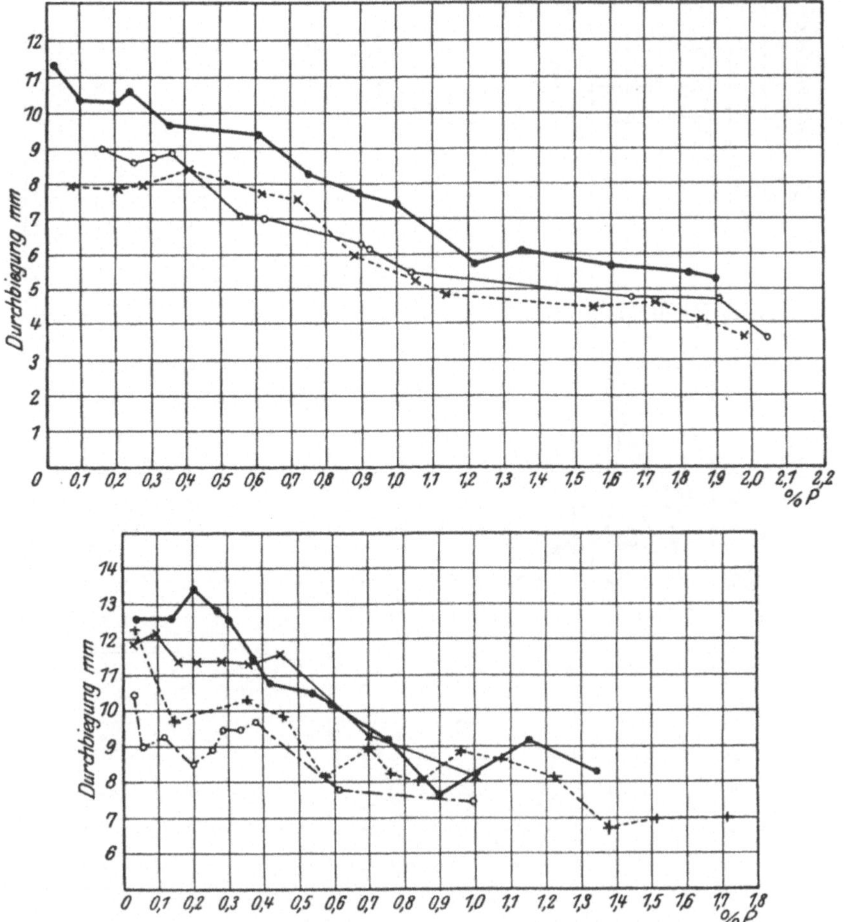

Abb. 587. Abhängigkeit der Durchbiegung des Graugusses vom Phosphorgehalt bei gleichem Siliziumgehalt. (Wüst und Stotz.)

identisch. Reihe 9 hat einen etwas höhern Gesamtkohlenstoff-, Graphit-, gebundenen Kohlenstoff- und Siliziumgehalt. Der Gehalt an gebundener Kohle übersteigt bei diesen drei Reihen das übliche Maß. Die Reihen 10 und 11 haben wesentlich höheren Siliziumgehalt als 7, 8 und 9. Reihe 10 und 11 unterscheiden sich insbesondere durch den Gehalt an gebundener Kohle, 10 hat den höheren, 11 den niedrigeren Gehalt. Die Reihen 12 und 13 haben höheren Mangangehalt als alle übrigen Reihen. In großen Zügen kann

---

[1] St. E. 1906, 397.

man sagen, daß Phosphor bis zu einem Gehalt von 0,3 bis 0,6⁰/₀ die Zug- und Biegefestigkeit hebt. Über diesen Gehalt hinaus sinkt die Festigkeit. Der steigernde Einfluß des Mangans ist auch bei Gegenwart von Phosphor deutlich zu erkennen. Die Durchbiegung sinkt anscheinend kontinuierlich mit steigendem Phosphorgehalt ebenso wie die Härte ansteigt. Die Zähigkeit

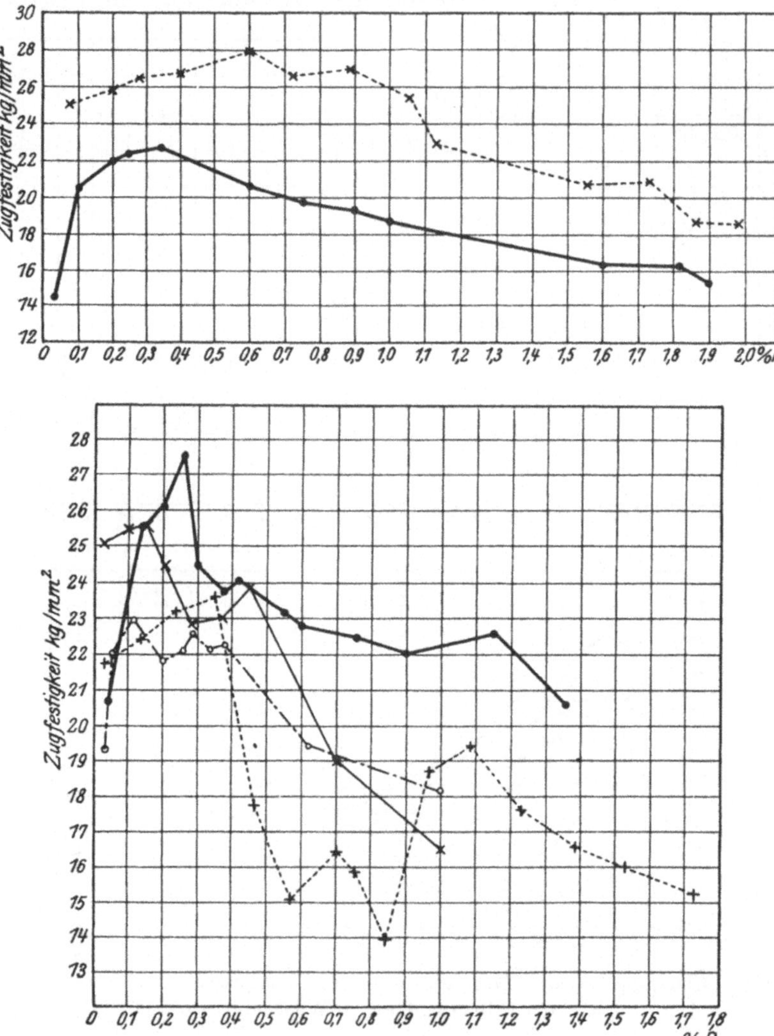

Abb. 588. Abhängigkeit der Zugfestigkeit des Graugusses vom Phosphorgehalt bei gleichem Siliziumgehalt. (Wüst und Stotz.)

wird durch Phosphor stark beeinträchtigt. Sie sinkt rasch bis 0,6⁰/₀, darüber langsamer.

In der nachfolgenden Tabelle ist die chemische Zusammensetzung einer Anzahl von Versuchsreihen mitgeteilt, die Wüst und Miny zwecks Untersuchung des Einflusses von Schwefel auf die Eigenschaften von Grauguß anfertigten. Die Reihen C und D unterscheiden sich von A und B durch höheren Mangangehalt. Die manganreichen Reihen enthalten entsprechend dem über die Wirkung des Schwefelmangans Gesagten mehr Graphit und weniger gebundene Kohle als die manganarmen Reihen.

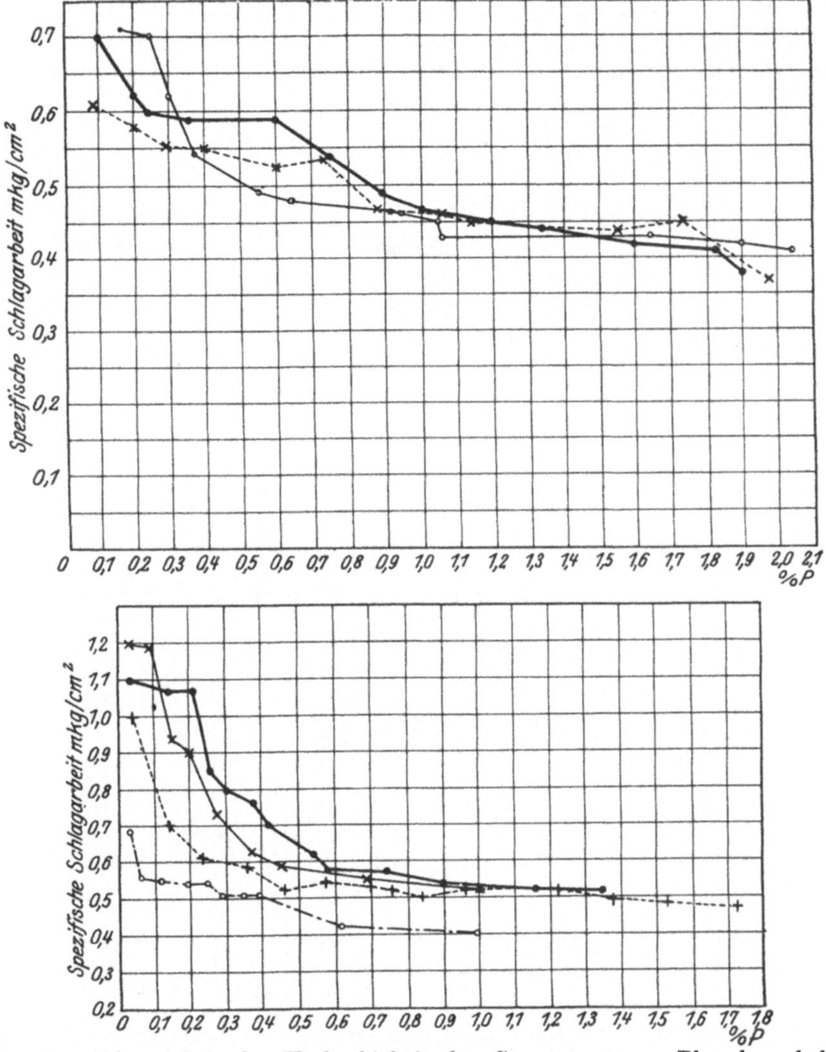

Abb. 589. Abhängigkeit der Kerbzähigkeit des Graugusses vom Phosphorgehalt bei gleichem Siliziumgehalt. (Wüst und Stotz.)

Reihe	% Ges.-C	% Graphit	% Geb. C	% P	% Mn	% Si	% S
A	3,27	2,03	1,24	0,032	0,09	1,66	0,013—0,103
B	3,47	2,11	1,36	0,034	0,09	1,67·	0,01 —0,173
C	3,21	2,41	0,80	0,033	0,64	3,21	0,037—0,25
D	3,4	2,58	0,82	0,030	0,85	1,75	0,018—0,303

Die Abb. 591 zeigt den Einfluß des Schwefels in den beiden Formen, d. h. als Eisen- und als Mangansulfid. Wenn auch, wie Wüst und Miny betonen, der Einfluß des Schwefels anscheinend durch andere Faktoren, wie insbesondere die Gießtemperatur, leicht überdeckt wird, so ist doch nicht zu verkennen, daß in großen Zügen:

1. die Härte (H) unabhängig von der Schwefelform ansteigt;

2. die Durchbiegung (D_b) mit steigendem Eisensulfidgehalt langsam, Zug- (K_z) und Biegefestigkeit (K_b) zum mindesten von etwa 0,1% Schwefel an rasch ansteigen, während die an sich niedrige Kerbzähigkeit (S_f) sich kaum ändert;

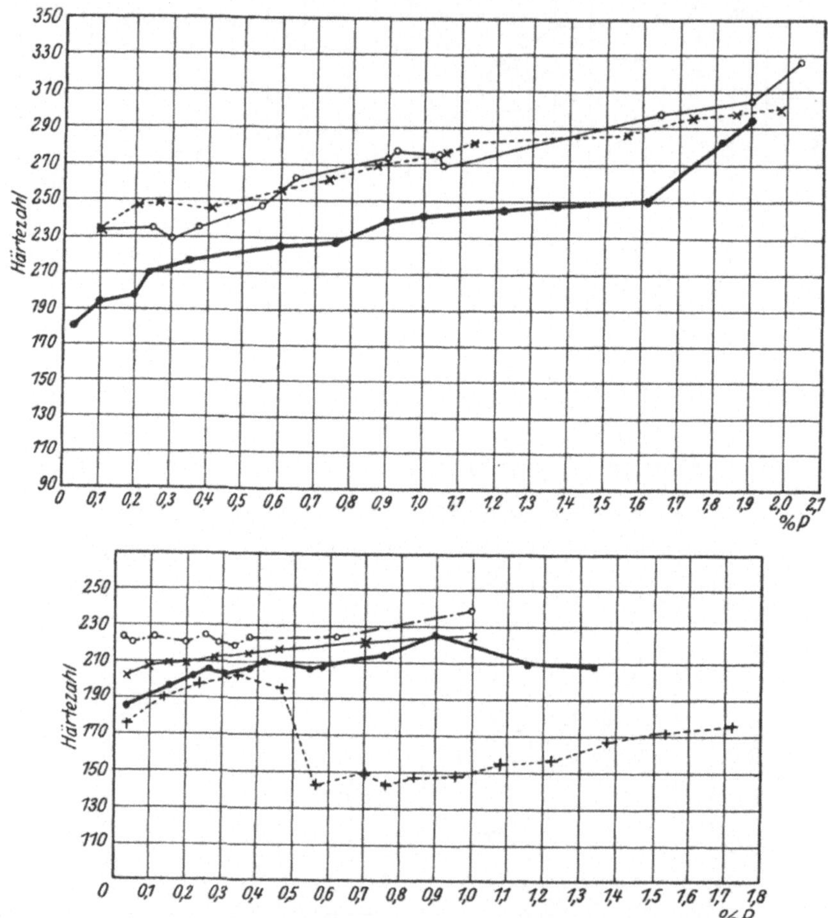

Abb. 590. Abhängigkeit der Härte des Graugusses vom Phosphorgehalt bei gleichem Siliziumgehalt. (Wüst und Stotz.)

3. bei Gegenwart von Mangansulfid die an sich höhere Kerbzähigkeit mit steigendem MnS-Gehalt sinkt, die Biegefestigkeit und die Durchbiegung ebenfalls sinken und die Zugfestigkeit ohne ausgesprochene Tendenz stark schwankt.

Im großen und ganzen üben also abgesehen von der Härte Eisen- und Manganschwefel einen entgegengesetzten Einfluß aus. Trotzdem bleibt in dieser Frage noch vieles zu klären.

Abb. 592 ist ein weiterer, wertvoller Beitrag von Schmauser[1]) zu ihrer Lösung, der den Vorzug besitzt, sich auf ein sehr umfangreiches Versuchs-

---

[1]) Gieß.-Zg. 1920, 355.

material zu stützen. Es wurden drei Reihen mit wachsendem Schwefelgehalt untersucht, und zwar bestand der Unterschied zwischen den einzelnen Reihen im Siliziumgehalt, der 1,98, 2,17 bzw. 2,35% betrug. Die übrige Analyse war etwa 3% Ges.-C, 0,5% Mn und 0,7% P. Zur Untersuchung wurden zylindrische Probestäbe in ungeteilten Formen von unten gegossen, und zwar je einmal in

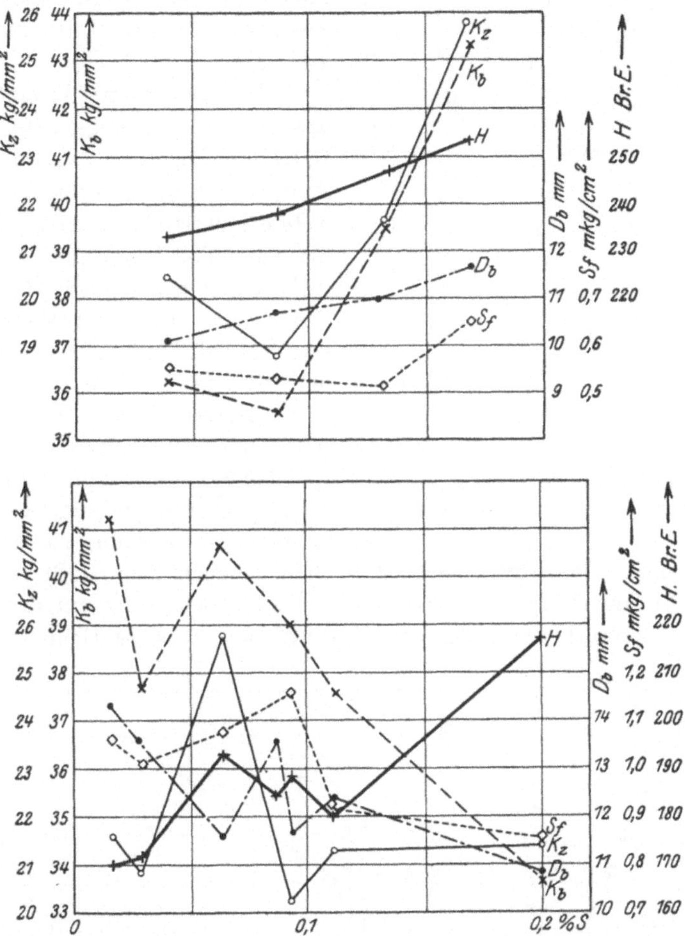

Abb. 591. Einfluß des Eisen- (oben) und Manganschwefels (unten) auf die Eigenschaften von Grauguß. (Wüst und Miny.)

getrockneten Masseformen und das andere Mal in grünen Sandformen. Der Durchmesser der Stäbe betrug 20, 30, 50 und 80 mm. Die mechanische Untersuchung erstreckte sich auf die Bestimmung der Biegefestigkeit, wobei die Stützweite zu 10 d gewählt wurde, der Durchbiegung und der Härte nach Brinell, wobei allerdings einzelne Werte für weiß erstarrte Proben ausfallen mußten (wie auch z. B. in Abb. 592 für 0,32% S). Sämtliche Kurven verlaufen für die verschiedenen Wandstärken annähernd parallel, und zwar sind die absoluten Werte für die niedrigste Wandstärke bei der Festigkeit und Härte am höchsten. Der Einfluß des Siliziumgehaltes ist nicht bemerkenswert.

Es wurde deshalb nur die Versuchsreihe mit 2,17% Si, und zwar die Gruppe mit dem Durchmesser 20 mm herausgegriffen und in Abb. 592 dargestellt.

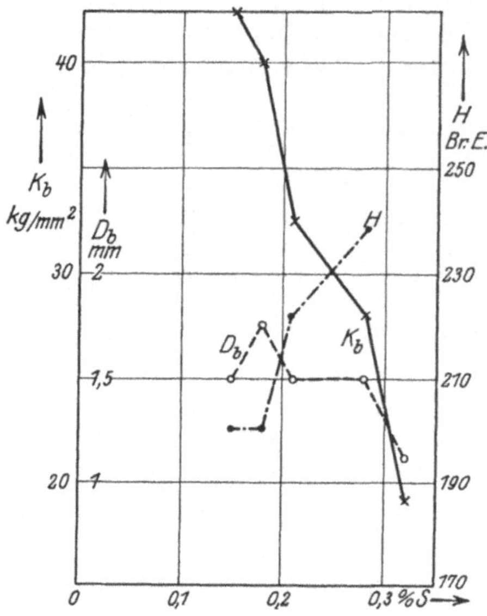

Abb. 592. Einfluß des Schwefels auf einige Eigenschaften von Grauguß. (Schmauser.)

Man sieht, daß in Übereinstimmung mit Abb. 591 die Biegefestigkeit mit steigendem Schwefelgehalt fällt, die Härte ansteigt, im Gegensatz zu Abb. 591 dagegen die Durchbiegung ansteigt.

Ein bisher wenig beachteter, aber anscheinend ständiger Begleiter des Graugusses ist der Sauerstoff, dessen Einfluß auf die Graphitbildung ja bereits erläutert wurde. Sein Einfluß auf die Festigkeitseigenschaften geht aus Abb. 593 und 594 nach Oberhoffer, Piwowarsky, Pfeiffer-Schießl und Stein[1]) hervor. Hiernach bewirkt der Sauerstoff eine Steigerung der Zug-, Biegefestigkeit und Härte, eine Abnahme der Kerbzähigkeit und des spezifischen Gewichtes und eine Zunahme der Schwindung. Es muß hierbei beachtet werden, daß jeder Punkt der Diagramme das Mittel aus zahlreichen Versuchen darstellt. Die Steigerung der Festigkeit und Härte steht in Übereinstimmung mit der Tatsache, daß der Sauerstoff die Zahl der Graphitlamellen wesentlich erhöht (vgl.

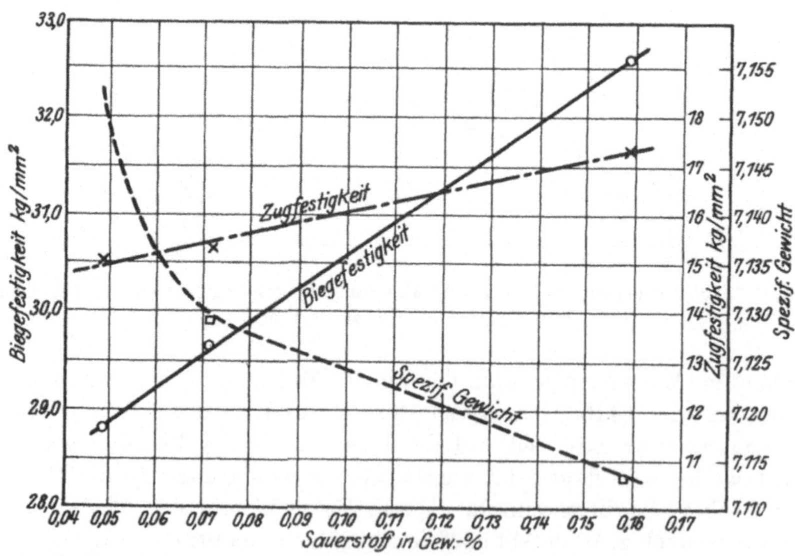

Abb. 593. Einfluß des Sauerstoffs auf Zug- und Biegefestigkeit und spezifisches Gewicht von Grauguß. (Oberhoffer, Piwowarsky, Pfeiffer-Schießl und Stein.)

---

[1]) St. E. 1924, 113.

Abb. 572). Diesem an sich günstigen Einfluß steht die weniger günstige Tatsache gegenüber, daß Sauerstoff die Schwindung vermehrt und, was besonders wichtig ist, die Neigung zur Gasblasenbildung erhöht.

Eine technisch äußerst wichtige Eigenschaft ist die Schwindung, und ihrer Ermittlung ist von jeher größte Aufmerksamkeit geschenkt worden. Wüst[1]), Turner[2]), West[3]), Keep[4]), Diefenthäler[5]) und neuerdings Wüst und Schitzkowski[6]) haben sich mit dem Problem beschäftigt. Während die drei ersteren lediglich Zeit-Schwindungskurven aufnahmen, haben die letzteren einen Apparat gebaut, der außerdem die gleichzeitige Aufnahme einer Zeit-Temperaturkurve gestattet. Hierdurch ist außer der Messung der Gesamtschwindung die Möglichkeit gegeben, die Volumenanomalien mit der Kon-

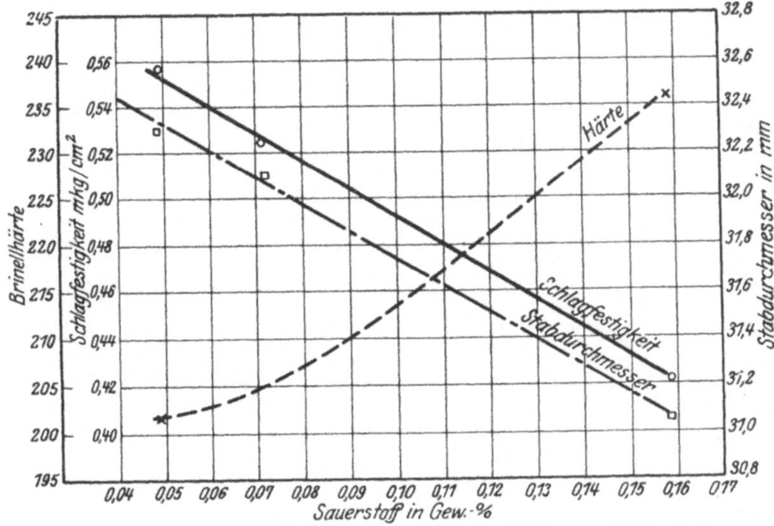

Abb. 594. Einfluß des Sauerstoffs auf Kerbzähigkeit, Härte und Schwindung von Grauguß. (Oberhoffer, Piwowarsky, Pfeiffer-Schießl und Stein.)

stitution in engsten Zusammenhang zu bringen. Abb. 595 und 596 zeigen einige Schwindungs- (S) und Temperatur-Zeitkurven (T) nach Wüst und Schitzkowski. Die dazugehörigen Analysen lauteten:

Abb.	Gieß-temper. °C	Bezeichnung	Ges.-C %	Gr. %	Si %	Mn %	P %	S %	Gesamt-Schwindg. %
595a	1205	Hämatit	3,68	3,05	2,28	1,25	0,19	0,025	1,21
595b	1290	Deutsch III	3,77	3,06	1,91	0,57	0,64	n. b.	1,05
595c	1200	Deutsch III	3,54	2,77	1,64	0,85	1,01	,,	1,23
596a	1105	Maschinenguß	3,59	2,86	1,93	0,52	0,54	,,	1,17
596b	1110	Zylinderguß	3,55	2,40	1,22	0,54	0,44	,,	1,31

Man ersieht aus diesen Kurven, daß die mit erheblicher Volumenzunahme verknüpfte Graphitausscheidung auf allen Kurven deutlich erscheint und

[1]) Met. 1909, 769.
[2]) Ir. st. Inst. 1910, I, 72.
[3]) Ir. st. Inst. 1910, I, 105.
[4]) Metallurgy of cast iron. Cleveland 1912.
[5]) St. E. 1912, 1813.
[6]) E. F. I. 1922, 4, 105.

zeitlich mit dem eutektischen Haltepunkt auf der Zeit-Temperaturkurve zusammenfällt. Dem Perlitpunkt entspricht auf der Schwindungskurve eine deutliche Verzögerung der Schwindung[1]). Je mehr Phosphor in der untersuchten Legierung enthalten ist, um so deutlicher äußert sich parallel zu dem auf der Abkühlungskurve auftretenden, die Erstarrung des Phosphideutekti-

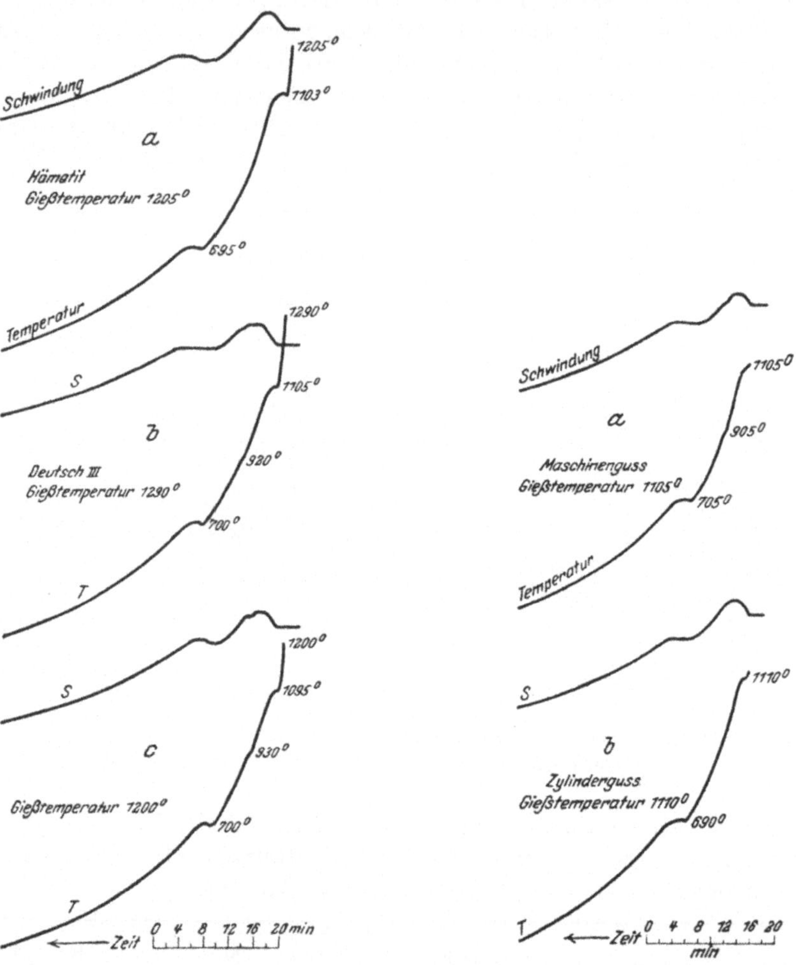

Abb. 595. Schwindungs- und Temperatur-Zeitkurven einiger Graugußsorten. (Wüst und Schitzkowski.)

Abb. 596. Schwindungs- und Temperatur-Zeitkurven einiger Roheisensorten. (Wüst und Schitzkowski.)

kums (Steadit) anzeigenden Haltepunkt eine dritte Verzögerung der Schwindung. Es sei im übrigen betont, daß auch die früheren Forscher (Turner,

---

[1]) Da die Abkühlungskurve in der Mitte des 350 mm langen Stabes aufgenommen wird und ein Temperaturunterschied von 200° und mehr zwischen Probestabmitte und -enden besteht, setzt die Verzögerung auf den Schwindungskurven in einem früheren Zeitpunkt ein, als dem Beginn des Perlitpunktes auf der Abkühlungskurve entspricht. An den Stabenden hat die Perlitbildung und die damit zusammenhängende Verzögerung der Schwindung schon eingesetzt, bevor die Abkühlungskurve den Perlitpunkt anzeigt.

West, Keep, Diefenthäler) diese Verzögerungen schon gefunden hatten. Im besonderen hatte bereits Keep den Einfluß des Siliziums und Schwefels auf die Schwindung festgestellt. Abb. 597 verleiht seinen Ergebnissen Ausdruck, und man erkennt, daß Silizium und Schwefel auf die Schwindung genau so einwirken wie auf die Graphitbildung, was die Vermutung nahelegt, daß Schwindung und Graphitbildung in innerm Zusammenhang stehen. Den direkten Nachweis hierfür liefert Abb. 598 nach Neufang-Heyn[1]), aus der hervorgeht, daß mit steigender Graphitabscheidung die Schwindung sinkt. Es ist also offenbar die mit der Graphitbildung verknüpfte Volumenzunahme, durch deren Vergrößerung eine Verkleinerung der Gesamtschwindung erreicht werden kann.

Das Auftreten von Spannungen ist für Grauguß an ähnliche Voraussetzungen geknüpft wie für Stahlformguß, und es gelten daher die im Ab-

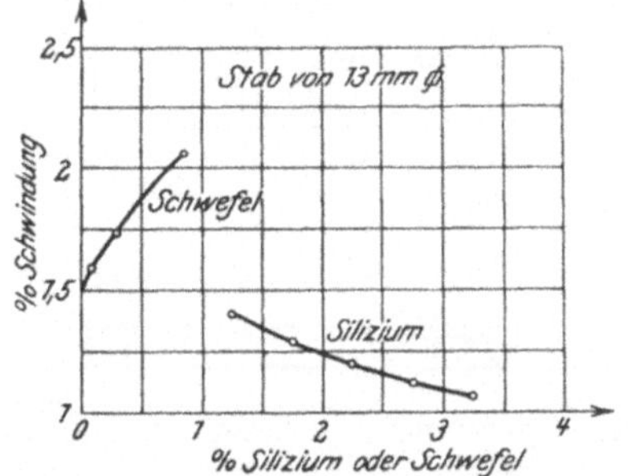

Abb. 597. Einfluß des Schwefels und des Siliziums auf die Schwindung von Grauguß. (Keep.)

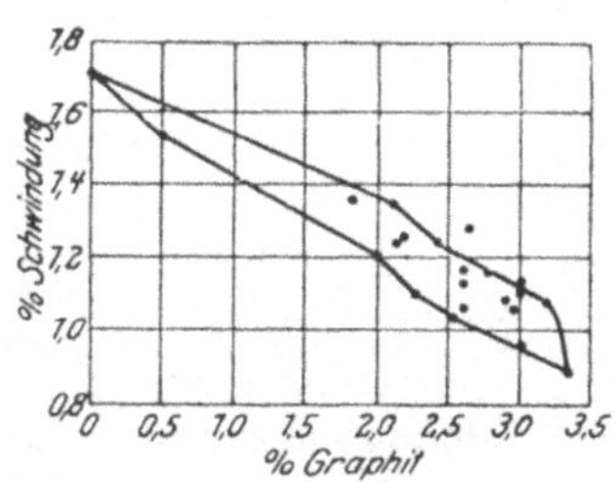

Abb. 598. Einfluß des Graphits auf die Schwindung von Grauguß. (Neufang-Heyn.)

schnitt V, 1 angestellten Überlegungen. Banse[2]) hat den Einfluß des Siliziums auf die Spannungen an Gußstücken untersucht, die infolge ihrer Form zum Auftreten von Spannungen neigen mußten. Seine Ergebnisse sind in Abb. 599 dargestellt[3]), aus denen ersichtlich ist, daß die Größe der Spannungen mit steigendem Siliziumgehalte abnimmt, und zwar rascher im grün (naß) als im trocken vergossenen Material, und daß an sich im naß vergossenen Material die Spannungen größer sind. Die chemische Zusammensetzung und die Festigkeit der untersuchten Graugußarten erhellen aus der nachfolgenden Tabelle:

Ges.-C %	Gr. %	Si %	P %	S %	Festigkeit kg/qmm
3,50	2,60	1,0	0,30	0,10	25—27
3,45	2,65	1,2	0,35	0,12	22—25
3,40	2,80	1,6	0,40	0,12	20—22
3,30	2,85	2,0	0,80	0,14	17—20
3,20	2,90	2,5	0,9—1,1	0,14	15—17
3,10	2,95	3,0	1,2—1,4	0,14	12—15

[1]) Geiger, Eisen- und Stahlgießerei 1, 228. [2]) St. E. 1919, 313.
[3]) Die Ordinaten sind keineswegs ein absolutes Maß der Spannungen, sondern nur ein Vergleichsmaß.

36*

Man ersieht hieraus, daß leider außer dem Siliziumgehalt auch der Phosphorgehalt wesentlich geändert wurde. Die Form der einen Reihe benutzter Probekörper geht aus Abb. 599 rechts hervor. Die zweite Reihe bezog sich

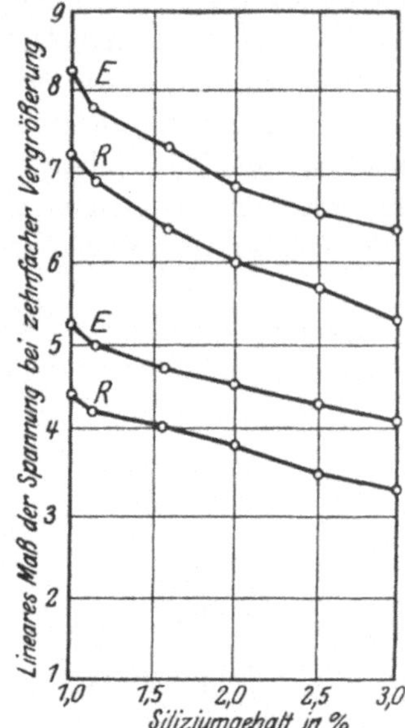

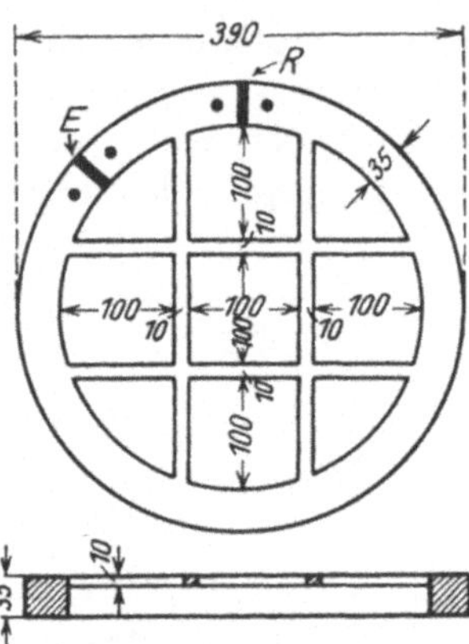

Abb. 599. Einfluß des Siliziums auf die Größe der Spannungen in besonders geformten Versuchskörpern. (Banse.)

auf ähnliche, jedoch quadratische Gußstücke. Die Messung der Spannungen erfolgte in der vielfach angewandten Weise, daß die Probekörper bei R und E durchgehobelt und die Veränderung des Abstandes zweier vorher rechts und links von R bzw. E angebrachten Marken gemessen wurde.

C. Einfluß der Abkühlungsgeschwindigkeit und der Gießtemperatur.

Wie schon wiederholt betont wurde, ist Grauguß in ganz besonderem Maße dem Einfluß der Abkühlungsgeschwindigkeit aus dem Schmelzfluß unterworfen, weil diese von bedeutendem Einfluß auf die Graphitbildung ist, und letztere ja ihrerseits wieder die Eigenschaften des Graugusses in überragender Weise beeinflußt. Die Erstarrungsgeschwindigkeit findet zunächst ein Maß in der Natur der Formmasse, deren Wärmeleitfähigkeit, Temperatur und Feuchtigkeitsgehalt von Einfluß sind. Der erste dieser Faktoren ist bisher kaum berücksichtigt worden, insofern als Untersuchungen über die Wärmeleitfähigkeit der üblichen Formmassen bisher nicht angestellt wurden. Der Temperatur der Formmasse wird neuerdings bei der Herstellung des sogenannten Perlitgusses (s. d.) gesteigerte Aufmerksamkeit geschenkt. Es wurde bereits das Durchschütten durch die Formen erwähnt, das nichts anderes als ein Anwärmen der Formen ist. Es ist klar, daß hierdurch die Erstarrungsgeschwindigkeit, insbesondere der Durchgang durch die für die Graphitbildung wichtige eutektische Temperatur verlangsamt und die Graphitbildung also begünstigt wird, endlich nasse Formen infolge der Wärmeentziehung durch

Verdampfung der Feuchtigkeit im entgegengesetzten Sinne wirken wie trockene Formen, letztere daher die Graphitbildung im Gegensatz zu ersteren begünstigen. Wegen der Gefahr der Gasentwicklung in den Formen verwendet man aber die (billigeren) nassen Formen meist nur bei dünnwandigen Gußstücken.

Je dünner ferner der Querschnitt eines Gußstückes ist, um so rascher erfolgt die Erstarrung, um so geringer fällt also die Graphitbildung aus. Die Wandstärke muß also hiernach von hervorragendem Einfluß auf die Festigkeitseigenschaften sein, was denn auch durch Versuche von Reusch[1]) und von Leyde[2]) bestätigt worden ist. Ersterer zeigte, daß die Biegefestigkeit mit steigendem Querschnitt abnimmt. Zu einem ähnlichen Ergebnis gelangte Leyde. Heyn[3]) ergänzte die Feststellungen von Leyde durch die mikroskopische Untersuchung und fand gemäß Abb. 600, daß dem Sinken der Biegefestigkeit mit zunehmendem Stabquerschnitt eine Abnahme der Zahl der Graphitblättchen bei zunehmender Größe der einzelnen Blättchen entspricht. Bezüglich des absoluten Wertes dieser Untersuchungen sind mehrere Punkte zu berücksichtigen. Einmal steigt bis zu einem Stabdurchmesser von 60 mm der Graphitgehalt von 2,55 auf 3%, um erst von diesem Durchmesser an konstant zu bleiben. Ferner aber übt die Erstarrungsgeschwindigkeit außer auf die Zahl und Größe der Graphitblättchen auch auf die Zellengröße des Steadits einen Einfluß aus in dem Sinne, daß mit steigender Abkühlungsgeschwindigkeit die Zellengröße des Steadits abnimmt. Dieser

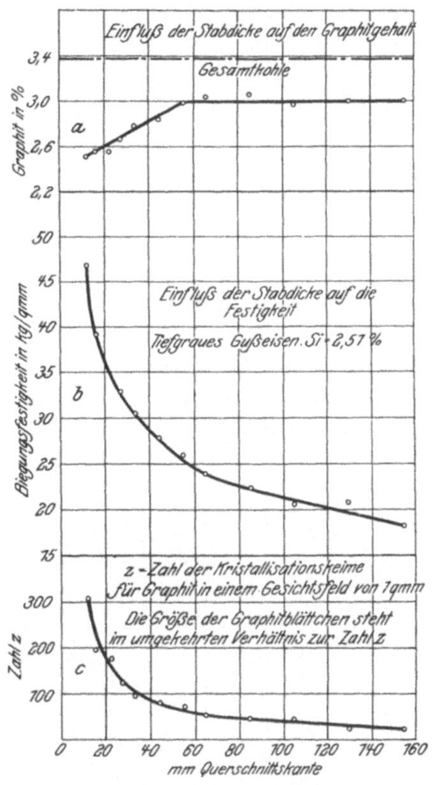

Abb. 600. Einfluß der Stabdicke auf Graphitausbildung und Biegefestigkeit von Grauguß. (Leyde-Heyn.)

Einfluß ist in Abb. 600 mit enthalten. Endlich aber ist der Einfluß des Probestabquerschnittes (vgl. Abb. 573) als solcher in Abb. 600 enthalten, da die Stäbe mit der Gußhaut geprüft wurden. Die Größe dieses Einflusses ist nicht ohne weiteres zu übersehen, weil der Graphitgehalt sich, wenigstens bei den Durchmessern 15—60 mm, ändert und daher schon aus diesem Grunde die Angaben der Abb. 600 nicht ohne weiteres verwendbar sind.

Man begegnet dem auf Verminderung der Graphitbildung gerichteten Einfluß abnehmender Wandstärke durch Steigerung des die Graphitbildung fördernden Gehaltes an Silizium. Leyde[4]) gibt folgende Vorschrift:

---

[1]) St. E. 1903, 1185.   [2]) St. E. 1904, 94. | [3]) St. E. 1906, 1295.
[4]) a. a. O.; vgl. a. Deutsches Gießerei-Taschenbuch. München: Oldenbourg 1923.

Wandstärke	Silizium
mm	$^0/_0$
$<$ 10	2,70
10—40	2,00
40—90	1,60
$>$ 90	1,30

Da die Schwindung, wie gezeigt wurde, in direkter Abhängigkeit vom Graphitgehalt steht, muß auch die Querschnittsgröße diese Eigenschaft beein-

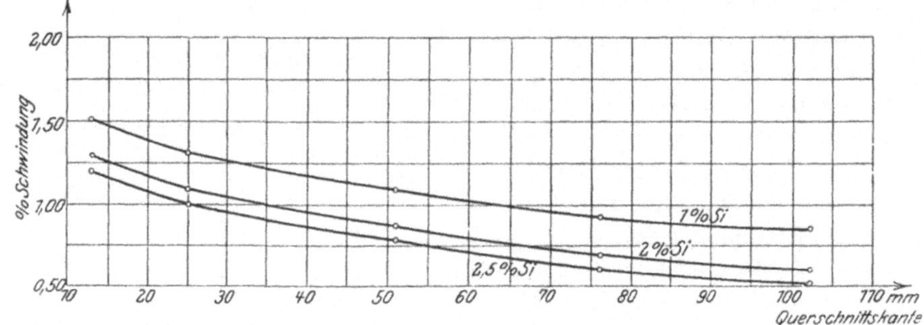

Abb. 601. Einfluß der Stabdicke auf die Schwindung von Grauguß. (Keep.)

flussen. Daß dies tatsächlich zutrifft und mit steigendem Querschnitt infolge der reichlichen Graphitbildung die Schwindung abnimmt, zeigt für mehrere Siliziumgehalte Abb. 601 nach Keep.

Die Gießtemperatur beeinflußt die Graphitbildung in doppeltem Sinne. Je höher die Gießtemperatur unter sonst gleichbleibenden Verhältnissen über der für die Graphitbildung maßgebenden eutektischen Temperatur liegt, um so mehr Gelegenheit ist zum Vorwärmen der Formen gegeben, um so langsamer wird die eutektische Temperatur durchlaufen und um so reichlicher ist die Graphitbildung. Heiß vergossenes Eisen neigt also mehr zur Graphitbildung als kalt vergossenes. Diese Wirkung wird unterstützt dadurch, daß durch Überhitzung der Schmelze vielleicht die Bildung von Graphitkeimen in-

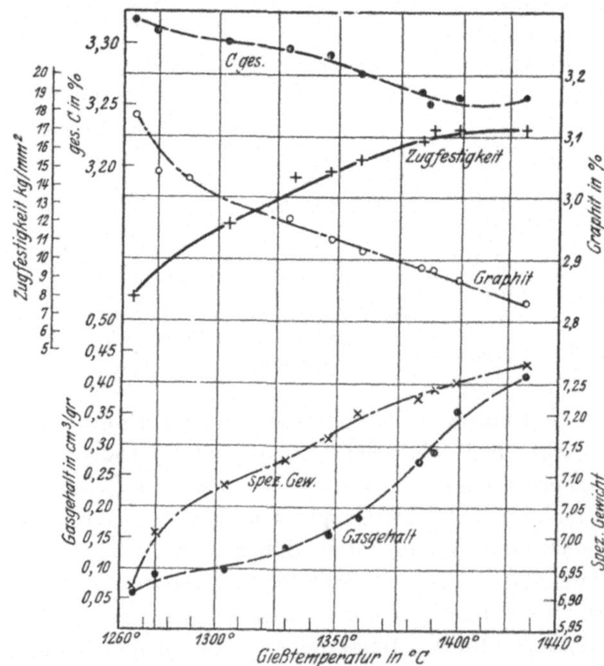

Abb. 602. Einfluß der Gießtemperatur auf Graphitbildung, Zugfestigkeit, Härte, spezifisches Gewicht und Gasgehalt von Grauguß. (Hailstone.)

folge der mit steigender Temperatur wachsenden Instabilität des Eisenkarbides begünstigt wird. Im Gegensatz hierzu findet Hailstone[1] gemäß Abb. 602 mit steigender Gießtemperatur ein Sinken des Graphitgehaltes, wenn auch in mäßigen Grenzen, und dementsprechend ein Steigen der Festigkeit und des spezifischen Gewichtes. Das untersuchte Eisen enthielt 3,29 % Ges.-C, 2,83 bis 3,13 % Graphit, 1,9 % Si, 0,34 % Mn, 1,4 % P, 0,1 % S. Es bleibe aber nicht unerwähnt, daß die in der Literatur verstreuten Angaben über den Einfluß der Gießtemperatur sich widersprechen[2]. Oberhoffer und Stein[3] haben daher neuerdings den Einfluß der Gießtemperatur an drei Reihen

---

[1] C. Sc. Mém. 1913, **5**, 51. Ir. Age 1916.

[2] Vgl. Long muir, St. E. 1906, 286; Adamson, St. E. 1909, 1577; Cook, Castings, 1908, 18; Bolton, Foundry, 1922, 15/1; Taschenbuch für Eisenhüttenleute, 1910, 231; Smalley, Eng. 1922. **114**, 277; Keep, vgl. Geiger, Eisen- und Stahlgießerei. **1**, 231; Diefenthäler, St. E. 1912, 1913; Osann, Eisen- und Stahlgießerei 1920, 214.

[3] Gieß. 1923, 424.

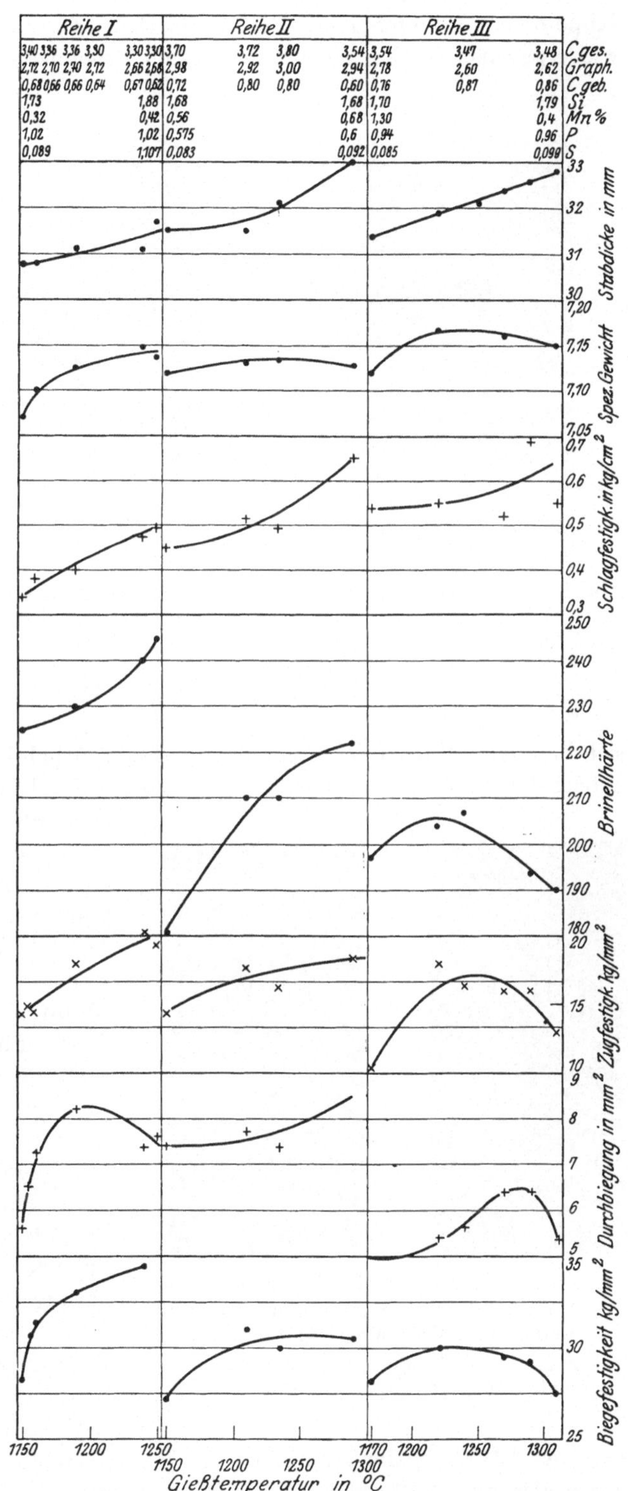

Abb. 603. Einfluß der Gießtemperatur auf Zug-Biege-Schlagfestigkeit, Durchbiegung, Härte, spezifisches Gewicht und Schwindung von drei Graugußsorten. (Oberhoffer und Stein.)

Kupolofenguß untersucht, deren mittlere Zusammensetzung in Abb. 603 wiedergegeben ist, die auch ihre übrigen Ergebnisse enthält. Zunächst stellte

a   b   c

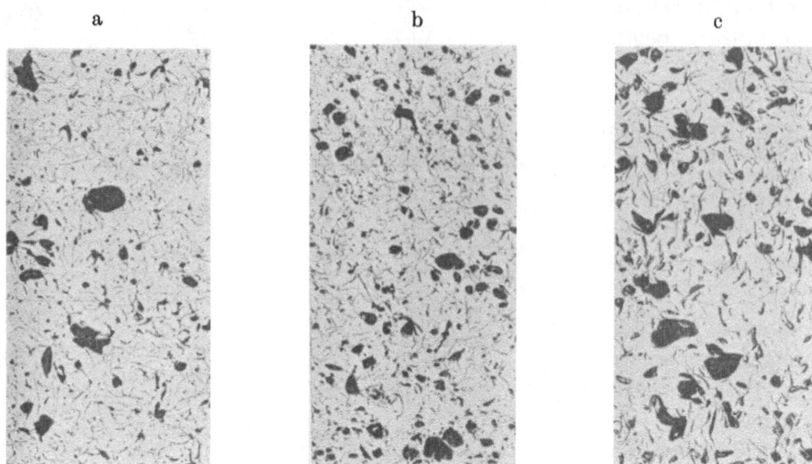

Abb. 604. Einfluß der Gießtemperatur auf die Ausbildung des Graphits im Grauguß der
Reihe III. (Oberhoffer und Stein.)
a hohe Gießtemperatur 1310⁰
b mittlere   „   1210⁰
c niedrige   „   1170⁰

sich heraus, daß der Graphitgehalt nur unwesentlich beeinflußt wird, und zwar betrug der größte Unterschied $0{,}18^0/_0$ in Reihe III. Dabei war eine Gesetzmäßigkeit, wie sie Hailstone gefunden hatte, nicht zu erkennen. Das gleiche gilt für den Gasgehalt. Bemerkenswert war allerdings, daß alle Proben, die unter 1200⁰ vergossen waren, reichliche Blasenbildung aufwiesen. Die niedrigen Werte für die Festigkeitseigenschaften unterhalb dieser Gießtemperatur, also das Ansteigen der Kurven Abb. 603, dürfte zum Teil hierauf zurückzuführen sein. Jeder Punkt der Diagramme ist der Mittelwert aus 8—24 Bestimmungen. Man ersieht aus der Abbildung die allgemeine Tendenz der Eigenschaften, mit steigender Gießtemperatur höhere Werte anzunehmen, daß aber anscheinend oberhalb einer gewissen Temperatur, etwa 1240⁰, wieder ein Sinken der Werte erfolgt. Nach diesen Versuchen dürfte also die zweckmäßigste Gießtemperatur bei 1200—1240⁰ gelegen sein,

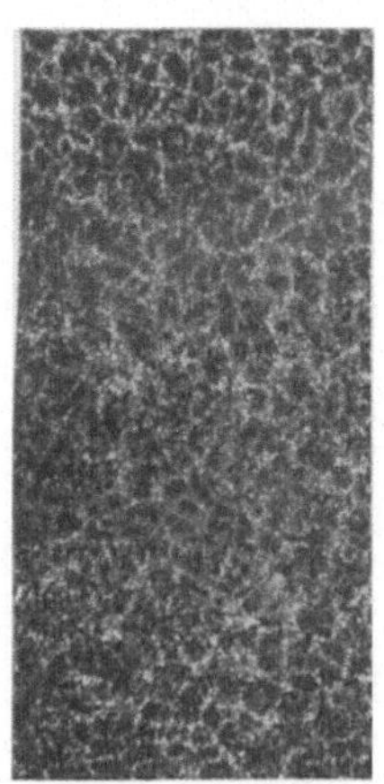

Abb. 605. Einfluß der Gießtemperatur auf die Ausbildung des Steadits im Grauguß Reihe II. (Oberhoffer und Stein.)
links: hohe Gießtemperatur 1290⁰
rechts: niedrige Gießtemperatur 1150⁰

Über- und Unterschreiten dieser Temperatur würde die Eigenschaften verschlechtern. Die bemerkenswerte Tatsache, daß trotz annähernd gleicher Analyse die Kurven der einzelnen Reihen nicht unerheblich voneinander abweichen, ließ sich nur durch den verschiedenen Sauerstoffgehalt der einzelnen Reihen erklären. In der Tat ergab sich für Reihe I 0,04, für Reihe II 0,072 und für Reihe III $0,158^0/_0$ Sauerstoff (vgl. Abb. 572, sowie 593 und 594). Insbesondere bei Reihe III konnte die Beobachtung gemacht werden, daß die Ausbildungsform des Graphits dem Verlauf der Festigkeitskurven entspricht, d. h. bei höherer sowohl wie bei niedrigerer Temperatur groblamellarer Graphit entsteht, bei mittlerer Gießtemperatur dagegen feinlamellarer. Dies wird belegt durch die Abb. 604. Bei höchster Gießtemperatur überwiegt offenbar der Einfluß des langsameren Durchganges durch den eutektischen Punkt und damit wohl der Einfluß der Kristallisationsgeschwindigkeit. Bei mittlerer Gießtemperatur dagegen überwiegt der Einfluß der größeren Kernzahl, der bei niedriger Gießtemperatur wieder in den Hintergrund tritt. Abb. 605 zeigt, was schon H a i l s t o n e fand, daß der Steadit in um so gröberen Zellen kristallisiert, je höher die Gießtemperatur ist.

D. Einfluß der Temperatur auf die Eigenschaften von Grauguß.

Campion und Donaldson[1]) haben den Einfluß der Temperatur auf die Eigenschaften von Grauguß untersucht. Ihren Ergebnissen verleiht Abb. 606 Ausdruck. Der mechanischen Prüfung wurden folgende Roheisensorten unterzogen:

Bezeichnung	Ges.-C $^0/_0$	Gr $^0/_0$	Si $^0/_0$	S $^0/_0$	P $^0/_0$	Mn $^0/_0$
A 1	3,28	2,71	1,74	0,110	1,541	0,155
A 2	3,14	2,33	1,84	0,110	0,868	0,51
A 3	2,84	1,95	1,44	0,155	1,036	0,46

Die Probestäbe wurden einmal im Anlieferungszustand und ein zweites Mal nach einem vierstündigen Glühen auf 400^0 zerrissen. Es zeigte sich hierbei, daß die Festigkeitswerte des geglühten Materials stets etwas oberhalb der Werte des nicht geglühten Materials lagen, daß vor allem das Festigkeitsminimum der nicht geglühten Stäbe im Temperaturbereich 200 bis 400^0 durch das Glühen beseitigt wurde, vielleicht eine Wirkung des Auslösens der Gußspannungen. Mit den Ergebnissen der obengenannten Verfasser decken sich die von Smalley[2]) erhaltenen, soweit das nicht geglühte Material in Frage kommt. Glühversuche hat Smalley nicht ausgeführt.

Bei wiederholtem Erhitzen von Grauguß auf Temperaturen über Ac_1 und nachfolgendem Abkühlen unter Ar_1, haben u. a. Rugan und Carpenter[3]) ein beträchtliches Wachsen, d. h. eine Volumenzunahme festgestellt, die meist auf Oxydation des Graphits zurückgeführt wird. Die obengenannten Verfasser fanden eine Volumenzunahme von rd. $35^0/_0$ nach 94maligem Er-

---

[1]) Foundry Trade Journ. 1923, 32.   [2]) Eng. 1922, 114, 277.
[3]) Ir. st. Inst. 1909, II, 29.

hitzen und Abkühlen. Parallel damit geht eine Gewichtszunahme. Die Gegenwart von elementarem Kohlenstoff ist Vorbedingung für das Wachsen. Die beobachtete Volumenzunahme übersteigt bei weitem die aus der Zerlegung des Eisenkarbides berechnete. Volumen- und Gewichtszunahme verlaufen analog und nehmen mit steigendem Siliziumgehalt zu. An der Oxydation sind also außer Graphit auch Silizium und Eisen beteiligt (vgl. Temperguß). Der mikroskopische Befund der wiederholt erhitzten Proben lehrt, daß die Graphitblätter durch entsprechende Hohlräume ersetzt wurden. Mit Hilfe des Dilatometers von Chevenard untersuchten Okochi und Sato[1]) den Vorgang des Wachsens.

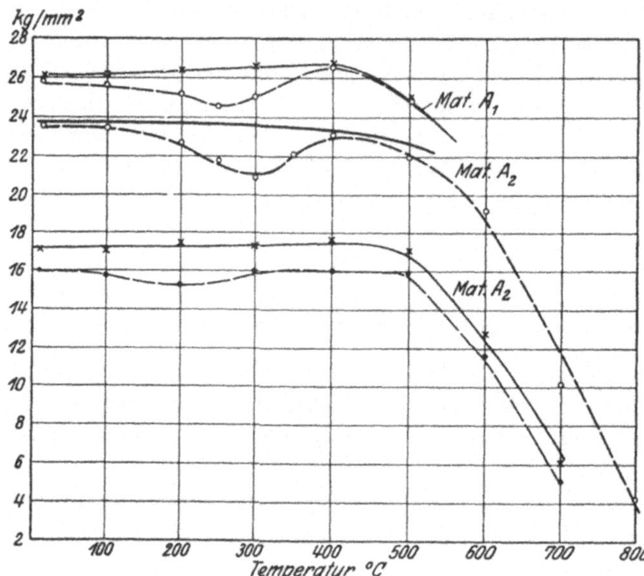

Abb. 606. Einfluß der Temperatur auf die Festigkeit von drei Graugußsorten. (Campion und Donaldson.)

Sie gelangen zur Auffassung, daß der Vorgang der Oxydation für das Wachsen unwesentlich ist. Bei der ersten Erhitzung über 600° erfolgt zunächst ein Wachsen infolge der Zementitzerlegung; bei den nachfolgenden Erhitzungen finden wesentliche Volumenänderungen bei A_1 und bei höherer Temperatur statt. Der Druck der eingeschlossenen Gase ist nach Okochi und Sato der eigentliche Grund des Wachsens,

eine bereits von Outerbridge geäußerte Ansicht. Hiernach ist das Wachsen bei A_1 als Gegenwirkung des Gasdruckes auf die mit A_1 verknüpfte Kontraktion bei der Erhitzung aufzufassen und das Wachsen bei höherer Temperatur eine reine Folge des Druckes der eingeschlossenen Gase. Um das kontinuierliche Wachsen zu erklären, nehmen Okochi und Sato an, daß bei niedriger Temperatur die Gase längs der Graphitblätter infolge des verminderten Druckes im Innern des Eisens eindringen, und daß bei hoher Temperatur das Gußeisen gasundurchlässig wird. Diese Erklärung erscheint unbefriedigend, und Kikuta[2]) hat daher eine Reihe von neuen Versuchen zur Klärung der Frage unternommen. Er evakuierte einen Hohlzylinder aus Gußeisen und stellte dessen Durchlässigkeit für Luft fest. Hierbei ergab sich, daß die Theorie von der Wirksamkeit des Gasdruckes nicht haltbar ist. Sodann fand Kikuta, daß die Volumenänderung auch bei der wiederholten Erhitzung im Vakuum stattfindet, allerdings kleiner ist als in oxydierender Atmosphäre. Endlich nahm Kikuta kontinuierliche Dilatationskurven auf. Bei der ersten Erhitzung findet sich

---

[1]) Tokyo Univ. 1920, 3.   [2]) Tohoku, 1922, 11, 1.

eine bedeutende Volumenzunahme bei A_1, die zweifellos auf Karbidzersetzung zurückzuführen ist. Dies wurde übrigens auch direkt durch Untersuchung eines weißen Roheisens festgestellt. Bei weiterer Erhitzung und Abkühlung ergab sich bei Ac_1 eine Volumenverminderung, bei Ar_1 eine Volumenvergrößerung. Der Betrag der letzteren war immer größer als der der ersteren, doch nahmen die Volumenänderungen mit steigender Zahl der Erhitzungen ab. Die vorstehenden Beobachtungen beziehen sich auf Versuche im Vakuum. Fand der Versuch an der Luft statt, so war die erste Volumenzunahme bei Ac_1 die gleiche wie im Vakuum. In der Folge aber änderten sich die Verhältnisse derart, daß die Kontraktion bei Ac_1 kleiner war als im Vakuum und viel rascher abnahm. Auch die Ausdehnung bei Ar_1 nahm rascher ab als im Vakuum, aber das Gesamtresultat war doch ein bedeutendes Überwiegen der Ausdehnung, so daß also das Wachsen an der Luft rascher erfolgte als im Vakuum. Kikuta erklärt diese Beobachtungen wie folgt. Bei Ac_1 wird eine gewisse Menge des bei der ersten Erhitzung gebildeten elementaren Kohlenstoffs im Siliziumferrit unter Volumenverminderung gelöst. Die Lösungsgeschwindigkeit ist abhängig von der Teilchengröße. Die großen Graphitlamellen werden daher im Gegensatz zu den feineren, bei der ersten Erhitzung gebildeten Temperkohlepünktchen bzw. noch übrig gebliebenen Zementitteilchen des Perlits nicht gelöst. Die Volumenänderungen sind also lokal verschieden, hierdurch entstehen Spannungen, die zu feinen Rissen an den schwächsten Stellen, d. h. längs der Graphitblätter führen. So entsteht eine irreversible Dehnung und damit das Wachsen. Bei Luftzutritt bilden sich feine Oxydschichten um die Graphitteilchen, die dadurch noch besser vor der Auflösung geschützt sind. Die Wirkung des Sauerstoffs ist also nur eine sekundäre.

Wenn auch die vorstehende Erklärung plausibel ist, so ist sie nicht anwendbar auf eine neuerdings von Campion und Donaldson[1]) gemachte Beobachtung, daß nämlich durch Erhitzen auf Temperaturen unter A_1, nämlich 550°, nach 4 bis 6maligem Erhitzen eine rasche Volumenzunahme um 0,2 bis 0,4% erfolgt, die bei weiterer Erhitzung bis auf die Hälfte zurückgehen kann, um dann praktisch konstant zu bleiben. Es kann für diese Erscheinung vorläufig keine Erklärung gegeben werden.

E. Störende Nebenerscheinungen.

Beim Vergießen des Graugusses ist im allgemeinen mit denselben störenden Nebenerscheinungen zu rechnen wie beim schmiedbaren Eisen. Es treten also hier wie dort Lunker, Seigerungserscheinungen, Gasblasen und Spannungen auf. Die Mittel zur Verhütung dieser unangenehmen Erscheinungen sind prinzipiell dieselben, und es kann daher auf den einschlägigen Abschnitt V, 1 hingewiesen werden.

Eine für Gußeisen typische Art von Seigerungserscheinungen sind die sogenannten Schwitzkugeln, eine charakteristische Bezeichnung für kugelförmige Absonderungen, die sich häufig an der Oberfläche, manchmal aber auch im Innern von Gußstücken, und zwar in Gashohlräumen eingeschlossen

---

[1]) a. a. O.

finden. Ihre Zusammensetzung nähert sich meist der des Phosphideutektikums, also: 2% Kohlenstoff, 7% Phosphor. Ihre Entstehung wird wohl auf ähnliche Vorgänge wie bei der Gasblasenseigerung zurückzuführen sein. Typisch ist hierfür ein von Stotz[1]) erwähnter Fall, wonach beim Guß von Hartgußwalzen ein ringförmiger Kranz von kleinen Tropfen am Übergang zum nicht abgeschreckten Zapfen und dicht hinter der abgeschreckten Lauffläche erscheint. Stotz fand, daß die Tröpfchen 6,12% Phosphor und 2,16% Kohlenstoff enthielten in hinreichender Annäherung an die oben mitgeteilte Zusammensetzung des Phosphideutektikums. Die Druckwirkung der rasch erstarrten Lauffläche auf den noch flüssigen Kern ist hier die Ursache des Auftretens der Schwitzkugeln.

Eine recht unangenehme, in Gießereien mitunter beobachtete Erscheinung ist das Auftreten harter, weißer Stellen, und zwar häufig inmitten von Graugußstücken, wodurch deren mechanische Eigenschaften und die Bearbeitbarkeit stark beeinträchtigt werden. Der Name „umgekehrter Hartguß" rührt daher, daß im Gegensatz zum normalen Hartguß die Randzone stets eine mehr oder weniger starke Schicht grauen Eisens aufweist. Derartige fehlerhafte Gußstücke sind erstmalig von Keep[2]) beobachtet worden, später auch in deutschen Eisengießereien, und zwar besonders häufig während der Kriegsjahre 1914—1918. Die künstliche Darstellung dieser

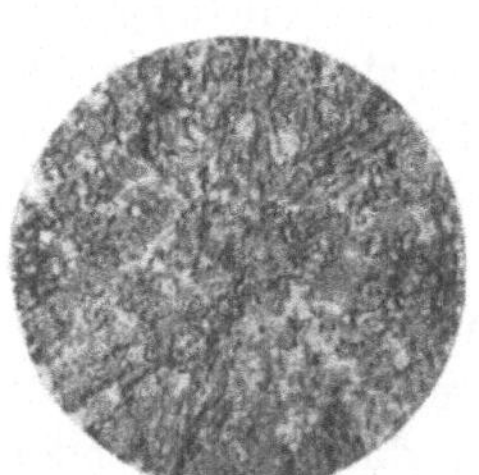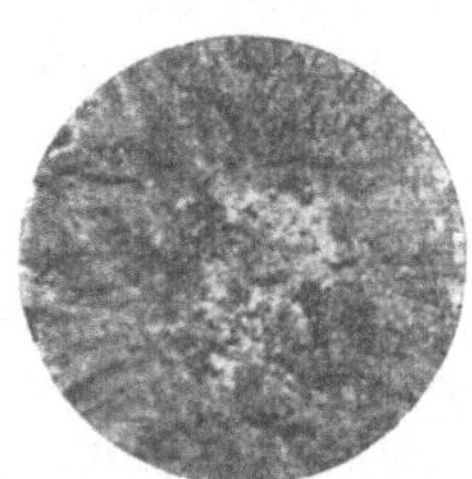

Abb. 607. Umgekehrter Hartguß.
links: weiße Stellen in der Mitte
rechts: weiße Stellen über dem Querschnitt verteilt.

Erscheinung gelang zuerst West dadurch, daß er aus einem Eisen von folgender Analyse:

$$C = 2{,}75{-}3{,}25\%$$
$$Si = 1{,}75{-}2{,}00\%$$
$$S = ca.\ 0{,}07\%$$
$$P = ca.\ 0{,}04\%$$

Stäbe von 44×29 mm in Sandformen abgoß, sofort nach dem Beginn der Erstarrung aus der Form zog und in Wasser abschreckte. Abb. 607 zeigt den Bruch zweier Graugußstäbe, von denen der linke die weiße Stelle in der Mitte, der rechte zahlreiche weiße Stellen über den Querschnitt verteilt enthält. Osann[3]) sieht die Ursache in einem durch Verschmelzen stark rostigen Schrotts im Kupolofen bedingten hohen Eisenoxydulgehalt des Eisens, begünstigt durch niedrige Gießtemperatur. Das im Grauguß enthaltene FeO bewirkt infolge der endothermen Reaktion[4]): $FeO + C = Fe + CO$ (-240 Cal/kg Fe) eine rasche Abkühlung im Temperaturbereich der Graphitausscheidung, die den Zerfall des Eisenkarbids beeinträchtigt. Eine bezüglich des Sauerstoffgehaltes ähnliche Auffassung vertritt Nielsen[5]). Er nimmt jedoch an, daß das FeO weniger durch rostigen Schrott als vielmehr durch Oxydation

[1]) Gieß.-Zg. 1921, 325.   [2]) St. E. 1894, 801.   [3]) Gieß.-Zg. 1918, 33.
[4]) Vgl. a. Pfalzgraf, Gieß.-Zg. 1919, 335.   [5]) Gieß.-Zg. 1918, 299.

vor den Formen in das Eisen gelangt und empfiehlt, als Gegenmaßnahme einen höheren Mangangehalt in der Gattierung vorzusehen. Teichmüller[1]) sowie Harnecker[2]) stellen die Anwesenheit von viel Schwefel und Phosphor in den weißen Stellen des umgekehrten Hartgusses fest. Frei[3]) glaubt an eine Gasentwicklung beim Erstarren des Eisensulfids, die eine örtliche Unterkühlung hervorruft und das Eisen weiß macht. Bardenheuer[4]) sieht in einer „kritischen Zusammensetzung" des Eisens (mäßiger Si- und C-Gehalt bei meist hohem S-Gehalt) die Vorbedingungen für das Auftreten von umgekehrtem Hartguß. Die Neigung des Eisens, grau oder weiß zu erstarren, ist in diesem Falle praktisch gleich groß, und eine nur geringe Verschiebung in Richtung der Stabilität nach einem der beiden Systeme ist ausschlaggebend für den Erstarrungsvorgang des Eisens. An der Außenzone wird durch die impfende Wirkung der in der Formmasse enthaltenen Fremdkörper, vor allem der organischen, die durch die Sulfide bzw. eine niedrige Gießtemperatur begünstigte Unterkühlung zugunsten der größeren Stabilität des graphitischen Systems bis zu einer gewissen Tiefe des Gußstückes aufgehoben. Eine ähnliche Auffassung vertritt Piwowarsky[5]).

Wie man sieht, sind die Ansichten geteilt und ungeklärt. Weder durch Zusatz von FeO noch von Schwefel konnte im Institut des Verfassers willkürlich umgekehrter Hartguß erzeugt werden. Die Auffassung von Bardenheuer bzw. von Piwowarsky scheint also die größte Aussicht auf Wahrscheinlichkeit zu besitzen.

Wie Harnecker zeigte, wird durch Glühen bei 1050^0 das Eisenkarbid der weißen Stellen unter Temperkohlebildung zerlegt und das ursprünglich fehlerhafte Gußstück noch verwendbar gemacht.

F. Veredelung des Graugusses.

Zur Verbesserung der Eigenschaften des Graugusses hat man verschiedene Wege eingeschlagen, die sich nach dem zu erreichenden Zweck richten.

Ein erster Weg, auf dem meist eine Verbesserung der Festigkeit angestrebt wird, ist der Zusatz von Sonderelementen. Im allgemeinen dürfte aber heute noch die Größe der erzielten Verbesserung in einem ungünstigen Verhältnis zu den Kosten des Zusatzes stehen.

Am eingehendsten hat man sich bisher wohl mit dem Einfluß eines Nickelzusatzes beschäftigt. Guillet[6]) hatte festgestellt, daß die Graphitbildung begünstigt wird, daß aber außerdem auch die Natur der Grundmasse sich ändert, indem der Perlit mit steigendem Nickelgehalt zunächst in Sorbit, dann in Troostit, Martensit und Austenit übergeht. So bestand ein Gußeisen bei einem Gehalt von 12—20$^0/_0$ Nickel nur aus Graphit und Austenit. Bauer und Piwowarsky[7]) fanden, daß ein siliziumarmes Gußeisen ($0,07^0/_0$ Si) bei einem Nickelgehalt von $1^0/_0$ eine Steigerung von $30^0/_0$ der Biege- und Druckfestigkeit und $20^0/_0$ der Zugfestigkeit bei $18^0/_0$ Härtesteigerung aufweist. Höherer Nickelgehalt bringt keinen Gewinn, da der Einfluß des Nickels auf die

---

[1]) Gieß.-Zg. 1918, 382.   [2]) St. E. 1919, 1307.   [3]) Gieß.-Zg. 1920, 109.
[4]) St. E. 1921, 569.   [5]) Gieß.-Zg. 1921, 356.   [6]) Rev. Mét. 1908, 306.
[7]) St. E. 1920, 1300.

Graphitbildung seine veredelnde Wirkung auf die Grundmasse überwiegt. Dieses Ergebnis wurde von Piwowarsky und Ebbefeld[1]) nachgeprüft und bestätigt gefunden, und zwar auch bei graphitreicherem Guß mit 1,6% Silizium. Bei höherem Siliziumgehalt (2,7%) liegt das Optimum der Eigenschaften bei 0,5% Nickel. Moldenke[2]) fand, daß ein Zusatz von 0,2—0,4% Nickel bezw. Chrom in der Gesamthöhe von 0,75% bei niedrigem Siliziumgehalt 1% und ein solcher von 0,2—0,4 bei höherem Siliziumgehalt (1,5%) von günstigem Einfluß ist.

Kobalt hat nach Bauer und Piwowarsky[3]) keinen günstigen Einfluß, weil es die Graphitbildung hindert.

Titan ist wiederholt zur Verbesserung der Eigenschaften von Grauguß benutzt worden[4]). Piwowarsky[5]) hat die Frage erneut eingehend studiert und gelangte zu den in Abb. 608 niedergelegten Ergebnissen, wonach zunächst, d. h. solange die Höchstmenge an Graphit noch nicht gebildet ist, eine Erniedrigung der Festigkeits- und Härtezahlen erfolgt. Ist der Titangehalt so hoch, daß die Höchstmenge an Graphit gebildet ist, so bewirkt ein weiterer Titanzusatz eine Steigerung der Eigenschaftswerte, die bei Reihe I mit etwa 1% Silizium und bei Reihe III mit etwa 2,6% recht beträchtlich sein kann, während sie bei Reihe II mit 1,6% Silizium wohl wegen

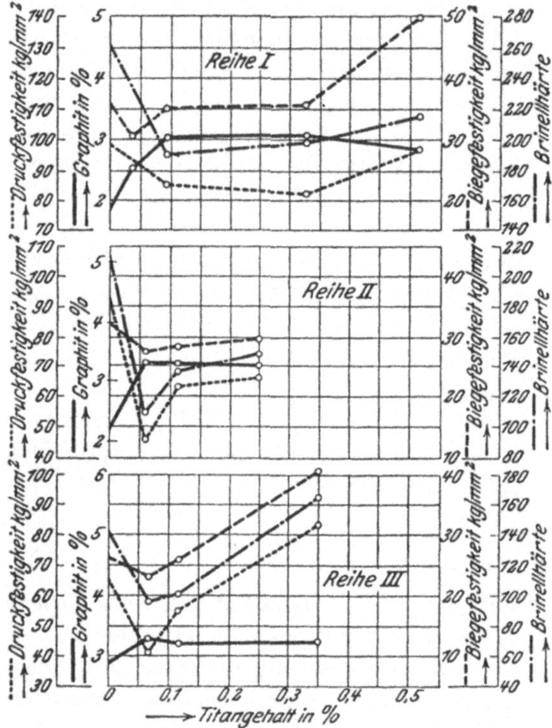

Abb. 608. Einfluß des Titans auf die Graphitbildung, Zug-Druckfestigkeit und Härte von Grauguß mit 1, 1,6 und 2,6% Silizium. (Piwowarsky.)

zu geringen Titanzusatzes nicht beobachtet werden konnte.

Man hat des weiteren versucht, die Festigkeitseigenschaften des Graugusses durch einen mäßigen Vanadiumzusatz, bis etwa 0,5% zu verbessern[6]). Die Ansichten über den Erfolg sind verschieden, doch scheint eine mäßige,

---

[1]) St. E. 1923, 967.

[2]) Trans. Am. Min. met. Eng. 1922, Sept.; St. E. 1923, 603.			[3]) a. a. O.

[4]) Vgl. Feise, St. E. 1908, 697; Moldenke, St. E. 1908, 1286; Treuheit, St. E. 1909, 1025; Rossi, Gieß.-Zg. 1909, 657; Slocum, St. E. 1911, 1231; v. Maltitz, St. E. 1909, 1410; Gale, Ir. Age 1911, 1324; Stoughton, St. E. 1913, 1823.

[5]) St. E. 1923, 1491.

[6]) Moldenke, Foundry 1908, 17; Smith, St. E. 1909, 468; Norris, St. E. 1911, 1229; Hatfield, St. E. 1911, 866.

allerdings zunächst noch in keinem Verhältnis zu den Kosten des Zusatzes
stehende Verbesserung der Festigkeit von etwa 10—30% erzielt worden zu sein,
die darauf zurückgeführt wird, daß Vanadium die Graphitbildung verhindert.

Der Verbesserung der Säure-, Alkali- und Feuerbeständigkeit des
Gußeisens hat man in neuerer Zeit besondere Aufmerksamkeit geschenkt.
Die Säurebeständigkeit kann für geringe Ansprüche bei Gußeisenarten bis
3% Silizium[1]), bei Vermeidung eines zu hohen Gehaltes an Schwefel erreicht
werden, der durch die Säuren unter Bildung von Schwefelwasserstoff leicht
angegriffen wird. Auch der Phosphorgehalt darf nicht zu hoch sein. Zur
Steigerung der Festigkeit wählt man den Mangangehalt etwas höher als üblich.
Für hohe Ansprüche an die Säurebeständigkeit muß der Siliziumgehalt bedeutend erhöht werden, und zwar geht man bis zu 18%. Solche Legierungen
sind aber kaum noch als Grauguß zu bezeichnen, da bei Überschreitung von
4% Silizium die Graphitbildung verringert wird (Abb. 95), der Gesamtkohlenstoffgehalt ebenfalls sinkt und das gleiche für den Gehalt an gebundener
Kohle gilt. Hochprozentige Legierungen bestehen aus Graphit und Siliziumferrit. Letzterer ist wohl der Träger der Säurebeständigkeit. Mit der Steigerung des Siliziumgehaltes wächst aber auch die Sprödigkeit des Gusses und
die Bearbeitbarkeit nimmt ab[2]).

Über alkali- und feuerbeständigen Guß findet man wenige und unzuver-
lässige Angaben. Solcher Guß dürfte im Gegensatz zum säurebeständigen
nur sehr wenig Silizium enthalten, da sowohl Alkalien wie auch Feuergase
siliziumhaltiges Eisen leicht angreifen.

Zur Erhöhung der Dünnflüssigkeit, wie dies z. B. für Kunstguß in
Frage kommt, wird der Phorphorgehalt erhöht. Dabei ist darauf zu achten,
daß Schwefel und Mangan, die nach allgemeiner Erfahrung im Gegensatz zu
Silizium den Flüssigkeitsgrad vermindern, in nicht zu hohen Prozentsätzen
zugegen sind (vgl. a. Abb. 526).

Einen anderen Weg zur Verbesserung der Eigenschaften, insbesondere zur
Erhöhung der Festigkeit von Grauguß beschreitet man neuerdings durch Herstellung von sogenanntem Perlitguß. Es handelt sich um ein aus Perlit
und Graphit bestehendes Gemisch, das deshalb hohe Festigkeit aufweist, weil
die stahlartige Grundmasse das Maximum der Festigkeit besitzt. Ferner wird
dem Guß hohe Verschleißfestigkeit nachgesagt. Der Gedanke an sich ist nicht
neu, und er findet sich bereits bei Wüst und Kettenbach[3]). Neu ist lediglich
die Möglichkeit, solchen Guß in der laufenden Betriebspraxis sicher herstellen
zu können. Mit steigendem Siliziumgehalt nimmt der Perlitgehalt der Grundmasse ab. Bei niedrigem Siliziumgehalt ist die Gefahr des Auftretens von
übereutektoidischem Zementit vorhanden, der zur Bildung der gefürchteten
harten Stellen führt. Es ist das Verdienst von Diefenthäler[4]), gezeigt zu
haben, daß es durch richtige Wahl des Siliziumgehaltes in Verbindung mit

---

[1]) Vgl. Friend und Marshall, St. E. 1913, 911; Geissel, Gieß.-Zg. 1919, 257.
[2]) Über säurebeständigen Guß vgl. Walter, Metallk. 1921, 225, sowie Baclesse,
Gieß.-Zg. 1923, 103; ferner Longdon Foundry, Trade Journ. 1922, 466; Schenk,
Chem. Met. Eng. 1923, 678; Moore, Metal Industry 1922, 323; Gén. civ. 1920, 214.
[3]) a. a. O.
[4]) D.R.P. 301913, vgl. ferner Sipp, St. E. 1921, 1141, sowie Gieß. 1923, 17/11;
Bauer, St. E. 1923, 17/4; Frei, Gieß. 1923, 287.

zweckmäßigem Anwärmen der Formen gelingt, ein reines Perlit-Graphit-gemisch zu erzeugen. Für die Wahl des Siliziumgehaltes und der Anwärme-temperatur der Formen ist die Wandstärke maßgebend. Die Inhaberin des Diefenthälerschen Patentes, die Firma Lanz-Mannheim, gibt eine hierauf bezügliche Betriebsvorschrift heraus. Die Zusammensetzung des Gusses bewegt sich in folgenden Grenzen:

$$2{,}5-3{,}0\%\ \text{Ges.-C.}$$
$$0{,}6-1{,}5\%\ \text{Si}$$
$$0{,}4-0{,}8\%\ \text{Mn}$$
$$\text{rd.}\ \ 0{,}1\%\ \text{P}$$
$$\text{rd.}\ \ 0{,}1\%\ \text{S.}$$

Wie man sieht, ist der Kohlenstoffgehalt niedrig. Es ist wohl kaum möglich, ein solches Eisen aus dem Kupolofen zu vergießen. Am besten eignet sich nach Frei[1]) der Elektroofen. Frei erzielte folgende Zahlen mit Perlitguß:

Biegefestigkeit kg/qmm . . . . . 32— 36
Zugfestigkeit kg/qmm . . . . . . 50— 55
Druckfestigkeit kg/qmm . . . . 100—112.

Während die meisten der vorstehend angegebenen Mittel zur Veredelung des Graugusses sich auf die Erhöhung der Festigkeit beziehen, bezweckt man mitunter das Gegenteil, nämlich das **Weichmachen** des Graugusses durch eine besondere Art der Wärmebehandlung. Bei diesen Gußstücken kommt es weniger auf die Festigkeitseigenschaften an als vielmehr auf billige Bearbeitung. Bei der Herstellung von Textilmaschinenteilen, Polschuhen, kleinen Töpfen usw. wird dieses Verfahren vielfach angewandt:

Der Zweck des Weichglühens ist, den gebundenen Kohlenstoff des Graugusses zum Zerfall zu bringen. Nach Piwowarsky[2]) gelingt dies nicht durch Glühen des Gusses unter A_1, wenigstens reicht die Geschwindigkeit des Zerfalls für praktische Zwecke nicht aus. Das sicherste und zweckmäßigste Verfahren ist schnelles Erhitzen bis wenig oberhalb Ac_1 und Abkühlen durch Ar_1 mit einer Geschwindigkeit von $1-2^0/\text{min}$. Zu einer ähnlichen Auffassung gelangt Schüz[3]).

Durch das Weichglühen geht nach Piwowarsky die Härte von etwa 220 auf etwa 115 herunter. $96-98\%$ des Kohlenstoffs sind nach dem Weichglühen in elementarer Form vorhanden.

G. Zusammensetzung, Verwendungszweck und Festigkeitseigenschaften technischer Graugußsorten.

Die nachfolgende Tabelle enthält gemäß dem Vorschlag des deutschen Normenausschusses N. D. I. 1501, die ungefähre chemische Zusammensetzung und den Verwendungszweck der wichtigsten Graugußsorten.

---

[1]) a. a. O.
[2]) St. E. 1922, 1481.
[3]) St. E. 1924, 116; Schüz, St. E. 1922, 1484 hatte ursprünglich Glühen unter A_1, und zwar als zweckmäßigstes Verfahren 24stündiges Glühen bei 600 oder 3—6stündiges Glühen bei 650⁰ angegeben.

Klassen	Verwendungsbeispiele	Annähernde Zusammensetzung				
		Ges.-Kohlenstoff v. H.	Silizium v. H.	Mangan v. H.	Phosphor v. H.	Schwefel v. H.
Bauguß	a) Säulen	3,3—3,6	2,0—2,5	0,5—0,8	0,6	0,10
	b) Fenster usw. in Kasten- oder Herdguß	3,3—3,6	2,2—2,6	0,6	1,0	0,10
	c) Bau- und Unterlegplatten, Zwischenstücke für Eisen- und Straßenbahnen	3,3—3,6	1,5—2,0	0,6	1,0	0,10
	d) Herde, Öfen, sowie Geschirrguß, roh, emailliert, inoxydiert oder sonstwie verfeinert	3,2—3,8	2,2—2,8	0,6	1,0—1,5	0,10
	e) Heizkörper (Radiatoren), Rippenrohre, Heizkessel, Feuerungsteile dazu, hohle Bügeleisen, Gas-, elektrische und Spirituskocher	3,2—3,8	2,0—2,2	0,6	0,8—1,2	0,06
	f) Zubehörteile für Haus- und Straßenentwässerung	3,5—3,8	1,8—2,2	0,8	1,0—1,2	0,10
	g) Abflußrohre und Formstücke dazu	3,5—3,8	2,0—2,4	0,6	1,0—1,2	0,10
	h) Muffen- und Flanschenrohre	3,2—3,6	1,5—2,0	0,8	0,8—1,0	0,10
	i) Formstücke dazu	3,2—3,6	1,5—2,0	0,6—0,8	0,7—0,9	0,08
	k) Piano- und Flügelplatten	3,5—3,8	2,4—2,8	0,8	0,3	0,06
Maschinenguß ohne besondere Vorschriften	für den allgemeinen Maschinenbau, einschließlich Schiffbau Werkzeugmaschinen Maschinen der Textilindustrie	je nach Form, Größe und Wandstärke der Gußstücke sehr verschieden				
	für die elektrotechnische Industrie Apparate der Gasindustrie	3,2—3,6	1,8—2,2	0,8	0,8	0,8
	Land-Maschinen, Haus-Maschinen (Nähmaschinen)	3,4—3,6	2,0—2,8	0,6	1,0	0,10
	Schreib- und Rechenmaschinen, Registerkassen	3,4—3,6	2,5—2,8	0,6	1,0—1,2	0,10
Masch.-Guß nach besonderer Vorschrift	für den allgemeinen Maschinenbau, Schiffbau usw.	nach vorgeschriebener Festigkeit oder Zusammensetzung (Analyse)				
	für Dampf-, Gas- und Wasser-Armaturen	3,5	1,5—2,0	0,6—0,8	0,5	0,08
	Dampf-, Gas- und Wasserzylinder	2,8—3,3	1,0—1,5	1,00	0,5	0,10
	Zylinder für Kraftfahrzeuge, Flug-, Schiffs- und Pflugmotoren	2,8—3,3	1,5—2,0	0,60	0,5	0,06
Hartguß (Schalenguß, Vollhartguß (ohne Schale durchgehend hart gegossen)	Ringe rür Dampfstraßenwalzen (in Sand gegossen, weiße Bruchfl.), Laufräder für Dampfpflüge und Straßenlokomotiven, hydraulische Kolben, gezahnte Walzen für Koks- und Kohlenbrechmaschinen	2,8—3,3	0,6—1,2	0,4—1,2	0,50	0,10

Klassen	Verwendungsbeispiele	Annähernde Zusammensetzung				
		Ges.-Kohlenstoff v. H.	Silizium v. H.	Mangan v. H.	Phosphor v. H.	Schwefel v. H.
Schalenguß mit abgeschreckter Oberfläche	Kollergangsringe und -platten, Kugelmühlplatten, Steinbrecherplatten, Eisenbahnräder (Griffin), Stempel und Ziehringe, sowie ähnliche Verschleißteile	3,0—3,6	0,5—1,00	0,4—1,4	0,10	0,05
Walzenguß	Hartgußwalzen, halbharte Walzen und Lehmgußwalzen für Walzenstraßen (Eisenbleche-Formeisen)	2,8—3,0	0,5—1,0	0,5—0,8	0,03	0,05
	Walzen für Druckerei-, Müllerei-, Papier- und Textilmaschinen, Zuckermühlen usw.	3,0—3,2	1,0—1,5	0,5—0,8	0,03	0,05
Sonderguß	Blockformen (Kokillen) für Stahl- und Nichteisen-Metallwerke .	3,3—4,0	2,0—2,5	0,6—0,8	0,10	0,04
	Dauerformen für Handelsgußwaren, Rohrformstücke usw., Dauerformen für die Glasindustrie	3,5—4,0	2,0—2,8	0,60	0,10	0,04
	Geschoßkörper nach Vorschrift	2,8—3,2	1,0—2,0	1,00	0,50	0,04
	Schachtringe (Tübbings)	3,0—3,5	1,5—2,0	0,80	0,40	0,08
	Ambosse und ähnliche massive Gußstücke, auch gr. Poller .	2,8—3,2	1,2—1,5	1,00	0,30	0,06
	Bremsklötze für Bahnbedarf	3,0—3,3	1,0—1,2	1,00	0,80	über 0,1
Säurebeständiger Guß	Rohre, Schalen, Töpfe, Hähne, Kessel, Säurepumpen für die Aufnahme und Verarbeitung aller Arten Säuren	2,8—3,5	2,0—18,0 [1]	0,6—1,20	0,50	0,05
Alkalibeständiger Guß	Sodaschmelzkessel, Natronkessel, widerstandsfähig gegen alkalische Laugen	3,5	1,2—1,7	1,20	0,20	0,05
Feuerbeständiger Guß, a) ohne besondere Festigk.	Zubehörteile für Feuerungen, Platten usw., Roststäbe aller Art	3,5—4,0	1,0—2,0	0,5—0,8	0,30	0,08
b) mit besonderer Vorschrift	Schmelzkessel für Nichteisenmetalle, Retorten, Glühtöpfe usw.	3,5—4,5	1,50—2,80	0,5—1,2	0,20	0,06
Feinguß	Zierguß für Säulen, Türen und Möbel, Schmuckkästen, Bilderrahmen, Beleuchtungskörper und ähnliche einfache, kunstgewerbliche Gebrauchsgegenstände	3,5—4,5	2,0—2,5	0,60	0,80—1,2	0,10
Kunstguß	Kunstgegenstände nach besonderen Entwürfen, wie Statuen, Büsten, Reliefs, Tierfiguren, Schalen, Vasen usw.	3,5—4,5	2,0—2,5	0,90	0,80—1,0	0,10

[1] Die Legierungen von 4—10 % Silizium werden wenig verwendet. D. V.

Die nachfolgenden Festigkeitszahlen entsprechen den Lieferungsvorschriften aus dem Jahre 1909 und beziehen sich nur auf Maschinenguß, Bau-, Säulen- und Röhrenguß. Die Abnahme anderweitiger Gußwaren blieb besonderer Vereinbarung überlassen. Die Werte beziehen sich auf einen Stabdurchmesser von 30 mm bei 600 mm Meßlänge und 650 mm Gußlänge.

	Biegefestigkeit in kg/mm²	Durchbiegung in mm
A. Maschinenguß, gew.	28	7
„ hochw.	34	10
B. Bau- oder Säulenguß.	26	6
C. Röhrenguß:		
a) Gas- und Wasserleitungsröhren	26	6
b) Muffenröhren	26	6
c) Flanschenröhren, gew.	26	6
d) „ hochw.	34	10

Die Festigkeitszahlen dieser alten Abnahmevorschriften sind für heutige Verhältnisse zu niedrig. Es ist deshalb ein besonderer Arbeitsausschuß ernannt worden, der auf Grundlage der vom N. D. I. gegebenen Anregungen durch neue Versuche, die sich an die Arbeiten von Jüngst[1] anschließen, demnächst neue Vorschläge unterbreiten wird. Aus den Versuchsreihen von Jüngst seien folgende Durchschnittszahlen (Stabdurchmesser 30 mm bei 600 mm Auflageentfernung) mitgeteilt[2].

	Biegefestigkeit in kg/mm²	Durchbiegung in mm
A. Maschinenguß, hochwertig	42,4	11,5
B. „ mittel.	34,4	10,5
C. Bau- und Röhrenguß.	32,6	9,1

Es dürften demnach den künftigen Abnahmevorschriften folgende Werte zugrunde liegen:

	Biegefestigkeit kg/qmm	Durchbiegung mm	Zerreißfestigkeit kg/qmm	Härte Br.
Guß, gewöhnlich . . .	26—33	6—10	14—18	150—200
„ mittl. Festigkeit .	33—40	9—11	18—22	170—190
„ hochwertig . . .	40—45	10—13	23—28	190—215

[1] St. E. 1909, 1177.
[2] Deutsches Gießerei-Taschenbuch. S. 425. München: Oldenbourg 1923.

VIII. Der Hartguß.

Der Zweck des Hartguß-Verfahrens, auch Schalen- oder Kokillenhartguß genannt, ist, durch entsprechende Leitung des Abkühlungsprozesses gewissen Graugußstücken oberflächlich ganz oder teilweise eine Zone harten, weißen Eisens zu verleihen, die allmählich in das zähere Gefüge des grauen Eisens übergeht (vgl. Abb. 609). Die chemische Zusammensetzung des Gußeisens muß demnach eine solche sein, daß es unter normalen Abkühlungsverhältnissen, etwa als Sand- oder gewöhnlicher Formguß mit Sicherheit grau zur Erstarrung käme. Die Ausbildung der weißen Schicht ist eine Folge der beschleunigten Wärmeentziehung an den Schreckplatten im Erstarrungsintervall. Die Gattierung des Eisens und die Art der Zusätze in der Gießpfanne hängt von der gewünschten Abschrecktiefe ab, die etwa zwischen 5 und 40 mm schwankt bei einer bis zu 100 mm auftretenden sogenannten Einstrahltiefe (weiße + melierte Zone). Die Güte des Hartgusses ist abhängig von der Gattierung,

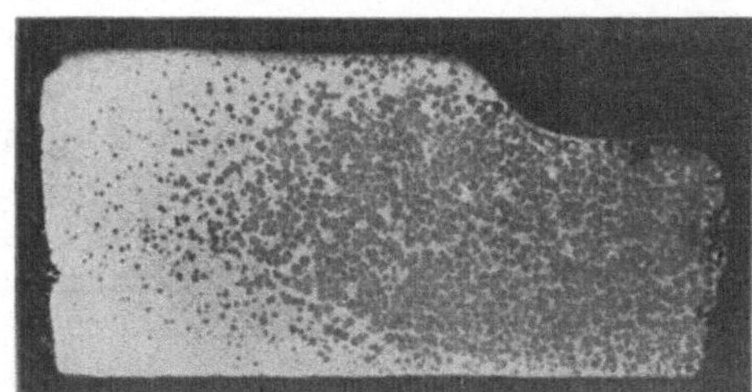

Abb. 609. Schnitt durch ein Hartgußstück, Ätzung II, x 1.

der Koksgüte und dem Schmelzbetrieb des Ofens (fast ausschließlich Kupolofen). Die Gattierung ergibt sich auf Grund der geforderten Zusammensetzung des Fertiggusses unter Berücksichtigung der prozentualen Abbrände im Ofen. Hoher Füllkoks bewirkt[1] tiefer reichende Härtung, zu weit abgebrannter macht sie seichter. Kleinstückiger, trockener Koks sowie viel und trockener Wind erhöhen, grobstückiger, besonders feuchter Koks sowie wenig und feuchte Luft beeinträchtigen die Härtung. Der Aschegehalt des Koks soll $8^0/_0$, der Schwefelgehalt $0,5^0/_0$ nicht übersteigen, der Kohlenstoffgehalt dagegen mindestens $89,5^0/_0$ betragen. Verwendung von Holzkohleneisen in der Gattierung soll besonders ausgeprägte Oberflächenhärte bewirken.

Diese allgemeinen Angaben zeigen, wie sehr die Theorie des Hartgusses noch einer systematischen wissenschaftlichen Bearbeitung bedarf. Insbesondere ist auch der Einfluß der im Eisen vorhandenen Elemente auf die Abschrecktiefe, und zwar im Zusammenhang mit der Gießtemperatur sowie der Dicke und Temperatur der Schreckplatten noch zu wenig durchforscht. Allgemein gilt: Hoher Kohlenstoffgehalt gibt eine dünnere, aber sehr harte weiße Zone, geringerer Kohlenstoffgehalt dagegen eine dicke, jedoch weichere Abschreckzone. Je starkwandiger das Gußstück, um so weniger Silizium und

---

[1] Nach Irresberger, St. E. 1917, 621.

gegebenenfalls um so mehr Mangan muß das Eisen haben. Eisen mit hohem Siliziumgehalt läßt sich kaum abschrecken, Eisen mit zu wenig Silizium neigt dagegen mehr zur Schwindung in der weißen Schale und damit zu Rissen. Mangan erhöht die Abschrecktiefe, Phosphor und Aluminium vermindern sie. Bei der Herstellung von Hartgußrädern in Amerika wurden folgende Werte über den Einfluß des Siliziums auf die Abschrecktiefe festgestellt[1]):

0,3	0,4	0,52	0,7	1% Silizium
38	25	16	6	3 mm Abschreckung

Abb. 610 zeigt den Einfluß von Mangan, Silizium und Phosphor auf die Ab-
schrecktiefe an Hartgußeisen mit ca. 3,3% Kohlenstoff, nach Adamson[2]). Bei stets gleichbleibendem Gehalt an Kohlenstoff und übrigen Elementen sowie möglichst gleichbleibender Gießtemperatur wurden konische Probekörper mit ihrer schmalsten Fläche gegen vorgewärmte 76 mm starke Schreckplatten gegossen. Die Größe der Abschreckproben war oben 50,8·152 mm, unten 44,5·140 mm bei einer Höhe von 127 mm. Die nachfolgende Zusammenstellung enthält die Analysen und Gießtemperaturen der untersuchten Proben:

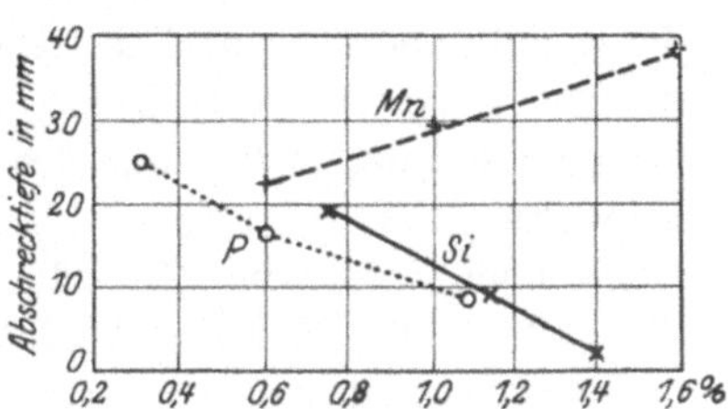

Abb. 610. Einfluß von Mangan, Silizium und Phosphor auf die Abschrecktiefe von Hartguß. (Adamson.)

Ges.-C %	Si %	P %	Mn %	S %	Gießtemperatur ° C
3,30	0,740	0,629	0,970	0,030	1215
3,33	1,166	0,538	0,800	0,032	1222
3,28	1,400	0,557	0,760	0,029	1240
3,30	0,910	0,303	0,770	0,038	1258
3,35	1,050	0,609	0,590	0,048	1258
3,30	0,980	1,075	0,620	0,054	1258
3,32	1,080	0,570	0,613	0,042	1298
3,43	1,070	0,490	1,170	0,042	1282
3,33	1,660	0,550	1,600	0,042	1274

Leider fehlen bei Adamson genauere Angaben über die Temperatur der Schreckplatten, die ja für den Erstarrungsvorgang mitbestimmend ist. Der fast allgemein herrschenden Ansicht, daß zur Erzielung intensiver Abschreckung eine möglichst geringe Gießtemperatur empfehlenswert sei, stehen die Zahlen aus der Adamsonschen Arbeit entgegen, nach denen die Abschrecktiefe mit der Gießtemperatur eine Zunahme zu erfahren scheint. Die auf Versuchsergebnisse und Zahlenwerte gestützte Ansicht Adamsons, daß mit zunehmendem Gehalt der Gattierung an gebundenem Kohlenstoff die Abschrecktiefe zunehme, bedarf ebenfalls der Nachprüfung. Im übrigen betonen Adamson sowie auch andere, z. B. Trashers[3]), daß zur Erzielung einer ausgiebigen Oberflächenhärtung mit dem erste Güte kennzeichnenden muscheligen Bruch ein größerer Holzkohlenroheisensatz in der Gattierung durchaus nicht von-

---

[1]) Nach Osann, Lehrbuch der Eisen- und Stahlgießerei. 4. Aufl. 1920, 392.
[2]) Met. 1906, 306.   [3]) Trans. Am. Min. 1915, 2129.

nöten ist, vielmehr bei geeigneter Behandlung eine Gattierung mit Koksroheisen in bezug auf Festigkeitszahlen und Abschrecktiefe völlig gleichwertige
Zahlen ergibt. Es muß betont werden, daß wir es hier meist mit amerikanischem, dem deutschen in bezug auf Schwefelreinheit überlegenem Koks zu
tun haben. Nach Osann[1]) sind für deutsche Verhältnisse mindestens $30^0/_0$
Holzkohleneisen zur Erzielung einer intensiven Oberflächenhärte einzugat-
tieren.

An einer großen Anzahl von Hartgußwalzen, die teils aus dem Flamm-
und Kupolofen, teils aus dem Flammofen allein, stehend gegossen wurden,
beobachtete Schüz[2]) die Vorgänge bei der Erstarrung sowie den Einfluß
der Gießtemperatur und der chemischen Zusammensetzung. Am Wärmefluß
in den gußeisernen Kokillen zeigte er, daß von einer bestimmten Dicke
ab eine weitere Erhöhung der seitlichen Wandstärke ohne Einfluß auf die
Schreckung ist, da infolge der schlechten Leitfähigkeit der gußeisernen Kokillen nach erfolgtem Guß die Walze sich von der Kokille löst, bevor der
Wärmefluß die Kokillenoberfläche erreicht hat. Im Gegensatz zu Osann
und Irresberger, die zwecks kräftiger Abschreckung eine niedrige Gießtemperatur empfehlen, findet Schüz in den Intervallen zwischen 1220 und
1320^0 keinen Einfluß der Gießtemperatur auf die Schrecktiefe, empfiehlt aber
dennoch mit Rücksicht auf eine glatte Oberfläche das Vergießen bei höherer
Temperatur. Die Härtetiefe kann nach Schüz nicht mit dem Kohlenstoffgehalt, sondern nur mit dem Si-Gehalt geregelt werden, dieser verringert die
Abschrecktiefe, dagegen bewirkt hoher C-Gehalt die Abscheidung größerer
Graphitblättchen, verursacht also geringere Festigkeit. Eine Beziehung zwischen dem Mangan- bzw. Phosphorgehalt und der Abschrecktiefe konnte
nicht nachgewiesen werden. Die Schwindung der Hartgußwalzen nimmt mit
der Tiefe der Härteschicht zu und beträgt bis zu $2,7^0/_0$ des Walzendurchmessers
bei einer Schrecktiefe von 40—45 mm.

Die nachfolgende Zusammenstellung enthält Angaben über Analyse und
Verwendungszweck von Hartguß:

	Ges. C $^0/_0$	Si $^0/_0$	Mn $^0/_0$	S $^0/_0$	P $^0/_0$
Für guten Hartguß allgemein.	3—3,5	0,5—0,7	0,4—0,8	mögl. $< 0,10$	0,2—0,4
Gute Hartgußräder[3]).	—	0,63	0,59	0,125	0,42
Hartgußwalze (Gruson)[4]). . .	3,82	0,74	1,34	—	0,44
Kugeln für Hartmühlen[5]) . .	—	0,5	—	—	0,20
Amerik. Hartgußwalze[6]). . .	3,00	0,71	0,39	0,058	0,54
Feinblechwalze[7]).	3,25	0,67	0,76	0,08	0,26
Steinbrecherplatte[8])	—	0,8—1,0	0,8—1,2	0,08—0,1	0,2—0,4

Weitere Verwendungsgebiete für Hartguß sind: Ziehringe für Granaten
und nahtlose Rohre, Platten für Panzertürme, Plunger, Fallbären usw.

---

[1]) Lehrbuch der Eisen- und Stahlgießerei, 1920, 391.
[2]) St. E. 1922, 1610.   [3]) Evans, Foundry 1915, Sept.
[4]) St. E. 1891, 736.   [5]) Foundry 1917, 14.   [6]) St. E. 1907, 598.
[7]) St. E. 1910, 1118.   [8]) Nach Palmers Foundry Practice.

Verfasser-Verzeichnis.

<h1 style="text-align:center">Sachverzeichnis.</h1>

Die Formstoffe der Eisen- und Stahlgießerei. Ihr Wesen, ihre Prüfung und Aufbereitung. Von **Carl Irresberger.** Mit 241 Textabbildungen. (250 S.) 1920. 10 Goldmark

---

Handbuch der Eisen- und Stahlgießerei. Unter Mitarbeit von zahlreichen Fachleuten herausgegeben von Dr.-Ing. **C. Geiger,** Düsseldorf.

Erster Band: **Grundlagen.** Zweite neubearbeitete Auflage. Mit etwa 180 Textabbildungen und 5 Tafeln. In Vorbereitung.

Zweiter Band: **Betriebstechnik.** Mit 1276 Figuren im Text und auf 4 Tafeln. 1916. Unveränderter Neudruck. (782 S.) 1920. Gebunden 36 Goldmark

Dritter (Schluß-) Band: **Anlage, Einrichtung und Verwaltung der Gießerei.** In Vorbereitung.

Leitfaden für Gießereilaboratorien. Von Geh. Bergrat Prof. Dr.-Ing. e. h. **Bernhard Osann,** Clausthal. Mit 12 Abbildungen im Text. (66 S.) 1924. 2.70 Goldmark

---

Die Praxis des Eisenhüttenchemikers. Anleitung zur chemischen Untersuchung des Eisens und der Eisenerze. Von Prof. Dr. **Carl Krug,** Berlin. Zweite, vermehrte und verbesserte Auflage. Mit 29 Textabbildungen. (208 S.) 1923. 6 Goldmark; gebunden 7 Goldmark

---

Vita-Massenez, Chemische Untersuchungsmethoden für Eisenhütten und Nebenbetriebe. Eine Sammlung praktisch erprobter Arbeitsverfahren. Zweite, neubearbeitete Auflage von Ing.-Chemiker **Albert Vita,** Chefchemiker der Oberschlesischen Eisenbahnbedarfs-A.-G., Friedenshütte. Mit 34 Textabbildungen. (208 S.) 1922. Gebunden 6.40 Goldmark

---

Grundzüge des Eisenhüttenwesens. Von Dr.-Ing. **Th. Geilenkirchen.**

Erster Band: **Allgemeine Eisenhüttenkunde.** Mit 66 Textfiguren und 5 Tafeln. (256 S.) 1911. Gebunden 8 Goldmark

---

Die Herstellung des Tempergusses und die Theorie des Glühfrischens nebst Abriß über die Anlage von Tempergießereien Handbuch für den Praktiker und Studierenden. Von Dr.-Ing. **Engelbert Leber.** Mit 213 Abbildungen im Text und auf 13 Tafeln. (320 S.) 1919. 16 Goldmark

Die Windführung im Konverterfrischprozeß. Von Prof. Dr.-Ing. **Hayo Folkerts,** Aachen. Mit 58 Textabbildungen und 34 Tabellen. (166 S.) 1924.
13.20 Goldmark; gebunden 14.10 Goldmark

Verringerung der Selbstkosten in Adjustagen und Lagern von Stabeisenwalzwerken. Von Dr.-Ing. **Theodor Klönne.** Mit 93 Textfiguren und 2 Tafeln. (132 S.) 1910.
5 Goldmark

Metallurgische Berechnungen. Praktische Anwendung thermochemischer Rechenweise für Zwecke der Feuerungskunde, der Metallurgie des Eisens und anderer Metalle. Von Prof. **Joseph W. Richards,** Lehigh-Universität. Autorisierte Übersetzung nach der zweiten Auflage von Prof. Dr. **Bernhard Neumann,** Darmstadt, und Dr.-Ing. **Peter Brodal,** Christiania. 1913. Unveränderter Neudruck. (614 S.) 1920.
Gebunden 24 Goldmark

Die Theorie der Eisen-Kohlenstoff-Legierungen. Studien über das Erstarrungs- und Umwandlungsschaubild nebst einem Anhang: Kaltrecken und Glühen nach dem Kaltrecken. Von **E. Heyn †,** weiland Direktor des Kaiser-Wilhelm-Instituts für Metallforschung. Herausgegeben von Prof. Dipl.-Ing. **E. Wetzel.** Mit 103 Textabbildungen und 16 Tafeln. (193 S.) 1924. Gebunden 12 Goldmark

Geschichte des Elektroeisens, mit besonderer Berücksichtigung der zu seiner Erzeugung bestimmten elektrischen Öfen. Von Prof. Dr. techn. **Oswald Meyer.** Mit 206 Textfiguren. (195 S.) 1914.
7 Goldmark

Schrotthandel und Schrottverwendung unter besonderer Berücksichtigung der Kriegs- und Nachkriegsverhältnisse. Von Diplom-Kaufmann **Karl Klinger.** Mit 7 Abbildungen im Text und zahlreichen Tabellen. (220 S.) 1924.
8.10 Goldmark; gebunden 9 Goldmark

Die Messung hoher Temperaturen. Von **G. K. Burgess** und **H. Le Chatelier.** Nach der dritten amerikanischen Auflage übersetzt und mit Ergänzungen versehen von Prof. Dr. **G. Leithäuser,** Hannover. Mit 178 Textfiguren. (502 S.) 1913.
18 Goldmark

Handbuch der Materialienkunde für den Maschinenbau.

Von Prof. Dr.-Ing. **A. Martens †,** Direktor des Materialprüfungsamts in Großlichterfelde. In 2 Bänden.

Erster Band: **Materialprüfungswesen, Probiermaschinen und Meßinstrumente.** Zweite Auflage. In Vorbereitung.

Zweiter Band: **Die technisch wichtigsten Eigenschaften der Metalle und Legierungen.** Von Prof. **E. Heyn †.** Hälfte A: Die wissenschaftlichen Grundlagen für das Studium der Metalle und Legierungen. Metallographie. Zweite Auflage. In Vorbereitung.

Handbuch des Materialprüfungswesens für Maschinen- und Bauingenieure.

Von Prof. Dipl.-Ing. **Otto Wawrziniok,** Dresden. Zweite, vermehrte und vollständig umgearbeitete Auflage. Mit 641 Textabbildungen. (720 S.) 1923. Gebunden 22 Goldmark

Die Kessel- und Maschinenbaumaterialien

nach Erfahrungen aus der Abnahmepraxis kurz dargestellt für Werkstätten- und Betriebsingenieure und für Konstrukteure. Von **Otto Hönigsberg,** Zivilingenieur, Wien. Mit 13 Textfiguren. (98 S.) 1914. 3 Goldmark

Konstruktion und Material im Bau von Dampfturbinen und Turbodynamos.

Von Dr.-Ing. **O. Lasche †,** Direktor der Allgemeinen Elektrizitäts-Gesellschaft. Dritte, neubearbeitete Auflage, herausgegeben von **W. Kieser,** Direktor der AEG., Turbinenfabrik. In Vorbereitung.

Werkstoffprüfung für Maschinen- und Eisenbau.

Von Dr. **G. Schulze,** ständ. Mitglied am Staatl. Materialprüfungsamt Berlin-Dahlem, und Studienrat Dipl.-Ing. **E. Vollhardt.** Mit 213 Textabbildungen. (193 S.) 1923.

7 Goldmark; gebunden 7.80 Goldmark

Die praktische Nutzanwendung der Prüfung des Eisens durch Ätzverfahren und mit Hilfe des Mikroskopes.

Kurze Anleitung für Ingenieure, insbesondere Betriebsbeamte. Von Dr.-Ing. **E. Preuß †.** Zweite, vermehrte und verbesserte Auflage herausgegeben von Prof. Dr. **G. Berndt** und Ingenieur **A. Cochius.** Mit 153 Figuren im Text und auf 1 Tafel. (132 S.) 1921.

Gebunden 3.50 Goldmark

Probenahme und Analyse von Eisen und Stahl.

Hand- und Hilfsbuch für Eisenhütten-Laboratorien. Von Prof. Dipl.-Ing. **O. Bauer** und Prof. Dipl.-Ing. **E. Deiß.** Zweite, vermehrte und verbesserte Auflage. Mit 176 Abbildungen und 140 Tabellen im Text. (312 S.) 1922. Gebunden 12 Goldmark

Die Werkstoffe für den Dampfkesselbau.

Eigenschaften und Verhalten bei der Herstellung, Weiterverarbeitung und im Betriebe. Von Dr.-Ing. **K. Meerbach.** Mit 53 Textabbildungen. (206 S.) 1922.

7.50 Goldmark; gebunden 9 Goldmark

Moderne Metallkunde in Theorie und Praxis. Von Oberingenieur **J. Czochralski.** Mit 298 Textabbildungen. (305 S.) 1924.

Gebunden 12 Goldmark

Lagermetalle und ihre technologische Bewertung. Ein Hand- und Hilfsbuch für den Betriebs-, Konstruktions- und Materialprüfungsingenieur. Von **J. Czochralski,** Oberingenieur und Dr.-Ing. **G. Welter.** Zweite, verbesserte Auflage. Mit 135 Textabbildungen. (123 S.) 1924. Gebunden 4.50 Goldmark

Die Verfestigung der Metalle durch mechanische Beanspruchung. Die bestehenden Hypothesen und ihre Diskussion. Von Prof. Dr. **H. W. Fraenkel,** Frankfurt a. M. Mit 9 Textfiguren und 2 Tafeln. (51 S.) 1920.

1.80 Goldmark

Die Werkzeugstähle und ihre Wärmebehandlung. Berechtigte deutsche Bearbeitung der Schrift: „The heat treatment of tool steel" von **Harry Brearley,** Sheffield. Von Dr.-Ing. **Rudolf Schäfer,** Berlin. Dritte, verbesserte Auflage. Mit 226 Textabbildungen. (334 S.) 1922. Gebunden 12 Goldmark

Die Konstruktionsstähle und ihre Wärmebehandlung. Von Dr.-Ing. **Rudolf Schäfer.** Mit 205 Textabbildungen und 1 Tafel. (378 S.) 1923.

Gebunden 15 Goldmark

Lehrgang der Härtetechnick. Von Studienrat Dipl.-Ing. **Joh. Schiefer** und Fachlehrer **E. Grün.** Zweite, vermehrte und verbesserte Auflage. Mit 192 Textfiguren. (226 S.) 1921. 5 Goldmark; gebunden 6.70 Goldmark

Praktisches Handbuch der gesamten Schweißtechnik. Von Prof. Dr.-Ing. **P. Schimpke,** Chemnitz und Obering. **Hans A. Horn,** Oberfrohna i. Sa. Erster Band: Autogene Schweiß- und Schneidtechnik. Mit 111 Abbildungen und 3 Zahlentafeln. (141 S.) 1924. Gebunden 6.90 Goldmark

Hilfsbuch für Metalltechniker. Einführung in die neuzeitliche Metall- und Legierungskunde, erprobte Arbeitsverfahren und Vorschriften für die Werk- stätten der Metalltechniker, Oberflächenveredlungsarbeiten u. a. nebst wissenschaft- lichen Erläuterungen. Von Chemiker **Georg Buchner.** Dritte, neubearbeitete und erweiterte Auflage. Mit 14 Textabbildungen. (410 S.) 1923.

Gebunden 12 Goldmark